"十三五"国家重点出版物出版规划项目

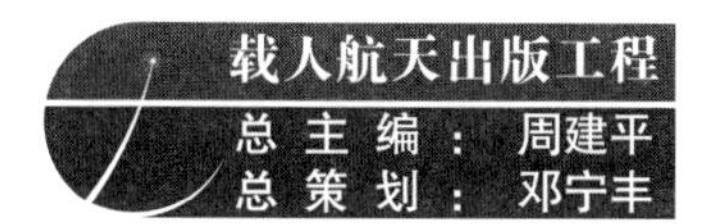

载人航天技术（上）

陈善广　主编

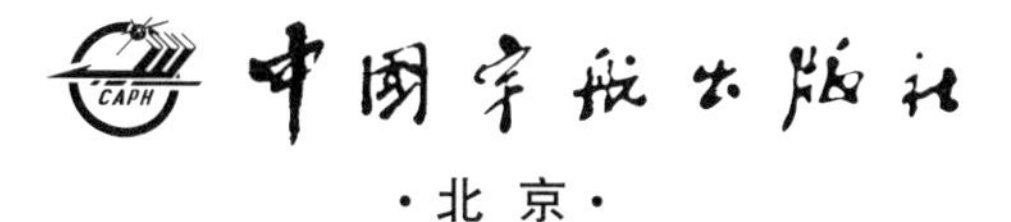

·北京·

图书在版编目(CIP)数据

载人航天技术　：全 2 册 / 陈善广主编 . --北京:
中国宇航出版社,2018.4

ISBN 978-7-5159-1469-5

Ⅰ.①载…　Ⅱ.①陈…　Ⅲ.①载人航天飞行　Ⅳ.
①V529

中国版本图书馆 CIP 数据核字(2018)第 100272 号

责任编辑　侯丽平　　　　封面设计　宇星文化

出版发行　中国宇航出版社

社　址　北京市阜成路 8 号　　　邮　编　100830
(010)60286808　　　(010)68768548

网　址　www.caphbook.com

经　销　新华书店

发行部　(010)60286888　　　(010)68371900
(010)60286887　　　(010)60286804(传真)

零售店　读者服务部
(010)68371105

承　印　河北画中画印刷科技有限公司

版　次　2018 年 4 月第 1 版　　　2018 年 4 月第 1 次印刷

规　格　880×1230　　　开　本　1/32

印　张　48　　　字　数　1381 千字

书　号　ISBN 978-7-5159-1469-5

定　价　398.00 元

本书如有印装质量问题，可与发行部联系调换

《载人航天技术》
编 委 会

主　　编： 陈善广

副 主 编： 林西强　唐国金

编写人员（以姓氏笔画为序）：

王春慧　田立平　刘玉盛　刘迎春

吴　昊　吴　斌　李海阳　陈善广

林西强　郑　剑　姚　志　唐国金

黄海兵　傅　岚

《载人航天出版工程》总序

中国载人航天工程自1992年立项以来，已经走过了20多年的发展历程。经过载人航天工程全体研制人员的锐意创新、刻苦攻关、顽强拼搏，共发射了10艘神舟飞船和1个目标飞行器，完成了从无人飞行到载人飞行、从一人一天到多人多天、从舱内实验到出舱活动、从自动交会对接到人控交会对接、从单船飞行到组合体飞行等一系列技术跨越，拥有了可靠的载人天地往返运输的能力，实现了中华民族的千年飞天梦想，使中国成为世界上第三个独立掌握载人航天技术的国家。我国载人航天工程作为高科技领域最具代表性的科技实践活动之一，承载了中国人民期盼国家富强、民族复兴的伟大梦想，彰显了中华民族探索未知世界、发现科学真理的不懈追求，体现了不畏艰辛、大力协同的精神风貌。航天梦是中国梦的重要组成部分，载人航天事业的成就，充分展示了伟大的中国道路、中国精神、中国力量，坚定了全国各族人民实现中华民族伟大复兴中国梦的决心和信心。

载人航天工程是十分复杂的大系统工程，既有赖于国家的整体科学技术发展水平，也起到了影响、促进和推动着科学技术进步的重要作用。载人航天技术的发展，涉及系统工程管理，自动控制技术，计算机技术，动力技术，材料和结构技术，环控生保技术，通信、遥感及测控技术，以及天文学、物理学、化学、生命科学、力学、地球科学和空间科学等诸多科学技术领域。在我国综合国力不断增强的今天，载人航天工程对促进中国科学技术的发展起到了积极的推动作用，是中国建设创新型国家的标志性工程之一。

我国航天事业已经进入了承前启后、继往开来、加速发展的关键时期。我国载人航天工程已经完成了三步走战略的第一步和第二步第一阶段的研制和飞行任务，突破了载人天地往返、空间出舱和空间交会对接技术，建立了比较完善的载人航天研发技术体系，形成了完整配套的研制、生产、试验能力。现在，我们正在进行空间站工程的研制工作。2020年前后，我国将建造由20吨级舱段为基本模块构成的空间站，这将使我国载人航天工程进入一个新的发展阶段。建造具有中国特色和时代特征的中国空间站，和平开发和利用太空，为人类文明发展和进步做出新的贡献，是我们航天人肩负的责任和历史使命。要实现这一宏伟目标，无论是在科学技术方面，还是在工程组织方面，都对我们提出了新的挑战。

以图书为代表的文献资料既是载人航天工程的经验总结，也是后续任务研发的重要支撑。为了顺利实施这项国家重大科技工程，实现我国载人航天三步走的战略目标，我们必须充分总结实践成果，并充分借鉴国际同行的经验，形成具有系统性、前瞻性和实用性的，具有中国特色的理论与实践相结合的载人航天工程知识文献体系。

《载人航天出版工程》的编辑和出版就是要致力于建设这样的知识文献体系。书目的选择是在广泛听取参与我国载人航天工程的各专业领域的专家意见和建议的基础上确定的，其中专著内容涉及我国载人航天科研生产的最新技术成果，译著源于世界著名的出版机构，力图反映载人航天工程相关技术领域的当前水平和发展方向。

《载人航天出版工程》凝结了国内外载人航天专家学者的智慧和成果，具有较强的工程实用性和技术前瞻性，既可作为从事载人航天工程科研、生产、试验工作的参考用书，亦可供相关专业领域人员学习借鉴。期望这套丛书有助于载人航天工程的顺利实施，有利于中国航天事业的进一步发展，有益于航天科技领域的人才培养，为促进航天科技发展、建设创新型国家做出贡献。

周建平

2013年10月

前　言

载人航天是当今世界最受广泛关注、最具社会影响力的高科技领域之一。自1961年人类首位航天员加加林成功进入太空以来，世界范围内的载人航天活动从未间断。与其他航天活动相比，载人航天的最显著特点就是人（航天员）参与整个飞行过程。

航天员是乘坐航天器从地球表面起飞，穿过大气层，进入宇宙空间飞行或踏上其他天体表面的。因此，他们必须掌握与此相关的基本科学知识和技术理论，如飞行动力学、空气动力学、地球物理学、宇宙物理学、气象学、天文学和宇宙航行学等；还必须熟悉与航天器相关的理论知识和工程技术基础，包括火箭推进原理，航天器的系统组成和部件结构，空间导航、制导与控制，测控与通信等。为了满足航天员培训的需要，1997年策划出版了《载人航天工程基础》，发挥了重要作用。20年过去了，世界载人航天发展迅猛，中国载人航天在突破近地轨道飞行技术和载人深空探测技术准备方面取得了举世瞩目的辉煌成就，新知识、新技术不断涌现，也加深了人们对宇宙空间与自身的认识。基于此，我们重新编撰此书，试图反映载人航天的新成就、新进展，形成《载人航天技术》这部著作。

本书还可为从事载人航天事业的工程技术人员及管理人员提供技术参考，也可作为航天院校高年级本科生及研究生的教材和教学参考书。本书共24章。

第1章至第9章，主要介绍了载人航天基本理论。第1章概述了载人航天的意义、历史、现状和发展方向，对各种航天器作了简要介绍；第2章至第6章主要介绍有关天文学的基本知识和基本原理，详细叙述了与空间飞行关系密切的近地空间环境，概括了观测天文学的主要内容，叙述了太阳系有关天体的基本特点，描述了地球、太阳与有关天体的运动特性，讨论了星座的特点及其观测，引出了天球的概念，给出了天球坐标系的定义及其换算关系，说明了引入复杂计时系统的必要性，建立了几种时间系统的换算关系；第 7 章着重描述航天器在地心引力作用下作轨道运动所遵循的一般性规律，并对轨道摄动问题进行了简要讨论和分析；第 8 章通过引入“星下点”的概念，详细叙述了在航天器上进行对地观测的理论知识；第 9 章简要介绍了奔月和行星际飞行的基本知识，包括碰到的问题和可能的飞行方式。

第 10 章至第 18 章，主要介绍了载人航天器及其基本组成、功能。第 10 章对载人飞船、航天飞机和空间站进行了概述；第 11 章全面介绍了组成载人飞船的各分系统，包括其构成、任务、特点及其工作原理；第 12 章详细介绍了与整个载人航天相关的运载系统和航天发射场系统；第 13 章介绍了飞船从发射准备、上升入轨、在轨运行和返回着陆各阶段的应急救生措施、设备和方法；第 14 章介绍了载人飞船返回过程的控制程序、主要物理现象、飞船着陆系统的构成、地面回收和救援的组织、管理和工作方式；第 15 章介绍了测控网的任务、功能与组成，给出了测控系统工作流程；第 16 章介绍了通信网的功能与组成、跟踪测量和遥测指令的信息与数据传输的流程；第 17 章是关于 GNC 系统基本任务与基本原理的讨论，包括姿态测量与空间导航的基本原理、姿态控制与轨道控制的基本原理和方法；第 18 章在简述航天器运动参数测量原理的基础上，对轨道测量与跟踪系统各种功能的实现途径、体制及主要设备作了介绍。

第 19 章至第 24 章，主要介绍了载人航天关键技术及发展趋势。第 19 章围绕航天医学工程学展开讨论，介绍了航天环境医学、重力生理学与失重防护、航天人因工程与工效学、航天员选拔与训练、航天员医学监督与医学保障、航天营养与食品、舱内航天服与个人防护装备、航天环境模拟设备与飞行训练仿真技术等内容；第 20 章介绍了航天员出舱活动面临的空间威胁、出舱活动窗口与出舱活动程序设计、气闸舱和舱外航天服的基本原理与组成、航天员出舱活动训练设备；第21章讲述了交会对接系统的任务、组成和功能，给出了交会对接的基本原理、方法及飞行程序。第22章介绍了空间站关键技术以及空间站构型设计、运营管理相关问题，并对和平号空间站和国际空间站作了简要介绍；第23章介绍了深空探测发展历程，探讨了新型轨道设计、新型推进技术、新型能源技术等深空探测关键技术；第24章叙述了空间科学与应用技术的基本概念、地位作用、研究范围，以及支持空间科学与应用的技术体系。

本书是在综合国内外大量有关资料的基础上编写而成的。在编写过程中，得到了载人航天工程办公室、中国航天员科研训练中心和国防科技大学航天与材料工程学院领导、专家的大力支持和帮助；张柏楠、杨宏、胡军、孙宝升、姜晓军等来自中国空间技术研究院、中国科学院、国家天文台、中继卫星控管中心等单位的专家对本书进行了审核，并提出了宝贵的意见和建议；在书稿预审和复审过程中，学术秘书吴昊、王萌、胡勇等做了大量的修改和校对工作，在此一并表示衷心感谢。

由于载人航天技术涉及众多学科领域，因此编写这样一部著作是一项系统工程。尽管在编写过程中组织有关专家进行了多次审查，但由于涉及面广泛，相关技术也在不断发展，加之编者认识水平所限，书中难免有不当和疏漏之处，恳请读者批评指正。

编　者

2018年4月

目　录

第1章　概述 …… 1
1.1　载人航天的意义 …… 1
1.2　载人航天发展历程 …… 5
1.2.1　苏联/俄罗斯的载人航天发展历程 …… 6
1.2.2　美国载人航天发展历程 …… 9
1.2.3　中国载人航天发展历程 …… 18
1.2.4　欧洲空间局载人航天历史 …… 24
1.3　载人航天技术体系 …… 25
1.3.1　航天员 …… 25
1.3.2　航天器 …… 27
1.3.3　运载火箭 …… 27
1.3.4　地面系统 …… 29
1.3.5　空间应用 …… 29
1.4　载人航天未来展望 …… 29
第2章　宇宙概述 …… 31
2.1　宇宙 …… 31
2.2　恒星、星云和星系 …… 33
2.2.1　恒星 …… 33
2.2.2　星云 …… 40
2.2.3　星系（河外星系、河外星云） …… 42
2.3　银河系 …… 44
2.4　太阳系 …… 48

2.4.1 太阳系简介 …… 48
2.4.2 太阳系天体及其运动 …… 49
2.5 太阳与月球 …… 61
2.5.1 太阳 …… 61
2.5.2 月球 …… 73
第3章 近地空间环境 …… 80
3.1 地球概述 …… 80
3.2 地球的形状、尺寸、重力 …… 80
3.2.1 地球的形状 …… 80
3.2.2 地球的尺寸 …… 81
3.2.3 地球的重力 …… 81
3.3 地球大气 …… 83
3.3.1 地球大气组成及大气分层 …… 83
3.3.2 地球的大气结构及常用的地球大气模式 …… 87
3.3.3 地球的气候及其特点 …… 92
3.4 太阳电磁辐射和粒子辐射 …… 97
3.4.1 太阳电磁辐射 …… 97
3.4.2 粒子辐射 …… 97
3.5 地球的磁场与磁层 …… 99
3.5.1 地球的磁场 …… 99
3.5.2 磁层 …… 101
3.6 空间碎片 …… 102
3.6.1 空间碎片及其来源 …… 102
3.6.2 空间碎片的危害及防护 …… 104
3.7 微重力环境 …… 106
3.7.1 微重力环境及其来源 …… 106
3.7.2 微重力的应用 …… 109
3.8 空间环境对人与航天器的影响 …… 110
3.8.1 磁层对航天器的影响 …… 111

3.8.2　空间粒子辐射对航天器的影响 …… 111
3.8.3　原子氧环境对航天器的影响 …… 113
3.8.4　空间等离子体环境对航天器的影响 …… 114
3.8.5　微重力对人机体的影响 …… 116
3.8.6　气象、气候对航天器的影响 …… 119

第4章　天体的观测 …… 123

4.1　观察设备 …… 123
4.1.1　观察设备的基本概念 …… 123
4.1.2　观察设备的基本种类 …… 124
4.2　视差与距离 …… 128
4.2.1　视差 …… 128
4.2.2　距离 …… 132
4.3　恒星的测量 …… 133
4.3.1　恒星角径的测量 …… 133
4.3.2　恒星位置的测量 …… 133
4.4　亮度与星等 …… 134
4.4.1　亮度与星等的基本概念 …… 134
4.4.2　亮度与星等的计算方法 …… 134
4.5　行星和月球的观测 …… 135
4.5.1　行星质量与行星自转周期的测量 …… 135
4.5.2　月球的观测 …… 137
4.6　星图辨认 …… 138
4.6.1　星图介绍 …… 138
4.6.2　利用星图辨认星座 …… 142
4.7　天文导航简介 …… 148
4.7.1　天文导航的基本概念 …… 148
4.7.2　天文导航原理和方法 …… 149
4.7.3　天文导航系统简述 …… 152

第5章　天球坐标系及其变换 …… 154
5.1　天球及其运动 …… 154
5.1.1　天球 …… 154
5.1.2　天球的旋转 …… 156
5.1.3　天球的基本点、线、面 …… 157
5.1.4　天体视运动现象讨论 …… 160
5.2　天球坐标系 …… 165
5.2.1　地平坐标系 …… 166
5.2.2　时角坐标系 …… 167
5.2.3　赤道坐标系 …… 168
5.2.4　黄道坐标系 …… 169
5.2.5　空间坐标系 …… 170
5.3　坐标系变换 …… 172
5.3.1　天球坐标系之间的变换 …… 172
5.3.2　站心天球坐标系与地心天球坐标系的转换 …… 175
5.4　岁差与章动 …… 177
5.4.1　岁差 …… 177
5.4.2　章动 …… 181
5.4.3　岁差与章动影响的处理 …… 182

第6章　时间与历法 …… 185
6.1　时间计量系统 …… 185
6.1.1　计时系统的产生 …… 185
6.1.2　天文学中计量时间的原则 …… 186
6.1.3　时间间隔和时刻 …… 186
6.1.4　时间计量系统 …… 186
6.2　恒星时 …… 187
6.2.1　恒星时单位 …… 187
6.2.2　恒星时和春分点时角的关系 …… 187
6.2.3　恒星时和赤经的关系 …… 187

6.2.4 恒星时的不均匀性 …… 188
6.3 太阳时 …… 189
6.3.1 太阳的周年视运动 …… 189
6.3.2 真太阳和真太阳时 …… 192
6.3.3 平太阳和平太阳时 …… 193
6.3.4 时差 …… 194
6.3.5 太阳时和恒星时之间的换算关系 …… 194
6.4 地方时和区时 …… 196
6.4.1 地方时 …… 196
6.4.2 地方时差和地理经度差的关系 …… 196
6.4.3 世界时 …… 198
6.4.4 区时 …… 199
6.4.5 日界线 …… 201
6.4.6 地方平时、地方恒星时、区时之间的换算 …… 202
6.5 历书时、原子时 …… 205
6.5.1 历书时 …… 206
6.5.2 原子时 …… 208
6.5.3 协调世界时 UTC（Coordinated Universal Time） …… 208
6.6 历法简介 …… 209
6.6.1 太阴历 …… 210
6.6.2 太阳历 …… 210
6.6.3 阴阳历 …… 213
第7章 轨道原理 …… 217
7.1 天体力学基本定律 …… 217
7.1.1 开普勒三大定律 …… 217
7.1.2 牛顿万有引力定律 …… 218
7.1.3 N 体问题 …… 219
7.1.4 二体问题 …… 223

7.1.5 运动常数 …… 224
7.2 轨道方程 …… 227
7.2.1 运动方程的积分 …… 227
7.2.2 圆锥曲线的分类与特性 …… 229
7.2.3 ε 和 h 与轨道几何参数的关系 …… 233
7.2.4 轨道运动的一般特性 …… 235
7.2.5 正则单位 …… 240
7.3 飞船沿轨道运动条件与规律 …… 242
7.3.1 轨道几何参数与航天器入轨点运动参数的关系 …… 242
7.3.2 入轨点参数应满足的条件 …… 244
7.4 基本轨道要素及其与位置和速度矢量的关系 …… 246
7.4.1 坐标系 …… 246
7.4.2 基本轨道要素 …… 248
7.4.3 轨道要素同位置和速度矢量的关系 …… 250
7.5 位置与时间的函数关系 …… 259
7.5.1 椭圆轨道位置与时间的关系 …… 260
7.5.2 抛物线轨道位置与时间的关系 …… 262
7.5.3 双曲线轨道位置与时间的关系 …… 263
7.5.4 确定位置与时间函数关系的其他方法 …… 265
7.6 轨道确定 …… 270
7.6.1 观测数据与初轨计算方法 …… 271
7.6.2 由单个雷达观测数据确定轨道 …… 272
7.6.3 由三个位置矢量确定轨道 …… 279
7.6.4 由两个位置和飞行时间确定轨道 …… 281
7.6.5 由光学观测结果确定轨道 …… 283
7.6.6 初轨计算的加权单位矢量法 …… 286
7.6.7 轨道改进 …… 290
7.7 轨道调整与轨道转移 …… 292
7.7.1 轨道调整 …… 293

7.7.2　共面轨道转移 …………………………………………… 303
7.7.3　非共面轨道转移 ………………………………………… 315
7.8　轨道摄动 ……………………………………………………… 316
7.8.1　摄动和摄动因素基本知识 ……………………………… 316
7.8.2　变动轨道要素法 ………………………………………… 321
7.8.3　地球扁率摄动 …………………………………………… 333
7.8.4　气动力摄动 ……………………………………………… 338
7.8.5　轨道保持 ………………………………………………… 344
7.9　飞船在邻近轨道上的相对运动 ……………………………… 345
7.9.1　相对运动的目的 ………………………………………… 345
7.9.2　相对运动基本方程 ……………………………………… 346
7.9.3　特解及应用 ……………………………………………… 349

第8章　星下点与在轨观测 ……………………………………… 355
8.1　概述 …………………………………………………………… 355
8.2　飞船的星下点轨迹 …………………………………………… 356
8.2.1　星下点定义 ……………………………………………… 356
8.2.2　地图投影 ………………………………………………… 358
8.3　无旋地球上的星下点轨迹 …………………………………… 370
8.3.1　球坐标系下位置与速度的定义 ………………………… 371
8.3.2　球坐标系下运动状态与轨道要素的关系 ……………… 372
8.3.3　无旋地球上的星下点轨迹方程及其性质 ……………… 375
8.3.4　星下点轨迹的地图投影 ………………………………… 377
8.4　旋转地球上的星下点轨迹 …………………………………… 379
8.4.1　星下点轨迹方程 ………………………………………… 379
8.4.2　星下点轨迹方位角的计算 ……………………………… 382
8.4.3　回归轨道与准回归轨道 ………………………………… 383
8.4.4　考虑摄动影响时的星下点轨迹 ………………………… 385
8.4.5　不计摄动的星下点轨迹图形 …………………………… 388
8.4.6　航天器轨道的分类 ……………………………………… 392

8.5 飞船对地观测的覆盖区 …… 392
8.5.1 飞船在轨道上任一点时对地面的覆盖 …… 393
8.5.2 飞船沿轨道运动时对无旋地球的覆盖 …… 395
8.5.3 最小宽度覆盖带对旋转地球的覆盖 …… 400
8.5.4 星载测量设备的视角 …… 401
8.6 星下点轨迹的照明 …… 403
8.6.1 星下点的太阳天顶距与轨道要素的关系 …… 404
8.6.2 可见弧段及其纬度范围 …… 406
8.6.3 星下点照明问题的图解方法 …… 409
8.7 飞船受晒与星蚀 …… 411
8.7.1 受晒与星蚀的概念 …… 411
8.7.2 地影 …… 412
8.7.3 受晒因子 …… 413
8.8 飞船上观测到的地面景象 …… 417
第9章 星际飞行轨道 …… 421
9.1 概述 …… 421
9.2 奔月轨道 …… 423
9.2.1 引力影响球 …… 423
9.2.2 登月飞行引述 …… 425
9.2.3 地-月系统及月球运动的不规则性 …… 430
9.2.4 简单的奔月轨道计算 …… 432
9.2.5 拼接圆锥曲线近似法 …… 436
9.2.6 多圆锥截线法 …… 443
9.3 月球探测器返回轨道 …… 446
9.4 行星际飞行 …… 455
9.4.1 行星际飞行的主要特点 …… 455
9.4.2 拼凑圆锥截线法 …… 462
9.4.3 行星捕获与行星撞击 …… 468
9.5 恒星际飞行轨道 …… 470

9.5.1 恒星际飞行速度 …… 470
9.5.2 飞出太阳系的几种方法 …… 474

第10章 载人航天器介绍 …… 478
10.1 载人飞船 …… 478
10.1.1 几个典型的载人飞船 …… 478
10.1.2 载人飞船的任务和应用 …… 483
10.1.3 货运飞船介绍 …… 484
10.2 航天飞机 …… 490
10.2.1 航天飞机的结构与组成 …… 490
10.2.2 航天飞机的技术特点 …… 491
10.2.3 航天飞机的预想与现实 …… 493
10.2.4 航天飞机的应用 …… 494
10.2.5 航天飞机技术改进 …… 495
10.3 空间站 …… 495
10.3.1 空间站的任务与组成 …… 495
10.3.2 典型的空间站计划 …… 496

第11章 载人飞船 …… 502
11.1 概述 …… 502
11.1.1 载人飞船的特点和分系统 …… 502
11.1.2 载人飞船总体参数 …… 504
11.2 构形与布局 …… 508
11.2.1 典型飞船的构造特征 …… 508
11.2.2 飞船外形设计 …… 518
11.2.3 飞船结构布局 …… 525
11.2.4 飞船内部布局 …… 528
11.3 飞船结构 …… 531
11.3.1 飞船结构的功能、任务和基本设计要求 …… 531
11.3.2 防热结构 …… 532

11.3.3　密封结构 …… 538
11.3.4　连接和分离 …… 541
11.4　环境控制与生命保障系统 …… 543
11.4.1　系统的任务与功能 …… 543
11.4.2　系统的基本组成 …… 545
11.4.3　神舟飞船的环境控制和生命保障系统 …… 545
11.4.4　舱内温度控制 …… 546
11.4.5　舱内湿度控制 …… 554
11.4.6　舱内气体成分保障 …… 555
11.4.7　航天员生命保障 …… 561
11.5　电源系统 …… 567
11.5.1　系统的任务 …… 567
11.5.2　太阳能电源系统 …… 569
11.5.3　化学电源 …… 574
11.5.4　电源系统的功率分配和控制 …… 577
11.5.5　联盟号飞船的电源系统 …… 578
11.6　仪表和照明 …… 581
11.6.1　飞船仪表 …… 581
11.6.2　飞船照明 …… 584
11.7　数据管理 …… 586
11.7.1　数据管理系统的概念 …… 586
11.7.2　数据管理系统的结构 …… 587
11.7.3　数据管理系统软件 …… 590
11.8　推进系统 …… 592
11.8.1　飞船推进系统的任务和功能 …… 592
11.8.2　火箭推进原理和火箭发动机 …… 593
11.8.3　联盟-TM飞船推进系统 …… 601
11.8.4　神舟飞船推进系统 …… 606
11.9　飞船通信 …… 612

11.9.1 飞船通信系统的任务 …… 612
11.9.2 飞船通信系统构成 …… 613

第12章 发射与入轨 …… 617
12.1 航天器发射工程体系概述 …… 617
12.1.1 航天飞行试验 …… 617
12.1.2 航天器发射场体系 …… 620
12.2 航天发射场 …… 622
12.2.1 航天发射场的组成 …… 622
12.2.2 航天发射的工作流程 …… 624
12.2.3 世界主要航天器发射场 …… 628
12.2.4 航天发射场的发展模式 …… 637
12.3 运载火箭 …… 644
12.3.1 运载火箭及其功能 …… 644
12.3.2 运载火箭的箭体结构 …… 645
12.3.3 国内外典型的运载火箭 …… 647
12.4 发射阵地 …… 669
12.4.1 任务、组成与布局 …… 669
12.4.2 发射系统 …… 672
12.4.3 测试系统 …… 676
12.4.4 辅助系统 …… 676
12.5 测试发射模式 …… 678
12.5.1 测试发射模式 …… 678
12.5.2 发射设施 …… 683
12.6 发射装置和辅助设备 …… 685
12.7 发射窗口 …… 688
12.8 发射入轨程序 …… 689

第13章 飞船应急救生 …… 691
13.1 应急救生概述 …… 691

13.1.1 航天员的安全与应急救生 …… 691
13.1.2 应急救生的分类 …… 694
13.1.3 阿波罗和联盟号飞船的应急救生装置 …… 698
13.2 飞船故障和救生策略 …… 699
13.2.1 载人飞船的主要故障类型 …… 701
13.2.2 飞船不同飞行段的救生策略 …… 705
13.2.3 飞船故障检测方法与救生决策原则 …… 709
13.3 上升段应急救生 …… 712
13.3.1 上升段应急救生的特点 …… 712
13.3.2 上升段不同飞行阶段的应急救生方式 …… 713
13.3.3 逃逸飞行器简介 …… 717
13.4 轨道运行段应急救生 …… 722
13.4.1 轨道运行段救生的特点 …… 722
13.4.2 具有返回能力航天器的轨道运行段应急救生 …… 725
13.4.3 载人空间站轨道运行段救生 …… 726
13.5 返回段应急救生 …… 729
13.5.1 返回段应急救生特点 …… 729
13.5.2 返回段故障形式 …… 730
13.5.3 返回段应急救生方式 …… 732
13.6 联盟-TM飞船的应急救生系统 …… 733
13.6.1 联盟-TM飞船应急救生系统的构成 …… 733
13.6.2 联盟-TM飞船的应急救生程序 …… 739
13.7 阿波罗飞船上升段应急救生系统 …… 744
13.7.1 故障检测与报警系统 …… 745
13.7.2 阿波罗飞船的应急救生程序 …… 747
13.8 神舟飞船的应急救生系统 …… 750
13.8.1 待发射段及发射段的应急救生系统 …… 750
13.8.2 运行及返回段的应急救生系统 …… 752

第14章 返回与着陆 …… 754
14.1 载人飞船的返回过程 …… 754
14.1.1 返回程序与返回轨道 …… 755
14.1.2 再入方式 …… 757
14.1.3 着陆方式 …… 761
14.1.4 返回段的跟踪测轨和控制技术 …… 764
14.1.5 再入故障 …… 768
14.1.6 再入通信中断 …… 769
14.2 飞船着陆系统 …… 770
14.2.1 着陆系统的任务 …… 771
14.2.2 着陆系统设计的一般原则 …… 772
14.2.3 着陆系统的构成 …… 773
14.3 着陆系统工作程序 …… 786
14.3.1 飞船着陆系统的一般程序 …… 787
14.3.2 联盟-TM飞船着陆系统和工作程序 …… 789
14.3.3 阿波罗飞船着陆系统与工作程序 …… 796
14.3.4 神舟号飞船的着陆程序控制 …… 800
14.4 回收救援 …… 802
14.4.1 回收救援任务组织与管理 …… 803
14.4.2 回收作业 …… 808

第15章 测控系统 …… 813
15.1 测控系统概论 …… 813
15.1.1 测控系统概述 …… 813
15.1.2 测控系统的地位和作用 …… 817
15.1.3 测控系统的功能和结构 …… 818
15.1.4 载人航天测控系统简介 …… 821
15.2 指挥控制系统 …… 829
15.2.1 基本组成 …… 829
15.2.2 指挥控制中心和飞行控制中心 …… 831

15.3 测控站 …… 837
15.3.1 测控站的分类 …… 839
15.3.2 综合测控站的任务与组成 …… 840
15.3.3 测量船的任务与组成 …… 842
15.3.4 天基测控系统 …… 844
15.4 测控系统工作流程 …… 844
15.4.1 概述 …… 844
15.4.2 联调程序 …… 845
15.4.3 星地大回路演练与仿真演练 …… 846
15.4.4 全区合练 …… 848
15.4.5 火箭主动飞行段测控工作程序 …… 849
15.4.6 飞船运行段测控工作程序 …… 850
15.4.7 飞船返回段测控工作程序 …… 850
第 16 章 通信系统 …… 851
16.1 通信系统概述 …… 851
16.1.1 通信系统和测控系统的关系 …… 851
16.1.2 通信系统的任务、组成和分类 …… 853
16.1.3 通信理论的基本概念 …… 855
16.1.4 飞船通信的要求和信道 …… 867
16.1.5 飞船通信方法 …… 872
16.2 典型的飞船测控通信系统 …… 876
16.2.1 美国的飞船测控通信系统 …… 876
16.2.2 苏联/俄罗斯的飞船测控通信系统 …… 878
16.2.3 神舟飞船的测控通信系统 …… 880
16.3 遥测系统 …… 882
16.3.1 遥测系统概述 …… 882
16.3.2 遥测系统的组成和基本工作原理 …… 882
16.3.3 遥测设备 …… 888
16.4 遥控系统 …… 891

16.4.1 遥控系统概述 …… 891
16.4.2 遥控系统的组成和工作原理 …… 892
16.4.3 差错控制 …… 893
16.4.4 安全遥控新技术 …… 894
16.5 信息和数据传输系统 …… 894
16.5.1 信息流程 …… 894
16.5.2 数据传输系统 …… 900
16.5.3 指挥调度系统 …… 902
16.6 监控显示系统 …… 903
16.6.1 系统概述 …… 903
16.6.2 功能与组成 …… 903
16.6.3 显示设备与布设 …… 904
第 17 章 飞船制导、导航与姿态控制 …… 908
17.1 飞船的控制 …… 908
17.1.1 飞船控制的基本问题 …… 908
17.1.2 GNC 系统发展概况 …… 909
17.1.3 飞船 GNC 系统的任务 …… 911
17.1.4 GNC 系统的技术要求 …… 913
17.2 GNC 系统的构成 …… 914
17.2.1 系统的组成 …… 914
17.2.2 导航与姿态测量部件 …… 916
17.2.3 控制执行机构 …… 935
17.2.4 GNC 计算机 …… 938
17.3 飞船姿态控制 …… 941
17.3.1 飞船姿态描述 …… 941
17.3.2 飞船姿态运动学 …… 959
17.3.3 飞船姿态动力学 …… 961
17.3.4 飞船姿态的确定 …… 966
17.3.5 三轴姿态稳定系统 …… 974

17.3.6 姿态机动控制 …… 987
17.4 飞船轨道控制 …… 992
17.4.1 空间导航原理 …… 992
17.4.2 飞船轨道控制 …… 997
17.5 系统的手动控制 …… 1001
17.5.1 手动控制系统的构成 …… 1001
17.5.2 交会对接手动控制 …… 1005
17.5.3 返回再入过程的手动控制 …… 1007
17.6 GNC 系统与其他系统的联系 …… 1008

第 18 章 轨道测量与跟踪 …… 1011
18.1 轨道测量的目的和任务 …… 1011
18.2 轨道测量系统体制 …… 1014
18.3 飞行器运动参数的测量原理 …… 1019
18.3.1 空间目标定位的几何原理及数学表示 …… 1019
18.3.2 测距原理 …… 1021
18.3.3 测速原理 …… 1024
18.3.4 测角原理 …… 1025
18.4 跟踪测量系统各项功能的实现途径 …… 1029
18.4.1 多普勒探测系统 …… 1029
18.4.2 相位探测系统 …… 1031
18.5 轨道测量系统分类与主要设备 …… 1032
18.5.1 光学外测系统 …… 1032
18.5.2 无线电外测系统 …… 1037

第 19 章 航天医学工程学 …… 1042
19.1 概述 …… 1042
19.1.1 主要任务与内容 …… 1044
19.1.2 发展与展望 …… 1046
19.2 航天环境医学 …… 1047

19.2.1　概述 …… 1047
19.2.2　地位与作用 …… 1048
19.2.3　主要内容 …… 1049
19.2.4　发展与展望 …… 1051
19.3　重力生理学与失重防护 …… 1053
19.3.1　概述 …… 1053
19.3.2　重力环境的基本概念 …… 1054
19.3.3　重力生理学主要内容 …… 1056
19.3.4　失重生理效应与防护 …… 1058
19.3.5　发展与展望 …… 1066
19.4　航天人因工程与工效学 …… 1071
19.4.1　概述 …… 1071
19.4.2　发展历程 …… 1072
19.4.3　主要内容 …… 1074
19.4.4　工效学要求与评价 …… 1079
19.4.5　发展与展望 …… 1082
19.5　航天员选拔与训练 …… 1084
19.5.1　概述 …… 1084
19.5.2　航天员分类 …… 1086
19.5.3　航天员队伍 …… 1087
19.5.4　航天员任务 …… 1090
19.5.5　航天员选拔 …… 1092
19.5.6　航天员训练 …… 1097
19.5.7　发展与展望 …… 1103
19.6　航天员医学监督与医学保障 …… 1105
19.6.1　概述 …… 1105
19.6.2　航天员医学监督 …… 1106
19.6.3　航天员医学保障 …… 1113
19.6.4　医学保障设备 …… 1114

19.6.5 发展与展望 …… 1114
19.7 航天营养与食品 …… 1116
19.7.1 概述 …… 1116
19.7.2 航天员营养保障 …… 1117
19.7.3 航天食品 …… 1117
19.7.4 食品储藏及制备 …… 1123
19.7.5 再生式食品系统 …… 1123
19.7.6 发展与展望 …… 1125
19.8 环境控制与生命保障技术 …… 1126
19.8.1 概述 …… 1126
19.8.2 系统总体 …… 1131
19.8.3 供气调压 …… 1141
19.8.4 空气再生 …… 1154
19.8.5 温湿度控制和通风 …… 1170
19.8.6 水回收管理 …… 1174
19.8.7 餐饮支持 …… 1184
19.8.8 废弃物管理 …… 1186
19.8.9 灭火安全保障 …… 1196
19.8.10 受控生态技术 …… 1197
19.9 舱内航天服与个人防护装备 …… 1205
19.9.1 概述 …… 1205
19.9.2 地位与作用 …… 1206
19.9.3 舱内航天服的组成 …… 1208
19.9.4 舱内航天服的分类 …… 1211
19.9.5 舱内航天服的使用程序 …… 1216
19.10 航天环境模拟设备与飞行训练仿真技术 …… 1217
19.10.1 航天环境模拟设备 …… 1217
19.10.2 飞行训练仿真技术 …… 1222

第20章 航天员出舱活动技术 …… 1231
20.1 出舱活动技术概述 …… 1231
20.1.1 出舱活动简史 …… 1231
20.1.2 出舱活动技术的发展概况 …… 1234
20.2 出舱活动的空间威胁及防护 …… 1238
20.2.1 空间环境对人体的影响 …… 1240
20.2.2 出舱活动的防护技术 …… 1246
20.3 舱外航天服 …… 1249
20.4 气闸舱 …… 1249
20.4.1 气闸舱的基本原理 …… 1250
20.4.2 气闸舱的组成 …… 1253
20.4.3 俄、美和国际空间站气闸舱简介 …… 1255
20.5 出舱活动窗口与出舱活动程序设计 …… 1260
20.5.1 出舱活动窗口与出舱活动程序 …… 1260
20.5.2 出舱活动窗口设计 …… 1261
20.5.3 出舱活动程序设计 …… 1264
20.5.4 国外出舱程序介绍 …… 1266
20.6 国外航天员出舱活动训练设备介绍 …… 1270
20.6.1 俄罗斯大型训练设备介绍 …… 1270
20.6.2 美国大型训练设备介绍 …… 1271
第21章 交会对接技术 …… 1275
21.1 概论 …… 1275
21.1.1 基本概念 …… 1275
21.1.2 交会对接任务分类 …… 1276
21.1.3 发展历史和现状 …… 1277
21.2 交会对接飞行程序 …… 1280
21.2.1 飞行阶段划分 …… 1280
21.2.2 飞行任务 …… 1282
21.2.3 国外典型的交会对接飞行方案 …… 1286

21.3 交会对接系统组成 …… 1293
21.3.1 基本组成 …… 1293
21.3.2 相对测量设备 …… 1294
21.3.3 对接机构 …… 1302
21.3.4 执行机构 …… 1304
21.3.5 通信设备 …… 1306
21.4 交会对接制导与控制 …… 1307
21.4.1 交会对接控制系统 …… 1307
21.4.2 制导控制方案 …… 1308
21.4.3 典型制导算法 …… 1310
21.5 手动控制交会对接系统 …… 1316
21.5.1 功能和特点 …… 1317
21.5.2 系统组成 …… 1318
21.5.3 典型案例 …… 1321

第22章 空间站技术 …… 1325
22.1 概述 …… 1325
22.1.1 空间站发展概况 …… 1325
22.1.2 各国发展空间站的特点 …… 1326
22.1.3 我国发展空间站的需求 …… 1327
22.2 空间站关键技术 …… 1329
22.2.1 材料与结构 …… 1329
22.2.2 天地往返运输系统 …… 1331
22.2.3 制导、导航与控制 …… 1334
22.2.4 环境控制与生命保障系统 …… 1335
22.2.5 在轨维护 …… 1336
22.2.6 科学试验 …… 1337
22.3 空间站构型设计 …… 1337
22.3.1 空间站构型发展概述 …… 1337
22.3.2 国外空间站典型构型 …… 1339

22.3.3 空间站构型设计准则 …… 1343
22.3.4 空间站构型评估折中 …… 1345
22.4 和平号空间站 …… 1350
22.4.1 主要技术指标 …… 1351
22.4.2 舱段组成 …… 1351
22.4.3 飞行记录 …… 1353
22.4.4 空间试验 …… 1355
22.5 国际空间站 …… 1357
22.5.1 主要技术指标 …… 1357
22.5.2 建造阶段 …… 1358
22.5.3 舱段组成 …… 1360
22.5.4 系统组成 …… 1367
22.6 空间站运营管理技术 …… 1372
22.6.1 运营管理概念 …… 1372
22.6.2 运营管理的任务层次 …… 1373
22.6.3 国外空间站的运营管理 …… 1374

第23章 深空探测技术 …… 1382
23.1 概述 …… 1382
23.2 深空探测发展历程 …… 1384
23.2.1 国外早期月球探测活动 …… 1384
23.2.2 国外近期和未来的月球探测活动 …… 1387
23.2.3 火星探测 …… 1390
23.2.4 水星探测 …… 1392
23.2.5 木星探测 …… 1392
23.2.6 土星探测 …… 1393
23.2.7 天王星、海王星和冥王星探测 …… 1393
23.2.8 小行星探测 …… 1394
23.2.9 太阳探测 …… 1394
23.3 深空探测关键技术 …… 1395

23.3.1　新型轨道设计技术 …… 1395
23.3.2　新型结构与机构技术 …… 1396
23.3.3　热控技术 …… 1398
23.3.4　自主导航与控制技术 …… 1399
23.3.5　新型推进技术 …… 1400
23.3.6　新型能源技术 …… 1403
23.3.7　测控通信技术 …… 1406
23.3.8　综合电子系统技术 …… 1407
23.3.9　有效载荷技术 …… 1407
23.3.10　外星工作站技术 …… 1408
23.3.11　运输与运载系统技术 …… 1411
23.3.12　载人系统技术 …… 1411
23.4　典型深空探测任务 …… 1411
23.4.1　阿波罗载人登月 …… 1411
23.4.2　星座计划 …… 1417
23.4.3　月亮女神月球探测 …… 1421
23.4.4　嫦娥探月工程 …… 1422

第24章　空间科学与应用技术 …… 1425
24.1　引言 …… 1425
24.1.1　空间科学与技术的基本概念 …… 1425
24.1.2　空间科学与空间应用的地位与作用 …… 1427
24.1.3　载人航天任务中的空间科学与空间应用 …… 1427
24.2　空间科学与应用的研究范围 …… 1429
24.2.1　概述 …… 1429
24.2.2　空间科学 …… 1429
24.2.3　空间应用 …… 1445
24.3　空间科学与空间应用的技术支持 …… 1450
24.3.1　概述 …… 1450
24.3.2　共性基础技术 …… 1450

24.3.3 先进科学仪器技术 …… 1453
24.4 载人空间科学与空间应用的发展现状及展望 …… 1455
24.4.1 国际发展状况与趋势 …… 1455
24.4.2 我国载人航天空间科学与空间应用发展状况及未来规划 …… 1461
参考文献 …… 1467

第1章 概 述

载人航天是人类乘坐和驾驶载人航天器在太空从事各种探测、试验、研究和生产的往返飞行活动。自1964年4月12日苏联航天员加加林实现了人类首次轨道飞行以来，载人航天已经历了很长的历程，取得了长足的发展。载人航天的各项应用对国家的政治、军事、经济和科学技术的发展具有重大和深远的影响，当前发展载人航天的国家已从苏联和美国扩展到欧洲空间局、中国、日本、印度和加拿大。很明显，载人航天将进一步发展，并将成为未来航天大国的重要标志之一。

1.1 载人航天的意义

嫦娥奔月、万户飞天，自古以来人类就有飞离地球进入宇宙空间的渴望，正是载人航天的成功把这种渴望变成了现实，同时也给现实世界带来了重大影响。

人类的发展历史表明：为了扩大社会生产活动，必然要不断开拓新的天地。而宇宙不但以其辽阔无垠的空间和无与伦比的精美构造令人神往，更以其取之不尽的空间资源财富引人瞩目。当今世界航天技术和航天活动的发展，极大地扩展了人类活动的新领域。这是一个人类认识自然、开发宇宙空间质的飞跃，也是一个必经阶段。

众所周知，人类的活动范围经历了从陆地到海洋、海洋到大气层，再从大气层到外层空间的逐步扩展过程。1981年，在罗马召开的国际宇航联合会第32届大会上，把陆地、海洋和大气层分别称为人类的第一、第二和第三环境，把外层空间称为人类的第四环境。

从环境和资源的角度，将外层空间的下边界定在距离地表 100 km 左右的高度比较合适。人类进入空间并开始适应、研究、认识、利用和开发这个新的第四环境，是人类文明史上一次了不起的飞跃。在这个人类新进入的第四环境中的地球引力作用区（该环境中还包括太阳引力作用区、银河系引力作用区和河外星系引力作用区等）内，现已探明的可供利用和开发的空间资源有：

1）相对于地表的高远位置资源；

2）高真空和超洁净环境资源；

3）航天器内部的微重力环境资源；

4）太阳能资源；

5）月球资源。

上述五大空间资源都是极其丰富的，有的甚至是取之不竭、用之不尽的。这样一来，摆在人类面前的问题是，用什么样的办法和手段、花多大的代价才能长久地处于空间环境之中，进而去研究和认识这个环境，并逐步开发和利用其所具有的各项资源以造福人类。至今最好的办法是大力发展航天技术（又称空间技术）。

50 多年来，空间技术有了重大发展，特别是在开发航天器利用外层空间中相对于地表的高远位置资源以获取、传输和转发信息方面取得了更为明显的进展，而且已经获得了巨大的效益。应该指出，这种空间的高远位置资源在信息领域首先被利用开发，主要是因为其可以在完全自动化和无需人在空间直接参与的技术条件下实现，而早期的空间技术的发展正是建立在这种相对比较简单的技术基础上的。随着人类对空间资源开发和日益增长的通信要求，这种超大规模天线的通信卫星（这类卫星不仅天线很大，而且卫星本身的结构也很大）已不能用传统的方法装载于运载器上再发射到空间轨道上自动展开，而是要用压紧包装，经一次或几次发射，在空间轨道上靠人工展开、装配或组合的方式完成。面对这种情况，采用完全自动化的技术和条件已不能适应，需要有人参与才能实现。利用和开发空间微重力资源制备高级材料、高纯药物和其他高级产品及开发太阳能建造大型空间太阳能电站等工作的展开，也已远远超过只包括信息采集的单一工作，还需要进一步获取、加工、转变、运输和存储物质材料和能量。为此所采用的方法和过程、所需的装备和设备以及所耗用的能源，一般都要比用于信息采集和传递方面大得多和复杂得多，在现在和可预见的将来，还很难或不宜全部自动化。因此，利用开发这些空间资源也需要人在空间直接参与。进一步发展空间科学，例如，在空间站上或在月球上建立供天文学家长期进行天文学研究的观测设备以及在月球上开展定居等各项研究试验工作，更需要人直接参与。种种情况表明，空间技术发展到现阶段，人们已认识到人在空间发挥能动作用，直接参与研究、试验和利用、开发资源的工作，是从根本上扫除阻碍空间科学技术进步和进一步利用开发空间资源的重要步骤。

其实，早在空间技术起步时，人们就已经认识到人最终必将直接参与空间活动。为此，从20世纪60年代开始，美苏等国就大力开展载人航天活动。几十年来，美苏载人航天的实践有力地证明了任何自动化系统都无法完全代替人的作用：航天器上的各种仪器设备经人的精心管理、操作和使用，其功能的灵活性和可靠性都有很大的提高，人机结合的综合效果使效费比大大提高。而且从目前来看，人的信息收集，处理，分析、判断和学习能力，利用经验、直觉进行意外事件处理，计划修改，创造能力，决策能力以及操作能力等方面都要优于自动化系统。此外，寻找地球之外的第二家园是人类的新使命，必然要求人直接进入宇宙空间，具备地外天体驻留的能力。由此可见，人直接参与航天活动（也就是载人航天技术），无论从哪方面讲都具有重要意义。

综观人类空间技术的发展过程，大致可分为两大阶段。第一阶段主要是发展无人卫星，并开始载人航天的起步；第二阶段则是以载人航天为主要特征，利用“非人不可”的技术探索空间，开拓人类生存的第四环境。因此载人航天是人类开发空间的必然阶段，也是空间技术合乎逻辑的发展步骤。

除了上述载人航天的普遍意义外，载人航天工程对于我国还有如下特殊意义。

（1）维护国家安全，增强综合国力

国家安全不仅表现在国家的生存安全，还表现在国家的发展态势。国家利益延伸到哪里，国家安全就要保障到哪里。我国国家利益不断拓展，已经逐渐超出传统的领土、领海和领空范围，不断向境外、海洋、太空和电磁空间拓展。保障国家太空（太空资源和空间控制）权益，是国家利益空间拓展和可持续发展的重要内容。发展载人航天工程，不断探索、开发和利用空间资源，可以为国家利益不断拓展和保障国家安全提供坚实的技术保障、物质基础和战略威慑，带动科学技术进步，促进综合国力的不断提升。

（2）提高国际地位，增强民族凝聚力

我国载人航天取得的成就，特别是多次载人航天飞行的圆满成功，极大地增强了全体炎黄子孙的民族自豪感和凝聚力，在国际上产生了重大影响，使我国成为在空间领域有影响力的大国。持续发展载人航天将会不断激发民族自豪感、增强民族凝聚力，进一步增强我国的国际影响力和竞争力，提升我国的大国地位。

（3）促进国防和军队现代化建设

发展载人航天，研发并试验以载人空间平台为基础的空间新概念信息化设施和对地侦察监视系统等高端电子信息装备及其技术，可以多层次、多方位增强我军捍卫国家安全的能力。利用载人空间站在太空建造综合性平台，实现在轨建造、维护、更换、投放和回收，可以提高我军航天装备的可靠性、机动性和使用效能，使航天技术成为新一代的战略威慑力量。

（4）推动科技进步与经济发展

实施大工程、大战略项目对持续推动整个国家科技进步和经济发展具有举世公认的作用。载人航天工程的第一步任务有力地推动了全国多个行业、多个领域的科技进步；载人空间站作为我国空间科学和技术试验的基础平台，将成为我国空间科学和新技术研究试验的重要基地。通过有人参与的空间科学实验和航天高新技术的试验研究，有望在若干重点领域获取具有重大科学意义、富有原创性的科研成果，从而进一步提高自主创新能力，推动我国的科技进步和经济发展。随着我国空间站技术的逐步成熟和新一代运载火箭的投入使用，可以利用空间站对相关技术进行充分的试验和验证，为将来的载人登月和行星探测等航天活动进行技术储备。

（5）培养人才，增强科技发展的潜力

载人航天工程第一步和第二步第一阶段的成功经验证明，通过实施载人航天工程，培养和造就了一大批杰出的工程技术专家和各类专业人才。通过后期载人空间站工程的科技带动作用，不但能够把更多的优秀人才凝聚到载人航天的伟大事业中来，而且能够进一步激励普通民众的求知欲望，形成学习科学、探索未知世界的强大动力，提高全体国民的科学素养。随着国民素质的提高，我国科技发展的潜力将会不断增强。

（6）满足空间科学研究的应用需求

体现国家目标的空间应用能够更加密切地结合国家的实际需求，解决我国国防建设和经济社会发展中迫切需要解决的重大科学技术问题；更加有预见性地研究空间科技发展的趋势，推动我国空间科学和应用走向世界前沿，满足地球观测、空间科学研究和空间新技术验证等方面的应用需求。

1.2　载人航天发展历程

自苏联航天员加加林乘坐东方号飞船绕地球轨道飞行一圈，成为第一个进入太空的人后，载人航天大致经历了四个阶段。第一阶段主要解决把人送入地球轨道并安全返回的问题。这一阶段的载人航天证实了人在过载、失重、真空和强辐射等恶劣环境下不仅能够生存，而且能有效地工作。第二阶段主要是发展载人航天基本技术，如飞船的轨道机动飞行、两艘飞船在空间交会对接以及编队飞行，考察航天员出舱活动的设备和能力，同时也实现了载人登月的基本技术。第三阶段是发展实验性空间站，进一步考察人在太空环境条件下长期生活和工作的能力；利用空间独特环境从事多种学科研究和应用实验，诸如生物学、医学、天文学、材料及工艺实验和地球资源勘测以及军事活动等，同时也为建立实用空间站积累经验。第四阶段是发展大型载人空间平台和开展大规模应用，如建造和运营可长期驻留的空间站（包括舱段组合式的和平号空间站和桁架挂舱式的国际空间站两种可扩展的构型），并以此为空间平台开展了大量的科学技术试验和应用任务。

1.2.1 苏联/俄罗斯的载人航天发展历程

苏联载人航天事业比美国发展得早。第一颗人造地球卫星上天后不久，苏联就开始了生物卫星的试验工作。1957 年 11 月，苏联把一颗载有小狗“莱依卡”的人造地球卫星发射到轨道上。1960 年 5 月至 1961 年 3 月，在将近一年的时间内苏联先后发射了五艘卫星式飞船，其作为载人飞船的先驱，进行了大量的航天医学和航天生物学试验，为载人飞船上天作技术准备。1961 年 4 月 12 日，苏联将东方 1 号载人飞船发射到地球轨道上。其在轨道上绕了一圈，飞行了 108 min，苏联成为第一个进行载人航天的国家。从第一个人上天至今，苏联/俄罗斯先后制定并独自执行过六个载人航天计划：三个载人飞船计划——东方号、上升号和联盟号，两个空间站计划——礼炮号和和平号，一个航天飞机计划——暴风雪号，而后又参与了以美国为首的国际空间站计划。其整个历史发展过程一般可分为以下五个阶段。

1）第一阶段为执行东方号和上升号计划。其主要是为了与美国争夺空间霸权，抢先把载一人和载多人的飞船送入轨道，争夺空间第一；其次是为了试验人在空间环境中的适应能力，验证飞船和运载火箭上各系统的性能。

东方号是苏联第一个载人航天计划。从 1961 年 4 月到 1963 年 6

月，东方号共进行过 6 次飞行，其中 4 次为编队飞行。第一队为东方 3 号和东方 4 号飞船，两者相隔一天被发射到轨道上，分别在轨道上飞行了 3 天和 4 天，两艘飞船之间最近的距离为 6.4 km。第二队为东方 5 号和东方 6 号，东方 6 号比东方 5 号晚两天发射，但是在同一天返回。东方 6 号飞船上是 1 名女航天员。两艘飞船在轨道上最近距离为 4.8 km。

上升号计划只发射过两艘飞船：上升 1 号和上升 2 号。上升 1 号上有 3 名航天员，其中 1 名是医生，目的是为了对航天员的健康状况进行直接观察以及有目的的自我观察。上升 2 号载有两名航天员，其中 1 名在飞行中出舱活动 20 min。

2）第二阶段是从 1967 年开始，以联盟号的首次飞行为标志，到联盟 9 号的发射结束。除政治上的需要，其主要是为在近地空间建立空间站做准备：试验和探索人在近地空间究竟能做些什么，有何实际的军事和科学价值；继续研究人对空间环境的长期适应能力。在这一阶段，苏联进行了联盟号的会合、对接、机动变轨以及 3 艘飞船编队飞行。

3）第三阶段是从 1976 年联盟 10 号升空开始，以礼炮号的飞行为标志。任务与目的和第二阶段大致相同，但其重点放在试验和探索建立近地空间站的技术途径，继续研究人在空间站内有何军事、经济和科学价值等，为建立未来大型空间站准备条件。

1971 年 4 月 19 日，苏联发射了第一艘地球轨道空间科学站礼炮 1 号，紧接着于 4 月 23 日发射了联盟 10 号和空间站对接，一起飞行 5.5 h 后，联盟 10 号脱离空间站返回地球。6 月 6 日又发射了联盟 11 号。联盟 11 号的 3 名航天员进入空间站内生活和工作 24 天。6 月 29 日联盟 11 号与礼炮 1 号脱离，并按正常程序返回地面。在返回过程中，由于座舱密封不严，造成舱内气压迅速下降，因此着陆后发现 3 名航天员全部死亡。

1973 年 4 月至 1976 年 6 月，苏联相继把 4 艘礼炮号空间站送上天，除礼炮 2 号入轨后出现故障而失败外，其他 3 艘都在轨道上停留了一定时间，并依次与联盟号系列飞船进行了对接。

1977 年 9 月 21 日，苏联成功地发射了礼炮 6 号空间站。从其入轨后至 1981 年 5 月 27 日苏联宣布停止接待航天员的 3 年 8 个月的时间内，曾分别与联盟号、其改进型联盟 T 号系列飞船和进步号无人货运飞船进行了对接，先后接待过 16 批共 33 名苏联及其盟国的航天员，累计载人飞行 676 天，创造了 185 天载人飞行的世界纪录，完成了 120 多项科学试验，取得了大量可应用于科学和国民经济各部门的重要资源。

1982 年 4 月 19 日，苏联又成功发射了一艘新的空间站——礼炮 7 号。发射的目的主要是继续进行苏联在科学和国民经济领域感兴趣的科学技术研究与实验活动，同时，在飞行期间继续在空间站上利用改进的各分系统和设备进行试验和演练。礼炮 7 号空间站上天以后，苏联继续发射了联盟 T 系列载人飞船和进步号系列无人货运飞船，在空间与空间站进行对接，组成联合飞行体，执行各种飞行任务。2 名航天员，阿·别列扎沃伊和瓦·列别杰，在礼炮 7 号上创造了 211 天、当时载人飞行的世界新纪录，并于当年 12 月 10 日安全返回地面。

4）第四阶段是以和平号核心舱发射为标志，到和平号受控再入烧毁结束。

1986 年 2 月，苏联发射了第三代空间站——和平号。其是一个永久性的载人空间站，有 6 个对接口，可同时与 2 艘飞船和 4 个实验舱对接，并可居住 6～10 名航天员。1987 年 4 月，苏联首次实现了和平号核心舱、量子 1 号天文物理实验舱、联盟 TM 号载人飞船和进步号货运飞船 4 个舱体的成功对接，对接形成的轨道复合体总质量达 6×10^4 kg。1987 年 12 月 3 日，航天员季托夫和马纳罗夫乘联盟 TM－4 号与和平号对接。他们曾 3 次出舱完成安装和修理工作，于 1988 年 12 月 21 日返回地面，在和平号内连续生活 364 个昼夜，加上对接前的前两天，在太空飞行的时间共 366 个昼夜，创造了航天员在太空飞行的最新纪录。1989 年 11 月 26 日，苏联又发射了进行科学实验的量子-2号实验舱与和平号对接。1990年5月31日，苏联从拜科努尔发射场用质子号火箭将质量为1.95×10^4 kg的晶体舱送入轨道，与和平号空间站对接，开始进行空间生产与试验。苏联解体后，俄罗斯成了其航天事业的继承者。1993年2月4日，俄罗斯科学家利用停靠在和平号上无人驾驶的进步号货运飞船进行了首次太空伞试验，将人类第一个太空伞顺利地在地球轨道上打开，向地球反射了夺目的阳光。该试验实现了人类多年的梦想，托起了首颗“人造月亮”。

继和平号空间站之后，苏联还曾准备重新建造一个大型空间站——和平2号，这个空间站比和平号性能优越，可由航天飞机提供维修和补给等各项服务。和平2号空间站本身质量可达4×10^5 kg，可容纳12～30名航天员，航天飞机将成为其往返运输的重要交通工具。1987年5月15日，苏联成功地发射了能源号巨型运载火箭，向近地轨道发射有效载荷能力超过1×10^5 kg。该运载火箭可用来发射航天飞机、空间站及空间武器平台等。

1988年11月15日，苏联从拜科努尔发射场用能源号运载火箭首次成功发射了暴风雪号大型航天飞机。该航天飞机完成了围绕地球两圈的不载人飞行和自动返回着陆，在历时205 min的飞行过程中，对航天飞机自动入轨、飞行和返回时的各系统和航天飞机的结构进行了综合试验。

苏联的解体导致了各主权加盟共和国纷纷瓜分苏联的航天工业成果与航天设施。然而应该注意到，绝大部分的航天工业均在俄罗斯境内，因此俄罗斯仍然是重要的航天工业及航天技术大国。

5）第五阶段是从俄罗斯与美国签订共同建造国际空间站的协议开始，至国际空间站运营寿命终止。

1.2.2　美国载人航天发展历程

美国自1961年5月发射了第一艘航天载人器以来，已有50多年的载人航天历史了。在这50多年中，美国先后独立或主导研制了水星号、双子星号、阿波罗号飞船、天空实验室试验性空间站、航天飞机和国际空间站。

(1) 水星计划

水星计划是美国第一个载人航天计划，始于1958年10月，结束于1963年6月。该计划共进行了17次飞行、2次动物试验飞行、2次载人亚轨道飞行和4次载人轨道飞行。水星计划的目的是把人和飞船安全地送入轨道并返回，考察人能否在空间环境中生存和工作。

水星号飞船可载1人，重约1 600 kg，高2.9 m，最大直径1.8 m，由密封舱和伞舱构成，外形像一口圆锥型钟。水星号飞船的载人飞行概况如表1-1所示。

表1-1 水星号飞船载人飞行概况

型号	发射日期	飞行时间	航天员	任务	故障及医学问题
3号	1961.05.05	15 min	谢波德	美国第一次载人亚轨道飞行，其目的是评定航天员在空间的反应和检验座舱系统	飞船在水中溅落后，因密封舱门提前打开而一度沉入水中
4号	1961.07.21	16 min	格里森	第二次亚轨道飞行，任务与水星3号相同	
6号	1962.02.20	4 h 55 min	格伦	美国首次载人地球轨道飞行，其目的是：1）研究飞船飞行轨道；2）回收载人容器；3）考查飞船的性能和人在空间的适应能力	飞行中姿态控制系统曾发生故障
7号	1962.05.24	4 h 56 min	卡本特	1）将飞船送入预定轨道并在预定地点回收； 2）评定人在航天中的活动能力； 3）听取航天员对飞船及联合操纵系统驾驶的意见	飞行中冷却系统曾发生故障，舱温上升至40 ℃； 定向系统发生故障，被迫手动操纵

续表

型号	发射日期	飞行时间	航天员	任务	故障及医学问题
8号	1962.10.03	9 h 13 min	希拉	1）考查飞船系统性能； 2）研究人在空间的活动能力； 3）对上层大气分布、空间辐射和绝缘材料等进行研究	第一圈飞行时致冷剂阀门部分阻塞，使服装温度不能及时稳定； 首次发现飞行后航天员立位耐力下降
9号	1963.05.15	1 d 10 h 20 min	库柏	1）为今后飞行计划搜集有关资料； 2）研究轨道飞行对人体的影响及人在飞行中的工作能力	因自动系统元件发生故障，手动操纵返回

（2）双子星计划

双子星计划是美国第二个载人轨道飞行计划，始于1961年11月，结束于1966年11月。该计划共进行2次不载人飞行，10次载人飞行，总费用约6.5亿美元。

双子星计划的飞行任务是为载人登月计划作技术准备，开发轨道交会、对接、机动变轨技术和舱外活动能力，以及研究人在失重条件下的耐力极限。

双子星号飞船可载2人，进行长达2周的空间飞行，由再入舱和对接舱构成，舱体前端有交会用的雷达。飞船外形呈长圆锥形，也有些像钟，高5.63 m，最大直径3.1 m，质量为3 000～4 000 kg，约比水星号飞船大50%。

飞船用大力神-2火箭发射，其轨道参数为近地点153.3 km，远地点239.8 km，倾角32.6°，周期88.3 min。

双子星号飞船载人飞行概况见表1-2。

表 1-2　双子星号飞船载人飞行概况

型号	发射日期	飞行时间	航天员	任务
3号	1965.03.23	4 h 53 min	格里森 约翰·杨	1）进行飞行中手控机动试验； 2）研究失重及辐射对人体的影响
4号	1965.06.03	4 d 1 h 56 min	麦克迪维特 怀特	1）评价飞船及其系统性能； 2）进行了11项试验； 3）完成了出舱活动
5号	1965.08.21	7 d 22 h 56 min	库柏 康拉德	共进行了17项试验，着重研究失重对人体的影响以及交会用雷达的工作性能
6号	1965.12.15	1 d 1 h 51 min	希拉 斯塔福德	与双子星7号编队飞行，实现了第一次近距离（相距2 m）交会和编队飞行
7号	1965.12.04	13 d 18 h 5 min	博尔曼 络弗尔	1）与双子星6号编队飞行； 2）进行了20多项试验，特别研究了长期失重对人体的影响
8号	1966.03.16	10 h 41 min	阿姆斯特朗 斯科特	1）首次在空间与目标卫星对接； 2）出舱活动96 min
9号	1966.06.03	3 d 21 min	斯坦福特 赛尔南	1）与目标卫星对接； 2）长时间空间行走，航天员行走128 min
10号	1966.07.18	2 d 22 h 47 min	约翰·杨 柯林斯	1）先后与目标卫星阿金纳10号和阿金纳8号交会； 2）飞行中柯林斯两次出舱活动
11号	1966.09.12	2 d 23 h 17 min	康拉德 戈登	1）与目标卫星交会，将飞船与卫星用绳连接起来； 2）出舱活动； 3）拍摄地球及星体照片
12号	1966.11.11	3 d 22 h 34 min	络弗尔 奥尔德林	1）与阿金纳12号卫星交会； 2）飞行中进行一系列空间试验和调查； 3）出舱活动149 min

(3) 阿波罗计划

阿波罗计划是美国第三个载人航天计划，始于1961年5月，结束于1972年12月。该计划共进行了16次发射，6次无人亚轨道飞行，1次地球轨道飞行，3次载人绕月飞行，6次载人登月飞行，总费用为250亿美元。

阿波罗计划的飞行任务是把人送上月球，在月面上进行考察及获取标本，然后安全返回地面。

阿波罗号飞船可载3人，总质量5×10^4 kg，飞船由登月舱、服务舱、指令舱和救生逃逸装置4个部分组成。

飞船用土星系列运载火箭发射：土星-1用于飞船试验阶段的飞行，土星-1B用于阿波罗号飞船载人地球轨道飞行，土星-5用于阿波罗飞船载人登月飞行。

阿波罗号飞船的载人飞行概况见表1-3。

表1-3 阿波罗号飞船载人飞行概况

型号	发射日期	飞行时间	航天员	任务	故障及医学问题
7号	1968.10.11	10 d 20 h 5 min	希拉 艾西尔 坎宁安	1）验证指令舱和服务舱性能； 2）了解飞行期间航天员活动能力； 3）与土星-4B会合，模拟对接； 4）从飞船上播送生活电视	航天员在飞行中患呼吸道病毒感染综合症
8号	1968.12.21	6 d 3 h	博尔曼 络弗尔 安德斯	1）第一次载人月球轨道飞行； 2）对月球进行科学摄影	航天员产生运动病
9号	1969.03.03	10 d 1 h 1 min	麦克迪维特 斯科特 施维卡特	1）模拟登月飞行； 2）绕月球轨道飞行，拍摄了红外彩色照片	因航天员病毒感染、发射推迟3天； 因空间运动病，修改了飞行中出舱活动计划

续表

型号	发射日期	飞行时间	航天员	任务	故障及医学问题
10号	1969.05.18	8 d 3 min	斯坦福德 塞尔南 约翰·杨	1）验证飞船及维持设备性能，鉴定指令舱在月球轨道内的性能； 2）飞船绕月球飞行，检查阿波罗11号的着陆点	玻璃纤维绝缘材料刺激皮肤、眼睛和上呼吸道
11号	1969.07.16	8 d 3 h 18 min	阿姆斯特朗 柯林斯 奥尔德林	1）完成登月计划，在月球上停留2 h 31 min； 2）在月球上采集岩石、装置月震仪、激光反射器和太阳风测试仪，并发送电视图像	
12号	1969.11.14	10 d 4 h 36 min	康拉德 戈登 比恩	1）两名航天员在月球上停留31 h，2次出舱活动； 2）在月球上安装了核动力科学站，测量月球磁场、收集59 kg土壤标本； 3）飞行期间面向地面发送10次电视图像	飞行中2次被闪电击中，使电子系统发生故障，但得到及时修复；导电膏引起接触性皮炎
13号	1970.04.11	5 d 22 h 55 min	络弗尔 海斯 斯威格特		飞行过程中由于服务舱氧气箱被电诱发起火而中止飞行，被迫取消登月； 航天员有泌尿系统感染
14号	1971.1.31	9 d 42 min	谢泼德 罗斯 米切尔	1）两名航天员两次登上月面，采集标本、安装彩色电视、运送物品和拍照； 2）在飞船上进行材料加工和金属铸造等试验	

续表

型号	发射日期	飞行时间	航天员	任务	故障及医学问题
15号	1971.7.26	12 d 7 h 12 min	斯科特 沃登 欧文	1）首次使用月游车； 2）收集标本，在月面建立核动力试验站，记录月球环境数据； 3）在月球轨道发射1颗人造月球卫星	飞行期间航天员出现心律失常和期外收缩
16号	1972.4.16	10 d 14 h 51 min	马丁利 杜克 约翰·杨	1）3次月球表面活动，采集标本，拍摄照片； 2）从飞船上发射1颗月球卫星； 3）研究闪光现象	
17号	1972.12.6	12 d 13 h 51 min	塞尔南 埃文斯 施密特	1）3次舱外活动，采集标本113 kg； 2）对月球的热度、重力、大气成分、地质和月面陨石等进行研究； 3）在月球建立核动力科学站	

（4）天空实验室计划

在阿波罗计划后，美国试图建立一个以航天飞机和空间站为中心的航天体系，天空实验室就是美国的第一个试验性空间站。该计划共发射4次，其中1次为无人飞行，3次为载人飞行。

天空实验室计划的飞行任务是对地面目标，如地形和海洋等进行照像观测；此外还进行了太阳物理和宇宙天文学、新材料和新工艺，以及生物医学和人在持续长时间失重环境中的工作能力与生活适应性等方面的30多项科学试验。

天空实验室飞船由轨道工作舱、过渡舱、多用途对接舱、指令舱、服务舱、太阳望远镜和2组太阳能电池组成，全长36 m，直径6.7 m，质量约86 000 kg，可载3人。运载火箭土星-5的第一、第二级用于不载人飞行，土星-1B用于载人飞行。天空实验室飞行概况见表1-4。

表1-4　天空实验室飞行概况

型号	发射日期	飞行时间	航天员	任务	故障及医学问题
1号	1973.05.14		不载人	与天空实验室-2、天空实验室-3、天空实验室-4对接，对接后航天员进入站内执行任务	
2号	1973.05.25	28 d	康拉德 克尔温 韦茨	1）3批航天员进行了多种科学实验，其中包括医学生物学、地质勘察、材料加工、太阳天文学观察、气象变化、地球上湖泊、冰层、植物及热带暴风雨等变化； 2）舱外活动达40 h，拍摄了太阳活动和地球表面照片	天空实验室的天线发生故障； 航天员出舱修理，航天员在飞行中出现血管失调、骨质代谢紊乱、运动病和肌肉功能下降
3号	1973.07.28	59 d	比恩 加里奥特 络斯马		
4号	1973.11.16	84 d	卡尔 吉布森 波格		

（5）阿波罗号/联盟号联合飞行

在天空实验室计划之后，美国于1975年7月15日，同苏联进行了一项阿波罗号/联盟号联合飞行计划。其主要目的是试验在国际空间救援飞行中所需的载人飞船的交会和对接系统。在两艘飞船之间有1个过渡舱连接，航天员可以通过过渡舱访问对方。阿波罗号/联盟号联合飞行了9天，成功地完成了交会和对接机动飞行。两艘飞船在一起飞行了2天，在此期间每个乘员都访问了对方的飞船。在飞行中，双方共完成了35项科学试验，其中5项为联合试验。在返回阶段，美国航天员因思想疏忽而触发了反应控制系统，受到N_2O_4毒气的伤害。N_2O_4弥散导致所有的乘员都患上了化学性肺炎。

（6）航天飞机计划

20世纪70年代，美国开始着手研究一种可重复使用的航天运输系统。历经几年的争论，美国制成了目前这种可以多次重复使用的有翼式载人航天器。

到目前为止共有6架轨道飞行器，分别为企业号（Enterprise）、哥伦比亚号（Columbia）、挑战者号（Challenger）、发现号（Discovery）、阿特兰蒂斯号（Atlantis）和奋进号（Endeavour），其中企业号为试验机，其他5架为工作机。

航天飞机的研究工作开始于20世纪60年代末，1969年9月阿波罗首次登月2个月后，美国总统便指定美国空间工作组讨论制定未来空间研究的方针和途径，当年该工作组正式提出了研制包括航天飞机在内的新的空间运输系统。1971年美国政府正式接受了此项建议，并由其总统发出命令，自此便正式开始了航天飞机的研制工作。

在经过许多次试验、考核和试飞后，1981年4月12日，也就是在加加林第一次上天的整20年后，哥伦比亚号航天飞机首航成功。至2005年7月，美国航天飞机已陆续飞行了114架次，损失2架，其中挑战者号在1986年1月的事故中炸毁，哥伦比亚号2003年2月在再入大气层时解体。尽管航天飞机经历了两次大的灾难事故，但由于其参与了空间实验、访问和平号空间站、释放和维修卫星、多次维修哈勃望远镜和国际空间站建设等飞行任务，其仍是美国载人往返运输技术中处于绝对地位的奠基者。

（7）国际空间站计划

20世纪80年代初，美国逐渐意识到其在空间站领域远落后于苏联。1984年1日，里根总统批准建造一个以美国为主、多国合作的多舱段空间站——自由号。但由于其技术复杂、费用高且风险较大，自由号空间站方案一变再变，不断简化，一直没有得到实施。1989年7月20日，老布什总统公布了空间探索倡议计划，再次提议建造自由号空间站，同时还提出人类重返月球并最终登上火星的倡议。但由于预算庞大（约5 000亿美元），白宫和国会极力反对。1996年克林顿总统上台后，正式把近地轨道以外的载人探索活动从国家航天日程表上删除了。随着苏联解体和冷战的结束，自由号空间站计划被取消了。美国最终还是通过大量借助和采用俄罗斯空间站的经验和技术，开始了“国际空间站”研制。

1.2.3　中国载人航天发展历程

我国航天事业起步于20世纪50年代。1956年10月8日，我国第一个火箭导弹研制机构——国防部第五研究院成立，由钱学森担任院长。1958年4月，我国开始兴建第一个运载火箭发射场。1961年4月，苏联航天员加加林上天。同年6月3日，中国科学院召开了星际航行座谈会，钱学森主讲了《今天苏联及美国星际航行火箭动力及其展望》。座谈会讨论的范围很广，涉及卫星的返回理论、温度控制、遥测、电波传播、航天医学和火箭动力等。1962年钱学森的《星际航行概论》一书出版，其提出用装有喷气发动机的大飞机作为第一级运载工具、用装有火箭发动机的飞机作为第二级运载工具的天地往返运输系统的设想。1963年，中国科学院成立了星际航行委员会。

1965年6月，我国成功发射了一批生物探空火箭。搭载火箭上天的有大白鼠、小白鼠、果蝇和12个生物试管，其中还有一只名叫小豹的小公狗。试验获得圆满成功，“小豹”和4只大白鼠都存活下来。几天后，生物探空火箭又将另一只小母狗“珊珊”送上天，并成功返回。

1966年，中国科学院在友谊宾馆召开了卫星系列论证规划会议，这是中国关于卫星的最大的一次会议。会议的重点虽然是卫星，但也提到了载人航天问题。同年3月底到4月初，国防科委在北京的京西宾馆又主持召开了一次秘密会议，制定了曙光号载人飞船规划。1968年4月1日，我国航天医学工程研究所成立，开始进行航天医学工程研究，并负责航天员的选拔和训练工作，因此被誉为“中国航天员的摇篮”。除上述工作外，该所还承担了航天员系统（包括航天服和航天食品）、飞船环境控制和生命保障分系统的研制工作。

到20世纪70年代中后期，航天医学工程研究所相继建造了多种模拟载人航天的试验设备，如当时欧亚地区规模最大的、最高转速达1 r/s的载人离心机，以及液压程控多功能转椅，高压氧舱，飞船环境模拟舱，平衡秋千和可做人体冲击试验的、3层楼高的着陆冲击塔等。

1969年，我国第一批航天员的选拔工作开始。这在当时是一件大事，经过毛泽东主席的批复，国防科委和空军几个相关部门都行动起来，到1971年初已成功选拔出我国第一批航天员，共19名航天员，是从1 000多名歼击机飞行员中选拔出来的。第一批航天员只经过选拔和短期训练，并没有参加实际的太空飞行，因为当时中国正处在“文化大革命”中，曙光号载人航天计划被突然终止，因而他们的航天使命也随之结束了。

1986年3月，中国政府批准实施国家高技术研究发展计划（863计划)，航天技术被列入七大领域之中。此后，围绕未来载人航天的技术途径问题，特别是中国载人航天在起步阶段研制航天飞机还是载人飞船，展开了较长时间的争论，最终以载人飞船起步来发展中国载人航天技术。这段争论对于认识中国载人航天决策的民主性和科学性具有重要的意义。

由于当时主张研制航天飞机的声音明显高过载人飞船，因此王希季院士等人曾多次公开发表文章，指出发展空间站和载人飞船的意义以及航天飞机存在的不足。1987年4月，他在《空间站发展的探讨》一文中指出：“航天飞机虽然研制成功，在技术上也有重大的突破和贡献，但是实践证明研制航天飞机的原来目标却远没有达到。特别是在挑战者号出事之后，暴露出它的很多重大缺点。”

1989年10月，航空航天工业部科技委主持召开了小型航天飞机与多用途飞船的比较论证。空间技术研究院代表在会议上介绍了多用途飞船方案，并提交了载人飞船与小型航天飞机的比较分析报告。该报告从任务和要求的适应程度、技术基础情况、配套工程项目规模、投资费用和研制周期5个方面进行了比较，得出了发展多用途飞船是中国“突破载人航天、形成空间站的第一代天地往返运输系统和作为轨道救生艇的适合国情的最佳选择”的结论。1990 年 6 月，航空航天工业部所属各单位一致同意以载人飞船起步。至此，在航空航天工业部的范围内对中国载人航天技术发展途径取得了共识。

1991 年 1 月 7 日，航空航天工业部成立载人航天联合论证组。经过 3 个多月的论证工作，论证组提出了载人飞船工程总体方案和飞船工程的技术指标及技术要求。同年 3 月 15 日，李鹏总理听取了任新民等有关专家的汇报；4 月 19 日，航空航天工业部公布关于开展飞船工程方案论证工作的通知，要求 3 个单位开展中国载人飞船方案论证。1991 年年底，航空航天工业部决定载人飞船研制由中国空间技术研究院抓总，其他院参与。1991 年 12 月 31 日前，3 个单位的论证结果先后上报至航空航天工业部。1992 年 1 月 8 日，中央专门委员会召开第 5 次会议，专门研究了中国载人航天发展问题。1992 年 8 月 25 日，中央专门委员会向党中央、国务院和中央军委呈报了《关于开展我国载人飞船工程研制的请示》。1992 年 9 月 21 日，中共中央政治局十三届常委会第 195 次会议讨论同意了中央专委《关于开展我国载人飞船工程研制的请示》，正式批准实施中国载人航天工程。

我国载人航天分三步走，即“第一步，在 2002 年前，发射两艘无人飞船和一艘载人飞船，建成初步配套的试验性载人飞船，开展空间应用实验；第二步，在第一艘载人飞船发射成功后，大约在 2007 年左右，突破载人飞船和空间飞行器（如轨道舱）的交会对接技术，并利用载人飞船技术改装、发射一个 8 吨级的空间实验室，解决有一定规模的、短期有人照料的空间应用问题；第三步，建造 20 吨级的空间站，解决有较大规模的、长期有人照料的空间应用问题”。

在神舟 7 号任务以前，我国载人航天工程由七大系统组成：航天员系统、飞船应用系统、载人飞船系统、运载火箭系统、发射场系统、航天测控与通信系统以及着陆场系统。随着载人航天任务的深入，这七大系统也会随之进行扩展。这是我国在 20 世纪末和 21

世纪初规模最庞大、技术最复杂的航天工程。其中，航天员系统是第一个系统，由航天医学工程研究所负责。该系统包括航天员的选拔训练、医学监督、航天服和航天食品。中国第二批航天员的选拔从1998年开始，共14人，都是男性、汉族，而且都是从空军歼击机飞行员中选拔出来的。

神舟一号飞船于1999年11月20日06：30在酒泉卫星发射中心由新研制的长征-2F运载火箭发射升空，次日03：41在内蒙古自治区中部地区成功着陆，从此掀开了中国载人航天工程飞行试验史的第一页。

这次发射首次采用了在技术厂房对飞船和火箭联合体垂直总装与测试，整体垂直运输至发射场，进行远距离测试发射控制的新模式。我国在原有航天测控网的基础上新建的符合国际标准体制的陆海基航天测控网，也在这次发射试验中首次投入使用。飞船在轨运行期间，地面测控系统和分布于公海的4艘远望号测量船对其进行了跟踪与测控，成功执行了一系列科学试验。

2001年1月10日凌晨，神舟二号在酒泉卫星发射中心腾空而起，10 min后成功进入预定轨道。1月16日19：22，飞船在太空飞行近7个昼夜，环绕地球108圈后再入返回，最后在内蒙古自治区中部地区准确降落。2002年3月25日和2002年12月30日，神舟三号和神舟四号又分别顺利升空。

2003年10月15日，航天员杨利伟（图1-1）乘坐神舟五号在轨飞行一天，绕地球14圈后，于10月16日返回内蒙古四子王旗北部的主着陆场，我国首次载人航天飞行取得圆满成功。2005年10月12日，航天员费俊龙、聂海胜（图1-2）乘神舟六号飞船进入太空，历时5天，绕地球飞行了77圈，于10月17日返回，我国载人航天工程第二次太空飞行取得圆满成功。这些标志着我国向实现载人航天工程第二步发展目标迈出了坚实的一步。

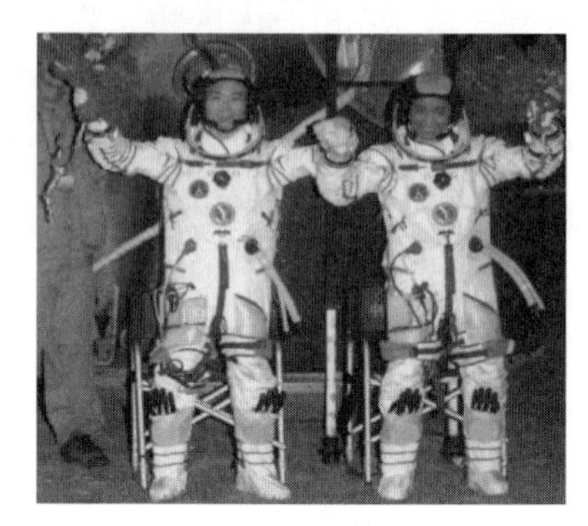

图 1-1 神舟五号航天员杨利伟　　图 1-2 神舟六号乘组返回地面

2005 年 2 月，胡锦涛总书记主持中央政治局常委会议，批准启动 921 工程第二步第一阶段任务。工程第二步第一阶段的实施时间为 2005—2011 年，主要任务目标：一是实施航天员出舱活动，突破航天员出舱活动技术；二是实施航天器交会对接试验，突破和掌握航天器交会对接技术；三是开展有效的军民兼顾的空间应用、空间科学与技术试验；四是为工程进一步的发展创造基本条件。为实现上述任务目标，工程将实施 1 次航天员出舱活动，3 次交会对接试验。

2008 年 9 月 25 日 21：10，神舟七号把翟志刚、刘伯明、景海鹏（图 1-3）3 名航天员送入太空，其中翟志刚实现了中国航天员的首次出舱。他们在成功完成了多项太空飞行任务后，于 9 月 28 日 17：36 安全返回地面，实现了准确入轨、正常运行、出舱圆满和健康返回 4 个目标。

2012 年 6 月 16 日，神舟九号飞船搭载景海鹏、刘旺、刘洋（图 1-4）3 名航天员发射升空，执行与天宫一号进行首次载人交会对接任务。2012 年 6 月 24 日，航天员刘旺通过手柄操作，完成了中国首次空间手控交会对接试验任务。

图 1-3 神舟七号航天员翟志刚出舱

图 1-4 神舟九号乘组返回地面

2013 年 6 月 11 日，神舟十号飞船发射升空，3 名航天员聂海胜、张晓光、王亚平搭乘飞船，在完成与天宫一号交会对接的基础上，开展了空间科学实验、航天器在轨维修试验和空间站关键技术验证试验等，并首次在轨开展面向青少年的太空科学讲座科普教育活动（图 1-5，图 1-6）。

图 1-5 航天员王亚平太空授课

图 1-6 神舟十号乘组返回地面

经过十多年的不懈奋斗和共同努力，我国 5 次不载人、5 次载人航天飞行任务均取得了圆满成功，载人航天工程第一步和出舱活动任务目标已顺利完成。2010 年下半年，中央专委批准了我国空间站工程立项，通过发射 3 个天宫系列空间实验室和数艘飞船，突破交会对接和中长期在轨驻留技术，预计到 2020 年左右，完成单舱段 20 吨级的舱段组合式空间站的建造任务，并长期开展空间科学实验。

与苏联/俄罗斯和美国相比，虽然我国载人航天起步较晚，但结合中国实际和科学发展规律做出了正确选择，确定了较高的起点，跨越了苏联第一、第二代飞船经历的过程，直接瞄准第三代飞船的技术水平开展研制。从1992年中央批准实施载人航天工程第一步任务开始，历经20多年的时间，通过5次无人飞行试验和5次成功的载人飞行试验，掌握了近地轨道短期载人飞行、天地往返、出舱活动与交会对接技术，成为世界上第三个独立掌握载人航天技术的国家。

1.2.4 欧洲空间局载人航天历史

经历了几十年的载人航天发展，欧洲空间局也曾根据其“增强欧洲的技术和工业能力，掌握所有航天应用技术，到21世纪初与其他航天大国保持同等水平”的战略目标，确定了哥伦布空间站、赫尔墨斯小型航天飞机、有人照料自由飞行器以及阿里安系列运载火箭等几大项目。欧洲载人航天的发展几经艰辛后，终于改变策略，调整了载人航天计划，选择了参与国际空间站项目这一符合欧洲实际的发展道路。

进入90年代以来，随着苏联的解体，载人航天的发展动力已从以政治为主转向研究实验需求和技术推动方面，载人航天热也有所降温。当然，美国发展自由号空间站的教训也是欧洲的前车之鉴。若要建立独立自主的载人航天体系，需要进行大量技术开发和巨额投资，这是欧洲难以承受的。因此，欧洲在走过艰难的载人航天发展研究与试验历程后，决定近期不再执行单独的欧洲载人航天计划，而是积极开展国际合作。在这样的大背景下，欧洲大幅度修改了原来的计划，及时做出了如下调整：

1）放弃已花费20多亿美元、从1983年就开始研制的赫尔墨斯小型航天飞机项目；

2）终止了哥伦布实验型空间站计划；

3）被迫将原计划对接在自由号空间站上的哥伦布舱改为对接在国际空间站上的哥伦布轨道设施（COF，Columbus Orbital

Facility)；

4）开始着手研制自动转移飞行器（ATV，autonomous transfer vehicle)、微型加压后勤舱（MPLM，mini pressurized logistics module）和欧洲机械臂（ERA，European robotic arm）等。

欧洲曾研制过航天飞机运载的空间实验室，取得的一些技术成果可用于COF。而通过赫尔墨斯小型航天飞机的技术预研，欧洲也基本掌握了天地往返的主要技术，从而为研制ATV扫清了主要技术障碍。同时，欧洲与美国合作在航天飞机上取得的航天员在轨生活和工作的部分经验，也为参与空间站项目打下了基础。

2008年3月9日，欧洲从法属圭亚那库鲁发射场用阿里安-5火箭发射了新型货运飞船——自动转移飞行器。这是欧洲继哥伦布号实验舱上天之后，为履行国际空间站义务而迈出的又一步，同时进一步增强了欧洲在国际空间站项目中的地位和作用。2008年9月29日，凡尔纳于格林尼治时间当日13：30左右，结束6个多月的太空之旅后在再入地球大气层时烧毁。

欧洲空间局于2008年提出一个名为“先进返回飞行器”（ARV，advanced return vehicle）的项目，计划用3年时间完成，该项目可能成为在2020年研制出的一种载人飞船的准备基础，ARV拟由ATV演变而来，将使用阿里安-5火箭发射。

1.3 载人航天技术体系

载人航天技术体系可以从航天员、航天器、运载火箭、地面系统与空间应用五个方面来叙述。

1.3.1 航天员

航天员是指经过选拔和训练，能够驾驶航天器进行太空飞行并执行特定任务的人，是载人航天系统的核心。航天员系统的主要任务是选拔、训练航天员，实施航天员医学监督和医学保障；研制舱内航天服、舱外航天服，船载医监医保、个人救生设备，以及航天员地面训练模拟器、模拟失重训练水槽、舱外航天服试验舱等大型试验和训练设备。航天员的技术体系包括航天员选拔训练、航天员装备研制、航天员训练模拟和航天员在轨监测等技术。

50多年来，航天员在载人航天史上创造了一个又一个新的纪录，为人类载人航天技术的发展和空间科学探索做出了巨大的贡献。表1-5给出了载人航天史上的重要飞行纪录及其相关航天员。

表1-5　世界重要的载人航天飞行纪录

	飞行纪录	航天员	性别	国籍	日期
1	人类第一个进入太空的航天员	尤里·加加林	男	苏联	1961.04.12
2	第一个进入太空的女航天员	瓦列依基娜·捷列什科娃	女	苏联	1963.06.16
3	第一个出舱活动的航天员	阿列科谢·列昂诺夫	男	苏联	1965.03.18
4	第一个登上月球的航天员	尼尔·阿姆斯特朗	男	美国	1969.07.20
5	第一个出舱活动的女航天员	斯维特兰娜·萨维茨卡娅	女	苏联	1984.07.25
6	一次飞行时间最长的航天员（438天）	瓦列里·波利亚科夫	男	俄罗斯	1994.01-1995.03
7	一次飞行时间最长的女航天员（188天）	夏农·露西德	女	美国	1996.03-1996.09
8	飞行时间最长的航天员（6次累计803天）	谢尔盖·克里卡廖夫	男	俄罗斯	1988.11-2005.10
9	飞行次数最多的航天员（7次）	张福林、杰里·罗斯	男	美国	1986.01-2002.06 1985.11-2002.07
10	飞行次数最多的女航天员（5次）	苏珊·海尔姆斯、夏农·露西德等6人	女	美国	—
11	出舱活动次数最多、时间最长的航天员（16次、78 h）	安纳托利·索洛维约夫	男	俄罗斯	1990.07-1998.01
12	一次出舱活动时间最长的男航天员（8 h 56 min）	詹姆斯·沃斯	男	美国	2001.03.11

续表

	飞行纪录	航天员	性别	国籍	日期
13	一次出舱活动时间最长的女航天员（8 h 56 min）	苏珊·海尔姆斯	女	美国	2001.03.11
14	中国第一个进入太空的航天员	杨利伟	男	中国	2003.10.15
15	中国第一个出舱活动的航天员	翟志刚	男	中国	2008.09.27
16	中国第一个进入太空的女航天员	刘洋	女	中国	2012.06.16

1.3.2 航天器

航天器包括载人飞船、货运飞船、航天飞机以及在轨运行的空间站。其中载人飞船与航天飞机可以用于航天员的天地往返，而货运飞船主要用于货物补给和样品返回；航天飞机是航天器与航空器的结合产物，可在跑道上实现水平着陆，主要用于航天员或货物的天地运输；空间站通常作为航天员长期在轨生活与工作的大型空间平台。航天器技术体系主要包括航天器总体设计、航天器研制集成、航天器地面测试、航天器在轨控制和航天器再入返回等技术。

表 1－6 给出了不同时期的载人航天任务中的航天器。

1.3.3 运载火箭

运载火箭系统的主要任务是研制满足载人航天需求的大推力运载火箭，采用冗余技术，通过增加故障检测与逃逸救生等功能，增加运载火箭的可靠性和安全性，确保航天员与载荷的安全入轨。运载火箭技术体系主要包括运载火箭总体设计、运载火箭弹道设计、运载火箭地面测试、运载火箭实时制导和运载火箭部件分离等技术。

表 1－6 给出了不同航天器所采用的运载火箭。

表 1-6　载人航天任务中的航天器及其采用的运载火箭

	航天器类型	航天器型号	运载火箭	所属国家或地区
1	载人飞船	东方号	东方号	苏联
2		上升号	联盟号	苏联
3		联盟系列（联盟号、联盟 T、联盟 TM、联盟 TMA）	联盟号	苏联/俄罗斯
4		水星号	红石火箭	美国
5		双子星号	大力神	美国
6		神舟号	CZ-2F	中国
7		猎户座	德尔它	美国
8	货运飞船	进步系列（进步号、进步 M、进步 M1）	联盟号	苏联
9		ATV	阿里安-5	欧洲
10		HTV	H-Ⅱ	日本
11		龙飞船	猎鹰 9 号	美国
12		天鹅座	安塔瑞斯	美国
13		天舟号	CZ-7	中国
14	登月飞船	阿波罗号	土星-5	美国
15	空间实验室	礼炮号	质子号	苏联
16		天空实验室	土星-5	美国
17		天宫系列	CZ-2F/H	中国
18	航天飞机	企业号、奋进号、挑战者号、阿特兰蒂斯号、发现号、哥伦比亚号	—	美国
19		暴风雪号	能源号	苏联
20	空间站	和平号	质子号	苏联/俄罗斯
21		国际空间站	质子号、联盟号、航天飞机等	美、俄等 16 国

1.3.4 地面系统

地面系统主要包括发射场系统、测控通信系统和着陆场系统。发射场系统的主要任务是负责火箭、飞船和应用有效载荷在发射场的测试和发射；测控通信系统的主要任务是完成飞行试验的地面测量和控制；着陆场系统主要任务是搜救航天员和回收飞船返回舱。地面系统技术体系主要包括地面测试发射、船箭组合体转移、航天器测控、数据天地通信和航天员与返回舱搜救等技术。

1.3.5 空间应用

空间应用系统的主要任务是研制用于空间对地观测和空间科学实验的有效载荷。研制空间光学遥感设备和电子信息遥感设备等大型有效载荷，地球和空间环境监测，空间材料、空间生命和微重力流体物理等空间科学实验装置，开展相关研究及应用实验。空间应用技术体系主要包括有效载荷控制、在轨实验设计、地面实验监测和实验样品收集与回收等技术。

1.4 载人航天未来展望

载人航天工程实施60多年来，取得了令人瞩目的成就，但随着科技的进一步发展，载人航天未来发展还可能出现如下特点。

（1）强调基础能力建设，稳步推进深空探测

未来将不再单纯以完成大型任务为目标，而是从关键技术和进出空间能力等多方面打牢载人航天的技术基础，在实现扩展空间探索范围的同时，确保载人航天的长期稳定发展，并遵循从近地出发，稳步推进载人深空探测的发展步伐。

（2）推进航天工业改革，夯实长远发展基础

为适应新的探测任务与国际形势，各国将积极推进自身航天工业体系改革，优化资源配置，试图建立起更加稳定的决策机制与管

理体制，在实施当前任务的同时，攻关关键技术，夯实长远发展的技术基础。

（3）研制重型运载，不断推出新型飞船

载人航天从近地向深空拓展，需要不断研制重型运载与新型飞船，各航天大国将围绕长期发展战略，开展重型运载火箭的研制，设计可兼顾当前任务与远期规划的多功能新型飞船。随着科技的发展，新型推进方式与新型推进剂也将在运载火箭与飞船中得到应用。

（4）开展人机联合探测，开拓原位资源利用

随着智能机器人技术的发展，通过机器人与航天员配合，实施人机联合探测，能够有效提高探测效率，原位资源利用是开展载人深空探测的有效方式，人机联合与原位资源利用相结合的探测方式将是未来深空探测的重要模式。

（5）国际合作日趋紧密，更加注重自身利益

国际合作在促进载人航天活动开展和技术研发等方面发挥着积极作用，各主要航天国家除围绕国际空间站的运行和利用进行合作外，也在积极开辟新的载人航天合作项目和途径，围绕未来深空探测任务需求和各自国家的发展战略，致力于通过国际合作实现自己的发展目标。

（6）大力推进商业合作，促进各方积极参与

空间探索技术（SpaceX）公司首次国际空间站货运任务的完成，标志着国际空间站开启了商业运输时代。私营公司凭借着更低的发射成本、更加灵活创新的发展理念以及强烈的市场意识，正迅速发展成为一支国际航天发射市场的重要力量。

第2章　宇宙概述

2.1　宇宙

宇宙既有多样性，又有统一性。宇宙的多样性在于物质的表现形态，包括密集的星体状态、弥散的星云状态和连续的辐射物状态；各种星体具有大小、质量、密度、光度、温度和颜色等方面的差别。宇宙的统一性在于其物质性，宇宙间的天体和弥漫物质，无论怎样千差万别，无一不是物质。

在哲学上，宇宙是无限的。我国古代把宇宙看成空间和时间的统一。战国时代尸佼曾说过："天地四方曰宇，往古来今曰宙。"因此，宇宙的无限性有两方面的含义，即空间上的无限性和时间上的无限性。宇宙在空间上是无边无际的，没有边界，没有形状，也没有中心，在任何方向上都没有终点；宇宙在时间上是无始无终的，没有起源，没有年龄，也没有寿命，无论是过去还是未来都是无穷无尽的。但是，任何具体的东西都有起源，年龄和寿命，都是有限的。哲学上的宇宙无限的理论是辩证唯物主义的宇宙观，其同一切宗教教义是针锋相对的。宗教把宇宙分为物质世界和神灵世界。辩证唯物主义认为，除了物质世界以外，不存在任何神灵世界。物质世界是无际无边的，根本不存在任何神灵活动的场所；物质世界是无始无终的，根本不存在任何神灵活动的机会。当然宇宙无限的理论不是三言两语所能证明的，随着自然科学和哲学长期的持续的发展，愈来愈证明了宇宙是无限的。

现代宇宙学所研究的宇宙，是指"我们的宇宙"或"观测到的宇宙"，即现在能够观测的现象的总和，实质上就是总星系。这样的宇宙是哲学宇宙或物理宇宙的一个组成部分，自然是有限的。其在时间上有起源，在空间上有边界。因此，现代宇宙学关于“我们的宇宙”的研究，将会丰富辩证唯物主义的宇宙无限性的观念，而不会与其背道而驰。

在现代宇宙学中，最有影响的是大爆炸宇宙学。在此基础上建立大爆炸宇宙模型，如图 2－1 所示。该理论认为，宇宙最初处于超高温、超高密的状态，发生大爆炸后膨胀成为现今宇宙。这是 20 世纪 40 年代，发现太阳的巨大能源来自热核反应后，天文学家伽莫夫将宇宙膨胀论和基本粒子的运动联系起来，从而提出的一种宇宙模型。

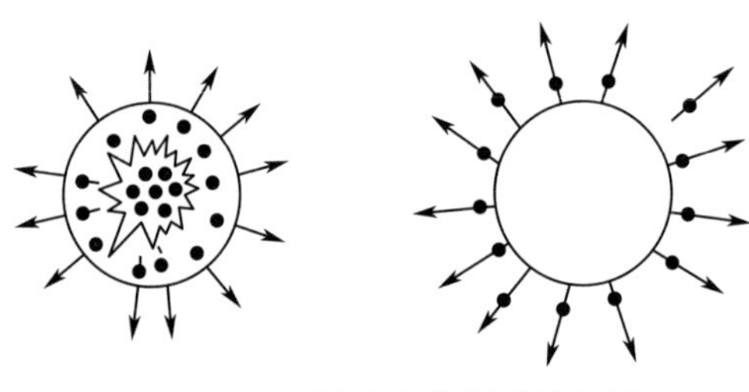

图 2－1　大爆炸宇宙模型示意图

这种理论认为，宇宙早期是一个温度达到上万亿摄氏度、密度比水大百万亿倍以上的原始大火球。之后，火球开始膨胀，发生了迅猛的大爆炸，辐射温度和物质密度迅速下降。当温度降到 100 亿摄氏度时，原先宇宙中的中子、质子、电子和光子等基本粒子相互结合形成各种元素；当温度降低到 100 万摄氏度时，形成化学元素的过程结束，物质都以等离子体的状态存在；当温度降到 4 000 摄氏度时，等离子体复合为气体。由于宇宙不断膨胀，温度继续降低，气体凝聚形成恒星、星系和星系团，并逐渐演化为今天看到的宇宙。

对于原始火球中物质的来源，有人认为，宇宙开始时就是稀薄的气体，由于吸力作用收缩为一团超密物质，然后爆炸、膨胀，又回到原先的状态。还有人认为，宇宙已经历了无数个这样的循环，每一个循环大约要经过几百亿年（桑得奇认为每次振荡周期为 820 亿年)，这是现在一些人主张的“振荡的宇宙”。

大爆炸宇宙模型能用一般的物理定律，比较自然地解释许多观测现象，该理论预言和观察结果也符合得较好。例如，其能自然地说明河外天体的谱线红移现象；计算出宇宙初期形成的氦丰度与目前许多天体中的氦丰度，大致都为 25%左右；1954 年，伽莫夫根据这一理论曾预言宇宙中应该存在 5K 背景辐射；1965 年，彭齐亚斯和威尔逊果真发现存在着 3K 微波背景辐射，理论预言与实际观测事实接近。出于这些原因，大爆炸宇宙模型已经成为现代宇宙学中最有影响的理论。

但是以下一些事实都是大爆炸宇宙模型解释不了，也是当前的物理学和数学所无法处理的。例如，现在研究结果发现，星系是由气体物质凝聚而成的，这是一个从稀到密的过程，而大爆炸宇宙模型的宇宙总演化却是从密到稀的过程；原始火球怎样形成如此高温、无限大的密度等。

2.2　恒星、星云和星系

2.2.1　恒星

在晴朗的夜晚，我们所看到的满天星斗，除了几颗行星和少数星云外，绝大多数都是恒星。同太阳一样，恒星都是自己发光的，而太阳也只不过是千千万万颗恒星中的普通一员。看起来太阳要比恒星大得多的原因是由于太阳离地球要比其他恒星近很多。向天空看去，恒星只是一个发光点，即使用现代最大的望远镜也无法看出其视面，因而研究恒星是相当困难的。为了研究方便，从古代开始人类就把星空分成若干个小区域。经过几千年的历史积累与研究，现在国际上将全星空共分为 88 个星座，其各自的名称如下所示。

北天星座（29 个）

小熊	天龙	仙王	仙后	鹿豹	大熊	猎犬
牧夫	北冕	武仙	天琴	天鹅	蝎虎	仙女
英仙	御夫	天猫	小狮	后发	巨蛇	蛇夫
盾牌	天鹰	天箭	狐狸	海豚	小马	飞马
三角						

黄道星座（12 个）

白羊	金牛	双子	巨蟹	狮子	处女
天秤	天蝎	射手	摩羯	水瓶	双鱼

南天星座（47 个）

鲸鱼	波江	猎户	麒麟	小犬	长蛇	六分仪	巨爵
乌鸦	豺狼	南冕	显微镜	天坛	望远镜	印第安	
天鹤	凤凰	时钟	绘架	船帆	南十字	圆规	南三角
孔雀	南鱼	玉夫	天炉	雕具	天鸽	天兔	大犬
船尾	罗盘	唧筒	半人马	矩尺	杜鹃	网罟	剑鱼
飞鱼	船底	苍蝇	天燕	南极	水蛇	山案	堰蜓

每个星座在星空中所占的范围差别很大，有的很大，有的很小。人们根据星座来认识星星，星空就不再是杂乱无章的了。直接用肉眼来看，一个星座接着一个星座进行计数，那么在整个天空中人眼能看到大约 6 000 颗恒星。当然，任何时候人只能看到天空的一半，因此，用肉眼同时只能看到 3 000 颗左右的恒星。

人们通过对星空的观察不难发现，不同的恒星在颜色和亮度方面差别很大，这表明恒星有不同的类型。下面就按照几个表征恒星特征的概念进行进一步的讨论。

(1) 恒星的距离

测定恒星距离是很重要的工作。1837 年，白塞尔（S · W · Bessel）第一次成功地用三角测量法定出了恒星的距离，至今，已用这种方法定出了约 10 000 颗恒星的距离。测定恒星距离的方法和在地面上测量难以达到的物体的方法是一样的。如图 2－2 所示，要测量一座建筑物同我们的距离，通常是先选定甲、乙两个点，量出甲、乙两点之间的距离（又称基线），再分别从甲、乙两点去看建筑物所在的方向，两个方向之间的夹角为视差角。有了基线与视差角就可以用三角方法计算出建筑物相对我们的距离。天文学上也是用这种方法来测量恒星距离。然而，由于恒星的距离太远，所以一定要选择一条足够长的基线，否则会由于视差角太小无法准确确定距离。因此，天文学上通常是选择地球绕太阳运动的轨道直径（长为 3×10^8 km）为基线，测出视差角，再按照前面提到的三角方法就可得到恒星的距离。如图 2－3 所示。

实际上有好几种测量距离的方法。对于距离超过 300 光年的恒星，想要测定与我们的距离，三角测量方法已不适用，因为视差角太小了，可采用诸如分光视差、力学视差和星群视差等方法来测定。

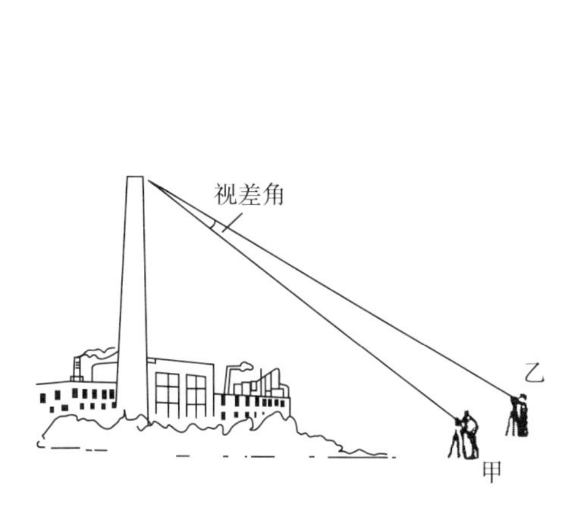

图 2－2　远距离建筑物的测量

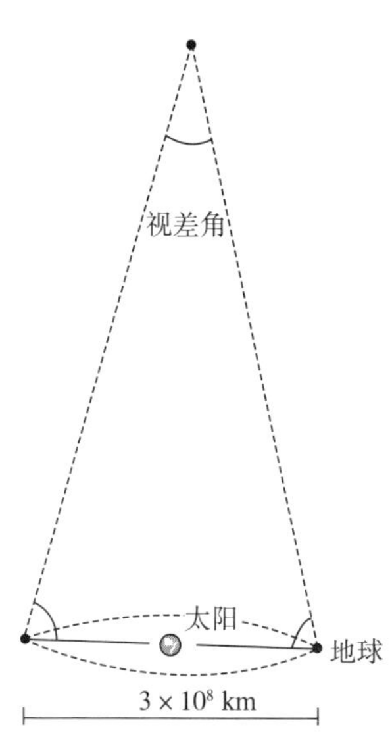

图 2－3　天体距离的测量

(2) 恒星的视星等和绝对星等

满天星星为什么看上去有亮有暗呢？事实上，除了星星之间的真正亮度不同外，还与我们的距离有关。这种亮暗不同的程度，在天文学上用星等来表示。早在古代，人就将肉眼能看到的星分为6等：肉眼刚能看到的星为6等星，比6等星亮的为5等，再亮一些的为4等，依次推下去到1等星。当望远镜发明以后，这个星等系统就被推广到亮度更微弱的恒星。例如：口径为5 cm的望远镜，可看见10等星；口径为5 m的望远镜可用照相的方法拍摄23等星。这种从地球上实际得到的亮度与星等就称为视亮度或视星等。

① 视星等

如选取0等星的亮度为单位，则根据普森公式，星等和亮度的关系为

$$m=-2.5\lg E$$

式中 m——恒星的视星等；

E——亮度。

应当指出，恒星的亮度和距离有关，因此不能以视星等来衡量恒星的光度。

从上式可以看出，星等和亮度之间的关系有着如下的规律：1等星的亮度是6等星亮度的100倍，即星等差1等，恒星的亮度差2.512倍。比1等星更亮的星可用0等或负数表示。也就是说，星等数目越大星越暗，星等数目越小星越亮。

② 绝对星等

为进一步比较不同恒星的光度，可以假设把所有恒星都移到某一标准距离，然后比较其视星等。现规定把这个标准距离取为10秒差距，就是相当于视差为0.1″的距离（秒差距，相当于周年视差 $\pi''=1''$ 时的距离）。恒星移到10秒差位置所具有的视星等称为绝对星等，以 M 表示。经过简单的推导就可算出绝对星等 M 与视星等 m 及以秒差距为单位的恒星距离 r 之间的关系，这种关系如下式所示

$$M=m+5-5\lg r$$

若将距离 r 换为周年视差 π''，可得

$$M = m + 5 + 5\lg\pi''$$

上式有两种用途：当已知某恒星的周年视差 π''和视星等 m 时，就可求出其绝对星等 M；如果能用某种方法获得恒星的绝对星等 M，而视星等 m 可以直接由观测得到时，那么由上式就可算出恒星的视差 π''。

(3) 恒星的大小、质量和密度

不要认为天空的点点繁星都是比太阳小得多的天体，实际上其体积都是非常庞大的。地球的直径大约为 13 000 km，而太阳的直径是地球的 109 倍，也就是 1.4×10^{6} km。然而，在辽阔的恒星世界里，太阳只不过是一个很普通的成员，比太阳直径大几十倍、几百倍的恒星有许多。例如："心宿二"的直径就为太阳直径的 640 倍，而其体积则是太阳的 2 亿 6 000 多万倍；又如"柱一"恒星的直径比太阳直径大 2 000 多倍，体积是太阳的 90 多亿倍。

人们究竟是怎样知道极遥远的恒星的大小呢，其最简单的方法是利用下述原理进行的。

首先用仪器测定出天体直径两端（图 2 - 4 中 A、B 两点）对地球上观测者的张角（称为角直径），进一步再测定天体到我们的距离，这样就可求出天体本身的直径与大小了。但是这种方法主要用于测量太阳系内的行星和某些卫星的大小，对于那些占据极大空间范围的星云、星团及河外星系等，也可以采用这种方法。而对于恒星世界中的绝大部分恒星，要直接测定其大小是十分困难的，原因在于这些恒星离地球很远，其角直径（即张角）都很小，最大的也不超过 $0.05''$，而口径 5 m 的望远镜在 $\lambda=5.5\times10^{-7}$ m处所成的恒星衍射像的角直径（即第一暗环的角直径）也有 $0.054''$，所以不能用一般望远镜直接测量恒星的角直径，从而也就不能用一般的方法来确定恒星的大小。

通过其他的物理学上的方法，例如利用物理学光的干涉原理制成的一种叫做"干涉仪"的仪器，就可测定某些恒星的角直径。只

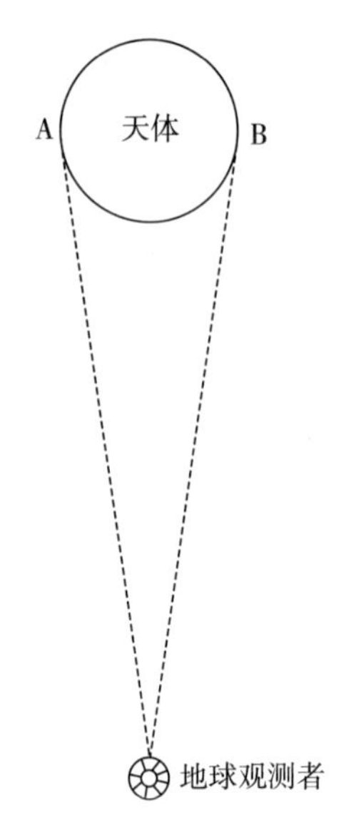

图 2-4　天体大小的测量

要角直径求出后再测出该恒星到我们的距离，就可算出其大小。

由于上述原因，现在人们只能测出几百个恒星的大小。

至于恒星的质量究竟有多大，为了比较方便，先从地球与太阳的质量谈起。地球的质量大约是 6×10^{24} kg，太阳的质量是地球的 33 万倍，大约为 2×10^{30} kg。而在已测出的、为数甚少的恒星质量的统计中，大多数恒星的质量在太阳质量的 50% 到 5 倍之间，少数恒星的质量比太阳的质量大几十倍，目前已知最小的恒星的质量也有太阳质量的 1/20。

为了比较恒星的密度，以水的密度为比较基准。4 ℃时水的密度为 1 g/cm^3，而地球的平均密度是水的 5.5 倍（5.5 g/cm^3），太阳的平均密度为水的 1.41 倍（1.41 g/cm^3）。各种恒星的平均密度相差十分悬殊。例如红超巨星，其平均密度仅仅是水的百万、千万、甚至万万分之一。若进入这种恒星内部，可能真如同进入“无物之境”。然而在宇宙深处，那些难以用肉眼发现的白矮星的密度比水大几万倍以上，例如，1862 年，人类发现的第一颗白矮星——天狼星的伴星，其密度是水的65 000倍。至于人们近年发现的中子星的密度更大得惊人，其密度约为1×10^{14} g/cm^3。更令人震惊的是，从理论上讲，可能存在着密度更大的天体——超子星，其全部由一种比质子质量更大的基本粒子——超子组成。

（4）恒星的温度和光谱

亮暗不同的星星在夜空中闪烁，发出淡淡的蓝光（如参宿五）、白光（如天狼星）、红光（如心宿二）或黄光（如参宿四）等。不同颜色的光代表恒星表面有着不同温度。太阳是一颗温度比较低的黄矮星，其发出的光以黄色光最强，温度大约是5 500 ℃。织女星看上去是白色的，其表面温度在10 000 ℃左右。之所以感觉不到织女星热，是因为其离我们太遥远了。太阳光到地球上只需要498 s，而织女星的光到地球上需要27年。我们看到的发蓝色光的星，表面温度有几万度。如果把一个发蓝色光的星球移到太阳的位置，那么万物将被烧成焦炭。但几万度还不是宇宙中的最高温度。例如，据推算太阳的中心温度大约有1.5×10^{7}℃。应当指出的是，根据星光的颜色来确定恒星的表面温度是非常粗略的，要较精确地确定某个恒星的表面温度，还必须用其他的方法，其中最常用的是光谱分析。

恒星的光谱分析在天体物理学中占有很重要的地位，其可以定性地或定量地测量恒星的化学组成，确定恒星的温度、大小、质量、密度和到我们的距离，还可以研究恒星的视向运动和自转等。

各个恒星大气的物理状况不同，因此其光谱线的数目、分布和特征也各不相同。恒星光谱里绝大部分的光谱线已被证实为地球上存在的化学元素的光谱线。这说明恒星物质也是由那些组成地球和太阳的化学元素组成的。由于恒星的温度不同，其光谱中光谱线的数目以及各条光谱线的强弱也都不同。温度高的恒星光谱中，光谱线数目较少，其主要是轻元素的光谱；而温度较低的恒星光谱中，光谱线非常多，其主要是由金属元素光谱线组成的。

虽然不同恒星的光谱不完全一样，但是恒星的光谱还是存在一定的规律性。根据恒星的光谱，可以将恒星分成 7 个主要的类型，称为光谱型。每个光谱型的恒星对应一定的表面温度与颜色，表 2-1 列出了主要光谱型对应的温度与颜色。

表 2-1 恒星主要光谱型对应的温度与颜色

光谱型	颜色	表面温度/ ℃	举例
O 型	蓝　星	40 000～25 000	
B 型	蓝白星	25 000～12 000	猎户座 β（参宿七）
A 型	白　星	11 500～7 700	天琴座 α（织女星） 大犬座 α（天狼座）
F 型	黄白星	7 600～6 100	小犬座 α（南河三）
G 型	黄　星	6 000～5 000	太阳 御夫座 α（五车二）
K 型	红　星	4 900～3 700	金牛座 α（毕宿五）
M 型	红　星	3 600～2 600	猎户座 α（参宿四）

从表 2-1 可以看出，恒星的表面温度在 2 000～40 000 ℃范围内，其发出的光一般都是可见光。太阳的光谱型是 G 型，是一颗黄色的星。

2.2.2 星云

恒星之间的广袤空间并不是真空的，其充满了各种物质。恒星空间里的物质通称为星际物质。星际物质的分布是不均匀的，有的地方物质密度较大，在照片上或用望远镜肉眼观测就可看到一些云雾状的天体，称其为星云。而那些星云以外的、极稀薄的星际空间物质则被称为星际物质。实际上，两者没有本质上的区别。

到目前为止，许多天文学家经过不断的努力研究，普遍认为星云实际上有两类，其性质完全不同。大多数星云是同银河系类似的庞大的恒星系统，多数星云位于银河系外，少数位于银河系内，由气体和尘埃组成。为了区分，前者称为河外星系或星系，后者称为银河星云或星云，本节只讨论银河星云。

银河星云主要包括两大类：行星状星云和弥漫星云，而在银河系内既没有恒星也没有星云的地方存在银河内星际物质。

（1）行星状星云

通过望远镜可观测到，行星状星云呈现为一个正圆形或扁圆形的淡淡发光的天体。在行星状星云的中心，都有一颗温度很高，光谱型属于 O 型的恒星，称其为星云的核。大部分行星状星云呈现为绕核的环状物或圆盘状物，少数具有较复杂的结构。其他呈现环状的行星状星云并不真是一个环，而是由一种透明发光物质构成的球或者椭球，因其内部比较稀薄，边缘部分较密较亮，所以看起来是环状的。到目前为止，已经发现大约 700 个行星状星云。分光观测表明，大多数行星状星云在向外膨胀，膨胀速度为 10～15 km/s。由于膨胀，其密度迅速减少，从而谱线强度也随之减少，最终将观察不到行星状星云。由此可以推得，行星状星云的寿命大约只有 10^4 年。

（2）弥漫星云

弥漫星云的形状很不规则，且常常没有明确的界限。其比行星状星云大得多，原子数密度为每立方厘米 1～100 个。其质量彼此相差很大，大的可达太阳质量的几千倍，而小的则仅为太阳质量的几分之一，大部分弥漫星云的质量为太阳质量的 10 倍左右。

按照发光情况，弥漫星云可分为两类：暗星云和亮星云，亮星云又可分为发射星云和反射星云。亮星云是发光的弥漫星云，其中光谱为明线光谱的称为发射星云，而光谱是吸收光谱的称为反射星云。暗星云则是不发光的弥漫星云。

（3）星际物质

过去曾认为银河系里既没有恒星也没有星云的地方是绝对真空的，然而，到 1930 年特南普勒的研究工作证实了星际物质的存在。事实证明：在星际空间，充满了各种微小的星际尘埃、稀薄的星际气体、宇宙线、天体发射的各种电磁波以及各种粒子流等物质。

星际物质的总质量约占银河系总质量的 10%，平均密度为每立方厘米一个氢原子。星际物质在银河系内分布是不均匀的，当星际气体和尘埃质点聚集到在每立方厘米内10～1 000个的程度时，就形成了星际云。

20世纪60年代，在星际空间发现了星际分子云，其中较为特别的是有机分子云，其内不仅存在无机分子，还存在各种复杂的有机分子。星际有机分子的发现是近20余年来天文学上的几项重要发现之一，其为进一步研究生命的起源提供了新的线索。

现在普遍认为，恒星早期是由星际物质聚集而成的，而恒星又以爆发、抛射和流失等方式，将物质送回到星际空间。

星际气体具体是指星际空间中存在的气态原子、分子、电子和离子等。其元素以氢最多，氦次之，其他元素含量很少。

星际气体的分布并不是均匀的，而是成一块一块的云团，且在各云团之间还可能弥漫着更加稀薄的气体和尘埃，其密度极低，甚至比发射星云的密度还低。

星际尘埃具体指的是分散在星际气体中、直径为1/10 000 cm的固态质点。其质量约占星际物质总质量的10%。星际尘埃能散射星光，使星光减弱（称星际消光）。星际消光又随波长增长，继而星光的颜色也随之变红（称星际红化）。星际尘埃能阻挡星光的紫外辐射，使星际分子不离解。

2.2.3 星系（河外星系、河外星云）

河外星系，或简称为星系，也叫作河外星云，后者的叫法目前已较少使用。其与银河系相类似，也是由大量的恒星、星团、星云和星际物质构成的巨大的天体系统，其范围可达几千到几十万光年。第一个被发现的河外星系是仙女座大星云（1612年发现）。随着观测技术的进步，越来越多的河外星云被发现，迄今为止，在观测所及的范围内可以观察到10亿个星系。

目前最通用的河外星系分类是1926年由哈勃提出的。他按照星系的形态将星系分为椭圆星系、旋涡星系和不规则星系，之后又进一步分为椭圆、旋涡、棒旋和不规则星系4大类，此外还有一种特殊的类型（符号为S0，称为透镜状星系），如图2-5所示。

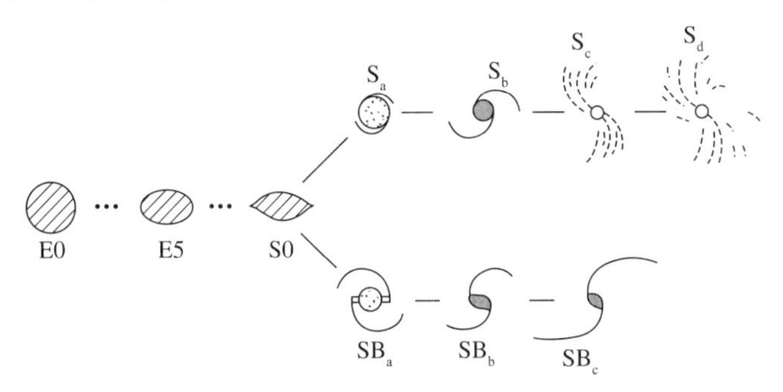

图2-5 星系的哈勃分类

（1）椭圆星系

这是种形状呈圆形或椭圆形的河外星系，具有下列特点：类似球状星团，但规模更大；其中心区最亮，然后向边缘逐渐减弱。其含有很多恒星，但没有或仅有少量星际气体和星际尘埃。不同星系之间的质量差别很大，其中质量最大的超巨型星系可能是宇宙中最大的恒星系统，达到10万亿个太阳的质量。

通常，椭圆星系用字母E表示，后面用数码表示扁率的级别。如E0表示星系呈圆形的盘面，E7是最扁的椭圆星系。

（2）旋涡星系

这是指具有旋涡状结构的河外星系，一般是用S表示。其有一个核心部分，称为核球，核球外面是一个薄薄的圆盘，具有从核心螺旋地伸向空间的旋臂，其一般有两条或更多条臂，极少发现有一条臂的。旋涡星系的中心区呈透镜状，周围围绕着扁平的圈盘。因此，又被称为透镜星系。旋涡星系可以进一步分为S_a、S_b、S_c等次型。其以旋臂的开展程度及核球的相对大小为标准进行分类。S_a型核球的相对大小最大，旋臂缠得最紧；S_c型核球的相对大小最小，旋臂最开展。旋涡星系通常有一个结构稀疏的晕，叫做星系晕，其笼罩着整个星系。再往外可能还有更稀疏的气体球，称星系冕。仙女座星系 M31 是典型的旋涡星系，其距我们约 220 万光年，直径大约在 18 万光年左右，质量为太阳质量的4 000亿倍，其中可能有4 000 亿颗恒星。

（3）棒旋星系

还有一类与旋涡星系平行的星系，称棒旋星系，一般用符号 SB 表示。其呈棒状，棒的中心部分也有核球，旋臂从棒的两端向外延伸出去。棒旋星系也可分为 SB_a、SB_b、SB_c 等次型。其中，SB_a 型的旋臂最不开展，核球最大；SB_c 型的旋臂最开展，核球最小。

（4）不规则星系

不规则星系是指外形不规则，没有明显的核和旋臂，也没有旋转对称性的星系。通常用 I_{rr} 表示。该星系也可分为两类：一类是有隐约可见、不很规则的棒状结构；一类是无定形的外貌，分辨不出恒星和星团等组成部分，且往往具有明显的尘埃带。

2.3 银河系

银河系是指包括太阳系在内的整个庞大的恒星系统。银河系是一个普通的星系，因其投影在天球上，形成一条银白色的亮带而得名。1785 年，威廉·赫歇尔绘制了一幅银河系结构图，他认为银河系是一个扁而平的恒星系统，太阳在其中心。到了 1917 年，沙普利又提出，银河系是一个由恒星集合而成的透镜型系统，太阳不在系统的中心，而在外围地带。

在宇宙中，银河系可算是一个巨型星系，其范围大约在 10 万光年左右，包含了1 200～1 400 亿颗恒星（也有人认为银河系恒星总数可达 2 500 亿颗）。下面进一步详细地叙述银河系的具体结构。

（1）银河系的形状

综合各种研究结果，银河系的大致结构形状如图 2－6 所示。

从图 2－6 可以看出，银河系物质（主要是恒星）密集的部分组成了一个圆盘，圆盘中心隆起的球状部分称为核球，外围称为银盘。

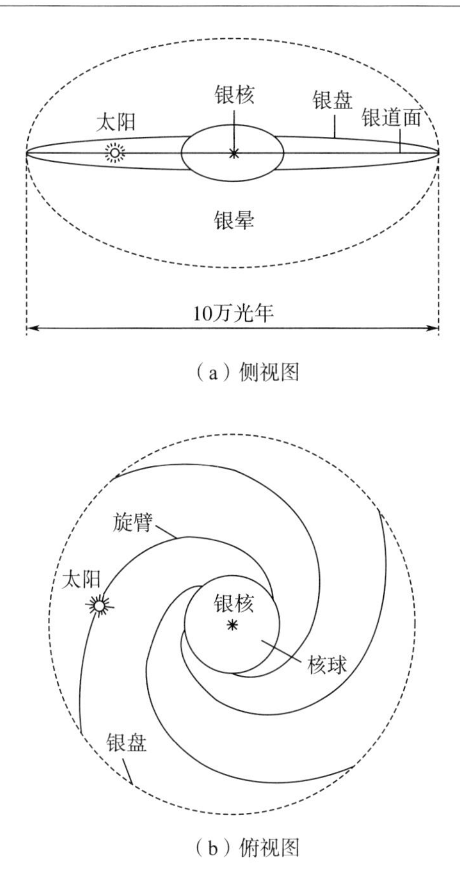

（a）侧视图

（b）俯视图

图 2-6　银河系结构的示意图

核球中心有一个很小的致密区域，称为银核，其是银河系的中心。圆盘外面是一个范围更大的、近于球状的部分，那里物质密度比银盘低得多，称为银晕。

（2）银心方向

银河系中心部分有很多星际气体和尘埃，消光很严重，用光学方法难以研究。以前，人们往往根据恒星统计来确定银心方向。在射电天文学兴起后，人们发现银心方向有一个强射电源，即人马 A。高分辨率的射电观察表明，人马 A 可分两个源：东源和西源。西源至今仍未分解开，是一个很致密的源，即银河系的中心。

（3）太阳的位置

认识太阳在银河系中的位置经历了一段漫长的过程。20 世纪以前，天文学家都错误地把太阳当作银河系的中心。1918 年，沙普利才第一次提出了太阳不位于银河系中心，而是位于比较边缘的地方。现在看来，这个结论是正确的。然而，由于他没考虑星际消光，所以在确定太阳至银心距离的研究中，得出了 R_0＝23 000 秒差距这个过大的结论。经过近几十年来的研究，目前国际上公认的 R_0 为 10^4 秒差距。

（4）银盘

知道 R_0 以后还需知道太阳到反银心方向银河系边界处的距离，才能得出银盘的半径。由于银河系里恒星的空间密度是向外逐渐减少的，要定出其外边界相当困难。经过许多天文学家的不断努力，目前公认的太阳至反银心方向银盘边界的距离为 2 500 秒差距。因此，银盘的半径为 12 500 秒差距。太阳附近银盘的厚度约 5 000 光年，银盘中心的厚度约 10 000 光年。另外，研究还指出组成银盘的恒星主要有年老星族Ⅰ、国盘星族Ⅱ和中介星族Ⅱ。

（5）银晕

银盘恒星密集区以外是银晕。银晕接近于球形，其物质密度较小，主要由晕星族Ⅱ恒星组成，也有少量星际物质。目前公认的银晕在对称面上的直径为 30 000 秒差距。

（6）银河系的旋臂结构

经过奥尔特根（1938 年）和巴德（1944 年）等天文学家广泛地深入研究，证实了银河系具有旋涡结构。目前其旋涡结构的研究结果可归纳如下：在太阳附近有一条旋臂，称为猎户臂（包括猎户座的许多星云和 O 型、B 型层，所以叫做猎户臂），其离银心约10 400 秒差距，太阳离其内边缘只有几十秒差距。

在猎户座之外有一条旋臂，叫做英仙臂，其包括著名的英仙座双星团，离银心约12 300秒差距；在银心方向有一条人马臂，离银心约 8 700 秒差距；离银心 4 000 秒差距处还有一条旋臂。银河系旋臂结构具体情况如图 2－7 所示。

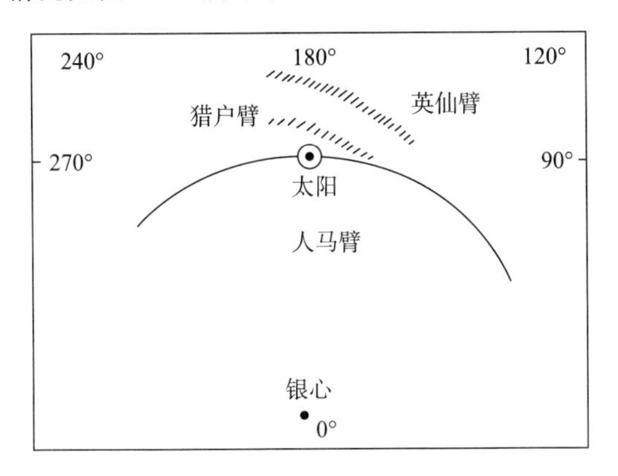

图 2－7　用光学方法得到的银河系旋臂示意图

（7）银河系的中心区域

银河系中心区域的结构十分复杂，由于消光严重，因此用光学方法难以准确观测银河系的中心部分。目前利用红外观测和射电观测（包括分子谱线的观测）来认识银河系的中心区域。当前的认识可概括为：在银河系中心区域可能还存在一个半径约为 1 000 秒差距的快速旋转的气体盘以及把这个气盘与 4 000 秒差距旋臂连结在一起的棒状结构物。此外，在中心区域还会有一些单独的氢云和分子云。银河系中心区域的简况如图 2－8 所示。

银河系的有关数据如下：

1）银盘直径，25 000 秒差距或 8 万光年；

2）银盘中央厚度，1 万光年；

3）太阳附近银盘厚度，5 000 光年；

4）银晕最大直径，30 000 秒差距或 10 万光年；

5）太阳到银心的距离，10 000 秒差距或 33 000 光年；

6）太阳至银道面距离，银道面以北 8 秒差距；

7）太阳附近银河系的旋转速度，250 km/s；

8）太阳附近银河系的旋转周期，25 000 万年；

9）银河系总质量，1.4×10^{11} 太阳质量。

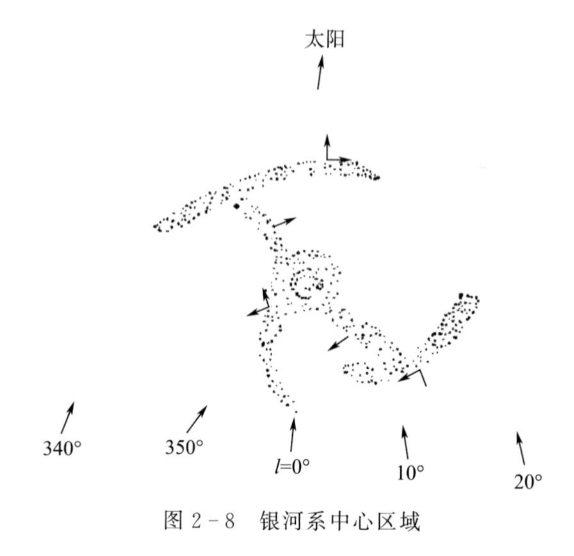

图 2-8　银河系中心区域

2.4　太阳系

2.4.1　太阳系简介

太阳系是由太阳、大行星、卫星、小行星、彗星、流星体、陨星，以及行星际物质等构成的天体系统。

太阳系的范围极大：太阳距离地球约 1.496×10^{8} km，距离太阳系最外层的冥王星平均距离为 5.9×10^{9} km。太阳系的中心天体是太阳，集中了太阳系总质量的 99.8%，控制太阳系里所有的天体，使这些天体都绕其公转。

太阳系原有九大行星，在接近同一平面、以近于圆形的轨道、朝同一方向绕太阳公转。太阳和这些行星组成了行星系。多数行星的自转方向与公转方向相同，但金星相反，天王星和冥王星侧向自转。轨道示意图如图 2-9 所示。2006 年 8 月 24 日，在捷克首都布拉格召开的第 26 届国际天文学联合会上，将冥王星移出行星籍。除了八大行星外，太阳系中还有许多小行星，其绝大部分都分布在水星和木星轨道之间。

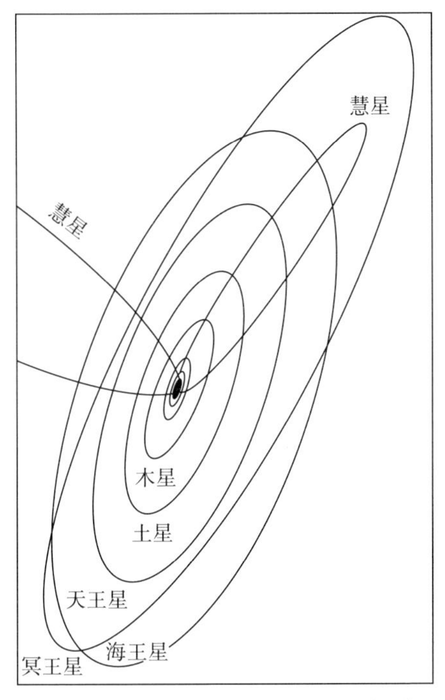

图2-9　八颗行星和两颗彗星的轨道

太阳系中还存在卫星系统，绝大部分行星（水星和金星除外）都有卫星绕其旋转。在木星、土星和天王星周围还发现有环。

形状特殊的彗星和数量众多的流星体也都是太阳系里的成员。此外，行星际空间还有稀薄的微小尘粒和气体，其大都集中于黄道面附近，反射太阳光后形成黄道光。行星际气体主要由离子和电子组成，这些粒子来自于太阳的粒子流，构成了太阳风，对地球大气层影响很大。

2.4.2　太阳系天体及其运动

2.4.2.1　太阳

太阳是离我们最近的恒星，作为太阳系的中心天体，太阳系八大行星和其他天体都绕其运动。太阳的直径为 1.391×10^{6} km（是地球的 109 倍，体积是地球的 130 万倍），质量为 1.99×10^{30} kg（是地球质量的 33 万倍），平均密度为 1.409 g/cm^{3}。

太阳是一团炽热的气体，其中氢和氦占绝大部分。按质量来计算，氢约占 71%，氦约占 27%，其他元素占 2%。

太阳中心温度高达 1 500 万摄氏度，压力大约为 3 000 亿个大气压（1 个大气压约为 1.03×10^{5} Pa），物质密度高达 160 g/cm^{3}。在这样的条件下，太阳内部主要进行着由 4 个氢原子聚变成 1 个氦原子的热核反应，每秒钟从表面辐射出大量的能量。经计算，由氢聚变成氦的热核反应所提供的能量足以维持太阳 100 亿年的寿命。更为详细的关于太阳的知识将在 2.5.1 节介绍。

2.4.2.2 行星

太阳系八大行星，其中水星、金星、地球、火星、木星和土星，早为人们所知。1781 年发现了天王星，1846 年发现了海王星。

行星同时进行环绕太阳的公转运动和以其本体内某一直线为轴的自转运动。下面分别介绍太阳系中的八大行星。八大行星与太阳的相对大小如图 2－10 所示。

图 2－10 八大行星与太阳的相对大小

(1) 水星

水星是太阳系中距离太阳最近的行星，和太阳的平均距离为

5.79×10^7 km（0.387个天文单位①），直径为4 880 km；质量是太阳质量1/6 023 600，是地球质量的0.055，平均密度为5.46 g/cm^3，和地球差不多；表面重力加速度为3.73 m/s^2，约为地球的0.4；表面上物体的逃逸速度只有4.3 km/s。水星表面没有水，大气极其稀薄。大气中含有氦、氢、氧、碳、氩、氖及氙等元素。

由于没有大气和水的调节，水星表面昼夜温度变化十分剧烈，赤道区中午温度可达330～380 ℃，半夜可突然降至－70 ℃。表面和月球一样，凹凸起伏，环形山星罗棋布，还有山脉、陡壁悬崖、盆地和平原。人类对水星的较深入的了解是通过由美国发射的行星际探测器水手10号三次（1974年3月29日，1974年9月21日和1975年3月6日）从水星侧面通过时获得的。

（2）金星

金星是太阳系中最亮的行星，从地球表面观测金星的亮度仅次于太阳和月亮，比第二亮的行星——木星亮6倍，比除太阳以外最亮的恒星亮15倍。其与太阳的平均距离为1.081×10^8 km（0.723个天文单位），与地球最小距离可达4.1×10^7 km；直径为12 104 km，质量大约是地球质量的0.82，平均密度为5.26 g/cm^3，表面重力加速度为8.6 m/s^2，表面物体的逃逸速度为10.3 km/s。

金星表面存在又厚又密的大气层，大气中含有二氧化碳、氮气、氧气、一氧化碳和水汽等。在离地面30～40 km处，有一层厚达25 km的浓云，由浓硫酸雾组成。金星表面大气压约为地球的100倍，大气中二氧化碳含量高达97%以上，因此产生了强烈的温室效应。表面温度在480 ℃左右，且没有地区、季节和昼夜的变化。低层大气较平静，大气层最外层有与自转方向相同的、速度高达320 km/h的大环流。大气中还有频繁的放电现象，探测器曾记录到一次持续15 min的大闪电。金星表面地势平坦，有山脉和平原。

苏联和美国分别发射了行星探测器，对金星进行了考察。1967

① 1天文单位为1日地平均距离，为1.496×10^8 km。

年10月18日，苏联发射的金星4号首先撞在金星表面上。1975年10月22日和25日，苏联发射的金星9号和10号，分别到达金星，拍摄了金星全景遥测照片。之后美国和苏联又多次发射探测器，降落多个着陆器到金星表面进行考察。

(3) 地球

地球是太阳系中唯一有人类居住的行星。按离太阳由近及远的次序为第三颗行星。地球的直径为12 742 km，质量为6×10^{24} kg，平均密度为5.52 g/cm^3，密度在八大行星中最大。其表面重力加速度为9.80 m/s^2，表面物体的逃逸速度为11.2 km/s。

地球周围有大气层，总质量约为6×10^{18} kg，是地球总质量的0.000 1%。大气层中氮气含量为78%，氧气为21%，氩气为0.93%，二氧化碳为0.03%，氖气为0.001 8%，此外还有水汽和尘埃等。低层大气分子主要散射太阳光中波长较短的蓝色光，因此天空呈蓝色。地球表面70%以上为海洋覆盖，与湖泊、江河等水体组成了地球的水圈；陆地则有高山和平原。有关地球的更为详细的知识则将在第3章介绍，此处从略。

(4) 火星

火星是太阳系中一颗引人注目的火红色行星。其处在地球轨道之外，与太阳的平均距离约为2.278×10^{8} km（1.524个天文单位），直径为6 776 km，质量只为地球的0.11，平均密度为3.94 g/cm^3，表面重力加速度为3.8 m/s^2，表面物体的逃逸速度为5 km/s。

火星上大气非常稀薄，其主要成分为二氧化碳，占总量的96%，还有少量的氮气（3%）、氢气（1%～2%）、一氧化碳、氧气以及少量的水汽。表面气压相当于地球上空30～40 km高度处的大气压。其表面温差很大，赤道地区中午最高气温在20 ℃左右。两极地区处在漫长的极夜时，最低气温可降至－139 ℃。和地球类似，其大气中也有云。

用望远镜观察可发现下列现象：

1) 火星的两极地区，有含有水冰和干冰的白色极冠；

2）由火星的大陆沙漠地区形成的明亮区域，占火星总面积的 5/6，其由红色硅酸盐、铁和金属氧化物覆盖，呈明亮的桔红色；

3）火星还有由火山溶岩平原形成的黑暗区域。

1964—1977 年，美国发射了水手号和海盗号探测器。1964 年 11 月发射的水手 4 号，发现了环形山；1971 年 11 月发射的水手 9 号，发现了火山、峡谷和干河床；1979 年 7 月和 9 月，发射的海盗 1 号和 2 号，在火星上软着陆，发现上面可能没有生命存在。1962 —1973 年，苏联也多次发射了火星号系列探测器，获得了不少相关资料。

（5）木星

木星是太阳系内质量和体积最大的行星，与太阳的平均距离为 7.78×10^{8} km（5.201 个天文单位），其直径为 142 800 km，为地球的 11.2 倍，质量相当于地球质量的 318 倍，是太阳系所有其他行星总质量的 2.5 倍，体积为地球体积的 1 316 倍，但其平均密度为 1.33 g/cm^{3}，只是地球平均密度的 0.24；表面的重力加速度为 26 m/s^{2}，约为地球的 2.6 倍；物体的逃逸速度高达 63.4 km/s。

木星外有浓密的大气层，厚度达 13 000 km，但质量只占木星总质量的 1%，大气的主要成分为氢气（82%）、氦气（17%）、氨气、甲烷、水和其他物质。在望远镜里看木星，可以看到表面有许多明暗交错的、与赤道平行的彩色云带：亮带称为区，为气流上升的区域，一般是白色或浅黄色；暗带称为带，是气流下降的区域，一般呈暗红色。

木星是一个液态的星球，在大气层之下便是氢层。其外层厚度在 25 000 km 左右，由液态分子氢构成，内层厚度为 33 000 km，主要为液态金属氢。氢层之下可能是岩核球体，其半径约 12 000 km，主要由铁和硅组成。近年来发现，木星有一个大小在数十到数百米之间的、由黑石块组成的光环，厚度为 30 km，宽至数千千米，位于离木星 12 800 km 处。

1972 年 3 月和 1973 年 4 月，美国发射的光驱者 10 号、11 号对木星进行了探测，加深了人们对木星的了解。1979 年 3 月和 7 月，相继飞抵木星的旅行者 1 号、2 号又获得了重大的发现。

木星是太阳系中自转速度最快的行星，但其各处自转速度却不一样：在赤道部分自转周期为 590.5 min，两极地区稍慢。自转速度的不同也说明木星没有固体的外壳。

木星是夜空中最亮的几颗星之一，仅次于金星，比最亮的恒星天狼星还要亮，也比火星亮（除火星大冲日外），它最亮时达－2.4 等。因而，它经常引起人们的关注。

（6）土星

土星和太阳的平均距离为 1.427×10^{9} km（9.539 个天文单位），直径为 120 000 km，质量是地球质量的 95 倍，体积是地球的 745 倍；在太阳系中，土星的大小和质量仅次于木星，占第二位。其平均密度为 0.70 g/cm^{3}，比水轻得多；表面重力加速度为 11.5 m/s^{2}；表面物体的逃逸速度为 37 km/s，约为地球的 3.30 倍。

大气以氢、氦为主，并含有甲烷和其他气体，大气中漂浮着由氨晶体组成的云。从望远镜里看，这些云也有与木星一样的彩色的亮带和暗纹，但比木星的规则，色彩不如木星那样鲜艳。

现在大家普遍认为，土星没有固体外壳，其内部是直径为 20 000 km 的岩石核心，外面包围着 5 000 km 厚的冰层，再外层是 8 000 km 厚的金属氢层，最外层是大气。土星也有磁场和辐射带，其磁场强度虽比地球磁场强千倍，但辐射带却不如地球。

土星有一个漂亮的光环，使其成为太阳系中最美丽的行星。整个光环有 16 圈，其中有 3 圈最亮：外环宽 19 000 km，中环宽 28 000 km，最里面的叫内环；其他的环都较暗，很难被看到，而且大多分布在外环外面。这些环都是由冰粒、石块和尘埃组成的。实际上，这些固体颗粒都是土星的小卫星，虽然很宽但却很薄。

美国发射的先驱者 11 号于 1979 年 9 月访问了土星，使人们对土星的了解增加了很多。

土星比木星暗，但最亮时为－0.4 等，比织女星还要亮些。在夜空中，也经常引起人们的关注。

(7) 天王星

天王星是太阳系里唯一躺着绕太阳旋转的行星，其距离太阳的平均距离为 2.896×10^{9} km（19.358 个天文单位），直径为 50 800 km，质量相当于地球质量的 14.63 倍，体积为地球的 57 倍；平均密度很小，只有 1.24 g/cm^{3}；表面重力加速度为 9.8 m/s^{2}，和地球差不多；表面物体的逃逸速度可达到 21.4 km/s。

天王星表面有厚厚的大气层，大气中氢的含量最多，还有少量的甲烷。大气中存在云层，其可能是稀薄的甲烷云和面积较广的氨云。

天王星的核心是由岩石物质组成的，其中含有金属铁或铁的化合物。核心以外是由水冰和氨冰组成的冰幔，冰幔以外是分子氢层，再向外就是厚厚的大气层。大气质量大约只占行星总质量的 20%。

天王星是威廉·赫歇尔在 1781 年用他自己制造的、口径为 16 cm 望远镜意外发现的。其最亮时比 6 等星稍亮，当其在天顶时，眼力好的人用肉眼勉强能见到；在望远镜里，天王星是一颗蓝绿色的星星。

(8) 海王星

海王星距离太阳十分遥远，平均距离约为 4.497×10^{9} km（30.06 个天文单位），直径为 4.86×10^{7} km，质量相当于地球的 17.2 倍，体积相当于地球的 60 倍。其平均密度只有 1.66 g/cm^{3}，表面重力加速度为 11.2 m/s^{2}，比地球略大，表面物体的逃逸速度为 23.6 km/s。

海王星有稠密的大气层，大气的主要成分是氢，此外还有甲烷和氨。海王星离太阳很遥远，每单位面积上接收到的太阳光只是地球上的 1/900。其表面温度很低，只有 −230 ℃，内部结构与天王星类似。

海王星亮度为 7.85 等，只有借助望远镜才能看到。海王星具有淡绿色的圆面。

为了便于比较、对照，将各行星的平均轨道要素及物理要素列于表 2－2 和表 2－3 中。

表 2－2　各行星平均轨道要素（1960 年 1 月 1.5 日历元）

行星	轨道半长径		公转周转		轨道偏心率	轨道倾角/(°)	升交点黄经/(°)	近日点黄经/(°)	历元平黄经/(°)
	天文单位	10^6 km	恒星周期	会合周期/日					
水星	0.387	57.9	88.0 日	16	0.206	7.0	47.9	76.8	222.5
金星	0.723	108.1	224.1 日	584	0.007	3.4	76.3	131.0	174.3
地球	1.000	149.6	365.26 日	—	0.017	0.0	0.0	102.3	100.2
火星	1.524	227.8	887.0 日	780	0.093	1.8	49.2	335.3	258.8
木星	5.201	778	11.86 年	399	0.048	1.3	100.0	13.7	259.8
土星	9.539	1 427	29.46 年	378	0.056	2.5	113.3	92.3	280.7
天王星	19.358	2 896	84.01 年	370	0.047	0.8	73.8	170.0	141.3
海王星	30.06	4 497	164.8 年	367	0.009	1.8	131.3	144.3	216.9

表 2－3　太阳、月亮和行星的物理要素

天体	赤道直径/km	扁率	质量地球质量＝1	密度/(g/cm^3)	引力地球＝1	逃逸速度/(km/s)	自转恒星周期/日	黄赤字交角/(°)	反照率
太阳	1 391 000	0	332 946	1.41	27.8	616	25、35		
月亮	3 476	0	0.012 3	3.36	0.16	2.3	27.321 5	6.7	0.067
水星	4 880	0	0.055 3	5.46	0.38	4.3	58.67	＜7	0.058
金星	12 104	0	0.815 0	5.24	0.90	10.3	243	～179	0.76
地球	12 742	1/298	1.000	5.52	1.00	11.2	0.997 3	23.4	0.36
火星	6 776	1/192	0.107 4	3.93	0.38	5.0	1.026 0	24.0	0.16
木星	142 800	1/16	317.9	1.33	2.87	63.4	0.410	3.1	0.73
土星	120 000	1/10	95.17	0.70	1.32	39.4	0.444	26.7	0.76
天王星	50 800	1/16	14.56	1.28	0.93	21.5	0.457	28.8	0.93
海王星	48 600	1/50	17.24	1.75	1.23	24.2	0.67?	?	0.62

2.4.2.3　卫星

卫星是围绕行星运行的天体，表面反射太阳光；除了月球外，其他卫星的反射光都非常弱，肉眼通常看不到。与行星类似，有的卫星表面也有大气。

(1) 月球

月球是地球的天然卫星，这是人类用肉眼能直接看到的唯一的卫星，也是人类最早发现的卫星。其距离地球的平均距离为384 400 km，直径为3 476 km，约为地球直径的0.27，质量约为地球质量的0.0123。平均密度为3.36 g/cm^3，只相当于地球密度的60%。表面重力加速度为2.4 km/s^2，为地球的21%。

从20世纪50年代开始，人们对月球进行了卓有成效的探测与研究。1959年9月，苏联发射的卫星月球2号击中了月球，成为碰到月球表面的第一个人造天体；1966年1月，苏联发射了卫星月球9号，成功地实现了软着陆；1969年7月，美国航天员阿姆斯特朗和奥尔德林乘坐阿波罗11号首次登上了月球，并在月面上活动了两个多小时。至今，共有6艘载人宇宙飞船登上月球，12名航天员在月面上留下了自己的脚印。

有关月球的较详细的情况将在2.5.2节介绍。

(2) 火卫一

火卫一是离火星较近的卫星，距火星中心大约为9 450 km。其形状很不规则，宛如畸形的马铃薯，可勉强将其当作三轴椭球体，三条主直径约为27 km，21 km和19 km。质量约为1×10^{19} kg，平均密度为2.1 g/cm^3，表面物体逃逸速度0.12 km/s。

其表面有许多陨石坑（最大的称为斯蒂尼陨石坑），还有沟纹和环形山链。

(3) 火卫二

火卫二是离火星较远的卫星，距火星中心大约为23 500 km，其形状很不规律，可勉强将其当作三轴椭球体，三条主直径约为15 km，12 km和11 km。其质量、密度和逃逸速度都要比火卫一小。

其表面情况与火卫一相似。火卫一和火卫二是在1877年由美国天文学家霍耳同时发现的。

(4) 木卫一

木卫一是迄今在太阳系内观测到的、火山活动最为剧烈的天体，距木星平均距离约为4.2×10^4km，是距离木星第二近的卫星。其直径为3 600 km，质量为8.9×10^{21} kg。从大小、质量和距离木星的距离来看，木卫一与地球的卫星——月球十分相近。其是在1610年伽利略用自制的望远镜发现的，同时发现的还有木卫二、木卫三和木卫四。1979年，美国发射的旅行者探测器探测到了十分剧烈的火山活动。

强烈的火山活动给其带来下列特点：

1) 直径大于20 km的火山口大约有200个；

2) 火山喷发物每年可覆盖卫星表面约1 mm，这导致木卫一上未发现有陨石坑，其表面地形很平坦；

3) 火山流由硫组成，从而使木卫一成为颜色最红的天体之一；

4) 在表面上有一层以二氧化硫为主的、稀薄的热大气层。

(5) 木卫二

木卫二是距离木星第三近的卫星，距木星平均距离约为6.7×10^5 km。其直径约为3 000 km，质量只是木卫一的0.55，平均密度与木卫一差不多。

旅行者1号发现木卫二具有岩石结构，其表面除了覆盖着砂砾和土壤外，其余大部分都是由水冰覆盖着，部分地区还由盐和硫磺覆盖着。

(6) 木卫三

木卫三是太阳系最大的卫星。距木星的平均距离为1.07×10^6 km，直径约为5 150 km，质量为木卫一的1.67倍。其表面岩石和硅矿物不超过15%，其余都由冰冻的水、氨和甲烷组成。

(7) 木卫四

木卫四是距离木星第五近的卫星，距木星的平均距离为1.88×

10^6 km，直径约为3 000 km，质量比木卫一略大，属规则卫星。其表面结构与木卫二和木卫三相同。

（8）木卫五

木卫五是离木星最近的卫星，距木星的平均距离只有 1.8×10^5 km，直径大约只有 120 km，质量只是木卫一的 0.2%。

木卫五是最后一颗用望远镜直接观测发现的卫星。旅行者 1 号发现木卫五呈浅灰色，上面有一个长约 130 km、宽为 200～220 km 的微红区域。

（9）其他土星卫星

至 1981 年底，已确定的土星卫星共有 23 颗。土卫十距土星的距离只有 1.595×10^5 km，是最接近土星的卫星；土卫九离土星最远，距离为 1.295×10^7 km；除土卫六外，其他的卫星都比较小。

土卫六是太阳系中第二大卫星，与土星的平均距离为 1.22×10^6 km，直径约为4 828 km。质量比木卫三略小，平均密度为 19.5 g/cm^3。表面有桔红色的云雾，大气层的厚度约为地球大气层厚度的 10 倍，大气中主要成分为氮，约占 98%，是在太阳系中迄今发现的大气中含氮量最多的天体（地球大气中含氮量为 78%）；此外还有甲烷，占 1%不到，以及少量的已烷、乙烯、乙炔和氢等。

值得注意的是，在土卫六云层顶端发现有氢氰酸分子；考虑到土卫六表面有岩石，该卫星上可能有温室效应。这些现象已引起了人们极大的关注。

（10）天王星卫星

天王星的卫星共有 5 颗。离天王星最近的为天卫五，平均距离为 1.3×10^3 km；最远的是天卫四，距离为 5.86×10^5 km；天卫一、天卫二、天卫三分别为 1.92×10^5 km、2.67×10^5 km、4.38×10^5 km。其中天卫五的最小，天卫三最大。

（11）海王星卫星

海王星的卫星共有 2 颗。海卫一离海王星的平均距离为 3.54×10^5 km，直径约为 3 800 km，比月球稍大，是太阳系里一颗较大的卫星。其质量约为3.48×10^{22} kg，比木卫三大1倍多（木卫三约为1.49×10^{22} kg），是太阳系中质量最大的一颗卫星，其表面可能有大气。海卫一是在1846年海王星发现后不久被发现的。

海卫二离海王星的平均距离约为5.51×10^{6} km，直径为240 km。其是在1949年由柯伊伯用照相方法发现的。

（12）冥王星卫星

冥王星卫星离冥王星的平均距离为1 900 km，这个卫星具有下列特点：

1）卫星的直径为其主星直径的0.5，这在太阳系里是独一无二的；

2）卫星的自转周期与冥王星相同，这就形成了太阳系中唯一具有同步轨道的卫星——行星系统。

2.4.2.4 小行星

小行星是沿着椭圆轨道绕太阳运行的、大多分布在火星和木星轨道之间的小天体。

迄今为止，发现并已正式编号的小行星已有2 400多颗。据现在估计，在火星和木星之间的小行星可能有4万多颗，其在火星和木星之间形成了一个小行星带。

和行星一样，小行星本身并不发光，靠反射太阳光而发亮。小行星中，最亮的是4号灶神星，最亮时的星等大约为6等，肉眼勉强可见。

小行星很小，体积最大的小行星是1号谷神星，质量最大的小行星也是1号谷神星（其只有地球质量的0.02%），大多数小行星的形状是不规则的。

2.4.2.5 彗星

彗星是肉眼可见但不常见的云雾状小天体。当其靠近太阳时，后面拖着亮而长的尾巴，俗称为“扫帚星”。由于彗星是偶然出现的奇怪现象，因此在古代，中外均将其看作灾难的预兆；然而，彗星的出现纯属一种自然现象。彗星是太阳系的特殊成员，由于运行轨道的特殊性（沿着偏心率很大的椭圆，甚至是双曲线轨道绕太阳公转），只有在其靠近太阳时，肉眼才能看到。

彗星一般包含彗核、彗发和彗尾3部分。彗核位于彗星头部中央，密集而明亮，形状呈圆形；彗核周围一圈朦胧状的部分，称为彗发；彗核后面拖着一条又长又亮的尾巴，称为彗尾。彗星体积很大，但慧核体积很小（几百米到几百千米），集中了彗星的大部分质量。

彗星的化学成分包括水、氨、甲烷、氰、氮、一氧化碳和二氧化碳等，其均以冰状物质存在。其在向太阳接近时，表面物质由于受到太阳的照射升华，从而形成了彗发及彗尾。所以，当彗星经过太阳一次，就会消耗许多物质，所以其寿命是有限的。

彗星绕太阳运行的轨道有椭圆形、抛物线和双曲线3种形状。椭圆轨道上运行的彗星叫作周期彗星，其周期短的只有三年，如恩克彗星，长的可达几千年以上；沿抛物线和双曲线轨道运行的彗星叫作非周期彗星，其只接近太阳一次便不再回来。

最著名的彗星是哈雷彗星，其是第一颗被预言回归的彗星。我国的史书中对哈雷彗星有过极丰富的记载（前后共有31次之多），比西欧最早的记载还要早670年。英国天文学家哈雷曾预言，该彗星将于1758年底或1759年初再度出现。虽然哈雷于1742年去逝，然而在1759年，这颗彗星确实重新回来了。为了纪念哈雷，特命名为哈雷慧星。其公转周期为76年，1910年曾出现过一次，最近的一次是在1986年。哈雷彗星每回归一次，质量大约要减小2×10^{12} kg，因此按其质量估算，至少还可存在50～5 000个周期。

2.5 太阳与月球

2.5.1 太阳

在所有的天体中，同人类居住的地球关系最密切的正是太阳。

太阳是太阳系的中心天体，其质量占太阳系总质量的99.865%。太阳也是太阳系内唯一发光的天体，带给地球光和热。

太阳上许多变化过程同地球上的许多现象都有着紧密的联系，例如来自太阳的粒子辐射对于航天员的安全以及人造卫星的材料仪器有极大的危害。研究太阳对于空间科学的发展是有重要意义的。

2.5.1.1 太阳的大小、质量和日地距离

众所周知，地球绕太阳公转的轨道是一个椭圆，所以地球同太阳的距离在不断变化着。

通常所说的日地距离是指太阳和地球的平均距离，更准确地说，是地球公转轨道的半长径。现在国际上采用的数值为：太阳的视差$P_0=8.794\ 18''$，相应的距离为$1.495\ 978\ 92\times10^8$ km。天文上常用日地平均距离作为计量天体距离的单位，称其为“天文单位”；具体而言，光行1天文单位的时间为499.004 79 s，这个时间就是太阳光到达地球上的时间。

只要知道日地距离和太阳圆面的视角直径，就可求得太阳的大小。现在公认的太阳的半径$R_0=6.959\ 9\times10^5$ km，大约是地球半径的109倍。在R_0的基础上，太阳其他的参数（如表面积、体积）均可知道。例如，太阳体积为$1.412\ 2\times10^{18}\ \text{km}^3$。

太阳的质量可以根据开普勒第三定律算出。其计算公式为

$$\frac{M+m}{m+m'}=\left(\frac{T'}{T}\right)\times\left(\frac{a}{a'}\right)^3$$

式中 M，m 和 m'——分别为太阳、地球和月球的质量；

T，T'——分别为地球绕太阳公转和月球绕地球转动的周期；

a，a'——地球、月球的轨道半长径。

代入数据后可得太阳的质量为$1.989\ 2\times10^{30}$ kg，是地球质量的33万倍。

在知道了太阳的体积与质量后，自然就可求得太阳的平均密度为$1.409\ \text{g/cm}^3$，是地球平均密度的25.5%。

2.5.1.2　太阳的结构

在太阳自身重力作用下，太阳物质向其核心集中，从而使得太阳核心的温度高达10^7 K，以致在太阳核中心发生热核反应。太阳每秒辐射出的总能量为 3.826×10^{26} J。目前认为太阳从中心到边缘可分为核反应区、辐射区、对流区和太阳大气，如图 2-11 所示。核反应区的体积相当小，只占太阳体积的 1/64。该区的温度为 1.5×10^7 K，压力约为 2 500 亿大气压。在核反应区内进行着氢氦聚变反应，这种反应使太阳的质量每秒钟减少 5×10^8 kg。

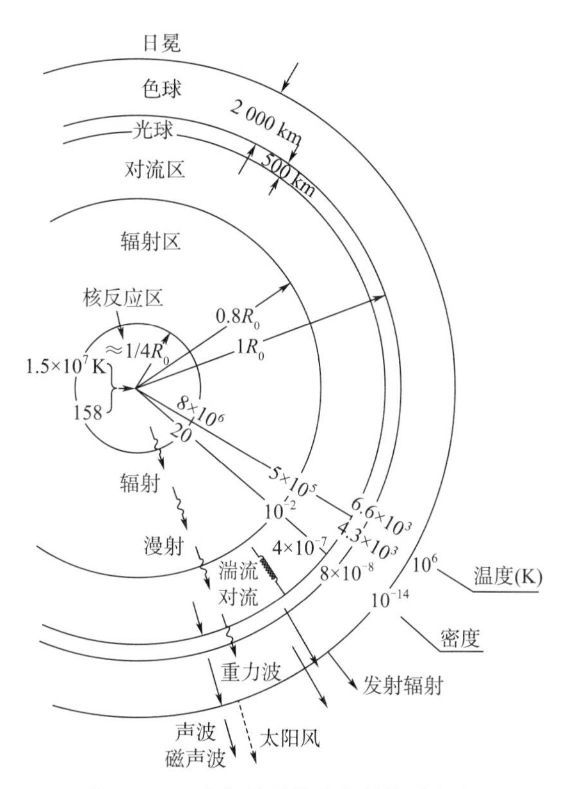

图 2-11　太阳的结构和能量传递方式

在核反应区外侧是辐射区，太阳核心产生的能量通过这个区域辐射传输出去。光子在由太阳核心向外传播的过程中，多次被物质吸收后又再被射出。由核心向外，光子的能量形式是高能 γ 射线；然后，光子的能量降低变成 X 射线；再向外传播时，光子能量进一步减小而变成远紫外线、紫外线，最后则变成可见光和其他形式的辐射。

在辐射区的外面是对流区（对流层），此时其能量主要靠对流向外传输。对流层中还有湍流，其会产生各种波动。这些波动向外传播，将机械能向外传输到色球和日冕大气中去，使那里维持着很高的温度。因此，对流层中的湍流性对流被认为是色球和日冕的主要能源。

太阳大气大致可以分为光球、色球和日冕等层次。最内层称为光球；中层是色球，是光球的向外延伸，一直可延伸到几千千米高度；最外层称为日冕，是极端稀薄的气体壳，可以伸展到几个太阳半径。

上述分层仅有形式意义，实际上在各层之间没有明显的界限，而相应的温度、密度则是连续变化的。

（1）光球

肉眼看到的太阳边缘就是光球的上限，几乎我们接收到的所有太阳光学辐射都是由这里发出的。光球可以看作一个发光壳。太阳光球中的热能包括粒子的动能、原子的激发能和电离能，其主要靠辐射向外传输。

在大气宁静度比较好的条件下，用口径为 10 cm 的望远镜就可由白光看到覆盖整个光球表面的米粒组织。这是一幅由接近百万个小的多角形图案构成的图像，这些小多角形就是光球的米粒组织，其中间亮的部分叫做米粒，该部分典型尺度在 1 000～3 000 km 之间。周围暗的区域叫做米粒际空间，比较窄，约几百千米，该区域中心温度比边缘温度至少高 100 K。应当指出的是，实际上光球是气体活动剧烈的对流层的顶层，升到光球面上的、大的对流或对流元将多余的热量辐射掉，较冷的气体就分开并沿米粒的外边缘向下流回对流层。米粒的寿命约为 8 min，最长寿命可达 15 min。米粒中心有垂直向上的运动，该运动速度大约为 0.4 km/s，而水平向外的运动速度大约为 0.25 km/s。

1962 年人们观测到，在光球里有尺度及时标比米粒大得多的对流气泡，称其为超米粒。在每个超米粒泡的顶部，气体以大约 0.5 km/s 的速度流向边缘。与米粒相似，超米粒也具有对流性质，热的气体从其中心上升，而冷的气体沿其边缘下降。超米粒的平均直径为 32 000 km，比米粒大 18 倍左右，寿命约为 20 h。

(2) 色球

温度在光球顶部达到极小值，再往外就开始增加，光球外面的这个区域称为色球。在日全食的前后几秒钟可以看到日面边缘上会出现亮的粉红色的光环，这就是色球。色球与日冕的边界也不很明显，因此，色球的厚度只能是一个大致的估计，有人认为可能为 20 000 km。

色球中的温度变化如下：温度在光球顶部下降到极小值（约 4 500 K），在这点以外温度逐渐增加；最初比较缓慢，到达 2 000 km 左右时，温度开始增加得很快，达到 1×10^4 K，然后在可能小于 1 000 km 的范围内温度上升到 5×10^6 K，这一温度陡升的区域被称为过渡区；在过渡区之上，温度虽然继续上升，但梯度很小。在 10 000～20 000 km 范围内，温度达到 1.5×10^6 K 左右，这就是日冕温度。

在色球的最低层，大约 1 000 km 的范围内近似是均匀的；而在 1 000 km 以上的范围，色球成为非常不均匀的区域。在这区域中有许多小的、指向日冕的针状结构，称为针状物。一般而言，针状物具有长圆锥的形状，直径为 1 000 km，长为 6 000～10 000 km，其连续地上升和消失，平均寿命约为 5～10 min。针状物并不像光球米粒组织那样在日面上均匀分布，多数的针状物都和超米粒组织边界的磁场相关，其可能是日冕的另一个能源来源。

（3）日冕

日冕是太阳大气最外面的一层，也是最厚的一层。日冕是太阳大气中与行星际空间关系最为密切的一层，也可以认为日冕的性质决定了行星际空间的性质。

日冕可以人为分为 3 部分：内冕（1.02 R_0～1.3 R_0）、中冕（1.3 R_0～2.3 R_0）和外冕（2.3 R_0以外）。外冕可延伸到好几个太阳半径以外，也可以认为其没有边界。在若干个太阳半径处的日冕就是行星际介质；在 40 多个太阳半径处，日冕逐渐沉没于黄道光中，广义的日冕一直可延伸到包括地球在内的范围。

（4）太阳风

太阳风是从日冕不断地向行星际空间发射出的稳定粒子流。由于日冕的高温，作用于日冕气体上的引力不能平衡压力差，因而使日冕不能处于流体静力平衡状态，而是稳定地向外膨胀，日冕等离子体连续地向外流出，形成所谓的太阳风。根据估计，太阳每年通过太阳风损失的质量仅为 $3\times10^{-14}M$，太阳风所能带走的能量只占太阳总辐射的 10^{-6}。显然，太阳风仅是太阳内部极小的扰动，对太阳演化的影响很小，但日冕物质不断向外膨胀却大大改变着日冕的结构。

太阳风等离子体由电子、质子和重离子（主要是 α 粒子）组成，除了 α 粒子与质子的比值随风速变化外，其离子成分与光球类似。近地卫星和空间探测器已对太阳风的性质做了一系列的测量，结果表明：近地太阳风的速度大约为 320～710 km/s；只有 5%的测量值比这些数值高些或低些，这些测量值的平均速度为 468 km/s。一般常称风速大于600 km/s的太阳风为高速太阳风，而风速小于350 km/s 为低速太阳风。

利用天空实验室和其他卫星所得到的资料，对太阳风流与冕洞（日冕中一些低温度低密度区域）的相关性作了详细的分析研究。研究结果表明，其相关系数大于 0.8，再次有力地证明了太阳风流主要来自冕洞。若在太阳赤道附近存在大冕洞，那么在地球轨道便可以探测到太阳风高速流。太阳风的幅度直接与冕洞的大小有关，小冕洞可能不能引起太阳风高速流，另外某些太阳风是在赤道附近不出现冕洞时发生的。

(5) 太阳活动

太阳活动更普遍的含义是指，发生在光球、色球和日冕的许多不同的现象。这些活动现象主要是黑子、光斑、谱斑、日饵（暗条)、耀斑和日冕凝聚区的结构，太阳光谱的远紫外辐射、X射线和射电辐射的缓变式与爆发式的增强，太阳等离子的运动和抛射，以及快速电子和质子的加速等。这些现象都是彼此密切相关的，而均集中在太阳大气的某些局部区域内，故常称为太阳活动区。

① 太阳黑子

黑子是日面上出现的小黑点。除了一些小黑子以外，一般黑子中心区域最黑，叫作本影。黑子经常成群出现，有时黑子群由几十个大小不等的黑子组成。黑子的大小为1 000～200 000 km，大黑子具有较复杂的结构，其本影可以有几个。黑子的半影具有纤维状结构，纤维的方向同本影的径向相同，其平均寿命约为 30 min。黑子是光球层中温度低、辐射弱且气压低的区域，也是磁通量聚集的区域，其磁场强度可达到 0.2～0.4 T。

日面上较大黑子的出现常常作为太阳激烈活动的标志。对黑子数和黑子面积的统计表明，黑子平均具有 11 年的周期变化（太阳活动周)，常出现在高于纬度 45°的区域。

② 日珥

日珥是红色的火焰状的物质，在日全食时会出现在太阳圆面的边缘。其主要存在于日冕之中，是不断地从色球抛射出来，然后再向色球降落的、比较稠密的物质，因而往往同色球相连接。日珥的形态万千，有的如浮云，有的如喷泉，有的如圆环，有的如火舌，大小不一，如图 2－12 所示。所有这些现象有生有灭，有多有少。其数量的变化大体上同黑子的变化是同步的。

根据大量的日珥活动影片，按照外观、结构、物质运动的性质

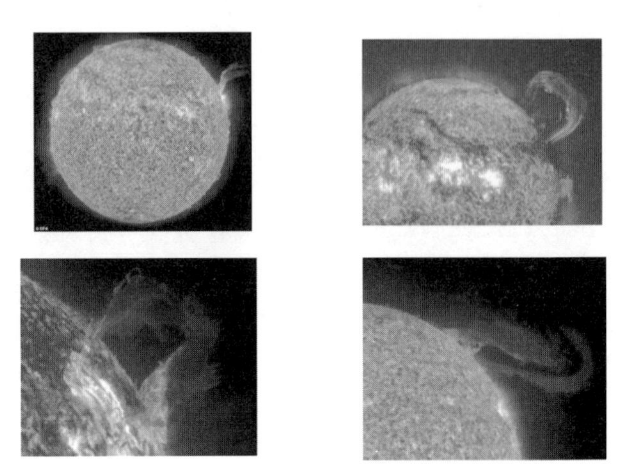

图 2-12 日珥

和黑子的关系，以及发生的地点（色球层或日冕），将其大致分为 3 类：宁静日珥、活动日珥和爆发日珥，其中活动日珥是最常出现的，在日面及其边缘的任何部分都可以发现。

活动日珥的变化形式是多种多样的：有时候似乎有气流从某一点沿着确定的曲线轨道流到另一点；有时候有物质流向太阳表面一个或几个确定的点；有时候有物质从太阳表面某一点沿着曲率很大的曲线轨道上升到某一高度便停住，过一段时间再沿着原来的轨道返回。

爆发日珥一般是从太阳表面升起的，有些沿着径向上升，有些斜着上升，还有些沿着曲线轨道上升。其一般上升到 $1\times10^5\sim5\times10^5$ km 的高度，最强烈的爆炸日珥可以上升到 10^6 km 以上的高度。随后整个日珥消失不见，什么痕迹也不会留下。

应当指出，日珥出现多少同太阳活动的 11 年周期有关。黑子数极大时，日珥的总面积也极大；黑子数极小时，日珥总面积也极小。

③ 太阳耀斑

太阳耀斑是太阳大气（主要在色球和日冕）局部区域突然释放出巨大能量的现象。大耀斑释放的能量约为 10^{25} J，这些能量导致局部区域气体瞬时加热，以及电子、质子和重粒子的加速。在耀斑区域，色球温度和日冕温度可以加热到 10^6 K，粒子能量可由 20 keV 加速到 1 000 keV。耀斑可以产生很宽频带的电磁辐射，由硬 X 射线（波长为 10^{-9} cm）一直到射电流（波长为 10^6 cm），甚至有时辐射出 γ 射线（波长大约为 2×10^{-11} cm），这些不同波长的电磁辐射源于太阳大气的不同区域。多数耀斑发生在“青年”或“成年”的活动区，大耀斑倾向于发生在有大黑子、磁场结构复杂的高磁场梯度区域，但是还有一部分耀斑（大约 7%）发生在活动区之间或几乎没有黑子残存的区域。

耀斑爆发伴随各种过程，其主要辐射过程如图 2－13 所示。

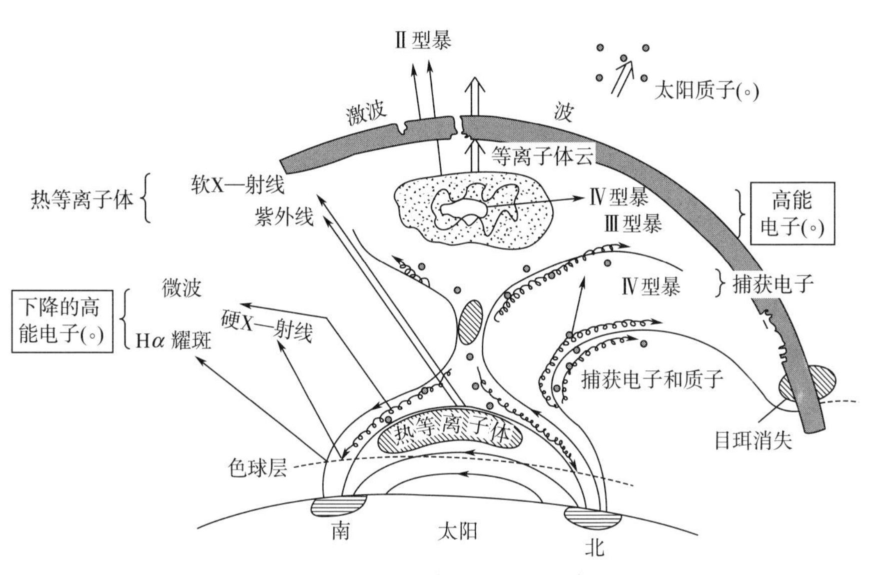

图 2－13　耀斑爆发伴随的主要辐射过程

耀斑爆发时，局部区域的电子和质子可以加速到 10^8 m/s，其中一部分几乎平行向下运动，与色球层中性氢原子碰撞，这些碰撞产生硬 X 射线爆发，或者叫作非热 X 射线爆发。其峰值波长小于 1×10^{-10} m，持续时间为几分钟，在地球轨道测量到的大于 10 keV 的 X 射线通量峰值为 $10^{-9}\sim10^{-8}$ J/m^2。

在非热X射线爆发的同时，经常能够接收到微波（毫米波和厘米波）射电爆发，一般情况下两种爆发在时间上是一致的，因此认为微波爆发也是由产生非热X射线爆发的高能电子产生的。在耀斑爆发中心附近和其下的强磁场中，这些高能电子的同步加速辐射产生的微波爆发只延续几分钟，其经常发生在光学耀斑亮度达到其峰值的上升时间内。在硬X射线爆发和微波爆发的期间内，通常伴随有远紫外线爆发（波长在$2.5\times10^{-8}\sim1.35\times10^{-7}$ m之间），其典型寿命为7 min，在地球轨道测量的总远紫外线辐射通量峰值为$10^{-5}\sim10^{-2}$ J/m^2。

耀斑爆发期间还产生热X射线爆发，其峰值波长在$1\times10^{-10}\sim1\times10^{-9}$ m之间。热X射线爆发的上升时间大致等于非热X射线爆发的持续时间，且波长越长，热X射线爆发的持续时间越长，典型值是10 min～1 h。

在耀斑爆发过程中，经常伴随发射能量范围很宽的高能粒子，例如发射能量$0.1\sim1.5\times10^{6}$ keV的质子。发射高能质子和电子的耀斑称为质子耀斑。当这些高能质子飞行到地球附近时，地球就被高能的质子包围，这通常称为地球的质子事件。能量在500 MeV的质子可以穿过地球大气到达地球表面，在耀斑开始15 min后产生地面效应。能够发射500 MeV以上的质子的质子耀斑是很稀少的，在1942—1972年，只记录到20次这样的地面效应。多数质子耀斑发射的质子的能量范围是10～100 MeV，当其中一部分粒子入射到地球磁层时，其沿着磁力线运动到极区，在那里被吸收并产生地球极区电离层的D层，在1955—1969年，这样的质子耀斑有380个。

耀斑还经常伴随着物质抛射，其主要类型为日浪和喷焰。日浪是太阳表面局部物质上升又返回的现象，喷焰是主要上升的物质不返回到其起源的区域的现象。典型日浪的形状是一个直的或稍弯曲的尖钉，其中气体由色球开始以50～200 km/s的速度向上升起，达到最大高度（大约20 000～200 000 km）后，这些物质通常又回到日面，这些钉状物的寿命为10～30 min。日浪是常观测到的现象，许多耀斑都伴随有日浪。如果抛射物质的速度超过色球的逃逸速度(670 km/s)，那么这些物质将不会返回，形成喷焰。

除了发射物质外，某些耀斑还伴随着波动的产生。

④ 太阳的射电

太阳不但是一个光源，也是一个强大的无线电辐射源。目前，经过各种射电观测方法（包括利用空间飞行器进行太阳射电观测），已经测得 1 毫米到十几千米范围内的射电。

太阳的射电可以分为 3 种分量：由宁静太阳发出的基本辐射分量，其强度在几年内大致不变；缓变辐射分量，这是叠加在基本辐射分量上的缓变太阳射电，其强度变化周期约为 27 天；射电爆发，其是太阳活动剧烈，特别是出现大耀斑时，射电强度的突然增大和急剧变化。

太阳射电爆发值得引起注意。这是太阳上发生的一种急剧突变的无线电辐射过程，也是一种复杂的太阳活动现象，这种现象常同太阳耀斑、X 射线爆发等现象共同发生。大射电爆发的强度可在短时间内突增到宁静太阳射电强度的几百万倍，爆发持续时间为 1 秒到几小时，甚至几十小时以上。

太阳射电爆发与大射电爆发一起喷出的质子流对宇宙飞船上的航天员和仪器有极大的危害性，因此已引起人们的广泛研究。

⑤ 日地关系

太阳发出的电磁辐射、高能粒子流和等离子体流的变化使得地球磁层、电离层以及中性大气的状态发生变化，从而对人类的环境产生重要的影响。

太阳耀斑爆发期间，由太阳发出的增强的电磁辐射、高能粒子流和等离子体云可引起广泛的地球物理效应。图 2－14 列出了其中一些主要的现象。

首先，太阳耀斑爆发经常向行星际空间喷射等离子体云，其径向速度为 500～1 000 km/s，经过 1.5～3 天到达地球轨道附近，与地球磁层作用引起磁暴。统计研究表明，只有很少的太阳耀斑爆发

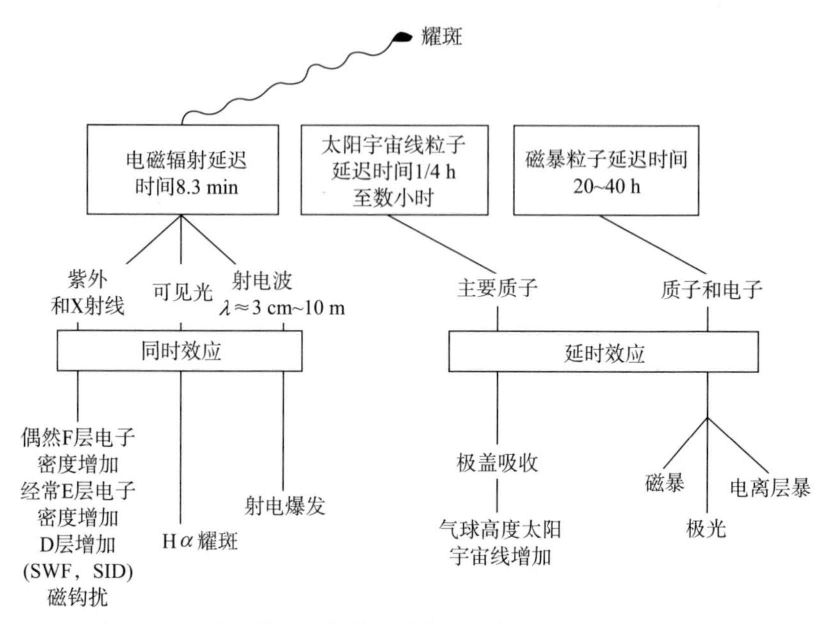

图 2-14 太阳耀斑引起的地球物理现象（引自 Davies，1963）

后有磁暴发生。

在磁暴期间，热层特性受到一系列的扰动。这里的热层指的是中性大气最上面的部分，也是中性大气温度最高的区域。在热层的下边界—中层顶（80～90 km）以上，温度随高度陡然上升，在 200 km 左右温度达到 2 000 K；再往上温度随高度变化不大，这是个近似的等温区。热层上边界与逃逸层底相连接（400～500 km），在这高度以上的粒子运动是无碰撞的。热层中的主要能量来自太阳发出的远紫外线辐射，由于远紫外线辐射有明显的 27 天周期变化和太阳周年变化，因而热层大气的温度、密度和成分也有 27 天的变化和太阳周年变化。磁暴期间，热层的密度、温度、成分和风场都受到显著的扰动。磁暴期间热层的密度在全球尺度上几乎均匀地增加，但极区增加得较少。值得注意的是，大气密度的变化会引起人造地球卫星轨道衰变率的变化，直接影响到卫星的寿命。

太阳活动也是气象变化的重要因素，有人指出，强的太阳耀斑可引起中高纬度大气环流的变化。有的统计结果还表明，耀斑后第三天和第四天内的雷暴活动增加，在耀斑出现前后10天内最频繁。

此外还应指出，太阳耀斑引起的地球物理事件还应包括电离层突然骚扰、太阳宇宙射线事件和极磁吸收事件。其中电离层突然骚扰的主要现象之一是短波衰减，其有显著的年周期变化。例如，有人统计过在美国华盛顿的短波衰减事件，其中66次是很强的；在这一年中，有39天每天短波衰减发生一次以上，有33天每天衰减超过1 h。

2.5.2 月球

月球是地球的天然卫星，是除流星和人造天体之外离我们最近的天体。

2.5.2.1 月球的大小、质量与地月距离

月球的平均半径为1 738.2 km，是地球半径的27.252%。月球并不是理想的正球体，其体积为2.200×10^{10} km^3，约为地球体积的1/49，质量为7.350×10^{24} kg。由此可得月球的平均密度为3.341 g/cm^3，是地球密度的60.5%。这表明月球内部高密度的核心不像地球核心占的比例那样大。由万有引力定律公式可得出，月球表面重力加速度为1.622 m/s^2，约为地面表面重力加速度的1/6。经过天文学家的研究测量，地月平均距离为384 401（±1）km。

2.5.2.2 月球的运动

月球沿一个椭圆轨道绕地球转动，绕转的中心不是地球的质心，而是地球、月球构成的地月系的中心，即地球与月球的共同质心；绕转方向与地球绕太阳的公转方向相同，即由西向东运行。月球轨道的偏心率为0.054 9，因而地月距离为356 400～406 700 km，即最远与最近相差50 300 km。月球轨道离地球最近的点称为近地点，最远的点称为远地点，两点间的连线称为拱线。月球的绕转速度，

因月地距离而不同：在近地点时，月球绕转得快；反之，在远地点时，月球绕转得慢。

月球绕地球转动时在天球上的运动轨迹，即月球轨道面与天球相交的大圆，叫做白道。白道与黄道不重合，其相交成 $5°8'43''$ 的角度；白道与黄道相交于正相对的两点，分别称为升交点与降交点。月球由黄道之南绕到黄道之北时经过升交点，而由北到南时经过降交点。

月球沿白道运行一周所需的时间，称为恒星月，即月球绕地球转动一周所需要的时间。一个恒星月为 27.321 661 4 历书日。

月球在绕转地球的同时，还有本身的自转。值得注意的是，月球的绕转和自转都是自西向东的，周期都是恒星月，这样的自转叫同步自转。由于月球的同步自转，地球上所看到的月面大体上是相同的半个月面。月球同步自转的简要图如图 2-15 所示。

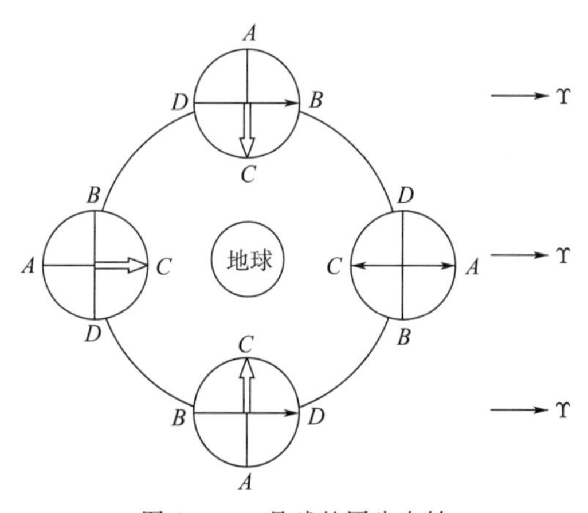

图 2-15　月球的同步自转

这里还应该指出，在地球上看，月球有时光明部分较多，有时黑暗部分较多，这种月球的明暗两部分不断变化着的现象称为月相，月相的变化现象也叫做盈亏现象。月相的变化具有周期性，其周期就是一个朔望月，即 29.53 日。

月相的周期变化是由 2 个原因造成的：

1）因为月球自己不发光而只是反射太阳光才能被我们看见，所以月球被太阳照射的部分是亮的，而未被照射的部分是暗的；

2）因为月球在绕地球转动的同时，又跟地球一起绕太阳公转，即存在周期性的会合运动；也就是说，日、月、地三者的相对位置有周期性变化。

图 2－16 可以说明月球的盈亏现象。

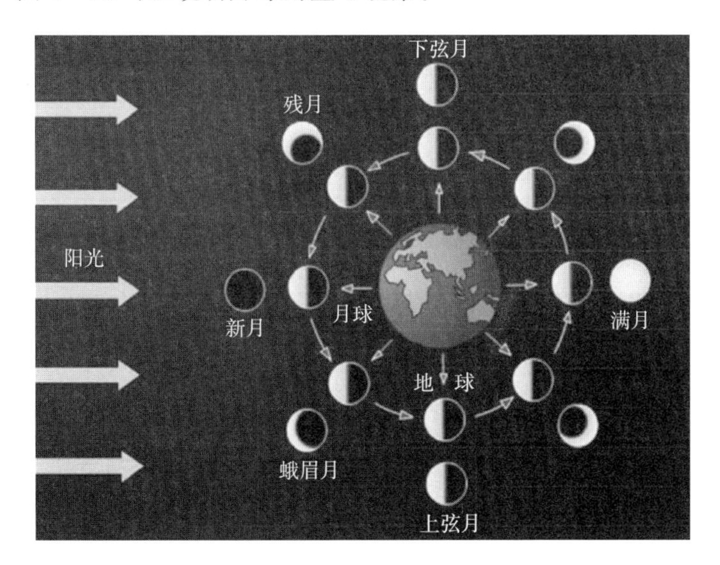

图 2－16 月相及其成因

2.5.2.3 月球表面及月球的物理状况

随着科学技术的发展，载人飞船已经成功地在月球表面上软着陆，航天员在月球上进行了实地考察，并且把月面的岩石和土壤标本带回地球。这些成就均给进一步深入研究月球提供了极为有利的条件。应该说，现在人类对月球认识得更全面、更深入了。

（1）月球表面

从月面上看，月球表面高低起伏，有陆、山、海、谷和辐射纹等月貌结构。下面对月面作进一步的介绍。

1）月海：月球的暗区称为月海，然而月海是没有水的，其只是广阔的平原。现观测到的月海有22个，大部分在月球正面（对着地球的一面），其中最大的叫暴风洋，其面积约为500万平方千米，其次有雨海、澄海等。月海伸入月陆的部分称为湾和沼，小的月海称为湖。月海海面比月陆低，最低的是雨海东南部，深度为6 000 m以上。月海反射太阳光能力（反照率）差，因而显得暗。

2）月陆：月面上高出月海的地区称为月陆或高地。在月球正面，月球和月海大致各占总面积一半；而在背面，月陆面积要大得多。月陆比月海的反照率高，因而我们看到的月陆洁白明亮。

3）山脉：月面上也有连绵险峻的高山，称为山脉或山系。山脉数目并不多，最长的是亚平宁山脉，长达1 000 km，高出月海面3～4 km。月球上最高山峰高达9 km。

4）月坑及环形山：月球表面，特别是月陆地区，布满了大大小小的圆形凹坑，称为月坑，也称为环形山。月坑数目在33 000个以上，小坑的直径只有几十厘米或更小，大坑的直径可达200 km。

5）月面辐射纹、月谷和月溪：辐射纹是从一些大月坑向外呈放射状延伸的亮带，长达数千米。其可能是由月坑中抛出的物质堆积的辐射状薄云。月面上较宽的峡谷称为月谷，而细长的峡谷称为月溪。

（2）月球的物理状况

月球的物理状况主要是指月球的大气、温度、内部结构及月球磁场，详情如下。

1）由于月球上的重力很小，所以月球上几乎不可能存在大气，因而在月球上声音无法传播。同样，因为月球不能保持大气，也就无法保持水分，也就没有天气变化；没有云和风，从而也没有地球表面的风化等现象，也没有地球上的晨昏蒙影现象。

2）由于月球上没有大气和水，并且自转很慢（它的一昼夜等于一个朔望月），在连续两个多星期的白昼后是连续两个多星期的黑夜，因而月球上的温度变化是很大的。月面上处于白昼时，太阳光直接照射，温度达130～140 ℃；而月球的黑夜，温度则降至

−173 ℃。在这样的无水、无空气，而且温度变化十分剧烈的条件下，不可能有生命存在。但是，通过月岩分析已找到多种氨基酸，这证明月球上存在从无生命到有生命的转化过程。

3）月球的内部结构也像地球一样分为核、幔、壳 3 部分。月壳有上下 2 部分，上月壳为 0～25 km，下月壳为 25～65 km；月幔为 65～1 000 km；深于 1 000 km 为月核。月壳和月幔是固体，而月核是熔融的或部分熔融的，其温度是 1 000～1 200 ℃。

4）在月球的飞行任务中没有探测出月球的磁场，这表明月球磁场强度至多不会超过地球磁场的千分之一。因为月球没有地球那样的磁层，所以太阳辐射的粒子和宇宙线可以直接轰击月面。

2.5.2.4　对月球的考察结果

通过月球探测器和阿波罗登月舱的实地考察，人们进一步了解了月球表面的各种情况，以下进行简单的叙述。

由美国航天员和苏联自动月球车的着陆证实月球表面是土壤或表石岩，主要由脆土组成，但其有足够的强度。航天员的脚和月球车-1 的车轮深入月球表面 5 cm，阿波罗-11 的支点同样深入 5 cm；在着陆时，由于发动机气流喷射造成的坑深是30 cm。在月球的尘埃中发现有直径为 0.1 μm 的暗褐色的、黄色的和黄褐色的玻璃小球，这些玻璃状物质在月球尘埃中占 25％～30％，呈水滴形状。

月球表面的物质由尺寸很小的颗粒（月球尘埃）粉末、河沙粒状的颗粒物、小尺寸的碎片和尺寸很大的山石层碎块组成。

月球表面土壤取样的化学分析表明，玄武岩型的月球海表面是结晶石，但这种结晶石的化学成分又不完全与现地球上的玄武岩的化学成分相同，近似于原始地球上的玄武岩成分。土壤中钍的成分达到 10^{-4}％，铀的成分为 10^{-5}％。在太阳风的作用下，月球土壤中短期存在辐射衰变物。

针对不超过 50 cm 深度的月球表层包附物，采用厘米波和米波的无线电探测，可以定性地得知月球表面的土质密度随深度逐渐增加（从 30 cm 到 5 m 深度，大约增加 0.5 倍）。

对月球-16探测器从月球富海取来的地质样品进行实验室分析得知了月球地质的机械性能。月球土壤样品主要是由各种不同形状的、0.08～0.1 mm的微小矿物颗粒组成。土壤颗粒之间很容易粘在一起，土壤的表面留有很清楚的痕迹，可以很好地通过筛子并能被压缩。

月球-16取得的土壤的密度是1.1～1.8 g/cm³；而阿波罗-11取得的松软月球土壤的密度为1.36 g/cm³，取得的坚实月球土壤的密度为1.8 g/cm³；美国航天员在月球表面所搜集到的岩石标本密度为2.6～3.3 g/cm³。

月球-16所取得的月球土壤标本颜色为暗灰色。测量得知，月球土壤的比热相当于地球岩石的比热，而其导热性则比地球上最好的热绝缘材料的热导性还要低。

根据美国航天员从静海和暴风洋区域取回的岩石标本和苏联月球-16从富海取回的岩石标本判断，月球已存在了33～37亿年。阿波罗-12飞船取到的一个月球岩石标本有46亿年的寿命，其与太阳系的寿命相当。

月岩石像地球上的火山岩石一样，含有大量的辉石、斜长石、钛铁矿和橄榄石。前两种矿石的主要成分是钙、锰、铁、铝和硅；钛铁矿的主要成分是钛铁矿石；橄榄石的主要成分是铁磁硅酸盐。

利用月球-10上的专用γ谱段仪可以测试月球岩石的放射性。所得数据证明，月球岩石的γ放射性的大部分是属于感应式的，也就是说其是宇宙射线和月球物质作用的结果。按铀、钍、钾-40自然放射性的水平计算，月球岩石相当于地球上的玄武岩。

月球-10的测量使我们了解了月球附近均匀有规则的弱磁场。其可能是月球本身的磁场、太阳源的星际磁场或者地磁球的磁尾。

根据月球-19所获数据可知，月球光照面的行星际磁场比没有受干扰的行星际磁场强度强几倍，在月球的背阳部分磁场强度有明显减弱。

航天器在暴风洋区域用磁强计测得该处磁场只有地球磁场

的0.1%。

在人造月球卫星轨道上测得月球的可见面中，大的圆形“海”面下存在一些重力异常区（这些异常区称为质量密集区）。

根据所得数据可以推断月球大气密度不大于4×10^{-5}分子/cm^3，即月球表面的大气压力不大于1.5×10^{-10} Pa（地球大气层在海平面上约为2.5×10^{19}分子/cm^3）。

在宇宙射线和太阳射线的作用下，月球大气的原子可形成月球的电离层。在人造月球卫星月球-10的轨道上记录到了低能离子流（每立方厘米不少于30个粒子）；月球也可能有捕获粒子的辐射带，但其中的粒子辐射强度为地球辐射带中的粒子辐射强度的10^{-5}。

第3章　近地空间环境

3.1　地球概述

正如前述，地球是太阳系八大行星之一，其形状像是一个扁率为1/298.25的扁球体，而实际上是一个不规则体。地球在绕太阳公转的同时不停地自转，自转方向是自西向东。人类无法直接感觉地球的自转，感觉到的是天空和天体相对地面的向西运行，特别是太阳的东升西落。太阳的这种周日运行仅仅是一种表面现象，地球的自转才是本质。这一点是经过人类长期的观测研究才认识到的。在宇宙间，没有单纯的自转，也没有单纯的公转。

3.2　地球的形状、尺寸、重力

3.2.1　地球的形状

粗略地看，地球是一个扁球体，其显著特征是球半径因纬度的增高而变短：赤道半径最长，极半径最短。所有的经圈都是椭圆，而赤道和所有纬线都是正圆；经线的曲率自赤道向南北两极减小。

扁球体的扁平程度用扁率表示，而扁率本身又是根据赤道半径和极半径推算的。用 a 和 b 分别表示地球的赤道半径和极半径，那么地球扁率 f 为

$$f = \frac{a - b}{a}$$

自从人造地球卫星发射成功以后，人们根据对地球轨道面转动速度的观测和分析，修正了赤道半径和扁率的数据，大大提高了其

精度。1976 年，在法国举行的国际天文学联合会上，决定从 1984 年起使用如下数据

赤道半径 $a=6\ 378.140$ km

扁率 $f=1:298.257$

极半径 $b=6\ 356.755$ km

应该指出的是，实际上地球并不是真正的扁球体。地球上的纬线（包括赤道在内）大体上是正圆，却不是严格的正圆；地球上的经圈大体上是椭圆，却不是真正的椭圆。地球的南北半球并不相互对称，地球的几何中心并不位于赤道面。相比起来，北半球较细、较长；南半球较粗、较短。因此，地球是一个不规则体。

3.2.2　地球的尺寸

地球的形状很接近于扁球体，目前最有依据的扁球体尺寸是由苏联教授克拉索夫斯基·Φ·H 计算的。

克拉索夫斯基扁球体数据

长半轴（赤道半径）……………$a=6\ 378.245\ 000$ km

短轴（极半径）…………………$b=6\ 356.863\ 019$ km

扁率 $[(a-b)/a]$……………$f=1:298.3$

平均半径（等半径球）…………$r=6\ 371$ km

子午圈长度………………………$L=40\ 008.550$ km

表面积……………………………$S=5.10\times10^{8}$ km^2

体积………………………………$V=1.083\times10^{12}$ km^3

偏心率 $\sqrt{1-(b/a)^2}$……………$e=0.081\ 813$

3.2.3　地球的重力

地球上的任何质点都受到地球的引力，也都受到地球自转产生的惯性离心力。这 2 个力的方向和大小是互不相同的，其合力就是重力。

同地球引力相比，地球自转产生的惯性离心力是十分微弱的：

即使在惯性离心力最大的赤道上，其大小也仅为地球引力的0.3%。因此，地球上的重力基本上是地球引力，自转产生的惯性离心力只能十分轻微地影响重力的方向和大小。

除了赤道处，地球自转产生的惯性离心力都不是垂直的，当然也不是水平的，因而其具有垂直分力和水平分力。惯性离心力的水平分力使重力的方向不是严格地指向地球的质心，其垂直分力使重力微小于地球引力。

在不同的高度或深度处的重力有很大的差别，海平面处的重力就是地面重力。不同纬度的地面重力有不同的最值，因而其具有纬度分布。

地面重力因纬度不同而不同，因为地面上的引力和自转所产生的惯性离心力都因纬度不同而不同。由于地球半径的纬度差异，地面上的引力两极最大，赤道最小。

地球表面的重力，不仅因纬度不同而不同，而且因地点不同而不同。有些地点的重力大小与所在地区的正常数值相比，往往有一个差值，这种现象叫作重力异常。重力异常的原因是地内物质的分布不均，而地内物质的分布情况往往同地质构造和矿体的存在有联系，因此重力异常的研究有助于了解地质构造和勘探矿体。

在地面以上，重力因高度而不同。重力同高度的关系很简单，因为引力同高度的关系是比较简单的，而惯性离心力可以略去。粗略估计，在2 500 km的高空，重力仅为同纬度地面重力的一半。

地球表面上的自由落体标准加速度值可按式（3-1）估算

$$g_0=978.049\,(1+0.005\,302\,9\sin^2 2\phi'-0.000\,005\,9\sin^2 2\phi') \tag{3-1}$$

式中 ϕ'——地理（天文）纬度。

由式（3-1）可知

在赤道上（$\phi'=0$）　$g_0=978.049\ \text{cm/s}^2$

在极点甲（$\phi'=0$）　$g_0=983.235\ \text{cm/s}^2$

在地球上高度为 h 的给定点，重力加速度可用下式计算

$$g_h = g_0 [r/(r+h)]^2 \tag{3-2}$$

式中　r——地球的中心到给定点的距离。

在地面以下，重力因深度不同而不同，因为地球引力和自转惯性离心力都因深度不同而不同。深度的增加意味着圆运动半径的减小，因此自转惯性离心力随着深度的增加而减小。在地面以下，惯性离心力更加微弱，所以在这种情况下，地球内部的重力可以简单地看成是地球的引力。地球内部重力的垂直分布如图 3－1 所示。

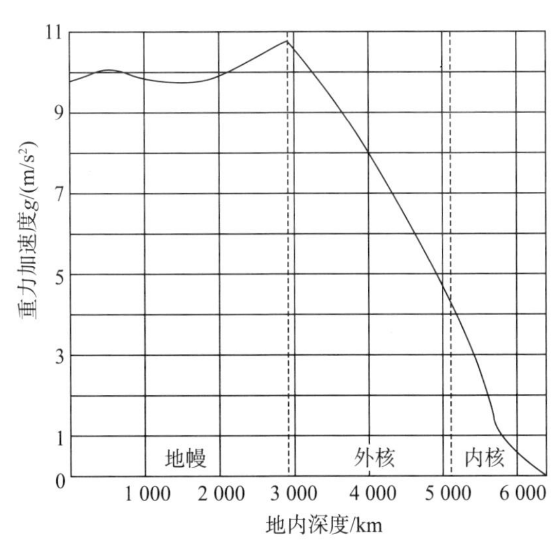

图 3－1　地球内部重力的垂直分布

3.3　地球大气

3.3.1　地球大气组成及大气分层

3.3.1.1　地球大气组成

地球大气是由许多种气体以及少量的水汽和微尘等混合组成的，各组成部分的情况如表 3－1 所示。

表 3－1 空气的成分表

气体	氮 (N_2)	氧 (O_2)	氩 (Ar)	二氧化碳 (CO_2)	氖 (Ne)	氦 (He)	甲烷 (CH_4)
所占容积 (%)	78.08	20.95	0.93	0.03	1.82×10^{-3}	5.24×10^{-4}	1.8×10^{-4}
所占质量 (%)	75.52	23.14	1.29	0.05	1.27×10^{-3}	0.7×10^{-4}	1.0×10^{-4}
气体	氪 (Kr)	氢 (H_2)	氙 (Xe)	臭氧 (O_3)	水汽 (H_2O)	二氧化硫 (SO_2)	一氧化碳 (CO)
所占容积 (%)	1.4×10^{-4}	5.0×10^{-5}	8.7×10^{-6}	$0.1\sim1.0\times10^{-6}$	$0.1\sim28\times10^{-1}$	1×10^{-4}	$0.6\sim10\times10^{-6}$
所占质量 (%)	3.3×10^{-4}	4.0×10^{-6}	3.9×10^{-5}	$0.2\sim28\times10^{-6}$	$0.6\sim17\times10^{-1}$	2×10^{-4}	$0.6\sim10\times10^{-5}$

干洁空气是指不含水汽和任何固体或液体质点的空气，是多种气体的混合物。近代研究表明，从地面直到 100 km 甚至更高些的空中，干洁空气主要成分的比例几乎没有什么变化，只是到了更高处才开始出现大气分馏现象，即重分子气体沉在下面，轻分子气体分布到更高处。由于太阳紫外线的辐射作用，在 100 km 处氧分子（O_2）分解为氧原子（O）；在更高处，氮分子（N_2）分解为氮原子（N）。

水汽是大气中含量变动最大的组成部分。在夏季湿热地方，水汽含量可达 4%；在冬季严寒地方，水汽含量可降到 0.01%。水汽主要集中在地面 2 km 以下的大气层中，云、雾、雨、雪等都是水汽凝结形成的，因此水汽与天气变化有密切关系。

微尘是悬浮在空气中的固体微粒。其成分有被风吹起的尘埃、花粉、细菌，地面燃烧物的灰渣，火山爆发的灰尘，海浪卷入空中蒸发留下的盐粒，以及从空间落入大气的宇宙尘等。微尘含量随高度增加而减小，在离地面 3 km 以上的大气中就很少了。微尘可成为水汽凝结核，加快云雨的形成，因而对天气变化有很大作用。

3.3.1.2　大气分层

地球大气具有明显的分层结构，为了讨论大气的特性，通常根据大气温度随高度变化的分布情况将其分成几层，如图 3－2 所示。下面对各层温度特性作简单介绍。

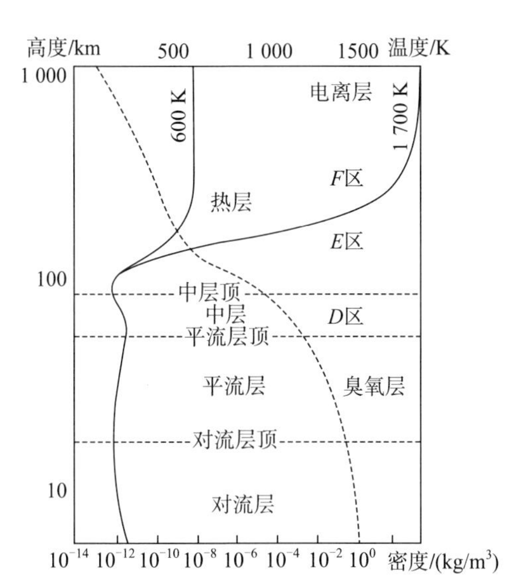

图 3－2　地球大气层结构示意图（图中虚线为密度变化曲线）

（1）对流层

这是靠近地面的大气圈层，从地面到对流层顶的高度随时间和地点不同而不同，平均说来，赤道区高度为 17～18 km，两极区高度为 8～9 km，中纬地区高度约 11 km。对流层是最薄的一层大气圈，但却占大气总质量的 80％。

对流层的一个特点是有对流现象。由于地面温度变化大，该层大气中经常产生上升气流和下降气流使空气混合。另一个特点是空气温度随高度的增加而降低，平均每升高 150 m，温度降低 1 ℃，对流层气温为－70～60 ℃。在对流层中大气非常活跃，一切天气现象（云、雾、雨、雪等）都发生在这一层。

（2）平流层（或同温层）

从对流层顶到高度为 50 km 左右的大气层是平流层（或同温层）。在这一层中，大气对流较弱，气流或多或少向水平方向转移（平流）。大气中的臭氧大部分存在于此层内，臭氧分布在 10～50 km 处，故此区域又专称为臭氧层，臭氧最大密度在 23 km 处。在平流层里，臭氧吸收太阳紫外辐射，使温度随高度增加而缓慢上升，在平流层顶温度为－40～－30 ℃。

（3）中层（或逸散层）

高度为 50～85 km 的大气层叫作中层（或逸散层）。在该层中，开始时随高度增加，温度增加，到达一定高度值后反而降低。在该层中进行着强烈的光化学反应，太阳短波辐射被吸收和散射，使大气电离，观察到的夜天光现象正是该层大气发生光化学反应的结果。

（4）热层

中层之上的大气层是热层，在这一层里，温度随高度增加而增加，直到此层边界。开始时增加得很快，越向外增加速度越慢，最外层几乎又近于等温。500 km 以上的大气又称外大气层。

大气按成分分布可分为均匀层和非均匀层，按电离情况可分为非电离层和电离层，按其他性质又可分出臭氧层、磁层、等离子体层等。下面叙述电离层的情况。

在紫外线、X 射线、微粒辐射和流星电离的作用下，高层大气经常处于电离状态。大气层中处于电离状态的区域叫作电离层，其主要集中在 50 km 以上、几千千米以下，实际上其分布在整个近地空间。在这么大的范围内，其分布是不均匀的，因而被分为几个主要的层区：50～90 km 叫作 D 层，白天电子浓度为 103 个/cm^3，夜间很低甚至没有；90～150 km 叫作 E 层，白天电子浓度为 105 个/cm^3，夜间为 103 个/cm^3；150～400 km叫作 F 层，该层又可细分为 2 层，F_1 层和 F_2 层。F_1 层范围在 150～240 km，只出现在夏季的白天；F_2 层长期存在，白天电子浓度为 103 个/cm^3，夜间为 103 个/cm^3。F_2 层以上叫作外电离层。电离层中的电子浓度随着经度、纬度、昼夜、季节以及太阳黑子的周期变化而变化，此外还存在着一些不规则的突然变化。

3.3.2　地球的大气结构及常用的地球大气模式

本节介绍高层大气结构，以明确高层大气的温度、密度、压力、成分及运动规律。本节主要研究中性大气的特征。

3.3.2.1　大气密度

海平面上大气密度的标准值 $\rho_0=1.225\times10^{-3}$ g/cm^3。由于地球的引力作用，高度越高大气密度越低，气体密度基本按指数规律下降。为了定性地说明这种规律，表 3-2 列出了一些典型平均情况下的大气密度随高度变化的数据。

大气密度不但随高度变化，而且也随着纬度、季节、昼夜和太阳活动等变化。每平面最大密度出现在日出后不久；而 200 km 以上大气密度的最大值总是出现在地方时 14 点，最小值出现在地方时 4 点。

大气密度是卫星轨道（包括发射轨道、运行轨道和返回轨道）设计中最重要的参数之一，也是计算卫星轨道摄动、飞行寿命、返回时受到的气动阻力与气动加热等的重要依据。空间飞行器轨道的近地点一般选择在 160 km 以上，其原因是那里的大气密度只有地面的十亿分之一，卫星受到的大气阻力较小，使其不至于很快掉下来。因此，人们致力于探测大气，以制定出更符合实际情况的大气模式，供研制空间飞行器使用。

表 3-2　大气密度随高度变化表

高度/km	大气密度（ρ_0）/（g · cm^{-3}）	高度/km	大气密度（ρ_0）/（g · cm^{-3}）
0	1	165	10^{-9}
18	10^{-1}	245	10^{-10}
33	10^{-2}	370	10^{-11}
49	10^{-3}	540	10^{-12}
67	10^{-4}	730	10^{-13}

续表

高度/km	大气密度（ρ_0）/（g·cm^{-3}）	高度/km	大气密度（ρ_0）/（g·cm^{-3}）
82	10^{-5}	980	10^{-14}
96	10^{-6}	1 600	10^{-15}
110	10^{-7}	2 750	10^{-16}
125	10^{-8}	5 000	$10^{-18.7}$

此外，大气层又是一种天然屏障，其阻止了大量流星陨落至地面，衰减了宇宙中的各种致命辐射，保住了人类赖以生存的适宜的地球温度环境等。可见，大气密度研究具有重要意义。

3.3.2.2 大气温度

大气温度指大气的冷热程度。从分子运动论看，温度代表单个分子的平均平动动能。其和热量并不是一回事，热量是所有分子的总动能。海平面大气温度的标准值是 15 ℃（288.15 K），其他高度的数据如表 3－3 所示。

表 3－3 大气温度随高度的变化表

高度/km	温度/K	高度/km	温度/K
0	288.15	250	1.400
11	216.65	300	1.500
20	216.65	400	1.500
32	228.65	500	1.600
47	270.65	700	1.600
52	270.65	1 000	1.600
61	252.65	2 000	1.800
69	220.65	3 000	2.000
79	190.65	5 000	3.000
90	190.65	10 000	15.000
110	254.25	20 000	50.000
118	382.24	30 000	100.000

续表

高度/km	温度/K	高度/km	温度/K
150	780	50 000	200.000
200	1.200		

从表中可以看出，在 120～300 km 高度范围内，大气温度随高度增加按指数规律迅速递增；而在 300～1 000 km 高度范围内，近似等温；1 000 km 以上，温度又开始随高度增加而增加，此外，温度还随昼夜、季节、纬度和太阳活动等变化而变化，并且分别有 11 年和 27 天的周期性。大气温度随昼夜变化的特点是：低空日变幅度小，只有几十摄氏度，高空日变幅度可达几百度；每天大气最高温度出现在地方时 14 点，最低温度出现在地方时 4 点；同一地点的日变幅度接近常数。

3.3.2.3　大气压力

大气压力主要是随高度变化而变化，其变化的规律如表 3－4 所示。

表 3－4　大气压力随高度的变化表

高度/km	大气压力/$P_0$①	高度/km	大气压力/$P_0$①
0	1	135	10^{-8}
16	10^{-1}	220	10^{-9}
31	10^{-2}	350	10^{-10}
48	10^{-3}	520	10^{-11}
65	10^{-4}	730	10^{-12}
80	10^{-5}	1 100	10^{-13}
92	10^{-6}	2 100	10^{-14}
108	10^{-7}	50 000	10^{-15}

注：① P_0代表海平面上大气压力的标准值（中纬度、春秋季节、中等太阳活动）。

此外，大气压力还随纬度、昼夜、季节和太阳活动等变化而变化。

大气压力随高度增加逐渐减小，真空度随着高度增加逐渐增加。在技术上，根据大气压力的大小一般把真空分为5种：$1.013\times10^{5}\sim1.33\times10^{3}$ Pa，叫作粗真空；$1.33\times10^{3}\sim1.33\times10^{-1}$ Pa叫作低真空；$1.33\times10^{-1}\sim1.33\times10^{-6}$ Pa，叫作高真空；$1.33\times10^{-6}\sim1.33\times10^{-13}$ Pa，叫作超高真空；而小于1.33×10^{-13} Pa，叫作极高真空。绝大多数空间飞行器都在超高真空区域内运行。超高真空是空间飞行器的基本环境，其对空间飞行器有如下特殊的作用与影响：

1）真空中不存在对流和热传导传热方式所必须的介质，因此飞行器与周围环境间的传热只能靠辐射方式进行；

2）真空中空气分子很少，因而对运行着的空间飞行器产生的气动阻力很小；

3）真空会使两个接触着的金属表面在常温下产生焊接的现象，使其间的滑动摩擦系数变为无限大，这种现象称为真空冷焊；设计空间飞行器时必须注意此点，以防转动部件和摩擦部件被卡死；

4）真空会使空间飞行器表面蒸发出的成分不再凝结回表面，因此飞行器必须使用真空中蒸发稳定性好的材料；如果采用了聚合物等蒸发稳定性差的材料，则必须考虑如何防止蒸发物对非常重要的光学和电子元件表面可能造成的污染问题。

3.3.2.4　常用的大气模式

（1）国际标准大气

规定的国际标准大气的温度、压力及所含水蒸气的关系如图3-3所示，以便在某些工作（例如电波传播）中进行设计估算。

（2）轨道计算中使用的大气模式

1）对于静止、球对称（忽略地球扁率）、密度标高等于常数的大气，其密度

$$\rho=\rho_{\mathrm{P}}\exp\left(-\frac{r-q}{H}\right)\tag{3-3}$$

式中　ρ_{P}——卫星轨道近地点的大气密度；

r——卫星的地心距（矢径）；

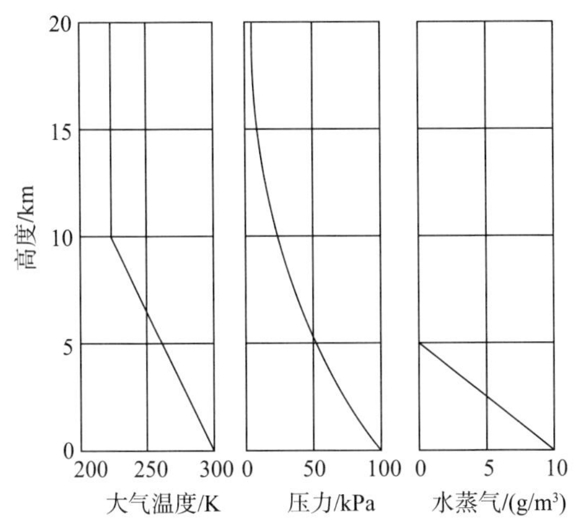

图 3－3　高度与大气温度、压力及所含水蒸气的关系

q——卫星近地点的地心距；

H——密度标高（常数）。

对式（3—3）求导可得

$$\frac{1}{H}=-\frac{1}{\rho}\frac{\mathrm{d}\rho}{\mathrm{d}r}$$

如果大气表中给出的是大气密度的对数，则上式可变为

$$\frac{1}{H}=-\frac{\mathrm{d}(\lg\rho)}{\mathrm{d}r}$$

2）对于静止、球对称、密度标高随高度线性变化的大气，则有

$$H=H_{\mathrm{P}}+\beta(r-q)$$

$$\rho=\rho_{\mathrm{P}}\left[1+\frac{\beta}{H_{\mathrm{P}}}(r-q)\right]^{-1/\beta}$$

式中　H_{P}——近地点附近的密度标高；

β——常数，夜间 $\beta\approx0.1$，日出时 $\beta\approx0.2$。

上述两种较为简单的模式在粗略估算时已经足够，但在精密轨道摄动计算中尚需考虑地球扁率、旋转以及太阳活动等因素。

3.3.3 地球的气候及其特点

地球上各种气候状况主要是辐射因子、环流因子和地理因子综合作用的结果。其中，辐射因子是最根本的。这是因为太阳辐射是地球表面一切能量的主要源泉，是大气运动和产生天气气候现象的主要能源；地理因子是能量接收、贮藏和转化的主要场所；大气环流则具有双重性质，一方面显著地影响各地的气候现象，另一方面本身也是一种气候现象，是一种对其他气候现象有支配能力的气候现象。

世界气象组织在20世纪70年代提出了气候系统的概念。气候系统包括大气、海洋、陆地、冰雪与生物圈，实质上就是地理因子和大气系统，即地球表层系统。气候形成的原因中包含的系统比上述气候系统的内容要广泛得多，因为其还需考虑地球表层以外的影响，即天文因子、人类活动因子和地球内部因子。

3.3.3.1 世界气候带的划分

1936年，柯本教授将全球气候分成5类。

(1) 热带气候

最冷月平均温度在10 ℃以上，年均降水量超过750 mm。其又可进一步分为热带常湿气候（没有干季）、热带冬干气候（干季在冬季）以及热带季雨气候。

(2) 干燥气候

其特点是年蒸发量超过年降水量，最暖月平均温度大于10 ℃。其又可进一步分为草原气候和沙漠气候。

(3) 冬温气候

其特点是最冷月平均温度介于3～10 ℃之间，冬季没有稳定积雪。其又可进一步分为冬温常湿气候、冬温夏雨气候和冬温冬雨气候。

(4) 冬寒气候

其特点是最冷月平均温度低于－3 ℃，冬季有稳定积雪，最暖月平均温度高于 10 ℃。其又可进一步分为冬寒常湿气候和冬寒夏雨气候。

(5) 极地气候

其特点是最热月平均温度低于 10 ℃，其又可进一步分为苔原气候和永冻气候。

3.3.3.2　亚洲气候特点

亚洲与欧洲相连，构成了全球最大的一块陆地，其跨 76 个纬度和 200 个径度，因此从热带常湿气候到永冻气候都有出现。然而由于其所处的位置使其具有强烈的大陆性，大面积的干燥气候就是大陆性气候的具体体现。整个亚洲，除了印度、东南亚与我国东部及日本一带外，年均降水量不足 500 mm，所以说亚洲是一个干燥的大陆，还是季风气候最典型、最强烈的大陆。其气候总特点如下。

(1) 亚洲太平洋沿岸有冷暖洋流通过

在印度洋沿岸，海水流动方向随季节而异，没有特定的洋流。太平洋沿岸的主要洋流有黑潮暖流，其是太平洋上北赤道洋流在菲律宾群岛一带开始转向北方流动的一支洋流，是赤道洋流的继续；亲潮寒流，是阿留中寒流沿白令海向南流出的一个分支。

(2) 各个季节大气环流各异

冬季亚洲大部分地区受蒙古高压所支配，其形成与亚洲的地形有关。冬季气压场除蒙古北部的主要中心外，有时在我国南疆附近还有一个小中心存在。这样，大陆冷空气不断向南与东南方向吹送，形成了东亚一带著名的冬季风，其冬季风速很大。

春季大陆比太平洋增暖得快，二者间的温度差异很快被拉平，随后陆面温度超过洋面温度，因此蒙古高压在 3 月开始减弱，5 月完全消失。

夏季亚洲陆面气压普遍降低，这时海洋季风最盛，夏季是大部分地区降水最多的一个季节。

在夏至过后，太阳垂直于地面的直射光从北回归线开始南移，太阳辐射量渐渐减少，且减少速率日益加快，从而秋季亚洲大陆日益变冷，大陆与东部海洋间的温度差渐渐拉平。与此同时，北太平洋反气旋向南移动，原来延长到我国东部的副热带高压脊随之离开沿海地区，夏季季风逐渐消失，中纬度西风环流开始增强。

（3）中国气候特点

中国气候的形成受世界气候形成因子制约，特殊的地理条件也会使中国气候具有区域特性，这里就有关方面作介绍。

① 大气环流

西太平洋副热带高压（简称副高）是影响中国气候（特别是夏季）的一个主要环流因子，在青藏高原及其以西地区还会出现十分强的南亚高压。副高是全年都存在的强高压，其在夏季可以影响中国东半部的大部分地区，冬季可影响南海和华南地区，是我国东部的主要水汽来源。南亚高压只是一个季节性高压，主要存在于夏季，由于其是大陆性高压，故带来的空气湿度比副高小。两个高压都比较稳定，其位置与强度都有季节性变化，对我国每年气候现象的差异，甚至异常现象的发生都有着重大的影响。

另外，蒙古高压和印度低压也分别对我国冬季和夏季的气候有着重要的影响。

② 寒潮

由于中国冬季高纬度地区受到的太阳辐射微弱，大陆表面迅速冷却，在蒙古高原和西伯利亚地区上空出现寒冷空气大量堆积，成为中国主要冷空气源地。这部分冷空气经常会从源地流向纬度较低的温暖地区，这种现象称为冷空气活动。其中活动强度大的称为寒潮。寒潮南下一般十分迅速，可造成沿途大范围强烈的降温和大风、雨雪天气，是中国一种重要的气候现象。中央气象台曾规定，长江中、下游及其以北地区在 48 h 以内降温超过 10 ℃，长江中、下游或春秋季的江淮地区的最低气温小于等于 4 ℃，陆上有大面积 5 级以上大风、我国近海的海面上有七级以上大风的情况，都可算作寒潮；如果在48 h内降温达 14 ℃及其以上则称为强寒潮。对于中国而言，平均每年有超过 5 次的强寒潮。暮秋和早春是寒潮最多的季节，而隆冬时寒潮反而减少。其原因是，冬季中国处于蒙古冷高压控制下，环流条件比较稳定；而春秋季则环流多变，大陆北部冷空气仍有大量堆积，冷空气容易南下。

我国冷空气和寒潮活动有着固定的路径，其大体上可分为如下 2 类：

1）偏西类，从西伯利亚西部和中亚北部经新疆和蒙古高原向日本及东海北部移动；

2）东北类，从西伯利亚东部经日本或东北向我国东部沿海移动。

③ 台风

台风是我国的重要环流成员，是西北太平洋上强烈热带气旋的专称。我国气象部门规定：气旋中心附近最大风速在 17.3～32.6 m/s（相当风力 8～11 级）之间的为台风，高于此区间的为强台风，低于此区间的为热带低压。台风是一种直径为 100～2 000 km 的圆形气旋，其中心气压极低；台风中心 5～30 km 范围内是台风眼，台风眼中以下沉气流为主，天气较好时风力很小；在中心之外有半径达几十千米的环形雨带，台风的大部分降水集中在这里；雨带外半径在 100 km 左右，也有在 200 km 以上的区域以大风为主。

西北太平洋的台风是数量最多、强度最大的热带气旋，其占全球强烈热带气旋总数的 36%。此外，我国西南地区还受到孟加拉湾热带风暴的影响，该风暴生成的源地基本上可分为 2 大区，即台湾、菲律宾以东的洋面及南海。

④ 云量

云量的多少和气候关系甚大。云量对军航、民航飞机的运输、训练、作业、作战等飞行具有影响，其中低云影响较大。厚度大、垂直气流强的积雨云是最危险的航空天气条件，飞机一旦误入积雨云中很易发生失速而坠毁。

纵观我国的云量情况，贵州和四川盆地地区是云量最多的地区，其年均总云量高达 8 成以上；长江汉水以南、青藏高原、云南高原东坡以东地区，年均总云量也都在 7 成以上，是我国大面积的多云区；我国年均低云量地区主要在黔北、滇东北及其附近地区，通常可达 7 成以上；内蒙二连、银川、青海格尔木以西及以北的西北内陆地区平均低云量小于 1 成，是我国低云量最少的地区。

云量也是按季节变化的。例如，东北地区（以哈尔滨为代表）云量以夏季最多，冬季最少，年变化呈单波形曲线；华北地区虽然也是夏季 7 月最多，1 月最少，但是春季 4 月的气旋活动带来了不少云量，因此在 4 月出现一个次极大的云量；江南地区全年最阴沉的月份是在春季 3～4 月之间及其前后，即“清明时节雨纷纷”那一段时间，而非梅雨期的 6 月，其最晴好的月份是 8、9 月，这正是伏旱和秋高气爽时节；华南地区以 2～6 月多云，7 月后少云，8～9 月前后则是伏旱和秋高气爽时节。

⑤ 雾

雾与经济建设和军事打击有着密切关系，例如，雾对于军航、民航飞机的起飞、降落都是危险的。雾的局域性很强，因此全国地区分布并不很规律，其总的分布趋势是东南多而西北少。东南多数地区每年 50 天有雾，而西北多数地区只有 5 天左右，若干高山区可超过 25 天。应当指出的是，年均 50 天以上的多雾区，北方仅限于东北的黄海沿岸，南方则有闽西北地区、云南西南地区、藏东南地区以及其他一些零星的山区。其中闽西北地区和云南西南地区是年雾日 100 天以上的特多雾区。

⑥ 雷暴

雷暴是一种危险天气现象，会影响飞机、导弹等的飞行安全。我国年均雷暴日数的分布总形势是南方比北方多、山区比平原多、陆地比水面多。我国雷暴日数最多的地区是云南南部和两广地区，可达 100 天以上，西双版纳地区和海南岛中部山区可达 120 天以上。青藏高原东部和横断山区中北段是次多中心，可达 80～90 天。

雷暴最多的季节在夏季。例如，北京以 7 月最多，海南岛为 5～8 月，长达 4 个月。大陆上雷暴多出现在白天，海上夜雷多于昼雷，山脉地形雷暴也多出现在午后。

3.4　太阳电磁辐射和粒子辐射

3.4.1　太阳电磁辐射

太阳是一个巨大的辐射源，每秒钟可向周围空间辐射出 3.816×10^{26} J的能量，其辐射包括：γ射线、X射线、紫外线、可见光、红外线、微波和无线电波等各种波长的电磁波。然而，不同波长的辐射，其能量的大小是不同的：可见光辐射强度最大，可见光和红外线的通量占总通量的90％以上；太阳的紫外线、X射线和无线电波等辐射在总通量中占的比例很小，尽管其随太阳活动急剧变化，然而变化所引起的太阳辐射总通量的变化却很小。

为了描述太阳辐射总通量，现引入太阳常数的概念。太阳常数的定义为：在地球大气外，太阳单位时间内投射到距太阳一天文单位处，垂直于射线方向的单位面积上的全部辐射能。根据近年来多次测量结果的分析，太阳常数为1 353 W/m^2，该值尚有1％～2％的浮动。

太阳的电磁辐射作用于任何物体表面时都会产生压力，通称为光压。在一天文单位处，光压为 $4.51\times10^{-6}\sim9.02\times10^{-6}$ Pa，具体数值和接收物体的表面性质有关。光压是宇宙空间中的基本作用之一。

太阳的电磁辐射与空间技术的关系极为密切，其研究对卫星的结构、能源、温控、姿控和无线电通信等系统的设计，以及轨道保持、材料与元器件的选择和人体的防护等方面都具有重大意义。

3.4.2　粒子辐射

近地空间环境是一个强辐射环境。除太阳电磁辐射外，粒子辐射是对空间飞行器影响最大的因素。粒子辐射的来源主要有3种：辐射带、银河宇宙线和太阳宇宙线。

(1) 辐射带

在地球周围存在着被地磁场捕获的大量带电粒子，这些粒子所占据的区域称为辐射带。根据卫星探测结果可知有 2 个这样的区域：在赤道平面 600～10 000 km 的高度，纬度为 40°左右的区域，叫作内辐射带；在赤道平面 10 000～60 000 km 的高度，纬度边界为55°～70°的区域，叫作外辐射带。内辐射带中心位置在 3 000 km 左右，其中的带电粒子主要是质子和电子，能量范围是 $5\times10^5\sim5\times10^7$ eV，质子的最大通量为 $10^6/(\mathrm{cm}^2\cdot\mathrm{s})$，电子的最大通量为 $10^8/(\mathrm{cm}^2\cdot\mathrm{s})$；外辐射带的中心位置在 22 000 km 左右，其主要成分是能量为几万至几十万电子伏特的电子，电子的最大通量为 $10^8/(\mathrm{cm}^2\cdot\mathrm{s})$。

(2) 银河宇宙线

银河宇宙线是从银河系各个方向来的高能带电粒子，其能量范围是 $10^8\sim10^{19}$ eV，其中能量最高者可达 10^{21} eV，不过这种事件比较稀少。银河宇宙线成分主要是质子（约占 90%），其次是 α 粒子（占 9%）。其他成分是各种元素的原子核，其通量约为 $4/(\mathrm{cm}^2\cdot\mathrm{s})$（50 km 以上，太阳活动最小年），在太阳活动最大年约为 $2/(\mathrm{cm}^2\cdot\mathrm{s})$。

(3) 太阳宇宙线

太阳耀斑发生时总伴随着大量高能带电粒子的发射，这种现象通常称为太阳质子事件。所发射出的高能带电粒子叫作太阳宇宙线，其主要成分是质子，其次是 α 粒子，电荷数大于 3 的粒子很少。粒子能量范围为 $10^7\sim10^{10}$ eV，瞬时最大通量可达 $10^3\sim10^4$ 质子$/(\mathrm{cm}^2\cdot\mathrm{s})$。其分布与辐射带粒子相反：主要集中在高纬地带，能量越高越能达到低纬地区。卫星观测表明，能量大于 10^7 eV 的太阳质子能全部进入同步轨道高度。太阳质子事件发生的规律是：每年 3、4 月份和 8、9 月份出现较多，1、12 月份出现较少，太阳活动低年的 6、12 月份太阳质子事件很少出现。在 1956—1970 年这 15 年间，共记录到较大的太阳质子事件有 114 次。关于太阳质子事件的准确预报问题，在不久的将来是可以解决的。

整个空间环境中，粒子辐射对空间飞行的威胁最大。超过某一允许值后，人体会感到不舒适、患病甚至死亡，照相胶卷模糊，太阳电池输出减少，各种半导体器件增益降低甚至完全毁坏，电磁材料、热力学材料、结构材料等会改变性质等。因此必须研究和掌握粒子辐射的规律，这样才能通过轨道的选择、飞行时间的选取、耐辐射材料和元器件的选用以及屏蔽措施等，圆满地完成空间飞行任务。

3.5 地球的磁场与磁层

3.5.1 地球的磁场

地球和近地空间之间存在的磁场叫做地磁场。地磁场主要来源于地球内部，只有一小部分来源于外层空间。地球是一个恒弱磁体，磁轴与地球的自旋转轴不重合，有11°左右的倾角；磁极、磁赤道和磁纬度均不与地理南北极、赤道和纬度重合。地球表面附近的地球磁场强度，在赤道约为3×10^{-5} T，在极区约为6×10^{-5} T，磁场方向大致为由南向北。

地球磁场的特征常用地磁要素来表示。要素F表示磁场强度，另两个要素表示磁场方向：磁倾角i是磁场强度方向对水平面的俯角，磁偏角d是磁子午面与地球子午面的交角（图3-4）。地球磁场（及其要素）不是固定不变的，而是逐日逐年地变化着，其有长期变化和短期变化。长期变化来源于地球内部的物质运动，表现为各地的地磁要素年平均值的变化，以及存在变化中心的西向漂移（经度每年改变0.18°）；短期变化来源于电离层及太阳活动的影响，呈现出复杂形态。

下面稍微详细地叙述一些地磁要素的短期变化情况。

地磁要素的短期变化分为平静变化和干扰变化。平静变化是常出现的、具有周期性的，其中包括太阳日变化、太阴日变化和季节变化。来自太阳的带电粒子改变着地球大气电离层的状况，从而改变地球的磁场。太阳对于每个地点引起的这种变化以太阳日为周期，

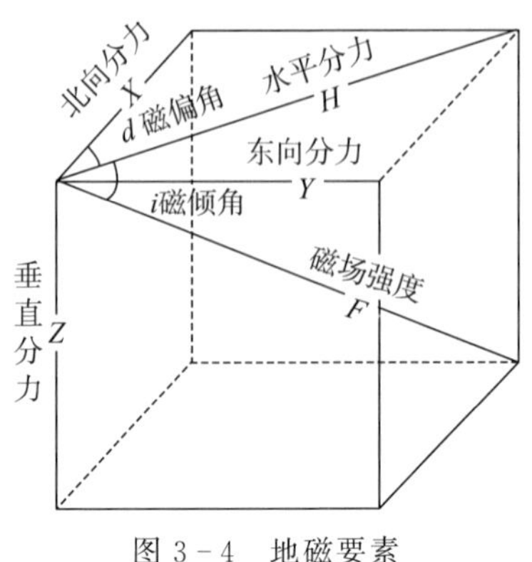

图 3-4　地磁要素

因而称为太阳日变化。在太阳日变化中，地磁强度的水平分量的变化为 $3\times10^{-8}\sim4\times10^{-8}$ T，大约相当于水平分量的 0.5%；地磁偏角的变化量达 10′。

月球对地球大气的潮汐作用，使得一部分大气以太阴日为周期运动于地球各部分之间，这种变化也包括地球电离层变化，因而造成每一地点的地磁场以太阴日为周期变化，即太阴日变化。地磁要素的太阴日变化的幅度较小：在磁场强度的水平分力方向，变化幅度只有几个伽马，大约相当于水平分量的 0.05%；在磁偏角方面，变化幅度不到 40″。

地磁要素的季节变化，表现为太阳日变化幅度的季节变化。一般来说，地磁要素的太阳日变化的幅度以夏季为最大，春秋二季次之，冬季最小。很明显这种变化同太阳直射点的季节变化以及随之而来的太阳热能在地球上分布的季节变化有直接关系。

地磁要素的干扰变化一般很小：大的干扰每年平均在 10 次左右；小的干扰是区域性的，大的干扰是全球性的；其变化幅度也很大，特大的干扰变化叫磁暴。当磁暴发生时，磁针会频繁地摆动。在几小时到几天以内，磁场强度的变化可达几百甚至几千伽马。磁暴的发生同太阳活动直接相关。当太阳活动强烈的时候，来自太阳的带电粒子，包括氦核和电子，以 1 000 km/s 的速度奔向四面八方，经过大约 24 h 到达地球，严重地干扰地球的磁场。当磁暴发生时，无线电通信因电离层遭到破坏而中断；高纬度地区还会出现极光。

3.5.2　磁层

电导率无穷大的太阳风把地球磁场限制在一个有限的空间内，这个空间称为磁层，其结构如图 3-5 所示。磁层与太阳风交界处的过渡区称为磁层顶，磁层顶的厚度为 400～1 000 km。在向日侧，磁层顶近似为半球形，磁层顶向阳面到地心的距离为 10～12R_e（R_e 为地球半径）；在背日侧，磁层顶拉成很长的圆柱形，圆柱的半径约为 20R_e。圆柱内的空间称为磁尾，磁尾可以一直伸展到太阳风下游 1 000R_e 的地方。

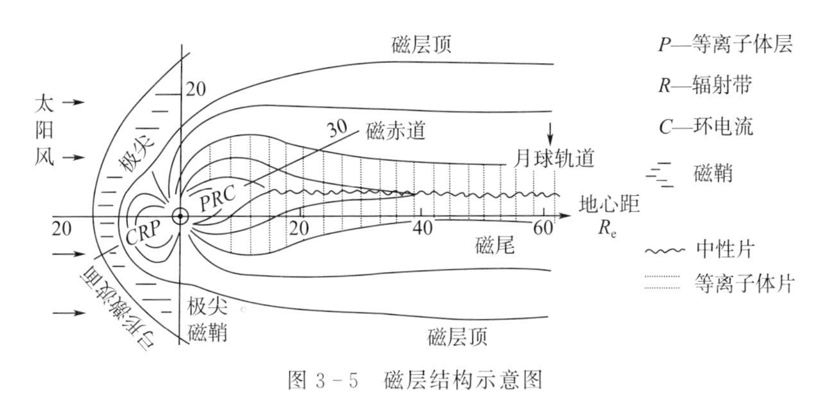

图 3-5　磁层结构示意图

磁层中充满着低能等离子体和高能带电粒子。主要的低能等离子体区域有边界层等离子体、等离子体片、极尖区等离子体和等离子体层；高能带电粒子存在的区域称为辐射带，其位于闭合磁力线区域内。等离子体区域和辐射带位置的具体情况如图 3-6 所示。

磁层是地球控制的最外层区域，其直接与太阳风和行星际磁场接触。太阳风和行星际磁场的扰动和变化，首先影响磁层产生磁扰，严重时将产生磁暴和磁层亚暴。

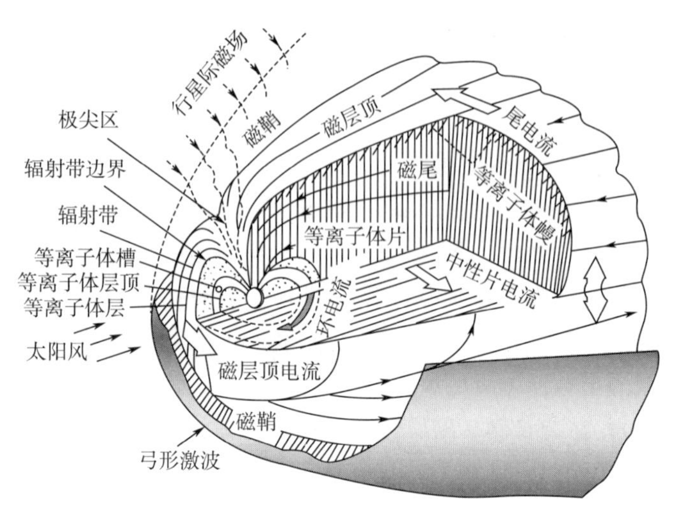

图 3-6　磁层结构详细示意图。图中标出了磁层中各等离子体区域和辐射带的位置

3.6　空间碎片

3.6.1　空间碎片及其来源

空间碎片（又称太空垃圾）是人类航天活动在太空留下的人造物体。

空间碎片主要来源于人造物体，在被跟踪的地球轨道物体中，1987 年公布的数量为7 000 个，其中工作卫星占 5%，其余部分是各种类型的空间碎片，具体成分如下：

1）航天器在发射或工作时丢弃的物体，包括镜头盖、包装装置、自旋机械装置、空燃料箱、有效载荷整流罩、抛掉的螺母、螺栓和载人活动期间丢掉的一些东西等，这些垃圾占 12%；

2）消耗的和完整的火箭箭体占 14%；

3）不再工作的（寿命已到）有效载荷占 20%；

4）其他各种碎片占 54%。

航天器在轨破碎是空间碎片的主要来源，是由航天器在轨爆炸或在轨碰撞所致。这些事件发生的原因如下。

（1）有意破碎

爆炸摧毁航天器作为卫星试验的一部分。1968 年至 1980 年间，苏联进行了 20 次反卫星试验，试验中被摧毁的卫星成为空间碎片。

（2）因运载火箭出现故障导致爆炸

1973 年至 1981 年间，美国有 7 枚德尔它发生第三级火箭爆炸，产生了 1 176 块可跟踪到的碎片。1986 年 11 月 13 日发射的斯波特卫星的第三级火箭在轨道上爆炸产生约 500 块空间碎片。

（3）为了不让军事卫星落入敌对国家手中，有意摧毁发生故障的军事卫星

1988 年初，苏联一颗照相侦察卫星出现故障，通过地面遥控使其引爆，产生了大量空间碎片。美国 1985 年 9 月从 F－15 战斗机上发射导弹，摧毁军用科学卫星太阳风，估计产生了 250 块空间大碎片。

截止至 1988 年 4 月 4 日，美国北美防空司令部跟踪网探测编目的空间物体共有 19 037 个，其中大约 7 000 个仍在轨道上运行，这些空间物体中 90%以上是空间碎片。围绕地球运行的空间碎片不像流星雨那样瞬时而过。直径为 3 mm 的空间碎片与截面为 10 m^2 的航天器在 800 km 轨道上碰撞几率为 0.01/年。就是说，对于寿命为 10 年的航天器发生碰撞几率可高达 0.1。近年来，虽然某些国家采取了若干措施抑制空间碎片的产生，但空间碎片仍有增无减。例如，1987 年 11 月至 1988 年 1 月，80 km 高空的碎片流强上升了 30%。

太空物体之间的碰撞还会产生更多的太空垃圾。低地球轨道物体发生碰撞时的平均速度为 10 km/s，这种速度产生的撞击波在材料及内部产生的温度和压力可使其熔化，产生数百万的粒子，因此超高速（5～10 km/s）的碰撞比化学爆炸和压力爆炸可产生多得多的粒子。

另外，航天活动本身在把有效载荷送入空间的同时，由一次性运载火箭末级、夹具、壳体、螺帽和螺栓等组成的太空垃圾也随之

产生，卫星的损坏和固体火箭助推器的点火也会产生大量非常小的粒子（直径小于0.05 cm），卫星表面的解体会产生涂层碎片、塑料片和腐蚀的金属屑等太空垃圾，固体火箭助推器把有效载荷从低地球轨道转移到地球同步轨道的过程中每年向空间抛撒数千千克氧化铝尘埃，火箭末级与卫星的分离过程也在不断地产生着小型太空垃圾。

从1957年10月4日到1988年7月底，美国空间跟踪网跟踪到的0.4 m以下的碎片有几百万块。这么多的空间碎片以10 km/s的速度飞行，对航天器造成了严重威胁。到90年代末，有可能形成绕地球飞行的“碎片云”。

3.6.2　空间碎片的危害及防护

空间碎片的危害主要表现有：空间碎片与运行的航天器发生碰撞，毁坏航天器并威胁航天员的生命安全；光学系统的污染影响光学和射电天文学工作等。此外，空间碎片一旦坠落到地球上，会造成生命财产的损失，有时还产生放射性污染。

空间碎片与运行的航天器发生碰撞造成的破坏程度取决于空间碎片的质量和速度。一般来说，直径大于0.01 cm的空间碎片对航天器的主要影响是使其表面凹陷和磨损，直径大于0.1 cm的空间碎片会影响卫星结构，直径大于1 cm的空间碎片会造成航天器严重损坏。由于空间碎片是运动着的，所以在碰撞事件中即使很小的空间碎片与航天器相撞也会使航天器遭到破坏。直径仅几厘米的空间碎片与航天器相撞就可能摧毁航天器或使舱内的航天员致死，毫米级的粒子不仅能降低太阳能电池或光学仪器的性能，甚至能穿透在空间行走的航天员的航天服。

尺寸大的太空垃圾对航天器的危害就更大。直径10 cm以上的垃圾数目目前还很少，一般航天器不易与其相撞，但对于特别大型的航天器来说，其相撞的可能性很大。因为航天器碰撞的可能性与航天器大小有关，所以航天器越大，碰撞的可能性就越大。此外，航天器在轨道上停留的时间越长，碰撞的机会也越多。

近几年空间碎片与航天器在地球轨道的碰撞率明显上升，现已经发生过几次事故。1983 年，航天飞机挑战者号的前窗被一个涂料片击中，航天员虽免遭横祸，但窗子被打破，不得不花费 50 000 美元重新置换。苏联卫星宇宙-1275 因一片空间垃圾的撞击彻底毁坏。

在低地球轨道上，寿命长的航天器遭遇撞击似乎是不可避免的。例如，阿尔法空间站将在轨道上工作 30 年以上，预测其遭受严重损坏的可能性高达 19%；估计到 1995 年，即使中等尺寸的航天器，或飞行任务为一周的航天飞机，在 8 次飞行中，也可能有一次遭到较轻的破坏。在低地球轨道，尺寸小的空间碎片的数量相当多，长时间内单个粒子与卫星碰撞的累积影响将是巨大的。

空间碎片对航天器的主要危害总结如下：

1）舱壁穿孔：具有足够动量的碎片能打穿舱壁，使舱内氧气泄漏并威胁舱内航天员和仪器的安全；

2）威胁舱外活动的航天员的安全：碎片可以穿透航天服，威胁舱外活动的航天员的生命安全；

3）损坏脆性表面：太阳电池盖片和遥感器物镜都是脆性体，超高速颗粒碰撞脆性体表面产生的斑痕比在金属表面上产生的大得多。例如，玻璃上的损伤区域是碎片直径的25～50 倍，而铝材上的损伤仅为 5 倍左右；

4）热控涂层脱落：空间碎片碰撞可导致热控涂层脱落，脱落的涂层又形成空间碎片，继续造成危害；

5）热控涂层性能改变：小尺寸碎片撞击热控涂层，使其表面砂化，从而其热控性能改变；

6）太阳电池阵损坏：具有足够动量的碎片能打穿太阳电池盖片和太阳电池本体，造成太阳电池阵与衬底短路。

面对空间碎片的危害，各国的航天部门都提出了许多防护措施，其中主要有：

1）采用星上预警系统，以便在碎片撞击之前封闭危险区域或移动航天器以避免风险。NASA 研制空间站的技术人员正在研究空间碎片的探测装置，如可见光或红外辐射扫描仪。这些仪器如能探测到会引起灾难的碎片，便可提供给航天员足够的预警时间，使他们到具有外加防护的内舱去躲藏。美国空军在卫星上装有碰撞预警器，当碎片在其 50 km 范围内通过时就会发出预警；在相距 5～8 km 时航天器自动进行躲避运动，以避免碰撞。

2）遮蔽防护。目前采用这种措施较普遍，但是其只能对付非常小的碎片，对大型航天器，建议采用双壁结构。NASA 有关人员计划采用双层铝防护方案，使载人飞船能抵御大约 78%的、直径大于 1 cm 的碎片的撞击。

3）变轨防护。如果一颗卫星具备变轨能力，那么当预报其将与一片垃圾相遇时，就可采取躲避的办法避免碰撞。

比较有效的办法是制定国际协定，防止新的空间碎片的产生。特别是应杜绝在轨爆炸，因为爆炸是产生大量大型碎片垃圾的主要来源。

3.7 微重力环境

自 20 世纪 60 年代末以来，随着载人航天的出现，科学家不断尝试利用飞行中的失重环境进行一些科学实验。20 世纪 80 年代航天飞机的出现为利用太空失重环境增加了更多的现实性。现在人们更多地希望能在这种失重环境（微重力环境）下获得更多潜在的效益，特别是在微重力环境下的材料加工、晶体生长、制药和生物制品的分离方面寄予了厚望。为此，世界各国均在大力开展这方面的研究。本节主要介绍一些基础入门知识。

3.7.1 微重力环境及其来源

众所周知，重力实质上是由地心引力引起的，其大小与距地心的距离平方成反比。当距离大到一定程度、重力可以忽略不计时，物体将失重，所剩余的微不足道的重力称为微重力。然而，这种微重力环境因离地球太远了，没有多大实际意义。我们希望的是，在近地空间的重力场中，人为地创造一个微重力环境。航天器的轨道飞行为长时间微重力环境提供了真正的应用基础，其基本原理如下。

根据力学理论，航天器在空间轨道上可围绕地球转动是因为航天器具有一定大小的速度（动能），同时受到地球引力的作用。其轨道一般为椭圆，也有圆形轨道。现以圆轨道为例说明航天器的受力状态。航天器所受地球引力 f 的大小为

$$f=\frac{Gm_{e}m}{R^{2}}=mg \tag{3-4}$$

式中　G——万有引力常数，$G=6.67\times10^{11}$ $(\mathrm{N}\cdot\mathrm{m}^{2})/\mathrm{kg}^{2}$；

m_{e}——地球质量，5.98×10^{24} kg；

m——航天器质量；

R——航天器到地球中心的距离；

$g=\frac{Gm_{e}}{R^{2}}$——航天器的重力加速度。

当航天器在地面上时，$R=R_{e}=6.4\times10^{6}$ m（地球半径），重力加速度 $g_{地}=\frac{Gm_{e}}{R^{2}}\approx9.8$ m/s^{2}；当航天器在距地面高度为 R_{e} 的轨道上时，即 $R=2R_{e}$，$g=0.25g_{地}$。可知航天器的重力加速度值随飞行高度的增加而变小，在地球轨道范围内的重力加速度约是地面重力加速度的几分之一，也就是说航天器所受的重力变小了。

航天器在圆轨道上运动，理想情况下，其所受外力就只有重力，即 $f=mg$，其方向指向地球中心，可将航天器拉向地球。航天器在发射进入空间轨道后具有一定的速度 v，根据牛顿惯性定律 v 可使航天器飞离地球。当航天器的速度值达到第一宇宙速度时，重力和离心力相互抵消。用能量的观点来说，运动动能抵消了重力势能，这就是所谓的失重状态。根据牛顿第二定律，航天器除了受到重力作用外还要受到一个惯性力的作用，此惯性力的大小等于航天器的质量乘以重力加速度，其方向和重力加速度的方向相反（背向地球

中心)，即 $f+f_{惯}=mg+(-mg)=0$，因此在航天器坐标系统中，航天器处于力平衡状态，如图3-7所示。

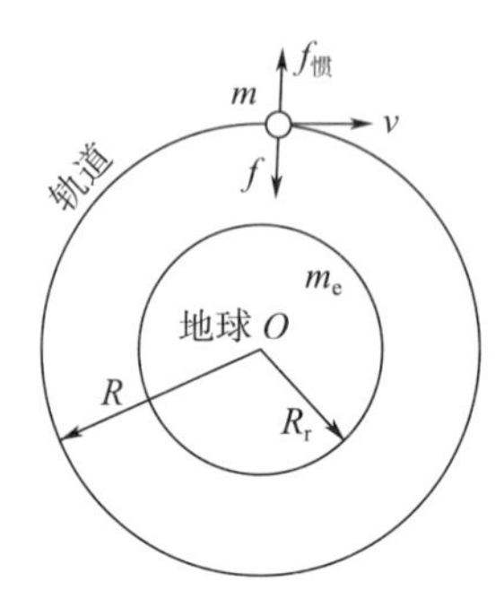

图3-7 航天器在轨道上的受力分析

这里应该指出的是，上面的结论是基于地球和航天器都是对于球心质量分布对称的球体，所受引力可等效于质量全部集中于球心的相互间的引力的假定。然而，地球与航天器都不能完全满足这个假定，因此惯性力不能完全抵消重力作用，从这个角度可以认为，航天器中存在微弱重力作用。具体而言，空间轨道器上的重力加速度为（10^{-3}～10^{-6}）g，因此这种环境可称为微重力环境。

在航天器中，为了充分利用微重力，人们总是希望其尽可能向零重力靠近。因此必须研究影响微重力水平的作用力，这就需要研究微重力的来源。首先应当指出的是，大气（无论是稠密的大气层，还是稀薄气体）对运动中的航天器均要产生气动阻力，这种气动阻力是微重力的主要来源，太阳光压作用也是微重力的一个来源。当然，与气动阻力相比，太阳光压的作用小得多，只有对高轨道飞行器才能显出其作用，而对于低于500 km高度的卫星则可以将其忽略。另外还存在一种作用时间较短、有一定频谱宽度的干扰（可称为瞬时干扰），其会产生瞬时干扰加速度，由运载器的操作（如轨道操作、姿态控制操作时的发动器点火、太阳帆板的伸缩等）以及机载载荷（如太空舱）的操作动作（如相机开闭快门、电动机转动、乘员活动等）等引起，现已能给出载人航天器上作用力对微重力水平影响的程度。其中航天器轨道转移对微重力水平影响最大，范围是（10^{-3}～10^{-2}）g；其次是航天员活动的影响，范围是（10^{-4}～10^{-1}）g，航天员活动中走路、跳跃、蹲下和站起的影响范围是（10^{-4}～5×10^{-2}）g，深呼吸、咳嗽、打喷嚏为（10^{-4}～2×10^{-2}）g，控制键影响范围是（10^{-4}～2×10^{-3}）g；环境大气阻力的影响（轨道高度的函数）为（10^{-7}～10^{-3}）g；航天器本身自旋产生的影响为（10^{-2}～10^{-4}）g；光引起的过载影响为10^{-8} g；不均匀的重力场产生的过载影响为（10^{-9}～10^{-4}）g；地磁场的影响为（10^{-12}～10^{-11}）g；发动机和姿控系统工作时过载影响为（10^{-2}～10^{-1}）g。

3.7.2　微重力的应用

（1）微重力环境下的物理现象

要深入广泛开展微重力环境的应用研究，首先要研究并弄清微重力环境下的各种物理现象，目前知道的大致有如下现象：

1）微重力条件下，自然对流基本消失，由液体表面处热梯度和成分梯度引起的马兰格尼（Marangoni）对流成为对流的主要因素，扩散成为热传递的主要方式；

2）在微重力条件下，液体中由于物质密度不同引起的沉浮和分层现象消失，物质的混合与悬浮是可控制的，其分离现象消失；

3）在微重力条件下，二次作用力成为主要因素，液体因表面张力的束缚，浸润现象和毛细现象加剧；

4）在微重力条件下，流体静压力消失。

（2）微重力的应用

利用微重力环境可以生产特殊材料与制品（例如新合金、光导纤维、新型半导体材料、红外敏感材料等）。可以这样认为，空间材料加工将成为空间工业中最有潜力的新型技术领域，尤其在药理学研究方面，现已经研制出了一批在地面不能提取或纯度不够的药物。以下就几个主要方面作一些介绍。

① 半导体材料

在地面生产的半导体材料，存在微观缺陷、杂质及不均匀分布的缺点，而杂质、沉淀物和微观缺陷已成为半导体器件发展的主要障碍。在微重力条件下，结晶物质的传递不受对流的影响，晶体生长时其晶格趋向理想状态的排列，晶体结构完善，位错密度大幅降低，掺杂均一性提高，并且组分偏析减少等。这大大提高了半导体材料的性能，进而促进了计算机、辐射敏感器和激光技术的发展。

② 金属材料

众所周知，液态金属、合金的凝固和结晶对控制及获得优良的合金组织性能有着重要的意义，而其在地面凝固时，总是受传热、传质、对流过程及扩散过程的复杂影响。在微重力条件下，浮力、沉淀、自然对流和液体静压基本消失，这时表面张力和扩散起主导作用。因此可进行无容器加工，避免高温反应带来的器壁的粘污和非均匀成核结晶，从而可充分利用凝固的潜力改善合金的显微组织，提高材料性能。

③ 玻璃材料

那些要求具有高纯度的化学组成、高稳定度的化学结构及优异的均匀度的新型玻璃材料，在地面是很难制成的，而在微重力环境下就可较易获得均匀度高、无气泡的玻璃。

有关微重力应用的例子很多，在此不作详细介绍。

3.8 空间环境对人与航天器的影响

正如第2章中所述，太阳及太阳的活动（例如太阳的耀斑爆发）会引起一系列扰动，使电磁辐射、高能粒子流、等离子体云、地球磁层、电离层以及中性大气的状态发生不同程度的变化，对飞行中的航天器也会造成极其重要的影响。空间环境对航天器的影响可以概括为：重力场、太阳辐射将会影响航天器的轨道与寿命；地球磁场、高层大气、太阳辐射、重力梯度影响航天器的姿态；地球辐射带、太阳宇宙线、银河宇宙线、太阳辐射对航天器材料与涂层等造成辐射损伤；原子氧等使航天器的材料与涂层形成化学损伤；磁层等离子体、太阳电磁辐射影响航天器表面电位；地球电离层影响航天器的通信和测控等。当然，对于载人航天器，上述诸因素对人在空间生存将会有更严格与敏感的影响。下面就几个比较重要的方面作进一步的介绍。

3.8.1　磁层对航天器的影响

磁层是日-地空间的主要区域，太阳活动所产生的一些效应首先就是通过与磁层的相互作用反映出来的，特别是磁层亚暴可引起整个磁层的巨大扰动。磁亚暴时注入的热等离子体可使同步轨道卫星充电，并达到很高的电位，从而使在轨道上飞行的航天器发生各种故障。观察表明，在磁层亚暴的环境中，航天器表面的静电充电高达几万伏特，如此高的静电电压会直接危及飞行器的生存，严重地影响各种空间科学仪器的正常工作，降低收集和传输数据的可靠性。当然磁层的变化也会影响航天器姿态及姿态控制的执行。

3.8.2　空间粒子辐射对航天器的影响

空间粒子辐射环境除前面已讲过的以外，还有一类是高空爆炸后所生成的核辐射环境。在核爆炸时，向外辐射的X射线、γ射线、裂变碎片、电子和中子，在爆炸区形成一个很密的热等离子体。X射线和γ射线可引起爆炸区的上层大气电离，形成的带电粒子构成长时间存在的辐射带，而形成的等离子体可引起显著的地磁扰动。

目前高空核爆炸中影响最大的是美国在1972年7月9日进行的星鱼核爆炸，其当量约为1.4×10^9 kg TNT。这次爆炸所形成的人工辐射带，不论能量或强度都比天然电子所形成的强得多，对空间飞行器造成很大危害，使得正在轨道上工作的子午仪4B、探险者14号、探险者15号卫星的能源系统、遥测系统等电路中的元件出现部分或全部失效，导致卫星功能部分或全部丧失。

如前所述，空间粒子辐射环境中的主要成分是质子和电子。当这些粒子（包括其产生的次级辐射）与物质相互作用时，将在该物质内部引起电离、原子位移、化学反应和各种核反应，从而造成对人体和材料的损伤，具体情况如下所述。

（1）电离损伤

当辐射粒子进入物质时，其和原子中的电子相作用，并把能量传给电子。如果电子获得的能量大于其结合能，那么电子就成为自由电子，而原子则变成了带电粒子，这种电离效应对人体和材料均能造成损伤和其他不良影响。例如，对航天员的眼睛、皮肤及造血器官造成影响。因此，若要希望延长航天员在轨道上的运行时间，人体的防护和安全是个关键问题。另外，其对半导体元件也会造成由电离而带来的损伤。例如，对 MOS 型器件，辐射粒子引起的电离效应能使 SiO_2 价键断裂，在 Si - SiO_2 界面建立起正的电荷，从而使 MOS 器件的阈值电压向负方向漂移；同时，辐射效应还能在 Si - SiO_2 界面处引入新的界面态，这些阈值电压的漂移都会引起器件失效；又如，星载计算机中的芯片、RAM 和 ROM 都对粒子辐射非常敏感，而且集成度越高辐射容限就越低。除上述损伤外，其还可能引起软错误。这是指来自太阳宇宙线或银河宇宙线中的具有中等能量（≈2 MeV）的高原子序数原子核（如铁核）进入半导体逻辑电路的微结处，其造成能量沉积而引起电子状态的改变（一个比特的翻转）；有时能量沉积也会引起闭锁，导致器件功能畸变。这种翻转和闭锁会引起许多软错误。

（2）位移损伤

位移损伤是由重离子和中子造成的。其原理是，重离子和中子与物质的晶格原子碰撞，扰乱了晶格结构，原子离开原来的位置，停留在晶格某一间隙位置变成间隙原子；该原子原来的位置变成了一个空位，从而形成空穴间隙对。这种效应破坏了半导体器件材料的晶格结构和周期性势场，使少数载流子寿命、载流子浓度和迁移率等半导体材料的基本物理参数发生变化，造成半导体器件特性的退化直至失效。位移损伤主要会引起硅太阳电池输出功率的下降。

（3）单粒子翻转效应

这里指的是单粒子事件造成的逻辑翻转。当宇宙线中的高能离子、辐射带高能质子以及与卫星舱壁相互作用产生的重离子进入微电子线路中时，在其经过的路径上可产生辐射，形成大量的低能粒子。如果有对辐射敏感的元器件处于该区域，那么部分电荷就会被收集，从而形成了电路中的一个信号；当收集的电荷大于电路状态翻转所需的临界电荷时，电路状态就发生翻转，导致逻辑功能错乱、发生误动作，这就是单粒子翻转效应。单粒子事件除引起逻辑功能翻转、出现软错误外，还可引起电路的硬错误（永久性损伤），即造成电路中器件性能参数永久性破坏。

3.8.3　原子氧环境对航天器的影响

原子氧是低地球轨道残余大气的主要成分，特别是在 200～700 km 的高度范围内。其密度并不高，在 200 km 的高度处大约仅为 10 g/cm^3，这相当于室温下 4×10^{-6} Pa 真空室中的分子数密度。但由于航天器在轨道的飞行速度很高，撞击在航天器表面的原子氧的束流密度增加为10^{15}个/（cm^2 · s），约相当于室温下 10^{-3} Pa 真空室中气体分子单位时间内与器壁相碰的次数。

此外，轨道中原子氧的温度一般为 1 000～1 500 K，但由于其与航天器间具有 8 km/s 的相对速度，这就产生了一个高温的化学过程；再加上原子氧是极强的氧化剂，所以总的来说，原子氧对低地球轨道航天器表面材料的危害相当严重，其具体影响如下。

（1）材料效应

原子氧与材料的作用主要是与材料表面成分发生反应，使其氧化形成氧化物，从而导致放气加快、质量损失率增加、机械强度下降、光学和电性能改变等。

大多数金属材料及其氧化物在原子氧的环境中是稳定的或相对稳定的，这是因为这些金属被氧化后生成致密的氧化层，自然形成一层保护膜，例如铝、铬等。易受原子氧影响的金属是银和锇，其次是铜，银被氧化生成疏松的氧化层后剥落。

受原子氧影响最大的是有机材料。有机材料可被原子氧氧化成 H_2O、CO、CO_2 等挥发性气体，因而造成质量损失。

(2) 涂层效应

热控涂层和光学涂层的光学性能对原子氧的作用最为敏感。原子氧可以使涂层的太阳吸收率变化，从而导致一些材料的镜面反射率减小甚至完全消失。美国航天飞机对几种涂层材料的飞行实测结果表明：Z_{306} 黑漆与原子氧作用后，其太阳吸收率略有增加；Z_{302} 光亮黑漆在与原子氧作用前具有的镜面反射率为 4.5%，作用后仅为 0.3%，几乎完全消失，形成近似的朗伯散射，总的漫散射增加了一倍，大角度散射增加了 3～4 倍。因此，这些涂层表面也应加以保护。

3.8.4　空间等离子体环境对航天器的影响

从日地空间物理学中可知，空间等离子体环境主要有等离子体层、等离子体片、极歧点等离子体和电离层等离子体，其详细结构可查专门教材。

空间等离子体中对航天器影响较大的是磁层亚暴时的等离子体和近地轨道等离子体。

(1) 磁层亚暴时等离子体对航天器的影响

在磁层亚暴时，高能等离子体注入到地球同步轨道，能使卫星表面被充电到上万伏的电位，当出现不等量带电时会产生放电现象，大的放电峰电流可达几百安培。如海事卫星表面温控涂层大面积放电电流可达 1 400 A。高压放电能击穿介质表面，损坏电子器件和线路。大的放电电流会产生很大的热量，除能损坏电阻、电容等器件外，还能使表面出现凹痕、蚀斑和表面化学色变。放电产生的强电磁脉冲能使工作电压和信号电平较低的集成电子线路出现乱真触发和功换，不接收地面遥控指令，也能造成地面接收的遥测数据混乱及传感器的信号噪声增大等现象。

(2) 近地轨道等离子体对航天器的影响

高度为 200～500 km 的近地轨道处于电离层的 F 层中，其等离子体浓度较大。在极区上空有极歧点等离子体、沉降等离子体和极光粒子，其均会对航天器产生影响。

① 对航天器表面的充电效应

除航天器以外，低轨道卫星、宇宙飞船和空间站也存在着等离子体充电问题。在几百千米高度的轨道上，因为等离子体的浓度大、能量较低，航天器表面一般不会被充电到较高的电位；但对于尺寸较大的卫星（其特征尺度远大于环境等离子体的德拜长度 λ_D，$\lambda_D = 7.44\frac{T}{n}\times 10^2$ cm，其中 T 为电子温度，n 为电子密度）和采用高压方阵太阳帆板的卫星，就会被充电到较高的负电位。对极轨道卫星，由于极歧点等离子体和沿磁力线沉降电子的能量较高，可达 5～10 kV，电子流密度达 200 $\mu A/m^2$，故卫星表面可充电到几千伏的电位，其表面充电速率高达10^4 V/s，比同步轨道卫星表面充电速率 10 V/s 高 3 个数量级。美国国防气象卫星 DMSP 在 99°倾角、840 km 的高度上测得的相对等离子体的表面电位达－679 V。这样的电位，虽然不像磁层亚暴环境使同步轨道卫星充电的电位那样高，但其危害性也是很大的。当表面之间出现不等量带电时会产生放电，大的放电电弧及其产生的强电磁脉冲可以使电子设备乱真切换，损坏电源系统、控制和通信系统，危害航天员的生命；若航天员出舱作业时发生放电，危险性更大。

② 对高压太阳电池阵的漏电影响

空间站、空间雷达、太阳能卫星和空间监测平台等大型空间系统，需要几千瓦或几兆瓦的电源系统，其工作电压可达几千伏。高压太阳阵电源系统在稀薄的等离子体环境中很难向空间漏电，而在浓度大的等离子体环境中则很容易发生泄漏，引起功率损失。向空间泄漏的电流量与等离子体浓度、航天器的尺寸形状、材料结构和表面电位高低等因素有关，设计时必须考虑上述因素。如对 15 kW 的太阳电源阵，工作电压可达－16 kV，这样的高压阵产生的漏电损失可达 20%～30%或更多，若有电弧放电则电源受到的危害更大。

③ 对卫星通信系统的影响

在卫星导航定位系统中通常用超高频短波和微波，其工作精度受电离层介质的影响。当电离层扰动或磁暴时，由于 F_2 层区等离子体扰动最明显，使得短波通信最高的频率下降；在电离层的低层 D 层吸收增强，影响通信正常进行。由于电离层中的等离子体剧烈而无规则地运动着，各层互相搅混，使得信号时延变化、短波和微波导航定位精度下降。

此外，电离层等离子体还可以给运动中的航天器增加电阻力，引起大型无线电增益下降等不良影响。

3.8.5 微重力对人机体的影响

微重力对人机体的影响属于空间重力生物学，研究空间失重因素对生物的影响是载人航天实践中遇到的重要课题。根据几十年来的研究，普遍认为重力因素主要影响较高水平的机体功能、较复杂的器官、系统和整体活动；在适应地球重力场过程中发展起来的骨骼肌肉系统、心血管系统，尤其是中枢神经系统和大脑功能会受到严重而持久的影响。

在此简单介绍一些相关基本知识，读者可在其他专门的课程中获得更多的知识。

(1) 空间微重力与航天员的生理效应

① 心血管功能

失重时，安静状态的心血管收缩压一般较飞行前升高 2×10^3～2.5×10^3 Pa，平均动脉压升高 1.3×10^3～1.5×10^3 Pa，脉压增大，舒张压则下降。飞行第一阶段，颈静脉压增高 50%～67%，肺动脉压增高 20%～50%；一个月以后，有的航天员的颈静脉压下降，但也有的始终保持较高水平。阿波罗 15 号月球舱航天员在月面上和返回地球过程中出现过多次心室性期前收缩，记录到有12个二联律。指令长在开始返回地球的早晨，出现了4次心室性期前收缩，而后又接着出现心房性期前收缩和非经常性的心室性期前收缩，持续约1 h。

② 血液与免疫功能

美国和苏联航天员都曾在飞行任务中出现红细胞减少的情况，减少量为8%～17%，但在返回地面后很快消失。飞行中有的航天员白细胞增加，有的航天员血小板减少约10%。失重会引起航天员血液中醛固酮和抗利尿激素含量减少，引起排尿增多、水分丧失、血浆容量减少。如果失重时间较长（几十天），机体会产生新的代偿机能，使醛固酮和抗利尿激素分泌增加，血浆容量可恢复到接近正常水平。飞行后数小时检查航天员血球比容，有的下降、有的上升，经过20天左右的时间可以恢复正常。

③ 肌肉功能与腱反射

进行飞行任务时，航天员体重普遍减轻。肌肉的变化是腿围缩小，腿部肌肉收缩能力下降，特别是伸肌。美国天空实验室2号航天员的伸肌能力下降25%。无论是全身容积或局部肌体容积（臂、躯干、腿），均较飞行前减小，这种减小与肌肉萎缩有关。航天员返回地面后感到无力，站立和行走均感困难，有的还感到肌肉疼痛。腿部围度和容积的恢复是缓慢的，需7～30天。失重可以引起肌肉松弛，工作时肌肉收缩力明显降低，肾上腺素产物可能减少，特别是去甲肾上腺素。这可引起血管张力活动性降低，使血液动力学发生紊乱。

④ 航天运动病症状

航天员在轨道飞行中曾出现过不同类型、不同程度的航天运动病症状。进入失重状态即刻出现的有漂浮感、下落感、头倒位错觉、倾斜错觉等，其持续时间从几秒钟到几小时不等。除错觉外，个别航天员还曾发生过前庭躯体反应，如苏联航天员特列斯柯娃在飞行第38～45圈时曾记录到眼球震颤。比较严重的症状有上腹部不适、食欲减退、厌食、恶心和呕吐等。一般在5～7天后航天员逐渐适应失重环境，航天运动病症状消失。但这种适应是不完全的，有时仍有部分症状发生。

美国与苏联的载人航天历史十分有趣：美国的早期飞行中很少发生运动病，而后期计划中（尤其是天空实验室计划）运动病的发生率却相当高；然而，在苏联的早期计划中航天员运动病发病率较高，但多数症状较轻，而后期计划中则较少出现。这可能与航天员的地面训练有关。

（2）微重力环境对神经功能的影响

空间环境，特别是失重环境引起的神经功能变化，主要表现在以下2个方面。

① 感觉、运动和定向的变化

在失重环境中，生物同对抗地球重力作用有关的前庭感觉、视觉、本体感觉等功能及其相关作用均有显著改变。正常情况下，人耳前庭器官中的半规管能正确传感头部角加速度，耳石能检验出线加速度和头部的位置；在失重条件下，其只能正确感受角加速度和线加速度，但不能确定头部的位置。因此，当头部或身体运动时，不能从耳石或本体感受器接收到相应的位置变化信息，从而造成与视角的冲突。

人在失重状态时肌肉运动和协调功能也发生显著改变。在地球上，神经肌肉协调系统的建立有牢固的控制协调程序，进入失重状态后，原有的协调控制程序不能正常运转，因而引起控制协调的紊乱。礼炮4号、礼炮5号在测量人体重心时发现，协调控制功能有大幅度波动，垂直姿态控制能力下降。

感觉异常和运动功能的显著失调，造成空间定向能力下降。在失重环境中，人产生漂浮、跌落、转动和无支持状态等错觉。失重初期，可产生视幻觉，眼动减少、眼震颤不对称，动作速度和准确度下降，肌肉的精确工作能力下降，身体运动、姿势协调和手控工作效率都受到影响。最终可能发展成航天运动病，出现较严重的植物性反应，如头晕、胃不适、恶心、呕吐等。尤其在可以自由运动的飞船中，入轨几分钟后至几小时内就会出现空间病症状，3～6 天内症状逐渐缓和，但返回地面后又可能有头晕发生。

② 神经行为变化

空间环境在不同程度上影响航天员的工作效率。人的操作记忆能力在空间环境中会有所下降。

情绪应激是空间飞行条件下的一个重要考虑因素。在飞行关键阶段，如起飞、返回、出舱活动、交会对接、从一艘飞船过渡到另一艘飞船，都会产生情绪应激；尤其出现紧急事故时，如自控失灵、通信中断、紧迫，会产生一定的精神负荷。

睡眠的周期在飞行任务条件下也比较特殊。近地轨道（200～800 km）的载人飞船每 90～140 min 绕地球一圈，向着太阳（白昼）和背着太阳（黑夜）的时间比地球上的白昼、黑夜时间缩短很多，再加上光环境和重力环境同地面大不相同，很有可能影响人的睡眠习惯。

3.8.6　气象、气候对航天器的影响

（1）气象、气候对运载火箭发射的影响

运载器在发射时对气象、气候条件是有严格要求的，其由专门的气象部门进行中期、短期预测，总的要求是希望将发射安排在晴朗的天气，或者至少是没有雨、雹和闪电的天气。这是因为雨和雹可能会对诸如覆盖在轨道级和大部分外挂贮箱以及固体火箭助推器外表面的防热材料产生严重的损害。应特别注意的是闪电对航天器发射的影响，这方面国内外已有许多研究，下述诸点值得注意：

1）在发射台附近有雷电时，不要向带有雷电的云中发射火箭。美国曾为此规定，当发射台附近 40 km 以内有雷电时，雷神导弹不得起竖；又规定在民兵导弹发射井附近 1 km 内有雷电时，不得打开井盖。

2）当云层厚度超过 1 500 m 时极易产生闪电，这会对火箭发射造成严重影响，因此火箭飞行穿透的云层厚度应小于 1 700 m。

3）发射前，在发射场上空 3 000 m 高度的大气中有冷空气头时暂不发射。

4）雷电对发射的影响是多方面的，主要是由于雷电会对电源和通信系统造成影响，另外火箭控制系统中的敏感元件、电子元件、电子设备、计算机等均会受到雷电的影响。例如，1969 年 11 月 14 日，土星 5 号执行阿波罗 12 号任务时的发射气象条件是：在 240～450 m 之间及 650～3 300 m 之间有云和小雨；在发射前后 6 h 内，附近并无闪电；有冷空气头向东南方向移动，发射后不到 1 h 天气转晴。然而，在火箭发射后 36.50 s 时，飞行控制中心的全部遥测信号突然消失，控制中心外的观察者发现地面发射台与火箭在空中的消失点之间有窄的蓝色闪电，4 台照明机也拍下了出现的雷电现象。这时飞船上的航天员也看到了闪电，同时指令舱中警铃响了、警灯亮了；继而发现燃料电池失电，交流母线失电，飞行平台失控。航天员开启备用电池后，稳定与控制系统才使得飞船正常飞行。直到起飞后 32 min，航天员在黑暗中借助星体，对飞行平台重新校准后才使各系统恢复正常。事后分析，尽管发射前并无闪电，然而起飞后由土星 5 火箭及火焰一起激发造成了闪电的出现。因为土星 5 火箭长度与火焰长度加在一起的导电长度在起飞后不久约为 200 m、最终可达 400 m，这就相当于一根 200～400 m 长的导线在天空电场中运动，导线两端的电场集中，端点对地或对云之间的电势可以高达2 000 kV 以上，这足以使大气击穿而发生闪电现象。这就是值得注意的、由于火箭飞行而引起的、所谓的激发闪电现象，其导致了该任务遭到雷击。这说明除了要注意发射前的防雷外，还要注意在火箭飞行中可能出现的激发闪电。

下面以航天飞机在飞行中遇到的雷电问题来大致说明诸如可往返飞行的航天器所遇到的雷电问题。

美国国家航空航天局已明显感到，在发射及其返回地面时航天飞机均易遭受闪电的危害。研究表明，在发射时遭闪电袭击的概率最小，因为所有闪电现象都发生在15 km以下，发射后70 s航天飞机即可超过此高度。然而绝不能完全排除闪电在发射时的威胁，因为尽管航天飞机在发射时的电长度比上述的土星5的电长度要小，但其引起闪电的可能性还是需要考虑的。

航天飞机返回地面时遭到闪电的可能性较大，因为从再入开始到着陆之前均有可能产生雷暴。

国外某些研究表明：

1）航天飞机爬升时，最有可能的雷击引入端是外挂贮箱的端部，而最有可能的雷击引出端是垂直稳定舵和固体火箭助推器的发动机的排气尾流。轨道级主发动机的排气尾流遭受雷击的可能性不大，这是因为固体火箭助推器的发动机的排气尾流的导电距离要比主发动机的排气尾流所产生的导电距离长得多。

2）航天飞机与普通飞机之间的显著不同在于表面涂层。普通飞机使用的是金属蒙皮，不涂油漆或涂有一薄层油漆，在发生闪电时，其对油漆涂料的危害是不重要的，对金属表面的危害才是事故的起因。而航天飞机覆盖着某种绝热材料，在起飞时对这些绝热材料的严重损害就可能危及到飞行器再入时的安全。这些绝热材料不能抗住闪电引起的破裂，其会使某些绝热材料烧毁。绝热材料遭到闪电后的另一个问题是材料本身受闪电扫描作用的影响可能会产生持续性雷击，其可能在金属表面烧出一个洞，最危险的事故部位是再入体的头部。

3）除以上指出的直接影响外，还会有由于闪电电磁场而引起的电流和电压对电气设备的危害。

（2）气象、气候对载人飞船返回的影响

① 机场（包括航天飞机着陆场）场址的气象条件

选择场址时必须统计能见度、风速和低云的出现频率，场址应该设在能见度较好、风速较小、低云较少的地区。

在谷地和两边有山的狭窄平地，由于峡管效应通常容易出现大风；在地形起伏较大的地区，容易出现湍流，且风向和风速变化多端，这对飞机起飞和降落的影响较大。因此应避开谷地、两边有山的狭窄平地以及地形起伏较大地区。

在潮湿低洼的地区容易出现雾。沿海地区和山的迎风坡处，云、雾出现的频率增大，因此着陆场一般要选在地势较高的平坦地区，在沿海则应选在盛行海风的背风坡方向。

确定跑道的方位时，应与当地盛行风向一致，这样出现侧风的机会就会减少。跑道长度也与空气密度有关：在海拔较高的地区，空气密度小，因此滑跑距离增长，跑道也需相应地增长一些。

② 雷暴的影响

雷暴是飞行中的一种危险天气现象。由于雷雨云中有非常强烈的上升和下沉气流，其垂直速度为 20～30 m/s，最大可达 50 m/s，因此在雷暴区飞行会产生强烈的颠簸和跳动，严重时会使飞机失去平衡。在发展强盛的积雨云中还有大量的过冷却水滴，当飞机飞过时会使飞机积冰，从而使浮力减小、阻力增大等。雷雨云的闪电也会危及飞行安全，其可使飞机无线电通信设备和电子设备受到干扰，严重影响正常飞行，一次闪电就可能产生足够的电干扰，从而使得电操纵控制系统失灵。

第 4 章　天体的观测

4.1　观察设备

4.1.1　观察设备的基本概念

天文学研究的对象是遥远的天体。从遥远的天体发出的光，落到地球表面上时单位面积上的能量已十分微弱，而人眼的瞳孔又很小（最大直径也只有 8 mm），因此用肉眼进行观察时，只能看到相当少的天体；另外一方面，遥远天体的角直径都极小，所以在研究这些天体的细节时就需要用仪器来放大其角直径；此外，由于地球自转、天体的周日运动等原因，要长期进行天体观察，就要有一种能追随天体周日运动的观测仪器，以上这些都促使天文望远镜的出现与发展。

经过近 400 年的发展，天文望远镜的研究工作有了长足的进展，其主要表现为：

1）制造出 3 种基本类型的光学望运镜（折射望远镜、反射望远镜和折反射望远镜）；

2）各类望远镜的性能大大改进与完善；

3）建造了许多巨型的天文望远镜。

为了更好地观测天体，对天文望远镜有如下要求：

1）望远镜至少应达到 1″分辨水平，如果能达到 0.3″的分辨水平则更好；而要达到 1″的分辨率水平，望远镜的口径则至少应有 149 mm。

2）望远镜要求具有优良的光学性能，也就要有相当完善的消色差和消球差。

4.1.2 观察设备的基本种类

（1）天文望远镜

按物镜种类分，天文望远镜可分为折射望远镜、反射望远镜和折反射望远镜3种。

① 折射望远镜和反射望远镜

众所周知，伽利略在1610年使用的第一架望远镜是由双凸透镜作物镜和双凹透镜作目镜组成的一台折射望远镜。同时，天文学家开普勒提出了另一种设计方案——改用双凸透镜作为目镜。折射望远镜的光路图如图4-1所示，天体射来的光线通过物镜和目镜的折射后形成像。

人们早在17世纪就发现了折射望远镜存在严重的像差问题，进而发明了反射望远镜。第一架反射望远镜是牛顿在1668年制成的，其光路图如图4-2所示。

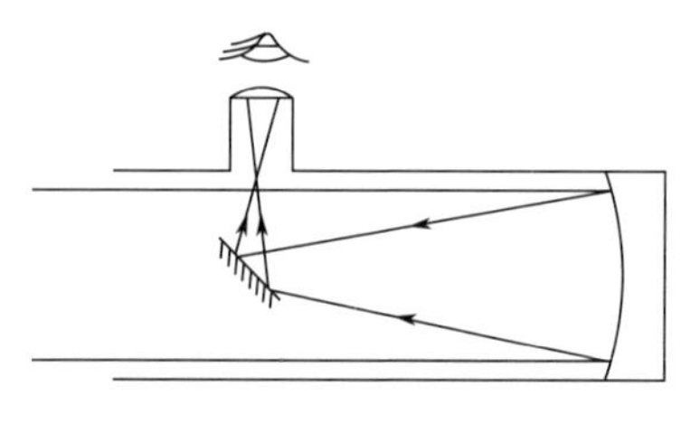

图4-1 折射望远镜光路

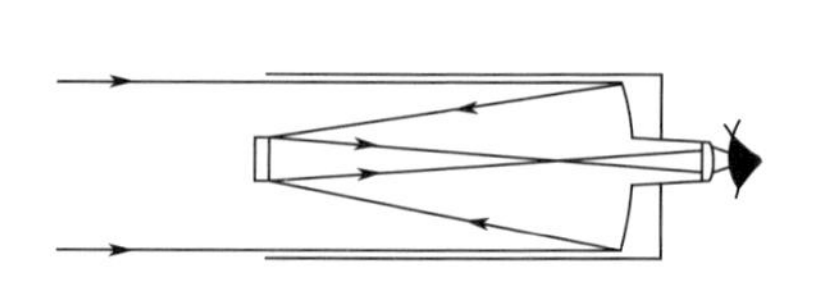

图4-2 反射望远镜光路

在20世纪20年代产生了镜面真空镀铝的方法。铝层要比原先的银层更加牢固耐用，并能很好地反射紫外线，所以当今世界上许多大口径望远镜都是镜面真空镀铝的反射望远镜。

1948年正式建成并安装在美国帕洛玛山的、口径为5 m海耳望远镜，性能十分好，用肉眼就可观测21等星。1976年，苏联建成口径为6 m的大型反射望远镜。

② 折反射望远镜

折反射望远镜（又称双射望远镜），是反射镜和透镜组合起来的望远镜，其综合了前两类望远镜的优点，又称为施密特望远镜，其光路图如图 4-3 所示。

这种望远镜视野开阔、光力强、像差小，最适合用来观察月球、行星、彗星和星云等有视面的延伸天体。由于改正镜要磨成很复杂的形状，工艺要求很高，不易制得，因此最大的施密特望远镜口径为 122～183 cm，其安装在美国帕洛玛山上。

（2）射电望远镜

射电望远镜的整体结构和光学望远镜在主要方面上是类似的，如图 4-4 所示。

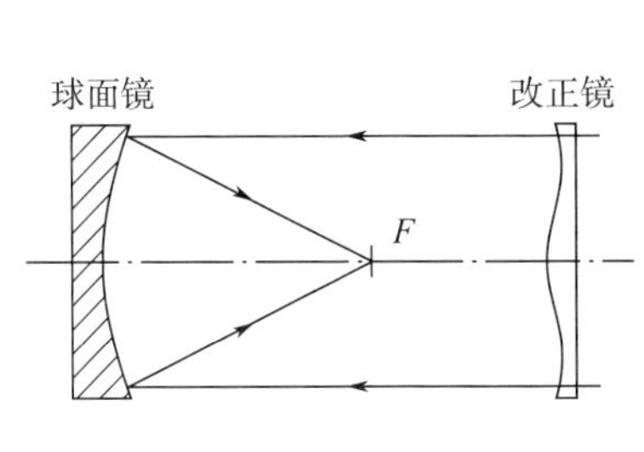

图 4-3　施密特望远镜光路图

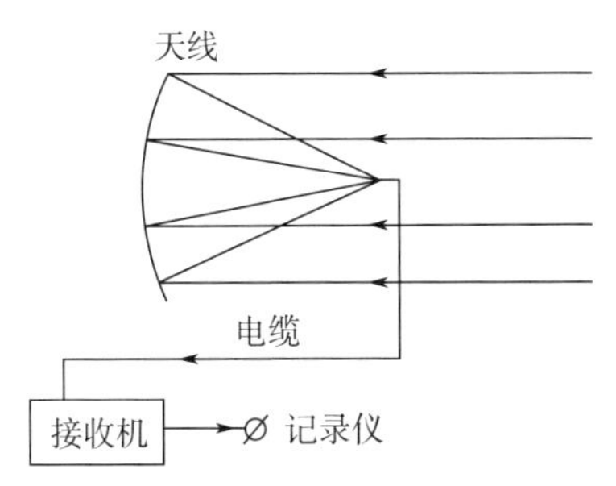

图 4-4　射电望远镜辐射接收示意图

由图 4-4 可知，射电望远镜主要由天线和接收机组成。天线相当于光学望远镜中的物镜，是用来收集天体辐射的；接收机起着接收器的作用，是用来测量和记录射电强度的。

射电望远镜的工作过程是：天线接收从一定方向射来的宇宙无线电波（来自地球以外的宇宙空间所发出的无线电辐射，其波段在 1～3 mm 之间，人们通常称之为射电辐射），将电波能量转变为调频电流能量，然后通过馈电线传送到接收机；接收机首先将接收的信息放大，再加以检波，使高频能量转换为可以用仪表测量和记录的低频能量。由于每架接收机只能放大一个狭窄带宽内的交流电流，所以射电望远镜只能测量一个很窄波段的无线电辐射。应当指出，由于无线电的波长是光波波长的 10^6 倍左右，因此对光波不透明的空间区域，对无线电波却常常是透明的（它能通过尘埃和云），所以用射电的方法就可不分晴雨昼夜进行观测工作。

（3）辐射接收器

通过对天体辐射的研究可以了解天体的运动、变化以及分析其物理过程和化学组成。天体发出的辐射大致有 γ 射线、X 射线、紫外线、可见光、红外线、无线电辐射和粒子辐射等。可利用各种辐射接收器（又称辐射探测器）来进行天体辐射测量，其中首先可作为天体辐射接收器的是人的眼睛；而照相底片是第二种辐射接收器，其已得到了广泛的应用；以光电器件为代表的许多新型辐射接收器也正在天文工作中得到广泛应用。

① 人眼

虽然已有多种辐射接收系统，但利用人眼的目视方法来观测太阳、行星和月球等天体，仍然是非常需要的。因为星光的闪烁和星像存在抖动，所以只有用人眼才能辨别出天体良好的像，并观察其细节。人眼作为辐射接收器有下列特性：首先，人眼是一种相当灵敏的辐射接收器，其能够发现非常微弱的辐射流，只要每秒钟有 2.5×10^{-16} J 的光能量射入瞳孔，瞳孔就能够觉察出来，这是人眼所能觉察到的最小辐射；其次，人眼又是一种有选择性的辐射接收器，对于不同颜色（亦对于不同波长）的光线会产生不同的反应。例如红外线或紫外线，不管其辐射多么强，都不能使人眼产生感觉；但对于可见光，很小能量却能引起视觉，研究发现，人眼对于黄绿光最敏感。人眼在分辨亮度差别方面的能力比较弱，在最有利的条件下也只分辨出达到亮度本身 1%的亮度差，因此当照相底片和光电器件等准确度较高的辐射接收器被应用到天文工作上以后，人眼的观测作用就逐渐退到次要地位了。

② 照相底片

照相术的发明（1839 年）对天文学产生了难以估量的影响。1845 年用照相术成功地拍摄到了第一张太阳照片。其基本原理是，照相底片上的卤化银受到光照射后分解出金属银，从而形成潜像。光照过的底片经过显影、定影后，潜像变黑，就显现出底片上物体的像来。

和人眼一样，照相底片对天体的辐射也是有选择性的。普通的照相底片在波长$\lambda=4\times10^{-8}$ m处灵敏度最大，故对蓝光最敏感；而对于$\lambda>6\times10^{-7}$ m的红外线几乎不产生反应。照相底片的敏感程度和分辨本领同照相乳胶的卤化银晶粒大小有着密切关系，因此实际观测必须根据对象的具体情况来选择底片。

照相观测不受观测者的精神状态影响，能够客观完整地把视场内所有的天象通过延长曝光时间全部地记录下来，以便长期保存。因此，照相底片仍然是现有辐射接收器中重要的、不可缺少的一种接收器。

③ 光电器件

辐射作用在某些固体物质上时，能够使其释出电子或激发电流，这种现象叫做光电效应。利用光电效应制成的器件叫做光电器件，目前已有各种光电器件，如光电管、光电倍增管、光敏电阻、光敏硅二极管及光电池等。现在在天文观测上广泛应用灵敏度高、性能优良的光电器件作为辐射接收器。上述各种光电器件的基本工作原理，读者可查阅有关书籍，此处从略。

（4）天体光度测量与天体分光学

天体光度测量的任务是测量天体的亮度，天体光度测量的方法主要有下列三种：

1）光度测量：用眼睛估计亮度；

2）照相光度测量：拍摄天体照片，然后测量照片上星像的密度以得到亮度；

3）光电光度测量：应用光电器件，测量在光作用下产生的光电流以得到亮度。

天体分光学是一个把光谱分析和分光光度测量方法用于天文研究的重要方法，这种方法能够对天体的运动、物理性质和化学组成进行深入研究，可以确定出天体的视向运动和转动、温度、压力、电场、磁场以及天体的化学组成等。

4.2 视差与距离

4.2.1 视差

（1）视差的基本概念

观测某一目标时，由于所站位置不同而引起的目标方向的改变，这种现象叫做视差。实际上视差包括 2 个部分：目标方向的变化和方向变化的数值。

在图 4－5 中，设观测者在 A 和 B 两点上观测同一目标 C，AC 的方向线 AC' 与 BC 的方向线 BC'' 显然有差别，这两个方向线相差的角是 c 角，而 c 角也就是 AB 在目标 C 上所张的角度，即视差。由此可知，在 A 和 B 两点间距离不改变时，视差的大小是决定于目标到观测者 A 和 B 的方向和距离。

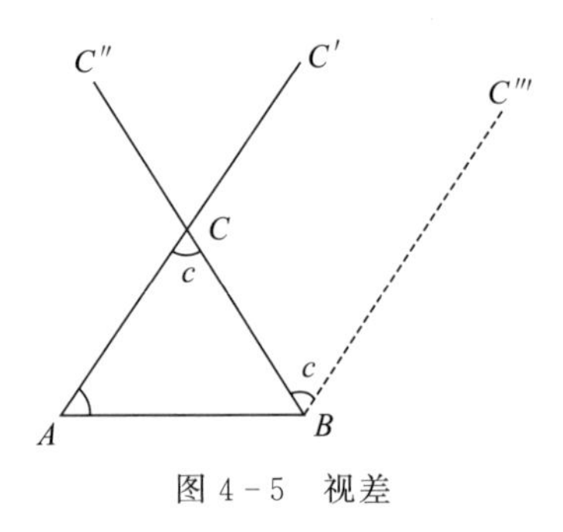

图 4－5　视差

观测遥远的恒星时，不论我们在地球范围内的任何地点，视差总是很微小，所以其一般可以忽略不计。但是观测离地球较近的天体时，如太阳、月球和某些行星，则必须考虑视差。因为由于视差的缘故，从地球上不同地点至太阳、月球或某些行星中心的方向线是不相同的。为了使各地的方向线互相一致，把方向线改算成从地球中心所得到的方向线。这种改算就是推求出从地面测站到地球中心这段距离在太阳或月亮中心上所张的角度，这个角度叫做太阳（或月亮）的周日视差。

（2）太阳的周日视差

地球半径在太阳中心上所张的角度就是太阳的周日视差，即图 4－6 中的 P 角。太阳周日视差是一个小于 9″的微量，故可将地球当作圆球。这一假设所引起的误差最大不超过 0.03″，所以在太阳的观测中周日视差是可以忽略的。

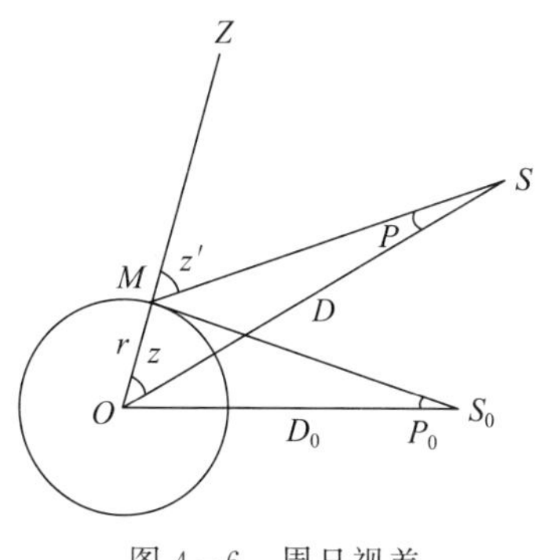

图 4－6　周日视差

根据上述假设可以推求出太阳周日视差对太阳地平坐标的影响。在图 4－6 中，O 是地球中心，OZ 表示铅垂方向，S 表示太阳中心，M 表示地面测站，OM 表示地球半径且 $OM=r$，OS 表示日地间的距离且 $OS=D$，z' 表示太阳天顶距，z 表示太阳的地心天顶距，可得出下列关系

$$z=z'-P \tag{4-1}$$

为了推求太阳周日视差 P，按正弦公式解平面三角形 MOS，可得

$$\frac{\sin P}{\sin(180°-z')}=\frac{OM}{OS} \text{ 即} \frac{\sin P}{\sin z'}=\frac{r}{D}$$

则

$$\sin P=\frac{r}{D}\sin z' \tag{4-2}$$

由式（4－2）可知，视差是与太阳天顶距有关的。太阳天顶距在一日内有周期性的变化，所以视差也有相应的周期变化，这是太

阳周日视差命名的由来。

当 $P=0$ 时，即太阳位于天顶时，视差等于零，为最小值。

当 $z'=90°$时，即太阳位于地平上时，视差为最大值，该视差称为地平视差，用符号 P_0 表示，于是式（4－2）变成

$$\sin P_0=\frac{r}{D_0}$$

代入式（4－2）可得

$$\sin P=\sin P_0\sin z'$$

根据观测资料证明，太阳地平视差只是秒级的微量，故上式可改写为

$$P=P_0\sin z' \tag{4-3}$$

将式（4－3）代入式（4－1）得

$$z=z'-P_0\sin z' \tag{4-4}$$

式（4－4）表示太阳周日视差对于太阳天顶距的影响。因为视差现象只发生在 *ZMOS* 的竖直平面内，所以视差在太阳水平方向上不发生任何变化。

（3）恒星的周年视差

地球至恒星的距离是很大的，地球直径与其相比就显得非常微小，因此恒星的周日视差实际上约等于零。但是地球上的观测者除了随地球周日旋转以外，还随地球作周年旋转，其在半年内要移动 3×10^8 km 左右，这就在许多恒星观测时产生视差。这种因地球的周年旋转而产生的视差现象称为恒星周年视差。

在图 4－7 中，设椭圆 $T_1T_2T_3$ 为地球绕太阳 S 旋转的轨道，b 是被观测的恒星。根据观测资料可知恒星的周年视差也是个微小量。

这里把地球椭圆轨道假设为圆形轨道，太阳位于圆形轨道中心的 S 点上。当地球位于 T_1、T_2、T_3 等各点上时，恒星 b 被分别投影到天球上的 b_1、b_2、b_3 等各点上，那么在一年内可在天球上描绘出一个小圆，这个小圈的圆心是 b_0，b_0 正是太阳与恒星 b 方向线在天球上的投影。

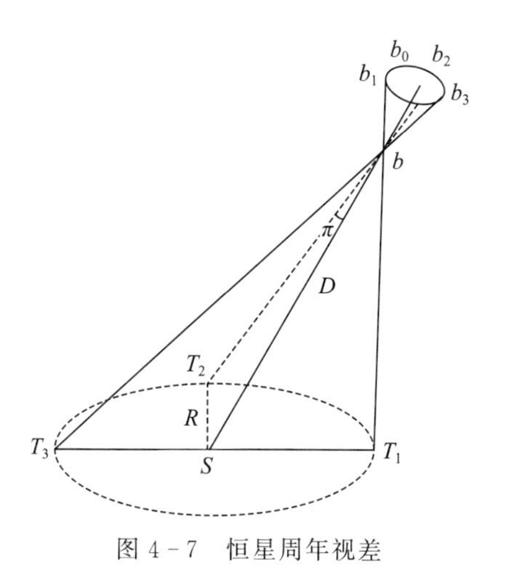

图 4-7　恒星周年视差

为了使恒星的各次观测都可以互相比较，必须将这些观测归算到同一点上，显然这一点应该是圆形轨道中心太阳 S。

只有千余颗靠近太阳系的恒星具有微小的视差，极大多数恒星由于距离太阳系很遥远而发现不出视差。

当地球沿着其轨道运动时，$\angle ST_ib$ 永远在变化，但是不难看出，在地球轨道上有两点，使$\triangle ST_ib$ 是直角三角形。如图 4-7 中 T_2 点，T_2S 垂直于 T_2b。直角边 $T_2S=R$，即地球轨道半径，该值为一个天文单位（1.495×10^8 km）；斜边 $Sb=D$，即太阳到恒星 b 的距离，$\angle T_2bS$ 是观测者由 T_2 点到 S 点的恒星视差，用符号 π 表示。由此可知，恒星周年视差是当地球轨道半径与地星连线相垂直时，地球轨道半径在恒星上所张的角度。由图 4-7 得其关系式为

$$\sin\pi=\frac{R}{D}$$

由于 π 很小，可以用其弧度数代替其正弦值，$\pi\approx\sin\pi$， 于是上式可变为

$$\pi = \frac{R}{D}$$

如果 π 以角秒表示，并记为 π''，则有

$$\frac{\pi''}{206\ 265} = \frac{R}{D}$$

现代恒星天文学中经常采用秒差距作为量度恒星距离的单位，秒差距是恒星周年视差为 1″时的距离，即

$$1 \text{ 秒差距} = 206\ 265 \times \text{天文单位} = 3.084 \times 10^{13}\ \text{km}$$

于是，以秒差距为单位的日星距离可按下式求得

$$D = \frac{1}{\pi''} \times \text{秒差距}$$

4.2.2　距离

在天文学中，有关距离的最基本的概念一般均以日地间距离为单位，这段距离叫做天文单位。这是天文学中测量距离，特别是测量太阳系内天体之间距离的基本单位，常用 A 表示。1976 年，国际天文学联合会规定 $A = 1.495\ 978\ 70 \times 10^{11}$ m。

然而应当指出的是，在测量恒星距离时，天文单位通常显得太小，因而人们常用上述的恒星的视差来量度恒星的距离

$$D = 206\ 265\ \frac{R}{\pi''}$$

式中 D，R 都以 km 为单位。若 D，R 以天文单位为长度单位，即 $R = 1$，则

$$D = \frac{206\ 265}{\pi''}(\text{天文单位})$$

在量度遥远的河外星系时，还可以用更大的单位。例如，以 1 000 秒差距为 1 个长度单位，这种长度单位叫做千秒差距。

4.3　恒星的测量

4.3.1　恒星角径的测量

由于恒星离地球很远，因而其角径都很小。在目前的条件下不可能用一般望远镜直接测量恒星的角径。对于角径较大的恒星，可以用干涉法和月掩星法来测其角径。

(1) 干涉法

用干涉法测定恒星角径的原理和光学中著名的杨氏实验的原理大致相同。详细原理可查专门文献。

用干涉法测定恒星角径是把一颗恒星的圆面当作两个半圆面，很容易推得恒星的角径 β 为

$$\beta = 1.22\frac{\lambda}{D_0}$$

由于恒星的圆面都很小，要使条纹消失，必须使 D_0 很大。

1920 年，皮斯在威尔逊山天文台用干涉法成功地测得了几颗红巨星的角径。

(2) 月掩星法

苏联学者纳坦逊提出了利用月掩星测定恒星角径的方法。在月掩星时，用光电方法准确记录恒星从开始被月球暗边掩食到完全被掩食的时间间隔，也就是从光电流开始下降到光电流达最小值的时间间隔 τ_0，再通过对某些值的测量与计算就可计算出恒星的角径。现利用月掩星方法已经获得了许多恒星的角径。

4.3.2　恒星位置的测量

恒星的位置在天体测量、大地测量和天体物理等很多领域都非常重要。恒星赤道坐标的测定是一项基本天体测量工作，其测量方法基本上可分为绝对测量和相对测量两类。

恒星赤道坐标的绝对测量是完全独立的，并不依赖于过去的观

测；而相对测量是用恒星坐标的绝对测量方法，先测定出若干颗恒星的坐标，再以这几颗恒星作为定标星，测量其他恒星对定标星而言的位置，用相对方法决定其坐标。

目前普遍用照相方法来测定恒星赤道坐标。对拍摄后的底片，用坐标量度仪进行仔细测量，然后依据已知坐标的恒星位置决定底片的比例尺，这样就能算出要定的恒星赤道坐标。

4.4 亮度与星等

4.4.1 亮度与星等的基本概念

在天体光度学里，以星等来表示恒星的亮度。远在公元前 2 世纪，著名的天文学家依巴谷就开始用眼睛估计恒星的亮度。亮度的基本单位是星等，那时的天文学家就已经把肉眼能见的星分为 6 个亮度等级：天空中有 15 颗星是一等星，肉眼刚刚能看见的星叫做 6 等星。望远镜发明以后，这个星等系统就被推广到更多亮度更微弱的星了。例如，口径为 5 cm 的望远镜可看见 10 等星，口径为 5 m 的望远镜可用照相的方法拍摄 23 等的暗星。

星等和亮度之间的关系有如下规律：1 等星的亮度是 6 等星亮度的 100 倍，比 1 等星更亮的星可用 0 等或负数表示。这就是说，星等数越大星越暗，星等数越小星越亮。

4.4.2 亮度与星等的计算方法

1859 年，崔尔纳制造出一种用于天体光度测量的光度计，逐步发现了恒星星等 m 和亮度 E 的对数之间的线性关系

$$m = a + b\lg E$$

星等差和亮度的关系为

$$\frac{E}{E_0} = 10^{-\frac{m_0 - m}{b}} = \rho^{m_0 - m}$$

式中 ρ——一个常数，$\rho = 10^{-\frac{1}{b}}$ 。

此式表示，星等每增加一个单位，恒星亮度就要降低 ρ。

1850 年，普森把古代和中世纪估计的星等同用光度计测出的亮度进行比较，结果发现星等相差 5 等时，亮度的比率约为 100。于是他建议将比率取为 100，这个建议得到普遍的采纳。令 $\frac{E}{E_0}=100$，$m-m_0=5$，代入上式可得

$$100=\rho^5$$

即
$$\rho=\sqrt[5]{100}=2.512$$

所以
$$\frac{E}{E_0}=2.512^{m_0-m}$$

当取零星等的恒星的亮度为单位亮度时，即 $m_0=0$，$E_0=1$，可得

$$E=2.512^{-m}$$

取对数形式则有

$$\lg E=-m\lg(2.512)=-0.4m$$

$$m=-2.5\lg E$$

这就是现在普遍采用的星等和亮度之间的关系式。由这个公式可知，星等可以是任意的正数和负数。

4.5　行星和月球的观测

4.5.1　行星质量与行星自转周期的测量

(1) 行星质量的测量

对于那些有卫星的行星，利用开普勒第三定律就可以根据观测资料定出其质量。设行星的质量为 M，行星卫星的质量为 m，太阳的质量为 $M_\odot$，地球的质量为 $M_\oplus$，卫星绕行星运动的轨道半长径为 A，恒星周期为 T，地球轨道半长径为 A_0，恒星年长度为 T_0，根据开普勒第三定律可得

$$\frac{\frac{A^3}{T^2}}{\frac{A_0^3}{T_0^2}}=\frac{M+m}{M_\odot+M_\oplus}\approx\frac{M}{M_\odot}$$

如果行星的质量以太阳的质量 $M_\odot$ 为单位，卫星运行的周期以恒星年 T_0 为单位，轨道半长径以天文单位（即 S_0）为单位，则得

$$M=\frac{A^3}{T^2}$$

此式表明，根据观测定出的 A 和 T 值，即可以求得行星的质量 M_0。没有卫星的行星不能运用上述方法求质量，但可以通过这些行星对其他行星摄动的观测定出其质量。

（2）行星自转周期的测定

测定行星自转周期主要有下面几种方法。

1）对于视面上有斑点的行星，可以观测这些斑点两次恢复原处的时间间隔，来确定其自转周期。由于行星的视面很小，要判断视面上的斑点是否已恢复到原处是很难的。由于观测次数少，精度往往不高。除了通过长期观测记下同一斑点多次恢复原处的时间间隔以外，还要考虑到地球和行星的相对运动，才能求得准确的自转周期。用此法观测火星，经过 100 年的长期观测才测得其非常精确的自转周期。对木星和土星来说，这些行星上的斑点在云层上面，不在行星的固体表面，这些斑点变化迅速，本身也在运动，因此，就不能用这种方法来精确地测定行星的自转周期，只能求出大致的自转周期。

2）有些行星或卫星亮度的周期变化是由于表面各部分的反照度不同而产生的，因而其光度会发生有规律的变化。根据这种光变周期也可求出行星或卫星的自转周期，对于一些角径很小的行星和卫星常用这种方法。用这种方法可以测定小行星的自转周期：这些小行星自转时，不但因各部分的反照率不同引起光度变化，而且其形状对自转轴的不对称性也会引起光度变化。

3）对于一些视面较明显的行星，例如水星和金星，有较显著的

盈亏位相，可以根据盈亏位相定出其白昼和黑夜的温度。根据这个温度相差是否悬殊，可以定性地知道其自转周期长短。例如，测得水星白昼日下点（行星中心和日心连线通过行星表面的点）的温度约为 410 ℃，黑夜温度则接近于绝对零度。由此可知道水星的自转周期和公转周期差不多，因为水星的一面总是对着太阳，一面总是背着太阳。金星日下点的温度为 60 ℃左右，黑夜为－23 ℃左右，这说明金星不可能以同一面对着太阳，其自转周期不太快也不太慢，有人估计其约为 20～30 天。

4）用分光计观测，根据多普勒效应测出行星和卫星的自转周期。

4.5.2　月球的观测

（1）月球的观测

月亮离地球很近，表面也没有大气，这使得月球的阴影部分十分清晰，其表面结构显得很清楚。

对月球的观测可以有以下几项内容。

1）可以在满月前后用肉眼观测月面，用写生法描出其外貌的图形；

2）用望远镜分辨出小些的地形，如较小的“海”、较大的山脉和环形山；

3）应用倍数较大的望远镜来观测月球局部地区的形状与颜色；

4）挑选月面上有限的区域，例如几个环形山、山脉、裂缝等，进行详细的研究。

（2）月掩星的观测

月掩星是指月亮在运行时掩蔽一些比较亮的恒星或行星的现象。观测月掩星时，要精确地（力求记录到 0.1 s 的精度）记录恒星（或行星）消失和重现的时刻。这是因为虽然月亮观测的历史已久，对月亮运动理论的研究文献也很丰富，但至今对月掩星发生的时刻及其历时的长短的预估还不能像其他天象那样精确。因此，观测月掩星并积累观测资料，对研究月球的半径、完善月球的运动理论具有一定的科学价值。

4.6　星图辨认

4.6.1　星图介绍

为了研究天空中的满天星斗，古今中外都把天空中的恒星分成若干部分，每一部分成一星座，每一星座给一名称，星座的名称大部分是取自古代神话。自 17 世纪初，每个星座里个别的星是以希腊字母加上该星座的名称表示的，例如 αUrsaeMinoris（简写为 αUMi，中文称为小熊座 α 星，也就是北极星）。因为希腊字母只够表述每个星座里不多的恒星，剩下的就用拉丁字母或者数字加上星座的名字来表示，例如天鹅座 61 星等。更详细的可见表 4－1。

表 4－1　星座表

拉丁名	位置	所有格	符号	中名	面积	星数
Andromeda	北	Andromedae	And	仙女	722	100
Antlia	南	Antliae	Ant	唧筒	239	20
Apus	南	Apodis	Aps	天燕	206	20
Aquarius		Aquarii	Aqr	宝瓶	980	90
Aquila	北	Aquilae	Aql	天鹰	652	70
Ara	南	Arae	Ara	天坛	237	30
Aries		Arietis	Ari	白羊	441	50
Auriga	北	Aurigac	Aur	御夫	657	90
Boo tes	北	Boo tis	Boo	牧夫	907	90
Caelum	南	Caeli	Cae	雕具	125	10
Camelopardalis	北	Camelopardalis	Cam	鹿豹	757	50
Cancer		Cancri Canum	Cnc	巨蟹	506	60
Csmes Venatici	北		Cvn	猎犬	465	30

续表

拉丁名	位置	所有格	符号	中名	面积	星数
Canis Major	南	Venaticorum Canis Majoris	CMa	大犬	380	80
Canis Minor	南	Canis Minoris	CMi	小犬	183	20
Capricornus		Capricorni	Cap	摩羯	414	50
Carina	南	carinae	Car	船底	494	110
Cassiopcia	北	Cassiopeiae	Cas	仙后	598	90
Cen taurus	南	Cen tauri	Cen	半人马	1060	150
Cepheus	北	Cephei	Cep	仙王	588	60
Cetus	南	Ceti	Get	鲸鱼	1230	100
Chamaeleon	南	Chamaeleonis	Cha	蜻蜓	132	20
Circinus	南	Circini	Cir	圆规	93	20
Columba	南	Coumbae	Col	天鸽	270	40
Coma Berenices	北	Comae Berenices Coronae	Com	后发	386	53
Coroua Australis			CrA	南冕	128	25
Corona Borealis	北	Australis Coronas Borealis	CrB	北冕	179	20
Corvus	南	Corvi	Crv	乌鸦	184	15
Crater	南	Crateris	Crt	巨爵	282	20
Crux	南	Crucis	Cru	南十字	68	30
Cygnus	北	Cygni	Cyg	天鹅	804	150
Delphinus	北	Delphini	Del	海豚	189	30
Dorado	南	Doradus	Dor	剑鱼	179	20
Draco	北	Draconis	Dra	天龙	1083	80
Equuleus	北	Equulci	Equ	小马	72	10
Eridauus	南	Eridanus	Eri	波江	1138	100
Fornax		Fornacis	For	天炉	398	35
Gemini		Geminorum	Gem	双子	514	70
Grus	南	Gruis	Gru	天鹅	366	30
Hercules	北	Herculis	Her	武仙	1225	140
Horologium	南	Horologii	Hor	时钟	249	20

续表

拉丁名	位置	所有格	符号	中名	面积	星数
Hydra	南	Hydrae	Hya	长蛇	1300	130
Hydrus	南	Hydri	Hyi	水蛇	243	20
Indus		Indi	Ind	印第安	294	20
Lacer ta	北	Lacertae	Lac	蝎虎	201	35
Leo		Leonis	Leo	狮子	947	70
Leo	北	Leonis Monoris	LMi	小狮	232	20
Lepus	南	Leporis	Lpe	天兔	290	40
Libra		Librae	Lib	天秤	538	50
Lupus	南	Lupi	Lup	豺狼	334	70
Lynx	北	Lyneis	Lyn	天猫	545	60
Lyra	北	Lyrae	Lyr	天琴	286	45
Mensa	南	Mensac	Men	山案	153	15
Microscopium	南	Microscopii	Mic	显微镜	210	20
Monoceros	南	Monocerotis	Mon	麒麟	482	85
Musca	南	Muscae	Mus	苍蝇	138	30
Norma	南	Normae	Nor	矩尺	165	20
Octaus	南	Octantis	Oct	南极	291	35
Ophiuchus	北	Ophiucht	Oph	蛇夫	948	100
Orion	南	Orionis	Ori	猎户	594	120
Pavo	南	Pavonis	Pav	孔雀	378	45
Pegasus	北	Pegasi	Peg	飞马	1121	100
Perseus	北	Persei	Per	英仙	615	90
Phoehix	南	Phoenicis	Phe	凤凰	469	40
Pictor	南	Pictoris	Pic	绘架	247	30
Pisces		Piscium	Psc	双鱼	889	75
Piscis Austrinus	南	PiscisAustrini	PsA	南鱼	245	25
Puppis	南	Puppis	Pup	船舻	673	140
Pyxis	南	Pyxidis	Pyx	罗盘	221	25

续表

拉丁名	位置	所有格	符号	中名	面积	星数
Reticulum	南	Reticuli	Ret	网罟	114	15
Sagitta	北	Sagittae	Sge	天箭	80	20
Sagittarius		Sagittarii	Sgr	人马	867	115
Scorpius		Scorpii	Sco	天蝎	497	100
Sculptor	南	Sculp toris	Scl	玉夫	475	30
Scutum	北	Scuti	Sct	盾牌	109	20
Serpens	北	Serpentis	Ser	巨蛇	637	60
Sextans	南	Sextantis	Sex	六分仪	317	25
Taurus		Tauri	Tau	金牛	797	125
Telescopium	南	Telescopii	Tel	望远镜	252	30
Triangulum Triangulum	北	Trianguli Trianguli	Tri	三角	132	15
	南		TrA	南三角	110	20
Australe Tucana	南	Australe Iucanae	Tuc	杜鹃	295	25
Ursa major	北	Ursae Majoris	UMa	大熊	1280	125
Ursa Minor	北	Ursac Minoris	UMi	小熊	256	20
Vela	南	Velorum	Vel	船帆	500	110
Virgo		Virginis	Vir	室女	1290	95
Volans	南	Volantis	Vol	飞鱼	141	20
Vulpecula	北	Vulpeculae	Vul	狐狸	268	45

注：1）以希腊字母、拉丁字母、数字加上星座名字来表示恒星时，星座的名称用所有格。例如，Canis Majoris（大犬座 α 星，即天狼星）；

2）星数指肉眼能见的恒星数目；

3）面积指该星座在天球上所占面积，以平方度为单位。

在现有的 88 个星座中，其大小是不同的。有的范围较大，所包含的星数就多一些；有的范围较小，所包含的星数就少一些。每一个星座中都有几颗比较明亮的星，勾划出不同的图案，人们就是按这几颗亮星勾划出的图案来认识这个星座的。

星图是具有星空一般形式和星座的相对位置的图，把星图与星座比较就可以得到需要的星座。

4.6.2 节将列举若干个星座供参考。

4.6.2 利用星图辨认星座

由于地球从西往东自转，在地球上星空就有东升西落的现象，而且由于地球绕太阳公转，在地面上看见的星座也会随季节的变化而不同。因此认识四季星空有助于确定载人飞船在太空的位置。

由于缺乏从载人飞船上观察星座的实际资料，所以只能介绍一部分在地面上观察星座所得的资料以供参考。

(1) 北极星

大熊星座的北斗七星是最引人注目的一组星群。7 颗明亮的星星整齐地排列成一只汤勺的样子，所以其又叫“勺星”。可以利用北斗七星来找到北极星。顺着汤勺边缘上的天枢和天璇这两颗星的连线，向着勺口方向延长其五倍左右的距离，就可以找到较亮的北极星。找到了北极星，也就找到了北方，如图 4-8 所示。

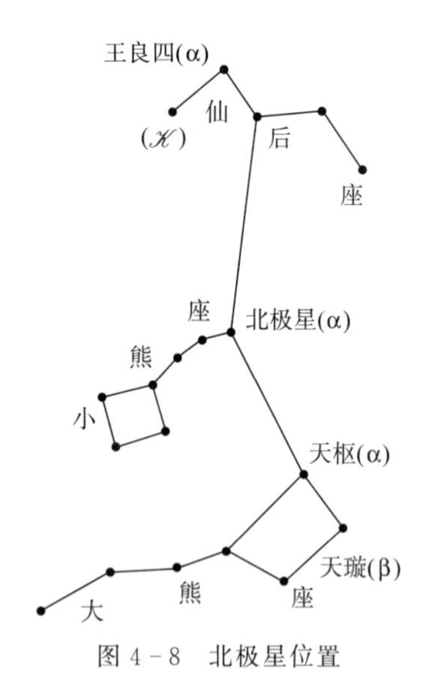

图 4-8 北极星位置

但是，并不是在所有的季节和所有的地方都可以很容易找到北斗七星，特别是对我国南方的人们来说，在秋冬两季就不容易看到；即使在北方，到了冬季也常常因为其位置很低会被房屋和树木遮住，这就需要我们利用与北斗七星遥遥相对的仙后座来寻找北极星。仙后座有 5 颗相当明亮、排列成拉丁字母“W”形状的恒星，当北斗七星在地平线以下或低空时，仙后座正好升起在北方的高空。仙后座“W”字开口的一面正对着北极星，由此便可找到北极星，从而判别正北的方向，图 4-8 就是星图一部分，有助于我们确认北极星的位置。

（2）春季星座

春夜，狮子座成为最引人注目的星座了。狮子座的 6 颗星组成一把镰刀，也像一个反写的问号。镰刀东面的 3 颗星组成一个三角形，象征狮子的后身。还可以看到一颗刚刚从东方升起的，属于牧夫座的大角星，它是一颗橙红色的亮星。

（3）夏季星座

在观察夏季星空时，可发现其有下列特点（夏季星空示意图见图 4-9）。

1）满天的星星显得格外明亮，发出淡淡白光的银河横跨天空南北，宛如一条巨大的纱带；

2）分处于银河两边的牛郎星、织女星特别引人注目；牛郎星在银河的东南面，在其两侧各有一颗较暗的星，与牛郎星差不多在一条直线上，我国民间称这组星为“扁担星”；织女星在银河的西面，其附近的 4 颗星呈梭状；

3）在织女星的东面、牛郎星的西北面有一颗亮星叫天津四，其属于天鹅座，如图 4-10 所示；

4）在银河南端的西面，有像蝎子模样的天蝎座，其是天空中最壮丽的星座之一，也是夏夜星空中主要的星座，其中有一颗红色亮星叫心宿二；

5）天蝎座的东面有人马座。人马座中的 6 颗星组成南斗六星，与北斗七星遥遥相对，如图 4－11 所示。

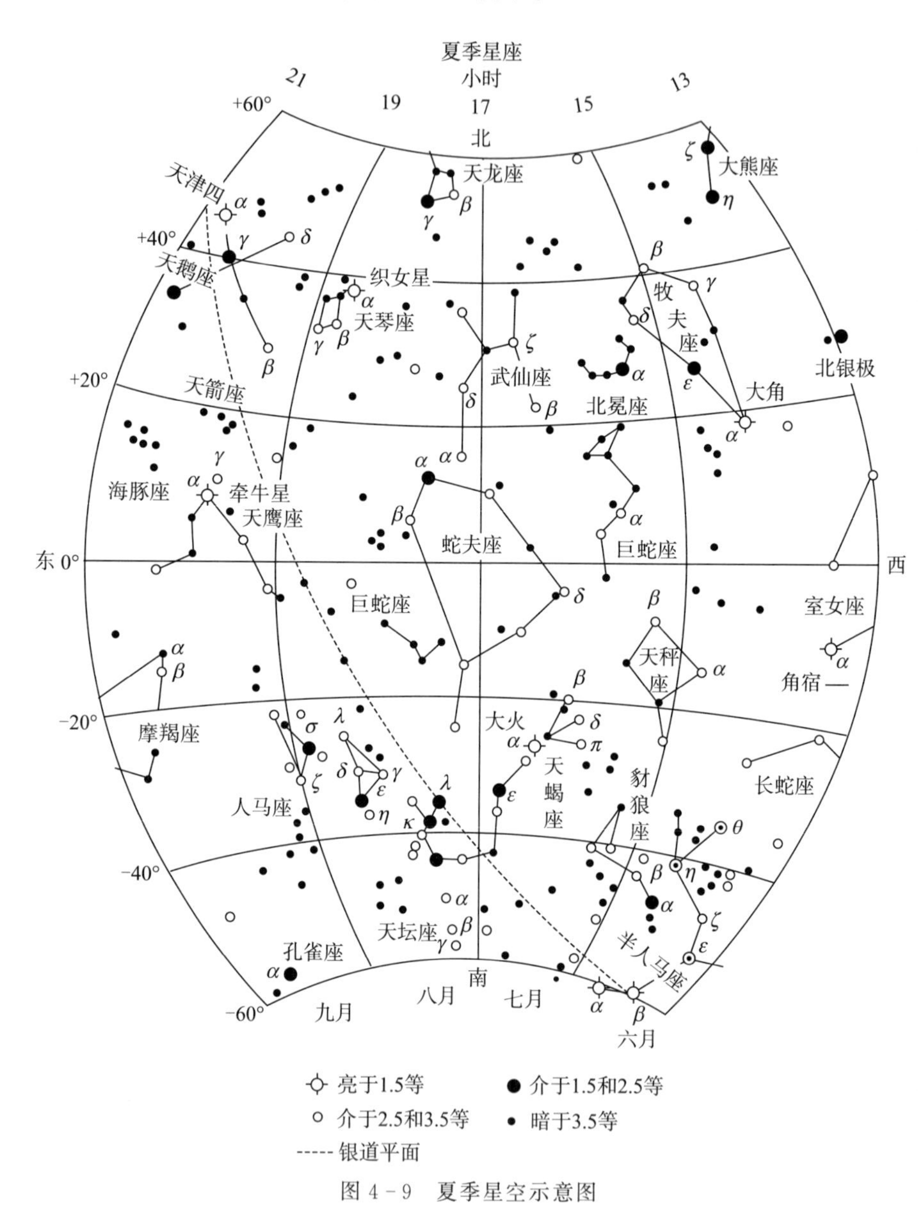

图 4－9　夏季星空示意图

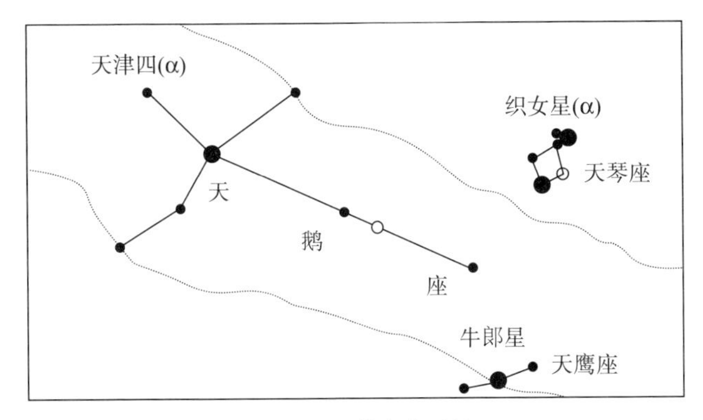

图 4－10　天鹅座的天津四

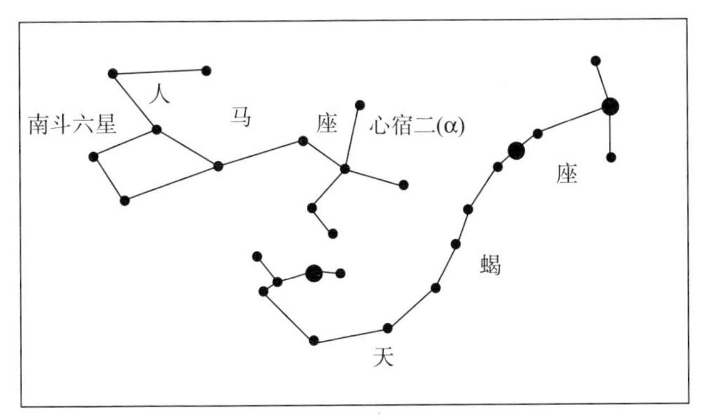

图 4－11　人马座的南斗六星

（4）秋季星座

秋季星空总的情况是夏夜星空稍稍向西方偏移，如图 4－12 所示。银河从东北到西南横跨在天空中，我们熟悉的天蝎座已在西南方地平线渐渐落下，而北斗七星也移到北方的低空或地平线下，另一些星座已从东北地平线升起。这时，在东北方的银河中可以看见仙后座。抬头向天顶偏南的方向看去，由 4 颗亮星组成的大四边形，其中 3 颗属于秋季星空的主要星座——飞马座，四边形东北角上的那颗亮星和其他一些星组成了仙女座。在仙女座可以看到一团模糊的云雾状物质，为著名的仙女座大星云。顺着仙后座沿银河往东北，有处于银河中的英仙座，其排列像个“人”字。以上就是我们要认识的秋季星空的几个主要星座。

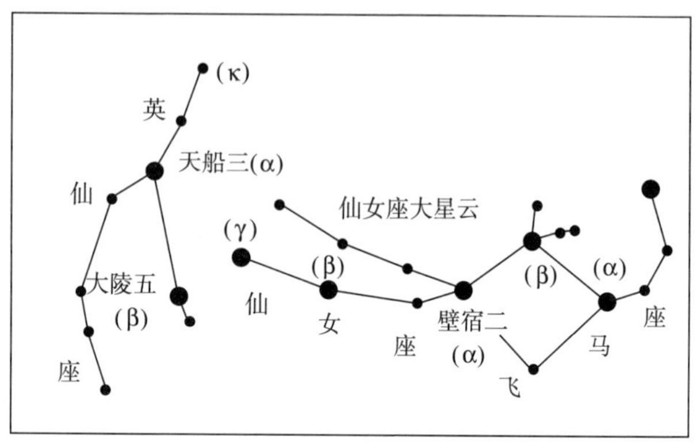

图 4－12　秋季星空的主要星座示意图

(5) 冬季星空

冬季星空示意图如图 4－13 所示。

在东南方的天空高悬着全天空中亮星最多的星座——猎户座，如图 4－14 所示，其形状像一个威武的猎人，一手举着一张盾，一手提着一根棒，腰间缀着闪闪发亮的腰带，佩着一把宝剑，我国古代把这宝剑称为参宿。猎户座中最亮的星参宿七，是全天空 20 颗最亮的星之一。我们所熟悉的“三星”正是猎人的腰带，剑上有猎户座大星云。沿着猎人的腰带向东南方望去，就可以找到全天空最亮的恒星——天狼星。天狼星所属的星座是大犬座，与猎户座一起犹如猎人带着一只猎狗。大犬座北面是小犬座，小犬座中有 2 颗亮星，一颗叫南河三，另一颗叫南河二，如图 4－15 所示。从猎人的腰带再向西北方望去，便可以找到金牛座，该星座中最亮的是一个红色的恒星，我国古代称其为毕宿五。金牛座稍往北面是御夫座，御夫座的 4 颗星与金牛座的 1 颗星构成一个规则的五边形，其中最亮的一颗星五车二是全天空第 6 亮星。

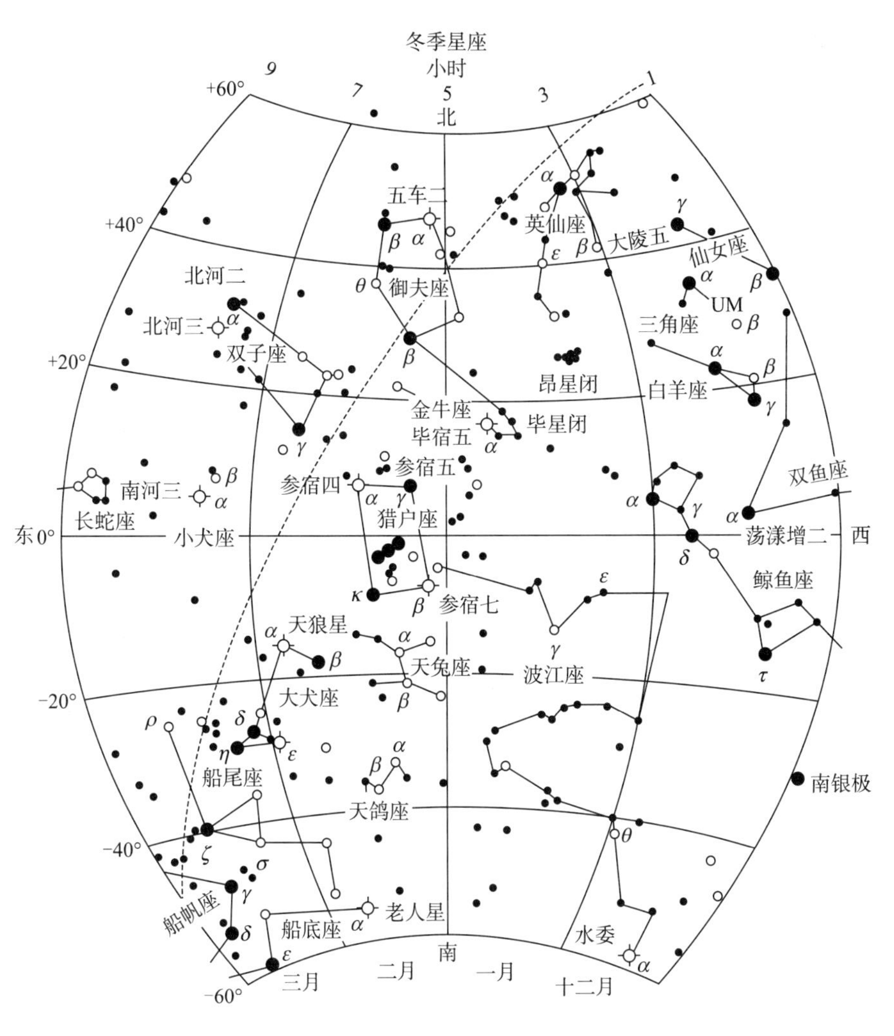

图 4 - 13　冬季星空示意图

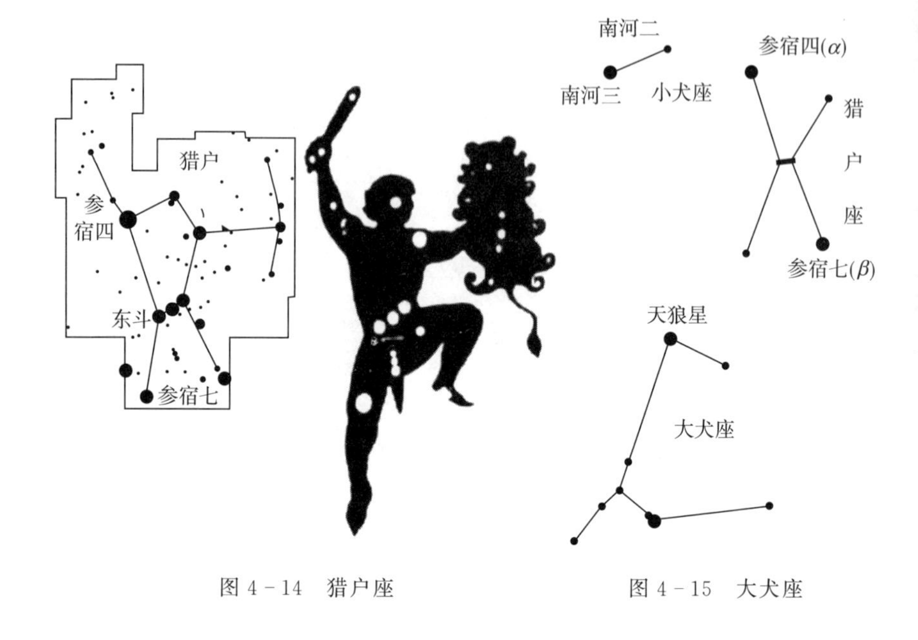

图 4-14　猎户座　　　　图 4-15　大犬座

4.7　天文导航简介

4.7.1　天文导航的基本概念

天文导航是根据天体来测定飞行器位置和航向的航行技术。天体的坐标位置和其运动规律是已知的，测量天体相对于飞行器参考基准面的高度角和方位角就可以计算出飞行器的位置和航向。由于飞行器的轨道是三维坐标，因此必须测量 3 个角度以确定飞行器位置和航向。这 3 个角度将构成一个三角架形的定位点，其中两点（两颗行星或一颗行星和太阳）之间的距离是已知的，其可以作为测量基线；然后在飞行器上测出第三个角度；这样在中心坐标系中便可计算出飞行器到太阳的距离或到地心的距离，从而完全确定飞行器在空间的位置。天文导航系统是自主式系统，不需要地面设备支持，不受人工或自然形成的电磁场的干扰，不向外辐射电磁波，隐蔽性好，定向、定位精度高，定位误差与时间无关。天文导航作为一种隐蔽、可靠的导航手段，其主要用途是导航，校准惯导，提供位置、航向和姿态信息。

4.7.2　天文导航原理和方法

（1）基于高度差法的天文导航方法

1875 年法国航海家希拉里 · S 创立了基于高度差原理的天文导航方法。该方法中，天文导航设备通过惯导获得的运动载体的姿态将天文测量基准转换到地理坐标系上，用惯导获得的运动载体的位置来解算所测星体的计算指向矢量（高度角、方位角）并进行跟踪测量，利用实测星体高度角与计算高度角之间的偏差（即高度差）来计算对惯导位置误差的修正，之后再根据修正后的载体位置确定载体运动。

导航过程依赖惯导平台提供的水平基准，天文导航设备所测得的高度差不仅来自于惯导的位置误差，还来自于姿态误差。但是该方法仅将高度差归结为惯导的位置误差进行补偿，使得其精度最终受到惯导姿态测量精度的制约，不过该方法依然能抑制惯导误差的发散。

（2）基于星图识别的多星矢量定位导航

基于多星矢量定位技术的天文导航系统的最大优点是，其可不借助任何先验信息而自主确定运动载体相对于惯性空间的姿态。该方法导航工作过程主要由大视场成像、多星体目标同步提取、星图识别和导航解算等组成。选取大视场光学系统（一般为 $10^\circ\times10^\circ\sim50^\circ\times50^\circ$范围）视场内的 3 颗或 3 颗以上的星体，通过与已有星图比较与计算，得到运动载体相对惯性空间的姿态与位置，从而对惯导的陀螺误差进行直接校正。基于星图识别的多矢量定位导航方法确定运动载体惯性姿态的精度是现有测量方法中最高的。

（3）脉冲星导航原理

脉冲星是大质量恒星演化、坍缩、超新星爆发后的遗迹，是一种具有超高温、超高压、超高密度、超强磁场、超强电场和超强引力场等极端物理条件的天体，其质量与太阳相当，但核心密度可达 1 012 kg/cm^3。脉冲星属于高速自转的中子星，其自转轴与磁极轴之间有一个夹角，两个磁极各有一个辐射波束。当星体自转使磁极波束扫过安装在地面或航天器上的探测设备时，探测设备就能够接收到一个脉冲信号。脉冲星具有良好的周期稳定性，尤其是毫秒级脉冲星的自转周期变化率为 $10^{-19} \sim 10^{-21}$，被誉为自然界最稳定的天文时钟。脉冲星在射电、红外线、可见光、紫外线、X 射线和 γ 射线等电磁波频段均产生信号辐射。X 射线属于高能光子，集中了脉冲星绝大部分的辐射能量，易于小型化设备探测与处理，但由于其难以穿过地球稠密大气层，因此只能在地球大气层外空间才能探测。

与一般的通过观测星光角距进行天文导航的原理不同，X 射线脉冲星自主导航系统是利用 X 射线脉冲星进行太阳系内导航的新型自主导航方式，其基本原理是：X 射线脉冲星能不断发射出稳定且有周期性的脉冲信号，通过测量单个 X 射线源的脉冲到达时间就可以计算出探测器相对于惯性参考点的距离。但此测量值仅是沿着天体源视线方向测量的距离值，仅依靠此测量值不能完全给出航天器所需的导航信息，必须与航天器的轨道动力学方程相结合，采用滤波的方式，才能利用 X 射线脉冲星测量值进行导航。

基于 X 射线脉冲星的卫星自主导航是以太阳系质心坐标系为时空基准的。太阳系质心坐标系是以整个太阳系质量中心为坐标原点，X_{SSB}轴指向 32 000.0 定义的春分点，在天球赤道面内构成的右手坐标系，也称为国际天球参考框架（ICRF）。图 4－16 展示了针对导航星座卫星利用 X 射线脉冲星进行自主导航的几何原理。

图 4－16 中，Sat 表示导航星座卫星，PSR 表示脉冲星，O_E、O_S、O_{SSB}和 O_{PK}分别表示地球质心、太阳质心、太阳系质心以及太阳系行星质心，O_E－$X_EY_EZ_E$、O_S－$X_SY_SZ_S$和 O_{SSB}－$X_{SSB}Y_{SSB}Z_{SSB}$分别表示地球质心坐标系、太阳质心坐标系和太阳系质心坐标系，$\boldsymbol{R}_E$表示地球在太阳系质心坐标系中的位置矢量，$\boldsymbol{X}_{Sat}$表示导航卫星在地

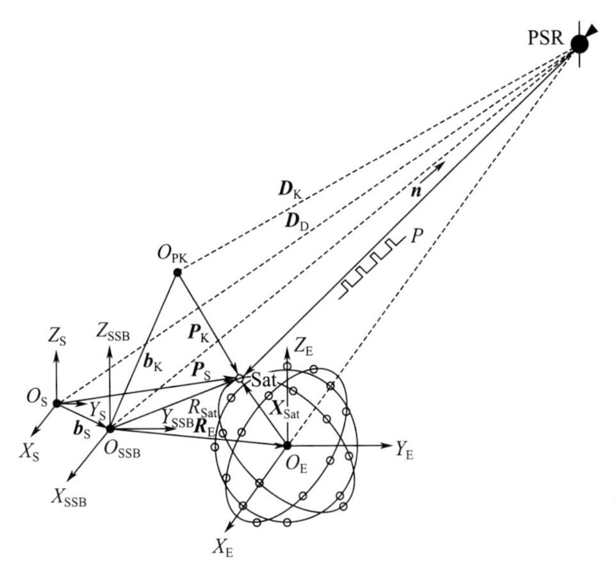

图 4-16　基于 X 射线脉冲星的导航卫星自主导航几何原理

球质心坐标系中的位置矢量，$\boldsymbol{b}_s$、$\boldsymbol{P}_s$和 $\boldsymbol{D}_D$分别表示在太阳质心坐标系中太阳系质心、导航卫星和脉冲星的位置矢量，$\boldsymbol{b}_k$、$\boldsymbol{P}_k$和 $\boldsymbol{D}_k$分别表示在太阳质心坐标系中由太阳系行星质心至太阳系质心、导航卫星和脉冲星的矢量，P 表示脉冲星辐射的 X 射线脉冲信号，$\boldsymbol{n}$ 表示在太阳系质心坐标系中脉冲星的角位置矢量。

基于 X 射线脉冲星的导航卫星自主导航系统由 X 射线探测器、星载原子时钟组、太阳系行星参数数据库、X 射线脉冲星模型与特征参数数据库、自主导航算法模块库、星载计算机设备和捷联惯性导航系统（SINS）组成，如图 4-17 所示。

美国 DARPA 于 2004 年提出脉冲星导航预研计划。美国军方认为，X 射线脉冲星自主导航系统将有效地改善和加强 GPS 及其他太空系统的技术状态。国内近些年也对脉冲星导航进行了相关研究，主要集中于其基本原理和利用脉冲星定位方面的探讨。

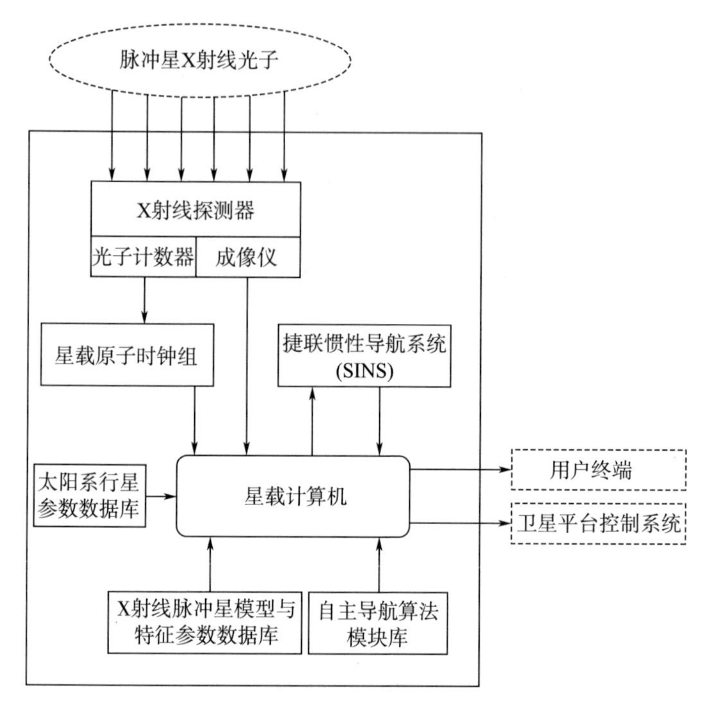

图 4-17　基于 X 射线脉冲星的导航卫星自主导航系统组成

4.7.3　天文导航系统简述

天文导航系统通常由星体跟踪器、惯性天台、计算机、信息处理电子设备和标准时间发生器等组成。星体跟踪器是天文导航系统的主要设备，一般由光学望远镜系统、星体扫描装置、星体辐射探测器、星体跟踪器信号处理电路和驱动机构等组成。其通过扫描对星体进行搜索，搜索到星体之后立即转入跟踪状态，同时测出星体的高度角和方位角。

天文导航经常与惯性导航、多普勒导航系统组成组合式导航系统，这种组合式导航系统有很高的导航精度。把星体跟踪器固定在惯性平台上并组成天文/惯性导航系统时，其可为导航系统提供最优估计并进行补偿，从而使得一个中等精度、低成本的惯性导航系统能够输出高精度的导航参数。

在20世纪90年代中后期，大视场星体快速检测技术的发展使得天文导航系统可完成多星同步检测，且不需要任何外部初始信息。利用多星同步测量和瞬时确定载体惯性姿态原理，发展传感器级、高精度天文/惯性组合导航模式成为天文/惯性最佳组合导航系统的主要研究方向。

射电天文导航利用微波辐射技术对天体辐射的射电信号进行探测，采用高度差法定位定向原理，其解决了光电天文导航系统受气候影响较大、不能全天候工作的问题。

根据不同的测星定位定向原理，天文导航系统主要包括3种体系结构：基于六分仪原理的天文导航系统（主要用于潜艇和舰船）、基于高度差法的天文导航系统和基于星图识别的多星矢量定位技术的天文导航系统。基于高度差法的天文导航系统依赖惯导平台提供的水平基准，与惯导相互依存。美国现役的三叉戟Ⅱ型弹道导弹采用天文/惯性组合制导方法，其射程为11 100 km，命中精度为240 m。基于多矢量定位技术的天文导航可不借助任何先验信息自主确定航天器相对于惯性空间的姿态。Hughes Danbury光学系统（HDOS）公司从1983年开始，研发了HD系列星体跟踪器，HD-1000星体跟踪器已用于NASA/CNE TOPEX太空船。

天文导航系统要真正实现自主导航，则需要利用自身功能自主提供高精度水平基准，摆脱需要惯性设备提供水平基准的束缚。脱离大气层的天基平台是天文导航的最佳应用平台，天基天文导航设备（大视场星体跟踪器）采用多星矢量定位定向原理，结合星光折射原理，利用自身光电探测功能获得精度极高的水平姿态，形成能同时提供高精度位置、航向和惯性或水平姿态信息的自主天文导航系统。

第5章　天球坐标系及其变换

人类认识天体是从天体的力学运动开始的。要描述天体（包括航天器）的运动，首先就要知道其在不同时刻的位置，即位于什么方向、距离地球多远，而这些都离不开相应的坐标系。在天文学上，这些都属于球面天文学研究的范围。

作为天文学的一个古老分支，球面天文学的任务是研究天球的视位置和视运动，因而其也是研究天体与航天器实际运动的重要基础。在球面天文学的研究中，通常先引入天球的概念，然后再在天球上建立一些坐标系（统称为天球坐标系）来确定天体的位置。考虑到运动的天体位置时时刻刻在改变，因此只给定一个天体的位置而不说明该位置所对应的时刻是毫无意义的。时刻需用一个量来标志，为此建立了多种时间计量系统，同一时刻在不同的时间计量系统内所对应的值是不同的。

航天活动的特点决定了从事航天活动的工程技术人员和航天员都必须对球面天文学有着详细的了解。为此，本章先引入天球的概念，然后定义几种天球坐标系，再由球面三角形基础知识建立几种天球坐标系之间的换算关系，最后大致阐述岁差与章动问题。考虑到内容上的相对独立性，时间和历法问题另立一章讨论。

5.1　天球及其运动

5.1.1　天球

大家都有这样的感觉，天空好像是一个覆盖着大地的巨大半球，太阳、月亮、恒星等各种天体似乎都离我们一样远，其分布在半球的内表面上，而且不管走到哪里，总感到自己正好位于该半球的球心。为表达这一直观感觉引出了天球这个概念，天球以观测者为球心，任意距离为半径。当然，天球并不能反映宇宙的本质，客观上也不存在这样一个圆球，但在天文学中可以把其作为一个辅助工具。

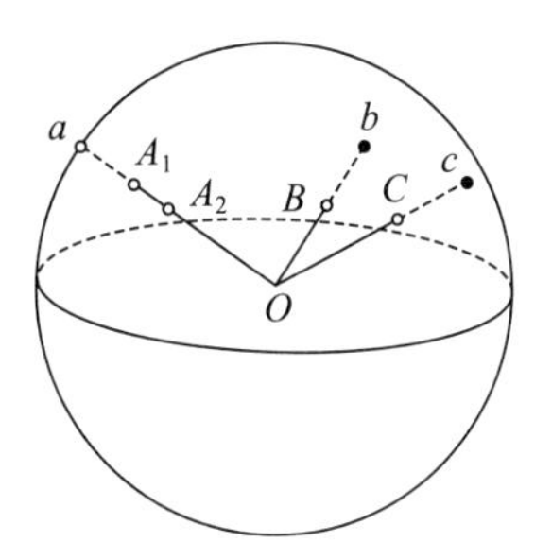

图 5-1　天体在天球上的投影

天球具有下述特点：

1）天球是根据人的直观感觉所作的科学抽象，其只是一种辅助工具，并不是一种宇宙观。

2）天体在天球上的位置是指向天体的视线投影在天球上的点，其仅仅反映了天体的方向，图 5-1 中画出了 4 个与观测者距离不同的天体，其空间位置分别是 A_1、A_2、B、C。但在观测者看来，这 4 个天体都处于距观测者同样距离的 a、b、c 点，a、b、c 即天体在天球上的位置。A_1 和 A_2 两天体虽空间位置不同，但因方向相同，在天球上的位置相同。由此可见，天体的天球位置仅反映其方向。

3）对于天球上各点之间的距离，只讨论其间的角距而不考虑线长，因此天球半径的长度可以任意选取。

4）因为天体离我们极其遥远，所以在地面上邻近两点看同一天体的视线方向可认为是平行的，也就是说两个平行的方向指向天球上的同一点。

5）一般以观测者所在的位置作为天球球心。以地面台、站中心作为天球球心的可称为站心天球；有时需要将天球球心取在地心或太阳中心，这样的天球分别称为地心天球和日心天球。

5.1.2 天球的旋转

观察星空辨认星座就会发现，所有的星星都像太阳与月亮一样有着东升西落的运动。由于这种运动每天有规律地出现，故称为天体的周日视运动。在周日视运动的过程中，星星之间的相对位置和星座的形状看不出有什么变化，所以古代人们认为整个星空是绕着一条轴线旋转着。通过长期的观测研究人们终于发现，天体周日视运动其实是地球自转的反映，地球每天绕自转轴自西向东旋转一周。

天体除周日视运动外，还存在另外一种视运动现象。以太阳为例，其除了作周日视运动外，还作周年视运动，即相对于其他恒星太阳不停地自西向东移动，每年在天球上沿一个大圆走一整圈。通过长期的观测研究，人们认识到这是地球绕太阳公转的反映。

图 5-2 中，圆 $abcde$ 代表地球绕太阳公转的轨道，圆 $ABCDE$ 代表太阳周年视运动的轨道。地球在 a 点时，太阳在天球上的 A 点；当地球运动到 b 点时，太阳在天球上也由 A 点移到 B 点；地球在公转轨道上由 a 点经 b、c、d、e 转一周再回到 a 点时，太阳在天球上也相应地由 A 点经 B、C、D、E 转一周回到 A 点，这很好地说明了太阳在天球上相对于其他恒星的移动只是地球绕太阳公转的反映，而且太阳在天球上移动的方向也与地球公转的方向是一致的，即自西向东转。

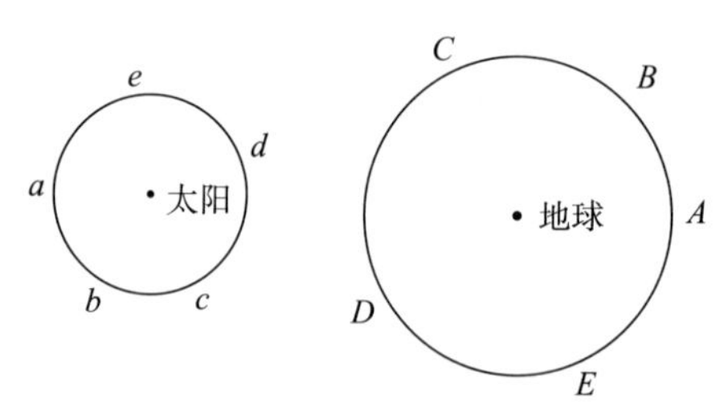

图 5-2 地球公转与太阳的周年视运动

图 5-3 中的 S 代表太阳，圆 $abcd$ 代表地球绕太阳公转的轨道，A'、B'、C'、D'代表天球上的 4 个星座。地球在 a 点时，太阳在星

座 C'的方向，该星座被太阳的光辉所掩没，在地球上用肉眼完全看不见，因此其与太阳同时东升西落；而星座 A'与太阳的方向相反，因此晚上星座 A'就会在天空出现。同样，当地球运行到 b 点时，星座 D'被太阳的光辉所掩没，在地球上用肉眼完全看不见，而星座 B'在晚上能被看到。当地球分别运行到 c 点和 d 点时，在地球上则看不到星座 A'和星座 B'，而星座 C'和星座 D'能被看见。由此可知，由于地球有公转，我们每天晚上看到的星座都略有变化。在几天的时间内，星空的这种变化可能还觉察不出来；但是时间一长，一个月、二个月、三个月甚至更长时间，星空的变化就很明显了，像夏天晚上看到的星座和冬天晚上看到的星座就完全不同。夏季的晚上可看到明亮的银河，可以看到牛郎星和织女星，而在冬季的夜晚却可以看到天空最亮的恒星——天狼星，以及十分壮丽的星座——猎户座。

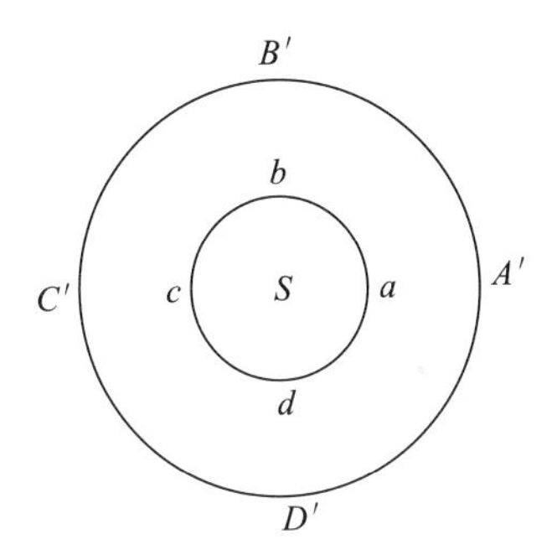

图 5 - 3　地球公转与星空的周年变化

5.1.3　天球的基本点、线、面

图 5 - 4 为以地心 O 为球心的天球。以下对天球中最基本的点、线、面进行介绍。

（1）天极

通过天球中心 O 与地球自转轴重合的直线 POP' 称为天轴。天轴和天球相交于两点 P 和 P'，分别称为北天极和南天极，与地球的北极和南极对应。天轴是一条理想的直线，天球绕这条直线作周日旋转，这就是我们看到的天体东升西落的周日视运动。在天球的周日旋转中，天极 P、P'是不动点。

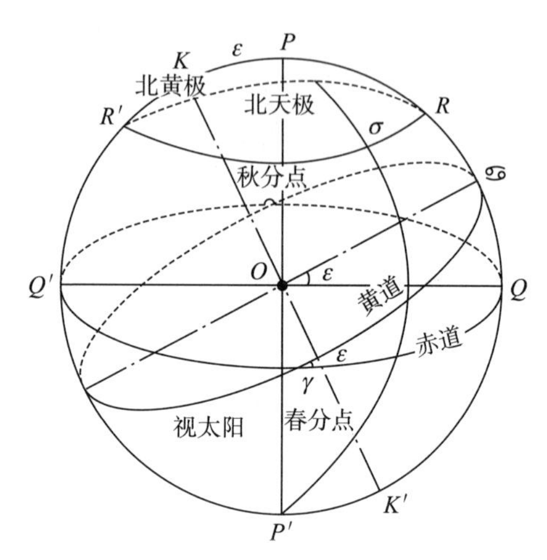

图 5-4　天球的基本点线面

（2）天赤道和周日平行圈

通过天球中心 O 作一平面和天轴垂直，这一平面称为天球赤道面，显然其同地球赤道面平行。天球赤道面和天球相交所截出的大圆 QOQ'为天赤道。因天球作周日旋转，所以天球上每一点都可画出一个和天赤道平行的小圆，其称为周日平行圈。图 5-4 中，$R\sigma R'$即天体为随天球周日旋转而画出的周日平行圈。

（3）天顶和真地平

观测者所在地点的铅垂线延长后和天球相交于 Z、Z'两点，正好在观测者头顶上的 Z 点称为天顶，和其相对的 Z'点称为天底（图 5-5）。通过天球中心作一平面与 ZZ'垂直，这一平面叫做天球地平面，其在天球上截出的大圆 $ESWN$ 称为真地平。

（4）天子午圈、四方点和卯酉圈

通过北天极 P 和天顶 Z 所作的大圆 $PZSN$ 叫做天子午圈，其和真地平相交于 S 和 N 两点。靠近北天极 P 的点 N 叫做北点，和其相对的点叫做南点。若观测者面向北，则其右方距南北各 90°的点 E

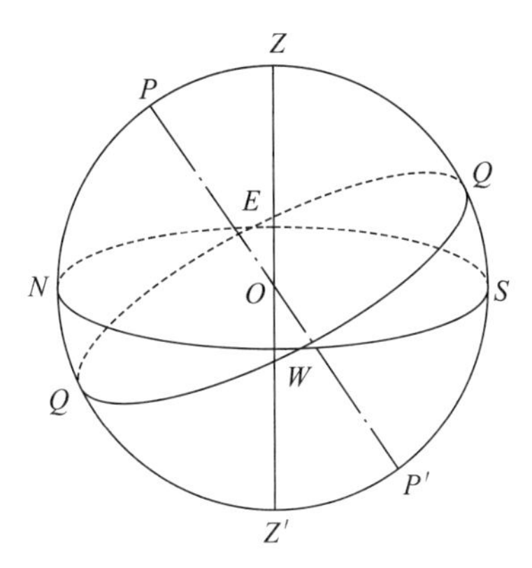

图 5－5　天顶和真地平

叫做东点，和东点正相对的 W 叫做西点。东点和西点正好是天赤道和真地平的交点，E、S、W、N 合称四方点。通过天顶、E 和 W 的大圆 $ZEZ'W$ 叫做卯酉圈。

必须注意：由于地面上不同观测地点的铅垂线方向各不相同，因此各个观测地点都有自己的天顶、真地平、子午圈、卯酉圈和四方点。也就是说，这些点和圈具有地方性，本节提及的其他点和圈则没有。

(5) 黄道和黄极

通过天球中心 O 作一平面和地球公转轨道面平行，这一平面叫做黄道面。其同赤道面的交角叫做黄赤交角，记为 $\mathfrak{L}$，约等于 $23°27'$，黄道面在天球上截出的大圆叫做黄道（图 5－4）。黄道有两个极，靠近北天极的那个极 K 叫做北黄极，靠近南天极的 K' 叫做南黄极。

(6) 二分点和二至点

黄道和天赤道相交于两点，由于地球绕太阳公转，在地球上我们看到太阳一年内沿黄道按逆时针方向（从北黄极看去）运行一周，这就是太阳的周年视运动。太阳从赤道以南穿到赤道以北时所经过的黄赤交点叫做春分点，而从赤道以北到赤道以南所经过的黄赤交点叫做秋分点。黄道上和春分点相距 90°、并在赤道以北的那一点叫做夏至点，在黄道上和夏至点正相对的点叫冬至点。春分点、秋分点合称二分点，夏至点、冬至点合称二至点。

5.1.4　天体视运动现象讨论

天体的周日视运动现象随着观测地点和时令季节的不同而不同，下面讨论几种最主要的情况。

（1）不同纬度处的周日旋转

在地球上纬度不同的地方，天极有不同的高度。随着观测地点纬度的不同，观测到的天球的旋转情况也不相同（图 5-6）。

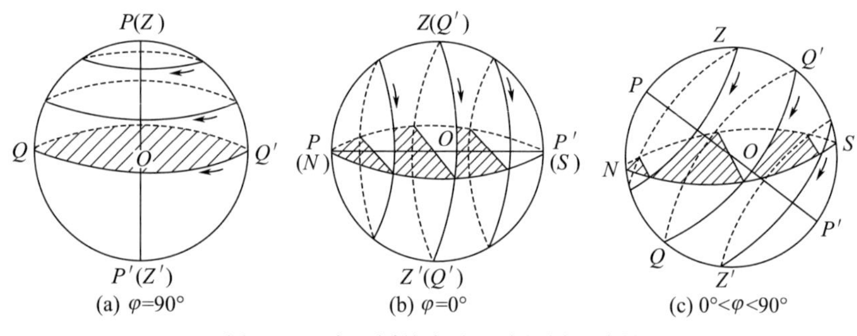

图 5-6　在不同纬度处天球的周日旋转

1）在地球两极［纬度 $\varphi=90°$，图 5-6（a）］，天极 P 和天顶 Z 重合，天赤道 QQ' 和真地平重合。所有恒星的周日平行圈都和真地平平行，每个恒星都不升不落且高度不变。但对于在北极的观测者来说，南半天球的星完全看不到；而在南极的观测者，北半天球的星也完全看不到。

2）在地球赤道上［$\varphi=0°$，图 5-6（b）］，北天极 P 位于真地平的北点 N，南天极 P 位于南点 S，天赤道通过天顶 Z，所有的周日平行圈都和真地平垂直。因此，在赤道上可以看见全天球的星，而且这些星在垂直于地平线的方向直升直落，每颗星每天有 12 小时看得见，12 小时看不见。

3）在两极和赤道之间［$0°<\varphi<90°$，图 5-6（c）］，天轴和真

地平成一倾角 p，周日平行圈和真地平也成倾角 $90°-\varphi$；在北极附近，北天极 P 靠近天顶 Z，周日平行圈和真地平的交角很小。当观测者向纬度较小的地方移动时，天极 P 的高度逐渐下降，周日平行圈和真地平的交角逐渐增大，同时可以看到南半天球的天体逐渐增多。

（2）永不下落和永不上升的天体

设观测者位于地球北半部纬度为 φ 北天极 P 处（对位于南半球的观测者可以类似地讨论），以 P 为中心、PN 为半径画小圆 NK，则所有在球帽 KNP 内的恒星都永不下落；相反，以南天极 P' 为中心，以 $P'S$ 为半径画小圆 SL，则在球帽 LSP' 内的天体永不升起，其中 $PN=P'S=\varphi$（图 5－7），由此可得出两个结论：

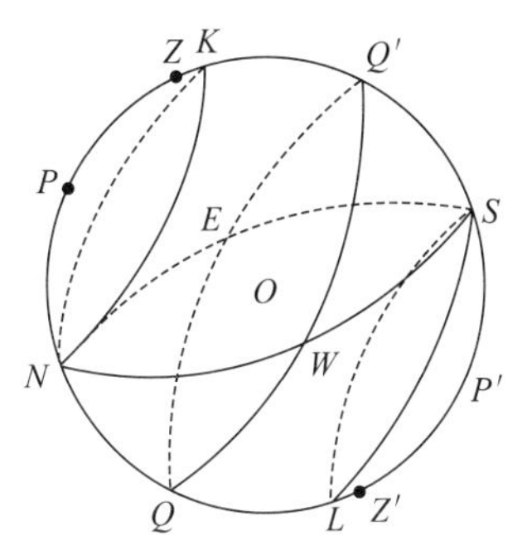

图 5－7　永不下落和永不升起的天体

1）观测地点的地理纬度愈高（φ 愈大），永不下落和永不升起的天体就愈多，例如，在北极 $\varphi=90°$，有半个天球的天体永不下落，另外半个天球的天体永不上升；而在赤道，$\varphi=0°$，所有的恒星都有升有落。

2）永不下落天体的赤纬 $\delta \geqslant (90°-\varphi)$，而永不上升天体的赤纬 $\delta \leqslant (90°-\varphi)$。

在小圆 NK 和 SL 之间的天体，即 $-(90°-\varphi)<\delta<(90°-\varphi)$ 的天体，周日平行圈的一部分在真地平之上，另一部分在真地平之下，所以其既有上升也有下落。此外，对于在天赤道以北的天体，

周日平行圈的大部分在真地平之上，所以每天在真地平上的时间长于 12 h，每天从东北方上升，在西北方下落；对于在天赤道以南的天体，情况刚好相反，周日平行圈的大部分在真地平之下，每天在地平之上的时间短于 12 h，从东南方上升，在西南方下落；对于在天赤道上的恒星，因为真地平平分赤道，所以其每天正好有 12 h 在真地平上、12 h 在真地平下，从东点上升，在西点下落。

（3）天体的中天

天体通过子午圈的情况叫做中天。由于天球作周日旋转，每个天体每天有两次中天：当天体过$\overset{\frown}{PZP'}$时，天体达到最高位置，叫做上中天；当天体过$\overset{\frown}{PZ'P'}$时，天体达到最低位置，叫做下中天。

现在来计算中天时天体的天顶距 z。图 5－8 中的圆周 $PZSN$ 代表天子午圈，P 为北天极，Z 为天顶，QQ'为天球赤道面，NS 为天球地平面。因为天极的地平高度等于观测地点的地理纬度，所以$\overset{\frown}{PN}=\varphi$。

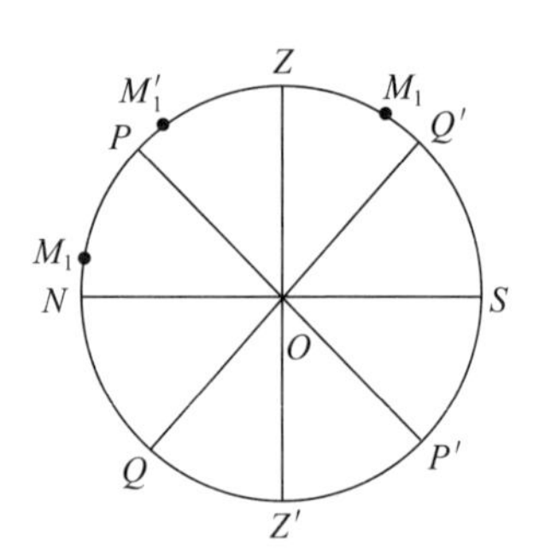

图 5－8　中天时天体的天顶距

先讨论在天顶以南上中天的天体 M_1，由图 5－8 可知，上中天时 M_1的天顶距 z 有下式关系

$$z=\overset{\frown}{ZQ'}-\overset{\frown}{M_1Q'}$$

因为$\overset{\frown}{M_1Q'}$为 M_1 的赤尾 δ，$\overset{\frown}{PZ}+\overset{\frown}{ZQ'}=\overset{\frown}{ZP}+\overset{\frown}{PN}$，即$\overset{\frown}{ZQ'}=\overset{\frown}{PN}=\varphi$，所以上式可化为

$$z=\varphi-\delta \tag{5-1}$$

式（5-1）就是计算天体在天顶以南上中天时的天顶距的公式。

再讨论在天顶以北上中天的天体 M'_1，上中天时 M'_1 的天顶距 z 有下式关系

$$z=\overset{\frown}{M'_1Q'}-\overset{\frown}{ZQ'}$$

因为$\overset{\frown}{M'_1Q'}$为 M'_1 的赤纬 δ，$\overset{\frown}{ZQ'}=\overset{\frown}{PN}=\varphi$，所以上式可化为

$$z=\delta-\varphi \tag{5-2}$$

式（5-2）就是计算天体在天顶以北上中天时的天顶距的公式。

天顶距永远不会为负值，所以由式（5-1）和式（5-2）可以得出以下结论：$\delta<\varphi$ 的天体，一定在天顶以南上中天；$\delta>\varphi$ 的天体，一定在天顶以北上中天；$\delta=\varphi$ 的天体，上中天时穿过天顶。

最后讨论下中天的天体 M_2，M_2 的天顶距 z 有下式关系

$$z=\overset{\frown}{ZP}+\overset{\frown}{PQ}-\overset{\frown}{M_2Q}$$

因为 $\overset{\frown}{ZP}=90°=\overset{\frown}{PN}-\varphi$，$\overset{\frown}{PQ}=90°$，$\overset{\frown}{M_2Q}$为$M_2$ 的赤纬 δ，所以上式可化为

$$z=180°-(\varphi+\delta) \tag{5-3}$$

式（5-3）就是计算天体下中天时的天顶距的公式。

利用式（5-1）、式（5-2）、式（5-3）以及 $h+z=90°$，很容易把中天时天体的高度 h 算出来。

1）对于在天顶以南上中天的天体

$$h=90°-\varphi-\delta \tag{5-4}$$

2）对于在天顶以北上中天的天体

$$h=90°-\varphi-\delta \tag{5-5}$$

3）对于下中天的天体

$$h=\varphi+\delta-90° \tag{5-6}$$

如果下中天时天体的高度 $h>0$，那么天体永远不下落；如果上中天时天体的高度 $h<0$，那么天体永不升起。

（4）天体的出没

天体在出没的瞬间位于观测地的地平面上，所以其天顶距 $z=90°$，如果观测地的 φ 已知，并从天文年历查得某一天体 σ 的赤道坐

标，则可求出该天体出没时的时角 t 和方位角 A（如图 5－9），根据天文三角形 $PZ\sigma$，利用球面余弦公式，则

$$\cos z = \sin\varphi\sin\delta + \cos\varphi\cos\delta\cos t$$

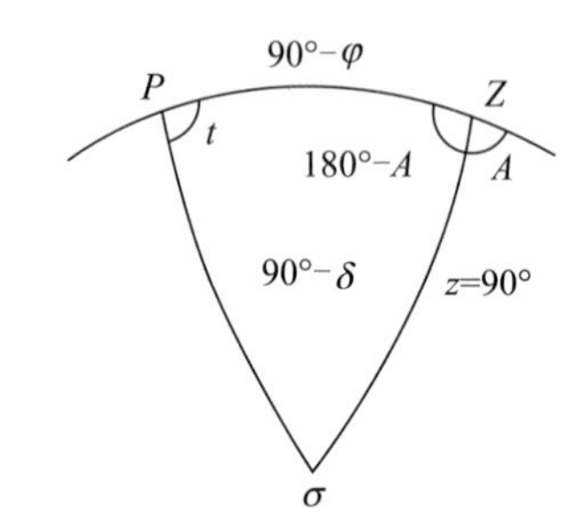

图 5－9　天体出没时的天文三角形

由 $\cos z = 0$ 可得

$$\cos t = -\tan\varphi \cdot \tan\delta \qquad (5-7)$$

由于式（5－7）可求得出没时的时角，分别为 $-t$ 和 t（或 24 h $-t$ 和 t）

然后再根据余弦公式

$$\cos(90^\circ - \delta) = \cos(90^\circ - \varphi)\cos z + \sin(90^\circ - \varphi)\sin z\cos(180^\circ - A)$$

可得

$$\cos A = \frac{\sin\delta}{\cos\varphi} \qquad (5-8)$$

由于式（5－8）可以求得两个方位角 A 的值，其中较小的值以符号 A_W 表示，即天体西落时的地平经度，而天体东出时的地平经度 $A_E = 360^\circ - A_W$。

（5）天体经过卯酉圈

设天体的赤纬为 δ，观测地点的地理纬度为 φ，从图 5－10 可以看出，$\varphi>\delta$ 的天体，整个周日平行圈在卯酉圈以北而不与其相交。而 $0<\varphi<\delta$ 的天体，周日平行圈一定和卯酉圈相交于两点，一个在东半天体，一个在西半天球。显然，该两点的方位角分别为

$$A_E = 270^\circ$$

$$A_W = 90^\circ$$

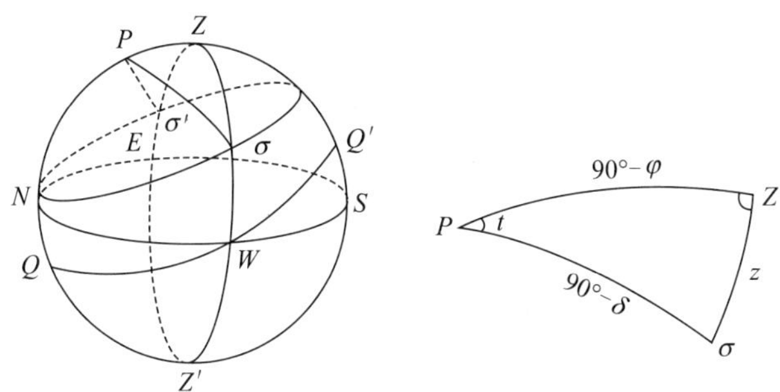

图 5 - 10　天体经过卯酉圈时的天文三角形

因此天体经过卯酉圈时，天文三角形 $PZ\sigma$ 为直角球面三角形（$\angle PZ\sigma=90^\circ$），由此可得

$$\cos t = \cot\varphi \cdot \tan\delta$$

即

$$\cos t = \frac{\tan\delta}{\tan\varphi} \tag{5-9}$$

由此公式可得正负两个 t 值，即 $t_W=t$、$t_E=-t$（或 $t_E=24\ \mathrm{h}-t$），其分别对应于天体经过卯酉圈西点和东点的时角。

天体经过卯酉圈时的天顶距 z，可由式（5 - 10）求出

$$\cos z = \frac{\sin\delta}{\sin\varphi} \tag{5-10}$$

其中 $0^\circ < z < 90^\circ$。

5.2　天球坐标系

为了确定天球上任一点的位置，必须引入天球坐标系，天文学中常用的天球坐标系有地平坐标系、时角坐标系、赤道坐标系、黄道坐标系以及银道坐标系。下面分别介绍前 4 种，同时引入空间技术中的空间坐标系。

5.2.1 地平坐标系

以真地平为基本圈，天子午圈为主圈，南点 S 为主点（也有取北点 N 为主点）的天球坐标系，叫做地平坐标系。天顶 Z 是基本圈的极，所有经过 Z 的大圆都垂直于真地平，这些大圆叫做地平经圈，显然通过每一天体都可以作出一个地平经圈。例如，通过任一天体 σ 可作出地平经圈 $Z'\sigma MZ'$（见图 5-11）。大圆弧 $\overset{\frown}{M\sigma}$ 就是天体 σ 的第二坐标，叫做地平纬度（或高度），记为 h。自真地平起向上（向天顶 Z）为正，向下（向天底 Z'）为负，高度 h 可取 0°至±90°的所有值。有时也采用大圆弧 $\overset{\frown}{Z\sigma}$ 来代替高度 h，叫做天顶距，以 z 表示。自天顶 Z 起算，由 0°至±180°，显然 $z=90°-h$。

根据地平高度的定义可以证明，地面上任一点天极的地平高度 h_{p} 等于该点的地球纬度 φ。设想观测者位于纬度为 φ 的 L 点（图 5-12），对他来说，天顶在 LZ 方向，而天极 P 在平行于地轴 OP 的方向 LP_1 上。作 L 点的地平面 HLH'，则有

$$\angle HLP_1=\angle QOL \tag{5-11}$$

即

$$h_{\mathrm{p}}=\varphi \tag{5-12}$$

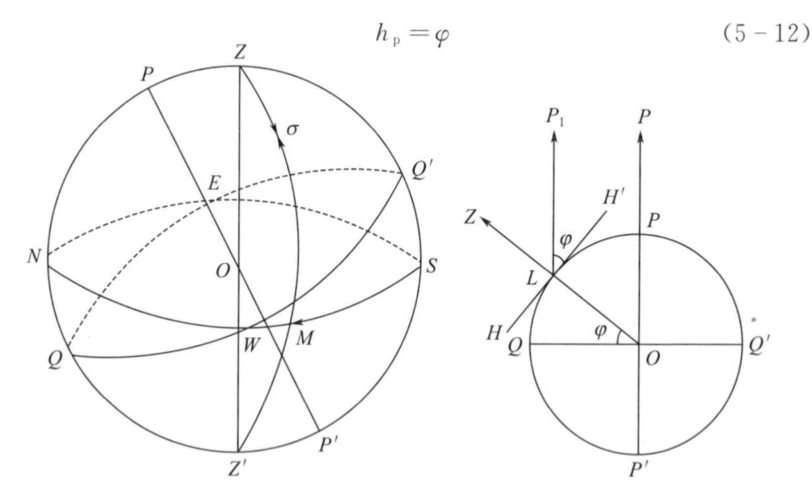

图 5-11 天体的地平坐标系　　图 5-12 地平坐标系下天极的地平高度

天体 σ 的第一坐标是大圆弧 $\overset{\frown}{SM}$，叫做地平经度（或方位角），记为 A。自南点 S 起，分别向西和向东计算，由 $0°$ 到 $\pm 180°$，并规定向西为正，向东为负。例如，西点的方位角为 $+90°$，而东点的方位角为 $-90°$。由于天体有周日视运动，所以天体的地平坐标随着时间在不断地变化着。此外，天体的地平坐标还和观测者在地面上的位置有一定关系，即地平坐标随观测地点而异。另外方位角 A 以南点（或北点）作为起算点，由于四点的地方性，因此方位角也根据观测点的位置而异。

5.2.2　时角坐标系

时角坐标系又叫第一赤道坐标系。其以天赤道为基本圈（图5-13)，天子午圈为主圈，天赤道和天子午圈的交点之一（靠近南点 S 的那个交点）为主点。

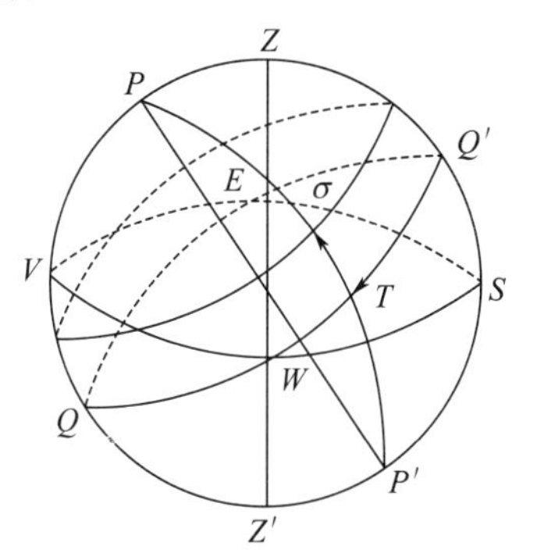

图5-13　天体的时角坐标

通过北天极点和任一天体 σ 的半大圆 $P\sigma TP'$ 叫做天体的时圈（或赤经圈)。其垂直于天赤道，与天赤道相交于 T；大圆弧 $\overset{\frown}{T\sigma}$ 是天体 σ 的第二坐标，叫做赤纬，记为 δ。

自天赤道起算，向北天极由 $0°$ 到 $+90°$，向南天极由 $0°$ 到 $-90°$。对于很靠近北天极的天体，也常用 $\overset{\frown}{P\sigma}$ 表示其第二坐标。$\overset{\frown}{P\sigma}$ 叫做天体 σ 的极距，以 p 表示，由北天极 P 起算，显然

$$p = 90° - \delta$$

天体 σ 的第一坐标是大圆弧$\widehat{Q'T}$，叫做时角，记为 t。从天子午圈上的 Q'点起，按顺时针方向（即天体周日视运动的方向）由 0°到 360°；有时也从 Q'点起分别向两边，由 0°到±180°，并规定向西为正，向东为负。时角 t 的计量单位除用角度外，有时也采用角时表示，其计算原则如下：将圆周分成 24 等分，每一等分称为 1 弧时，1 弧时所对的圆心角叫做 1 角时；每 1 角时可等分为 60 角时分，每 1 角时分又可等分为 60 角时秒。国际上采用符号 h，m，s 表示这些计量单位。

当天体作周日视运动时，天体 σ 的第二坐标 δ 不随周日视运动变化，但天体的时角 t 却从 0°均匀地增加到±180°。此外，对于地理经度不同的观测地点，由于其子午圈不相同，所以 Q'不同。故在同一瞬间，在地理经度不同的观测地点观测同一天体的时角 t 是不同的，即同一天体的时角 t 随观测地点而异。

5.2.3　赤道坐标系

基本圈是天赤道、过春分点的赤经圈为主圈、春分点为主点的球面坐标系，叫做赤道坐标系，或第二赤道坐标系，如图 5－14 所示。任一天体在该坐标系的第二坐标仍然是赤纬 δ，其定义和时角坐标系的完全相同。天体的第一坐标为天赤道上的大圆弧$\widehat{\Upsilon T}$（T 点是通过 σ 的赤经圈和天赤道的交点），叫做赤经，记为 α；赤经自春分点起，按逆时针方向计量，由 0°到 360°，或者由 0 h 到 24 h。赤经的量度方向正好与时角的计量方向相反，即沿着和周日视运动相反的方向计量。

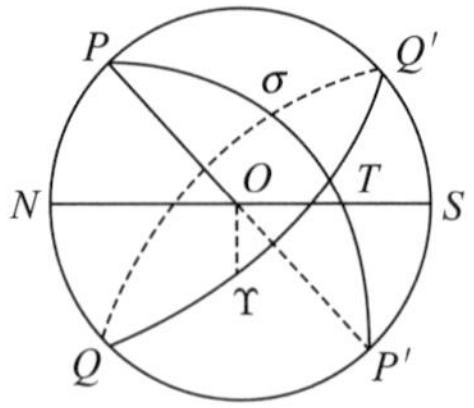

图 5－14　天体的赤道坐标系

设 t_{Υ} 为春分点的时角，由图 5－14 不难看出

$$t_{\Upsilon}=\alpha+t$$

由于春分点和天体一起作周日视运动，所以在赤道坐标系里，赤经 α 和赤纬 δ 都不随周日视运动变化，并且其与观测地点无关。

5.2.4　黄道坐标系

以黄道为基本圈、过春分点的黄经圈为主圈、春分点为主点的球面坐标系，叫作黄道坐标系，如图 5－15 所示。通过天体 σ 和北黄极 K 的半大圆 $K\sigma LK'$ 叫做黄经圈，其与黄道相交于点 L。

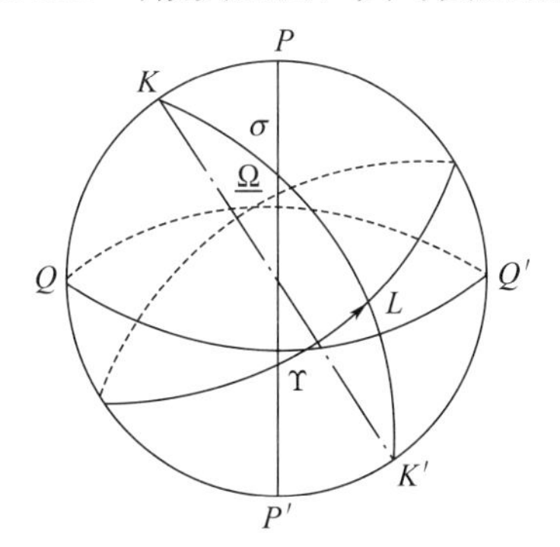

图 5－15　天体的黄道坐标系

天体 σ 的第一黄道坐标是大圆弧 $\overset{\frown}{\Upsilon L}$，叫做黄经，以 λ 表示。由春分点起算，计量方向和赤经相同，即按逆时针方向计量，由 0°到 360°。例如，春分点的 λ 为 0°时，北天极 P 的 λ 为 90°，南天极 P' 的 λ 为 $-90°$。天体 σ 的第二黄道坐标是大圆弧 $\overset{\frown}{L\sigma}$，叫做黄纬，以 β 表示。黄纬的计量方向和赤纬相类似，自黄道起算，向北黄极由 0°到 90°，向南黄极由 0°到 $-90°$。例如，春分点 Υ 的 β 为 0°时，北天极 P 的 β 为 $66°33'$，南天极 P' 的 β 为 $-66°33'$。

天体 σ 的黄道坐标 λ、β 和赤道坐标 α、δ 一样，不随周日视运动变化，与观测地点无关。

5.2.5　空间坐标系

前述几种天球坐标系实际上只给出了天体在天球上的二维投影位置，也就是说，其不考虑天体与我们之间距离的远近，这对于恒星位置的确定是合适的。然而，当研究离地不太远的天体（如行星）及近地飞行的人造天体的运动时，只知道其二维投影位置就不够了，必须引入表示距离的第 3 个参数（通常是地心矢径 $\boldsymbol{r}$），因而需要建立空间三维坐标系，包括三维直角坐标系和三维球坐标系，后者又称为三维极坐标系。通常情况下，为了便于与相应的天球坐标系进行坐标转换，空间坐标系的原点 O 总是与天球中心重合，这与二维天球坐标系中的主点选取是不相同的。直角坐标系的 OZ 轴常取天球坐标系的极点所在方向，而 OX 轴取主点所在的方向，OY 轴则与 OX、OZ 轴相垂直，可将 OX 轴绕 OZ 轴旋转 90°获得，旋转方向应与天球坐标系惯用的左旋或右旋方向相一致。这样，XOY 平面与天球坐标系的基本圈相重合，XOZ 平面与主圈相重合。其与前面 4 种天球坐标系对应的天球直角坐标系如图 5－16 所示。

现以与第二赤道坐标系相应的赤道直角坐标系为例。

令其 OZ 轴指向北天极 P，OX 轴指向春分点 ♈。考虑到第二赤道坐标系是左旋坐标系，故将 OX 轴绕 OZ 轴左旋 90°即可得 OY 轴。XOY 平面与天赤道相重合，XOZ 平面与过春分点的赤经圈相重合，如图 5－16（c）所示，则

$$\boldsymbol{r}=\begin{pmatrix}x\\y\\z\end{pmatrix}=\begin{bmatrix}r\cos\delta\cos\alpha\\r\cos\delta\sin\alpha\\r\sin\delta\end{bmatrix}$$

式中，x、y、z 为天体 σ 的直角坐标，由图 5－16（c）可得天球坐标与直角坐标间的关系为

$$\begin{cases}\tan\alpha=\dfrac{y}{x}\\ \tan\delta=\dfrac{x}{\sqrt{x^2+y^2}}\end{cases}$$

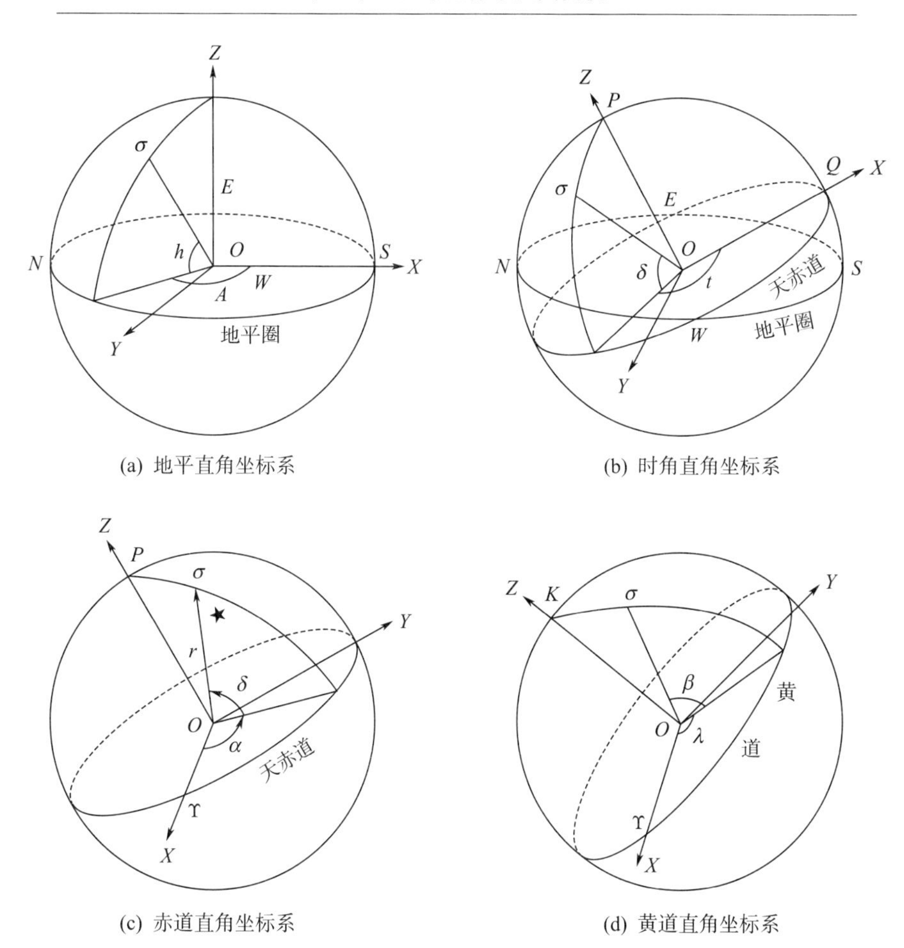

(a) 地平直角坐标系　(b) 时角直角坐标系

(c) 赤道直角坐标系　(d) 黄道直角坐标系

图 5-16　4 种天球直角坐标系

现将 4 种坐标系总结在表 5-1 中。

表 5-1　4 种坐标系

坐标系		地平坐标系	时角坐标系	赤道坐标系	黄道坐标系
直角坐标系	OX 轴	南点 S（或北点 N）	交点 Q	春分点 ϒ	春分点 ϒ
	OY 轴	$A=90°$	$T=6\ h$	$\alpha=6\ h$	$\lambda=90°$
	OZ 轴	天顶 Z	北天极 P	北天极 P	北黄极 K

续表

坐标系		地平坐标系	时角坐标系	赤道坐标系	黄道坐标系
天球坐标系	第一坐标	A	t	α	λ
	第二坐标	h	δ	δ	β
	左、右旋	右旋	右旋	左旋	左旋

5.3 坐标系变换

5.3.1 天球坐标系之间的变换

一个天体在天球上的位置可以用任何一种天球坐标系的一对坐标来确定。在实际工作中，往往由观测或查表获得天体在某一种天球坐标系里的坐标，为求得该天体在另一种天球坐标系里的坐标，就要找出同一天体在几种坐标系里的坐标之间的关系。

(1) 地平坐标和时角坐标间的变换

设一天体 σ，其时角坐标是 (t, δ)，其地平坐标是 (A, z)。欲求 (t, δ) 与 (A, z) 间的关系，需要利用天极 P、天顶 Z 和天体 σ 所构成的球面三角形 $PZ\sigma$，这个球面三角形叫做天文三角形。图 5-17 中 $\overset{\frown}{Z\sigma}=z$，$\overset{\frown}{P\sigma}=90°-\delta$，$\overset{\frown}{ZP}=90°-\varphi$，$\angle PZ\sigma=180°-A$，$\angle ZP\sigma=t$。$\angle P\sigma Z$ 叫做星位角，通常用 q 表示。

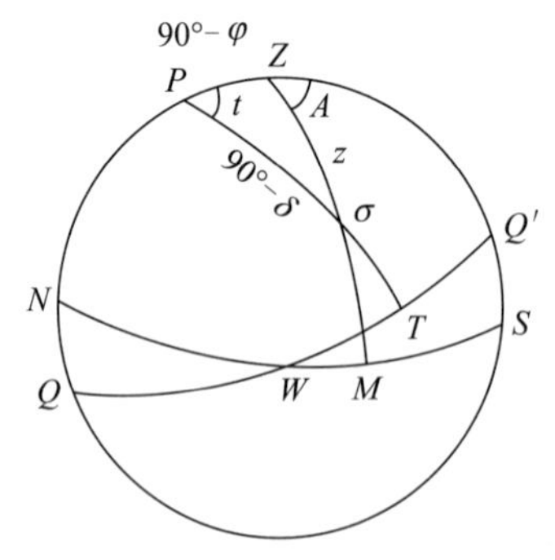

图 5-17 地平坐标和时角坐标间的变换

① 设已知 z 和 A，求 δ 和 t

对天文三角形 $PZ\sigma$ 应用边的余弦公式，得

$$\cos(90^\circ-\delta)=\cos(90^\circ-\varphi)\cos z+\sin(90^\circ-\varphi)\cdot\sin z\cos(180^\circ-A)$$

即

$$\sin\delta=\sin\varphi\cos z-\cos\varphi\sin z\cos A \tag{5-13}$$

应用正弦公式，得

$$\frac{\sin(90^\circ-\delta)}{\sin(180^\circ-A)}=\frac{\sin z}{\sin t}$$

即

$$\cos\delta\sin t=\sin z\sin A \tag{5-14}$$

应用第一五元素公式，得

$$\sin(90^\circ-\delta)\cos t=\cos z\sin(90^\circ-\varphi)-\sin z\cos(90^\circ-\varphi)\cos(180^\circ-A) \tag{5-15}$$

即

$$\cos\delta\cos t=\cos z\cos\varphi+\sin z\sin\varphi\cos A$$

由此可得，只要观测地点的纬度 φ 已知，就可以应用式（5－13)、式（5－14)、式（5－15）三式由（A，z）确定(t，δ)。

② 设已知 δ 和 t，求 A 和 z

对同一天文三角形 $PZ\sigma$，分别应用 z 和 $\angle A$ 为主的余弦公式、正弦公式以及第一五元素公式，可得

$$\cos z=\sin\varphi\sin\delta+\cos\varphi\cos\delta\cos t \tag{5-16}$$

$$\sin z\sin A=\cos\delta\sin t \tag{5-17}$$

$$\sin z\cos A=-\sin\delta\cos\varphi+\cos\delta\sin\varphi\cos t \tag{5-18}$$

同样，只要观测地点的纬度 φ 已知，就可以应用式（5－16)、式（5－17)、式（5－18）三式由（t，δ）确定(A，z)。

（2）赤道坐标和黄道坐标间的变换

设一天体 σ，其赤道坐标是(α，δ)，黄道坐标是(λ，β)，求(α，δ)与(λ，β)之间的关系，需要利用天极 P、黄极 K 和天体 σ 所构成的球面三角形 $PK\sigma$。图 5－18 中绘出球面三角形 $PK\sigma$，其中 $\widehat{P\sigma}=90^\circ-$

β，$\widehat{KP}=\varepsilon$（ε 为黄赤交角），$\angle KP\sigma=90^{\circ}+\alpha$，$\angle PK\sigma=90^{\circ}+\lambda$。

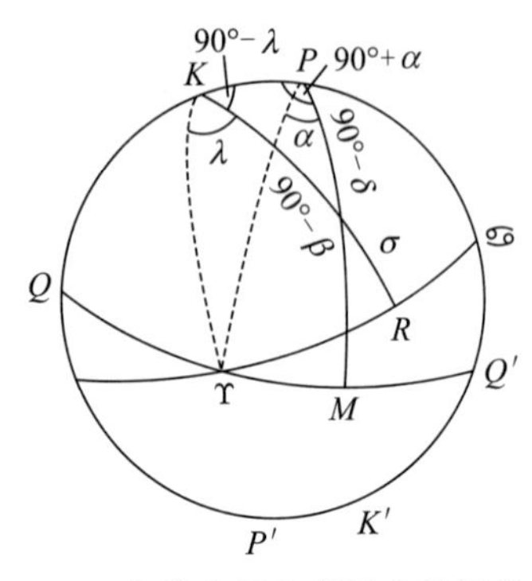

图 5-18 赤道坐标和黄道坐标间的变换

① 设已知 ε、α、δ，求 λ 和 β

对球面三角形 $PK\sigma$ 分别应用以 β 和 λ 为主的余弦公式、正弦公式以及第一五元素公式，可得

$$\cos(90^{\circ}-\beta)=\cos\varepsilon\cos(90^{\circ}-\delta)+\sin\varepsilon\sin(90^{\circ}-\delta)\cos(90^{\circ}+\alpha)$$

$$\sin(90^{\circ}-\beta)\sin(90^{\circ}-\lambda)=\sin(90^{\circ}-\delta)\sin(90^{\circ}+\alpha)$$

$$\sin(90^{\circ}-\beta)\cos(90^{\circ}-\lambda)=\cos(90^{\circ}-\delta)\sin\varepsilon-\sin(90^{\circ}-\delta)\cos\varepsilon\cos(90^{\circ}+\alpha)$$

即

$$\sin\beta=\cos\varepsilon\sin\delta-\sin\varepsilon\cos\delta\sin\alpha \tag{5-19}$$

$$\cos\beta\cos\delta=\cos\delta\cos\alpha \tag{5-20}$$

$$\cos\beta\sin\lambda=\sin\delta\sin\varepsilon+\cos\delta\cos\varepsilon\sin\alpha \tag{5-21}$$

利用式（5-19）、式（5-20）、式（5-21）三式可以由（α，δ）确定(λ，β)。

② 设已知 ε、λ 和 β，求 α 和 δ

对同一球面三角形 $PK\sigma$，分别应用以 δ 和 α 为主的余弦公式、正弦公式和第一五元素公式，可得

$$\sin\delta=\cos\varepsilon\sin\beta+\sin\varepsilon\cos\beta\sin\lambda \tag{5-22}$$

$$\cos\delta\cos\alpha=\cos\beta\cos\lambda \tag{5-23}$$

$$\cos\delta\sin\alpha=\sin\beta\sin\varepsilon+\cos\beta\cos\varepsilon\sin\lambda \tag{5-24}$$

利用式（5-22）、式（5-23）、式（5-24）可以由(λ, β)确定(α, δ)。

5.3.2　站心天球坐标系与地心天球坐标系的转换

对于恒星，由于其距地球非常遥远，可认为由地心至恒星的方向与由站心至恒星的方向是平行的，如图5-19（a）所示，因此

$$\begin{cases} \alpha = \alpha' \\ \delta = \delta' \end{cases} \tag{5-25}$$

对于近地天体，即如图5-19（b）所示，地心矢量$\boldsymbol{r}$和站心矢量$\boldsymbol{\rho}$不平行。若设测站中心O'在地心天球坐标系的空间直角坐标为$(X_0{}', Y_0{}', Z_0{}')$，则由图5-19（b）可得

$$\begin{bmatrix} r\cos\delta\cos\alpha \\ r\cos\delta\sin\alpha \\ r\sin\delta \end{bmatrix} = \begin{bmatrix} X_0 \\ Y_0 \\ Z_0 \end{bmatrix} + \begin{bmatrix} \rho\cos\delta\cos\alpha' \\ \rho\cos\delta\sin\alpha' \\ \rho\sin\delta' \end{bmatrix} \tag{5-26}$$

由式（5-26）可导出

$$\begin{cases} \tan(\alpha' - \alpha) = \dfrac{X_0{}'\sin\alpha' - Y_0{}'\cos\alpha'}{X_0{}'\cos\alpha + Y_0{}'\sin\alpha' + \rho\cos\delta} \\ \tan\delta' = \dfrac{(Z_0{}' + \rho\cos\delta)\cos(\alpha' - \alpha)}{X_0{}'\cos\alpha' + Y_0{}'\sin\alpha' + r\cos\delta'} \\ r = \dfrac{\rho\cos\delta' + X_0{}'\cos\alpha' + Y_0{}'\sin\alpha'}{\cos(\alpha' - \alpha)\cos\delta} \end{cases} \tag{5-27}$$

式（5-27）就是站心天球赤道坐标系转换为相应的地心天球赤道坐标系的公式。

反之可得

$$\begin{cases} \tan(\alpha' - \alpha) = \dfrac{X_0{}'\sin\alpha - Y_0{}'\cos\alpha}{r\cos\delta - X_0{}'\cos\alpha - Y_0\sin\alpha} \\ \tan\delta' = \dfrac{(r\cos\delta - Z_0{}')\cos(\alpha' - \alpha)}{r\cos\delta' - X_0\cos\alpha - Y_0\sin\alpha} \\ \rho = \dfrac{r\cos\alpha - X_0{}'\sin\alpha - Y_0{}'\cos\delta'}{\cos(\alpha' - \alpha)\cos\delta'} \end{cases} \tag{5-28}$$

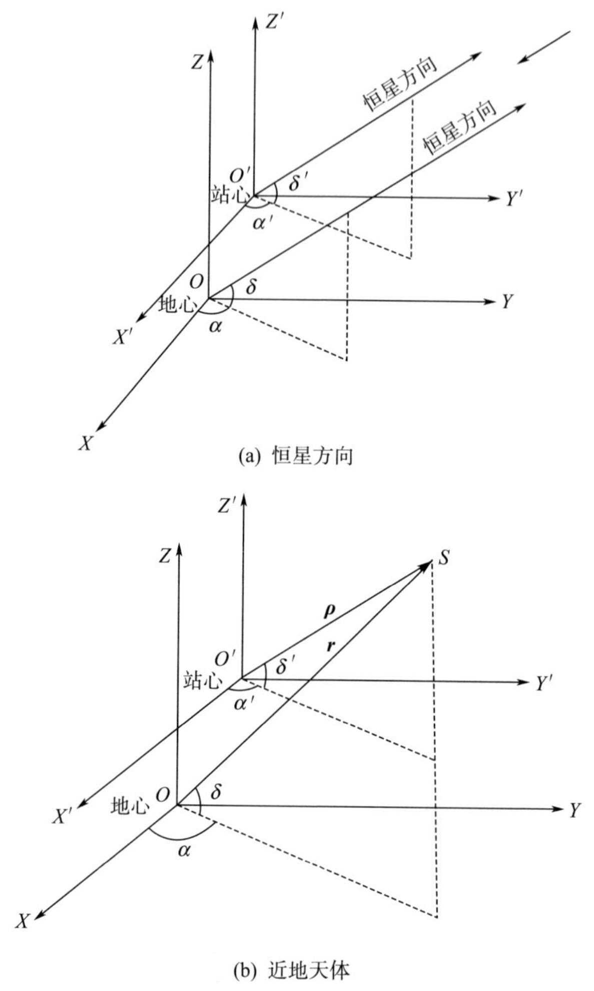

图 5-19　地心天球坐标系与站心天球坐标系关系

由上可知，要实现两坐标系的转换，必须已知 3 个平移参数 X_0'、Y_0'、Z_0'，其可由测站地心坐标求得。

式（5-27）和式（5-28）是由（α'，δ'，ρ'）直接求（α，δ，ρ）或反之，故称其为直接法；也可通过空间直角坐标进行转换，称其为间接法。该转换公式为

$$\begin{cases} \tan\alpha = \dfrac{X}{Y} = \dfrac{X_0{}' + X'}{Y_0{}' + Y'} \\ \tan\delta = \dfrac{Z}{\sqrt{X^2 + Y^2}} = \dfrac{(Z_0{}' + Z')}{\sqrt{(X_0{}' + X')^2 + (Y_0{}' + Y')^2}} \\ r = [X^2 + Y^2 + Z^2]^{1/2} = [(X_0{}' + X')^2 + (Y_0{}' + Y')^2 + (Z_0{}' + Z')^2]^{1/2} \end{cases} \tag{5-29}$$

反转换公式为

$$\begin{cases} \tan\alpha = \dfrac{X - X_0{}'}{Y - Y_0{}'} \\ \tan\delta' = \dfrac{(Z - Z_0{}')}{\sqrt{(X - X_0{}')^2 + (Y - Y_0{}')^2}} \\ \rho = [(X - X_0{}')^2 + (Y - Y_0{}')^2 + (Z - Z_0{}')^2]^{1/2} \end{cases} \tag{5-30}$$

5.4　岁差与章动

赤道坐标系和黄道坐标系是以地球自转轴在空间的指向为基准轴、以春分点为主点的坐标系。当地球自转轴指向不变、春分点位置不变时，其是相当理想的惯性系。但长期观测发现，地球在太阳、月球和行星的引力作用下，其自转轴方向和春分点位置都缓慢地发生变化。这种变化可看作由两部分组成：

1）长周期变化，周期约为 26 000 年，称其为岁差；

2）叠加在岁差上的、振幅很小的短周期变化，周期约为 18.6 年，称其为章动。

在任一时刻 t 的天极称为真天极 $P(t)$，而扣除章动影响仅受岁差影响的天极称为平天极，用 $P_M(t)$ 表示。

5.4.1　岁差

（1）日月岁差

由于太阳、月球对地球赤道隆起部分的引力作用，使地球自转轴在空间的位置不断地移动。天文学家已经证明，地球瞬时自转轴与黄道轴 K_0K_0' 的夹角大致保持为 23°27′。地球瞬时自转轴绕黄道轴旋转，在空间绘出一个圆锥面。该圆锥面与天球相截，得到以黄极 K_0 为中心、以 23°27′为半径的小圆。瞬时北天极沿着这个小圆每年向西移动 50.24″，因此完成一个周期约需 26 000 年。

由于地球的赤道面始终是垂直于自转轴的，因此当地球的自转轴由 OP_M 移动到 OP_M' 时，天赤道也由 Q_0Q_0' 移动到 Q_1Q_1'。假设黄道不变，则春分点的位置由 ϒ 移动到 ϒ′，如图 5-20 所示。春分点是沿着黄道自东向西移动，其移动周期与北天极的移动周期一样，约为 26 000 年。

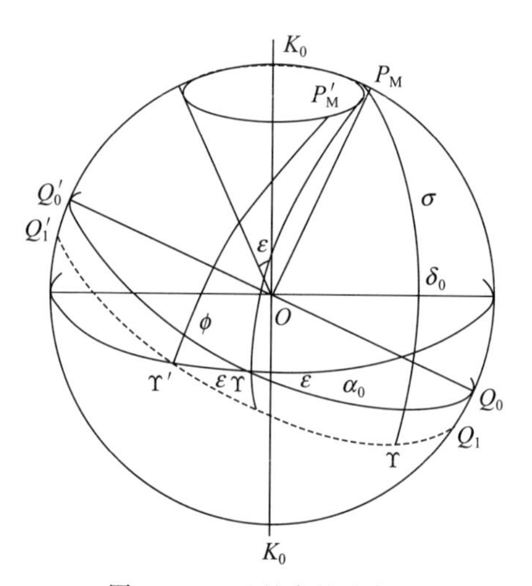

图 5-20　日月岁差示意图

由于春分点是迎向太阳的周年运动，所以当太阳从春分点出发再次回到春分点时，不是转过 360°，而是转过 360°减去 50.24″，这种现象称为岁差。

以上讨论的是地球在太阳和月球之引力作用下所产生的岁差，通常称为日月岁差。

由图 5-20 可知，由于日月岁差使北天极和春分点发生变动，

所以也会引起天体赤经、赤纬的变化，据纽康（Newcomb）的研究测定，平天极 P_M 绕黄极作圆周运动的角度为

$$\phi = 50.370\,84'' - 0.004\,92''T \tag{5-31}$$

其中

$$T = \frac{J.D - 2\,415\,020.313\,5}{36\,524.29} \tag{5-32}$$

式中　ϕ——平天极 P_M 在某时刻 t 运动的角速度，单位为角秒/年；

T——从 1 900.0 年（历书时）起算的回归世纪数；

$J.D$——对应某时刻 t 的儒略日数，可从天文年历中查取。

由此可得，赤经、赤纬的日月岁差分别为

赤经日月岁差　　　$\Delta\alpha = \phi\cos\varepsilon$

赤纬日月岁差　　　$\Delta\theta = \phi\sin\varepsilon$

（2）行星岁差

上面在讨论日月岁差时，假设黄道是不变的，但实际上地球除受太阳和月球的引力作用外，还受到太阳系内其他行星的引力作用。虽然行星对地球的引力较小，不足以改变地轴在空间的指向，但其能使地球的平均公转轨道面即黄道面发生变化，从而引起黄极 K_0 发生变化。如图 5-21 所示，在行星引力作用下，黄极 K_0 沿着 K_0K_0' 方向移动，黄道面绕 DD' 轴旋转。由于黄道发生了变化，就使得春分点 Υ 沿赤道移到 Υ'。据纽康研究，行星岁差引起春分点 Υ' 移动的速度为

$$q = 0.124\,7'' - 0.018\,8''T \tag{5-33}$$

因为行星岁差仅引起春分点沿赤道移动，所以其只对赤经产生影响，而对赤纬没有影响。

行星岁差使黄道面变化，从而使黄赤交角 ε 发生变化。在任一时刻 t 的黄赤交角 ε_M 的值，按下式计算

$$\varepsilon_M = 23°27'08.26'' - 46.845''T - 0.005\,9''T - 0.001\,81''T \tag{5-34}$$

式（5-33）和式（5-34）中的 T 均与式（5-31）中的 T 的意

义相同，皆按式（5－32）计算。

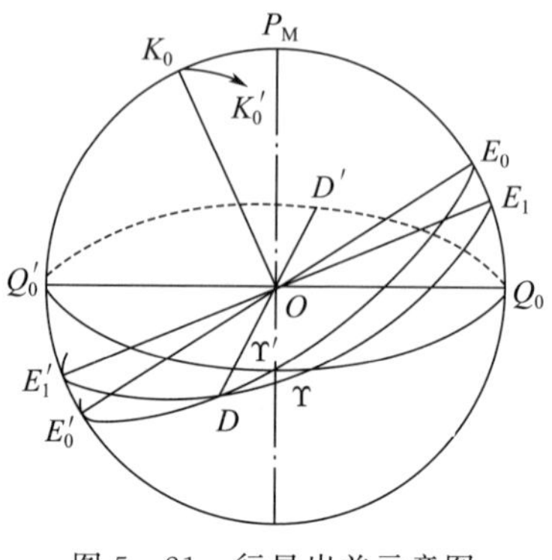

图 5－21　行星岁差示意图

（3）总岁差

综合日月岁差和行星岁差对地球自转轴和春分点的影响所得岁差称为总岁差。如图 5－22 所示，$OP_M(t_0)$ 和 K_0 为历元 t_0 瞬间的平天极和黄极，其相应的平赤道为 $Q_M(t_0)Q_M'(t_0)$，平春分点为 $\Upsilon(t_0)$，黄道为 E_0E_0'；在历元 t 时刻，由于日月岁差影响，使平天极 $P_M(t_0)$ 移至平天极 $P_M(t)$，其移动的弧距为 θ_p，而 t_0 时刻平赤道 $Q_M(t_0)Q_M'(t_0)$ 移至 t 时刻的平赤道 $Q_M(t)Q_M'(t)$，平春分点 $\Upsilon(t_0)$ 移至 $\Upsilon(t)$。另外，由于行星岁差使黄极由 K_0 移至 K_0'，而相应的黄道也由 E_0E_0' 变为 E_1E_1'，春分点则由 $\Upsilon(t_0)$ 变到 $\Upsilon'(t)$。$\Upsilon'(t)$ 称为 t 时刻平春分点。总之，由于总岁差（日月岁差和行星岁差）的影响，使平天极由 $P_M(t_0)$ 移至 $P_M(t)$，平春分点由 $\Upsilon(t_0)$ 移至 $\Upsilon'(t)$。

现过 $P_M(t_0)$ 和 $\Upsilon(t_0)$ 作一大圈，再过 $P_M(t_0)$ 和 $P_M(t)$ 作一大圈，其与 t_0 时平赤道 $Q_M(t_0)Q_M'(t_0)$ 交于 A 点，与 t 时平赤道 $Q_M(t)Q_M'(t)$ 交于 B 点，这两个大圈间夹角用 ζ_p 表示。过 $P_M(t_0)$ 和 $P_M(t)$ 作一大圈，其与 $P_M(t)AB$ 大圈夹角用 Z_p 表示，$P_M(t_0)$ 到 $P_M(t)$ 的弧距为 θ_P，则 ζ_P、θ_P、Z_P 称为岁差常数，其确定了历元时刻 t_0 的平天极、平春分点与历元时刻 t 的平天极、平春分点之间的关系。常取 t_0 为历元 2000.0 年（2000 年 1 月 15 日），所对应的 ζ_P、

θ_P、Z_P 计算式就不在此列出了。

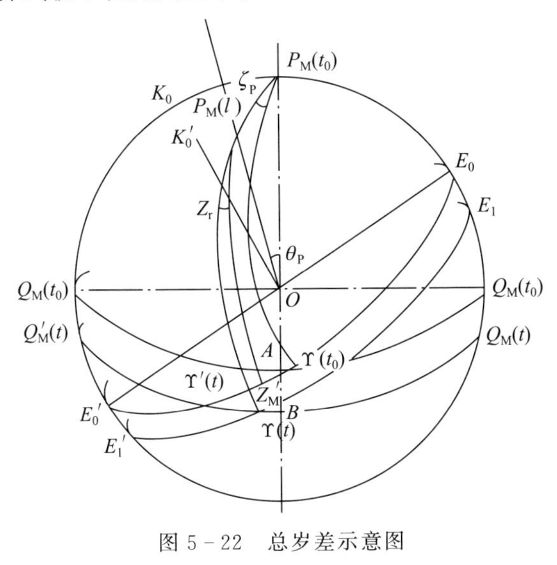

图 5 - 22　总岁差示意图

5.4.2　章动

讨论岁差时假设月球和太阳均在黄道上且相对地球位置不变，即日、月对地球的引力方向和大小不变。在这种情况下，岁差使地轴均匀地向西转动，北天极绕黄极作均匀的小圆周运动。但实际上，日、月和行星各有各的轨道和周期，其相对地球的位置不断变化，对地球的引力方向和大小也不断变化，这就使地轴的向西移动呈现不均匀性，从而使北天极绕黄极的运动不是均匀的圆周运动，而是沿着类似圆的波浪曲线向西运动。也就是说，在岁差圆周运动上叠加了振幅很小的短周期分量，这种短周期分量称为章动，如图 5 - 23 所示。

章动包括很多短周期分量，其中最主要的分量是周期为 18.6 年的分量。章动使真天极 $P(t)$ 绕岁差平天极 $P_M(t)$ 作复杂而连续的移动。若忽略一些微小的短周期分量，那么章动运动可视为 ·椭圆曲线，称为章动椭圆，如图 5 - 23 所示。

由图 5 - 23 可知，在历元 t 时刻，由于章动影响，使平天极

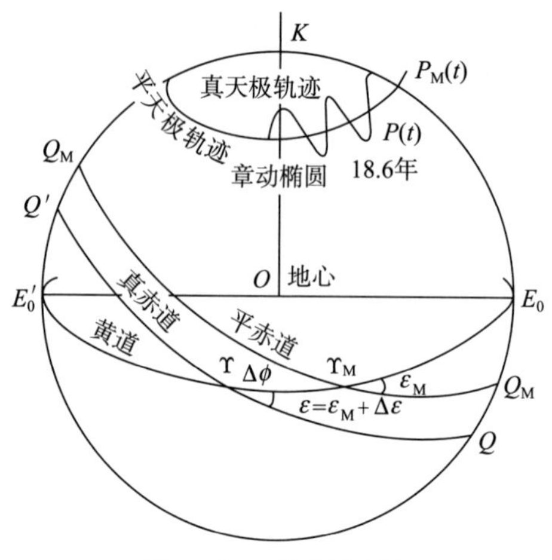

图 5-23 章动示意图

$P_M(t)$ 移至真天极 $P(t)$；相应的平赤道 $Q_M(t)Q_M'(t)$ 变到真赤道 $Q(t)Q'(t)$；平春分点 $\Upsilon_M(t)$ 沿黄道移至真春分点 $\Upsilon'(t)$，其移动弧距 $\Delta\phi$ 称为黄经章动；另外，黄赤交角也由 ε_M 变为 ε，其变化量为 $\Delta\varepsilon$，称为交角章动。将黄经章动 $\Delta\varphi$ 分解为两个分量 Δu 和 $\Delta\theta$，其中 Δu 称为赤经章动，$\Delta\theta$ 称为赤纬章动

$$\begin{cases}\Delta u = \Delta\varphi\cos\varepsilon \\ \Delta\theta = \Delta\phi\sin\varepsilon \\ \varepsilon = \varepsilon_M + \Delta\varepsilon\end{cases} \tag{5-35}$$

其中黄经章动 $\Delta\phi$ 和交角章动 $\Delta\varepsilon$ 的计算可参见有关天文书籍，不在此详述。

5.4.3 岁差与章动影响的处理

为了消除岁差与章动的影响，通常的做法是选用一个历元时刻的平均天极和平均春分点，平均意味着把较短周期的章动排除出去。这样，天极分为平天极和真天极，春分点分为平春分点和真春分点。因此，以不同天极和春分点为基准，可以建立起不同的天球坐标系，最后可通过坐标变换建立不同天球坐标系间的联系。

（1）真天球坐标系

该坐标系的原点位于地心，Z 轴指向瞬时地球自转轴方向，即真天极方向；X 轴指向真春分点；Y 轴与 X、Z 轴构成右手坐标系。真天球坐标系又称瞬时极天球坐标系。

（2）平天球坐标系

由于受岁差与章动的影响，真天球坐标系的坐标轴的指向是不断变化的，也就是说，其是一个不断旋转的非惯性坐标系。为了便于研究航天器的运动、计算航天器轨道，需要建立以固定天极为基准的惯性坐标系，称为平天球坐标系。

平天球坐标系的坐标原点位于地心，Z 轴指向所选定的历元 t 时刻的平天极，X 轴指向历元 t 时刻的平春分点，Y 轴与 X、Z 轴构成右手坐标系。该坐标系称为历元 t 时刻平天球坐标系。

显然，所选择的历元时刻不同，其平天球坐标系也不相同，其差异受岁差的影响。因此，在航天器轨道测量和计算中一定要搞清所用平天球坐标系的历元时刻，通常都选择星表历元时刻 2000.0 年的平天球坐标系作为航天器轨道计算的基本惯性坐标系。但在实际计算中，为了计算简便，也有时候选择靠近观测时刻的某历元时刻的平天球坐标系进行计算。

（3）历元时刻平天球坐标系与真天球坐标系的转换

实际观测是以瞬时地球自转轴方向为基准的，而依据观测数据计算的结果是在真天球坐标系中的，因此，需将其转换到所选定的历元时刻的平天球坐标系中。其转换方法是：首先将观测时刻的真天球坐标系转换成相应历元时刻的平天球坐标系，然后再转换到选定历元时刻 t 的平天球坐标系（图 5－24）。

同一历元时刻 t 的真天球坐标系与平天球坐标系的差异是章动影响的。如图 5－24 所示，O 为地心，P 和 $\Upsilon(t)$ 为 t 时刻的真天极和真春分点，其相应的真天球坐标系为 $OX_C(t)Y_C(t)Z_C(t)$；P_M 和 $\Upsilon_M(t)$ 为 t 时刻的平天极和平春分点，其相应的平天球坐标系为 $OX_M(t)Y_M(t)Z_M(t)$。

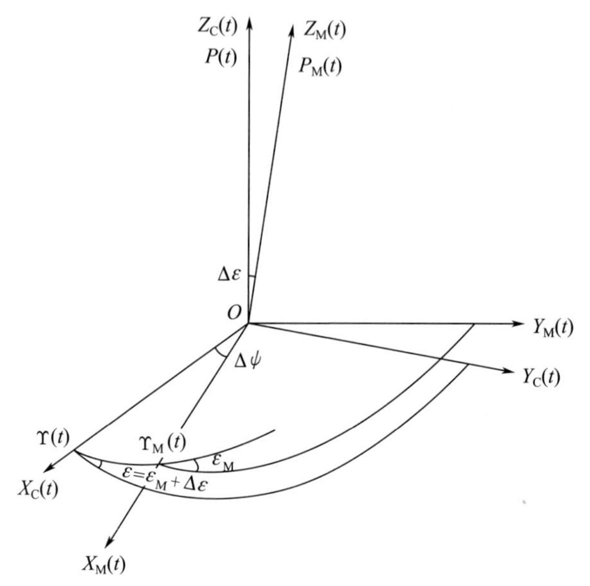

图 5-24　真天球坐标系与平天球坐标系的关系

可容易得到真天球坐标系至平天球坐标系的转换公式

$$\begin{bmatrix} X \\ Y \\ Z \end{bmatrix}_{M(t)} = \boldsymbol{M}_1(-\varepsilon_M)\cdot\boldsymbol{M}_3(\Delta\psi)\cdot\boldsymbol{M}_1(\varepsilon_M+\Delta\varepsilon)\begin{bmatrix} X \\ Y \\ Z \end{bmatrix}_{C(t)} \tag{5-36}$$

反演算得

$$\begin{bmatrix} X \\ Y \\ Z \end{bmatrix}_{C(t)} = \boldsymbol{M}_1(-\varepsilon_M-\Delta\varepsilon)\cdot\boldsymbol{M}_3(-\Delta\psi)\cdot\boldsymbol{M}_1(\varepsilon_M)\begin{bmatrix} X \\ Y \\ Z \end{bmatrix}_{M(t)} \tag{5-37}$$

第6章 时间与历法

无论自然天体还是航天器，度量其运动、确定其在空间的位置都离不开均匀的时间尺度，而且这种均匀的时间尺度还得与观察者所在的地球的自转运动联系起来，从而导致时间计量系统的复杂化。从事航天技术必须对时间有深刻的认识，故在此专列一章讨论时间与历法问题。

6.1 时间计量系统

时间计量是天文学的一个基本课题。人类的一切社会活动都离不开时间，从事航天活动尤其如此。飞船、卫星或运载火箭以每秒几千米的速度运动，要测量和描述这样高速运动物体的状态，就必须高精度地给出各观测量的时刻与航天器位置、速度所对应的时刻，否则卫星可能入不了轨，错过交会对接。另外，测控通信也离不开精度高度统一的时间尺度。什么是时间，辩证唯物主义认为时间和空间都是物质存在的形式，没有物质，时间和空间就毫无意义；而物质的运动和变化永远是在时间和空间中进行的。因此，为了计量时间，就必须观测物质的某种运动；并且还必须像测量长度和质量一样，根据物质运动和变化的形式来建立计量时间的单位。

6.1.1 计时系统的产生

在长期的生产实践中人们观察到，客观世界各种事物的运动过程是从一种状态发展为另一种状态，这些状态有的出现在前，有的出现在后，有的长些，有的短些。这种感觉在人的头脑里逐渐积累，便形成了时间的定量概念。我们的祖先就利用不同时期黄昏时某些星座和亮星的出没来确定季节，观察正午日影的长短较准确地确定夏至、冬至和一年的长短，并发明了各种计量时间的仪器，如土圭、沙漏、汤壶等。

到了 17 世纪，伽利略发现了摆的等时性，然后出现了现在所用的摆钟和表，时、分、秒的时间计量单位也就随之产生了。如今已经制造出利用石英晶体的振荡以及氨分子和氢、铯、铷等原子的振荡来计量时间的石英钟、分子钟和原子钟。

6.1.2　天文学中计量时间的原则

通过实践，人们认为选取地球的自转来计量时间既直观又方便，把地球自转看成是基本均匀的，认为地球是一架比较理想的时钟，以地球自转一周的时间作为计量时间的基本单位，这就是平常讲的“日”。但是随着科学的发展，人们发现地球自转的均匀性并不是完全理想的，一昼夜在一世纪中约增加 0.001 6 s，同时地球自转速度还有不规则变化和季节性变化，因此利用地球自转作为时间的计量单位不是十分准确的，不能满足科研的需要。

6.1.3　时间间隔和时刻

计量时间包括既有区别又有联系的两个问题：一个是确定两件事发生的时间间隔有多长，这个问题只要有一种标准单位就可以解决了；另一个问题是计算某一事件是在什么时刻发生的，要解决这个问题就必须选一特定的事件发生时刻为起算点，来计量其与另一给定事件的时间间隔。因此，必须建立一个计量系统，其是由初始事件和采用的时间单位所确定的，正如在测量距离时，要确定某一物体的位置就必须选定一个原点和坐标系统。

6.1.4　时间计量系统

以不同的运动物体为依据，或选取的起算点和单位不同，可产生不同的计时系统，例如：依据地球自转的恒星时、太阳时、平太阳时，依据地球公转的历书时，以及依据原子振荡的原子时。下面分别予以介绍。

6.2　恒星时

6.2.1　恒星时单位

天球的周日旋转是地球自转的反映。因此，当谈到测定地球的自转周期时，最方便的就是观测天球上的恒星或某一固定点周日视运动的周期，并把这个周期当作计量时间的单位。在实际应用中一般选取春分点来反映地球的自转，由春分点的周日视运动确定的时间计量系统叫恒星时计时系统，在这个系统中所计量出的时间称为恒星时，以字母 s 表示。

春分点 ♈ 连续两次通过某观测地子午圈（中天）的时间间隔，称为恒星日，并以春分点 ♈ 在该地上中天的瞬间作为这个计量系统的起算点。由此可见，恒星时是有地方性的，即对不同的地点起算点不同，这样定出的恒星时叫做地方恒星时。将 1 个恒星日分成 24 等分，每 1 等分称为 1 恒星小时，1 恒星小时分成 60 恒星分，1 恒星分分成 60 恒星秒。所有这些单位统称为计量时间的恒星单位，简称恒星时单位。

6.2.2　恒星时和春分点时角的关系

我们知道，天体的时角是随着天球周日视运动而均匀增加的；也就是说，时角的变化是和时间成比例的。在一个恒星日内，春分点的时角由 0 h 增加到 24 h。基于这一原理，显然有

$$s = t_{\Upsilon} \tag{6-1}$$

这就是说，地方恒星时 s 在数值上等于以小时为单位的春分点的时角 t_{Υ}，或者说恒星时等于春分点的时角。

6.2.3　恒星时和赤经的关系

如果知道春分点的时角，就可求出恒星时。但春分点在天球上

并不像恒星那样是一个实际存在的天体，而是一个假想的固定点，所以春分点的时角是无法直接测量的。为了确定恒星时，只有利用春分点和天体赤经的关系，即

$$s = t_{\Upsilon} + \alpha \tag{6-2}$$

知道了天体的赤经 α（由天文年历或恒星星表查得），又由观测定出了该天体的时角 t_{Υ}，就可由式（6-2）得到观测瞬间的恒星时。

当天体上中天时，$t_{\Upsilon}=0$，那么

$$s = \alpha \tag{6-3}$$

因此，任何瞬间的恒星时在数值上等于该瞬间处于上中天的天体的赤经。

由于岁差和章动的影响，春分点在天球上的位置时时刻刻在变化。因此，恒星日并不能准确反映地球自转周期，但其偏差很小。

6.2.4 恒星时的不均匀性

已知恒星时以春分点的时角来计量，由于岁差和章动的影响，春分点有缓慢的位置变化。根据春分点的运动情况可以把其分为平春分点和真春分点。平春分点只受岁差的影响，其在黄道上沿着与太阳运动相反的方向运动；真春分点既受岁差又受章动的影响，其除了随同平春分点运动外还相对于平春分点作复杂的周期性运动。既然春分点有真春分点和平春分点之分，那么以春分点的周日运动为依据的恒星时也就有真恒星时和平恒星时两种。真春分点的时角是真恒星时，平春分点的时角是平恒星时，两者之差就是赤经章动。以格林尼治真恒星时 $s_{真}$ 和格林尼治平恒星时 s 为例，有

$$s_{真} = s + \Delta\psi\cos\varepsilon \tag{6-4}$$

式中 $\Delta\psi$——黄经章动；

ε——黄赤交角。

赤经章动 $\Delta\psi\cos\varepsilon$ 是黄经章动在赤道上的分量，其和黄经章动一样也有长周期项和短周期项，长周期项变化在±1.2之间，短周期项变化在±0.02之间。赤经章动的变化是不均匀的，因此真恒星时不

是均匀的时间标尺，其只能用来确定时刻，不能用来计量时间间隔。

春分点在天球上周日运行的速度是地球自转角速度与春分点位移速度的合成，因此平恒星时 s 的变化可以表示为

$$\frac{\mathrm{d}s}{\mathrm{d}t}=\omega+m \tag{6-5}$$

式中　ω——地球自转角速度；

m——春分点在赤道上的运动速度，即赤经总岁差。通常

$$\begin{cases} m=m_1+2m_2t \\ m_1=3.07234^{\circ} \\ m_2=0.00093^{\circ} \end{cases} \tag{6-6}$$

对式（6－5）积分可得格林尼治平恒星时 s 和真恒星时 $s_{真}$

$$s=s_0+(\omega+m_1)+m_2t^2 \tag{6-7}$$

$$s_{真}=s_0+(\omega+m_1)t+m_2t_2+\Delta\psi\cos\varepsilon \tag{6-8}$$

式中　s_0——起始时刻格林尼治恒星时，通常取为零。

由式（6－7）可见，平恒星时并不是一个均匀的时间计量系统。因为即使假定地球自转是均匀的，也存在加速项 m_2t_2，所以平恒星时由于岁差而呈现长期变化。

6.3　太阳时

6.3.1　太阳的周年视运动

恒星时系统只在天文工作中才使用而在人们的日常生活中，自古以来都是用昼夜交替，即太阳的周日视运动来计算时间的，因此必须首先了解太阳的视运动现象。太阳和其他恒星不同，其除了作周日视运动以外，还作周年视运动。如果我们在一年里每天的同一时刻观察星空，则会发现星空的星象有变化，好像所有星座每天都逐日向西移动一点。一年以后回复到原来的位置，这反映出太阳在天球上由西向东移动，一年运行一周，而这实际上是地球绕太阳公转的反映。地球轨道面和天球相交而成的大圆叫做黄道，黄道在天

球上基本是固定的。其穿过 12 个星座，这些星座分布在黄道南北各 80°宽的带内，叫做黄道十二宫。从春分点起，每隔 30°便是一宫，太阳每过一个月通过一宫，每宫都冠以星座的名字，并有专门的符号，如下所列：

1）双鱼宫♓；

2）白羊宫♈；

3）金牛宫♉；

4）双子宫♊；

5）巨蟹宫♋；

6）狮子宫♌；

7）室女宫♍；

8）天秤宫♎；

9）天蝎宫♏；

10）人马宫♐；

11）摩羯宫♑；

12）宝瓶宫♒。

图 6－1 绘出了太阳周年视运动的示意图。太阳位于天球中心。当地球在轨道上由 A 点经 B、C 和 D 各点运行一周又回到 A 点时，相应地太阳在地球上沿黄道由 a 点经 b、c 和 d 各点运行一周再回到 a 点。需要说明的是，这张图实际上绘出的是 2000 年前的天球形象，当时春分点正在白羊宫，因此当时人们用白羊宫的符号 ♈ 来表示春分点，并分别用符号♋、♎和♑来表示夏至点、秋分点和冬至点，一直沿用至今。由于岁差的存在，春分点在不断西退，现在春分点的实际位置是在双鱼宫。

太阳的周年视运动会产生季节变化和昼夜长短。约在 365.25 日内太阳在黄道上运行一周，所以每天太阳差不多向东移动 1°，赤经增加约 4 m；同时，由于黄赤交角的存在，太阳的赤纬每天也在改变着。靠近二至点附近，太阳赤纬改变得很慢，因为这时太阳沿黄道的运动几乎和赤道平行，在几天内的正午观察太阳，其好像停留

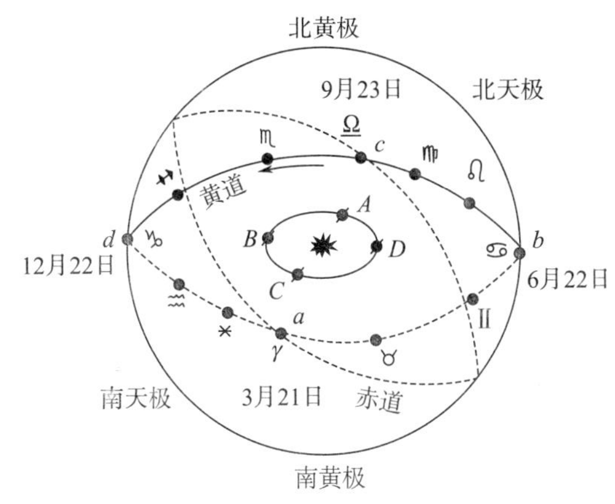

图 6-1　太阳的周年视运动和黄道十二宫

在同一高度上，因而得到“至点”的说法。

每年的春分日（3 月 21 日），太阳由南天球穿经春分点，这时 $a_{\odot}=0\,h$、$\delta_{\odot}=0°$，地球北半球的天文春季开始。在这天的周日视运动中，太阳出于正东而没于正西，白昼和黑夜等长。太阳在正午时的高度等于 $90°-\varphi$。春分过后，太阳的升落点逐日移向北方，白昼时间增长、黑夜时间缩短，正午时太阳的高度逐日增加，增加的量恰好等于太阳赤纬的增加量。

夏至日（6 月 22 日），太阳正午高度达到最大值 $90°-\varphi+23°37'$，白昼最长，这时地球北半球天文夏季开始。夏至过后，太阳正午高度逐日降低，同时白昼缩短，太阳的升落又趋向正东和正西。

秋分日（9 月 23 日），太阳由北天球穿经秋分点，太阳又出于正东而没于正西，白昼和黑夜等长，北半球的天文秋季开始。此后，太阳正午高度越来越低，黑夜越来越长。太阳的升落点在地平上移向南方，当太阳正午高度最低和白昼最短的时候，太阳到达冬至点（12 月 22 日），北半球的天文冬季开始。

以上是指地球北半球中纬度地区的太阳周年视运动情况。对于不同纬度的地区，同一天同一时刻，太阳在地球上的位置是各不相同的。如果观测者位于地球北极，则太阳将和所有天体一样，在北天球内做周日视运动时将成为不下落的天体；位于南天球时，便成为不上升的天体。

在地球南半球同样可看到北半球所发生的太阳视运动现象，不同的只是当北半球由春天转向夏天时，南半球刚好相反，是由秋天转向冬天。

最后还要指出的是，太阳的周年视运动是不均匀的，其主要原因是地球绕太阳公转的轨道是椭圆（太阳位于该椭圆的一个焦点上），其次为月球及行星对地球的摄动作用。当地球在近日点时，其运行速度最大，这时所见太阳在天球上的视位置称为近地点，太阳视运动的速度也达到最大，为每天 1°1′10″；当地球在远日点时，其运行速度最小，这时所见太阳在天球上的视位置称为远地点，太阳视运动的速度也达到最小，为每天 0°57′11″。这样，太阳从春分点运行到秋分点，再从秋分点运行到春分点，虽然在天球上都恰好运转了半周，即 180°，但前者共历时 186 日，后者却只历时 179 日，两者相差 7 日。

6.3.2 真太阳和真太阳时

真太阳时（简称为真时）是由真太阳视圆面中心的周日运动所确定的时间，通常把太阳视圆面中心简称为真太阳。真太阳连续两次上中天的时间间隔称为真太阳日。其是以真太阳上中天的时刻为起算点，这一时刻称为真正午，下中天的时刻称为真子夜。1 个真太阳日分为 24 个真太阳小时，1 个真太阳小时分为 60 个真太阳分，1 个真太阳分又分为 60 个真太阳秒。显而易见，真太阳时同样也是有地方性的。

真太阳时是以真太阳的时角 $t_{\odot}$ 来计量的。必须注意的是，所定义的真太阳时的起算点是真正午，而在日常生活中人们习惯的起算点为真子夜，正好相差 12 h。出于和人们的生活习惯一致起见，把真太阳时的定义改为：真太阳时在数值上等于真太阳的时角 $t_{\odot}$ 加上

12 h。该太阳时用符号 $m_{\odot}$ 表示，则有

$$m_{\odot} = t_{\odot} + 12\ \mathrm{h} \tag{6-9}$$

若 $t_{\odot} > 12$ h，则所有真太阳时应减去 24 h。决定真太阳时所需观测的是太阳视圆面中心的时角，所以真太阳时也叫做视时。然而，因太阳中心的时角不是与地球自转角度成比例，所以真太阳时在使用上并不方便。如果太阳赤经均匀地随时间增加，则太阳中心的时角变化才和地球自转的角度成比例。但由于下面两个原因使得真太阳日长短不等：

1）太阳在黄道上的运动不是均匀的，因而太阳赤经变化不均匀；

2）太阳不是在天赤道上运动而是在黄道上运动，因此，即使太阳的黄经增加是均匀的，其赤经的增加仍是不均匀的。

由观测发现最长（12 月 23 日）和最短（9 月 13 日）的真太阳相差 51 s。因真太阳日不是一个固定的量，不宜作为计量时间的单位。为此，需要建立一个均匀的和真太阳时相差不大的平太阳时系统。

6.3.3　平太阳和平太阳时

为了弥补真太阳时的不足，首先设想在黄道上有一个作匀速运动的辅助点，其运行速度等于太阳视运动的平均速度，并和太阳同时经过近地点和远地点；再引入一个在赤道上作匀速运动的第二辅助点，其运行速度和黄道上的辅助点速度相同，并和太阳同时通过春分点。第二个辅助点称为平太阳，其在天球上的视运动是均匀的。平太阳在观测地点上中天的时刻叫做平正午，下中天的时刻叫做平子夜。取连续两次平子夜的时间间隔为一个平太阳日，并以平子夜为起算点。如上所述，平太阳时也是有地方性的。平太阳时简称平时，用 m 表示。1 个平太阳日分成 24 个平太阳小时，1 个平太阳小时分为 60 个平太阳分，1 个平太阳分又分为 60 个平太阳秒。我们日常用的钟表就是以平太阳时为计量单位的。

平时是以平太阳下中天起算的，这时平太阳的时角已经是 12 h，因此，平时 m 和平太阳的时角 t_m 有如下关系

$$m = t_m + 12\ \text{h} \tag{6-10}$$

若 $t_m > 12$ h，则从上式所得结果中减去 24 h。

6.3.4 时差

时差就是真太阳时和平太阳时之差，即

时差＝真时－平时

因为平太阳是假想的点，是无法观测的，所以要使用平时，就必须找出真太阳的时角和平太阳的时角之间的关系。若用 η 表示时差，则有

$$\eta = m_{\odot} - m = t_{\odot} - t_m \tag{6-11}$$

因为真太阳的周年视运动是不均匀的而平太阳的周年视运动是均匀的，所以 η 是一个不固定的值，在一年之中可由＋16 m 21 s 变到－14 m 24 s，并有 4 次等于 0。

在《中国天文年历》的太阳表中载有每天时差 η 的数值。

注意：在各国的天文年历中时差的定义是不同的，也有将时差定义为平时减去真时的。

6.3.5 太阳时和恒星时之间的换算关系

太阳连续两次经过平春分点的时间间隔称为一回归年，这也就是太阳平黄经增加 360°（以当日春分点为参考）的时间间隔。为了说明太阳时和恒星时之间的关系，设在某瞬时春分点与平太阳同时在测站 A 上中天，如图 6－2（a）所示。那么当春分点第二次到达上中天时刚好完成一个恒星日，但这时平太阳尚未到达上中天，必须随天球再转过一个 θ 角才能完成一个平太阳日，如图 6－2（b）所示。由此可知，一个平太阳日比一个恒星日要长。等到再过去一个恒星日，对于平太阳来说又要再转过一个 k 角才能完成第二个平太阳日，这时平太阳已离开春分点 2θ 角。以此类推，直到平太阳完成

一个周年运动（一个回归年）时，其与春分点之间整整相距 365°，相当于天球自转一周的角度。

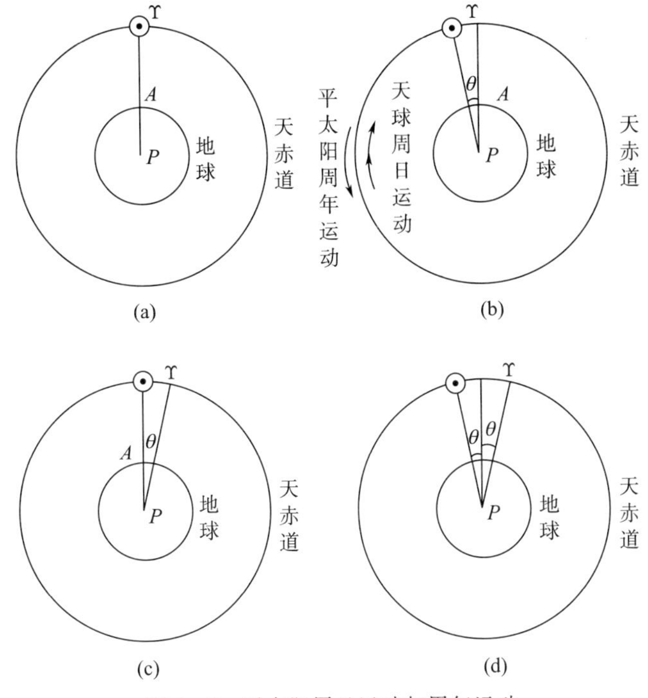

图 6-2　平太阳周日运动与周年运动

所以在一个回归年内对于平太阳来说，假如天球自转 n 次，则春分点要转 $n+1$ 次。换言之，如果一个回归年有 365.242 2 个平太阳日，那么用恒星日表示便有 366.242 2 个恒星日，其间的关系可以写成

$$1\ 回归年 = 365.242\ 2\ 平太阳日 = 366.242\ 2\ 恒星日 \tag{6-12}$$

由此可得

$$1\ 平太阳日 = 0.997\ 269\ 566\ 4\ 恒星日$$

$$1\ 恒星日 = 1.002\ 737\ 909\ 3\ 平太阳日 \tag{6-13}$$

或

$$24\ \mathrm{h}\ 恒星时 = 23\ \mathrm{h}\ 56\ \mathrm{m}\ 4.090\ 54\ \mathrm{s}\ 平太阳时$$

$$24\text{平太阳时}=24\ \text{h}\ 3\ \text{m}\ 6.555\ 36\ \text{s}\ \text{恒星时}$$

若令

$$\mu=\frac{1}{365.242\ 2}=0.002\ 737\ 9$$

$$\nu=\frac{1}{366.242\ 2}=0.002\ 730\ 4$$

则有

$$1\ \text{平太阳日}=(1+\mu)\ \text{恒星日}$$

$$1\ \text{平恒星日}=(1-v)\ \text{平太阳日}$$

6.4 地方时和区时

6.4.1 地方时

前面章节已经讲过，恒星时、真太阳时和平太阳时都是地方性的，这是因为在这些时间计量系统里计量时间的依据是天体或天球上假想点的时角，而时角是从子午圈量起的。对于地面上不同地理经圈的两个地点，其子午圈是不同的。因此，同一天体不可能在同一瞬间通过这两个子午圈；也就是说，在同一瞬间，以不同的子午圈来计量春分点（或平太阳）的时角所得到的恒星时（或平时）的时刻是不同的。这样就形成了不同地点各有不同瞬间的时刻起算点，即形成了各自的时间计量系统，即地方时系统，计量所得结果叫做地方时。按春分点计量的叫做地方恒星时，按平太阳计量的叫做地方平时。

6.4.2 地方时差和地理经度差的关系

在同一瞬间，以不同的子午圈计量同一天体的时角，其数值是不同的。图 6-3 为一个地心天球。Z_A 为地面上 A 点的天顶，Z_B 为地面上 B 点的天顶。PP' 为天轴，MQ_AQ_BT 为天赤道。半圆周 PZ_AQ_AP' 为 A 点的子午圈，半圆周 PZ_BQ_BP' 为 B 点的子午圈，其分别是 A 点和 B 点的地理子午面扩展后与天球相交截成的。因此，Q_AQ_B 为 A、B 两点的地理经度差 $\Delta\lambda$。设在同一时刻，由 A、B 两点同时观测同一天体，以 t_A、t_B 分别表示天体由 A、B 两点得到的时角，即 $t_A=Q_AM$，$t_B=Q_BM$；以 λ_A 和 λ_B 分别表示 A 点和 B 点的地理经度，且都由格林尼治子午圈向东计量为正，则

$$t_B-t_A=\lambda_A-\lambda_B=\Delta\lambda \tag{6-14}$$

即地面上两点在同一瞬间测得的任一天体的时角差，等于该两点的地理经度差。从 A 点向 B 点计量，向东为正，向西为负。

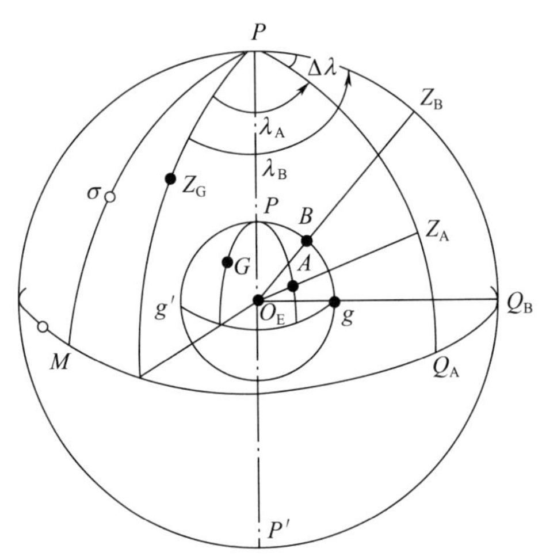

图 6 - 3　地方时差与地理经度差的关系

式（6 - 14）对任一天体都成立，因此也适用于春分点和平太阳。对于春分点 ϒ 有

$$t_{\Upsilon A}-t_{\Upsilon B}=\lambda_A-\lambda_B \tag{6-15}$$

设 s_A 和 s_B 分别为同一瞬间 A 点和 B 点的地方恒星时，则根据式（6 - 1）有

$$s_A=t_{\Upsilon A},\ s_B=t_{\Upsilon B} \tag{6-16}$$

显然

$$s_A-s_B=\lambda_A-\lambda_B \tag{6-17}$$

若用 m_A 和 m_B 表示同一瞬间 A 点和 B 点的地方平时，则对于平太阳而言，根据式（6 - 10）得

$$m_A - m_B = t_{mA} - t_{mB} = \lambda_A - \lambda_B \quad (6-18)$$

由式（6－17）和式（6－18）可得如下结论：在同一计量系统内，同一瞬间测得的地球上任意两点的地方时之差，在数值上等于这两点地理经度之差。这个结论对于实用天文学非常重要，因为这样就可以根据两个地点在同一瞬间对同一恒星观测所得的地方时之差来测定两地的地理经度差；如果其中一个地点的经度已知，那么就可进而求得另一地点的经度。

6.4.3 世界时

（1）世界时定义

地面上任何两点的地方时之差，数值上等于该两点的地理经度差。如果知道了地理经度为 0 处的地方时，那么同一瞬间地理经度为 λ 处的地方时也就知道了，这样就可以把全世界的地方时联系起来。1884 年在华盛顿举行的国际子午线会议上，规定地理经度从英国的格林尼治天文台的子午线（本初子午线）起算，即格林尼治的 $\lambda=0$，而且从 1925 年以后各国天文年历的编算都是以格林尼治子午线为准。这样格林尼治地方时在时间计量中就具有特殊的作用。格林尼治地方时常用特定符号表示，用 S 表示格林尼治地方恒星时，用 M 表示格林尼治地方平时，其中 M 也叫做世界时，有时亦计为 UT_0。

（2）世界时与地方平时的关系

在式（6－17）和式（6－18）中，若设 A 点为格林尼治天文台，则

$$s_A = S,\ m_A = M,\ \lambda_A = 0\ \text{h}$$

以 $\lambda=\lambda_B$ 表示 B 点的经度（前面已经规定经度向东计量，所以在这里 λ 是指东经；在后面的讨论中，若不特别申明，λ 都是指东经）。并以 s 代替 s_B，m 代替 m_B，这样一来，对于地面上任一点，则有

$$\begin{cases} s - S = \lambda \\ m - M = \lambda \end{cases} \quad (6-19)$$

式（6-19）就是地方恒星时与格林尼治恒星时的关系，以及地方平时与世界时的关系。

（3）世界时的修正

由于地球自转速度的不均匀性，使得世界时 UT_0 也是不均匀的。这种不均匀性主要由两方面造成：极移影响和地球自转速度不均匀。世界时主要有 3 种变化，即长期慢变化（每百年使平太阳日增长 1.6 ms）、周期变化（季节性变化及其他周期）和不规则变化。为了获得更精确的世界时，需对世界时 UT_0 进行修正。

1）UT_1：将世界时 UT_0 加极移改正量 $\Delta\lambda$，其修正后的世界时称为 UT_1，即

$$UT_1 = UT_0 + \Delta\lambda$$

2）UT_2：在 UT_1 中加入地球自转速度季节性变化的改正量 ΔT_S，所得到的世界时称为 UT_2，即

$$UT_2 = UT_1 + \Delta T_S$$

$$\Delta T_S = 0.022\sin 2\pi t - 0.012\cos 2\pi t - 0.006\sin 4\pi t + 0.007\cos 4\pi t$$

式中　t——该年 1 月 0 日起算的年小数。

UT_2 消除了地球自转速度的季节性变化，所以 UT_2 比 UT_1 更均匀。但 UT_2 不能与地球真正自转位置相一致而 UT_1 却可以，故 UT_1 在航天器测量中被广泛采用。只是其不再作为时间尺度，而用于表征地球自转相对恒星的角位置，作为坐标系转换等的参数使用。

6.4.4　区时

如果地球上各处都用地方时，那么在同一瞬间各地的时间都不一样，这对交通运输、国际交往等都很不方便。反之，如果全世界都采用同一时间系统，假定都采用格林尼治时间系统，那么格林尼治早晨 6 时日出东方，其他地方的时刻也都是 6 时。但有的地方太阳高照正是中午，也有的地方已是夕阳西下正是黄昏，更有的地方明月当空适逢子夜，显然这样也不方便。为了解决这个矛盾，就产生了国际间及同一国家内统一计量时间的要求，于是区时计时系统

便产生了。按区时系统计量时间的结果，就称为区时。

根据区时系统，把整个地球表面用地理经圈划分为 24 个时区，每一个时区包含地理经度 15°（图 6－4），在同一时区内的钟表都指示同样的平时时间；相邻两时区，时间相差整 1 小时。旅行者只有在经过时区分界线时才需改拨其钟表，且改拨时间为整时数。

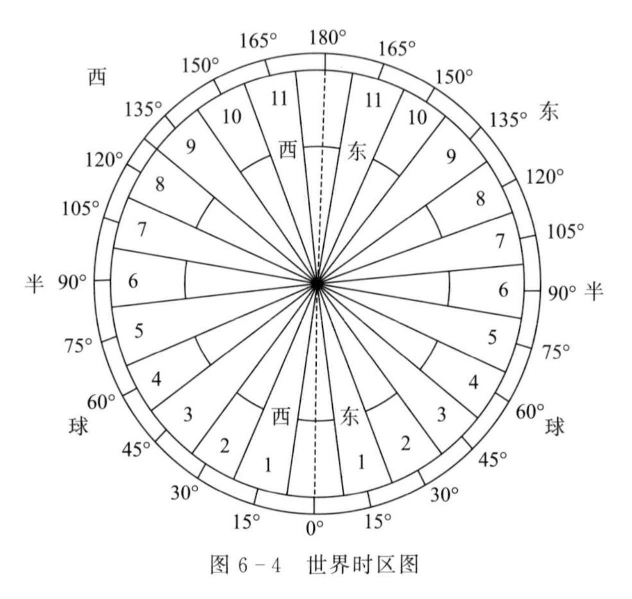

图 6－4　世界时区图

根据上述原则，用每隔 15°的经线将地球东、西两半球各等分为 12 个时区。第 1 个时区都按中央子午线来计量时间，即都采用中央子午线的地方平时。以格林尼治子午线为规定时区的中央子午线，在格林尼治子午线两边各 7.5°的经度范围内都属于零时区。在这一时区内一律采用格林尼治地方时，即世界时。从东经 7.5°到 22.5°为东一时区。在这一时区内一律采用东经 15°的地方时，同一瞬间其时间在数值上要比零时区大 1 小时，即当格林尼治是早上 6 点时，东一时区已是早上 7 点了。依此类推，东半球还有东二时区、东三时区……东十二时区。同样，从格林尼治子午线向西也有 12 个时区，分别为西一时区、西二时区……西十二时区。旅行者向东越过一个时区就要把钟表拨多一小时；反之，每向西越过一个时区，就要把钟表拨少一小时。

我国各地一律采用东八时区的区时，这就是我们通常所说的北京时间，但其并不是北京的地方平时（北京经度为 116°21′30′E 或 7 h 45 m 26 sE）。显然

$$北京时 = 世界时 + 8\ \mathrm{h} \tag{6-20}$$

若用 N 表示时区的顺序号，T_N 表示区时，M 表示世界时，则有

$$T_N = M + N \tag{6-21}$$

由式（6-21）也可以求出 M，即

$$M = T_N - N \tag{6-22}$$

事实上，时区的边界并不严格靠子午线划分。为了方便起见，常常利用一些天然的河流或山脉，并同时考虑到国界、省界等，按照地理、政治、经济等情况，人为地划分时区分界线。

现在再来研究经度为 λ（东经）处的地方平时和该地相应的区时之间的关系。根据式（6-19）的第二式和式（6-22）可得

$$M = T_N - (N - \lambda) \tag{6-23}$$

如果经度为西经，则有

$$M = T_N + (N - \lambda) \tag{6-24}$$

6.4.5　日界线

当按地方时系统或区时系统计 t 时间时，平太阳日开始的时刻在不同地点是不同的。例如，当 10 月 1 日世界时 $M = 0$ h 时，即在格林尼治 10 月 1 日刚开始，而在我们这里已是 10 月 1 日 8 h，即东八时区比格林尼治早 8 h，且每天都是如此。这是地球由西向东自转的结果。因此在环球旅行时，假若一直向东走，回到出发点时平太阳日的开始已提前了 24 h，即少了一天；而若向西走，则由于平太阳日的开始不断推后，再回到出发点时就会多一天。这非常不方便，甚至会引起误会，所以必须人为地规定每一天开始的地方。为此，

在地面上东西 180°经线附近作一条假想线，称其为日界线。其准确位置由国际会议规定，除了南极洲以外，日界线不通过任何陆地。每一天就从日界线开始，当由日界线以西跨过日界线到日界线以东时，日期重复一天。例如，6 月 1 日过日界线，那么第二天仍算 6 月 1 日。而当由日界线以东跨过日界线到日界线以西时，就略去一天不算。例如，12 月 1 日过日界线，那么第二天不算 12 月 2 日，而算 12 月 3 日。

6.4.6 地方平时、地方恒星时、区时之间的换算

所谓时刻的换算，就是根据一事件在某一时间计量系统中的已知时刻，来确定该事件在另一时间计量系统中的时刻。因为常用的是恒星时与平时，所以我们讨论的是恒星时时刻与平时时刻的换算。在这个问题里应该首先明确时刻起算点 0 h。但恒星时的起算点与平时的起算点一般不在同一瞬间，其原因是恒星日短于平太阳日，因而恒星时在平时日内的起算点（恒星时 0 h）会越来越早，可在平太阳日内任一时刻出现。

由于天文年历里的相关问题是对于格林尼治给出的，因此首先讨论格林尼治的时刻换算。

（1）格林尼治的时刻换算

这里包含着两个问题：

1）已知格林尼治 D 日世界时 M，求相应的格林尼治恒星时 S；

2）已知格林尼治 D 日恒星时 S，求相应的世界时 M。

先讨论第一个问题。

首先求两个系统起算点的时间间隔，并以恒星时单位表示。这里只播知道世界时 0 h 的格林尼治恒星时为 S_0，因为恒星时系统的起算点为恒星时 0 h，平时系统的起算点为世界时 0 h，所以知道世界时 0 h 的恒星时 S_0 后，两个起算点的时间间隔就知道了。S_0 可根据天体力学的公式计算出来。在《中国天文年历》的太阳表中记有每天的 S_0 值，可以进行查取。

知道了S_0后，将由世界时0 h到世界时M的时间间隔以恒星时单位表出，并按式（6-13）求得$M(1+\mu)$，则

$$S=S_0+M(1+\mu) \tag{6-25}$$

式（6-25）就是格林尼治子午线上世界时时刻M换算为格林尼治恒星时刻S的公式。

现在讨论第二个问题。先从《中国天文年历》查取格林尼治地方恒星时0 h的世界时M_0；再将格林尼治恒星时0 h到S的时间间隔由恒星时单位化为平时单位，即求出$S(1-\nu)$，最后将M_0加上这一结果，得M，也就是

$$M=M_0+S(1-\nu) \tag{6-26}$$

这就是格林尼治地方恒星时时刻S换算为世界时时刻M的公式。

D日内的恒星时S时刻，其起算点S_0可能在当天，也可能在前一天。若是前一种情况，就查取D日的M_0；若是后一种情况，就应该提前一天，即查取$(D-1)$日的M_0。可用下述法则来判别

$$M=M_0+S(1-\nu)<24\text{ h}$$

$$M=M_0+S(1-\nu)>24\text{ h} \tag{6-27}$$

（2）经度为λ处的时刻换算

现在来讨论东经为λ的任一地点的时刻换算。这里仍包括两个问题：

1）已知该地的地方平时m，求相应的地方恒星时s；

2）已知该地的地方恒星时s，求相应的地方平时m。

先解决第一个问题。首先按式（6-19）中的第二式，将平时化为世界时M

$$M=m-\lambda$$

然后按式（6-25）将M化为S，再按式（6-19）中的第一式由S求得地方恒星时s

$$s=S+\lambda$$

综上可得

$$s = S_0 + (m - \lambda)(1 + \mu) + \lambda$$

稍加整理后，就可写成

$$s = S_0 + m + (m - \lambda)\mu \tag{6-28}$$

式（6-28）即为东经为 λ 的任一地点的平时时刻 m 换算为恒星时时刻 s 的公式。

同理可以解决第二个问题。首先将 s 化到格林尼治恒星时 S，再按式（6-26）将 S 化到 M，最后由 M 求出 m，则有

$$m = M_0 + s - (s - \lambda)\nu \tag{6-29}$$

这就是东经 λ 处的地方恒星时时刻 s 换算为相应地方平时时刻 m 的公式。

这里应当指出，应用式（6-29）也同样必须判别取哪一天的 M_0

$$\begin{cases} M_0 + s - (s - \lambda)\nu < 24\ \text{h} & M_0 \text{ 取当天的值} \\ M_0 + s - (s - \lambda)\nu > 24\ \text{h} & M_0 \text{ 取前天的值} \end{cases} \tag{6-30}$$

（3）区时和地方恒星时的时刻换算

前面章节提过，现在我们采用的是区时系统，地方平时很少应用，所以在实际应用中常用区时 T 代替式（6-28）和式（6-29）中的 s 和 m，并利用式（6-23）不难得到

$$\begin{cases} s = S_0 + (T_N - N)(1 + \mu) + \lambda \\ T_N = M_0 + (s - \lambda)(1 - \nu) + N \end{cases} \tag{6-31}$$

在解决实际问题时经常利用式（6-31）。上面有关计算时刻的公式中都是指东经，若经度是西经，则在所有公式中 λ 和 N 前的符号必须改变：如果原来为 $-\lambda$，$+N$，则应改为 $+\lambda$，$-N$。

例 1　求 1980 年 9 月 1 日南京地方平时 8 h 30 m 25.376 s 的地方恒星时（南京的经度为 1 h 55 m 04.470 s）。

解　利用公式 $s = S_0 + m + (m - \lambda)$。

已知地方平时 m = 8 h 30 m 25.376 s。

从 1980《中国天文年历》中的世界时和恒星时表查得 1980 年 9 月 1 日世界时 0 h 的格林尼治恒星时 S_0 = 22 h 41 m 14.′092 s，又由

其附表 3 查得改正值 $(m-\lambda)\mu=5.791$ s。

则　　　　　　　$s=31$ h 11 m 45.259 s

该值大于 24 h，应减去 24 h，故有

$$s=7 \text{ h } 11 \text{ m } 45.259 \text{ s}$$

例 2　求 1980 年 3 月 5 日北京地方恒星时 18 h 50 m 12 s 的地方平时（北京的经度为 7 h 45 m 25.67 s）。

解　利用公式 $m=M_0+s-(s-\lambda)\nu$。

从 1980 年《中国天文年历》中的世界时和恒星时表查得 1980 年 3 月 5 日的 M_0 粗略值 $M_0'=13$ h 06 m，而相应的将 $s'=18$ h 50 m 代入式（6-30），因式中 $(s-\lambda)\upsilon$ 为一微量，一般情况下可以忽略，所以有 $M_0'+s'=31$ h 56 m>24 h，则 M_0 应取 3 月 4 日的值，从世界时和恒星时表中查得 $M_0=13$ h 10 m 12.468 s，再从其附表 2 中查得 $(s-\lambda)\nu=$（11 h 04 m 59.342 s）$\nu=1$ m 48.942 s

则　　　　　　　$m=31$ h 58 m 48.538 s

最后取　　　　　$m=7$ h 58 m 48.538 s

6.5　历书时、原子时

前面章节从观测天体的周日视运动出发，建立了各种计量时间系统。但是天体的周日视运动本质上是地球自转的反映，因此天体周日视运动是否均匀不变，完全决定于地球自转是否均匀不变。近代的天文观测发现，地球自转速度并不是均匀的，而是具有以下 3 种变化。

1）长期变化。由于潮汐摩擦，地球自转速度逐渐变慢，平太阳日的长度每 100 年大约增加 0.001 s。

2）季节变化。地球表面上的气团随季节移动，使得地球自转速度产生季节性的变化：上半年变慢，下半年变快，一年里平太阳日的长度约有±0.000 1 s 的变化。

3）不规则变化。地球内部物质的移动引起地球自转速度不规则

的加快或变慢。

由于地球自转速度具有上面几种变化，因此根据地球自转而建立的平太阳时系统（包括平太阳时单位和平太阳时时刻）就不是均匀准确的了，这种不均匀性给许多需要精确时间的部门带来了不便。例如，在精确地预告某种天象（如日月食或月掩星现象）的发生时刻时，就因采用世界时而遇到困难；又如天文年历中，根据力学理论计算天体位置所用的时间是均匀的时间，而实际观测天体位置所用的时间是根据地球自转测得的不均匀的时间，计算与观测采用了两种不同的时间系统，所以观测结果与计算的预期值就不可能完全符合。

为了解决这类矛盾，需要建立均匀的时间系统，这就产生了历书时和原子时系统。

6.5.1 历书时

1952 年在罗马召开的国际天文协会第八届大会上作出决议：从 1960 年起，全世界各国出版的天文年历中有关天体位置的星历表，如太阳、月球和行星的星历表，都不再采用平时系统中的世界时，而采用一种新的计时系统——历书时。

历书时是一种由力学定律来确定的均匀计时系统。在力学定律中，作为自变量的时间的变化是均匀的。因此，如果精确地掌握了某一物体的运动规律，又可以测定该物体在某一瞬间的位置，那么就可以确定该瞬间物体在某一个均匀时系统里的时刻。这就是说，若以此物体的运动为标准，并确定了起算点和时间单位，就可以建立一个均匀的时间计量系统。现代天体力学已经十分精确地掌握了地球绕太阳公转运动的规律，这一运动反映在天球上就是太阳的周年视运动。因此，在一个均匀时系统中的某一时刻，太阳在天球上的位置可以根据上述已经掌握的规律计算出来。这一均匀时系统叫做历书时，对其起算点和单位作如下的规定：公元 1900 年初太阳几何平黄经为 $279°41'48.04''$的瞬间为历书时 1900 年 1 月 0 日 12 时正午；历书时的秒长为 1900 年 1 月 0 日 12 时的回归年长度的 1/31 556 925.974 7，而把 86 400 历书秒定义为一历书日。

在天文工作中，自从采用了历书时以后，观测到的天体位置就和天文年历上所列的、由计算得出的位置一致；而且，某一天体的位置或天象发生的历书时时刻，也只需要和天文年历的计算结果比较便可以得到。

如果用 ΔT 表示把某一瞬间的世界时时刻化为相应的历书时时刻应加的改正值，则

$$\text{历书时时刻} = \text{世界时时刻} + \Delta T$$

《中国天文年历》中给出了 ΔT 的计算公式

$$\Delta T = +24.349 + 72.318T + 29.950T^2 + 1.82144B \tag{6-32}$$

式中　T——自 1900 年 1 月 0 日格林尼治平正午起算的儒略世纪数（一儒略世纪等于 535 日）；

B——月亮黄经变动。

式（6－32）右侧最后一项是不规则的，反映了地球自转的不规则变化，需要通过观测才能求得。太阳在黄道上运行，每天约走 1°，每秒钟约走 0.04″。直接观测太阳不能测得准确的历书时，因为观测太阳位置时如有 0.1″的误差，那么测得的历书时就有 2.5″的误差。月球运行的速度是每秒钟走 0.55″，也就是太阳的 13 倍多。显然，由观测月球来测定历书时比观测太阳要精确得多，而后正是采用这个方法。在我国的天文年历中列出了每年的 ΔT 值，1978 年采用的 $\Delta T = +50.0$ s。

这样，在求 1978 年世界时某时刻的太阳、月球或行星的位置时，只要先在该时刻上加上 50 s，就可得到相应的历书时时刻，即而从该年的天文年历中查取所需的数据。

1960 年至 1967 年，历书时是世界统一的计时系统，但到 1984 年其已完全被原子时所代替。

6.5.2 原子时

以地球的自转运动为基准建立的平太阳时和历书时的不均匀性使其已不能满足天文动力学、航天技术、地球物理学和大地测量学等对时间高稳定、高精度的要求。因此，为寻求更均匀的时间单位，人们把计量时间的尺度标准由宏观的地球运动规律转向微观世界的原子内部的电子运动规律。随着科学技术的发展，人们发现原子内部的运动比地球自转的稳定性高得多。每种元素的原子内部都有电子分布在一定的轨道上，并环绕着原子核旋转，当电子从一个轨道跳到另一个轨道（叫做跃迁）时，会放出或吸收电磁波。凡是电磁波都具有一定的振荡频率，对某种元素的原子，其电子在某两条确定的轨道之间跃迁时，放出的电磁波的振荡频率是一定的，而且极为稳定。所以可以用这种振荡频率来建立更均匀的时间标准，称其为原子时。

从 1958 年起，人们制成了原子钟，建立了原子时系统。1967 年第 13 届国际度量衡大会采用秒的新定义，以铯原子跃迁 9 192 631 770 周所经历的时间作为 1 s 的长度。取 1958 年 1 月 0 日作为起点，在这一天原子时的时刻与世界时的时刻非常接近。

原子时是用原子钟来表示的，其具有高度的稳定性。例如，美国国家航空航天局（NASA）采用氢标准控制的两台原子钟，其符合度为每天优于 3×10^{-14}。国际时间局（BIH）采用由来自 7 个国家的几十个原子钟组成的国际原子时系统，其称定度为 1×10^{-13}左右，即每天的误差为 10^{-8} s。我国陕西天文台所建立的原子时标，是以两台氢原子钟作基准，并由 3～6 台铷原子钟组成，其精度达到 5×10^{-12}。

6.5.3 协调世界时 UTC（Coordinated Universal Time）

原子时虽秒长均匀、稳定度很高，但其是个物理时而不是天文时，不能确定每天开始的 0 h 时刻。原子时秒长与世界时秒长不等，大约一年相差 1 s 左右，积累起来就会使原子时时刻偏离世界时的时刻。世界时 UT_1 虽含有长期、季节和不规则变化，秒长不均匀，但 UT_1 与地球自转紧密相联，而在天体测量、天文导航、航天测量、大地测量和研究地球自转等领域中仍需要精确的世界时 UT_1。为协调原子时与世界时的关系，建立了协调世界时 UTC。

根据国际无线电咨询委员会（CCIR）通过的关于 UTC 的修正案规定：

1）从 1972 年 1 月 1 日世界时 $UT_1=0$ h 开始，协调时的秒长采用 1967 年国际度量衡会议通过的原子时秒长，其累积的时刻与 UT_1 时刻之差保持在 0.9 s 之内，并用跳秒（闰）的方式来调整误差；

2）每年在时刻上用跳秒的方式进行一次或两次调整，每次必须调整一整秒。调整的时刻一般规定在 6 月 30 日或 12 月 31 日最后一秒。具体日期由国际时间局（BIH）在调整前两个月通知各国。

目前，世界各国均发播协调世界时 UTC 的时号作为国际时间系统。为了给使用 UT_1 的用户提供世界时 UT_1，规定在协调世界时发播中用特殊的标志（如加重秒信号）表示出 UT_1 与 UTC 之差值 DUT_1，但其精度仅为 0.1 s，而更精确的差值 DUT_1 则由国际时间局或授时台每月公布一次。我国授时部门现仍然采取同时发播 UTC 和 UT_1 的时号的方式。由 DUT_1 可得到精确的 UT_1

$$UT_1 = UTC + DUT_1 \tag{6-33}$$

6.6　历法简介

人们由昼夜交替现象，产生了“日”的概念，但为了计量更长的时间间隔，只有这一个单位是不够的。为了满足人类社会实际生活的需要，产生了依据有关天文现象建立比日更长的时间单位的需求，即“月”“年”的概念。自古以来，人类就选取了回归年作为计量长时间间隔的单位。以回归年为单位的时间计量系统，以及该系统在一年中计算日数和怎样选取起算点的方法，统称为历法。实际上，历法也就是规定年、月、日的分配法则。

一回归年包含 365.242 2 个平太阳日，所以年和日之间的关系并不像千克和克之间的关系那样简单。同时，年和日这两个单位是彼此无关的，其分别由两种不同的运动——地球的公转和自转——决定的。但是在历法中，一年必须包含整数个日，并称其为历年。随着人类社会的发展，历法也在不断地发展并日趋完善。从天文学观点来看，历法的历史其实就是使历年的平均长度逐渐接近回归年长度的历史。在历史上曾经形成了 3 种历法：太阴历、太阳历和阴阳历。下面分别进行讨论。

6.6.1 太阴历

这是人类历史上出现最早的历法，是根据月亮圆缺的周期定出的历法，即以月球绕地球一周的时间间隔为计量单位，并称其为月，12 个月组成 1 年。现在我们知道，月相变化的周期是 1 个朔望月，等于 29.530 6 个平太阳日，接近于 29.5 日。所以在太阴历中，有 6 个月包含 30 日，另外 6 个月包含 29 日，全年共 354 日。但 12 个朔望月共 354.367 1 个平太阳日，为了使平均历年的长度接近 12 个朔望月的长度，在太阴历中有的历年在第 12 个月末增加 1 天，该年共计 355 日，称其为闰年。

太阴历与季节交替没有关系，现在除了回历以外，早已弃置不用了。

6.6.2 太阳历

太阳历又叫阳历，是以太阳的周年视运动为依据，采用回归年作为基本周期，其起源于古代埃及。约在公元前 300 年，出于农业生产的需要，古埃及人发现了尼罗河泛滥与天象有某些关系（天狼星偕日升以后 2 个月尼罗河泛滥），因此特别注意太阳在一年中的高度以及日出、日没的时间和方位；同时还精密地观测天狼星、南河三等恒星的周年运动。结果发现太阳运行一年为 365.25 日，古埃及人就把一年定为 365 日。自此之后，经过不断的发展和改进，先后出现了儒略历和格里历。

(1) 儒略历

公元前 46 年，罗马帝国最高统治者儒略·凯撒改革了历法。他在埃及天文学家索息泽尼帮助下，为纠正历法的混乱作出了若干规定，并颁布了如下改历的命令：

1) 每年设有 12 个月，全年计 365 日；

2) 冬至后 10 日定为 Januarius 月的第一日，即是每年的岁首；

3) 从下一年起，每隔三年是一闰年，闰年计 366 日，多出的一天（闰日）放在 Februarius 月后。

这个新历后来被称为儒略历。儒略历已基本上具备了现行公历所具有的很多特点。在公元前，奥古斯都大帝（儒略·凯撒的侄子，名叫屋大维）把历法当作其私有物随意加以改动，将他自己出生的月份 Sextilis 改成他自已的称号 Augustus，并规定这一个月也要有 31 天。为了保持一年 365 天（闰年 366 天）的最初规定，他把 9 月以后的大小月全部加以对换，但仍然多了一天，故奥古斯都就决定在 Februarius 月份中扣去一天。这样，奥古斯都就使得儒略历全年各月的天数变为 31，28（闰年 29），31，30，31，30，31，31，30，31，30，31。这样的安排与现行公历各月的安排完全一样，如表 6-1 所示。

表 6-1　儒略历格式

月序	月名	日数
1	Januarius	31
2	Februarius	28（闰年 29）
3	Martius	31
4	Aprilis	30
5	Maius	31
6	Junius	30
7	Julius	31

续表

月序	月名	日数
8	Augustus	31
9	September	30
10	October	31
11	November	30
12	December	31

（2）格里历

回归年的实测值是365.242 2日，但儒略历平均每年的长度为365.25日，两者相差0.007 8日。换句话说，儒略历每经过128年就要与回归年相差一天。为了使历年的长度更接近于回归年，公元1582年罗马教皇格里高利十三世，采用了意大利业余天文学家利里奥的改历方案，改革了儒略历，后人称其为格里历。格里历一年分12个月，各月的天数与儒略历相同，并规定每4年置1闰年，凡年数能被4除尽的就是闰年，但在400年中要去掉3个闰年，为此规定世纪年只有当世纪数能被4除尽时才算闰年。例如，2100年、2200年和2300年都不算闰年，而2000年和2400年才算闰年。这样，格里历的平均年长度为（365×400+97）÷400＝365.242 5个平太阳日，这同回归年只相差0.000 3个平太阳日。要经过3300多年，两者才有1日之差，显然格里历比起儒略历精确多了。由于格里历的精度高，因此，先在欧洲，后在世界各国都陆续采用格里历，也就是现在通称的公历。为便于国际交往，我国于1912年也开始采用公历。

（3）岁首和纪元

岁首和纪元纯粹是人为规定的。岁首即全年的第一天，古罗马时，规定岁首在春分日，并且置于Martius月内。儒略·凯撒改历后，岁首被放在Januarius月的第一天。现行公历的岁首采用儒略·凯撒改历后定的岁首，这是公元325年尼其亚宗教会议上决定的，并一直沿用至今。纪元就是记录年代的一个起算点，在古代，自从人们有了年的概念后，就产生了纪年的方法和作为起算点的纪元的概念。在我国，早期曾用王位纪年法，即以某个皇帝上台那一年为第一年，之后按顺序记录。在西欧罗马帝国控制的广大地区内，也常用罗马建国或罗马统治者狄奥克列颠称帝时作为纪年的开始。狄奥克列颠纪元 241 年，一名基督教僧侣狄奥西尼提出，纪年应以所谓耶稣诞生作为纪元，据说耶稣诞生于狄奥克列颠纪元前 284 年。这一主张当时得到教会的大力支持，于是狄奥克列颠纪元前 284 年即耶稣诞生纪年为公元元年，这就是公历纪元的由来。

（4）星期纪日

公历中还有一种以 7 日为一周的纪日方法，就是星期。星期原来的意思是指星的日期。在古代巴比伦，星期每天都有专门名称，太阳、月亮、火星、水星、木星、金星和土星分别代表星期日、星期一、星期二、星期三、星期四、星期五和星期六。这样，若知道某天的代表星，就可以知道这天是哪一天了。直到今天，欧洲许多民族的语言中还保留着这种星期命名法：英语中有 3 个，Sunday（星期日）、Monday（星期一）、Saturday（星期六）；德语中有 2 个，Sonntag（星期日）、Montag（星期一）；法语中有 5 个，Lundi（星期一）、Mardi（星期二）、Mercredi（星期三）、Jeudi（星期四）、Vendredi（星期五）；在日语中全部保留下来，即日曜日、月曜日、火曜日、水曜日、木曜日、金曜日、土曜日。在日常生活中，有人习惯于把星期日叫做礼拜天，星期一叫做礼拜一等，其中“礼拜”是一个宗教词汇。

6.6.3　阴阳历

我国自有历史记载以来就采用了阴阳历，并且不断对其进行改进和发展，阴阳历是以朔望月作为 1 月。为使历年的平均长度接近于回归年，就要同时考虑朔望月和回归年这两个周期，并把两者协调起来。这样，阴阳历就兼有阴历和阳历的特点：一方面每个月都符合月亮盈亏的周期，另一方面每年都同季节交替的周期相差不多。

（1）节气

在阴阳历中，把一回归年分成 24 个节气，分别是：立春、雨水、惊蛰、春分、清明、谷雨、立夏、小满、芒种、夏至、小暑、大暑、立秋、处暑、白露、秋分、寒露、霜降、立冬、小雪、大雪、冬至、小寒、大寒。根据 24 节气可以断定农时节令，安排农业生产。

因此，阴阳历又称为农历。二十四节气是我国历法所独有的。节气是根据太阳的周年视运动而决定的，太阳在黄道上每运行 15°为一节气，本质上节气属于阳历。节气在古代本称为气，每个月内含有两个气，一般在前的一个叫做节气，后一个叫做中气。后人把节气和中气统称为节气。

（2）置闰法

在阴阳历中，同阴历一样，各月的日数有的是 30 日，有的是 29 日，分别叫做大月和小月，月的大小需经过推算才能决定。一年中有 12 个月，共计 354 日或 355 日。但回归年为 365.242 2 日，两者相差 11 日左右。为了使平均历年接近回归年，就必须设置闰年。该年内有 13 个月，共 384 日或 385 日。我国古代天文学家早在公元前 6 世纪（春秋时代）就发现了十九年七闰法，即在 19 个阴历年中加入 7 个闰月，就可同 19 个回归年的长度基本相等。19 年中共有 12×19＋7＝235 个朔望月，总日数为 29.530 6×235＝6 939.691 0 日；19 个回归年的总日数为 365.242 2×19＝6 939.601 8，两者仅差 0.089 2 日。这表明，按照十九年七闰法可把太阳和月亮的运动很好地协调起来。这样制定的阴阳历精度较高，与天象也符合得很好。

在西汉初期以前，都把闰月放在一年的末尾。随着历法系统的逐步精密，置闰的方法也有了新规定，即把不包含有中气的月份作为闰月，这个置闰规则至今仍在使用。两个节气或两个中气之间的平均长度为 365.242 2÷12＝30.436 9 日，而一个朔望月是 29.530 6 日，两者有近一天之差，因此中气在农历月份中的日期约逐月推迟一天。这样继续下去必定有的月份的中气正好落在该月的最后一天，使得在下一个月没有中气，没有中气的月份就是闰月。例如，1979年的农历6月30日为大暑，下一个月就没有中气，即这一年的闰六月。因此，闰月安置在哪里不是随心所欲的，必须经过严格的推算才能具体而准确地确定。

（3）干支纪年

在我国公布的日历上，除了公历日期和农历日期以外，还列有干支纪年。干支是我国人民用来纪年的一种方法，至今没有间断过。干支是天干和地支的合称。甲、乙、丙、丁、戊、己、庚、辛、壬、癸叫做十天干；子、丑、寅、卯、辰、巳、午、未、申、酉、戌、亥叫做十二支。由天干和地支可搭配成六十对干支（见表6-2），称为六十干支或六十花甲子。干支纪年在我国历史学中广泛使用，特别是近代史中很多重要历史事件的年代常用干支纪年表示，例如：甲午战争、戊戌变法、辛亥革命等。

表6-2　六十干支

1 甲子	2 乙丑	3 丙寅	4 丁卯	5 戊辰	6 己巳	7 庚午	8 辛未	9 壬申	10 癸酉
11 甲戌	12 乙亥	13 丙子	14 丁丑	15 戊寅	16 己卯	17 庚辰	18 辛巳	19 壬午	20 癸未
21 甲申	22 乙酉	23 丙戌	24 丁亥	25 戊子	26 己丑	27 庚寅	28 辛卯	29 壬辰	30 癸巳
31 甲午	32 乙未	33 丙申	34 丁酉	35 戊戌	36 己亥	37 庚子	38 辛丑	39 壬寅	40 癸卯
41 甲辰	42 乙巳	43 丙午	44 丁未	45 戊申	46 己酉	47 庚戌	48 辛亥	49 壬子	50 癸丑
51 甲寅	52 乙卯	53 丙辰	54 丁巳	55 戊午	56 己未	57 庚申	58 辛酉	59 壬戌	60 癸亥

（4）干支纪日

我国古代除了用干支纪年外，也用干支纪日，在甲骨文中就有大量的记载。干支纪日，从春秋时鲁隐公三年（公元前722年）二月已巳日起开始连续纪日，一直到清代宣统三年（公元 1911 年）止，共计有 2 600 多年的历史，这是迄今所知世界上最长的纪日资料。我国大量的科学技术史料都因干支纪日法的应用得以准确地保存下来。我国古代也有干支纪月和干支纪时法，不过主要采用的是地支。如，十一月称子月，正月称寅月；半夜称子时，日出称卯时等。

第 7 章　轨道原理

飞船由运载火箭发射进入轨道以后，其运动在本质上是地球引力作用下的惯性运动，那么这种运动遵循什么规律，又如何利用这种规律对飞船的运动进行观测和预报，这正是本章要讨论的问题。本质上，飞船的运动与自然天体的运动没有太大的差别，因此研究飞船的运动离不开经典天体力学的方法，本章就从天体力学基本知识出发，利用牛顿万有引力定律建立飞船在有心力场中的动力学方程，进而讨论与轨道特性有关的问题。

需要指出的是，飞船的运行轨道，因任务的要求还涉及轨道机动、轨道控制等问题，这些对自然天体是不存在的问题。

7.1　天体力学基本定律

天体力学是天文学中较早形成的一个分支学科，其主要研究天体的力学运动和天体的形状。其起初的研究对象是太阳系内的天体，并取得了较大的成就，以后的研究也包括少量的恒星系统。自 20 世纪 50 年代第一批人造卫星上天之后，人造天体也成为天体力学的研究对象。之后宇宙飞行的每一个新成就都证实了天体力学的理论和方法有效且正确，因此天体力学基本定律是研究航天器轨道运动的重要基础。本质上讲，天体力学基本定律就是一般力学的基本定律。

7.1.1　开普勒三大定律

17 世纪初，德国天文学家开普勒根据丹麦天文学家第谷·布拉赫多年观测积累的火星位置的精确观测数据，通过大量的理论计算与归纳总结，提出了具有划时代意义的开普勒三大定律。

1）第一定律：每个行星的轨道都位于包含太阳在内的固定平面轨道内，该轨道的形状是椭圆，太阳在椭圆的一个焦点上；

2）第二定律：行星与太阳的连线在相等的时间内扫过的面积相等；

3）第三定律：行星运动周期的平方与行星至太阳平均距离的三次方成正比。

开普勒三大定律是在前人大量观测数据基础上总结出来的，至今仍被广大天文工作者及从事航天事业的科技人员所应用。

7.1.2 牛顿万有引力定律

事实上，开普勒三大定律只说明行星运动的几何形式，要进一步深入理解，还需做出力学上的解释。大约经过了半个世纪，在若干基本的力学定律被阐明以后，牛顿首先完成了此项工作。牛顿的研究结果发表在1687年出版的《自然哲学的数学原理》一书中，在该书中牛顿除了发表其三大运动定律之外，还给出了著名的万有引力定律：

任何两个物体间均有一个相互吸引的力，这个力与它们的质量乘积成正比，与两物体间距离的平方成反比。

数学上把这一定律的矢量形式表示为

$$\boldsymbol{F} = -\frac{GMm}{r^2} \cdot \frac{\boldsymbol{r}}{r} \tag{7-1}$$

式中 $\boldsymbol{F}$——由于质量 M 引起的作用在质量 m 上的力；

$\boldsymbol{r}$——从 M 到 m 的矢量；

G——万有引力常数，其值为 $6.670 \times 10^{-11}\ \mathrm{N \cdot m^2/kg^2}$。

图7-1所示为质点 M 对 m 的引力，根据牛顿第三定律，物体间的作用总是相互的，质点 m 对 M 同样存在一个大小相等、方向相反的作用力。

天体虽然是庞大的，但其与天体之间的距离相比是非常小的，因此仍可将其视作质点来处理，因此，关于两质点之间的引力定律

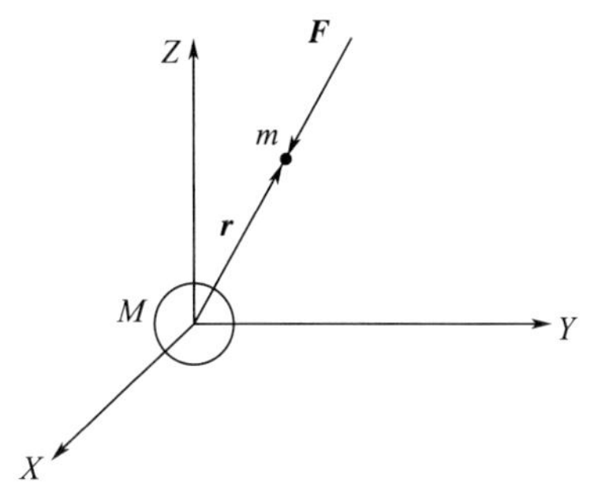

图 7-1　牛顿万有引力定律

完全适用于两天体之间。在计算行星对多个质量为 dm 的质点组成的集合体时，dm 质点相对于质点 m_1 的位置矢量是 $\boldsymbol{r}$，于是这两个质点之间的引力为

$$\mathrm{d}\boldsymbol{F} = -G\frac{m_1 \mathrm{d}m}{r^3}\boldsymbol{r} \tag{7-2}$$

行星与此物体 m_1 之间的总作用力 $\boldsymbol{F}$ 是在整个行星上对 d$\boldsymbol{F}$ 的表达式积分得到的。牛顿已证明，质量均匀分布的圆球或各层密度均匀的同心球层组成的圆球，可以当作质量集中于球心的质点来处理。当天体为质量分布不均匀的非球体时，其对另一物体的引力则不指向其中心，此时若仍以质心的引力定律来处理，则必然造成误差。

7.1.3　N 体问题

如何确定 n 个物体在其间的相互引力作用下运动是天体力学的一个经典问题。假设这些物体具有球形对称性，那么可将其看成点质量，并假设没有其他力作用在这些物体上。自牛顿以来，这个力学问题一直引起天文学家和数学家的注意，但对一般的 N 体问题还没有解析解，看来求得解析解的可能性极小。

在经典天文学中，N 体问题的典型例子有行星绕太阳的运动和恒星团中恒星的运动。飞船、地球卫星等航天器在其运动的任何给定时刻，均受到几个引力的作用，甚至还受其他的力，例如阻力、推力和太阳辐射压力等的作用，其运动本质上是由多个引力场所支配的，所以其动力学研究也涉及多体问题。

设由 n 个物体构成的系统，其中第 i 个物体 m_i 是航天器，我们将研究其运动情况。为了建立其运动方程，要先列出作用于 m_i 上的所有引力和其他外力矢量之和。各种引力均可以用牛顿万有引力定律来确定。火箭发动机工作时产生的推力、在大气层中飞行时存在的大气阻力以及太阳辐射产生的压力等在运动方程中也都必须考虑。此外，尚未提到的一个重要的力是由于行星的非球形而产生的附加作用力。地球实际上是梨形的，在两极处较扁平，在赤道处较凸出；月球在两极附近和赤道附近均为椭球状。前面章节已指出：牛顿万有引力定律仅适用于质量均匀分布的球状物体。因此，引力计算中的误差主要是由物体的形状造成的。对近地卫星而言，这一误差的数量级大致为 $10^{-3}\ g$。这个误差虽然很小，但其会导致一些用开普勒定律和牛顿理论无法预测的影响产生，如第 9 章将讨论的交点线退行和拱点线转动等效应。

分析运动离不开寻找一个适合描述运动的坐标系，假定存在着某个合适的坐标系 XYZ。在该坐标系内，N 个物体（质点）的位置矢量分别为 $\boldsymbol{r}_1$，$\boldsymbol{r}_2$，…，$\boldsymbol{r}_n$，如图 7－2 所示。

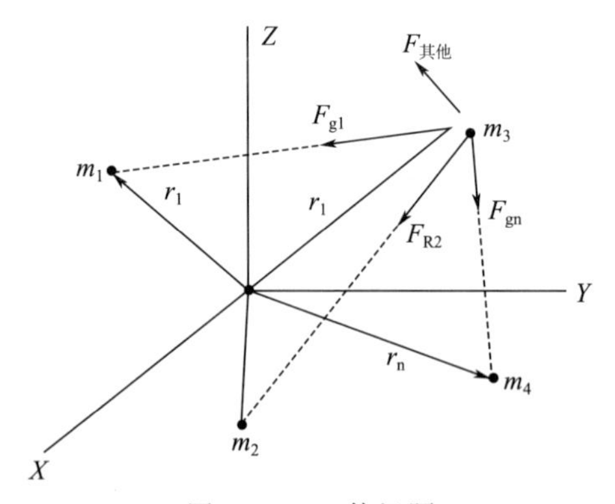

图 7－2　N 体问题

由牛顿万有引力定律知，第 j 个物体 m_j 作用在第 i 个物体 m_i

上的力为

$$\boldsymbol{F}=-\frac{Gm_i m_j}{r_{ji}^3}\boldsymbol{r}_{ji} \tag{7-3}$$

其中

$$\boldsymbol{r}_{ji}=\boldsymbol{r}_i-\boldsymbol{r}_j \tag{7-4}$$

作用在第 i 个物体上的所有引力的矢量和为

$$\boldsymbol{F}=-\frac{Gm_i m_1}{r_{1i}^3}\boldsymbol{r}_{1i}-\frac{Gm_i m_2}{r_{2i}^3}\boldsymbol{r}_{2i}-\cdots-\frac{Gm_i m_n}{r_{1i}^3}\boldsymbol{r}_{ni} \tag{7-5}$$

显然，式（7－5）中不包含 $j=i$，用求和符号简写式（7－5）得到

$$\boldsymbol{F}=-Gm_i\sum_{\substack{j=1\\ j\neq i}}^{n}\frac{m_j}{r_{ji}^3}\boldsymbol{r}_{ji} \tag{7-6}$$

图7－2中所示的其他外力 $\boldsymbol{F}_{其他}$ 包括阻力、推力、太阳辐射压力、由于地球的非球形造成的摄动力等。作用在第 i 个物体上的合力称为 $\boldsymbol{F}_{合}$，则

$$\boldsymbol{F}_{合}=\boldsymbol{F}+\boldsymbol{F}_{其他} \tag{7-7}$$

其中

$$\boldsymbol{F}=-Gm_i\sum_{\substack{j=i\\ j\neq i}}^{n}\frac{m_j}{r_{ji}^3}r_{ji}$$

$$\boldsymbol{F}_{其他}=\boldsymbol{F}_{阻力}+\boldsymbol{F}_{推力}+\boldsymbol{F}_{干扰}+\cdots$$

现在应用牛顿第二定律有

$$\frac{\mathrm{d}}{\mathrm{d}t}(m_i\boldsymbol{V}_i)=\boldsymbol{F}_{合} \tag{7-8}$$

把对时间的导数展开，得到

$$m_i\frac{\mathrm{d}\boldsymbol{V}_i}{\mathrm{d}t}+\boldsymbol{V}_i\frac{\mathrm{d}m_i}{\mathrm{d}t}=\boldsymbol{F}_{合} \tag{7-9}$$

如前所述，物体可能不断排出某些质量以产生推力，在这种情况下，式（7－9）左边第二项就不等于零。换言之，$\boldsymbol{F}=m\boldsymbol{a}$ 并非总是成立的，在空间动力学中尤其如此。改写式（7－9）就得出第 i 个物体的一般运动方程

$$\ddot{\boldsymbol{r}}_i=\frac{\boldsymbol{F}_{合}}{m_i}-\dot{\boldsymbol{r}}_i\frac{\dot{m}_i}{m_i} \tag{7-10}$$

式中　$\boldsymbol{r}$——第 i 个物体相对于坐标系 XYZ 的速度矢量；

$\ddot{\boldsymbol{r}}_i$——矢量加速度；

m_i、$\dot{m}_i$——第 i 个物体的质量及质量随时间的变化率（由于排出质量及与相对论有关的效应引起的）。

式（7-10）是一个二阶非线性矢量微分方程，很难求出解析解，因此要作简化假定。

假设第 i 个物体的质量保持不变（即无动力飞行 $\mathrm{d}m_i=0$），同时还假定阻力和其他外力也不存在。这样，唯一存在的力为引力，于是式（7-10）简化成

$$\ddot{\boldsymbol{r}}_i=-G\sum_{\substack{j=i\\ j\neq i}}^{n}\frac{m_j}{r_{ji}^3}\boldsymbol{r}_{ji} \tag{7-11}$$

要研究航天器相对地球的运动，必须建立 N 体问题的相对运动方程。

假定 m_2 为航天器，m_1 为地球，而余下的 m_3，m_4，…，m_n 可以是月球、太阳和其他行星。于是，对 $i=1$ 的情况，式（7-11）的具体形式为

$$\ddot{\boldsymbol{r}}_1=-G\sum_{j=2}^{n}\frac{m_j}{r_{j1}^3}\boldsymbol{r}_{j1} \tag{7-12}$$

对 $i=2$ 的情况，式（7-11）变成

$$\ddot{\boldsymbol{r}}_2=-G\sum_{\substack{j=1\\ j\neq 2}}^{n}\frac{m_j}{r_{j2}^3}\boldsymbol{r}_{j2} \tag{7-13}$$

由式（7-4）有

$$\boldsymbol{r}_{12}=\boldsymbol{r}_2-\boldsymbol{r}_1 \tag{7-14}$$

$$\ddot{\boldsymbol{r}}_{12}=\ddot{\boldsymbol{r}}_2-\ddot{\boldsymbol{r}}_1 \tag{7-15}$$

将式（7-12）、式（7-13）代入式（7-15）得

$$\ddot{\boldsymbol{r}}_{12}=-G\sum_{\substack{j=1\\ j\neq 2}}^{n}\frac{m_j}{r_{j2}^3}\boldsymbol{r}_{j2}+G\sum_{j=2}^{n}\frac{m_j}{r_{j1}^3}\boldsymbol{r}_{j1} \tag{7-16}$$

考虑到 $\boldsymbol{r}_{12}=-\boldsymbol{r}_{21}$，则上式展开后合并得

$$\ddot{\boldsymbol{r}}_{12}=-\frac{G(m_1+m_2)}{r_{12}^3}\boldsymbol{r}_{12}-\sum_{j=3}^{n}Gm_j\left(\frac{\boldsymbol{r}_{j2}}{r_{j2}^3}-\frac{\boldsymbol{r}_{j1}}{r_{j1}^3}\right) \tag{7-17}$$

式（7－17）就是航天器相对于地球运动的动力学方程。

式（7－17）中 $\ddot{\boldsymbol{r}}_{12}$ 是航天器相对于地球运动的加速度矢量，右边第一项是航天器与地球之间的引力加速度，第二项是太阳及其他行星对近地飞行航天器的引力加速度，该项加速度可视为其对航天器的摄动影响。

航天器在近地空间飞行时，其与地球之间的距离和其与月球、太阳、行星之间的距离相比是很小的，即 r_{12} 远小于 r_{j1}（或 r_{j2}）。这样，摄动影响与航天器和地球之间的引力相比很小，对于一阶近似情况，摄动影响就可以忽略。

7.1.4　二体问题

7.1.3 节已给出，航天器在近地空间运动时，主要受地球与航天器之间的引力支配，太阳、月球等对航天器的影响是非常小的。因此初步分析时，这些影响均可以忽略。于是问题就变成了二体问题。

与 N 体问题不同，二体问题有解析解，而且由于其解与实际物理状况非常接近，所以二体问题的解析解构成了天体力学的基础。在天体力学中，绝大多数的精确理论都取二体模型作为讨论的出发点，研究航天器的运动亦是如此。

现在可从式（7－17）中去掉摄动影响项，直接简化得到二体问题运动方程。为之后叙述方便，分别记地球和航天器的质量为 M 和 m，并引入一个原点在地心的不转动参考系 $OXYZ$（图 7－3），则 $\boldsymbol{r}$ 是航天器在该坐标系中的位置矢量，显然式（7－17）中的 $\boldsymbol{r}_{12}$ 可用 $\boldsymbol{r}$ 代替。于是航天器的运动方程为

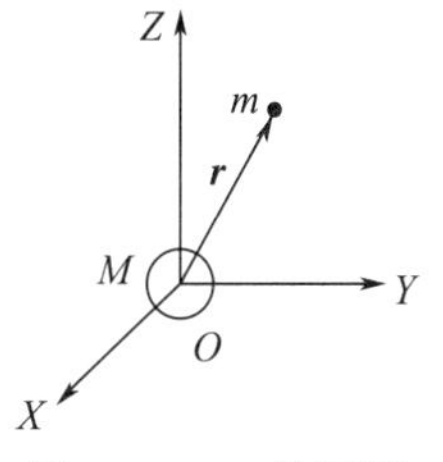

图 7－3　二体问题

$$\ddot{\boldsymbol{r}}=-G\frac{M+m}{r^{3}}\boldsymbol{r} \tag{7-18}$$

式中　G——万有引力常数。

考虑到航天器质量 m 远小于地球质量 M，故

$$G(M+m)\approx GM$$

定义引力参数 μ，令 $\mu=GM$。对地球来说，$\mu=3.986\ 012\times10^{5}\ \mathrm{km^{3}/s^{2}}$。

于是式（7-18）变为

$$\ddot{\boldsymbol{r}}+\frac{\mu}{r^{3}}\boldsymbol{r}=0 \tag{7-19}$$

这就是常见的二体运动方程，其是研究航天器轨道运动的基础。需要特别注意的是，二体问题隐含着对模型做了如下两个简化假设：

1）航天器和地球是质量均匀分布的球体，这样就可以把其看作是质量集中在中心上的质点；

2）除了沿两物体中心连线的作用力外，没有其他外力和内力作用。

7.1.5 运动常数

对二体运动方程（7-19）作简单的推导可知，其能量和角动量守恒，通常的说法是还存在两个运动常数，而进一步推导可还知存在一个拉普拉斯常矢量，称其为第三个运动常数。

（1）能量常数

用 $\boldsymbol{r}$ 与式（7-19）作点积，即可得出

$$\varepsilon=\frac{V^{2}}{2}-\frac{\mu}{r}=\text{常数} \tag{7-20}$$

式中　ε——比机械能；

$\frac{V^{2}}{2}$——航天器作为单位质量的动能；

$-\mu/r$——单位质量的势能。

由此得出结论：当航天器作为二体问题处理且沿着轨道运动时，航

天器的比机械能 ε（即单位质量的动能和单位质量的势能之和）既不增加也不减小，而是保持为常值。ε 的表达式为

$$\varepsilon = \frac{V^2}{2} - \frac{\mu}{r} \tag{7-21}$$

（2）角动量常数

用 $\boldsymbol{r}$ 叉乘式（7-19），有

$$\boldsymbol{r} \times \ddot{\boldsymbol{r}} + \boldsymbol{r} \times \frac{\mu}{r^3}\boldsymbol{r} = 0$$

因 $$\boldsymbol{r} \times \boldsymbol{r} = 0$$

可得 $$\boldsymbol{r} \times \ddot{\boldsymbol{r}} = 0$$

又因 $$\frac{\mathrm{d}}{\mathrm{d}r}(\boldsymbol{r} \times \dot{\boldsymbol{r}}) = \dot{\boldsymbol{r}} \times \dot{\boldsymbol{r}} + \boldsymbol{r} \times \ddot{\boldsymbol{r}} = \boldsymbol{r} \times \ddot{\boldsymbol{r}}$$

所以 $$\frac{\mathrm{d}}{\mathrm{d}r}(\boldsymbol{r} \times \dot{\boldsymbol{r}}) = 0$$

即 $$\frac{\mathrm{d}}{\mathrm{d}r}(\boldsymbol{r} \times \boldsymbol{V}) = 0$$

由此可见，矢量 $\boldsymbol{r} \times \boldsymbol{V}$ 必为一常矢量，记为 $\boldsymbol{h}$，称作比角动量。这样就证明了航天器的比角动量 $\boldsymbol{h}$ 沿其轨道为一常数，$\boldsymbol{h}$ 的表达式为

$$\boldsymbol{h} = \boldsymbol{r} \times \boldsymbol{V} \tag{7-22}$$

由矢量叉积的定义知，$\boldsymbol{h}$ 必定与包含 $\boldsymbol{r}$ 和 $\boldsymbol{V}$ 的平面正交，又因为 $\boldsymbol{h}$ 为一恒定矢量，所以 $\boldsymbol{r}$ 和 $\boldsymbol{V}$ 在航天器运动过程中必定总在同一个平面上。由此可得出结论：航天器的运动必限制在空间的一个固定平面内，此固定面称为轨道平面。

通过观察轨道平面内的矢量 $\boldsymbol{r}$ 和 $\boldsymbol{V}$ 及其间的角关系（见图 7-4），可以推出表示矢量 $\boldsymbol{h}$ 的另一个有用的表达式。航天器在空间任一点的位置以矢量 $\boldsymbol{r}$ 表示，即为当地垂线，当地水平面必定垂直于当地垂线。速度矢量 $\boldsymbol{V}$ 的方向由速度矢量与当地垂线间夹角 γ 确定，γ 称为天顶角。速度矢量与当地水平面的夹角 θ 称为航迹仰角，简称航迹角。由叉积的定义可得出 $\boldsymbol{h}$ 的大小为

$$\boldsymbol{h} = \boldsymbol{r}\boldsymbol{V}\sin\gamma \tag{7-23}$$

或者更为方便地以航迹角 θ 来表达 $\boldsymbol{h}$

$$\boldsymbol{h} = \boldsymbol{r}\boldsymbol{V}\cos\theta$$

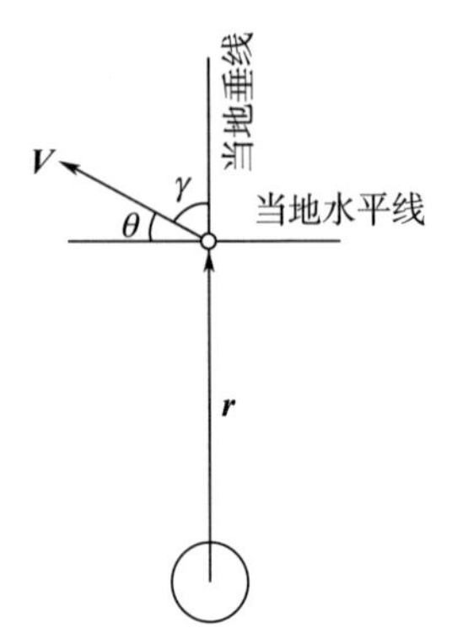

图 7-4　轨道平面与航迹角

(3) 拉普拉斯常矢量

用 $\boldsymbol{h}$ 叉乘式 (7-19)，得

$$\boldsymbol{h} \times \ddot{\boldsymbol{r}} + \boldsymbol{h} \times \frac{\mu}{r^3}\boldsymbol{r} = 0$$

经过简单推导，易得

$$\frac{\mathrm{d}}{\mathrm{d}t}(\dot{\boldsymbol{r}} \times \boldsymbol{h} - \mu \frac{\boldsymbol{r}}{r}) = 0$$

由此可见，存在拉普拉斯常矢量 $\boldsymbol{L}$，且

$$\boldsymbol{L} = \dot{\boldsymbol{r}} \times \boldsymbol{h} - \mu \frac{\boldsymbol{r}}{r} \tag{7-24}$$

容易证明

$$\boldsymbol{L} \cdot \boldsymbol{h} = 0$$

该式说明，矢量 $\boldsymbol{L}$ 垂直角动量 $\boldsymbol{h}$。而 $\boldsymbol{h}$ 又垂直轨道平面，由此推知 $\boldsymbol{L}$ 位于轨道平面上。

下面来进一步寻找 $\boldsymbol{h}$、ε 和 $\boldsymbol{L}$ 之间的关系。记 $\boldsymbol{L} = \boldsymbol{a}_1 + \boldsymbol{a}_2$，如图 7-5 所示。

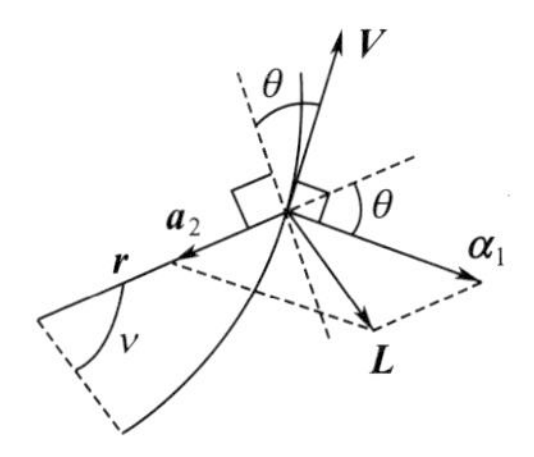

图7-5　拉普拉斯常矢量

其中 $$\boldsymbol{a}_1=\boldsymbol{h}\times\mathbf{V}$$

则 $$|\boldsymbol{a}_1|=hV$$

$$\boldsymbol{a}_2=-\mu\frac{\boldsymbol{r}}{r}$$

其方向如图7-5所示，$|\boldsymbol{a}_2|=\mu$。

应用余弦定理，并考虑 $h=rV\cos\theta$ 得

$$L^2=h^2V^2+\mu^2-2hV\mu\cos\theta$$

$$=\mu^2+2h^2\left(\frac{V^2}{2}-\frac{\mu V\cos\theta}{h}\right)=\mu^2+2\varepsilon h^2 \qquad (7-25)$$

7.2　轨道方程

飞船入轨以后的空间运动轨迹称为轨道，7.1节已得出了飞船相对于地球中心运动的基本微分方程，解此运动方程即可得到轨道方程。

7.2.1　运动方程的积分

由二体问题的运动方程知，存在一个拉普拉斯常矢量

$$\boldsymbol{L}=\mathbf{V}\times\boldsymbol{h}-\mu\frac{\boldsymbol{r}}{r} \qquad (7-26)$$

将此式与 $\boldsymbol{r}$ 作点积得

$$\boldsymbol{L}\cdot\boldsymbol{r}=(\mathbf{V}\times\boldsymbol{h})\cdot\boldsymbol{r}-\mu\frac{\boldsymbol{r}}{r}\cdot\boldsymbol{r}$$

利用矢量三重积公式

$$\boldsymbol{a}\cdot(\boldsymbol{b}\times\boldsymbol{c})=\boldsymbol{c}\cdot(\boldsymbol{a}\times\boldsymbol{b})=\boldsymbol{b}\cdot(\boldsymbol{c}\times\boldsymbol{a})$$

得

$$(\boldsymbol{V}\times\boldsymbol{h})\cdot\boldsymbol{r}=\boldsymbol{r}\cdot(\boldsymbol{V}\times\boldsymbol{h})=\boldsymbol{h}\cdot(\boldsymbol{r}\times\boldsymbol{V})=h^2$$

则

$$\boldsymbol{L}\cdot\boldsymbol{r}=h^2-\mu r \tag{7-27}$$

现设$\boldsymbol{L}$与$\boldsymbol{r}$之间的夹角为ν（见图7-5），于是式（7-27）变成

$$Lr\cos\nu=h^2-\mu r$$

解出r得

$$r=\frac{h^2/\mu}{1+L\cos\nu/\mu} \tag{7-28}$$

引用式（7-25）知

$$L=\sqrt{\mu^2+2\varepsilon h^2}$$

再记

$$e=L/u=\sqrt{1+\frac{2\varepsilon h^2}{\mu^2}} \tag{7-29}$$

$$p=h^2/\mu \tag{7-30}$$

则式（7-28）成为

$$r=\frac{p}{1+e\cos\nu} \tag{7-31}$$

这是圆锥曲线的一般方程，其中e为偏心率，p为半正焦距或半通径。由此可见，飞船的轨道方程是由极坐标表示的圆锥曲线，实际上这已证明了开普勒第一定律。

由式（7-31）可知，当$\nu=0$时，$\cos\nu=1$，此时r为最小，这就是说ν的基线是从引力中心至轨道最近点的连线。对引力中心而言，轨道的最近点被称为近地点（或称近心点、近拱点）；相应地，轨道的最远点被称为远地点（或称远心点、远拱点）。对于双曲线和抛物线轨道，远地点没有意义。

由此可见ν是$\boldsymbol{r}$与引力中心至近地点连线间的夹角，称其为真近点角。

很明显，$\boldsymbol{L}$指向近地点，由此可定义偏心率矢量$\boldsymbol{e}$

$$\boldsymbol{e}=\frac{\boldsymbol{L}}{\mu}=-\frac{\boldsymbol{h}\times\boldsymbol{V}}{\mu}-\frac{\boldsymbol{r}}{r} \tag{7-32}$$

或

$$\begin{aligned}\mu\boldsymbol{e}&=\boldsymbol{h}\times\boldsymbol{V}-\frac{\mu}{r}\boldsymbol{r}\\&=-(\boldsymbol{r}\times\boldsymbol{V})\times\boldsymbol{V}-\frac{\mu}{r}\boldsymbol{r}\\&=V^2\boldsymbol{r}-(\boldsymbol{r}\cdot\boldsymbol{V})\cdot\boldsymbol{V}-\frac{\mu}{r}\boldsymbol{r}\\&=\left(V^2-\frac{\mu}{r}\right)\boldsymbol{r}-(\boldsymbol{r}\cdot\boldsymbol{V})\cdot\boldsymbol{V}\end{aligned}$$

7.2.2 圆锥曲线的分类与特性

二体问题的解是圆锥曲线，所以应先对圆锥曲线有一个总的了解。

(1) 圆锥曲线的定义和分类

针对圆锥曲线，人们已认识和研究了几个世纪。之所以称为圆锥曲线，是其可以定义为平面和正圆锥的交线。图7-6所示为一两叶圆锥，若平面与其中的一叶（半锥）相交则截线是个椭圆，此时圆平面平行于锥底。若该平面除了仅与锥的一叶相交外，还平行于锥面上一直线，那么截线为抛物线。若平面垂直锥底与锥的两叶相交，则截线是双曲线，其有两个分支。此外，还存在退化圆锥曲线，

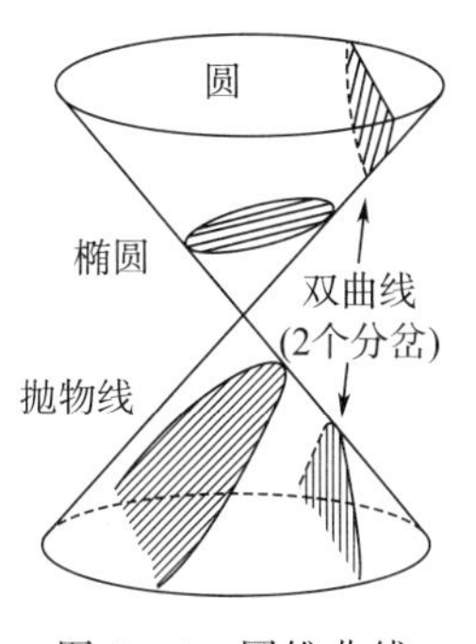

图7-6 圆锥曲线

其由一条或两条直线组成，甚至只有一个点，其是由平面过圆锥顶点得到的。

等价于上述几何定义，圆锥曲线的数学定义如下。圆锥曲线是圆或满足下述条件的动点的轨迹：动点至一给定点（焦点）的距离 r 与该动点到一给定线（准线）的距离 d 之比为一正常数 e（偏心率），如图 7－7 所示。

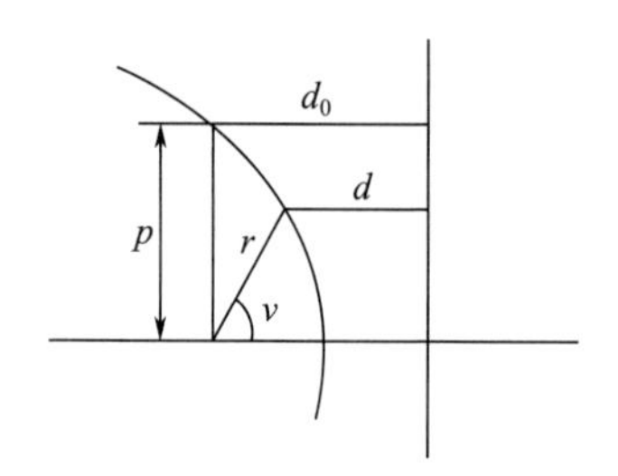

图 7－7　圆锥曲线的数学定义

由图 7－7 可知

$$d_0 = d + r\cos\nu$$

而

$$\frac{r}{d} \equiv e$$

则

$$p/d_0 = e$$

上式成为

$$p/e = r/e + r\cos\nu$$

解出 r 得

$$r = \frac{p}{1 + e\cos\nu}$$

这就是式（7－31）。式中 p 对应 $\nu = 90°$时的半径，是圆锥曲线的几何常数，称参数或半正焦距、半通径；常数 e 称为偏心率，其确定了式（7－31）表示的圆锥曲线的类型，如图 7－8 所示。

1） $e=0$ 时，为圆；

2） $0<e<1$ 时，为椭圆；

3） $e=1$ 时，为抛物线；

4） $e>1$ 时，为双曲线。

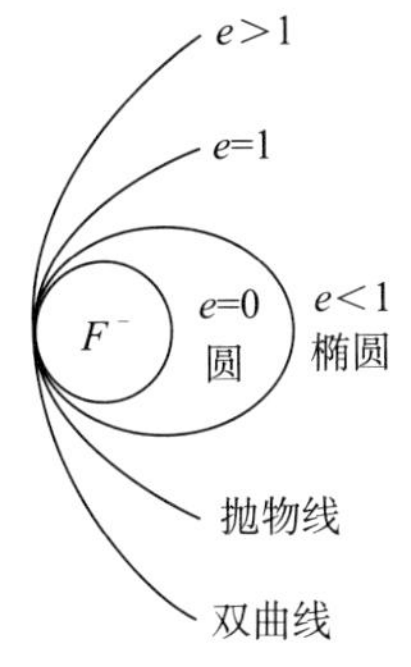

图 7－8　圆锥曲线分类

（2）圆锥曲线的特性

各种飞行器的轨道会涉及到各类型的圆锥曲线，故现在先讨论有关圆锥曲线的特性。

① 椭圆

椭圆也可以定义为到两焦点 F 和 F' 的距离之和等于常数的点的轨迹。这个常数等于两极点连线的长度，称为长轴，以 $2a$ 表示，如图 7－9 所示。

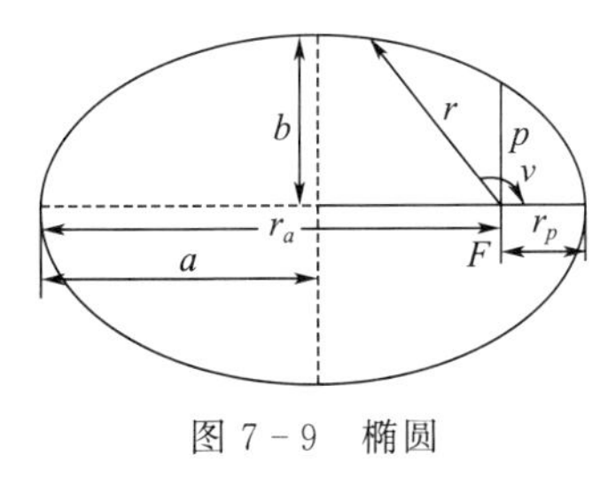

图 7－9　椭圆

近心距

$$r_p=\frac{p}{1+e} \tag{7-33}$$

远心距

$$r_a=\frac{p}{1-e} \tag{7-34}$$

半长轴

$$a=\frac{1}{2}(r_p+r_a)=\frac{p}{1-e^2} \tag{7-35}$$

焦距　$$2f=2a-2r_p=r_a-r_p=\frac{2pe}{1-e^2}=2ae \tag{7-36}$$

偏心率

$$e=f/a=\frac{r_a-r_p}{r_a+r_p} \tag{7-37}$$

半短轴

$$b=\sqrt{a^2-f^2}=a\sqrt{1-e^2} \tag{7-38}$$

当 $e=0$ 时，椭圆变成圆。

② 抛物线

当偏心率 $e=1$ 时，$\nu\to 180°$，则 $r\to\infty$，这说明圆锥曲线不再是一条有限的封闭曲线，只用近心距即可确定其几何特性

$$r_p=\frac{p}{2} \tag{7-39}$$

此时有

$$r=\frac{2r_p}{1+\cos\nu} \tag{7-40}$$

③ 双曲线

若 $e>1$，则圆锥曲线方程中右边的分母在 $\cos\nu=-\frac{1}{e}$ 处改变其正负号，而产生两个分支。其渐近线与两极点联线之间的夹角是 $\nu_a=\cos^{-1}\left(\frac{1}{e}\right)$，两极点的连线是长轴，如图 7-10 所示。

近心距

$$r_p=\frac{p}{1+e} \tag{7-41}$$

远心距 r_a 无意义。

半长轴

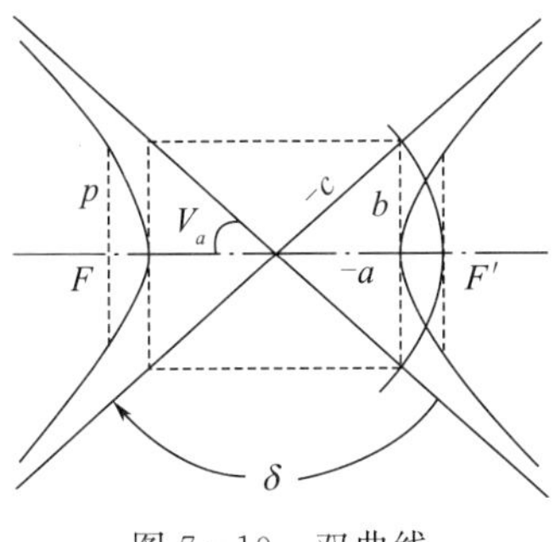

图 7-10　双曲线

$$a=\frac{p}{1-e^2} \tag{7-42}$$

焦距　　$2f=-2a+2r_p=-\frac{2pe}{1-e^2}=-2ae$

7.2.3　ε 和 h 与轨道几何参数的关系

由圆锥曲线的特性知，除了抛物线之外，所有的圆锥曲线均有

$$a=\frac{p}{1-e^2} \tag{7-43}$$

而由式（7-29）和式（7-30）得

$$e=\sqrt{1+\frac{2\varepsilon h^2}{\mu^2}}$$

$$p=h^2/\mu$$

代入式（7-43）得

$$a=\frac{h^2/\mu}{-2\varepsilon h^2/\mu^2}=-\frac{\mu}{2\varepsilon} \tag{7-44}$$

引入能量常数表达式（7-20）得

$$\varepsilon=\frac{V^2}{2}-\frac{p}{r}=-\frac{\mu}{2a} \tag{7-45}$$

由此可见，半长轴仅与质点每单位质量的总能量有关，即 a 只是 r 和 V 的函数。

改写式（7－45）得

$$V^2=\mu\left(\frac{2}{r}-\frac{1}{a}\right) \tag{7-46}$$

式（7－46）叫做活力积分。

从 $a=-\frac{\mu}{2\varepsilon}$ 或 $e=\sqrt{1+\frac{2\varepsilon h^2}{\mu^2}}$ 可得如下结论：

1）若 $\varepsilon<0$，则轨道为椭圆（$0<e<1$）；

2）若 $\varepsilon=0$，则轨道为抛物线（$e=1$）；

3）若 $\varepsilon>0$，则轨道为双曲线（$e>1$）。

注意：若角动量 $h=0$，则不论 ε 取何值，轨道都是一点或一直线，即退化圆锥曲线。用初始条件 r_0 和 V_0 来表示上述结论，则为

1）若 $V_0<\sqrt{\frac{2\mu}{r_0}}$，则轨道是椭圆（$V_0=\sqrt{\frac{\mu}{r_0}}$ 时，轨道为圆）；

2）若 $V_0=\sqrt{\frac{2\mu}{r_0}}$，则轨道是抛物线；

3）若 $V_0>\sqrt{\frac{2\mu}{r_0}}$，则轨道是双曲线。

由此可见，不断提高速度将逐步地使闭合的圆锥曲线变成为不闭合的圆锥曲线。这涉及有两个特征速度，即逃逸速度和环绕速度。

1）逃逸速度：为了永久地逃逸出引力场所需的最小速度叫做逃逸速度。显然，以抛物线轨道运行的物体，将一去不复返地飞向无穷远处，故

$$V_{\text{escape}}=\sqrt{\frac{2\mu}{r_0}} \tag{7-47}$$

对地球　　　　$V_{\text{escape}}=11.10\ \text{km/s}$

对月球　　　　$V_{\text{escape}}=2.375\ \text{km/s}$

2）环绕速度：维持圆轨道运动所需的速度叫环绕速度（圆周速度）。对圆轨道有 $e=0$，则

$$\frac{2\varepsilon h^2}{\mu^2}+1=0$$

又
$$\varepsilon = \frac{V_0^2}{2} - \frac{\mu}{r_0}$$
$$h = r_0 V_0 \cos\theta_0$$

则
$$\frac{2}{\mu^2}\left(\frac{V_0^2}{2} - \frac{\mu}{r_0}\right)(r_0 V_0 \cos\theta_0)^2 + 1 = 0$$

展开得
$$\left(\frac{r_0^2 V_0^4}{\mu^2} - \frac{2 r_0 V_0^4}{\mu}\right)\cos^2\theta_0 + 1 = 0$$

整理可得
$$\sin^2\theta_0 + \cos^2\theta_0\left(1 - \frac{r_0 V_0^2}{\mu}\right)^2 = 0$$

解此方程得
$$\theta_0 = 0,\ V_0 = \sqrt{\frac{\mu}{r_0}}$$

所以环绕速度
$$V_{\text{circle}} = \sqrt{\frac{\mu}{r_0}} \tag{7-48}$$

对地球
$$V_{\text{circle}} = 7.91\ \text{km/s}$$

对月球
$$V_{\text{circle}} = 1.679\ \text{km/s}$$

此外
$$V_{\text{escape}} = \sqrt{2}\,V_{\text{circle}}$$

7.2.4 轨道运动的一般特性

由前面章节的讨论知：

1）航天器的运动是在通过中心引力体引力中心的一个固定平面（轨道平面）上进行的；

2）运动轨道在该固定平面内是圆锥曲线，引力中心处在一个焦点上；

3）轨道方程为 $r = \dfrac{p}{1 + e\cos\nu} = \dfrac{h^2/\mu}{1 + e\cos\nu}$；

4）圆锥曲线中的速度 V 用活力积分表示为
$$V^2 = \mu\left(\frac{2}{r} - \frac{1}{a}\right)$$

为讨论运动的一般特性，常将速度 **V** 沿径向和周向分解（见图 7－11），从而得到径向速度 V_r、周向速度 V_ν 及航迹角 θ，为此先引入真近点角 ν 的角速度表达式。由角动量的定义可得

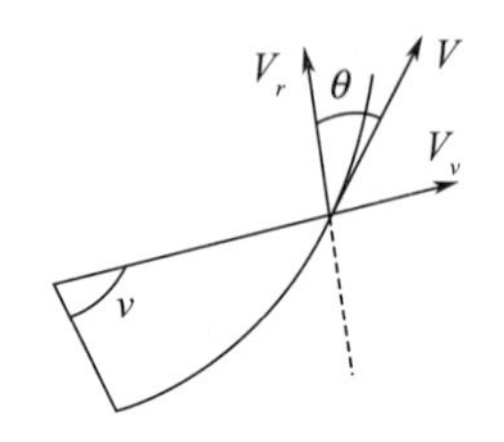

图 7－11 径向速度和周向速度

$$h = rV_\nu \tag{7-49}$$

而

$$V_\nu = r \cdot \frac{\mathrm{d}\nu}{\mathrm{d}t} \tag{7-50}$$

则

$$h = r^2 \cdot \frac{\mathrm{d}\nu}{\mathrm{d}t} \tag{7-51}$$

故

$$\frac{\mathrm{d}\nu}{\mathrm{d}t} = \frac{h}{r^2} = \frac{\sqrt{\mu p}}{r^2} \tag{7-52}$$

现在取式（7－31）对时间的微分，并引用式（7－52），则求得径向速度为

$$V_r = \frac{\mathrm{d}r}{\mathrm{d}t} = \frac{\mu}{h} e \sin\nu \tag{7-53}$$

由式（7－49）可求得周向速度为

$$V_\nu = \frac{h}{r} = \frac{\mu}{h}(1 + e\cos\nu) \tag{7-54}$$

航迹角 θ 可由下式求得

$$\tan\theta = V_r / V_\nu = \frac{e\sin\nu}{1 + e\cos\nu} \quad -90^\circ \leqslant \theta \leqslant 90^\circ \tag{7-55}$$

下面就可以来讨论各类型轨道运动的一般特性了。

（1）椭圆轨道

由式（7-53）～式（7-55）及活力积分，可以得到航天器在椭圆轨道上速度随位置变化的多个有用结论。在此只讨论其中一些最主要的结论。

1）在远心点 $r_a=\dfrac{p}{1+e}=a(1-e)$ 处，速度最小

$$V_a^2=\frac{\mu}{a}\frac{1-e}{1+e}=V_{ca}^2(1-e) \tag{7-56}$$

其中
$$V_{ca}=\sqrt{\frac{\mu}{a(1+e)}}$$

式中，V_{ca} 为远心点处的环绕速度，远心点处的速度比当地环绕速度小。

2）在近心点 $r_p=p/(1+e)$ 处，速度最大。

$$V_p^2=\frac{\mu}{a}\frac{1+e}{1-e}=V_{cp}^2(1+e) \tag{7-57}$$

其中
$$V_{cp}=\sqrt{\frac{\mu}{a(1-e)}}$$

式中，V_{cp} 为近心点的环绕速度，近心点速度总比当地环绕速度大。

3）径向速度 V_r 在轨道与正焦弦的交点 $\left(V=\pm\dfrac{\pi}{2}\right)$ 处出现极值

$$V_{r_{\text{extr}}}=\pm\frac{\mu}{h}e=\pm V_{c_{\text{extr}}}e \tag{7-58}$$

其中
$$V_{c_{\text{extr}}}=\sqrt{\frac{\mu}{p}}=\frac{\mu}{h}$$

式中，$V_{c_{\text{extr}}}$ 为轨道上该点的环绕速度。

4）在轨道与短轴的交点处航迹角达到极值。

令
$$\frac{\mathrm{d}}{\mathrm{d}\nu}(\tan\theta)=0$$

可解得

$$\theta_{\text{extr}} = \arctan\left(\frac{\pm e}{\sqrt{1-e^2}}\right) \tag{7-59}$$

易证该点就是轨道与短轴的交点，该点轨道速度 $V^2 = \frac{\mu}{a}$，即速度等于当地环绕速度，但方向不同。

5）椭圆轨道的周期。

由式（7－51）可得

$$\mathrm{d}t = \frac{r^2}{h}\mathrm{d}\nu \tag{7-60}$$

而由微积分知道，矢径转过角度 $\mathrm{d}\nu$ 时所扫过的面积微分

$$\mathrm{d}A = \frac{1}{2}r^2\mathrm{d}\nu \tag{7-61}$$

于是式（7－60）可改写为

$$\mathrm{d}t = \frac{2}{h}\mathrm{d}A \tag{7-62}$$

因为对于任何给定的轨道，其比角动量 $\boldsymbol{h}$ 是不变的，所以式（7－62）证明了开普勒第二定律中所述的“在相等的时间间隔内矢径所扫过的面积相等”。

在一个轨道周期内，矢径扫过整个椭圆，故对式（7－62）在一个周期内积分得

$$T_p = \frac{2\pi ab}{h} \tag{7-63}$$

式中　a——长半轴；

b——短半轴；

ab——椭圆的面积；

T_p——周期。

因

$$b^2 - a^2 - c^2 = a^2(1-e^2) - ap$$

而 $h = \sqrt{\mu p}$，所以

$$T_p = \frac{2\pi}{\sqrt{\mu}}a^{3/2} \tag{7-64}$$

由此可见，椭圆轨道的周期仅与长半轴的长度有关。同时此式也证明了开普勒第三定律所述的“周期的平方与平均距离的立方成正比”。因为 a 是近地点和远地点向径的平均值，所以其是航天器到主焦点的平均距离。

（2）圆轨道

圆是椭圆的特例，其偏心率 $e=0$，故对圆轨道来说，只需讨论环绕速度和环绕周期。

1）环绕速度

$$V_c=\sqrt{\frac{\mu}{r}} \tag{7-65}$$

2）环绕周期

$$T_c=2\pi\sqrt{\frac{r^3}{\mu}} \tag{7-66}$$

卫星在地球赤道上空刚好以一个恒星日为周期运行所沿的圆形轨道为其中一种特殊情况。如果其运动方向与地球的转动方向一致，则卫星将在赤道上空保持固定位置，即相对地面是静止的，这种卫星就是对地静止卫星（通信卫星）。注意不要把对地静止卫星与地球同步卫星混淆，后者只要求轨道周期为一个恒星日，即不一定是圆形轨道，其轨道平面也不要求是赤道平面。

（3）抛物线轨道

在活力积分中，令 $a\to\infty$ 可得到逃逸速度

$$V_{\mathrm{esc}}=\sqrt{\frac{2\pi}{r}} \tag{7-67}$$

故对于抛物线轨道，有 $e=1$ 且轨道任意一点处的速度等于当地逃逸速度。

将 $e=1$ 代入式（7-55），可得

$$\tan\theta=\frac{\sin\nu}{1+\cos\nu}=\frac{2\sin\frac{\nu}{2}\cos\frac{\nu}{2}}{2\cos^2\frac{\nu}{2}}=\tan\frac{\nu}{2}$$

根据定义，$-90°\leqslant\theta\leqslant 90°$，从而航迹角 θ 与 ν 的关系如下

$$\theta=\begin{cases}\dfrac{\nu}{2} & 0°\leqslant\theta\leqslant 180° \\ \dfrac{\nu}{2}-180° & 180°\leqslant\theta\leqslant 360°\end{cases}$$

（4）双曲线轨道

由式（7－53）～式（7－55）及活力积分可以得到双曲线轨道的一些最主要结论：

1）近心点处速度最大，$V_p=-\dfrac{\mu}{a}\dfrac{1+e}{e-1}=V_{cp}^2(e+1)$；

2）当 $r\rightarrow\infty$ 时速度最小，$V_\infty^2=-\dfrac{\mu}{a}$。

V_∞ 称为双曲超速，亦称双曲线过剩速度，于是

$$V^2=\mu\left(\frac{2}{r}-\frac{1}{a}\right)=V_{\mathrm{esc}}^2+V_\infty^2$$

即当地速度^2＝当地逃逸速度^2＋双曲超速^2。

7.2.5　正则单位

到目前为止，天文学家仍然不能精确地确定空间物体的距离和质量。一些基本量，如从地球到太阳的平均距离、月球的质量、月球到地球的平均距离以及太阳的质量等，都不十分精确。假设太阳的质量为 1 个质量单位，把地球到太阳的平均距离作为 1 个距离单位（称 1 个天文单位），则数学计算中就可以避开由于基本量不精确而带来的麻烦，所有其他的天体质量和距离都可以按这些假定的单位给出。天文学家称这种规范化的单位制为正则单位。

本书采用类似的规范化单位制，该单位制将以一个假想的圆参考轨道为基础。在进行行星际飞行时，即研究以太阳为中心的二体问题时，参考轨道是半径为 1 个天文单位（以 AU 表示）的圆轨道。对于以地球、月球或其他行星为中心引力体的问题，参考轨道为中心体表面外相切的圆轨道，如图 7－12 所示。

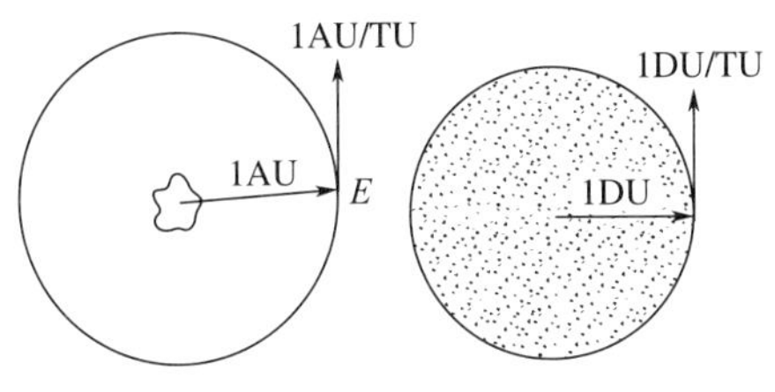

图 7 - 12　圆参考轨道

把距离单位定义为参考轨道的半径（记为 DU），时间单位（记为 TU）定义为使假想的参考轨道上飞行器速度为 1 DU/TU 的时间尺度，由此引出引力参数 μ 为 1 DU^3/TU^2。

例如，在研究绕地球运行的运动时，正则单位中的参考圆轨道是以地球平均最大半径 6 378.145 km 为半径的圆，因此 1 个长度（距离）单位即为 6 378.145 km。在此参考圆轨道上，航天器的速度为 7.905 km/s。圆轨道的长度为 $2\pi r$，运行一周的周期 $T=\dfrac{2\pi r}{V_2}=2\pi\left(\dfrac{R}{V_1}\right)$。在上述情况中，$r=1$ DU，$V=1$ DU/TU，则周期为 2π 个 TU。所以 TU 的时间尺度应为

$$1\ \mathrm{TU}=\frac{R}{V_1}=\frac{6\ 378.145}{7.905\ 382\ 8}=806.811\ 874\ 4(\mathrm{s})$$

由式（7 - 48）可知

$$\mu=RV_1^2=6\ 378.145\times7.905\ 382\ 8^2=3.980\ 12\times10^3(\mathrm{km^3/s^2})$$

对于其他星体或太阳，同样可以算出这些单位的实际尺度。

为了应用方便，下面将地球与太阳的正则单位与公制单位的对应关系列于表 7 - 1 中。

表 7 - 1　正则单位与公制单位换表

地心坐标系	正则单位	公制单位
平均赤道半径 r	1DU	6 378.145 km
时间单位	1DU	806.811 874 4 s

续表

地心坐标系	正则单位	公制单位
速度单位	1DU/TU	7.905 368 28 km/s
引力参数 μ	$1DU^3/TU^2$	$3.986\ 12\times10^3\ km^3/s^2$
角速度 ω	0.058 833 656 5 rad/TU	$7.292\ 115\ 858\times10^{-2}$ rad/s
日心坐标系		
地球到太阳的平均距离	1AU	$1.495\ 996\times10^8$ km
时间单位	1TU	$5.022\ 675\ 7\times10^8$ s (58.132 821 d)
速度单位	1AU/TU	29.784 825 km/s
引力参数 μ	$1AU^3/TU^3$	$1.327\ 154\times10^{11}\ km^2/s$

7.3 飞船沿轨道运动条件与规律

到目前为止，所有从地面上发射的航天器都离不开运载火箭的推进作用。因此航天器能不能按要求的轨道运行，首先取决于运载火箭末级发动机工作完毕、飞船与运载火箭分离瞬间所处的位置及速度。通常，飞船与末级火箭分离的瞬间叫做入轨起始时刻，对应轨道上的点称为入轨点，此时飞船的位置与速度组成了一套入轨点参数。因此，欲讨论飞船沿轨道运动的条件与规律，只要讨论入轨点参数就可以了。

7.3.1 轨道几何参数与航天器入轨点运动参数的关系

发射一个航天器，要求其按给定轨道运动，则其在入轨点的运动参数应满足什么条件呢？为了回答这个问题，首先需说明轨道几何参数与入轨点运动参数的关系。设入轨点运动参数都以脚注 k 来表示，则入轨点运动参数分别为 r_k、V_k 和 θ_k，如图 7－13 所示。由于入轨点是圆锥曲线轨道上的一点，则有

$$h_k = r_k V_k \cos\theta_k$$

$$\varepsilon_k = \frac{V_k^2}{2} - \frac{\mu}{r_k}$$

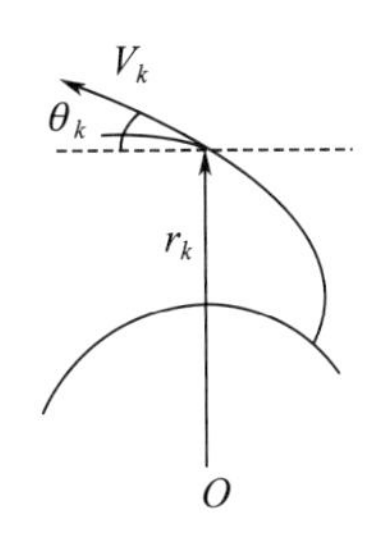

图 7-13　入轨点参数

代入有关公式得

$$e=\sqrt{1+\frac{2\varepsilon_k h_k^2}{\mu^2}}=\sqrt{1+\frac{V_k^2}{\frac{\mu}{r_k}}\left(\frac{V_k^2}{\mu/r_k}-2\right)\cos^2\theta_k} \tag{7-68}$$

$$p=\frac{h_k^2}{\mu}=r_k\frac{V_k^2}{\mu_k/r_k}\cos^2\theta_k \tag{7-69}$$

$$a=-\frac{\mu}{2\varepsilon_k}=-\frac{r_k}{\left(\frac{V_k^2}{\mu/r_k}-2\right)} \tag{7-70}$$

引入一个重要参数 γ_k

$$\gamma_k=\frac{V_k^2}{\mu/r_k} \tag{7-71}$$

γ_k 是一个无因次量，称为能量比，表示运载火箭将航天器送到入轨点时航天器具有的动能的 2 倍与航天器由入轨点移至无穷远点的势能增量之比。将 γ_k 代入式（7-68）～式（7-70）得

$$e=\sqrt{1+\gamma_k(\gamma_k-2)\cos^2\theta_k} \tag{7-72}$$

$$p=r_k\gamma_k\cos^2\theta_k \tag{7-73}$$

$$a=-\frac{r_k}{(\gamma_k-2)} \tag{7-74}$$

由式（7-72）～式（7-74）可知，给定了入轨点参数，即确定了轨道的类型及大小；反之，若给定了运动轨道，由以上诸式即可确定入轨点参数应满足的条件，从而确定运载火箭及其制导、控

制系统的要求。

7.3.2 入轨点参数应满足的条件

一般来说，飞船是围绕地球运行的（登月飞行除外），故其运动主要涉及绕中心引力体（地球）的圆轨道运动和椭圆轨道运动。由7.2节讨论已知：$e=0$对应圆轨道，$0<e<1$对应椭圆轨道，根据简单分析就可得绕中心引力体的圆轨道运动和椭圆轨道运动的入轨条件：

1）对于圆轨道运动

$$y_k=1 \qquad \theta_k=0 \tag{7-75}$$

2）对于椭圆轨道运动

$$y_k<2 \qquad r_{\min}>R_E \tag{7-76}$$

但这能否作为飞船入轨作绕地运动的判据呢？答案是否定的。事实上，式（7－75）和式（7－76）只是在理论上保证圆轨道与椭圆轨道不与地球相交，并没有考虑地球的实际存在状况。地球周围包围着一层厚厚的大气，即使在离地面100 km、大气已很稀薄（只有地面的$1/10^6$）的高空，由于飞船运动速度很大，空气阻力的影响仍不能忽视。飞船的运动速度由于受空气阻力的作用而逐渐降低，因而不能较长时间绕地球运动，只能落回地面。若要使飞船可长时间绕地飞行，就必须使其运行在离地面一定高度之上。这一高度被称为生存高度，记为h_L。生存高度一般取为180～200 km。所以要飞船满足任务要求则必须满足

$$r_p \geqslant r_L=R_E+h_L \tag{7-77}$$

近地点（近拱点）距离r_p是由入轨点参数确定的，因此可根据式（7－77）所述关系确定入轨点参数r_k、V_k和θ_k应满足的条件。

（1）r_k应满足的条件

入轨点是椭圆轨道上的一个点

故

$$r_k \geqslant r_p \geqslant r_L$$

即

$$r_k \geqslant r_L \tag{7-78}$$

（2）θ_k 应满足的条件

因为要求 $r_p \geqslant r_L$，故由

$$r_p = \frac{p}{1+e} \geqslant r_L$$

可得

$$\frac{r_k \gamma_k \cos^2\theta_k}{1+\sqrt{1+\gamma_k(\gamma_k-2)\cos^2\theta_k}} \geqslant r_L$$

经变换整理可得 θ_k 应满足的关系式

$$\cos\theta_k \geqslant \frac{r_L}{r_k}\sqrt{1+\frac{2\mu}{V_k^2}\left(\frac{1}{r_L}-\frac{1}{r_k}\right)} \tag{7-79}$$

（3）γ_k 应满足的条件

由式（7-79）可以看出，当入轨点速度 V_k 减小时，$\cos\theta_k$ 将增大，即 θ_k 减小。在发射航天器时，希望发射过程消耗能量尽量小，即希望 V_k 尽量小。很显然，V_k 减小的极限是 $\theta_k \to 0$，即 $\cos\theta_k = 1$。由此可得

$$\frac{r_L}{r_k}\sqrt{1+\frac{2\mu}{V_k^2}\left(\frac{1}{r_L}-\frac{1}{r_k}\right)} \leqslant 1$$

从而可以解得

$$V_k^2 \geqslant \frac{2\mu r_L}{r_k(r_k+r_L)}$$

或写成

$$\gamma_k \geqslant \frac{2}{1+\dfrac{r_k}{r_L}} \tag{7-80}$$

综上所述，在主动段终点时，运载火箭运送的载荷，只有运动参数 r_k、V_k 和 θ_k 满足条件式（7-78）～式（7-80），飞船才可能绕地飞行或变成行星际飞行器。

同样的讨论也适合卫星、导弹等飞行器，可根据以上条件画出

主动段终点参数 r_k、V_k 和 θ_k 的关系图。其中属于导弹、地球卫星或行星际飞行器的区域图如图 7-14 所示。

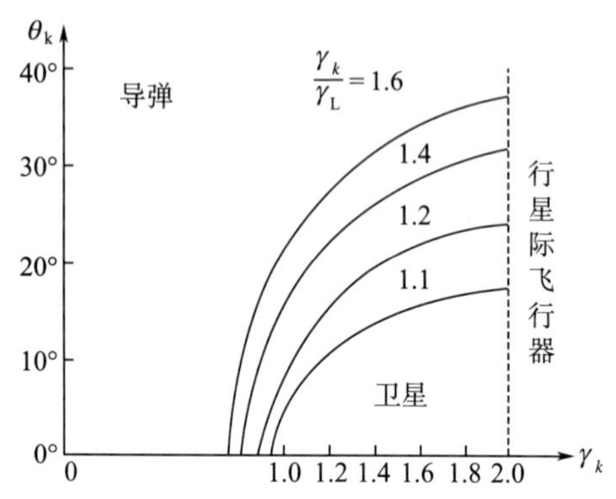

图 7-14 导弹、地球卫星、行星际飞行器参数界限

7.4 基本轨道要素及其与位置和速度矢量的关系

通过前面的分析知道，作为二体问题的飞船绕地球运动时其轨道的类型及其特性，轨道平面的位置与方位，又是如何度量轨道在空间的大小、形状、方位及飞船所处的瞬时位置呢？一般的做法是引入轨道要素的概念。为此，本节先引入必要的坐标系，然后定义几个轨道要素，并建立基本轨道要素及其与位置和速度矢量的关系。

7.4.1 坐标系

描述轨道的第一步是找到一个合适的惯性参考系，有关概念已在第 3 章天球坐标系及其变换中建立，在此直接建立几个常用的坐标系。

(1) 日心黄道坐标系

为了描述行星的位置或行星际航天器的运动，把太阳取作参考系的原点是比较方便的。黄道平面取作此坐标系的 $O_sX_sY_s$ 平面；黄道平面与天赤道面的交线取为 O_sX_s 轴的方向，此方向为每年春天的第一天太阳和地球中心连线的指向，即春分点方向；O_sZ_s 轴垂直于 $O_sX_sY_s$ 平面构成右手系，如图 7－15 所示。

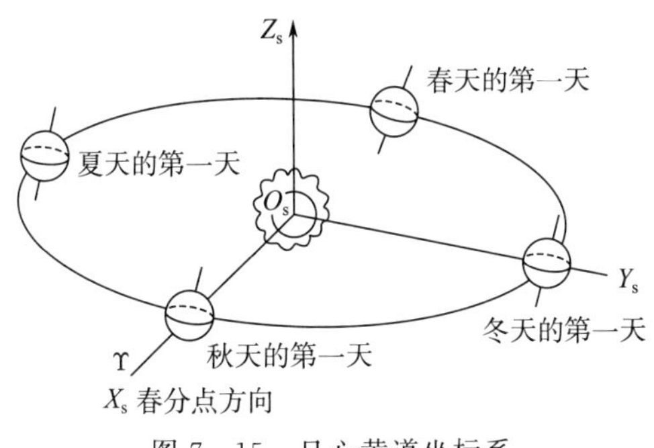

图 7－15　日心黄道坐标系

在此虽然没有说明，但实际上已作了这样的假定：作为惯性坐标系基准点的春分点 ♈ 在天球上的位置是固定不动的。然而第 3 章中已指出：地球的质量分布不是球对称的，其结果导致在太阳和月球引力作用下地球自转轴进行缓慢的进动和章动，并因此引起地球赤道平面的方位在变动；其次，地球与其他行星的相互作用也引起黄道面方位的变化。由于以上原因，天（地）球赤道平面与黄道平面的交线在缓慢漂移，春分点以每年大约 $0.8'$ 的速度在天球上移动，而赤黄交角 ε 每年大约减小 $0.5''$。因此日心黄道坐标系实际上并不是惯性坐标系。但由于漂移值很小，所以通常该坐标系是可以作为惯性系使用的；若需要特别精确时，应注明所用的 $O_sX_sY_sZ_s$ 坐标是根据哪一特定年份的春分点方向建立的。

（2）地心赤道坐标系

对于飞船绕地球的运动，选取一个与地心相连的坐标系来描述是方便的。该坐标系的原点与地心固连，赤道平面取为基准面，OX 轴指向春分点，OY 轴在赤道平面内由 OX 向东转 90°，OZ 轴垂直赤道面指向北极。如图 7－16 所示。此坐标系不是与地球固连、跟随地球旋转的坐标系，其相对恒星是不旋转的，而地球相对恒星是旋转的。

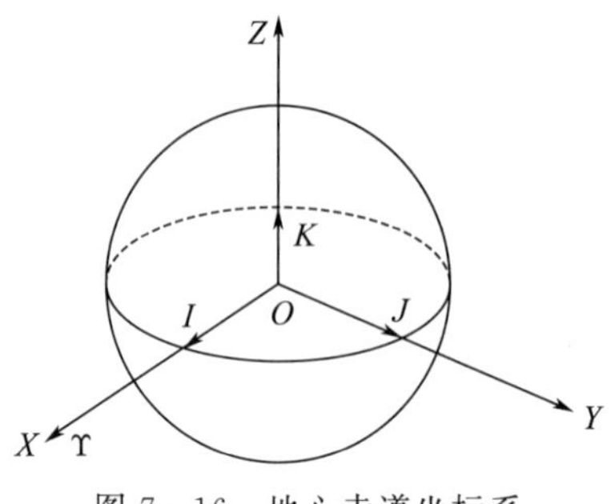

图 7-16　地心赤道坐标系

此坐标系是不旋转坐标系，但不是惯性坐标系，因为坐标原点 O 随地球绕太阳运动，但研究飞船绕地球运动时视其为惯性坐标系。

（3）近焦点坐标系

在二体问题中，物体运动的轨道是椭圆，而且该椭圆在惯性空间中是固定的。因此，在此平面内建立一个惯性坐标系来描述物体的运动将是最方便的。此坐标系称为近焦点坐标系，以 $FX_\omega Y_\omega Z_\omega$ 表示。坐标原点取在椭圆的主焦点 F 上，FX_ω 指向近地点，在轨道平面内沿物体运动方向从 FX_ω 轴转 90°得到 FY_ω 轴，FZ_ω 轴沿比角动量 $\boldsymbol{h}$ 方向。其构成了右手坐标系的近焦点坐标系，各方向的单位矢量分别以 $\boldsymbol{P}$、$\boldsymbol{Q}$ 和 $\boldsymbol{W}$ 表示，如图 7-17 所示。

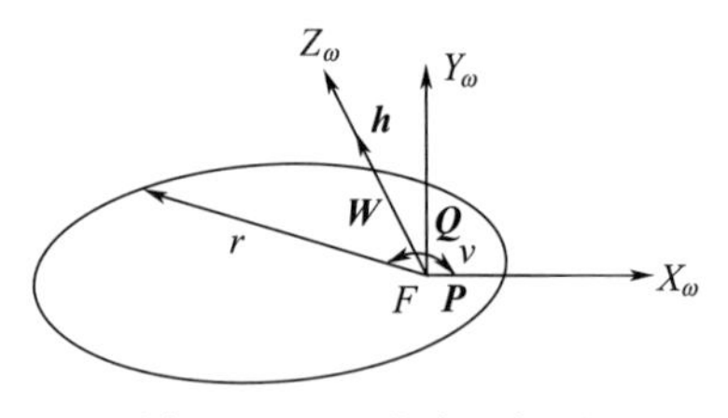

图 7-17　近焦点坐标系

在描述日心轨道时，可将相同的定义应用于 $O_sX_sY_sZ_s$ 坐标系。

7.4.2　基本轨道要素

前面章节已指出，对于二体问题，物体绕中心引力体的运动是在固定平面（轨道平面）内进行的。因此，在以中心引力体为原点的惯性参考系中，确定轨道平面的方位需要 2 个角度；确定圆锥曲线轨道的形状和大小各需要 1 个参数，即偏心率 e 及半长轴 a；确定圆锥曲线在轨道平面中的方位仍需 1 个角参数；综上所述，用 5 个独立的参数就完全可以确定轨道的大小、形状和方位。但为了指出物体每一瞬时在轨道上的位置，还需要另外一个参数。因此，确定物体的轨道运动共需 6 个参数，这 6 个参数称为基本轨道要素，天体力学中称为经典轨道要素或轨道根数。

基本的 6 个轨道要素在地心赤道坐标系内的定义如下：

1）a——半长轴，确定圆锥曲线轨道大小的参数；

2）e——偏心率，确定圆锥曲线轨道形状的参数；

3）i——轨道倾角，其是地心赤道平面（或天赤道面）与轨道平面的夹角，即单位矢量 $\boldsymbol{K}$ 与 $\boldsymbol{h}$ 的夹角；

4）Ω——升交点赤经，其是飞船由南朝北穿过基准面的点（升交点）矢径与基准面内单位矢量 $\boldsymbol{I}$（指向春分点）间的夹角，在北半球看由 $\boldsymbol{I}$ 反时针方向转到升交点为正；

5）ω——近地点角距，其是在轨道平面内升交点和近地点间的转角，按飞船运动方向计量；

6）τ——飞船在近地点的时刻。

以上前 5 个基本轨道参数如图 7 - 18 所示。

基本轨道要素并不是唯一的，只要能确定轨道的大小、形状和方位的独立参数都可以作为基本轨道要素。如人们也常用半通径 p 代替长半轴 a，因为已知 e 和 p 也就确定了 a。

过近地点时刻 τ，可以用下述几个量中的任何一个代替，并足以确定飞船在时刻 t_0 的位置。

1）ν_0——特定时刻的真近点角。其在飞船轨道平面内是近地点与飞船在某一特定时刻 t_0 的位置间的夹角；

2）u_0——特定时刻的升交点角距。其在轨道平面内是升交点（若存在）与特定时刻 t_0 时的矢径 $\boldsymbol{r}_0$ 间的夹角。若 ω 与 ν_0 均有定义，则

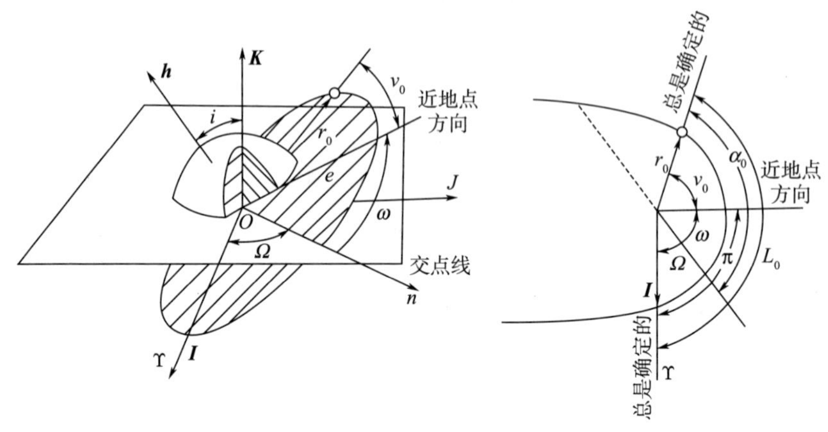

图 7-18　基本轨道示意图

$$u_0 = \omega + \nu_0 \tag{7-81}$$

若升交点不存在（如赤道轨道），则 ω 与 u_0 均无定义。

对于地球卫星轨道，有所谓顺行轨道和逆行轨道。顺行是指向东运动，如地球绕太阳，所有行星的运行轨道及月球绕地球等都是这个方向的；逆行就是与顺行相反的方向。由图 7-18 可见，轨道平面倾角 i 在 0～90°之间时为顺行轨道，倾角在 90°～180°之间时为逆行轨道。

7.4.3　轨道要素同位置和速度矢量的关系

至此，飞船绕地球运行的瞬间位置和速度可用如下 3 组参数描述：

1）直角坐标及其速度分量（r_I，r_J，r_K），（V_I，V_J，V_K）；

2）球坐标及其速度分量（r，α，δ），（V，Θ，A）；

3）基本轨道要素（a，e，i，Ω，ω，τ）。

这 3 组参数之间均有一一对应的关系。但从某种意义上看，最后一组参数与前两组参数完全不同：该 6 个轨道要素在运动期间，前 5 个是常数。这样，由某一特定时刻 t_0 的位置和速度可以确定这一特定时刻的轨道要素；由于轨道要素是常值，所以在任意时刻 t 取同样的值，然后用逆变换就可以求得其在 t_0 时刻的位置与速度矢量。

上述 3 组参数之间的变换必须有 6 组变换关系式，这些关系式不难建立。在此只建立轨道要素与直角坐标及其速度分量之间的变换式。

（1）由 r 和 V 决定轨道要素

假定在某一特定时刻 t_0，地面雷达站测得了航天器相对于地心赤道坐标系的位置和速度矢量，现在的问题是如何根据已知量求出基本轨道要素。

仔细观察图 7－18 可知，地心赤道坐标系的 $\boldsymbol{I}$、$\boldsymbol{J}$、$\boldsymbol{K}$ 的方向是确定的，偏心率矢量 $\boldsymbol{e}$ 在式（7－32）中已给出其与 $\boldsymbol{r}$、$\boldsymbol{V}$ 之间的关系，而 i 是 $\boldsymbol{K}$ 与 $\boldsymbol{h}$ 的夹角，Ω 是 $\boldsymbol{I}$ 与 $\boldsymbol{n}$ 的夹角，ω 是 $\boldsymbol{n}$ 与 $\boldsymbol{e}$ 的夹角，因此只要计算出比角动量 $\boldsymbol{h}$ 和交点线方向 $\boldsymbol{n}$，即可确定 i，Ω 和 ω；而半长轴 a 通过 e 和 h 即可算出，因而第一步应确定 $\boldsymbol{h}$、$\boldsymbol{n}$ 和 $\boldsymbol{e}$ 这三个矢量。

① 三个基本矢量——$\boldsymbol{h}$，$\boldsymbol{n}$ 和 $\boldsymbol{e}$

比角动量矢量

$$\boldsymbol{h}=\boldsymbol{r}\times\boldsymbol{V} \tag{7-82}$$

可表示为

$$\boldsymbol{h}=\begin{vmatrix}\boldsymbol{I} & \boldsymbol{J} & \boldsymbol{K}\\ r_I & r_J & r_K\\ V_I & V_J & V_K\end{vmatrix}=(r_J V_k-r_K V_J)\boldsymbol{I}+(r_K V_I-r_I V_K)\boldsymbol{J}+$$

$$(r_J V_k-r_I V_J)\boldsymbol{K}$$

$$=h_I\boldsymbol{I}+h_I\boldsymbol{J}+h_I\boldsymbol{K} \tag{7-83}$$

$\boldsymbol{h}$ 是垂直于 $\boldsymbol{r}$、$\boldsymbol{V}$（即轨道平面）的矢量，$\boldsymbol{K}$ 是垂直于赤道平面的矢量，明确这点是十分重要的。而 $\boldsymbol{n}$ 是沿轨道平面与赤道平面的交线由原点指向升交点方向的单位矢量，所以 $\boldsymbol{n}$ 在赤道平面内垂直于 $\boldsymbol{K}$，同时其又是在轨道平面内垂直于 $\boldsymbol{h}$ 的矢量。由图 7－18 可知，升交点矢量 $\boldsymbol{n}$ 为

$$\boldsymbol{n}=\mathbf{K}\times\boldsymbol{h} \tag{7-84}$$

因而

$$\boldsymbol{n}=\begin{vmatrix}\boldsymbol{I} & \boldsymbol{J} & \mathbf{K}\\ 0 & 0 & 1\\ h_I & h_J & h_K\end{vmatrix}=-h_J\boldsymbol{I}+h_I\boldsymbol{J} \tag{7-85}$$

偏心率矢量 $\boldsymbol{e}$ 已由式（7－32）给出

$$\boldsymbol{e}=\frac{1}{\mu}\left[\left(V^2-\frac{\mu}{r}\right)\boldsymbol{r}-(\boldsymbol{r}\cdot\mathbf{V})\mathbf{V}\right] \tag{7-86}$$

其是由主焦点指向近地（拱）点的矢量，大小正好等于轨道的偏心率。

② 轨道要素的求解

有了 $\boldsymbol{h}$，$\boldsymbol{n}$ 和 $\boldsymbol{e}$ 3 个矢量的表达式，就可以很容易地求得基本轨道要素。相关关系如下

$$\begin{cases}e=|\boldsymbol{e}|\\ a=\dfrac{p}{1-e^2}\\ p=\dfrac{h^2}{\mu}\end{cases} \tag{7-87}$$

由式（7－87）即可求出轨道半长轴 a 及偏心率 e。其余的轨道要素可以通过这两矢量之间的方向余弦求出。因为这些矢量在直角坐标系中的表达式已知，故只要求出这两矢量的方向余弦，问题就解决了。

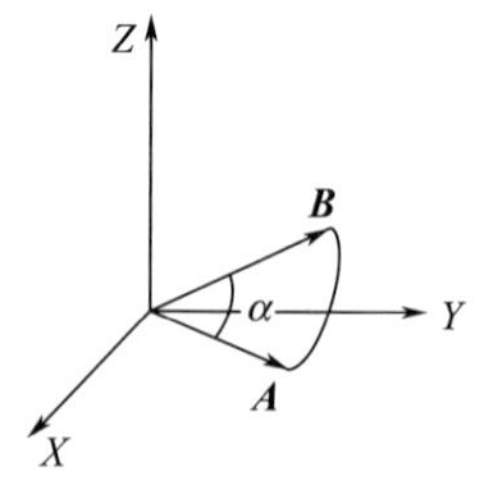

图 7－19　矢量间的夹角

已知两矢量 $\boldsymbol{A}$、$\boldsymbol{B}$，其夹角 α 的方向余弦可通过两矢量的点积求得。因为

$$\boldsymbol{A} \cdot \boldsymbol{B} = AB\cos\alpha$$

故

$$\cos\alpha = \frac{\boldsymbol{A} \cdot \boldsymbol{B}}{AB}$$

当然，由一个角的余弦值并不一定能确定这个角的数值，还必须确定该角究竟是大于 180°还是小于 180°，象限的确定还必须依赖其他信息。以上原理可用于求出部分基本轨道要素。

1）因为轨道倾角 i 是 $\boldsymbol{K}$ 与 $\boldsymbol{h}$ 间的夹角，所以 $\boldsymbol{h} \cdot \boldsymbol{K} = h\cos i$，故

$$\cos i = \frac{\boldsymbol{h} \cdot \boldsymbol{K}}{h} \tag{7-88}$$

轨道倾角 i 总是小于 180°。

2）因为升交点赤经 Ω 是 $\boldsymbol{n}$ 与 $\boldsymbol{I}$ 之间的夹角，所以 $\boldsymbol{n} \cdot \boldsymbol{I} = n\cos\Omega$，故

$$\cos\Omega = \frac{\boldsymbol{n} \cdot \boldsymbol{I}}{n} \tag{7-89}$$

显然，当 $\boldsymbol{n} \cdot \boldsymbol{I} > 0$ 时，$\Omega < 180°$。

3）因为近地点角距 ω 是 $\boldsymbol{e}$ 与 $\boldsymbol{n}$ 之间的夹角，故有 $\boldsymbol{n} \cdot \boldsymbol{e} = ne\cos\omega$，所以

$$\cos\omega = \frac{\boldsymbol{n} \cdot \boldsymbol{e}}{ne} \tag{7-90}$$

当 $\boldsymbol{K} \cdot \boldsymbol{e} = e_K > 0$ 时，$\omega < 180°$（因在交点线的上半轨道面，$\boldsymbol{e}$ 与 $\boldsymbol{K}$ 夹角小于 90°，所以$\omega < 180°$）。

4）因为 ν_0 是 e 与 t_0 瞬间矢径 $\boldsymbol{r}$ 之间的夹角，所以有 $\boldsymbol{r} \cdot \boldsymbol{e} = re\cos\nu_0$，故

$$\cos\nu_0 = \frac{\boldsymbol{r} \cdot \boldsymbol{e}}{re} \tag{7-91}$$

当 $\boldsymbol{r} \cdot \boldsymbol{K} > 0$ 时，$\nu_0 < 180°$（因在近地点至远地点的上升轨道，$\boldsymbol{r}$ 与 $\boldsymbol{V}$ 夹角小于 90°，所以 $\nu_0 < 180°$）。

5）因为 u_0 是 $\boldsymbol{r}$ 与 $\boldsymbol{n}$ 之间的夹角，所以有 $\boldsymbol{r}\cdot\boldsymbol{n}=rn\cos u_0$，故

$$\cos u_0=\frac{\boldsymbol{r}\cdot\boldsymbol{n}}{rn} \tag{7-92}$$

当 $\boldsymbol{r}\cdot\boldsymbol{K}>0$ 时，$u_0<180°$（在上半轨道面内 $\boldsymbol{r}$ 与 $\boldsymbol{K}$ 夹角小于 90°，故 $u_0<180°$）。

例 下面是一个观测到的地球卫星在地心赤道坐标系内的惯性位置和速度

$$\boldsymbol{r}=(1.3\boldsymbol{I}+0.75\boldsymbol{J})\mathrm{DU}$$

$$\boldsymbol{V}=(-0.354\boldsymbol{I}+0.612\boldsymbol{J}+0.707\boldsymbol{K})\mathrm{DU/TU}$$

求该目标的 6 个基本轨道要素。

解 首先求 e，由式（7-86）知

$$\boldsymbol{e}=\frac{1}{\mu}\left[\left(V^2-\frac{\mu}{r}\right)\boldsymbol{r}-(\boldsymbol{r}\cdot\boldsymbol{V})\boldsymbol{V}\right]$$

将 $r=1.5$，$V=1$，$\mu=1$ 代入上式得

$$\boldsymbol{e}=0.433\boldsymbol{I}+0.25\boldsymbol{J}\qquad e=0.5$$

再求半长轴 a。首先求比角动量 h，由式（7-82）知

$$\boldsymbol{h}=\boldsymbol{r}\times\boldsymbol{V}=(0.530\boldsymbol{I}-0.919\boldsymbol{J}+1.061\boldsymbol{K})\mathrm{DU^2/TU}\qquad h=1.5$$

$$p=\frac{h^2}{\mu}=2.25(\mathrm{DU})$$

$$a=\frac{p}{1-e^2}=\frac{2.25}{0.75}=3(\mathrm{DU})=19\ 134.435(\mathrm{km})$$

求轨道倾角 i，由式（7-88）有

$$\cos i=\frac{\boldsymbol{h}\cdot\boldsymbol{K}}{h}=0.707$$

所以

$$i\approx 45°$$

求升交点赤经 Ω，首先必须求出升交点矢量 $\boldsymbol{n}$，由式（7-84）可得 $\boldsymbol{n}$。

由式（7-89）可得

$$\Omega=\cos^{-1}\left(\frac{\boldsymbol{n}\cdot\boldsymbol{I}}{n}\right)=\cos^{-1}(0.867)\approx 30°$$

求近地点角距 ω，由式（7－90）有

$$\omega=\cos^{-1}\left(\frac{\boldsymbol{n}\cdot\boldsymbol{e}}{ne}\right)=0$$

求真近点角 ν_0，由式（7－91）有

$$\nu_0=\cos^{-1}\left(\frac{\boldsymbol{r}\cdot\boldsymbol{e}}{er}\right)=0$$

例　某雷达跟踪一流星，由跟踪数据得到下列惯性位置和速度矢量（在地心赤道坐标系内表示）

$$\boldsymbol{r}=2\boldsymbol{J}(\mathrm{DU})$$

$$\mathbf{V}=-1\boldsymbol{I}(\mathrm{DU/TU})$$

试求该流星的 6 个基本轨道要素。

解　首先求出比角动量 $\boldsymbol{h}$

$$\boldsymbol{h}=\boldsymbol{r}\times\mathbf{V}=2\boldsymbol{K}(\mathrm{DU^2/TU})$$

由此得

$$p=\frac{h^2}{\mu}=4(\mathrm{DU})=22\ 512.58(\mathrm{km})$$

由式（7－86）求偏心率 e

$$\boldsymbol{e}=\frac{1}{\mu}\left[\left(V^2-\frac{\mu}{r}\right)\boldsymbol{r}-(\boldsymbol{r}\cdot\mathbf{V})\mathbf{V}\right]=1\boldsymbol{J}\qquad e=1$$

偏心率 $e=1$，$h\neq 0$，故为抛物线轨道，半长轴 a 为∞。

由式（7－88）求轨道倾角 i，因

$$i=\cos^{-1}\left(\frac{\boldsymbol{h}\cdot\boldsymbol{K}}{h}\right)=0$$

所以流星是在赤道平面内运动。

升交点赤经 Ω 可由式（7－89）求得

$$\Omega=\cos^{-1}\left(\frac{\boldsymbol{n}\cdot\boldsymbol{I}}{n}\right)$$

由于轨道平面位于赤道平面内，所以轨道并不穿过赤道平面，故不存在升交点，Ω 无意义。

近地点角距 ω 由式（7－90）求得

$$\omega=\cos^{-1}\left(\frac{\boldsymbol{n}\cdot\boldsymbol{e}}{ne}\right)$$

因交点线不存在，即 $\boldsymbol{h}$ 不存在，故 ω 无意义。在这种情况下可以代之求近地点赤经 Π 。

近地点赤经 Π 是 $\boldsymbol{I}$ 和近地点间的夹角。首先从 $\boldsymbol{I}$ 向东转至升交点（若升交点存在），然后再在轨道平面内转至近地点（若近地点存在）。因流星轨道平面与赤道平面重合，Π 即为 $\boldsymbol{I}$ 轴与偏心率矢量 $\boldsymbol{e}$ 的夹角。因而有

$$\Pi=\cos^{-1}\left(\frac{\boldsymbol{e}\cdot\boldsymbol{i}}{e}\right)=90^{\circ}$$

也就是近地点位于 $\boldsymbol{J}$ 轴上。

求真近点角 ν_0，由式（7－91）有

$$\nu_0=\cos^{-1}\left(\frac{\boldsymbol{r}\cdot\boldsymbol{e}}{re}\right)=0$$

所以这颗流星正处在近地点处。

（2）由轨道要素确定 $\boldsymbol{r}$ 和 $\boldsymbol{V}$

上一部分研究了由某一特定时刻的 $\boldsymbol{r}$ 和 $\boldsymbol{V}$ 确定基本轨道要素的方法。现在要研究其逆问题，即在已知基本轨道要素的条件下，确定任意时刻的 $\boldsymbol{r}$ 和 $\boldsymbol{V}$。这是一个具有实际意义的问题，其可以预测未来任何时刻飞船的空间位置和速度。

设在某一特定时刻 t_0 测得某飞船的空间位置和速度矢量为 $\boldsymbol{r}_0$ 和 $\boldsymbol{V}_0$，下面讨论如何预报未来任何时刻 t 该飞船的位置和速度。

首先按前述方法计算出基本轨道要素 a、e、i、Ω、ω 和 ν_0。在这 6 个基本要素中，前 5 个是不变的常数，仅真近点角 ν 随时间而变化。设 ν 随时间而变化的规律已知（将在 7.5.1 节介绍），这样就可以构成一组新的轨道要素，下一步就是要根据这组轨道要素计算出 $\boldsymbol{r}$ 和 $\boldsymbol{V}$。

该法常分两步走：首先在近焦点坐标系内写出 $\boldsymbol{r}$ 和 $\boldsymbol{V}$ 的表达式，然后通过坐标转换由近焦点坐标系转换成地心赤道坐标系。

① $\boldsymbol{r}$ 和 $\boldsymbol{V}$ 在近焦点坐标系内的表达式

由图 7－17 可知，在基本轨道要素已知的情况下，可立即写出 $\boldsymbol{r}$ 在近焦点坐标系内的表达式

$$\boldsymbol{r} = r\cos\nu\boldsymbol{P} + r\sin\nu\boldsymbol{Q} \tag{7-93}$$

其中

$$r = \frac{p}{1+e\cos\nu} \tag{7-94}$$

对式（7－93）求导即可求出速度矢量 $\boldsymbol{V}$。但必须注意，因 $\boldsymbol{P}$、$\boldsymbol{Q}$ 是常矢量，所以

$$\dot{\boldsymbol{P}} = \dot{\boldsymbol{Q}} = 0$$

$$\dot{\boldsymbol{r}} = \boldsymbol{V} = (\dot{r}\cos\nu - r\dot{\nu}\sin\nu)\boldsymbol{P} + (\dot{r}\sin\nu + r\dot{\nu}\cos\nu)\boldsymbol{Q} \tag{7-95}$$

因为

$$h = r^2\dot{\nu}p = h^2/\mu \tag{7-96}$$

式（7－94）对 t 求导，并将以上关系代入，得

$$\dot{r} = \sqrt{\frac{\mu}{p}}e\sin\nu \tag{7-97}$$

又因

$$r\dot{\nu} = \frac{h}{r} = \frac{\sqrt{p\mu}}{p/(1+e\cos\nu)} = \sqrt{\frac{\mu}{p}}(1+e\cos\nu) \tag{7-98}$$

所以

$$V = \sqrt{\frac{\mu}{p}}[-\sin\nu\boldsymbol{P} + (e+\cos\nu)\boldsymbol{Q}] \tag{7-99}$$

例　设某地面站测得一空间目标，其基本轨道要素为

$$a = 3.2\ \text{DU}\quad \Omega = 25°\quad e = 0.4$$

$$\omega = 30°\quad i = 45°\quad \nu = 0$$

试将该目标的位置和速度矢量在近焦点坐标系中表示出来。

解　因 $p = a(1-e^2) = 2.688\ \text{DU}$，则根据式（7－94）得

$$r = \frac{p}{1+e\cos\nu} = 1.92(\text{DU})$$

由式（7－93）得

$$\boldsymbol{r}=r\cos\nu\boldsymbol{P}+r\sin\nu\boldsymbol{Q}=1.92\boldsymbol{P}(\mathrm{DU})$$

由式（7－99）可得

$$\boldsymbol{V}=\sqrt{\frac{\mu}{p}}[-\sin\nu\boldsymbol{P}+(e+\cos\nu)\boldsymbol{Q}]=0.586\ 9\boldsymbol{Q}(\mathrm{DU/TU})$$

② $\boldsymbol{r}$ 和 $\boldsymbol{V}$ 在地心赤道坐标系内的表达式

图 7－20 给出了近焦点坐标系与地心赤道坐标系间的关系。由图可知，从地心赤道坐标系到近焦点坐标系要通过 3 次旋转：第一次绕 K 轴正向转 Ω 角，I 轴转到 n 方向上；第二次绕 n 轴正向转 i 角，J 轴转到轨道平面内 J'，K 轴转到 W 轴方向，即使 $nJ'K$ 坐标与轨道平面重合，第三次绕 W 正方向转 ω 角，则 n 轴转到 P 轴方向，J' 转到 Q 轴方向，于是得到 PQW 坐标系。

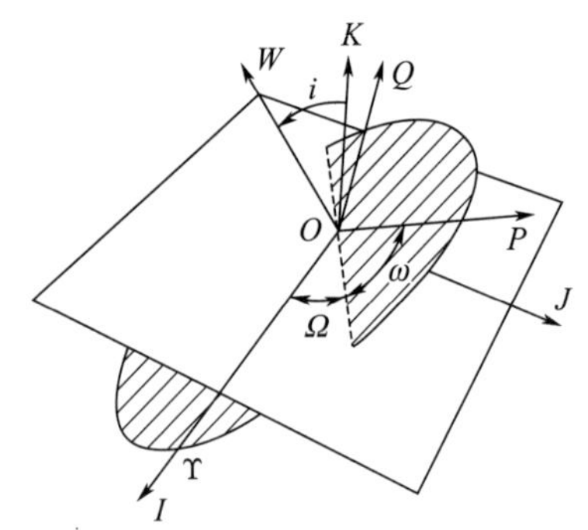

图 7－20　近焦点坐标系与地心赤道坐标系的关系

以上三次旋转，将坐标系 $OIJK$ 转到新坐标系 $OPQW$，其转换矩阵为

$$\begin{bmatrix}\boldsymbol{P}\\\boldsymbol{Q}\\\boldsymbol{W}\end{bmatrix}=\begin{bmatrix}\cos\omega & \sin\omega & 0\\-\sin\omega & \cos\omega & 0\\0 & 0 & 1\end{bmatrix}\begin{bmatrix}1 & 0 & 0\\0 & \cos i & \sin i\\0 & -\sin i & \cos i\end{bmatrix}\begin{bmatrix}\cos\Omega & \sin\Omega & 0\\-\sin\Omega & \cos\Omega & 0\\0 & 0 & 1\end{bmatrix}\begin{bmatrix}\boldsymbol{I}\\\boldsymbol{J}\\\boldsymbol{K}\end{bmatrix}$$

$$=\begin{bmatrix}\cos\omega\cos\Omega-\sin\omega\sin\cos i & \cos\omega\sin\Omega+\sin\omega\cos\Omega\cos i & \sin\omega\sin i\\-\sin\omega\cos\Omega-\cos\omega\sin\Omega\cos i & -\sin\omega\sin\Omega+\cos\omega\cos\Omega\cos i & \sin\omega\sin i\\-\sin\Omega\sin i & -\cos\Omega\sin i & \cos i\end{bmatrix}\begin{bmatrix}\boldsymbol{I}\\\boldsymbol{J}\\\boldsymbol{K}\end{bmatrix}$$

因 $OIJK$ 及 $OPQW$ 都是正交坐标系，故

$$\begin{bmatrix} \boldsymbol{I} \\ \boldsymbol{J} \\ \boldsymbol{K} \end{bmatrix} = \begin{bmatrix} \cos\omega\cos\Omega - \sin\omega\sin\Omega\cos i & -\sin\omega\cos\Omega - \cos\omega\sin\Omega\cos i & -\sin\Omega\sin i \\ \cos\omega\sin\Omega - \sin\omega\cos\Omega\cos i & -\sin\omega\sin\Omega - \cos\omega\cos\Omega\cos i & -\cos\Omega\sin i \\ \sin\omega\sin i & \cos\omega\sin i & \cos i \end{bmatrix} \begin{bmatrix} \boldsymbol{P} \\ \boldsymbol{Q} \\ \boldsymbol{W} \end{bmatrix}$$

令

$$\boldsymbol{R}(\omega, i, \Omega) = \begin{bmatrix} \cos\omega\cos\Omega - \sin\omega\sin\Omega\cos i & -\sin\omega\cos\Omega - \cos\omega\sin\Omega\cos i & -\sin\Omega\sin i \\ \cos\omega\sin\Omega - \sin\omega\cos\Omega\cos i & -\sin\omega\sin\Omega + \cos\omega\cos\Omega\cos i & -\cos\Omega\sin i \\ \sin\omega\sin i & \cos\omega\sin i & \cos i \end{bmatrix} \tag{7-100}$$

则

$$\begin{bmatrix} r_I \\ r_J \\ r_K \end{bmatrix} = \boldsymbol{R}(\omega,\ i,\ \Omega) \begin{bmatrix} r_P \\ r_Q \\ r_W \end{bmatrix} \tag{7-101}$$

$$\begin{bmatrix} V_I \\ V_J \\ V_K \end{bmatrix} = \boldsymbol{R}(\omega,\ i,\ \Omega) \begin{bmatrix} V_P \\ V_Q \\ V_W \end{bmatrix} \tag{7-102}$$

将式（7－93）中的 r_P、r_Q 和 r_W 代入式（7－101），将式（7－99）中的 V_P、V_Q 和 V_W 代入式（7－102）中即可求出 $r(t)$，$V(t)$ 在地心赤道坐标系中的表达式。

其实当 $\boldsymbol{P}$、$\boldsymbol{Q}$ 和 $\boldsymbol{W}$ 在 $OIJK$ 坐标系中为已知时，可以用式（7－93）及式（7－99）来实现由 $\boldsymbol{PQW}$ 到 $\boldsymbol{IJK}$ 的变换。

当轨道在赤道平面内、圆轨道或既在赤道平面内又是圆轨道时，要特别注意此时的 Ω 或 ω（或两者同时）没有定。在圆轨道时 ν_0 也无定义，这时就有必要从某个任意参考方向，例如升交点 $\boldsymbol{n}$ 方向或单位矢量 $\boldsymbol{I}$ 方向，开始测量真近点角。由于这个困难的存在，所以通过基本要素来求得任意时刻的 $\boldsymbol{r}$ 和 $\boldsymbol{V}$ 的方法是不太理想的。

7.5　位置与时间的函数关系

7.4 节中，在由基本轨道要素求任意瞬时的位置和速度矢量时，

假设真近点角 ν 随时间的变化规律为已知，究竟怎样才能求得 ν 与时间的关系。现在就来解决这一问题。

由式（7－94）及式（7－96）可写出真近点角 ν 的导数表达式

$$\frac{\mathrm{d}\nu}{\mathrm{d}t}=\frac{h}{r^2}=\sqrt{\frac{\mu}{p^2}}\,(1+e\cos\nu)^2 \tag{7-103}$$

对此方程积分得到

$$t-t_0=\sqrt{\frac{p^3}{\mu}}\int_{\nu_0}^{\nu}\frac{\mathrm{d}\nu}{(1+e\cos\nu)^2} \tag{7-104}$$

式中 $(t-t_0)$ 是物体的真近点角从 ν_0 增大到 ν 时所经过的时间间隔。虽然式（7－104）对于椭圆、抛物线或双曲线都可以计算，但是如果轨道是椭圆或双曲线，其积分结果表达式都比较复杂，因此需从其他途径寻求比较简单的表达式，从而更方便地求解位置与时间的关系。早先是通过引入偏近点角的概念，建立时间与位置的函数关系，现在较好的方法是引入所谓普适变量来讨论。

7.5.1 椭圆轨道位置与时间的关系

对于椭圆轨道，需要引入偏近点角 E 的概念，其定义见图7－21。

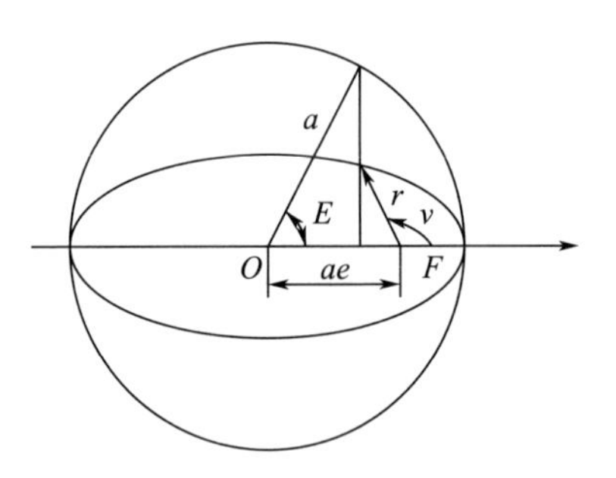

图 7－21 偏心点角 E 的定义

由于引入了偏近点角，原来通过真近点角 ν 表示轨道方程的式（7－31），现在可以通过偏近点 E 来表示。

由图可得

$$\cos E=\frac{ae+r\cos\nu}{a}$$

由式（7－31）有

$$e\cos\nu=\frac{p}{r}-1$$

又因

$$p=a(1-e^{2})$$

将该三式联立起来可得

$$r=a(1-e\cos E) \tag{7-105}$$

根据图 7－21 还可知

$$r\cos\nu=a\cos E-ae \tag{7-106}$$

因此

$$r\sin\nu=r\ (1-\cos^{2}\nu)^{1/2}=a\ (1-e^{2})^{1/2}\sin E \tag{7-107}$$

由式（7－106）及式（7－107）经过变换可得到

$$\tan\frac{\nu}{2}=\sqrt{\frac{1+e}{1-e}}\tan\frac{E}{2}\quad\left(\text{或 }\cos\nu=\frac{\cos E-e}{1-\cos E}\right) \tag{7-108}$$

在推导这个方程时，排除了根号前出现负号的可能性，因为$\frac{\nu}{2}$与$\frac{E}{2}$总是在同一个象限里。

经过一系列的推导可得

$$E-e\sin E=\sqrt{\frac{\mu}{a^{3}}}(t-\tau) \tag{7-109}$$

式中　τ——积分常数。

将 $E=0$ 代入式（7－109）之后，τ 的物理意义就很清楚了：τ 是飞船过近地点的时刻，则式（7－109）可改写成

$$t-\tau=\sqrt{\frac{a^{3}}{\mu}}(E-e\sin E) \tag{7-110}$$

由式（7－110）可知，给出偏心点角 E 就可以求出飞船由近地点至偏心点角 E 对应的轨道上的点所需的时间间隔。式（7－109）

或式（7－110）称为开普勒方程。

将式（7－108）及式（7－110）联立起来，就可以确定真近点角 ν 与时间 t 之间的关系了。

因为式（7－109）中的 $\sqrt{\frac{\mu}{a^3}}$ 对于确定的轨道是一个常数，令

$$n=\sqrt{\frac{\mu}{a^3}}$$

n 称为平均角速度，并设

$$M=n(t-\tau)$$

为平均近点角。于是式（7－109）可简化成

$$E-e\sin E=M \tag{7-111}$$

其是开普勒方程的另一形式。

例　设某航天器的椭圆轨道长半轴 $a=3.5$ DU，$e=0.3$，求其由近地点至真近点角 $\nu=60°$时所需的时间。

解　由式（7－108）有

$$\tan\frac{E}{2}=\sqrt{\frac{1-e}{1+e}}\tan\frac{\nu}{2}=\sqrt{\frac{0.7}{1.3}}\tan 30°=0.423\ 659$$

得

$$E=45.92°$$

由式（7－110）有

$$t-\tau=\sqrt{\frac{a^3}{\mu}}(E-e\sin E)=\sqrt{3.5^3}\left(\frac{45.92°}{57.3}-0.3\sin 45.92°\right)$$
$$=3.852\ 14(\text{TU})=3\ 107.948(\text{s})=51.799(\text{min})$$

7.5.2　抛物线轨道位置与时间的关系

对于抛物线，因其偏心率 $e=1$，故式（7－103）变为

$$\mathrm{d}t=\sqrt{\frac{p^3}{\mu}}\frac{\mathrm{d}\nu}{(1+\cos\nu)^2} \tag{7-112}$$

对式（7－112）积分

$$\int \frac{\mathrm{d}\nu}{(1+\cos\nu)^2} = \frac{1}{4}\int \frac{\mathrm{d}\nu}{\cos^4 \frac{\nu}{2}}$$

$$= \frac{1}{2}\int\left(1+\tan^2 \frac{\nu}{2}\right)\mathrm{d}\tan \frac{\nu}{2} = \frac{1}{2}\left(\tan \frac{\nu}{2} + \frac{1}{3}\tan^3 \frac{\nu}{2}\right) + C$$

故由式（7-112）可得

$$\tan \frac{\nu}{2} + \frac{1}{3}\tan^3 \frac{\nu}{2} = 2\sqrt{\frac{\mu}{p^3}}(t-\tau) \tag{7-113}$$

其中，积分常数 τ 仍然是通过近地点的时间，表示抛物线轨道的真近点角 ν 与时间的关系方程式（7-113）称之为巴克（Barker）方程。此方程可以用解析法解出，从而求得给定时刻的位置。而为了简单起见，可在计算机上用数值法求解。

例　物体沿抛物线轨道运动，设其半通径 $p=1.5$ DU，求其自近地点至真近点角 $\nu=120°$时所经历的时间。

解　由式（7-113）可得

$$\Delta t = \frac{1}{2}\sqrt{\frac{p^3}{\mu}}\left(\tan \frac{\nu}{2} + \frac{1}{3}\tan^3 \frac{\nu}{2}\right) = \frac{1}{2}\sqrt{1.5^3}\left(\tan 60° + \frac{1}{3}\tan^3 60°\right)$$

$$= 0.845\ 67(\mathrm{TU}) = 4\ 716.53(\mathrm{s}) = 78.608(\mathrm{min})$$

此时

$$r = \frac{p}{1+\cos\nu} = \frac{1.5}{1+\cos 120°} = 3.0(\mathrm{DU}) = 19\ 134.435(\mathrm{km})$$

7.5.3　双曲线轨道位置与时间的关系

对于双曲线轨道，类似于讨论椭圆轨道时所用的方法，定义一个双曲线偏近点角 F，如图 7-22 所示。

由图 7-22 可知，通过双曲线偏近点角 F 来表示的双曲线方程为

$$r = a(1 - e\cosh F) \tag{7-114}$$

应当指出，引入 F 的方法只是在 $\cosh F \geqslant 1$ 的条件下才行，所以允许 r 在 $a(1-e)$ 到∞（因双曲线 $a<0$，$e>1$）之间变化。这个

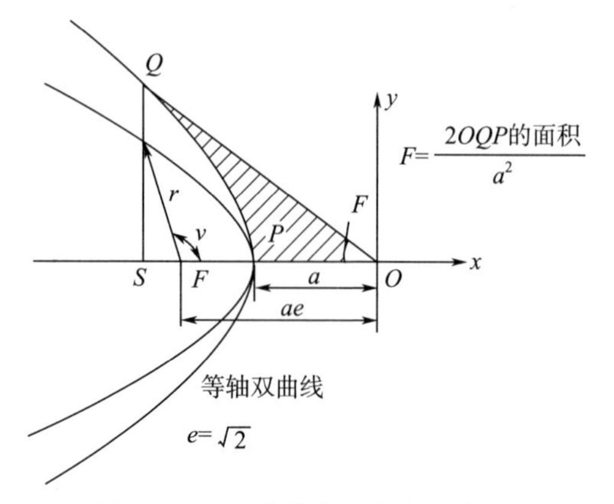

图 7-22　双曲线偏近点角 F 定义

双曲线偏近点角 F 在这里起着椭圆轨道中偏近点角 E 的作用，因此式（7-114）与式（7-105）十分相似。由图 7-22 及图 7-23 可知，E 和 F 这两个值在几何上都可视为面积比，即

$$E=\frac{2OQP\text{ 的面积}}{a^{2}}$$

$$F=\frac{2OQP\text{ 的面积}}{a^{2}}$$

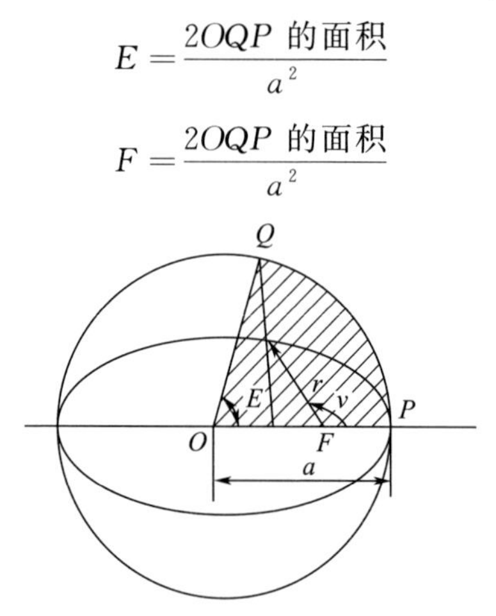

图 7-23　E 角对应的辅助圆区域

由于圆的特殊性，只有 E 可以看成一个角度。由式（7-31）及式（7-114）消去 r 可得

$$\cos\nu = \frac{1}{e}\left(\frac{1-e^2}{1-e\cosh F} - 1\right) \tag{7-115}$$

或

$$\tan\frac{\nu}{2} = \sqrt{\frac{e+1}{e-1}}\tanh\frac{F}{2} \tag{7-116}$$

式（7-116）中开方选取正号意味着：如果 $\nu<0$，则取 $F<0$。

类似椭圆情况，以一系列推导可得

$$t-\tau = \sqrt{-\frac{a^3}{\mu}}(e\sinh F - F) \tag{7-117}$$

将 $F=0$ 代入式（7-117）之后，就可以看出积分常数 τ 的物理意义为经过近地点的时刻。

根据以上内容可以看出，描绘双曲线轨道与椭圆轨道位置与时间的关系式（7-108）与式（7-116）、式（7-110）与式（7-117）都是类似的。求解这些方程与求解开普勒方程一样，必须在给定时刻用数值方法求解。

7.5.4　确定位置与时间函数关系的其他方法

前3个小节，通过引入偏近点角 E 或 F，分别建立了计算椭圆、抛物线及双曲线轨道上飞行时间的计算公式，这是一种经典的方法。但实际应用表明，这种方法有如下几个缺点：

1）不同的圆锥曲线要用不同的公式，这给计算带来不便；

2）开普勒方程中，当 e 接近1时（近似抛物线）计算精度较差；

3）已知 a、e、ν_0 和 $t-t_0$，且 $e\to 1$ 时，求解 E，F 很困难，因为逐次逼近法解超越方程收敛太慢或根本不收敛。

为克服上述缺点，巴钦·R·H 创造了一组用于三种圆锥曲线的通用公式，在此称其为飞行时间的普适公式。

（1）普适变量的定义

对二体问题，已有

$$h = r^2 \ddot{\nu} = \sqrt{\mu p}$$

$$\varepsilon = \frac{V^2}{2} - \frac{\mu}{r} = -\frac{\mu}{2a}$$

现若将 V 分解成径向分量 $\dot{r}$ 和横向分量 $r\dot{\nu}$

则

$$\varepsilon = \frac{\dot{r}^2}{2} + \frac{(r\dot{\nu})^2}{2} - \frac{\mu}{r} = -\frac{\mu}{2a}$$

从上式解出 $\dot{r}^2$ 得

$$\dot{r}^2 = -(r\dot{\nu})^2 + \frac{2\mu}{r} - \frac{\mu}{a} = -\frac{\mu p}{r^2} + \frac{2\mu}{r} - \frac{\mu}{a} \tag{7-118}$$

为解此方程，引入一个新的积分变量 x，记

$$\dot{x} = \frac{\sqrt{\mu}}{r} \tag{7-119}$$

则由

$$\frac{\dot{r}}{\dot{x}} = \frac{\mathrm{d}r}{\mathrm{d}x}$$

得

$$\left(\frac{\mathrm{d}r}{\mathrm{d}x}\right)^2 = -p + 2r - \frac{r^2}{a}$$

即

$$\mathrm{d}x = \frac{\mathrm{d}r}{\sqrt{-p + 2r - \frac{r^2}{a}}} \tag{7-120}$$

对式（7－120）积分可得

$$r = a\left(1 + e\sin\frac{x + c_0}{\sqrt{a}}\right) \tag{7-121}$$

将式（7－121）代回

$$\dot{x} = \frac{\sqrt{\mu}}{r}$$

可解得

$$\sqrt{\mu}t = ax - ae\sqrt{a}\left(\cos\frac{x + c_0}{\sqrt{a}} - \cos\frac{c_0}{\sqrt{a}}\right) \tag{7-122}$$

此处已假定 $t=0$ 时，$x=0$。c_0 为积分常数，其由初始条件，即

$t_0=0$ 时的 $\boldsymbol{r}_0$，$\boldsymbol{V}_0$确定。

(2) 普适变量公式用于预测

已知 $t_0=0$ 时的 $\boldsymbol{r}_0$和 $\boldsymbol{V}_0$，求 t 时的 $\boldsymbol{r}$ 和 $\boldsymbol{V}$，这就是预测问题。

前已假定 $t=0$ 时，$x=0$，则由式（7－121）得

$$e\sin\frac{c_0}{\sqrt{a}}=\frac{r_0}{a}-1$$

式（7－121）对时间 t 微分，即有

$$\dot{r}=\frac{ae}{\sqrt{a}}\cos\left[\frac{(x+c_0)}{\sqrt{a}}\right]\frac{\sqrt{\mu}}{r} \tag{7-123}$$

再将初始条件代入式（7－123），并使用恒等式 $\boldsymbol{r}\cdot\dot{\boldsymbol{r}}=r\cdot\dot{r}$，可得

$$e\cos\frac{c_0}{\sqrt{a}}=\frac{\boldsymbol{r}_0\cdot\boldsymbol{V}_0}{\sqrt{\mu a}} \tag{7-124}$$

经过一系列的推导可将式（7－121）、式（7－122）改写成如下形式

$$\sqrt{\mu}t=a\left(x-\sqrt{a}\sin\frac{x}{\sqrt{a}}\right)+\frac{\boldsymbol{r}_0\cdot\boldsymbol{V}_0}{\sqrt{\mu}}a\left(1-\cos\frac{x}{\sqrt{a}}\right)+r_0\sqrt{a}\sin\frac{x}{\sqrt{a}} \tag{7-125}$$

$$r=a+a\left[\frac{\boldsymbol{r}_0\cdot\boldsymbol{V}_0}{\sqrt{\mu a}}\sin\frac{x}{\sqrt{a}}+\left(\frac{r_0}{a}-1\right)\cos\frac{x}{\sqrt{a}}\right] \tag{7-126}$$

进一步引入变换量

$$z=\frac{x^2}{a} \tag{7-127}$$

于是 $a=\frac{x^2}{z}$，则式（7－125）、式（7－126）变为

$$\sqrt{\mu}t=\frac{x^2}{z}\left(x-\frac{x}{\sqrt{z}}\sin\frac{x}{\sqrt{a}}\right)+\frac{\boldsymbol{r}_0\cdot\boldsymbol{V}_0}{\sqrt{\mu}}\frac{x^2}{z}\left(1-\cos\frac{x}{\sqrt{a}}\right)+r_0\frac{x}{\sqrt{z}}\sqrt{a}\sin\frac{x}{\sqrt{a}} \tag{7-128}$$

$$r=\frac{x^2}{z}+\frac{\boldsymbol{r}_0\cdot\boldsymbol{V}_0}{\sqrt{\mu}}\frac{x}{\sqrt{z}}\sin\sqrt{z}+r_0\cos\sqrt{z}-\frac{x^2}{z}\cos\sqrt{z} \tag{7-129}$$

当 $z=0$ 时，这些式子是没有意义的。为解决这个问题，再引入2个有用的函数

$$C(z)=\frac{1-\cos\sqrt{z}}{z} \tag{7-130}$$

$$S(z)=\frac{\sqrt{z}-\sin\sqrt{z}}{\sqrt{z^3}} \tag{7-131}$$

则当 $z=0$ 时

$$\begin{cases} C(0)=\dfrac{1}{2} \\ S(0)=\dfrac{1}{6} \end{cases}$$

最后可得

$$\sqrt{\mu}t=x^3S(z)+\frac{\boldsymbol{r}_0\cdot\boldsymbol{V}_0}{\sqrt{\mu}}x^2C(z)+r_0x[1-zS(z)] \tag{7-132}$$

$$r=\sqrt{\mu}\,\mathrm{d}t/\mathrm{d}x=x^2C(z)+\frac{\boldsymbol{r}_0\cdot\boldsymbol{V}_0}{\sqrt{u}}x[1-zS(z)]+r_0[1-zC(z)] \tag{7-133}$$

这就是 t 和 x 之间的关系式。

现在已知 t，则迭代求解可得 x（超越方程），再进一步由 $\boldsymbol{r}_0$，$\boldsymbol{V}_0$ 和 x 求对应的 $\boldsymbol{r}$，$\boldsymbol{V}$，此时常用到下面的 f 和 g 表达式。

（3）f 和 g 的表达式

由二体问题的讨论知道运动限制在一个平面内，所以 $\boldsymbol{r}_0$、$\boldsymbol{V}_0$、$\boldsymbol{r}$、$\boldsymbol{V}$ 这4个矢量共面。因此必有 f、g 存在，使

$$\boldsymbol{r}=f\boldsymbol{r}_0+g\boldsymbol{V}_0 \tag{7-134}$$

微分有

$$\boldsymbol{V}=\dot{f}\boldsymbol{r}_0+\dot{g}\boldsymbol{V}_0 \tag{7-135}$$

f、g、$\dot{f}$ 和 $\dot{g}$ 是时间 t 的函数。很显然，只要 f、g、$\dot{f}$、$\dot{g}$ 的值能知道，则预测问题就可以解决。

由角动量守恒定理 $\boldsymbol{h}=\boldsymbol{r}\times\boldsymbol{V}=\boldsymbol{r}_0\times\boldsymbol{V}_0$ 得

$$f\dot{g}-g\dot{f}=1 \tag{7-136}$$

可见 f、g、$\dot{f}$ 和 $\dot{g}$ 四个量并非互相独立，已知任意三个可求第四个。

简单运算可得

$$\begin{cases} f=\dfrac{\boldsymbol{r}\times\boldsymbol{V}_0}{\boldsymbol{r}_0\times\boldsymbol{V}_0} \\ g=\dfrac{\boldsymbol{r}_0\times\boldsymbol{r}}{\boldsymbol{h}} \\ \dot{f}=\dfrac{\boldsymbol{V}\times\boldsymbol{V}_0}{\boldsymbol{h}} \\ \dot{g}=\dfrac{\boldsymbol{r}_0\times\boldsymbol{V}}{\boldsymbol{h}} \end{cases} \tag{7-137}$$

在近焦点坐标系中

$$\boldsymbol{r}=x_\omega\boldsymbol{P}+y_\omega\boldsymbol{Q} \qquad \boldsymbol{r}_0=x_{\omega0}\boldsymbol{P}+y_{\omega0}\boldsymbol{Q}$$

$$\boldsymbol{V}=\dot{x}_\omega\boldsymbol{P}+\dot{y}_\omega\boldsymbol{Q} \qquad \boldsymbol{V}_0=\dot{x}_{\omega0}\boldsymbol{P}+\dot{y}_{\omega0}\boldsymbol{Q}$$

将式（7－137）代入上式得

$$f=\frac{\dot{x}_\omega y_{\omega0}-\dot{y}_\omega x_{\omega0}}{h} \tag{7-138}$$

$$g=\frac{x_\omega y_{\omega0}-y_\omega x_{\omega0}}{h} \tag{7-139}$$

$$\dot{f}=\frac{\dot{x}_\omega\dot{y}_{\omega0}-\dot{x}_\omega\dot{y}_{\omega0}}{h} \tag{7-140}$$

$$\dot{g}=\frac{x_\omega\dot{y}_{\omega0}-\dot{x}_\omega y_{\omega0}}{h} \tag{7-141}$$

最后可得到以 x 表示的 f、g、$\dot{f}$ 和 $\dot{g}$ 的表达式

$$f=1-\frac{a}{r_0}\left(1-\cos\frac{x}{\sqrt{a}}\right)=1-\frac{x^2}{r_0}C(z) \tag{7-142}$$

$$g=t-\frac{x^3}{\sqrt{\mu}}S(z) \tag{7-143}$$

$$\dot{f}=-\frac{\sqrt{\mu a}}{r_0 r}\sin\frac{x}{\sqrt{a}}=\frac{\sqrt{\mu}}{r_0 r}x[zS(z)-1] \tag{7-144}$$

$$\dot{g}=1-\frac{a}{r}+\frac{a}{r}\cos\frac{x}{\sqrt{a}}=1-\frac{x^2}{r}C(z) \qquad (7-145)$$

现在简述普适变量解开普勒问题的算法，具体如下。

1）由 r_0 和 V_0 确定 r_0 和 a；

2）给定 $t—t_0$（通常假定 t_0 为零），用牛顿迭代法从普适飞行时间方程（7-132）求解 x；

3）由式（7-142）和式（7-143）计算 f 和 g，然后由式（7-134）计算 $\boldsymbol{r}$ 和 $\boldsymbol{r}_0$；

4）由式（7-144）和式（7-145）计算 $\dot{f}$ 和 $\dot{g}$，然后由式（7-135）计算 $\boldsymbol{V}$。

与其他方法相比，这一方法的优点是：

1）同一组公式就可以计算各种圆锥曲线轨道；

2）对接近抛物线的轨道，精度和收敛性都较好。

实际上 f、g 表达式亦可用 $\Delta\nu$ 或 ΔE（ΔF）表示，同样也可用于预测。

7.6 轨道确定

飞船在空间运行时，无论是地面上的技术人员还是处在飞船中的航天员都在关心着类似于“现在飞船在哪里，朝哪个方向飞，飞行速度是多少”的问题。这是空间导航需回答的问题，本质上亦称轨道确定问题。

轨道确定是指利用观测数据确定航天器轨道的过程。航天器的轨道确定包括两个步骤：初轨确定与轨道改进。初轨确定是指应用少量数据确定粗略的轨道要素，并将其作为轨道改进的初值，实际的航天工程要求初始轨道的计算方法可靠且迅速，因此一般不考虑较复杂的摄动影响；轨道改进是指应用观测模型求解一组轨道要素，使得计算出的轨道和观测数据之间的差在加权最小二乘的意义下为极小。

一般空间飞行器轨道确定基本上可以分为两大类：非自主和自主。非自主测轨由地面站设备（例如雷达）对飞行器进行跟踪测轨，并且在地面上进行数据处理，最后获得轨道的位置信息；相反，若飞行器运动参数（位置和速度）用星上测轨仪器（或称导航仪器）来确定，而该仪器的工作不取决于位于地球或其他天体的导航和通信，那么轨道确定（空间导航）则是自主的。载人飞船轨道确定采用类似自主方法，本节着重讨论与之相关的几种轨道确定方法的理论基础。

7.6.1　观测数据与初轨计算方法

初轨确定是飞船发射任务中一项重要工作，特别是在入轨、变轨控制结束以及轨道维持结束后，都需要进行初轨确定，以及时给出入轨根数或控后轨道根数，以判断飞船是否准确入轨或是否进入控后目标轨道，为制定或修改后续飞行控制计划提供依据，也为后续目标捕获提供准确的引导数据源。

初轨计算是从一系列短时间间隔内的观测资料出发，利用二体运动理论，计算出某一特定时刻 t_0 的轨道根数或飞船位置和速度矢量。由于观测弧段短，观测资料的误差影响很大；且又未考虑摄动的影响，因此初始轨道计算的结果比较粗略。

根据导航测量设备，一般可得到观测资料为：

1）方向观测：观测量为赤经 α、赤纬 δ，或方位角 A、高度角 h，或方向余弦 $\rho(a, b, c)$；

2）距离观测：观测量为斜距 ρ；

3）速率观测：观测量为距离变化率 $\dot{\rho}$。

根据飞船、测站和地心之间的几何关系及飞船绕地心运动动力学，可计算飞船轨道根数。初轨计算主要依赖于观测数据和相应的测站坐标，根据不同的观测资料类型有不同的初轨计算方法。初始轨道计算方法有两类：一类是先设法从观测中获得卫星在某时刻的位置与速度矢量 $(\boldsymbol{r}, \dot{\boldsymbol{r}})$，然后计算卫星的轨道根数，此类方法以拉普拉斯方法为代表；另一类是先获得卫星在某两个时刻 t_1、t_2 的位置矢量 $\boldsymbol{r}_1$、$\boldsymbol{r}_2$，然后计算轨道根数，此类方法以高斯方法为代表。本节接下来的内容重点介绍初始轨道计算方法，即根据不同类型的观测资料计算初始轨道根数。

7.6.2 由单个雷达观测数据确定轨道

由 7.4 节的讨论已知，如果已知飞船在地心惯性坐标系中的三个位置及三个速度分量，则可以方便地转换成人们所熟悉的轨道六要素。地面雷达站一般总能测得飞船相对于雷达站的位置和速度，但因为雷达站并不位于地心，同时地球在旋转，所以测得的位置矢量和速度矢量必须经过坐标变换才能用于轨道要素的计算。为了明确这种变换关系，下面就先从雷达站的有关特性开始讨论。

（1）地面雷达站所用地平坐标系

地面雷达站位于地面上，其所在位置称地面点。为了方便计量空间目标（飞船）相对地面站的位置和速度，此时要用到地平坐标系，如图 7－24 所示。地平坐标系原点 O 为观测设备天线中心，OX_hY_h 平面为大地水准面，OX_h 轴指向当地南，OY_h 指向当地东，OZ_h 轴沿外法线方向向上为正。地平坐标系随地球一起转动，其是非惯性系，单位矢量用 $\boldsymbol{S}$、$\boldsymbol{E}$、$\boldsymbol{Z}$ 表示。

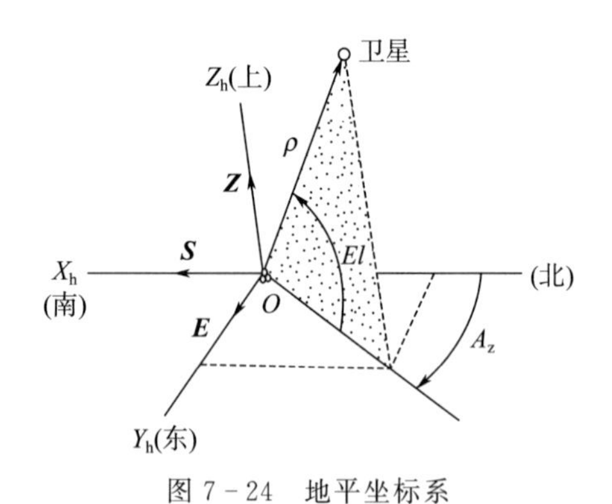

图 7－24 地平坐标系

（2）雷达测量功能

雷达用于测量至飞船的距离和方向。一般的雷达可以测到如下几个数据：

1）距离 ρ；

2）距离的变化率 $\dot{\rho}$，根据雷达回波中探测到的频移（多普勒效应）确定；

3）方位角 Az（自北按逆时针方向测量），从安装雷达天线的方向轴上读取；

4）仰角 El（自水平量至雷达视线），从方向轴上测得；

5）方位角变化率 $\dot{A}Z$；

6）仰角变化率 $\dot{E}l$。

（3）飞船在地平坐标系的位置与速度

利用以上测得的 6 个数据，易得飞船在地平坐标系内的位置和速度。

其中位置矢量可表示为

$$\rho = \rho_S \boldsymbol{S} + \rho_E \boldsymbol{E} + \rho_Z \boldsymbol{Z} \tag{7-146}$$

由图 7－24 可知

$$\begin{cases} \rho_S = -\rho \cos El \cos Az \\ \rho_E = \rho \cos El \sin Az \\ \rho_Z = \rho \sin El \end{cases} \tag{7-147}$$

对上式求导，得飞船相对雷达站的速率 $\dot{\rho}$

$$\dot{\rho} = \dot{\rho}_S \boldsymbol{S} + \dot{\rho}_E \boldsymbol{E} + \dot{\rho}_Z \boldsymbol{Z} \tag{7-148}$$

$\dot{\rho}$的三个方向上的分量为

$$\begin{cases} \dot{\rho}_S = -\dot{\rho} \cos El \cos Az + \dot{E} l \rho \sin El \cos Az + \dot{A} z \rho \cos El \sin Az \\ \dot{\rho}_E = \dot{\rho} \cos El \sin Az - \dot{E} l \rho \sin El \sin Az + \dot{A} z \rho \cos El \cos Az \\ \dot{\rho}_Z = \dot{\rho} \sin El + \dot{E} l \rho \cos El \end{cases} \tag{7-149}$$

(4) 飞船在惯性系（地心坐标系）的位置 r 和速度 V

由于地球的自转，地平坐标系是非惯性系，此时为得到相对于地心坐标系的位置和速度，可引入理论力学中复合运动的概念，即以地平坐标系为动系，地心坐标系为定系，由图 7-25 易得

$$\boldsymbol{r} = \boldsymbol{R} + \boldsymbol{\rho} \tag{7-150}$$

$$\boldsymbol{V} = \dot{\boldsymbol{\rho}} + \boldsymbol{\omega}_e \times \boldsymbol{r} \tag{7-151}$$

式中 $\boldsymbol{\omega}_e$——地球的自转角速度，也是动系相对定系的转动角速度；

$\boldsymbol{R}$——从地心到地面点坐标系原点的矢量。

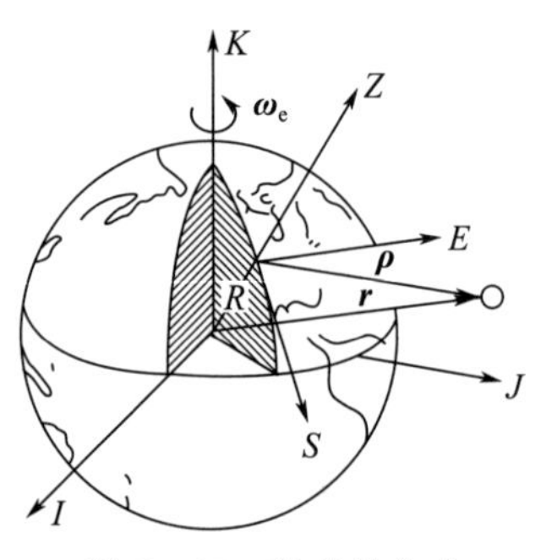

图 7-25 运动的合成

若地球是理想的圆球，则易有

$$\boldsymbol{R} = R_e \boldsymbol{Z} \tag{7-152}$$

式中 R_e——地球平均半径。

然而，地球实际形状的复杂性导致会出现几千米的位置误差，因此测站位置计算必须采用更为精确的地球形状模型，通常采用扁球体作为近似模型。美国的先锋号卫星测得的结果表明，地球有点像梨形，但其与扁球体的差异很小，因此，扁球体仍是一个很好的近似模型。

① 纬度的测量

一般扁地球不会给地面经度的定义和测量带来任何特殊问题，但纬度的概念却由此变得复杂化了。以图 7-26 为例，地心纬度 L' 定义为地心引出的半径与赤道平面间的夹角。大地纬度 L 定义为椭

圆的法线与赤道平面间的夹角。

纬度一词常指大地纬度，即曲面法线，为无局部重力异常时当地悬挂铅球所指的方向。

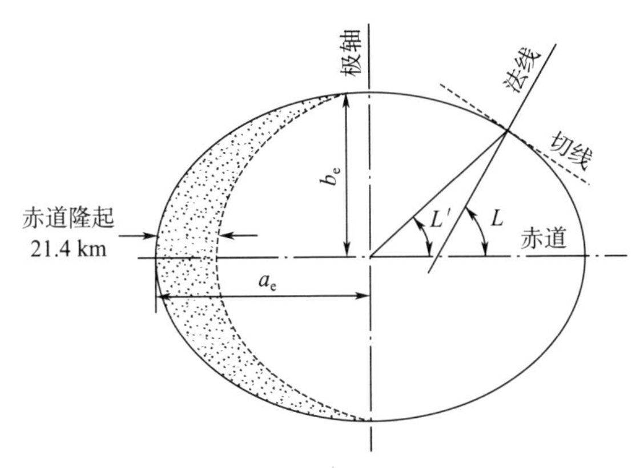

图 7－26　地心纬度和大地纬度

存在重力异常时，实际铅球垂线与赤道平面间的夹角 L_a 称为天文纬度。由于真正的大地水准面与参考椭球间的差异极小，所以 L 和 L_a 之差通常可忽略不计。

② 站坐标

当已知参考椭球上某点的大地纬度、经度和平均海拔高度后，开始计算该点的站坐标。

考虑如图 7－27 所示的椭球和直角坐标系。设已知某点的大地纬度 L，先引入图 7－27 中所示的折合纬度 β，则

$$x = a_e \cos\beta \tag{7-153}$$

椭圆方程为

$$\frac{x^2}{a_e^2} + \frac{z^2}{b_e^2} = 1$$

故

$$z = b_e \sin\beta$$

引入偏心率

$$e = c/a$$

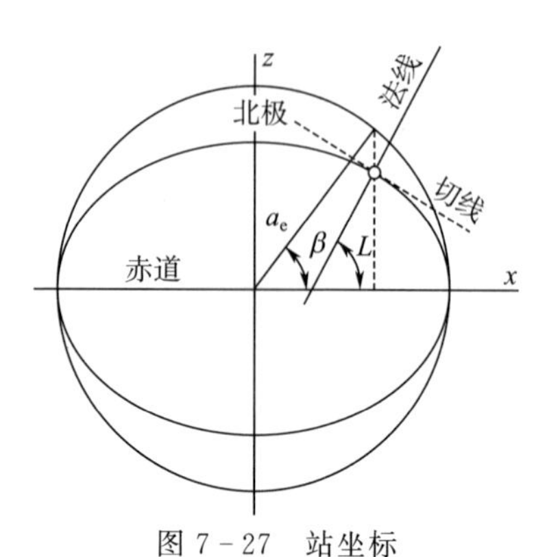

图 7-27　站坐标

半焦距长

$$e=\sqrt{a^2-b^2}$$

则

$$b_e=a_e\sqrt{1-e^2}$$

即

$$z=a_e\sqrt{1-e^2}\sin\beta \tag{7-154}$$

由高等数学可知，切线斜率为 $\frac{\mathrm{d}z}{\mathrm{d}x}$，法线的斜率为 $-\frac{\mathrm{d}x}{\mathrm{d}z}$。而法线的斜率为 $\tan L$，则

$$\tan L=-\frac{\mathrm{d}x}{\mathrm{d}z}=\frac{\tan\beta}{\sqrt{1-e^2}} \tag{7-155}$$

或

$$\tan\beta=\sqrt{1-e^2}\tan L$$

则

$$\cos\beta=\sqrt{\frac{1}{1+\tan^2\beta}}=\sqrt{\frac{1}{1+(1-e^2)\tan^2 L}}=\sqrt{\frac{\cos^2 L}{1-e^2\sin^2 L}}=\frac{\cos L}{\sqrt{1-e^2\sin^2 L}}$$

$$\sin\beta=\sqrt{1-\cos^2\beta}=\frac{\sqrt{1-e^2}\sin L}{\sqrt{1-e^2\sin^2 L}}$$

故

$$\begin{cases}x=\dfrac{a_e\cos L}{\sqrt{1-e^2\sin^2 L}}\\ z=\dfrac{a_e(1-e^2)\sin L}{\sqrt{1-e^2\sin^2 L}}\end{cases} \tag{7-156}$$

对位于椭球（即平均海平面）之上高为 H 的点，易证

$$\begin{cases}\Delta x = H\cos L \\ \Delta z = e^2 \sin L\end{cases} \tag{7-157}$$

则可得任一点的直角站坐标为

$$\begin{cases}x = \left(\dfrac{a_e}{\sqrt{1-e^2\sin^2 L}} + H\right)\cos L \\ z = \left(\dfrac{a_e(1-e^2)}{\sqrt{1-e^2\sin^2 L}} + H\right)\sin L\end{cases} \tag{7-158}$$

站坐标第三个分量是该点的东经度数。

若已知格林尼治恒星时 θ_g，则加上其东经度数即可求出当地恒星时 θ。

x、z 坐标加上角 θ 就完全确定了观察者或发射场在地心赤道坐标系中的位置。如图7－28所示，从地心到扁地球上测站的位置矢量为

$$\boldsymbol{R} = x\cos\theta\boldsymbol{I} + x\sin\theta\boldsymbol{J} + z\boldsymbol{K} \tag{7-159}$$

③ 矢量从 $X_hY_hZ_h$ 坐标系变换到 XYZ 坐标系

显然，雷达站的大地纬度 L 和当地恒星时 θ 已完全确定了地心坐标系 XYZ 和地平坐标系 $X_hY_hZ_h$ 间的关系，如图 7－29 所示。L 已在前面章节详述，在此对 θ 作详细讨论。

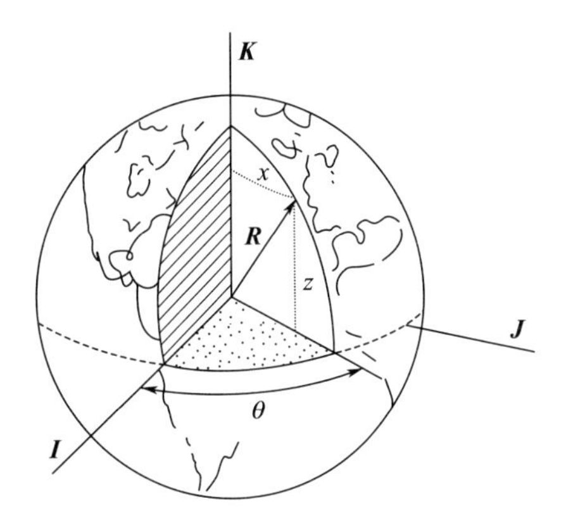

图 7－28　从地心到站位的矢量

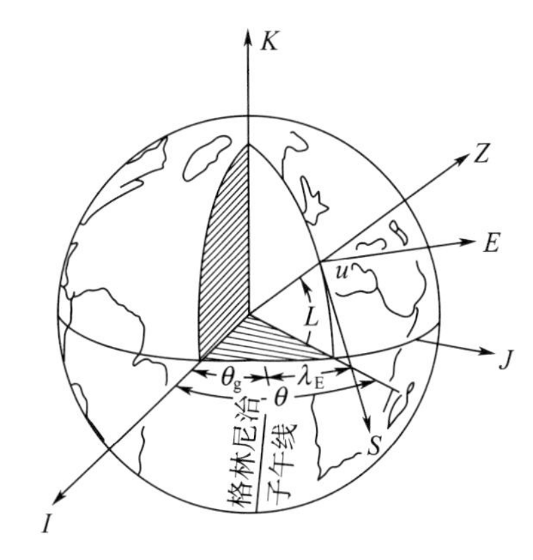

图 7－29　坐标系间的角度关系

根据第 3 章可知，春分点方向和格林尼治子午线（本初子午线）的夹角 θ_g 称为格林尼治恒星时。若设 λ_E 为雷达站的地理经度，向东为正，则当地恒星时为

$$\theta = \theta_g + \lambda_E \tag{7-160}$$

若已知某特定时刻 t_0 的 θ_{g0}，则在时刻 t

$$\theta_g = \theta_{g0} + \omega_e(t - t_0) \tag{7-161}$$

t 以日为单位，则

$$\omega_e = 1.002\ 737\ 790\ 93 \times 360^\circ(\text{度}/\text{日}) = 1.002\ 737\ 790\ 93 \times 2\pi(\text{弧度}/\text{日})$$

下面求 XYZ 和 $X_hY_hZ_h$ 间的变换矩阵。

1）XYZ 绕 Z 转 θ 角，得 $X_1Y_1Z_1$，得

$$\begin{bmatrix} \boldsymbol{I} \\ \boldsymbol{J} \\ \boldsymbol{K} \end{bmatrix} = \widetilde{\boldsymbol{M}}_3(\theta) \begin{bmatrix} \boldsymbol{I}_1 \\ \boldsymbol{J}_1 \\ \boldsymbol{K}_1 \end{bmatrix}$$

$$\widetilde{\boldsymbol{M}}_3(\theta) = \begin{bmatrix} \cos\theta & -\sin\theta & 0 \\ \sin\theta & \cos\theta & 0 \\ 0 & 0 & 1 \end{bmatrix}$$

2）$X_1Y_1Z_1$ 绕 Y_1 转 $\frac{\pi}{2} - L$ 角，得 $X_hY_hZ_h$，如图 7－30 所示。

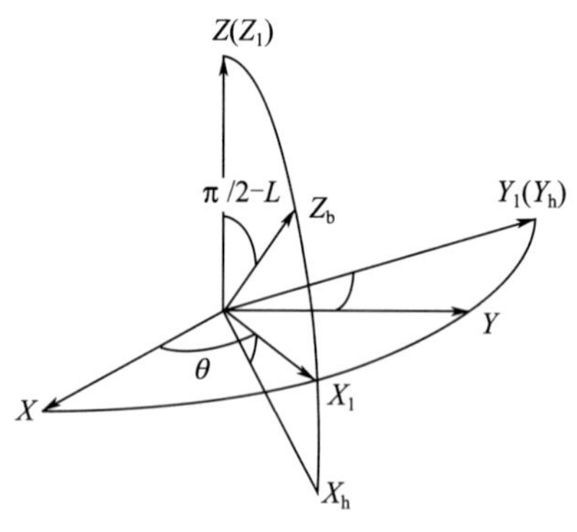

图 7－30　转动关系

$$\begin{bmatrix} \boldsymbol{I}_1 \\ \boldsymbol{J}_1 \\ \boldsymbol{K}_1 \end{bmatrix} = \widetilde{\boldsymbol{M}}_2(L) \begin{bmatrix} \boldsymbol{S} \\ \boldsymbol{E} \\ \boldsymbol{Z} \end{bmatrix}$$

$$\widetilde{\boldsymbol{M}}_2(L) = \begin{bmatrix} \sin L & 0 & \cos L \\ 0 & 1 & 0 \\ -\cos L & 0 & \sin L \end{bmatrix}$$

则

$$\begin{bmatrix} \boldsymbol{I} \\ \boldsymbol{J} \\ \boldsymbol{K} \end{bmatrix} = \boldsymbol{R}(L,\ \theta) \begin{bmatrix} \boldsymbol{S} \\ \boldsymbol{E} \\ \boldsymbol{Z} \end{bmatrix} \tag{7-162}$$

其中

$$\boldsymbol{R}(L,\ \theta) = \widetilde{\boldsymbol{M}}_3(\theta) \cdot \widetilde{\boldsymbol{M}}_2(L) = \begin{bmatrix} \cos\theta & -\sin\theta & 0 \\ \sin\theta & \cos\theta & 0 \\ 0 & 0 & 1 \end{bmatrix} \begin{bmatrix} \sin L & 0 & \cos L \\ 0 & 1 & 0 \\ -\cos L & 0 & \sin L \end{bmatrix}$$

$$= \begin{bmatrix} \sin L\cos\theta & -\sin\theta & \cos L\cos\theta \\ \sin L\sin\theta & \cos\theta & \cos L\sin\theta \\ -\cos L & 0 & \sin L \end{bmatrix} \tag{7-163}$$

按以上步骤就得到了飞船在惯性系中的位置 $\boldsymbol{r}$ 和速度 $\boldsymbol{V}$ 后，再往下就可用前述方法求轨道要素。

7.6.3　由三个位置矢量确定轨道

在雷达站没有配备测多普勒相移的设备时，便得不到速率信息，这时 7.6.2 节所述的方法就无效了。故在本节要讨论一种由 3 个位置矢量 $\boldsymbol{r}_1$、$\boldsymbol{r}_2$ 和 $\boldsymbol{r}_3$（假定这三个矢量共面，如图 7－31 所示）来确定轨道的方法。这种由 3 个共面位置矢量 $\boldsymbol{r}_1$、$\boldsymbol{r}_2$ 和 $\boldsymbol{r}_3$ 确定全部轨道要素的方法，是美国学者吉布斯（Gibbs）用纯矢量分析法得到的结果，故该方法亦称为吉布斯方法。该方法计算步骤如下。

对 3 个共面矢量 $\boldsymbol{r}_1$、$\boldsymbol{r}_2$ 和 $\boldsymbol{r}_3$，可以定义 3 个矢量 $\boldsymbol{D}$、$\boldsymbol{N}$ 和 $\boldsymbol{S}$，且

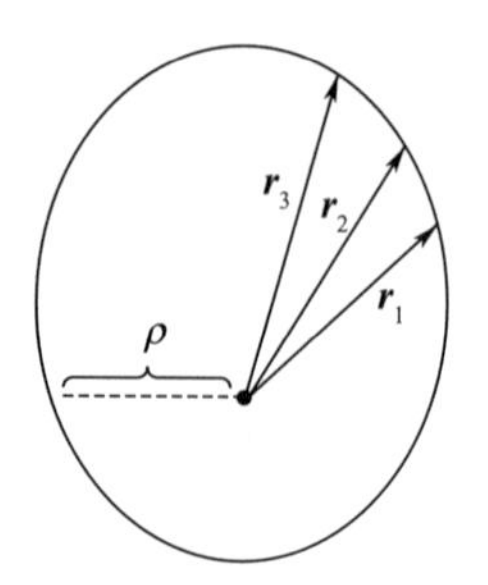

图 7-31 通过 $\boldsymbol{r}_1$、$\boldsymbol{r}_2$ 和 $\boldsymbol{r}_3$ 的轨道

$$\boldsymbol{D}=[\boldsymbol{r}_1\times\boldsymbol{r}_2,\ \boldsymbol{r}_2\times\boldsymbol{r}_3,\ \boldsymbol{r}_3\times\boldsymbol{r}_1] \tag{7-164}$$

$$\boldsymbol{N}=[r_3\boldsymbol{r}_1\times\boldsymbol{r}_2,\ r_1\boldsymbol{r}_2\times\boldsymbol{r}_3,\ r_2\boldsymbol{r}_3\times\boldsymbol{r}_1] \tag{7-165}$$

$$\boldsymbol{S}=(r_2-r_3)\boldsymbol{r}_1,\ (r_3-r_1)\boldsymbol{r}_2,\ (r_1-r_2)\boldsymbol{r}_3] \tag{7-166}$$

易证 $\boldsymbol{D}$、$\boldsymbol{N}$ 方向相同，且该方向就是角动量 $\boldsymbol{h}$ 的方向。

根据前面章节可得

$$p=\frac{N}{D} \tag{7-167}$$

$$e=\frac{S}{D} \tag{7-168}$$

$$\boldsymbol{Q}=\boldsymbol{S}/S \tag{7-169}$$

$$\boldsymbol{W}=\boldsymbol{N}/N \tag{7-170}$$

$$\boldsymbol{P}=\boldsymbol{Q}\times\boldsymbol{W} \tag{7-171}$$

上述 5 个量 p、e、$\boldsymbol{Q}$、$\boldsymbol{P}$、$\boldsymbol{W}$ 已完全确定了轨道。此外，由 $\boldsymbol{D}$、$\boldsymbol{N}$ 和 $\boldsymbol{S}$ 还可以直接求出已知位置矢量所对应的速度矢量 $\boldsymbol{V}$

$$\boldsymbol{V}=\frac{1}{r}\sqrt{\frac{\mu}{ND}}\boldsymbol{D}\times\boldsymbol{r}+\sqrt{\frac{\mu}{ND}}\boldsymbol{S} \tag{7-172}$$

至此，顺便提一下吉布斯方法确定轨道的特点：3 个位置矢量 $\boldsymbol{r}$ 似乎给出了 9 个独立变量，但事实并非如此，原因是这 3 个矢量共面，其并不互相独立。这是一种几何的矢量方法，没有用到三个位置间的飞行时间。

7.6.4　由两个位置和飞行时间确定轨道

根据前面章节已知，可以由单个雷达观测数据，即用 $\boldsymbol{r}$、$\boldsymbol{V}$ 确定轨道；也可以由三个共面位置矢量确定轨道。实际上还可以由两个位置矢量和飞行时间确定轨道，这个问题亦称高斯问题，如图7-32所示。由于高斯问题可直接用于拦截、交会或弹道导弹目标瞄准问题，在航天轨道力学中具有重大的意义。

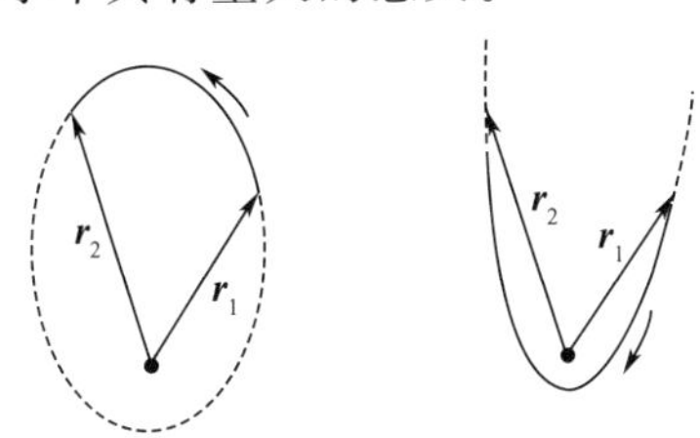

图7-32　具有相同飞行时间的长程和短程轨道

高斯问题的数学描述如下：已知 $\boldsymbol{r}_1$、$\boldsymbol{r}_2$ 及从 $\boldsymbol{r}_1$ 到 $\boldsymbol{r}_2$ 的飞行时间及运动方向，求 $\boldsymbol{V}_1$ 和 $\boldsymbol{V}_2$（由此可确定轨道）。

所谓运动方向是指航天器以短程（$\Delta\nu<\pi$）的还是以长程（$\Delta\nu>\pi$）的方式从 $\boldsymbol{r}_1$ 运动到 $\boldsymbol{r}_2$。显然，从 $\boldsymbol{r}_1$ 到 $\boldsymbol{r}_2$ 有无数条轨道，但加上时间 t 的约束，轨道只有两条（一长程、一短程）；再加上运动方向的约束，轨道只剩一条，所以高斯问题有唯一解。

高斯问题的特殊情况是 $\boldsymbol{r}_1$、$\boldsymbol{r}_2$ 共线。此时分两种情况：

1）$\boldsymbol{r}_1$、$\boldsymbol{r}_2$ 反向（$\Delta\nu=\pi$），轨道平面不定，$\boldsymbol{V}_1$、$\boldsymbol{V}_2$ 无唯一的解；

2）$\boldsymbol{r}_1$、$\boldsymbol{r}_2$ 同向（$\Delta\nu=0$，2π），轨道是一退化的圆锥曲线，$\boldsymbol{V}_1$、$\boldsymbol{V}_2$ 有唯一解，但此时可能存在数学奇点。

现记　$\boldsymbol{r}_2=\boldsymbol{r}$，$\boldsymbol{V}_2=\boldsymbol{V}$，$\boldsymbol{r}_1=\boldsymbol{r}_0$，$\boldsymbol{V}_1=\boldsymbol{V}_0$

类似预测问题，引入 f、g 函数，则有

$$\begin{cases}\boldsymbol{r}=f\boldsymbol{r}_0+g\boldsymbol{V}_0\\ \boldsymbol{V}=\dot{f}\boldsymbol{r}_0+\dot{g}\boldsymbol{V}_0\end{cases}\tag{7-173}$$

改写得

$$
\boldsymbol{V}_0=\frac{\boldsymbol{r}_2-f\boldsymbol{r}_0}{g}
$$

$$
\boldsymbol{V}=\dot{f}\boldsymbol{r}_0+\frac{\boldsymbol{r}-f\boldsymbol{r}_0}{g}\dot{g}=\frac{\dot{g}\boldsymbol{r}-(\dot{f}g)\boldsymbol{r}_0}{g} \tag{7-174}
$$

由此可知，高斯问题的解可以根据 f、g 函数导出，所以解高斯问题可简化为计算标量 f、g、$\dot{f}$ 和 $\dot{g}$。

f、g 表达式有如下的几种形式。

1）以 x 表示的 f、g。

$$
\begin{cases}
f_x=1-\dfrac{x^2}{r_0}C(z)\\
g_x=t-\dfrac{x^3}{\sqrt{\mu}}S(z)\\
\dot{f}_x=-\dfrac{\sqrt{\mu}}{r_0 r}x[zS(z)-1]\\
\dot{g}_x=1-\dfrac{x^2}{r}C(z)
\end{cases} \tag{7-175}
$$

2）以 $\Delta\nu$ 表示的 f、g。

$$
\begin{cases}
f_\nu=1-(r/p)(1-\cos\Delta\nu)\\
g_\nu=\dfrac{r_0 r}{\sqrt{\mu p}}\sin\Delta\nu\\
\dot{f}_\nu=\sqrt{\dfrac{\mu}{p}}\tan\dfrac{\Delta\nu}{2}\left(\dfrac{1-\cos\Delta\nu}{p}-\dfrac{1}{r_0}-\dfrac{1}{r}\right)\\
\dot{g}_\nu=1-\dfrac{r_0}{p}(1-\cos\Delta\nu)
\end{cases} \tag{7-176}
$$

3）以 ΔE 表示的 f、g。

$$
\begin{cases}
f_E = 1 - \dfrac{a}{r_0}(1 - \cos\Delta E) \\
g_E = t - \sqrt{\dfrac{a^3}{\mu}}(\Delta E - \sin\Delta E) \\
\dot{f}_E = -\dfrac{\sqrt{\mu a}}{r_0 r}\sin\Delta E \\
\dot{g}_E = 1 - \dfrac{a}{r}(1 - \cos\Delta E)
\end{cases}
\tag{7-177}
$$

在解高斯问题时，则可联立式（7－176）与式（7－177），即

$$
\begin{cases}
f_\nu = f_E \\
g_\nu = g_E \\
\dot{f}_\nu = \dot{f}_E \\
\dot{g}_\nu = \dot{g}_E \text{（最后一个不独立，只有三个可用）}
\end{cases}
\tag{7-178}
$$

如此，三个方程联立，参量有 r_0、r、$\Delta\nu$、t、p、a、ΔE 7个。其中，前4个量已知，则3个方程可解3个未知量。唯一的困难是方程为超越方程，需要迭代求解，而迭代方法的不同决定了解法的不同。

由于高斯问题的重要性，许多学者提出了多种高斯问题的解法，这其中有高斯于1809年提出的方法——原始的高斯法；适合计算机编程的 f 和 g 级数展开法；联立式（7－175）和式（7－176）引出的适用范围较广的普适变量法与 p 迭代法；基于几何作图方法广泛用于弹道导弹弹道和航天器轨道问题的朗伯方法。

7.6.5　由光学观测结果确定轨道

通过雷达可测得距离和距离变化率，这就使得现代的轨道确定问题变得十分简单。然而雷达的测角精度和雷达探测器的分辨率却大大低于光学探测器。因此，最精确的初始轨道仍然是用光学方法确定的。此外，也确实需要某种仅由角度数据（例如，地面点坐标系的赤经和赤纬）来确定轨道的方法。

6 个独立变量足以完全确定飞船的轨道。这 6 个独立变量可以是 6 个经典轨道要素，也可以是矢量 $\boldsymbol{r}$ 和 $\boldsymbol{V}$ 在某历元时刻的六个分量。无论是哪种情况，光学观测总能得到两个独立变量，例如，El 和 Az 或者赤经和赤纬。因此，为了确定轨道，至少需要在不同的时刻上的 3 次观测值。

天文学靠角度数据来确定彗星和一些小行星的轨道，所以下面所述的方法已经使用了很长时间，其是由拉普拉斯首先于 1780 年提出的。

假设已知某飞船（也可以是卫星或自然天体）在 3 个不同时刻在地面点坐标系上的赤经和赤纬分别为 α_1、δ_1，α_2、δ_2，α_3、δ_3。这些角度很容易从以恒星为背景的飞船照片得到。若令 $\boldsymbol{L}_1$、$\boldsymbol{L}_2$ 和 $\boldsymbol{L}_3$ 是 3 个观测时刻指向飞船的视线单位矢量，则有

$$\boldsymbol{L}_i=\begin{bmatrix}L_I\\L_J\\L_K\end{bmatrix}=\begin{bmatrix}\cos\delta_i & \cos a_i\\\cos\delta_i & \sin a_i\\\sin\delta_i\end{bmatrix},\ i=1,\ 2,\ 3 \tag{7-179}$$

由于 $\boldsymbol{L}_i$ 是从观测站到飞船的斜距矢量 $\boldsymbol{\rho}$ 上的单位矢量，所以

$$\boldsymbol{r}=\rho\boldsymbol{L}+\boldsymbol{R} \tag{7-180}$$

这里为了简单起见省略了下标，ρ 是到飞船的斜距，$\boldsymbol{r}$ 是从地心到飞船的矢量，$\boldsymbol{R}$ 是从地心到观测站的矢量（见图 7-33）。

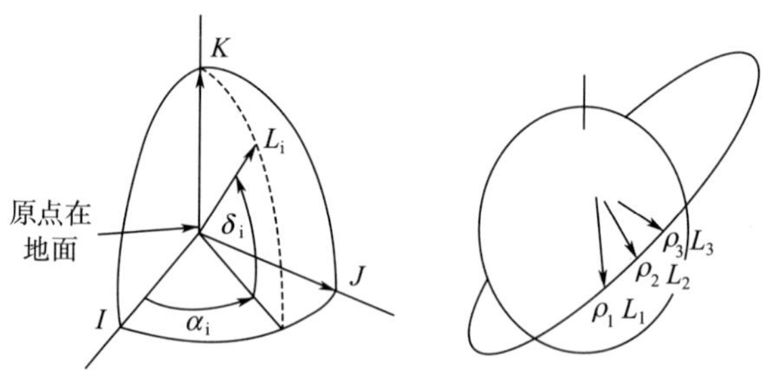

图 7-33　视线矢量

对式（7-180）微分两次，得到

$$\dot{\boldsymbol{r}}=\dot{\rho}\boldsymbol{L}+\rho\dot{\boldsymbol{L}}+\dot{\boldsymbol{R}} \tag{7-181}$$

$$\ddot{\boldsymbol{r}} = 2\dot{\rho}\dot{\boldsymbol{L}} + \ddot{\rho}\boldsymbol{L} + \rho\ddot{\boldsymbol{L}} + \ddot{R} \tag{7-182}$$

由运动方程得出下面的动力学关系式

$$\ddot{\boldsymbol{r}} = -\mu\frac{\boldsymbol{r}}{r^3}$$

将其代入式（7－182），化简后得到

$$\boldsymbol{L}\ddot{\rho} + 2\dot{\boldsymbol{L}}\dot{\rho} + \left(\ddot{\boldsymbol{L}} + \frac{\mu}{r^3}\boldsymbol{L}\right)\rho = -\left(\ddot{\boldsymbol{R}} + \mu\frac{\boldsymbol{R}}{r^3}\right) \tag{7-183}$$

在某一特定时刻，比如说在第二次观测时，上面的矢量 $\boldsymbol{L}$、$\boldsymbol{R}$ 和 $\ddot{\boldsymbol{R}}$ 是已知的，然而 $\dot{\boldsymbol{L}}$，$\ddot{\boldsymbol{L}}$，ρ，$\dot{\rho}$，$\ddot{\rho}$ 和 r 是未知的。

因为已知时刻 t_1，t_2和 t_3的 $\boldsymbol{L}$ 值，故只要 3 个观测时刻彼此相隔不长，就可以用数值微分法得到中间时刻 t_2的 $\dot{\boldsymbol{L}}$ 和 $\ddot{\boldsymbol{L}}$。将式（7－180）进行自身点积，得

$$r^2 = \rho^2 + 2\rho\boldsymbol{L}\cdot\boldsymbol{R} + R^2 \tag{7-184}$$

显然式（7－183）代表了 3 个标量方程，加上式（7－184）共 4 个方程，联立可解出未知量 r、ρ、$\dot{\rho}$ 和 $\ddot{\rho}$。再代回式（7－180）、式（7－181）则可得到中间 t_2时刻的位置矢量 $\boldsymbol{r}$ 和速度矢量 $\boldsymbol{V}$，即轨道已确定。

需注意的是，若观测者在中间 t_2时刻位于飞船的轨道平面内，则上述方法无效。

此外，若引入 7.6.4 节提到的 f 和 g 级数，则可以得到另一种根据光学观测数据确定轨道的更好的方法。

将矢量 $\boldsymbol{r}$ 用在 t_2时刻展开的 f 和 g 级数表示，得到

$$\boldsymbol{r} = f(\boldsymbol{r}_2, \boldsymbol{V}_2, t-t_2)\boldsymbol{r}_2 + g(\boldsymbol{r}_2, \boldsymbol{V}_2, t-t_2)\boldsymbol{V}_2 \tag{7-185}$$

然后令 $f_i = f(\boldsymbol{r}_2, \boldsymbol{V}_2, t_i - t_2)$ 和 $g_i = g(\boldsymbol{r}_2, \boldsymbol{V}_2, t_i - t_2)$，由式（7－180）则有

$$\begin{cases} f_1\boldsymbol{r}_2 + g_1\boldsymbol{V}_2 = \boldsymbol{R}_1 + \rho_1\boldsymbol{L}_1 \\ \boldsymbol{r}_2 = \boldsymbol{R}_2 + \rho_2\boldsymbol{L}_2 \\ f_3\boldsymbol{r}_2 + g_3\boldsymbol{V}_2 = \boldsymbol{R}_3 + \rho_3\boldsymbol{L}_3 \end{cases} \tag{7-186}$$

方程组（7-186）共有9个方程和9个未知数。这9个未知数分别是$\boldsymbol{r}_2$（三个分量）、$\boldsymbol{V}_2$（三个分量）和ρ_1、ρ_2、ρ_3。

用$\boldsymbol{L}_i$叉乘第i个方程来消去ρ_i，得

$$\begin{cases} f_1\boldsymbol{L}_1\times\boldsymbol{r}_2+g_1\boldsymbol{L}_1\times\boldsymbol{V}_2=\boldsymbol{L}_1\times\boldsymbol{R}_1 \\ \boldsymbol{L}_2\times r_2=\boldsymbol{L}_2\times\boldsymbol{R}_2 \\ f_3\boldsymbol{L}_3\times\boldsymbol{r}_2+g_3\boldsymbol{L}_3\times\boldsymbol{V}_2=\boldsymbol{L}_3\times\boldsymbol{R}_3 \end{cases} \tag{7-187}$$

上式虽然看起来有9个方程，而未知数只有6个，即$\boldsymbol{r}_2$和$\boldsymbol{V}_2$的各个分量，但事实上其中只有6个方程是独立的。设$\boldsymbol{r}_2$的直角坐标系分量是x、y和z，$\boldsymbol{V}_2$的分量是$\dot{x}$、$\dot{y}$和$\dot{z}$，消去$\boldsymbol{K}$方向的分量，得到下列方程

$$\begin{cases} f_1L_{1z}x-f_1L_{1x}z+g_1L_{1x}\dot{x}-g_1L_{1x}\dot{z}=R_{1z}L_{1x}-R_{1x}L_{1z} \\ f_1L_{1z}y-f_1L_{1x}z+g_1L_{1x}\dot{y}-g_1L_{1y}\dot{z}=R_{1y}L_{1z}-R_{1z}L_{1y} \\ L_{2x}x-L_{2x}z=R_{2x}L_{2z}-R_{2x}L_{2x} \\ L_{2x}y-L_{2y}z=R_{2y}L_{2z}-R_{2x}L_{2y} \\ f_3L_{3z}y-f_3L_{3x}z+g_3L_{3x}\dot{x}-g_3L_{3x}\dot{z}=R_{3x}L_{3z}-R_{3x}L_{3x} \\ f_3L_{3z}y-f_3L_{3y}z+g_3L_{3x}\dot{x}-g_3L_{3x}\dot{z}=R_{3x}L_{3z}-R_{3y}L_{3y} \end{cases} \tag{7-188}$$

上述方法适合用计算机求解，而且收敛很好，具体求解该方程组的过程参见有关书籍。

7.6.6 初轨计算的加权单位矢量法

前面章节讨论了飞船初轨计算的两类方法：一类是以拉普拉斯方法为代表的利用某特殊t_0时刻的飞船坐标$\boldsymbol{r}_0$和速度$\dot{\boldsymbol{r}}_0$计算轨道根数；另一类是以高斯方法为代表的利用两个时刻t_1、t_2的飞船坐标$\boldsymbol{r}_1$、$\boldsymbol{r}_2$来计算轨道根数。这两类方法的共同点是：当观测弧段比较短时，观测资料误差使得定轨精度受到严重影响，特别是轨道半长轴a和偏心率e有较大误差。下面介绍的加权单位矢量法，有利于综合利用测角、测距和测速信息，充分发挥高精度测量信息的作用。事实证明，该方法具有计算精度高、收敛速度快、稳定性能好

和适用范围广等特点。

加权单位矢量法克服了前两种方法的缺点，综合利用所有测量信息，发挥对确定轨道形状参数敏感的观测资料 ρ、$\dot{\rho}$ 的作用，尽可能提高半长轴 a 的测定精度。

（1）改变条件方程的形式，使其能综合利用所有测量信息

为了发挥测速信息 $\dot{\rho}$ 的作用，除利用二体运动飞船位置的基本方程

$$f\boldsymbol{r}_0 + g\dot{\boldsymbol{r}}_0 = \rho\boldsymbol{L} + \boldsymbol{R} \tag{7-189}$$

还增加了飞船速度关系式

$$\dot{f}\boldsymbol{r}_0 + \dot{g}\dot{\boldsymbol{r}}_0 = \dot{\rho}\boldsymbol{L} + \rho\dot{\boldsymbol{L}} + \dot{\boldsymbol{R}} \tag{7-190}$$

在地心赤道坐标系中，建立两组单位矢量系统 $\boldsymbol{R}^*$、$\boldsymbol{S}^*$、$\boldsymbol{\varphi}^*$ 和 $\boldsymbol{L}$、$\boldsymbol{A}^*$、$\boldsymbol{h}^*$，并将测站地心距矢量 $\boldsymbol{R}$ 及其变化率 $\dot{\boldsymbol{R}}$ 表示为

$$\begin{cases} \boldsymbol{R} = R_0\boldsymbol{R}^* - \Delta R\,\boldsymbol{\varphi}^* \\ \dot{\boldsymbol{R}} = \omega_e(R_0\cos\varphi + \Delta R\sin\varphi)\,\boldsymbol{S}^* \\ R_0 = (1 - e_E^2\sin^2\varphi)^{1/2} + H \\ \Delta R = e_E^2\sin\varphi\cos\varphi\,(1 - e_E^2\sin^2\varphi)^{-1/2} \end{cases} \tag{7-191}$$

式中　λ、φ、H——分别为测站的地理经度、纬度、大地高；

e_E——地球参考椭球体的偏心率。

用 $\boldsymbol{L}$、$\boldsymbol{A}^*$、$\boldsymbol{h}^*$ 分别点乘式（7-189）两边，并用 $\boldsymbol{L}$ 点乘式（7-190）两边，可得出初轨计算新的条件方程，称这种方法为无摄单位矢量法（UVM）

$$\begin{cases} f(\boldsymbol{A}^*\cdot\boldsymbol{r}_0) + g(\boldsymbol{A}^*\cdot\dot{\boldsymbol{r}}_0) = \boldsymbol{A}^*\cdot\boldsymbol{R} = \Delta R\sin A \equiv G_A \\ f(\boldsymbol{h}^*\cdot\boldsymbol{r}_0) + g(\boldsymbol{h}^*\cdot\dot{\boldsymbol{r}}_0) = \boldsymbol{h}^*\cdot\boldsymbol{R} = R_0\cosh + \Delta R\cos A\sinh \equiv G_h \\ f(\boldsymbol{L}\cdot\boldsymbol{r}_0) + g(\boldsymbol{L}\cdot\dot{\boldsymbol{r}}_0) = \rho + \boldsymbol{L}\cdot\boldsymbol{R} = \rho + R_0\sinh - \Delta R\cos A\cosh \equiv G_\rho \\ \dot{f}(\boldsymbol{L}\cdot\boldsymbol{r}_0) + \dot{g}(\boldsymbol{L}\cdot\dot{\boldsymbol{r}}_0) = \dot{\rho} + \boldsymbol{L}\cdot\dot{\boldsymbol{R}} = \dot{\rho} + \omega_E(R_0\cos\varphi + \Delta R\sin\varphi)\sin A\cosh \equiv G_{\dot{\rho}} \end{cases} \tag{7-192}$$

式中　A——方位角 Az；

h——仰角 El。

上式描述的条件方程有以下几个特点：可以综合利用所有测量信息，包括测速信息 $\dot{\rho}$，这对提高 $\dot{\boldsymbol{r}}_0$ 的测定精度很有帮助；基本分离了不同类型的数据，如式（7－192）的第一个方程仅包含 A，斜距 ρ 及其变化率 $\dot{\rho}$ 分别出现在第三、第四个方程中，这样便于加权处理；条件方程右侧所含的方位角以三角函数的形式出现，且分别有 e_{E}^2 和 $\dot{S}$ 的小因子，所以条件方程对方位角 A 的误差不大，这特别适用于有较大航向偏差的海上测量。

（2）对条件方程进行加权最小二乘处理，变权迭代求解 $\boldsymbol{r}_0$ 和 $\dot{\boldsymbol{r}}_0$

对不同类型、不等精度的观测资料进行综合定轨时，应考虑加权处理，以提高初轨测定精度。由于条件方程是相关间接测量，且条件方程的系数也与观测数据有关，如果按照误差理论取权，将会使权矩阵的选取变得十分复杂，这里，采用按残差平方和取权的办法。记残差

$$\begin{cases}\upsilon_{1i}=f_i(\boldsymbol{A}_i^*\cdot\boldsymbol{r}_0)+g_i(\boldsymbol{A}_i^*\cdot\dot{\boldsymbol{r}}_0)-\Delta R_i\sin A_i\\ \upsilon_{2i}=f_i(\boldsymbol{h}_i^*\cdot\boldsymbol{r}_0)+g_i(\boldsymbol{h}_i^*\cdot\dot{\boldsymbol{r}}_0)-R_{0i}\cos h_i-\Delta R_i\cos A_i\sin h_i\\ \upsilon_{3i}=f_i(\boldsymbol{L}_i\cdot\boldsymbol{r}_0)+g_i(\boldsymbol{L}_i\cdot\dot{\boldsymbol{r}}_0)-\rho_i-R_{0i}\sin h_i+\Delta R_i\cos A_i\cos h_i\\ \upsilon_{4i}=f'_i(\boldsymbol{L}_i\cdot\boldsymbol{r}_0)+g'_i(\boldsymbol{L}_i\cdot\dot{\boldsymbol{r}}_0)-\dot{\rho}_i-\omega_{\mathrm{e}}(R_{0i}\cos\varphi_i+\Delta R_i\sin\varphi_i)\sin A_i\cos h_i\end{cases}\tag{7-193}$$

又记

$$s_j^2=\sum_{i=1}^{n}\upsilon_{ji}^2\quad(j=1,2,3,4)\tag{7-194}$$

取

$$\overline{\omega}_j=\frac{1}{s_j^2}\Big/\left(\sum_{j=1}^{4}\frac{1}{s_j^2}\right)\tag{7-195}$$

记

$$\boldsymbol{x}_{1\times6}^{\mathrm{T}}=(\boldsymbol{r}_0^{\mathrm{T}},\dot{\boldsymbol{r}}_0^{\mathrm{T}})=(x_0,y_0,z_0,\dot{x}_0,\dot{y}_0,\dot{z}_0)$$

$$\overline{\boldsymbol{W}}=\mathrm{diag}[\omega_1,\omega_2,\omega_3,\omega_4,\cdots,\omega_{1n},\omega_{2n},\omega_{3n},\omega_{4n}]$$

$$\boldsymbol{G}_{1\times4n}^{\mathrm{T}}=[G_{A1},G_{h1},G_{\rho1},G_{\dot{\rho}1},\cdots,G_{An},G_{hn},G_{\rho n},G_{\dot{\rho}n}]$$

$$A_{6\times 4n}^{T}=\begin{bmatrix} f_1\boldsymbol{A}_1^{*}, & f_1\boldsymbol{h}_1^{*}, & f_1\boldsymbol{L}_1, & \dot{f}_1\boldsymbol{L}_1, & \cdots, & f_n\boldsymbol{A}_n^{*}, & f_n h_n^{*}, & f_n\boldsymbol{L}_n, & \dot{f}_n\boldsymbol{L}_n \\ g_1\boldsymbol{A}_1^{*}, & g_1\boldsymbol{h}_1^{*}, & g_1\boldsymbol{L}_1, & \dot{g}_1\boldsymbol{L}_1, & \cdots, & g_n\boldsymbol{A}_n^{*}, & g_n h_n^{*}, & g_n\boldsymbol{L}_n, & \dot{g}_n\boldsymbol{L}_n \end{bmatrix}$$

$$\boldsymbol{A}_i^{*}=\begin{bmatrix} A_{ix} \\ A_{iy} \\ A_{iz} \end{bmatrix},\ \boldsymbol{h}_i^{*}=\begin{bmatrix} h_{ix} \\ h_{iy} \\ h_{iz} \end{bmatrix},\ \boldsymbol{L}_i=\begin{bmatrix} \rho_{ix} \\ \rho_{iy} \\ \rho_{iz} \end{bmatrix}\quad (i=1,\ 2,\ \cdots,\ n)$$

则由加权最小二乘法，有

$$\boldsymbol{x}=(\boldsymbol{A}^{T}\boldsymbol{W}\boldsymbol{A})^{T}\boldsymbol{A}^{T}\boldsymbol{W}\boldsymbol{G} \tag{7-196}$$

为了提高计算精度，采用迭代计算，权系数随迭代次数而变化。

第 k 次迭代的误差为

$$\sigma^{(k)}=\sqrt{\sum W_j^{(k-1)}S_j^{2(k)}/(4n-6)} \tag{7-197}$$

式中　$S_j^{2(k)}$ ——本次迭代的残差平方和；

$W_j^{(k-1)}$ ——由上次残差平方和计算的权系数。

迭代的收敛标准可取

$$\left|\sigma^{(k)}-\sigma^{(k-1)}\right|<\varepsilon_1 \tag{7-198}$$

或相对标准

$$\left|(\sigma^{(k)}-\sigma^{(k-1)})/\sigma^{(k-1)}\right|<\varepsilon_2 \tag{7-199}$$

一般来说，取相对标准式（7－199）更好一些，有时也可取迭代次数 k 作为收敛标准。在迭代计算获得满意的 $\boldsymbol{r}_0$、$\dot{\boldsymbol{r}}_0$ 后，便可按二体运动公式计算轨道根数。

上述加权处理充分发挥了高精度测距信息 ρ 和测速信息 $\dot{\rho}$ 的作用，其主要效益是改善法方程系数矩阵的结构，从而提高轨道的计算精度。

（3）加权单位矢量法计算初轨的具体步骤

1）对测量数据进行预处理，包括量纲复原、数据合理性检验、系统误差修正、数据平滑和压缩；

2）计算测站的地方恒星时 S_i；

3）计算 t_i 时刻的测站坐标 $\boldsymbol{R}_i$ 及其变化率 $\dot{\boldsymbol{R}}_i$；

4）计算测向单位矢量 $\boldsymbol{\rho}_i^{*}$、$\boldsymbol{A}_i^{*}$、$\boldsymbol{h}_i^{*}$；

5）计算 $\boldsymbol{r}_0$、$\dot{\boldsymbol{r}}_0$ 的初值；

6）利用初值 $\boldsymbol{r}_0$、$\dot{\boldsymbol{r}}_0$ 计算 r_0、$r_0\dot{r}_0$ 和 a；

7）利用牛顿迭代法解广义开普勒方程式，求 ΔE，再根据相关公式求 f、g、$\dot{f}$、$\dot{g}$；

8）形成条件方程组，针对 A、h 的资料，仅有前 2 个方程，条件方程总数为 $2n$；针对 A、h、ρ 的资料，用前 3 个方程，条件方程总数为 $3n$；针对于 A、h、$\dot{\rho}$ 的资料，用第 1、2、4 这三个方程，条件方程总数也是 $3n$；针对于 A、h、ρ、$\dot{\rho}$ 的资料，用全部 4 个方程，条件方程总数为 $4n$；

9）用加权最小二乘法迭代求解 $\boldsymbol{r}_0$、$\dot{\boldsymbol{r}}_0$；

10）利用最终得到的 $\boldsymbol{r}_0$、$\dot{\boldsymbol{r}}_0$，根据二体运动公式计算飞船的轨道根数。

初轨计算的加权单位矢量法不仅计算精度高，而且适用范围广，由于方法本身对飞船轨道无特殊要求，故可用于各种不同类型的初轨计算，也可统一处理以测角资料为主的各种类型的观测资料及其各种组合的定轨计算，如 A、h（或 α，δ）资料定轨，A、h、ρ（或 α，δ，ρ）和 $\dot{\rho}$、A、h（或 α，δ，$\dot{\rho}$）三元素定轨，或 A、h、ρ、$\dot{\rho}$（或 α，δ，ρ，$\dot{\rho}$）四元素定轨。

7.6.7 轨道改进

前面几节讨论的是根据最少的观测数据来确定初始轨道的问题，这是远远不够的。严格说来，轨道确定一般分两步进行：

1）初轨确定。根据少数观测数据应用前面的定轨方法，确定出某特定时刻 t_0 的粗略轨道要素 $\sigma_0(t_0)$ 作为轨道改进的初值；

2）轨道改进。利用地面测控网跟踪观测飞船所获得的大量观测数据，以轨道初值为基础，应用最小二乘法或微分校正法，计算出轨道要素 $\sigma_0(t_0)$（初值）的改正数 $\Delta\sigma_0(t_0)$，从而确定精确的 t_0 时刻轨道要素 $\sigma(t_0)$。

在轨道改进中，还可以一并解算出其他参数的改正数，如测控站站址坐标改正数和系统误差参数等。由于观测资料弧段长、数量多，计算中可削弱观测数据随机误差的影响，且由于严格按摄动理论处理，故轨道改进的结果的精度总高于初轨计算的结果。

将待改进的轨道参数 σ 和一些物理参数 β（如地球物理参数，大气参数等）统称为状态量，记作 $\boldsymbol{x}$，其是 $p\geqslant 6$ 维矢量。飞船的观测数据记作 $\boldsymbol{y}$，其是 n 维矢量。假定这些观测值和状态量 $\boldsymbol{x}$ 之间有函数关系

$$\boldsymbol{y}=f(\boldsymbol{x})+\boldsymbol{v} \tag{7-200}$$

式（7-200）称为量测方程，$\boldsymbol{v}$ 为随机噪声（测量误差）。

设 $\mathrm{E}\nu=0, \mathrm{E}(\boldsymbol{v}\boldsymbol{v}^{\mathrm{T}})=\boldsymbol{R}$，即测量误差是无偏的，其协方差矩阵为 $\boldsymbol{R}$。式（7-200）实际是一个非线性回归方程。轨道改进就是要在给定观测量 $\boldsymbol{y}$、数学模型 f 和噪声的统计特性条件下，计算出参数 $\boldsymbol{x}$。改进过程就是要使得实际观测量 $\boldsymbol{y}_0$ 与利用数学模型计算出的值 $\boldsymbol{y}_C$ 之差的加权平方和为极小，即

$$Q(\boldsymbol{x})=[\boldsymbol{y}-f(\boldsymbol{x})]^{\mathrm{T}}\boldsymbol{W}[\boldsymbol{y}-f(\boldsymbol{x})]=\min \tag{7-201}$$

式中　$\boldsymbol{W}$——$n\times n$ 阶权矩阵；

$Q(\boldsymbol{x})$——平方损失函数，使 $Q(\boldsymbol{x})$ 达到极小，要满足必要条件 $\partial Q(\boldsymbol{x})/\partial x=0$，即

$$-2[\boldsymbol{y}-f(\boldsymbol{x})]^{\mathrm{T}}\boldsymbol{W}\frac{\partial f}{\partial x}=0 \tag{7-202}$$

为了求解方程（7-202），首先将其线性化。在先验估计值 $\boldsymbol{x}_0$ 处将 $f(\boldsymbol{x})$ 展开成线性项，得

$$f(\boldsymbol{x})\doteq f(\boldsymbol{x}_0)+\left(\frac{\partial f}{\partial \boldsymbol{x}}\right)\bigg|_{\boldsymbol{x}=\boldsymbol{x}_0}\Delta\boldsymbol{x}\triangleq f(\boldsymbol{x}_0)+\boldsymbol{A}\Delta\boldsymbol{x} \tag{7-203}$$

其中，$\Delta\boldsymbol{x}=x-x_0$，$\boldsymbol{A}=\left(\dfrac{\partial f}{\partial x}\right)\bigg|_{\boldsymbol{x}=\boldsymbol{x}_0}$ 为 $n\times p$ 阶偏导数矩阵，同时记 $\Delta\boldsymbol{y}-\boldsymbol{y}-f(\boldsymbol{x}_0)$，式（7-202）可写为

$$-2[\Delta\boldsymbol{y}-\boldsymbol{A}\cdot\Delta\boldsymbol{x}]^{\mathrm{T}}W\cdot A=0 \tag{7-204}$$

由此得

$$\Delta\hat{\boldsymbol{x}} = (\boldsymbol{A}^{\mathrm{T}}\boldsymbol{W}\boldsymbol{A})^{-1}\boldsymbol{A}^{\mathrm{T}}\boldsymbol{W}\Delta\boldsymbol{y} \tag{7-205}$$

从而从上述线性化系统推导出来的参数值为

$$\hat{\boldsymbol{x}} = \boldsymbol{x}_0 + \Delta\hat{\boldsymbol{x}} \tag{7-206}$$

对称矩阵 $\boldsymbol{A}^{\mathrm{T}}\boldsymbol{W}\boldsymbol{A}$ 是正则方程组 $(\boldsymbol{A}^{\mathrm{T}}\boldsymbol{W}\boldsymbol{A})\Delta\boldsymbol{x} = \boldsymbol{A}^{\mathrm{T}}\boldsymbol{W}\Delta\boldsymbol{y}$ 的系数矩阵。

根据最小二乘法原理，$\Delta\hat{\boldsymbol{x}}$ 的协方差矩阵为

$$\sum\nolimits_{\Delta\hat{x}} = (\boldsymbol{A}^{\mathrm{T}}\boldsymbol{W}\boldsymbol{A})^{-1}\sigma^2 \tag{7-207}$$

式中　σ——单位权重误差，且有 $\sum_{\Delta\hat{x}} = \sum_{\hat{x}}$。

为了使线性化不带来大的截断误差，先验估计值$\boldsymbol{x}_0$ 必须相当接近于真值，也就是说要有一定精度的初值，求解过程需要使用迭代法。

7.7　轨道调整与轨道转移

航天器与自然天体不同，由于其质量比较小，因此可以人为地加以控制来改变其运动轨道，为其完成使命创造条件。

航天技术的发展，对航天器的使命提出了愈来愈复杂的要求，轨道可控制是基本要求之一。航天器在控制系统作用下使其轨道按人们的要求发生改变，这称为轨道机动。也就是说，航天器可以由沿某一已知的轨道运动变为沿另一条要求的轨道运动。原轨道称为初始轨道（驻留轨道或停泊轨道），新要求的轨道称为终轨道（预定轨道）。

轨道机动包含轨道的调整（或改变）与轨道的转移。

当初始轨道与终轨道相交（相切）时，只要施加一次冲量的作用就可以使航天器由初始轨道转入终轨道，这称为轨道调整（改变）。

当初始轨道与终轨道不相交（相切）时，必须施加两次以上的冲量作用才能使航天器转入终轨道运动，这称为轨道转移，连接初始轨道与终轨道的轨道称为过渡轨道或转移轨道。

轨道机动系统回路图如图 7 - 34 所示。

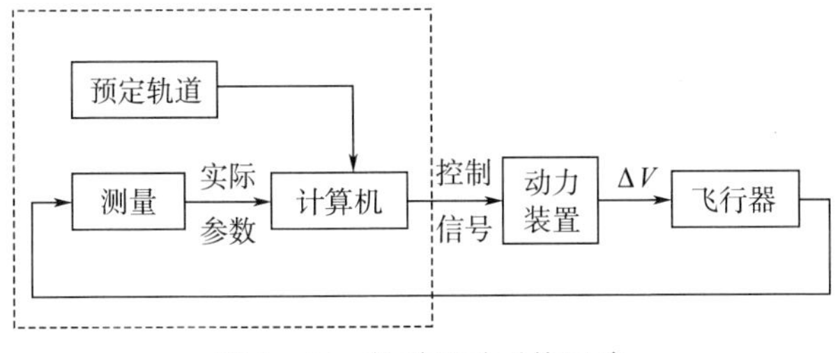

图 7 - 34　轨道机动系统回路

测量装置将测得的航天器的实际运动状态参数输入计算机进行轨道基本参数的计算，并与输入的预定轨道进行比较，然后计算出使飞行器转入预定轨道所需的控制信号 $\Delta\boldsymbol{V}$——速度增量的大小和方向。

动力装置提供使轨道机动的推力。动力装置一般为具有多次点火启动能力的火箭发动机。根据控制信号 $\Delta\boldsymbol{V}$ 形成姿态控制信号与发动机控制信号，以控制航天器的姿态，使其转到要求的方向；同时控制发动机的工作时间，完成轨道机动。

计算装置和测量设备，可以装在航天器上，也可以装在地面上。但一般为减轻航天器的质量而将其装在地面上。这样航天器只要接收地面测控站发来的控制信号，姿控系统和动力装置按接收的信号工作就行了。

采用火箭发动机作为轨道机动的动力装置时，由于发动机的推力较大，因而只需发动机短时间工作即可获得所需的速度增量。故在初步研究轨道机动问题时，为使问题简化，可假设发动机按冲量方式工作，即认为发动机工作能瞬间使航天器获得所需速度增量，而航天器的位置不发生变化。这样就使轨道机动问题大为简化，为更深入的研究提供了条件。

7.7.1　轨道调整

在发射航天器的过程中，由于存在各种干扰以及系统本身存在着误差，因而使航天器现实的轨道不可避免地偏离预定的轨道。为了消除由入轨条件偏差而产生的轨道偏差（基本轨道参数偏差）而进行的轨道改变称为轨道调整。

航天器经过轨道调整以后，实现了按预定轨道飞行。但由于地球扁率的影响、太阳和月球的干扰作用以及稀薄大气等的影响，航天器的轨道将在外界的作用下再次逐渐偏离预定轨道。为了使预定轨道能够得到保持，经过一定时间后，由地面测控站经过测量与计算，发出相应的控制指令，对轨道进行修正，这种调整称为轨道保持。轨道保持所采用的轨道修正方法与轨道调整是相同的，因此对修正与调整将不作严格区分。

轨道调整的特点是：轨道机动所需的速度增量不大，即初始轨道和终轨道之间的基本轨道元素偏差不大；轨道调整包含了在小偏差情况下的轨道改变和轨道转移这两种轨道机动形式。

（1）速度增量与轨道根数瞬时变化的关系

当发动机按冲量方式工作时，设冲量使航天器瞬时获得速度增量。在轨道坐标系各轴上的分量分别为 ΔV_r、ΔV_t、ΔV_h。把速度增量视为摄动加速度与时间间隔的乘积，由摄动方程可知：冲量使轨道根数产生的瞬时变化为

$$\begin{cases}\Delta a = \dfrac{2}{n\sqrt{1-e^2}}[e\sin\nu \cdot \Delta V_r + (1+e\cos\nu)\Delta V_t] \\ \Delta e = \dfrac{\sqrt{1-e^2}}{na}[\sin\nu \cdot \Delta V_r + (\cos\nu + \cos E)\Delta V_t] \\ \Delta i = \dfrac{r\cos u}{na^2\sqrt{1-e^2}}\Delta V_h \\ \Delta\Omega = \dfrac{r\sin u}{na^2\sqrt{1-e^2}\sin i}\Delta V_h \\ \Delta\omega = \dfrac{\sqrt{1-e^2}}{nae}\left[-\cos\nu \cdot \Delta V_r + \left(1+\dfrac{r}{p}\right)\sin\Delta V_t\right] - \dot{\Omega}\cos i \\ \Delta M = n - \dfrac{1-e^2}{nae}\left[\left(2e\dfrac{r}{p} - \cos\nu\right)\Delta V_r + \left(1+\dfrac{r}{p}\right)\sin\nu \cdot \Delta V_t\right]\end{cases} \tag{7-208}$$

式中　Δa、Δe、Δi、$\Delta \Omega$、$\Delta \omega$、ΔM——轨道根数的修正量。

如果航天器实际运行轨道与设计的标准轨道的根数偏差为 $\mathrm{d}a$、$\mathrm{d}e$、$\mathrm{d}i$、$\mathrm{d}\Omega$、$\mathrm{d}\omega$、$\mathrm{d}M$，则修正量必须满足

$\Delta a = -\mathrm{d}a$，$\Delta e = -\mathrm{d}e$，$\Delta i = -\mathrm{d}i$，$\Delta \Omega = -\mathrm{d}\Omega$，$\Delta \omega = -\mathrm{d}\omega$，$\Delta M = -\mathrm{d}M$。

由式（7－208）可知，Δa、Δe、ΔM 可由轨道系中径向冲量 ΔV_r 与周向冲量 ΔV_t 提供；Δi，$\Delta \Omega$ 由轨道面法向冲量 ΔV_h 提供；$\Delta \omega$ 则由 ΔV_r、ΔV_t 提供。

（2）近地点、远地点高度的修正

航天器由运载火箭送入轨道以后，经地面测控站测定，即可确定其基本轨道参数。假设测定结果显示近地点的高度及速度大小与预定运动参数有偏差 Δr_p 及 ΔV_p，其结果将使长半轴 a 产生偏差（设 e 符合要求）。现要求通过轨道机动，将近地点或远地点调到预定高度。

由能量守恒方程，得

$$\varepsilon = \frac{V^2}{2} - \frac{\mu}{r} = -\frac{\mu}{2a}$$

在小偏差情况下对上式求一次微分，得

$$V\mathrm{d}V + \frac{\mu}{r^2}\mathrm{d}r = \frac{\mu}{2a^2}\mathrm{d}a$$

由此可得

$$\mathrm{d}a = \frac{2a^2}{\mu}\left(V\mathrm{d}V + \frac{\mu}{r^2}\mathrm{d}r\right) \tag{7-209}$$

因此，由 Δr、ΔV 引起的长半轴 a 的改变量 Δa 为

$$\Delta a = \frac{2a^2}{\mu}\left(V\Delta V + \frac{\mu}{r^2}\Delta r\right) \tag{7-210}$$

因为长轴是 $2a$，所以轨道长度的改变是 $2\Delta a$。要调整近（远）地点的高度可通过在远（近）地点改变速度来实现。

假定在近地点改变速度，由此造成长轴的改变量正好是远地点高度的变化；同样，在远地点改变速度值，由此造成的长轴改变量

正好是近地高度的变化。所以由式（7－210）有

$$\begin{cases}\Delta h_a = \dfrac{4a^2}{\mu}(V_p \Delta V_p) \\ \Delta h_p = \dfrac{4a^2}{\mu}(V_a \Delta V_a)\end{cases} \tag{7-211}$$

由近地点参数的变化量 Δr、ΔV，再通过式（7－210）计算实际轨道的长半轴 $a = a_0 + \Delta a$，式中 a_0 为预定轨道的长半轴。由此可计算远地点的向径 r_a 及速度 V_a。现在可通过在远地点改变速度来调整近地点高度。已知近地点高度误差为 $\Delta r = \Delta h_p$，为消除此偏差在远地点的速度改变量可由式（7－211）求出，令 $\Delta r = -\Delta h_p$，得

$$\Delta V_a = -\frac{\mu}{4a^2 V_a}\Delta r_p \tag{7-212}$$

按照同样的方法可以修正远地点高度。

例 某航天器预定轨道为 $a = 1.5$ DU，$e = 0.3$ 的椭圆。其在近地点的 $r_p = 1.05$ DU，$V_p = 1.112\ 691$ DU/TU。实际发射入轨后，经地面测控站测量知，$r_p = 1.055$ DU，$V_p = 1.110\ 69$ DU/TU。现欲通过在远地点改变速度将近地点调到预定高度上，问速度改变量应为多大？

解 按测量结果，参数偏差为

$$\Delta r_p = 0.005 \text{ DU}$$

$$\Delta V_p = -0.002 \text{ DU/TU}$$

由式（7－210）可得

$$\Delta a = 2 \times 1.5^2 \left[1.112\ 69 \times (-0.002) + \frac{1}{1.05^2} \times 0.005\right]$$

$$= 0.010\ 349(\text{DU}) = 66.29(\text{km})$$

所以，实际轨道长半轴

$$a = 1.05 + 0.010\ 394 = 1.060\ 394 \ (\text{DU})$$

远地点地心距

$$r_a = 1.95 + \Delta a \times 2 = 1.970\ 787\ 9 \ (\text{DU})$$

由角动量守恒可得

$$V_a=-\frac{r_p V_p}{4a^2 V_a}=0.594\ 573(\text{DU/TU})=4.70(\text{km/s})$$

$$\Delta V_a=-\frac{\mu}{4a^2 V_a}\Delta r_p=-\frac{1}{4\times 1.060\ 394^2\times 0.594\ 573}\times 0.005$$

$$=-0.000\ 921\ 6(\text{DU/TU})=-7.3(\text{m/s})$$

由此可得，只须在远地点反向施加 7.3 m/s 速度增量，即可在近地点调整到预定高度。

(3) 轨道半长轴 a 与偏心率 e 的调整

对地观测航天器（包括飞船与卫星）的覆盖情况与航天器（包括飞船与卫星）的运动周期关系密切。以卫星为例，每天绕地球运动几圈的卫星对地观测的范围要比每天以 23 h 56 min 为周期运行的定点卫星大得多，定点卫星的运行周期与地球自转周期相同，故其覆盖的范围为由卫星出发与地球相切的交线所包围的地面区域，如图 7－35 所示。此外，因地面分辨力的均匀性与轨道的偏心率有关，所以往往要求对运行周期与偏心率进行调整。因周期 T_p 与长半轴 a 之间有如下关系

$$T_p=2\pi\sqrt{\frac{a^3}{\mu}}$$

故调整周期可以通过调整半长轴 a 来实现，以满足调整周期与偏心率的要求。

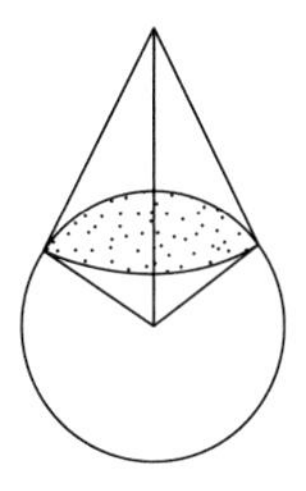

图 7－35　航天器对地瞬时覆盖区

调整半长轴 a 和偏心率 e 可以通过调整速度的大小与方向来实

现。由 7.3.1 节可知，通过引入无量纲参数 $\gamma=\frac{rV^2}{\mu}$ 得

$$a=\frac{r}{2-\gamma}$$

$$e=\sqrt{1+\gamma(\gamma-2)\cos^2\theta}$$

经简单推导易有

$$\Delta a=\frac{\partial a}{\partial V}\Delta V=2\gamma\frac{a^2}{rV}\Delta V=\frac{2Va^2}{\mu}\Delta V \tag{7-213}$$

$$\Delta e=\frac{\partial a}{\partial V}\Delta V+\frac{\partial e}{\partial \theta}\Delta\theta=\frac{2\gamma(\gamma-1)\cos^2\theta}{eV}\Delta V+\frac{-\gamma(\gamma-2)\sin 2\theta}{2e}\Delta\theta \tag{7-214}$$

由式（7-213）可得

$$\Delta V=\frac{\mu}{2Va^2}\Delta a \tag{7-215}$$

将上式代入式（7-214），再经推演与简化可得

$$\Delta e=\frac{(1-e^2)(e+\cos\nu)}{(1+e^2)+2e\cos\nu}\frac{\Delta a}{a}+\frac{(1-e^2)\sin\nu}{1+e\cos\nu}\Delta\theta$$

由上式可解出

$$\Delta\theta=\frac{1+e\cos\nu}{(1-e^2)\sin\nu}\Delta e-\frac{(e+\cos\nu)(1+e\cos\nu)}{[(1+e^2)+2e\cos\nu]\sin\nu}\frac{\Delta a}{a} \tag{7-216}$$

若已知轨道存在偏差 Δa 及 Δe，为消除此偏差需通过改变速度的大小和方向，此时式中 Δa、Δe 应取负值，即

$$\begin{cases}\Delta V=-\dfrac{\mu}{2Va^2}\Delta a\\ \Delta\theta=-\dfrac{1+e\cos\nu}{(1-e^2)\sin\nu}\Delta e+\dfrac{(e+\cos\nu)(1+e\cos\nu)}{[(1+e^2)+2e\cos\nu]\sin\nu}\dfrac{\Delta a}{a}\end{cases} \tag{7-217}$$

由式（7-217）可以看出：要想使 ΔV 为最小，应在 V 为最大时改变速度来消除半长轴的偏差。航天器在轨道上的最大速度点是近地点，近地点 $\nu=0$。由式（7-217）的第二式可以看出，在小偏

差的情况下，不可能在 $\nu=0$ 这点改变航迹角 θ 使偏心率产生变化，因为由

$$e=\sqrt{1+\gamma(\gamma-2)\cos^2\theta}$$

可知，e 对 θ 的偏导数在 $\nu=0$ 时为零。因此应排除在近地点进行轨道机动来调整半长轴 a 的偏心率 e。为便于在真近点角 $\nu\neq0$ 时进行轨道机动，将式（7－217）的第一式改写为

$$\Delta V=\frac{-\sqrt{(1-e^2)\mu}}{2\sqrt{1+e^2+2e\cos\nu}}\frac{\Delta a}{a^{3/2}} \tag{7-218}$$

例　某地球卫星发射之后，经地面测控站测量得 $a=1.51$ DU，$e=0.27$，预定轨道之 $a_0=1.51$ DU，$e_0=0.3$，试求在真近点角 $\nu=30°$点处进行轨道机动，其速度大小和方向的增量应为多大？

解　以 $a_0=1.5$ DU、$e_0=0.3$ 为基础轨道参数，求 ΔV 及 $\Delta\theta$ 的值。现已知 $\Delta a=0.01$，$\Delta e=-0.03$。由式（7－218）可得

$$\begin{aligned}\Delta V&=\frac{-\sqrt{(1-e^2)\mu}}{2\sqrt{(1+e^2)+2e\cos\nu}}\frac{\Delta a}{a^{3/2}}\\&=-\frac{1}{2}\sqrt{\frac{(1-0.27^2)\times1}{1+0.27^2+2\times0.27\cos30°}}\times\frac{0.01}{1.51^{3/2}}\\&=-0.002\,090\,4(\text{DU/TU})=-16.52(\text{m/s})\end{aligned}$$

由式（7－217）的第二式可得

$$\Delta\theta=0.091\,90\text{rad}=5.26°$$

现在虽然算出了速度方向的改变量，但 θ 角究竟是多大呢？

由 $a=1.5$ DU、$e=0.27$，可得 $r_p=1.102\,3$ DU。

当 $\nu=30°$时

$$r=\frac{p}{1+e\cos\nu}=\frac{a(1-e^2)}{1+e\cos\nu}=1.134\,616(\text{DU})$$

$$V=\sqrt{\mu\left(\frac{2}{r}-\frac{1}{a}\right)}=1.049\,03(\text{DU/TU})$$

由角动量守恒可得

$$rV\cos\theta_0=r_pV_p$$

$$\theta_0 = \arccos\left(\frac{r_p V_p}{rV}\right) = \arccos\left(\frac{1.102\ 3 \times 1.073\ 37}{1.134\ 616 \times 1.049\ 03}\right) = 6.25^\circ$$

所以实现轨道参数的调整要求的角度倾角应由 6.25°变为

$$\theta = \theta_0 + \Delta\theta = 6.25^\circ + 5.26^\circ = 11.51^\circ$$

看起来要求的速度值及角度的改变量并不大，但是不要误认为这只要消耗很少的能量就可以实现。因为航天器速度很大，要改变其方向是不容易的。由下面的计算可知，为了产生 $\Delta V = -0.002\ 090\ 4$ DU/TU、$\Delta\theta = 0.091\ 90$ rad 的改变量，应对航天器施加多大的冲量及应在什么方向施加冲量。

由图 7-36 可知，因 $|\boldsymbol{V}| = 1.049\ 03$，$|\boldsymbol{V} + \Delta\boldsymbol{V}| = 1.046\ 939\ 6$，由余弦定理可求得

$$|\Delta\boldsymbol{V}|^2 = |\boldsymbol{V}|^2 + |\boldsymbol{V} + \Delta\boldsymbol{V}|^2 - 2|\boldsymbol{V}|\,|\boldsymbol{V} + \Delta\boldsymbol{V}|\cos 5.26^\circ$$

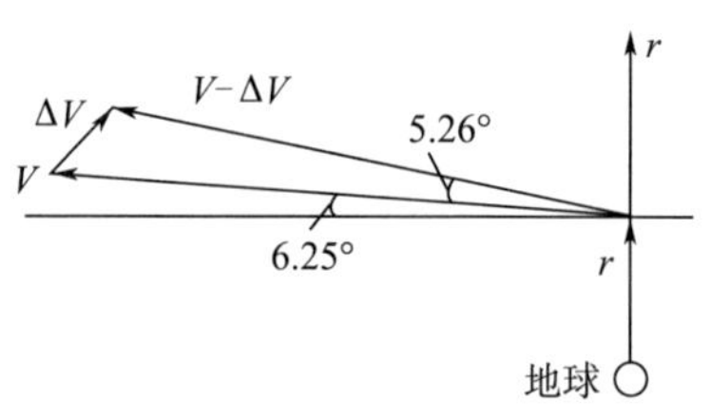

图 7-36　ΔV 的确定

将具体数值代入求得　$|\Delta\boldsymbol{V}|^2 = 0.096\ 170$ (DU/TU) $= 760.2$ (m/s)。

又由正弦定理知

$$\frac{|\Delta\boldsymbol{V}|}{\sin 5.26^\circ} = \frac{|\boldsymbol{V} + \Delta\boldsymbol{V}|}{\sin\alpha}$$

将具体数值代入得

$$\alpha = 86.13^\circ$$

相对当地水平线的夹角 ψ 为

$$\psi = \alpha - \theta_0 = 79.88^\circ$$

由以上结果可以看出，实行轨道调整需要改变速度方向，即使改变量不大，其代价也是很大的。由此可知，对航天器入轨点的速

度方向施加控制、提高入轨精度是极为重要的。

(4) 轨道改变

原则上，轨道改变与轨道调整问题没有大的差别，唯一的不同是轨道改变并不要求初终轨道要素之差为小量。轨道改变还可分为共面轨道改变与非共面改变。在此先讨论共面情况，讨论时考虑最优轨道改变问题。

已知两个以地心为焦点的椭圆轨Ⅰ和Ⅱ，其半通径分别为 p_{I} 和 p_{II}，偏心率为 e_{I} 和 e_{II}，近地线之间夹角为 φ。为了研究最优轨道改变，设 φ 可以变化，且航天器在轨道上运行的方向相同。航天器从轨道Ⅰ改变到轨道Ⅱ的示意图见图 7－37。

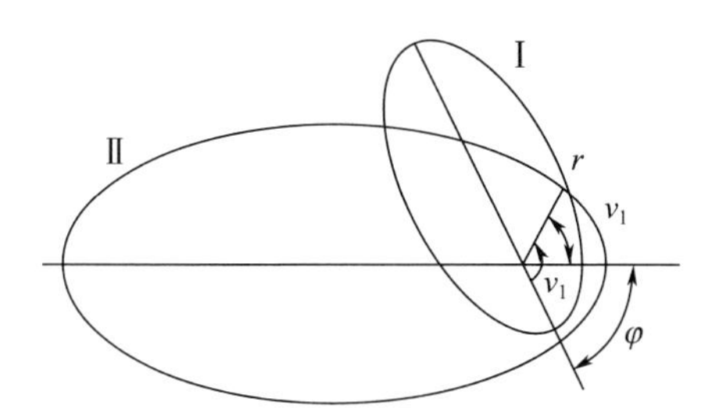

图 7－37 两共面相交椭圆轨道

显然，两共面椭圆轨道可通过施加一个冲量使轨道由Ⅰ变到Ⅱ，其条件是两轨道必须相交，其极限情况是两轨道只有一个切点。在有交点的情况下，在交点处施加一冲量使其运行速度由 $\boldsymbol{V}_{\mathrm{I}}$ 变为 $\boldsymbol{V}_{\mathrm{II}}$，即可实现轨道改变。

由于两椭圆轨道的交点随 φ 而变化，交点不同所需的速度增量也不同。这样就存在最小速度增量的最优轨道改变问题。

首先讨论在两椭圆轨道交点给定的情况下所需的速度增量问题。现设交点在轨道Ⅱ上的角为真近点角 ν_{II}，通过此点有两个Ⅰ椭圆轨道。其真近点角分别为 ν_{I1}，ν_{I2}，由图 7－38 可知，$0°<\nu_{\mathrm{I1}}<180°$，$180°<\nu_{\mathrm{I2}}<360°$。在 I_1 和 I_2 轨道上进行轨道改变所需的速度增量不同，现在要找出速度增量小的轨道进行改变。这是两者择一的局部

最优问题。

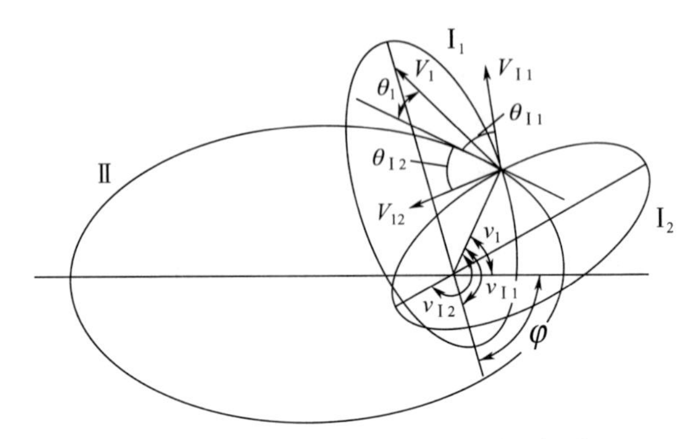

图 7-38　通过同一点的两个Ⅰ椭圆轨道

在交点处Ⅱ轨道的速度 $\mathbf{V}_{\mathrm{II}}$ 大小方向是已知的，其与当地水平面的夹角为 θ_{II}；两个Ⅰ轨道，由于其对称性，在交点处的速度 $\mathbf{V}_{\mathrm{I1}}$ 和 $\mathbf{V}_{\mathrm{I2}}$ 大小是相等的，但是当地水平面的夹角分别是 θ_{I1} 和 θ_{I2}。由于 I_1 轨道与Ⅱ轨道的交点处于Ⅰ轨道上由近地点向远地点飞行阶段，故 $\theta_{\mathrm{I1}}>0$；而 I_2 轨道与Ⅱ轨道的交点是处于Ⅰ轨道上由远地点向近地点飞行阶段，故 $\theta_{\mathrm{I2}}<0$；但 $|\theta_{\mathrm{I1}}|=|\theta_{\mathrm{I2}}|$。

由Ⅰ轨道到Ⅱ轨道的变轨速度增量 ΔV 为

$$\Delta V^2=V_{\mathrm{II}}^2+V_{\mathrm{I}}^2-2V_{\mathrm{I}}V_{\mathrm{II}}\cos(\theta_{\mathrm{II}}-\theta_{\mathrm{I}}) \tag{7-219}$$

式（7-219）中的 θ_{I} 应分别取 θ_{I1} 和 θ_{I2}。当 $0°<\nu_{\mathrm{II}}<180°$、$\theta_{\mathrm{II}}>0$ 时，$2V_{\mathrm{I}}V_{\mathrm{II}}\cos(\theta_{\mathrm{II}}-\theta_{\mathrm{I}})<0$，因而当 $\theta_{\mathrm{I}}>0$ 时，ΔV^2 的值小于 $\theta_{\mathrm{I}}<0$ 时的值。故在 I_1 和 I_2 轨道中，应在 $0°<\nu_{\mathrm{I}}<180°$ 的轨道上变轨，即在图 7-38 中 I_1 轨道上变轨。同样，当 $180°<\nu_{\mathrm{II}}<360°$ 时，则应在交点为 $180°<\nu_{\mathrm{I}}<360°$ 的Ⅰ轨道上变轨。也就是说，若交点是在Ⅱ轨道上升弧（由近地点向远地点运行）上，则应在Ⅰ轨道的上升弧变轨；反之，若交点是处在Ⅱ轨道的下降弧（由远地点向近地点运行）上，则应在Ⅰ轨道的下降弧上变轨。

现在讨论一种特殊情况。设当 $\varphi=0$ 时，Ⅰ，Ⅱ轨道在近地点相切，这时变轨所需速度增量最小。证明如下。

将式（7－219）改写为

$$\Delta V^2 = (V_{\mathrm{II}} - V_{\mathrm{I}})^2 + 4V_{\mathrm{I}}V_{\mathrm{II}}\sin^2\frac{\theta_{\mathrm{II}} - \theta_{\mathrm{I}}}{2}$$

因在 $\varphi=0$ 点处变轨，即 $\theta_{\mathrm{I}}=\theta_{\mathrm{II}}=0$，故上式右端第二项为零，所以

$$\Delta V^2 = (V_{\mathrm{II}} - V_{\mathrm{I}})^2 \tag{7-220}$$

根据活力积分，在交点处，Ⅰ、Ⅱ两轨道的速度分别为

$$\Delta V_{\mathrm{II}}^2 = \mu\left(\frac{2}{r_{\mathrm{II}}} - \frac{1}{a_{\mathrm{II}}}\right)$$

$$\Delta V_{\mathrm{I}}^2 = \mu\left(\frac{2}{r_{\mathrm{I}}} - \frac{1}{a_{\mathrm{I}}}\right)$$

因在近地点相切，故有 $r_{\mathrm{I}p}=r_{\mathrm{II}p}$，将上式相减得

$$V_{\mathrm{II}}^2 - V_{\mathrm{I}}^2 = \mu\left(\frac{1}{a_{\mathrm{II}}} - \frac{1}{a_{\mathrm{I}}}\right) = \text{常数}$$

所以有

$$(V_{\mathrm{II}} - V_{\mathrm{I}})(V_{\mathrm{II}} + V_{\mathrm{I}}) = \text{常数}$$

因在近地点速度最大，故 $V_{\mathrm{II}}+V_{\mathrm{I}}$ 为最大，从而 $V_{\mathrm{II}}-V_{\mathrm{I}}=\Delta V$ 最小。

关于在一般情况下的最优变轨问题，即在什么样的交点处变轨所需速度的增量为最小的问题，可通过对式（7－219）进行变换，将速度 V_{I}、V_{II} 通过交点处的矢径 $\boldsymbol{r}$ 表示出来，研究 $\Delta\boldsymbol{V}$ 与 $\boldsymbol{r}$ 的关系，然后求极值，所得到的是一个高阶代数方程的求解问题，这里不作具体介绍。

通过对半长轴 a 及偏心率 e 调整的研究，可以发现，一般要求速度大小的改变量并不很大；而速度方向很小的改变，将导致速度增量剧烈变化。因此，可以定性地认为：若两轨道有切点，在切点上，由于两轨道与当地水平倾斜角 θ 相同，故不需在改变速度方向上花费能量，一般来说此时变轨所需速度增量较小。

7.7.2　共面轨道转移

有了轨道调整知识作基础，共面轨道转移问题就容易讨论多了，下面先引出最常用的共面同心圆轨道之间的转移问题，这个问题最

先由霍曼（Hohmann）作了研究，故称为霍曼转移。

（1）霍曼转移

霍曼转移是最常见的轨道机动的方法之一。以发射高轨道卫星（如同步卫星）为例，通常的做法是，先把卫星送到一条刚刚超出稠密大气层之上的低高度圆形驻留轨道（也叫中间轨道），然后通过一个椭圆转移轨道把卫星送入较高的圆形轨道，椭圆轨道必须同两个圆形轨道相切，如图 7－39 所示。

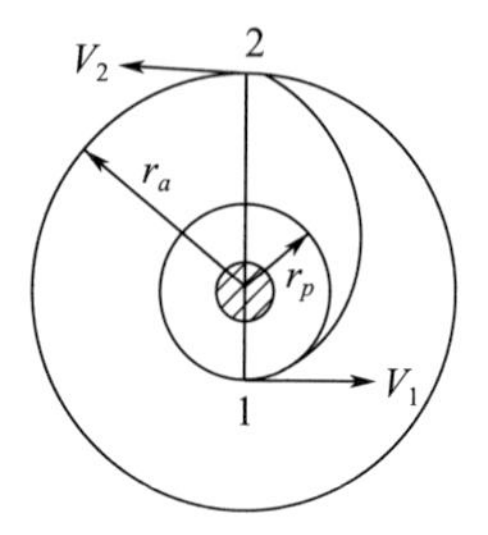

图 7－39 霍曼转移轨道

把问题进行抽象化可得出霍曼转移的实施步骤：在初始半径为 r_p 的圆轨道上施加冲量 ΔV_1，使其形成的椭圆轨道的远心点正好为 r_a；在远心点施加冲量 ΔV_2，使 $\Delta V_2 + V_2$ 等于该点的环绕速度 $\sqrt{\mu/r_a}$，从而进入高圆轨道。可以证明的是，当 $r_a/r_p < 11.94$ 时，霍曼转移是使总的速度增量 $\Delta V = \Delta V_2 + \Delta V_1$ 为最小的转移方向，即最小能量转移。

现在由几何关系易得，转移椭圆半长轴为

$$a_t = \frac{1}{2}(r_a + r_p)$$

应用活力积分

$$V = \sqrt{\mu\left(\frac{2}{r} - \frac{1}{a}\right)}$$

则有

$$V_1 = \sqrt{\mu\left(\frac{2}{r_p} - \frac{2}{r_a + r_p}\right)} = \sqrt{\frac{\mu}{r_p}}\sqrt{\frac{2r_a}{r_a + r_p}}$$

$$\Delta V_1 = V_1 - \sqrt{\frac{\mu}{r_p}} = \sqrt{\frac{\mu}{r_p}}\left(\sqrt{\frac{2r_a}{r_a + r_p}} - 1\right) \tag{7-221}$$

$$V_2 = \sqrt{\mu\left(\frac{2}{r_a} - \frac{2}{r_a + r_p}\right)} = \sqrt{\frac{\mu}{r_a}}\sqrt{\frac{2r_p}{r_a + r_p}}$$

$$\Delta V_2 = -V_2 + \sqrt{\frac{\mu}{r_a}} = \sqrt{\frac{\mu}{r_a}}\left(1 - \sqrt{\frac{2r_p}{r_a + r_p}}\right) \tag{7-222}$$

从而霍曼转移所需的总速度增量为

$$\Delta V_{\mathrm{T}} = \Delta V_1 + \Delta V_2 = \sqrt{\frac{\mu}{r_p}}\left[\sqrt{\frac{2r_a}{r_a + r_p}} - 1 + \sqrt{\frac{r_p}{r_a}}\left(1 - \sqrt{\frac{2r_p}{r_a + r_p}}\right)\right] \tag{7-223}$$

记
$$n_{\mathrm{T}} = r_a / r_p$$
则

$$\Delta V_{\mathrm{T}} = \sqrt{\frac{\mu}{r_p}}\left[\sqrt{\frac{2r_a}{r_a + r_p}} - 1 + \sqrt{\frac{1}{n_{\mathrm{T}}}}\left(1 - \sqrt{\frac{2}{1 + n_{\mathrm{T}}}}\right)\right] \tag{7-224}$$

下面再对有关问题进行讨论：

1）同样的方法可实现从高轨道向低轨道的转移，此时先用 ΔV_2 减小速度，然后在近心点用 ΔV_1 减小速度，使其形成低圆轨道；

2）霍曼转移所用的飞行时间正好是转移轨道周期的一半，即

$$T_{\mathrm{t}} = \pi\sqrt{\frac{a_{\mathrm{t}}^3}{\mu}} = \frac{\pi}{\sqrt{\mu}}(r_a + r_p)^{3/2}$$

由此可见，在两个共面圆轨道之间的转移中，霍曼转移所需时间最长。

3）霍曼转移可用于交会。如图 7－40 所示，P_0 表示被动飞行器，A_0 表示主动飞行器，R 为预估交会点。

则交会条件为

$$t(A_0 \rightarrow R) = t(P_0 \rightarrow R)$$

于是

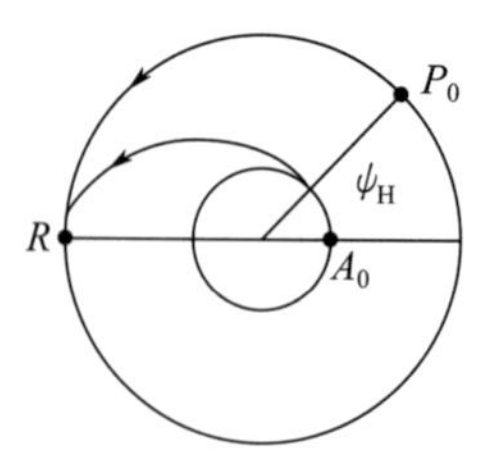

图 7-40　交会问题

$$\frac{\pi}{\sqrt{\mu}}\left(\frac{r_a}{2}+r_p\right)^{3/2}=\frac{\pi-\psi_H}{2\pi}\frac{2\pi}{\sqrt{\mu}}r_p^{3/2}$$

所以为保证交会成功，要求初始时 A_0 相对 P_0 的角度为

$$\psi_H=\pi\left[1-\left(\frac{r_a+r_p}{2r_a}\right)^{3/2}\right] \tag{7-225}$$

4）从低轨道 r_p 上逃逸（$e=1$，抛物线）的速度增量是

$$\Delta V_{\mathrm{esc}}=V_1-V_{\mathrm{esc}}=(\sqrt{2}-1)\sqrt{\frac{\mu}{r_p}} \tag{7-226}$$

现以同样的总速度增量，作霍曼转移，可以得到多高的圆形轨道呢？令式（7-224）的 ΔV_{T} 与式（7-226）的 ΔV_{esc} 相等，可解得 $n_{\mathrm{T}}=r_a/r_p=3.4$。该值所代表的意义在下面例题中可以看到。

例　试求把飞行器从 200 km 高的圆形驻留轨道送到地球同步轨道和刚好到达月球的椭圆轨道所需的速度增量。

解　1）到达并形成同步轨道所需的 ΔV

显然同步轨道周期

$$T_{\mathrm{c}}=2\pi\sqrt{\frac{r_{\mathrm{syn}}^3}{\mu}}=23\ \mathrm{h}\ 56\ \mathrm{m}\ 4\ \mathrm{s}=86\ 164\ \mathrm{s}$$

由有关地球数据知：$\dfrac{2\pi}{\sqrt{\mu_{\oplus}}}=9.952\times10^{-3}\ \mathrm{s/km^{3/2}}$，故 $\mu_{\oplus}=3.986\times10^5\ \mathrm{km^3/s^2}$

所以同步轨道半径为

$$r_{\mathrm{syn}}\triangleq r_a=\left(\frac{86\ 164}{9.952\times10^{-3}}\right)^{2/3}=42\ 164(\mathrm{km})$$

又　$r_p = R_E + 200 = 6\ 371 + 200 = 6\ 571$ (km)

故　$n_T = r_a / r_p = 6.417$

将上述数值代入式（7-221）和式（7-222）得

$$\Delta V_1 = \sqrt{\frac{\mu}{R_E}} \cdot \sqrt{\frac{R_E}{r_p}} \cdot \left(\sqrt{\frac{2 \times n_T}{n_T + 1}} - 1\right)$$

$$= 7.91 \times \sqrt{\frac{6\ 371}{6\ 571}} \left(\sqrt{\frac{2 \times 6.417}{7.417}} - 1\right) = 2.64(\text{km/s})$$

$$\Delta V_2 = 7.91 \times \sqrt{\frac{6\ 371}{42\ 164}} \times \left(1 - \sqrt{\frac{2}{7.417}}\right) = 1.48(\text{km/s})$$

于是　$\Delta V_T = \Delta V_1 + \Delta V_2 = 4.12(\text{km/s})$

2）向月球发射

$$r_a = r_d = 384\ 400 \text{ km}$$

$$r_a / r_p = 58.50$$

$$\Delta V_1 = 7.91 \times \sqrt{\frac{6\ 371}{6\ 571}} \times \left(\sqrt{\frac{2 \times 58.5}{59.5}} - 1\right) = 3.13(\text{km/s})$$

3）送入日心轨道（逃逸）

$$\Delta V_1 = \sqrt{\frac{\mu}{r_p}} (\sqrt{2} - 1) = 7.91 \times \sqrt{\frac{6\ 371}{6\ 571}} (\sqrt{2} - 1) = 3.23(\text{km/s})$$

由上可见，从速度增量看，能把有效载荷送入地球同步轨道的运载火箭能够把更重的有效载荷送往月球或送入日心轨道。

（2）共面圆轨道之间的一般转移

上面我们已看到，霍曼转移是两个共面圆轨道之间的转移，是两个共面轨道的特殊情况。下面将证明，在所有共面圆轨道之间的转移方式中，从能量角度看霍曼转移是最佳的，但所需时间最长。而在紧急救援的情况下，要求转移时间尽可能短，这就涉及到所谓快速转移问题，此时需用到两共面圆轨道之间转移的一般方式。

显然一般转移轨道与两个圆轨道相交，如图7-41所示，其实施步骤如下。

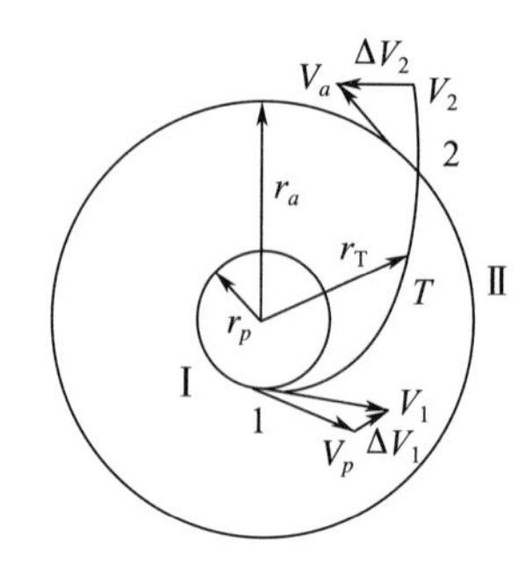

图 7 - 41　共面圆轨道的一般转移

在低轨道上 1 点，施加冲量产生 $\Delta\boldsymbol{V}_1$，使 $\boldsymbol{V}_1=\boldsymbol{V}_p+\Delta\boldsymbol{V}_1$，此后航天器沿转移轨道 T 飞行到高轨道上 2 点时，$\boldsymbol{r}=\boldsymbol{r}_2$，$\boldsymbol{V}=\boldsymbol{V}_2$。在 2 点，再次施加冲量使航天器改变到圆轨道 Ⅱ 上，使 $\boldsymbol{V}_a=\boldsymbol{V}_2+\Delta\boldsymbol{V}_2$。完成转移轨道的特征速度为

$$V_{ch}=|\Delta\boldsymbol{V}_1|+|\Delta\boldsymbol{V}_2| \tag{7-227}$$

现设转移轨道上任意一点到地心的距离为

$$r_{\mathrm{T}}=\frac{p_{\mathrm{T}}}{1+e_{\mathrm{T}}\cos\nu} \tag{7-228}$$

其中下标“T”表示转移轨道。

而向外转移时

$$\boldsymbol{r}_a>\boldsymbol{r}_p \tag{7-229}$$

故对所有转移轨道都应有

$$\boldsymbol{r}_p\geqslant\boldsymbol{r}_{\mathrm{T}p}=\frac{p_{\mathrm{T}}}{1+e_{\mathrm{T}}},\ \boldsymbol{r}_a\leqslant\boldsymbol{r}_{\mathrm{T}a}=\frac{p_{\mathrm{T}}}{1-e_{\mathrm{T}}}$$

即

$$\frac{p_{\mathrm{T}}}{\boldsymbol{r}_p}\leqslant 1+e_{\mathrm{T}},\ \frac{p_{\mathrm{T}}}{\boldsymbol{r}_a}\geqslant 1-e_{\mathrm{T}} \tag{7-230}$$

作无量纲化，记

$$q_{\mathrm{T}}=\frac{p_{\mathrm{T}}}{\boldsymbol{r}_p},\ n_{\mathrm{T}}=\frac{\boldsymbol{r}_a}{\boldsymbol{r}_p} \tag{7-231}$$

则式（7 - 231）改写成

$$\begin{cases} q_{\mathrm{T}} \leqslant 1 + e_{\mathrm{T}} \\ q_{\mathrm{T}} \geqslant (1 - e_{\mathrm{T}}) n_{\mathrm{T}} \end{cases} \tag{7-232}$$

其中 n_{T} 为已知常数。

式（7-232）给出的可行域如图 7-42 所示。对线性最优化问题，最优解是三个点之一。M 点的坐标为

$$q_{\mathrm{T}M} = \frac{2n_{\mathrm{T}}}{n_{\mathrm{T}} + 1}, \quad e_{\mathrm{T}M} = \frac{n_{\mathrm{T}} - 1}{n_{\mathrm{T}} + 1} \tag{7-233}$$

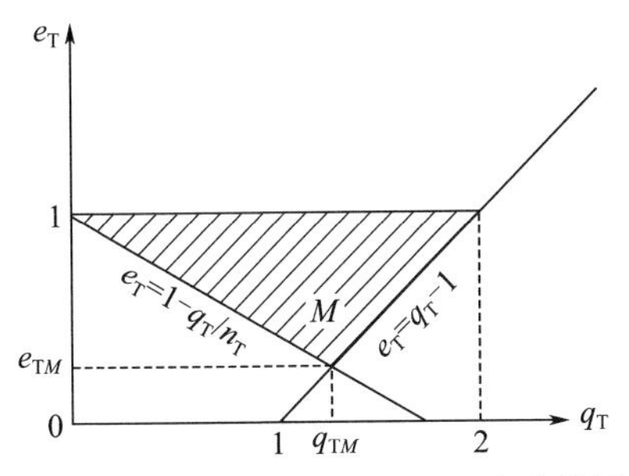

图 7-42　转移轨道 e_{T}，n_{T} 的取值范围

两次冲量的速度增量分别为

$$\begin{cases} \Delta V_1 = (V_p^2 + V_1^2 - 2V_p V_1 \cos\theta_{\mathrm{T1}})^{1/2} \\ \Delta V_2 = (V_a^2 + V_2^2 - 2V_a V_2 \cos\theta_{\mathrm{T2}})^{1/2} \end{cases} \tag{7-234}$$

式中　θ_{T1}，θ_{T2}——航迹角。

对于转移轨道，由能量关系

$$\frac{V^2}{2} - \frac{\mu}{r} = -\frac{\mu}{2a}$$

$$a = \frac{p_{\mathrm{T}}}{1 - e_{\mathrm{T}}^2}$$

得

$$\begin{cases} V_1^2 = \dfrac{2\mu}{r_p} - \dfrac{\mu}{a} = \dfrac{\mu}{r_p}\left(2 - \dfrac{1 - e_{\mathrm{T}}^2}{q_{\mathrm{T}}}\right) \\ V_2^2 = \dfrac{2\mu}{r_a} - \dfrac{\mu}{a} = \dfrac{\mu}{n_{\mathrm{T}} r_p}\left[2 - \dfrac{p_{\mathrm{T}}}{q_{\mathrm{T}}}(1 - e_{\mathrm{T}}^2)\right] \end{cases} \tag{7-235}$$

由角动量守恒得 $r_1 V_1 \cos\theta_{\mathrm{T1}} = r_2 V_2 \cos\theta_{\mathrm{T2}}$，又

$$p_{\mathrm{T}}=\frac{h^2}{\mu}$$

则

$$\begin{cases}V_1\cos\theta_{\mathrm{T1}}=\dfrac{h}{r_p}=\dfrac{\sqrt{\mu p_{\mathrm{T}}}}{r_p}=\left(\dfrac{\mu}{r_p}\right)^{1/2}q_{\mathrm{T}}^{1/2}\\V_2\cos\theta_{\mathrm{T2}}=\dfrac{h}{r_a}=\dfrac{h}{n_{\mathrm{T}}r_p}=\left(\dfrac{\mu}{r_p}\right)^{1/2}q_{\mathrm{T}}^{1/2}\end{cases}\tag{7-236}$$

由于轨道Ⅰ、Ⅱ为圆轨道，故

$$V_p=\left(\frac{\mu}{r_p}\right)^{1/2}$$

$$V_a=\left(\frac{\mu}{r_a}\right)^{1/2}=\frac{1}{\sqrt{n_{\mathrm{T}}}}\left(\frac{\mu}{r_p}\right)^{1/2}\tag{7-237}$$

式（7-235）～式（7-237）代入式（7-234）得

$$\Delta V_1=\left[\frac{\mu}{r_p}+\frac{\mu}{r_p}\left(2-\frac{1-e_{\mathrm{T}}^2}{q_{\mathrm{T}}}\right)-2\sqrt{\frac{\mu}{r_p}}\sqrt{\frac{\mu}{r_p}}\sqrt{q_{\mathrm{T}}}\right]^{1/2}$$

$$=V_p\left(3-2\sqrt{q_{\mathrm{T}}}-\frac{1-e_{\mathrm{T}}^2}{q_{\mathrm{T}}}\right)^{1/2}$$

$$\Delta V_2=V_p\left[\frac{3}{n_{\mathrm{T}}}-\frac{2\,(q_{\mathrm{T}}/n_{\mathrm{T}})^{1/2}}{n_{\mathrm{T}}}-\frac{1-e_{\mathrm{T}}^2}{q_{\mathrm{T}}}\right]^{1/2}$$

当固定q_{T}时，ΔV_1、ΔV_2均随e_{T}下降而减小。因此ΔV_1和ΔV_2同时在阴影区的下边界达到极小值。

进一步可知，当$q_{\mathrm{T}}<q_{\mathrm{T}M}$时，$\Delta V_1$及$\Delta V_2$以及$\Delta V_1+\Delta V_2$均是$q_{\mathrm{T}}$的减函数；当$q_{\mathrm{T}}>q_{\mathrm{T}M}$时，$\Delta V_1$及$\Delta V_2$是$q_{\mathrm{T}}$的增函数。

综上可知，ΔV_1和ΔV_2同时在M点达到极小值。

现在

$$\begin{cases}e_{\mathrm{T}M}=1-\dfrac{q_{\mathrm{T}M}}{n_{\mathrm{T}}}\\e_{\mathrm{T}M}=q_{\mathrm{T}M}-1\end{cases}$$

即

$$\begin{cases} q_{TM} = n_T(1 - e_{TM}) \\ q_{TM} = 1 + e_{TM} \end{cases} \tag{7-238}$$

代入式（7-231）得

$$\begin{cases} p_{TM} = r_a(1 - e_{TM}) \\ p_{TM} = r_p(1 + e_{TM}) \end{cases} \tag{7-239}$$

由

$$p = a(1 - e^2)$$

得

$$\begin{cases} r_a = a_{TM}(1 + e_{TM}) \\ r_p = a_{TM}(1 - e_{TM}) \end{cases} \tag{7-240}$$

上式说明1、2点分别为转移轨道 T 的近心点和远心点，也就是说，在共面圆轨道冲量转移时，霍曼转移是最佳的。

（3）三冲量转移轨道

由上面讨论已知，作霍曼转移时

$$\begin{cases} \Delta V_1 = V_p\left(\sqrt{\dfrac{2n_T}{1+n_T}} - 1\right) \\ \Delta V_2 = V_p\left(\dfrac{1}{\sqrt{n_T}} - \sqrt{\dfrac{2}{n_T(n_T+1)}} - 1\right) \end{cases} \tag{7-241}$$

$$V_{ch} = \Delta V_1 + \Delta V_2 \tag{7-242}$$

现在设想通过二次轨道转移（椭圆轨道），即三次冲量实现两共面圆轨道之间转移的目的，如图7-43所示。

1）在 C_1 轨道上1点施加冲量 $\Delta V_1{}^*$ 形成 E_1，其远地点在2点；

2）在2点施加冲量 ΔV_2^* 形成 E_2，其近地点在3点；

3）在3点施加反向冲量 ΔV_3^* 形成圆轨道 C_2。

即

$$(C_1) \xrightarrow{+\Delta V_1^*} 1(E_1) \longrightarrow 2(E_1) \xrightarrow{+\Delta V_2^*} 2(E_2) \longrightarrow 3(E_2) \xrightarrow{+\Delta V_3^*} (C_2)$$

再假设2点在无穷远处，则

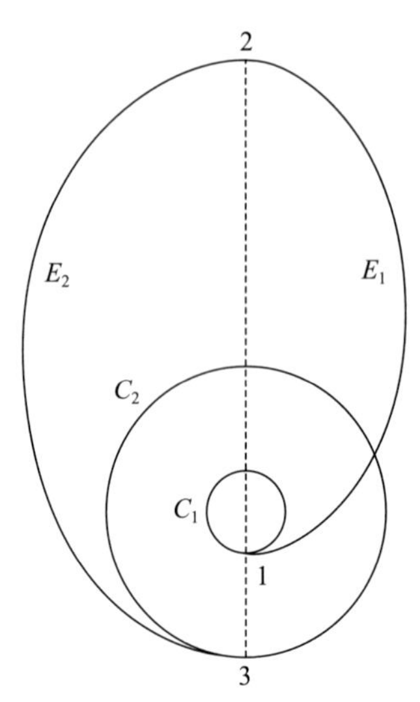

图 7-43　共面圆轨道间的双椭圆转移轨道

$$\begin{cases} \Delta V_1^* \to V_p(\sqrt{2}-1) \\ \Delta V_2^* \to 0 \\ \Delta V_3^* \to V_a(\sqrt{2}-1) = \dfrac{1}{\sqrt{n_T}} V_p(\sqrt{2}-1) \end{cases} \tag{7-243}$$

于是

$$V_{ch}^* = \Delta V_1^* + \Delta V_2^* + \Delta V_3^* = (\sqrt{2}-1)V_p\left(1+\frac{1}{\sqrt{n_T}}\right) \tag{7-244}$$

令

$$V_{ch} = V_{ch}^*$$

则

$$\left[\sqrt{\frac{2n_T}{n_T+1}} - 1 + \sqrt{\frac{1}{n_T}} - \sqrt{\frac{2}{n_T(n_T+1)}}\right] = (\sqrt{2}-1)\left(1+\frac{1}{\sqrt{n_T}}\right)$$

$$= \sqrt{2} + \frac{\sqrt{2}}{\sqrt{n_T}} - 1 - \frac{1}{\sqrt{n_T}}$$

解此方程可得

$$n_T = 11.94$$

此时
$$\frac{V_{ch}}{V_p}=\frac{V_{ch}^{*}}{V_p}=0.534$$

由此可知，当 $n_{\mathrm{T}}<11.94$ 时，$V_{ch}<V_{ch}^{*}$，二冲量较优，即霍曼转移最佳；当 $n_{\mathrm{T}}>11.94$ 时，$V_{ch}>V_{ch}^{*}$，三冲量较优。但这时有下述问题：1）转移时间大大增加；2）ΔV_2^{*} 和 V_2^{*} 很小，冲量的小误差严重影响轨道；3）动力系统复杂化。

（4）共面椭圆轨道的转移

霍曼转移和三冲量转移轨道实际上只涉及到共面两个圆轨道之间的过渡与调整，更一般的情况，则涉及到共面椭圆轨道的过渡与调整。

共面椭圆轨道间的转移，一般可分成三种情况。

1）初始轨道和最终轨道为共轴椭圆的转移——类似霍曼转移，如图 7 - 44 所示；

2）两椭圆轨道相交时的调整——即单冲量调整；

3）两椭圆轨道不相交时（非共轴）的调整，即共面椭圆轨道间的一般转移，如图 7 - 45 所示。

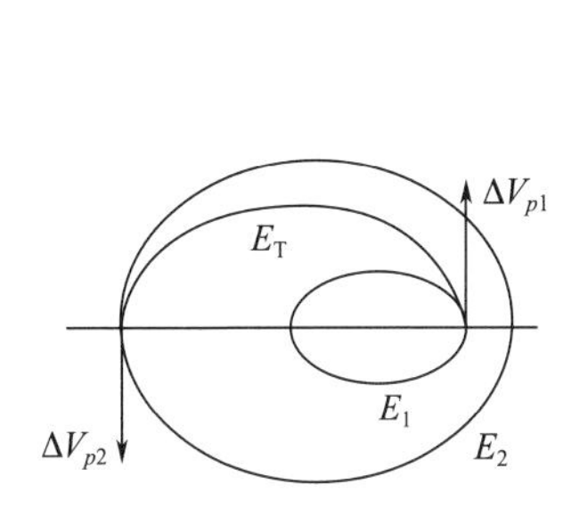

图 7 - 44　共面共轴圆轨道间的转移

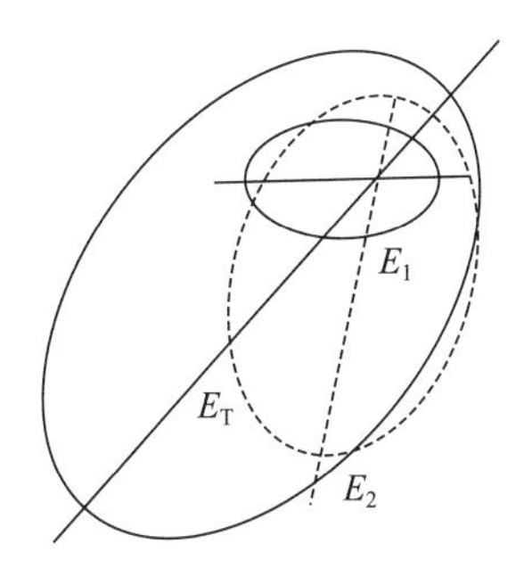

图 7 - 45　共面椭圆轨道间的一般转移

在此只讨论情况 1，即共轴椭圆的转移问题。

在轨道 E_1 的近地点施加冲量产生 ΔV_1，此处

$$\frac{1}{2}V_{p1}^{2}-\frac{\mu}{r_{p1}}=-\frac{\mu}{2a_1}$$

又 $$r_{p1}=(1-e_1)a_1$$

从而 $$V_{p1}=\sqrt{\mu\left(\frac{2}{r_{p1}}-\frac{1}{a}\right)}=\sqrt{\frac{\mu}{r_{p1}}(1+e_1)}$$

加速后，转移椭圆 E_{T} 的偏心率为 e，由

$$\frac{r_{a2}}{r_{p1}}=\frac{1+e}{1-e}$$

得 $$e=\frac{r_{a2}/r_{p1}-1}{1+r_{a2}/r_{p1}}$$

在近心点 $$r_{p1}\frac{V_{p\mathrm{T}}^2}{\mu}=1+e$$

从而加速后 $$V_{p\mathrm{T}}=\sqrt{\frac{\mu}{r_{p1}}\frac{2r_{a2}/r_{p1}}{1+2r_{a2}/r_{p1}}}$$

$$\Delta V_1=V_{p\mathrm{T}}-V_{p1}=V_{cp1}\left(\sqrt{\frac{2n}{n+1}}-\sqrt{1+e_1}\right)\tag{7-245}$$

在此 $$V_{cp1}=\sqrt{\frac{\mu}{r_{p1}}},\ n=r_{a2}/r_{p1}$$

在远心点的速度为 $V_{a\mathrm{T}}$，则

$$r_{a2}V_{a\mathrm{T}}=V_{p\mathrm{T}}r_{p1}$$

即 $$V_{a\mathrm{T}}=\frac{r_{p1}}{r_{a2}}V_{p\mathrm{T}}=\sqrt{\frac{\mu}{r_{a2}}\left[\frac{2}{1+r_{a2}/r_{p1}}\right]}$$

在该点椭圆轨道 E_2 的速度仍由能量守恒得到

$$V_{a2}=\sqrt{\frac{\mu}{r_{a2}}(1-e_2)}$$

则

$$\Delta V_2=V_{a2}-V_{a\mathrm{T}}=\sqrt{\frac{\mu}{r_{a2}}}\left(\sqrt{1-e_2}-\sqrt{\frac{2}{1+n}}\right)=V_{ca2}\left(\sqrt{1-e_2}-\sqrt{\frac{2}{n+1}}\right)\tag{7-246}$$

其中 $$V_{ca2}=\sqrt{\frac{\mu}{r_{a2}}}$$

最后 $$\Delta V_{\mathrm{T}}=\Delta V_1+\Delta V_2$$

7.7.3　非共面轨道转移

到现在为止，所讨论的仅限于处理同一平面内的轨道机动问题，排除了转移机动中轨道面旋转情况的讨论。若增加轨道面旋转的要求，就会显著地增加机动的复杂性。下面仅讨论不改变轨道形状或能量的轨道平面纯旋转问题。这类机动可以通过两种方式来实现：作为轨道角动量矢量的进动，或作为速度矢量的直接旋转。

考虑图 7－46 所示的情况，图上两个圆形轨道的倾角相差 Δi。轨道 A 上一个飞船机动到轨道 B 上，这只有使轨道 A 绕节线旋转一个 Δi 才能实现。

轨道面旋转可以当作角动量矢量经历一个 Δi 角的进动，如图 7－47 所示。需要的冲量与 Δh 有关。假设 Δi 很小，则 Δh 的数值可以用下式来估计

$$\Delta h \approx h\Delta i \tag{7-247}$$

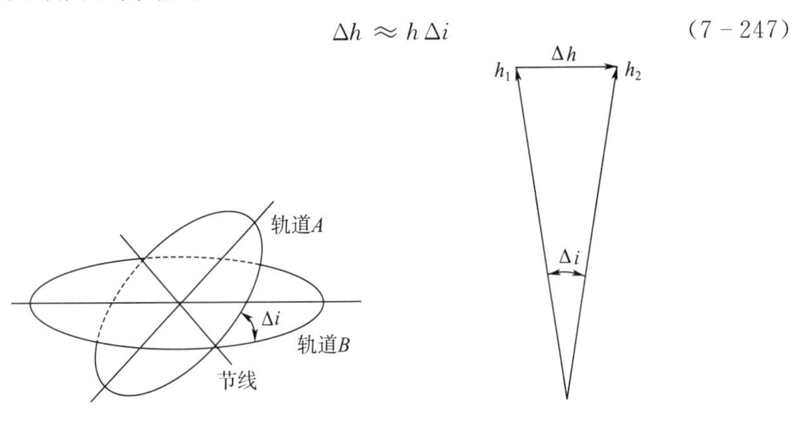

图 7－46　典型的轨道面转移　　　图 7－47　角动量矢量进动

因为 $\dot{h}=M$，这里作用的外力矩 $M=Fr$，其中 F 是推力，r 是节线处的轨道半径。故有

$$\Delta h \approx \dot{h}\Delta t = Fr\Delta t \tag{7-248}$$

由式（7－247）与式（7－248）两式可得

$$h\Delta i \approx Fr\Delta t \tag{7-249}$$

对于单位质量的飞船，$F\Delta t$ 恰好是速度增量 ΔV；同时 $h=rV_{\nu}$，可得

$$\Delta V=V_{\nu}\Delta i \tag{7-250}$$

式中 V_{ν}——在节线上计算的横向速度分量。

对于圆形轨道，$V_{\nu}=V$，其中 V 为圆形轨道速度；对于椭圆轨道，轨道速度小的地方 ΔV 也小。

另一个方法是用速度矢量图直接计算所需要的速度增量，如图 7-48 所示。这里仍然假定 Δi 很小，而且是圆轨道。

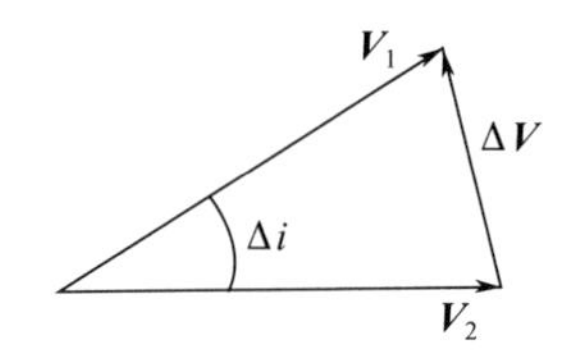

图 7-48 速度矢量在节线上旋转

从图 7-48 可以看到，需要的速度增量为

$$\Delta V=V\Delta i \tag{7-251}$$

式中 V——$\boldsymbol{V}_1$ 或 $\boldsymbol{V}_2$ 的数值。

如果 Δi 较大，需要用余弦定律求出 ΔV 及其方向角。上述方法可以直接推广到椭圆轨道的情况。

7.8 轨道摄动

7.8.1 摄动和摄动因素基本知识

(1) 摄动和摄动因素基本概念

前面章节对轨道的研究是以二体力学模型为基础的，这隐含着两个理想化假设：

1) 地球是质量均匀分布的球对称体；

2) 飞船只受到地球引力作用。

然而严格说来，实际上地球并不是真正的球体，而是形状和质

量分布极其复杂的天体。其所造成的力场与把地球看作理想球体所造成的力场之间有一定的偏差，不过这种偏差相对于理想球体所产生的引力来说影响较小，所以在一般的近似计算中忽略了两者的差别。此外，绕地运行过程中的飞船除了受地心引力作用外，还受到其他天体（如太阳、月球等）的引力及空气动力、太阳辐射等其他力的作用，不过这些力与地心引力相比均是小量，故在一般的近似计算中也被忽略了。

总之，飞船除了受到二体问题中所讨论的地球按万有引力定律作用的吸引力以外，所受到的其他各种力的影响统称为摄动力。考虑摄动力作用所得到的飞船运动轨道与不考虑摄动力所得到的轨道之间的偏差，称为飞船所受到的摄动。摄动有两种形态：一种叫长期摄动，如果有这种摄动，则轨道要素总是朝着同一方向变化；另一种摄动叫周期摄动，如果有这种摄动，则轨道要素的数值有时增加，有时减小，但在某一平均值附近摆动。

有些周期摄动因其周期太长，以致于可以将其看作长期摄动。引入摄动概念研究飞船的运动，既可以得到飞船运动的清晰概念，又可使相应问题得到简化。

由于摄动力与地心引力相比是小量，因此，一方面二体问题是描述飞船运动的一个比较好的近似；另一方面，考虑轨道摄动、进行深入研究飞船运动时，以二体问题为基础，也就是把飞船的实际轨道看成是不断变化着的椭圆。飞船在不同时刻沿着不同的椭圆轨道运动，这样的椭圆叫密切椭圆，而飞船的实际轨道就是密切椭圆的空间包络线。飞船的位置矢量和速度矢量在实际轨道和密切椭圆上是一样的，但其加速度矢量不同。

（2）轨道摄动的研究方法

考虑摄动时，飞船的实际运动方程可写成如下形式

$$\ddot{\boldsymbol{r}}+\frac{\mu}{r^{3}}\boldsymbol{r}=-\nabla\boldsymbol{R}+\boldsymbol{a}\triangleq\boldsymbol{a}_{p}\tag{7-252}$$

式中　$\boldsymbol{R}$——摄动势，其包括所有可用势函数表示的摄动力；

$\boldsymbol{a}$——代表所有不可以用一个标量函数的梯度表示的摄动力；

$\boldsymbol{a}_p$——笼统地称为摄动加速度。

由于摄动加速度项的存在，使得式（7-252）不能求出解析解，只能采用数值积分或近似解法。采用数值解法的情况，叫做特殊摄动法；而采用近似解析法的情况，叫做一般摄动法。

特殊摄动法也称狭义摄动法，它包括经典的考威尔（Cowell）法、恩克（Encke）法和变动轨道要素法（或称参数或元素变分法）。其都是在给定航天器所特有的初始条件下，用逐步数值积分法算出与初始条件对应的一条特定的轨道，这些方法适用于任何轨道和任意的摄动力。由于它们都是纯粹的数值计算方法，因此都有累积误差的问题，而这一点使其不适于做轨道长期预测。此外，这些方法还必须对所需时刻以前的所有中间时刻算出航天器的坐标和速度分量，故需要用很长的时间进行积分计算。

一般摄动法也称广义摄动法，其包括那些把摄动加速度展开成级数并逐项积分的解析方法。最重要的经典的一般摄动法是变动轨道要素法（参数或元素变分法），这在特殊摄动法里已提到过。其他的一般摄动法则有逐次逼近法、泰勒（Taylor）级数展开法、多变量渐近展开法、平均法等多种方法。一般摄动法的优点是，只要一得出描述摄动力影响的解析表达式，就可以很快地针对各种初始条件算出受摄轨道。一般摄动法（尤其是变动轨道要素法）还有一突出优点是，其能从轨道数据中清楚地揭示出摄动源。例如，在1846年，通过观测天王星的轨道摄动而发现了海王星；1959年，通过分析先锋1号卫星的轨道数据证实地球是梨形，以上是一般摄动法的两大成就。但一般摄动法解析推导工作量太大，尤其在要求作高阶近似时更是如此。

实际上，计算摄动的方法有很多，除了上面提到的特殊摄动法和一般摄动法，还有许多专用的而且通常是很复杂的方法，这一章主要讲述比较简单、同时应用广泛的变动轨道要素法。

变动轨道要素法的本质是要揭示所选定的一组参数在摄动加速

度作用下随时间变化的规律。这要先找出表示摄动的轨道要素（也可以是描述轨道的其他任一组参数）变化率的解析表达式，然后对这些表达式积分求解，便可求出未来时刻的参数值。在此，表达式积分求解包括数值积分和解析积分两种方法，采用数值积分时对应特殊摄动法；采用解析积分则对应一般摄动法。

（3）摄动加速度常用公式

由式（7-252）易见，求解摄动轨道的基础是需知道影响轨道的主要摄动力及其摄动加速度表达式。一般情况下，作用在航天器上的摄动力有：地球的非球形摄动力，大气阻力，太阳、月球和其他天体的引力，太阳光压和电磁力等。

载人飞船一般在离地面几百千米高度的近地轨道上运行，作用在其上面的主要摄动力是地球的非球形引力和大气阻力。

太阳和月球的引力对航天器的影响随轨道高度的增加而增大。对地球同步轨道卫星来说，太阳和月球的引力是重要的摄动力，但对离地面 300～500 km 高度的飞船，其影响可以忽略。

以量子力学的观点，光作为光子流，具有一定的动量。光子打在飞船的表面就会将一部分动量转移给飞船，形成光压。在近地轨道附近，太阳光压非常小，只对密度很小的气球卫星才有较明显的影响，对近地运行飞船轨道的影响可以忽略不计。

飞船由金属材料制成，在地球的磁场中飞行就会产生电流。此外，在离地面几百千米的高空，部分大气已经电离，这会产生电磁力。但这种电磁力对飞船轨道影响不大，不予考虑。

下面就简要讨论地球的非球形摄动和大气阻力摄动。

① 非球形地球引力的摄动

地球不是球形的，而是一个在赤道部分有些鼓起的、近似旋转对称的扁平椭球体，如此在轨道摄动分析中，常假设地球的形状和内部质量分布为旋转对称的，其对称轴为地球自转轴。那么，地球引力势函数（即单位质量位能的反号）可表示为

$$U=\frac{\mu}{r}\left[1-\sum_{n=2}^{\infty}J_n\left(\frac{R_0}{r}\right)^2 P_n(\sin\varphi)\right] \tag{7-253}$$

式中 φ——地心纬度；

$P_n(\sin\varphi)$——$\sin\varphi$ 的 n 阶勒让德多项式；

J_n——带谐系数；

R_0——地球赤道平均半径；

r——飞船到几何中心的距离。

在工程计算中，一般取式（7-253）前两项已足够精确，即

$$U=\frac{\mu}{r}\left[1-\frac{1}{2}J_2\left(\frac{R_0}{r}\right)^2(3\sin^2\varphi-1)\right]=\frac{\mu}{r}-\frac{1}{2}J_2\frac{\mu R_0^2}{r^3}(3\sin^2\varphi-1) \tag{7-254}$$

其中

$$J_2\approx 1\,082.628\times10^{-6}$$

$$\mu=GM\text{（}G\text{ 为引力常数，}M\text{ 为地球质量）}$$

可以看出式（7-254）第一项是把地球看成理想球体的位函数，第二项表示地球为旋转椭球形时与地球为球形时所造成力场的差，也就是地球扁率摄动。这一偏差引起的作用显然比中心力的作用小得多，故同样可把其作为摄动因素来处理。地球引力场的摄动，主要使飞船轨道面旋转和轨道面上的主轴旋转，平近点角也有长期摄动。

（2）大气阻力摄动

地球周围包围着大气，大气密度随高度增加而下降，高层稀薄大气产生的阻力与飞船运动方向相反，使动能不断损耗。但由于空气稀薄，该阻力很小，因此这个力可按摄动力来处理。

根据空气动力学，阻力加速度值可表示为

$$W_D=\frac{C_D S}{m}\frac{\rho V_R^2}{2} \tag{7-255}$$

式中 m——飞船质量；

V_R——飞船相对于空气的速度；

C_D——阻力系数；

S——飞船的特征面积；

ρ——大气密度。

由此可见，计算阻力大小的关键在于知道大气密度 ρ 和阻力系数 C_D。

大气阻力摄动影响飞船轨道的大小、形状和存在时间。其使飞船轨道高度不断降低，轨道不断缩小，即 a、e 减小；最后使飞船坠入稠密大气层，终止飞行任务。因此，在设计中必须确保轨道寿命大于飞船运行时间，否则必须增设轨道维持系统。

7.8.2　变动轨道要素法

前面章节已指出，变动轨道要素法的本质，是揭示所选定的一组参数在摄动加速度作用下随时间变化的规律。通常这组参数就是经典的轨道六要素，即半长轴 a、偏心率 e、轨道倾角 i、升交点赤经 Ω、近地点角距 ω 和过近地点的时间 τ。其中，τ 常用特定时刻的平均近点角 M_0 代替，且

$$M_0 = M - n(t - t_0) \tag{7-256}$$

考虑摄动时，这些要素不再是常数，而是时间 t 的函数。故欲求出摄动轨道，就是要找出 $\frac{\mathrm{d}a}{\mathrm{d}t}$、$\frac{\mathrm{d}e}{\mathrm{d}t}$、$\frac{\mathrm{d}i}{\mathrm{d}t}$、$\frac{\mathrm{d}\Omega}{\mathrm{d}t}$、$\frac{\mathrm{d}\omega}{\mathrm{d}t}$ 和 $\frac{\mathrm{d}M_0}{\mathrm{d}t}$ 的解析表达式。通过坐标转换矩阵可以方便地进行坐标变换，从而在推导过程中可以选择一个在其中易于推导的坐标系，然后再将推得的结果转换到所需要的惯性坐标系中。通常的做法是引出一个坐标系 RSW（有人称为轨道坐标系），如图 7-49 所示。

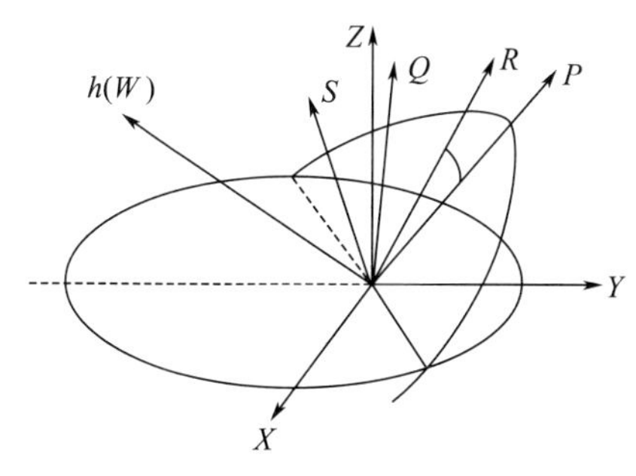

图 7-49　RSW 坐标系

该坐标系的原点与地心重合（也可取与飞船质心重合）；主轴 R 与瞬时矢径 $\boldsymbol{r}$（地心到飞船质心的距离矢量）重合，单位矢量记 $\boldsymbol{R}$；从 R 开始沿真近点角增加的方向转 90°即可得 S 轴，单位矢量记 $\boldsymbol{S}$；第三根轴 W 垂直于 R 和 S 构成右手坐标系，其单位矢量为 $\boldsymbol{W}$。稍作回顾就可发现，RSW 坐标系可由前面定义过的近焦点坐标系 PQW 简单地转过 ν 角得到。在 RSW 坐标系中，摄动力可以以力的形式表示为

$$\boldsymbol{F}=m(F_R\boldsymbol{R}+F_S\boldsymbol{S}+F_W\boldsymbol{W}) \tag{7-257}$$

则摄动加速度为

$$\boldsymbol{a}_p=\frac{\boldsymbol{F}}{m}=F_R\boldsymbol{R}+F_S\boldsymbol{S}+F_W\boldsymbol{W} \tag{7-258}$$

而位置和速度矢量可表示为

$$\boldsymbol{r}=r\boldsymbol{R} \tag{7-259}$$

$$\boldsymbol{V}=\dot{r}\boldsymbol{R}+r\dot{\nu}\boldsymbol{S}=\dot{\nu}\left(\frac{\mathrm{d}r}{\mathrm{d}\nu}\cdot\boldsymbol{R}+r\boldsymbol{S}\right) \tag{7-260}$$

往下就可以推导轨道要素随时间的变化率了。

根据摄动和运动之间的关系，可推出摄动运动方程。在此实际上是推出 $\frac{\mathrm{d}a}{\mathrm{d}t}$、$\frac{\mathrm{d}e}{\mathrm{d}t}$、$\frac{\mathrm{d}i}{\mathrm{d}t}$、$\frac{\mathrm{d}\Omega}{\mathrm{d}t}$、$\frac{\mathrm{d}\omega}{\mathrm{d}t}$ 和 $\frac{\mathrm{d}M_0}{\mathrm{d}t}$ 的解析表达式。

（1）半长轴 a 随时间的变化率 $\mathrm{d}a/\mathrm{d}t$

由活力积分可得

$$V^2=\dot{\boldsymbol{r}}\cdot\dot{\boldsymbol{r}}=\mu\left(\frac{2}{r}-\frac{1}{a}\right)$$

对上式两边取导数得

$$2\dot{\boldsymbol{r}}\cdot\ddot{\boldsymbol{r}}=\mu\left(-\frac{2\dot{r}}{r^2}+\frac{\dot{a}}{a^2}\right)$$

则

$$\dot{a}=2a^2\left(\frac{\dot{\boldsymbol{r}}\cdot\ddot{\boldsymbol{r}}}{\mu}+\frac{\dot{r}}{r^2}\right)$$

因为

$$\dot{r}=\dot{\boldsymbol{r}}\cdot\frac{\boldsymbol{r}}{r}$$

所以

$$\dot{a}=\frac{2a^2}{\mu}\dot{\boldsymbol{r}}\cdot\left(\ddot{\boldsymbol{r}}+\mu\frac{\boldsymbol{r}}{r^3}\right)$$

由式（7－252）可得

$$\dot{a}=\frac{2a^2}{\mu}\dot{\boldsymbol{r}}\cdot\boldsymbol{a}_p \tag{7-261}$$

引入式（7－258）和式（7－260）

$$\dot{\boldsymbol{r}}\cdot\boldsymbol{a}_p=\dot{r}F_R+r\dot{\nu}F_S \tag{7-262}$$

由轨道方程

$$r=\frac{p}{1+e\cos\nu}$$

求导可得

$$\dot{r}=\frac{e}{p}r^2\dot{\nu}\sin\nu \tag{7-263}$$

再引入

$$h=r^2\dot{\nu}=\sqrt{\mu p} \tag{7-264}$$

则

$$\dot{r}=\sqrt{\frac{\mu}{p}}e\sin\nu \tag{7-265}$$

$$r\dot{\nu}=\frac{1}{r}\sqrt{\mu p}=\sqrt{\frac{\mu}{p}}(1+e\cos\nu) \tag{7-266}$$

将式（7－265）、式（7－266）代入式（7－262），将式（7－262）代入式（7－261），最后可得半长轴 a 的摄动方程式，即

$$\frac{\mathrm{d}a}{\mathrm{d}t}=\frac{2a^2}{\sqrt{\mu p}}[e\sin\nu F_R+(1+e\cos\nu)F_S] \tag{7-267}$$

（2）焦点参数（半通径）p，轨道倾角 i 和升交点赤经 Ω 的变化率

由角动量定义可知

$$\boldsymbol{h}=\boldsymbol{r}\times\dot{\boldsymbol{r}}=\sqrt{\mu p}\,\boldsymbol{W} \tag{7-268}$$

如前面章节所述，当只受均质球形地球的引力作用时，角动量守恒，即 $\boldsymbol{h}=\mathrm{const}$，$\dot{\boldsymbol{h}}=0$。但是由于摄动力的作用，使 $\dot{\boldsymbol{h}}\neq 0$，$\boldsymbol{h}\neq\mathrm{const}$。因此，对式（7-268）微分，可得

$$\frac{1}{2}\sqrt{\frac{\mu}{p}}\,\dot{p}\boldsymbol{W}+\sqrt{\mu p}\,\frac{\mathrm{d}\boldsymbol{W}}{\mathrm{d}t}=\dot{\boldsymbol{r}}\times\ddot{\boldsymbol{r}}+\dot{\boldsymbol{r}}\times\dot{\boldsymbol{r}}$$

即

$$\frac{\mathrm{d}\boldsymbol{W}}{\mathrm{d}t}+\frac{\dot{p}}{2p}\boldsymbol{W}=\frac{1}{\sqrt{\mu p}}\boldsymbol{r}\times\left(\boldsymbol{a}_p-\frac{\mu}{r^3}\boldsymbol{r}\right)=\frac{1}{\sqrt{\mu p}}(\boldsymbol{r}\times\boldsymbol{a}_p) \tag{7-269}$$

$\boldsymbol{W}$ 决定了轨道平面的方位，$\frac{\mathrm{d}\boldsymbol{W}}{\mathrm{d}t}$表示轨道平面的变化。轨道平面的旋转可用两个参数的变化来描述：

1）用通过升交点 K 和降交点 K'的节线 KK'旋转的角度变率$\frac{\mathrm{d}i}{\mathrm{d}t}$来表示轨道平面倾角变化程度（图 7-50）；

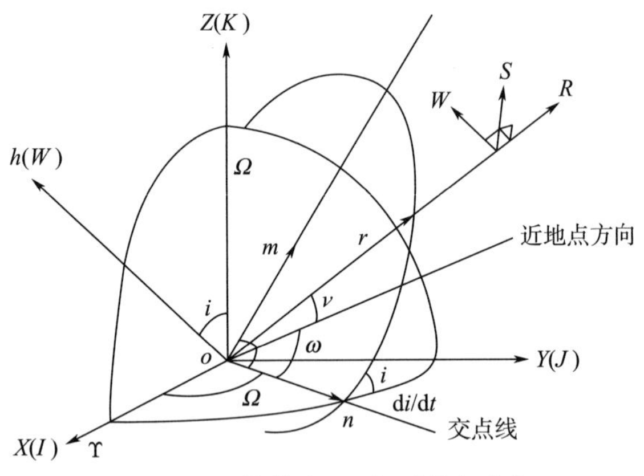

图 7-50 轨道平面坐标系的角速度

2）用地球南北极轴 ZZ'（图 7-50）旋转的赤经的变化率来表示轨道平面在地心赤道坐标系中的方位的变化。

设 ZZ'轴的单位矢量是 $\boldsymbol{K}$。为说明问题，引入一个辅助坐标系

nmW，单位矢量分别 $\boldsymbol{n}$、$\boldsymbol{m}$、$\boldsymbol{W}$。其中通过升交点和降交点的节线 KK'的单位矢量是$\boldsymbol{n}$，h 方向的单位矢量是$\boldsymbol{W}$，在轨道平面上与升交点矢量垂直方向的单位矢量是 $\boldsymbol{m}$。轨道平面总的旋转角速度为 $\boldsymbol{\omega}_1$，因此有

$$\omega_1=\frac{\mathrm{d}i}{\mathrm{d}t}\boldsymbol{n}+\dot{\Omega}\boldsymbol{K}$$

现在 $\boldsymbol{W}$ 的导数$\frac{\mathrm{d}\boldsymbol{W}}{\mathrm{d}t}$可表示为

$$\dot{\boldsymbol{W}}=\boldsymbol{\omega}_1\times\boldsymbol{W}$$

即

$$\dot{\boldsymbol{W}}=\frac{\mathrm{d}i}{\mathrm{d}t}(\boldsymbol{n}\times\boldsymbol{W})+\dot{\Omega}(\boldsymbol{K}\times\boldsymbol{W}) \tag{7-270}$$

由于赤道平面和轨道平面间的夹角为 i，所以单位矢量 $\boldsymbol{K}$ 和 $\boldsymbol{W}$ 之间的夹角也为i，因此二矢量的乘积为

$$\boldsymbol{K}\times\boldsymbol{W}=\sin i\boldsymbol{n} \tag{7-271}$$

而

$$\boldsymbol{n}\times\boldsymbol{W}=-\boldsymbol{m} \tag{7-272}$$

最后得到

$$\dot{\boldsymbol{W}}=-\frac{\mathrm{d}i}{\mathrm{d}t}\boldsymbol{m}+\dot{\Omega}\sin i\boldsymbol{n} \tag{7-273}$$

又

$$\boldsymbol{r}\times\boldsymbol{a}_p=r\boldsymbol{R}\times(F_R\boldsymbol{R}+F_S\boldsymbol{S}+F_W\boldsymbol{W})=rF_S\boldsymbol{W}-rF_W\boldsymbol{S}$$

再利用 nmW 坐标系和RSW 坐标系之间的转换关系可得

$$\boldsymbol{r}\times\boldsymbol{a}_p=rF_W\sin(\omega+\nu)\boldsymbol{n}-rF_W\cos(\omega+\nu)\boldsymbol{m}+rF_S\boldsymbol{W} \tag{7-274}$$

将式（7-274）和式（7-273）代入式（7-269），可得

$$\begin{aligned}-\frac{\mathrm{d}i}{\mathrm{d}t}\boldsymbol{m}+\dot{\Omega}\sin i\boldsymbol{n}+\frac{\dot{p}}{2p}\boldsymbol{W}&=\frac{1}{\sqrt{\mu p}}(\boldsymbol{r}\times\boldsymbol{a}_p)\\&=\frac{1}{\sqrt{\mu p}}[rF_W\sin(\omega+\nu)\boldsymbol{n}-rF_W\cos(\omega+\nu)\boldsymbol{m}+rF_S\boldsymbol{W}]\end{aligned} \tag{7-275}$$

将方程式（7-275）两边比较，则有

$$\begin{cases}\dfrac{\mathrm{d}i}{\mathrm{d}t}=\dfrac{1}{\sqrt{\mu p}}rF_W\cos(\omega+\nu)\\[2ex]\dfrac{\mathrm{d}\Omega}{\mathrm{d}t}=\dfrac{1}{\sqrt{\mu p}}rF_W\ \dfrac{\sin(\omega+\nu)}{\sin i}\end{cases} \tag{7-276}$$

$$\frac{\mathrm{d}p}{\mathrm{d}t}=2\sqrt{\frac{p}{\mu}}rF_S \tag{7-277}$$

式（7-276）～式（7-277）表示在摄动力 $\boldsymbol{F}$ 作用下的轨道倾角 i、升交点赤经 Ω 和焦点参数 p 的摄动运动方程。

（3）偏心率 e 的变化率 $\dot{e}$ 的确定

方程

$$p=a(1-e^2)$$

两边对时间取导数，可得

$$\dot{p}=\dot{a}(1-e^2)-2ae\dot{e} \tag{7-278}$$

用式（7-267）中的 $\dot{a}$ 和式（7-277）中的 $\dot{p}$ 代入式（7-278），可得

$$\frac{\mathrm{d}e}{\mathrm{d}t}=\frac{\dot{a}(1-e^2)}{2ae}-\frac{p}{2ae}=\frac{1}{e}\sqrt{\frac{p}{\mu}}[e\sin\nu F_R+(1+e\cos\nu)F_S]-\frac{1}{ae}\sqrt{\frac{p}{\mu}}rF_S$$

$$=\sqrt{\frac{p}{\mu}}\left[\sin\nu F_R+\left(\frac{1}{e}+\cos\nu-\frac{r}{ae}\right)F_S\right]$$

因为有

$$\left(\frac{1}{e}+\cos\nu-\frac{r}{ae}\right)=\frac{1}{e}\left(1-\frac{r}{a}\right)+\cos\nu=\frac{1}{e}\left(1-\frac{1-e^2}{e\cos\nu}\right)+\cos\nu$$

$$=\frac{e+\cos\nu}{1+e\cos\nu}+\cos\nu=\frac{r}{p}(e+\cos\nu)+\cos\nu$$

所以

$$\frac{\mathrm{d}e}{\mathrm{d}t}=\sqrt{\frac{p}{\mu}}\left\{\sin\nu F_R+\left[\left(1+\frac{r}{p}\right)\cos\nu+\frac{re}{p}\right]F_S\right\} \tag{7-279}$$

（4）拱线的旋转角速度 $\dot{\boldsymbol{\omega}}$ 的确定

所谓拱线，就是通过近地点和远地点的直线，也就是椭圆轨道

的长轴。由于摄动力的作用，远、近地点在不断改变，因此拱线也在转动，其转动角速度用 $\dot{\boldsymbol{\omega}}$ 来表示。

在椭圆轨道上运行时总的角速度 $\dot{\boldsymbol{\theta}}$ 大小为

$$\dot{\boldsymbol{\theta}} = \dot{\omega} + \dot{\Omega} + \dot{\nu} + \frac{\mathrm{d}i}{\mathrm{d}t}$$

总角速度在 $\boldsymbol{W}$ 方向的投影量为

$$\dot{\theta}\boldsymbol{W} = (\dot{\theta} + \dot{\nu})\boldsymbol{W} + \dot{\Omega}\cos i\boldsymbol{W}$$

在 $\boldsymbol{W}$ 方向上的摄动轨道的动量矩为

$$\boldsymbol{h} = \sqrt{\mu p}\,\boldsymbol{W} = r^2(\dot{\omega} + \dot{\nu} + \dot{\Omega}\cos i)\boldsymbol{W}$$

所以

$$\dot{\omega} = \frac{\sqrt{\mu p}}{r^2} - \dot{\nu} - \dot{\Omega}\cos i \tag{7-280}$$

显然，当不考虑摄动时，在开普勒轨道上的动量矩为

$$h = r^2\dot{\nu} = \sqrt{\mu p}$$

上式对时间取导数，可得

$$-\dot{\nu}\sin\nu = \frac{1}{e}\left(\frac{r\dot{p} - p\dot{r}}{r^2}\right) - \frac{\dot{e}}{e^2}\left(\frac{p}{r} - 1\right) \tag{7-281}$$

将式（7－265）、式（7－277）和式（7－279）代入式（7－281），可得

$$\dot{\nu} = -\frac{1}{e\sin\nu}\,\frac{2r^2\sqrt{\dfrac{p}{\mu}}F_S - \sqrt{\mu p}\,e\sin\nu}{r^2} + \frac{1}{e^2\sin\nu}\left(\frac{p}{r} - 1\right)\sqrt{\frac{p}{\mu}}\left\{\sin\nu F_R + \left[\left(1 + \frac{r}{p}\right)\cos\nu + \frac{re}{p}\right]F_S\right\} \tag{7-282}$$

由式（7－280）可知

$$\begin{aligned}\frac{\sqrt{\mu p}}{r^2} - \dot{\nu} &= \frac{2\sqrt{\dfrac{p}{\mu}}}{e\sin\nu}F_S - \frac{1}{e^2\sin\nu}\left(\frac{p}{r} - 1\right)\sqrt{\frac{p}{\mu}}\left\{\sin\nu F_R + \left[\left(1 + \frac{r}{p}\right)\cos\nu + \frac{re}{p}\right]F_S\right\}\\ &= \dot{\omega} + \dot{\Omega}\cos i\end{aligned}$$

将式（7－276）表示的 $\dot{\Omega}$ 代入上式，即得

$$\dot{\omega}=\frac{2\sqrt{\frac{p}{\mu}}}{e\sin\nu}F_S-\frac{1}{e^2\sin\nu}\left(\frac{p}{r}-1\right)\sqrt{\frac{p}{\mu}}\left\{F_R\sin\nu+\left[\left(1+\frac{r}{p}\right)\cos\nu+\frac{re}{p}\right]F_S\right\}-\frac{r}{\sqrt{\mu p}}\frac{\sin(\omega+\nu)}{\sin i}F_W\cos i$$

将上式同类项归类，经整理可得

$$\frac{d\omega}{dt}=\sqrt{\frac{p}{\mu}}\left[1-\frac{\cos\nu}{e}F_R+\left(1+\frac{r}{p}\right)\frac{\sin\nu}{e}F_S-\frac{r}{p}F_W\sin(\omega+\nu)\operatorname{ctan}i\right] \tag{7-283}$$

（5）特定时刻平均近点角 $\boldsymbol{M}_0$ 随时间的变化率 $\frac{d\boldsymbol{M}_0}{dt}$

式（7－256）代入开普勒方程

$$M=E-e\sin E$$

得

$$M_0=E-e\sin E-n(t-t_0)$$

两边对时间求导，可得

$$\frac{dM_0}{dt}=\frac{dE}{dt}-\frac{de}{dt}\sin E-e\cos E\frac{dE}{dt}-\frac{dn}{dt}(t-t_0)-n \tag{7-284}$$

而

$$n=\sqrt{\frac{\mu}{a^3}}$$

则求导易得

$$\frac{dn}{dt}=-\frac{3\mu}{2a^4}\frac{da}{dt} \tag{7-285}$$

由偏近点角和真近点之间的关系

$$\cos\nu=\frac{e-\cos E}{e\cos E-1} \tag{7-286}$$

$$\sin\nu=\frac{a\sqrt{1-e^2}}{r}\sin E \tag{7-287}$$

得

$$\sin E=\frac{r}{a\sqrt{1-e^2}}\sin\nu$$

$$\cos E=e+\frac{r}{a}\cos\nu$$

$$\frac{\mathrm{d}E}{\mathrm{d}t}=\sqrt{\frac{\mu}{a}}\frac{1}{r} \tag{7-288}$$

最后可得

$$\frac{\mathrm{d}M_0}{\mathrm{d}t}=-\frac{1-e^2}{nae}\left[\left(\frac{2er}{p}-\cos\nu\right)F_r+\left(1+\frac{r}{p}\right)\sin\nu F_S\right]-t\frac{\mathrm{d}n}{\mathrm{d}t} \tag{7-289}$$

（6）摄动运动方程

综合前面得到的有关方程，并改写成系数统一的形式，得到描述飞船摄动运动的方程组为

$$\begin{cases}\dfrac{\mathrm{d}a}{\mathrm{d}t}=\dfrac{2a^2[e\sin\nu F_R+(1+e\cos\nu)F_S]}{\sqrt{\mu p}}\\ \dfrac{\mathrm{d}e}{\mathrm{d}t}=\dfrac{r[\sin\nu(1+e\cos\nu)F_R+(2\cos\nu+e+e\cos^2\nu)+F_S]}{\sqrt{\mu p}}\\ \dfrac{\mathrm{d}\omega}{\mathrm{d}t}=\dfrac{r[-\cos\nu(1+e\cos\nu)F_R+\sin\nu(2+e\cos\nu)F_S]}{e\sqrt{\mu p}}-\dfrac{r\sin(\omega+\nu)\mathrm{ctan}i}{\sqrt{\mu p}}F_W\\ \dfrac{\mathrm{d}\Omega}{\mathrm{d}t}=\dfrac{r\sin(\omega+\nu)}{\sin i\sqrt{\mu p}}F_W\\ \dfrac{\mathrm{d}i}{\mathrm{d}t}=\dfrac{r\cos(\omega+\nu)}{\sqrt{\mu p}}F_W\\ \dfrac{\mathrm{d}M}{\mathrm{d}t}=\dfrac{(p\cos\nu-2re)F_R-(p+r)\sin\nu F_S}{e\sqrt{\mu p}}\end{cases} \tag{7-290}$$

由式（7　290）不难看出，摄动运动具有下述特性：

1）轨道要素 p、e 和 a 的摄动只与瞬时轨道平面内的摄动力有关，而与垂直于瞬时轨道的摄动力 F_W 无关。因为这些轨道要素都

直接表示轨道在瞬时轨道平面内的特性，垂直于此平面的摄动力只会改变瞬时轨道平面的方位，故在 p、e 和 a 的摄动方程中都未出现 F_W 的项。

2）表示轨道平面方位的 Ω 和 i 的摄动只与垂直于瞬时轨道平面的摄动力 F_W 有关。因为轨道平面内的摄动力只改变在瞬时轨道平面的特性，故在 Ω 和 i 的摄动方程中未出现 F_R 和 F_S 的项。

3）轨道要素 ω 与所有摄动力有关。由于近地点在瞬时轨道平面内，因此 F_R、F_S 必然会影响近地点的瞬时位置；同时，由于 ω 角是由升交点算起，轨道平面的位置变化，即 Ω 和 i 的变化，必然也会改变升交点到近地点的距离，因此，影响 Ω、i 的摄动力 F_W 也影响 ω。

通常摄动力是连续作用于飞船上的，即 F_R、F_S 和 F_W 是连续函数。摄动方程组（7－290）是非线性的微分方程组，一般是使用计算机求解的。

（7）摄动方程组的其他形式

① 以 $\boldsymbol{u}$ 作为参数的摄动方程

在计算中，为了便于对方程组（7－290）积分，需采用其他形式的摄动方程式，区别仅是所包含的参数不同，但结果相同。最常用的是以 $\boldsymbol{u}=\boldsymbol{\omega}+\boldsymbol{\nu}$ 作为参量，将轨道要素描述成 $\boldsymbol{u}$ 的函数，这样就可以知道飞船绕地球运动的周期变化情况，如 $u=0$，2π，4π，…，现在

$$\frac{\mathrm{d}}{\mathrm{d}u}=\frac{\mathrm{d}}{\mathrm{d}t}\frac{\mathrm{d}t}{\mathrm{d}u}$$

而

$$\frac{\mathrm{d}u}{\mathrm{d}t}=\frac{\mathrm{d}\omega}{\mathrm{d}t}+\frac{\mathrm{d}\nu}{\mathrm{d}t}=\dot{\omega}+\dot{\nu} \tag{7-291}$$

由方程式（7－280）知

$$\dot{\omega}+\dot{\nu}=\frac{\sqrt{\mu p}}{r^{2}}-\dot{\Omega}\cos i$$

因

$$\frac{\mathrm{d}}{\mathrm{d}u}=\frac{1}{\dfrac{\sqrt{\mu p}}{r^{2}}-\dot{\Omega}\cos i}\frac{\mathrm{d}}{\mathrm{d}t}$$

$$\dot{\Omega}=\frac{1}{\sqrt{\mu p}}rF_{W}\frac{\sin(\omega+\nu)}{\sin i}$$

故

$$\frac{\mathrm{d}}{\mathrm{d}u}=\frac{r^{2}}{\sqrt{\mu p}}\Phi\frac{\mathrm{d}}{\mathrm{d}t} \tag{7-292}$$

其中

$$\Phi=\left(1-\frac{r^{3}}{\mu p}\sin u\operatorname{ctan} iF_{W}\right)^{-1}$$

因此，摄动方程可写成

$$\begin{cases}\dfrac{\mathrm{d}a}{\mathrm{d}u}=\dfrac{2r^{2}a^{2}\Phi}{\mu p}[e\sin\nu F_{R}+(1+e\cos\nu)F_{S}]\\ \dfrac{\mathrm{d}p}{\mathrm{d}u}=\dfrac{2r^{3}\Phi}{\mu}F_{S}\\ \dfrac{\mathrm{d}e}{\mathrm{d}u}=\dfrac{r^{2}\Phi}{\mu}\left\{\sin\nu F_{R}+\left[\left(1+\dfrac{r}{p}\right)\cos\nu+\dfrac{re}{p}\right]F_{S}\right\}\\ \dfrac{\mathrm{d}\omega}{\mathrm{d}u}=\dfrac{r^{2}\Phi}{\mu}\left[-\dfrac{\cos\nu}{e}F_{R}+\left(1+\dfrac{r}{p}\right)\dfrac{\sin\nu}{e}F_{S}-\dfrac{r}{p}\sin u\operatorname{ctan} iF_{W}\right]\\ \dfrac{\mathrm{d}i}{\mathrm{d}u}=\dfrac{r^{3}\Phi}{\mu p}\cos uF_{W}\\ \dfrac{\mathrm{d}\Omega}{\mathrm{d}u}=\dfrac{r^{3}\Phi}{\mu p}\dfrac{\sin u}{\sin i}F_{W}\end{cases} \tag{7-293}$$

②轨道平面内存在相互垂直作用力时的摄动方程

如果轨道平面内的作用力改变，飞船速度的大小和方向就会改变，从而轨道的大小和形状也会改变；反之，要改变椭圆轨道的大小和形状，就要改变轨道平面内的作用力。一般而言，要改变飞船速度的大小，就要改变轨道切线方向的切向力；要改变速度方向，就要改变垂直速度方向的法向力。切向力以 F_{τ} 表示，法向力以 F_{σ}

表示，如图 7－51 所示。

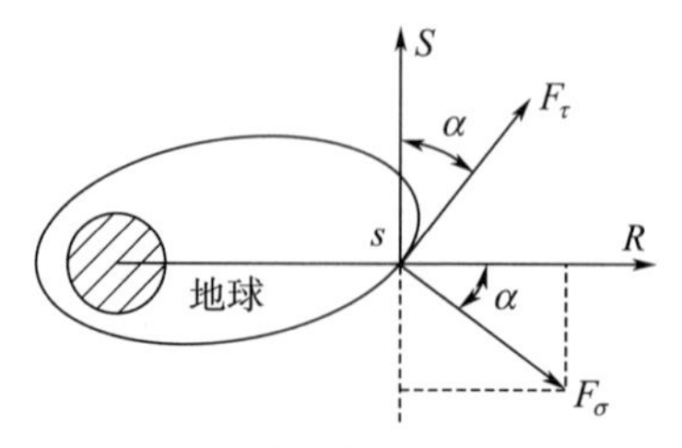

图 7－51　相互垂直的切向力 F_τ 和法向力 F_σ

从图 7－51 中可看出，F_τ 和 F_σ 在轨道坐标系 R 和 S 轴上的投影为

$$\begin{cases} F_S = F_\tau \cos\alpha - F_\sigma \sin\alpha \\ F_R = F_\tau \sin\alpha - F_\sigma \cos\alpha \end{cases} \tag{7-294}$$

式中　α——轨道上升角，其是切向力 F_τ 与当地水平面的夹角。

由图 7－51 可知，上升角 α 可表示为

$$\begin{cases} \cos\alpha = \dfrac{r\dot{\nu}}{V} = \dfrac{1}{rV}r^2\dot{\nu} = \dfrac{\sqrt{\mu p}}{rV} \\ \sin\alpha = \dfrac{V}{—} = \dfrac{1}{V}\sqrt{\dfrac{\mu}{p}}e\sin\nu \end{cases} \tag{7-295}$$

将式（7－295）代入式（7－294）可得

$$\begin{cases} F_S = \dfrac{\sqrt{\mu p}}{Vr}F_\tau - \dfrac{1}{V}\sqrt{\dfrac{\mu}{p}}e\sin\nu F_\sigma \\ F_R = \dfrac{1}{V}\sqrt{\dfrac{\mu}{p}}e\sin\nu F_\tau + \dfrac{\sqrt{\mu p}}{Vr}F_\sigma \end{cases} \tag{7-296}$$

将式（7－296）代入式（7－293）的 $\dot{a}$，$\dot{e}$ 和 $\dot{\omega}$ 的表达式中，得到

$$\begin{cases} \dfrac{\mathrm{d}a}{\mathrm{d}t} = \dfrac{2a^2V}{\mu}F_\tau \\ \dfrac{\mathrm{d}e}{\mathrm{d}t} = \dfrac{1}{V}\left[2(e+\cos\nu)F_\tau + \dfrac{r}{a}\sin\nu F_\sigma\right] \\ \dfrac{\mathrm{d}\omega}{\mathrm{d}t} = \dfrac{2}{Ve}\sin\nu F_\tau - \dfrac{a(1+e^2)-r}{aVe^2}F_\sigma - \dfrac{r}{\sqrt{\mu p}}\sin(\omega+\nu)\mathrm{ctan}iF_W \end{cases} \tag{7-297}$$

7.8.3　地球扁率摄动

前面几章关于轨道的讨论，已假定地球是球形的、质量对称的物体，此时地球重力势为

$$U_0(r)=\frac{\mu}{r} \tag{7-298}$$

这说明在球形引力场任一点的势能只与其到地心的距离有关。但实际上，地球是一个地心到两极距离不等的梨形物体。因此，真正的势能不仅与距离 r 有关，还与飞船所处位置的经度 λ 和纬度 φ 有关，即

$$U=U(r,\ \varphi,\ \lambda)$$

应用球函数理论，地球引力场可表示为

$$U(r,\ \varphi,\ \lambda)=\frac{\mu}{r}\sum_{n=0}^{\infty}\sum_{m=0}^{\infty}\left(\frac{R_{\mathrm{E}}}{r}\right)^{n}P_{nm}(\sin\varphi)[C_{nm}\cos m\lambda+S_{nm}\sin m\lambda] \tag{7-299}$$

式中　R_{E}——地球平均赤道半径，取 6 378.144 km；

P_{nm}——勒让德多项式；

C_{nm}，S_{nm}——地球引力势的谐波系数。

由式（7-299）可知，只要知道引力系数的值，就可确定地球的引力场。近年来，随着空间科学技术的不断发展，观测数据不断增多，引力系数的求解也日益精确和完善。目前一般采用美国戈达德航天飞行中心的标准地球 GEM-8 得出的数据结果。采用不同的标准，地球所得出的引力系数也有差异，但六阶以前的带谐系数值已取得了一致的认识。观测说明，经度 λ 影响较小，可忽略，因此引力势函数可表示为如下形式

$$\begin{aligned}U(r,\varphi)=\frac{\mu}{r}\Bigg[1&-J_2\frac{1}{2}\left(\frac{R_{\mathrm{E}}}{r}\right)^2(3\sin^2\varphi-1)-J_3\frac{1}{2}\left(\frac{R_{\mathrm{E}}}{r}\right)^3\\&(5\sin^2\varphi-3)\sin\varphi-J_4\frac{1}{2}\left(\frac{R_{\mathrm{E}}}{r}\right)^4(3-30\sin^2\varphi+35\sin^4\varphi)-\\&\cdots-J_n\frac{1}{2}\left(\frac{R_{\mathrm{E}}}{r}\right)^nP_n(\sin\varphi)\Bigg]\end{aligned}$$

(7-300)

其中

$$\begin{cases} J_2 = (1.08263 \pm 1) \times 10^{-3} \\ J_3 = (-2.54 \pm 1) \times 10^{-6} \\ J_4 = (-1.61 \pm 1) \times 10^{-6} \\ J_5 = (-2.3 \pm 1) \times 10^{-7} \\ J_6 = (5.4 \pm 1) \times 10^{-7} \end{cases} \tag{7-301}$$

J_2 表示地球扁率的影响，其他项也包含梨状的影响，但对飞船摄动影响一般只考虑 J_2 项。

下面介绍一下 J_2 项摄动所产生的影响。

由引力势函数，如只考虑第一摄动项，则

$$U(r, \varphi) = U_0 + U_p = \frac{\mu}{r} - J_2 \frac{\mu}{2r^3} R_E^2 (3\sin^2\varphi - 1)$$

由球面三角学可知

$$\sin\varphi = \sin i \sin(\omega + \nu) = \sin i \sin u \tag{7-302}$$

所以有

$$U_p = -J_2 \frac{\mu}{2r^3} R_E^2 (3\sin^2 i \sin^2 u - 1) \tag{7-303}$$

从分析力学中知道，摄动加速度的分量（在轨道坐标系中）可以用势函数相对于某一坐标轴的偏微分来求得，即

$$\begin{cases} F_R = \dfrac{\partial U_p}{\partial r} = \dfrac{3}{2} J_2 \dfrac{\mu}{r^4} R_E^2 (3\sin^2 i \sin^2 u - 1) \\ F_S = \dfrac{1}{r} \dfrac{\partial U_p}{\partial r} = -\dfrac{3}{2} J_2 \dfrac{\mu}{r^4} R_E^2 \sin^2 i \sin 2u \\ F_W = \dfrac{\partial U_p}{\partial W} = \dfrac{\partial U_p}{r \sin u \cdot \partial i} = -\dfrac{3}{2} J_2 \dfrac{\mu}{r^4} R_E^2 \sin 2i \sin u \end{cases} \tag{7-304}$$

当 $i=0$ 时，即在赤道平面内有

$$G = -\frac{\mu}{r^2} + F_R = -\frac{\mu}{r^2}\left[1 + \frac{3}{2} J_2 \left(\frac{R_E^2}{r}\right)\right] \tag{7-305}$$

对于地球同步卫星有

$$G=-\frac{\mu}{r^2}(1+3.7\times10^{-5}) \tag{7-306}$$

在同步卫星轨道上，离心力和引力相等，因此有

$$\frac{\mu}{r^2}(1+3.7\times10^{-5})=\omega_e r$$

所以
$$r=\sqrt[3]{\frac{\mu(1+3.7\times10^{-5})}{\omega_e^2}}=42\ 164.78(\mathrm{km})$$

式中　ω_e——地球自转角速度。

这是考虑地球扁率后的同步卫星轨道的半径。下面举例说明地球扁率摄动对飞船轨道参数的影响。

(1) 由地球扁率所引起的升交点赤经 Ω 的变化

在此只介绍一下 F_W 的摄动。

因

$$\Phi=\left[1+\frac{3}{2}\frac{r^3}{\mu p}J_2\frac{\mu a^2}{r^4}\sin^2 u\,\mathrm{ctan}i\sin 2i\right]^{-1}$$

又因

$$\frac{3}{2}J_2\frac{R_E^2}{\mu p}\ll 1$$

故

$$\Phi\approx 1$$

$$\frac{\mathrm{d}\Omega}{\mathrm{d}u}=\frac{r^3}{\mu p}\Phi\frac{\sin u}{\sin i}F_W=-\frac{r^3}{\mu p}\frac{\sin u}{\sin i}\frac{3}{2}J_2\frac{\mu R_E^2}{r^4}\sin u\sin 2i$$

$$=-3J_2\frac{R_E^2}{rp}\sin^2 u\cos i$$

而
$$r=p/(1+e\cos\nu)$$

所以

$$\frac{\mathrm{d}\Omega}{\mathrm{d}u}=-3J_2\left(\frac{R_E}{p}\right)^2\sin^2 u\cos i[1+e\cos(u-\omega)] \tag{7-307}$$

摄动分周期摄动和长期摄动两种。周期摄动是指旋转一周后仍回到零，长期摄动是持久性的，引起的改变是不断变化的。

长期摄动可以用积分方法来计算。为了方便，设旋转一周之内的椭圆轨道参数不变，即

$$p,\ e,\ i,\ \omega = \text{const}$$

旋转一周的升交点赤经变化应为

$$(\Delta\Omega)_{2\pi} = -3J_2\left(\frac{R_E}{p}\right)^2\cos i\int_0^{2\pi}\sin^2 u[1+e\cos(u-\omega)]\mathrm{d}u$$

其中

$$\int_0^{2\pi}\sin^2 u\,\mathrm{d}u = -\frac{1}{4}\sin 2u\Big|_0^{2\pi} + \frac{1}{2}u\Big|_0^{2\pi} = \pi$$

$$e\int_0^{2\pi}\sin^2 u\,\mathrm{d}u = -\frac{1}{4}\sin 2u\Big|_0^{2\pi} + \frac{1}{2}u\Big|_0^{2\pi} = \pi$$

所以

$$(\Delta\Omega)_{2\pi} = -3\pi J_2\left(\frac{R_E}{p}\right)^2\cos i = -3\pi J_2\frac{(R_E/a)^2}{(1-e^2)^2}\cos i$$

将式（7－301）中的 J_2 值代入上式，并用“度”来表示，即 $\pi=180°$，则旋转一周升交点赤经的改变为

$$(\Delta\Omega)_{2\pi} = -0.584°\frac{(R_E/a)^2}{(1-e^2)^2}\cos i \qquad (7-308)$$

特别要注意的是，式（7－308）中的 R_E 表示地球作为旋转椭球体的赤道平面中的平均半径，a 是飞船椭圆轨道的长半轴。

下面计算飞船旋转一天时升交点赤经的变化量。

设飞船轨道的长半轴为 a，旋转周期为 T，则一昼夜运行中旋转的圈数为 n，因此有

$$n = \frac{24\times 3\ 600}{T} = \frac{8.6400\times 10^4}{2\pi\sqrt{\dfrac{a^3}{\mu}}}$$

因此，一天旋转运行中的升交点赤经变化量为

$$(\Delta\Omega)_{\text{day}} = -\frac{8.64\times10^4\sqrt{(R_E/a)^3}}{2\pi\sqrt{R_E^3/\mu}}\times0.584^\circ\times\frac{(R_E/a)^2}{(1-e^2)^2}\cos i$$
$$= -9.96^\circ\frac{(R_E/a)^{7/2}}{(1-e^2)^2}\cos i \tag{7-309}$$

由此可见，轨道倾角越小，即越接近赤道平面的圆轨道，其节线（赤道的量度线）和升交点的变化就越快。另外也说明，如在近地轨道飞行，且当 e 和 i 也较小时，升交点赤经在一天中要西进约 9°。当倾角 $i>90^\circ$时，即对于逆行轨道，升交点赤经的改变量 $\Delta\Omega$ 是正的，这说明逆行轨道的航天器，其节线要东进，升交点向东移动，这和顺行轨道刚好相反。当 $i=90^\circ$时，即飞船沿极地轨道运行时，节线和升交点不变。

（2）由地球扁率引起的 ω 的变化

由摄动方程式（7－293）可知

$$\frac{\mathrm{d}\omega}{\mathrm{d}u} = \frac{r^2\Phi}{\mu}\left[-\frac{\cos\nu}{e}F_R+\left(1+\frac{r}{p}\right)\frac{\sin\nu}{e}F_S-\frac{r}{p}\sin u\,\mathrm{ctan}\,iF_W\right]$$

将椭球引力势导出的摄动力分量代入上式，同样通过一周运行的积分，可得

$$(\Delta\omega)_{2\pi} = \frac{3}{2}\pi J_2\frac{(R_E/a)^2}{(1-e^2)^2}(5\cos^2 i-1)$$

同样以 $\pi=180^\circ$和 J_2 值代入有

$$(\Delta\omega)_{2\pi} = 0.292\,3^\circ\frac{(R_E/a)^2}{(1-e^2)^2}(5\cos^2 i-1) \tag{7-310}$$

应用与 $\Delta\Omega$ 同样的转换，可得

$$(\Delta\omega)_{\text{day}} = 5.0^\circ\frac{(R_E/a)^{7/2}}{(1-e^2)^2}(5\cos^2 i-1) \tag{7-311}$$

地球扁率引起的拱线的旋转，对于低轨道运行的飞船接近于 20°/day（当 $i\approx0^\circ$时的轨道）。$(\Delta\omega)_{\text{day}}$ 与轨道倾角 i 有关。当 $5\cos^2 i-1=0$ 时，即

$$i = \arccos\sqrt{\frac{1}{5}} = 63.43°$$

则 $(\Delta\omega)_{day}=0$， 即拱线不转动。

拱线日转动量与轨道倾角 i 的关系，如图 7－52 所示。

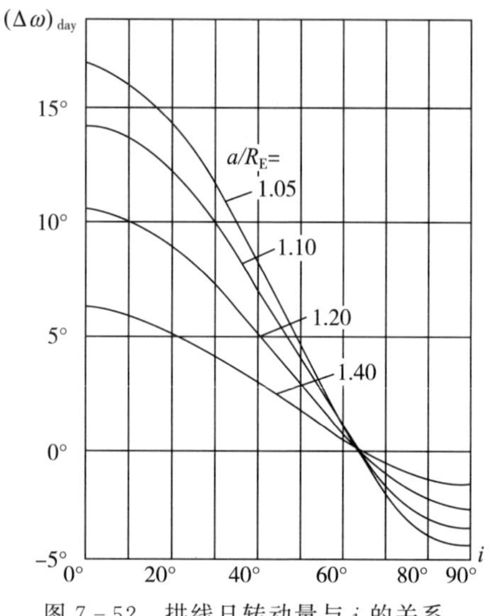

图 7－52　拱线日转动量与 i 的关系

由图 7－52 和式（7－311）可看出：对于任何半长轴和偏心率（a 和 e）的椭圆轨道，只要轨道平面的倾角满足 $i=63.43°$，则 $(\Delta\omega)_{day}=0$， 所以一般希望发射的轨道倾角符合上值。当 $i<63.43°$ 时，拱线向西转动。当 $i=0°$时，$(\Delta\omega)_{day}$ 得到最大值。

至于对半长轴的影响，由图 7－52 和式（7－311）也可看出：随着 a/R_E 的增加，也就是随着半长轴 a 的增加，在倾角 i 相同的情况下，$(\Delta\omega)_{day}$ 的绝对值反而变小。

7.8.4　气动力摄动

飞船在近地轨道飞行时，总要受到空气动力的影响，特别是空气阻力，其与飞船运动方向刚好相反，阻碍飞船的运动（如不考虑一部分上层大气将随地球一起转动的话)。

空气阻力引起的摄动加速度(或称延滞加速度)与飞船的质量成反比,与飞船的最大横截面积 S 和大气密度 ρ 成正比。空气密度随高度增加而减少,密度又与温度有关,因此也与太阳对大气的照射情况、太阳活动情况密切相关。此外,空气阻力与飞船的形状有关。

随着轨道高度的增加,空气动力的影响迅速减小。事实上,在 300 km 高度以下,大气阻力是最重要的摄动;而在 1 000 km 以上,大气阻力几乎可以忽略。载人飞船(包括空间站)在 300～500 km 高度上飞行,大气阻力是造成其轨道衰减的主要原因。

考虑地球扁率和空气阻力作用时的轨道摄动运动方程通常只能用数值积分方法求解。因其依赖于很多参数,为了计算的方便,在一般近似计算中作如下假定:

1) 大气层是球形对称的,不考虑地球扁率和日下点大气密度的突变;

2) 大气密度只取决于高度,并采用指数变化规律进行计算;

3) 大气层没有转动;

4) 飞船横截面 S 是不变的;

5) 只考虑阻力 F_τ,其和速度的方向相反。升力 F_σ 和侧力 F_W 很小,在此可以忽略。空气阻力可表示为

$$F_\tau = -\frac{1}{m} C_D S \frac{\rho}{2} V^2 \tag{7-312}$$

式中　S——飞船的最大横截面积(垂直于速度矢量 $\mathbf{V}$);

　　m——飞船质量。

飞船的受力情况如图 7-53 所示。

阻力系数 C_D 是飞船温度、大气密度和飞船速度的函数。

(1) 圆形轨道的空气动力摄动

摄动方程为

$$\frac{\mathrm{d}a}{\mathrm{d}t} = \frac{2a^2 V}{\mu} F_\tau \tag{7-313}$$

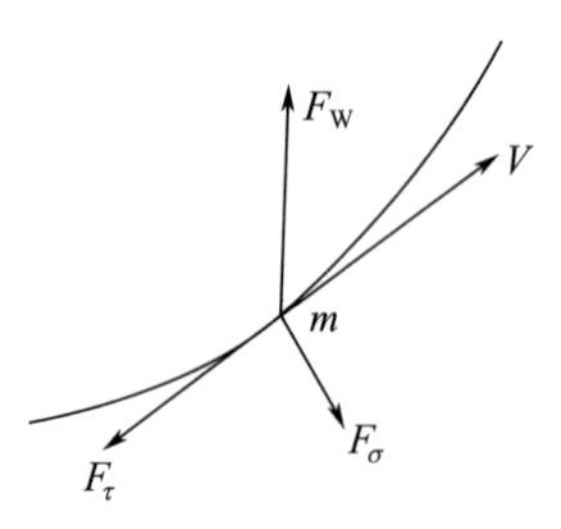

图 7-53 空气动力分量

对于圆形轨道有

$$a = r$$

$$\mathrm{d}a = \mathrm{d}r$$

$$V^2 = \frac{\mu}{r}$$

$$V\mathrm{d}t = r\mathrm{d}\nu$$

将式（7-312）代入式（7-313）中，可得

$$\frac{\mathrm{d}r}{\mathrm{d}t} = -\frac{2r^2V}{\mu}\frac{C_\mathrm{D}S}{m}\frac{\rho}{2}V^2$$

设 $B = \frac{m}{C_\mathrm{D}S}$，则

$$\mathrm{d}r = -\frac{2r^2}{\mu}\frac{1}{B}\frac{\rho}{2}\frac{\mu}{r}r\mathrm{d}\nu = -\frac{r^2\rho}{B}\mathrm{d}\nu$$

式中 B——弹道参数，单位为 kg/m²；

$\mathrm{d}\nu$——在 $\mathrm{d}t$ 时间内飞船转过的角度。

飞船沿圆轨道运行一周，距离 r 的变化为

$$(\Delta r)_{2\pi} = -\frac{2\pi r^2\rho}{B}(\mathrm{km}) \tag{7-314}$$

将 $h=r-a$，$\Delta r=\Delta h$ 代入式（7-314），可得每旋转一周飞船离地面高度的变化量

$$(\Delta h)_{2\pi} = -\frac{2\pi(a+h)^2\rho}{B}$$

由此可见，每旋转一周，飞船高度损失量主要取决于空气密度 ρ

的值。

下面以作圆形轨道运行的空间站为例，计算为了轨道保持需要多少推进剂。

这个问题取决于轨道高度和在轨的年份。

设
$$B=100\ \mathrm{kg/m^2}$$
$$m=100\ 000\ \mathrm{kg}$$

因为当作圆形轨道运行时

$$V=\frac{2\pi r}{T}$$

所以

$$(\Delta V)_{2\pi}=\frac{2\pi}{T}(\Delta r)_{2\pi}$$

一个月之内速度的减少应为

$$(\Delta V)_{\text{month}}=\frac{30\times 24\times 3\ 600}{T}(\Delta V)_{2\pi}$$
$$=\frac{2.592\times 10^6}{2\pi}\sqrt{\frac{\mu}{r^3}}\times\frac{1}{2}\sqrt{\frac{\mu}{r^3}}(\Delta r)_{2\pi}=\frac{8.22\times 10^{19}}{r^3}(\Delta V)_{2\pi} \tag{7-315}$$

由此可见，空间站经一个月运行后，需要给予按式（7－315）计算所得的脉冲能量，以使空间站回到原有的轨道高度，达到轨道保持的目的。

高度、年份和月速度增量的关系，如图7－54所示。

由图7－54看出，随高度增加，$(\Delta V)_{\text{month}}$ 减少。

（2）飞船（空间站）在轨的寿命

由于描述空气密度的变化规律没有精确的公式，因此计算飞船（空间站）在轨运行的时间（寿命）也不可能非常精确。

假定空气密度以粗略的指数规律变化，即

$$\rho=\rho_0\mathrm{e}^{\frac{r-r_0}{H}}$$

取
$$H=\mathrm{const}$$

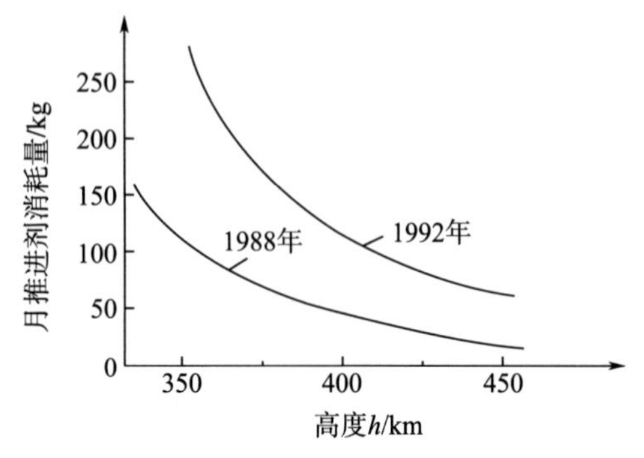

图 7-54 为保持高度每月给飞行器加的推进增量

大气密度变化不考虑地球扁球体和日下点峰值。按式（7-314）有

$$(\Delta r)_{2\pi}=-\frac{2\pi r^{2}}{B}\rho_0 e^{-\frac{r-r_0}{H}} \tag{7-316}$$

在一周时间内，发生 $(\Delta r)_{2\pi}$ 的变化，因

$$(\Delta t)_{2\pi}=T=2\pi\sqrt{\frac{r^3}{\mu}}=T_0\sqrt{\frac{r^3}{r_0^3}} \tag{7-317}$$

两式相除，得

$$\frac{(\Delta t)_{2\pi}}{(\Delta r)_{2\pi}}=\frac{\mathrm{d}t}{\mathrm{d}r}=\frac{T_0 r^{3/2}B}{r_0^{3/2}2\pi r^{1/2}\rho_0}e^{-\frac{r_0-r}{H}}$$

因 r 在减小，所以 $r_0-r>0$。

因此

$$\frac{\mathrm{d}t}{\mathrm{d}r}=-\frac{T_0 B r^{3/2}}{2\pi r_0^{3/2}r^{1/2}\rho_0}e^{-\frac{r_0-r}{H}}\approx-\frac{T_0 B}{2\pi r_0^2\rho_0}e^{-\frac{r_0-r}{H}} \tag{7-318}$$

式中取 $r_0\approx r$（当 $H=200\sim500$ km 时），其误差不超过 2%。

对上式积分，并取进入稠密大气层的终点高度为 $H_L=133.8$ km（$r_L=R_E+h_L$，R_E 为地球平均半径），$T_L\approx87$ min，在进入稠密大气层后急转直下，其寿命为

$$T_L-t_0=-\frac{T_0 B}{2\pi r_0^2\rho_0}He^{-\frac{r_0-r}{H}}\Bigg|_{r_0}^{r_L}$$

所以

$$T_0 = \frac{T_0 BH}{2\pi r_0^2 \rho_0}\left(1 - e^{-\frac{r_0 - r_L}{H}}\right) \tag{7-319}$$

这是飞船或空间站寿命的近似计算公式。式中的 H 取 r_0 和 r_L 之间的平均值，H 按 50 km 作为一级，这样可以进一步简化。

如果

$$r_0 - r_L > 4H$$

则

$$1 - e^{-\frac{r_0 - r}{H}} \approx 1(\text{其误差} < 2\%)$$

因此有

$$r_L = \frac{T_0 BH}{2\pi r_0^2 \rho_0} \frac{BH}{\sqrt{\mu r_0}\,\rho_0} \tag{7-320}$$

(3) 轨道高度损失与时间的关系

当 $t_0 = 0$ 时，由方程式 (7-318)，从 r_0 到任一距离 r 之间进行积分，则

$$\begin{cases} r = r_0 + H\ln\left(1 - \dfrac{2\pi r_0^2 \rho_0}{T_0 BH} t\right) \\ h = h_0 + H\ln\left(1 - \dfrac{\sqrt{\mu r_0}\,\rho_0}{BH} t\right) \end{cases} \tag{7-321}$$

h 下降的规律如图 7-55 所示。

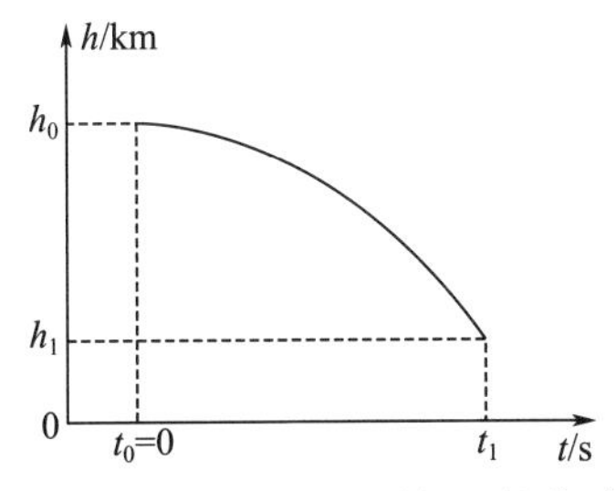

图 7-55　高度 h 和时间 t 的关系

7.8.5　轨道保持

轨道保持是指利用航天器上的推进系统消除各种摄动，以保持轨道要素不变。但是在实际工程中并不要求全部轨道要素不变，通常只要求保持其中几个轨道要素不变就可以了。

对于飞船或空间站来说，重要的是保持轨道高度不变。因此，本节主要讨论轨道高度保持问题。

由前面章节讨论得知，地球非球形部分的引力对轨道高度没有长期摄动，而影响轨道高度的摄动因素主要是大气阻力。

大气阻力可以由飞船或空间站上的推进系统发出推力来抵消。喷气推进可以是连续喷气，也可以是不连续的一系列脉冲式喷气。当然，在不连续喷气的情况下，轨道高度会在一定的小范围内波动。在工程实际中这种高度波动常常是允许的。

（1）连续推力情况

用连续喷气方法保持轨道高度，就是使喷气推力 F 等于大气阻力 F_D，从而消除大气阻力对轨道高度的摄动，即

$$F = F_D \tag{7-322}$$

喷气推力 F 为

$$F = W_p I_{sp} \tag{7-323}$$

式中　W_p——推进剂的质量流率；

I_{sp}——比冲；

F_D——大气阻力。

$$F_D = \frac{1}{2}\rho V^2 C_D A$$

因为 $V^2 = \mu / r$，所以

$$F_D = \frac{1}{2}\rho \frac{\mu C_D A}{r} \tag{7-324}$$

将式（7－323）和式（7－324）代入式（7－322）可得

$$W_p = \frac{\mu C_D A \rho}{2 I_{sp} r} \tag{7-325}$$

所以，保持轨道所需要的推进剂量 W_{p} 为

$$W_{p}=\int_{0}^{T_{s}}\frac{\mu C_{D}A\rho}{2I_{sp}r}\mathrm{d}t \tag{7-326}$$

式中　T_{s}——轨道保持时间。

通常，飞船或空间站的轨道近似圆形，所以式（7-326）右边可看作常数，于是经积分可得

$$W_{p}=\frac{\mu C_{D}A\rho}{2I_{sp}r}T_{s} \tag{7-327}$$

（2）脉冲推力情况

用脉冲推力方法保持轨道高度的做法是：当运行轨道高度衰减 Δh 时，启动喷气推进系统，提供推力，使航天器沿霍曼轨道返回运行轨道；航天器在运行轨道上飞行一段时间后，在大气阻力摄动下会再次衰减 Δh，这时再开动喷气推进系统，提供推力，使航天器再次沿霍曼轨道返回运行轨道。如此重复不断，发出一系列脉冲推力，保持航天器运行轨道的高度在 Δh 范围内波动。

7.9　飞船在邻近轨道上的相对运动

7.9.1　相对运动的目的

随着空间技术的发展，为航天器（空间站）进行资料供应、人员替换、空间营救、维修和回收等将成为航天器的寻常任务。此外，为了军事目的，要对敌方空间侦察卫星、轨道武器进行拦截等，以上所有这些都离不开交会对接过程。在这种情况下，通常把空间站作为目标飞行器，使其处于规定的轨道运行；把载人飞船（或航天飞机）等作为跟踪飞行器，进行轨道机动，因此交会阶段的两个航天器大多处在邻近的近圆轨道上，故考虑其单独运动就不如考虑相对运动来得方便。这就是为什么要研究邻近轨道上相对运动的原因。

7.9.2　相对运动基本方程

考虑在邻近的近圆轨道上的两个航天器的运动。为了简化，设目标航天器沿圆轨道运动，另一航天器作近圆轨道运动，且设两者运动周期相同，仅偏心率稍有差别。这样两个航天器就有相对运动。如图 7－56 所示。

在惯性坐标系中，两个航天器的位置分别用 $\boldsymbol{r}_1$、$\boldsymbol{r}_2$ 来表示。现选取目标轨道坐标系为牵连运动坐标系，记为 $Txyz$。坐标原点在目标质心 T 上；Tx 轴由地心通过目标质心，向上为正；Ty 轴为目标轨道的切线方向，向前为正；Tz 轴使其构成右手坐标系，显然，原 Tz 轴垂直于轨道平面。在不考虑外界摄动作用的情况下，轨道平面不变，因而 Tz 轴的方向不变。取一惯性坐标系 $O_Ex_Ey_Ez_E$，O_E 取在地心上，O_Ez_E 方向与 Tz 方向一致。那么 O_Ex_E、O_Ey_E 方向的单位矢量与 Tx、Ty 方向单位矢量之间的关系如图 7－57 所示。图中 θ 表示 Tx 与 O_Ex_E 之间的夹角。由于目标作圆运动，故 $\dot{\theta}=\omega=\text{const}$，而且 $r_T=\text{const}$，所以 $Txyz$ 是一个绕 O_Ez_E 轴旋转的坐标系，故有

$$\begin{cases}\dfrac{\mathrm{d}\boldsymbol{i}}{\mathrm{d}\boldsymbol{t}}=\dot{\theta}\boldsymbol{j}=\omega\boldsymbol{j}\\[2ex]\dfrac{\mathrm{d}\boldsymbol{j}}{\mathrm{d}\boldsymbol{t}}=-\dot{\theta}\boldsymbol{i}=-\omega\boldsymbol{i}\end{cases}\tag{7-328}$$

现以 $\boldsymbol{r}_2$ 表示航天器 2 相对地心的位置，由图 7－57 可知

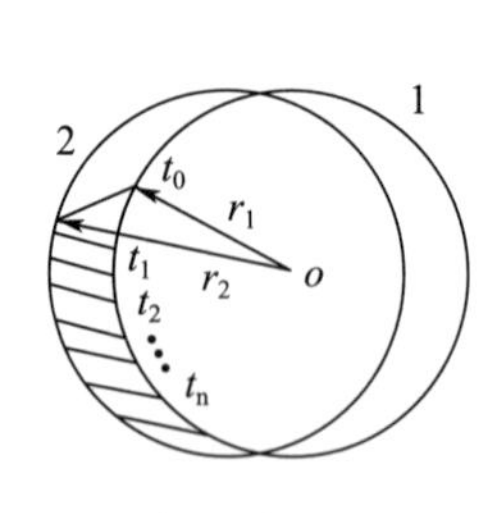

图 7－56　惯性坐标系中的相对位置

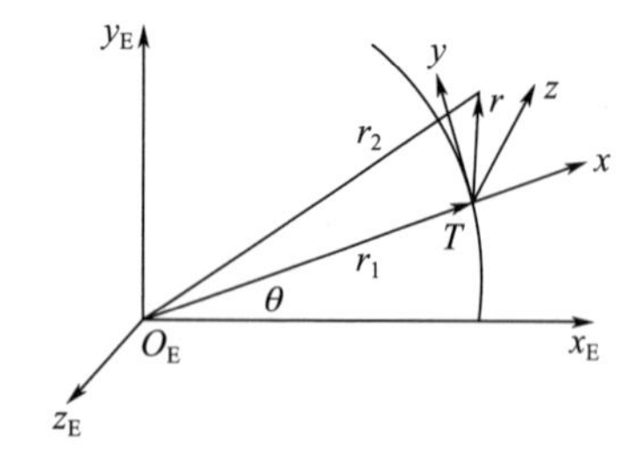

图 7－57　坐标系间的关系

$$\boldsymbol{r}_2=(x+r_1)\boldsymbol{i}+y\boldsymbol{j}+z\boldsymbol{k} \tag{7-329}$$

因而

$$\dot{\boldsymbol{r}}_2=(\dot{x}-y\omega)\boldsymbol{i}+(\dot{y}+x\omega)\boldsymbol{j}+\dot{z}\boldsymbol{k}+r_1\omega\boldsymbol{j}$$
$$\ddot{\boldsymbol{r}}_2=(\ddot{x}-2\dot{y}\omega-x\omega^2)\boldsymbol{i}+(\ddot{y}+2\dot{x}\omega-y\omega^2)\boldsymbol{j}+\ddot{z}\boldsymbol{k}-r_1\omega^2\boldsymbol{i} \tag{7-330}$$

作用在航天器 1 和 2 上的引力差为

$$\frac{\mu}{r_1^3}\boldsymbol{r}_1-\frac{\mu}{r_2^3}\boldsymbol{r}_2$$

式中　μ——地球引力常数。

因

$$\begin{aligned}\frac{\boldsymbol{r}_2}{r_2^3}-\frac{\boldsymbol{r}_1}{r_1^3}&=[y^2+(r_1+x)^2+z^2]^{-\frac{3}{2}}(\boldsymbol{r}_1+\boldsymbol{r})-r_1^{-3}\boldsymbol{r}_1\\&=(r_1^2+2r_1x+r^2)^{-\frac{3}{2}}(\boldsymbol{r}_1+\boldsymbol{r})-r_1^{-3}\boldsymbol{r}_1\\&=r_1^{-3}\left[\left(1+\frac{2x}{r_1}+\frac{r^2}{r_1^2}\right)^{-\frac{3}{2}}(\boldsymbol{r}_1+\boldsymbol{r})-\boldsymbol{r}_1\right]\\&\approx r_1^{-3}\left[\left(1-\frac{3x}{r_1}\right)(\boldsymbol{r}_1+\boldsymbol{r})-\boldsymbol{r}_1\right]\\&=r^{-3}\boldsymbol{r}-3x(\boldsymbol{r}_1+\boldsymbol{r})/r_1^4\end{aligned}$$

当航天器 2 与目标飞行器 1 很接近时，有 $\frac{r}{r_1}\ll 1$，因而在将 $\left(1+\frac{2x}{r_1}+\frac{r^2}{r_1^2}\right)^{-\frac{3}{2}}$ 作幂级数展开时可忽略 $\frac{r}{r_1}$ 的二阶以上的小量。于是

$$\begin{aligned}\frac{\boldsymbol{r}_2}{r_2^3}-\frac{\boldsymbol{r}_1}{r_1^3}&\approx r_1^{-3}\left\{\left[x-\frac{3x(r_1+x)}{r_1}\right]\boldsymbol{i}+\left(y-\frac{3xy}{r_1}\right)\boldsymbol{j}+\left(z-\frac{3xz}{r_1}\right)\boldsymbol{k}\right\}\\&\approx r_1^{-3}(-2x\boldsymbol{i}+y\boldsymbol{j}+z\boldsymbol{k})\end{aligned} \tag{7-331}$$

又因目标飞行器作圆轨道运动，故有

$$\ddot{\boldsymbol{r}}_1=-r_1\omega^2\boldsymbol{i} \tag{7-332}$$

现在只研究在航天器之间距离不很大的情况下的相对运动，因

此只考虑作用在它们之上的引力差及航天器 2 的推力作用，相关方程为

$$\ddot{\boldsymbol{r}}_2-\ddot{\boldsymbol{r}}_1=\boldsymbol{F}+\left(\frac{\mu}{r_1^3}\boldsymbol{r}_1-\frac{\mu}{r_2^3}\boldsymbol{r}_2\right) \tag{7-333}$$

式中 $\boldsymbol{F}$——作用在单位质量上的推力，等式右边 $\left(\frac{\mu}{r_1^3}\boldsymbol{r}_1-\frac{\mu}{r_2^3}\boldsymbol{r}_2\right)$ 为引力加速度之差。

将式（7－330）～式（7－332）代入式（7－333）得

$$\begin{cases}\ddot{x}-2\omega\dot{y}-x\omega^2=F_x+\dfrac{2\mu x}{r_1^3}\\ \ddot{y}+2\omega\dot{x}-y\omega^2=F_y-\dfrac{\mu y}{r_1^3}\\ \ddot{z}=F_z-\dfrac{\mu z}{r_1^3}\end{cases} \tag{7-334}$$

根据开普勒定律有

$$T=\frac{2\pi}{\sqrt{\mu}}r_1^{3/2}$$

及

$$\omega=\frac{2\pi}{T}=\frac{\sqrt{\mu}}{r_1^{3/2}}$$

于是式（7－334）可化为

$$\begin{cases}\ddot{x}-2\omega\dot{y}-3\omega^2x=F_x\\ \ddot{y}+2\omega\dot{x}=F_y\\ \ddot{z}+\omega^2z=F_z\end{cases} \tag{7-335}$$

式（7－335）又称 Hill 方程。由于方程中出现 y 次数不多，因此沿圆周测量时不一定要求 y 是小量，见图 7－58。这样对于已知的真近点角差 $\Delta\nu$，y 的值为 $y=r_1\Delta\nu$。

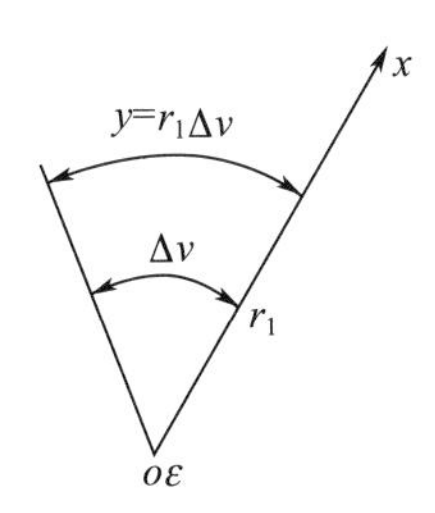

图 7 - 58　相对运动中的 xy 分量

7.9.3　特解及应用

式（7 - 335）在一般情况下是求不出解析解的，但在 $\boldsymbol{F}=0$ 的特殊情况下处理起来则并不困难。这时式（7 - 335）的第 3 个方程表示了 z 方向的简谐运动。这对应于目标轨道和追击轨道之间具有微小的倾角差。由

$$\ddot{z}+\omega^2 z=0$$

积分可得

$$z=z_0\cos\omega t+\frac{\dot{z}_0}{\omega}\sin\omega t \tag{7-336}$$

由式（7 - 335）的第二式

$$\ddot{y}+\omega^2\dot{x}=0$$

积分可得

$$\dot{y}+2\omega x=\dot{y}_0+2\omega x_0=\text{const} \tag{7-337}$$

将此式代入式（7 - 335）的第一式得

$$\ddot{x}+2\omega x=2\omega(2\omega x_0+\dot{y}_0)$$

对其直接积分可得

$$x=\frac{\dot{x}_0}{\omega}\sin\omega t-\left(\frac{2\dot{y}_0}{\omega}+3x_0\right)\cos\omega t+2\frac{\dot{y}_0}{\omega}+4x_0 \tag{7-338}$$

将式（7 - 338）代入式（7 - 337）得

$$\dot{y}=-2\dot{x}_0\sin\omega t+(4\dot{y}_0+6\omega x_0)\cos\omega t-(6\omega x_0+3\dot{y}_0)$$

积分即得

$$y(t)=y_0+\frac{2\dot{x}_0}{\omega}\cos\omega t-\frac{2x_0}{\omega}+\frac{1}{\omega}(4y_0+6\omega x_0)\sin\omega t-(6\omega x_0+3y_0)t$$

$$=\frac{2\dot{x}}{\omega}\cos\omega t+\frac{1}{\omega}(4\dot{x}_0+6\omega y_0)\sin\omega t+\left(y_0-\frac{2\dot{x}_0}{\omega}\right)-(6\omega y_0+3\dot{x}_0)t \tag{7-339}$$

这样，式（7－336）、式（7－338）和式（7－339）就给出了整个特解。由求出的 Hill 方程的特解可知该相对运动具有下列基本特性。

1）相对运动可分解为轨道平面（Txy 平面）和垂直于轨道平面（Tz 方向）的两个相互独立的运动；

2）垂直于轨道平面的相对运动为自由振荡运动，周期为 n；

3）轨道平面内相对运动 y 的振荡比 x 的振荡要提前 1/4 个周期，y 的振幅比 x 的振幅大 1 倍，而且 y 有一个随时间线性变化的漂移项，其漂移方向与 x 的常数项方向相反；

4）轨道平面内的运动，由于 x，y 是耦合的，通过适当的数学变换消去方程中的时间参数 t，可得如下的椭圆方程

$$\frac{\left(y-y_{c0}+\frac{3}{2}x_{c0}nt\right)}{(2b)^2}+\frac{(x-x_{c0})^2}{b^2}=1 \tag{7-340}$$

其中

$$x_{c0}=4x_0+2\frac{\dot{y}_0}{n} \tag{7-341}$$

$$y_{c0}=y_0-2\frac{\dot{x}_0}{n} \tag{7-342}$$

$$b=\sqrt{\left(\frac{2\dot{y}_0}{n}+3x_0\right)^2+\left(\frac{\dot{x}_0}{n}\right)^2} \tag{7-343}$$

式（7－340）描述的椭圆由 3 个参数确定：x_{c0}、y_{c0} 与椭圆的中心有关，b 决定了椭圆的长、短半轴。通过对这 3 个参数分析可知：

1）参数 x_{c0}：只有满足 $x_{c0}=0$，式（7－340）才能构成封闭的椭圆轨迹［见图 7－59（a）］，且椭圆方程的长半轴为短半轴的 2 倍

（即轨道平面内运动具有固定的偏心率 $e=\sqrt{3}/2\approx0.866$），椭圆的中心位于 y 轴上，椭圆运动的周期为 n；否则，平面运动的椭圆中心将沿 Y 方向随时间漂移，形成螺旋运动［见图7－59（b）］，且漂移速度与 x_{c0} 成正比，不能形成伴随飞行。所以根据式（7－341），可以导出伴随飞行的必要条件

$$\dot{y}_0=-2nx_0 \tag{7-344}$$

2）参数 y_{c0}：若进一步满足 $y_{c0}=0$，则封闭椭圆的中心将位于相对运动坐标系的原点，这表明伴随航天器将环绕参考航天器运动，也将这种情况下的伴随航天器称为环绕航天器［见图7－59（c）］。进一步根据式（7－342），可以导出环绕飞行的必要条件

$$\begin{cases}y_0=2\dfrac{\dot{x}_0}{n}\\ \dot{y}_0=-2nx_0\end{cases} \tag{7-345}$$

3）参数 b：若再满足 $b=0$，则椭圆退化为 y 轴上的一个固定点 $y=y_0$［见图7－59（d）］。所以根据式（7－343）可以导出相应的约束条件为 $\dot{x}_0$、x_0 和 $\dot{y}_0$ 均为0。

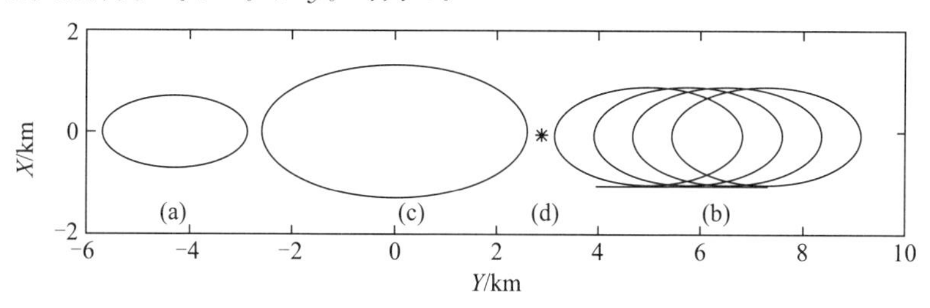

图7－59　自动导引平行接近法

利用伴随飞行的必要条件式（7－344），Hill方程的解变为

$$\begin{cases}x=\dfrac{\dot{x}_0}{n}\sin nt+x_0\cos nt\\ y=-2x_0\sin nt+\dfrac{2}{n}\dot{x}_0\cos nt+y_0-\dfrac{2}{n}\dot{x}_0\\ z=\dfrac{\dot{z}_0}{n}\sin nt+z_0\cos nt\end{cases} \tag{7-346}$$

$$\begin{cases}\dot{x}=-nx_0\sin nt+\dot{x}_0\cos nt\\ \dot{y}=-2\dot{x}_0\sin nt-2nx_0\cos nt\\ \dot{z}=-nz_0\sin nt+\dot{z}_0\cos nt\end{cases} \tag{7-347}$$

该方程提供了一般编队飞行的基础。

由式（7-346）可得相对运动轨道满足

$$c_1x+c_2y+c_3z+c_0=0 \tag{7-348}$$

其中

$$c_1=x_0z_0+\frac{\dot{x}_0\dot{z}_0}{n^2}$$

$$c_2=\frac{\dot{x}_0z_0-x_0\dot{z}_0}{2n}$$

$$c_3=-x_0^2-\left(\frac{\dot{x}_0}{n}\right)^2$$

$$c_0=\left(\frac{2}{n}\dot{x}_0-y_0\right)c_2$$

因 c_1、c_2、c_3 和 c_0 为仅与初始条件有关的常数，所以其相对运动轨道为平面轨道。由此可得，相对运动轨道平面与 Txy 平面的夹角为

$$i_{xy}=\arccos(\boldsymbol{c}\cdot\boldsymbol{c}_{xy})\qquad i_{xy}\in[0,\ \pi] \tag{7-349}$$

其中

$$\boldsymbol{c}=\frac{1}{\sqrt{c_1^2+c_2^2+c_3^2}}\begin{bmatrix}c_1\\c_2\\c_3\end{bmatrix}$$

$$\boldsymbol{c}_{xy}=[0\quad 0\quad 1]^{\mathrm{T}}$$

同理可求得相对运动轨道平面与 Txz 和 Tyz 平面的夹角

$$i_{xz}=\arccos(\boldsymbol{c}\cdot\boldsymbol{c}_{xz})\qquad i_{xz}\in[0,\ \pi] \tag{7-350}$$

$$i_{yz}=\arccos(\boldsymbol{c}\cdot\boldsymbol{c}_{yz})\qquad i_{yz}\in[0,\ \pi] \tag{7-351}$$

其中

$$\boldsymbol{c}_{xz}=[0\quad 1\quad 0]^{\mathrm{T}}$$

$$\boldsymbol{c}_{yz}=\begin{bmatrix}1 & 0 & 0\end{bmatrix}^{\mathrm{T}}$$

分别取式（7－346）中描述 x、z 和 y、z 的方程，消去变量 t，所得绕飞轨道分别在 xz 平面和 yz 平面内的投影方程也为椭圆方程。此处，椭圆包括两种特殊情况：圆（长短半轴相等）和闭合线段（短半轴为 0）。这表明伴随飞行的相对运动轨道为一个空间平面的椭圆。

利用环绕飞行的必要条件（7－345），则有

$$\begin{cases}x=\dfrac{\dot{x}_0}{n}\sin nt+x_0\cos nt\\[2ex] y=-2x_0\sin nt+2\,\dfrac{\dot{x}_0}{n}\cos nt\\[2ex] z=\dfrac{\dot{z}_0}{n}\sin nt+z_0\cos nt\end{cases}\tag{7-352}$$

通过式（7－346）的第一式和式（7－347）的第二式可得环绕飞行满足

$$\begin{cases}\dot{y}=-2nx\\[1ex] y=\dfrac{2}{n}\dot{x}\end{cases}\tag{7-353}$$

Hill 方程给出了两航天器的相对运动情况。在给定初始条件的情况下，如果两轨道是共面的，则只要适当地选取 $\dot{x}_0$ 和 $\dot{y}_0$ 就可以使追击飞行器飞向目标航天器；如果两轨道平面有微倾角差，则追击航天器在一个周期内两次通过目标平面，只要适当选择 $\dot{x}_0$ 和 $\dot{y}_0$，就可使两个航天器在轨道交叉时发生接触。当然，在两个航天器相遇之前，就应该消去相对运动的 z 分量。一旦两个轨道平面重合，问题就变成产生一个使 x、y 分量经过某个适当的时间阶段以后同时达到零的漂移，这就是无动力漂移交会。

在已知 x_0，y_0 和交会时间的情况下，为了正确地确定 $\dot{x}_0$ 和 $\dot{y}_0$，可令式（7－338）和式（7－339）等于零，并联立求解，得

$$\begin{cases} \dot{y}_0 = \dfrac{6x_0\{[(\omega t - \sin\omega t) - y_0]\omega\sin\omega t - 2\omega x_0(4 - 3\cos\omega t)(1 - \cos\omega t)\}}{4\sin\omega t - 3\omega t)\sin\omega t + 4\,(1 - \cos\omega t)^2} \\ \dot{x}_0 = -\dfrac{\omega t_0(4 - 3\cos\omega t) + 2(1 - \cos\omega t)\dot{y}_0}{\sin\omega t} \end{cases} \tag{7-354}$$

第8章　星下点与在轨观测

围绕地球运行的各种各样的航天器为了完成各自的任务，一般都要收集和传输地面的电磁波信息以及和地面测控网保持光学的或无线电的联系，因此必须研究航天器和地球之间的几何关系。载人飞船由于航天员需参与整个飞行过程，故比之其他航天器多了对地观测以及保持与地面经常性通信联系的任务，因此对载人飞船而言，飞船与地球之间几何关系的研究有更重要的意义。本章在研究飞船与地球之间几何关系时着重讨论与在轨观测有关的问题。

8.1　概述

作为人类进入太空最先使用的航天工具，载人飞船具有以下多种用途：

1）进行近地轨道飞行、试验及掌握人类空间活动的基本技术。这类技术包括载人飞船的发射、运行、测控、通信、返回、着陆、应急救生技术，飞船变轨飞行、交会、对接技术，航天员在轨运行的生活、工作、医疗保障技术，以及航天员出舱活动、进入空间的滞留技术。

2）考察和试验超重、失重及空间辐射等因素对人体的影响，发展空间医学，以研究将来人类较长时间在地球以外的环境下生活的可能性及需解决的问题。

3）利用航天员在飞船上的自主作用，进行军事侦察、地球资源勘测、天文观测等空间活动，开展生命科学、材料科学、空间医学等学科的空间实验，以便为将来在空间站进行大型军事、科研和生产活动摸索经验。

4）长远地看，空间站建成后，载人飞船作为天地往返运输系统，往返于地面和空间站之间，将设备、食品、原料和推进剂送到空间站，再将空间站的科研生产成品和生产生活废物运回地面。载人飞船作为空间站的救生飞船，应保证经常有一艘在空间站上值班，以便空间站上的人员遇到灾难性的事故或危重疾病时能及时离开空间站返回地面。所以，只要建立空间站，就必须有载人飞船。即使建造空间站时可用航天飞机往来，但作为救生“渡船”，非载人飞船莫属。

5）可利用载人飞船进行登月飞行，甚至到达更远的行星。

从上可知，由于飞船上面有了人，其与其他航天任务相比就有了新特点：

1）航天员要与地面指挥中心或测控网保持经常性的通信联系；

2）可以直接地观测到地球上的广大地区；

3）航天员感觉到白天黑夜在约一个半小时内交替变换。

为了能理解和适应这些新特点，就需要明确飞船、地球和太阳之间的几何关系，而这就是本章所要研究的问题。

本章先建立星下点的概念，并简要介绍地图投影的基本知识；然后讨论无旋地球上的星下点轨迹、旋转地球上的星下点轨迹以及飞船对地观测的覆盖区；最后讨论星下点轨迹的照明及飞船的受晒与星蚀问题。本章结尾将给出执行过飞行任务的航天员对在飞船上观测到的地面景象的描述。

8.2 飞船的星下点轨迹

8.2.1 星下点定义

为了研究飞船与地球之间的几何关系，通常引入星下点的概念。星下点这个词是在研究人造地球卫星与地球的几何关系时需要的，出于概念上的一致性，飞船也用其来说明问题。为简单起见，在此先假定地球的几何形状为正球体，在惯性坐标系内，飞船围绕地球作椭圆（或圆）轨道运动，如图 8－1 所示。

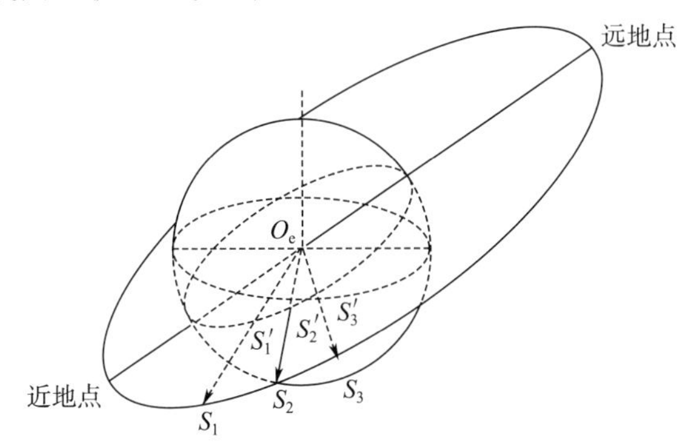

图 8－1　无旋地球上的星下点轨迹

设某时刻 t_1 飞船在轨道上的 S_1 点，作 S_1 点与地心 O_e 的连线，连线交地球表面于 S'_1 点，则 S'_1 点就称为 t_1 时刻的飞船星下点。对正球体来讲，连线与球面的法线重合，所以 S'_1 点也就是 S_1 在球面上的投影。星下点位置常用地理经纬度表示。

飞船在轨道上不断飞行，随着时间的推移，飞船在轨道上的位置不断变化。星下点在地球表面上的位置也不断变化。将各时刻的星下点连接起来，其在地球表面上形成的轨迹就称为星下点轨迹。求出星下点轨迹，即可了解飞船与地球之间的几何关系。

当飞船围绕地球作轨道飞行时，地球本身也在自转，这给星下点轨迹的确定带来了一定的困难。通常的做法是：先在假设地球不旋转的情况下讨论所谓无旋地球上的星下点轨迹，以此为基础，再进一步研究旋转地球上的星下点轨迹，图 8－1 所示即为无旋地球上的星下点轨迹。由于地球在惯性空间中绕其转轴作匀角速度自转，因此旋转地球上的星下点轨迹将不同于无旋地球上的星下点轨迹。

飞船运行过程中，为了便于指挥、控制和管理，各部门都要用到星下点轨迹，而且多是标在地图上的星下点轨迹，即星下点轨迹图，故在这里先补充有关地图投影的知识。

8.2.2 地图投影

地图是用数学方法在平面上显示整个（或部分）地球表面各种信息的一种图解形式。当地球表面上的经纬线（坐标曲线）形成的网络与地图平面上的网络建立了相互对应的数学关系后，地球表面各网格内的要素（长度、角度、面积）也可以满足这种数学关系的形式表示在地图平面上。因此，地图投影是指以一定的数学关系将地球表面上的经纬线网格表示到地图平面上去的投影方法。

在地球表面上用地心纬度 φ 和经度 λ 表示点的位置，同一点在地图平面上用直角坐标 X、Y 表示，地球表面上的 $P(\varphi, \lambda)$ 点在平面上对应于 $P'(X, Y)$ 点，两者间的函数关系为

$$\begin{cases} X = f_1(\varphi, \lambda) \\ Y = f_2(\varphi, \lambda) \end{cases} \tag{8-1}$$

地球表面的经纬线是连续而规则的曲线，因而地图平面上的经纬线也应是连续和规则的，即在投影范围之内，f_1 和 f_2 应为单值有限的连续函数，否则投影将无意义。

从式（8-1）中消去 φ 可得经线投影到地图上的表达式

$$F_1(X, Y, \lambda) = 0 \tag{8-2}$$

如若消去 λ，便有纬线投影到地图上的表达式

$$F_2(X, Y, \varphi) = 0 \tag{8-3}$$

（1）地图投影的分类

地球的球形表面为不可展的曲面，即将曲面表示为平面时将发生裂隙与褶皱。为避免发生这种情况，可用数学方法将经纬线拉伸或压缩，即通过一些过渡的办法来进行投影。

圆锥曲面是一种可展曲面，作一圆锥曲面与地球相切（或相割），并使圆锥轴线与地球自转轴重合（圆锥轴线与地球自转轴的这种关系称为正轴切），圆锥曲线的母线（圆锥面上通过圆锥顶点的直线）即为地球子午线（经线）在圆锥曲面上的投影，而纬线可按某种数学关系投影到圆锥面上，成为圆锥面上的圆；然后将圆锥沿某

一母线展成扇形平面，从而可获得一幅地图，日常地图生产中广泛应用的就是这种圆锥投影方法。图 8-2 表示的是圆锥正轴切投影的情况。其他的圆锥投影类型不在此具体讨论。

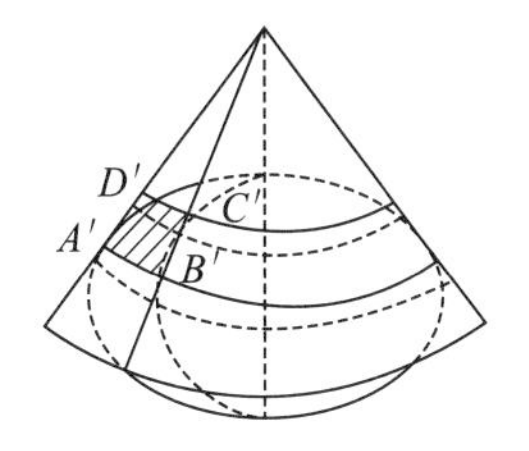

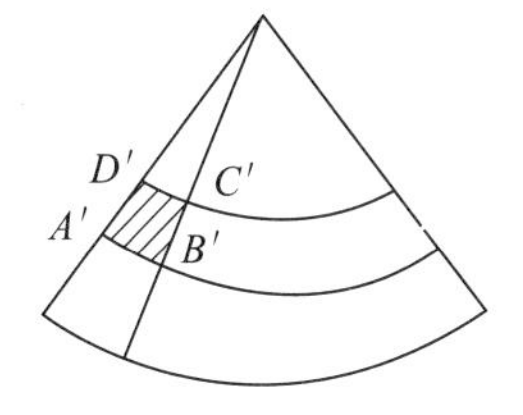

图 8-2　圆锥正轴切投影

圆柱面也是可展曲面，用圆柱面代替圆锥面进行与圆锥投影相类似的投影，可得圆柱投影。事实上，当圆锥顶点延伸到无穷远时，圆锥面就变成了圆柱面，因此圆柱投影是圆锥投影的一种特殊情况。当圆柱轴线与地球自转轴线重合且圆柱体与地球相切时，这类投影称为圆柱正轴切投影。在描绘飞船的星下点轨迹时将使用圆柱正轴切投影，在这种投影中，地球上的经纬线在地图平面上的投影为相互正交的平行直线，图 8-3 给出了这种投影。圆锥投影尚有其他类型。

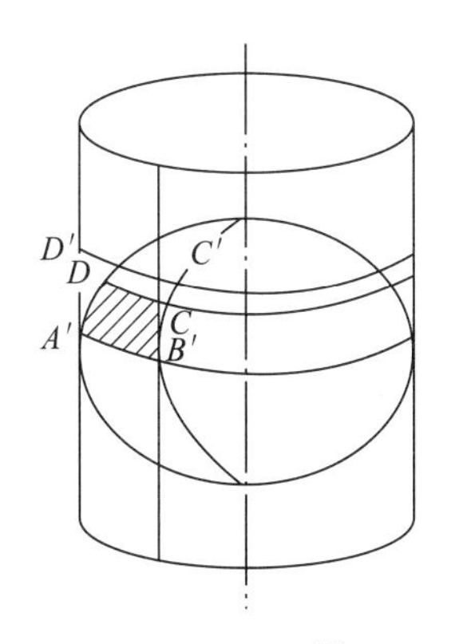

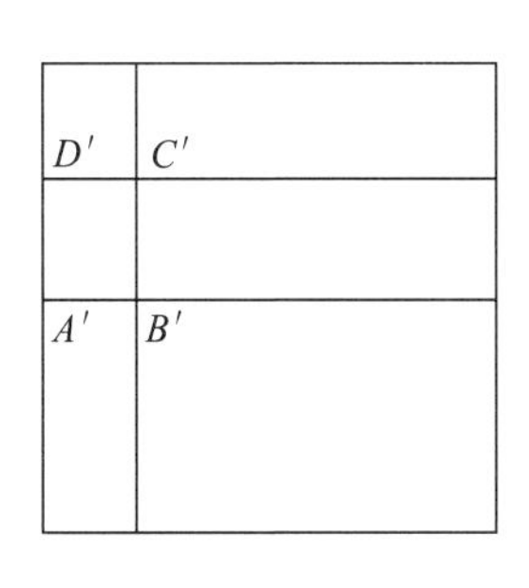

图 8-3　圆柱投影

如果圆锥曲面的顶角变为180°，则圆锥面成为平面，将地球表面投影到该平面的投影方法称为方位投影，如图8-4所示。在描绘星下点轨迹时，也将用斜轴切和横轴割方位投影。

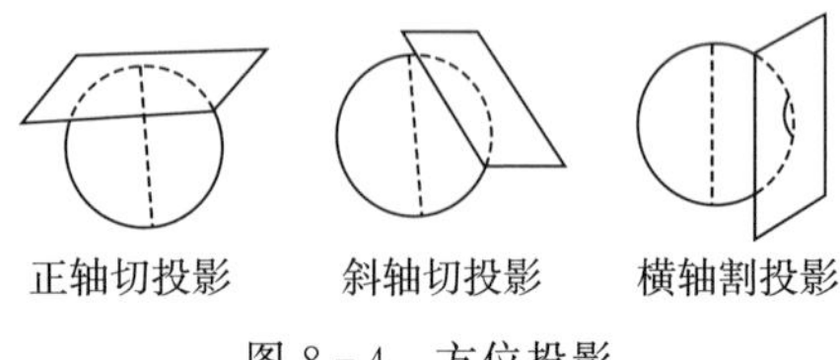

图8-4　方位投影

（2）地图投影的若干定义及基本公式

① 地图投影的若干定义

地球表面上的曲线的长度、曲线所围的面积、曲线的交角经过圆锥、圆柱和方位投影表示在地图上时，一般都会发生某种变化。为研究这种变化，需讨论在地球上一点的邻域内微分线段的长度、微分面积和交角的变化，为此先引入以下定义。

1）长度比 μ 为地球上微分线段投影后长度 $\mathrm{d}s'$ 与原长度 $\mathrm{d}s$ 之比，即

$$\mu=\frac{\mathrm{d}s'}{\mathrm{d}s} \tag{8-4}$$

2）面积比 p 为地球上微分面积投影后的大小 $\mathrm{d}\sigma'$ 与原有面积 $\mathrm{d}\sigma$ 之比，即

$$p=\frac{\mathrm{d}\sigma'}{\mathrm{d}\sigma} \tag{8-5}$$

3）角度变形 $\Delta\beta$ 为某一交角投影前的数值 β 与投影后数值 β' 之差，即

$$\Delta\beta=\beta-\beta' \tag{8-6}$$

在计算地图投影或制作地图时，必须先将地球按一定比率缩小后再表示在地图上，这个比率称为地图的主比例尺或普通比例尺。由于投影过程中存在变形，地图上只有部分位置能保持这一比例尺，而其余位置的比例尺不同于主比例尺，这种比例尺称为局部比例尺。

局部比例尺随投影的性质以及线段在地球上的位置和方向不同而变化。为方便起见，在后面的讨论中假定主比例尺的数值为 1。

② 基本公式

下面来分析投影过程中长度、面积和角度的变化，从而导出地图投影的基本公式。

地球表面上有由经纬线网格围成的球面微分四边形。由投影关系

$$\begin{cases} X = X(\varphi, \lambda) \\ Y = Y(\varphi, \lambda) \end{cases} \tag{8-7}$$

将其投影到平面直角坐标系 OXY 上，如图 8-5 所示。在图 8-5 中，投影前为球面四边形 $ABCD$，投影后为 $A'B'C'D'$。$A'B'C'D'$ 按微分几何的概念一般为平行四边形。

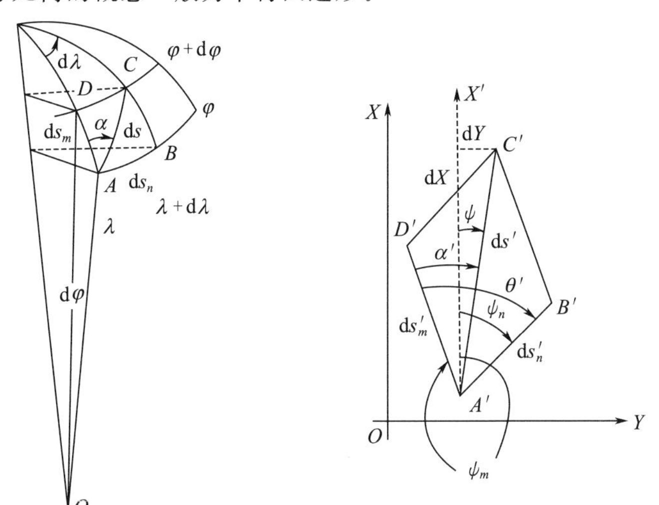

图 8-5　球面微分四边形及其投影

投影前有下列关系：

1）经线微分线段

$$AD = \mathrm{d}s_m = R\,\mathrm{d}\varphi \tag{8-8}$$

2）纬线微分线段

$$AB = \mathrm{d}s_n = R\cos\varphi \mathrm{d}\lambda \tag{8-9}$$

3）对角线微分线段

$$AC = \mathrm{d}s = R\sqrt{(\mathrm{d}\varphi^2 + \cos^2\varphi \mathrm{d}\lambda^2)}$$

4）C 点对 A 点方位角

$$\begin{cases} \sin\alpha = \dfrac{R\cos\varphi \mathrm{d}\lambda}{\mathrm{d}s} \\ \cos\alpha = \dfrac{R\mathrm{d}\varphi}{\mathrm{d}s} \\ \tan\alpha = \dfrac{\cos\varphi \mathrm{d}\lambda}{\mathrm{d}\varphi} \end{cases} \tag{8-10}$$

5）微分四边形面积

$$\mathrm{d}\sigma = R^2\cos\varphi \mathrm{d}\varphi \mathrm{d}\lambda \tag{8-11}$$

由式（8－7）可知，投影前后坐标线长度的微分变化满足式（8－12）

$$\begin{bmatrix} \mathrm{d}X \\ \mathrm{d}Y \end{bmatrix} = \begin{bmatrix} \dfrac{\partial X}{\partial \varphi} & \dfrac{\partial X}{\partial \lambda} \\ \dfrac{\partial Y}{\partial \varphi} & \dfrac{\partial Y}{\partial \lambda} \end{bmatrix} \begin{bmatrix} \mathrm{d}\varphi \\ \mathrm{d}\lambda \end{bmatrix} \tag{8-12}$$

引入下列记号

$$\begin{cases} E_1 = \left(\dfrac{\partial X}{\partial \varphi}\right)^2 + \left(\dfrac{\partial Y}{\partial \varphi}\right)^2 \\ G_1 = \left(\dfrac{\partial X}{\partial \lambda}\right)^2 + \left(\dfrac{\partial Y}{\partial \lambda}\right)^2 \\ F_1 = \dfrac{\partial X}{\partial \varphi}\dfrac{\partial X}{\partial \lambda} + \dfrac{\partial Y}{\partial \varphi}\dfrac{\partial Y}{\partial \lambda} \\ D_1 = \dfrac{\partial X}{\partial \varphi}\dfrac{\partial Y}{\partial \lambda} - \dfrac{\partial X}{\partial \lambda}\dfrac{\partial Y}{\partial \varphi} \end{cases} \tag{8-13}$$

投影后对角线长度

$$A'C' = \mathrm{d}s' = \sqrt{\mathrm{d}X^2 + \mathrm{d}Y^2} \tag{8-14}$$

将式（8－12）和式（8－13）代入式（8－14），则有

$$\mathrm{d}s' = \sqrt{E_1\mathrm{d}\varphi^2 + 2F_1\mathrm{d}\varphi \mathrm{d}\lambda + G_1\mathrm{d}\lambda^2} \tag{8-15}$$

在式（8-15）中分别令 $d\lambda=0$ 和 $d\varphi=0$，则可得平面上经纬线微分线段的长度为

$$\begin{cases} A'D' = ds'_m = \sqrt{E_1}\,d\varphi \\ A'B' = ds'_n = \sqrt{G_1}\,d\lambda \end{cases} \tag{8-16}$$

得到上述基本线段长度的微分后，可导出下述角度的表达式。

设投影后对角线与 X 轴夹角为 ψ，则有

$$\begin{cases} \sin\psi = \dfrac{dY}{ds'} \\ \tan\psi = \dfrac{dY}{dX} = \dfrac{\dfrac{\partial Y}{\partial \varphi}d\varphi + \dfrac{\partial Y}{\partial \lambda}d\lambda}{\dfrac{\partial X}{\partial \varphi}d\varphi + \dfrac{\partial X}{\partial \lambda}d\lambda} \\ \cos\psi = \dfrac{dX}{ds'} \end{cases} \tag{8-17}$$

因此，投影后的经纬线与 X 轴夹角 ψ_m 和 ψ_n 分别为

$$\begin{cases} \sin\psi_m = \dfrac{dY}{ds'_m} = \dfrac{1}{\sqrt{E_1}}\dfrac{\partial Y}{\partial \varphi} \\ \cos\psi_m = \dfrac{dX}{ds'_m} = \dfrac{1}{\sqrt{E_1}}\dfrac{\partial X}{\partial \varphi} \\ \sin\psi_n = \dfrac{dY}{ds'_n} = \dfrac{1}{\sqrt{G_1}}\dfrac{\partial Y}{\partial \lambda} \\ \cos\psi_n = \dfrac{dX}{ds'_n} = \dfrac{1}{\sqrt{G_1}}\dfrac{\partial X}{\partial \lambda} \end{cases} \tag{8-18}$$

由图8-5可知，$\theta=\angle D'A'B'=360°+\psi_n-\psi_m$，因此经纬线投影后的交角 θ' 为

$$\begin{cases} \sin\theta' = \sin(\psi_n - \psi_m) = \dfrac{D_1}{\sqrt{E_1 G_1}} \\ \cos\theta' = \cos(\psi_n - \psi_m) = \dfrac{F_1}{\sqrt{E_1 G_1}} \\ \tan\theta' = \dfrac{D_1}{F_1} \end{cases} \tag{8-19}$$

经纬线投影前交角为 90°，投影后为 θ'，经过投影产生的差 ε 为

$$\tan\varepsilon = \tan(\theta' - 90°) = -\frac{F_1}{D_1}$$

由图 8-5 可知，微分线段 $\mathrm{d}s'$ 的方位角 α' 为

$$\alpha' = \psi - \psi_m + 360°$$

利用式（8-17）、式（8-18）与式（8-12），最后可得

$$\begin{cases} \sin\alpha' = \dfrac{D_1 \mathrm{d}\lambda}{\sqrt{E_1}\,\mathrm{d}s'} \\ \cos\alpha' = \dfrac{E_1 \mathrm{d}\varphi + F_1 \mathrm{d}\lambda}{\sqrt{E_1}\,\mathrm{d}s'} \\ \tan\alpha' = \dfrac{D_1 \mathrm{d}\lambda}{E_1 \mathrm{d}\varphi + F_1 \mathrm{d}\lambda} \end{cases} \tag{8-20}$$

投影后的微分面积 $\mathrm{d}\sigma'$ 为

$$\mathrm{d}\sigma' = \mathrm{d}s'_m \mathrm{d}s'_n \sin\theta' = D_1 \mathrm{d}\varphi \mathrm{d}\lambda \tag{8-21}$$

（3）等角、等面积、等距离投影

① 等角投影

等角投影是指地球上任何一点邻域内的两条微分线段的交角在投影前后保持不变。在投影前地球上的经纬线正交，投影后也要求 $\theta'=90°$；投影前任一方向的方位角投影为 α，投影后为 α'，则要求 $\alpha=\alpha'$。

因为要求 $\theta'=90°$，由式（8-19）可知，则有

$$F_1 = 0,\ D_1 = \sqrt{E_1 G_1} \tag{8-22}$$

因为要求 $\alpha=\alpha'$，由式（8-10）、式（8-20）和式（8-22）可得

$$G_1^{\frac{1}{2}} = E_1^{\frac{1}{2}} \cos\varphi \tag{8-23}$$

将式（8-13）代入式（8-23），则有

$$\frac{\left(\dfrac{\partial X}{\partial \lambda}\right)^2 + \left(\dfrac{\partial Y}{\partial \lambda}\right)^2}{\cos^2\varphi} = \left(\frac{\partial X}{\partial \varphi}\right)^2 + \left(\frac{\partial Y}{\partial \varphi}\right)^2 \tag{8-24}$$

联立式（8－21）和式（8－24），则等角投影条件可写为

$$\begin{cases}\dfrac{\partial X}{\partial \lambda}=-\cos\varphi\ \dfrac{\partial Y}{\partial \varphi}\\[2mm]\dfrac{\partial Y}{\partial \lambda}=\cos\varphi\ \dfrac{\partial X}{\partial \varphi}\end{cases}\tag{8-25}$$

式（8－25）在数学上称为保角变换条件，也称柯西—黎曼条件。式（8－24）中的偏导数开方后会有正解和负解，由于 D_1 为面积因素，故恒为正值。D_1 大于零的充分条件为 $\dfrac{\partial X}{\partial \lambda}$ 与 $\dfrac{\partial Y}{\partial \varphi}$ 异号，$\dfrac{\partial Y}{\partial \lambda}$ 与 $\dfrac{\partial X}{\partial \varphi}$ 同号，按此原则可确定出式（8－25）右端的正负号。

② 等面积投影

等面积投影是指地球上的微分面积在投影前后保持相等，即面积比 $p=1$。

由于 $\mathrm{d}\sigma=\mathrm{d}s'$，将式（8－11）和式（8－21）代入，则有

$$D_1=R^2\cos\varphi$$

将式（8－13）的第 4 式代入上式，则可得等面积投影应满足的关系式为

$$\frac{\partial X}{\partial \varphi}\ \frac{\partial Y}{\partial \lambda}-\frac{\partial X}{\partial \lambda}\ \frac{\partial X}{\partial \varphi}=R^2\cos\varphi\tag{8-26}$$

③ 等距离投影

等距离投影是指沿地球上一特定方向的微分长度在投影前后保持相等，即沿该特定方向的长度比 $\mu=1$。在正轴切投影时，这一特定方向通常是经线方向，此时等距离投影的条件由式（8－8）和式（8－16）可得出，具体如下

$$\frac{\mathrm{d}s'_m}{\mathrm{d}s_m}=\frac{\sqrt{E_1}}{R}=1$$

将式（8－13）的第 1 式代入上式，则可得等距离投影应满足的关系式为

$$\left(\frac{\partial X}{\partial \varphi}\right)^2+\left(\frac{\partial Y}{\partial \varphi}\right)^2=R^2\tag{8-27}$$

由于投影前后微分长度的变化是一切变形的基础，因此上述三种投影也可用长度比 μ 来描述。

由式（8－8）和式（8－15）可知

$$\mu=\frac{\mathrm{d}s'}{\mathrm{d}s}=\frac{\sqrt{E_1\mathrm{d}\varphi^2+2F_1\mathrm{d}\varphi\mathrm{d}\lambda+G_1\mathrm{d}\lambda^2}}{R\sqrt{\mathrm{d}\varphi^2+\cos^2\varphi\mathrm{d}\lambda^2}}$$

若设 m 和 n 分别为沿经线和纬线的长度比，则由上式可得

$$\begin{cases} m=\dfrac{\sqrt{E_1}}{R} \\ n=\dfrac{\sqrt{G_1}}{R\cos\varphi} \end{cases} \tag{8-28}$$

由等角投影的条件可知，对于等角投影必有

$$m=n$$

根据正轴切等距离投影的条件可知，对于正轴切等距离投影必有

$$m=1$$

由等面积投影的条件可知，对于等面积投影必有

$$mn\sin\theta'=1$$

若将长度比 μ 表为下述形式

$$\mu=\sqrt{E_1\left(\frac{\mathrm{d}\varphi}{\mathrm{d}s}\right)^2+2F_1\frac{\mathrm{d}\varphi}{\mathrm{d}s}\frac{\mathrm{d}\lambda}{\mathrm{d}s}+G_1\left(\frac{\mathrm{d}\lambda}{\mathrm{d}s}\right)^2} \tag{8-29}$$

将式（8－10）的前两式代入式（8－29），则有

$$\mu=\sqrt{\frac{E_1}{R^2}\cos^2\alpha+\frac{F_1\sin^2\alpha}{R^2\cos\varphi}+\frac{G_1\sin^2\alpha}{R^2\cos^2\varphi}}$$

上式中 E_1、G_1、F_1 和 φ 随点在地球上的位置不同而变化，α 随微分线段在该点的方位角不同而变化。因此，即使在同一点，不同方向的 μ 值也是不同的。在等角投影的情况下，将等角投影条件式（8－22）和式（8－23）代入上式，可得

$$\mu=\frac{\sqrt{E_1}}{R} \tag{8-30}$$

式（8－30）说明等角投影的 μ 值不随方位角变化，在给定点的不同方向上 μ 为定值。

（4）正轴圆柱等角投影（墨卡托投影）

由图 8－3 描述的圆柱投影的特征可知投影关系为

$$\begin{cases} X = X(\varphi) \\ Y = R\lambda \end{cases} \tag{8-31}$$

在投影时取 $\lambda=0$ 的经线的投影为 X 轴，取赤道的投影为 Y 轴，投影后的经纬线相互正交。实际应用中，以等角圆柱投影为最多，故现在按式（8－25）给出的等角投影条件确定 $X=X(\varphi)$。由式（8－25）的第二式可知

$$\frac{\mathrm{d}X}{\mathrm{d}\varphi} = \frac{R}{\cos\varphi} \tag{8-32}$$

两端积分（对北半球），可得

$$X = R\ln\tan\left(45^\circ + \frac{\varphi}{2}\right)$$

因而正轴圆柱等角投影或称墨卡托投影的函数关系为

$$\begin{cases} X = R\ln\tan\left(45^\circ + \dfrac{\varphi}{2}\right) \\ Y = R\lambda \end{cases} \tag{8-33}$$

所得地图的经纬线网格如图 8－6 所示。

由于圆柱正轴等角投影的 $\sqrt{E_1} = \dfrac{R}{\cos\varphi}$、$\mu = \dfrac{1}{\cos\varphi}$，因而地球上不同纬度的纬线在地图上被拉长得和赤道纬线一样长，纬度越高，地图上的纬线就拉得越长。而等角投影条件要求满足 $m=n$，因此，随着纬度的增加，经线也拉得越长；到两极地区，经线被拉长得在地图上无法表示，即式（8－33）中的 $\varphi\to\pm 90^\circ$，$X\to\pm\infty$。

等角航线是指地球上通过两给定点的一条曲线，该曲线与所有经线构成的方位角均相等。在墨卡托投影地图上，等角航线为一条直线。由于墨卡托投影地图满足等角投影条件，且经线在地图上为平行直线，故等角航线在地图上为连结两给定点的一条直线。由于

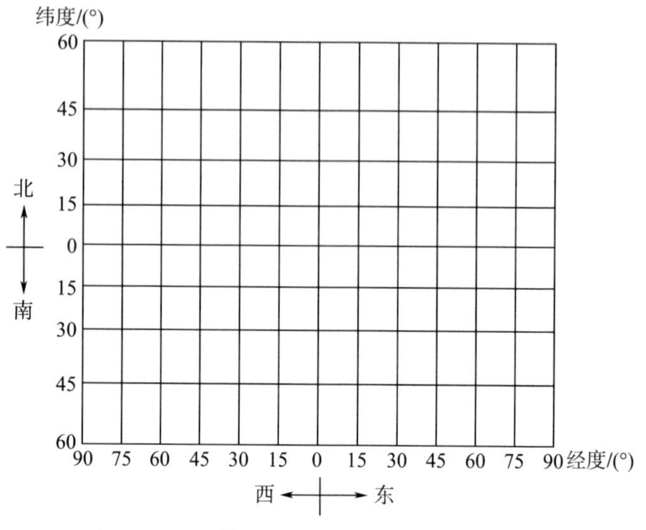

图 8-6　正轴圆柱等角（墨卡托）投影地图

其具有这一性质，在航海和航空中使用墨卡托投影地图是方便的。在描绘星下点轨迹时也使用这种地图，但星下点轨迹不是等角航线。

(5) 规则网和横断网

描绘星下点轨迹时还将使用规则网和横断网这两种地图。这两种地图都是球面透视方位投影地图，前者为正轴球面透视方位投影地图，后者为横轴球面透视方位投影地图。

球面透视方位投影是方位投影中的一种投影方法，其特点是利用透视原理确定投影的数学关系。地球上的点与地图上相应的投影点之间有一定的透视关系。在这种投影中有固定的视点，视点通常在垂直于投影面的地球直径或其延长线上，视点与地球中心的连线与地球表面交点于 Q 点，Q 称为投影中心，如图 8-7 (a) 所示。

由图 8-7 (a) 可知，视点在不同位置时，地球上同一点在地图平面上的投影也在不同位置；由于地图上的点的相对位置不同，将使投影后的图像发生变化。在这里只讨论视点在球面上的情况，即图 8-7 (a) 中视点为 3 点的情况，这种投影称为球面投影。

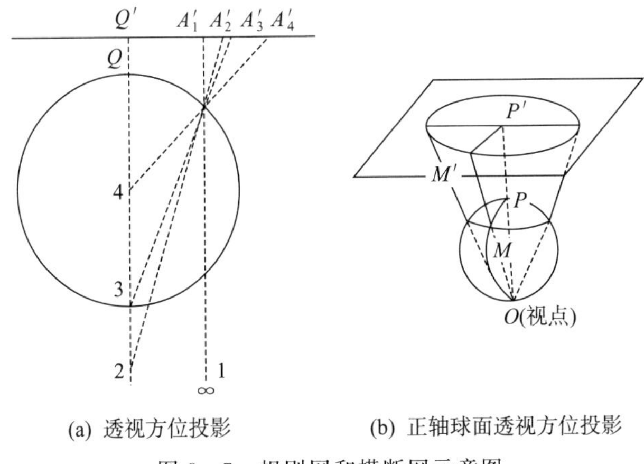

(a) 透视方位投影　　(b) 正轴球面透视方位投影

图 8-7　规则网和横断网示意图

由图 8-7（a）还可看出，当投影面沿地球轴线移动时，投影面将与地球相切、相割或不相交；由于透视关系，这不会改变投影后的图像形状，只改变图像的比例尺。

按投影面与地球相对位置的不同，球面投影又可分为正轴、横轴、斜轴投影。

正轴投影的投影面在 $\varphi_0=90°$处（φ_0 为纬度），如图 8-7（b）所示。图中 O 为投影点，P 为投影中心，投影中心与地球的极点重合。

横轴投影的投影面在 $\varphi_0=0°$处，如图 8-8 所示。图中 O 为视点，Q 为投影中心，投影中心在赤道上。

图 8-9 给出了正轴球面透视方位投影地图或称规则网。图中表示的是半个地球，纬线为同心圆，经线为半直线。由有关公式可知，赤道为半径等于 $2R$ 的圆。

图 8-10 给出了横轴球面透视方位投影地图或称横断网，图中表示的是半个地球。经纬线在图中为一系列正交的圆弧，最外面的圆是与投影中心角距为 90°的子午线，这是一个半径为 $2R$ 的圆。

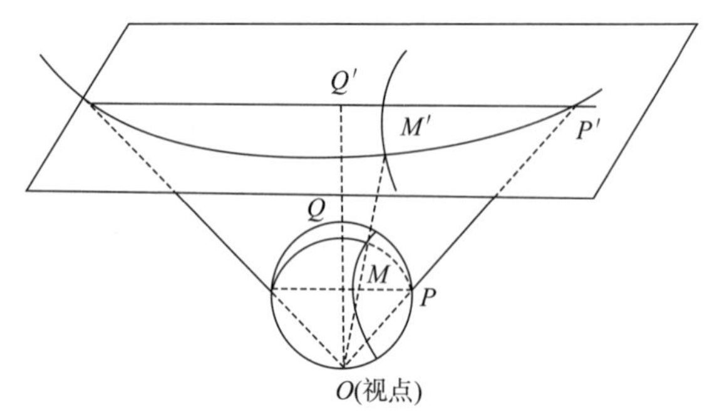

图 8-8　横轴球面透视方位投影

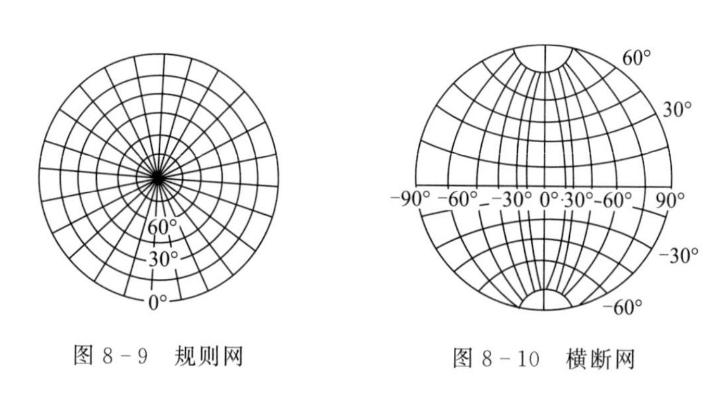

图 8-9　规则网

图 8-10　横断网

8.3　无旋地球上的星下点轨迹

由本书第 7 章知道，作轨道运动的物体的瞬时位置和速度可以用 3 组参数描述。

1）直角坐标及其速度分量，即 x、y、z、$\mathrm{d}x/\mathrm{d}t$、$\mathrm{d}y/\mathrm{d}t$、$\mathrm{d}z/\mathrm{d}t$；

2）球坐标及其速度分量，即 r、α、δ、V、θ、A；

3）经典轨道要素 a、e、i、ω、Ω、τ。

描述星下点轨迹时，常用到球坐标及其速度分量。为此要先建立直角坐标、球坐标和经典轨道要素之间的关系式。

8.3.1 球坐标系下位置与速度的定义

描述轨道需要一个惯性参考系，在此引入不转动的地心赤经赤纬坐标系，如图 8－11 所示，则在此坐标系中飞船的瞬时位置由飞船的赤经 α、赤纬 δ 和地心距 $\boldsymbol{r}$ 确定（图 8－11 所示为正）。为了较直观地描述速度矢量，引入当地速度倾角 θ 和飞行方位角 A 的概念，如图 8－12 所示。速度倾角 θ（航迹角）已在第 7 章提到；飞行方位角 A 定义为速度矢量 $\boldsymbol{V}$ 在当地水平面内的投影与当地北方向之间的夹角，A 角亦称航迹方位角，以正北为 0°，顺时针方向量至 360°。

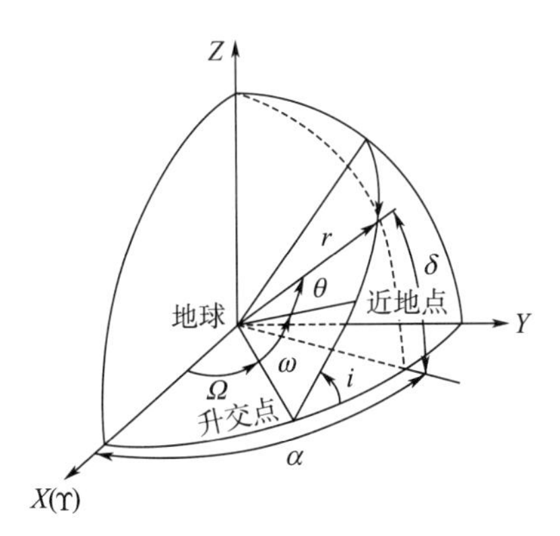

图 8－11　飞船在惯性参考中的位置

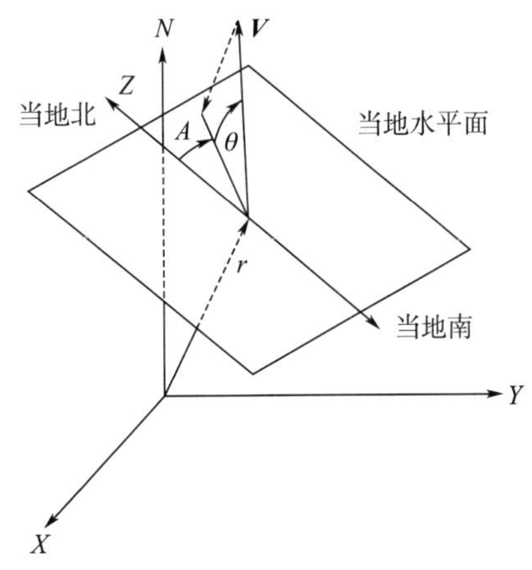

图 8－12　当地水平面、航迹角和航迹方位角

为讨论方便，还需引入地平坐标系，在此称天东北坐标系 $S-r\alpha\delta$。此坐标系为一动坐标系，原点 S 与飞船重合，其位置由飞船的赤经 α、赤纬 δ 和地心距 r 确定。r 轴与地心距矢径 $\boldsymbol{r}$ 重合（天向）；α 轴垂直于飞船所在子午面，指向正东（东向）；δ 轴由右手规则确定，指向正北（北向）；α 轴与 δ 轴构成的平面为飞船的当地水平面。

地心赤道坐标系与 $S-r\alpha\delta$ 坐标之间的变换关系为

$$\begin{bmatrix} \boldsymbol{I} \\ \boldsymbol{J} \\ \boldsymbol{K} \end{bmatrix} = \begin{bmatrix} \cos\delta\cos\alpha & -\sin\alpha & -\sin\delta\cos\alpha \\ \cos\delta\sin\alpha & \cos\alpha & -\sin\delta\sin\alpha \\ \sin\delta & 0 & \cos\delta \end{bmatrix} \begin{bmatrix} \boldsymbol{e}_r \\ \boldsymbol{e}_\alpha \\ \boldsymbol{e}_\delta \end{bmatrix} \tag{8-34}$$

由式（8－34）和图 8－11、图 8－12 的几何关系，得到由 x、y、z、$\mathrm{d}x/\mathrm{d}t$、$\mathrm{d}y/\mathrm{d}t$ 和 $\mathrm{d}z/\mathrm{d}t$ 表示的 r、α、δ、V、θ 和 A 的换算公式

$$\begin{cases} r = \sqrt{x^2 + y^2 + z^2} \\ \alpha = \arctan \dfrac{y}{x} \\ \delta = \arctan \dfrac{z}{\sqrt{x^2 + y^2}} \\ V = \sqrt{\dot{x}^2 + \dot{y}^2 + \dot{z}^2} \\ \theta = \arcsin\left(\dfrac{x\dot{x} + y\dot{y} + z\dot{z}}{rV}\right) \\ \sin A = \dfrac{-\dot{x}\sin\alpha + \dot{y}\cos\alpha}{V\cos\theta} \\ \cos A = \dfrac{-\sin\delta\cos\alpha\dot{x} - \sin\delta\sin\alpha\dot{y} + \cos\delta\dot{z}}{V\cos\theta} \\ A = \arctan\left(\dfrac{\sin A}{\cos A}\right) \end{cases} \tag{8-35}$$

8.3.2 球坐标系下运动状态与轨道要素的关系

第 7 章已在直角坐标系下讨论了运动状态与轨道要素的关系，球坐标系下也可作类似讨论。

(1) 由运动状态求轨道要素

若已知 t_0 时刻飞船的运动状态为 r_0、α_0、δ_0、V_0、θ_0 和 A_0，则由二体轨道公式和几何关系，并结合图 8-13 和球面三角关系，得到如下计算轨道要素的公式。

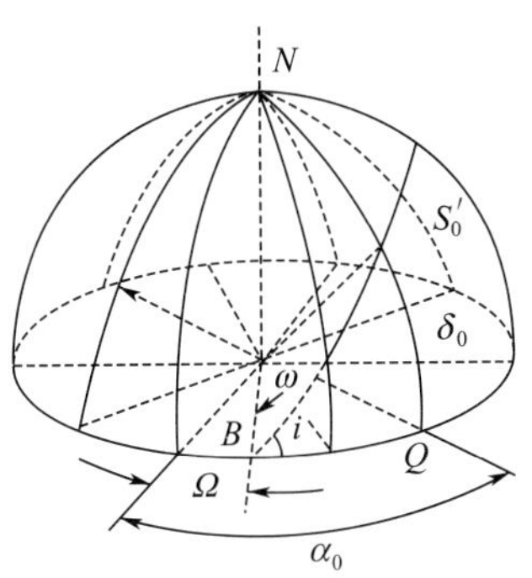

图 8-13　球面三角关系

$$a=\frac{\mu r_0}{2\mu-r_0V_0^2} \tag{8-36}$$

$$\begin{cases} e\sin E_0=\dfrac{r_0V_0\sin\theta_0}{\sqrt{\mu\alpha}} \\ e\cos E_0=1-\dfrac{r_0}{a} \end{cases} \tag{8-37}$$

$$\begin{cases} e=\sqrt{(e^2\cos^2E_0+e^2\sin^2E_0)} \\ E_0=\arctan\dfrac{e\sin E_0}{e\cos E_0} \end{cases} \tag{8-38}$$

$$\tau=t_0-\sqrt{\frac{a^3}{\mu}}(E_0-e\sin E_0) \tag{8-39}$$

$$i=\arccos(\cos\delta_0\sin A_0) \tag{8-40}$$

$$\begin{cases} \sin(\alpha_0-\Omega)=\tan\delta_0\,\mathrm{ctan}\,i \\ \cos(\alpha_0-\Omega)=\dfrac{\cos A_0}{\sin i} \end{cases} \tag{8-41}$$

$$\Omega=\alpha_0-\arctan\left[\frac{\sin(\alpha_0-\Omega)}{\cos(\alpha_0-\Omega)}\right] \tag{8-42}$$

$$\sin u_0 = \frac{\sin\delta_0}{\sin i}$$

$$\cos u_0 = \text{ctan} i \, \text{ctan} A_0 \tag{8-43}$$

$$u_0 = \arctan \frac{\sin u_0}{\cos u_0} \tag{8-44}$$

$$v_0 = 2\arctan\left(\sqrt{\frac{1+e}{1-e}} \tan \frac{E_0}{2}\right) \tag{8-45}$$

$$\omega = u_0 - \nu_0 \tag{8-46}$$

式中　E_0——飞船在 t_0 时刻的偏近点角；

μ_0——飞船在 t_0 时刻与升交点的角距；

ν_0——飞船在 t_0 时刻的真近点角，$\nu_0/2$ 与 $E_0/2$ 同象限。

(2) 由轨道要素求 t 时刻的运动状态

已知飞船的 6 个轨道要素，求 t 时刻的运动状态 r、α、δ、V、θ 和 A，应采用如下的求解步骤。

由

$$E - e\sin E = \sqrt{\frac{\mu}{a^3}}(t-\tau) \tag{8-47}$$

通过迭代计算求出 E，则 ν 为

$$\nu = 2\arctan\left[\left(\frac{1+e}{1-e}\right)^{1/2} \tan \frac{E}{2}\right] \tag{8-48}$$

$$u = \omega + \nu \tag{8-49}$$

$$\delta = \arcsin(\sin i \sin u) \tag{8-50}$$

$$\begin{cases} \cos(\alpha - \Omega) = \dfrac{\cos u}{\cos\delta} \\ \sin(\alpha - \Omega) = \tan\delta \, \text{ctan} i \end{cases} \tag{8-51}$$

$$\alpha = \Omega + \arctan\left[\frac{\sin(\alpha - \Omega)}{\cos(\alpha - \Omega)}\right] \tag{8-52}$$

$$\begin{cases} \sin A = \dfrac{\sin(\alpha - \Omega)}{\sin u} \\ \cos A = \text{ctan} u \tan\delta \end{cases} \tag{8-53}$$

$$A = \arctan\left(\frac{\sin A}{\cos A}\right) \tag{8-54}$$

$$p = a(1 - e^2) \tag{8-55}$$

$$r = \frac{p}{1 + e\cos\nu} \tag{8-56}$$

$$V = \sqrt{\mu\left(\frac{2}{r} - \frac{1}{a}\right)} \tag{8-57}$$

$$\theta = \arctan\frac{re\sin\nu}{p} \tag{8-58}$$

式中　E——t 时刻的偏近点角；

ν——t 时刻的真近点角，$\nu/2$ 与 $E/2$ 同象限；

u——t 时刻飞船与升交点的角距；

p——轨道半通径。

8.3.3　无旋地球上的星下点轨迹方程及其性质

若已知 t 时刻飞船的位置为 r、α、δ，不考虑地球旋转，则此时星下点在地球上的坐标即为 α、δ。

式（8－50）和式（8－52）给出了以 u 为参数的 α 与 δ 关系，若令

$$\alpha^* = \alpha - \Omega \tag{8-59}$$

α^* 与 α 只差一已知常数，则参数形式的星下点轨迹方程为

$$\begin{cases} \delta = \arcsin(\sin i \sin u) \\ \alpha^* = \arctan\dfrac{\cos i \sin u}{\cos u} \end{cases} \tag{8-60}$$

由式（8－53）和式（8－54）还可求得星下点轨迹的方位角 A 为

$$A = \arctan\frac{\operatorname{ctan} i}{\cos u} \tag{8-61}$$

下面讨论无旋地球上星下点轨迹的一些性质。

1）由式（8－60）可知，无旋地球上的星下点轨迹只与轨道要素 i 和 Ω 有关，即只与轨道面在惯性空间的位置有关。在同一轨道

面内的轨道，不论其形状为圆或椭圆，也不论椭圆轨道的近地点在什么位置，其星下点轨迹相同。由式（8－60）还可知，无旋地球上的星下点轨迹为球面上的闭合曲线，即每圈重复相同的星下点轨迹。若注意到无旋地球上的星下点轨迹为轨道平面与地球相截而形成的大圆弧，则不难理解上述性质。

2）由式（8－60）第一式可知，当$0°\leqslant u\leqslant 180°$时，$\delta\geqslant 0°$，即星下点轨迹在北半球；当$180°\leqslant u\leqslant 360°$，$\delta\leqslant 0°$，则星下点轨迹在南半球；当$-90°\leqslant u\leqslant 90°$，飞船由南向北飞行，这一段飞船轨道被称为升段；当$90°\leqslant u\leqslant 270°$，飞船由北向南飞行，这一段飞船轨道被称为降段。

3）由式（8－60）第一式可知，当$u=90°$，δ取极大值δ_{max}；当$u=-90°$，δ取极小值δ_{min}，且有

$$\delta_{max}=\begin{cases} i & 当\quad i\leqslant 90° \\ 180°-i & 当\quad i\geqslant 90° \end{cases}$$

$$\delta_{min}=\begin{cases} -i & 当\quad i\leqslant 90° \\ i-180° & 当\quad i\geqslant 90° \end{cases}$$

因此，飞船的轨道倾角决定了星下点轨迹能达到的南北纬的极值。

4）由式（8－61）可知，当$i=0°$、$90°$、$180°$时，方位角A为固定值，分别对应值为$A=90°$、$0°$或$180°$、$270°$。

除上述情况外，A与u有关，由

$$\frac{\partial A}{\partial u}=\frac{\mathrm{ctan}i\sin u}{\cos^2 u+\mathrm{ctan}^2 i}=0$$

可求得A的极值为

$$\begin{cases} u=0°，A_{min}=90°-i \\ u=180°，A_{min}=90°+i \end{cases}$$

由上式可知，i也决定了方位角变化的范围。在$u=\pm 90°$时，对于$i<90°$和$i>90°$的轨道，分别有$A=90°$和$A=-90°$，对于$i<90°$的轨道，在升段向东北方向飞行，在降段向东南方向飞行；对于$i<90°$的轨道，在升段向西北方向飞行，在降段向西南方向飞行。

8.3.4　星下点轨迹的地图投影

以 $i=60^\circ$、$\Omega=30^\circ$的轨道为例，分别在三种地图上绘出其星下点轨迹。

图 8－14 是在墨卡托投影地图上绘出的星下点轨迹，图中横坐标为赤经，分别用 α^* 和 α 表示，纵坐标为赤纬。由式（8－60）计算出 α^* 和 δ 后，用逐点描迹法即可得出图8－14。

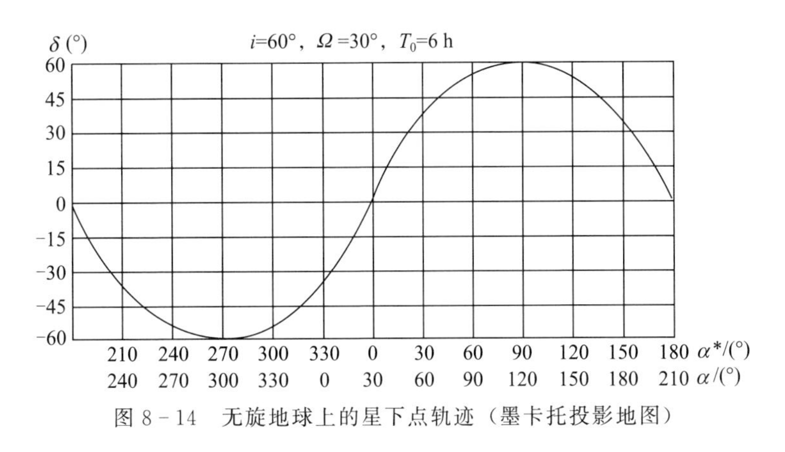

图 8－14　无旋地球上的星下点轨迹（墨卡托投影地图）

图 8－15 是在规则网中的星下点轨迹。因为星下点轨迹是球面上的大圆，故在规则网中星下点轨迹为圆，求得圆心坐标和半径即可绘出星下点轨迹。

在绘图时注意到，投影中心为北极，固定点 P_1 为轨道动量矩矢量与地球的交点，此点在 $\alpha^*=-90^\circ$的子午面内与投影中心的角距为 i；动点 P_2 为星下点轨迹上的点，动点与定点的角距恒为 90°，因此有 $c_1=\cos i$，$s_1=\sin i$，$c=0$。由有关公式可知，圆心坐标为 $(2R\tan i,\ 0)$，圆心在 $\alpha^*=-90^\circ$的轴上，圆半径为 $2R\sec i$。在图 8－15 中标出了圆心 A 和星下点轨迹，虚线为降段星下点轨迹，相应的圆心为 A'。

在图 8－16 中绘出了横断网中的星下点轨迹，此轨迹为通过 $\alpha^*=0^\circ$、$\delta=0^\circ$倾角为 i 的直线，这可从投影关系直接看出，也可由有关算式求出圆心和半径后绘出。

从图 8－16 中可明显地看出前面讨论的星下点轨迹的性质。

由球面透视方位投影的独特性质决定了在规则网和横断网中的星下点轨迹不必用逐点描迹法绘制，因而比较简单。墨卡托投影地图中星下点轨迹的绘制比较麻烦，但看起来更为习惯和直观。为研究问题的方便常使用不同的地图。

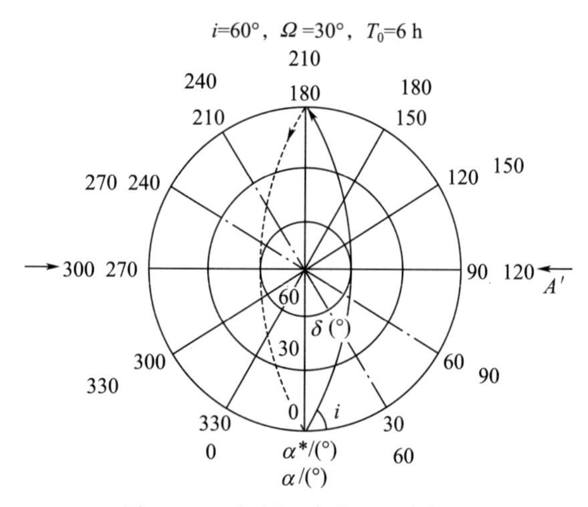

图 8－15 规划网中的星下点轨迹

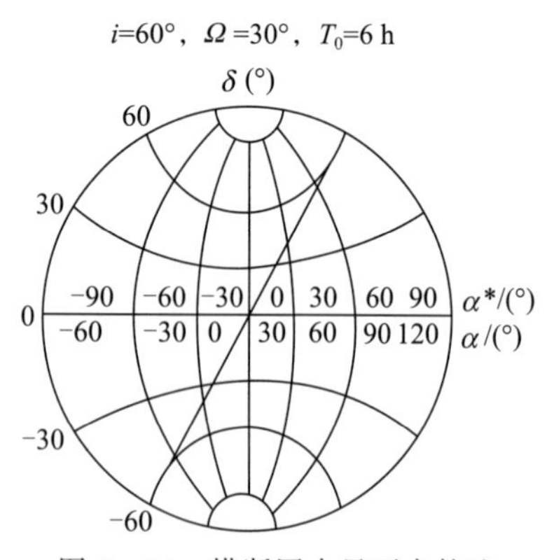

图 8－16 横断网中星下点轨迹

8.4　旋转地球上的星下点轨迹

8.4.1　星下点轨迹方程

在惯性空间中观察飞船与地球运动时可知，飞船轨道面保持不变，飞船在轨道上以绝对角速度 $\dot{\nu}$ 旋转，$\dot{\nu}$ 的方向与飞船的动量矩矢量方向一致，而地球绕自转轴以角速度 ω_e 旋转。因此，飞船相对于旋转地球的角速度 $\dot{\nu}_r$ 为

$$\dot{\nu}_r = \dot{\nu} - \omega_e \tag{8-62}$$

将 $\dot{\nu}$ 进行分解，其包括赤道面的分量 $d\delta/dt$ 以及与地球旋转轴方向一致的分量 $d\alpha^*/dt$，如图 8-17 所示，将 $\dot{\nu}_r$ 进行同样的正交分解，可得两分量 $d\delta/dt$ 和 $d\alpha^*/dt$，由式(8-62)可知

$$\begin{cases} \dfrac{d\delta_r}{dt} = \dfrac{d\delta}{dt} \\ \dfrac{d\alpha_r^*}{dt} = \dfrac{d\alpha^*}{dt} - \omega_e \end{cases} \tag{8-63}$$

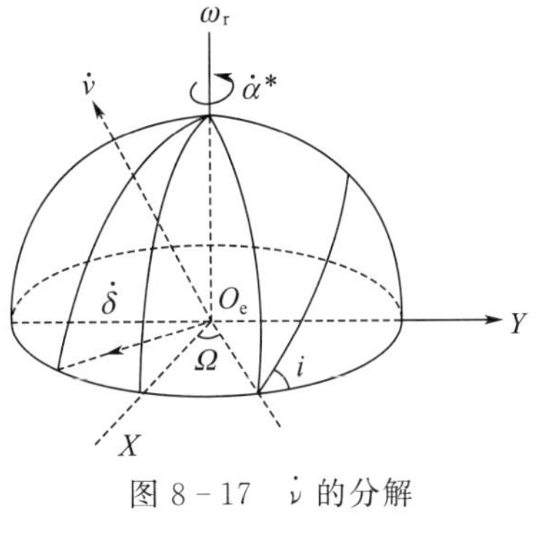

图 8-17　$\dot{\nu}$ 的分解

若取飞船通过升交点的时间作为计算时间的零点，则 $t=0$ 时，$\delta=0°$、$\alpha^*=0°$。将式（8-63）两端对 t 积分得

$$
\begin{cases}\alpha_r^* = \alpha^* - \omega_e t \\ \delta_r = \delta\end{cases} \tag{8-64}
$$

将式（8－59）代入上式，并注意到 δ_r 即为地心纬度 φ。令

$$
\alpha_r^* = \alpha_r - \Omega
$$

则可得旋转地球上的星下点轨迹方程

$$
\begin{cases}\varphi = \arcsin(\sin i \sin u) \\ \alpha_r^* = \arctan(\cos i \tan u) - \omega_e t\end{cases} \tag{8-65}
$$

也可表示为

$$
\begin{cases}\varphi = \arcsin(\sin i \sin u) \\ a_r^* = \Omega + \arctan(\cos i \tan u) - \omega_e t\end{cases} \tag{8-66}
$$

式中 α_r——旋转地球上的经度。

将式（8－58）与式（8－66）进行比较后可知，旋转地球上的星下点轨迹与无旋地球上星下点轨迹的差别只是前者的经度表达式多一时间的线性项——$\omega_e t$。当 u 给定时，对应的时间 t 可利用下式求得

$$
\begin{cases}\nu = u - \omega \\ E = 2\arctan\left[\sqrt{\dfrac{1-e}{1+e}}\tan\dfrac{\nu}{2}\right] \\ t = \dfrac{(E - E_0) - e(\sin E - \sin E_0)}{n} + t_0\end{cases} \tag{8-67}
$$

式中 ν——真近点角；

E——偏近点角；

E_0——$t_0 = 0$ 时的偏近点角；

ω——近地点与升交点的角距；

n——轨道平均角速度，其是轨道长半轴 a 的函数；

e——轨道偏心率。

因此，旋转地球上的星下点轨迹与 i、Ω、a、e、ω 和 τ 有关（当 $e=0$ 时，则只与 i、Ω 和 a 有关）。这比无旋地球上的星下点轨迹要复杂得多，一般难以直观地看出其形状，只能由式（8－66）和

式（8－67）逐点求解后在地图上描绘出星下点轨迹，在求星下点轨迹时，可不失一般性地假定 $t_0=0$。

如图 8－18 所示，在墨卡托投影地图上绘出了 $i=60°$、$\Omega=0°$、周期为 6 h 的圆轨道卫星的星下点轨迹。图 8－18 中虚线为无旋地球上的星下点轨迹，即图 8－14 中的轨迹。从 $t_0=0$ 的升交点开始，旋转地球上的星下点轨迹的经度，逐点西移 $\omega_e t$。由于 $\omega_e=15$（°）/h，对于圆轨道，当 $u=90°$时，西移 22.5°；$u=180°$时，西移 45°；第 0 圈结束时，西移 90°；第 1 圈结束时，西移 180°等。

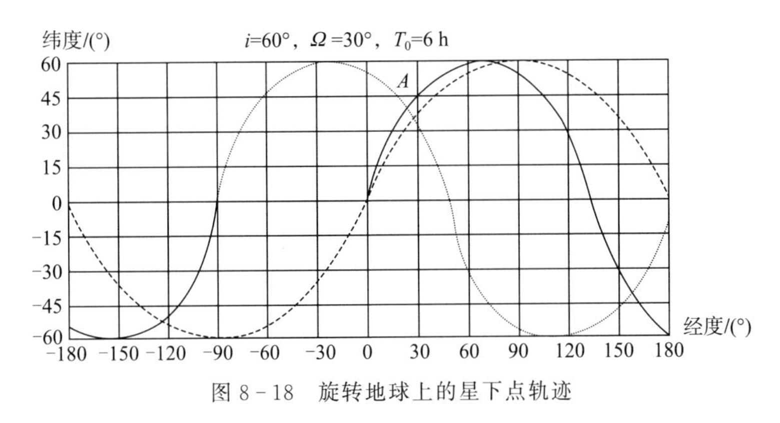

图 8－18　旋转地球上的星下点轨迹

注：----- 无旋地球上的星下点轨迹；
—— 旋转地球上第0圈的星下点轨迹；
······ 旋转地球上第1圈的星下点轨。

为了说明问题，也给出了某近地飞行飞船的星下点轨迹，如图 8－19 所示。

与无旋地球上星下点轨迹比较，旋转地球上星下点轨迹具有下列明显的差别。

1）星下点轨迹受到地球旋转的影响，其形状会发生变化，从而使方位角发生变化；

2）后一圈的星下点轨迹一般不再重复前一圈的星下点轨迹；

3）不同圈的星下点轨迹相交。例如，图 8－18 中的 A 点为第 0

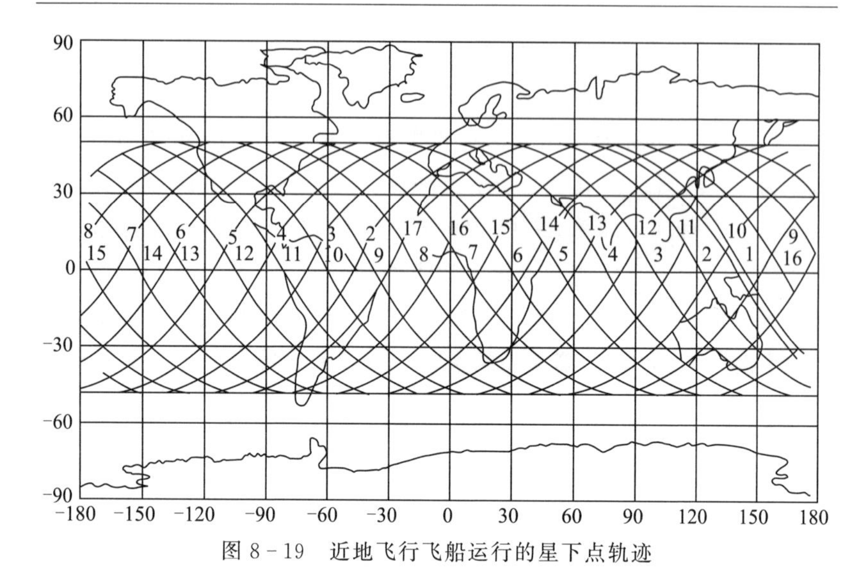

图 8-19 近地飞行飞船运行的星下点轨迹

圈升段与第 1 圈降段星下点轨迹的交点；第 0 圈飞过 A 点时，由西南向东北飞过 A 点；而第 1 圈飞过 A 点时，则由西北向东南飞行。

8.4.2 星下点轨迹方位角的计算

设星下点轨迹上有一点 P，此点正北方向的微分线段为 $\Delta\bar{r}_{\varphi}$，正东方向的微分线段为 $\Delta\bar{r}_{\lambda}$，此点的星下点轨迹的微分线段为 dr，如图 8-20 所示。

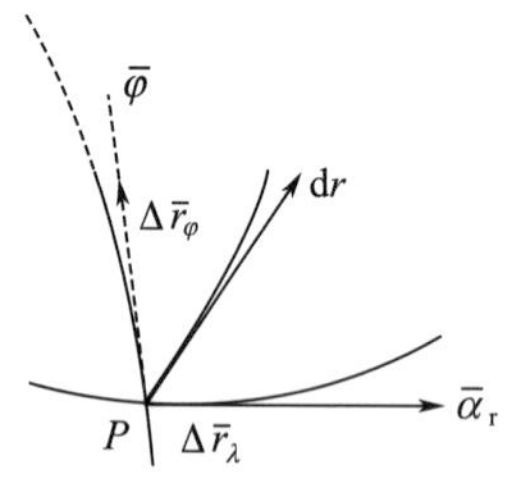

图 8-20 P 点的方位角

由曲面上曲线的有关理论可知

$$\begin{cases}\Delta\bar{r}_{\varphi}=R\Delta\varphi e_{\varphi}\\ \Delta\bar{r}_{\lambda}=R\cos\varphi\Delta\alpha_{r}e_{\alpha r}\\ \mathrm{d}r=R(\mathrm{d}\varphi e_{\varphi}+\cos\varphi\mathrm{d}\alpha_{r}e_{\alpha r})\end{cases}\tag{8-68}$$

再由方位角 A 的定义，得

$$\cos A=\frac{\Delta\bar{r}_{\varphi}\mathrm{d}r}{|\Delta\bar{r}_{\varphi}||\mathrm{d}r|}\tag{8-69}$$

将式（8－68）代入式（8－69），再化简可得

$$\cos A=\frac{\pm 1}{\sqrt{1+\left(\dfrac{\cos\varphi\mathrm{d}\alpha_{r}}{\mathrm{d}\varphi}\right)}}\tag{8-70}$$

式（8－66）两边对时间求导可得$\dfrac{\mathrm{d}\varphi}{\mathrm{d}t}$和$\dfrac{\mathrm{d}\alpha_{r}}{\mathrm{d}t}$，代入式（8－70）得

$$\cos A=\pm\left[1+\left(\frac{1-\sin^{2}i\ \sin^{2}u}{\sin i\cos u}\right)^{2}\frac{\cos i}{\cos^{2}u(1+\cos^{2}i\ \tan^{2}u)}-\sqrt{\frac{p^{3}}{\mu}}\ \frac{\omega_{\mathrm{e}}}{(1+e\cos\nu)^{2}}\right]^{-\frac{1}{2}}\tag{8-71}$$

对于椭圆轨道而言，将 $e=0$、$n=\sqrt{\dfrac{p^{3}}{\mu}}$ 代入式（8－71）则有

$$\cos A=\pm\left[1+\left(\frac{1-\sin^{2}i\ \sin^{2}u}{\sin i\cos u}\right)^{2}\frac{\cos i}{\cos^{2}u(1+\cos^{2}i\ \tan^{2}u)}-\left(\frac{\omega_{\mathrm{e}}}{n}\right)^{2}\right]^{-\frac{1}{2}}\tag{8-72}$$

由式（8－72）可知，对于圆轨道而言，需考虑地球旋转时的方位角 $A=A(i,\ \alpha,\ u)$。以图 8－18 所示的 $i=60°$、周期为 6 h 的圆轨道为例：在 $u=0°$时考虑地球旋转时的方位角为 16.10°，而不考虑地球旋转时的方位角为 30°，在图中可明显地看出差别。

8.4.3　回归轨道与准回归轨道

在不考虑摄动因素影响时，飞船连续两次通过升交点称为飞船运行一圈。当以恒星时为时间的度量单位时，飞船轨道周期为 T_0 时/圈，地球自转周期为 24 时/日。若这两个周期存在下述关系

$$(24\text{ 时 / 日})/(T_0\text{ 时 / 圈}) = N\text{ 圈 }/D\text{ 日} \tag{8-73}$$

其中，D 和 N 均为正整数，且除 1 以外没有公因子，即为互质数，这就要求 $24/T_0$ 不能为无理数。满足式（8－73）的轨道周期对于地球旋转周期是可通约的，当周期可通约时，则轨道周期与地球旋转周期均可表示为某一时间的整倍数，因而旋转地球上的星下点轨迹将以一定规律重复。

按飞船运行的顺序给各圈标号，各圈标号依次为 0、1、2…。将 $t=0$ 的升交点记为第 1 日与第 0 圈的升交点。由于地球旋转使升交点在旋转地球上逐圈西移一固定值——$15°T_0$/圈，若 T_0 满足式（8－73），则有

$$360°D = 15°T_0 N \tag{8-74}$$

由式（8－74）可知，第（$D+1$）日的第 N 圈升交点重合，故第 N 圈星下点轨迹与第 0 圈星下点轨迹重合；以后第（$N+K$）圈星下点轨迹与第 K 圈星下点轨迹重合，其中$K=1$，2，3…，由于 N 和 D 为互质数，故 N 和 D 分别为实现星下点轨迹重复所需的最少圈数和日数。

若 $D=1$，则第 2 日重复第 1 日轨迹，该星下点轨迹逐日重复的轨道称为回归轨道，例如 $T_0=6$ 时/圈，有

$$\frac{24}{6}=\frac{4}{1}$$

即 $N=4$、$D=1$，这是重复周期为 4 圈、重复日期为 1 日的回归轨道，其示意图如图 8－21（a）所示，其中横坐标为赤道，图中升交点标号即为第几圈的标号。

若 $D>1$，则星下点轨迹不逐日重复而是间隔 D 日后开始重复，该轨道称为准回归轨道。例如 $T_0=9$ 时/圈，有

$$\frac{24}{9}=\frac{8}{3}$$

即 $N=8$、$D=3$，这是重复周期为 8 圈、重复日期为 3 日的准回归轨道，第 4 日重复第 1 日的星下点轨迹，其示意图如图 8－21（b）所示。

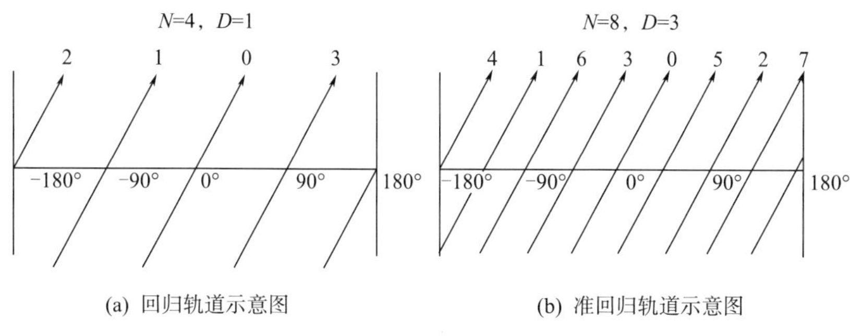

(a) 回归轨道示意图　　(b) 准回归轨道示意图

图 8-21　回归轨道

8.4.4　考虑摄动影响时的星下点轨迹

以上对星下点轨迹的讨论未考虑摄动因素的影响，当考虑摄动因素影响时，则星下点轨迹方程式（8-66）和式（8-67）中的轨道要素应为计入摄动后的值；即在计算星下点轨迹时，同时要建立并求解摄动方程，摄动方程的建立与求解将在第 9 章讨论。

这里先引用有关结论。对于飞船而言，主要摄动项为地球引力势的 J_2 项和大气阻力项，在这里以 J_2 项摄动为例进行讨论，其余摄动因素的影响可同理进行讨论。

由第 9 章相关内容可知，当卫星从 $u=0$ 到 $u=2\pi$ 飞行一圈时，在一阶近似条件下 J_2 项引起的轨道要素每圈变化的平均值为

$$\begin{cases}\Delta a=0\\ \Delta e=0\\ \Delta i=0\\ \Delta\Omega=3\pi J_2\left(\dfrac{R_E}{p_0}\right)^2\cos i_0 & (\text{rad/圈})\\ \Delta\omega=-1.5\pi J_2\left(\dfrac{R_E}{p_0}\right)\times(5\cos^2 i_0-1) & (\text{rad/圈})\\ \Delta M=n_0(t\mid_{u=2\pi}-t\mid_{u=0})-3\pi J_2\left(\dfrac{R_E}{p_0}\right)^2\dfrac{(1+e_0\cos\omega_0)^3}{1-e_0^2} & (\text{rad/圈})\end{cases}\tag{8-75}$$

式中 R_E——地球赤道半径；

i_0、e_0、p_0、n_0——无摄轨道的轨道倾角、偏心率、半通径、平均角速度；

ω_0——近地点与升交点的角距，在一圈内 ω_0 为常数，但每圈的值不同。

若无摄轨道的长半轴为 a_0，则运动周期为 $T_0=2\pi\sqrt{a_0^3/\mu}$，半通径为 $p_0=a_0(1-e_0^2)$，则由式（8－75）的第四和第五式可求得 J_2 项作用下 Ω 和 ω 的平均角速度为

$$\begin{cases}\dfrac{\mathrm{d}\Omega}{\mathrm{d}t}=\dfrac{\Delta\Omega}{T_0}=57.3\times1.5J_2\sqrt{\dfrac{\mu}{R_E^3}}\left(\dfrac{R_E}{a_0}\right)^{3.5}\dfrac{\cos i}{(1-e_0^2)^2} & [(°)/\mathrm{s}]\\ \dfrac{\mathrm{d}\omega}{\mathrm{d}t}=\dfrac{\Delta\omega}{T_0}=-57.3\times0.75J_2\sqrt{\dfrac{\mu}{R_E^3}}\left(\dfrac{R_E}{a_0}\right)^{3.5}\dfrac{5\cos^2 i_0-1}{(1-e_0^2)^2} & [(°)/\mathrm{s}]\end{cases} \tag{8-76}$$

当 $e=0$ 时，式（8－76）为

$$\begin{cases}\dfrac{\mathrm{d}\Omega}{\mathrm{d}t}=57.3\times1.5J_2\sqrt{\dfrac{\mu}{R_E^2}}\left(\dfrac{R_E}{a_0}\right)^{3.5}\cos i_0 & [(°)/\mathrm{s}]\\ \dfrac{\mathrm{d}\omega}{\mathrm{d}t}=-57.3\times1.5J_2\sqrt{\dfrac{\mu}{R_E^2}}\left(\dfrac{R_E}{a_0}\right)^{3.5}(5\cos^2 i_0-1) & [(°)/\mathrm{s}]\end{cases} \tag{8-77}$$

将 J_2、R_E 和 μ 的数值代入式（8－77），并注意到单位换算关系，该式可表示为

$$\begin{cases}\dfrac{\mathrm{d}\Omega}{\mathrm{d}t}=-10.05\left(\dfrac{R_E}{a_0}\right)^{3.3}\cos i_0 & [(°)/\mathrm{d}]\\ \dfrac{\mathrm{d}\omega}{\mathrm{d}t}=-5.0\left(\dfrac{R_E}{a_0}\right)^{3.5}(1-5\cos^2 i_0) & [(°)/\mathrm{d}]\end{cases} \tag{8-78}$$

式中 $\mathrm{d}\Omega/\mathrm{d}t$ 为在 J_2 项作用下轨道面进动的平均角速度，由式（8－76）可知：$i_0=90°$时，不发生进动；当 $i_0<90°$时，轨道面向西进动；当 $i_0>90°$时，轨道面向东进动。

$\mathrm{d}\omega/\mathrm{d}t$ 为在 J_2 项作用下近地点（或拱线）转动的平均角速度，

由式（8-76）可知，当 $i_0=63.4°$ 或 $116.6°$ 时近地点不转动，该轨道倾角称为临界倾角；当 $i_0<63.4°$ 或 $i_0>116.6°$ 时，转动方向与航天器运动方向相同；当 $63.4°<i_0<116.6°$ 时，转动方向与航天器运动方向相反。

式（8-75）的第六式为 J_2 项作用下平近点角每圈的变化量，令

$$T=t\big|_{u=2\pi}-t\big|_{u=0} \tag{8-79}$$

式中　T——航天器连续两次通过升交点的时间间隔，称为交点周期。

由式（8-75）第六式可知，当 $J_2=0$ 时，航天器连续两次通过升交点的平近点角变化为 $2p$，即交点周期与运动周期 T_0 相等；当 $J_2\neq0$ 时，则交点周期不同于运动周期。根据摄动理论的研究结果，在一阶近似的条件下，且偏心率 e_0 较小时，T 与 T_0 的关系为

$$T=T_0\left\{1+1.5J_2\left(\frac{R_E}{a_0}\right)^2\left[(3-4\sin^2 i_0)-(4-5\sin^2 i_0)e_0\cos\omega_0\right]\right\} \tag{8-80}$$

在 J_2 项作用下，由于 ω_0 逐圈变化，因而各圈的交点周期不同。考虑到 ω_0 的变化引起 T 的变化为 J_2^2 量级的量，故当只考虑到 J_2 的一阶项时可认为交点周期为常量。

考虑 J_2 项摄动后，升交点在旋转地球中西移的角速度除 ω_e 外，还有轨道面西移（或东进）的平均角速度，故升交点在旋转地球上移动的角速度 $\mathrm{d}\alpha^*/\mathrm{d}t$ 为

$$\frac{\mathrm{d}\alpha^*}{\mathrm{d}t}=-\omega_e+\frac{\mathrm{d}\Omega}{\mathrm{d}t} \tag{8-81}$$

因此升交点每圈西移量为

$$T\left(\omega_e-\frac{\mathrm{d}\Omega}{\mathrm{d}t}\right)$$

仿照式（8-73），在 J_2 项作用下，回归与准回归轨道的条件为

$$\frac{360°}{T\left(\omega_e-\frac{\mathrm{d}\Omega}{\mathrm{d}t}\right)}=\frac{N}{D^*} \tag{8-82}$$

式中 N 和 D^* 为互质的正整数，升交点周期 T 为常量，特别要指出 D^* 的单位为升交日。升交日是指考虑地球旋转与摄动后，升交点连续两次上中天的时间间隔。当不计摄动时，升交日即恒星日；计及摄动后，升交日不同于恒星日。当摄动使轨道面西移时，升交日短于恒星日；当摄动使轨道面东进时，升交日长于恒星日。

若飞船上的控制系统能进行轨道保持，即保持各轨道要素不因摄动因素影响而改变，则式（8－82）为

$$\frac{360^\circ}{\omega_e T_0}=\frac{N}{D^*} \tag{8-83}$$

即式（8－73）的另一种形式。

8.4.5　不计摄动的星下点轨迹图形

由星下点轨迹方程可知，旋转地球中的星下点轨迹与轨道要素 i、Ω、a、e、ω、τ 有关，考虑到 Ω 和 τ 只影响星下点轨迹图形相对于旋转地球的位置，而不影响图形的形状，因而只讨论图形的形状与 i、a、e、ω 的关系。由于关系复杂，通常难以直接观察出图形的形状。在图 8－22 中画出了一些星下点轨迹在墨卡托投影地图上的形状，其不但与图 8－18 中的形状大不相同，并且彼此之间的形状差别也很大。

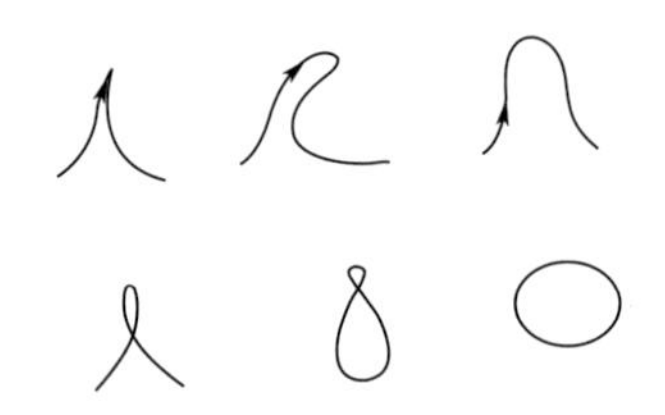

图 8－22　一些星下点轨迹图形

为了说明问题，下面以卫星为研究对象，观察 i、a、e、ω 对图形形状的影响。

对于圆轨道而言，影响图形形状的轨道要素为 a 和 i。在图 8－

18 中给出了 $i=60°$，$T_0=6$ h 的圆轨道星下点轨迹；在图 8-23 中给出了 $T_0=24$ h（$a=42\ 164.26$ km），i 分别为 40°、20°、0°的圆轨道星下点轨迹图形。图 8-23 中的星下点轨迹图形为对称于横轴的正 8 字形。由于 i 决定了星下点轨迹能达到的南北纬的最大值，因此，i 愈大，则 8 字形愈大；当 $i=0°$时，8 字形退化为一点，这就是赤道静止卫星的星下点轨迹。

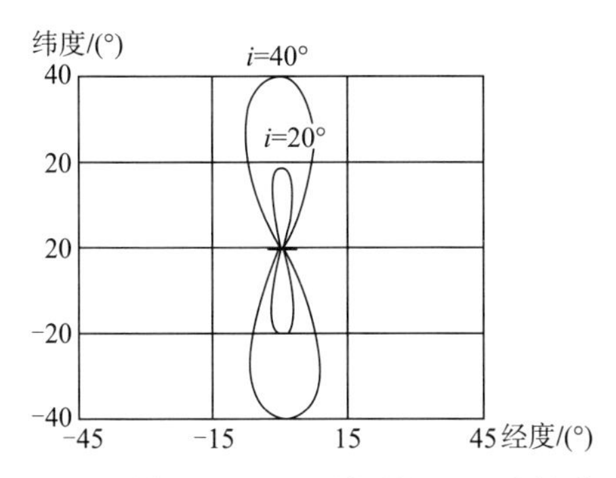

图 8-23　周期为 24 h 的圆轨道的星下点轨道图形

比较图 8-18 和图 8-23 可发现两者的形状差别很大，其差别之一是图 8-18 中的星下点轨迹恒为东进，即恒有 $\mathrm{d}\alpha/\mathrm{d}t>0$；而在图 8-23 中的星下点轨迹为西退—东进—西退，东进时 $\mathrm{d}\alpha/\mathrm{d}t>0$，西退时 $\mathrm{d}\alpha/\mathrm{d}t<0$，由东进（西退）变为西退（东进）则必有$\mathrm{d}\alpha/\mathrm{d}t=0$。在星下点轨迹中，$\mathrm{d}\alpha/\mathrm{d}t=0$ 的点与行星视运动的“留”是相类似的，在图 8-23 中星下点轨迹有留，而图 8-18 中没有；当有留时，卫星将在留地区的上空盘旋。

对于椭圆轨道，影响图形形状的轨道要素为 i、a、e 和ω。为了分析 e 的影响，仍取 $a=42\ 164.26$ km（$T_0=24$ h），i 仍为 40°、20°、0°，并令 $\omega=0°$，但 $e=0.2$，此时的星下点轨迹如图 8-24 所示。与图 8-23 比较，该椭圆轨道卫星将不再是静止卫星，其星下点轨迹为赤道上的线段。

为了分析 ω 的影响，在图 8-25 中绘出了 $a=42\ 164.26$ km，i

$=60°$，$e=0.3$，$\omega=30°$的星下点轨迹。这是一畸变的 8 字形轨迹，由于近地点在南半球，远地点在北半球，故卫星在南半球停留的时间长，且卫星在远地点的高度大于同步轨道高度。这种轨道可用于对北半球进行长时间的侦察或通信。

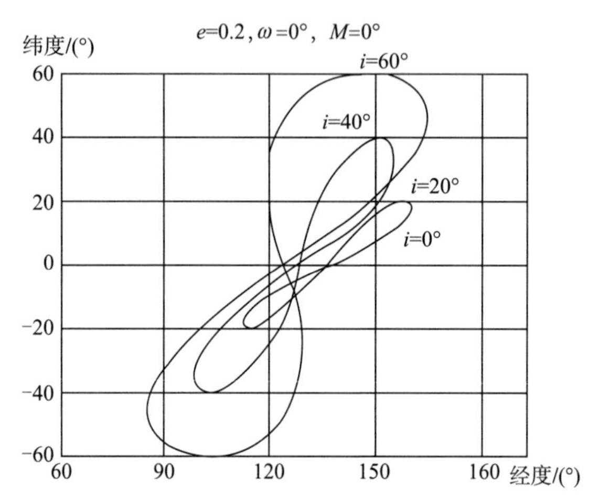

图 8-24　周期为 24 h 的椭圆轨道的星下点轨迹

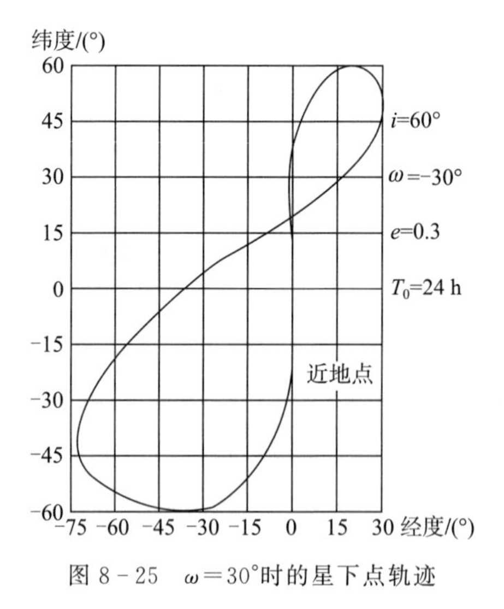

图 8-25　$\omega=30°$时的星下点轨迹

ω 对星下点轨迹形状的影响如图 8－26 所示，图中给出 $T_0=24\ \mathrm{h}$，$i=20°$，$e=0.2$，ω 取不同值时星下点轨迹的形状。

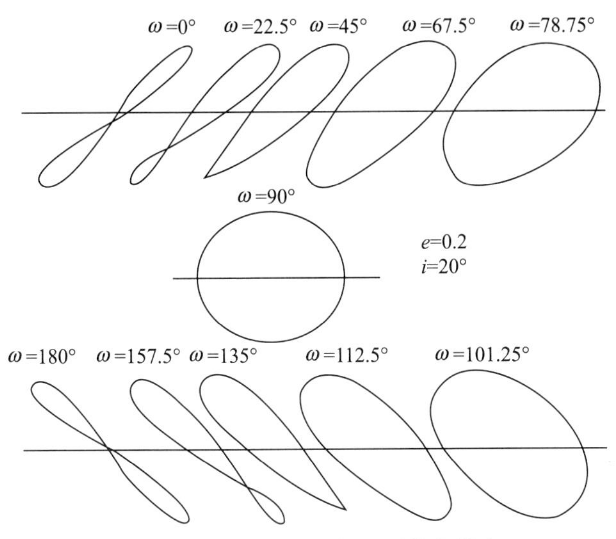

图 8－26　ω 对星下点轨迹形状的影响

在图 8－27 中给了一种典型的地球亚同步轨道的星下点轨迹。这种亚同步轨道为某些通信卫星所采用，轨道要素为 $a=54\ 000\ \mathrm{km}$（$T_0=12\ \mathrm{h}$），$i=63°$，$e=0.75$，$\omega=270°$；轨道近地点在南半球，距地面高度约 600 km，远地点在北半球，距地面高度约40 000 km。卫星长时间停留在北纬高纬度地区。

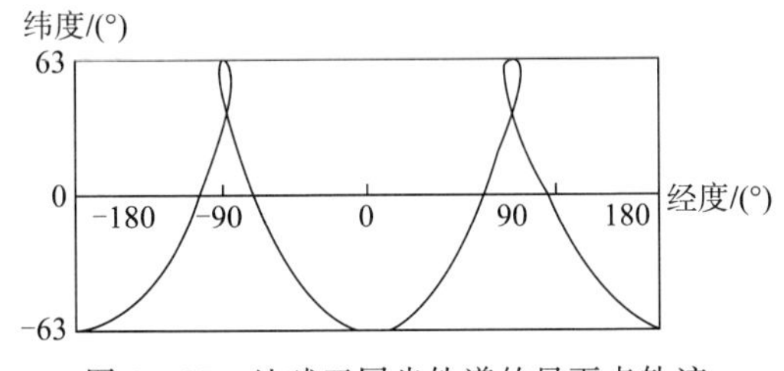

图 8－27　地球亚同步轨道的星下点轨迹

8.4.6 航天器轨道的分类

按照轨道要素和星下点轨迹的特征可对航天器轨道进行以下分类。

1）按轨道倾角 i 分类：当 $i=0°$ 和 180°时，称为赤道轨道；当 $i=90°$ 时称为极轨道；当 $0°<i<90°$ 和 $90°<i<180°$ 时，称为倾斜轨道；当 $i=63.4°$ 和 116.6°时，称为临界倾角轨道；当 $0°\leqslant i<90°$ 时，称为顺行轨道；当 $90°<i\leqslant 180°$ 时，称为逆行轨道；当 i 接近 90°时，称为近极轨道。

2）按近圆轨道离地面高度分类：能维持航天器自由飞行的最低高度称为临界轨道高度，一般认为此高度为 110～120 km；当高度低于此值时，航天器虽不能绕地球自由飞行一整圈，但可利用其上的控制系统与动力装置抵消大气摄动的影响，使航天器作低于临界轨道高度的飞行，这种轨道称为超低轨道；临界轨道高度至 1 000 km 高度的轨道称为低高轨道；1 000 km 至 20 000 km 高度的轨道称为中高轨道；20 000 km 高度以上的轨道称为高高轨道。

3）在不计摄动时，按轨道运动周期 T_0 或星下点轨迹回归特征分类：当 $D=1$，$N>1$ 时为回归轨道或亚同步轨道；当 $D=1$，$N=1$ 时为回归轨道或地球同步轨道，若再有 $i=0°$ 和 $e=0$，则为地球静止轨道；当 $D>1$，$N>1$ 时为准回归轨道，当 $D>1$，$N=1$ 时为准回归地球超同步轨道；当回归和准回归轨道满足有留条件时为有留轨道。

4）按轨道面进动角速度与平太阳视运动角速度的关系分类：当这两角速度相等时，称为太阳同步轨道。

8.5 飞船对地观测的覆盖区

与其他航天任务相比，载人飞船由于航天员参与到整个飞行过程，因此飞船与地面的联系更紧密。为了使载人飞船能完成给定任务，首先要了解飞船沿轨道运行过程中能在地球上多大范围内进行电磁波信息与传输（或观测），这就要建立电磁波的覆盖范围与飞船轨道要素的关系。为讨论问题方便，先不考虑飞船的运动，只考虑飞船在轨道上任一点对地面的覆盖，并以此为基础考虑飞船沿轨道运动时对无旋地球的覆盖，最后再研究对旋转地球的覆盖。

8.5.1　飞船在轨道上任一点时对地面的覆盖

设地球为半径等于 R 的圆球，O_e 为地心，飞船在轨道上任一点距地面高度为 h，星下点为 S，如图 8－28 所示。

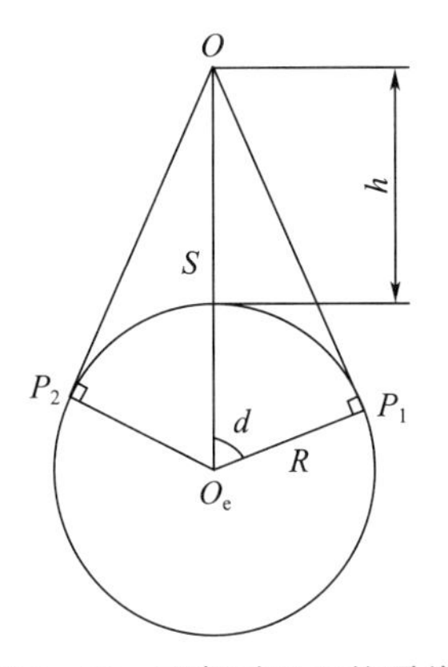

图 8－28　飞船对地面的覆盖

由于电磁波沿直线传播，在图 8－28 中作飞船与球面的切线，切点为 P_1 和 P_2，则有

$$\angle SO_eP_1=\angle SO_eP_2=d$$

地心角 d 称为覆盖角。以 $90^\circ-d$ 为半锥角，以 OO_e 为轴，以 OP_2 为母线作正圆锥体与地球相切，在此切线以下的地面区域称为覆盖区。

由直角三角形 OO_eP_1 可知，覆盖角 d 为

$$d=\arccos\left(\frac{R}{R+h}\right) \tag{8-84}$$

覆盖区面积 A_s 为

$$A_s = 2\pi R^2 (1 - \cos d) = 4\pi R^2 \sin^2 \frac{d}{2} \tag{8-85}$$

覆盖区占全球面积的百分比 A 为

$$A = \sin^2 \frac{d}{2} \times 100\% \tag{8-86}$$

例如，一飞船离地面高度为 $h = 200$ km，则 $d = 14.7°$，$A = 1.52\%$。

静止卫星离地面高度约为 35 787 km，则 $d = 81.31°$，$A = 42.54\%$。如果在赤道上等间隔放置 3 个静止卫星，那么从极点看去，如图 8-29 所示，这些卫星组成一卫星网，这一卫星网可实现地球上除极帽附近的盲区以外区域的全球通信。

为了使飞船收集和传输信息获得良好的效果，通常要求飞船与地面目标之间的视线与目标地平线之间的夹角大于某个给定的角度 σ，该角度称为最小观测角，如图 8-30 所示。加上最小观测角限制后，飞船的覆盖区将减小。

由图 8-30 中的 ΔOO_eZ 和 ΔP_1O_eZ 可知

$$(R + h)\cos(\sigma + d) = R\cos\sigma$$

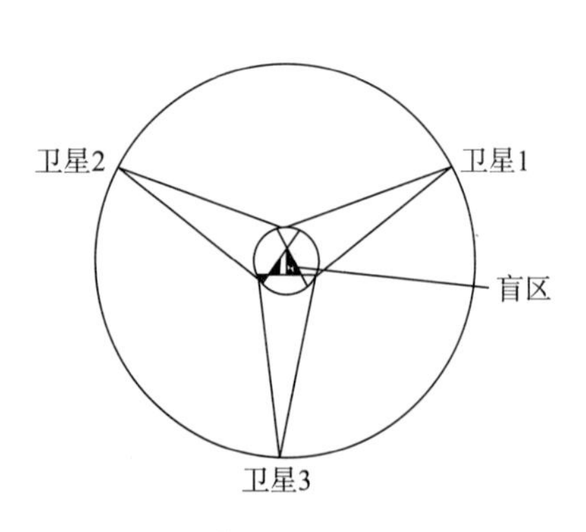

图 8-29　静止卫星对地面的覆盖

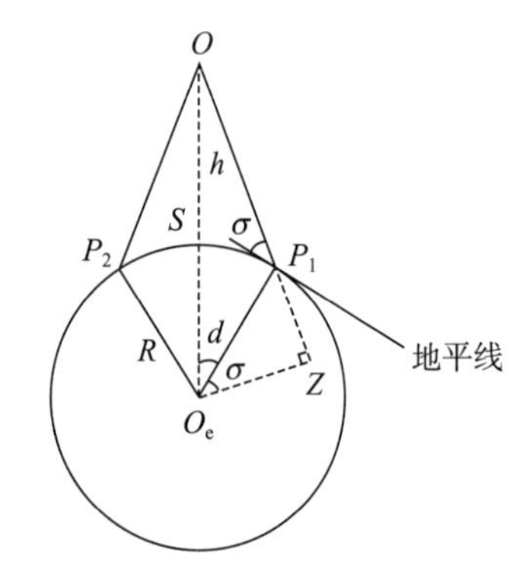

图 8-30　最小观测角下的覆盖

因此，加上最小观测点限制后 d 和 A 有

$$\begin{cases} d = \arccos\left(\dfrac{R\cos\sigma}{R+h}\right) - \sigma \\ A = \sin^2 \dfrac{d}{2} \times 100\% \end{cases} \tag{8-87}$$

例如，上述离地面高度为 200 km 的飞船，加上 $\sigma=15°$ 的最小观测角限制后，$d=5.52°$，$A=0.23\%$。对静止卫星加上 $\sigma=5°$ 的限制，则 $d=76.35°$，$A=38\%$，此时虽仍能覆盖除盲区外的全球区域，但加上限制后扩大了盲区面积。

8.5.2　飞船沿轨道运动时对无旋地球的覆盖

载人飞船多采用近圆轨道，故现在讨论飞船沿圆轨道运动时对无旋地球的覆盖，讨论中不计摄动运动。

设轨道倾角为 i，轨道高度为 h，在无旋地球上，其星下点轨迹为一闭合曲线，式（8-59）给出了星下点轨迹的方程式。若将无旋地球上星下点的经纬度记为 λ_s 和 φ_s，其中经度 λ_s 以升交点为参考点计算，则式（8-58）中有

$$a^* = \lambda_s,\ \delta = \varphi_s \tag{8-88}$$

消去式（8-60）中参数 u，可得星下点轨迹的另一表达式

$$\lambda_s = \arcsin(\tan\varphi_s \operatorname{ctan} i) \tag{8-89}$$

圆轨道飞船各时刻的覆盖角均为 d，当其沿轨道运动时，在垂直于星下点轨迹两侧、地心角为 d 的范围内形成一地面覆盖带，由球面三角关系可确定覆盖带外沿轨迹的方程式。

在图 8-31 中，任一时刻星下点 S 的经纬度为 λ_s 和 φ_s，在该时刻过 S 点作垂直于星下点的大圆弧，在大圆弧上与 S 的角距为 d 的点分别记为 $R_R(\varphi_R,\ \lambda_R)$ 和 $P_L(\varphi_L,\ \lambda_L)$。随着飞船运动，$P_P$ 和 P_L 在地球上形成的轨迹即为覆盖带外沿轨迹。顺飞船运动方向看，P_P 和 P_L 形成的轨迹分别称为右侧和左侧覆盖带外沿轨迹，$(\varphi_R,\ \lambda_R)$ 和 $(\varphi_L,\ \lambda_L)$ 满足的方程分别为右侧和左侧覆盖带外沿轨迹方程。

利用球面三角形有关计算公式，推导可得右侧覆盖带外沿轨迹

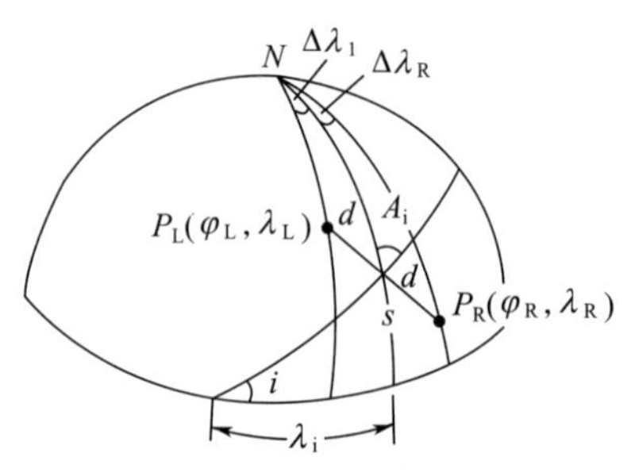

图 8-31　飞船运动对地球的覆盖

的参数方程

$$\begin{cases}\sin\varphi_R = a_1 \sin u - a_2 \\ \tan\lambda_R = b_1 \tan u + b_2 \sec u\end{cases} \tag{8-90}$$

和左侧覆盖带外沿轨迹的参数方程

$$\begin{cases}\sin\varphi_L = a_1 \sin u + a_2 \\ \tan\lambda_L = b_1 \tan u - b_2 \sec u\end{cases} \tag{8-91}$$

其中

$$\begin{aligned} a_1 &= \sin i \cos d \quad & a_2 &= \cos i \sin d \\ b_1 &= \cos i \quad & b_2 &= \tan d \sin i \end{aligned} \tag{8-92}$$

当 i 和 d 给定后，由式（8-90）～式（8-92）可计算出外沿轨迹。

图 8-32 给出了墨卡托投影地图上 $i=60°$，$d=15°$的覆盖带外沿轨迹。

在横断网中绘制覆盖带外沿轨迹的图形更直观，作图方法也更容易。在作图时，先取一张透明纸盖在横断网上，在透明纸上做出 $i=0°$的星下点轨迹，此轨迹即为横断网的赤道；然后做出给定的 d 角的覆盖带。由于横断网的经线垂直于赤道，故覆盖带外沿轨迹即是纬度为 d 的纬线，图 8-33（a）表示的就是在透明纸上 $i=0°$、d 分别为 20°、40°、60°时的覆盖带外沿轨迹。当 i 不等于零时，只要将透明纸上的星下点轨迹绕中心逆时针旋转，使透明纸上的星下点轨迹与横断网赤道的夹角为 i，即可得轨道倾角为 i 时的覆盖带外沿轨迹。图 8-33（b）表示的是将 $i=60°$、d 分别为 20°、40°、60°描

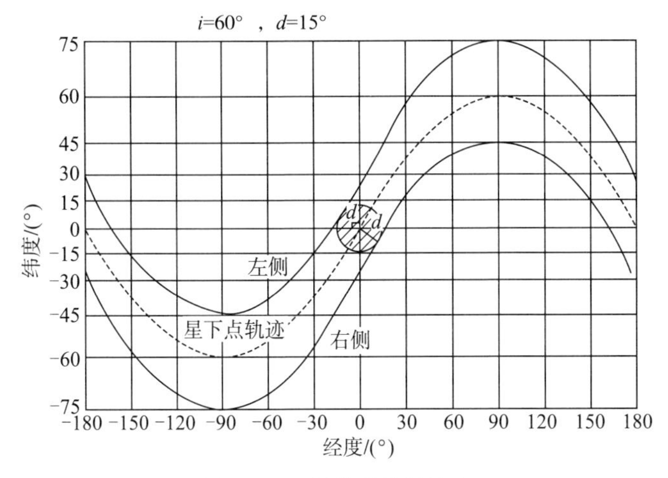

图 8-32　覆盖带外沿轨迹

绘在透明纸上的覆盖带外沿轨迹与横断网结合起来所构成的完整图形。利用这一方法作图时，不必写出星下点轨迹和覆盖带外沿轨迹的方程式，因此十分方便。

覆盖带之外的地区不为飞船覆盖，故称为盲区。由图 8-33（b）可知，d 愈大则盲区愈小。当 $d \geqslant i$ 时，左右盲区分别位于北半球和南半球；当 $d < i$ 时，左右盲区均将跨越赤道而分布在南北半球。

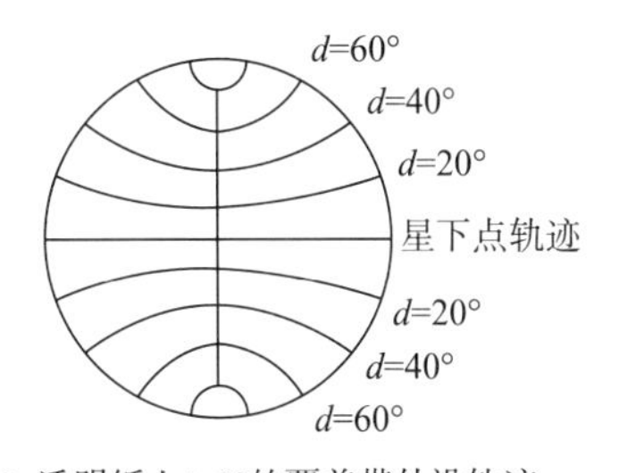

(a) 透明纸上i=0°的覆盖带外沿轨迹

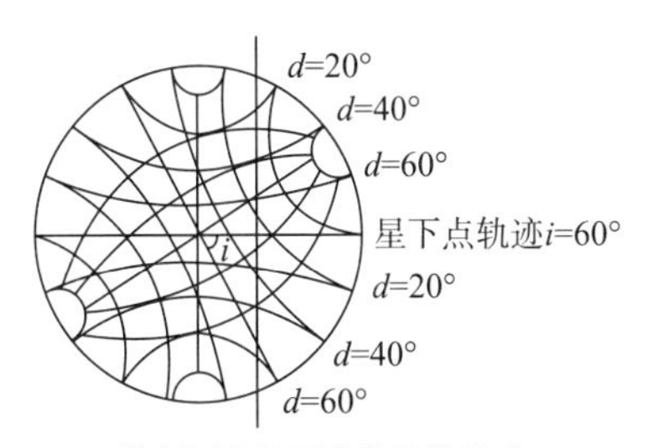

(b) 横断网中的覆盖带外沿轨迹

图 8-33　横断网中的覆盖带外沿轨迹

下面讨论覆盖带外沿轨迹的一些性质。

1）外沿轨迹的对称性。由式（8-90）、式（8-91）以及图 8-

32、图 8－33（b）可知，右侧覆盖带外沿轨迹与左侧覆盖带外沿轨迹成原点对称。因为 u 时的（φ_R，λ_R）与 $-u$ 时的（$-\varphi_L$，$-\lambda_L$）相等，并且左右覆盖带外沿轨迹各自均对称于 $\lambda=90°$ 和 $\lambda=-90°$ 的轴。

2）覆盖带的纬度范围。覆盖带纬度的最大值和最小值决定了覆盖带的纬度范围，其是一个表示覆盖能力的参数，由图 8－32 或图 8－33（b）可知，对于右侧外沿轨迹有

$$\varphi_{Rmax}=i-d$$

$$\varphi_{Rmin}=-(i+d)$$

对于左侧外沿轨迹有

$$\varphi_{Lmax}=i+d$$

$$\varphi_{Lmin}=-(i-d)$$

因此覆盖带纬度范围为

$$\begin{cases} -(i+d)\leqslant\varphi\leqslant(i+d) & \text{当}(i+d)\leqslant 90° \\ -(180°-i+d)\leqslant\varphi\leqslant 180°-i+d & \text{当}(i-d)\geqslant 90° \end{cases} \tag{8-93}$$

对于低高度飞船，当 d 为小量时，可近似认为星下点轨迹的纬度范围即为覆盖带的纬度范围。

3）覆盖带的宽度。由图 8－32 或图 8－33（b）可知，覆盖带可覆盖星下点轨迹两侧一定经度范围内的地区。为了描述这一地区的宽窄，引入覆盖带宽度的概念，这是描述航天器覆盖能力的另一个参数。

对于低高度圆轨道飞船，当覆盖角 d 为一小量时，覆盖带宽度可进行下述近似计算。

设某一时刻星下点为 $S(\varphi_s, \lambda_s)$，在小范围内可将此点附近地面看作平面，星下点轨迹看作直线，此时刻的覆盖区可看作以 S 为中心，以 Rd（R 为地球半径）为半径的圆，覆盖带可看作与星下点轨迹平行并与覆盖圆相切的直线，切点为 p'、p，如图 8－34 所示。

在图 8－34 中作 $\varphi=\varphi_s$ 的纬线与覆盖带左右侧外沿轨迹分别交于 l 和 r，则 Sl 和 Sr 分别称为 $\varphi=\varphi_s$ 时的左右侧覆盖带线宽度，而 s 与 l 的经度差 $\Delta\lambda_l$、r 与 s 的经度差 $\Delta\lambda_r$ 则分别称为 $\varphi=\varphi_s$ 时的左右

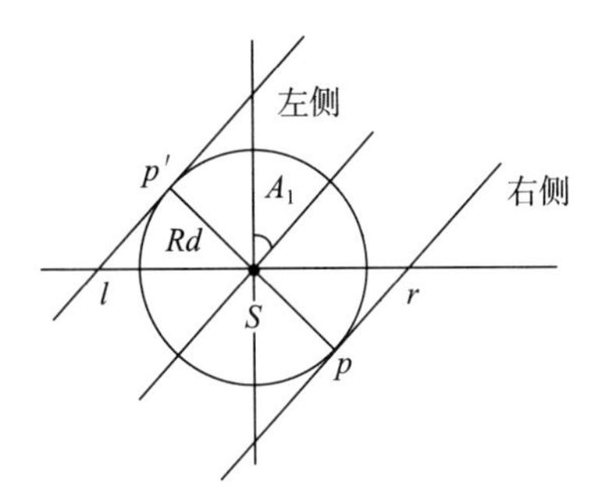

图 8-34 覆盖带的线宽度

侧覆盖带宽度，其关系为

$$\begin{cases} Sr = R\cos\varphi_s \Delta\lambda_r \\ Sl = R\cos\varphi_s \Delta\lambda_l \end{cases} \tag{8-94}$$

$\varphi = \varphi_s$ 时星下点轨迹方位角为 A_s，在直角三角形 ΔpSr 和 $\Delta p'Sl$ 中有

$$Sp = Sr\cos A_s = R\cos\varphi_s \cos A_s \Delta\lambda_r$$

$$Sp' = Sl\cos A_s = R\cos\varphi_s \cos A_s \Delta\lambda_l$$

由于

$$Sp = Sp' = Rd$$

因而有

$$\Delta\lambda_r = \Delta\lambda_l = \frac{d}{\cos\varphi_s \cos A_s} \tag{8-95}$$

对于星下点轨迹有下列关系

$$\cos A_s = \sin i \cos\lambda_s$$

$$\cos u = \cos\varphi_s \cos\lambda_s$$

因而有

$$\cos\varphi_s \cos A_s = \sin i \cos u$$

将上式代入式（8-95）则有

$$\Delta\lambda_r = \Delta\lambda_l = \frac{d}{\sin i \cos u} \tag{8-96}$$

式（8-96）即为左右侧覆盖带宽度的近似表达式。由此可知，

左右侧覆盖带宽度相等时，宽度随 u 变化；由于 $u=0$ 时，$\varphi_2=0$，因此此时赤道上的覆盖带宽度最小，将左右侧覆盖带最小宽度记为 $\Delta\lambda_{\mathrm{d}}$，则有

$$\Delta\lambda_{\mathrm{d}}=\Delta\lambda_{\mathrm{rmin}}=\Delta\lambda_{\mathrm{lmin}}=\frac{d}{\sin i} \tag{8-97}$$

式（8－97）说明低高度圆轨道飞船至少能覆盖星下点轨迹两侧经度各为 $\Delta\lambda_{\mathrm{d}}$ 的地区。

8.5.3　最小宽度覆盖带对旋转地球的覆盖

在此只讨论低高度圆轨道飞船以最小宽度的左右侧覆盖带对旋转地球的覆盖，此时的覆盖带称为最小宽度覆盖带。

当地球以角速度 ω_{e} 自转时，t 时刻的星下点轨迹经度改变为 $-\omega_{\mathrm{e}}t$，与星下点处于同一纬圈的最小宽度覆盖带的经度改变亦为 $-\omega_{\mathrm{e}}t$。不计摄动，则飞船每圈升交点和覆盖带一起西移 $\omega_{\mathrm{e}}T_0$，这样飞船的运动过程中的每圈就可以覆盖旋转地球上的不同地区，其示意图如图 8－35 所示。

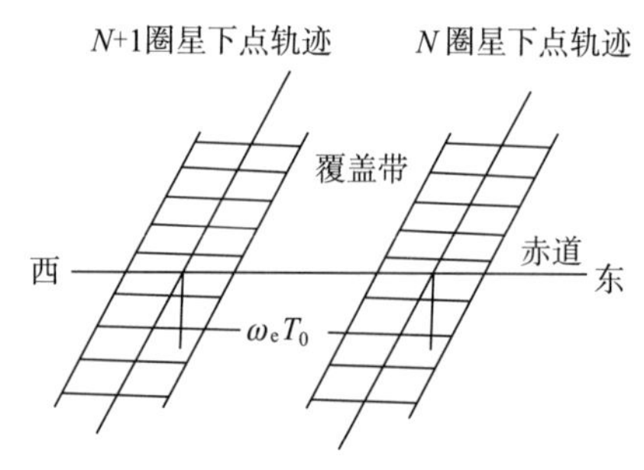

图 8－35　最小宽度覆盖对旋转地球的覆盖

当相邻圈的最小宽度覆盖带在赤道上彼此衔接而不出现空隙时，对于回归或准回归轨道而言，在回归周期中，其覆盖带纬度范围内可完成东西方向上的全球覆盖。

下面讨论几个最小宽度覆盖带对旋转地球覆盖的问题。

1）覆盖情况与升交点每圈移动量的关系很密切。在不计摄动影

响时，若飞船运动周期为 T_0，则地球自转使升交点每圈的移动量为

$$\Delta\lambda_{\omega e} = -\omega_e T_0$$

在考虑 J_2 项摄动时，对于圆轨道升交点每圈移动量为

$$\Delta\lambda_{\omega e} = -\left[\omega_e T + 0.585\left(\frac{R_E}{2}\right)^2 \cos i\right] [(°)/\text{圈}] \tag{8-98}$$

式中　ω_e——地球自转角速度，$\omega_e = 0.004\ 166\ 7\ (°)/s$；

T——交点周期，单位为 s。

2）覆盖带宽度随星下点轨迹的纬度的绝对值增加而增大。如果相邻圈的星下点轨迹的覆盖带在赤道上彼此衔接没有重叠，那么随着纬度的绝对值增加将会出现重叠，并且随着纬度绝对值的增大，重叠也将增大。

3）飞船在轨道的升段和降段均可对地面进行覆盖。如果考虑到其他条件的限制（例如星下点应为阳光照明），而认为只能在部分弧段对地面进行覆盖，那么在一回归周期内只能对地球进行一次覆盖。

8.5.4　星载测量设备的视角

测量设备的观测范围常用视场 FOV 表示，其中一种典型的视场形式为圆锥形，其正对地心，如图 8-36 所示。圆锥面与地球的交线为有效地平，图 8-36 中，设卫星相对地心和有效地平的夹角为 β_{FOV}，则 $\beta_{FOV} = FOV/2$，对应的有效地平的覆盖角 d_{FOV} 满足

$$d_{FOV} = \arcsin\left(\sin\beta_{FOV}\frac{R_E + h}{R_E}\right) - \beta_{FOV} \tag{8-99}$$

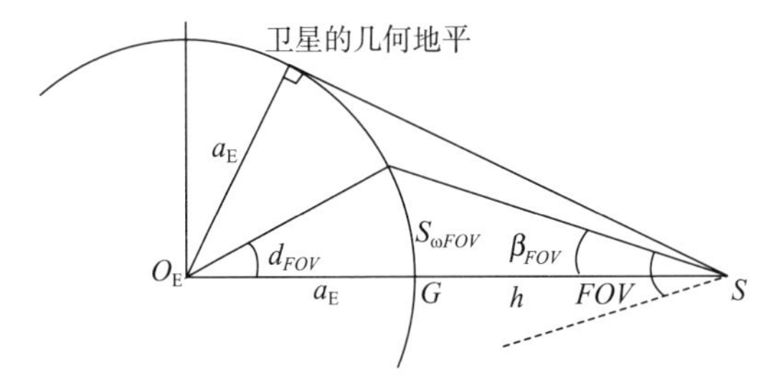

图 8-36　测量设备的圆雉形

覆盖带宽 $S_{\omega FOV}$ 为

$$S_{\omega FOV}=2R_{\mathrm{E}}d_{FOV} \tag{8-100}$$

有时，视场并不是圆锥形而是矩形的，不是正对地心而是侧视的，图 8－37 给出了几种常用情况。观测设备在某时刻观测的有效区域称为瞬时视场，图 8－37（a）表示侧视产生的瞬时视场；有些观测设备（如雷达）工作时不能离星下点太近，也需要侧视，因此相应有一个内地平和一个外地平，如图 8－37（b）所示；合成孔径雷达（SAR）采取侧视线扫描方式，如图 8－37（c）所示；还有些测量设备采用如图 8－37（d）所示的侧摆线扫描方式。

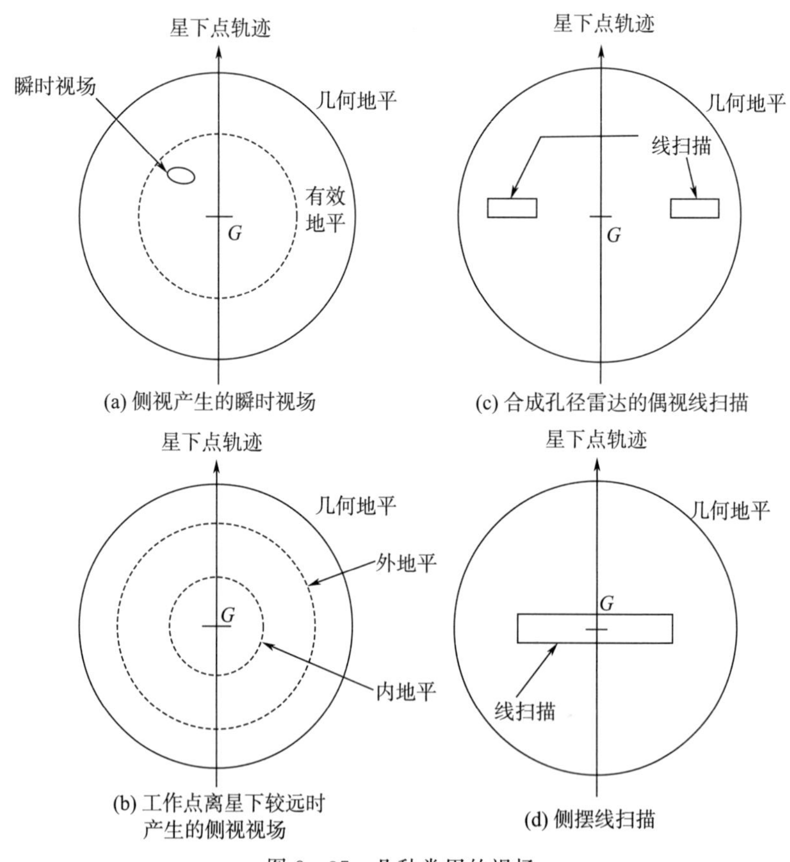

图 8－37　几种常用的视场

观测设备侧视时所需的一个参数为侧视角，其表示视场中心与卫星至地心方向的夹角，如图8-38所示。其中，视场内侧的夹角$\beta_I=j-FOV/2$，外侧夹角为$\beta_O=j+FOV/2$。相应的有

$$\begin{cases} d_I=\arcsin\left(\sin\beta_I\cdot\dfrac{a_E+h}{a_E}\right)-\beta_I \\ d_O=\arcsin\left(\sin\beta_O\cdot\dfrac{a_E+h}{a_E}\right)-\beta_O \end{cases} \tag{8-101}$$

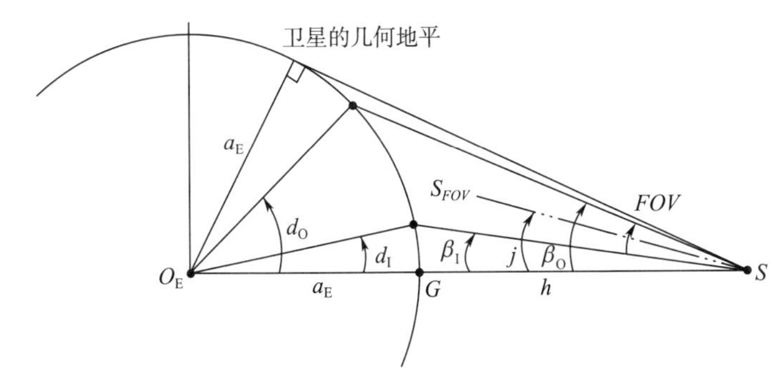

图8-38　测量设备斜视时对地球的覆盖

覆盖带宽$S_{\omega j}$为

$$S_{\omega j}=R_E(d_O-d_I) \tag{8-102}$$

8.6　星下点轨迹的照明

当飞船上的航天员对地面目标进行观测或摄影时，除地面目标要被飞船覆盖外，还应有良好的光照条件。通常飞船轨道不高，其观测视野或覆盖角不大，故为研究方便，可近似地将地面目标看作是点目标，则地面目标对日光照明的要求可看成是星下点照明的要求。

一般情况下，当飞船沿轨道运行一圈时，总有一段星下点轨迹为日光照明，而余下段星下点轨迹处于地球的阴影之中，如图8-39所示。星下点轨迹为日光照明的弧段称为可见弧段，反之称为不可

见弧段。在可见弧段上任一点，太阳对该点的天顶的角距（简称天顶距）δ 满足

$$\delta \leqslant 90^{\circ} \tag{8-103}$$

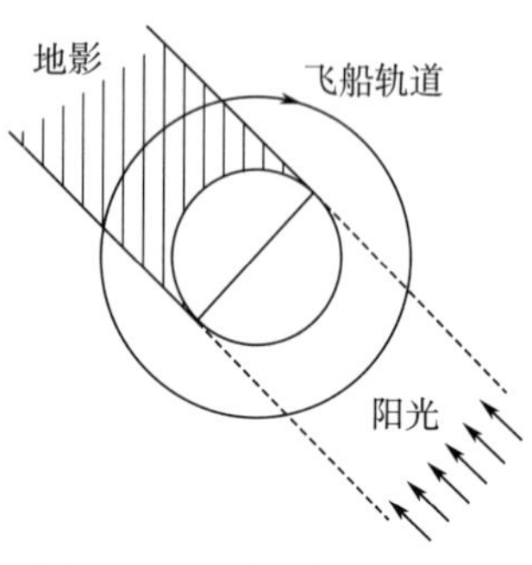

图 8－39　阴影与阳光照明

考虑到对地面目标摄影时，为了获得清晰的照片，则对天顶距有更严的要求。通常，对摄影相片清晰度的要求限定了最大天顶距 δ_0（$\delta_0 \leqslant 90^{\circ}$，一般的人造地球卫星 $\delta_0 \approx 75^{\circ}$），当满足条件

$$\delta \leqslant \delta_0 \tag{8-104}$$

时，即太阳对地面目标的高度不小于 $90^{\circ}-d_0$ 时，可对地面目标摄影。因此下面的讨论将星下点轨迹满足式（8－104）的弧段称为可见弧段，反之称为不可见弧段。

先建立太阳对星下点的天顶距 δ 与轨道要素的关系，然后以此为基础，讨论满足照明要求的轨道设计问题。

8.6.1　星下点的太阳天顶距与轨道要素的关系

星下点的太阳天顶距 δ 取决于太阳和星下点的相互位置，图 8－40 给出了两者的相互位置。在图中⊙表示太阳在地心天球上的投影，s 和 N 分别表示星下点和北极 N 在地心天球的投影，太阳的位置用赤经 $\alpha_{\odot}$ 和赤纬 $\delta_{\odot}$ 表示，星下点的位置用赤经 α_s 和赤纬 δ_s 表示。

在球面三角形 $N{\odot}s$ 中，由球面三角公式可知

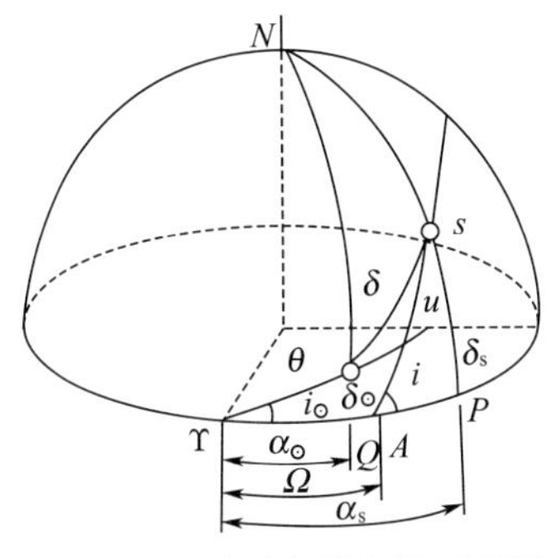

图 8－40　星下点的太阳天顶距

$$\begin{aligned}\cos\delta &= \sin\delta_{s}\sin\delta_{\odot}+\cos\delta_{s}\cos\delta_{\odot}\cos(\alpha_{s}-\alpha_{\odot})\\ &= \sin\delta_{s}\sin\delta_{\odot}+\cos\alpha_{s}\cos\delta_{s}\cos\alpha_{\odot}\cos\delta_{\odot}+\sin\alpha_{s}\cos\delta_{s}\sin\alpha_{\odot}\cos\delta_{\odot}\end{aligned} \tag{8-105}$$

式（8－105）中与太阳位置有关的项 $\sin\delta_{\odot}$、$\cos\delta_{s}\cos\alpha_{\odot}$ 和 $\cos\delta_{\odot}\sin\alpha_{\odot}$ 可表示为 $i_{\odot}$ 和 θ 的函数，$i_{\odot}$ 为黄赤交角，θ 为从春分点起算的太阳在黄道上运行的角度。在球面直角三角形 $\Upsilon\odot Q$ 中，由球面三角公式可知

$$\begin{cases}\sin\delta_{\odot}=\sin i_{\odot}\sin\theta\\ \cos\theta=\cos\delta_{\odot}\cos\alpha_{\odot}\\ \sin\alpha_{\odot}=\tan\delta_{\odot}\,\mathrm{ctan}\,i_{\odot}\end{cases} \tag{8-106}$$

将式（8－106）代入式（8－105）可得

$$\cos\delta=\sin\delta_{s}\sin i_{\odot}\sin\theta+\cos\delta_{s}\cos\alpha_{s}\cos\theta+\cos\delta_{s}\sin\alpha_{s}\sin\theta\cos i_{\odot} \tag{8-107}$$

再将式（8－107）中与星下点位置有关的项 $\sin\delta_{s}$、$\cos\sigma_{s}\cos\alpha_{s}$ 和 $\cos\delta_{s}\sin\alpha_{s}$ 表示成轨道要素 i、Ω 和星下点与升交点的角距 u 的函数，可得

$$\begin{cases}\cos\alpha_{s}=\cos[\Omega+(\alpha_{s}-\Omega)]=\cos\Omega\cos(\alpha_{s}-\Omega)-\sin\Omega\sin(\alpha_{s}-\Omega)\\ \sin\alpha_{s}=\sin[\Omega+(\alpha_{s}-\Omega)]=\sin\Omega\cos(\alpha_{s}-\Omega)+\sin\Omega\sin(\alpha_{s}-\Omega)\end{cases} \tag{8-108}$$

在球面直角三角形 AsP 中，由球面三角公式有

$$\begin{cases}\sin(\alpha_s - \Omega) = \tan\delta_s \operatorname{ctan} i \\ \cos(\alpha_s - \Omega) = \dfrac{\cos u}{\cos\delta_s} \\ \sin\delta_s = \sin i \sin u\end{cases} \tag{8-109}$$

将式（8-108）和式（8-109）代入式（8-107）

$$\cos\delta = A\sin u + B\cos u \tag{8-110}$$

其中

$$\begin{cases}A = \sin\theta \sin i \sin i_{\odot} - \cos i(\cos\theta \sin\Omega - \sin\theta \cos\Omega \cos i_{\odot}) \\ B = \cos\theta \cos\Omega + \sin\theta \sin\Omega \cos i_{\odot}\end{cases} \tag{8-111}$$

由式（8-110）和式（8-111）可知

$$\delta = \delta(\theta, i_{\odot}, \Omega, u) \tag{8-112}$$

其中 θ 为太阳与春分点的角距，也可表示为春分后的日数，故 θ 与日期有关；对于寿命只有几天的低高度飞船，可近似认为 θ 不变。轨道倾角 $i_{\odot}$ 由飞船覆盖要求确定，在讨论星下点照明问题时，认为是已知量。因此星下点照明情况只与轨道面在惯性空间的位置 Ω 以及飞船在轨道上的位置 u 有关。

8.6.2 可见弧段及其纬度范围

在式（8-110）中，令

$$\begin{cases}\sin\varphi = -\dfrac{B}{\sqrt{A^2 + B^2}} \\ \cos\varphi = \dfrac{A}{\sqrt{A^2 + B^2}}\end{cases} \tag{8-113}$$

即

$$\varphi = \arctan\frac{-B}{A} \tag{8-114}$$

式（8-114）中 φ 为已知量，将式（8-113）代入式（8-110）有

$$\frac{\cos\delta}{\sqrt{A^2+B^2}}=\sin(u-\varphi)$$

$d\leqslant d_{\max}$时的弧段为可见弧段，因此可见弧段的 u 满足

$$\frac{\cos\delta_{\max}}{\sqrt{A^2+B^2}}\leqslant\sin(u-\varphi)\tag{8-115}$$

在式（8-115）中，令

$$\beta=\arcsin\frac{\cos\delta_{\max}}{\sqrt{A^2+B^2}}\tag{8-116}$$

其中反正弦函数取主值，β 为已知量，则式（8-116）代入式（8-115），可得可见弧段 u 值的范围为

$$\beta\leqslant u-\varphi\leqslant 180^\circ-\beta$$

令

$$\begin{cases}u_1=\varphi+\beta=(90^\circ+\varphi)-(90^\circ-\beta)\\u_2=180^\circ+\varphi-\beta=(90^\circ+\varphi)+(90^\circ-\beta)\end{cases}\tag{8-117}$$

则可见弧段 u 值的范围可表为

$$u_1\leqslant u\leqslant u_2\tag{8-118}$$

由式（8-117）可知，可见弧段的 u 值关于 $u=90^\circ+\varphi$ 对称，宽度为±（$90^\circ-\beta$），如图8-41所示。

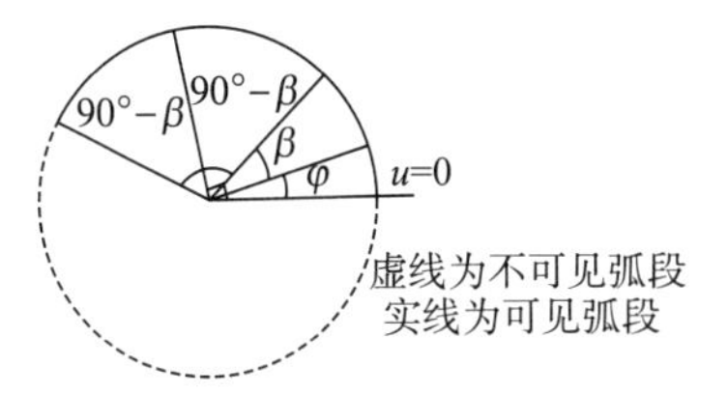

图8-41　可见弧段和不可见弧段

已知 u_1 和 u_2 后，由球面三角公式

$$\varphi=\arcsin(\sin u\sin i)\tag{8-119}$$

可计算出与之相对应的纬度 φ_1 和 φ_2，然后分别按下列情况计算可见弧段的纬度范围。

1）当可见弧段的 u 值中不包括 $u=90^\circ$ 和 $u=270^\circ$ 的点时，则纬度范围为

$$\begin{cases}\varphi_{\min}=\min(\varphi_1,\ \varphi_2)\\ \varphi_{\max}=\max(\varphi_1,\ \varphi_2)\end{cases} \tag{8-120}$$

2）当可见弧段的 u 值中包括 $u=90^\circ$ 的点时，则纬度范围为

$$\begin{cases}\varphi_{\min}=\min(\varphi_1,\ \varphi_2)\\ \varphi_{\max}=i(i\leqslant 90^\circ)\\ \varphi_{\max}=180^\circ-i(i>90^\circ)\end{cases} \tag{8-121}$$

3）当可见弧段的 u 值中包括 $u=270^\circ$ 的点时，则纬度范围为

$$\begin{cases}\varphi_{\max}=\max(\varphi_1,\ \varphi_2)\\ \varphi_{\min}=-i(i\leqslant 90^\circ)\\ \varphi_{\min}=i-180^\circ(i>90^\circ)\end{cases} \tag{8-122}$$

4）因为 $\delta_{\max}<90^\circ$，故可见弧段的 u 值中不会出现既包括 $u=90^\circ$ 又包括 $u=270^\circ$ 的情况。

例 假若在冬至（$\theta=270^\circ$）发射轨道倾角 $i=70^\circ$ 的飞船，当要求星下点的太阳天顶距 $\delta\leqslant 75^\circ$ 时，试求可见弧段及其相应的纬度范围。

解 将已知条件 $\theta=270^\circ$、$i=70^\circ$、$i_\odot=23.5^\circ$ 代入式（8－111），可得

$$A=-0.374\ 7-0.313\ 7\cos\Omega$$

$$B=-0.917\sin\Omega$$

给出不同的 Ω 值，由上式求出相应的 A 和 B 值，然后由式（8－114）和式（8－116）求出对应的 φ 和 β，再由式（8－117）求出对应的 u_1 和 u_2，最后由式（8－119）和式（8－122）求出不同的 Ω 值所对应的纬度范围。在图 8－42 中给出了计算结果。当发射日期和轨道倾角给定后，对于要求的可见弧段纬度范围，可由图 8－42 选择满足这一要求的轨道要素 Ω。

由图 8－42 可看出：

1）在冬至发射的轨道倾角 $i=70^\circ$ 的飞船，北半球可见纬度的最

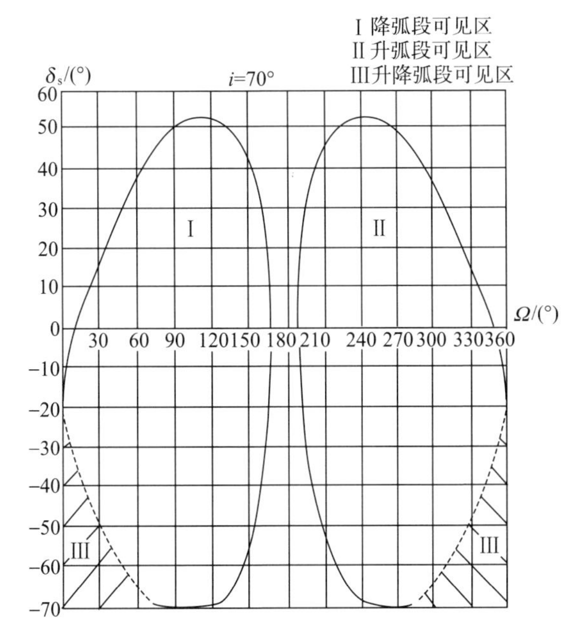

图 8－42　冬至发射飞船时 Ω 与可见弧段纬度范围的关系

大值为 51.5°，而南半球可见纬度的最大值为 70°。这是因为在冬至时，太阳直射南回归线，所以有利于对南半球的高纬度地区进行可见光摄影。若为了对北半球的高纬度地区进行可见光摄影，则发射日期应选择在冬至前后；

2）当 $\Omega=180°\pm15.7°$时，整条轨道无可见弧段；

3）当 Ω 在 115°和 245°附近时，可见弧段对应的纬度范围最大。

8.6.3　星下点照明问题的图解方法

星下点照明问题除用上述解析方法进行研究外，还可用下述图解方法进行研究。虽然图解方法给出的结果精度不高，但可给出清晰直观的图像，并能加深对问题的理解，具有显著的优点。

在图解方法中采用规则网作图法。由方位投影性质可知，在星下点照明问题中，投影中心为北极（或南极），固定点为太阳⊙，与太阳的角距为 δ。$\delta=\delta_{max}$ 的动点在球面上轨迹为小圆，该小圆为太阳照明区，太阳照明区在规则网中的图形也是小圆。取投影中心到太阳的连线为规则网中的 x 轴，则规则网中太阳照明区小圆的圆心和半径可由有关公式求得。

圆心

$$x=\frac{2Rs_1}{c_1+c},\quad y=0 \tag{8-123}$$

半径

$$r=2R\left|\frac{s}{c_1+c}\right| \tag{8-124}$$

其中

$$\begin{cases} c=\cos\delta_{\max},\quad s=\sin\delta_{\max} \\ s_1=\cos\delta_{\odot} \\ c_1=\begin{cases}\sin\delta_{\odot} & \text{当投影中心为北极时} \\ \sin\delta_{\odot} & \text{当投影中心为南极时}\end{cases} \end{cases} \tag{8-125}$$

在冬至，$\delta_{\max}=75°$时的太阳照明区在规则网中的小圆的圆心和半径可先由式（8-123）和式（8-124）计算出（南半球照明区和北半球照区），然后在规则网中画出照明区，如图 8-43 所示。其中，南半球的小圆为 VSV'弧段，北半球的小圆为 VNV'弧段；南半球照明区为 VSV'弧段与赤道 VOV'所围的区域，北半球照明区为 VNV'弧段与赤道 VOV'所围的区域。

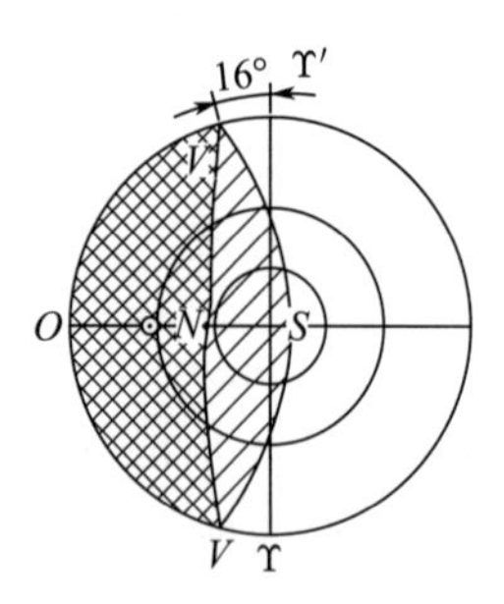

图 8-43　南北半球的太阳照明区

为了用图解法研究星下点照明问题，再取一张透明纸重叠在规则网上，如8.4节所述，做出给定轨道倾角为i的轨道的星下点轨迹，其投影为大圆。在图8-44中画出了$i=70°$的轨道的星下点轨迹，其中DNA为北半球弧段，DSA为南半球弧段。

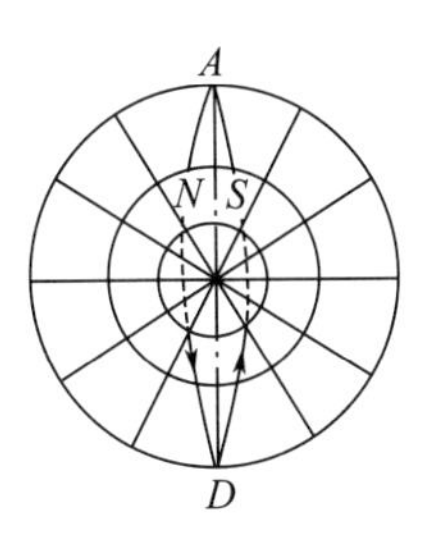

图8-44　太阳照明区与星下点轨迹

将图8-44放在图8-43上，并使两图的投影中心重合，再固定图8-43，使图8-44绕投影中心旋转Ω角，即可得Ω取不同值时的星下点照明情况。对于取定的Ω，求得北半球上VNV'与DNA的交点N'和南半球上VSV'与DAS的交点S'，即可求得星下点轨迹上的可见弧段及其纬度范围。在图8-45中画出了$\Omega=110°$时星下点轨迹的照明情况，$N'DS'$为可见弧段，其纬度范围为51°N～70°S。

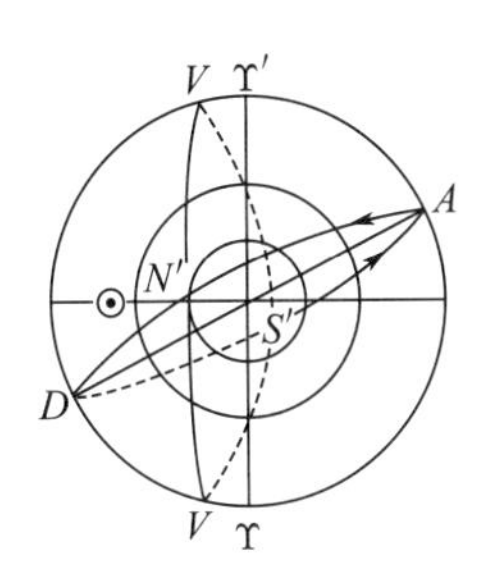

图8-45　星下点轨迹

8.7　飞船受晒与星蚀

8.7.1　受晒与星蚀的概念

阳光照射地球时，在地球背向阳光的一面将产生地影，当飞船飞进地影时，将不受阳光照射，此时称为星蚀；反之，飞船将受阳光照射，称为受晒。阳光对飞船的照射情况将直接影响仪表照明、船上太阳能电池的供电以及飞船温控系统的设计，因此飞船在运行过程中受阳光照射的情况是轨道设计中应考虑的问题，这一问题称为飞船的受晒问题。

飞船的受晒问题将分为以下两种情况，然后分别进行研究。

1）将飞船作为一个质点，研究飞船沿轨道运动过程中的受晒情况，为此引入受晒因子 K_s，K_s 定义为

$$K_s = \frac{T_s}{T_0} \tag{8-126}$$

式中　T_s——飞船在轨道周期中受太阳照射的时间；

T_0——飞船的轨道周期。

飞船的星蚀率 R_S，由式（8－126）可知

$$R_s = 1 - K_s \tag{8-127}$$

2）将飞船作为刚体，研究飞船各部分受晒的情况。当发生星蚀时，飞船各部分均不受阳光照射；但飞船受晒时，并非飞船上的各点均为阳光照射。为此引入阳光与飞船体轴的夹角来描述飞船作为刚体时的受晒情况。

8.7.2　地影

由于太阳的大小以及太阳与地球之间的距离使得射向地球的阳光并不是严格的平行光，因此地球在阳光照射下产生的地影由本影区和半影区组成。本影区是阳光全部被地球遮蔽的区域，半影区是部分阳光被地球遮蔽的区域，如图 8－46 所示。图中 $r_{\odot\oplus}$ 为日地距离，$R_{\odot}$ 为太阳半径，δ_u 和 δ_p 分别称为本影角和半影角，本影角的大小约为 $15.8'$，半影角的大小约为 $16.2'$。地球本影区为一圆锥体，其半顶角为 δ_u，高度近似为 $271R_E$（R_E 为地球半径）。由于 δ_u 和 δ_p 为小角，因此可将地影近似看作为半径等于 R_E 的圆柱体的本影，阳光近似看作平行光。

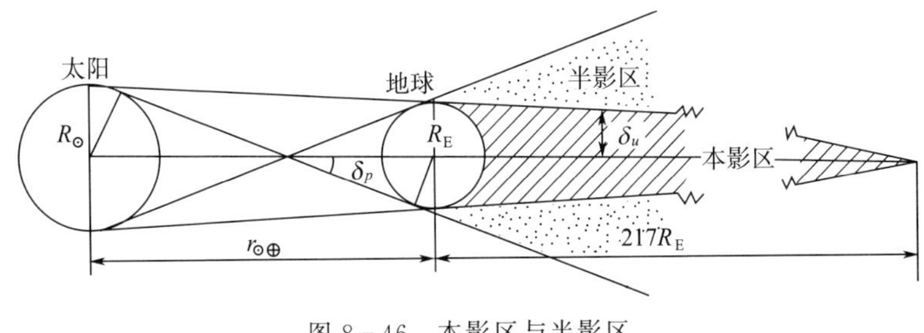

图 8－46　本影区与半影区

8.7.3　受晒因子

当飞船沿圆轨道运动时，其受晒情况较为简单，在此只讨论这种情况，讨论时不计轨道摄动。

先就两个特例进行讨论。

1）阳光直射飞船轨道面，即阳光与飞船轨道的动量矩矢量 $\boldsymbol{h}$ 共线，如图 8－47（a）所示。若将地球与飞船轨道同时向垂直于阳光的平面投影，则如图 8－47（b）所示，地球与飞船轨道的投影均为圆。在该例中，由于阳光与 $\boldsymbol{h}$ 共线，故整条轨道均受晒，因而有

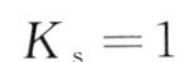

$$K_s = 1$$

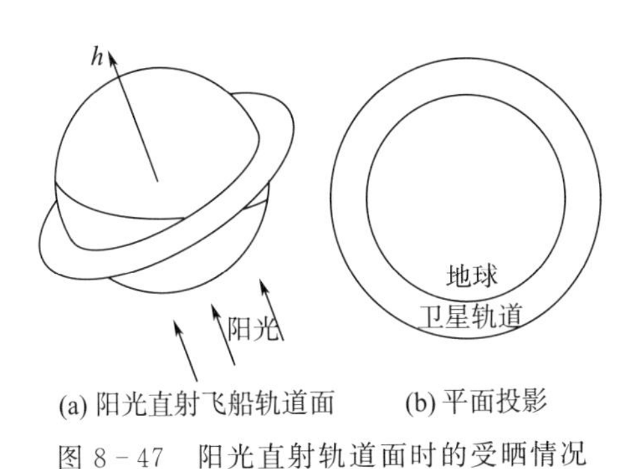

(a) 阳光直射飞船轨道面　(b) 平面投影

图 8－47　阳光直射轨道面时的受晒情况

2）阳光在轨道面内，即阳光与 $\boldsymbol{h}$ 垂直，如图 8－48（a）所示。若将地球与飞船轨道向垂直于阳光的平面投影，则如图 8－48（b）

所示，地球投影为圆，飞船轨道投影为直线。由图 8－48 可知，飞船轨道的 AB 弧段处于地影区，故飞船在此弧段上发生星蚀。

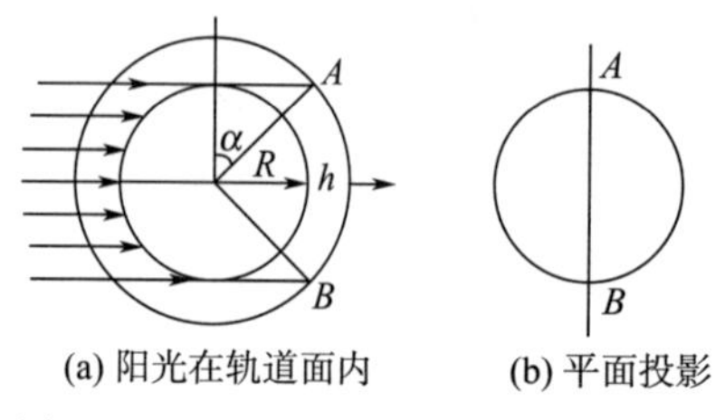

图 8－48 阳光在轨道面内的受晒情况

在图 8－48 中设轨道高度为 h，则

$$\begin{cases} \sin\alpha = \dfrac{\sqrt{2Rh + h^2}}{R + h} \\ \cos\alpha = \dfrac{R}{R + h} \end{cases} \tag{8-128}$$

α 角称为掩星角，$0°\leqslant\alpha\leqslant90°$，其受晒因子为

$$K_s = \frac{90° + \alpha}{180°} = \frac{1}{2} + \frac{1}{\pi}\arcsin\frac{\sqrt{2Rh + h^2}}{R + h} \tag{8-129}$$

由以上两个特例可知，受晒情况取决于太阳、地球和飞船轨道三者之间的相互几何关系。如果将地球和飞船轨道向垂直于阳光的平面投影后再研究受晒问题，则问题可得到简化。

设 η 为飞船轨道动量矩 $\boldsymbol{h}$ 与地日连线（即阳光的反方向）之间的夹角，则在特例 1 中，$\eta=0°$或 $180°$，在特例 2 中 $\eta=90°$，而在一般情况下为 $0°\leqslant\eta\leqslant180°$。

现在讨论一般情况下的受晒问题。在一般情况下，将地球和飞船轨道向垂直于阳光的平面投影，地球的投影为半径等于 R 的圆；而圆形飞船轨道的投影为椭圆，椭圆的中心为地心，椭圆的长半轴为 $(R+h)$，椭圆的短半轴为$(R+h)|\cos\eta|$，在图 8－49（a）中画出了两者的投影。

由图 8－49（a）可知，地球的投影方程为

$$x^2+y^2=R^2 \tag{8-130}$$

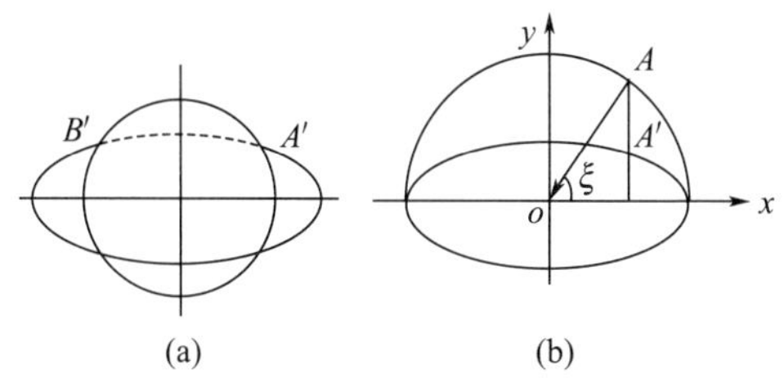

图 8-49　受晒因子的计算

轨道的投影方程为

$$\frac{x^2}{(R+h)^2}+\frac{y^2}{[(R+h)\cos\eta]^2}=1 \tag{8-131}$$

1）在图 8-49（a）中，若椭圆与圆无交点，则飞船恒为阳光照射，$K_s=1$。

这发生在椭圆短半轴大于（或等于）地球半径 R 时，即当

$$(R+h)^2\cos^2\eta\geqslant R^2$$

即

$$\sin\eta\leqslant\frac{\sqrt{2Rh+h^2}}{R+h} \tag{8-132}$$

由式（8-128）第一式可知，式（8-132）可写为

$$\sin\eta\leqslant\sin\alpha \tag{8-133}$$

因此当

$$\begin{cases}\eta\leqslant\alpha & (0\leqslant\eta\leqslant 90^\circ)\\ \eta\geqslant 180^\circ-\alpha & (90^\circ\leqslant\eta\geqslant 180^\circ)\end{cases} \tag{8-134}$$

时，$K_s=1$。

2）在图 8-49（a）中，若椭圆与圆有交点，则将发生星蚀，$K_s<1$。

设两者的交点为 A' 和 B'，其坐标分别为 $A'(x_1, y_1)$ 和 $B'(-x_1, y_1)$。式（8-130）和式（8-131）联立，可解得交点纵坐轴 y_1（y_1 取正值）为

$$y_1 = \sqrt{2Rh + h^2} \left| \operatorname{ctan}\eta \right| \tag{8-135}$$

对于飞船轨道投影所得的椭圆而言，飞船轨道本身为其大椭圆，如图 8－49（b）所示。由这一关系可求得 A'和 B'所对应的飞船轨道上的 A 和 B 的纵坐标 y

$$y = \frac{y}{\left| \cos\eta \right|} = \frac{\sqrt{2Rh + h^2}}{\sin\eta} \tag{8-136}$$

从而可求得 OA 与 x 轴的夹角 ξ

$$\xi = \arcsin \frac{y}{R + h} = \arcsin \frac{\sqrt{2Rh + h^2}}{(R + h)\sin\eta}$$

将式（8－128）第一式代入上式，则有

$$\xi = \arcsin \frac{\sin\alpha}{\sin\eta} \tag{8-137}$$

由于圆轨道上的 AB 弧段为星蚀弧段，因此在一般情况下的受晒因子 K_s 为

$$K_s = \frac{1}{2} + \frac{\arcsin \dfrac{\sin\alpha}{\sin\eta}}{180^\circ} \tag{8-138}$$

由式（8－138）可知，受晒因子的大小取决于 $\sin\alpha$ 和 $\sin\eta$。

由式（8－128）可知，卫星轨道高度 h 增大，则 $\sin\alpha$ 增大，从而 K_s 增大。

为了分析影响 η 的因素，故作图 8－50。

图 8－50 中 P 为轨道动量矩 $\boldsymbol{h}$ 与地球的交点，过北极 N 和 P 点的大圆交赤道于 Q 点，Q 点与轨道升交点的角距为 90°，P 点与北极的角距为 i，$\odot$为太阳。在球面三角形 $N\odot P$ 中，由球面三角公式可得

$$\cos\eta = \cos i \sin\delta_\odot + \sin i \cos\delta_\odot \sin(\Omega - \alpha_\odot) \tag{8-139}$$

式中　$\delta_\odot$，$\alpha_\odot$——分别为太阳的赤纬与赤经。

用式（8－106）可将 $\delta_\odot$和 $\alpha_\odot$以 θ，$i_\odot$表示，将式（8－106）代入式（8－139）则有

$$\cos\eta = \cos i \sin i_\odot \sin\delta + \sin i \sin\Omega \sin\theta - \sin i \cos i_\odot \sin\theta \cos\Omega \tag{8-140}$$

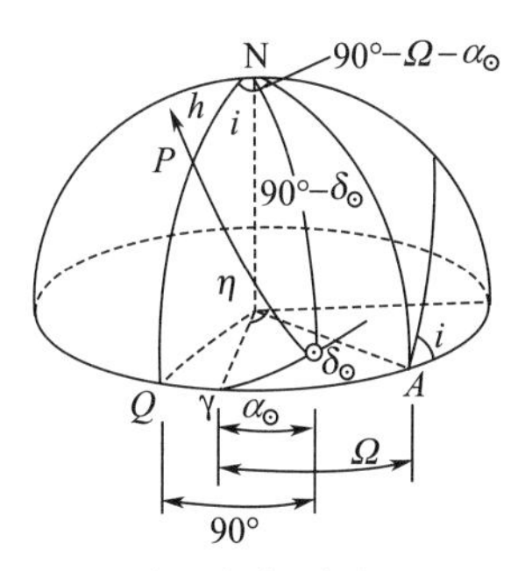

图 8－50　太阳与轨道动量矩的夹角

由式（8－138）、式（8－127）和式（8－139）可知

$$K_s = K_s(h, i, \Omega, \theta) \tag{8-141}$$

即在一般情况下受晒因子与轨道高度、轨道倾角、升交点赤经以及日期有关。

圆轨道飞船的受晒问题亦可依照上节中求可见弧段的图解方法，在规则网中作图进行研究。

椭圆轨道受晒因子的计算与分析比圆轨道复杂一些，在此不作讨论。

8.8　飞船上观测到的地面景象

本章前面部分主要从理论上讨论了飞船在轨观测的有关问题，那么飞船上的航天员观测到的究竟是一种什么样的地面景象。让真正有过体验的航天员来回答这个问题是最合适的，下面就引用苏联著名航天员 B•A•沙塔洛夫在《宇宙之路》一书中，以亲身的体验对在飞船上看到的地球和宇宙的壮丽景象所作的绘形绘声的描述，可以作为对该问题的回答。

“我小心翼翼地解开安全带。轻而易举地离开座椅，开始飘浮……我尽量向舷窗靠近。

我终于第一次从太空中看到了地球，它几乎全部被云层包围，地平线稍微有点模糊，其上空延伸着一条明亮的蔚蓝色云带。橙红色的太阳落到地球后面去了，它发出了像钢水般的耀眼红光，光芒四射，这是我从未看见过的非凡景象。

我又向舷窗靠近一些，突然看见旁边有一个巨大的物体。是飞碟吗？不是，这只不过是刚刚脱落的第三级火箭。它就在旁边飞，并且慢慢地旋转着。摇摆着的电线、发动机的喷管等都清晰可见。

在夕阳的光线下，火箭显得十分壮观，我感到可惜的是，手边没有电影摄影机和照相机，不能把这神话般的景象拍下来。

突然，一下子全黑了下来。这时飞船进入了地球的阴影带。从舷窗向外看去是黑暗的深渊，星斗满天。宇宙中的星辰更亮，它们不闪动，而是发出平稳的冷光。

我想识别一下星辰，很快就认出了一些熟悉的星座和单独的星星。首先找到了猎户星座，离它不远是双子座的北河二和北河三，再远一点是金牛座。天狼星——地球北半球最亮的星在大犬座中闪闪发光。

……飞船在南半球飞出阴影带……

进入轨道之后，飞船在一个严格限定的平面上飞行，其空间位置几乎不变。飞船围绕地球飞行的平面与地球赤道平面保持一定的角度。在这种情况下，轨道倾角为 51°40′。如果地球是静止的，则我的飞船每一次都会飞过地球上的同一些地点。但地球是转动的，它每昼夜旋转一周（360°），而我的飞船飞一圈用 88 min，在 88 min 里，地球向东旋转 20°。因而，在飞完第一圈时，我已经不在拜科努尔上空，而是在黑海地区了。

……

我现在的飞行速度是 28 000 km/h，可是我感觉不到有速度。地球上的景物在我的下方慢慢地飘过，就和在飞机上一样。只不过地平线要广阔得多，因而我能看到地面上更广大的地区。例如，整个黑海或马达加斯加群岛、整个堪察加或整个澳大利亚，只要没有云层遮盖，都能看见。

当然，在高度为200 km到300 km的地球卫星轨道上，不能看见整个地球，但地表面的曲度却清晰可见，地平线具有明显的凸弧形。

……

当地球没有被云层遮住时，根据‘地球飞行的方向’定向并不很困难。经常可以找到明显的目标，并通过瞄准器的屏幕加以跟踪。

……我向舷窗外看了看，舱外正是黑夜—飞船轨道又处在太阳的背阴面。‘地球仪’表明，我正位于澳大利亚某地区上空。

可这是什么呢？我看见明亮的闪光，不知是什么。闪光的地方正好应该是地球。凡是目光所及的黑暗空间，一瞬间都布满了几十道明亮的闪光，它们射向四面八方，遍及广大地区。它们一会儿出现在这里，一会出现在那里，与其说是闪电，不如说是大炮轰击时的闪光或几十颗原子弹爆炸时的闪光。想到这一点我感到很不愉快，甚至害怕。

我又向舷窗外看了看。大概飞船已经飞过热带的雷雨区。黑暗的天空中闪着星光。我想找一找熟悉的星座，但南半球的天空中我所熟悉的星座并不太多。

飞船刚刚飞出阴影，窗外的景色是迷人的。我正在海洋上空飞。起初它显得颜色很深，几乎是黑的，但很快就变了。太阳升得越高，海洋就越明亮。现在它已经闪着蓝灰色的光，接着又出现绿的色调、蔚蓝的色调……根据远洋轮船船尾泛起的波纹，可以确定它们的航向。能清楚地看到海岸线和白色的潮汐。古巴显得格外地美：整个岛屿清晰可见。岛的上空悬着一团白得刺目的云彩。四周海水的颜色像孔雀石的色调。有几条飞机飞过时留下的烟痕。

……地球显得并不像我在童年时所想象的那样巨大，至少不是无边无际的。用一个半小时就能围着它飞一圈。我所看到的山脉和大型地球仪上的一样。在我的下方闪过一个个国家，和地球仪及地图上的不同之处是看不见它们之间的分界线。

使我最惊奇的恐怕是地球大气层了。这个空气的海洋历来使我感到无边无际。但从宇宙中看，地球的这个空气外壳显得很薄，令人不相信它能够保护我们不受宇宙射线和流星群的致命袭击，不相信它能够给地球上的几十亿居民以及生物界和工业、运输业提供那么多氧气。

我提醒一下：地球的直径大约12 000 km，而大气层厚度仅为20 km到30 km。如果假定地球直径为1.2 m，则大气层最稠密的部分就只不过是2 mm到3 mm厚的一个小薄层了。

我这次飞行的头一昼夜过去了。地球绕地轴转了一整圈，我又应当飞越我的轨道起点—火箭发射场拜科努尔。此时，那里正在准备发射联盟5号飞船。发射场上的广播声我听得很清楚。

在这段时间里，飞行领导人不让我干任何工作，使我有空闲时间来静静地观察地球。

发射场上空万里无云，在广阔的多雪平原中我看到了它。发射台清晰可见，还可看见大型建筑物……

第9章　星际飞行轨道

飞上太空，遨游宇宙，这是人类长久以来的愿望。如今，随着火箭推进技术的巨大发展，人类的这种美好愿望已逐渐成为了现实。目前已有各种各样的航天器正在或曾在太空中飞行，这些航天器除了常见的人造地球卫星、载人飞船与空间站外，还有很多是飞向月球的探测器、登月飞船及飞向太阳系其他行星的各种飞行器。这表明，奔月与行星际飞行已成为当代航天技术不可缺少的一部分。因此，从事航天事业的技术人员或航天员应对其运行情况有所了解，本章重点介绍奔月和行星际飞行轨道。

9.1　概述

月球是离地球最近的天体。作为地球的卫星，其以一定的周期周而复始地绕地球旋转。由于其自转周期与绕地球旋转周期相同，所以其总有一面对着地球。月球的另一面是什么样子，是由什么元素组成的，这些问题自古以来就是人们探索的问题。嫦娥奔月的故事就反映了我国古代劳动人民对月宫进行探索的愿望。

月球轨道的平均半径约为384 400 km（或60.27倍地球半径），因此登月飞行不仅是几千年来人们梦寐以求的向往，还是进行行星际飞行的一种全面锻炼，从而为人类进行太空深处的探索打下技术基础。

自1969年人类乘坐阿波罗飞船首次登上月球以后，登月和行星际飞行得到了进一步的发展。目前人们对登月飞行和行星际空间飞行不再感到陌生，甚至报道科学家设想人类移居火星这样的事情也没有人会感到不可思议。航天技术的发展速度远远超出了人们的想象，现今，地球的外空间再也不是可望而不可及的禁区，已是人类活动的新舞台。

从速度角度考虑，只要获得足够大的飞行速度和必要有效的定向精度，保证奔月飞行器按预期目的靠近月球，奔月就能实现。而从地球上发射航天器并对其加速，使其速度大于当地逃逸速度，这样航天器就会沿着一条双曲线轨道离开地球，奔向太空，从而实现行星际飞行，完成感兴趣的飞行任务。

然而无论是奔月还是行星际飞行，一般都涉及与另一行星（或月球）相遇，典型的飞行任务有如下 3 种：

1）近距离飞越行星（或月球）任务，此时飞船在目标行星（或月球）附近飞过；

2）绕行星（或月球）轨道飞行任务，此时飞船需用火箭发动机减速以进入绕行星（月球）运行的轨道；

3）登星（月）飞行任务，此时飞船必须靠大气制动或用火箭发动机减速，使其相对行星（月球）表面的末速度降到最小。

很明显，为了精确细致地计算奔月和行星际飞行轨道，飞船的运动必须作为多体问题来考虑。

对于奔月轨道，显然存在两个引力中心；而对于行星际飞行轨道，必须考虑太阳和目标行星的引力、月球和其他许多行星的引力及太阳的辐射压力。前面章节已经提到，多体问题求解十分复杂，但飞行任务又要求飞船到达目标行星（月球）的时间、飞船相对目标行星（月球）的位置和速度都必须严格符合所规定的值，因此人们必须精确地确定飞行器的入轨条件。目前只能用迭代法寻求问题的解。

对行星际飞行，迭代过程的第一步是假设行星际飞行轨道是地心和目标行星间日心圆锥曲线的一部分；在确定出可能的轨道范围之后，再进一步假设行星际飞行轨道可以分成 3 段开普勒轨道，然后再进行计算。即在地球的影响范围之内，把轨道看作是地心双曲线；而在目标行星的影响范围之内，把轨道看作是行星心双曲线；

飞行轨道的中间部分，可以用一段日心圆锥曲线来近似表示，上述做法就是通常所说的拼凑圆锥截线法。需注意的是，实际上在宇宙空间中并不存在上述互相不会渗透的引力影响边界，故采用这种做法会产生一些误差；但研究表明，这种拼凑圆锥截线法带来的误差不大，可以足够精确地估计初始速度大小和飞行时间的长短。

对奔月飞行，也可以用拼凑圆锥截线法作首次近似。但由于月球很靠近地球，因此两个物体实际上是相互绕着运动的，这样所得结果的精度就比计算行星际飞行时差。事实上，计算返回地球轨道时，这个方法是不能令人满意的，因为对月球重力处理得不好，近月点高度也不能精确预计。但这种方法对于偏离路径的 ΔV 的计算来说是好的，可以用来认清奔月飞行中的问题。如在到达月球距离之前忽略月球的影响球，则可以使拼凑圆锥截线法进一步得到简化。

9.2　奔月轨道

9.2.1　引力影响球

根据牛顿万有引力定律，航天器在行星际航行中同时受到太阳和其他行星的引力作用，因此计算航天器的精确轨道是很复杂的。但是各种事物都有主要矛盾和次要矛盾，在航天器的飞行过程中，作用在其上的各种引力必然有一个是起主要的决定作用，其余的起着辅助的作用。在轨道的初步设计中，可以抓住这个主要引力进行分析，把行星际航行轨道的计算化简为天体力学中的二体问题。

为了找出作用在航天器上的主要引力的边界，需要引进一个所谓引力作用球的概念。航天器在行星的引力作用球范围内飞行时，只考虑该行星的引力作用，略去其他星体及太阳引力影响；相反，航天器在行星引力作用球外飞行时，只考虑太阳的引力作用，略去行星引力的影响。

下面给出具体求引力作用球半径的方法。

设 P_1 为地球，P_2 为太阳，P_3 为航天器。地球质量为 M，太

阳质量为 m_2，航天器质量为 m_3，航天器与地球、太阳几何关系如图 9－1 所示。

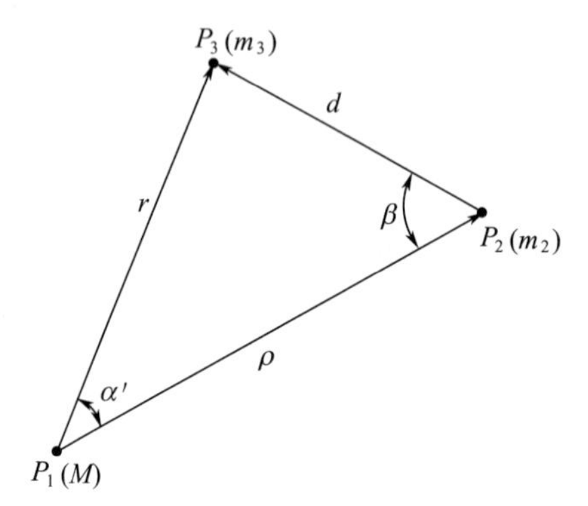

图 9－1　航天器与地球、太阳几何关系图

航天器相对地球的运动为

$$\frac{\mathrm{d}^2 r}{\mathrm{d}t^2}+\frac{G(M+m_3)}{r^3}r=-Gm_2\left(\frac{d}{d^3}+\frac{\rho}{\rho^3}\right) \tag{9-1}$$

航天器相对于太阳的运动为

$$\frac{\mathrm{d}^2 d}{\mathrm{d}t^2}+\frac{G(m_2+m_3)}{d^3}d=-GM\left(\frac{r}{r^3}+\frac{\rho}{\rho^3}\right) \tag{9-2}$$

式中　G——万有引力常数。

航天器相对地球运动时，地球引力是主要的作用力，太阳引力是摄动力。摄动力 F_{S} 和地心引力 F_{M} 之比为

$$\frac{F_{\mathrm{S}}}{F_{\mathrm{M}}}=\frac{m_2}{M+m_3}\left(\frac{r/\rho}{d/\rho}\right)^2\left[1-2\left(\frac{d}{\rho}\right)\left(1-\frac{r}{\rho}\cos\alpha\right)+\left(\frac{d}{\rho}\right)^4\right]^{1/2} \tag{9-3}$$

同理可得航天器相对于太阳运动时，摄动力 F_{S} 与日心引力 F_{SO} 之比为

$$\frac{F_{\mathrm{S}}}{F_{\mathrm{SO}}}=\frac{M}{m_2+m_3}\left(\frac{r}{\rho}\right)^{-2}\left[1-2\left(\frac{r}{\rho}\right)\cos\alpha+\left(\frac{r}{\rho}\right)^2\right]\left[1-2\left(\frac{r}{\rho}\right)^2\cos\alpha+\left(\frac{r}{\rho}\right)^4\right]^{1/2} \tag{9-4}$$

令式（9-3）与式（9-4）相等，考虑到$m_3 \gg M \gg m_2$、$r \gg \rho$，可得

$$\frac{r}{\rho}=\left[\left(\frac{m_2}{M}\right)^{2/5}(1+3\cos^2\alpha)^{1/10}+\frac{2}{5}\cos\alpha\frac{1+6\cos^2\alpha}{1+3\cos^2\alpha}\right]^{-1} \tag{9-5}$$

注意到式（9-5）右边第二项远小于第一项，且$1<(1+3\cos^2\alpha)^{1/10}<1.15$，故用1取代$(1+3\cos^2\alpha)^{1/10}$，略去式（9-5）中右边第二项，则有

$$\frac{r}{\rho}\approx\left(\frac{M}{m_2}\right)^{2/5} \tag{9-6}$$

式（9-6）给出了航天器相对于地球和太阳运动时，地球引力作用球半径r的计算公式。太阳系内的各个行星都有一个相对于太阳的引力作用球。由式（9-6）可算出地球引力作用球的半径r为

$$r=\rho\left(\frac{M}{m_2}\right)^{2/5}=1.495\times10^8\times\left(\frac{3.969\times10^5}{1.329\times10^{11}}\right)^{2/5}=922\ 000\ \text{km} \tag{9-7}$$

这里必须指出，地球引力作用球的半径并不是地球引力和太阳引力相等处的距离，而是在地球引力作用球内略去太阳的引力所造成的百分误差与在地球引力作用球外略去地球引力所造成的百分误差相等处的距离。

9.2.2 登月飞行引述

奔月轨道的形式取决于所要解决的飞行任务，通常的飞行任务包括：飞越月球双曲线轨道、绕月飞行进入月球卫星轨道、击中月球或在月球表面着陆，所有这些统称为月球接近。为了明确起见，常把飞船达到月球作用范围内空间任一点上的飞行称为月球接近。

飞船到达月球引力作用范围并向月球飞行时，主要受到月球引力的作用，所以向月球接近就不是飞船的速度矢量等于月球绕地球运行的速度矢量的简单问题；也就是说，不能把向月球接近的轨道看作是近地空间两航天器交会的轨道来处理。但是为了研究飞向月

球的基本规律，可将月球接近的轨道问题简化，认为月球是一个位于月球中心的无引力的质点，该质点的质量为月球的质量，其绕地球运行的轨道是一个圆。在此基础上，再考虑月球轨道的椭圆度、月球的大小和引力以及太阳引力等的影响，并加以修正。

飞船与月球相遇的轨道，可以采用直线、椭圆、抛物线或双曲线轨道，只要根据月球在其轨道上的位置，选择合适的发射时间和位置，使飞船轨道与月球轨道相交或相切即可，如图 9－2 所示。

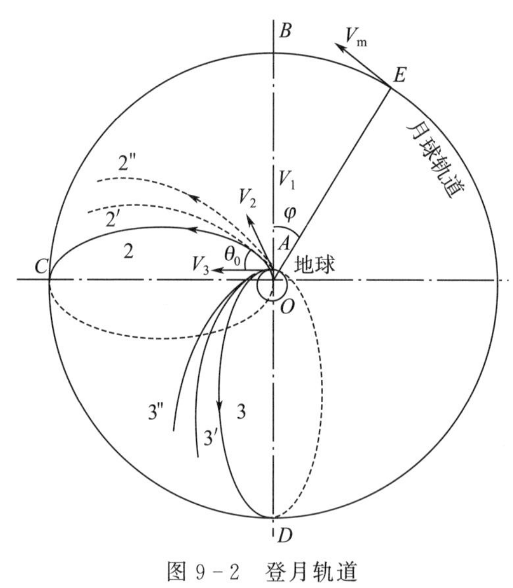

图 9－2　登月轨道

若要飞船在月球上降落，则选择登月轨道的基本原则是既要安全着陆，又要节省能量。

为了说明问题，在此从简单情况入手，先讨论平面问题，即假定飞船轨道平面与月球轨道平面重合，也就是所谓共面轨道问题。

在图 9－2 中，假定地球上某点 A 给载人飞船提供了不同方向的初始速度，使其与月球相交。设直线 1 与月球轨道相交于 B 点，则角$\angle AOE=\varphi$，月球绕地球轨道的平均半径为 r_m，月球运行的速度大小为 V_m，月球从 E 点到 B 点的运动时间为 t，这个时间应和飞船

从 A 点飞到 B 点所需时间相等。即

$$t=\frac{r_{\mathrm{m}}\varphi}{V_{\mathrm{m}}} \tag{9-8}$$

如果 t 已知，则 φ 为

$$\varphi=\frac{V_{\mathrm{m}}t}{r_{\mathrm{m}}} \tag{9-9}$$

因此，E 点就是发射载人飞船的提前瞄准点。

为了节省能量，理想的登月轨道是飞船以最小初始垂直速度飞行，在到达 B 点时速度又降为零。若 A 点在地球表面上这个最小速度值等于 11.09 km/s，或 A 点在 200 km 高空时最小速度值为 10.9 km/s，就可以用垂直的初始速度沿着直线 1 到达月球。

如果以相同的速度倾角 θ_0 及大小不等的初始速度从 A 点发射载人月球飞船，则随着速度大小的变化可以得到轨道 2、2′和 2″（见图 9-2）。其中，远地点落在月球轨道上、与月球轨道相切于 C 点的轨道 2，显然是在给定速度方向下的最小速度轨道。

如果在水平方向以大小不同的初始速度从 A 点发射载人月球飞船，随着速度大小不同可得轨道 3、3′和 3″。其中，最小速度轨道是半椭圆轨道 3，其远地点在月球轨道上，近地点就是发射点。

为使飞船与月球相交，要计算出飞船的提前瞄准角。设椭圆轨道的周期为 T，从 A 点飞到 D 点的时间为半个周期 $0.5T$，故提前瞄准角为

$$\varphi=\frac{V_{\mathrm{m}}\,\dfrac{1}{2}T}{r_{\mathrm{m}}}=\frac{V_{\mathrm{m}}\pi\sqrt{\dfrac{a^{2}}{\mu}}}{r_{\mathrm{m}}} \tag{9-10}$$

又

$$a=\frac{1}{2}(r_{\mathrm{m}}+R_{\mathrm{E}}) \tag{9-11}$$

故

$$\varphi=\frac{\pi V_{\mathrm{m}}}{2\sqrt{u}\,r_{\mathrm{m}}}\sqrt{\frac{1}{2}\,(r_{\mathrm{m}}+R_{\mathrm{E}})^{3}} \tag{9-12}$$

式中　R_E——地球半径。

由活力积分公式可得

$$V^2 = \mu\left(\frac{2}{r} - \frac{1}{a}\right) \tag{9-13}$$

$$V_2^2 = \mu\left(\frac{2}{R_E} - \frac{2}{r_m}\right) = 2\mu\left(\frac{1}{R_E} - \frac{1}{r_m}\right) \tag{9-14}$$

$$V_3^2 = \mu\left(\frac{2}{R_E} - \frac{2}{r_m + R_E}\right) = 2\mu\left(\frac{1}{R_E} - \frac{1}{r_m + R_E}\right) \tag{9-15}$$

显然

$$V_3 > V_2 \tag{9-16}$$

所以，沿椭圆轨道 3 飞行时所需的初始速度 V_3 大于沿椭圆轨道 2 飞行时所需的初始速度 V_2（其中 V_1 是 V_2 的特例，且 $V_1 > V_2$）。实际上这是因为轨道 3 的半长轴大于轨道 2 的半长轴，但半长轴 a 值的差别很小。计算表明 V_2 和 V_3 之差小于 1.6 m/s，因此可以把所有与月球轨道相切的轨道统称为最小速度轨道，并同时认为各个方向的速度值是相同的。也就是说，对于从地面开始作被动飞行的理论情况，最小速度值等于 11.09 km/s；对于实际 200 km 的初始高度（可选其他值），最小速度值为 10.9 km/s。理论分析和实际工作表明，从推进剂消耗的观点来看，在所有最小速度轨道中最合理的是半椭圆轨道。

选择轨道时飞行时间很重要，飞行时间与飞行的初始速度有关。计算表明，只要最小速度增加 0.05 km/s，飞行时间就可缩短一半；当初始速度等于抛物线速度时，飞行时间为两天。所以只要稍减少有效载荷，或稍增加运载火箭的推进剂质量，就可大大缩短飞行时间。

但要注意的是，只有发射点位于月球轨道平面上时，才有可能沿“平面”的登月轨道飞行；如果发射点不在月球轨道平面内，飞船就要作侧向的机动，因而会增加推进剂消耗。

月球轨道平面实际上与地球赤道平面有一个倾角，这个倾角缓慢地发生周期性变化，半周期为 9.3 年。例如，1959 年 12 月末至 1978 年 8 月，此倾角为 $18°10'$；9.3 年之后，到 1969 年 3 月末至 1987 年 11 月初，该倾角就增加到 $28°16'$，然后又开始减小。考虑到地球赤道平面与黄道平面的倾角为 $23°27'$，因此月球轨道平面与黄道平面的倾角约为 $5°8'$。据此，可以得出一个简单的结论：向月球接近，只有发射点位于赤道附近时，才有可能使登月飞船在月球轨道平面内飞行。

最后还必须强调说明以下几点。

1）上述登月轨道假定为平面轨道，并将月球看做是一个无引力的质点。实际上，月球是一个有引力的星体，其直径为 3 474 km，质量是地球质量的 1/81.3，与此相应的引力常数 $\mu_m = 4.903 \times 10^3 km/s^2$。因此，当飞船飞行到月球的引力相对于地球的引力不能忽略的范围时，应考虑月球引力的作用。特别是在月球着陆时，必须考虑月球引力加速度对飞船着陆的影响，着陆速度应满足软着陆的要求。

2）月球绕地球运行的轨道可近似认为是半径为 384 400 km 的圆形轨道。而实际上月球是沿椭圆轨道运行的，其近地点距离为 363 300 km；有时由于太阳引力的摄动，月球和地心之间的最小距离小于 360 000 km。而其远地点为 405 500 km，也就是说，这些距离与平均值相差 21 100 km。因此在具体计算登月轨道时，应考虑月球轨道的椭圆度，还应计及地球扁率、太阳和行星产生的各种摄动力的影响。

3）实际发射的载人飞船，不是以地球表面作为起始点 A 的，而是在停泊轨道上沿双切轨道（转移轨道）飞行，最后到达月球附近与月球交会。但这种双切轨道仍以地心作为焦点。补充说明一点，若载人飞船沿轨道 2、$2'$或 $2''$飞行，重力损耗较大，实际上是不经济的。

从图 9－2 中可看出，假设 A 点是轨道转移的开始点，则 A 与地心 O 的连线和 B 点与地心 O 的连线之间的夹角，即 $\angle AOB$，称为行程角；同理$\angle AOC$和$\angle AOB=180°$也是行程角。行程角越大越有利，即所需初始速度就越小。

4）发射场的地理位置一般不可能与月球轨道平面重合，因此登月轨道是一个空间轨道的交会问题。这就大大限制了轨道的选择余地，增加了制导的复杂性。

9.2.3 地-月系统及月球运动的不规则性

月球运动的复杂性，在推动现代精确天文学的发展中发挥了重大的作用，而现代天文学的发展也使我们对月球有了更深入的了解。为了更确切研究奔月轨道，需精确了解月球的运动，故在此较详细地介绍地月系统和月球运动的某些不规则性。当然，对于实际的登月轨道而言，这仍属于一种近似的论述。

奔月轨道与前面章节所研究的、绕中心引力体的运动轨道不同。其存在两个引力中心，而且还与地球与月球质量的相对大小有关。虽然月球的质量为地球质量的1/81.3，但该质量比仍远远大于太阳系中任何其他双星系的质量比，因此地月系统是一个比较特殊的系统。实际上地月系统近似于一对双行星系统。

人们常说月球绕地球旋转，这种说法并不准确，应该说月球与地球两者绕其质量中心运动。月心到地心的平均距离是384 400 km，月球的质量是地球质量的1/81.3，因此地月系统质量中心位于距地心4 671 km处。

地月系统的运动是复杂的，其质心每年绕太阳一周，月球和地球每27.3天绕该质量中心旋转一周。故当从地球上（而不是从地月系统质量中心）观察天体时，天体的黄经就呈现出以27.3天为周期的起伏变化。

月球轨道的周期也不是常数，而是在不断地缓慢增大中，同时地月之间的距离也在缓慢地增大。天文学家达尔文认为，因月球的存在引起地球海洋潮汐的凸起部分随地球自转而向东落下，这使地球引力中心发生漂移，偏向地球和月球质量中心连线的东边，如图

9-3 所示，从而形成一个沿轨道切向的加速度分量，使月球运动速度逐渐增大，造成轨道的半通径逐渐增大。

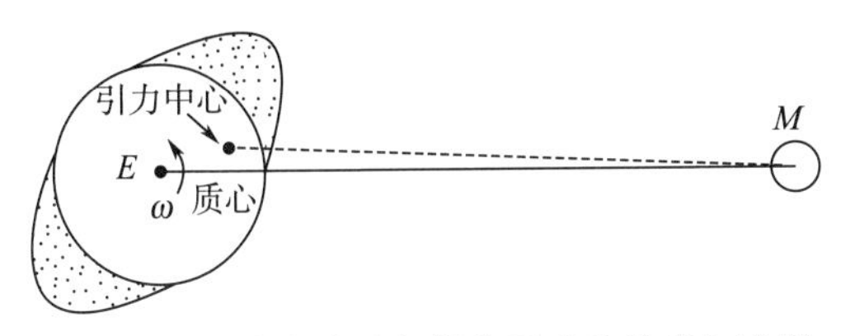

图 9-3　地球潮汐凸起部分形成的月球加速度

由前面章节可得知，天体运动的轨道特性由基本轨道要素来描述，且二体问题的轨道要素是常数。而对于月球轨道，由于太阳的摄动影响，其轨道要素随着时间而不断变化，但这些要素在任何特定时刻的数值都可以在航海天文历等月历表中查到。

为了说明月球运动的复杂性，下面简要介绍一下扰动影响。

1）月球轨道长半轴的平均值是 384 400 km。相对于恒星，月球绕地球转一整圈的平均时间是 27.316 61 天。由于太阳的扰动，该周期的变化（恒星时）可达 7 h。

2）月球轨道的平均偏心率是 0.054 900 489，每 31.8 天轨道偏心率就出现一次小的周期变化。

3）月球轨道面与黄道面（地球轨道面）间的平均倾角约为$5°8'$，月球轨道面与黄道面的交线称为交点线，其向西转动，旋转周期为 18.6 年。

4）月球轨道与黄道面的倾角平均值为 $5°8'$，实际值在 $4°59'$～$5°18'$之间变动；地球赤道面与黄道面的倾角是 $23°27'$。除了地球自转轴以周期 26 000 年作缓慢进动外，赤道平面是比较稳定的。

如图 9-4 所示，由于月球交点线的旋转，赤道面与月球轨道平面间的夹角在变化。当升交点线转到与春分方向一致时，月球轨道面与赤道面的倾角达到最大值，即为两个倾角之和 $23°27'+5°8'=28°35'$；当降交点线转至春分点方向时（即月球由北向南穿过黄道面时），月球轨道面与赤道面的倾角是 $23°27'-5°8'=18°19'$。因此月球轨道面与地球赤道面的倾角在 18°19′至 28°35′之间变化，变化周期是 18.6 年。

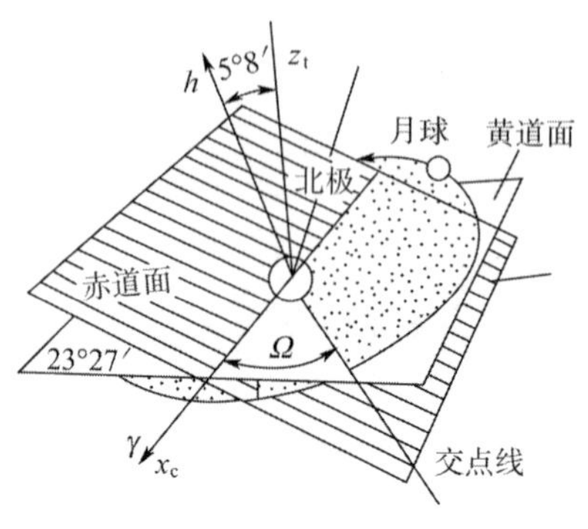

图 9-4　月球交点线的旋转

5）拱点线也沿着月球轨道运动的方向旋转，致使近地点角 ω 在大约 8.9 年中变化 360°，即在 8.9 年中拱点线旋转一周。

由上述内容可见，由于月球轨道参数在不断变化，所以发射月球探测器时必须根据当时的具体时间确定月球轨道参数。

9.2.4　简单的奔月轨道计算

地月系统是一个特殊的系统，计算在此特殊系统中飞行的奔月探测器的精确轨道是极为复杂的。通常先假定入轨点初始条件 $\boldsymbol{r}_0$ 和 $\boldsymbol{V}_0$，并同时考虑地球扁率、太阳摄动，甚至光压及月球的引力等的作用；然后通过运动微分方程数值积分，求解运动轨道。对不同的初始条件 $\boldsymbol{r}_0$ 和 $\boldsymbol{V}_0$，其所对应的轨道可能会与月球相撞或飞离月球，故需用试错法调整入轨点条件直至找到合适的奔月轨道为止。

由于月球运动的复杂性，实际的奔月飞行任务的筹划有赖于星历表。该表按年月顺序列出月球的位置，因此奔月飞行任务是按一个月一个月、一天一天、一个小时一个小时计划的。然而，即使只计算一个奔月飞行的发射日期，也需在高速计算机上耗费几个机时；如果要研究不同发射日期及各种发射条件，则所需的计算机时是惊人的。因此需要寻找近似的解析方法，以缩小发射时间与入轨条件的选择范围。

（1）简化假设

为了能够进行近似的研究，必须对复杂的情况作简化。在此假设：

1）月球轨道是半径为 384 400 km 的圆，实际的月球轨道的偏心率仅为 0.0547，很接近于圆，故此假设不会引入太大的误差；

2）月球的引力可以忽略。这假设主要对轨道终端影响较大，关于月球影响球内的问题可作另行考虑；

3）奔月轨道与月球轨道共面，选择奔月轨道一般都应选择在这类发射日期，因为非共面奔月轨道的代价是昂贵的。

在以上简化假设下的近似解析解，虽然准确度稍差，但能反映奔月轨道的基本特征。

（2）最小能量轨道

在上述假设条件下研究奔月轨道，由于忽略了月球的引力，因而奔月轨道仍是以地球为中心引力体的限制二体问题，且研究的是平面轨道，故要寻找的是由地球上空某种运动状态入轨，使其转移到以地球为中心、半径为 384 400 km 的圆轨道上去的最小能量轨道。由前面讨论的结果可知，最小能量轨道是霍曼转移轨道，如图 9－5 所示。

由图 9－5 可知，转移轨道的入轨点为 r_0，速度为 V_0。由于该轨道是霍曼转移轨道，因此该点是转移轨道的近地点，方向与当地水平面平行。转移轨道的长半轴 a 为

$$a = \frac{1}{2}(r_0 + r_m) = \frac{1}{2}(r_0 + 384\ 400)(\mathrm{km}) \qquad (9-17)$$

式中　r_m——月心至地心的平均距离。

椭圆轨道上任一点的运动速度

$$V^2 = \mu\left(\frac{2}{r} - \frac{1}{a}\right) \qquad (9-18)$$

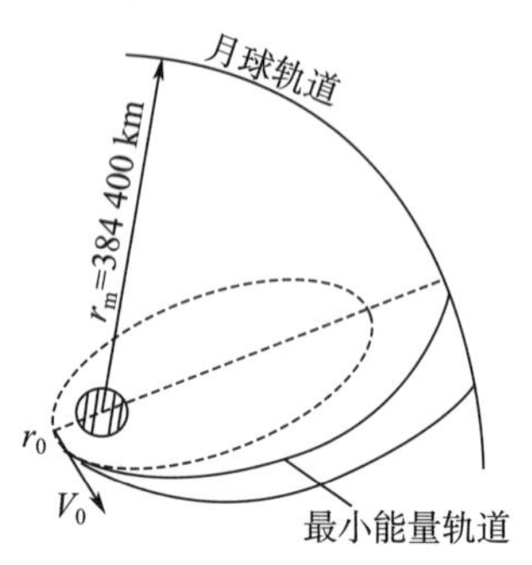

图 9-5 奔月最小能量轨道

当 $r=r_0$ 时，$V=V_0$，即入轨点所要求的速度

$$V_0^2=\mu\left(\frac{2}{r_0}-\frac{1}{a}\right) \tag{9-19}$$

当 $r=r_m$ 时，$V=V_a$，即转移轨道的远地点的速度

$$V_a^2=\mu\left(\frac{2}{r_m}-\frac{1}{a}\right) \tag{9-20}$$

设 $r_0=1.05$ DU=6 692 km，$a=61.32/2$ DU=30.66 DU，则

$$V_0=\left[1\left(\frac{2}{1.05}-\frac{1}{30.66}\right)\right]^{1/2}=1.368\ 26(\mathrm{DU/TU})=10.816(\mathrm{km/s})$$

$$V_a=\left[1\left(\frac{2}{60.37}-\frac{1}{38.66}\right)\right]^{1/2}=0.023\ 86(\mathrm{DU/TU})=0.188\ 5(\mathrm{km/s})$$

式中 V_0 还是在平面轨道情况到达月球轨道的最小速度。若入轨速度小于该速度，则转移轨道不可能与月球轨道相交；若入轨速度大于该速度，则转移轨道将穿过月球轨道。若入轨速度达到该点的逃逸速度，则转移轨道将成为抛物线；若入轨速度大于逃逸速度，则转移轨道变成双曲线。

探测器沿最小能量轨道飞行，到达月球轨道所需时间显然是沿椭圆轨道飞行周期的一半，即

$$t=\pi\sqrt{\frac{a^3}{\mu}}=\mu\sqrt{\frac{30.66^3}{1}}=7\ 171.8(\mathrm{min})$$

(3) 入轨误差的影响

若增大入轨点速度（设方向仍平行于当地水平面），则由入轨点到达月球轨道的时间将缩短，所需时间可按开普勒公式计算

$$t-\tau=\pi\sqrt{\frac{a^{3}}{\mu}}(E-e\sin E) \tag{9-21}$$

其中 e 为

$$e=\frac{r_{\mathrm{a}}-r_{\mathrm{p}}}{r_{\mathrm{a}}+r_{\mathrm{p}}} \tag{9-22}$$

偏近点角 E 为

$$\cos E=\frac{e+\cos\nu}{1+e\cos\nu} \tag{9-23}$$

因入轨点仍是近地点，故 $E_0=0$，$\nu_0=0$；而到达月球轨道之点，即 $r=r_m$ 时，其真近点角 ν_1 为

$$\cos\nu_1=\frac{p-r_{\mathrm{m}}}{er_{\mathrm{m}}} \tag{9-24}$$

其中

$$p=h^2/\mu \tag{9-25}$$

$$h=r_0V_0$$

$$e=\sqrt{1+\frac{2\varepsilon h^2}{\mu^2}} \tag{9-26}$$

ν_1 代入式（9-23）可得 E_1，最后可得

$$t=\sqrt{\frac{a^{2}}{\mu}}(E_1-e\sin E_1) \tag{9-27}$$

显然，随着 V_0 的增大，交点的真近点角将减小，所需时间将缩短；反之，若减小入轨点速度 V_0，则交点的真近点角将增大，所需时间也将增大。如图 9-6 所示。

这就是说，要使探测器直接落到月球上，就要很好地选择发射时间，使月球到达预定交会点的瞬间，探测器正好与其相交。在这种简化模型的条件下，若由于制导误差使入轨点速度（设 $\theta=0$ 保持不变）相对于标称值（设其对应的轨道为 1）产生误差。那么误差为

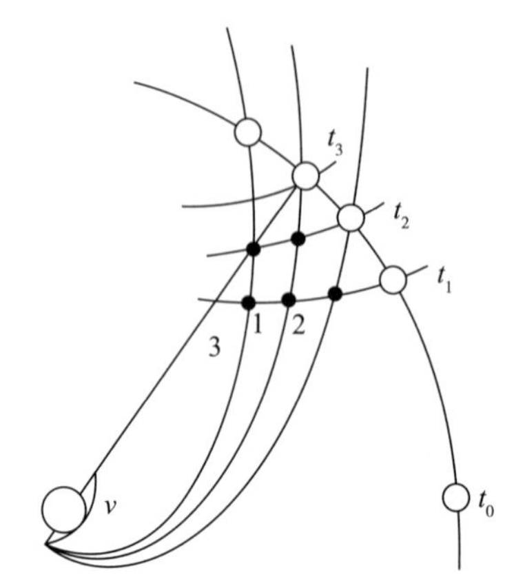

图 9-6　不同入轨速度对转移轨道的影响

正时，沿轨道 2 运动，所需时间缩短 Δt_2，且在比预计的交点真近点角小 $\Delta\nu_2$ 处与月球轨道相交，相交时月球也将处在比预定点偏前 $\omega_m\Delta t_2$ 的角度处，其中 ω_m 是月球沿轨道运动的角速度；反之，误差为负时，入轨速度比标称值小，探测器将沿轨道 3 运动，到与月球轨道相交所需时间将增加 Δt_3，交点真近点角增大 $\Delta\nu_3$，月球也将处在比预计转移轨道的影响定点偏后 $\omega_m\Delta t_3$ 处。在忽略月球引力情况下，沿月球轨道的脱靶角度是 $\Delta\nu$ 与 $\omega_m\Delta t$ 之差。

可以证明，当入轨速度约为 11.0 km/s 时，真近点角为 160°，则入轨高度和速度误差的影响可以完全抵消；若速度稍大于或稍小于 11.0 km/s，沿月球轨道的脱靶量也不大。所以从各种实用目的的角度来说，与月球交会时的交会误差仅仅是航迹角 θ 的函数。在上述条件下，航迹角 1°的误差将导致 1 300 km 的交会误差，而月球引力的影响会使这一误差变小。

9.2.5　拼接圆锥曲线近似法

前面章节所述的简单的奔月轨道对于近似地确定探测器在月球降落的入轨条件是可行的，但若需要进一步了解并预测精确的到达月球的条件，就必须考虑接近月球时月球的引力作用。

在远离月球时仅考虑地球的引力作用，而在远离地球时仅考虑月球的影响，这样月球探测器的运动轨道问题始终可以作为二体轨道问题来处理。也就是说，在进入月球影响球之前，探测器是在地心引力作用下的二体问题；进入月球影响球之后就认为脱离了地心引力，进入月球引力场，成为在月心引力作用下的二体问题。这当然是一种近似方法，从地心引力下的运动过渡到月心引力下的运动是一个渐变过程，其发生在一段有限弧上，在这一段弧上，地球和月球同时都影响着探测器的飞行轨道。但实践证明，作为对飞行任务的初步分析方法，在月球影响球的边界将两条圆锥曲线拼接起来的做法是一种简便且很好的近似方法。

但是必须注意的是，对于由月球返回地球的轨道计算来说，由于对再入条件有着严格要求，这种近似方法就不适用了，因为月球引力影响球的误差会造成再入条件的严重误差。同样，这种方法对于计算近月点的高度与绕月飞行的方位也会产生很大的误差。所以这种方法仅适于初步估算飞向月球所需的特征速度。

月球影响球的半径可按拉普拉斯提出的月球影响球的定义计算

$$r_{mc}=r_{em}\left(\frac{m_m}{m_e}\right)^{2/5} \tag{9-28}$$

式中　$r_{em}=r_m$——月心与地心之间平均距离；

m_m——月球的质量；

m_e——地球的质量，此质量比为$\dfrac{m_m}{m_e}=\dfrac{1}{81.3}$

故

$$r_{mc}=384\ 400\left(\frac{1}{81.3}\right)^{2/5}=66\ 300\ (\text{km})$$

这一点便作为圆锥曲线的拼接点。

(1) 地心引力作用下的离去轨道

月球探测器由入轨点到达月球影响球边界这段轨道，是地心引力作用下的离去轨道。图 9-7 给出了该轨道的几何参数。

由图 9-7 可知，对于不同的入轨参数 r_0、V_0 及 θ_0，探测器到达月球影响球的位置及运动速度也不同。如果根据探测器在月球着

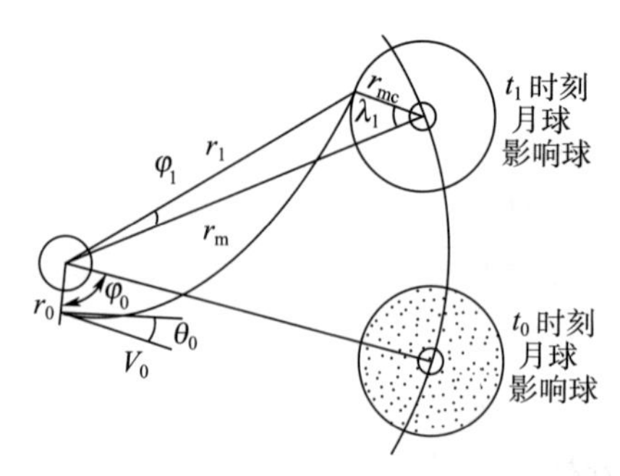

图 9－7　从地心引力场到月球影响球的轨道转移

陆或对近月点的要求，确定进入影响球的位置与运动状态，则需要初始入轨条件是一定的。但是在未确定入轨条件之前，进入影响球边界的位置与运动状态是未知的，因此也无法确定进入影响球的位置与运动状态。所以，只有任取几组几何参数的组合进行计算，从中找出满意的奔月轨道。

实践证明，选用 r_0、V_0、θ_0 及 λ_1 这四个变量作为独立变量对于此段轨道的计算是很方便的。其中 λ_1 确定了地心引力场离去轨道与月球影响球边界的交点，但是入轨条件并未完全确定（因为 r_0 的方向未定），其可以通过轨道计算最终确定。

设轨道是顺行轨道，且在未到达远地点之前即到达月球影响球边界。由给定的入轨条件，可写出机械能与角动量方程

$$\varepsilon = \frac{V_0^2}{2} - \frac{\mu}{r_0} \tag{9-29}$$

$$h = r_0 V_0 \cos\theta_0 \tag{9-30}$$

又由 λ_1 可确定 r_1

$$r_1 = (r_m^2 + r_{mc}^2 - 2 r_m r_{mc} \cos\lambda_1)^{1/2} \tag{9-31}$$

根据机械能守恒与角动量守恒可得轨道与月球影响球边界交点的 V_1 及 θ_1

$$V_1 = \sqrt{2(\varepsilon + \mu / r_1)} \tag{9-32}$$

$$\theta_1 = \cos^{-1}\left(\frac{h}{r_1 V_1}\right) \tag{9-33}$$

又由图9-7中的几何关系可以推算出

$$\sin\varphi_1 = \frac{r_{mc}}{r_1}\sin\lambda_1 \tag{9-34}$$

剩下的问题是：如果能够求出由入轨点运动至与影响边界的交点所需时间，则可确定此时月球所处位置。而要求得时间，则必须求出此两点的偏近点角。为此，应首先求出两点之间的真近点角之差。因

$$\begin{cases} \cos\nu_1 = \dfrac{p - r_1}{r_1 e} \\ \cos\nu_0 = \dfrac{p - r_0}{r_0 e} \end{cases}$$

则由式（9-25）和式（9-26）求得 p、e，再由式（9-23）可得 E_1、E_0

$$\begin{cases} \cos E_1 = \dfrac{e + \cos\nu_1}{1 + \cos\nu_1} \\ \cos E_0 = \dfrac{e + \cos\nu_0}{1 + \cos\nu_0} \end{cases} \tag{9-35}$$

最后求出飞行时间

$$t - t_0 = \sqrt{\frac{a^3}{\mu}}\left[(E_1 - e\sin E_1) - (e_0 - e_0\sin E_0)\right] \tag{9-36}$$

因 t_1 时刻月球位置是确定的，由入轨点到影响球边界交点这段时间内月球沿圆轨道转了 $\omega_m(t_1 - t_0)$ 的角度，这样 t_0 时刻月球应处的位置即可确定

$$\omega_m = 2.649 \times 10^{-6}\ \text{rad/s} = 2.137 \times 10^{-3}\ \text{rad/TU}$$

入轨点的相角 φ_0（r_0 与月球地心矢径之间的夹角）为

$$\varphi_0 = \nu_1 - \nu_0 - \varphi_1 - \omega_m(t_1 - t_0) \tag{9-37}$$

这样全部的轨道参数都确定了。因此用 r_0、V_0、θ_0 及 λ_1 就完全可以确定地心引力离去轨道的几何形状。但是某一组给定参数 r_0、V_0、θ_0 及 λ_1 计算出来的轨道可能不能满足要求，可以给出多组参数的数值进行计算，再从中选出满意的轨道来。

当然，对于这种任意给出的 r_0、V_0、θ_0 及 λ_1，有可能出现因能量不够离去轨道而到达不了由 λ_1 给出的月球影响球边界的交点的情况，这时式（9-32）无解，应适当增大入轨速度 V_0。

（2）圆锥曲线拼接点参数的转换

在讨论地心引力离去轨道时，所有的运动参数是相对于地心参考系的。在探测器进入月球影响球的边界后，月球是探测器的中心引力体，所以运动参数应转换到月心参考系中，也就是需要求出相对月球中心的速度的大小和方向。图 9-8 给出了这种转换关系。

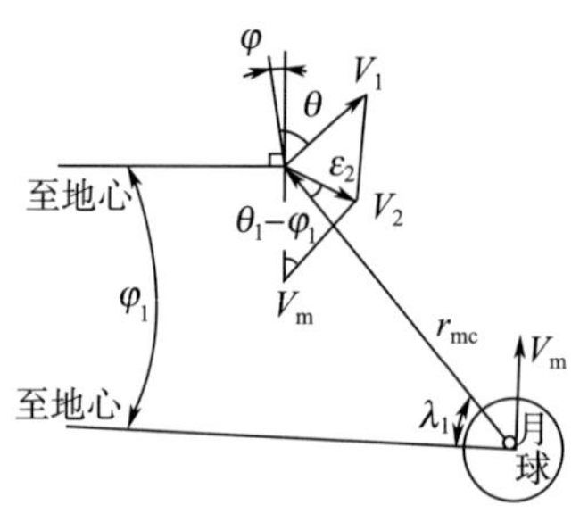

图 9-8 拼接点的转换关系

在拼接点的运动参数，相对于地心的以下标 1 表示，相对于月心的以下标 2 表示。拼接点的月心距离为 $r_2=r_m$，相对于月心的速度

$$V_2=V_1-V_m$$

式中 V_m——月球相对于地心的速度，对于简化的地月系统模型，$V_m=1.018\ \text{km/s}$。

根据余弦定理可得相对于月心的速度为

$$V_2=[V_1^2+V_m^2-2V_1V_m\cos(\theta_1-\varphi_1)]^{1/2} \tag{9-38}$$

V_2 相对于月心的方向可由下式求出

$$\begin{aligned}V_2\sin\varepsilon_2&=V_1\sin\left[\frac{\pi}{2}-(\lambda_1+\varphi_2-\theta_1)\right]-V_m\sin\left(\frac{\pi}{2}-\lambda_1\right)\\&=V_1\cos(\lambda_1+\varphi_2-\theta_1)-V_m\cos\lambda_1\end{aligned}$$

所以

$$\varepsilon_2=\sin^{-1}\left[\frac{V_1}{V_2}\cos(\lambda_1+\varphi_2-\theta_1)-\frac{V_m}{V_2}\cos\lambda_1\right] \tag{9-39}$$

显然，为了击中月心，ε_2 应等于零。

（3）进入月心引力场的轨道

探测器进入月球影响球的范围以后，在月球引力作用下的轨道仍是圆锥曲线，已知进入点的初始参数 r_2、V_2 和 ε_2，即可求出轨道上任意点的参数。相对于月心，轨道的机械能及角动量为

$$\begin{cases}\varepsilon=\dfrac{V_2^2}{2}-\dfrac{\mu_m}{r_2}\\ h=r_2V_2\sin\varepsilon_2\end{cases} \tag{9-40}$$

式中　μ_m——月球引力参数。

因为月球质量是地球质量的 1/81.3，所以

$$\mu_m=\frac{1}{81.3}\mu$$

$$\mu_m=4.90287\times10^3\ \mathrm{km^3/s^2}$$

根据式（9－40）可计算出

$$\begin{cases}p=\dfrac{h^2}{\mu_m}\\ e=\sqrt{1+\dfrac{2\varepsilon h^2}{\mu_m^2}}\end{cases} \tag{9-41}$$

因而可以计算出近月点参数

$$\begin{cases}r_{2p}=\dfrac{p}{1+e}\\ V_{ep}=[2(\varepsilon+\mu_m)/r_{2p}]^{1/2}\end{cases} \tag{9-42}$$

下面可以根据探测器的使命来粗略估算其实现的条件。

1）直接登月。要使探测器能直接登月，显然要求探测器轨道的近月点 $r_{2p}<R_m$，其中 R_m 为月球的平均半径，其值为 1 738 km。由于月球上没有大气，如果不采用制动火箭减速，探测器将直接撞击月球；如果采用制动火箭减速，则可实现软登陆。

2）月球卫星或环月登月。探测器在近月点速度一般已超过该点

的逃逸速度（2.36 km/s），如果不加以制动，其将沿双曲线飞离月球，因此要想使探测器成为环月飞行的月球卫星，就必须使用制动火箭，在近月点给一个反向冲量 ΔV_2，且

$$V_{2p}-\Delta V_2=\left(\frac{\mu_m}{r_{2p}}\right)^{1/2}$$

月球表面的环绕速度 $\left(\frac{\mu_m}{R_m}\right)^{1/2}=1.6796\ \mathrm{km/s}$。若近月点的高度 $r_{2p}=300\ \mathrm{km}$，则近月点的环绕速度为 $\left(\frac{\mu_m}{r_{2p}}\right)^{1/2}=1.5510\ \mathrm{km/s}$，所以 $\Delta V_2=V_{2p}-1.551\ \mathrm{km/s}$。

若探测器采取环月登月轨道，则可根据对登月点的选择，通过精密计算选择相应的制动点，使月球探测器减速、下降，实现在选定登月点的软着陆，如图 9-9 所示。

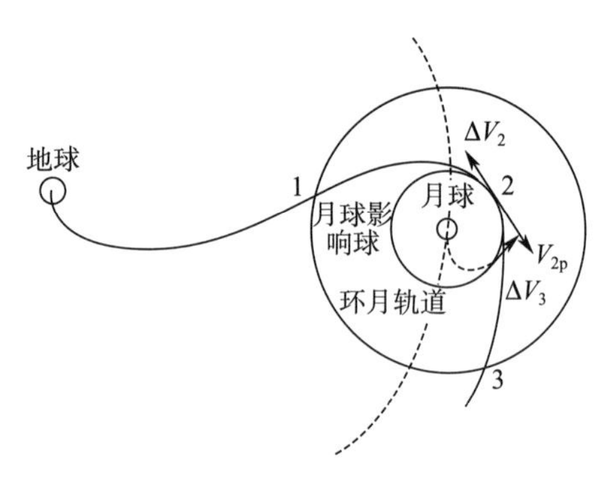

图 9-9　月球探测器各种月心轨道

3）飞越月球的轨道。当探测器进入月球影响边界时，其相对于月球的速度是双曲线速度，相对月球运动的轨道是双曲线；离开月球影响球的边界时，其速度的大小与进入时相等，其方向转了一个 δ 角。此 δ 角近似等于双曲线轨道的两条渐近线的夹角，所以飞越轨道使探测器加速了（如图 9-9 所示）。因为飞出月球影响边界的点 3 与进入点 1 速度大小相等，所以探测器相对地心轨道来说是加速了，而且改变了运动方向。因而可以设想利用月球的这种加速作用，使

探测器获得相对地球的逃逸速度。虽然探测器飞离地球时的速度小于第二宇宙速度，但利用月球的引力，其仍可能成为人造行星。而且还有人设想，发射地球同步卫星时也采用飞越月球的转移轨道，轨道平面由月球引力扭转到地球赤道平面内，并且转移轨道的近地点正好是处在同步轨道上，在近地点减速后，卫星就会成为地球同步卫星。若发射场纬度比较高，采用这种方式可以节省发射能量。当然，利用这种方式发射地球同步卫星，只能当月球处于地球赤道平面内时才有可能，因此这种方式一个月只有两次。

前面章节说过，对地月系统的这种简化模型，根据其所确定的近月点条件误差较大，但是可根据由此给定的发射条件和能量要求，再进行精确的微分方程的数值积分，从而解出精确轨道参数来。

9.2.6　多圆锥截线法

多圆锥截线技术是一种快速的传播方法，其不同于那种简单的二体轨道，计及各个摄动体的影响。例如，在地月空间中，这种传播包括地球、月球和太阳在整个轨道上的影响。这种方法不管飞行轨道离地球或月球的远近如何，都可以使用。阿波罗飞船的轨道在地球和月球的近旁经过且其远地点超过月球轨道和地球轨道时，用这种方法计算阿波罗飞船轨道是很合适的。该方法不需要用到引力作用球的概念，而且在整个轨道上都计及了各个摄动体的影响。

航天器在球形地球、月球和太阳的引力作用下，在地心坐标系中的运动方程可写作

$$\ddot{\boldsymbol{r}}=-\mu\frac{\boldsymbol{r}}{r^3}-\mu_m\frac{\boldsymbol{r}_m}{r_m^3}-\mu_m\frac{\boldsymbol{R}_m}{R_m^3}-\mu_s\frac{\boldsymbol{r}_s}{r_s^3}-\mu_s\frac{\boldsymbol{R}_s}{R_s^3}\qquad(9-43)$$

式中　$\boldsymbol{r}$——相对于地球的位置矢量；

$\boldsymbol{r}_m$——相对于月球的位置矢量；

$\boldsymbol{r}_s$——相对于太阳的位置矢量；

$\boldsymbol{R}_m$、$\boldsymbol{R}_s$——分别是月球和太阳在地心坐标系中的位置矢量；

μ、μ_m 和 μ_s——地球、月球和太阳的引力常数。

式（9－43）中每一项均描述了一个与距离平方成反比的中心力，将其分开考察时，均可引起一个简单的圆锥曲线运动。多圆锥截线法就是将航天器空间轨道用顺序地排列在几个时间间隔上的开普勒圆锥曲线之和来描述，如图 9－10 所示。

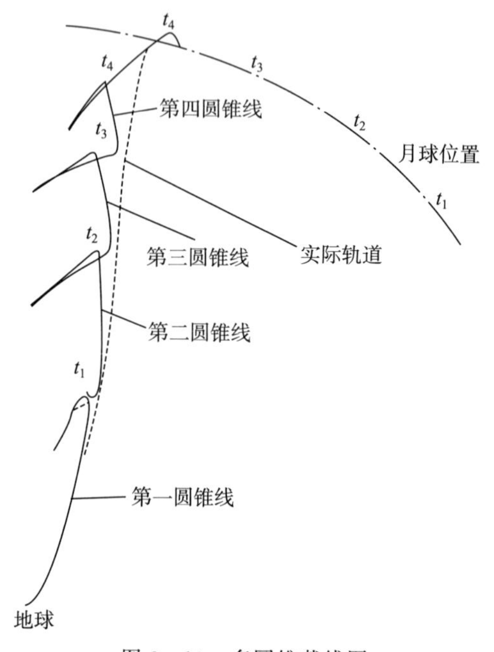

图 9－10　多圆锥截线图

由图 9－10 可知，首先需计算地心圆锥曲线。式（9－43）右边第一项传播了一个增量 dt；式（9－43）右边第二项，即月球影响，在同一个时间间隔 dt 内视为与地球影响无关。假如在这个时间间隔内没有地球的引力影响，那么这个新的轨道状态便可以由无重力条件下的匀速轨道得到。为此，在确定月球影响之前，需要在月心坐标系中计算时间间隔开始时的无重力状态。这可以通过将地心圆锥曲线状态转换到月心坐标系中，然后沿已得到的速度矢量方向的直线返回得到，该返回距离等于速度乘以 dt，这个状态就是无重力条件下的初始状态。将月心开普勒圆锥曲线向前传播 dt，可得到一个新的状态，其包括了式（9－43）右边的前两项的影响，即地球和月球对航天器的影响。至于式（9－43）右边的后三项，可以用计算月球影响的方法计算出来，因为其每一项都形成了二体运动。然而，后三项与前两项相比影响是非常小的，因此在每个时间间隔内，可将其近似地看作匀加速度，这样对计算误差影响很小，却可以大大缩短计算时间。匀加速度值等于时间间隔的初始点和终点的平均加速度。

在 4 个地球半径的距离范围内，假定地球为球形而不是扁圆，所引起的误差比其他假定所引起的总误差还大。为了减小这个误差，要考虑地球势函数中的 J_2 项的影响，其可以用经典的常数变异法计算。

多圆锥截线法的计算步骤如下：

1）在 4 个地球半径以内，对初始近心状态进行地球扁率影响修正。

2）由星历表查出月球和太阳初始时刻的状态矢量，并存入计算机。

3）地心状态沿地球圆锥曲线传播一个时间增量 dt。

4）由星历表读出月球和太阳最终时刻（初始时刻加 dt）的状态矢量，并存入计算机（对于下一个循环，前一个循环的最终星历数据就变成其初始数据）。

5）在计算时间间隔内，运动方程右边第三项引起的平均加速度取为

$$\bar{a}_1 = -\mu_m \frac{\bar{R}_m}{R_m^3} \tag{9-44}$$

式中　$\bar{R}_m$——初始时刻和最终时刻月球位置的平均值。

6）在计算时间间隔内，运动方程中由于太阳引起的平均加速度取为

$$\bar{a}_2 = -\frac{1}{2}\mu_s \left[\left(\frac{\bar{r}_s}{r_s^3} + \frac{\bar{R}_s}{R_s^3} \right)_A + \left(\frac{\bar{r}_s}{r_s^3} + \frac{\bar{R}_s}{R_s^3} \right)_B \right] \tag{9-45}$$

这里下标 A 表示初始时刻，B 代表最终时刻。

7）用第 5 和第 6 步中的平均加速度对第 3 个步骤中已完成的地心圆锥曲线状态进行修正

$$\Delta v = (\bar{a}_1 + \bar{a}_2)\,\mathrm{d}t \tag{9-46}$$

$$\Delta R = \frac{1}{2}(\bar{a}_1 + \bar{a}_2)\,(\mathrm{d}t)^2 \tag{9-47}$$

8）将修正后的地心状态转换成月心状态。月心状态沿速度矢量确定的直线返回传播 dt，这就是无重力场下的初始状态。

9）将无重力场下的初始状态沿月心圆锥曲线向前传播 dt，再将其最后的状态矢量转回到地心状态，得到一个新的地心圆锥线。

10）用新的地心圆锥曲线作为开始点，不断重复上述过程，就可得到一条接近航天器实际运动的多圆锥截线。

多圆锥截线法填补了拼凑圆锥截线法和数值积分法之间的间隙，是一种快速且精确的计算方法。其计算时间比数值积分法小两个数量级，误差只有拼凑圆锥截线法的 1%～5%。计算绕月飞行轨道时，近月点距离和返回点高度误差约为 20 km，速度误差只有0.5 m/s 左右。

9.3 月球探测器返回轨道

研究探测器返回轨道问题，仍需在奔月轨道的简化假设条件下进行。也就是说，探测器在月球影响球的范围内仅受月球引力的作用，离开月球影响球以后仅受地心引力的作用。这种研究方法可确定返回轨道所需的能量；如需确定进入大气层的条件，则必须通过解微分方程并考虑综合月球的影响来确定返回条件。

根据月球探测器返回轨道的起点不同，月球探测器返回轨道可以分为两类：第一类是起点在月球表面的返回轨道，如苏联的月球 16 号、21 号和 24 号月球探测器，其是从月球表面起飞后直接飞回地球的；第二类是起点在绕月轨道上的返回轨道，如美国的阿波罗登月飞船，其是从绕月轨道上起飞并返回地球的。

月球探测器返回到地球大气层外的速度约为第二宇宙速度。从理论上讲，为了使月球探测器返回并在地球上安全着陆可以采用两种方法：第一种方法是将月球探测器在地面几百千米处利用火箭发动机减速，使月球探测器变成绕地球运行的轨道，然后再从这一轨道上令探测器以约第一宇宙速度再入大气层，最后降落在地球表面上；第二种方法是使月球探测器以约为第二宇宙速度直接再入大气层，然后再降落在地面上。由于第一种方法未充分利用地球大气层减速，致使有效载荷大大降低，因此，至今在探月工程中月球探测器都采用第二种方法返回地球。

从月球上起飞的返回，首先要将探测器加速到对月球的环绕速度（在月面为1.679 6 km/s）。由于月球周围无大气层，所以为减小重力损失，可以以小倾角发射，并使探测器进入圆形轨道作为返回的停泊轨道。这增大了探测发射升空地点选择的任意性，可以根据退出月球影响球的方位提高选择其离轨点的机动性。

从月球停泊轨道到地球附近的再入轨道之间的轨道称为转移轨道或过渡轨道。这一轨道分为两段：一段是月球影响球范围内的月心轨道，另一段是地心引力作用下的地心轨道。探测器要离开月球，首先必须加速使其速度不小于对月球的逃逸速度；到达月球影响球边界点的月心速度为 V_2，可以根据退出点来选择离轨点，如图9-11所示。为了节省能量，应沿轨道的切线方向施加冲量 $\Delta\boldsymbol{V}$，使 $V_{m1}+\Delta V=V\geqslant V_{m2}$，$V_{m1}$ 为对月球的环绕速度，V_{m2} 为对月球的逃逸速度。根据机械能守恒原理可得

$$\begin{cases}\varepsilon=\dfrac{V^2}{2}-\dfrac{\mu_m}{r}\\[2ex]\dfrac{V_1^2}{2}=\varepsilon+\dfrac{\mu_m}{r_{mc}}\end{cases}\tag{9-48}$$

设 θ_2 为 $\boldsymbol{V}_2$ 相对于月球当地水平面的倾角。根据 $\boldsymbol{V}$ 可确定 $\boldsymbol{V}_1$，或者反过来根据对 $\boldsymbol{V}_1$ 的要求确定 $\boldsymbol{V}$。

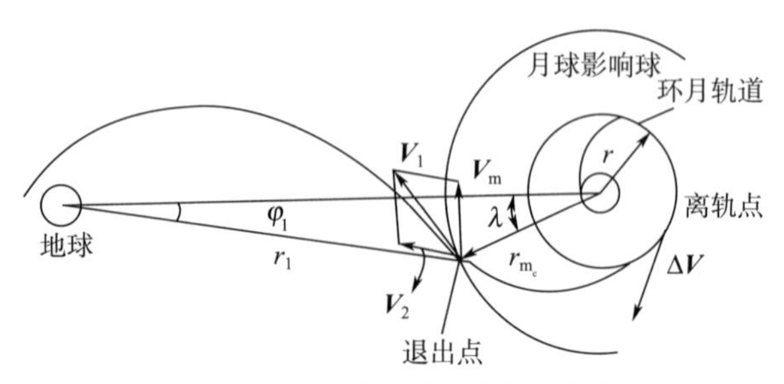

图 9-11　从月球返回的月心轨道

退出点的地心速度 $\boldsymbol{V}_1$ 为

$$\boldsymbol{V}_1=\boldsymbol{V}_2+\boldsymbol{V}_{\mathrm{m}} \tag{9-49}$$

其值 $V_1=[V_2^2+V_{\mathrm{m}}^2+2V_2V_{\mathrm{m}}\cos(\theta_2+\lambda)]^{1/2}$。

退出点的地心向径矢量为 $\boldsymbol{r}_1$，其大小可由余弦定理确定，即

$$r_1=(r_{\mathrm{m}}^2+r_{\mathrm{m}}^2-2r_{\mathrm{m}}r_{\mathrm{mc}}\cos\lambda)^{1/2} \tag{9-50}$$

根据角动量守恒原理有

$$rV\cos 0^{\circ}=r_{\mathrm{mc}}V_2\cos\theta_2$$

可求出

$$\theta_2=\cos^{-1}\left(\frac{rV}{r_{\mathrm{mc}}V_2}\right) \tag{9-51}$$

速度 $\boldsymbol{V}_1$ 相对于地球当地水平面的倾角为 θ_1，其关系如图 9-12 所示。由图可知，$\boldsymbol{V}_1$ 相对于地球的当地倾角 θ_1 有如下关系

$$\sin\theta_1=\frac{V_2}{V_1}\sin(\theta_2+\lambda+\varphi_1)+\frac{V_{\mathrm{m}}}{V_1}\sin\varphi_1 \tag{9-52}$$

$$\sin\varphi_1=\frac{r_{\mathrm{mc}}}{r_1}\sin\lambda \tag{9-53}$$

则　　$$r_1^2=r_{\mathrm{m}}^2+r_{\mathrm{mc}}^2-2r_{\mathrm{m}}r_{\mathrm{mc}}\cos\lambda$$

从以上计算可得出月球返回轨道进入地球引力场的入轨点条件 $\boldsymbol{r}_1$、φ_1、$\boldsymbol{V}_1$、θ_1，其中 $\theta_1<0$。因为入轨点是降弧段中的一点，其机械能与角动量为

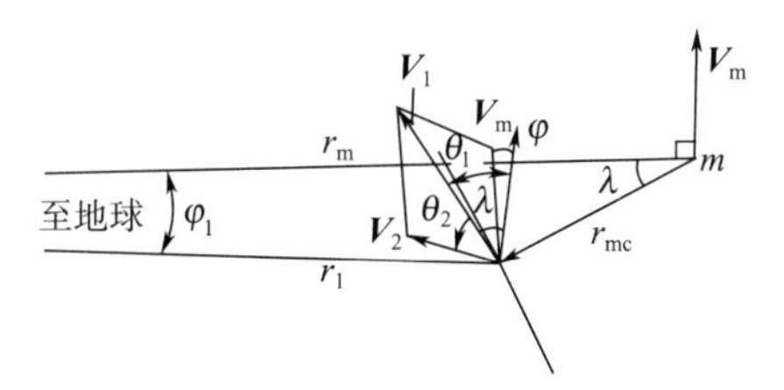

图9-12 退出点的转换关系

$$\begin{cases}\varepsilon = \dfrac{V_1^2}{2} - \dfrac{\mu}{r_1} \\ h = r_1 V_1 \cos\theta_1\end{cases} \tag{9-54}$$

此地心椭圆轨道的参数为

$$\begin{cases}p = \dfrac{h^2}{\mu} \\ e = \sqrt{1 + \dfrac{2\varepsilon h^2}{\mu^2}}\end{cases} \tag{9-55}$$

于是可求出近地点的地心距为

$$r_p = \frac{p}{1+e}$$

若 $r_p \leqslant R + 100$ km（R 为地球半径），则认为此轨道直接到达再入大气层的边界；若 $r_p > R + 180$ km，则应在近地点施加冲量，使其进入再入飞行轨道；如果 $R + 100\ \text{km} \leqslant r_p \leqslant R + 180$ km，则可以利用空气阻力自然减速，但此过程时间很长，作为载人航天器或探测器的回收是不允许的。

又由于

$$r = \frac{p}{1 + e\cos\nu}$$

所以当 $r = r_1$ 时，其真近点角 ν_1 可由上式求出

$$\nu_1 = \cos^{-1}\left[\frac{1}{e}\left(\frac{p}{r_1} - 1\right)\right]$$

因其为降弧段，故 $\nu_1 > 180°$，由此可确定近地点的位置。如果近地

点的位置不合适，可通过改变 λ 的数值来进行调整。

月球探测器直接返回进入大气层后可以采用半弹道式再入，也可以采用弹道式再入。早期的月球探测器（如苏联的月球 16 号月球探测器）为了简单，采用了弹道式再入，但是这种月球探测器返回舱再入气动加热严重（驻点表面热流温度高达 10 000 ℃）、再入过载大且着陆点散布大。为了降低气动加热峰值、再入过载和提高着陆点的精度，可以采用半弹道式再入（即升力控制式再入）的方式，因此本节主要介绍以约第二宇宙速度直接进入地球大气层的半弹道式再入的月球探测器的返回轨道再入轨道段。

为了减小再入过载峰值，增宽再入走廊和提高着陆点精度，从月球返回地球的月球探测器返回舱应是半弹道式航天器，其返回轨道的选择具有以下三个特点。

1）由于航天器以第二宇宙速度再入大气层，因此，再入走廊的宽度比较小。为了保证及时准确地进入再入走廊，需要在航天器返回地球的途中进行轨道修正。

2）为了保证再入过载不太大且航天器具有较大的机动能力，返回轨道往往采用跳跃式轨道或跳跃式轨道与较平缓的升力式轨道并用的模式，如图 9－13 所示。

3）为了提高对着陆点的控制精度，在飞行任务前一般需要通过风洞试验等手段对飞船的配平攻角进行预估。还可以在飞船实际飞行任务中，由惯性组件获得三个方向的过载值，并由此换算出配平升阻比。这样获得的升阻比数值往往比地面风洞试验获得数据的精度高，从而可以提高同一型号的后续任务的着陆点控制精度。例如，阿波罗 2 号、阿波罗 4 号和阿波罗 6 号再入飞行期间，由指令舱上的惯性器件实测的过载值可以换算出其升阻比数据，并根据这些数据提出了阿波罗 7 号指令舱的升阻比 L/D 的预示值。

假定半弹道式再入返回满足以下条件：在再入段，月球探测器是以返回舱单舱状态飞行的；返回舱上无变轨发动机，但姿控发动机推力可能不为零，从而可得到返回舱的质心运动学方程、动力学

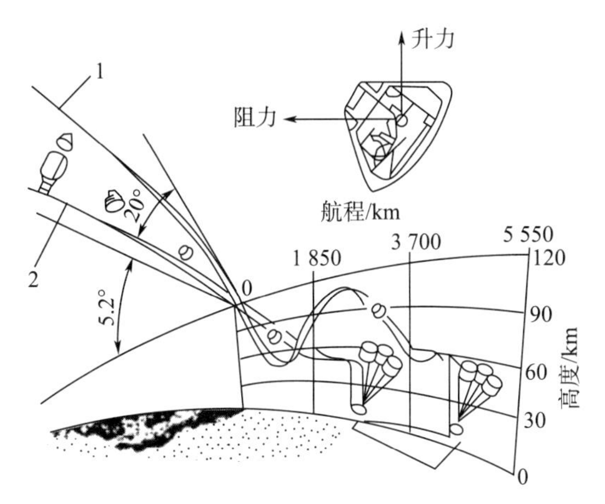

图 9－13　阿波罗飞船返回轨道示意图

1—跳跃式轨道；2—升力式轨道

方程和返回舱绕质心运动方程。

下面介绍美国阿波罗登月飞船返回轨道实例。美国的阿波罗飞船是以约第二宇宙速度返回的载人半弹道式再入航天器。阿波罗月球飞行的研究计划对阿波罗飞船提出了苛刻的再入条件，其中主要有：以约 11 km/s 的轨道速度再入地球大气层；允许着陆点变化(而再入位置在飞行前已被确定)，由于飞行时间长，应按照避开某些不良气象条件的要求而改变着陆点；对再入飞行路径角的控制精度为±0.4°。

上述条件要求阿波罗飞船的返回舱具有以下大气飞行机动能力：防止返回舱在过低飞行路径角下弹跳出大气层；防止返回舱在过高的飞行路径角下出现过高的大气减速度；对于返回轨道，在其最大设计偏差范围内的任何再入飞行的初始条件，为避开不良气象条件的着陆点，均需要提供一定的机动飞行能力。实际上阿波罗指令舱的机动能力与制导系统相结合，可以在 2 800～4 650 km 之间任意选择着陆点。

通过返回舱升力的产生和使用反作用控制系统来控制再入期间

升力的方向，为阿波罗飞船的返回舱提供了所要求的再入机动能力，升阻比对所容许的飞行路径角的影响如图9－14所示。

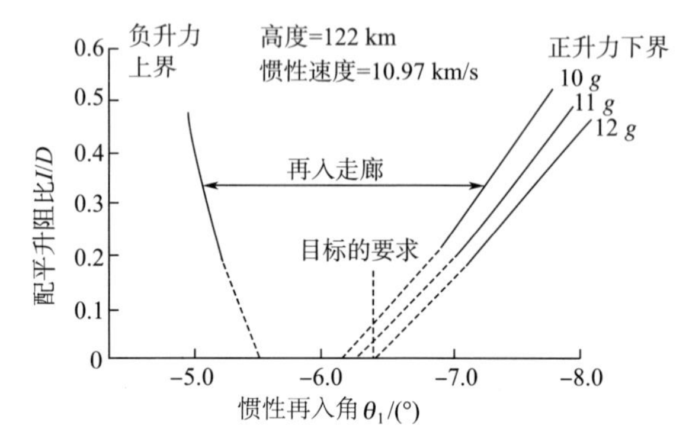

图 9－14　再入走廊宽度随配平升阻比 L/D 对所容许的飞行路径角的影响

注：再入走廊边界计及了大气密度的偏差

图 9－14 表明，在升阻比 $L/D=0$ 时，再入飞行路径角的容许变化很小（小于所要求的阿波罗飞船返回舱制导系统的±0.4°的精度）。阿波罗飞船返回舱设计要求 L/D 的范围为 0.25～0.4，而气动力设计的目标值约为 0.30。在阿波罗 2 号、阿波罗 4 号和阿波罗 6 号再入飞行期间，由返回舱上惯性器件实测的加速度值可换算出其升阻比数据，根据这些数据提出了阿波罗 7 号返回舱的 L/D 的预示值，如图 9－15 所示。

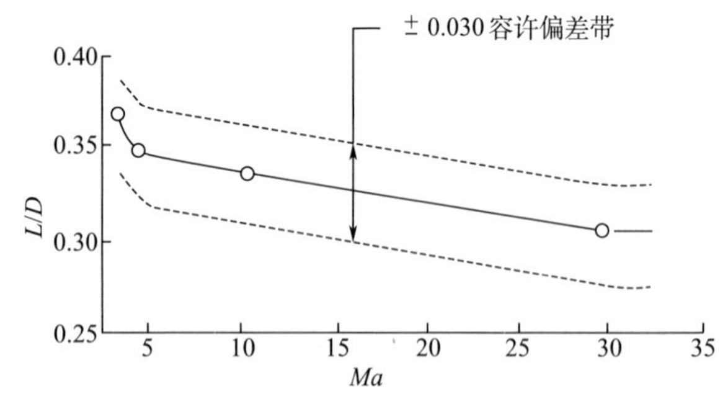

图 9－15　阿波罗 7 号指令舱 L/D 的预示值

典型的阿波罗飞船返回舱的返回轨道的再入段可分为 4 个阶段，如图 9-16 所示。这 4 个阶段是：

1）初始阶段：保证返回舱按预定要求进入再入走廊，既避免出现大的再入过载峰值，又要通过这段飞行使飞船达到一定的减速要求；

2）第二阶段：控制飞船返回舱飞出大气层的速度、速度方向角以及地点，使返回舱在最后阶段能够导向目标，在跳出大气层前，必须将返回舱的超圆轨道速度大幅度减小（一般减至等于或小于圆轨道速度），以便使最后阶段的再入过载值不致过大；

3）第三阶段：即跳出大气层阶段，利用这个阶段可使航程增加，如果要求实现短航程，那么可取消这一阶段；

4）第四阶段：在升力控制下，返回舱沿下降的轨道导向目标点。

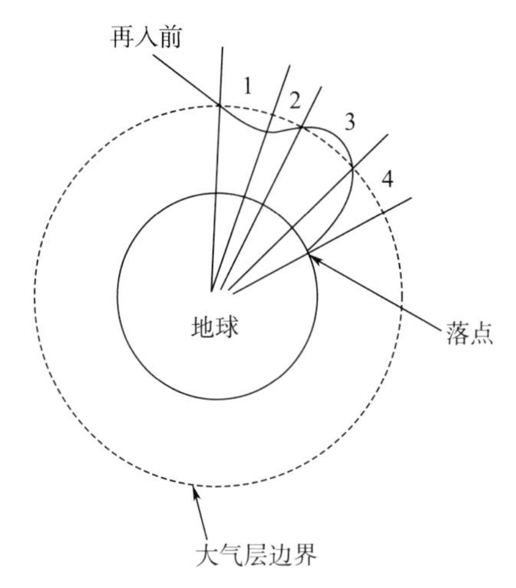

图 9-16　阿波罗飞船指令舱典型返回轨道的再入段

为具体了解阿波罗飞船返回舱返回轨道再入段的特点，现以阿波罗 10 号返回轨道的再入段为实例，作进一步的介绍。阿波罗 10 号再入地球大气层时的速度约为 11 km/s，其实际返回轨道的再入段是一条不存在第三阶段的轨道，如图 9-17～图 9-19 所示。

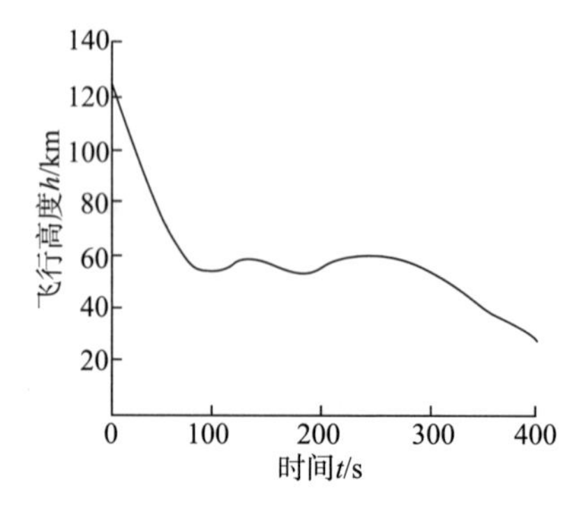

图 9-17　阿波罗 10 号指令舱返回轨道的飞行高度历程

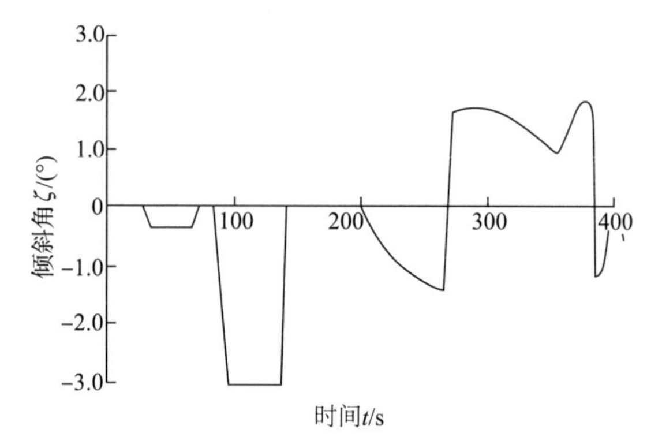

图 9-18　阿波罗 10 号指令舱返回轨道的倾斜角变化程序

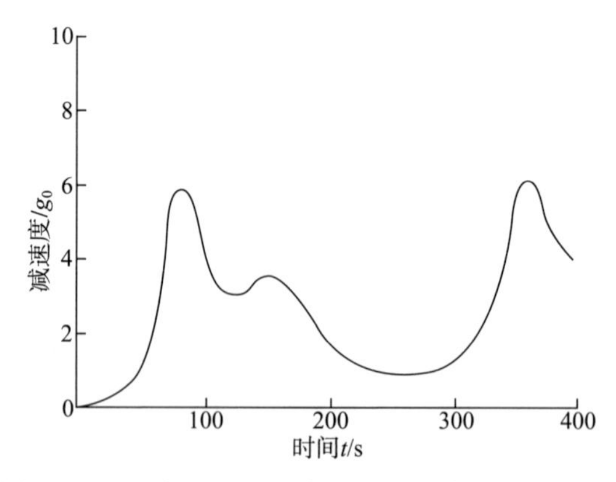

图 9-19　阿波罗 10 号指令舱返回轨道的减速度历程

从图 9-17～图 9-19 可知，利用滚动角的控制改变了升力的方向，从而使阿波罗 10 号返回舱在下降过程中的 $h—t$ 曲线受到严格控制，保障了再入期间的最大减速度仅为 6 g，为航天员提供了良好的过载环境。

9.4 行星际飞行

9.4.1 行星际飞行的主要特点

前面章节介绍了在近地空间的飞行和在月球引力作用范围内的空间飞行问题。下面将叙述航天器在地球引力作用范围之外的行星际飞行。也就是说，以前只研究了在近地空间和月球空间的飞行，现在则要讨论飞行时间更长、航行距离更大的宇宙空间的飞行问题。

第 2 章中讨论过的、太阳系内的许多天体现在都成了我们研究的对象。这些天体包括：太阳系的中心——太阳（实质上其是离我们最近的恒星）、八大行星及其卫星等。为本章研究的方便，列出行星和月球的轨道参数，如表 9-1 所示；太阳、行星与月球的物理特征及宇宙的力学特性如表 9-2 所示。

由前面章节可知，所有大行星都沿椭圆轨道绕太阳运动，其运动平面与地球的轨道平面（黄道面）仅有一个很小的倾角。实际上，除了水星外，其他行星的轨道偏心率都很小，可近似看作圆轨道，且其运动平面基本上在一个平面内。这样第 7 章研究的共面圆轨道间转移的有关理论就可以用于行星际飞行的研究。显然，从地球飞往太阳系行星有无数条轨道，但目前行星际飞行起步不久，主要考虑的是能量因素。此时借用近地轨道间转移问题的结论，最小能量转移轨道是霍曼轨道。实际上，行星际飞行的大部分是在单个天体——太阳的引力作用下进行的，只在整个飞行过程中的很短的一段时间内的飞行器的轨道才由航天器飞离和到达的行星决定，故采用拼凑圆锥截线法的思路，在此霍曼转移轨道是日心霍曼转移轨道。

表 9-1 行星和月球的轨道参数

天体名称	与太阳的平均距离		旋转周期	平均轨道速度		平均会合周期/(d)	轨道运动的平均角速度/[(°)/d]	偏心率	与黄道面倾角/(°)
	天文单位	Gm	(年)(天)	$Vc=1$	(km/s)				
水星	0.387 10	57.91	87.970	1.607 3	47.878	115.88	4.092 3	0.205 63	7.004
金星	0.723 33	108.21	224.701	1.175 8	35.021	583.92	1.602 1	0.006 79	3.394
地球	1.000 00	149.60	10.006	1.000 00	29.785	—	0.985 6	0.016 72	—
火星	1.523 69	227.94	1 321.730	0.810 1	24.129	779.94	0.524 0	0.093 38	1.850
木星	5.202 80	778.34	11 314.84	0.438 4	13.058	398.88	0.083 1	0.048 45	1.306
土星	9.538 84	1 427.0	29 166.98	0.323 8	9.644	378.09	0.033 5	0.055 65	2.491
天王星	19.190 89	2 871.0	84 007.45	0.228 2	6.798	369.66	0.011 7	0.047 24	0.773
海王星	30.070 7	4 498.6	164 280.3	0.182 4	5.432	367.48	0.006 0	0.008 58	1.774
冥王星	39.52	5 921	247 255.1	0.159 1	4.739	366.72	0.004 0	0.253 44	17.140
月球		与地球距离 0.384 4	27.322		1.023	29.531	13.176	0.054 90	平均力 5.145

注：冥王星因不满足行星需要符合的三个条件：1）位于围绕太阳的轨道上；2）有足够大的质量来克服固体应力以达到流体静力平衡的形状（近于球形）；3）须清空其轨道附近的区域，已于 2006 年 8 月 24 日被国际天文联合会从九大行星中开除。

表9-2　太阳与行星、月球的物理特征及宇宙动力学特性

天体名称	太阳质量与天体质量的比值	引力参数 μ/(km^3/s^2)	平均作用半径/Gm	平均影响半径/Gm	平均半径 r^*/km	表面脱离速度 V/(km/s)	不考虑旋转时的表面重力和速度/g	回转周期	赤道与轨道倾角
水星	602 500±15 000	$2.202\ 8\times10^4$	0.11	0.38	2 439	4.250	0.38	58.6 d	0°
金星	408 520±100	$3.248\ 75\times10^5$	0.62	1.70	6 050	10.363	0.90	243.16d	176°
地球	332 958±20	$3.986\ 032\times10^5$	0.93	2.50	6 371	11.186	1.00	23 h 45 min 04 s	23°27′
火星	3 098 000±4 000	4.284×10^4	0.58	1.80	3 388	5.029	0.38	24 h 37 min 23 s	24°48′
木星	1 047.58±0.01	$1.266\ 901\times10^8$	48.2	88.0	694 000	60.43	2.68	9 h 50.5 min	3°7′
土星	3 498.5±0.05	$3.793\ 57\times10^7$	54.5	108.0	57 800	36.23	1.16	10 h 14.5 min	26°45′
天王星	22 900±200	5.579×10^6	54.8	116.0	25 170	21.454	0.93	10 h 42 min	98°
海王星	19 300±200	6.877×10^6	86.8	194.0	24 540	23.67	1.16	15 h 48 min	29°
冥王星	$4\ 000\ 000\pm2\times10^6$		?	?	<3 400	?	?	6 h 19.3 min	
月球	270 705 000	4.903×10^3	0.066		1 737	2.367	0.165	27.322 d	6°40′
太阳	1	$1.327\ 18\times10^{11}$	9×10^6		696 000	618	27.9	25.38 d（在赤道面上）	7°15′（对黄道面）

很明显，在太阳引力作用下的运动和在地球引力作用下的运动，其基本原理是一样的，因为其均服从万有引力定律，都是在中心力场的作用下运动的。因此，讨论飞船在太阳引力作用下的运动时，完全可以运用前面所讨论的飞船在地球引力作用下运动的基本关系式。由于在地球作用范围内和目标行星作用范围内轨道都是双曲线，故在此先对双曲线飞越作详细讨论。

双曲线轨道的典型几何形状如图 9－20 所示，考虑一个小型飞行器从无穷远处（$r \to \infty$）以相对速度 $\boldsymbol{V}_{\infty}^{-}$ 接近大物体 B，忽略大物体 B 的运动和其他物体的引力影响。现在应定义以下几个参数：

Δ ——B 和渐近线之间的距离；

r_p——最接近时的径向距离；

δ——V_{∞} 的偏斜角；

ν_{∞}——渐近线的真近点角。

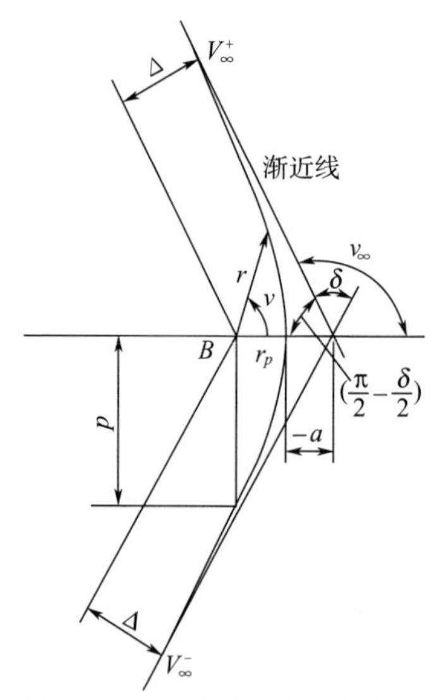

图 9－20　双曲线飞越的集合图

对于双曲线来说，$e>1$，为保证能量方程 $\varepsilon=-\mu/2a$ 成立，半长轴 a 应取为负数，这样能量是正的且为常数。注意到

$$\varepsilon = \frac{V^2}{2} - \frac{\mu}{r} = \frac{V_\infty^2}{2} = -\frac{\mu}{2a}$$

因此相对于 B 来说，在接近和离开两条路径上的 $\mathbf{V}_\infty$ 值是一样的，即

$$|\mathbf{V}_\infty^-| = |\mathbf{V}_\infty^+|$$

一般情况下，ν_∞ 和 Δ 是已知的或者可以从其他信息得到的，那么将如何求得 e 和 a，再如何进一步求得 ν_∞，δ 和 r_p 呢？

由能量方程，轨道的半长轴为

$$a = -\frac{\mu}{V_\infty^2} \tag{9-56}$$

按角动量定义，易得

$$h = \Delta \cdot V_\infty \tag{9-57}$$

则
$$e^2 = 1 + \frac{2\varepsilon h^2}{\mu^2} = 1 + \frac{V_\infty^4 \Delta^2}{\mu^2}$$

即轨道的偏心率为

$$e = \sqrt{1 + \frac{V_\infty^4 \Delta^2}{\mu^2}} \tag{9-58}$$

考虑圆锥曲线方程

$$r = \frac{p}{1 + e\cos\nu} = \frac{a(1 - e^2)}{1 + e\cos\nu}$$

则在 $r \to \infty$ 时，得

$$\cos\nu_\infty = -\frac{1}{e}$$

即

$$\nu_\infty = \cos^{-1}\left(-\frac{1}{e}\right) \tag{9-59}$$

由图 9－20 可知

$$\pi - \nu_\infty = \frac{\pi}{2} - \frac{\delta}{2}$$

因此

$$\sin\frac{\delta}{2} = -\cos\nu_\infty = \frac{1}{e}$$

由此得

$$\delta = 2\sin^{-1}\left(\frac{1}{e}\right) \tag{9-60}$$

而在近地点，$\nu = 0$，$r = r_p$，则

$$r_p = a(1 - e) \tag{9-61}$$

对于科学性的飞行任务来说，近心点的距离大多是指定的，即 r_p 已知；另外，V_∞ 是行星际飞行路径和运载火箭能力的函数，亦为已知量，则可用式（9－62）求偏心率 e

$$e = 1 - \frac{r_p}{a} = 1 + \frac{r_p V_\infty^2}{\mu} \tag{9-62}$$

同理，其他参数又可相应求得。

刚才假定大物体 B 是不动的，而实际研究双曲线飞越行星体时，必须参照某个惯性坐标系，而整个飞行任务就在这个坐标系中执行。实际上，大物体 B 本身必定具有某个速度 $\boldsymbol{V}_B$。因此，双曲线接近速度 $\boldsymbol{V}_\infty^-$ 是相对于 B 的，更合理地可以写成 $\boldsymbol{V}_{\infty/B}^-$。类似的，双曲线飞离速度可以写成 $\boldsymbol{V}_{\infty/B}^+$。空间飞行器通过 B 的重力场时，由物体 B 引起的最终影响表现为 $\boldsymbol{V}_{\infty/B}$ 的偏斜角 δ。图 9－21 表明了 $\boldsymbol{V}_{\infty/B}^-$、$\boldsymbol{V}_B$ 和飞行器通过 B 之前的惯性速度 $\boldsymbol{V}^-$ 之间的关系。这样，相对接近速度为

$$\boldsymbol{V}_{\infty/B}^- = \boldsymbol{V}^- - \boldsymbol{V}_B \tag{9-63}$$

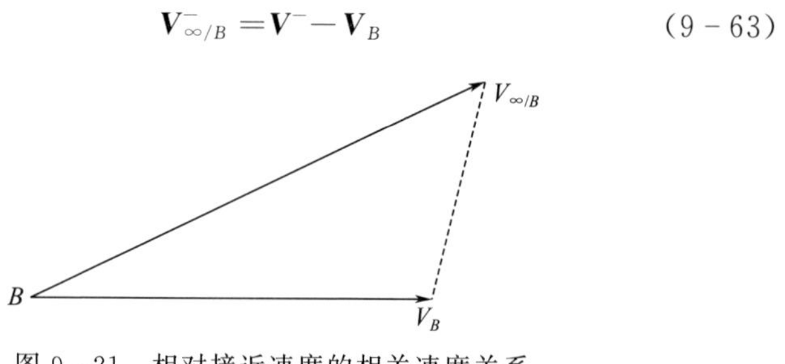

图 9－21　相对接近速度的相关速度关系

虽然飞越 B 不影响相对速度的大小，但空间飞行器的绝对速度有了显著的变化，图9－20的双曲线飞越的整个矢量关系将如图 9－22 所示。在某种程度上这是特殊情况，因为 B 是沿双曲线轴的方向运动的，但是从这种情况可以看出其中几个重要的方面。空间飞行器的绝对速度沿着 B 的运动方向是减小的。因此，从 B 的正面飞越就会减少轨道的能量；如果在 B 的背面飞越（见图 9－23），则轨道能量增加，图 9－24 用有关的矢量表明了这种情况。由上可知，空

间飞行器在飞越行星时可以获得或丧失能量，这是向外行星飞行时要绕飞中间行星的一个原因。例如对于水星探测器来说，首先要通过金星。

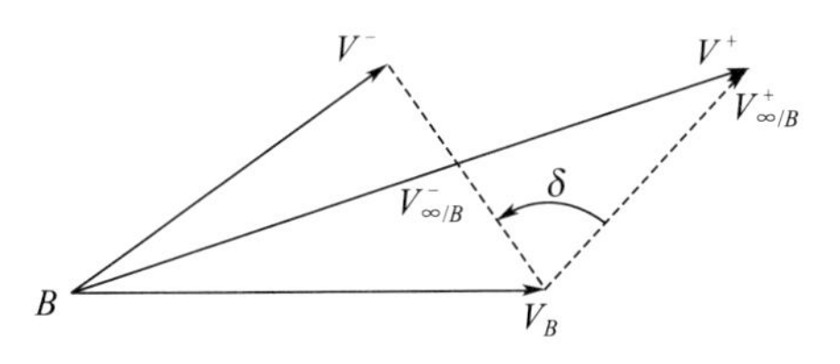

图 9 - 22　飞越引起的惯性速度变化

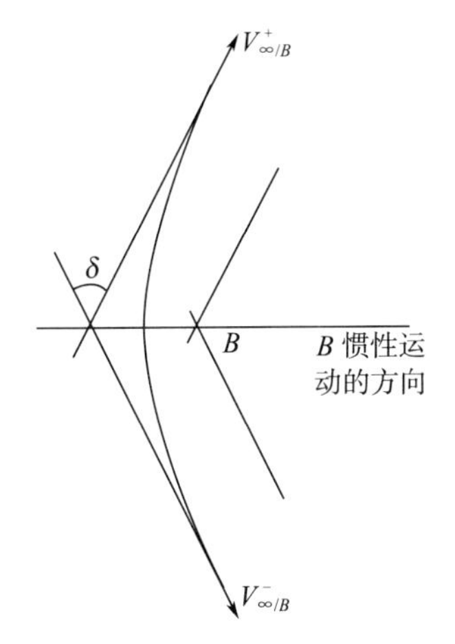

图 9 - 23　在物体的背面飞越

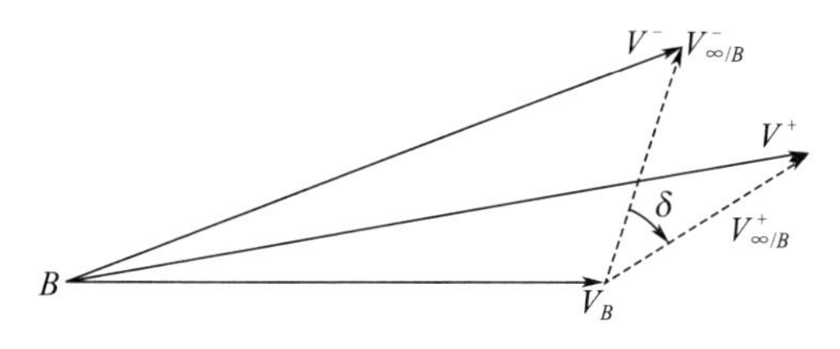

图 9 - 24　增加能量的飞越的矢量图

9.4.2 拼凑圆锥截线法

在熟悉双曲线飞越的基本原理之后，现在可以讨论处理行星际飞行轨道的近似方法——拼凑圆锥截线法。对于行星际探测器来说，其轨道有三段：摆脱地球引力的轨道、日心过渡轨道以及与行星相遇的轨道。计算时，除了影响最大的物体以外，忽略所有其他引力体的作用，因此空间飞行器离开绕地轨道基本上是在（相对于地球的）二体双曲线逃逸路径上运行。太阳变成基本引力体以后，地球引力的影响球就结束。从这一点以后的飞行路径上，地球的影响被忽略，空间飞行器处在日心过渡轨道上，一直到接近目标行星为止；然后探测器进入相对行星的另一个二体轨道；显然太阳会继续影响运动。在对推力冲量要求进行初始估算时，用这种方法可以很快地进行手算，而且具有足够的精度；但计算过渡时间时，有显著的误差。

考虑从地球开始的行星际飞行，使用拼凑圆锥截线法的计算步骤如下。

1）计算出飞行器摆脱绕地轨道，在指定时间或冲量限制内达到目标行星所需要的速度冲量。假定用一个速度增量从低的等待轨道开始过渡飞行，这样就可以完全完成整个飞行；如果只需要绕飞目标行星，则飞越时不再需要冲量；从绕地轨道到摆脱地球引力的轨道之间的飞行路线假定是纯粹的地心轨道。

2）忽略地球、只考虑太阳，这是日心飞行阶段。这一阶段的初始速度和方向是从摆脱地球引力的轨道转过来的。

3）到达目标行星的范围以后，忽略太阳，并用这一点的速度矢量来求双曲线飞越的初始条件。相距很远时，在这些初始条件下行星的重力起作用。

具体求解时，还必须规定整个飞行路径的几个参数，具体包括初始绕地轨道的半径、日心过渡的类型、最接近行星时的距离、正面还是背面飞越等。这里特别需要提到的是飞离时的相位角，很明显，若要飞行器在穿过目标行星的轨道时正好与目标行星相遇，则在飞离时地球和目标行星间必须有合适的角度关系。在日心坐标系中，飞离点矢径与目标行星矢径间的夹角称为飞离时的相位角，该角度常与发射机会相联系。

为了对问题有一个形象的认识，下面举一个简单的共面行星际飞行的例子，但其中所用方法可用于更一般的情况。

一行星际探测器，开始处于地球上空 200 km 的圆轨道上，然后送入霍曼日心椭圆转移轨道，后向金星飞行，在距金星表面 500 km 的地方飞越金星阳面。假定金星和飞行器均在黄道平面内运动，试确定有关参数。

对于这样的问题，首先关心的是达到金星所需要的 ΔV。而飞越以后，空间探测器将进入一个新的日心轨道，如此应确定其新的近日点、偏心率和周期。

初始的 Δv 常由日心转移轨道条件来确定。因为金星在低轨道，所以当行星际探测器摆脱地球引力时，其绝对速度 $\mathbf{V}^+$ 必须是霍曼转移轨道的远日点速度，如图 9 - 25 所示。

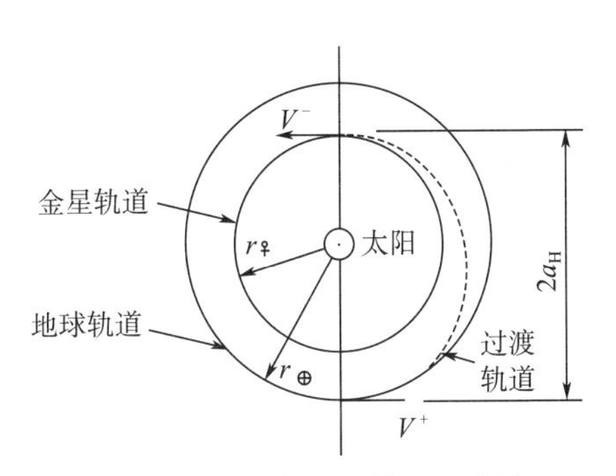

图 9 - 25　飞向金星的日心过渡

因为　　$r_{\oplus}=1.0\ \text{AU}，r_{♀}=0.723\ 33\ \text{AU}$

则

$$\varepsilon_H=\frac{(V^+)^2}{2}-\frac{\mu_\odot}{r_\oplus}=-\frac{\mu_\odot}{2a_H}$$

其中

$$2a_H=r_\oplus+r_{♀}$$

由此得 $a_H=1.290\times10^8$ km。由于

$$V^{+}=\sqrt{\mu_{\odot}\left(\frac{2}{r_{\oplus}}-\frac{1}{a_{\mathrm{H}}}\right)}$$

因此，对于这种情况有 $V^{+}=27.30\ \mathrm{km/s}$。

为了使一个逃逸的空间飞行器以最小的 ΔV 达到 V^{+}，则必须有效地利用地球的轨道速度。此速度为

$$V_{\oplus}=\sqrt{\frac{\mu_{\odot}}{r_{\oplus}}}=29.78(\mathrm{km/s})$$

由于 $V_{\oplus}>V^{+}$，因此应按 $\boldsymbol{V}_{\oplus}$ 的反方向摆脱指向太阳的地球引力，其矢量关系见图 9-26，图中说明了怎样去掉地球速度的一部分来建立 $\boldsymbol{V}^{+}$。这样，地球速度超过逃逸速度 $\boldsymbol{V}_{\infty/\oplus}^{-}$ 的量就是双曲线速度，其可简单地由下式计算

$$\left|\boldsymbol{V}_{\infty/\oplus}^{-}\right|=\left|\boldsymbol{V}_{\oplus}-\boldsymbol{V}^{+}\right|=2.48(\mathrm{km/s})$$

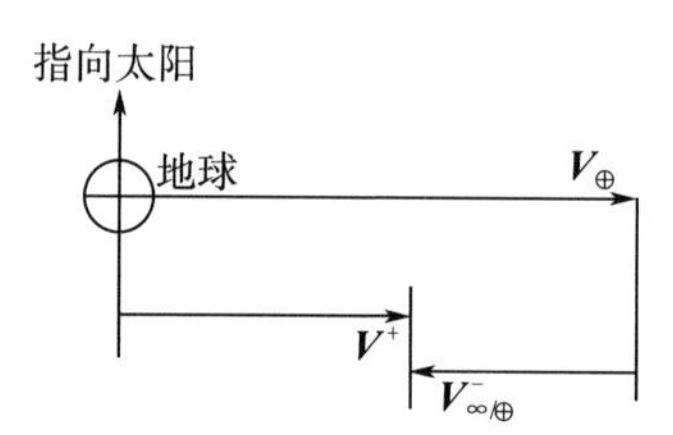

图 9-26 摆脱地球引力的速度平衡

下面考虑从低圆轨道作双曲线逃逸的路径。该路径的一半如图 9-27 所示。

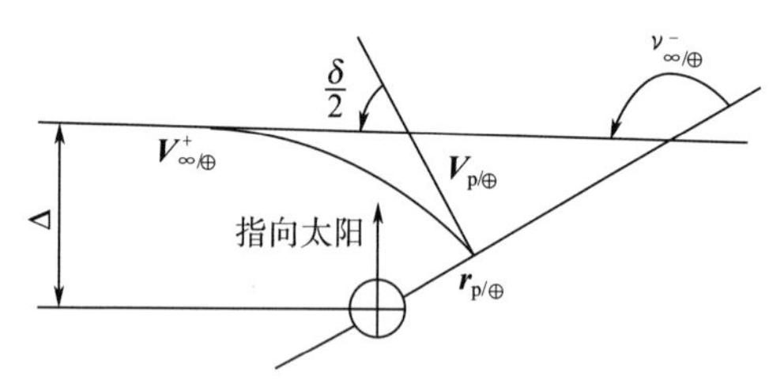

图 9-27 摆脱地球引力的逃逸双曲线

这种逃逸的相应能量为

$$\varepsilon = \frac{V_{\infty/\oplus}^2}{2} = \frac{V_{p/\oplus}^2}{2} - \frac{\mu_\oplus}{r_{p/\oplus}}$$

由此得到需要的近地点速度为

$$V_{p/\oplus} = \sqrt{V_{\infty/\oplus}^2 + \frac{2\mu_\oplus}{r_{p/\oplus}}} = 11.28(\text{km/s})$$

这就是提供 ΔV 以后的总速度，该 ΔV 可以使探测器恰好到达金星轨道。由于空间飞行器开始处在圆轨道上，因此

$$\Delta V = V_{p/\oplus} - \sqrt{\frac{\mu_\oplus}{r_{p/\oplus}}} = 3.50(\text{km/s})$$

在实际飞行任务中，由于轻微的速度增量误差和其他的不确定性，日心转移期间一般需要用较小的 ΔV 来调整，这也被称为中间修正。对于地面控制者来说，确定施加冲量的位置 $\nu_{\infty/\oplus}$ 是很重要的，通过式（9－62）得

$$e = 1 + \frac{r_{p/\oplus} V_{\infty/\oplus}^2}{\mu_\oplus} = 1.10$$

再由式（9－59）可得渐近线的真近点角为

$$\nu_{\infty/\oplus} = \cos^{-1}\left(-\frac{1}{e}\right) = 155.2^\circ$$

由几何关系可得 $\boldsymbol{V}_{p/\oplus}$ 和 $\boldsymbol{V}_{\infty/\oplus}^{+}$ 之间的速度偏斜角为

$$\frac{\delta}{2} = 65.2^\circ$$

这个逃逸路径向太阳接近了 Δ，Δ 可用式（9－58）确定

$$\Delta = \frac{\mu_\oplus}{V_{\infty/\oplus}^2}\sqrt{e^2 - 1} = 2.97 \times 10^4(\text{km})$$

因此，转移的实际远日点稍低于 $r_\oplus$，但这个差值是可以忽略的，因为该方法是近似计算。飞行器摆脱地球引力后，就开始作日心转移，在绕金星的轨道上的速度为 $\boldsymbol{V}^-$（忽略金星的存在），其数值可由

$$h_{\text{H}} = r_\oplus V^+ = r_{♀} V^-$$

得到，为

$$V^{-}=\frac{r_{\oplus}}{r_{♀}}V^{+}=37.71(\mathrm{km/s})$$

这是接近金星的绝对速度，而金星的绕日轨道速度是

$$V=\sqrt{\frac{\mu_{\odot}}{r_{♀}}}=35.00(\mathrm{km/s})$$

图 9-28 表明了接近金星时的速度矢量平衡关系，显然，$V_{\infty/+}=2.71\ \mathrm{km/s}$。由于最接近的距离规定为 500 km，因此从方程（9-62）可直接得到飞越路径的偏心率为

$$e=1+\frac{r_{p/♀}V_{\infty/♀}^{2}}{\mu_{\odot}}=1.14$$

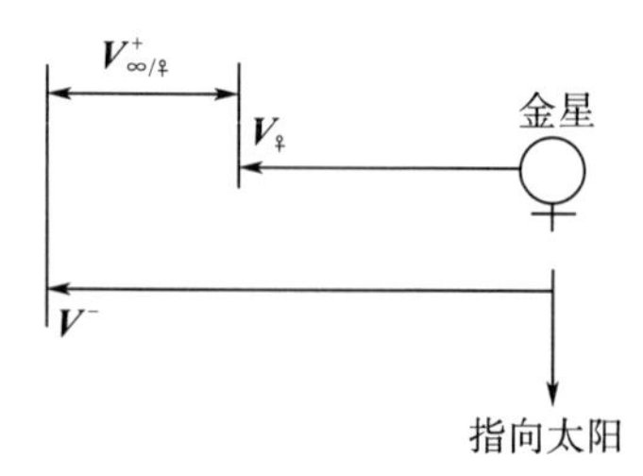

图 9-28　接近金星时的速度平衡关系

方程（9-60）给出了 $\mathbf{V}_{\infty/♀}$ 的偏斜角为

$$\delta=2\arcsin\left(\frac{1}{e}\right)=122.2^{\circ}$$

图 9-29 表明了对金星的飞越路径。需注意的是，规定的是从阳面接近，其结果使 $\mathbf{V}_{\infty/♀}$ 偏离太阳，现在 $\mathbf{V}_{\infty/♀}^{+}$ 已经确定，因此可以考虑所形成的日心轨道。为了得到与金星相遇后的绝对速度，需考虑图 9-30 所示飞越的整个速度矢量关系。相遇后，日心速度分量可由下列式子确定

$$V_{\theta}^{+}=V-V_{\infty/♀}^{+}\cos(\pi-\delta)=33.56(\mathrm{km/s})$$

$$V_{r}^{+}=V_{\infty/♀}^{+}\sin(\pi-\delta)=2.29(\mathrm{km/s})$$

由此得到新的飞行路径角 ϕ（航迹角）

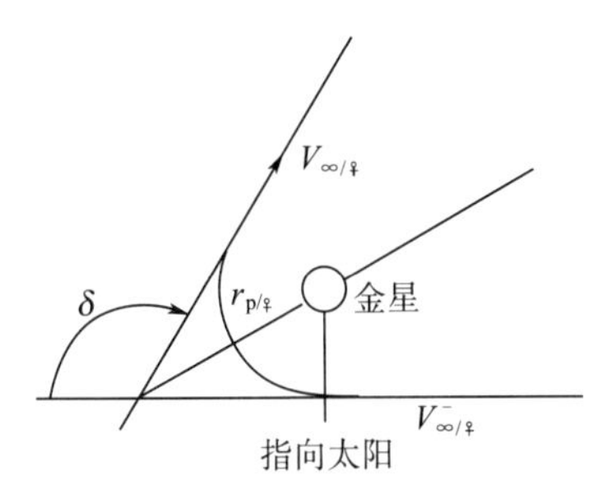

图 9-29　绕金星的双曲线飞越

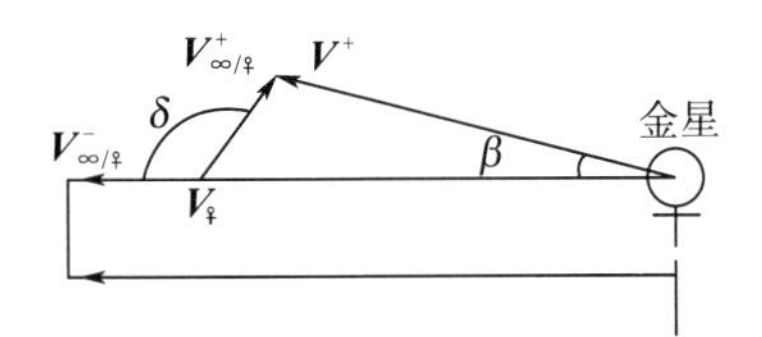

图 9-30　飞越金星的整个速度矢量

$$\phi = \tan^{-1}\left(\frac{V_r^+}{V_\theta^+}\right) = 3.9^\circ$$

和新的空间飞行器速度

$$V^+ = \sqrt{V_\theta^{+2} + V_r^{+2}} = 33.64(\mathrm{km/s})$$

得到新的 ϕ 和 V^+ 后，就可以计算新的日心轨道。

由

$$e^2 = \left\{\left[\frac{r_♀ (V^+)^2}{\mu_\odot} - 1\right]^2 \cos^2\phi + \sin^2\phi\right\}$$

得到日心偏心率 $e = 0.10$。

由

$$\nu_0 = \arccos\left[\frac{1}{e}\left(\frac{h^2}{\mu_\odot r_♀} - 1\right)\right] = \arccos\left\{\frac{1}{e}\left[\frac{(V^+)^2 \cos^2\phi r_♀}{\mu_\odot} - 1\right]\right\}$$

算出新日心轨道的真近点角 $\nu_0 = 142.0^\circ$。

由

$$r_{p/\odot} = \frac{h^2}{\mu_\odot (1+e)}$$

$$a = \frac{h^2}{\mu_{\odot}(1 - e^2)}$$

$$T_c = 2\pi\sqrt{\frac{a^3}{\mu_{\odot}}}$$

可算得近日点

$$r_{p/\odot} = 9.03 \times 10^7 (\text{km})$$

半长轴

$$a = 1.01 \times 10^8 (\text{km})$$

运行周期

$$T_c = 202.6 \text{ 天}$$

有关结果表示在图 9－31 中，考虑到金星的周期是 224.7 天，最终轨道近于圆轨道，所得周期很接近金星的周期。

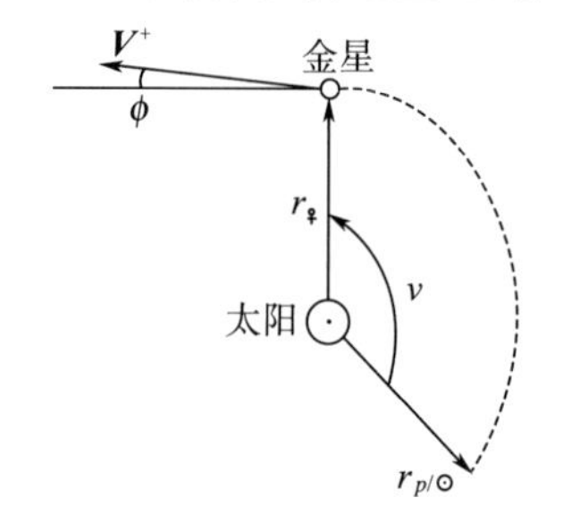

图 9－31　新日心轨道的近日点位置

9.4.3　行星捕获与行星撞击

(1) 行星捕获

许多行星际飞行任务最终是要在绕目标行星 B 的轨道上飞行，这实际上涉及行星重力场能否捕获空间飞行器的问题。在此捕获是指行星际飞行器自地球进入行星的影响球，然后无限期地留在该行星的某一邻区，在双曲线飞越中减少飞行器能量即可做到这一点。用单次减速冲量建立圆轨道的简单方法可调整接近参数 Δ，使得最接近的距离恰好等于最终的轨道半径。达到这一点后，再施加一个 ΔV 来降低飞行器的速度，该 ΔV 的值为

$$\Delta V = V_{p/B} - \sqrt{\frac{\mu_B}{r_{p/B}}}$$

如果推进剂很有限，而最终轨道半径又要求不很严，则这种操纵可以达到最佳化。使所需 ΔV 最小的最佳 $r_{p/B}$ 值确定方法如下。

根据能量表达式

$$\varepsilon = \frac{V_{\infty/B}^2}{2} = \frac{V_{p/B}^2}{2} - \frac{\mu_B}{r_{p/B}}$$

得到

$$V_{p/B} = \sqrt{V_{\infty/B}^2 + \frac{2\mu_B}{r_{p/B}}}$$

现在可以用 $V_{\infty/B}$ 和 $r_{p/B}$ 把 ΔV 的值表示为

$$\Delta V = \sqrt{V_{\infty/B}^2 + \frac{2\mu_B}{r_{p/B}}} - \sqrt{\frac{\mu_B}{r_{p/B}}} \tag{9-64}$$

为了使 ΔV 最小，使 $\partial\, \Delta V / \partial\, r_{p/B}$ 等于零。注意到 $V_{\infty/B}$ 是固定的，故有

$$\frac{\partial \Delta V}{\partial r_{p/B}} = \frac{-\mu_B / r_{p/B}^2}{\sqrt{V_{\infty/B}^2 + \frac{2\mu_B}{r_{p/B}}}} + \frac{\sqrt{\mu_B}}{2 r_{p/B}^{3/2}} = 0$$

这表明，当

$$r_{p/B} = \frac{2\mu_B}{V_{\infty/B}^2} \tag{9-65}$$

时，ΔV 最小，其值为

$$\Delta V_{\min} = \frac{V_{\infty/B}}{\sqrt{2}} \tag{9-66}$$

(2) 行星撞击

双曲线飞越时，已知

$$r_p = a(1-e)$$

现将式 (9-56) 和式 (9-58) 代入上式得

$$r_p = -\frac{\mu}{V_\infty^2} + \sqrt{\frac{\mu^2}{V_\infty^4} + \Delta^2} \tag{9-67}$$

设行星半径为 R，则 $r_p \leqslant R$ 时就会发生撞击。由此可得撞击条件为

$$\Delta \leqslant R\sqrt{1+V_{esc}^2/V_{\infty}^2} \tag{9-68}$$

其中

$$V_{esc}=\sqrt{\frac{2\mu}{R}}$$

对应每一个 V_{∞} 值，式（9－68）右边的表达式都是一个确定的量，这个量亦称为捕获半径 R_{cap}。

9.5 恒星际飞行轨道

9.5.1 恒星际飞行速度

本章前几节简要介绍了向月球的飞行或行星际飞行，现在再来分析飞出太阳系外将会面临什么问题。

严格说来，在太阳系内的飞行统称为行星际飞行，越出太阳系的恒星际飞行才可称为宇宙飞行。太阳系的半径约为 4×10^9 km，是银河系的一小部分。所以常说宇宙是无限的，其包含了无数个星系，而银河系只是其中之一。如果用现在能达到的、每秒几十千米的速度航行，那么即使到离地球最近的几颗恒星附近，也要花费几万年的时间。

由于恒星际航行需要数万年时间，因此恒星际航行还是人类的假想，目前还很难设想出实现的途径。因为进入如此广阔的宇宙空间去旅行，必须大大提高航行速度，直到接近光速。完成这样一个飞跃需要解决一系列的新课题，诸如发展新型发动机和研制超级推进剂等。

从地球到太阳系外离其最近的一颗恒星半人马座 α 星的距离有 4×10^{13} km，航天器以光速飞行也需花 4.3 年的时间；且以接近光速的速度飞行，需要消耗大量的能量。只有在工质全部（或几乎全部）质量都按爱因斯坦公式 $E=mc^2$ 转变为电磁辐射能的情况下，才有可能获得这么多的能量，这实际上会带来一系列问题。此外，当速度接近光速时，经典牛顿力学的规律已失效，故要采用相对论力学规律。

相对论的基本事实是：任何坐标系里的真空光速是物体运动速度的极限；在理论上，物体运动的速度可以无限地接近真空光速，但不能超过光速。对于火箭接近光速运动的具体情况，可根据这个事实得到广义齐奥尔科夫斯基公式，或称阿克莱公式

$$\frac{M_k}{M_0}=\left[\frac{1-\frac{V}{C}}{1+\frac{V}{C}}\right]^{C/2W} \tag{9-69}$$

式中　M_0——火箭的起始静质量；

M_k——火箭最终静质量；

V——发动机停止工作时末速度；

C——真空光速；

W——工质相对于火箭的喷射速度。

这个公式适用于任何喷射速度 W。当喷射速度等于光速 C 时，这恰好是光子火箭作恒星际飞行的情况，式（9-69）就变为

$$\begin{cases}\dfrac{M_k}{M_0}=\sqrt{\dfrac{1-\frac{V}{C}}{1+\frac{V}{C}}}\\[2ex]\dfrac{M_0}{M_k}=\sqrt{\dfrac{1+\frac{V}{C}}{1-\frac{V}{C}}}\end{cases} \tag{9-70}$$

其中

$$\frac{M_0}{M_k}=z$$

式中　z——齐奥尔科夫斯基数（质量比）。

光子火箭运载的飞行器的速度为

$$\frac{V}{C}=\frac{1-\left(\frac{M_k}{M_0}\right)^2}{1+\left(\frac{M_k}{M_0}\right)^2} \tag{9-71}$$

即
$$\frac{V}{C}=\frac{z^2-1}{z^2+1}$$

由式（9-71）看出，只有当 $M_k/M_0=0$（或 $z=\infty$）时，光子飞船的速度才能达到光速。这就要求恒星际飞船的全部质量，包括有效载荷都变为辐射量子，而这是不可能的。

如果希望飞船获得0.9的光速，即 $V/C=0.9$，则 $z=\sqrt{1.9/0.1}=\sqrt{19}=4.36$；如取 $V=0.94C$，则 $z=\sqrt{1.94/0.06}=5.7$。

现设想以下述方式飞向恒星：恒星际飞行器先加速到最大速度 $V=270\ 000$ km/s；然后发动机关机，飞行器作等速运动；然后再进行制动，使速度变为零。也就是，先进入人造行星轨道，然后进入所研究的恒星系的行星人造卫星的轨道，最后完成这颗行星的登陆。返回太阳系时以相反的次序进行，即先加速到接近光速，然后以常速飞行，最后制动。

如此，使用光子火箭的恒星际飞船可分为4级：第一级完成飞向恒星（太阳）的加速，第二级完成太阳系到另一恒星区域的制动（所研究恒星系的行星人造卫星轨道），第三级用于返回加速，第四级在进入太阳系前进行制动。如果取各级子火箭质量比都是相同的 z，那么整个火箭的质量比［初始质量与最终质量（完成了最后制动时的质量）之比］$Z=z^4$。如 $V=0.9C$，则 $Z=4.36^4\approx361$；如 $V=0.94C$，则 $Z=5.7^4\approx1\ 056$。如果最终质量为 2×10^5 kg，获得最终速度 $V=0.9C$，则初始质量 M_0 应为 7.22×10^7 kg。这样巨大的质量会导致光子火箭在发射时，发动机的喷流给地球上的人带来巨大灾难，因此不能在地球上制造这种光子火箭。在远离地球表面的轨道上装配这种庞大的飞行器也是十分困难的，但并非绝对不可能。

上面给出的返回太阳系的飞行器质量也许是保守的，尽管如此，飞行器的初始质量还是会高达几亿千克。

为了说明恒星际飞行与现有飞行经验的不同，下面比较阿克莱公式和齐奥尔科夫斯基公式的差别。由式（9-69）可得

$$\frac{M_0}{M_k}=e^{\frac{C}{2W}\ln\left(\frac{1-\frac{V}{C}}{1+\frac{V}{C}}\right)} \tag{9-72}$$

展开其中的对数函数，即

$$\ln\left(\frac{1+\frac{V}{C}}{1-\frac{V}{C}}\right)=\ln\left(1+\frac{V}{C}\right)-\ln\left(1-\frac{V}{C}\right)$$

$$=\frac{2V}{C}\left[1+\frac{1}{3}\left(\frac{V}{C}\right)^2+\frac{1}{5}\left(\frac{V}{C}\right)^4+\frac{1}{7}\left(\frac{V}{C}\right)^6+\cdots\right]$$

所以

$$\frac{M_0}{M_k}=e^{\frac{V}{W}\left[1+\frac{1}{3}\left(\frac{V}{C}\right)^2+\frac{1}{5}\left(\frac{V}{C}\right)^4+\frac{1}{7}\left(\frac{V}{C}\right)^6+\cdots\right]} \tag{9-73}$$

即

$$\frac{M_0}{M_k}=e^{\frac{V}{W}}e^{\left(\frac{V}{C}\right)^2\left[\frac{1}{3}\frac{V}{W}+\frac{1}{5}\frac{V}{W}\left(\frac{V}{C}\right)^2+\frac{1}{7}\frac{V}{W}\left(\frac{V}{C}\right)^4+\cdots\right]}$$

再将上式的第二个指数函数作为$\left(\frac{V}{C}\right)^2$的幂级数展开，则有

$$\frac{M_0}{M_k}=e^{\frac{V}{W}}\left\{1+\frac{1}{3}\left[\frac{V}{W}\left(\frac{V}{C}\right)^2\right]+\left[\frac{V}{W}\left(\frac{V}{C}\right)^2\right]^2\left[\frac{1}{18}+\frac{1}{5}\left(\frac{W}{V}\right)\right]+\right.$$
$$\left.\left[\frac{V}{W}\left(\frac{V}{C}\right)^2\right]^3\left[\frac{1}{162}+\frac{1}{15}\left(\frac{W}{V}\right)+\frac{1}{7}\left(\frac{W}{V}\right)^2\right]+\cdots\right\} \tag{9-74}$$

由式（9－74）可知：当$\frac{V}{C}\to 0$时，也就是火箭速度远比光速小的时候，有

$$V=W\ln\frac{M_0}{M_k}$$

这就是齐奥尔科夫斯基公式，也就是说齐奥尔科夫斯基公式是阿克莱公式的特例，而阿克莱公式是在齐奥尔科夫斯基公式的基础上作了修正，且永远是加大的修正。用齐奥尔科夫斯基公式计算速度，当火箭速度很高时，会得出过小的质量比。例如，喷气速度为15 000 km/s、比冲为1.5×10^6 s的火箭，其喷气速度仅为光速的5%，

要达到 0.8 倍的光速，所需的质量比用齐奥尔科夫斯基公式计算为

$$\frac{M_k}{M_0}=e^{\frac{V}{W}}=e^{0.8/0.05}=e^{16}=0.889\times10^7$$

用阿克莱公式计算为

$$\frac{M_0}{M_k}=\left(\frac{1+0.8}{1-0.8}\right)^{\frac{C}{2\times0.5C}}=\left(\frac{1.8}{0.8}\right)^{10}=348\times10^7$$

可以看出，用两个公式计算相差很大。在火箭速度接近光速时，用齐奥尔科夫斯基公式所得结果是很不准确的。目前看来，要达到 80％的光速，总质量比要达到 34.8 亿，这是不可设想的。因此，需先进行太阳系内的行星际航行，在太阳系内研究宇宙空间，才可为进行更远的宇宙航行创造条件和开辟道路。

9.5.2 飞出太阳系的几种方法

为简要起见，称冥王星以外的区域为行星外区域。

行星外区域的内边界半径等于 40 A（A 为天文单位，1 A＝1.495 968 787 0×10^8 km），即冥王星与太阳的平均距离。行星区域的外边界有各种不同的说法，目前尚未统一，有的学者建议以半径为 9.46×10^{12} km（1 光年或 63 200 A）的球界作为外边界。

飞出太阳系，进入行星外区域，在理论上如前文所述，有以下几种方法。

（1）直接飞行法

即以第三宇宙速度，按双曲线轨道飞行，每条双曲线轨道以特定的双曲线剩余速度 $\boldsymbol{V}_\infty$（或称脱离太阳作用范围的日心速度）飞行。但是用这种方法飞到行星外区域的外边界就需要 35 000 年，而飞出太阳作用范围（8.976×10^{12} km 或 60 000 A），则需耗时 100 万年。

如果 V_∞＝14 km/s，则 14 年后飞行器可到达冥王星。据此可推出，离开近地轨道的速度应为 13.4 km/s。

（2）途经木星的飞行

如图 9－32 所示，飞行器从地球上发射，经过木星，然后到达

行星外区域。

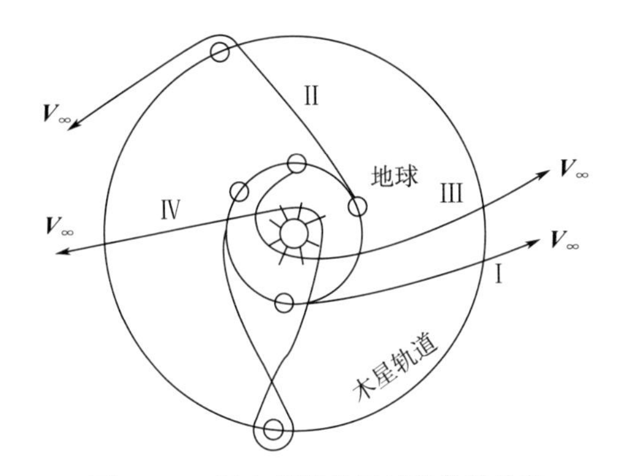

图 9-32　通向行星外区域的各种途径

Ⅰ—直接飞行；Ⅱ—途经木星；Ⅲ—在太阳附近进行机动；
Ⅳ—绕木星后在太阳附近进行机动

这种方法是以第三宇宙速度起飞，在最佳情况下以 $V_\infty=24.4$ km/s 飞行，这样用 9 年的时间就可以飞抵冥王星。

如果以 18.3 km/s 的速度离开近地轨道，则飞行器的机动效果最好。此时 $V_\infty=46.9$ km/s，这样只要 3 年就能到达冥王星。

（3）在太阳附近进行机动

如果要把飞行器送入具有给定 V_∞ 值的日心双曲线轨道，当此 V_∞ 值大于在地球轨道上相对于太阳的当地抛物线速度（即 $V_\infty>$ 42.122 km/s）时，则不宜直接用单脉冲飞行进入双曲线轨道，而应采取双脉冲机动。第一次脉冲使飞行器沿半椭圆轨道飞向太阳，然后在近日点用助推脉冲将飞行器转换到所需双曲线轨道上（见图 9-32 中的轨道Ⅲ）。这样，两个脉冲值之和将小于直接转换时所用的单脉冲值。

如果在提供助推脉冲之前近日点与太阳的距离为 1.496×10^7 km（0.1 A），则飞行器在近日点的速度为 127 km/s；如果近日点距离为 7.48×10^6 km（0.05 A），则速度为184 km/s；近日点距离降到 1.496×10^6 km（0.01 A）时，速度就可以达到 419.1 km/s，该速度很接近于当地抛物线速度。

下面估算一下助推脉冲。如果 $V_\infty=100$ km/s，则在距离等于 1 496 000 km（0.01 A）的近日点上，助推后的飞行器速度应为

$$\sqrt{\frac{2G_sM_s}{r_s}+V_\infty^2}=\sqrt{\frac{2\times13.2718\times10^{10}}{149.6\times10^4}+100^2}=432.9(\text{km/s})$$

根号中第一项是日心抛物线速度，G_sM_s 是太阳万有引力常数，因此助推速度增量为 $\Delta V=432.9-419.1=13.8$ km/s。与离开低轨道时的速度增量 $\Delta V=20.07$ km/s 加在一起，得到总特征速度约为 34 km/s。因此，用 50 年的时间就可飞到 1.6×10^{11} km，或等于 0.017 光年（1 074 A）之外的地方。如果要在 50 年内飞完 9.16×10^{11} km（或等于 0.1 光年）的航程，则需进入速度 $V_\infty=600$ km/s 的轨道，此时在近日点上的速度增量已达到 341 km/s，而离开近地低轨道时的总特征速度为 334 km/s。

假设飞行器由 10 级火箭组成，其利用气态核反应装置保证喷射速度可达到 50 km/s，则相对有效载荷约为 2 000。由于飞行距离长，因此飞行器必须具有很强的防热层，还应有强大的能源和巨型抛物面天线，其质量估计不会低于 5 000 kg（不包括核发动机装置的质量），从轨道发射时的起飞质量大约为 1×10^7 kg。这就是说，为了组装这种飞行器，需要发射航天飞机 400 个航次，这是一个很难想象的工程。

如果不用双脉冲机动而用单脉冲机动使飞行器进入日心双曲线轨道，并保持离开太阳系的速度为 $V_\infty=600$ km/s，就更难设想了，而此时离开低轨道的速度需为 564 km/s。

（4）绕过木星和土星后在太阳附近作机动

绕过木星后在太阳附近作机动，就是从地球近地轨道出发，绕过木星到太阳附近作机动，然后飞向行星区域外的飞行，如图 9－32 中沿轨道Ⅳ的飞行。这种方案的飞行时间要3～4年，而在太阳附近的机动脉冲能量一点也没有减少。实际上，飞行器绕过木星后飞向太阳的轨道，在太阳附近非常接近抛物线。在近日点的速度与当地

抛物线速度之差与采用地球—太阳—行星外区域方案时的差一样是很小的。直接飞行与绕木星飞行在离近地轨道时的脉冲能量之差，对于近日点的巨大脉冲来说，是无足轻重的。

采用从地球近地轨道出发，经过土星和木星，然后到太阳附近作机动，再飞向行星外区域的飞行，称为地球—土星—木星—行星外区域的飞行。这一方案的特点是飞行器在土星附近作机动，以便转换到迎着木星（反转）运动的轨道上，如图 9 - 33 所示。机动脉冲使飞行器不能实行“8”字形飞行，而是使其向后飞行。此时，如果 $V_{\infty}<180$ km/s，则无需在太阳附近再作机动飞行，因为飞行器在飞过木星后已经进入了所需的日心双曲线轨道。当 $V_{\infty}=180$ km/s 时，13 年就能完成 7.48×10^{10} km（即 500 A）的航程，50 年可完成 2.8×10^{11} km（即 1 900 A）的航程。这种方案可避免轨道紧靠太阳，并减轻热防护层。

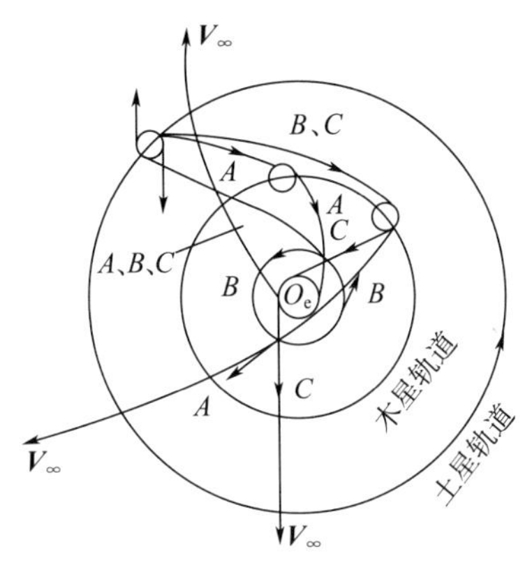

图 9 - 33　地球—土星—木星—太阳—行星外区域机动飞行的几种方案

如果要进入速度为 $V_{\infty}=600$ km/s 的双曲线轨道，那就要在离太阳 1.496×10^{6} km（0.01 A）的地方提供近日点（绕日）脉冲，使总特征速度达到 270 km/s。从目前的技术来看，这是很难实现的。要实现恒星际飞行，研究和使用光子火箭可能是一种途径，这有待今后人类不断对其进行探索。

第 10 章　载人航天器介绍

目前，可以在空间各种轨道上运行工作的航天器是多种多样的，但用于载人的航大器主要有 3 种，即载人飞船、航天飞机和空间站，从本章开始分别对其作简单介绍。

10.1　载人飞船

载人飞船是一个载人的小型航天器，其构造要比人造地球卫星的构造复杂得多。载人飞船的构造除了具有类似人造卫星的结构系统、姿态控制、无线电和电源等设施之外，为了保证航天员在飞行过程中正常的生活和工作，还有许多特殊的设施。

首先，飞船的座舱要很好地密封，使座舱里保持足够的氧气、一定的压力和适当的温度，同时还要为航天员准备足够的水和食物。此外，飞船上还需要安装类似飞机驾驶员用的手控装置、各种飞行显示仪表，以及航天员跟地面联络的报话通信设备等。

载人飞船曾在人类遨游宇宙、突破载人航天方面起到了里程碑的作用。后来，苏联用其为礼炮号空间站和和平号空间站接送航天员以及运送部分物资，未来载人飞船还将成为空间站和空间基地的轨道救生艇。

10.1.1　几个典型的载人飞船

（1）东方号飞船

东方号飞船是苏联最早发射的载人飞船，也是最先把人类送入太空的飞船。该飞船的质量为 4 500 kg，最长飞行时间可达五天。飞船由座舱和设备舱组成，跟末级运载火箭连在一起工作。

东方号飞船座舱呈球形，可以乘坐一名航天员，航天员坐在弹射座椅上。当飞船座舱返回地球到达低空时，航天员乘坐弹射座椅离开飞船座舱，乘降落伞单独着陆。设备舱在座舱后面，呈圆锥形，主要装有电源和姿态控制用的压缩气瓶。东方号飞船的结构如图10－1所示。

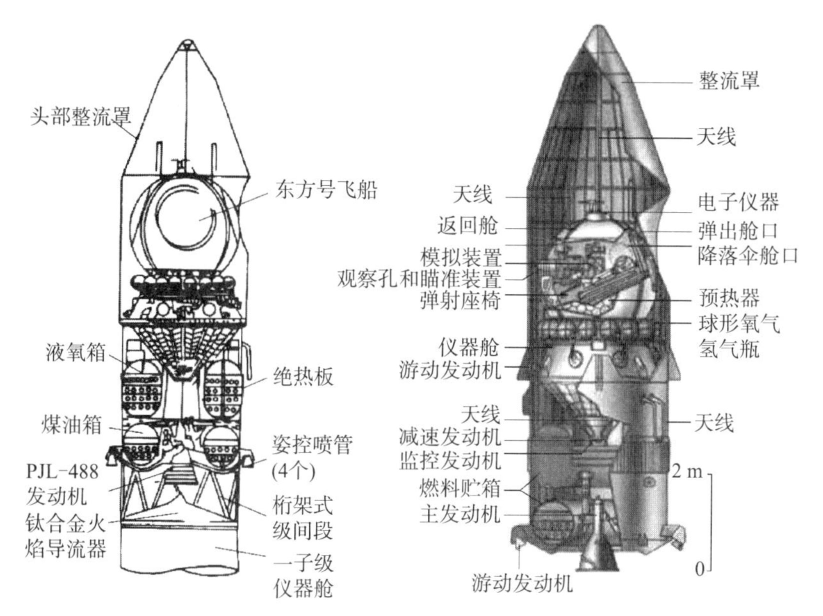

图10－1 东方号火箭二子级与东方号飞船

(2) 阿波罗飞船

阿波罗飞船是美国的第三代载人飞船，从1968年到1972年进行了8次载人飞行，其中6次登上月球。飞船由指令舱、服务舱和登月舱组成，总质量约45 000 kg。

指令舱的形状像陀螺，其底部直径为3.9 m、高为3.5 m。在飞行过程中，航天员在指令舱中生活和工作。舱内装有环境控制系统、姿态控制系统和无线电通信报话设备，舱的中央并排设有指令长(相当于船长)、驾驶员和飞行工程师3名航天员的座椅。飞船发射和返回地面时，3名航天员躺在椅子上，其余时间航天员可以离座活动。

服务舱是一个高为 7.6 m、直径为 3.9 m 的圆柱体，里面装有变轨用的推进剂、发动机和 3 个氢氧燃料电池等。其中变轨发动机能把飞船从月球轨道送回地面。

登月舱质量为 14 000 kg，高为 6 m 多。登月舱由下降段和上升段组成。下降段里有下降发动机和 4 条着陆架，其能够把 2 名航天员送到月球上。上升段里有环境控制系统、通信和电源设备，在登月过程中，2 名航天员在其中生活和工作。上升段里还有上升发动机，航天员在月面上完成任务以后，上升发动机使他们飞离月面，阿波罗飞船的结构如图 10－2 所示。

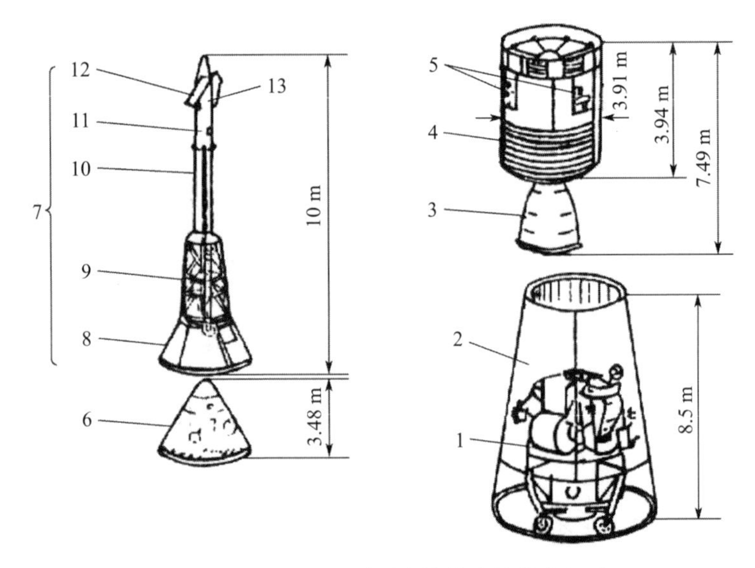

图 10－2 阿波罗火箭的有效载荷组成

1—登月舱；2—登月舱的过渡段；3—服务舱主发动机；4—服务舱；5—姿态控制系统和稳定系统的发动机组；6—指令舱；7—发射逃逸系统；8—防热罩；9—发射逃逸塔；10—逃逸发动机；11—分离用火箭发动机；12—空气舵；13—辅助发动机

(3) 联盟号飞船

联盟号飞船是苏联的第三代载人飞船，其已经过 3 次改型，分别称为联盟 T、联盟-TM 和联盟-TMA。联盟号系列飞船高为 7 m，最大直径约为 3 m，总质量约 6 300 kg，由球型轨道舱、钟型座舱和圆柱型设备舱 3 个舱组成。

球型轨道舱是航天员在轨道上生活和工作的场所，其分为工作和生活两个区域。轨道舱的前端，有一个和空间站对接的舱口，航天员可以从这个舱口进入空间站。

钟型座舱是飞船上升和返回的时候航天员乘坐的地方，其直接和轨道舱相通，航天员可以在两舱之间来回活动。座舱里装有操纵飞船的设备和降落伞等。

圆柱型设备舱里装有推进剂、发动机和辅助电源设备，设备舱外面有 2 块太阳能电池帆板为飞船提供电源。整个联盟号飞船看上去像一只展翅高飞的大鸟。联盟号飞船的结构如图 10-3 所示。

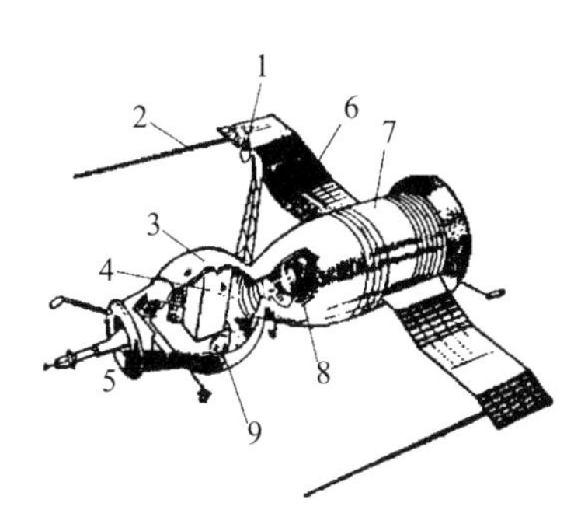

图 10-3　联盟号载人飞船

1—会合雷达；2—通用天线；3—轨道舱；4—仪器舱；5—对接装置；
6—太阳能电池翼；7—设备舱；8—返回座舱；9—出口舱门

(4) 神舟飞船

神舟飞船直接与联盟-TM 飞船的技术水平看齐，其总长约为 9 m，最大直径约为3 m，总质量约 8 000 kg，由轨道舱、返回舱和推进舱 3 个舱组成。轨道舱在前，并且其前端安装对接机构；返回舱居中，能乘坐 3 名航天员；推进舱在后，可与运载火箭的飞船支架相连。该飞船可自主飞行 7 天左右。

轨道舱在飞船自主飞行 7 天内可作为航天员的生活舱，供航天员在轨道运行段生活、休息和睡眠等使用。在飞船完成自主飞行 7 天任务后，早期的飞船轨道舱可留轨进行独立运行，负责有效载荷分系统的各项重要试验。承担天地往返运输任务的飞船的轨道舱前端安装有异体同构周边式对接机构，有 1 个和空间实验室或空间站互通的舱门，航天员可以从这个舱门进入空间实验室或空间站。

返回舱是飞船发射和返回阶段航天员乘坐的舱段，其与前段的轨道舱相通，航天员可以在两个舱道来回活动。其中安装有 3 个座椅、仪表板和操控台，航天员可以通过仪表板和操控台进行状态监测和指令输入。返回舱大底区域是主要的设备安装区。

推进舱里装有推进剂、发动机和辅助电源设备，2 个太阳帆板分别安装在飞船推进舱的两侧。神舟飞船的结构如图 10－4 所示。

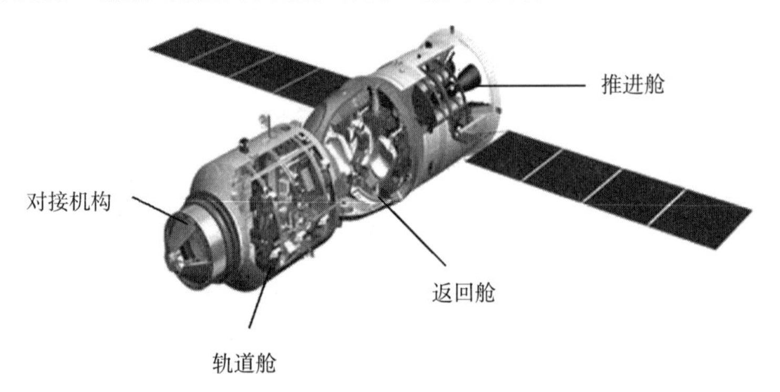

图 10－4　神舟飞船

神舟飞船在安全性设计上要求每一个系统要做到“一次故障，正常飞行；二次故障，安全返回”。换句话说，当一个系统第一次出现故障时，要做到飞船能正常运行；出现第二次故障时，能保证航天员安全返回。

另外，美国太空探索技术公司也计划通过目前使用的货运型龙飞船研制载人型龙飞船，其可搭载 7 人，分上下两层。龙飞船不像一般飞船只能使用一次，而是可以重复使用 10 次。俄罗斯也正在开展新一代载人飞船（PTK NP）的研制，该飞船能够运送乘员到达探索目的地并返回地球。

10.1.2　载人飞船的任务和应用

载人飞船是人类为了征服太空、在外层空间从事科学研究和进行宇宙探险而发展起来的载人航天器。按已经建造的或预知将来使用的载人飞船的飞行任务和应用方向，可以进行如下归纳。

（1）单船飞行

单船飞行是指载人飞船独立沿近地轨道的飞行。该任务是人类征服宇宙的开始，是载人飞船最基本、最简单的运行状态。东方号和水星号载人飞船就是专门为此类飞行研制的。其后为其他目的研制发展的载人飞船也被用于单船飞行。在单船飞行时，飞船被广泛用于各种科学试验、太阳系和宇宙的科学研究、对地观测。例如，1973 年发射的联盟 13 号用天文望远镜观察了不同星座的紫外线光谱，1976 年联盟 22 号用多光谱相机同时在 6 个波段拍摄了地表，进行了地球资料研究。

（2）试验轨道飞行

试验轨道飞行是以技术试验为目的所进行的飞行。例如，1965 年发射的上升 2 号载人飞船在飞行过程中，苏联航天员列昂诺夫穿着舱外航天服出舱活动了 24 min，成为了世界上第一个太空行走的航天员。1966 年发射的双子星座 9 号飞行过程中，美国航天员进行了 128 min 的舱外活动。双子星座 8 号在飞行中成功地与目标卫星进行了交会对接。1969 年联盟 5 号与比其早 2 天发射的联盟 4 号在轨道上对接成功，实现了世界上首次两艘载人飞船太空对接飞行，3 名航天员通过开敞的宇宙空间交换位置后返回地球。

(3) 运输飞行

运输飞行可给长期飞行于宇宙空间的空间站运送乘员、乘员返回地球，以及为空间站运送必要的补给品。现代载人飞船的主要任务就是作为完成上述任务的天地往返运输系统。例如，从 1978 年起，联盟系列飞船的全部飞行都是用作地球与空间站间的人员运送；阿波罗飞船则被用作天空实验室与地球之间的渡船。

(4) 远距离飞行

阿波罗计划载人登月飞行是远距离飞行的一个实例，其是采用月球轨道会合的技术方式登月。具体地说，就是将一艘载 3 人的飞船发射到月球轨道上，然后让其中的 2 名航天员驾驶登月舱降落到月球上，并在月球上进行探险和科学考察，而另一名航天员驾驶指令舱仍留在月球轨道上。月球探险和考察完成后，2 名在月球上的航天员乘登月舱返回月球轨道，然后 3 人一同返回地球。载人登月是迄今人类最远的太空旅程，单程距离约3.8×10^5 km，人类太空航行的下一个目标将是火星，那里存在着与地球在很多方面类似的环境。

(5) 救生飞行

当载人飞船或空间站上发生灾难性事故时，用停靠在其上的、或紧急发射的载人飞船救援航天员是载人飞船的一种可能用途。迄今还没有出现任何需要进行救生飞行的情况。

(6) 修理或装配的载人飞船飞行

人类已经设想和研究了多个在太空建立大型轨道工场（例如空间电站或天线）的计划，这些工场将由多次发射的组件装配而成。这些任务需要人直接参与组装和修理工作，载人飞船可用作其人员、工具和组件的运输工具。

载人飞船还可以用来释放卫星和太空探测器，回收和修理在轨道运行的航天器等。

10.1.3　货运飞船介绍

货运飞船是一种专门运送货物到达太空的航天器，是用于空间站补给物资的重要运输工具，也是空间站的地面后勤保障系统的重要组成部分。其主要任务有：补给空间站的推进剂消耗和空气泄漏，运送空间站维修和更换设备，延长空间站的在轨飞行寿命；运送航天员工作和生活用品，保障空间站航天员在轨中长期驻留和工作；运送空间科学实验设备和用品，支持和保障空间站具备开展较大规模空间科学实验与应用的条件。

（1）进步号飞船

进步号飞船是苏联联盟号飞船衍生而来的，是第一艘专门用于货物运输的飞船，由联盟号运载火箭发射，如图 10－5 所示。

图 10－5　进步号飞船

进步号飞船与联盟号飞船尺寸一致，可运载 2 350 kg 的货物，不具备货物返回能力。进步号飞船主要包括前端的加压舱、中间的燃料补给舱和后端的推进舱。其中，加压舱主要用于运输科学仪器、包裹、新鲜食品以及信件等，燃料补给舱主要运输空间站推力系统使用的推进剂，推进舱的功能与联盟号飞船推进舱类似。

自 1978 年第一次与礼炮 6 号空间站对接以来，进步号飞船已完成进步号、进步 M、进步 M1 和进步 M2 四种型号的研制。其中，进步 M2 当初计划用于和平 2 号空间站，但随着苏联的解体而结束。能源联合体集团曾考虑过用进步 M2 补给国际空间站，但因多种原因最终没有实现。

（2）ATV

一直以来，为空间站运送新鲜空气、食物、水、燃料及设备的工作都是由进步号货运飞船和航天飞机完成的。从 2008 年开始，欧洲一种新的太空拖船加入到其中。

这种名为自动转移飞行器（ATV）的新型货运飞船将是欧洲履行国际空间站义务的一个重要里程碑。ATV 由阿里安 5 火箭从法属圭亚那库鲁发射场发射，飞船与空间站对接的时间长达 6 个月，此后飞船自动离开空间站，利用剩余的推进剂，带着空间站上的垃圾飞回地球，在太平洋上空的大气层中陨灭。

ATV 同时具备 3 种能力：补充推进剂、运送物资和运走垃圾。ATV 最大货运量为7 667 kg，是迄今为止运载能力最强的太空拖船，约是进步号货运飞船运载能力的 3 倍，从空间站带走的垃圾量最多可达 6 400 kg。

ATV 自身携带了 4 700 kg 的推进剂，除了飞行和返回过程中使用一部分外，在与空间站对接的 6 个月期间，每隔一段时间其就用自身的推进剂为空间站提升轨道高度；另外，其还用于空间站的姿态控制和空间碎片规避机动。假若空间站上发生紧急情况，飞船能在10 min 内撤离。

ATV 外观的形状像个大圆筒，其外表呈蛋壳色，全长为 10.3 m，最大直径为4.48 m。船身外部有 4 个太阳翼，每个翼由 4 块面板构成。4 个太阳翼展开呈 X 形，跨度达22.28 m，如图 10－6 所示。

ATV 分为两个舱段，服务舱和加压舱。服务舱位于 ATV 的尾部，包括推进系统、电源、计算机、通信和大部分电子设备。加压

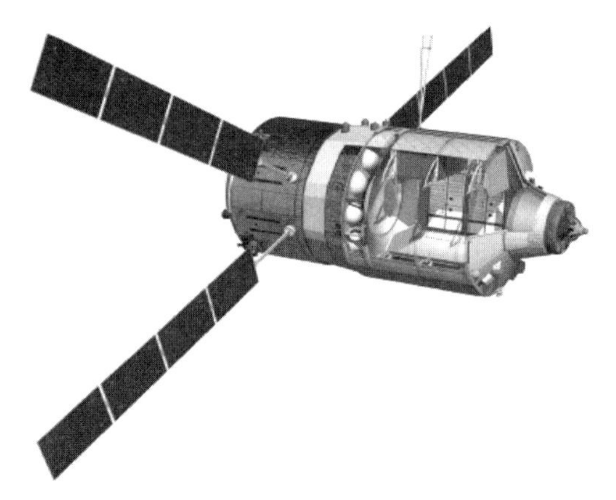

图 10 - 6　ATV

舱位于前端，主要用来运输货物。其中包括补给品、科学硬件、食物、邮件以及家庭录音带或 VCD 等干货；还放置了几个液体或气体罐，罐中装有饮用水和空气。

自 2008 年 3 月以来，欧洲共成功发射了 4 艘 ATV 与国际空间站对接。

（3）HTV

HTV 是日本新研制的货运飞船，其主要目的是向国际空间站运输货物，如图 10 - 7 所示。

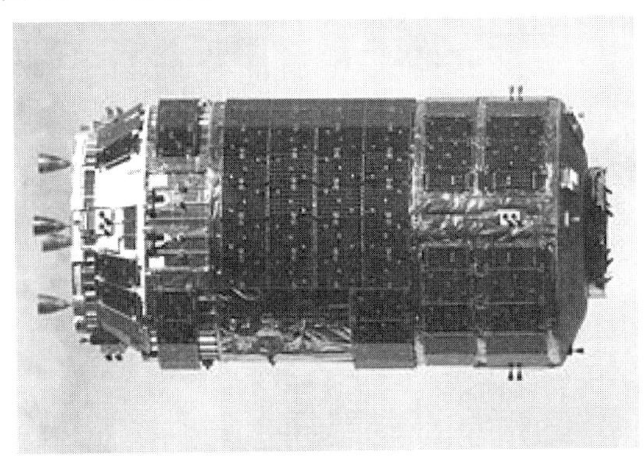

图 10 - 7　HTV

HTV 飞船全长超过 10 m（含发动机），最宽处的直径超过 4.4 m，总质量为10 500 kg，运载能力达 6 000 kg。负责将该飞船发射升空的是由日本自行研制的 H－2B 型运载火箭。HTV 飞船在轨的飞行时间可达到 100 小时，与国际空间站对接后其能够在轨道上工作长达 30 天。

HTV 共由 3 个主要部分组成。位于最下方的为助推模块，由主发动机、用于精确定位的加速器、燃料罐、氧化剂贮存罐和压缩空气罐组成；位于中间部位的为电子模块，主要由控制系统、电力供应系统、通信系统和数据处理系统组成；而位于飞船最上方的则是有效载荷舱，用于放置各种货物。

自 2009 年 9 月以来，日本共成功发射了 4 艘 HTV 与国际空间站对接，为国际空间站运送货物达 20 多吨。

（4）龙飞船

美国航天飞机退役后，向空间站运送人员和货物的重担就都落到了俄罗斯的肩上。美国国家航空航天局开始鼓励私营企业开发往返国际空间站的太空巴士。全球太空项目大多由国家政府资助，纯商业运作的民营企业凤毛麟角。2009 年奥巴马就任美国总统后，决定鼓励美国民营企业进军太空市场，推动太空活动商业化，希望太空飞行由政府资助转为商业运作。在此背景下，美国太空探索技术公司得到了 NASA 的大力资助，进行了龙飞船及其后续的太空运输服务研制工作。

龙飞船采用宽货舱设计，整体外形呈子弹状（图 10－8），高约为 6.2 m，直径约为 3.6 m。其有载货和载人两种型号，当前发射至国际空间站的均为载货型，可搭载货物约 3 300 kg。

2012 年 5 月、10 月和 2013 年 3 月，龙飞船已成功实施了 3 次空间站的货物补给任务。

（5）我国货运飞船

在成功实施天地往返、出舱活动、交会对接 3 大航天基本飞行任务后，我国已进入空间实验室和空间站研制阶段，预计在 2020 年

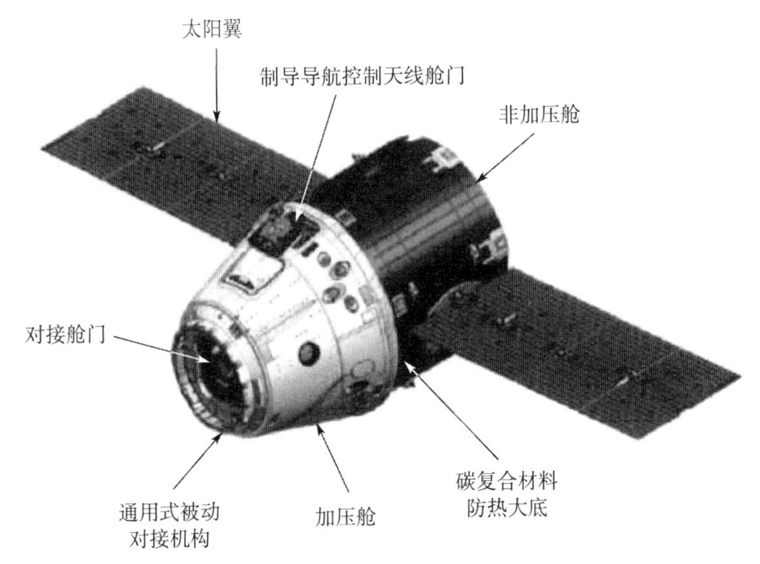

图 10－8　龙飞船

前后，我国将建成首座空间站。该空间站由 1 个核心舱、2 个实验舱、载人飞船和货运飞船 5 个模块组成。货运飞船的作用是为未来空间站补给推进剂、食物等物品，提供能源动力及后勤保障。

我国货运飞船以天宫系列空间实验室为设计原型，充分利用天宫 1 号的研制成果。飞船最大直径约为 3.35 m，发射质量不大于 13 000 kg，载重量在 6 000 kg 左右（图 10－9）。这与欧洲 ATV 系列货运飞船和日本 HTV 系列货运飞船载重量不相上下。无论是直径、质量还是运载能力，我国研制的货运飞船都将达到目前世界先进水平。

我国货运飞船将采用正在研制的长征七号运载火箭，在海南发射场发射升空。

另外，美国的阿波罗飞船、航天飞机除了运送航天员外，也能为空间站搭载和返回部分货物。

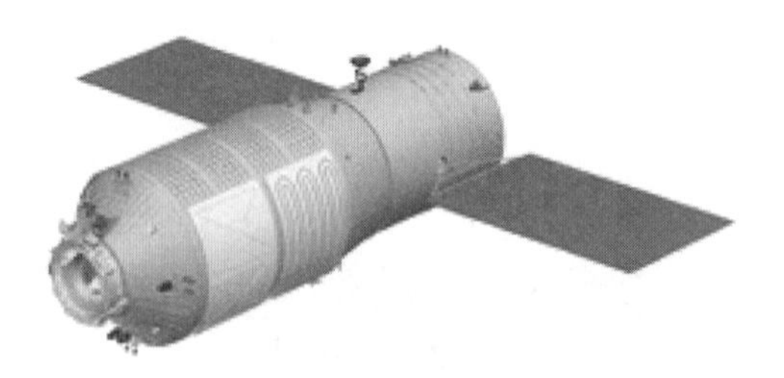

图 10－9　我国货运飞船

10.2　航天飞机

10.2.1　航天飞机的结构与组成

航天飞机由轨道器、固体助推器和外挂燃料箱等部分组成，如图 10－10 所示。全长为 56 m，高为 23 m，最大翼展为 24 m，起飞推力为 3.141×10^{7} N，起飞质量为 2.04×10^{6} kg。从美国东部靶场向东发射，能把 2.95×10^{4} kg 的有效载荷送入近地轨道；由西部靶场发射，可把 1.45×10^{4} kg 的有效载荷送入极地轨道。

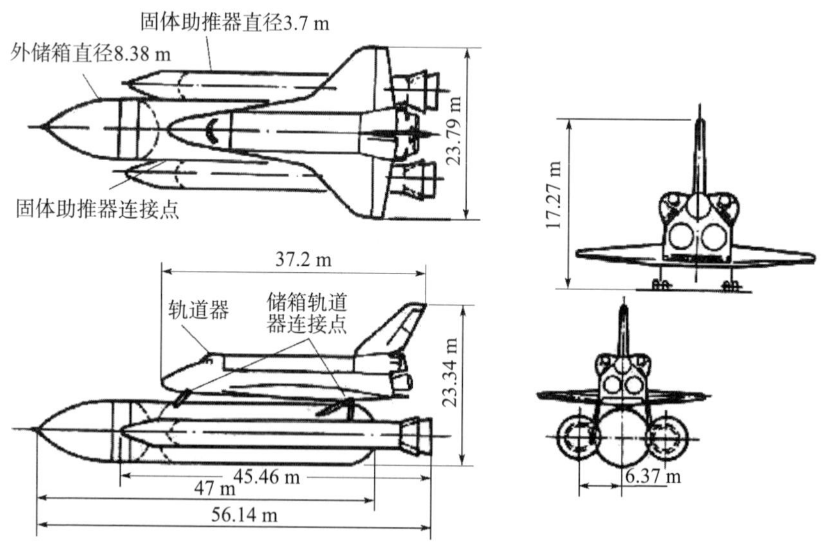

图 10－10　航天飞机的三个组成部分及其基本数据

轨道器：其是航天飞机的核心，其外形像普通飞机，全长为 37.2 m。机头部分是驾驶舱，可乘坐 3～7 名航天员。机身是有效载荷舱，长约为 18 m，直径为 4.5 m，一次可装载 5～6 个小型卫星。舱内还有一个机械臂，长为 15.3 m，质量为 408 kg，可上下左右屈伸，用来在太空中装卸货物。机尾有 3 台液氢和液氧主发动机，可产生 6.4×10^{6} N 的推力；还有 2 台变轨小发动机，提供 5.4×10^{4} N 的推力。轨道器质量 6.8×10^{4} kg，设计可重复使用 100 次。

固体助推器：航天飞机有 2 个固体助推器，平行地捆绑在轨道器的两侧。每个固体助推器长为 45.46 m，直径为 3.7 m，能产生 2.6×10^{7} N 的推力。上升过程中，固体助推器只工作 2 min。大约在 43 km 的高空中与轨道器分离，再入大气层，用降落伞在海面上回收，可以重复使用 20 次。

外挂燃料箱：其是航天飞机中仅有的一次使用的主要部件。其直径达 8.38 m，长为 47 m，可加注 1×10^{5} kg 的液氧和液氢，供轨道器的主发动机使用。在航天飞机起飞后 8.5 min 左右，在大约 113 km 的高空中，外挂燃料箱脱离轨道器，再入大气层中烧毁。

10.2.2　航天飞机的技术特点

航天飞机技术比前期的载人飞船技术有了较大的发展，也展示出了空间技术发展的未来前景。航天飞机有着以下一些先进的技术特点。

(1) 带翼式的返回外形

航天飞机的轨道器具有三角形机翼，航行在大气层中时其升阻比很大，高超声速升阻比达到 1.2，亚声速最大升阻比超过 4.4，所以其能够获得很大的升力。轨道器按滑翔式路线返回大气层，航天员通过适当控制攻角和滚动角，不仅可以使返回峰值加速度载荷小于 3 g，而且还能精确地控制着陆地点，使其降落在 3 000 m 长、46 m 宽的跑道上。

(2) 推力可变的发动机

消耗性运载火箭发动机寿命短，只能工作几分钟，不能多次启动，而航天飞机轨道器可重复使用 100 次，显然老式发动机已不能满足技术要求。装配在轨道器尾部的 3 台主发动机是一种全新型的高压再生冷却式发动机，燃料室的绝对压力为 204 个大气压，真空比冲为 455.2 s，工作寿命长达 7.5 h，至少可以重复使用 55 次。此外，这种发动机的推力是可以改变的，其可以在海平面额定推力的 50％～109％之间进行调节。这些性能都已远远地超过已往的火箭发动机，因而其也是航天飞机设计中最难处理的关键问题之一。由于主发动机燃料室内的压力比以前任何实用火箭发动机高出 2～3 倍，因此在研制过程中曾经在试验台上多次起火和爆炸，导致了航天飞机研制时间的延长和成本的增加。

(3) 新型的防热系统

阿波罗飞船的防热层是由填充酚醛环氧树脂的玻璃纤维蜂窝制成的。在再入大气层时，其能承受 2 200 ℃的高温。但是，在阿波罗座舱穿过地球大气层返回地面时，其已经被碳化，不能重复使用了。因此，为航天飞机轨道器的热防护重新研制了一种新型的防热系统。这种防热系统价格低廉，质量小，便于更换和维修；其能保护轨道器的铝合金结构，使外表的温度不高于 180 ℃。按照轨道器外表面的不同部位，防热系统采用了不同的防热材料：轨道器的机翼前缘和鼻锥区受热强，再入时温度高达 1 260 ℃，故采用了石墨纤维布作增强材料、碳化树脂为基体制成的碳-碳复合材料；机身上部的大部分区域、两侧和机翼上部的温度不超过 353 ℃，故采用了聚芳酰胺纤维毡制柔性防热砖；轨道器的其他区域，温度在 353～1 260 ℃的范围内，采用了可重复使用的高温绝热材料。

(4) 可回收的固体助推器

航天飞机飞到 43 km 的高空时，固体助推器熄火，脱离外挂燃料箱和轨道器。分离后的固体助推器，依靠惯性继续爬高，到55 km 左右时开始下降。下降到距地面约 5 km 的高度时，固体助推器从顶部抛出一顶直径为 3.5 m 的引导伞，接着拉出一具直径为16.5 m、重为 499 kg 的减速伞，使固体助推器下降速度减慢。当到达离地面 2 km 高度时，又抛出 3 顶主伞，每顶主伞的直径达 35 m，重约为 680 kg。最后，固体助推器以26 m/s的速度溅落在海面上。由于固体助推器的外壳重心在其几何中心及浮力中心的下面，其着水后呈直立状态稳定在海面上，减速伞和主伞因有漂浮装置而浮在海面上。伞具和固体助推器可一并打捞回收，以重复使用。

10.2.3　航天飞机的预想与现实

航天飞机的初始预想有 5 大优越性。

1）发射便宜。即通过可部分重复使用，使每次发射费用只有 1 000 万～3 000 万美元；其不像飞船是一次性使用的。

2）功能强大。每次能运 4～7 人和 20～30 t 货物，而目前的载人飞船每次最多只能运 3 人和几百千克的货物，即使是进步号无人货运飞船也只能运 2 t 多的货物。

3）更加安全。因为具有很大机翼的航天飞机在再入大气层时可获得足够的升力，控制升力的大小和方向就能调节纵向距离和横向距离，使航天飞机准确地降落在跑道上，并重复使用。而载人飞船没有机翼，因而无升力或升力很小，只能以弹道式或半弹道式方法返回，其结果是气动力过载和落地误差都较大，返回时需采用在海面溅落或在荒原上着陆的方式，而这种着陆方式不仅对航天员的要求很高，需要长期训练，并且对航天员生命安全也有一定威胁。

4）非常舒适。因为从起飞到返回地面的整个过程中，加速和减速都很缓慢，所以过载比飞船小得多，大大降低了对航天员的身体要求，可把稍加训练的科学家、工程师、医生和教师等送上太空。

5）间隔很短。设计者设想航天飞机可像民航客机一样，每次返回后进行简单维修就可再次发射，并乐观地估计每 1～2 周能进行一次发射。

然而，实践证明，航天飞机只具备两大优越性，即功能强大、非常舒适，而其他三项正好与设想相反。

航天飞机十分昂贵，每次发射费用高达 4 亿～5 亿美元，主要是因为返回以后要进行大量的维修工作；因此其间隔时间也很长，每年仅能进行 5～6 次左右的飞行；更严重的是，其并不安全，原因是为了极大提高航天飞机的运输能力而将其造得太复杂了，其具有 3 500个重要的分系统和 250 万个零部件。另外，为了可重复使用，其轨道器既要有适于在大气层中作高超声速、超声速、亚声速飞行和水平着陆的复杂气动外形，又要有能承受再入大气层时高温气动加热的防热系统，还首次装备了可重复使用 50 次的主发动机，以上这些都大大增加了航天飞机的危险性。因此，美国在 2011 年完成国际空间站建造任务后，航天飞机全部退役，彻底退出了历史舞台。

10.2.4 航天飞机的应用

航天飞机的用途经几十次飞行证实，具有以下几个方面。

（1）释放各种人造卫星

航天飞机的货舱一次可装载五六颗卫星。航天飞机带着这些卫星飞到所要求的轨道后，打开货舱盖，用机械手将其一个个放入绕地球的轨道上去。根据不同的要求，航天飞机可以通过改变轨道，把各颗卫星放入不同的轨道。

（2）捕捉各种人造卫星

航天飞机有变轨发动机，能够改变自身飞行轨道，追踪在附近轨道上飞行的其他卫星，并将其“捉住”装入货舱。如果卫星在轨道上发生故障，被航天飞机“捉住”修好后，可以重新放回到轨道上工作。

（3）接送航天员

航天飞机可以把地面的航天员送往太空，也可以把已经在太空的航天员接回地面。航天飞机可以把未经训练的科学家、工程师和医生送到太空去，使其从事科学研究工作或其他太空工作。

（4）运送货物

航天飞机一次可以把$2\times10^4\sim3\times10^4$ kg的货物送入近地轨道，也可以把大型空间站拆成若干组件分批送上太空，还可以为大型空间站的工作人员运送生活用品和其他物资，使其能在空间站内长期工作。

10.2.5　航天飞机技术改进

1986年挑战者号航天飞机和2003年哥伦比亚号航天飞机失事后，美国对航天飞机进行了大规模改造，以提高其安全性。挑战者号航天飞机升空时发生爆炸后，美国对剩余的哥伦比亚号、发现号和亚特兰蒂斯号3架航天飞机进行了283项改进，其中最大的改进是吸取了血的教训后，在轨道器上增添了航天员撤离滑梯，并配备了整套航天员逃逸系统。一旦发生意外，逃逸系统能在90～100 s内从空中弹射出去。

哥伦比亚号航天飞机失事后，美国又对航天飞机进行了近300处改进，主要是针对返回时可能出现的问题，防止哥伦比亚号的灾难重演。为了安全起见，美国国家航空航天局根据哥伦比亚号事故调查委员会提出的15项建议，进行了一系列技术改进。尽管如此，在后来发现号航天飞机发射过程中，还是有一块3.5 cm见方的防热瓦和一块20 cm×50 cm保温泡沫材料脱落，但幸好这块泡沫材料没有击中航天飞机轨道器。

10.3　空间站

10.3.1　空间站的任务与组成

空间站又称为航天站或轨道站，是一种可供多名航天员长期居住和工作的大型载人航天器。空间站发射入轨后不能返回地面，其在轨道上运行数年或数十年以后，再入大气层烧毁，而空间站上的航天员乘坐飞船或航天飞机返回地面。空间站在轨道运行期间，航天员的接送以及补给物资的运送也是由飞船或航天飞机承担的。

经过几十年的载人航天实践，人们认为空间站可以执行下列任务。

1）材料加工和生产；

2）进行空间生命科学、人体科学和航天医学研究；

3）天文观测和对地观测；

4）在轨操作维修；

5）作为飞往地球同步轨道、月球和其他行星航天器的基地。

应当指出的是，空间站在空间军事侦察、维修军用卫星、为其他军用航天器补充加注推进剂以延长其使用寿命、试验空间武器以及实现全球通信与指挥等方面有很大的应用潜力。

空间站分为单一式和组合式两种。单一式空间站由运载火箭或航天飞机直接发射入轨；组合式空间站由若干枚火箭多次发射或航天飞机多次飞行，把组件运送到轨道上组装而成。

空间站通常由对接舱、气闸舱、生活舱、服务舱、专用设备舱和太阳电池翼等几个部分组成。对接舱用于停靠载人飞船或其他航天器，其一般有几个对接口，可同时停靠多艘载人飞船或其他航天器；气闸舱是航天员在轨道上出入空间站的通道；轨道舱是航天员在轨道上的主要工作场所；生活舱是供航天员进餐、睡眠和休息的地方；服务舱内一般装有推进系统、气源和电源等设备，为整个空间站服务；专用设备舱是根据飞行任务而设置的安装专用仪器的舱段，其也可以是不密封的构架，用以安装暴露于太空中的探测雷达和天文望远镜等仪器设备；太阳电池翼通常装在空间站本体的外侧，为空间站各个仪器设备提供电源。

10.3.2 典型的空间站计划

（1）礼炮号

苏联于20世纪60年代中期开始进行礼炮号空间站的研制工作。

礼炮号空间站是苏联第一个载人空间站系列，一共发展了两代：

礼炮 1 号至礼炮 5 号是第一代，礼炮 6 号和礼炮 7 号是第二代。第一代礼炮号空间站与第二代礼炮号空间站基本相同，不同之处是第一代礼炮号空间站只具有一个与联盟号载人飞船的对接口，而第二代礼炮号空间站增设了另一个对接口。该对接口既可对接联盟号载人飞船，又可以对接进步号货运飞船。礼炮号空间站由对接过渡舱、生活工作舱和推进服务舱 3 部分组成，图 10-11为礼炮 6 号空间站结构图。

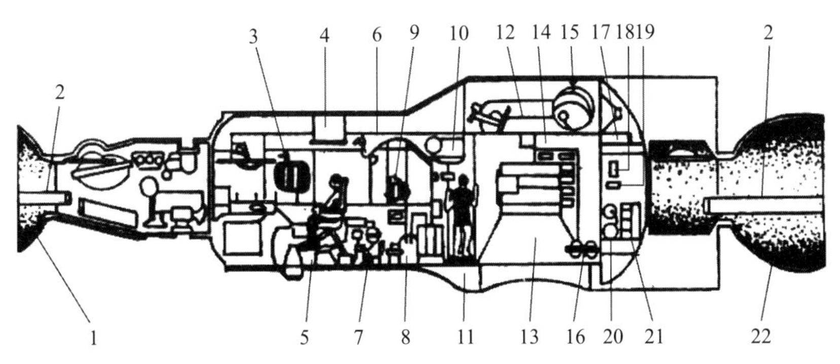

图 10-11　礼炮 6 号空间站结构图

1—对接口；2—空气管路；3—空气再生装置；4—太阳电池定向装置；5—中央控制岗；6—测速测力计；7—饮水计量分配器；8—真空容器；9—水再生装置；10—逃逸发动机；11—旋转“跑道”；12—床；13—亚毫米波望远镜；14—食品冷藏柜；15—1 号气闸；16—饮水储罐；17—个人卫生用具贮存处；18—镜子；19—电动牙刷；20—液体废物收集装置；21—卫生餐巾；22—对接口

1）对接过渡舱用于科学探测、试验以及与联盟号飞船对接，人员由该舱进入和离开飞船。

2）工作舱呈圆柱体，由两段组成。其是航天员工作、进餐、休息和睡眠的场所，舱内的小气候保持与地面相同。前段与过渡舱连接，装有观测、通信及实验设备；外部装有 3 块太阳电池板（每块面积为 9.9 m×2.4 m）；后段作为卧室和活动场所。

3）推进服务舱与工作舱末端连接，不密封，装有推进剂箱和轨道与姿态控制发动机。

礼炮号空间站总质量约为 1.8×10^4 kg，长约为 14 m，最大直径为 4.15 m。其一般在离地面 200～300 km 的近地轨道上运行，轨道倾角为 51.6°左右。

礼炮号空间站的载人飞行，都是由联盟号飞船（每次可载 3 人和少量货物）将人送至空间站。飞行过程中，为了保证航天员生命安全，随时都有一艘联盟号飞船待命，时刻做好与礼炮空间站对接准备，用于救生及航天员返回。

（2）和平号

和平号空间站为苏联第三代空间站，其与礼炮空间站一样采用舱段式整体结构。与运载火箭一次发射入轨不同，该空间站采用多舱分批发射，然后在轨道对接成模块式复合体。各个舱段能多次重复组成庞大的空间体系，且其是相互独立的，很容易按需扩展。

和平号空间站最终形成一个总质量超过 1×10^5 kg 的（不包括与之对接的飞船或航天飞机）、由 6 个舱（1 个核心舱、5 个功能舱）对接而成的轨道复合体。虽然各舱的设计寿命为 3～9 年（核心舱 9 年，晶体舱 3 年），但可以通过更换设备甚至整舱使其寿命延长、功能扩展，向永久性方向发展，其最终组成如图 10－12 所示。

除和平号外，俄罗斯当时还计划发展核心舱质量为 1×10^5 kg，整体质量达 4×10^5 kg 的和平 2 号空间站，以组成一个世界最大的轨道复合体。但后来由于其经济状况，再加上与美国等共同参与国际空间站的研制任务，和平 2 号空间站任务没能继续实施。

（3）天空实验室

天空实验室计划开始于 1966 年，其继承了以往的航天技术成果，特别是阿波罗载人飞船和载人登月用的土星号运载火箭的航天技术成果。

天空实验室是迄今为止美国独立发射的唯一的空间站。天空实验室是一个多舱组合体，其外形呈圆柱状，由阿波罗指令服务舱和土星工场两大部分组成。其中，土星工场包括对接舱、过渡舱和工作舱等部分。

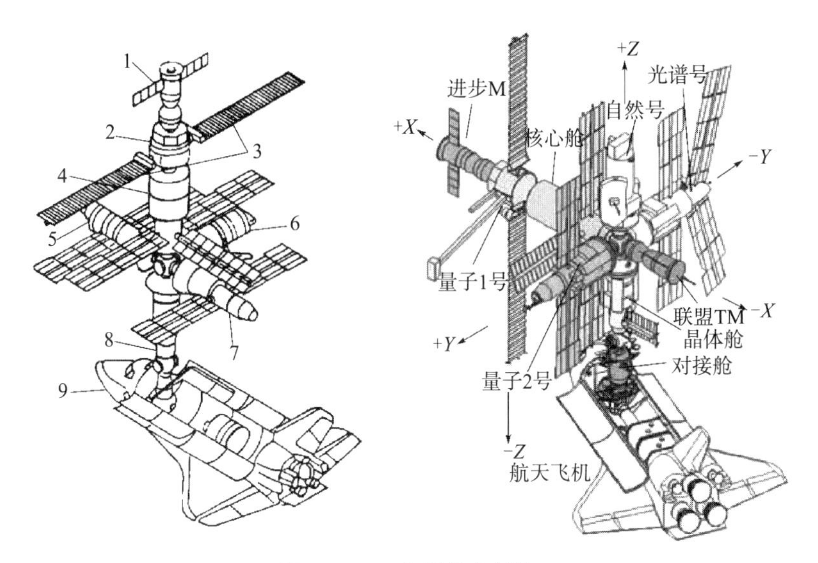

图 10－12　和平号空间站

1—联盟－TM 飞船；2—天文物理舱；3—太阳电池帆；4—核心舱；5—光谱舱；6—自然舱；7—服务舱；8—晶体舱；9—航天飞机

1）阿波罗指令服务舱：将航天员送往轨道工场，或送回地面；

2）对接舱：与服务舱对接，作为服务舱与工作舱之间的通道及阿波罗望远镜的操纵室以及进行某些实验的场地；

3）阿波罗望远镜：内装有 8 种光学仪器，电源由望远镜本身的 4 块太阳电池帆供给，还包括地面指令接收、通信等系统；

4）过渡舱：去舱外的过渡通道，装有电源控制与分配系统，还可进行环境控制、数据处理；

5）工作舱（轨道工场）：有实验室和生活区两部分，轨道运行期间，航天员要在这里工作，舱的两侧装有 2 块太阳电池板。

天空实验室结构如图 10－13 所示。

1973 年 5 月 14 日，天空实验室空间站被送入近地轨道。但其在奔向太空的过程中意外地出现严重的机械故障（轨道工作舱外面兼具遮阳作用的微流星防护罩提前打开，被高速气流撕毁，并带走了

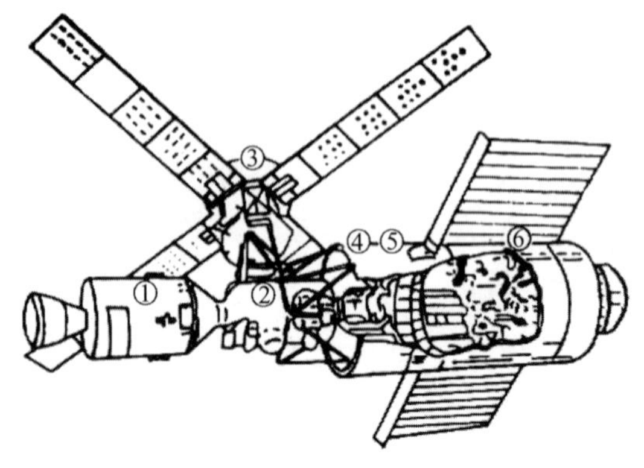

图 10-13　天空实验室结构图

1—阿波罗指令服务舱；2—对接舱；3—阿波罗望远镜；
4—过渡舱；5—仪器舱；6—工作舱

一个太阳能电池翼，剩下的另一个太阳能电池翼又被防护罩碎片缠住而没有张开），致使其入轨后缺电严重，舱内温度上升到 50 ℃左右，无法正常工作。

天空实验室故障的紧急抢救工作，充分表明了人在外层空间具有巨大的作用。1973 年 5 月 25 日，阿波罗飞船携带 3 名航天员奔赴天空实验室，把地面赶制的一顶遮阳伞从对接舱的窗口撑出舱外以挡住阳光；又到舱外切割掉缠住幸存的一个太阳能电池翼上的防护罩碎片，使其展开，从而使面临夭折危险的天空实验室又具备了接待航天员并进行预定活动的能力。

天空实验室没有考虑后续补给工作，航天员的生活必需品和实验器材均在第一次发射时携带上天。天空实验室先后接待了 3 批共 9 名航天员，他们在天空实验室停留的时间分别为 28 天、59 天和 84 天。

天空实验室空间站没有变轨机动能力，其在大气阻力作用下，轨道不断衰减，于 1979 年 7 月 11 日再入大气层烧毁。

（4）国际空间站

1984 年美国总统里根批准建造空间站计划，当时称其为自由号空间站。原计划于 1992 年将该空间站送入太空，预计耗资 80 亿美元。然而，到 2000 年，已耗资 100 亿美元的空间站仍不见踪影。而当时苏联/俄罗斯已建成了三代空间站，积累了许多空间站建设和运营方面的人才和经验。在资金不足、技术力量薄弱的情况下，要把空间站送入太空，NASA 不得不求助于俄罗斯。1994 年 6 月，美俄正式签署空间站合作协议。

国际空间站是有史以来规模最大的国际航天合作计划，其是以美国为首，联合俄罗斯、日本、加拿大、巴西和欧洲空间局 11 个成员国（法国、德国、意大利、英国、比利时、丹麦、荷兰、挪威、西班牙、瑞典、瑞士），共 16 个国家共同建造的大型空间设施。其汇集了世界主要航天大国的各种先进设备和技术力量，其复杂性和技术先进性是以往的任何航天器都无法比拟的，在国际空间站上将进行有人直接参与的各种空间研究与应用活动。组装完成后的国际空间站构型如图 10－14 所示。

图 10－14　国际空间站

第 11 章　载人飞船

载人飞船是利用运载火箭发射进行载人航天飞行的航天器，其设有在宇宙空间的高真空、强辐射、超低温背景、冷热交变等严峻环境下完成特定飞行任务以及使乘员和部分有效载荷安全返回地面的全部必要设备和系统。从事载人航天领域工作必须对组成飞船的这些设备和系统有所了解。

11.1　概述

11.1.1　载人飞船的特点和分系统

载人飞船的有关技术是在人造卫星技术的基础上发展起来的。载人要求航天器在宇宙空间的特殊环境条件下必须具备保证人的生存和工作能力，以及具备安全返回地球预定地区（着陆场）的能力，而且还要具有很高的可靠性和安全性。载人飞行也使得航天器设计的目的和飞行任务与不载人情况相比发生了变化。

乘员的生活和工作条件在宇宙空间中由密封舱予以保证。为此，每艘载人飞船至少有一个密封舱，其中的大气条件应能满足呼吸的需求并可不断更新，最好的大气成分是与地球海平面处的自然大气压力和大气成分相当。

人的生活条件还包括饮食、排泄、个人卫生和睡眠等基本设施。载人飞船必须根据飞行任务为乘员准备足够的食物和水。由于载人飞船在轨道运行过程中处于失重状态，食物和水、废物收集、卫生及睡眠设备都必须特别设计。为了调节航天员的生活，有些载人航天器还装备有体育运动设施和文化娱乐设施。

生活舱和工作舱的体积和尺寸除满足设备安装需求外，为了实时监测飞船的飞行状态和主要参数，还需要在舱内安装相关仪表。为了使人能在其中完成习惯性的动作（如全身伸展），还需要有良好的照明设施。为了使航天员能进行对地观察、天文观测和导航，在舱壁上设置有各种弦窗。

载人飞船的全程运行分为上升段、轨道运行段和返回着陆段。在不同的阶段，各种环境因素，如冲击、振动、噪声、过载、宇宙射线辐射、微流星等，将作用在航天员或飞船上，因此设计载人飞船时的一个重要任务就是要防止或降低这些因素对航天员的不利影响，保证航天飞行时航天员始终处于身体可承受的环境条件的极限范围内。

返回地球是每艘载人飞船运行全过程中必须经历的最后程序。为使飞船离开运行轨道进入返回再入轨道，必须对飞船进行姿态调整和制动；对于多舱段结构的飞船，还需要将返回舱与其他舱段实施分离。这就要求飞船具有改变轨道的动力装置、相应的姿态控制和运动控制系统及其执行机构，飞船结构需包括防热结构、分离机构、着陆装置（例如降落伞和着陆缓冲火箭）等。

飞船返回再入大气时会经历剧烈的气动加热，导致航天员和飞船承受很高的过载。因此，除防热措施外，飞船的外形设计必须满足气动稳定性和弹道或过载系数限制要求，或者利用控制系统保证返回舱的运动稳定性。控制系统还用于飞船运动控制，使其按升力式返回轨道，以准确回到预定着陆地区。

安全性在载人飞船设计、制造和运行过程中始终是最重要的问题。任何一种航天器在设计开始时都应给出其顺利完成任务的概率，通常称其为完成飞行任务的可靠性，并在而后对其做验证；对于载人飞船还要增加安全性指标，安全性是指飞船在全过程运行中保证航天员生命安全的概率。安全性指标对运载火箭、飞船各系统、地面发射场、测控网和回收救援工作都提出了新的要求，在载人航天工程实施的全过程中都应对其予以高度重视，例如运载火箭发射准备阶段的紧急撤离装置、航天员逃逸救生装置、着陆系统的备份降落伞、各关键设备的冗余设计、自动工作状态辅以手动操作、备份的着陆场等。

载人飞船的设计还受到其要完成的预定任务的影响。例如，作为天地往返运输系统，其需要安装相应的交会对接系统和机构，具备一定的轨道机动能力；执行舱外活动任务时，其需装备出舱航天服，该航天服本身就是一套独立的环境控制和生命保障系统；进行乘员交换运输飞行时，其还必须具有刚性的对接机构以及密封的过渡通道，在对接机构上应有密封盖和监视对接密封系统。

根据各部件的功能，载人飞船一般可以划分为以下 13 个分系统：

1）结构与机构分系统；

2）环境控制与生命保障分系统；

3）电源分系统；

4）仪表与照明分系统；

5）数据管理分系统；

6）推进分系统；

7）测控与通信分系统；

8）制导、导航与控制分系统；

9）回收着陆分系统；

10）应急救生分系统；

11）乘员分系统；

12）热控分系统；

13）对接机构分系统。

对于货运飞船，没有上述第 2 项、第 10 项和第 11 项这 3 个与人有关的分系统。在本章后述各节中，首先介绍了飞船设计中的总体知识，然后着重介绍以上第 1～6 分系统的构成，其余分系统将在后述章节中讨论。

11.1.2　载人飞船总体参数

载人飞船工程是现代高技术成就的一个集中体现。载人飞船的设计方案是依托在一个国家技术和经济的综合实力的基础上实现的，在开展载人飞船总体设计时需遵循以下的一般性原则。

1）要满足载人飞船任务总指挥提出的技术指标和技术要求；

2）在满足技术要求的同时，确保安全可靠；

3）在总体方案设计中遵循多方案比较、进行总体优化设计的原则：不追求某个分系统的优化，而是从总体上进行优化；

4）遵循正确处理先进性与继承性关系原则，合理地处理总体及各分系统在先进性与继承性上的关系：既要紧追世界先进水平、吸收国外先进技术和经验，又要根据本国的情况及经验合理继承经过飞行考验的技术及其延伸技术，以提高可靠性；

5）遵循当前任务与后继任务相结合的原则：在总体设计中，既要考虑满足当前的技术指标要求，同时又要最大限度地兼顾后续任务的需要，使改动工作量尽量小、状态尽量一致。

影响飞船总体设计的关键环节包括：

1）任务和目标；

2）完成任务的方案；

3）所需的资金、基础技术和研制队伍经验和能力；

4）系统模型设计；

5）评价准则，包括：

- 经济准则：总经费（研制费＋运行费）；
- 时间准则：研制周期；
- 发展前景准则："基本型"和"继承型"的原则。

此外，载人飞船的设计还受到综合技术基础和单项技术基础的约束，集中体现在以下方面。

①运载火箭能力

苏联用于发射东方号和上升号飞船的东方运载火箭近地轨道的运载能力为 6 300 kg，发射联盟号系列飞船的联盟运载火箭近地轨道运载能力为 7 500 kg；美国发射水星飞船的阿特拉斯运载火箭近地轨道运载能力为 1 500 kg，发射双子星座的大力神运载火箭近地轨道运载能力为 3 500 kg 左右，而土星-5 运载火箭则能将 45 000 kg 的阿波罗飞船送往月球。因此，运载火箭的能力决定了飞船的质量上限约束。

②测控网

目前测控网有地基（由地面跟踪站、海上测量船和测量飞机组成）测控网和天基（由 1 个地面站和 2～3 颗数据中继卫星组成）测控网两种形式，两者在飞船的测控覆盖率上有很大差距。

载人飞船的总体技术指标要经过技术经济可行性的详细论证后才可以确定，苏联联盟-TM 载人飞船的总体参数见表 11-1。

表 11-1 联盟-TM 载人飞船总体参数

参数	单位	数值
起飞质量	kg	7 070
返回舱质量	kg	2 900
轨道舱质量	kg	1 100
设备舱质量	kg	2 750
几何尺寸		
总长	m	7
最大直径（推进舱裙部）	m	2.7
返回舱长度	m	2.14
返回舱最大直径	m	2.2
返回舱最大截面积	m^2	3.8
总外廓容积	m^3	22
太阳电池帆板翼展	m	10.6
自由空间容积		
返回舱	m^3	2.5
轨道舱	m^3	4.6
有效载荷		
当航天员人数为 3 人时	kg	50
当航天员人数为 2 人时	kg	100
飞行持续时间	天	4
停靠空间站时间	天	190

续表

参　数	单　位	数　值
轨道参数		
轨道高度	km	220～500
轨道倾角		51.8°
再入角		1.2°～1.5°
正常过载	g	3.5
弹道式过载	g	8
弹道系数	kg/m^2	700
横向机动能力	km	30～50
纵向机动能力	km	150
气动参数		
升阻比		0.3
配平攻角		24°

美国阿波罗飞船的部分总体参数见表 11－2。

表 11－2　阿波罗飞船的主要性能参数

参　数	单　位	数　值
起飞质量（包括救生塔系统）	10^3 kg	47.9
指令舱（返回舱）	10^3 kg	5.56（燃料 0.111）
指令舱溅水质量	10^3 kg	5.31
设备舱	10^3 kg	23.26（燃料 19.1）
登月下降段	10^3 kg	10.2（燃料 8.22）
登月上升段	10^3 kg	4.8（燃料 2.64）
几何尺寸		
指令舱长度	m	3.48
直径	m	3.85
设备舱长度	m	7.49
直径	m	3.91
登月下降段高度	m	3.2
支撑柱间距	m	9.4
登月上升段高度	m	3.76
横向尺寸	m	4.3
理论飞行持续时间	天	＜12

11.2 构形与布局

载人飞船构形和布局设计是飞船总体设计中重点考虑的设计内容之一。构形和布局设计首先取决于飞行任务和工程的总体要求，也就是说取决于飞船的用途以及各飞行阶段的任务。构形和布局设计总的原则是：追求合理的气动外形，尽可能减小气动阻力；追求优化的结构形式，以尽可能降低结构质量，增加有效载荷和空间容积；追求紧凑的布局设计，以提高自由空间容积；追求合理的乘员舱布局，以提供航天员良好的生活、工作和休息条件，尤其是在上升段和再入段航天员的乘坐姿态要保证其处于最好的承载姿态，即过载方向为胸背方向。构形和布局设计还要考虑尽可能降低能量消耗，外表面设备不互相干扰，便于操作、安装和更换，并力争其具有更多的技术继承性、更好的与后续任务的衔接性和与运载火箭的相容性等因素。飞船的构形和布局可能产生多种方案，最终的方案是在综合多种因素的情况下确定的，特别是应满足任务总体对飞船的需求。

11.2.1 典型飞船的构造特征

飞船构型主要有两舱和三舱两种，所有飞船都有返回舱和推进舱，其中推进舱也可称为服务舱或资源舱。根据需要，三舱构型飞船还有轨道舱，有时称其为生活舱或工作舱。早期的飞船一般采用两舱构型，如东方号、上升号、水星号等，而联盟号和神舟号飞船为三舱构型。

（1）东方号与上升号飞船

东方号载人飞船是世界上第一艘载人飞船，其实现了人类在宇宙空间的首次飞行。1961 年 4 月 12 日莫斯科时间 9 时 7 分，东方号运载火箭把载有航天员加加林、质量为4 725 kg的东方号载人飞船送入了近地点为 181 km、远地点为 327 km、轨道倾角为 65°的地球轨道。历时 108 min 的绕地球飞行后，东方号飞船安全着陆，当时距第一颗人造地球卫星升空仅 4 年时间。东方号飞船是美苏太空竞争的一个产物。

东方号飞船由返回舱和设备舱两部分组成，如图 11－1 所示。两个舱段由爆炸锁锁住的 4 根可系紧的钢带连接。发射时，飞船安装在运载火箭头部的整流罩内，以防止发射环境对飞船造成影响，并保证火箭-飞船组合体具有良好的气动外形。

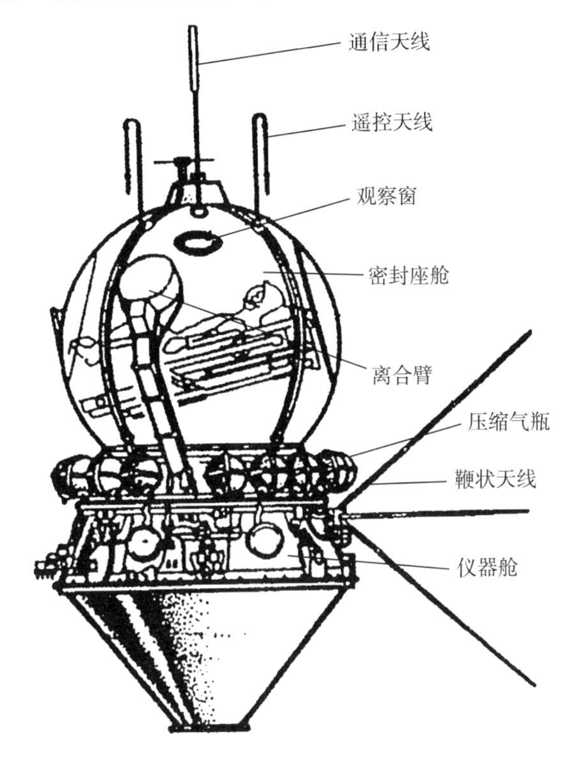

图 11－1　东方号载人飞船

返回舱亦是航天员座舱，是一个直径为 2.3 m 的密封球体，其质量为 2 460 kg，可容纳乘员 1～2 名，有 3 个舱口和 3 个舷窗。座舱内有航天员及其弹射座椅、仪表板及操作手柄、生命保障系统、控制系统和着陆系统等。设备舱安装有轨道飞行时所需的系统、设备，以及制动火箭发动机。飞船返回时，首先调整姿态，制动火箭点火工作完毕后返回舱与设备舱用爆炸锁分离，返回舱按弹道式轨道返回地面着陆场。

上升号飞船是东方号飞船的改型，其是世界上第一艘多座位载人飞船。为适应航天员出舱活动的需要，上升号在座舱外增加了气密过渡舱（又称空气闸，气闸舱）；由于空间的限制和乘员增加（3人），用普通座椅取代了弹射座椅。全船起飞质量为 5 320～5 680 kg，返回舱质量为 2 800～3 100 kg。1965 年 3 月 18 日航天员列昂诺夫乘上升 2 号载人飞船进行了世界上首次人类进入开放的宇宙空间的出舱活动，历时 12 min。

（2）联盟系列飞船

联盟系列飞船是苏联的第二代多用途飞船，苏联先后研制了联盟号、联盟 T、联盟-TM 和联盟-TMA 这 4 个型号。该系列飞船由轨道舱、返回舱和仪器设备舱三个舱段构成，图11-2是联盟-TM 飞船的示意图。发射时，飞船安装在运载火箭头部的整流罩内，在整流罩顶部安装有逃逸救生塔系统，飞船发射构形见图 11-3。

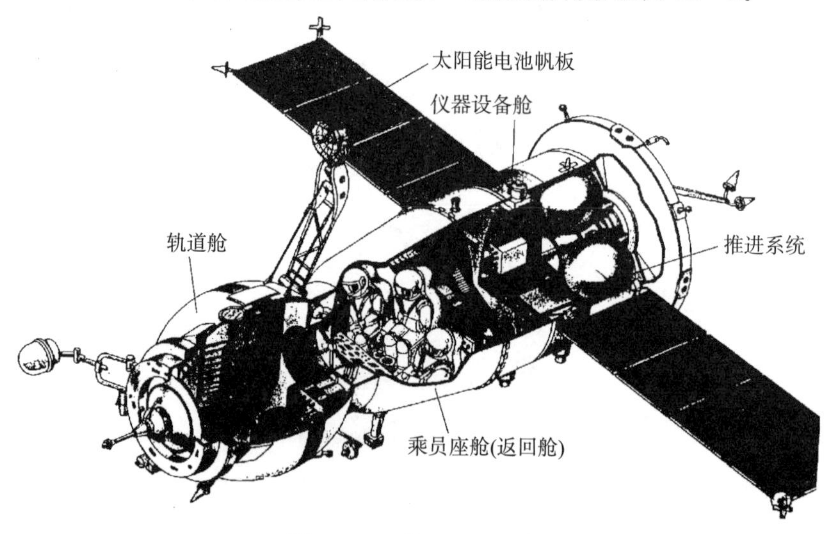

图 11-2　联盟-TM 飞船

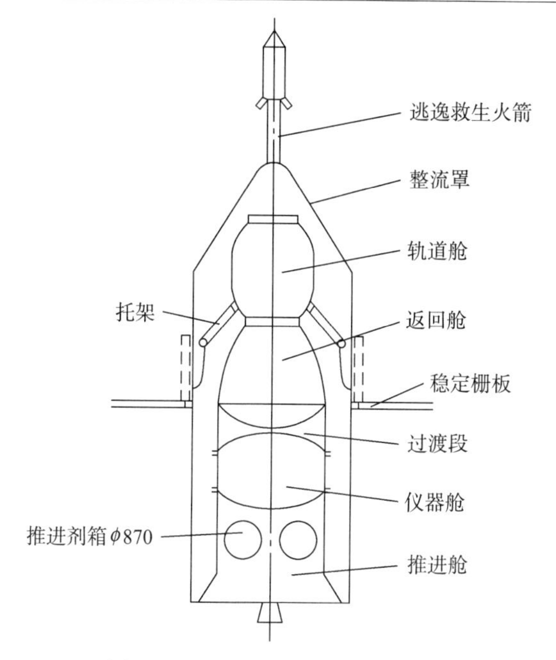

图 11－3　联盟号飞船发射构型图

轨道舱供航天员在轨道运行期间从事试验工作用，设有 3 个观察舷窗。内部有工作台和仪器设备，航天员可在返回舱和轨道舱之间往返，并可从轨道舱舱口进入宇宙空间进行舱外活动。

返回舱即乘员座舱，是飞船唯一需要回收的舱段。其外形为钟形，外表面有防热层。再入时有 2 个侧舷窗，舱体下侧安装一台潜望镜，通过该潜望镜可以看到前方和下方情况。再入舱与轨道舱对接处有 1 扇圆形密封舱门。

仪器设备舱安装有飞船机动飞行的返回制动动力系统、轨道飞行时的电源系统和姿态控制系统等。舱外安装 2 个对称的太阳电池帆板，总面积为 14 m^2。帆板发射入轨前折叠在舱壁上，入轨后展开。在飞船作为天地往返运输系统时，由于其独立飞行时间短，可以取消太阳电池帆板。

逃逸救生塔系统用于上升段 0～110 km 的高空救生。在到达

110 km 高度时，逃逸塔与运载火箭分离，坠入大气层烧毁。

飞船完成轨道飞行任务返回时，先进行调姿，轨道舱与返回舱分离；然后制动发动机点火工作；完毕后仪器设备舱与返回舱分离，返回舱以半弹道式（升力-弹道式）返回地面着陆场。该飞船具有航向 150 km，侧向 30～50 km 的机动能力。

联盟系列飞船的船载设备还包括：姿态和运动控制系统、对接和定向发动机系统、靠近-修正发动机系统、供电系统、环控生保系统、无线通信系统、对接系统、船载仪器和设备组合控制系统等。

(3) 水星飞船

水星飞船外形像一口圆锥形的钟，其外形结构如图 11－4 所示。其质量约 1 400 kg。

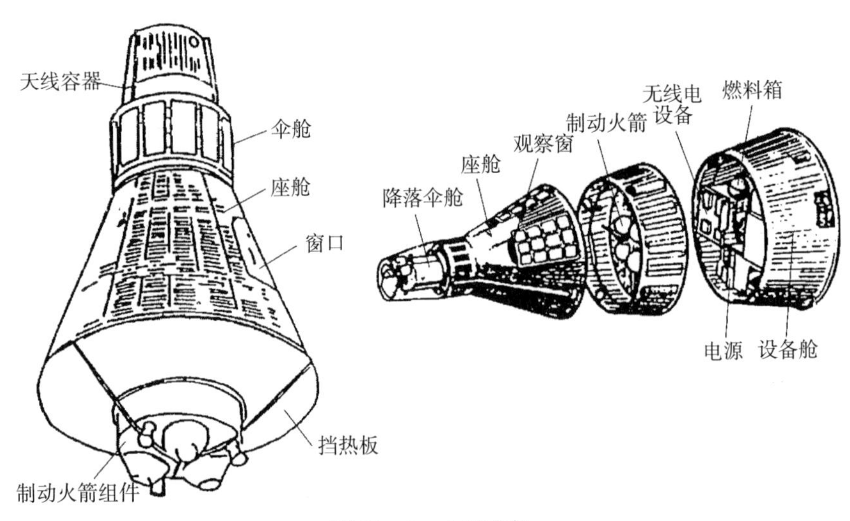

图 11－4　水星飞船

水星飞船是美国的第一艘载人飞船，其由乘员舱、伞舱和天线舱组成。底部球形大底外壳有烧蚀防热层，锥形部分是航天员座舱，外表面是辐射防热结构，内部有一个载人密封舱。座舱内安装有环控生保系统、电源系统、仪表显示和操纵装置等。航天员通过飞船侧面和座舱上面圆柱体的两个舱口进出飞船。圆柱部分为伞舱，顶部截锥为天线舱。水星飞船需要全船回收。

(4) 双子星座飞船

双子星座是水星和阿波罗飞船之间的一个过渡型号飞船，其研究的目的是进行航天技术方面的各项试验，为阿波罗登月做准备。双子星座飞船与水星飞船的外形颇为相似，也有些像钟，如图 11-5 所示，飞船的外形布局如图 11-6 所示。飞船质量在 3 300～3 800 kg 之间，可载 2 名航天员。

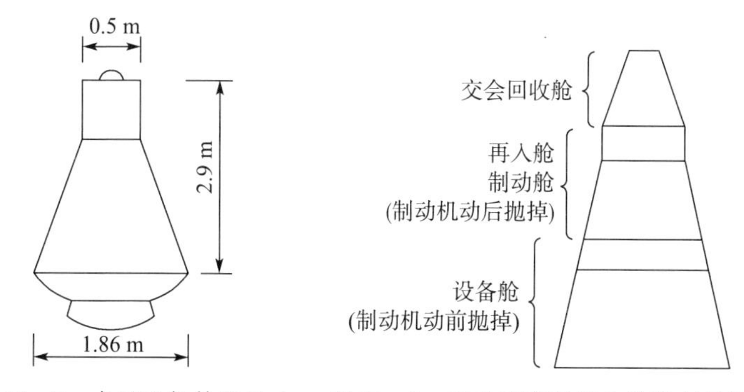

图 11-5　水星飞船外形尺寸　　图 11-6　双子星座飞船分舱段布局图

双子星座飞船由再入段和过渡段组成。再入段分为三个舱，最前面是交会回收舱，内装交会雷达和降落伞系统等，其前端装有用于上升段交会雷达热防护的整流罩，整流罩在二级发动机点火后 45 s 抛掉；中间为安装再入控制系统设备的再入控制舱；下面为载人的密封座舱，安装有 2 名航天员的座椅及有关设备。过渡段由制动舱和设备舱组成，从外部结构看，再入舱和制动舱是一个整体。

(5) 阿波罗飞船

阿波罗飞船是人类迄今为止研制的唯一载人登月飞行器，其主体由指令舱、服务舱和登月舱三部分组成，如图 11-7 和图 11-8 所示。另外，在飞船-火箭的组合中，阿波罗飞船与运载火箭通过过渡舱连接，在飞船头部还安装有逃逸救生塔系统。

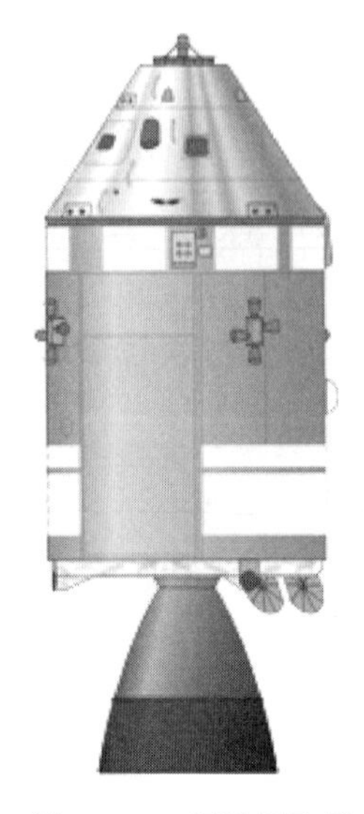

图 11－7　阿波罗飞船

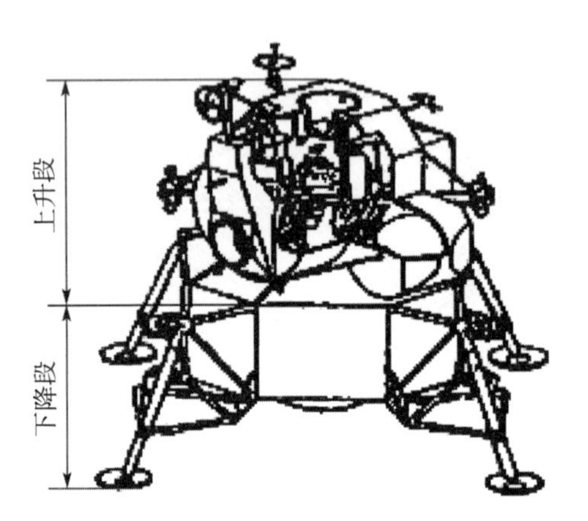

图 11－8　阿波罗飞船登月舱

指令舱即返回舱，形状为圆锥体，是飞船中唯一要返回地面的部分。其是飞船的控制中心，也是全程飞行中 3 名航天员生活和工作的主要舱段。该舱的侧面有一个航天员出入舱口，锥体顶端还有一个通往登月舱的连接隧道舱口。舱壁有 2 个侧舷窗供摄影和观察用，另有 2 个交会舷窗用于交会机动和对接时的观察及普通观察。

服务舱形状为圆柱体，直径为 3.93 m，高约为 7 m，质量为 24 000～29 000 kg。舱中安装 16 台控制发动机，每台推力 450 N，以及一台推力为 1×10^5 N 的、可多次启动的飞船主发动机。服务舱外壳还安装有电源系统和热辐射器等。

登月舱分下降段和上升段，下降段有一台 4 700～47 600 N 的变推力着陆发动机；上升段安装 16 台控制发动机，每台推力 450 N，以及一台推力为 15 900 N 的起飞发动机。

发射时，飞船整体构型如图 11－9 所示。二级发动机点火后抛掉逃逸塔，进入月球轨道后登月舱分离，1 名航天员留在指令舱-服务舱组合体内绕月球轨道飞行，2 名航天员乘登月舱在月面着陆。探险完毕后，航天员乘登月舱上升级回到月球轨道与指令舱会合，登月舱下降级留在月面；另两名航天员进入指令舱后，抛掉登月舱，指令舱-服务舱组合体沿月-地轨道返回；再入大气时抛掉服务舱，航天员和指令舱按弹道-升力式轨道返回地面着陆场。

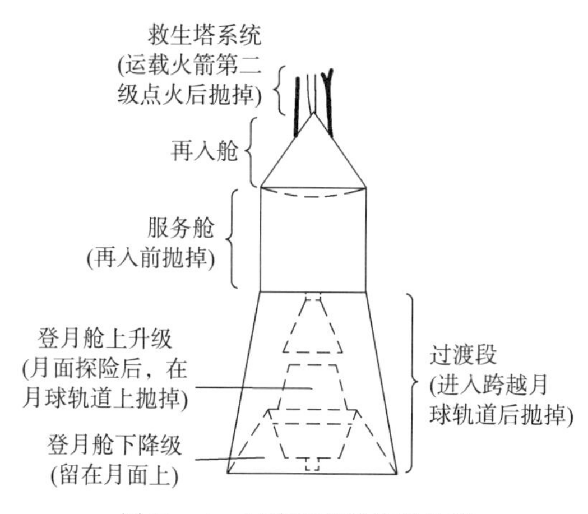

图 11－9　阿波罗飞船发射构型

（6）快船号

21 世纪初，俄罗斯开始着手研制快船号（Kliper）新型飞船，这是俄罗斯自暴风雪号航天飞机以来第一次打算建造的新型载人航天运输器。

快船号可以运送 6 人（包括 2 名驾驶员）和 500 kg 货物进行在轨飞行（联盟号只能运送 3 人和 300 kg 货物）；除此之外，其还是一个更舒适、安全的航天器；最重要的是，其可以很容易地被改装，以用来执行国际空间站航天员的轮换和撤离任务，也可以用于行星际飞行。

图 11－10 为 Kliper 最新的构型，主要包括机身、乘员舱、服务舱、居住舱及其辅助设备，其中辅助设备包括乘员舱上方的特殊材料保护罩以及用于逃逸和辅助入轨的火箭适配器。乘员舱和居住舱为密封舱，以供乘员活动。保护罩由防热陶瓷板组成，防热陶瓷板可飞行数次后再进行更换。

2008 年，快船号飞船项目被取消。

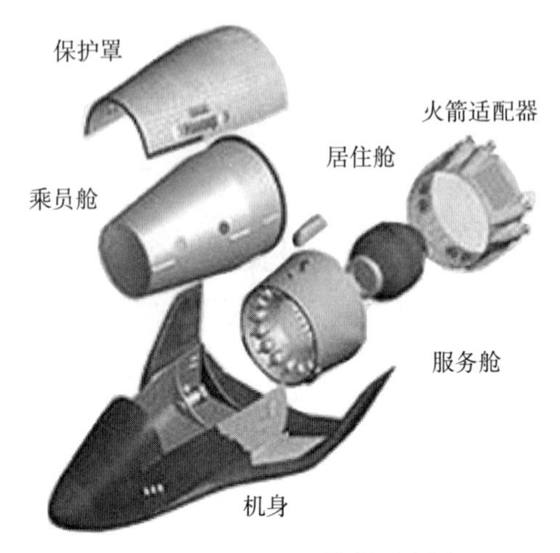

图 11-10 Kliper 结构示意图

（7）CEV 飞船

乘员探索飞行器（CEV）是 NASA 提出用来替代航天飞机的新型载人航天器。2004 年 1 月 14 日，美国总统乔治·沃克·布什在 NASA 总部提出了太空探索新构想，为此，NASA 在 2005 年 4 月启动了一项名为探索系统体系研究（Exploration Systems Architecture Study，ESAS）的大规模系统级研究。其主要内容包含以下几个方面：

1）采用源自航天飞机技术的运载系统；

2）CEV 的结构方案；

3）重返月球的飞行模式。

ESAS 建议在 2012 年之前进行 CEV 的首次载人飞行，该飞船将在未来的月球任务和火星任务中分别乘载 4 名航天员和 6 名航天员；而在执行月球任务之前，其还能够为国际空间站运送人员和物资。研制 CEV 的最终承包商最后确定为洛克希德·马丁公司。

CEV 并不是一个航天器，而是一组航天器。CEV 由非加压的服务舱（service module，SM）和密封加压的乘员舱（crew module，CM）构成，在载人的时候还包括一个应急救生系统（launch abort system，LAS）。CEV 的基本功能是将航天员送上地球轨道并安全返回，但又能在不同环境下完成不同任务。其遵循人货分离的基本原则，可分别把人员和货物送入轨道，而不是像航天飞机那样人与货物一起进入太空。乘员舱可以载 3～6 人，服务舱为整船完成在轨任务提供支持，包括能源和推进剂等。

CEV 采用了模块化的设计，针对不同的任务，CEV 由不同的模块组成。CEV 主要包括以下构型，如图 11-11 所示。

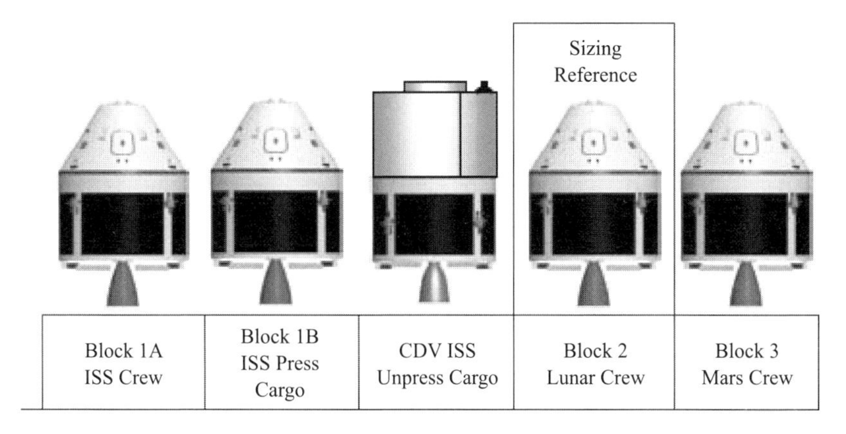

图 11-11　不同的 CEV 构型

1）Block 1A：运输乘员往返于国际空间站，支持不同的乘员和加压的货物，可搭乘 3 名航天员和 400 kg 的货物；

2）Block 1B：用于运送加压的货物至国际空间站，可运送货物 3.5 t；

3）CDV：用于运送非加压的货物至国际空间站，可运送货物 6.0 t；

4）Block 2：支持运输乘员往返于月球轨道的平台，可搭乘 4 名航天员和少量货物；

5）Block 3：预定可以搭乘 6 名航天员和少量货物，用于执行火星任务。

2010 年，奥巴马政府没有能够继续执行星座计划，因此，CEV 飞船的研制也已暂停。

11.2.2　飞船外形设计

飞船的飞行过程包括上升、轨道运行、再入和着陆等不同的阶段，因此飞船外形设计主要受空间工作与环境、发射与再入时通过地球大气要求的影响。根据不同的飞行阶段，飞船外形可以分为上升外形、救生外形、轨道外形、再入外形和着陆外形等，其中再入外形的选择是整个设计中的主要关键。外形设计的一个最重要因素是保证飞行过程中的气动稳定性。

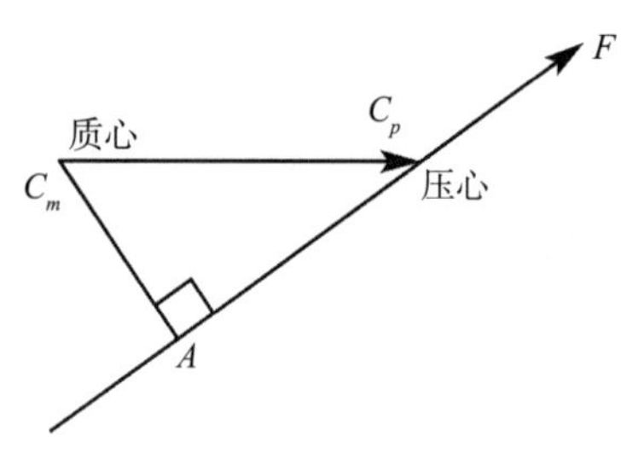

图 11-12　压心与质心

（1）气动特性的基本概念

任何一个物体在空气中运动时，其表面受到的空气压力称为气动压力。气动压力与物体运动速度、空气密度、物体外形和其在气流中的姿态有关。将气动压力相对于空间中任意点进行力系简化，可得到一个合力和合力矩。合力矩等于零的点称为压心，用理论力学方法可以证明，存在唯一的压心；而合力的值与简化力系的参考点无关。相对于质心的压力力矩积分称为作用在该物体上的气动力矩，其等于合力与相对质心的合力的力臂的乘积。如图 11-12 所示，C_mA 即为力臂的长度。这样，气动力便简化为作用在质心的合力 $\boldsymbol{F}$ 和合力矩 $\boldsymbol{M}$，其用无量纲气动系数表示为

$$F = CqS \tag{11-1}$$

$$M = mqlS \tag{11-2}$$

式中　C，m——力和力矩的无量纲系数；

$q=\frac{1}{2}\rho v^2$——速度头；

ρ——空气密度；

v——气流相对物体的速度；

S——物体的特征面（如横截面或翼面）面积；

l——物体的特征长度。

图 11-13 给出了返回舱上作用的气动力和与其相关的重要的几何参数。其中，θ_{bx} 称为再入角，其是返回舱运动方向与地平线的夹角；α 称为攻角，其是返回舱运动方向与舱的中轴线的夹角，气动合力作用线通过质心时的攻角称为配平攻角，此时气动合力矩等于零。气动合力在运动方向和垂直于运动方向的投影称为阻力和升力，返回舱的重要参数升阻比 K 定义为升力系数 C_y 和阻力系数 C_x 的比值

$$K = C_y / C_x \tag{11-3}$$

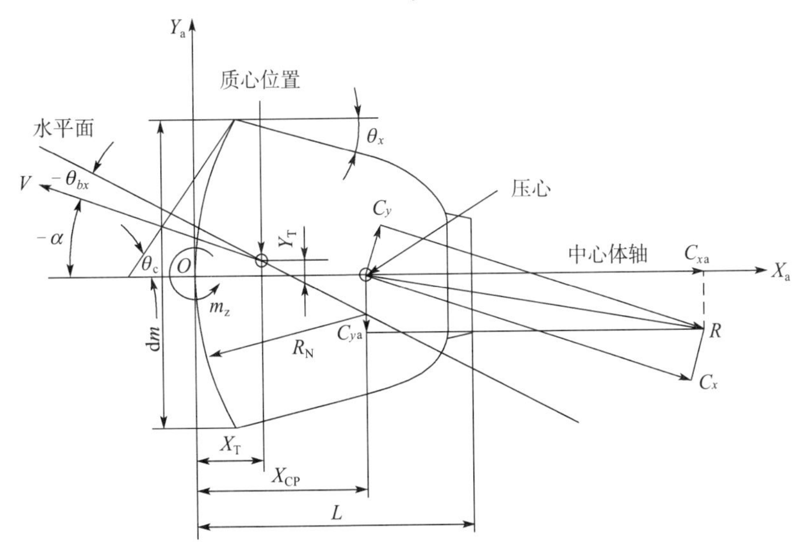

图 11-13　联盟号球冠倒椎体返回舱上的气动力及各种几何特征参数

联盟飞船的轴向力系数和升阻比随攻角的变化特性曲线如图11－14所示。

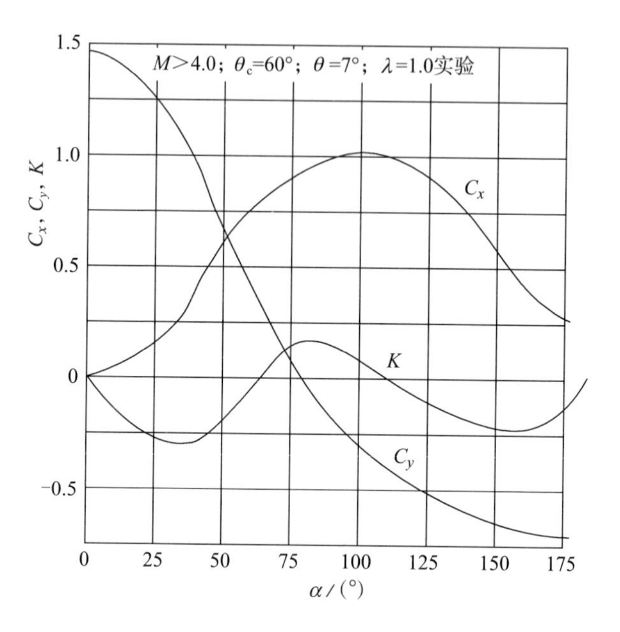

图11－14　联盟号球冠倒锥形返回舱的轴向力系数和升阻比随攻角的变化曲线

如果飞行器离开平衡位置后产生的气动力矩能使其回到平衡位置，称该飞行器是静稳定的。最简单的一种情况是，相对头部而言，飞行器的压心在质心后面并且气动力能产生恢复力矩。压心与质心的距离与飞行器长度之比称为静稳定余度，其是飞行器静稳定性的一种度量。飞行器处于稳定状态时的攻角称为配平攻角，此时气动合力的作用线通过质心，相对质心的气动力矩等于零，且气动力矩对角度的导数为负值。

对于图11－13所示的轴对称飞行器，由于其压心处于中轴线上，为获得升力，必须赋予该飞行器一定的攻角，联盟号球冠倒锥形返回舱的轴向力系数攻角下的平衡可以用建立重心偏离轴线 C_x、法向力系数 C_y 和升阻比 K 随攻角 α 的变化曲线的方法来获得。

飞行器的动稳定性是指飞行器在绕质心摆动时有产生稳定力矩的能力。在飞行器及控制系统设计时，需要考虑飞行器的动态稳定特性。

返回时的过载是主要弹道参数之一，其主要与升阻比和再入角 θ_{bx} 有关，如图 11－15 所示。从图 11－15 中可见，将升阻比提高到 0.3～0.5 比较适宜，进一步提高影响不大，而再入角不应超过 3°。

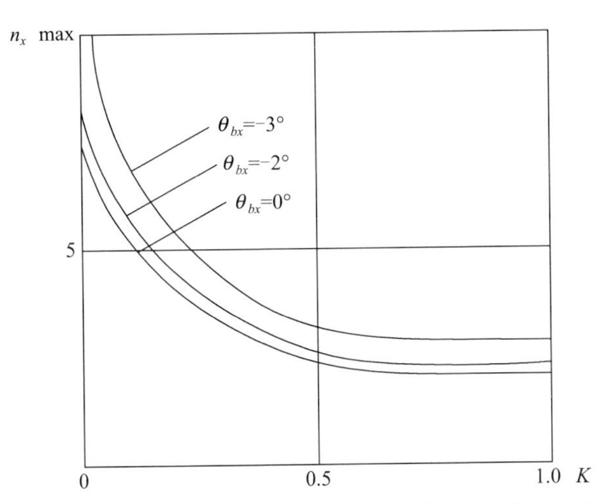

图 11－15　离轨返回时升阻比与再入角对最大过载的影响

（2）上升段外形设计

在上升段，苏联的几代飞船都是安装在运载火箭头部的整流罩内的，因此，仅需要飞船外形与头部整流罩相容而不存在更多的限制。当载人飞船本身作为运载火箭头部时，对飞船的上升外形就有了以下要求。

1）飞船上升外形可以导致法向力位置前移，从而增加作用在飞船-火箭系统上的弯矩，使得结构质量增加，应将这种影响考虑在内；

2）需要避免出现飞船上升外形的高膨胀角点，因为在跨声速区其会产生很大的局部抖振与噪声载荷；

3）外形上的凸出物会引起局部振荡激波及分离尾流的结构问

题，应从设计上减少凸出物，并在外部安装时保证流线畅通；

4）最不希望出现的情况是上升外形壳体的直径比运载火箭的还要大，其必须用尾翼或控制反作用力来补偿稳定性的降低；此外，头部外壳分离的流动在重贴弹性体时将产生激波和噪声能量。上述情况应纳入设计考虑中。

对于安装有逃逸救生系统的载人飞船，保证上升段救生外形的气动稳定性是气动外形设计的最重要任务。救生发动机工作时，重心发生移动、非线性气动特性及苛刻的飞行条件要求提供侧向分力；而且飞行器一般是无控的。这一系列问题使得设计变得十分复杂，本书第 13 章将专门讨论救生问题。

（3）轨道段外形设计

在轨道飞行段，由于大气的影响较小，因此对飞船外形的限制较少。一般希望飞船具有较大的体积/面积比，这样的外形有利于减少流星碰撞危险及辐射防护，同时还降低了飞船的大气泄漏量。如果飞船以太阳能电池作能源，那么其轨道外形应该满足太阳能电池帆板的折叠、展开与定向要求。变轨、交会、对接以及其他轨道工作的要求也会影响飞船轨道外形设计。

（4）返回段外形设计

在再入大气层过程中，飞船返回舱经历很大的过载和气动加热，再入外形应该在空气动力学上是稳定的。其应具有较低的气动加热特性，某些飞船还要求提供所希望的升阻比。外形设计还应考虑使防热层质量小，有效容积大。表 11 - 3 给出几种不同气动特性的典型航天器返回时的外形、用途、过载、返回和着陆方式。

根据升阻比，可将航天器的返回形式划分为：

1）弹道式返回：不利用升力，通常无航程控制，落点散布较大（约±300 km）。东方号、上升号和水星飞船均采用弹道式返回。

2）滑翔式返回：利用较大升阻比（0.7～1）可实现广泛机动及保证落点精度，当升阻比达到 1.5 时，可以在飞行的 3 圈中回到同一着陆地点。

表 11-3　典型航天器大气返回时的相关特点

设备	弹道式		小升阻比		中升阻比	大升阻比
形状	球形 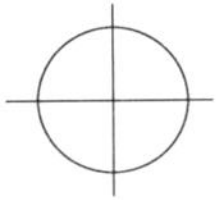	截球形 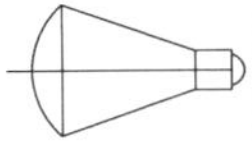	截球形 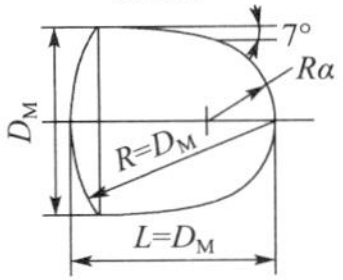7° Rα D_M $R=D_M$ $L=D_M$	截球形 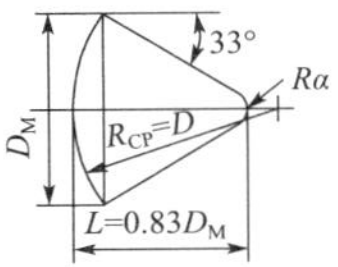33° Rα D_M $R_{CP}=D$ $L=0.83D_M$	有升力壳体 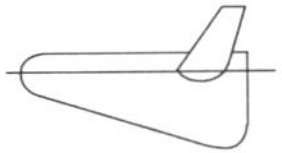	翼形 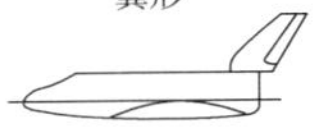
用于何处	东方号 上升号	水星	联盟 联盟-TM	双子星座 阿波罗		航天飞机
下列速度时的升阻比 ——高超声速 ——亚声速	0	0.2～0.5	0.7～1.2 0.8～3	1.2～3 3～3		
大气返回时的过载	0～10 g	3～4 g	2 g	1～1.5 g		
人造地球卫星轨道返回的方式	弹道式	滑行式	滑翔式			
着陆方式	垂直式				垂直式或飞机式	飞机式

3）滑行或半弹道式返回：利用小升阻比（小于0.3～0.5）的滑翔返回，在横向和航向都可以提供一定的机动能力，而且可降低过载，达到较高的着陆精度（约±30 km）。联盟系列和阿波罗、双子星座都采用这种返回形式。

钝头体是理想的再入外形，其既能使飞船降低气动加热，又能使飞船减速。在再入大气层时，钝头体前面形成的强激波将飞船大部分动能转变成周围空气的热能，该热能可被大量的空气带走，只有一少部分热能传到飞船结构，从而降低了飞船的气动加热（图11－16）。如果所有耗散在大气中的动能都转变成可进入飞船内部的热量，那结果是不堪设想的。

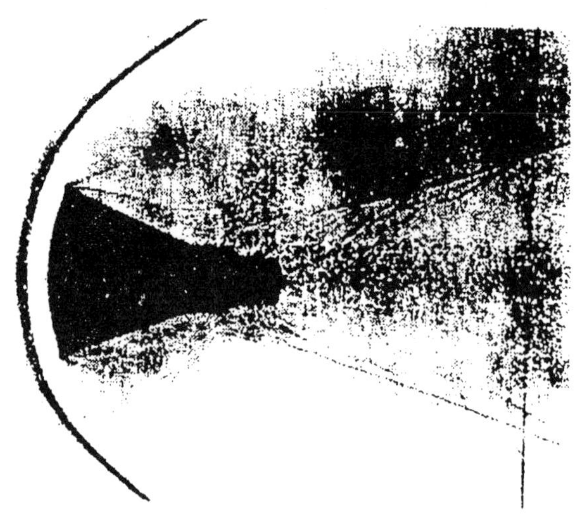

图11－16　高超声速钝头体绕流形成的强激波

再入时飞船达到稳定的方法通常是使得压力中心在飞船重心之后。飞船一般设计得很紧凑，内部容积得到了充分利用。显然，在布置时应该尽量将较重的设备放在飞船中的前部，在某些情况下，甚至需要增加前部配重。例如东方号与上升号的再入舱是球体，其压力中心就在球心上，只要将重心安置在球心前就保证了静稳定性。这种对称的静态稳定体，在进入稠密大气层时能自动稳定；并且随着飞船的下降、气动速压的增加，可以消除围绕着重心的角的摆动。但是球形外形不能提供升阻比。

国外其他飞船的再入舱具有钝前体及锥形后体，一般说来该结构比较简单，并且可提供较大的空间。同时由于其对称性，与其他舱段的连接也较为容易，只要将重心偏离对称轴，也能提供一定的升阻比。锥形后体的倾斜表面有利于降低这些区域的气动加热，因此也可以减少防热材料的质量。在高超声速飞行时，只有那些前向的表面受到有意义的气动压力，在物体最大横切面后的那些部分是处在物体的尾流中的。当速度很大时，尾流区的压力很低，以致在这个较小的区域压力变化相对于前体的压力是不重要的。这样，前体的形状及气动压力的表面分布决定了再入飞行时飞船所受到的气动力和力矩。水星、双子星座、阿波罗以及联盟号飞船的再入舱都设计成具有球面曲率的钝前体。在高超声速飞行的情况下，其压力中心靠近前体的曲率中心。

(5) 着陆外形设计

在着陆过程中，利用降落伞产生的阻力和着陆缓冲火箭可进一步减小飞船再入舱的下降速度，直到降至与着陆冲击相适应的水平。如果飞船是在水面着陆，则要求飞船的着陆外形具有所要求的漂浮特性，或者附加漂浮装置以保证其着陆所需要的姿态。

11.2.3　飞船结构布局

载人飞船采用分舱段布局的原则，使各不同舱段的任务专门化，其具有 3 个重要的优点：

1) 实现了全系统运行过程的优化组合。一个舱段在完成其特定的飞行使命后，或者在继续的飞行过程中成为多余的负担时，就可立即将其抛弃掉，例如上升段分离逃逸塔、登月任务完成后抛弃登月舱、返回再入前分离轨道舱等。被弃去的部分降低了运行中的燃料消耗，也就是提高了运载火箭的潜力，降低了任务对飞船动力装置和其他系统的要求。

2）简化了飞船的布局和结构。例如，轨道舱、推进舱等不需要回收的舱段表面就不需要热防护层，从而减少了天线、辐射器等构件的质量；飞船的部分系统（如环控生保系统）只需在特定的舱段工作等。

3）分舱布局是一种模块式设计，其允许独立设计、制造、装配、鉴定及系统检测各舱段后再总装飞船。这样做既提高了效率，也提高了可靠性。在改变飞行目的时，只需要更换个别舱段就可以达到目的。例如，阿波罗飞船后期作为空间站的天地往返运输系统时就去掉了登月舱。

载人飞船布局中可能包含以下主要舱段：

1）返回舱：上升段、返回段以及轨道段完成一些动作时，航天员的座舱在飞船返回制动后，分离成为大气层中的独立飞行器；

2）轨道舱：航天员在轨道上工作和生活的主要场所，并装备有为完成轨道飞行程序及科学考察和试验任务航天员必需接触到的设备和系统。

3）仪器舱：装置航天员无需直接接触的系统，它是密封的。

4）设备舱：布置飞船的主要设备如动力装置、电源系统等。一般它是非密封舱体。

当仪器舱和设备舱合二为一时，称为仪器/设备舱。另外，飞船还可能根据需要配有过渡舱、吊挂舱和专用舱。

已经研制并飞行成功的6种载人飞船的结构布局如图11－17所示。除了美国的水星号飞船外，其他都采用了多舱段布局的方式。

对于双舱结构布局（返回舱和设备舱）的飞船，从与运载火箭的布局和上升段故障救生的角度考虑，返回舱需安置在设备舱的上部。这样，一旦需要逃逸时，可将返回舱与设备舱解锁，而逃逸飞行器只将返回舱送出危险区。这种设计可将逃逸飞行器的动力装置要求降低，而且相应的气动设计简单，因为这种布局没有内部矛盾。

三舱（返回舱、轨道舱、设备舱）布局的方案中，进行返回舱

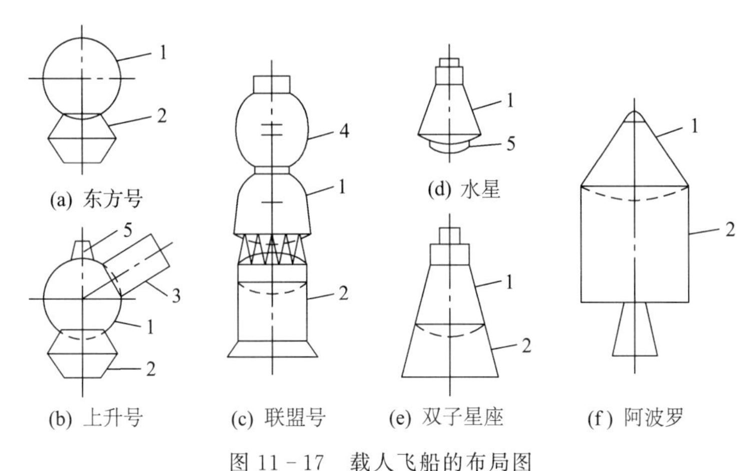

图 11 - 17　载人飞船的布局图

1—着陆器（返回舱、指令舱）；2—仪器/设备舱（设备舱）；
3—口盖舱；4—轨道舱；5—固体火箭制动发动机装置

和轨道舱的位置选择时会出现矛盾，图 11 - 18 给出了 3 种布局方案，联盟系列飞船采用了轨道舱置于返回舱上部的构形，其优点是两个生活舱之间的连接在技术上比较简单；但是，由于上升段航天员处于返回舱之中，主动段逃逸救生时需要将原本不要逃逸的轨道舱与返回舱一起送出危险区。这大大增加了逃逸火箭的质量，而且气动设计变得比较困难，为获得气动稳定性，在逃逸火箭的头部需要较大的配重并设计稳定栅格翼。将返回舱置于上端，从逃逸救生角度考虑是合理的，但两个生活舱段的通道存在困难。如图 11 - 18（b）所示，由于前端要安装对接装置，因此需要在返回舱的防热层烧蚀大底上开舱门通往轨道舱，这在技术上存在较大风险；也曾提出过用硬通道实现两舱之间连通的方案，但其外形尺寸太大，软通道材料问题难以解决。图 11 - 18（c）中的布局方案将返回舱置于上端，待飞船入轨后将轨道舱掉转 180°对接。有人还曾设想过将返回舱置于上部，待入轨后将返回舱调转 180°与轨道舱对接的方案，这种方案需要完成舱段解锁、分离、调姿、停靠、对接和锁定等一系列复杂动作。

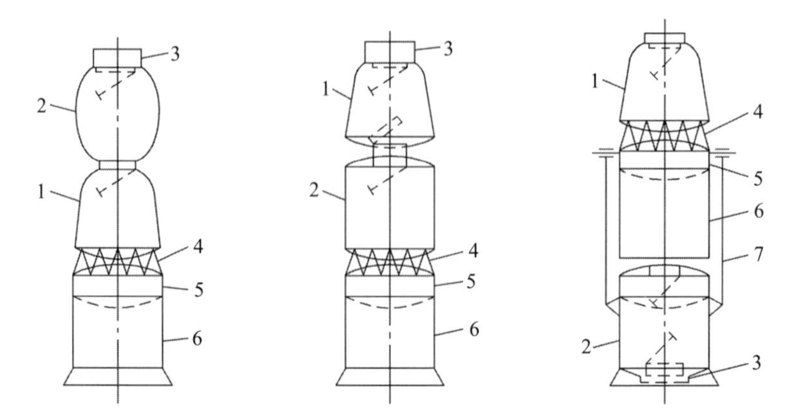

(a) 具有前轨道舱布局　(b) 在着陆器热防护层上有舱口的布局　(c) 具有掉转轨道舱的布局

图 11－18　具有两个生活舱段的载人飞船布局图

1—着陆器；2—轨道舱；3—对接机构；4—过渡舱段；5—仪器舱；6—设备舱；7—转向杆

11.2.4　飞船内部布局

载人飞船内部布局设计的目标是在选定的外形之中，紧凑合理地安排乘员、各船载系统和主要结构在舱室中的位置，实现满足所有约束条件的最优配置。

内部布局首先应保证返回舱的重心要求（保证气动稳定性和提供一定升阻比）、最小质量要求和功能要求及其限制条件。

与结构的分舱段布局相类似的原则在内部布局中同样有效，也就是所谓的分系统和分舱室布局的原则。飞船是由许多系统组成的统一体，各系统有机地联系在一起，相辅相成。布局中既要注意其间的相互联系，又要防止其间的相互干扰；既要考虑空间的有效利用，提高填充比和自由空间容积，又要适当照顾系统的工作性能；既要保证关键系统元部件或组合件的工作条件，又要照顾其他系统的合理要求。布局要使各系统或分系统尽量集中，这样在总装前这些系统或构件可以构成较大的组件，简化各系统内部的管路或电缆等，缩短总装周期。这样也有利于系统、分系统或组件的测试和更换，减少相互干扰，提高可靠性。

图 11-19 给出了联盟号飞船返回舱主要设备的布局图，图 11-20 则给出了航天员座椅前的仪表和控制面板的布局。

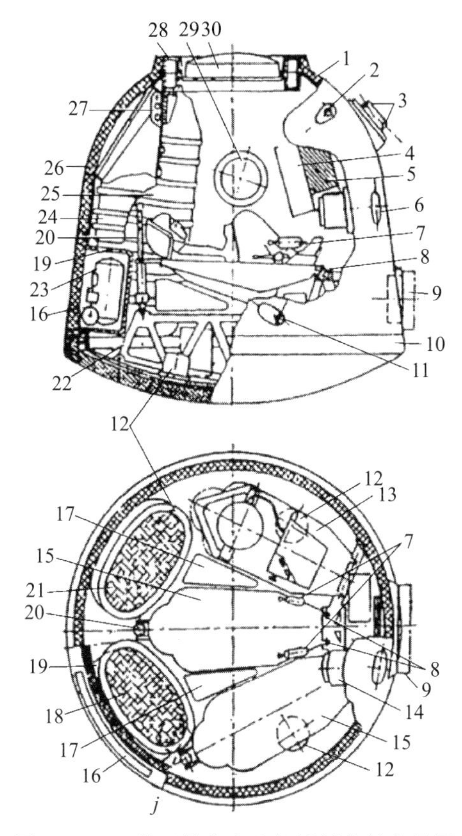

图 11-19 联盟号载人飞船返回舱的布局图

1—有热防护的结构；2—偏航控制发动机；3—俯仰控制发动机；4—指令信号装置；5—仪表板；6—光学仪器观测孔（姿态目测）；7—载人飞船操作杆；8—座椅铰链；9—撕裂板；10—被抛掉的迎面防护；11—滚动控制发动机；12—软着陆固体发动机；13—为给航天服供气的气瓶、管路框架；14—光学仪器的座舱部分（外部的、下降前抛掉的部分没有表示出来）；15—航天员座椅；16—直通到燃料箱的舱盖；17—食物、水和故障备份物的储罐；18—备份伞系；19—贮箱安装槽；20—座椅缓冲器；21—主伞系；22—仪器框架；23—燃料罐（移动后的位置）；24—备份伞系舱（移动后的位置）；25—主伞系舱；26—伞舱盖（移动后的位置）；27—伞绳固定孔（移动后的位置）；28—底部框；29—舷窗；30—过渡舱口盖及缝隙天线

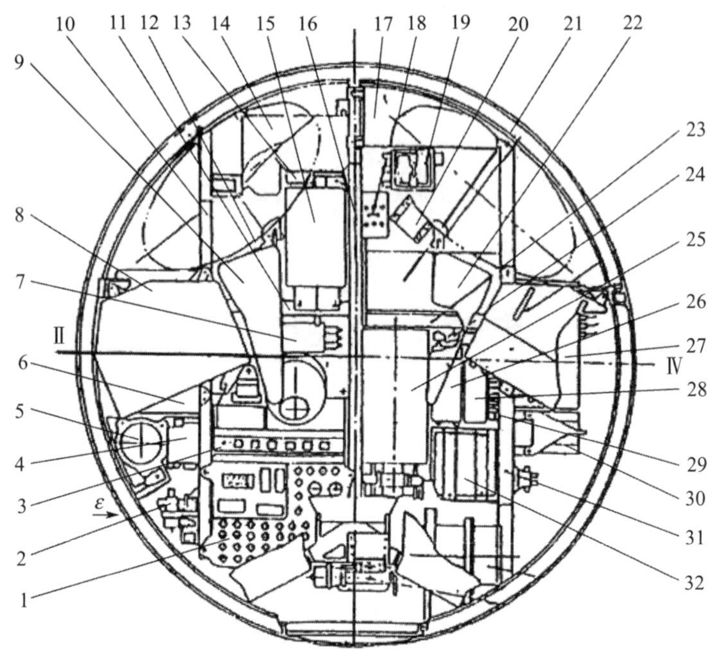

图 11-20　联盟号返回舱中航天员座椅前的仪表、控制面板的布局

1—整理装置；2—传感器装置；3—矩阵转换装置；4—测温系统装置；5—气动组合件；6—电源装置；7—气体分析仪；8—潜水服；9—方位装置；10—右框架；11—大梁；12—湿度传感器；13—大梁；14—静变流器；15—科学设备集装箱；16—中框架；17—冷凝液收集器；18—控制部件；19—测温系统装置；20—转换装置；21—控制装置；22—科学设备集装箱；23—大梁；24—角速度传感器；25—再生装置；26—RHTP 仪器；27—3B-300K 仪器；28—电爆管整流器；29—继电器装换开关；30—程序机构；31—左框架；32—卷片机构装置

从航天员最佳承受过载的姿态（过载力沿“胸背”方向与背呈 78°合力偏斜）的考虑出发，航天员座椅的背与返回舱着陆呈 70°。联盟号设计可乘坐 3 人，为使返回舱尺寸最小，3 个座椅成扇形布局；为了实现返回舱质心侧移，在座椅之间，沿锥面的母线按定重心方法布置 2 个伞系舱；为了航天员操作便利，航天员的正面安装中心仪表板，其边缘布置指令信号装置，座椅间前部布置手动操作杆，座椅左右有观察舷窗。这种布局有利于提高人机工效。

11.3　飞船结构

11.3.1　飞船结构的功能、任务和基本设计要求

结构和机构是载人飞船的一个分系统，其主要任务是为航天员提供一个安全、适宜的工作和生活场所；为飞船的其他系统提供有一定承载能力的安放空间和连接结点，以便安放和固定各种设备、仪器、电缆和管路等；为仪器设备提供适宜的工作环境，并保证飞船在全程序飞行中完成即定的飞行任务。

结构的一个主要功能是提供航天员居住空间及安放各种系统；同时，要满足操作和容积方面的要求，还必须提供适合飞行任务的分舱段结构方法以及达到稳定和控制所要求的气动特性的外形。此外，结构必须可有效地维持航天员生活的座舱环境，提供航天员出入的结构舱口，以及提供对返回舱的热防护。

飞船结构的另一个主要功能是保证在飞行过程中，在所有结构载荷作用下飞船的完整性。作用在飞船结构上的载荷可分为过载作用下产生的惯性力（体积力）、气动产生的表面力、舱段及各机构产生的局部作用力。

飞行载荷包括：

1）主动段载荷——最大动压区最为严重，气动压力达 4 000 kg/m^2，一级发动机熄火时轴向和横向过载分别为 2.5 g 和 1.5 g；

2）轨道运行段——主要的受力由交会对接产生。联盟号对接时的过载为轴向 0.26 g，横向 0.83 g，对接机构上的力矩为 270 kg·m；

3）再入段——应急救生时轴向过载可达（10～14）g ，横向过载（3～4）g 。

在轨道飞行段，提供对飞船的微流星防护和辐射防护也是结构系统的任务之一。

按结构所承担的功能，可以将其分为以下几类：

1）外壳结构——保证结构的外形以及必要的表面性质，例如对

光或无线电波的反射、吸收性质，以及提供对微流星和空间高能粒子辐射的防护；

2）承力结构——承受地面和飞行中的各种载荷；

3）密封结构——在宇宙空间环境中，建立和维持航天员的座舱生活环境以及仪器设备的工作环境，使其保持一定的温度、压力和气体成分；密封结构还包括液体（如推进剂）和气体容器；

4）防热结构——防止返回再入大气层时返回舱表面的高温传入结构内部；

5）分系统仪器设备安装面结构——提供飞船各分系统仪器安装所必须的安装面，保证仪器设备的安装精度，并具有足够的强度和刚度，以保证变形不超过允许的限度；

6）能源和天线结构——包括太阳电池帆板的结构和各类天线的结构；

7）机构——包括用于天地往返运输系统的对接、分离任务的机构，太阳电池帆板的收拢、展开、固定机构，舱间分离装置和舱门开闭等机构。

飞船结构设计要满足飞船总体和各分系统的要求，确保完成飞行任务。

11.3.2 防热结构

载人飞船在上升段、轨道运行段和返回段都程度不同地处于外部加热环境中。在上升段和再入段属于气动加热环境，尤其是再入过程，返回舱会经历十分严酷的热环境。需要将再入防热材料维持在规定的温度范围内，以消除由于极端的热循环（交变温度载荷）引起的物理上和结构上的破坏的风险。在再入段，防热结构的主要功能是通过将结构温度限制在可以使用的水平来保证飞船结构的完整性，并减少进入飞船内部的热载荷。

飞船再入大气时经历的气动加热是返回舱设计的一个关键问题，防热和气动稳定性决定了飞船外形设计。作用在返回舱上的热载荷

表示为

$$q_w \propto \frac{v_\infty^3 \sqrt{\rho_\infty}}{\sqrt{R_0}} \tag{11-4}$$

式中　q_w ——单位面积上的热流密度；

ρ_∞ ——当地空气密度；

v_∞ ——当地气流相对飞行器的速度；

R_0——返回舱有效半径。

由式（11-1）的气动阻力关系式和式（11-4）的热载荷关系式可知，增大返回舱的有效半径可以达到增大气动阻力和降低热流密度的效果。

返回舱以接近第一宇宙速度的高速进入大气层，在空气动力的作用下急剧减速，同时巨大的动能和势能转化为巨大的热量。一个质量为 500 kg 的返回舱再入时的动能为 1.43×10^{10} J，若全部转化为热量，则只需其中的 3% 就足以将 500 kg 的钢从 0 ℃ 加热到熔化。要使返回舱在再入过程中不因气动加热而焚毁，首先需要设法尽量减少传递给返回舱的热量，将产生的大量的热量与返回舱隔离。

返回舱以高超声速在空气中运动时，不断猛烈地压缩其前面的空气，受压缩的空气温度高达 6 000～8 000 ℃，在返回舱前面形成一个强脱体激波，如图 11-16 所示。激波表面与气流方向垂直或成某一角度，当空气通过这一表面时，压力突然增加，密度和其他热力学参数亦发生突变。空气分子与返回舱表面反复撞击，其热运动速度迅速提高；同时，在其从结构表面弹跳回去时，其中许多分子与前方来流的分子亦会相碰撞，并将这部分分子顶回去，使之不能与结构表面接触，不能把能量传递给结构。于是大量的热量排泄在激波与结构表面之间的空间里，并扩散到大气中去，被扩散的热量与激波强度成正比。为使返回舱前面产生强激波，其迎风面必须是钝头，例如国外飞船所采用的球形和钟形等，其返回舱都设计成短粗、大钝头的形状。好的外形设计可以使返回舱在再入过程中产生的热量的 98% 甚至更多被扩散掉，只有 1%～2% 传送给返回舱结构。即使如此小的比例，其所引起的问题仍然是严重的：热流密度高的区域仍达每平方米每秒几百大卡。因此，返回舱结构仍需进行精心的防热设计。

防热方法按其采用的防热技术途径可以分为 3 种：

1）被动防热：利用防热材料来保护内部结构，这是目前广泛采用的一种方法；

2）主动防热：利用专门系统吸收热量，例如发动机喷管喉部用推进剂进行冷却；

3）作用在来流上，改变外部气流及热载荷。

如从内部喷出气体作用在附面层上，其可使高温来流脱离飞船表面。

防热方法按防热材料的作用性质分为 3 种：辐射法、热沉法和烧蚀法，以下对其工作原理进行简要介绍。

（1）辐射防热法

采用一个涂有高辐射涂层的难熔金属（或高温合金）的薄外壳，借助材料在高温下的辐射能力将来流传给飞船的大部分热量辐射到周围空气中去；而在外壳与基本结构之间充填以耐高温、低热导率的轻质隔热材料，最大限度地减少传入内壁热量，保证基本结构维持在较低的温度，并使其承受壳体结构所承受的载荷。辐射防热结构的基本模型见图11－21。这种防热方法工作可靠、外形不变且可重复使用，结构质量较轻，在系统工作范围内，总加热量和加热时间对系统的质量影响较小；缺点是工作热流受材料熔点的限制，对外流条件变化适应性较差。

（2）热沉防热法

热沉法用于将超出表面可以辐射的那部分热量从表面传到内部的情况，以克服与辐射防热法有关的材料限制。其基本原理是利用比热大、导热好、熔点高的金属，如铜和铍等，在受到气动加热时迅速地将热量扩散到整个金属内部，利用材料的热容吸热，从而防止了表面热量堆积和温度升高。除大部分热量被材料吸收外，还有

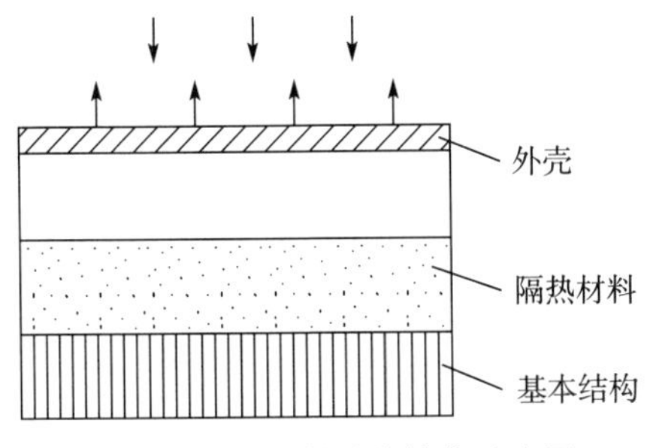

图 11 - 21　辐射放热结构示意图

一部分以辐射热流的形式从外表面辐射出去。内部用低密度隔热材料隔热，以保护内部结构免受高温的影响。热沉防热结构模型见图 11 - 22。该方法结构简单、工作可靠、外形不发生变化且可以重复使用；缺点是热沉材料的质量和厚度必须随总加热量的增加而增加，从而使系统变得十分笨重，其工作效率受总加热量和最大热流的限制。

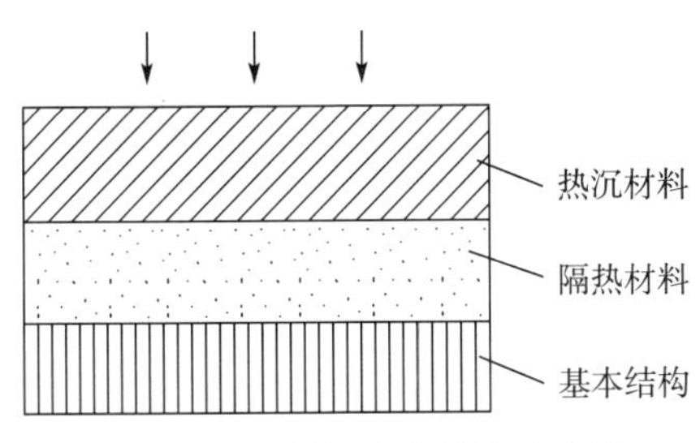

图 11 - 22　热沉防热结构示意图

(3) 烧蚀防热法

飞船结构的固态材料一般是高分子材料。在强烈加热条件下，其表面部分开始熔化、蒸发或升华，有时还会分解气化。在这些过程中，材料需要吸收一定的热量，这种现象叫烧蚀。烧蚀防热法有计划地让结构表面的部分材料烧掉，从而带走大量热量，以此来保护结构内部区域。常用的烧蚀材料是碳化烧蚀材料，如酚醛玻璃钢和尼龙酚醛增强塑料等。在热流作用下，当温度上升到烧蚀材料的分解温度时，玻璃钢内的聚合物，如酚醛树脂开始解聚，分解为气体和残存的固态碳，同时吸收大量的热。随着加热的继续，分解区向里扩张，分解出的气体逐渐逸出结构表面扩散到气流中去，并在分解层的外面形成一个碳化层。这是一个多孔结构，是良好的隔热层。排出的气体使边界加厚，在结构表面形成一层气膜，在一定程度上阻止了热流流向结构，炽热的外表面也能向外辐射部分热量。烧蚀防热结构模型见图 11－23，烧蚀法不受热流限制，工作可靠，能适应较大的外流条件变化；缺点是只能一次性使用，结构质量大，尤其在热流较低的情况下更显得不经济。另外，结构表面烧蚀后，其气动外形也略有变化。

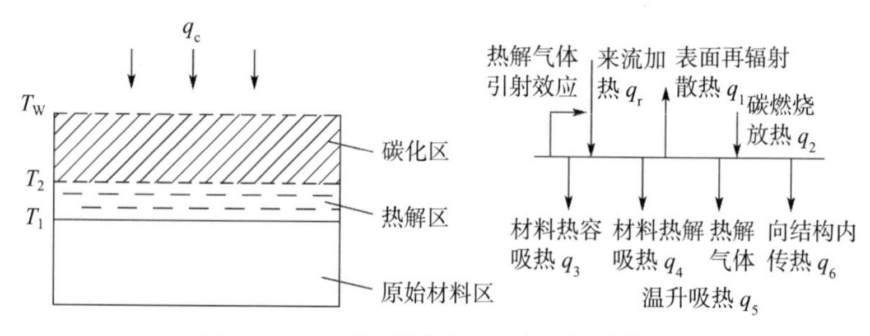

图 11－23　低温碳化烧蚀材料的烧蚀模型

以上三种防热方法在美国的载人飞船上都得到了实际应用，苏联的飞船全部采用了烧蚀防热方法。为提高材料的利用率、降低质量，在防热结构设计前需要通过试验确定返回舱各部位的热流、密度和总热流分布，据此确定各部位的防热方法和防热结构厚度。联盟号飞船返回舱的典型位置热流如图 11－24 所示，其防热结构设计的原则是：根据热流密度的分布，对底部高热流密度区着重考虑烧蚀效应，对侧壁低热流密度区的处理主要是加强隔热措施。

联盟号返回舱采用密度较高（$\rho=1.6\sim1.8\ g/cm^3$）的酚醛玻璃钢作为烧蚀层。由于倒锥部热流密度较低，主要设计因素是隔热，因此，在侧壁的高密烧蚀层下还有密度小于 $0.1\ g/cm^3$ 的泡沫隔热材料。烧蚀层外敷设泰氟隆（聚四氯乙烯）材料，泰氟隆材料是升华型

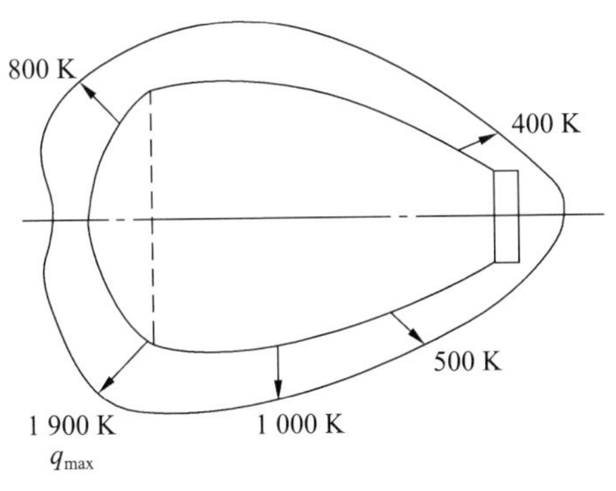

图 11－24　联盟号飞船位置热流

材料，再入时首先全部升华变成气体。这大大提高了烧蚀时的引射效应，使得防热效果更佳。

对于热流密度较大的钝头，联盟号返回舱采用了烧蚀大底的防热结构，烧蚀大底与密封舱后端框用连接分离螺栓连接，大底烧蚀层剖面见图 11－25。

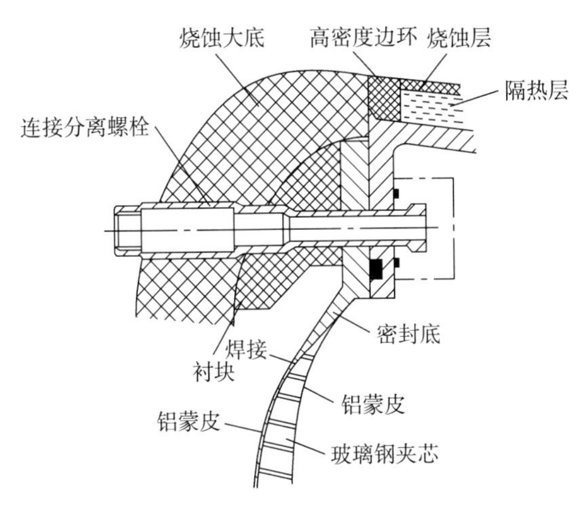

图 11－25　联盟号烧蚀大底的连接与分离

返回舱侧壁防热层剖面见图 11－26，其最外层为泰氟隆升华材料，第二层是 10～15 *mm* 厚的酚醛玻璃材料，第三层是 30～45 *mm*

厚的泡沫状隔热材料。其中填充一些受热后会放气的填料（氯化铵加聚酯醇材料），用以提高烧蚀过程向表面的排气量，从而提高防热效果。三层材料的总厚度不变，即防热层为等厚度设计。在迎风面酚醛玻璃烧蚀层较厚，隔热层较薄；背风面反之，酚醛玻璃烧蚀层较薄，隔热层较厚。

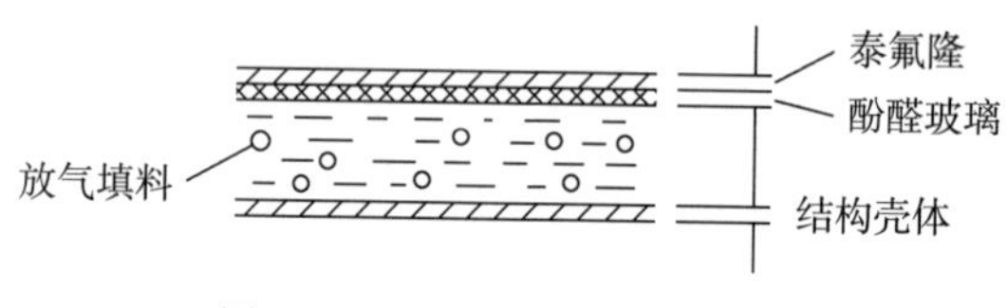

图 11－26　联盟号侧壁防热层

11.3.3　密封结构

密封结构是使舱体内气体泄漏量满足要求的结构。在载人飞船上有 2 类密封结构：

1）保证航天员生活的密封舱，例如返回舱、轨道舱、气闸舱等；

2）贮存或输运液体和气体的容器、导管和贮箱。

载人飞船上需要密封的部位很多，其中以气密座舱的密封问题最大，综合环境条件最苛刻，密封结构最复杂。开口尺寸大，技术要求高，以联盟号飞船为例，其返回舱上有 150 个大小不等的孔，直径从 30～2000 *mm* 不等。

有多种因素可影响座舱结构的密封性。例如，蒙皮结构或座舱壁使用的材料的类型和厚度、连接形式（焊接、铆接、螺栓等）、开孔性质、使用的密封材料等。

由于座舱要求密封的部位较多，虽然采取了严格的密封措施，但并不能保证在某一压力情况下座舱没有任何泄漏。也就是说，气密的内在涵义是相对的，如果在一定压力下，座舱的气体泄漏量不超过设计允许的最大值，则认为座舱是气密可用的。座舱气体的允许泄漏量，由正常飞行条件下经过各种不严密处从座舱流出的气体量不超过增压时最小的可用供气量这一条件确定，表 11－4 给出了几种飞船座舱的允许泄漏率。

飞船在发射、轨道运行和再入过程中会经历十分严酷的环境，例如发射段的短时高温可达 300 ℃，再入段的短时气动加热可使蒙皮温度达 1 000 ℃，轨道运行段交变温度大致在 −120～94 ℃ 范围内、真空度达 10^{-7} Pa 数量级，以及受到空间粒子辐射等，这些都对密封材料的性能有较大影响。因此，用于飞船的密封材料要求具有耐较长时间的高低温交变、耐高真空、耐臭氧、耐辐照、无污染和无毒气等综合性能，其中硅橡胶是广泛使用的飞船座舱密封材料。

密封结构的设计优劣是能否达到预期的密封效果的关键。优良的结构设计以及与之适应的机械加工和装配技术，可以弥补密封材料性能方面的不足。

表 11－4　飞船座舱的允许泄漏率

飞船	坐　舱		飞行任务/h	允许泄漏率/(kg/h)
	压力/（kg/cm^2）	容积/m^3		
双子星座	0.352	2.264	96～336	−0.036 3
阿波罗指令舱	0.352	9.056	192～336	0.090 7
阿波罗登月舱	0.352	6.651	48～72	0.090 7
联盟号	1.0		96	0.057 5

图 11－27 是阿波罗飞船舷窗组合件的示意图，其采用了外层防热玻璃隔热、中层和内层玻璃密封的结构形式。

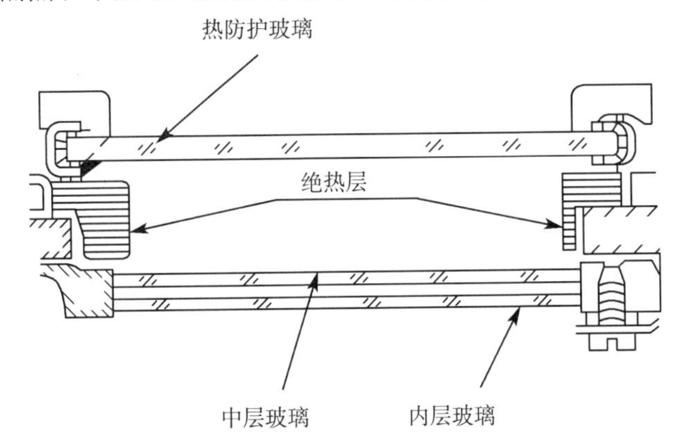

图 11－27　阿波罗飞船舷窗组合件示意图

飞船舷窗热防护玻璃和中层玻璃间的空气由开口漏出，飞行时此处压力为 1.3×10^{-2} Pa，在中层和内层之间充进约 0.5 kg/cm^2 的干燥氮气。热防护玻璃所用垫片是一个玻璃布增强的硅橡胶热压模制件，其中心层填充硅纤维绝热材料，其接头处用 RTV－560 粘结。两块密封的压力玻璃窗组合件如图 11－25 所示。玻璃采用室温固化硅橡胶 RTV－560 密封剂的灌注式密封结构，并用 RTV－560 做热压模制的封头。

载人飞船根据飞行任务要求设置有各种舱口，例如航天员进出舱门、座舱与轨道舱通道的舱门、气闸舱舱门等。正常飞行时，舱门要求密封可靠；执行某些特定任务，例如出舱活动时，舱门要求开启和关闭方便；应急救生时，舱门必须能够快速打开，例如双子星座应急弹射救生时要求 0.25 s 内打开舱门。因此，舱口的密封更为复杂，图 11－28 是双子星座的典型密封结构示意图。为了保证舱门与舱门框之间的密封，在门框周边开有密封槽。密封槽宽约为 19.05 mm，深约为 12.7 mm，槽内充以硅橡胶密封件。在舱门周边上开有与槽相配合的舌形凸边，关门时通过挤压密封件达到密封目的。密封的压紧力是由门锁来实现的，沿舱门 3 边（除铰链线边外）共有 12 个铝制门锁及钛制剪切销。

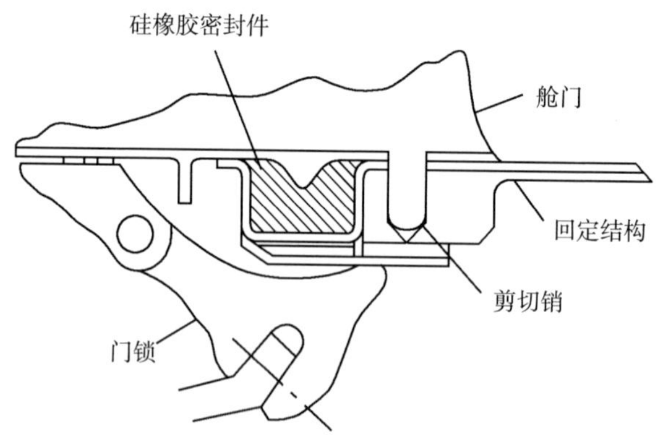

图 11－28　双子星座典型的舱口密封结构

关门后，剪切销插入门框的相应孔中，利用操纵机构门锁被压紧在门框边上。这样，门锁既起到了密封作用，同时门锁及剪切销又承受了舱门所受到空气压力载荷，并将其传到门框上去。此外，沿舱门铰链处藏有一个门帘，在水上着陆打开舱门时，门帘可以防止水进入舱内。

11.3.4　连接和分离

在发射前，载人飞船各舱段必须在地面连接成一个整体，且整个飞船还要与运载火箭相连接。在飞行过程中，根据任务要求又必须逐步地对那些不再需要的舱段或工作完毕火箭推进级进行分离，并保证剩下的部分可实现后续目的。因此，飞船各舱段之间以及飞船与运载火箭间的连接和分离是保证飞行任务顺利完成的重要环节。对于一次成功的飞行任务，分离必须准确地发生在飞行中预定的时间，对继续执行飞行任务的上面级或飞船舱段干扰最小；并且分离的二体间不能发生接触碰撞，同时在结构中不引起有害的冲击载荷与破坏性的碎片。图11-29给出了联盟号飞船及其运载火箭全程序飞行过程中的分离示意图。

分离系统有各种各样的形式，由飞行器被分离部分的结构和质量以及分离条件所决定。为了分离完成工作的结构部分，可以采用爆炸螺栓、火工连接锁、火工作动筒、空气作动筒、弹簧、固体发动机、液体发动机、气体喷管、气动制动装置等。上升段飞行时过载很大，级间分离一般采用高能量的分离装置；在地球轨道或行星际飞行时，飞行器通常处于失重条件下，级间分离或分离掉被动结构只需要小能量的分离装置就可以完成。

根据结构特点和用途，连接和分离装置可以分为被动结构部件的连接装置、被动结构的分离装置和附件三部分。由于连接和分离装置的动作要求瞬时完成，并且需保证同步性好，一般都是用火工装置来实现的。火工装置的主要优点是尺寸小，质量轻，可靠性高，低点火电流脉冲能量消耗，电路简单，与任何机械装置相比在极短

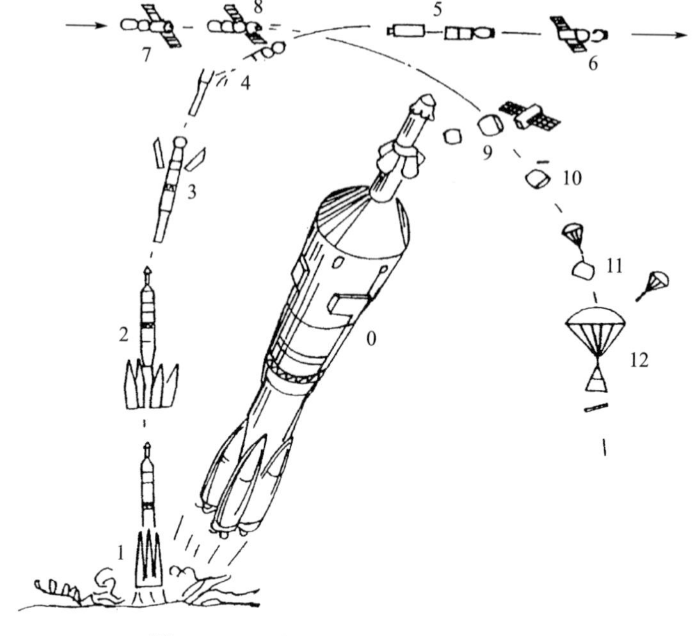

图 11 - 29 联盟号运载飞船系统的分离

0—全箭；1—起飞；2—助推级分离；3—逃逸塔分离，抛头部整流罩；4——一级分离；5—飞船进入轨道，二级分离；6—太阳能帆板和天线展开；7—定向飞行；8—启动制动动力装置；9—飞船舱段分离；10—抛伞舱盖；11—拉出伞系统；12—抛制动伞和防热底

时间内能释放更大的能量。图 11 - 30 给出一种爆炸螺栓的结构示意图，而图 11 - 31 给出了桥式电爆管的结构示意图。

爆炸螺栓作为连接和分离装置的例子很多，例如阿波罗飞船救生塔与飞船、登月舱和过渡舱都采用这种形式。阿波罗飞船救生塔通过支柱底座上的爆炸螺栓固定在飞船的指令舱上，引爆各支柱底座的爆炸螺栓可使救生塔和指令舱在结构上分离；此外，还要用一对药筒点燃救生塔上的分离火箭，使救生塔脱离指令舱，与此同时在救生塔的两个支柱底座上的电气分离插头使交界面的电路断开。以上这些点火脉冲都是同时触发的。阿波罗飞船指令服务舱与过渡舱分离则采用了一个十分复杂的高能炸药索来实现。

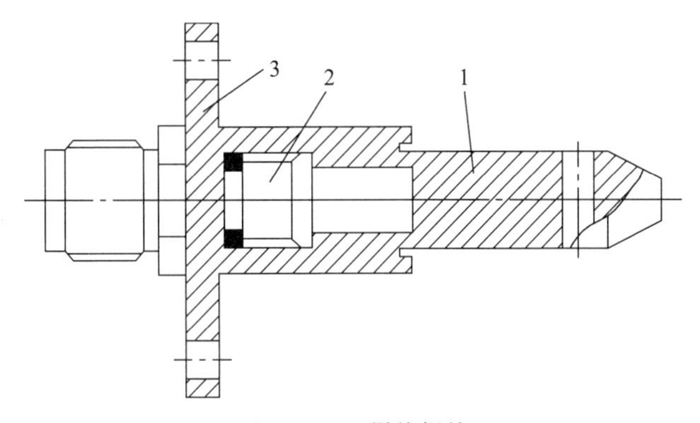

图11-30　爆炸螺栓

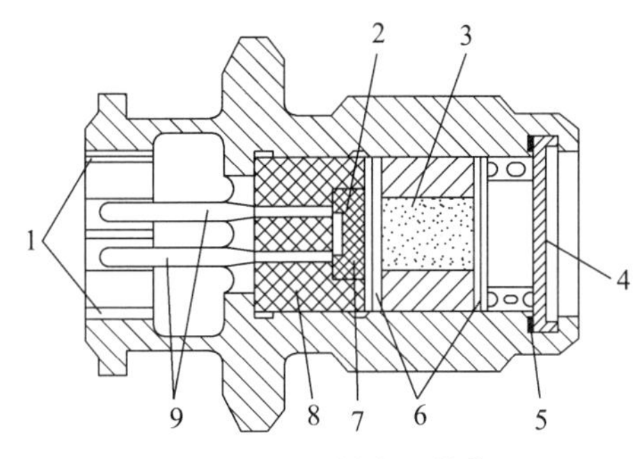

图11-31　桥式电爆管

1—电插头标志孔；2—桥丝；3—主药柱；4—隔板；5—密封圈；6—隔绝板；7—发火药；8—输入插座；9—电极

11.4　环境控制与生命保障系统

11.4.1　系统的任务与功能

载人飞船在原有人造卫星的基础上要解决两大技术问题，即环境控制与生命保障技术和再入返回技术。环境控制与生命保障系统提供飞船内适合人生存的基本环境和必需的生活支持设施，以确保航天员在整个飞行过程中安全地生活和工作。显然，环境控制和生命保障系统是载人飞船的一个重要系统，是直接关系到航天员生命安全不可缺少的保障环节，是载人航天的关键技术之一。

在载人飞船中，环境控制和生命保障系统的任务是建立和调节座舱和航天服内的温度、湿度、压力和大气成分，供给生命活动所必须的物质（氧气、水、食物）和排除生命活动所产生的废物，为航天员提供一个安全和相对舒适的工作环境。

从大的方面划分，环境控制和生命保障系统有两大功能。其一，环境控制功能，实现飞船座舱内的四大参数环境控制，即座舱大气压力控制、气体成分控制（包括有害气体排除）、大气温度控制和大气湿度控制；其二，生命保障功能，为航天员提供生活支持设施，解决空间飞行条件下，特别是轨道飞行的微重力条件下航天员的进食、饮水和个人卫生所遇到的特殊困难，保证航天员的正常生活。

具体而言，环境控制和生命保障系统的主要功能如下：

1）保证飞船座舱内合适的大气总压和氧分压；

2）提供航天员代谢所需要的氧气，补充因座舱泄漏等原因而消耗的氧气和氮气；

3）排除人体代谢所产生的二氧化碳和其他人体或设备、材料产生的微量有害气体，保持舱内大气的清洁度；

4）保证座舱大气满足合适的温度、湿度和通风条件，实现冷凝水的收集和管理；

5）保障航天员饮用水和卫生用水的供应，实现水的管理，提供饮用水和食物的支持设备；

6）收集和处理航天员产生的生理废物（排泄物、呕吐物等）和其他舱内废弃物；

7）提供舱内航天服及其支持设备，用于座舱环控的安全备份；

8）实现烟火检测，提供必需的火情抑制设施；

9）提供飞船出现压力、温度等应急情况下的航天员生命安全保障设施；

10）提供舱外航天服及其支持设备；

11）当航天员出舱活动时，按出舱活动程序要求实现出舱舱段或气闸舱的压力控制，并按医学要求提供航天员吸氧排氮装置，保证出舱安全。

11.4.2　系统的基本组成

环境控制和生命保障系统主要包括如下分系统：

1）供气调压分系统；

2）气体成分控制通风净化分系统；

3）座舱温湿度控制分系统；

4）水管理分系统；

5）废物收集处理分系统；

6）航天服循环分系统；

7）烟火检测与灭火分系统；

8）食品管理分系统；

9）测量控制分系统。

11.4.3　神舟飞船的环境控制和生命保障系统

我国神舟飞船属短期飞行的载人航天器，其环境控制和生命保障系统也是基于非再生式工作原理设计的。飞行过程中，支持和保障航天员生存和生活的消耗性物质，如氧气、水、食品、空气净化材料均由飞船贮存携带，而产出的废弃物则收集后不作再生处理。

神舟飞船由返回舱、轨道舱和推进舱组成。其中推进舱为非密封舱，兼有设备舱功能，环境控制和生命保障系统的主氧源、主氮源、高压管路部件及温控回路泵组等均设置在推进舱；返回舱和轨道舱均为气密舱。飞船从射前待命、起飞到入轨之前及进入返回程序之后，航天员均位于返回舱；为航天员安全考虑，在轨道运行中实行轨道机动或一旦出现应急工况时，航天员也位于返回舱，此时返回舱与轨道舱之间的密封舱门处于关闭状态。正常轨道运行下密封舱门打开，两舱呈连通状态，可为航天员提供较大的活动空间。由此可见，返回舱和轨道舱既可相互连通，又具有相对的独立性。因此，环控生保系统在两舱内均设有分别属于供气调压、通风净化、温湿度控制、烟火检测与灭火等分系统的、功能相同但又相对独立的设备；测量控制分系统的传感器、控制器、调理电路以及初级的信息管理装置在三舱内均有分布；与航天员的安全高度相关，作为应急工况安全性冗余的航天服循环分系统也设置在返回舱，以确保应急情况下航天员的安全。轨道舱的容积较大，所以与航天员生活保障相关的设备，如水管理、食品管理、废物收集处理等分系统的主要设备均位于轨道舱，返回舱只有为起飞、返回和应急状态准备的少量配置。

11.4.4 舱内温度控制

载人飞船的热环境有4个典型阶段，即地面准备阶段、上升段、轨道运行段和返回段。在地面准备阶段，环境温度受发射场地理、季节和气候变化影响，在−40～40 ℃甚至更大范围内变化；为保证飞船仪器设备处于良好状态，往往借助地面设备维持飞船的环境温度在所要求的范围。在上升段，飞船的热环境主要是气动加热引起的高温，苏联的飞船在上升段主要依靠整流罩进行热防护。在返回段，气动加热是飞船热环境中最严酷的因素，强烈的气动加热依靠外形设计和防热结构设计来阻止绝大部分热量进入飞船内部。

飞船轨道运行段的环境与地球表面有着巨大差别，其特点是低温和高真空。太空的背景温度是4 K（−269 ℃），低地球轨道的气压小于10^{-4} Pa，高地球轨道气压小于10^{-12} Pa。在这种高真空条件下，飞船与外界环境的热交换几乎完全依靠辐射，传热的另外两种形式，热传导和对流的作用完全可以忽略不计。这种高真空可作为良好的热绝缘体使飞船只需很少的热能就可以维持常温状态，其带来的问题是散热困难。

飞船在轨道上的加热来自于外部辐射热流和内部热源。外部辐射有太阳直接辐射[强度为（4 871±75）$\times 10^3$ J/m^2 · h]、地球红外辐射和地球反射的太阳辐射（在地球表面的平均强度为8.5×

10^5 J/m^2 · h)。内部热源包括人体新陈代谢作用产生的热量（平均值为 85～100 W)、电子设备工作产生的热和机械运动部件产生的摩擦热等，热源强度为所消耗总功率的 95%左右。热能的稳定平衡方程可写为

$$Q_1 + Q_2 + Q_3 + Q_p = Q_R \tag{11-5}$$

其中

$$Q_1 = S\alpha_s A_{S_1}$$

$$Q_2 = \rho S\alpha_s A_{S_2}$$

$$Q_3 = E\alpha_e A_{S_3}$$

$$Q_R = \sigma\varepsilon T^4 A_S$$

式中　Q_p ——飞船内部热源平均强度；

S ——太阳常数，其值为（4 871±75）$\times 10^3$ J/m^2 · h；

α_s ——飞船外表面对太阳辐射的吸收率；

A_{S_1} ——飞船吸收太阳辐射能的面积，即飞船在垂直于阳光方向的平面上投影的面积；

ρ ——地球对太阳辐射的反射率，其平均值为 0.3；

A_{S_2} ——飞船在垂直于地球反射阳光平面上的投影面积；

E ——地球红外辐射热流强度，最晴天为 1.15×10^6 J/m^2 · h，平均值为 8.5×10^5 J/m^2 · h；

α_e ——飞船外表面对地球红外辐射的吸收率；

A_{S_3} ——飞船在垂直于地球红外辐射方向平面的投影面积；

σ ——Stefan－Boltzmann 常数，其值为 2×10^{-4} J/m^2 · h；

ε ——表面红外辐射系数；

T ——绝对温度；

A_S ——飞船外表面辐射散热面总面积。

需要指出的是，在式（11－5）中，当飞船在地球阴影中，有 $Q_1=0$；当飞船不在地球反射阳光区域时，$Q_2=0$；飞船所受热载荷为一周期与飞船轨道周期 τ_0 相等的交变载荷。计算飞船热流时可按平均值考虑，即乘以受晒因子 τ_s/τ_0，这里 τ_s 为一个周期内的受照时

间，其与飞船轨道平面与指向太阳方向的轴之间的夹角以及飞船轨道高度等轨道参数相关。

飞船温度控制的任务就是要在上述热环境条件作用下，保证飞船各舱段和仪器设备处于所要求的温度条件下。以联盟-TM 飞船为例，这些条件是：

1）乘员在返回舱和生活舱的居住区时，空气温度在 18～25 ℃范围内，最低为 10 ℃，最高可达 30 ℃，但每昼夜不超过 3 h；

2）返回舱和生活舱内空气的相对湿度在空气温度处于 18～24 ℃ 范围的情况下，可保持在 30%～75%范围内；当空气温度超过 24 ℃时，则保持在 30%～60%范围内；

3）返回舱和生活舱仪器区内的空气温度保持在 0～40 ℃范围内，但不低于空气的露点；

4）仪器舱内的空气温度保持在 0～40 ℃范围内；

5）保持密封舱气体流动速度不小于 0.05 m/s（有乘员区为 0.1～0.8 m/s）；

6）设备舱动力装置的推进剂贮箱温度保持在 0～30 ℃范围内；

7）停靠和定向发动机活门装置的温度保持在－5～＋40 ℃范围内；

8）对接系统对接机构壳体的温度保持在－10～＋60 ℃范围内。

飞船温度控制方法分为被动式温度控制和主动式温度控制。下面结合联盟号飞船对温度控制方法和原理进行介绍。

所谓被动式温控，就是依靠选取不同的温控材料，合理地组织飞行器内外的热交换过程，使被控部件的温度在极端的高、低温情况下都不会超过允许的温度范围。被动温控没有自动调节温度的能力，但其本身简单可靠。联盟号飞船的被动温控方法有使用多层隔热材料和温控涂层。

多层隔热材料是一种隔热性能比其他抽空或不抽空隔热系统都要高几个数量级的超级隔热材料。图 11－32 示出了其与其他隔热材料性能的比较。

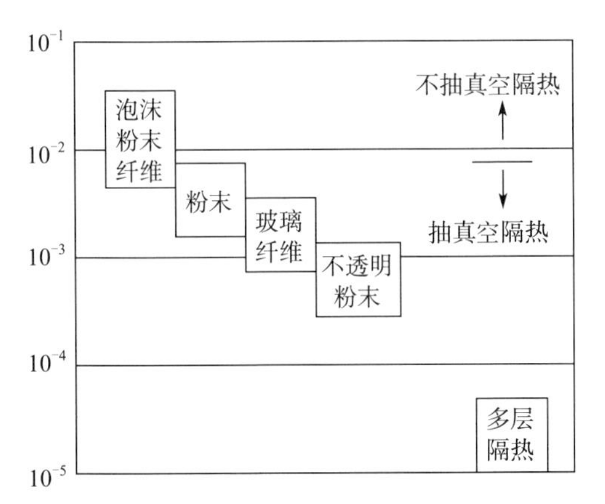

图 11-32　多层隔热系统的导热系数与其他隔热材料的比较

多层绝缘材料有着良好的热绝缘性能，下面介绍其隔热的基本原理。

两块无限大平面之间的辐射换热量，可以按式（11-6）计算。

$$\frac{Q}{A}=\frac{\sigma(T_1^4-T_2^4)}{\frac{1}{\varepsilon_1}+\frac{1}{\varepsilon_2}-1} \tag{11-6}$$

式中　Q——通过表面的换热量；

A——换热面积；

ε_1，ε_2——分别为表面 1，2 的辐射率；

T_1，T_2——分别为表面 1，2 的温度（K）。

可以看出，有两种方法可以减少两表面间的辐射换热：一种是采用高反射率（ε 低）的材料；另一种是在辐射表面之间增设辐射遮热板，这些板在整个体系中并不放出或带走任何热量，只是在热流通路中另外添加了阻力，使得整个换热受到阻碍，如图 11-33 所示。图 11-33（a）中没有遮热板，如果在两板的中间放置一块辐射遮热板，如图 11-33（b）所示，便构成了有辐射遮热板的结构。现对图 11-33（b）的结构作换热计算，并与图 11-33（a）进行比较。

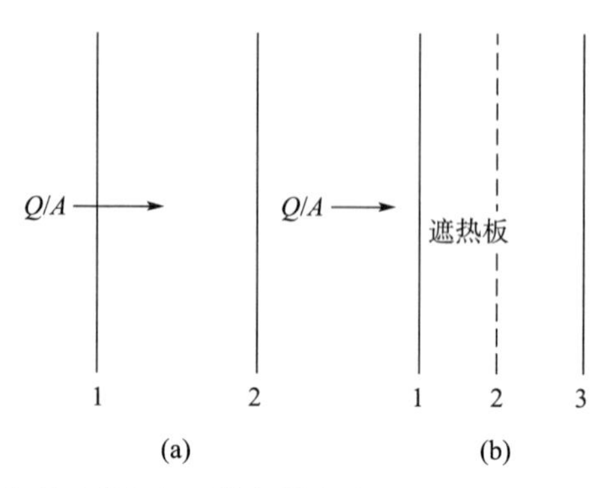

图 11-33　带辐射遮热板与不带辐射遮热板的两个无限大板间的辐射换热

因为辐射遮热板既不向原系统放出热量，也不从中吸收热量，所以平板 1 与遮热板之间的换热量必然与遮热板同表面 2 间的换热量恰好相等，且都是总的换热量，即

$$\left(\frac{Q}{A}\right)_{1-3}=\left(\frac{Q}{A}\right)_{2-3}=\left(\frac{Q}{A}\right)_{有遮热板}$$

或

$$\left(\frac{Q}{A}\right)_{有遮热板}=\frac{\sigma(T_1^4-T_3^4)}{1/\varepsilon_1+1/\varepsilon_2-1}=\frac{\sigma(T_3^4-T_2^4)}{1/\varepsilon_3+1/\varepsilon_2-1}\tag{11-7}$$

式（11-7）中的唯一未知数就是辐射遮热板的温度 T_3，如果假设这三个表面的辐射率全部相等，即 $\varepsilon_1=\varepsilon_2=\varepsilon_3$，那么便可得出一个简单的关系式

$$T_3^4=\frac{1}{2}(T_1^4+T_3^4)\tag{11-8}$$

由此可以得出表面 1，3 之间的换热量为

$$\left(\frac{Q}{A}\right)_{1-3}=\frac{\frac{1}{2}\sigma(T_1^4-T_2^4)}{\frac{1}{\varepsilon_1}+\frac{1}{\varepsilon_3}-1}\tag{11-9}$$

因为 $\varepsilon_2=\varepsilon_3$，所以有遮热板时的换热量恰好是没有遮热板时的一半。

若在表面 1，2 之间置放 n 块辐射遮热板，则按照同样的方法可

以导出

$$\left(\frac{Q}{A}\right)_{有遮热板}=\frac{1}{n+1}\left(\frac{Q}{A}\right)_{无遮热板} \tag{11-10}$$

多层隔热材料就是利用上述这种减少辐射换热量的原理制成的。联盟号飞船的整船隔热材料采用20～25层的镀铝薄膜，每层膜的厚度为5 μm，外3层为镀铝聚酰亚胺薄膜，其他为镀铝聚酯薄膜。多层隔热材料缝制成若干块，每块边缘均缝制加强边。多层隔热材料的最外层为玻璃布，其太阳辐射吸收率 $\alpha_s=0.4$，红外辐射系数 $\varepsilon_1>0.9$。

为了隔离外部深冷环境以及日照和阴影的交替影响，联盟号飞船外表面除对接机构和观测窗以外，均包覆了多层隔热材料，并在返回舱和轨道舱内表面上粘贴有玻璃纤维棉、泡沫塑料和耐火布。通过这些措施可使舱内外传导热流降低到2～2.5 W/m^{2}范围内。根据表面吸收和辐射能量的特性，适当地选择飞船外表面温控涂层材料的太阳辐射吸收率 α_s 和红外辐射系数 ε，人为地控制和组织飞船的辐射换热过程，从而实现温度控制的目的。由式（11-5）可知，热平衡时表面温度 T 表示为

$$T=\left[\frac{\alpha_s}{\sigma\varepsilon A_S}(SA_{S_1}+\rho SA_{S_2})+\frac{1}{\sigma\varepsilon A_S}(E\alpha_e A_{S_3}+Q_p)\right]^{\frac{1}{4}} \tag{11-11}$$

因此，改变外表面的热辐射特性便可达到控制飞船表面温度的目的。在大多数情况下，飞船的温控是为了解决排热问题。由式（11-11）可知，应选择使太阳辐射吸收率 α_s 较低、红外辐射率 ε 较高的温控涂层材料。

联盟号飞船外表面的温控涂层材料为氧化锌，其太阳辐射吸收率 $\alpha_s<0.2$，红外辐射率 $\varepsilon>0.9$。

载人飞船系统复杂，环境温度条件要求高，仅依靠被动温度控制不能满足其要求，必须采取一些主动式温度控制措施。在联盟号飞船上，主动式温度控制措施有电加热温控系统和液体冷却回路系统。

通常，电加热温控系统由电加热器、温度敏感元件和恒温控制器三部分组成。图 11 - 34 是双金属片恒温控制器电加热系统示意图，其是由电加热器和双金属片恒温控制器（也是温度敏感元件）组成的，即在需要恒温控制的仪器上安装一个电加热器和一个双金属片恒温控制器。当仪器温度发生变化时，该系统便通过双金属片转换成图示的左右偏转。当仪器温度低于设计的额定温度时，双金属片的触点与调节设定温度弹簧的触点闭合，电加热器通电发热，对仪器加热；随着温度的升高，双金属片逐渐向左偏转，当仪器温度达到设定温度时，触点离开，电加热器停止工作；当仪器温度再次低于设定温度时，触点又重新闭合；如此反复，电加热系统便完成了对仪器的恒温控制。

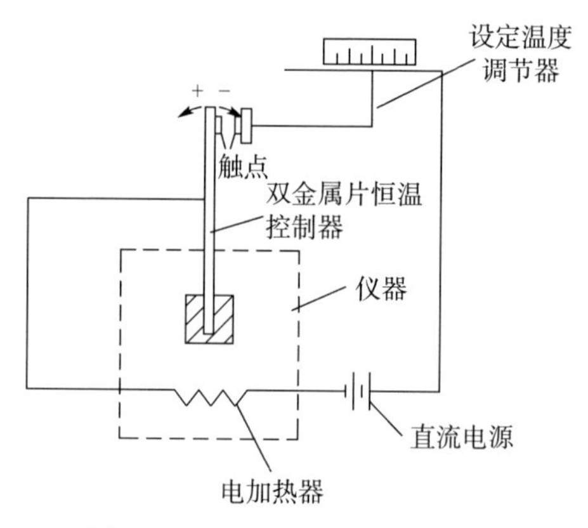

图 11 - 34　电加热器系统示意图

在联盟号飞船上，电加热温控系统用于银-锌蓄电池、发动机、有特定温度要求的仪器设备的温度控制。

液体冷却回路系统的工作原理是利用在回路中流动的冷却介质从热源吸收热量。流动介质借助泵的动力在回路中循环，当其流经辐射器时，将热量传给辐射器，随后辐射向空间。图 11 - 35 给出了一种液体冷却回路温控系统示意图，其由热交换流体回路、辐射器流体回路和连接二者的热交换器组成。

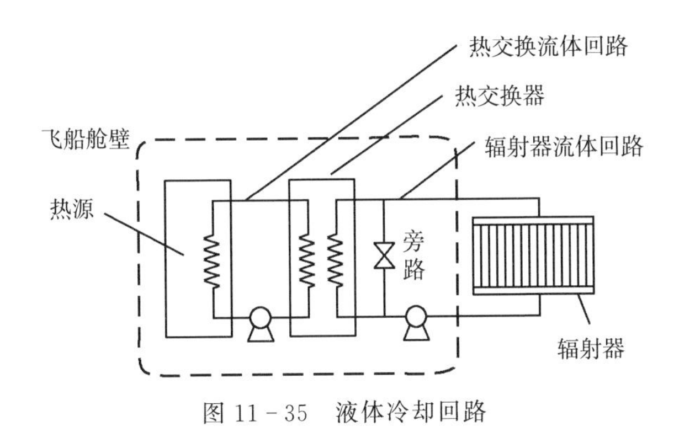

图 11－35　液体冷却回路

采用这样一种分立的双回路体制，可以避免气体或蒸气通过辐射器，并且在系统控制方面提供更大的灵活性。例如，可以利用大气循环通过热交换器，吸收代谢热、设备发热及通过舱壁的漏热，然后液体冷却回路便可以从热交换器中将热量转移到空间辐射器。同时，可以改变冷却剂流动情况来控制排热速率。

图 11－36 中给出联盟号飞船温度控制系统的原理图，从中可以了解全船温控系统的概貌。

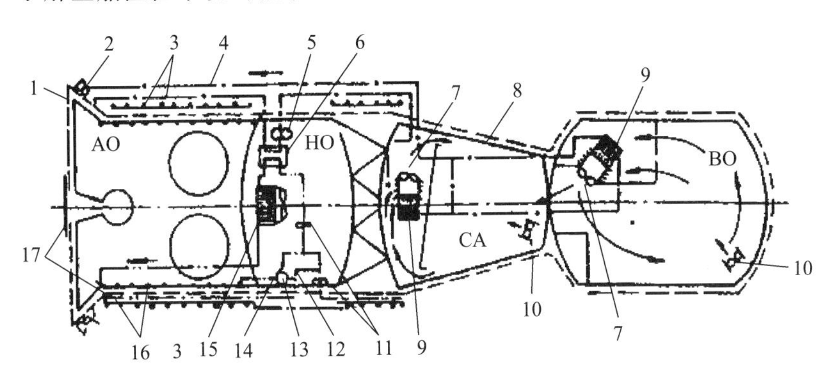

图 11－36　联盟号载人飞船温度控制分系统原理图

AO—设备舱；BO—生活舱；HO—仪器舱；CA—着陆飞行器；

1—屏蔽/真空热绝缘层；2—姿控发动机；3—辐射表面；4—居住舱回路；5—居住舱回路泵；6—液/液热交换器；7，14—温度传感器；8—热保护涂料；9—热交换/凝结器；10—舒适通风机；11—外散热器回路泵；12—外散热器回路；13—液体流量调节器；15—气液热交换器；16—调和舱蛇形管；17—发动机喷口活动堵盖

11.4.5　舱内湿度控制

载人飞船在飞行过程中会产生一些水汽，例如，由于人体的新陈代谢从人体表面所放出的湿气。一个航天员一昼夜平均放出 1～1.5 kg 湿气，当进行重体力劳动的时候（如在航天服里工作时），每小时放出的湿气可达到 0.15 kg。

湿度太高不仅影响设备的正常工作，也会使仪器遭到腐蚀，同时人也会感到不舒服；如果湿度太低，有些仪器不能正常工作，例如照相底片在这种情况下会变得又干又脆，人会感到嗓子发干、十分难受。因此，在一些无人飞行器（如卫星）上，还要专门安置一些能放出水汽的物质。载人飞船湿度控制的目的是将舱内相对湿度维持在30%～70%的水平。由于有释放湿气的载体存在，湿度控制的具体任务就是要用经济、合理的方法除去空气中的水分。

在载人航天飞行中，采用过 3 种方法对水汽进行分离。一种是物理-化学方法，其采用吸附剂从大气中吸收湿气的原理。常用的吸附剂有硅胶，苏联的设计师曾将其用于航天服系统；另一种是化学方法，例如利用过氧化物和水反应放出氧气的原理除去空气中的水分；第三种是下面将介绍的广泛用于航天系统的热力学方法。

用于飞船空气除湿的所谓热力学方法的原理就是在冷的表面（温度低于空气的露点）将湿气冷凝，利用特殊设计的装置收集凝聚的水，且这种装置可在失重条件下工作。在地面上，水汽冷凝后，水珠在重力的作用下向下流，收集比较容易；但是飞船在轨道上运行时处于失重（准确地讲是微重力）状态，不存在可以控制水珠流动方向的重力，所以在空间的水珠会越来越大，这些水珠悬浮在空气中呈一种气液两相混合的状态。因此，在飞船轨道运行过程中收集水珠的方法完全不同于地面。

在失重状态下收集冷凝水珠的最基本的方法是利用吸水材料。当水珠达到一定尺寸时，这种材料就可将其吸收，然后再将输送到湿气收集器。图 11－37（a）所示是联盟-TM 飞船的冷凝干燥组件，

图11-37（b）给出了其湿度收集器。收集器中使用了一种干燥时变硬、吸水后变软，且容积增大的、吸水能力很强的材料。通过毛细力把水吸收后再排入一个大容器中，以便再生利用。该组件还包括空气温度调节器、通风扇等。

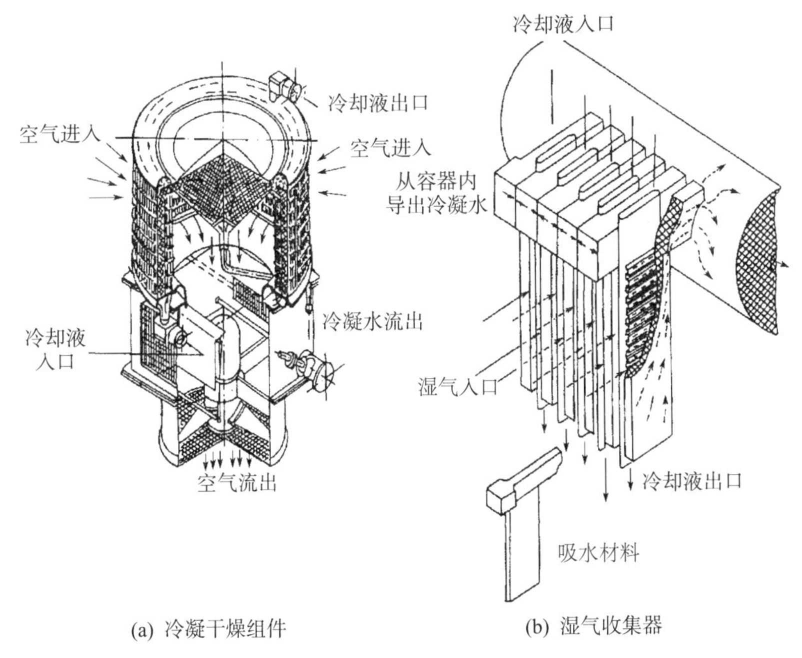

(a) 冷凝干燥组件　(b) 湿气收集器

图11-37　联盟-TM除湿原理

11.4.6　舱内气体成分保障

载人飞船乘员舱的气体成分保障包括维持舱内大气成分（主要是氧气和氮气）的分压和总压在设计要求的范围，补充由于人体代谢消耗的氧气，清除生命活动产生的CO_2和其他有害气体。

以联盟-TM飞船为例，其要求舱内大气环境满足以下限制：

1）平均压力为（101.3+2.7）$\times 10^3$ Pa，最低为5.3×10^4 Pa，最高为1.33×10^5 Pa；

2）氧气含量为21%，最高不超过40%；

3）CO_2含量$\ngtr$3％；

4）有害气体含量：CO$\ngtr$5 mg/m^3；

$H_2S\ngtr$0.8 mg/m^3（由大便产生）；

$NH_3\ngtr$5 mg/m^3（由尿液产生）；

灰尘$\ngtr$5 mg/m^3。

美、俄的研究结果认为在飞船座舱中由于人体代谢及材料和设备产生的有害物质达 280 多种，但其中大多数是极微量的，主要的是上面列出的 4 种：CO_2、CO、H_2S 和 NH_3。

载人飞船内气体环境的建立和维持是保障航天员生命安全的首要条件，航天员所需的气体主要是氧气和氮气。氧气和氮气的贮存和压力调节技术是保障舱内大气压力和成分的基本技术，在载人飞船的设计中占有重要地位。

（1）气体贮存技术

氧气是维持航天员生命的基本物质，其可以用气体、液体或固体及化合物的形式贮存，以供航天员呼吸用。

氧气和氮气的高压气体贮存方式的主要优点是系统相对简单，气体容易实现迅速复压与应急工作的要求，贮存期长，可靠性高；缺点是体积大，质量大。储气高压容器通过提高贮存压力来减小单位质量气体所占体积，也就是提高单位容器体积所贮存的气体量，贮存压力提高的同时增加了容器的质量。图 11－38 给出了球形容器单位储氧量的容器体积和单位储氧量的容器质量与贮存压力的关系。其中，实线是储氧容器，其材料为 SAE4340 钢；虚线为储氮容器，其材料为钛 Ti－120AV，采用的安全系数为 1.88。贮存容器的压力并不是愈高愈好，因为超过一定压力后，气体的压缩性变得愈来愈小，使得高压下体积的减少量逐渐变小，但质量仍在不断上升。所以，从追求体积和质量双目标最优的目的出发，存在一个最佳的贮存压力。

高压气态储氧虽具有系统简单和存放时间长的优点，但其质量和体积较大；相比之下，液氧贮存系统的体积小且质量轻。液氧贮

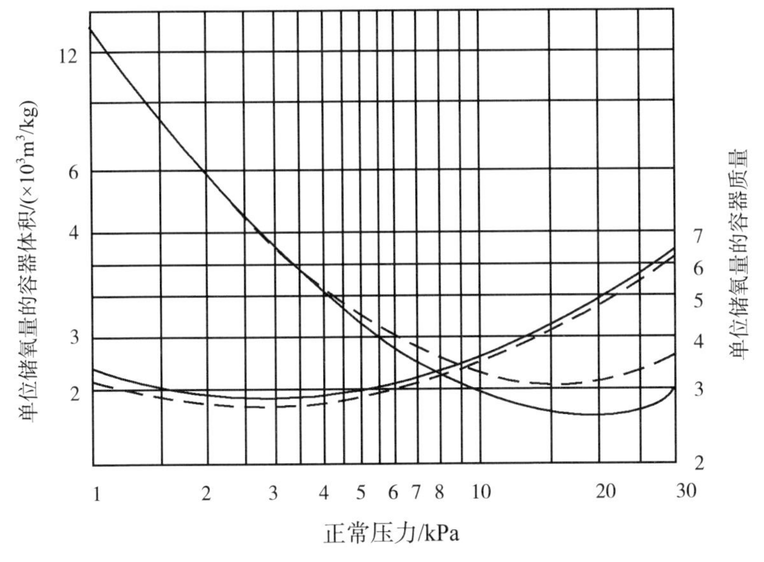

图 11－38　球形气瓶的质量和体积

存方式有超临界压力和亚临界压力两种，亚临界压力贮存具有更小的质量。但是在微重力条件下，亚临界贮存会有难以克服的相分离问题，故无法应用于载人飞船。

超临界贮存的工作原理如图 11－39 所示。容器开始的充满状态为点 1，充满状态时容器中是一种常压下饱和的液体和气体混合物；使用加热的办法使之增压，从点 1 到点 2 过程中，在充满容器之前流体体积在增加；到达点 3 所示的超临界压力便可以从容器输出流体。3—4 所表示的等压力工作，其是借助于对流体的加热来完成的。此时只要保持超临界压力，流体即维持在匀质单相状态。

（2）大气净化技术

飞船座舱内由于航天员呼出 CO_2 及其排泄物，以及仪器设备挥发物所造成的大气污染，会严重危害航天员的身心健康，必须对其加以清除。

载人飞船采用过的 CO_2 净化技术有：LiOH 吸收技术，过氧化物、超氧化物与 LiOH 的综合吸收技术。其利用的固体化合物中都

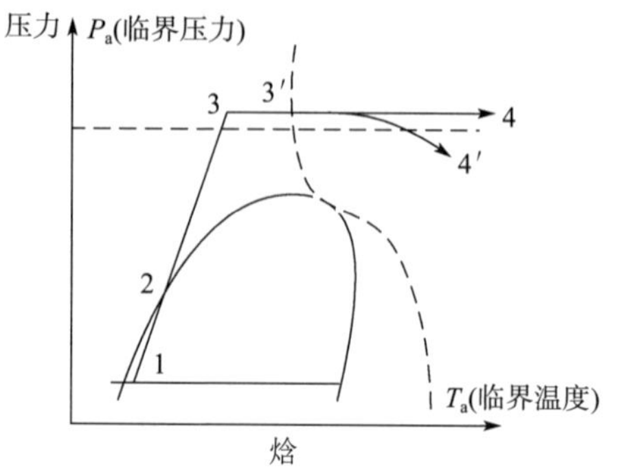

图 11-39　超临界压力贮存的压焓图

含有氧，经过化学反应，既达到了净化大气中 CO_2 的目的，有些反应放出的氧气还可补偿舱内的氧气消耗，而反应消耗的水则有助于湿度控制。

LiOH 吸收技术的原理是基于下面的化学反应

$$2LiOH + CO_2 = Li_2CO_3 + H_2O \tag{11-12}$$

1 kg 的 LiOH 可以吸收 0.92 kg 的 CO_2。在美国的载人飞船上均采用 LiOH 作为 CO_2 的吸收剂，设计时按每人每天 1.13 kg 消耗考虑。LiOH 具有较高的可靠性，而且 50%～70% 的座舱相对湿度通常可以向发生的吸收反应提供足够的水蒸气。

许多化合物中都含有氧。表 11-5 给出了已经用于或建议用于载人飞船上的含有较大量氧的部分化合物。

碱性金属的过氧化物和超氧化物相当不稳定，其与舱内大气中的水蒸气反应可释放出氧气，相关化学反应方程为

$$2KO_2 + H_2O = 2KOH + 3/2O_2 \tag{11-13}$$

$$2NaO_2 + H_2O = 2NaOH + 3/2O_2 \tag{11-14}$$

$$2LiO_2 + H_2O = 2LiOH + 3/2O_2 \tag{11-15}$$

反应生成的金属氢氧化物可与 CO_2 反应，LiOH 的反应见式

(11－12)。不同的反应条件下，KOH 和 NaOH 与 CO_2 反应可生成碳酸盐和碳酸氢盐，反应的化学方程式分别为：

1）生成碳酸盐

$$2KOH + CO_2 = K_2CO_2 + H_2O \tag{11-16}$$

$$2NaOH + CO_2 = Na_2CO_2 + H_2O \tag{11-17}$$

2）生成碳酸氢盐

$$2KOH + 2\ CO_2 = 2\ KHCO_3 \tag{11-18}$$

$$2NaOH + 2\ CO_2 = 2\ NaHCO_3 \tag{11-19}$$

表 11－5　部分含氧的化合物

化合物	化学式	1 kg 化合物放出的氧气量/kg	1 kg 化合物对 CO_2 的最小吸收率/kg	放出 1 kg O_2 时的反应热	最终产物
过氧化钠	NaO_2	0.436	0.40	＋1 090	Na_2CO_3
过氧化钾	KO_2	0.336	0.31	＋995	$NaHCO_3$
过氧化锂	Li_2O_2	0.348	0.96	＋935	K_2CO_3
过氧化氢	H_2O_2	0.471	0.96	＋1 460	$KHCO_2$
水	H_2O	0.889	—	－4 275*	Li_2CO_3
过氯酸锂	$LiClO_4$	0.601	—	－133*	H_2O
					H_2
氯酸钠	$NaClO_2$	0.451	—	－880 *	LiCl
					NaCl

注：* 吸热反应。

超氧化物可利用舱中人体代谢产生的水蒸气与 CO_2 反应，起到了吸收 CO_2 和供应氧气的功能。生命活动过程中，个体每小时排出 CO_2 与消耗 O_2 的比值称为呼吸商：

$$呼吸商 = \frac{生命个体的CO_2\ 排出量}{生命个体的\ O_2\ 消耗量}$$

对于人，正常时每小时排出 CO_2 20 L，耗氧 25 L，呼吸商＝0.8。显然，动平衡时气体成分保障系统应具有与人体同样的呼吸商，而超氧化物的呼吸商小于0.8。苏联的飞船采用了一套专门吸收CO_2的LiOH装置与KO_2产氧装置配套使用，其具有人体代谢的反向功能，可吸收CO_2、湿气和有害气体，放出人体需要的氧气，其呼吸商正好等于人体的呼吸商，因此这是一种优化选择。图11-40是KO_2产氧装置的示意图，其有2个产氧罐，2个风扇和1个转换开关。产氧罐中安装多片ϕ235 mm的KO_2薄板，其成分为95% KO_2和5%石棉，使用石棉是为了提高强度，薄板上还有很多小孔以便气流通过。产氧罐的出口处有用于去除有害气体的吸附材料。罐中的物质装填量由飞行计划、乘员人数和飞行时间决定。该系统简单且可靠性很高。

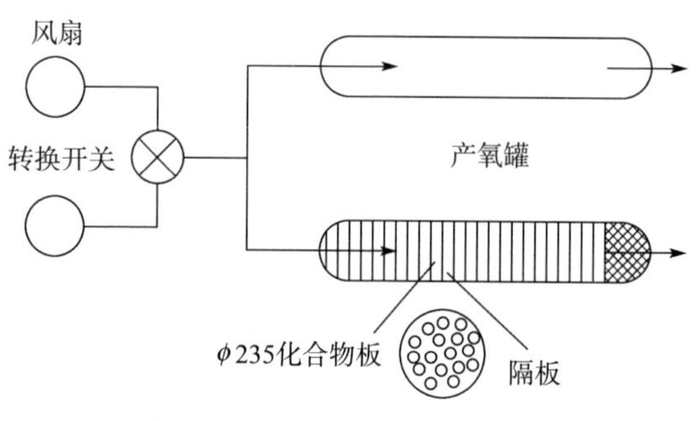

图11-40　KO_2产氧装置示意图

净化舱内臭气和微量污染物最常用的方法是活性炭吸附。活性炭可以有效地吸附碳氢化合物和臭气。对于CO，则可以采用催化氧化燃烧装置，把CO氧化为CO_2。控制舱内有害杂质的主要原则是选择不释放有害杂质的物质。

(3) 压力调节技术

氧分压和舱内大气总压的控制是十分重要的。这一组合控制系统不仅控制舱内总压和氧气分压，还为供水等系统提供加压的气源。控制舱内总压和氧气分压的技术有下述两个方案。

第一方案是采用总压传感器和氧分压传感器感应舱内总压和氧分压，再将传感器输出的与总压和氧分压成比例的信号经放大器放大后分别驱动电动阀门，以供给氮气和氧气。当总压和氧分压低于预定值时，应先供给氧气后供给氮气；当氧分压达到定值后，再补充氮气满足总压要求。

第二方案是美国航天飞机上使用的方案。其压力控制系统的输入氧气是由超临界主氧容器和辅助高压氧容器供给的。辅助氧由氧瓶压力降低到 2 060 kPa（20.4 kg/cm^2），氮气由气源压力降低到 1 373.6 kPa（13.6 kg/cm^2），而后输入到 N_2/O_2 控制板。N_2/O_2 控制板由电动-气动装置调节总压和大气的氧气、氮气成分。该控制板有两种控制模式，主模式控制舱内大气环境压力为 101 kPa，即海平面标准，其中氧分压为 21.9 kPa；另一种为应急模式，控制舱压为 55 kPa，氧分压为 15.2 kPa。应急条件主要是指舱体泄漏时的异常情况，这种模式可以减少氧气、氮气的消耗。

11.4.7　航天员生命保障

在载人航天活动中，为保障航天员在太空中正常工作和生活，必须在航天器上为他们提供配套的生活服务设施，保障他们的饮食、饮水、居住、保健和卫生条件。

（1）航天员食品

航天员的食品和营养供应是载人航天器航天员生命保障系统中必不可少的部分。航天食品系统的主要指标是安全和营养，同时还要求质量轻，体积小，操作和食用方便，包装要便于在空间微重力条件下使用。在航天食品的设计和选择中，需要综合考虑生物因素、操作因素和工程因素。

生物因素要求食品安全且有营养，适合航天员口味，容易摄入和消化，不引起任何卫生学或肠胃道问题。

食品的安全是一个重要问题。为保证安全性，航天食品是在致命细菌、食物腐败细菌、酵母菌和霉菌显著减少的情况下加工的。食品的营养包括含有足够的热量和各种营养素。因此，在航天飞行中，航天员每日的食谱都要进行精心设计，以满足营养要求。航天飞机上每天食谱中营养素设计量见表 11－6。

表 11－6　美国航天飞机上每天食谱中营养素设计量

营养素/单位	数量	营养素/单位	数量
蛋白质/g	56	维生素 B12/μg	3.0
维生素 A/I. U.	5 000	钙/mg	800
维生素 D/I. U.	400	磷/mg	800
维生素 E/I. U.	15	碘/mg	130
维生素 C/mg	45	铁/mg	18
叶酸/μg	400	镁/mg	350
烟碱酸/mg	18	锌/mg	15
维生素 B_2/mg	1.6	钾/mEq	70
维生素 B_1/mg	1.4	钠/mEq	150
维生素 B_6/mg	2.0	热量/kcal	2 300

注：* I. U.—国际单位；
　　** mEq—毫克当量。

操作因素关系到食品的包装特性。食品包装质量要轻，对食品可提供防护，保证食品稳定。食品必须在空间条件下便于贮存，容易准备，方便食用，不需要花费航天员太多的时间和精力，废弃食品和包装材料应容易处理。

工程因素是指食品和包装必须能够经受得住飞船上的温度、湿度、大气压力、加速度过载和振动条件。

从第一次载人飞行前对人在失重条件下能否正常吞咽食品都感到怀疑到现在，载人航天历史已有 50 多年，航天食品也经历了重要变化。最初的航天食品包装在金属软管内，用餐时像挤牙膏似地挤入口内食用。后来逐渐改进了食品的数量、质量、品种和餐具，总的趋势是接近人在地面的饮食和就餐习惯，尤其是对于执行长时间空间站飞行任务的航天员，这些措施可以调节长时间飞行的单调生活，达到鼓舞士气、提高工作效率的目的。

以航天飞机为例，食品供应大都按商业上可以买到的食品产品来设计，进行分别包装和保存，使得微重力条件下容易处理。航天员也可以为他们的飞行设计自己喜好的食谱，但这需经专家审查以保证所建议的营养量。这些食品都预先烹制或经过一定处理，不需要再冷冻；或为即食食品，或简单地加上水或加热就可以吃，可供航天员选择的食品超过 150 种。

（2）饮水供给

在与周围介质质量交换过程中，人体组织所吸收的物质质量中水的比例大于 65%，其与食物一起，以饮料形式和纯水形式进入人体组织。同时，人还需要一定数量的水用于卫生和清洁。

载人飞船上水的来源有：起飞时以纯水、汁液和食品形式携带贮存的水，由货运飞船运来的、上述形式贮存的水，人体排出的蒸气和卫生-清洁设备用过的水，再生结果所获得的水，氢-氧燃料电池化学反应副产物。

航天器上的微重力环境使得饮水和卫生用水都需要通过特殊的装置实现。图 11 - 41 是联盟- TM 飞船供水系统的原理图，其用来贮存饮水和给航天员分配饮用水。

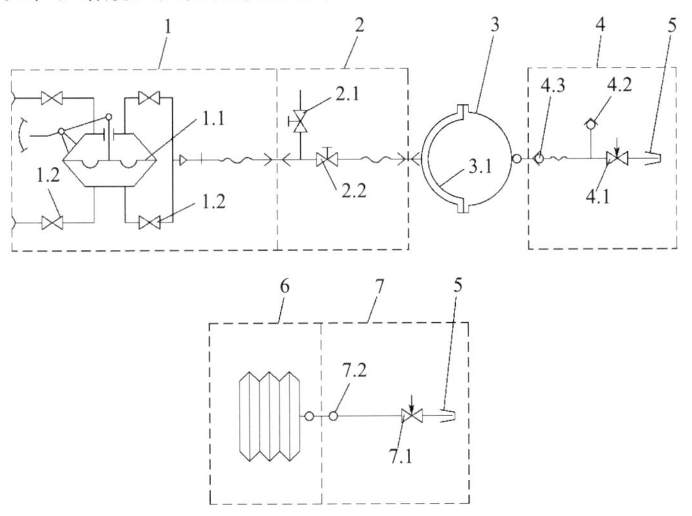

图 11 - 41　供水系统工作原理

1—泵；1.1—膜；1.2—单向阀；2—防护组块；2.1—防护阀；2.2 闭塞阀；3—容器；3.1—膜；4—饮用装置；4.1—放水阀；4.2—放水接头；4.3 吸水接头；5—个人用橡皮管；6—分配容器；7—饮用装置；7.1—放水阀；7.2—放水接头

船上贮水容器容量为18.7 L，用于贮存水。容器由2个半球构成，2个半球之间有一个半球形状的聚乙烯软膜。其中一个半球上带有吸水和排水接头，其与隔膜一起构成水腔；另一个半球带有给压接头，与同样的隔膜一起构成空腔。

泵是一种手动双腔膜泵，用于提供向船上贮水容器的空气腔方向作用的余压。防护组块用来防止超过防护阀调节压力的压力作用于船上贮水容器的空气腔和手摇泵的空气腔上。

船上贮水容器的饮水装置包括放水阀、喷嘴、阀门接头、两个带球形固定器的防护套管、带吸水接头的聚乙烯管、可更换的个人吸水接头。该装置用于饮水和给分配容器加水。

航天员饮水时，摇动泵的手柄2～3个往复行程，在空气腔内建立压力，再将喷嘴放入嘴内，压放水阀的按钮即可饮水。

飞船中还备有2个便携式分配容器和1个与之匹配的饮水装置。分配容器的容积为0.85 L，是一个可以伸张的、用聚乙烯制成的轻便瓶容器，其头部压装1个阀接头。饮水时，将饮水装置与容器通过阀接头连接，用手挤压分配容器，就可以通过饮水装置实现供水。

（3）尿、粪便和垃圾的处理

载人空间活动过程中，产生的废物有人的尿和粪便，其与航天员的饮食成正比；还包括头发、皮肤、卫生辅助品、包装材料与容器、破坏物的碎片等固体废物。对这些废物都需要采取有效的措施加以收集和处理，以保护舱内的生活环境。

尿收集装置的简单形式是在双子星座飞船中所使用的尿袋，其包括1个套筒型的容器、1个套筒接头、关闭阀、尿采样阀、收集袋以及连接尿传送装置的连接件。对于粪便的收集，双子星座飞船采用人工装袋方法，其利用一个叠层的塑料袋，在其一端具有一个涂有胶合剂的圆孔，以便与人相连。每个袋子具有一个杀菌剂包及擦拭薄绢，在与人体相连之前这个包被放入袋内。便后袋被移开，使用过的薄绢被放入袋内；将袋封闭，通过揉捏此袋使杀菌剂包破裂并与粪便混合，然后处理过的粪便可以储存了。这种简便装置在短期飞行或应急时具有应用价值。

例如联盟号飞船为航天员准备的尿接收器就是供航天员处于返回舱而不能使用轨道舱设备时使用的。其是一个橡胶袋，在其接头上有个带套管接头的漏斗，湿气容积为 1.2 L，在整个容器装满前可多次使用。

现代飞船采用如图 11 - 42 所示工作原理的卫生设备进行尿的收集和处理。使用这种设备时，开动通风机，其空气流将液体排泄物或送入带有吸收尿的多细孔颗粒的尿池，或是送入离心气-液分离器，尿从那里出来并进入水再生系统；然后空气经过过滤器，去掉臭味和有害物质，重新进入生活舱。

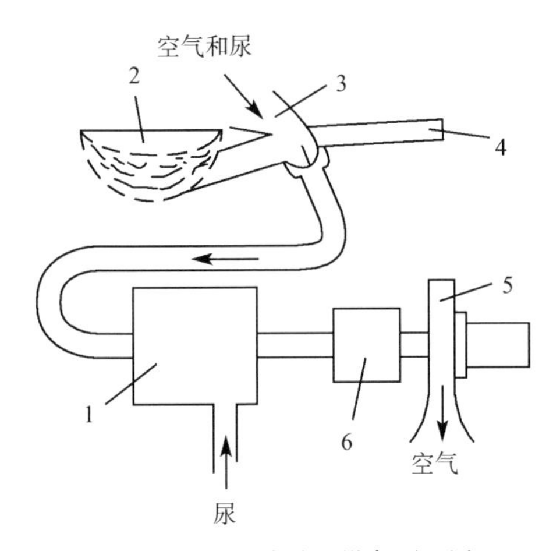

图 11 - 42　尿液处理设备原理图

1—相离心分离器；2—潮湿物质收集器；3—尿池；4—手柄；5—通风机；6—空气清洁过滤器

一种粪便处理设备的原理示于图 11 - 43。其利用空气夹带粪便，使其由真空干燥，风机提供气流使粪便分离，输送至并保持在半渗透收集袋内；航天员封闭收集袋，人工将其输送到真空干燥器，打开真空隔离阀，利用座舱的漏热蒸发粪水；干燥后的固体残余物放入一个非渗透的储存袋内进行储存。当有适当的收集器和附件时，该装置也可用于收集呕吐物。

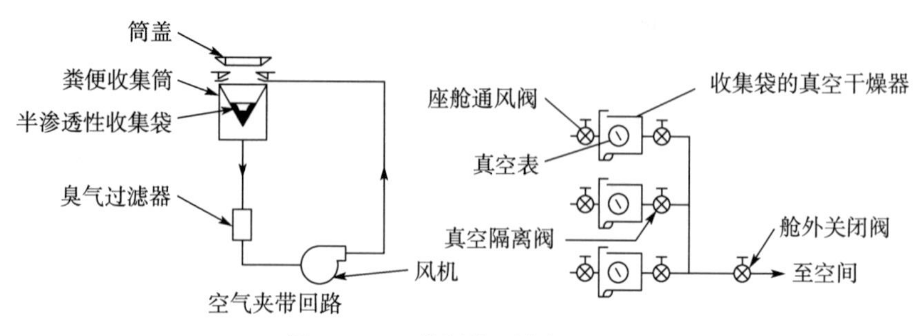

图 11-43　粪便处理设备原理图

实际设计中，尿和粪便的收集装置是合二为一的，比较图 11-42 和图 11-43 可见，其气流回路是类似的，只是液体与固体的收集器不同，故处理方式不同。

垃圾一般可贮存在非渗透的袋内，通常能够人工收集。所有的碎片和垃圾可采用一个空气夹带装置来处理。其中，一个碎片袋容器与一个空气夹带的粪便收集器相连，其原理见图 11-44。对于正常的碎片收集，装置备有连接器接头与盖子，对于呕吐或大块碎片的收集可将接头和盖子移开。

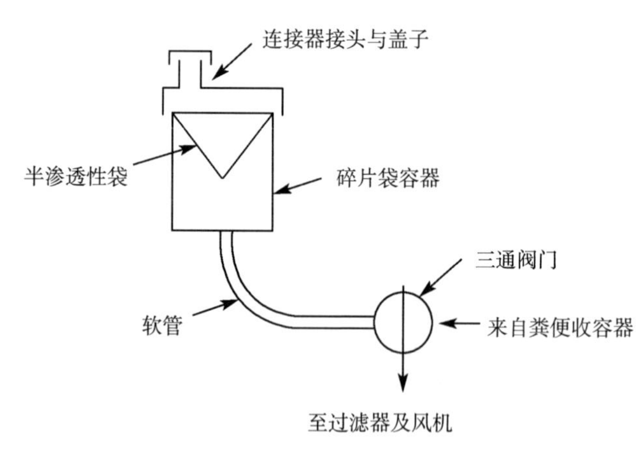

图 11-44　空气夹带碎片袋容器

当执行较长时间的飞行任务时，载人航天器（如空间站）上还需配备洗涤设备、体育锻炼器材和文化娱乐设施。其对缓解长期空间生活的沉闷和枯燥，改善航天员的生理和心理健康，避免运动病的发生，使航天员回到地面后迅速地恢复体力，以及提高空间飞行中的工作效率都是十分重要和有效的。

11.5 电源系统

11.5.1 系统的任务

为了保证飞船各有关系统（如通信、环境控制与生命保障、制导、导航与控制、数据管理、仪表与照明等）能够正常工作，确保航天员可以正常工作和生命安全，则必须给飞船供给电源。在飞船上利用某种物理变化或化学反应，将光能、核能、化学能直接转换成电能，并根据需要进行必要的调节或转换，这一类装置的组合称为飞船的电源系统。其基本任务是生产电力，并把电力输送、分配到各负载，以确保飞船正常地按计划运行。

空间电源按获得电能所采取的能量转换方法，可分为化学电源和物理电源。

化学电源又称化学电池，是一种直接把化学能转变成低压直流电能的装置。化学电源包括所有一次电池、二次电池和燃料电池。典型的例子有银锌电池、镉镍电池等充电电池、一次性锂电池、氢氧燃料电池，其均在不同的载人航天器中得到了实际应用。

物理电源是将太阳能或光能、热能及核能直接转换成电能的装置。太阳能电池、温差发电器、热离子发电器和核电池均属于物理电源。

电源系统按其在飞船上发挥的作用，可以分为主电源、留轨电源、返回着陆电源、火工品电源等五种类型。

空间电源应满足以下条件：比能量或比功率高，可靠性高，寿命长，能量转换效率高，耐发射段和返回段的冲击、振动过载，适应真空、辐射、热循环、宇宙射线、微重力等严峻的空间环境。

载人飞船电源系统的选择时需面临许多相互影响的因素。为了满足功率要求及输出特性，必须从质量、体积和可靠性方面来考虑各种可得到的电源和可应用的转换装置。另外，还必须综合考虑飞船上其他有关系统、飞船环境、飞船外形、飞行时间以及航天员安全等问题。对于短期（几天）、小功率航天器，其电源可用银锌电池或一次性锂电池，如美国的水星飞船和阿波罗登月舱都采用了银锌电池电源系统。对于飞行期为一周到几周、功率较大的航天器，其电源可采用开式燃料电池，如双子星座和阿波罗飞船均采用了氢氧燃料电池作为主电源。化学电源构成较为简单，但电力有限。对于长期飞行的航天器，化学电源因其质量急剧增加而变得不能被接受，因此需采用太阳能或核能电源。在载人航天中，出于安全和技术成熟性等原因，尚未采用核电源，而太阳能是提供长期载人飞行的主要电源装置。采用太阳能电源系统的例子有苏联的联盟系列飞船、和平号空间站和美国的天空实验室。图 11－45 从质量选优角度给出了不同飞行期、不同功率范围可选用的电源。

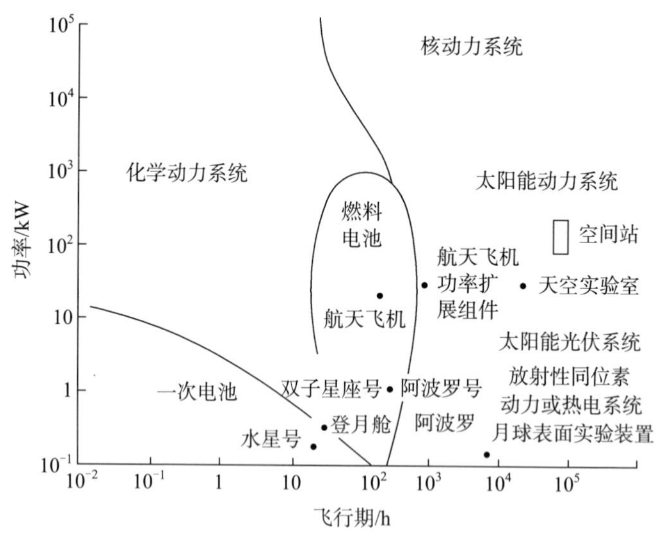

图 11－45　不同条件下可选用的电源

可靠性是选择空间电源所考虑的主要因素，高可靠性是电源系统顺利完成其飞行任务的保障。对于载人飞船，飞行可靠性更为重要。为提高电源系统的可靠性，可以采用系统冗余方法，或是在飞行期采用一种较小的、效率较低的但可靠性更高的应急电源来补充主电源系统。例如，阿波罗飞船除使用氢氧燃料电池作为主电源外，在指令舱和登月舱还设有银锌电池组。阿波罗 13 号飞行任务中，服务舱中燃料电池氧容器发生爆炸，正是依靠这些银锌电池才使飞船得以紧急返回，挽救了航天员的生命。

11.5.2　太阳能电源系统

太阳能是大自然提供的一种十分理想的能源。在外层空间轨道上运行的飞行器，沐浴在充沛的阳光中。装配在飞行器上的太阳能电池可将太阳能直接转换成电能，供给飞行器各系统使用；或以化学能形式贮存在蓄电池中，供飞行器在地球阴影区使用。太阳能不同于其他能源，无需从地面带往空间，可以就地取“源”，其质量不受飞行时间的影响，可以大大节省电源系统的质量，尤其是对长期飞行，这种优势更加明显。而且，太阳能还是一种取之不尽、用之不竭、无污染、清洁卫生的能源。

太阳能电池是利用半导体把入射的太阳光的能量直接变成电能的设备。当飞行器处在太阳光照射区时，太阳能电池可正常输出电力；但当飞行器进入轨道阴影区时，太阳能电池便不能提供电能。所以需要配备蓄电池，其在日照时由太阳电池充电，在阴影时向飞船各系统供电，从而构成太阳能电池阵-蓄电池组电源系统。

（1）太阳能电池的原理

太阳能电池是一种利用光生伏特效应，直接将光能转换成电能的半导体器件，可以由硅、硫化镉、砷化镓等多种半导体材料制成。

物体按导电能力的大小可以分为导体、半导体和绝缘体。导电能力介于导体和绝缘体之间的物体称为半导体，其电阻率在 10^{-3} ～ $10^{8}\Omega/\text{cm}$ 之间。硅、锗、砷化镓以及大多数金属氧化物和金属硫化物都属于半导体。

半导体与导体和绝缘体的区别，不仅表现在其电阻率的差异，而且在于半导体的导电性受杂质含量和外界环境条件（如热、光等）的影响很大。例如，硅中只要含亿分之一的硼，其电阻率就会下降到原来的千分之一。如果所含杂质不同，导电类型也不同。温度升高或受到光照均可使半导体的电阻率迅速下降。一些特殊的半导体在电场或磁场作用下，其电阻率也会发生变化。半导体分为 N 型和 P 型两类。

1）N 型半导体：若在硅（或锗）半导体单晶中掺入少量的 5 价元素，例如磷（砷、锑等），磷原子就会与硅原子组成共价键结构，从而使硅单晶半导体中的电子载流子数目大大增加。这种半导体主要依靠电子导电，称为电子型半导体，简称 N 型半导体。

2）P 型半导体：若在硅（或锗）单晶中掺入少量的 3 价元素，例如硼（铝、镓、镉等），硼原子也会与硅原子组成共价键，从而导致硅单晶中的空穴载流子数目大大增加。这种半导体主要靠空穴导电，称为空穴型半导体，简称 P 型半导体。

硅太阳电池的一面是电子型，即 N 型半导体，另一面是空穴型，即 P 型半导体。P 型和 N 型半导体结合在一起，在其交界处，电子与空穴由于浓度差而产生扩散运动。两种载流子相互向对方区域扩散的结果就是在界面附近形成一个空间电荷区，称为 P－N 结。在空间电荷区内，靠近 N 型区的一边存在正电荷，在靠近 P 型区的一边存在负电荷，因此，在空间电荷区内就会产生由 N 型区指向 P 型区的电场，称为内电场（或自建场、结电场等）。P－N 结内电场对多数载流子的扩散运动起阻碍作用，也就是使载流子向相反方向作漂移运动。载流子的漂移运动与扩散运动的方向相反，最后可达到平衡状态，从而使得通过 P－N 结的总电流为零。

当太阳光线照射在硅太阳电池上时，能量大于硅原子键能（1.1 V）的那部分光子有可能把电子从共价键中释放出来，变成自由电子，而硅原子失去电子，变成带正电荷的空穴，形成电子-空穴对。

在 P－N 结附近形成的电子-空穴都要受电场的作用。电场把空穴推向 P 型区，把电子推向 N 型区，即 P 型区累积了正电荷，N 型区累积了负电荷。P 型区与 N 型区形成了电位差，将两者与外电路连接就可输出电流，从而将光能转化为电能。硅太阳电池的工作原理如图 11－46 所示。

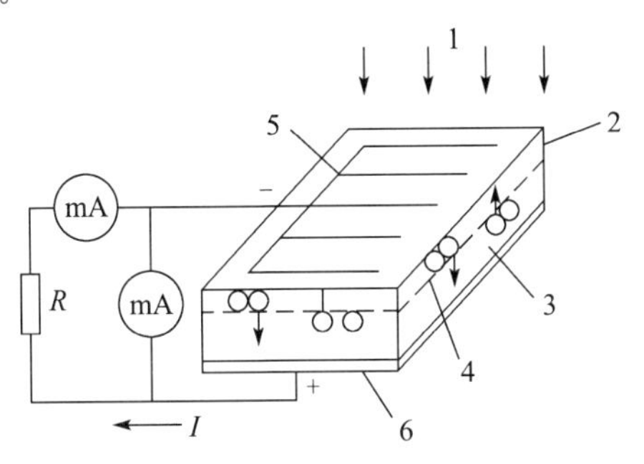

图 11－46　硅太阳电池工作原理图

1—光子；2—N 型半导体；3—P 型半导体；4—在光子作用下生成电子-空穴对；5—上电极；6—下电极

（2）太阳能电池结构

P－N 结型的硅太阳电池在航天技术中得到了广泛应用，其分为以 P 型硅为基体的N＋/P型电池和以 N 型硅为基体的 P＋/N 型电池两种。前者耐辐照性能好，后者效率较高。P－N 结一般采用扩散工艺制成，然后分别在 P 型层和 N 型层加上电极，硅太阳电池单体的构造如图 11－47 所示。为了减少对入射光的阻挡，上电极做成栅状，下电极是一片金属膜。

在外层空间，太阳辐射的强度达 1 353 W/m^2，太阳电池将照射在其表面的光能转换为电能，转换的电能与总光能的比例称为转换效率，转换效率是太阳电池性能的重要指标。太阳电池表面被反射的光、穿过内部而透射的光、能量小不足以产生电子-空穴对的光、虽产生电子-空穴对但在到达 P－N 结前由于扩散而复合的光均不对电能产生作贡献。因此，为了提高转换率，需要在电池表面蒸涂一层很薄的减反射层，如在硅片上涂氧化硅、氧化钛、二氧化锑或五

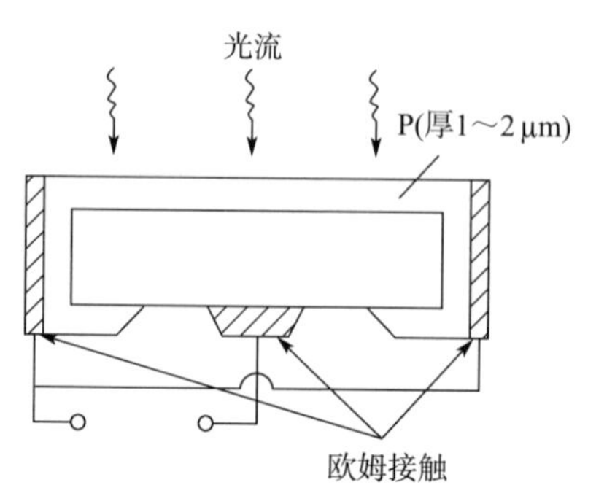

图 11-47　硅太阳能电池的基本结构

氧化二钽等，可将硅片反射率从 30%降低到 5%。为了让光照所产生的载流子不会在未达到 P-N 结之前就复合掉，需要将外表一层 P 型（或 N 型）半导体做得非常薄，为 1～2 μm。

太阳能电池单体仅能提供很小的电压和功率。为满足飞行器所需要的数百瓦、甚至数千瓦的功率要求，就必须把成千上万片电池按一定方式组合起来，构成一个太阳能电池阵。太阳能电池阵的组合方式主要由输出电压、功率、方阵安装方式及可靠性要求等诸因素决定。在方阵中，根据电池单体的电压和主电源电压要求，将数十片电池单体串联，每串电池的电压即为主电源电压，再根据功率要求将数百以至数千串电池并联以提供足够的输出功率。为了提高可靠性，可以构成若干个独立的太阳能电池组，由其联网向航天器各分系统供电。

根据太阳能电池阵在飞行器本体上的安装形式，可将其分为体装式和展开式两种类型。体装式太阳能电池阵的电池片安装在航天器本体表面，其结构形式简单、工作可靠、易于实现温控；但是，这种电池阵转换效率低、功率小，只可用于小功率卫星，不适宜在飞船上应用。

展开式太阳能电池阵独立于飞行器本体之外，形成单独的部件，发射前以一定的方式折叠收拢，固定在飞行器本体上，入轨后展开。由于太阳能电池的输出与太阳光入射角的余弦成正比，为提高输出功率，应使太阳能电池阵的法线与太阳光线方向之间的夹角尽可能小，因此需要实现对日定向。对日定向设计有飞行器对日定向和电池阵对日定向两种方案。前者依靠姿态控制系统实现。电池阵与飞行器本体间没有相对运动，结构较为简单，但对于有其他定向要求的飞行器，在其总体设计时存在困难。例如，对地观测卫星或飞船要求对地定向，这样就无力兼顾对日定向要求。电池阵对日定向方案中单独设置定向机构及相应的太阳敏感器、驱动器、多路滑块及控制线路等构成对日定向系统，其总体制约少，但结构复杂，技术难度高。

(3) 蓄电池组

航天器在轨运行过程中，每圈轨道都会经过日照区和阴影区，蓄电池组每圈都需充放电循环一次。在近地轨道上，一年就有 5 000～6 000 次循环。因此，长期飞行对蓄电池循环寿命有着很高的要求，例如空间站，所要求寿命长达若干年。镉镍电池因其具有充放电循环寿命长、失效率低的特点，在太阳能电源系统中获得了广泛的应用。

镉镍电池的正负极均以烧结的多孔镍基板为骨架，正极浸渍氢氧化亚镍，负极浸渍氢氧化镉，以卡普伦布或维尼伦布作隔膜，苛性钾水为电解质，用镀镍不锈钢作外壳，极柱与壳体间陶瓷烧结。电池在充放电时的化学反应为

$$2Ni(OH)_2 + Cd(OH)_2 \underset{放电}{\overset{充电}{\rightleftharpoons}} 2NiOOH + Cd + 2H_2O \tag{11-20}$$

在充电时，正极氢氧化亚镍被氧化生成羟基氧化镍，负极氢氧化镉被还原生成金属镉和水；放电过程反之。

(4) 电源调节与控制

太阳能电池阵的功率输出受各种因素的影响，尤其是环境因素的影响。当飞行器刚飞出阴影区时，由于周围温度低，电池阵输出功率大，随着其温度升高，输出功率逐渐下降。在高能粒子和紫外

线长期辐照下，太阳能电池阵性能衰减，功率逐渐降低。为获得所要求的母线工作电压、有效地利用太阳能电池阵的功率，必须对电池阵输出的电压或电流进行调节。调节方法有无调节直流母线、限压直流母线、调压直流母线和最大功率点跟踪。其中无调节直流母线方式最为简单，其将电源直流母线与电池阵母线相连，用直流稳压器稳压后供飞行器各系统使用。

为确保电池具有较长的循环寿命，必须采取一定的充放电制度以及必要的过充电和过放电保护措施。充电控制手段有第三电极、库仑计、安时计、温度补偿限压（充电电压）控制、程序控制峰值充电、微处理机控制的电池充放电保护系统等。

11.5.3 化学电源

化学电源在载人飞船中得到了广泛应用，在美国的几代飞船中全部采用了化学电源（包括氢氧燃料电池和银锌蓄电池）。联盟号飞船虽采用太阳能电池作为主电源，但仍采用银锌电池作为储能设备与太阳能电池阵共同构成电源系统。除前面章节已经介绍的镉镍电池外，下面还将分别介绍银锌电池和氢氧燃料电池的工作原理和结构。

（1）银锌电池

银锌电池是由氧化银正极和锌负极构成电极组、装配在塑料壳内而成。为防止氧化银粉和锌粉脱落以及正负极片间的短路，各极片用隔膜包覆。正、负极分别由引线连接电池的正、负极柱。电池结构见图 11－48。银锌电池在充放电过程的化学反应为

$$Ag + Zn(OH)_2 \underset{\text{放电}}{\overset{\text{充电}}{\rightleftharpoons}} AgO + Zn + H_2O \qquad (11-21)$$

银锌电池结构简单，维护使用方便，工作可靠，能承受苛刻的力学环境，比能量较高，工作电压平稳，内阻小，特别适用于大电流放电。在载人飞船中，其曾用作短期飞行的主要电源，也曾用作太阳能电池的储能电源，以及应急、返回、火工品和发动机的点火电源。该电池的缺点是循环寿命低，低温性能差。

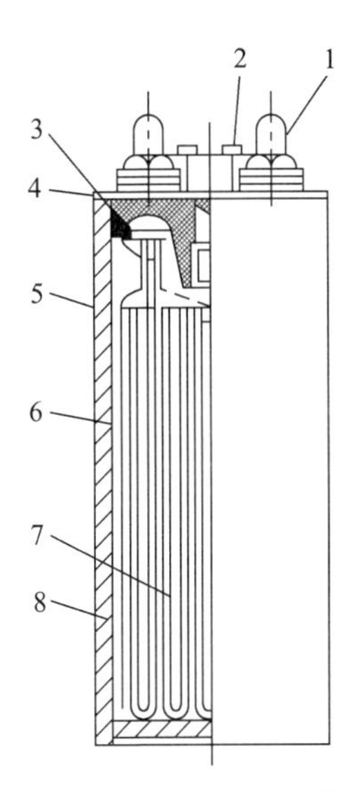

图11-48　银锌电池结构图

1—接线柱；2—气塞；3—引线；4—盖；5—外壳；6—隔膜；7—正极片；8—负极片

（2）氢氧燃料电池

燃料电池是将燃料直接氧化发电的一种装置。与蓄电池一样，燃料电池单体也由正、负电极和电解质组成，二者都是通过氧化还原反应完成的能量转换。但是，燃料电池的正负极不是反应物，其只是一个催化转化元件。电池的反应物（燃料与氧化剂）由外部输给电池正、负极，并在此进行电化学反应，最后转换成电能。燃料电池的反应物质贮存在电池外面，因此其容量没有限制。蓄电池的反应物贮存在电池里面，这决定了蓄电池的容量。燃料电池的燃料有氢气、碘、甲醇等，氧化剂有氧气、空气、过氧化氢等。由于氢氧燃料电池比能量高，因此其在飞船中得到了应用。

氢氧燃料电池的燃料为氢气，氧化剂为氧气，电解液为KOH。其工作原理如图11-49所示。当把氢气通入阳极时，氢气与氢氧离子发生阳极反应，同时释放出电子。

$$H_2 + 2OH^- \longrightarrow 2H_2O + 2e^- \tag{11-22}$$

这些电子通过外电路运动到阴极，使阴极中的氧气和电解液中的水发生下列反应

$$H_2 + \frac{1}{2}O_2 + 2e^- \longrightarrow 2\,OH^- \tag{11-23}$$

因此，电池中的总反应为

$$H_2 + \frac{1}{2}O_2 \longrightarrow H_2O + 电能 + 热能 \tag{11-24}$$

溶液中的电流载体主要是 OH^- 离子，其在阴极生成，在阳极消耗，离子电解液起导电作用，从而形成了闭合回路。同时，水在阴极消耗，又在阳极附近生成，导致阴极附近电解液逐渐变浓，阳极附近的电解液逐渐变稀，从而影响电池的工作性能，甚至停止放电。因此，必须采取专门措施，将多余的水及时排出。

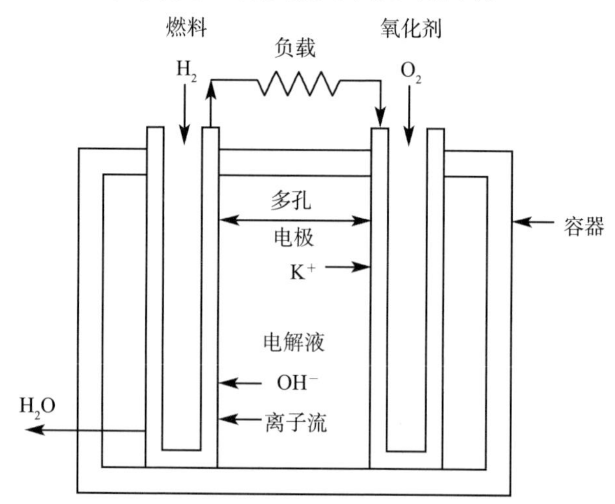

图 11-49　氢氧燃料电池简单工作原理示意图

由此可见，只要不断地供给燃料（氢气）和氧化剂（氧气），燃料电池就可提供源源不断的电能，同时还获得了与燃料消耗等量的水，而水在经过处理后可供航天员饮用。在正常情况下，氢氧燃料电池一个单体的开路电压和电动势的理论值为 1.23～1.25 V。为组成一个具有所需要额定电压的电池组，可以将多个电池单体串联起来。

一个完整的氢氧燃料电池应包括氢气和氧气供应系统、排水系统、排热系统、自动控制系统和电池调节系统，其组成如图 11－50 所示。

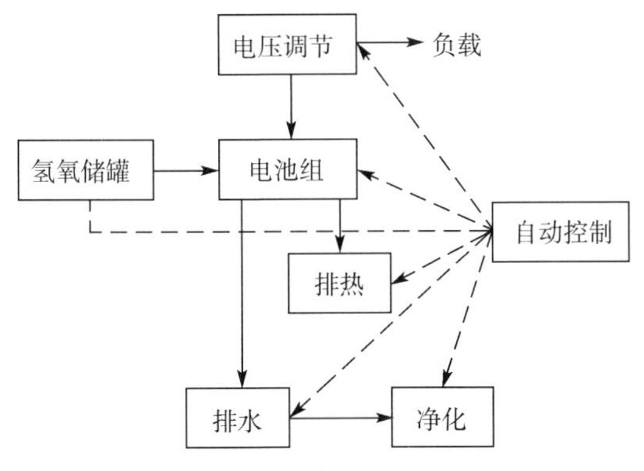

图 11－50　氢氧燃料电池系统

11.5.4　电源系统的功率分配和控制

电源系统的功率分配和控制是指从飞船电源获得需要的电力，根据地面遥控、数据管理、运载火箭和航天员手动控制指令，按照飞船各系统的需求，对电力进行调节、控制、转换，并分配到各负载上，对各种电源实现并网管理。

功率分配和控制系统由飞船上统一布局的电缆网和配电器组成。电缆网负责从电源到用电设备的供电及信号传递；配电器负责对各电源进行统一管理，进行负载分配，对各系统进行开关机控制，对火工母线进行统一管理。组成该系统的主要部件有电缆、导线、熔丝、断路器、接线柱、调节器、转换器及电压和电流测量设备等。

为确保飞船完成预定任务，功率分配和控制系统作为飞船的关键部件，需要具有很高的可靠性，且具有如下功能：

1）通过电缆网络，将电源分配到各种不同的位置上；

2）如果导线超载，能防止飞船受到额外的破坏；

3）保护各种电源不受负载或导线中故障的影响；

4）保护每个电源不受其他电源的影响；

5）具备 DC/DC、DC/AC、AC/AC 的变换能力，以满足不同负载的要求。

作为示例，图 11－51 所示为阿波罗飞船指令服务舱的电源系统直流部分。其电源由3 个氢氧燃料电池、3 个银锌主蓄电池和 2 个引爆电池组成，其中 1 个主蓄电池可由燃料电池充电。在用电高峰期间用主蓄电池补充燃料电池功率输出的不足，低峰时则由燃料电池的剩余电力充电，以备返回和应急时使用。供电网路的连线采用了多路冗余方式，舱中 2 条电源母线均可分别由 3 个燃料电池供电，而两条引爆母线则可分别由返回和着陆电池组或引爆电池组供电。在系统中，对高低压、反向电流和过热条件均会进行监测，当出现故障时，可自动完成转换或由警戒和警报系统向航天员和地面指挥中心发出警报。

11.5.5　联盟号飞船的电源系统

联盟号飞船的电源系统由太阳能电池阵和银锌化学电池组构成，供电电压为 23～24 V，供电电流为 85 A。光照区由太阳能电池阵直接供电，阴影区由银锌电池供电，两者自动切换。两块太阳能电池阵总面积为 10 m^2，输出功率为 1 000 W，依靠飞船姿态控制系统转动船体实现太阳帆板的对日定向。

银锌电池有主、备份两套电池组，用作供电和储能设备，可充放电多次，备份电池组只有与主电池组并联时才能由太阳能电池阵充电。若主电池组出现故障，切换到备份电池组工作，那么太阳能电池阵就不能再向备份电池组充电。

主银锌电池组放电电流为 85 A，充电电流为 25 A，电池容量为 340 A·h，放电深度可达 100 A·h。备份银锌电池组放电电流为 65 A，电池容量为 280 A·h。电池组可在非密封舱中工作，用加温线组将温度保持在(15±5) ℃。

电源系统由太阳能电池阵、银锌化学电池和供电网络构成，其原理示于图 11－52。飞船上还有独立的火工装置电源和救生系统电源，其都是银锌化学电池组，图 11－52 中没有标出。

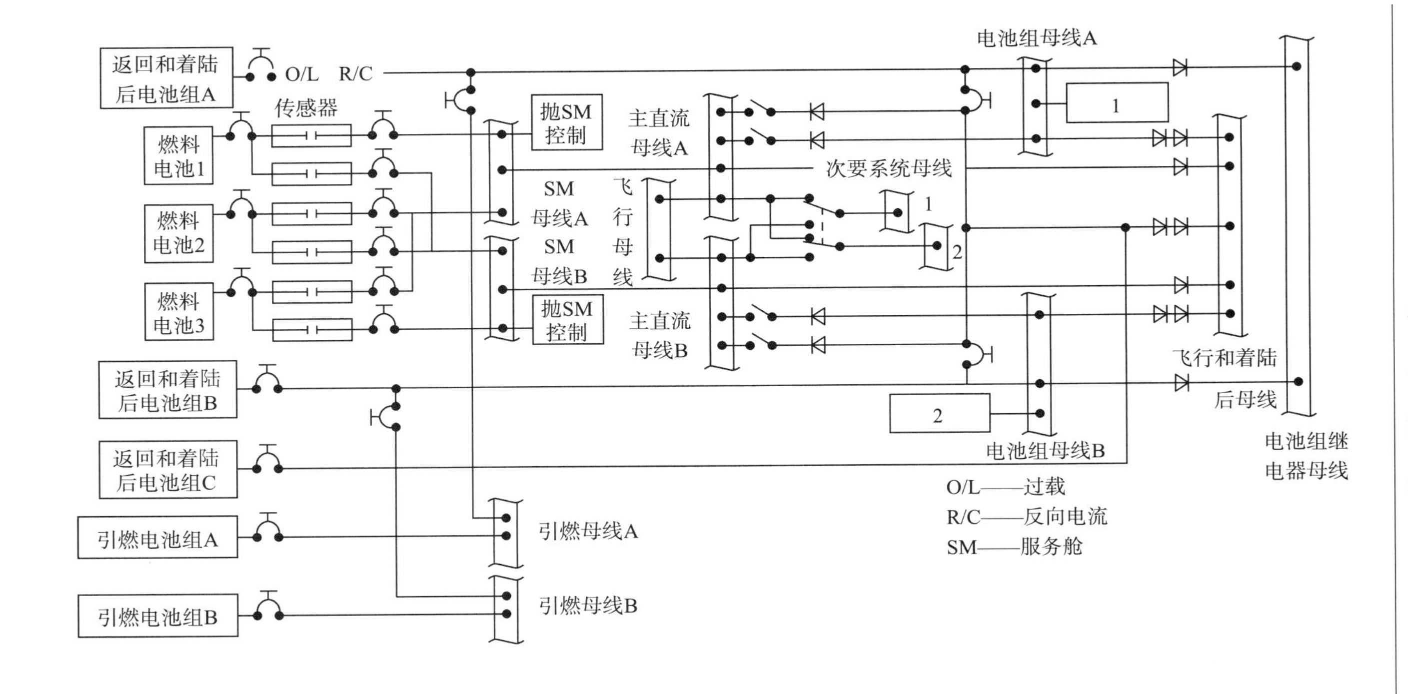

图 11－51　阿波罗飞船指令服务舱电源系统直流部分

1—母线连接开关（电池组 A/C）；2—母线连接开关（电池组 B/C）

电源系统的功率分配和控制由供电网络完成，其主要由电缆、恒流充电控制器、传感器遥测系统、积分计数器和分流控制器组成。

在图 11－52 中，R_1为太阳能电池阵输出电流取样电阻，经积分变换后送遥测。太阳能电池阵的输出电压可在仪表板上显示。R_2和R_4分别为主电池和备份化学电池组的充、放电电流取样电阻，R_3为负载电流取样电阻，经积分计数器进行积分计数可得到电池的容量、负载的功耗等。

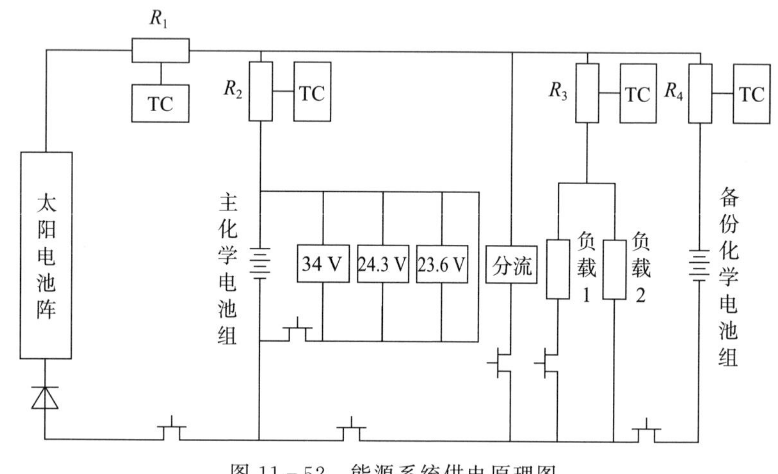

图 11－52　能源系统供电原理图

图 11－52 中 34 V，24.3 V 和 23.6 V 方框表示主电池组的三种控制器。主电池在日照区充电到 34 V 时，启动分流控制器工作，防止电池过充；主电池在阴影区放电到 24.3 V 时，接通备份电池组给负载供电；当主电池组电压降至 23.6 V 时，表明主电池组可能发生故障，不宜继续使用，控制器则自主启用备份电池组，切断主电池组。飞船上的电源控制开关可以自主控制，也可远端遥控。

飞船设计中将负载分为两类：一类是必保的负载，即使使用备份电池，也必须保持继续供电；另一类是使用备份电池组供电时可以切除的负载，以此减小备份电池的负担，延长工作时间，保证继续飞行和安全。

11.6　仪表和照明

11.6.1　飞船仪表

飞船仪表系统的任务是实时显示飞船的飞行状态、飞船各分系统的工作状态和主要参数、飞行计划和工作程序，为航天员提供手动控制以及参数越界提示和应急状态报警。

载人航天器区别于其他航天器的集中体现是人直接加入到飞行过程中。成功的经验表明，如果人在空间环境中能够有效地工作，那么飞行过程中人的主动参与就能够保持飞行的高度的可靠性与完成任务的成功性，因此应该容许航天员对飞船系统进行与其能力相称的操作。飞船仪表系统设置的目的正是为航天员提供了解飞船状态、对飞船进行必要和有效操作的一个界面。

仪表板的设计和布局需遵循人机工效学的原理，与航天员的视野、头脑反应能力和反应速度相适应，以提高航天员识读和判别仪表参数的效率。单个的显示应该按作用组合起来；起重要作用的应占有仪表板最突出的位置；应急指示器及有关的控制器必须处于容易观察与使用的位置；有关控制按键和开关应采取防护措施，以防止航天员误操作或不慎碰撞导致飞船的误动作，从而危及飞行任务的完成。此外，显示方法可以考虑图像、文字和声音结合的多媒体技术，尤其是在应急显示中，结合灯光报警及语音通报报警，以便引起航天员的更多的注意。显示和报警还应采取必要的冗余设计，以提高安全性和可靠性。

图 11－53 给出了联盟号飞船的仪表板。该仪表板长为 115～120 cm，宽为 50 cm，厚为 26 cm，质量为 52 kg。指示灯不工作时功耗为 60 W，指示灯全部亮时功耗为 200 W。仪表板安装在航天员座椅的正前方。仪表板各方框的功能如下：

1 框：右上角显示飞行圈数，左上角显示纬度，下面显示经度，圆圈是一个地球仪图像，可显示飞船运行星下点位置，也可显示预

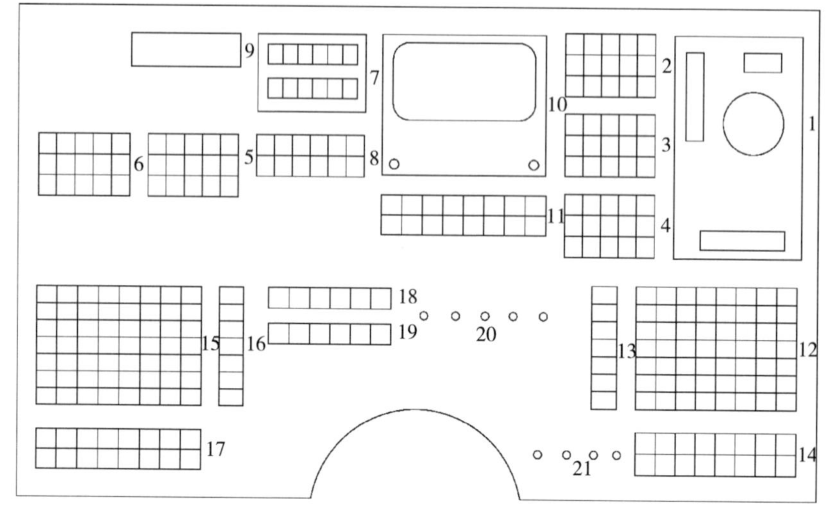

图 11-53　联盟号飞船航天员仪表板示意图

计返回落点。

2 框：用黄色灯显示出现预警的系统或设备，有多格，用以显示不同系统或设备出现的故障。

3 框：用红色灯显示出现险情的系统或设备，有多格，可显示不同系统或设备出现险情故障；出现预警和险情时，还同时有音响信息，以引起航天员注意；

4、5、6 框：用绿色灯显示系统或设备工作状态正常，有多格，显示飞船各系统或设备的工作状态。

7 框：用于显示工作程序、给航天员的信息、航天员动作情况，信息通过船载计算机输送过来。

8 框：对应 7 框的开、关按键；航天员通过通信，接收地面传来的信息和指示，接通或断开某仪器、设备；或显示某一段工作程序，航天员操作该框的按键，并从 7 框中得知相应动作是否正确。

9 框：电子钟，用以显示各种时间（如星上时、标准莫斯科时、国际时等），还可用作秒表、闹表。

10 框：多功能数字显示屏，可显示系统参数、姿态情况和电视画面（对接时的电视画面）。

11 框：对应 10 框的切换按钮，可根据需要选择显示各系统参数、姿态参数或用作地平仪的全姿态图像画面。

12 框：称为右指令信息板，主要是状态指示灯列阵。

13 框：与 12 框关联的按钮，按下哪一位按钮，12 框相应行的指示灯便处于准备好状态。

14 框：与 12 框、13 框关联的开关按钮，上行为开键，下行为关键。当 13 框某一位按钮按下，12 框相应行的指示灯并不发生变化，只处于准备变化状态；而当 14 框按下某一位开、关钮，12 框中相应列的对应指示灯就发生变化，以指示某一船上设备的状态；若 13 框中的按钮没有按下，那么不论 14 框按钮如何动作，12 框指标灯都不会发生变化。

12、13、14 框相当于矩阵开关，对船上系统发出开、关机指令，并显示其状态。这种矩阵开关不易产生误动作和发出误指令，非常适合航天员操作。

15、16、17 框：与 12、13、14 框相同，称为左指令信息板，同样是对船上系统发出开、关机指令，并显示其状态，是由航天员进行操作的。

右指令信息板用于有效载荷或研究用设备，左指令信息板用于船上公用系统，都由航天员在轨手控，遥控指令作为手控的备份。

18、19 框：一些重要指令的显示灯和按键，如制动发动机点火、舱段分离等与航天员生命或飞行任务有直接关系的指令。这些按键一般情况下用保护罩罩着，防止航天员进出座舱时误碰或手控操作其他按键时发生误动作。

20 框：一些调节旋钮，如调节灯光亮度、话音强弱等。

21 框：一些其他按钮或旋钮。

除上述航天员仪表板，舱内还有手动控制仪表板（简称为手控仪表板），也叫手动配电板，如图 11－54 所示。

仪表板上面方格内是一些钮子开关，用于接通返回舱、生活舱照明灯和电视摄像灯等。仪表板中间有一些发光二极管，用于显示保险丝是否断开。仪表板下面方框是保险丝盒，装有许多保险丝，对应于一些分系统或单个设备。根据需要对其进行设置，可防止电源短路。轨道上航天员可对保险丝进行更换。

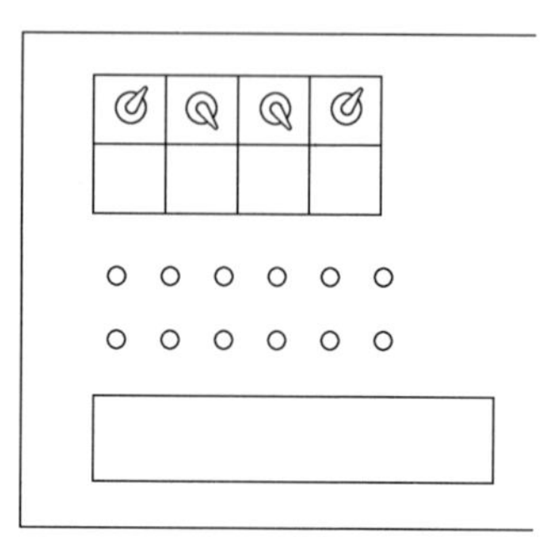

图 11－54　手控仪表板示意图

11.6.2　飞船照明

飞船照明分系统的任务是为生活舱和工作舱提供工作和生活照明及电视摄像照明，为仪表板和特殊显示仪表提供内外照明，以及为飞船交会对接提供照明。其一般包括舱内照明灯、仪表照明灯、摄像照明灯和舱外照明灯。

由于地球外层空间缺乏使光线漫射的大气微粒，因此太阳的背景是很暗的，而且对比度比在地球上大得多。太阳光直接射到舷窗，引起严重的、可能降低监视驾驶室显示能力的对比度和反光。在交会对接中，如果目标飞行器在飞船与太阳之间成一直线，那么这个极端的对比度可能会引起视觉问题。从白天到黑夜之间迅速的轨道转换，要求眼睛能迅速地适应光线的变化，或者要求白天使用舷窗滤光片及眼滤光片，以使航天员眼睛在进入黑暗前就开始适应新环境。由于在空间环境的外部照明中可能发生迅速而极端的变化，飞船舱内照明必须能手动进行调节和改变，并能为仪表可读性提供足够的对比度。由于航天员对飞船系统操作的有效作用主要依靠视觉，故视觉是航天员的第一位重要的信息源，因此，为飞船设计一套符合人机工效学要求的照明系统是十分重要的。

联盟号飞船工作和生活照明采用的荧光灯和灯泡呈 U 型，灯泡外有聚碳酸酯材料做成的保护罩罩住，每个灯泡耗电 15 W（27 V，0.45 A），寿命为 2 000～3 000 h。返回舱安装有 1 盏照明灯，其亮度可调，使返回舱的照度在 50 lx 以上。轨道舱安装有 2 盏照明灯，其亮度不可调，使轨道舱的照度为 80～1 00 lx。照明灯的色温为 5 000 K，因为在该色温下可以真实反映颜色。照明灯由变流器和灯泡两部分组成。变流器和灯泡通过电连接器连接，两部分也可以分离。变流器的作用是将 23～34 V 的一次电源（直流）变换为 20 kHz、80 V 的交流电，并点燃工作照明灯。工作照明灯的控制开关在返回舱的手控仪表板上，返回舱照明灯的亮度调节旋钮在航天员仪表板上，航天员可根据需要进行亮度调节。

联盟号飞船的电视摄像照明采用白炽灯，返回舱安装有 4 盏，主要用于上升段和返回着陆段照亮航天员面部，使地面收到清晰的电视摄像画面。摄像照明灯有聚焦和方位转动功能，在地面按飞行需要预先调整好后固定，上天后航天员无需调节。电视摄像照明的工作原理框图见图 11－55。一次电源母线（23～34 V）开关 K 可以由地面指令或航天员手控进行操作。开关 K 接通后，必须接通工作照明灯，这样摄像照明灯才能工作。每个灯均有一电源稳压器，使电源电压稳定在 23 V，然后点燃电视摄像照明灯。每个灯的工作电流为 1 A，4 个灯同时工作以增加电视摄像的照明亮度。当返回舱工作照明亮度不足时，也可以用摄像照明灯进行加强。

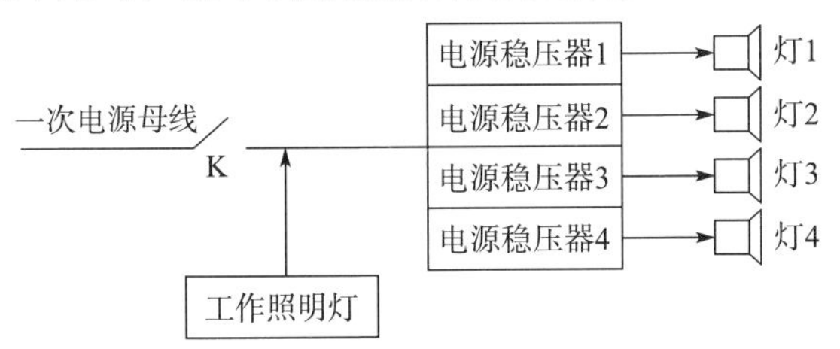

图 11－55　电视摄像照明工作框图

11.7 数据管理

11.7.1 数据管理系统的概念

载人飞船是一个十分复杂的航天器，从发射到入轨、轨道运行、直至返回着陆，其要完成一系列动作和任务，例如调姿、太阳帆板展开、分离解锁、交会对接、有效载荷运转和操作等，也要接受、发送和产生各种指令和数据。因此，载人飞船的数据管理系统是飞船的重要组成部分，是整个飞船的神经指挥中枢，其支撑着飞船的自主化工作，又为飞船其他分系统的任务支持设备提供更为完整的功能。

载人飞船在全程序运行过程中的信息和数据分为系统数据和用户数据。系统数据包括控制指令、时间基准等，其是使飞船系统自主工作的数据。用户数据包括飞船姿态参数和轨道参数、航天员生理参数、有效载荷数据、飞船各分系统的状态数据和故障、报警信息等，其是飞行任务要求获取的数据，或是未来飞行决策的依据。

飞船数据管理系统的任务是：随时采集飞船的工程和运行参数，采集各分系统的工作状态和参数，收集有效载荷的各种数据。

数据管理计算机对所采集的数据进行处理，建立相应的数据文件。一部分数据组合形成适合于通信的数据格式，发送给地面飞行指挥控制中心；一部分数据形成文件，根据飞船飞行计划进行自主控制；还有一部分数据由船载记录设备存储。

通过通信系统接收地面飞行指挥控制中心注入的控制指令，或接受航天员的控制指令，或自主生成控制指令，以便指挥飞船各分系统的工作，从而完成飞行任务。

数据管理系统以计算机和网络技术为基础，用来收集、管理和提供信息数据，支持组织机构内部的作业、管理、分析和决策过程。其使得载人飞船这样一个复杂的大系统具有很高的自动化水平，对人的依赖性大为降低，但又以适当方式接受地面指挥人员和航天员的指令。该系统具有工具、监视器、助手、顾问、维护管理和代理人等多重作用。

11.7.2　数据管理系统的结构

数据管理系统由硬件、软件及其接口定义和文档组成，其中软件分为系统软件和应用软件。系统软件负责管理系统的资源，应用软件完成用户要求的任务。数据管理系统一般包括工程分系统管理、有效载荷数据管理、数据库、飞行控制、单元间通信控制器以及飞船与地面通信控制器等模块，其结构框图见图 11-56。工程分系统包括环境控制与生命保障，制导、导航与控制（GNC），推进，测控与通信，电源和仪表等飞船分系统，其通过接口或节点连接至数据管理系统核心网络，形成工程分系统数据管理模块；各种有效载荷的数据通过接口或节点连接至核心网络形成有效载荷数据管理模块；各种存储器及其管理计算机构成数据库部分；单元间通信控制器负责管理对接在空间站时飞船与空间站的数据通信；通信控制器负责与地面测控网和飞行指挥控制中心的通信；飞行控制模块负责管理、生成和执行程控指令。

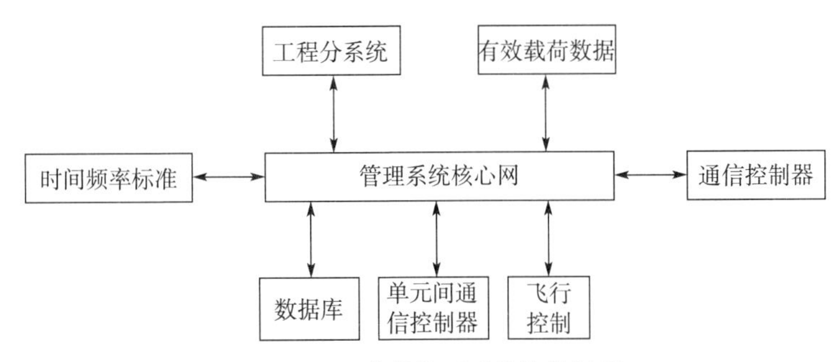

图 11-56　数据管理系统结构框图

数据管理系统的规模和复杂程度取决于飞船各系统的复杂程度、飞船的任务、飞行计划、飞行时间、飞船遥控或船上自主程度及飞船系统的可靠性等因素。其可以由一个独立的多功能单元组成，也可由几个经多路切换数据总线与一系列远程单元相连的黑盒子组成。数据管理系统的设计与指令的数目、被测量的个数、采样速率、被测量的类型及用户的相对位置、地面测控网（天基测控网）体制和标准、测控站分布及测控覆盖率都有关系。一个基本的数据管理系统可能由一个采集数据和处理指令的冗余中央单元组成，该单元在数据输入和指令输出上使用硬接线。更普遍的是采用分级分布式体系结构，其包括一个中央处理单元、一些远程单元和一台计算机（见图 11－57）。中央处理单元接收解调后的上行信息，并将其发送给远程单元或计算机；其也接收下行数据，经格式化后将数据传给数传机；其还可充当译码器、指令识别器与计算机、数据或监控总线及加密和解密装置的接口，格式化设备等。中央处理单元经过总线与一些远程单元相连，这些单元通过监控总线接收指令或询问，通过数据总线作出回答，所有远程单元都接收监控总线上的所有数

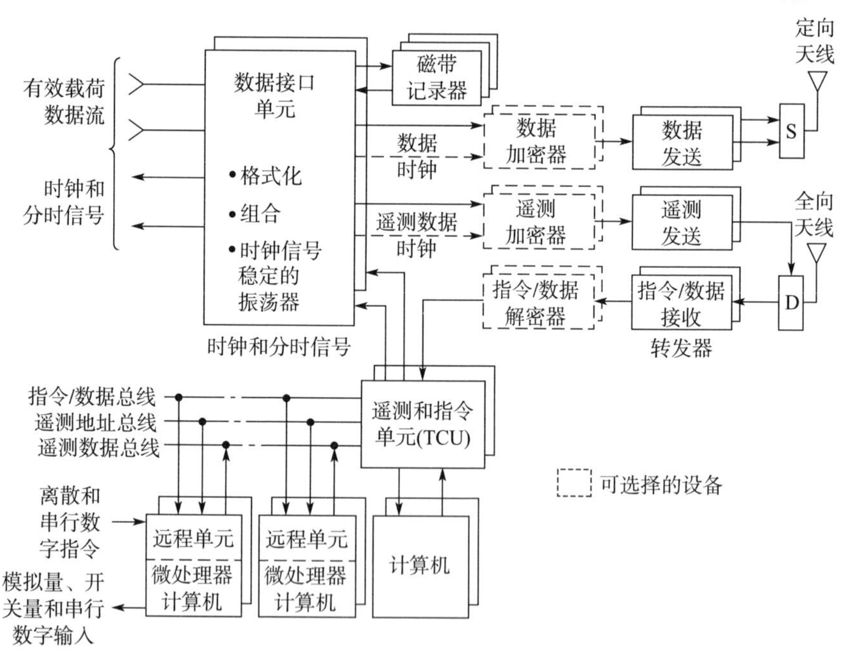

图 11－57　分布式数据管理系统

据流，但只有当地址有效时才会作出响应。计算机接收上行指令数据及总线上的数据，并根据这些数据进行计算，然后作出决策并发出控制指令。

应答机向中央处理单元提供数字信号或指令，并以选定的数据传输率接收从中央处理单元来的数字信号，再将其调制到射频载波上。一些系统给应答机提供 PCM 脉冲编码调制的副载波，而另一些系统则提供原始数字信号。中央处理单元同计算机的接口通常是数字的，而中央处理单元同远程单元的接口有多种数据率，可能是数字信号也可能是调制的视频信号。

数据加密的目的主要有两个，一是军事任务要求对下行数据加密以防止敌方欺骗或加以利用，二是防止其变为其他航天器的意外指令。

数据管理系统采用的分级分布式体系结构具有如下优点：

1）便于硬件的模块化和标准化，有利于组装、元部件更换和维修以及系统调试；

2）有利于有效载荷的变更；

3）有利于分开专用用户和普通用户，分开普通区和保密区，方便满足用户需求；

4）有利于达到软件模块化和标准化要求，便于软件调试和测试；

5）有利于任务扩展要求。

数据管理系统的飞行控制是根据发射前注入的延时控制指令（上行指令）和飞船的工作状态，由计算机作出逻辑判断自主生成的指令执行。计算机按存储的指令顺序进行程序操作，实际运作时可以将所有指令打上时标来排列指令顺序。应急控制是当数据管理系统寻检飞船各分系统发现异常时，根据系统预置的故障对策、地面遥控指令或航天员手控指令作出相应的处理。

数据管理系统作为飞船的控制中心，其可靠性十分重要，通常都采用冗余设计。例如，三度冗余的计算机系统，其允许地面控制并给地面干预以优先权。

11.7.3 数据管理系统软件

航天器数据管理系统的功能和性能是由其硬件和软件共同实现的。好的软件不但能充分发挥航天器硬件的作用，确保数据管理系统的功能的实现并达到设计指标，还能在某些不利的条件下，如航天器运行偏离设计状态、航天器硬件（包括航天器数据管理系统硬件，甚至其他分系统硬件）发生个别故障的情况下，尽可能地保证航天器的正常运行，这也是航天器设计的一种趋势。

随着对数据管理系统软件可靠性要求的提高，数据管理系统软件结构日趋复杂，其代码数也急剧增加。软件设计中包括了冗余、容错、重构管理和越来越复杂的科学计算，软件开发的价格也越来越高，所以寻求与硬件设计基本相同的原理进行软件设计势在必行。主要的做法是尽量提供具有公用功能的部分，使得一次开发便可形成基本的模块，且能为多个航天器飞行任务所采用；同时又遵循开放滚动式的原则，以便于完善和发展。另外，商业产品也被采用，如国际空间站项目中的计算机广泛地采用了 Vx－works 操作系统。

数据管理系统软件所应具有以下的基本特点：

1）具有实时性、自治性，可确保运行的安全。具有在轨飞行阶段可维护、可重编程的能力，具有标准化、模块化的特点，易于剪裁、扩展以用于不同飞行任务的航天器。

2）运行的程序部分或全部常驻于 ROM 中，如计算机加电后立即用到的程序和数据、预期不再更改的程序和数据，这包括与航天器安全、有效载荷安全、特别是与航天员安全有关以及关系到飞行成败的程序和数据。ROM 能更有效地对抗空间粒子辐射，宜于长期保存程序和数据，以备必要时（如复位、切机后）重新将程序和数据拷贝到 RAM 中。

3）航天器的 ROM 中可以仅装载上述的重要程序和数据，以及支持从地球站装载程序的软件模块，大量的程序则由地球站经上行信道注入到航天器数据管理系统 RAM 中运行，这有利于为航天器提供具有灵活功能的软件。ROM 一般不需留有余量，而 RAM 通常备有 40%的余量。

具有高度自治性和灵活性的数据管理系统软件已成为地球站测控设施和航天器运行之间的关键部分。为了确保飞行软件在航天器上长达几年、几十年的运行期间都能提供安全和持续不断的服务，实施软件在轨维护是必不可少的。软件在轨维护是由地球站对航天器在轨飞行过程中所运行的程序进行修改，所增加的模块是在原来的飞行程序上用“打补丁”的办法实现的，其包括软件的部分修改、增删，甚至是重新定义，以便能修改基于数据管理系统硬件主要状态的数据管理性能和克服运行中所碰到的困难；还包括修改程序设计中存在的，而又在地面各类测试、试验中所未能发现和排除的错误。软件在轨维护的要求在任何时候都可能被提出，从航天器刚发射升空到飞行任务的终结，用以解决发射后确认航天器状态而提出来的对航天器运行的修改，执行飞行任务过程中随时提出来的新的需求增补，以及对运行一段时间后由于硬件状态变差所可能导致功能失效的补救。

数据软件开发和运行状态可用图 11－58 描述，这一工作应有多方面专家参与，且配置必要的工具。

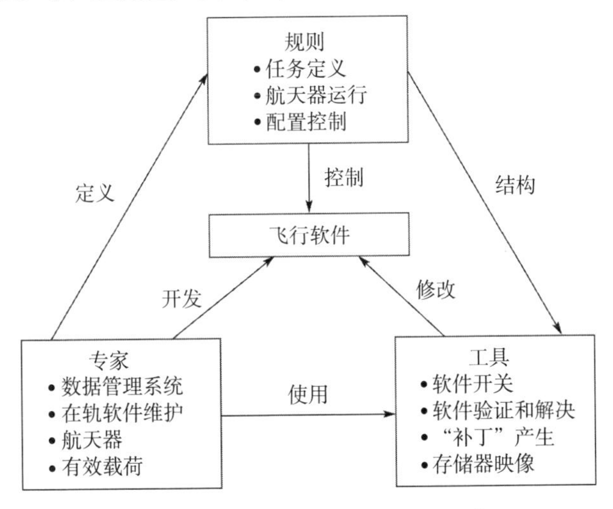

图 11－58　数据管理软件开发和运行

软件在轨维护工作需要配备相应的设施，包括编程器、软件开发环境，软件验证设施，以及上行注入程序的生成器和航天器存储器映像数据库，用以支持新程序的生成、验证和经遥控上行信道将其注入到航天器数据管理系统中。

11.8 推进系统

11.8.1 飞船推进系统的任务和功能

一般来讲，任何推进装置的功能都是改变被推进物体的运动状态，物体的运动状态包括物体质心运动速度的方向和大小以及物体在空间的姿态。载人飞船推进系统的作用是在飞船与运载火箭分离后提供飞船在空间进行各种机动飞行所需要的动力，以达到下述目的。

1）同轨道面或不同轨道面的轨道转移、轨道变换、轨道修正和轨道保持；

2）完成飞船姿态定向、调姿、姿态稳定等姿态控制；

3）提供飞船与目标飞行器（例如空间站）交会、对接时的平移和姿控小冲量控制；

4）提供飞船离轨返回时的制动冲量和姿控冲量；

5）在飞船再入大气层到开伞飞行期间，提供机动飞行和升力控制的姿态控制动力；

6）在登月或登上其他行星的飞行中，提供着陆和起飞的动力；

7）在发射段故障救生时，提供飞船应急着陆点控制及再入姿态控制的动力。

为完成这些任务，飞船推进系统一般需要配置数台以至数十台不同类型和性能的火箭发动机以及相应的辅助系统。例如，联盟-TM 飞船的推进系统共计有 35 台火箭发动机，其中推进舱制动发动机 1 台，大姿控发动机 14 台，小姿控发动机 12 台，返回舱姿控发动机 8 台；阿波罗飞船则装有 50 台发动机，配置于 7 个推进分系统，分别为发射救生系统、服务推进系统、下降推进系统、上升推进系统、服务舱反作用控制系统、登月舱反作用控制系统和指令舱反作用控制系统。

空间推进方法按使用的能源分为化学推进、冷气推进、电推进、太阳帆推进、核推进和激光推进，其中前三种推进系统在空间得到了实际应用，而后三种实际上还处于概念研究阶段。载人飞船上使用的推进装置基本上都是化学火箭发动机，其中绝大多数是液体火箭发动机。固体发动机仅用于只需要一次起动的情况，例如制动发动机和逃逸救生发动机。

推进系统是载人飞船最重要的分系统之一。如果推进系统失灵，那么飞船将不能安全返回地球，从而危及航天员的生命和飞船的飞行使用，因此系统可靠性是设计中的一个十分重要的指标。与推进系统的其他性能相比，可靠性是确定系统设计方案的主要依据，为了提高推进系统的可靠性，必须遵循以下几个原则：

1）使部件的数目减到最少；

2）提供能完成额定任务的最简单的设计；

3）留有足够的设计余量；

4）提供重复的功能和部件的冗余设计，以便在大多数单项故障情况下推进系统还能进行令人满意的工作。

设计中必须注意控制飞船推进系统的质量，以便有效地利用运载能力。当然，为了获得最小质量设计，就需要进行高性能与先进的设计。这使系统复杂化，可能导致可靠性降低，因此实际的设计应该是一种好的、兼顾各种因素的折衷。推进系统还必须与其工作环境和飞船的其他系统相容，且不应对其他设备和结构产生过分苛刻的环境限制。

11.8.2　火箭推进原理和火箭发动机

火箭发动机设计中有 2 个基本参数：推力和比冲。

火箭发动机的推力 F 是排出气体作用在火箭发动机上的合力，

其可由式（11-25）计算

$$\boldsymbol{F}=\dot{m}\boldsymbol{V}_{e}+A_{e}(\boldsymbol{P}_{e}-\boldsymbol{P}_{\infty}) \tag{11-25}$$

式中 $\dot{m}=\frac{\mathrm{d}m}{\mathrm{d}t}$——推进剂的质量流量；

$\boldsymbol{V}_{e}$——相对于喷管的推进剂排气速度；

A_{e}——喷管出口截面积；

$\boldsymbol{P}_{e}$——喷管出口处的压力；

$\boldsymbol{P}_{\infty}$——外界大气压力。

定义有效排气速度 $\boldsymbol{C}$ 为

$$\boldsymbol{C}=\boldsymbol{V}_{e}+\frac{A_{e}}{m}(\boldsymbol{P}_{e}-\boldsymbol{P}_{\infty}) \tag{11-26}$$

则推力可简化为

$$\boldsymbol{F}=\dot{m}\boldsymbol{C} \tag{11-27}$$

在大气层中，大气压力随高度增加而降低，由式（11-25）可知，火箭发动机的推力随着高度增加而增大。在很高的高空中及真空中，外界大气压力 $\boldsymbol{P}_{\infty}$ 接近或等于零，故此时发动机的推力最大。

比冲 I_{SP}定义为单位推进剂质量产生的推力

$$I_{SP}=F/mg \tag{11-28}$$

比冲 I_{SP}是推进剂所含能量的度量，其表示推进剂转换成推力的效率。对于化学火箭发动机，I_{SP}与燃烧室温度 T_{C} 同排气的平均分子量 M 的比值的平方根成正比。

$$I_{SP}=K\sqrt{\frac{T_{C}}{M}} \tag{11-29}$$

式中 K——比例常数，其与排气的比热和发动机的压力比有关。

式（11-29）表明，提高比冲有两条途径，即提高燃烧室总温或降低排气产物的平均分子量。

除比冲外，还有一个重要的关系式可用来评价火箭发动机的性能，其包含燃气的特征速度和推力系数。

目前，单元肼推进剂的 C^{*} 值可达到 1 333 m/s，可贮存双元推进剂（$N_{2}O_{4}$/MMH）的 C^{*} 值可达到 1 640 m/s，最高的是低温液氧/液氢推进剂，其 C^* 值为2 360 m/s。

推力系数 C_f 是燃料能量转换成燃气排气速度的效率的度量，其表示喷管性能

$$C_f = F/P_c A_t \tag{11-30}$$

C_f 的典型值为1.60～1.86。

发动机的比冲可表示为

$$I_{SP} = \frac{C \cdot C_f}{g} \tag{11-31}$$

图11-59可用来说明上述关系。特征速度 C^* 是火箭发动机燃烧室性能的度量，其表示化学推进剂从热燃气转变为总压的效率。推力系数 C_f 是喷管性能的度量，其表征了燃气总压力能被加速到最大排气速度的效率。若给定燃烧室一组确定的工作条件，则最大排气速度将产生最大推力和最大比冲。

推进系统对飞行器所产生的速度增量 ΔV 可由飞行器的运动方程积分得到，这就是著名的齐奥尔科夫斯基公式

$$\Delta V = g I_{SP} \ln\left(\frac{m_0}{m_0 - m_p}\right) = g I_{SP} \ln\left(\frac{m_0}{m_f}\right) = g I_{SP} \ln R \tag{11-32}$$

其中

$$m_f \equiv m_0 - m_p$$

式中　m_0——飞行器的初始质量；

m_p——消耗的推进剂质量；

$R \equiv \frac{m_0}{m_p}$——质量比。

式（11-32）中没有考虑由阻力和重力所引起的损失，因而其代表理想的极限情况。实际上，可达到的 ΔV 要比理想值小。运载火箭的重力和阻力损失约为1 500～2 000 m/s。式（11-32）的另一形式［式（11-33）］给出了要达到给定速度增量 ΔV 所消耗的推进剂量

$$m_p = m_f\left[\exp\left(\frac{\Delta V}{I_{SP} g}\right) - 1\right] = m_0\left[1 - \exp\left(-\frac{\Delta V}{I_{SP} g}\right)\right] \tag{11-33}$$

利用式（11－33）就能根据火箭初始质量或最终质量计算所要求的推进剂量。

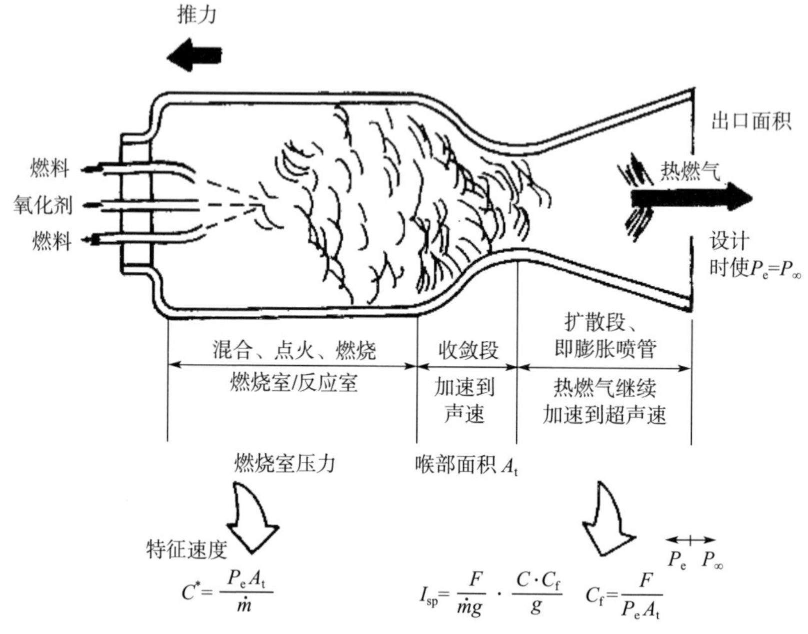

图 11－59　火箭发动机推力室性能

表 11－8 给出了目前在空间得到应用的几类航天推进系统，即冷气推进、化学推进和电推进系统的性能和特征参数。

冷气推进系统由可控挤压气源和喷管组成，其原理如图 11－60 所示。其是最简单的一种推进系统，主要特点是推进剂贮存在适用于通过喷管直接膨胀、在那些对性能要求不高而要求简单可靠的飞行器上广泛应用的冷气推进系统中。

化学推进系统是适用范围最广、空间应用最多的推进系统。按推进剂贮存的物理状态分类，有液体、固体和固液混合三种火箭发动机。

表 11-7 航天器推进系统所用推进剂和能源的性能和特性参数

类型	推进剂	能源	真空比冲 I_{SP}/s	推力范围/N	平均密度/(g/cm)^3	优点	缺点
固体发动机	聚合物基体复合固体推进剂①	化学	280～300	50～5×10^6	1.80	简单、可靠、成本较低	性能有限，推力较高，安全性有争议
冷气	N_2，NH_3 氟利昂，氨气	高压气体	50～75	0.05～200	0.28②， 0.60， 0.96②	极其简单、可靠、成本很低	性能很低，系统最重
液体单组元推进剂，双组元推进剂	H_2O_2，N_2H_4 O_2和 RP-1 O_2和 H_2 N_2O_4和 MMH (N_2H_4，UDMH) F_2和 N_2H_4 OF_2和 R_2H_6 CLF_5和 N_2H_4	放热分解 化学 化学 化学 化学 化学 化学 化学	150～225 350 450 300～450 425 430 350	0.05～0.5 5～5×10^6 5～5×10^6 5～5×10^6 5～5×10^6 5～5×10^6 5～5×10^6	1.44，1.0 1.14 和 0.8 1.14 和 0.07 1.43 和 0.86 (1.0，0.79) 1.5 和 1 1.5 和 0.44 1.9 和 1	简单，可靠，成本低 性能高 性能很高 可贮存，性能好 性能很高 性能很高 性能高	性能低，比双组元重 系统较复杂 低温、复杂 复杂 有毒、危险、复杂 有毒、危险、复杂 有毒、危险、复杂
电热 电阻加 电弧加热	N_2，NH_3 N_2H_4，H_2 NH_3，N_2H_4 H_2	电阻加热 h-0.9③ 电弧加热 h-0.3③	150～700 450～1 500	0.000 5～0.5 0.05～5	0.28②，0.60 1.0，0.019② 0.60，1.0 0.019②	性能高、功率低 供给系统简单 性能高 供给系统简单	接口较复杂，功耗比化学推进大，推力小功耗大，接口复杂

注：①有机聚合物+过氯酸氨+粉末状铝；

②在 24 MPa 和 0 ℃时的密度；

③h 为能量转化率。

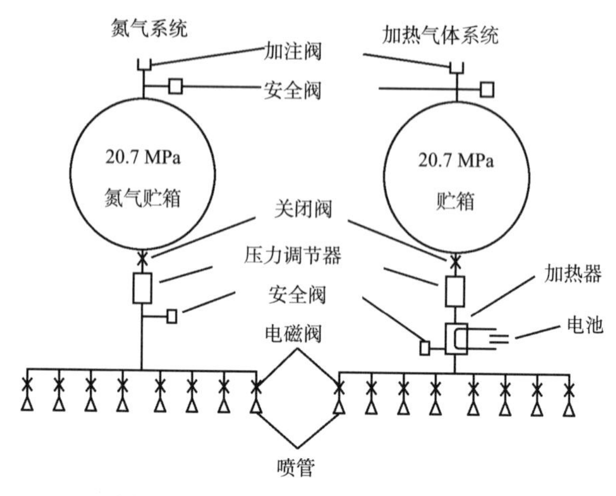

图 11-60　冷气推进系统原理示意图

液体火箭发动机的推进剂以液态形式贮存在推进剂贮箱中，工作时通过挤压气体或泵将液体输送到燃烧室中，其有单组元、双组元和三组元 3 种类型。

单组元液体推进系统使用一种可经受化学和热力学变化的单一工作流体，通过催化剂和喷管产生推力。航天器姿态和轨道控制最广泛采用的推进系统类型是单元肼 N_2H_4 推进系统。N_2H_4 具有良好的处理特性，其在通常的贮存条件下相当稳定，分解产物清洁，可近似按照式（11-34）所示化学反应分解而形成高热的氨气、氮气和氢气

$$4N_2H_4 \longrightarrow 2NH_3 + 3N_2 + 5H_2 + 热 \qquad (11-34)$$

高浓度过氧化氢（H_2O_2）单组元推进系统也在空间推进中得到了广泛应用。该系统采用高锰酸钠或银作为催化剂，过氧化氢在催化剂作用下按照式（11-35）中化学反应分解，形成高热蒸汽和氧气

$$2H_2O_2 \xrightarrow{催化剂} 2H_2O + O_2 + 热 \qquad (11-35)$$

一种典型的单组元推进剂系统示于图 11-62 中，其是利用氮气

将推进剂从胆囊挤压到推力室的催化剂室中。贮存在增压剂箱中的高压气体（20.7 MPa）通过调节装置，其压力被降低到所要求的工作压力（2.1～3.4 MPa），并且作用于推进剂箱中的排出装置上，以维持推进剂上的常压；然后由程序控制电磁阀打开一段特定的时间，这样推进剂就可以精确计量并进入到催化剂室中；催化剂催化推进剂分解形成一种高热气体，气体再经过喷管加速而产生推力。

双组元液体推进系统利用由两种推进剂（燃料和氧化剂）燃烧获得的能量来产生推力。两种推进剂分别喷注到燃烧室，在那里进行反应，生成高温、低分子量的燃烧产物。图 11－61 是挤压式双组元液体推进系统的示意图。

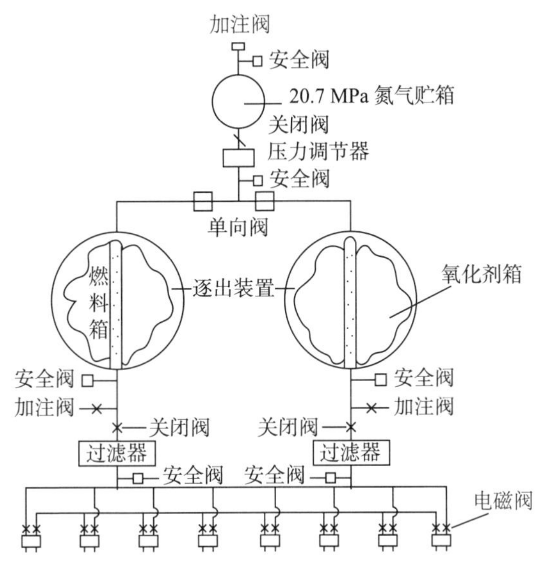

图 11－61　挤压式双组元液体推进系统示意图

这种系统基本上由一个压气系统、推进剂贮箱、推进剂管道、推进剂阀门和推力室组件组成。高压气体（一般是氮气和氦气）被调节到所希望的贮箱压力，当打开推进剂电磁阀时，氧化剂和燃料被强迫通过喷注器而进入燃烧室，在那里进行反应和燃烧。在推进

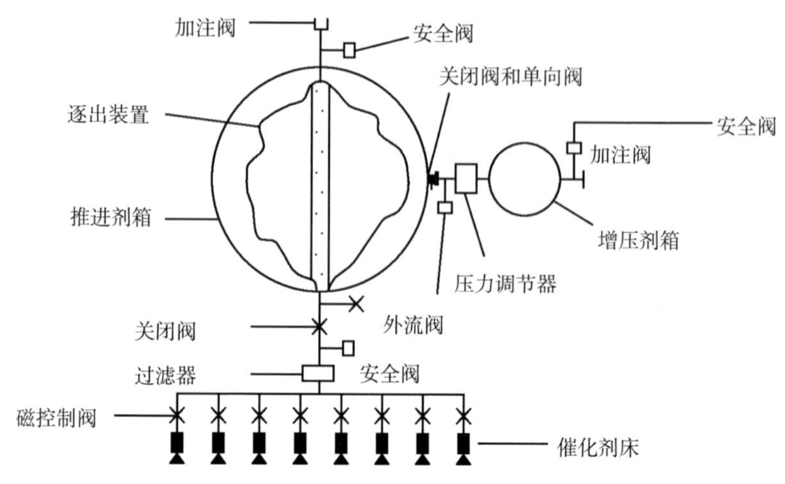

图 11－62　单组元推进系统原理示意图

剂贮箱上游装有单向阀，以防止在公共的增压气体管道中出现回流、混合和燃烧；同时还装有安全阀，万一在调节器损坏时可防止贮箱破裂。在推进剂阀上游的推进剂管道内装有过滤器，以防止喷注器阻塞或由于夹带杂质而损坏阀座。除了图 11－61 所示的那些部件外，一个实际的系统还包括加注与排放接头，以及许多用于系统测试的检测点等。

三组元液体推进系统使用两种不同的燃料和一种氧化剂，例如，液氢和煤油作为燃料、液氧作为氧化剂的推进系统。在低空，煤油和少量的液氢与相应量的氧气进入燃烧室混合燃烧产生推力；在高空，则由液氢和液氧混合燃烧产生推力。三组元液体推进系统满足了低空应用高密度推进剂和高空应用低密度推进剂以提高整体性能的要求，在单级入轨可重复使用运载工具中占有重要地位。

固体火箭发动机存贮固态推进剂。其燃料一般为粉末状铝，氧化剂为过氯酸胺，合成橡胶（例如聚丁二烯）将燃料和氧化剂粉末聚合在一起。与液体火箭发动机相比，固体火箭发动机性能低，但因其结构简单，常常在实际应用中被选用。

图 11－63 是固体火箭发动机的示意图。推进剂药柱整体粘结在发动机壳体上。药柱内表面一般采用星形构形，这样发动机燃烧时药柱表面几乎保持恒定，从而在整个燃烧期间燃烧室压力和发动机推力也比较恒定。发动机的前部或头部装一个点火器，点火时，点火器将燃烧的颗粒喷到主发动机药柱表面，点燃主发动机药柱。固体发动机一般是一次启动，直至整个药柱烧完。

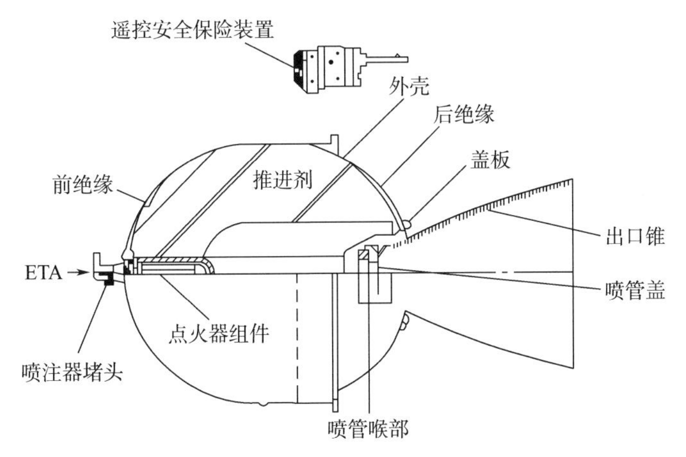

图 11－63　典型的固体火箭发动机

电推进系统依靠外界提供的电功率来加速工质，产生有效推力。例如，在离子火箭发动机中，带电粒子在电场作用下加速并以很高速度排出；而在磁等离子动力推力器中，载流等离子体与磁场间的相互作用产生排斥等离子体的洛伦兹力加速度而使其得以加速。电推进系统能达到很高的排气速度，但其功耗较大。

11.8.3　联盟－TM 飞船推进系统

联盟－TM 飞船的推进系统由位于仪器设备舱的组合动力装置和位于返回舱的再入姿控发动机系统、双组元推进剂贮箱和挤压式供给系统组成，船上共有 35 台各类发动机，其原理图如图 11－64 所示。

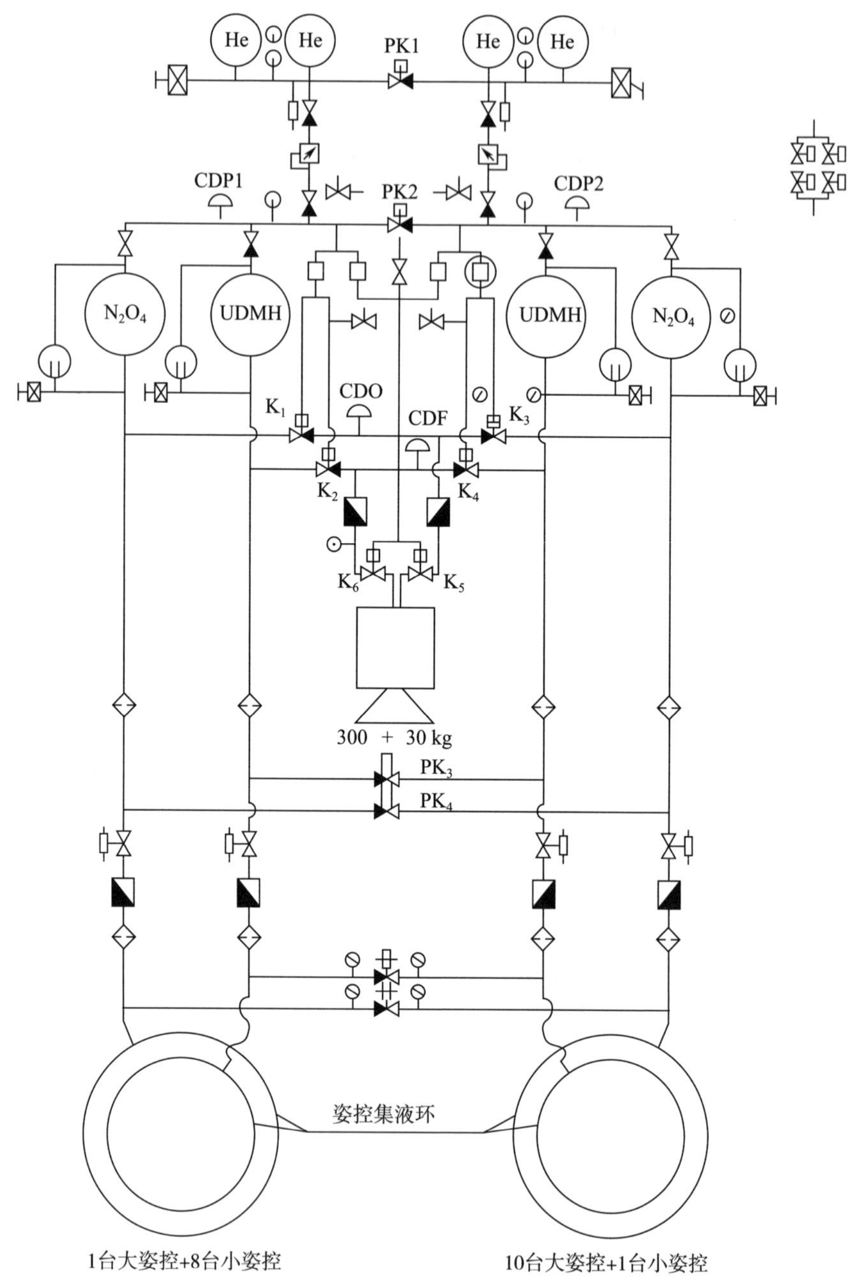

图 11－64　联盟－TM 飞船的组合动力装置系统原理图

4个推进剂贮箱按不同组元相结合分成2组，4个球形氦气瓶也分成2组，经横向并联和交叉形成2条并联的增压和推进剂供给流路。增压气体可以由2组贮箱中的任一组供给任何一台需要工作的发动机。例如：电磁阀PK2打开，可以使左路2个气瓶的气体挤压贮箱或使右路2个气瓶的气体挤压贮箱；当电磁阀PK1打开时，4个气瓶中的气体可以同时通过左路或右路挤压推进剂贮箱，从而使气路系统获得一定的冗余。在正常情况下，PK1、PK2都是不动作的，这样就形成了左右两条相互独立的推进剂供给流路。在需要飞船变轨机动时，首先要根据当时发动机的参数、发动机系统的状况和各贮箱中的推进剂贮量情况，确定使用哪一路的推进剂，再由船上指令系统发指令打开K1、K2或K3、K4，即选用左路贮箱还是右路贮箱供给推进剂。在靠近-修正发动机和停靠与定向姿控发动机的推进剂流路上都设有流量测量传感器，监测贮箱中的推进剂剩余量情况。阀门的动作通过压力信号器进行监控，其中压力信号器CDP1和CDP2监控贮箱的增压压力，当贮箱压力超过2 MPa时，供气电磁阀关闭，不再给贮箱增压，以保证贮箱的安全；压力信号器CDO及CDF则监控靠近-修正发动机的入口压力，如果压力低于0.98 MPa，则关闭靠近-修正发动机的主阀门K5和K6，以防止靠近-修正发动机被烧坏。一般情况下，CDO及CDF的接通动作信号也会给控制系统一触点信号，表示靠近-修正发动机已准备好，可以接受点火工作指令。

左、右两条推进剂供给流路都可以给停靠与定向姿控发动机供给推进剂。停靠与定向姿控发动机系统包括14台大姿控发动机和12台小姿控发动机，分别布置在仪器设备舱后端的锥形过渡段和前端的桁架过渡段上。每处设置2条环形集液管，每台姿控发动机都从环形集液管获取工作的推进剂，并通过打开或关闭姿控集液环前的4个阀门，使姿控发动机的推进剂供给也可以起到与增压系统一样的互补及冗余作用。

为了确保载人飞行的安全性，联盟-TM飞船的组合动力装置不仅在系统流路中考虑了多种冗余设计，而且在发动机配置和结构设计上还采取了多种措施。例如，当靠近-修正发动机出现故障不能进行返回制动点火时，可以利用位于飞船尾部的4台正推姿控发动机完成返回制动，即尾部的4台正推姿控发动机可以作为靠近-修正发动机的备份，从而确保航天员能返回地面。在管路及阀门结构设计中都采用双道密封结构，以防止出现推进剂和增压气体的泄漏。

联盟-TM组合动力装置的发动机布置如图11-65所示。靠近-修正发动机布置在飞船的尾部，该发动机为摇摆发动机，摆角为±5°，O位状态时推力线与飞船的纵轴重合。8台推力为25 N的俯仰、偏航姿控发动机布置在飞船尾端的锥段上（*A*—*A*），每4台一组共分成2组，其中一组为冷备份。在尾部锥段上还布置有4台推力为140 N的正推姿控发动机。在仪器设备舱前端的桁架过渡段上（*B*—*B*），布置有用作飞船质心平移的10台推力为140 N的大姿控发动机，其中4台用作质心左右平移，4台用作质心上下平移，2台作为反推发动机。此外，在前端的桁架过渡段上还有四台推力为25 N的小姿控发动机，用作滚动控制。

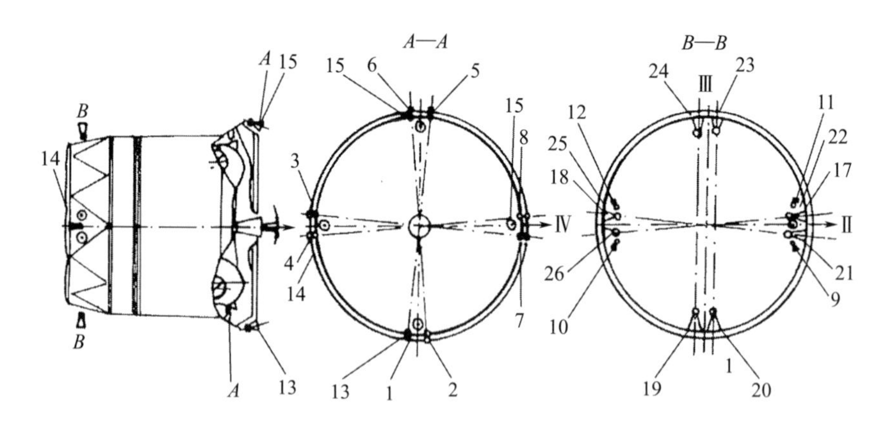

图11-65 联盟-TM飞船仪器设备舱的发动机布置

1～8—俯仰、偏航姿控发动机；9～12—滚动姿控发动机；13～16—正推姿控发动机；17～18—反推姿控发动机；19～26—飞船质心上、下、左、右平移的姿控发动机再入姿控发动机系统是一套采用 H_2O_2 催化分解的挤压式单组元液体火箭发动机系统，图 11－66 是其原理简图，其增压系统采用全冗余备份设计。当阀门打开时，2 条增压气体流路可同时增压 2 个推进剂贮箱，2 套增压系统中的某一套出现故障时，可以通过关闭图中序号 4 中的阀门进行隔离，剩余一套增压系统对贮箱增压仍可以保证完成飞行任务。2 个贮箱的推进剂供给流路也构成了互为冗余的形式，均可分别或共同对 8 台姿控发动机供给推进剂。

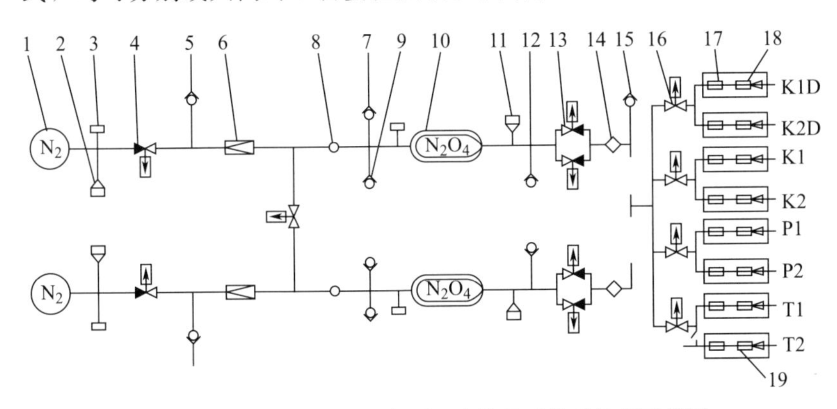

图 11－66　联盟－TM 飞船再入姿控发动机系统原理简图

1—气瓶；2—充气阀；3—压力传感器；4—启动阀；5—检查阀；6—减压阀；7—泄压阀；8—单向阀；9—安全阀；10—推进剂贮箱；11—燃烧剂加注阀；12—安全阀；13—隔离阀；14—过滤阀；15—检查阀；16—断流阀；17—可控液阀；18—催化分解反应器；19—发动机组件（T1、T2 为俯仰，P1、P2 为偏航，K1、K2 为滚动，K1D、K2D 为滚动备份）

图 11－67 是联盟－TM 飞船再入姿控发动机系统的安装布置图，8 台姿控发动机按照返回舱再入飞行时的主惯性坐标系进行布置。其中俯仰和偏航姿控发动机嵌入返回舱内，俯仰发动机安装在背风面的发动机舱内。再入姿控发动机系统的贮箱、气瓶和系统附件安装在位于备用伞舱后面的隔舱内，该隔舱与航天员生活密封舱隔开。贮箱和推进剂管路用不锈钢制成，至各台发动机的推进剂供给管路沿返回舱内壁布置，管路接头均采用带双密封形式的管接头，其中一道密封为 O 形圈，另一道为平垫密封。

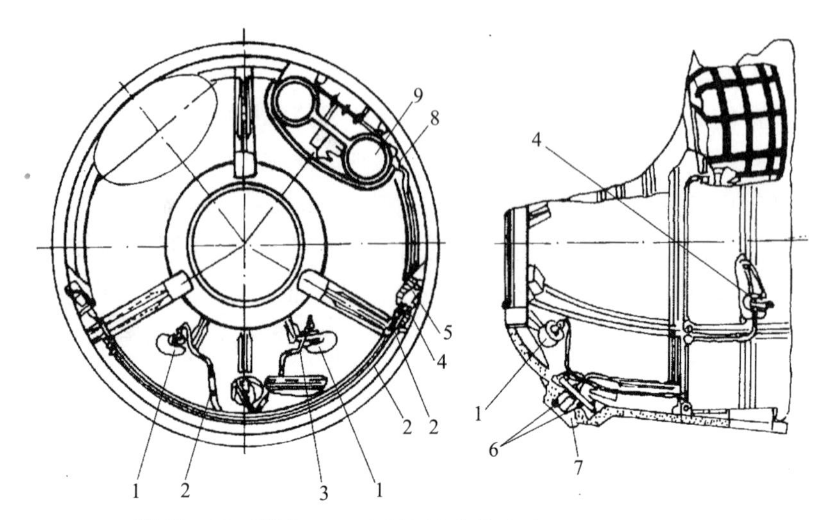

图 11－67　联盟－TM 飞船再入姿控发动机系统安装布置

1—偏航发动机；2—推进剂供给管路；3—可控电液阀；4—滚动发动机；5—隔热填料；6—俯仰发动机；7—隔热填料；8—密封接头；9—推进剂贮箱

11.8.4　神舟飞船推进系统

神舟飞船由轨道舱、返回舱和推进舱 3 个舱段组成，每个舱段上都由一套独立的推进子系统来完成相应的任务，其发动机布局如图 11－68 所示。

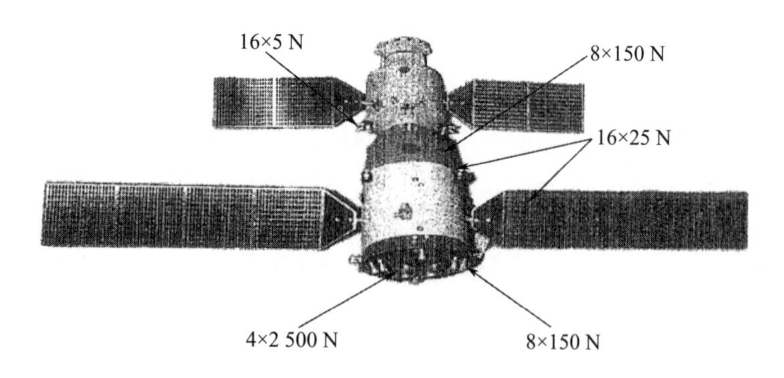

图 11－68　推进子系统 5 种发动机的布局

(1) 神舟飞船轨道舱推进子系统

轨道舱推进子系统在飞船自主飞行任务结束后为轨道舱留轨利用期间提供轨道控制、姿态控制等所需的冲量。该子系统只在与返回舱分离后的轨道舱留轨利用期间工作，要求工作寿命在 6 个月以上，所以其设计和可靠性指标等基本上是按卫星而不是按载人航天器的要求。

因为总体要求的总冲不太大，比冲要求也不高，所以优选的推进剂为无水肼，增压气体为氦气，采用定压挤压供应系统。整个系统由一只容积为 7 L、工作压力为 23 MPa 的钛合金气瓶、电爆阀、减压器等阀门组件，一个橡胶囊式贮箱，16 台 5 N 的肼分解发动机等组成。除 5 N 的姿控发动机分主副两组外，其余部分均无冗余设计。

采用定压挤压而不是卫星常用的落压挤压，其主要原因是为了保证任务后期发动机的性能指标，以及贮箱容积所受安装尺寸的限制。为解决在长达半年以上的任务期内可能出现的减压器被卡或关后不密封等导致箱压升高的问题，在系统中减压器前增设了可以遥控开关的高压自锁阀。图 11 - 69 给出了轨道舱推进子系统的原理系统图。

(2) 神舟飞船返回舱推进子系统

返回舱推进子系统为飞船返回再入大气层过程提供姿态控制所需冲量等。返回舱是航天员的座舱，航天员从发射段到返回段一直停留在该舱内，而且返回舱推进的可靠性对保证飞船返回过程中返回舱的运动控制的成功起着重要作用，因此对其推进子系统的可靠性及安全性要求很高。根据总体对总冲和比冲提出的要求，从简化系统考虑，显然应选取单组元推进剂。然而可以实际应用和进行比较的只有过氧化氢和无水肼，俄罗斯一直选用过氧化氢，神舟飞船最后选用的是无水肼，其主要原因是中国在使用无水肼方面有着丰富的实践经验。鉴于氦气质量轻且价格较低，来源不存在困难等，选用氦气作为增压气体。

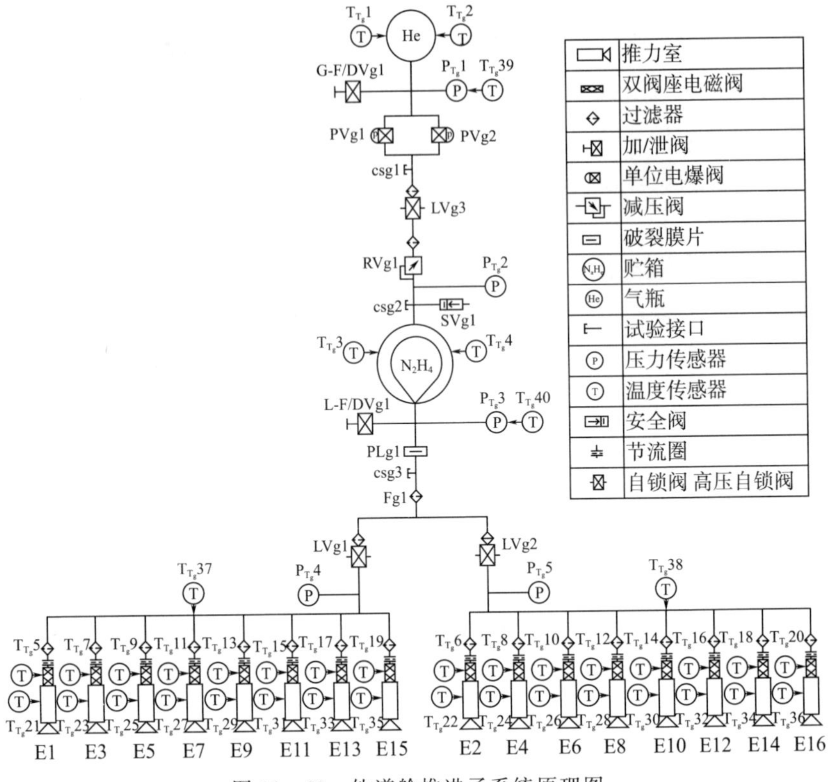

图 11－69　轨道舱推进子系统原理图

整个系统采用定压挤压供应，由 2 只容积为 4.5 L 承压为 23 MPa 的钛合金气瓶，2 个总共可供应 28 kg 推进剂的橡胶囊式贮箱、8 台 150 N 的肼分解发动机，以及电爆阀、减压器等组成。

该推进子系统有如下设计特点：

1）除推进剂外，其余为全冗余；

2）除发动机机组外，其余组件采用高度集成设计，全部集中安装于凹舱内的模块上；

3）液路中设有破裂膜片、自锁阀和发动机的 3 道主控制阀安全措施，足以保证推进剂从加注一直到电磁阀通电打开和贮箱开始增压前，无水肼不会产生外泄；

4）设有剩余推进剂和增压气体的排放系统。

为了避免着陆冲击导致剩余推进剂泄漏危及航天员安全，在正常再入飞行和高空逃逸救生的情况下，当返回舱推进子系统工作完毕后，先用多台发动机连续工作的方式耗尽贮箱内的推进剂，此后增压气体借助压差将贮箱并联旁路中的破裂膜片压破，对贮箱后的管路进行吹除和排放。在中低空和发射台逃逸救生情况下，采用向舱外直接排放推进剂的方式排光推进剂，然后用增压气体吹除。吹除管路出口是用电磁阀而不是电爆阀控制的，其优点是吹除后可以将出口关闭，以避免着陆后残余推进剂外流影响航天员的安全。返回舱推进子系统的原理系统图如图 11－70 所示。

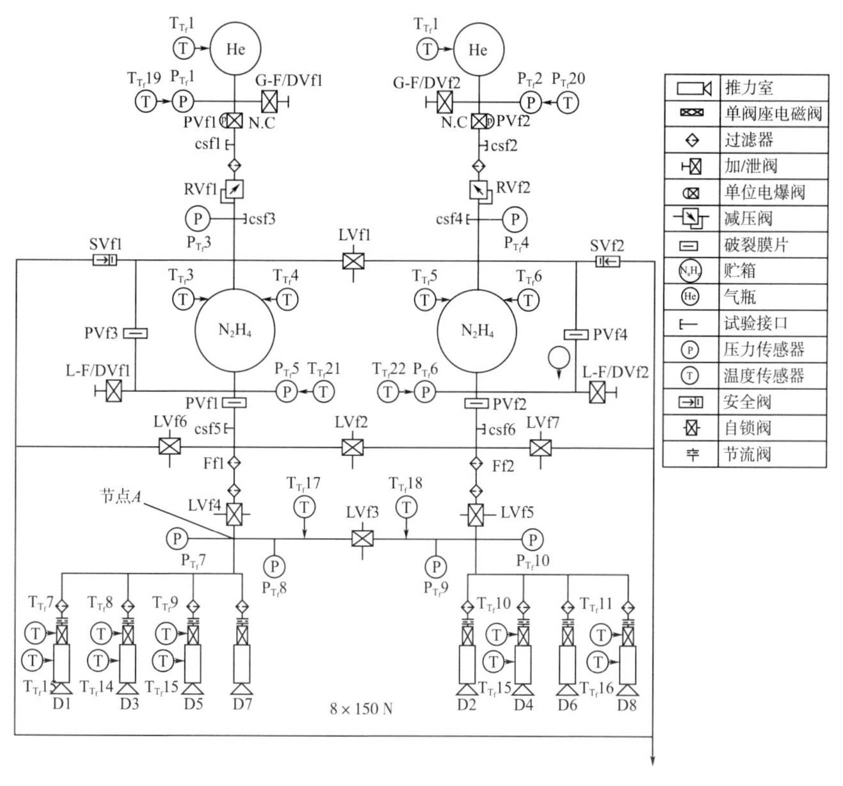

图 11－70　返回舱推进子系统原理图

(3) 神舟飞船推进舱推进子系统

推进舱推进子系统为飞船在轨飞行时提供变轨机动、轨道保持、姿态稳定、姿态调整及姿态定向等所需的冲量，为飞船脱离飞行轨道返回地面提供制动及姿态控制所需冲量，作为发射段抛罩后的逃逸救生动力等。

由于总体要求的总冲比较大，轨控发动机的推力（2 500 N）和真空比冲（2 900 N·s/kg）较高，因此选用 N_2O_4/MMH 双组元推进剂。为便于设计成等容积的推进剂贮箱，平均混合比选为 1.65，增压气体为氧气。

该推进子系统为统一的双组元定压挤压供氧系统，由 6 只容积为 20 L、承压为23 MPa的钛合金气瓶，4 个容积为 230 L、工作压力为 2 MPa 的变厚度、变曲率大型金属膜片贮箱（氧化剂与燃料剂各 2 个），4 台真空推力为 2 500 N 的轨控发动机，8 台真空推力 150 N 的大推力姿控发动机，16 台真空推力为 25 N 的小推力姿控发动机，近百只各类阀门和百余只各类组件等组成。除气瓶和贮箱外，其余均采用了冗余配置，分主副两组工作。其系统工作原理如图 11－71所示。

该系统采用了优化设计，主要体现在下列几个方面：

1）系统中起通断作用的阀门选用了电磁阀而不是气动液阀，省掉了气路控制及其所需的大量阀门。

2）减压阀前增设可以遥控开关的高压自锁阀，以防止减压阀失灵等原因引起贮箱压力的升高。

3）采用大型变厚度、变曲率的金属膜片贮箱，用于消除由于外界干扰产生的晃动力。但相比于联盟－TM，增加了膜片厚度，提高了膜片焊接的可靠性，由此省掉了贮箱前的单向阀门，而且膜片加厚还降低了其对推进剂饱和蒸汽压的敏感度，从而取消了贮箱外专门设置的温度补偿器。利用贮箱排放过程中膜片变形的规律，用测量膜片位移的拉线传感器代替系统中串置的流量计测量贮箱内推进剂的剩余量等参数，这不仅简化了系统，同时还提高了工作的可靠性。

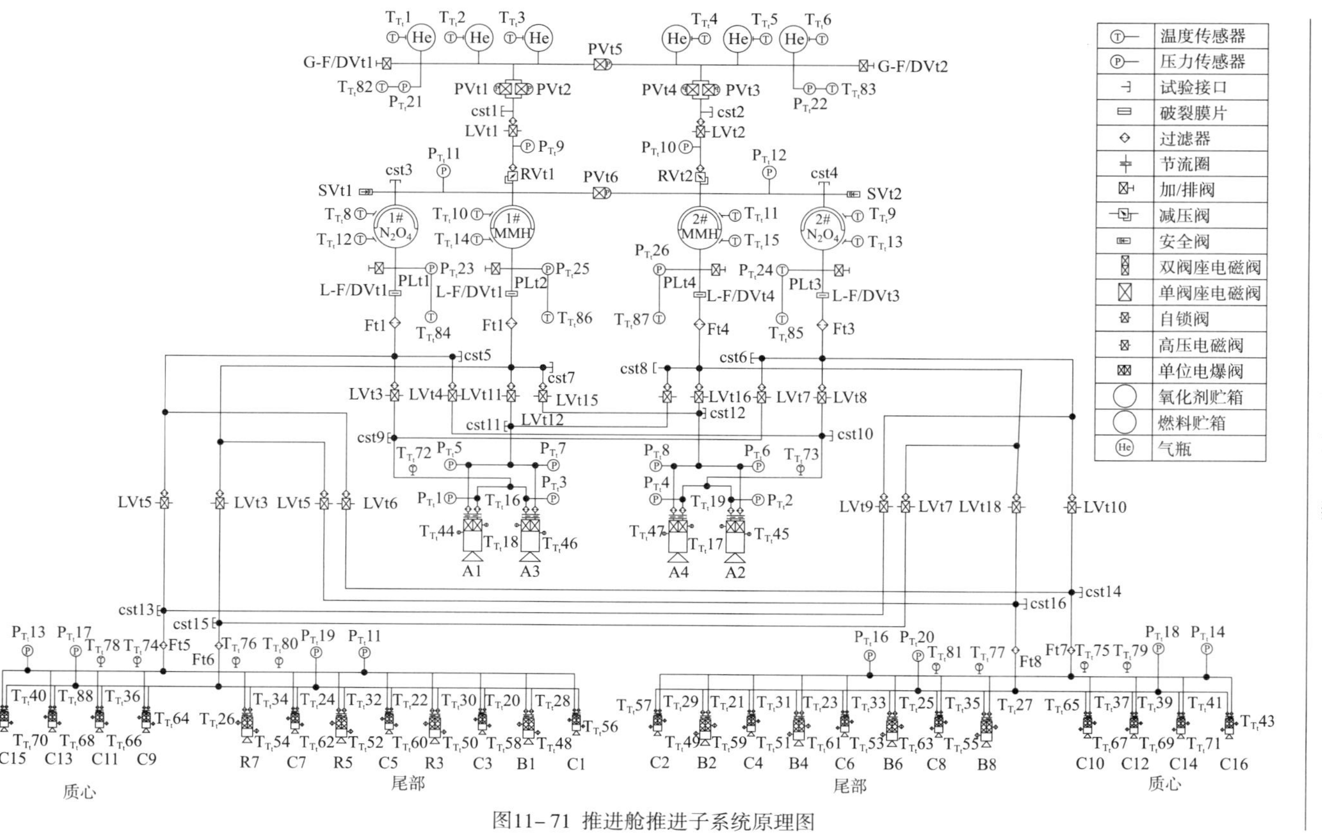

图11-71　推进舱推进子系统原理图

4）液路系统采用交叉供应代替联盟-TM的井型设计，可以保证贮箱的均衡排放和质心的稳定，以及消除横向管路中阀门流阻给发动机性能带来的影响。加注后的液路具有破裂膜片、自锁阀和主控制阀3项措施，足以保证发射前箱内推进剂与外界完全隔离，提高在发射场的安全性。

5）2 500 N轨控发动机采用带声腔的头部设计，解决了燃烧不稳定问题。

6）采用互为独立的双阀座结构，且其开关时序可调，提高了多脉冲工作的关闭可靠性。

11.9 飞船通信

11.9.1 飞船通信系统的任务

载人飞船通信系统的任务是在飞船与地面站及空间站或其他航天器之间传送信息，达到以下目的：

1）建立航天员与地面站之间的双向话音联系；

2）向地面传送工程遥测参数和电视图像，以支持地面对飞船状态进行监测；

3）接收地面遥控指令，以实现地面对飞船的控制；

4）在进行舱外活动时，建立出舱航天员与舱内航天员之间的通信联系；

5）在执行交会对接任务时，建立飞船与目标飞行器（空间站或其他飞船）间的通信联系。

话音通信是载人飞船的一个基本要求，其建立了航天员与地面站通信人员之间的直接联系，有时候还可以直接转换到飞行控制中心。对于所讨论的多种飞行任务，所要求的话音信道的数目一般限于一路双工话音信道。尽管如此，在大多数飞船中，提供了两个分开的话音信道来应对应急情况或作为备份。话音信道必须能够发送在检波输出端有10～20 dB量级的信号功率比、3 000周视频带宽的信号。

遥测无论对于载人或不载人飞行都是绝对需要的，因为航天员不可能报告飞船显示器上数以百计的读数。由飞船至地面站的遥测信道是通信系统的一个重要组成部分，其允许地面站进行监视，达到飞行控制的目的；万一在飞行失败或飞船上记录容量有限时，其还可提供用于分析的测量数据。遥测信道通常组合了几种类型的数据，例如生物医学的、功效的、飞船结构的、工程测量或工程环境的，以及实验得到的数据。这些数据或者是实时传输，或者是存储在飞船上，并且当飞船处于地面站视野内时将其发送到地面；在地面站将数据进行预处理，然后发送到飞行控制中心。大多数载人航天的遥测采用脉码调制（PCM）及数字信道，因此，利用每一圈轨道所收集的比特数或每天收集的比特数来表示对遥测的要求是最适合的。由此，当每天的全部视野时间已知时，以每秒多少比特表示的信道容量便能推导出来。此外，也可能产生对结构数据或噪声数据的模拟遥测传输的要求。

地面站至飞船的直接指令联系使地面可以有效地控制飞船的运行，改变飞船原定的飞行计划，处理飞行中可能发生的应急事件。飞船指令信道起着上行数据的接收及传输到数据管理系统的作用，其可以完成因为航天员没有时间、没有设备、没有能力或丧失能力而不能完成的工作。在不载人飞行时，指令信道是除飞船程序装置之外执行所要求工作的唯一方法。

从飞船向地面发送电视图像，使地面对航天员的状态可以进行直接监视。在进行交会对接时，电视图像可使航天员和地面对飞船与目标之间的相对运动过程有直观的了解，从而进行有效的控制。电视图像还可用于宣传报道、对不可预测事件的监视、飞行文献的编集等目的。

11.9.2　飞船通信系统构成

载人飞船通信系统的构成方法有两种，一种是采用甚高频

(VHF) 系统或单个信道方法，其对每个信道分配单独的频率并且使用独立的设备，只有船上天线系统是通信设备的公用部分；第二种采用统一 S 波段系统，其将所有的通信信道合并到一个副载波系统中，信号由公用的一个功率放大器放大，并且同时使用一个天线。在这两种极端方法之间还存在折衷的途径，这就是将一部分通信信道（通常是大多数信道）合并采用统一 S 波段系统，另一部分信道则采用甚高频系统或单个信道方法，这种途径可以带来更高的可靠性和更广泛的适用性。

从节省飞船上的功率、减少设备重复的考虑出发，将通信系统和测距系统统一起来具有明显的优点。根据精确测距的需要，测距基本脉冲宽度为微秒数量级，测距码带宽为几兆周数量级，这种带宽要求分布在 S 波段。于是出现了随机码测距系统与遥测、话音和指令通信相结合的统一 S 波段系统，从飞船到地面的电视信道与该系统相结合。

图 11 - 72 是统一 S 波段的方块图。这个系统分成 3 个基本单元，即功率放大器、应答器和调制信息处理机。功放级简单地由激励放大器、功率放大器和天线双工器组成，其中天线双工器用于隔开发送信号和接收信号。

应答器级是统一 S 波段系统的心脏，起着传送和接收两个作用。其可以接收来自调制信息处理机的全部输出，并进行最后调制，然后将这些信息送至地面。此外，应答器还能接收来自地面系统的全部信息，接收和发回测距码，并将话音和上行数据副载波送到调制信息处理机中去。

达到的信号从 2 000 兆周转换到中频，在该频率上信号可用更常用的电路控制。滤波装置能将话音信号、数据上行通信道（或指令信道）以及测距码分隔开。因为测距码信号基本上包含载波，为了保持系统的相位相干，其进行第二次变换时使用了锁相电路。恢复的载波控制电压可控振荡器，电压可控振荡器又连接频率综合器，后者对第一次变换提供本振频率，并且将全部其他信号转化到基带，

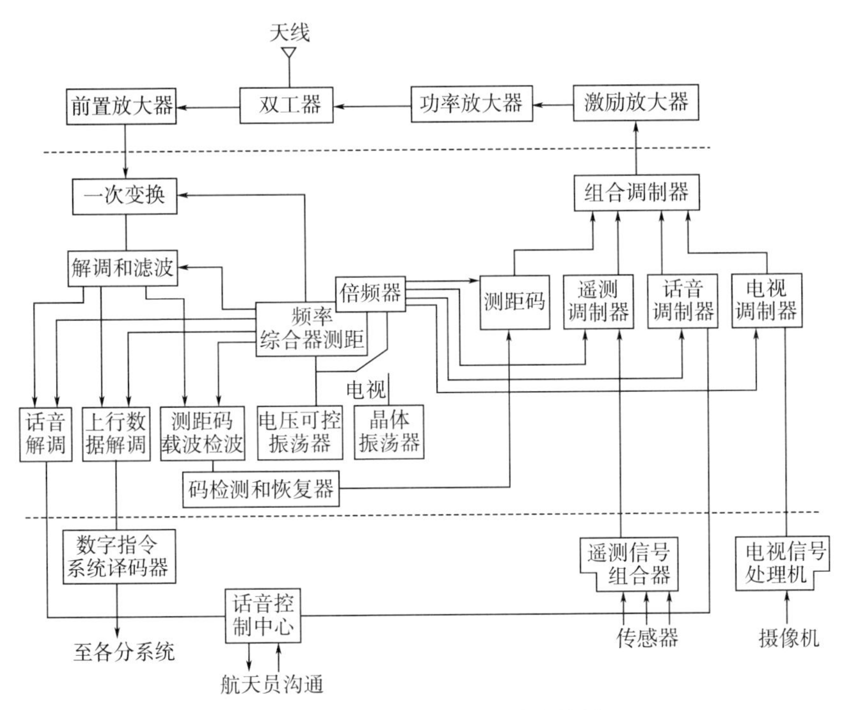

图 11－72　统一 S 波段系统方块图

用这种方法可达到信号解调，即相位锁定的目的。恢复的载波同样地也通到一个倍频器上去，在那里产生遥测和话音返回载波和副载波。

从被检测的载波中，测距码被提取、检测和复原，然后复原的码调制返回载波；其他的船上信号，如遥测和船上话音信号，被调制到适当的载波上去；这些调制信号与测距码进行组合，然后组合的信号通到功率放大器去。

前面所述的工作方式用于测距。在电视中，接收与发射载波之间没有使用相位锁定。稳定的晶体振荡器用来产生遥测和话音的发射载波和副载波频率，再用开关将倍频器连接到晶体振荡器（电视方式）或电压可控振荡器（测距方式）上去。

调制信息处理机提供或分配信号；从应答器接收解调的话音并将话音馈送到话音控制中心，话音控制中心为下行信道给应答器提供信号；解调的数据上行信道信号馈送给数字指令系统（DCS），并将信号分配到适当分系统的译码和处理装置。调制信息处理机也包含遥测信号组合器，其基本上是一个脉码调制转换开关，可用于调频-调频副载波振荡器组的增强。进一步，调制信息处理机将从摄像机传来的电视信号与同步信号组合。在复杂的系统中，可能包括电视信号。

第 12 章　发射与入轨

任何航天器若要实现绕地球飞行或飞离地球，就必须在某一高度达到要求的速度。这离不开相应的运载工具和与之相关的发射保障体系，载人飞船亦不例外。因此在熟悉飞船的基本组成后，本章将介绍载人航天工程系统的另外两个主要系统——运载系统和航天发射场系统。

12.1　航天器发射工程体系概述

航天器发射工程体系作为航天系统的一个重要组成部分，通常由火箭-航天飞行器系统和航天发射场体系组成。人们利用其进行航天飞行试验，为人类进行空间探索和开发空间服务。

12.1.1　航天飞行试验

航天系统是由陆上、海上和太空等诸多分系统组成的大系统(如图 12－1 所示)。人们用该大系统完成拟订的航天工程计划所进行的航天器飞行试验，可以说是整个航天工程进入最后阶段的标志，也是对研究成果的最终检验，是一切航天活动的前奏。其具有探索性、综合性、密集性与创造性等特点，是一个技术难度大、涉及面广、耗资巨大、高新技术密集、综合性强的系统工程。

飞船的发射、入轨、运行及返回着陆是一系列特殊的航天飞行试验，是人类航天活动的重要一步。这类飞行试验是运载火箭和载人飞船研制过程中必不可少的重要环节，试验的成功极大地扩展了人类活动的新领域，这也是人类认识自然、开发太空的一个质的飞跃。

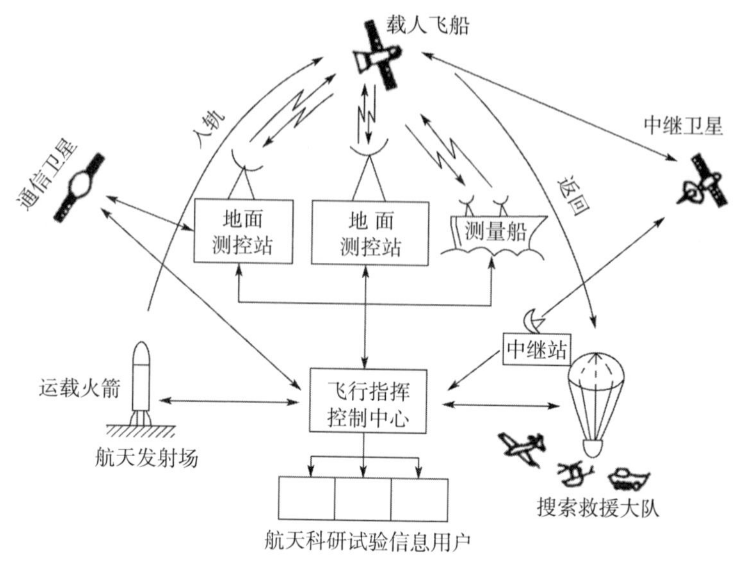

图 12-1 载人航天大系统

(1) 航天飞行试验的目的、任务及分类

航天飞行试验一般以试验为主，兼顾实用：进行预定轨道的发射试验，检验运载火箭、航天器试验发射及测控通信诸系统的设计方案的正确性、可行性、协调性、可靠性及系统功能，考验航天器对运载火箭飞行时的各种环境（如振动、噪声、冲击、超重等）的适应能力及航天员的生命保障系统的安全性，考验航天器在各飞行段内测姿、姿控、测轨、轨控的能力，考验航天器变轨技术和工作性能，考验运载火箭的技术性能、结构强度和制导精度，考验地面发射和测控技术，遥测遥控性能的可行性、协调性和可靠性等。

航天飞行试验的核心是获取各种试验数据，根据所得数据来检验设计的正确性。通过尽可能少的试验去获取更多的有效信息，了解航天器对真实飞行环境的响应，评定航天器的品质。

航天飞行试验的分类取决于飞行试验的目的和任务。到目前为止，尚无统一的分类法，下面仅从试验的性质和任务进行简单划分。

①按试验性质

研制出来的航天器的首批飞行试验。通过飞行试验检验总体方案的正确性、系统之间的协调性，为修改设计提供依据。

定型试验是指对新研制产品抽样进行飞行试验，其主要目的是根据实测数据来评定飞行器的战术技术指标、使用性能是否达到要求。

服务性试验是指使用定型后的运载火箭发射某种用途的航天器的试验，即通常所谓的航天活动。

②按任务

按照任务可分为不载人飞行试验、载人飞行试验和行星际飞行试验。

不载人飞行试验是指航天器上只装有科学仪器设备，全部控制由地面控制系统实施，如发射各类卫星。

载人飞行试验是指飞行器上载人和仪器设备。此时航天器上要增加生保系统和更可靠的安全设施，控制由地面和航天员共同实施，地面指挥员与航天员保持密切联系。

行星际飞行试验是指航天器载人或不载人去月球、火星等星球间的试验。

（2）航天飞行试验的组成

由图 12－1 所示的载人航天大系统可知，对于火箭-载人飞船系统的航天飞行试验，通常由载人飞船、运载火箭、航天发射场、着陆场和航天测控网等系统组成，每个系统又由若干个分系统组成。此外，还要动用国家的有关系统参加飞行试验。

①载人飞船

航天器由结构，防热，制导、导航和控制，推进，环境控制和生命保障，测控通信，能源，返回着陆和救生等分系统组成。

②运载火箭

运载火箭通常使用一枚三级液体火箭。第一级芯级带有四个锥形助推器，形成捆绑一级。第一、二级是用新长征火箭的箭体改进设计而成的，第三级为氢氧级。火箭采用平台-计算机全惯性制导，其任务是把飞船送到预定轨道。

③航天发射场

航天发射场由测试发射、测控、通信、气象、搜索救援及技术和勤务等系统组成。运载火箭和载人飞船运至发射场后，在技术阵地进行单元和综合测试，在发射阵地进行射前测试、加注和发射。

④航天测控网

航天测控网由发射区飞行指挥控制中心、飞行控制中心、测控中心、多个测控站和测量船组成。其任务是：完成运载火箭一、二、三级飞行段的跟踪测量和遥测；完成载人飞船运行段的测轨、测姿、遥测和遥控及通信；完成返回段的跟踪测量，预报精确落区；运用地面控制中心的医学监测系统对航天员飞行时实施全面监督。

⑤着陆场与搜索救援

从飞船返回着陆的安全性考虑，着陆场分为主着陆场区和应急着陆场。主着陆场区供飞船定点正常返回使用，应急着陆场区供飞船应急救、搜索救援使用。场区内配备有跟踪测量和数据处理设备、遥控和导航设备、指挥通信系统、完成搜索救援任务的勤务保障机构和应急救生设备。

⑥其他系统

航天飞行试验除了上述五个主要系统外，还要有众多国家系统参加，例如铁路、航空、航海、全国气象网、邮电部的通信网络等。

12.1.2 航天器发射场体系

如图 12－2 所示，航天器发射场体系由航天器发射中心（首区）、航天测控网（航区）和航天器回收区（落区）三大部分构成。航天器发射中心负责运载火箭及航天器的射前准备，对发射作业进行指挥控制，负责从发射到整个主动段结束期间的火箭航天器系统的安全控制和应急救生，对主动段跟踪测量、遥控及实时数据处理。

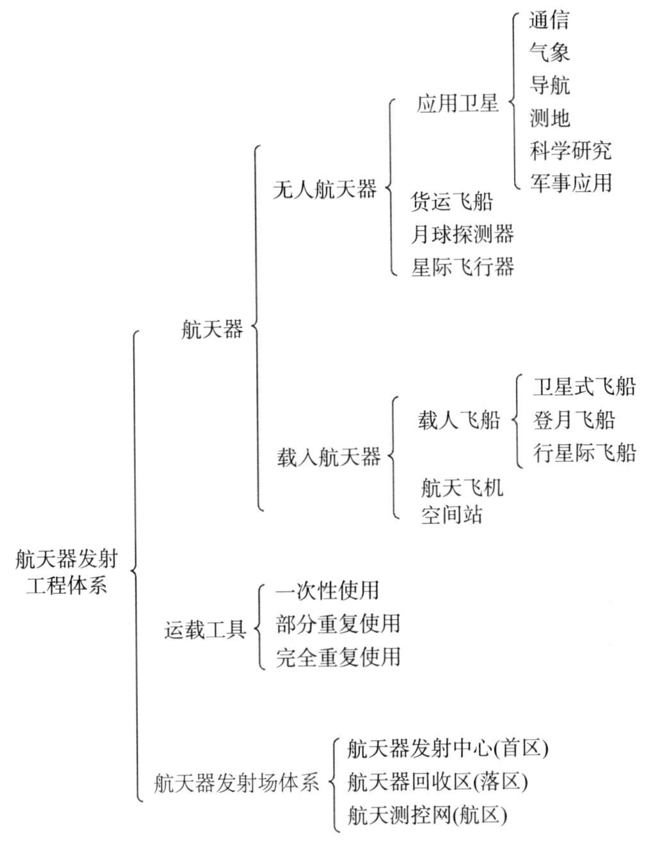

图 12-2　航天器发射工程体系

航天控测网由航天测控中心飞行控制中心和一定数量的测控站（船）组成，负责运载火箭、航天器的测量和控制；获取火箭航天器各系统工作和航天员状况的遥测信息，同航天员进行无线电和电视通信；对测量信息交换与处理；进行轨控与着陆点预报。

航天器回收区是弹头或航天器返回舱的落区，对于载人飞船由用于正常回收的主着陆场及若干用于应急救生的着陆区组成。

12.2 航天发射场

航天发射场是一整套为保障运载火箭航天器的总装对接、检查测试、加注发射、外弹道测量、发送指令、接收和处理测量信息而专门建造的地面设备、设施和建筑的总称，有时还包括各级运载火箭坠落和航天器回收的地区或海域。作为航天发射体系的重要组成部分，其是航天工程体系的科学试验基地，也是航天器进入空间之前的、地球上的最后一个停泊点。

12.2.1 航天发射场的组成

航天发射场通常由图 12-3 所示的 6 个部分组成。

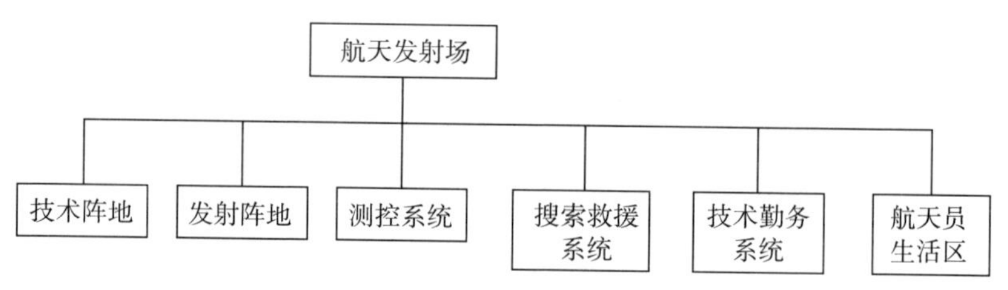

图 12-3 载人飞船航天发射场的组成

航天发射场的全部设备可分为通用设备和专用设备两类。通用设备包括电力、照明、取暖、通风和消防设备，以及通信、供水、下水道、升降机等所有通用工业性的设备。专用设备是指用于运载火箭和航天器的运输、装卸、装配、测试、起竖、加注、充填压缩气体、调温、发射准备、发射和飞行测试及控制等设备。

技术阵地是保障验收、存放、装配和测试运载火箭和航天器，给航天器加注推进剂和充填压缩气体，以及将航天器对接到运载火箭上去的一整套建筑物和设施。其主要由测试、供气、供配电、指挥通信和勤务保障等系统组成，工业建筑以总装测试厂房为中心分布在其周围。

发射阵地是配有一整套通用和专用设备的设施，由各种道路相连的地区。其任务是接收从技术阵地转运来的运载火箭和航天器，并将其起竖到发射台上，进行测试、射前准备、加注推进剂、充填压缩气体、瞄准和实施发射（见图 12-4）。

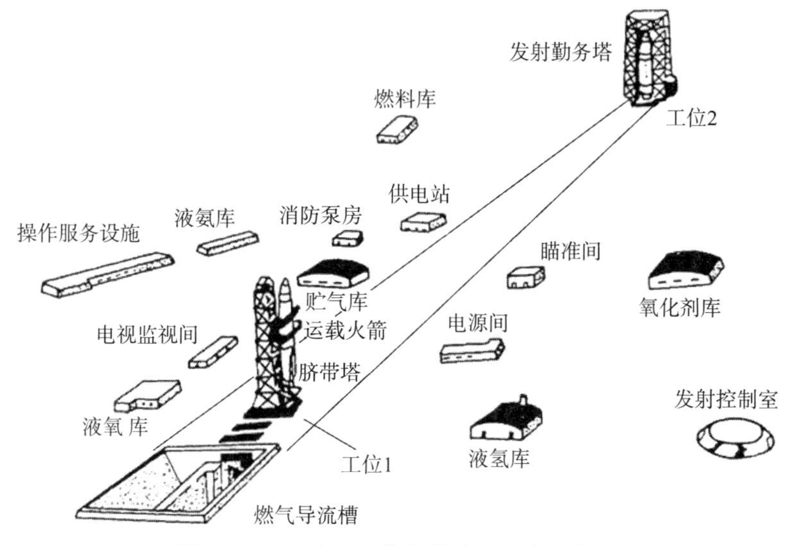

图 12-4　一个双工位发射阵地组成示意图

测量控制系统（简称测控系统）包括设置在火箭飞行器航区上的一整套地面点站和配有专用设备的船只的系统。用其完成运载火箭一、二、三级的弹道测量、发送指令、安全控制、接收和处理火箭飞行器发来的遥测信息，对测量信息进行实时或事后数据处理，并提供指挥和引导信息，进行遥控（见图 12-5）。

搜索救援系统是由用于搜索、发现、回收航天器和救护其乘员的各种特种装备，例如飞机、直升机、水陆交通工具、测向设备、目视观察设备、通信设备以及医学、气象和其他信息处理设备组成。其主要任务是：搜索和发现载人飞船返回舱，测定其着陆点坐标，有组织地将搜索营救人员和器材及时送到着陆场地，完全撤出航天员并给予必要的医疗救护，对返回舱进行技术维护，取

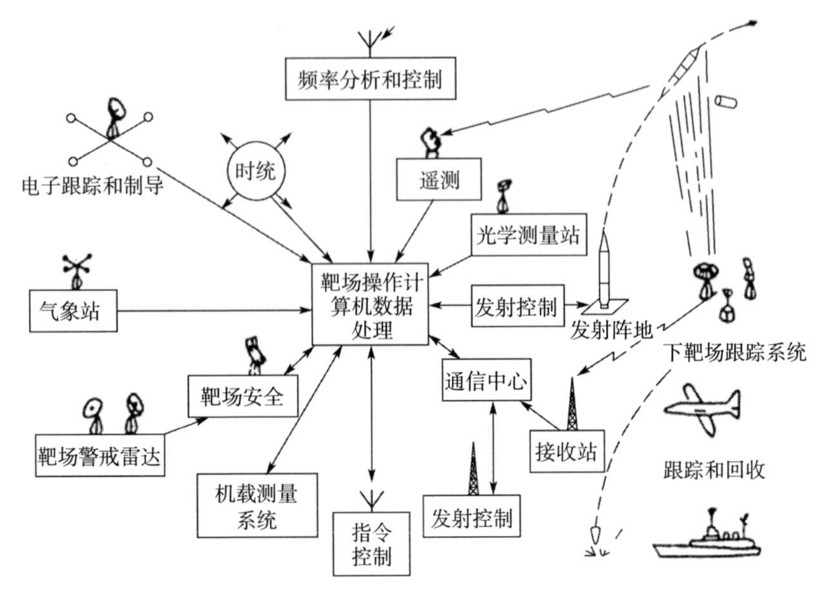

图 12-5　地面测控系统组成示意图

出文件和科研资料以及可卸的仪器；回收整个返回舱并将其运到指定地点。

技术勤务系统是指航天发射场的其他各种技术保障系统。其包括供电、供水、运输、计量、推进剂供应、气源供应、修配加工、医疗救护、文化娱乐等公共设施和行政教学区。

航天员生活区是指发射载人飞船的航天发射场所必须的航天员驻场设施，供航天员训练、工作和生活用。其由航天员模拟训练室、室内健身房、医检医保室、住房等组成。

12.2.2　航天发射的工作流程

以苏联联盟号箭船系统的发射场处理流程为例，介绍航天发射的工作流程，如图 12-6 所示。

（1）技术阵地作业

技术阵地作业按照以下步骤进行：

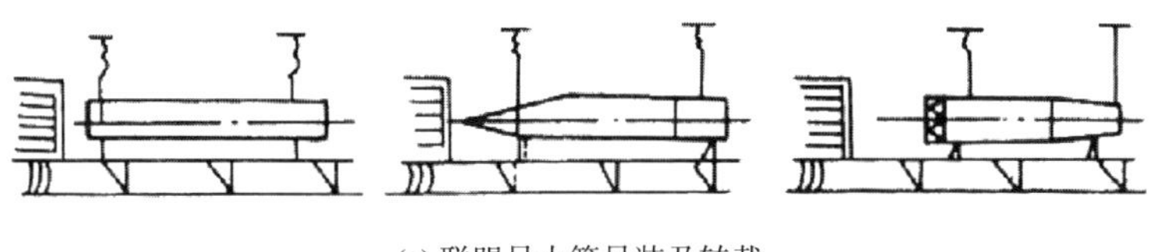

(a) 联盟号火箭吊装及转载

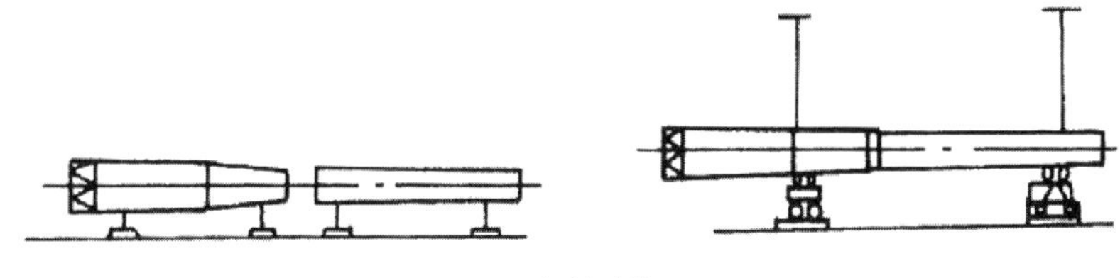

(b) 级间对接

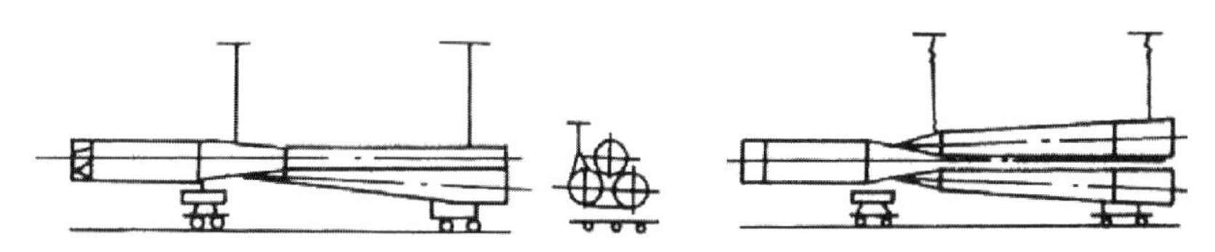

(c) Ⅰ、Ⅳ助推器对接

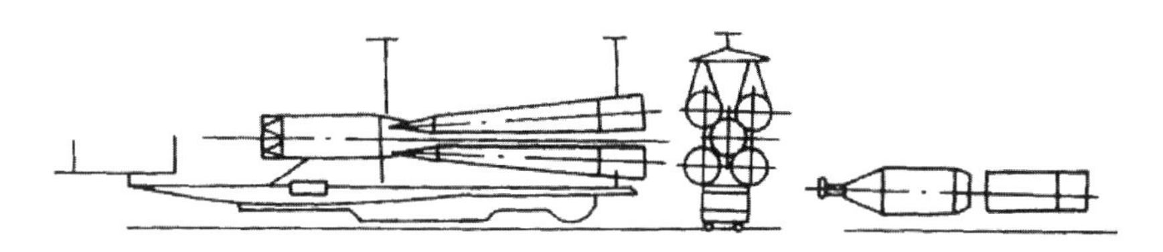

(d) Ⅱ、Ⅲ助推器对接

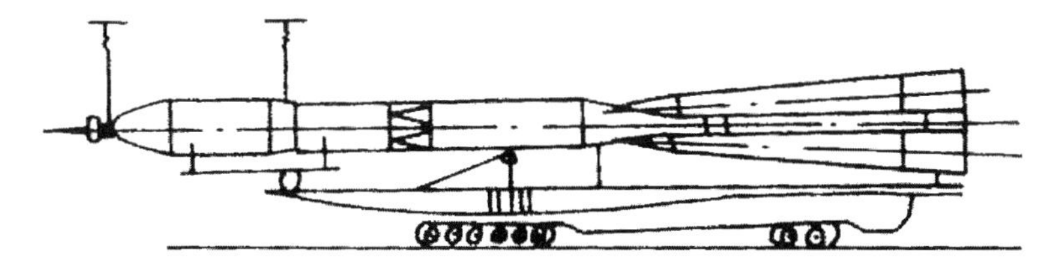

(e) 逃逸火箭及对接

图 12-6　联盟号火箭装配工作流程

1）发射场接收；

2）交付后检验；

3）发射前组装；

4）发射前单元测试；

5）载人飞船组装测试；

6）箭船组装测试。

作为发射准备的上述作业，始于各级火箭和飞船各个舱段从各自工厂用专用车厢运往航天发射场。运载火箭从芯级开始组装，即在组装架上将第一级四个锥形助推器对接到芯级上，组成捆绑级。然后进行运载火箭的气密性试验，检测箭上电源和仪器并进行各系统的单元测试。接着对各级火箭在测试厂房内进行综合测试，即模拟各系统在发射和飞行阶段的工作情况。

与此同时，在飞船装配测试厂房对飞船进行测试。考虑到飞船要在高真空、高温和高辐射条件下飞行，需用气压试验和太空环境仿真器进行仔细的检测；同时，还需将飞船上的太阳能帆板卸下来以模拟阳光进行测试，并对飞船上的无线电设备进行测试和调度。然后以垂直状态对飞船三舱进行组装和综合测试，测试合格后进行推进剂组分的加注。而后运回装配测试厂房同第三级火箭对接，装上整流罩，接好救生塔。最后呈水平状态运往运载火箭装配测试厂房，同平卧在运输起竖拖车上的捆绑火箭对接，并对运载火箭-飞船系统进行测试。测试完毕，在技术阵地的作业便结束，接着是运往发射阵地，进行发射阵地的作业。

（2）发射阵地作业

发射阵地作业按照以下步骤进行：

1）起竖装架；

2）射前测试；

3）加注；

4）临射前测试；

5）航天员登船；

6）发射读秒作业程序。

由内燃机车将运输装架车上的运载火箭-飞船系统从技术阵地运往发射阵地，转动发射架对好位置后，用装架车上的设备将箭船系统起竖成垂直状态，并安装到发射架上，由发射台上的四个桁架结构的支撑臂抱住、六个托盘上托住放置在底部。起竖完毕后，转动发射架对准射向，撤离装架车。

两侧的操作塔起竖合拢，电缆塔和加注管路也靠向箭船系统，并将监视仪器、控制系统、电视通道、电源电缆和仪器舱恒温调节起动系统接到箭船上，进而保持飞船的恒温要求。接着使用压缩空气检查接合部的气密性，然后开始用发射检测设备对运载火箭的各种系统和发动机组进行射前测试，将测试结果发送到发射指挥所视频监视器，并用遥测系统记录下来。

若运载火箭各系统和机组的参数值都正常，便允许对运载火箭加注推进剂。加注过程中有着严密的监测，并在加注控制系统控制台的模拟线路指示图上显示。

当进入临射前检查时，再对运载火箭和飞船各系统、仪器以及机组的工作情况进行最后检测，一切正常后，航天员乘操作塔上的电梯登船就位。

接通最后的射前作业和发射作业程序，临射前，根据遥测数据和航天员的报告对箭船的所有系统进行最后检查。

发射读秒是在起动程序定时装置后进行，以保证发射作业的自动化操作过程，在“地面转箭船供电!”指令发出后，电缆（和加注）塔轻轻弹开，切断箭船同地面的最后联系。箭船系统开始自主供电和自主控制，等待执行点火和起飞指令。

（3）射后测控作业

发射以后，首区和航区的测控设备投入使用。外测系统监测上升段的弹道，预报各分离级、整流罩的落点和发生险情时飞船的着陆点，预报箭船分离后的轨道参数。发射场的遥测系统连续测取主动段箭船各系统的工作信息和航天员的状态信息，对起飞后的箭船进行跟踪测量和安全判断。飞船入轨以后，按照飞行控制中心制定的计划和操作指令，整个测控网的参测设备投入外测、遥测和遥控保障。

（4）回收着陆作业

依据飞行控制中心给出的离轨返回着陆段的预报，搜索救生系统的人员和装备预先进入其所确定的地区，不断从飞行控制中心获得返回舱每圈可能着陆的区域和时间信息、下降航迹数据以及航天员自我感觉的信息和飞船的状态信息等。着陆后完成搜索和找到返回舱，救援和撤离航天员，对返回舱进行技术维护，予以回收并运送到指定地点。

12.2.3 世界主要航天器发射场

用作航天器飞行试验的发射场大多是由战略导弹靶场改建而成的，图 12－7 给出了世界主要导弹航天器发射场的分布图。下面着重介绍两个从事航天活动最活跃的发射场，其余的发射场可查阅列于本节末的发射场简介。

（1）拜科努尔发射场

作为世界上最大的航天港之一，拜科努尔发射场是苏联最大的导弹、航天器发射试验基地和航天飞机发射、着陆基地，同时也是苏联唯一的载人航天器发射场。该发射场位于哈萨克斯坦境内。

该发射场位于哈萨克斯坦的锡尔达里雅河以北的广阔的半沙漠地区，东经 63°20′，北纬 46°。该地区地势开阔平坦，地貌与我国酒泉发射场相似。当地属大陆性气候，冬季严寒，夏季酷热，雨量稀少，一年约有 320 个晴天。

发射场航区从苏联境内上空向东延伸几千千米直至太平洋西海域，可供最后一级运载火箭坠落，沿航区可布设测控站和测量船。东射向时可将有效载荷发射入 48°～81°倾角的轨道，卫星和载人飞船的返回舱可在哈萨克斯坦东北地区平坦的草原上着陆。该发射场建于 1955 年。1957 年 8 月 21 日第一枚洲际导弹在该发射场发射成功，同年 10 月 4 日发射了第一颗人造地球卫星。以后经过不断扩大，

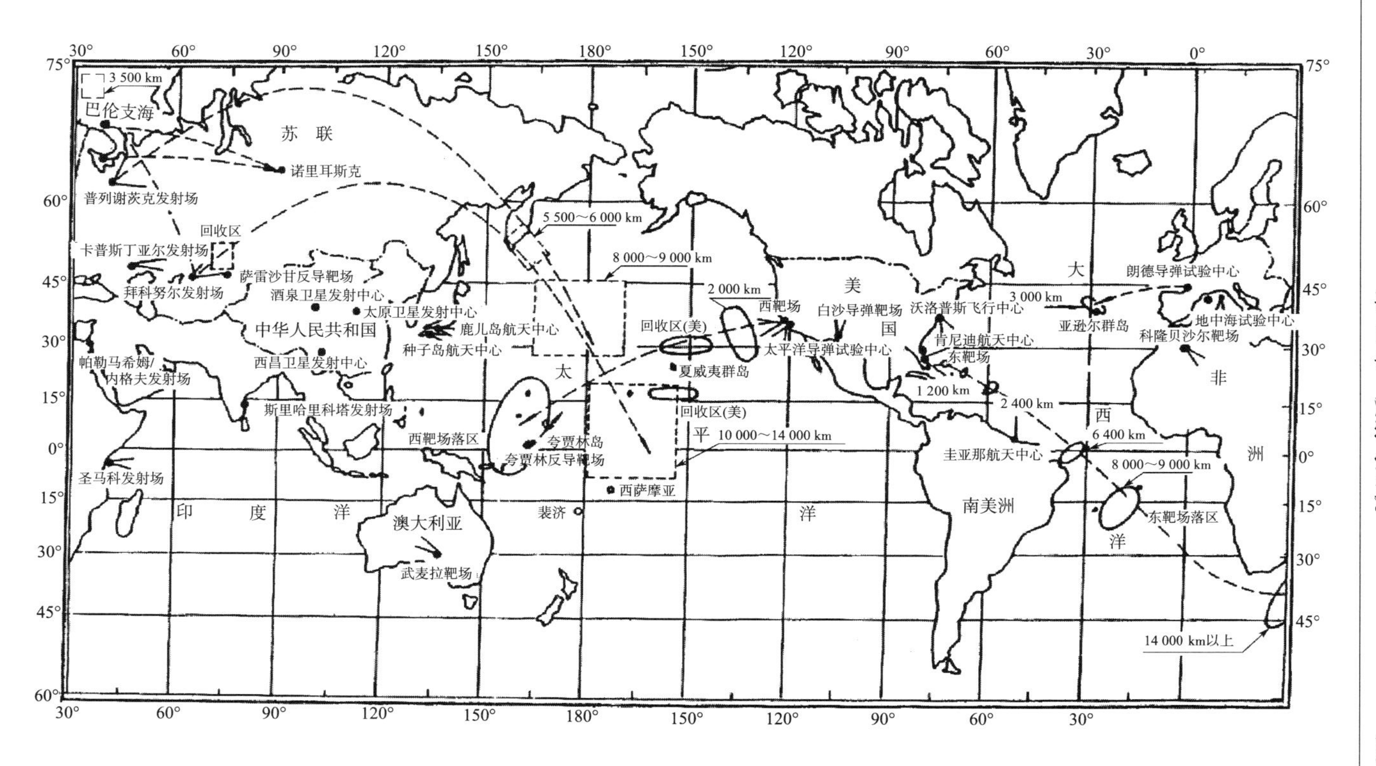

图12－7　世界各国主要导弹航天器发射场分布

先后建立了东方号、上升号、联盟号、质子号、天顶号和能源号运载火箭及航天飞机系统等 6 套技术阵地（总计 9 个发射工位），2 个试车台，4 个测控站，1 个氧-氮厂，2 个机场（其中一个兼作暴风雪号航天飞机的降落场）。继 1961 年 4 月 12 日发射了第一艘载人飞船东方号以后，接着又发射了上升号、联盟号、联盟-T、联盟-TM 和联盟-TMA 载人飞船，礼炮 1～7 号空间站，和平号空间站及其科研生产舱体，质子号、量子-1 号、量子-2 号、晶体号、光谱号、自然号等，以及进步号货运飞船和暴风雪号航天飞机。除了与载人航天有关项目之外，还发射了月球、金星、火星、探月号、织女星、火卫等深空探测器以及多种型号的通信卫星，如荧光屏、长虹、波束号中继卫星与气象卫星。

首区东北卡拉干达以西地区为载人飞船和卫星的回收区，位于东经 66°～70°、北纬 46°～52°之间，面积约为 600 km×700 km。为进行战略导弹和大型运载火箭飞行试验，建立了堪察加半岛陆上落区和巴伦支海及太平洋海上落区。发射场区呈“Y”形布局（详见图 12-8），东西长约为 137 km，南北宽约为 88 km，建有发射台和地下井约 90 个。

由发射场区布局图可以看到许多测试厂房和发射工位，大致可将其分为 3 个部分：载人航天器发射区、大型火箭发射区和航天飞机发射区。

①载人航天器发射区

该区位于发射场区的北部偏东，由 3 个主要发射阵地和技术阵地组成：东方号和联盟号运载火箭-飞船系统的技术阵地和发射阵地（图 12-8 中的第 36、第 37 号阵地）；联盟号运载火箭-飞船系统和进步号运货飞船的技术阵地和发射阵地（图 12-8 中的第 25、30 和 34 号阵地）、天顶号运载火箭-航天器技术阵地和发射阵地（图 12-8 中的第 40、第 41 号阵地）。除了发射载人航天器外，这些阵地还可用来发射由联盟号火箭送入轨道的、用于科研和国民经济的应用卫星。

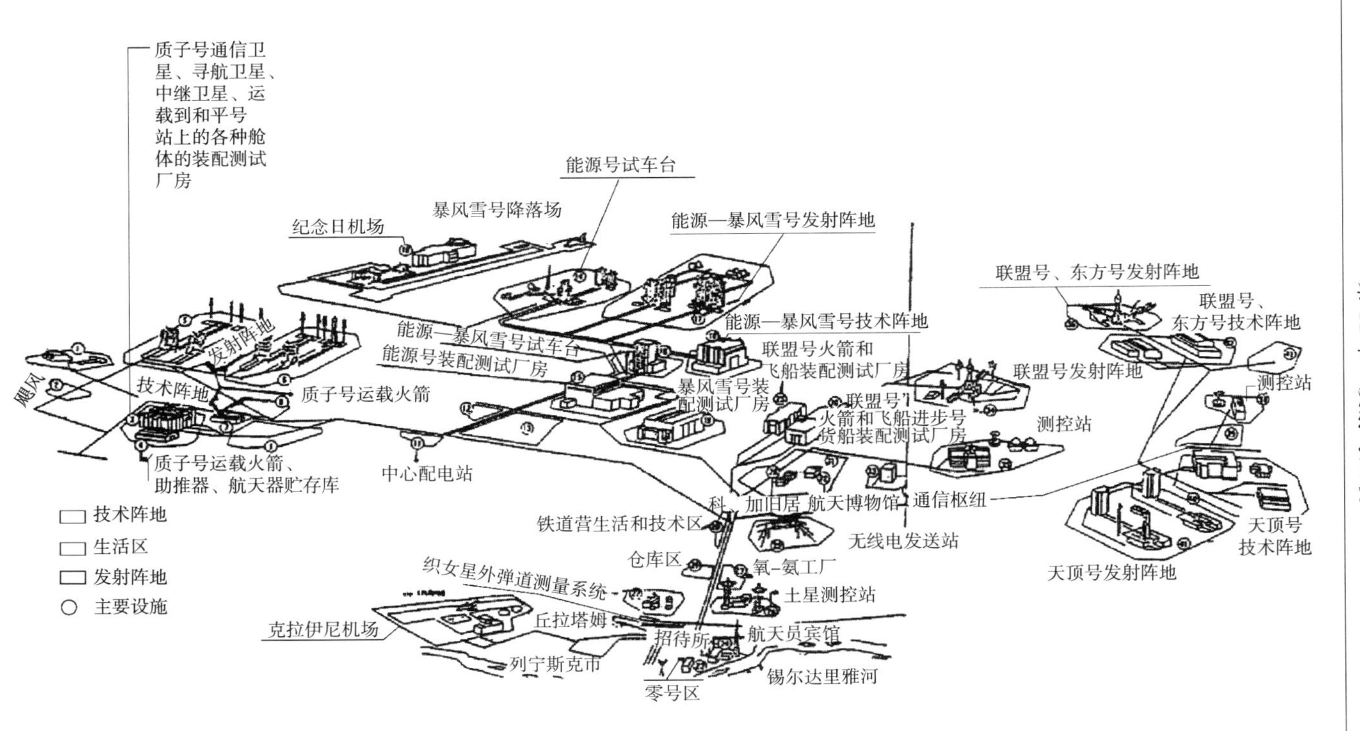

图12-8　拜科努尔航天发射场区布局图

火箭与飞船在发射阵地的停留时间为 1 天或 3 天。两种情况的有效工作时间为 14 h，主要工作内容为接通电路、管路，进行单元测试和综合测试。临射前 8 h 加注推进剂，时长为 2 h。航天员临射前 2 h 进舱。

飞船装配测试厂房（图 12－8 中的第 30 号阵地）可同时对 4 艘飞船（联盟号、进步号各 2 艘）进行总装和测试。图 12－9 为联盟号发射升空图。

图 12－9 联盟号发射升空

②大型运载火箭发射区

该区位于发射场区的西北部。该区除质子号运载火箭发射阵地及火箭-航天器的技术阵地（图 12－8 中的第 6、第 7、第 4、第 5 号阵地），还有旋风号发射阵地与技术阵地。利用质子号火箭发射的航天器有：礼炮号、和平号空间站，以及与和平号对接的科研生产舱体量子号。质子号火箭加装第四级后可将地平线、荧光屏、长虹等通信卫星，GLONASS导航卫星、波束中继卫星发射入地球定点轨道。质子号火箭也可用来发射研究月球、金星、火星和哈雷慧星的深空探测器。图 12－10 为质子号在发射阵地图。

图 12－10　质子号在发射阵地

③ 航天飞机发射区

该区又称为超重型航天器发射场，其位于发射场区北部偏西，主要任务是利用能源号火箭发射航天飞机。该区的主要设施有能源号装配测试厂房，能源-暴风雪号技术阵地、试车台、发射阵地和降落场（图 12－8 中的第 14～19 号阵地）。图 12－11 为暴风雪号在发射阵地及逃逸管道示意图。

图 12－11　暴风雪号在发射阵地及逃逸管道

综上所述，苏联采取的是一种型号配建一套技术阵地和发射阵地，且都是在装配测试厂房水平组装和测试运载火箭，垂直组装和测试飞船；然后将组装测试好的运载火箭同组装测试及加注好的飞船在运输架车上对装，形成整体水平状态，由铁路转运到发射阵地；最后整体起竖到发射台上作最后发射前的测试、加注。

（2）肯尼迪航天中心

肯尼迪航天中心是美国最大的航天发射基地，由美国国家航空航天局管理，其与属于美国空军的东部试验靶场同位于美国东海岸佛罗里达州的卡纳维拉尔角和梅里特岛，占地约 400 km^2，如图 12－12 所示。

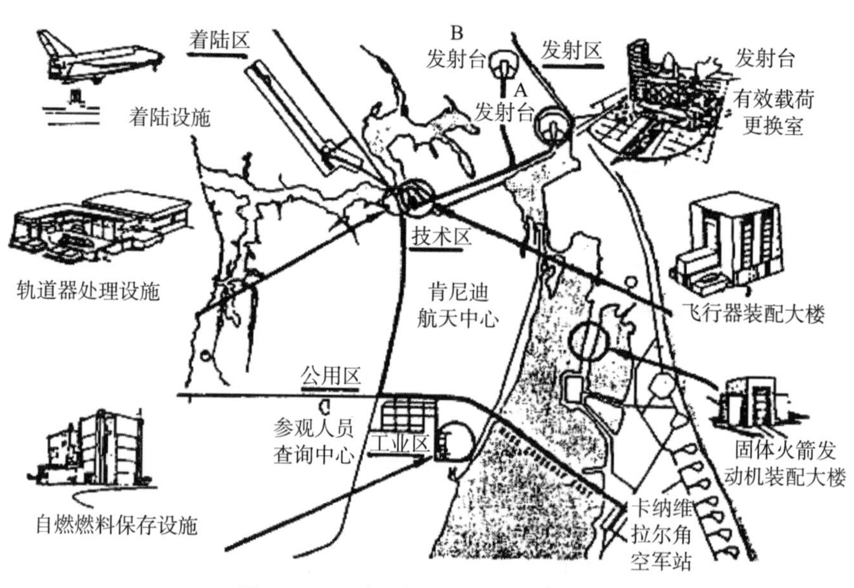

图 12－12 肯尼迪航天中心与东靶场

美国于 1949 年 5 月在卡纳维拉尔角创建远程导弹综合试验基地，1950 年 7 月启用，曾经历多次更名。1964 年前称为大西洋导弹靶场，1964 年后更名为空军东靶场，1977 年后更名为东部空间和导弹试验中心。

1958 年 10 月 1 日，美国国家航空航天局成立。初期的航天发射就在该试验基地进行，随着阿波罗登月计划的实施，在试验基地发射工位以北几千米处建设起了土星运载火箭发射阵地，并相应建成了测试、总装及其他配套设施。该发射场建成后，隶属于马歇尔空间飞行中心。1963 年 12 月更名为肯尼迪航天中心，其与属于美国空军管辖的美国东部空间和导弹试验中心（习惯上称作东靶场）同在一个地域，在执行航天发射活动时，常得到东靶场测控系统的支援。

由表 12－1 及图 12－13 可知，卡纳维拉尔角的发射阵地中，5 号、6 号、26 号、34 号、37 号、39 号等发射工位为肯尼迪航天中心所有，用于发射各种卫星、运载火箭和载人航天器；12 号、13 号、14 号、17 号、19 号等发射工位由肯尼迪航天中心和美国空军共同使用。

表 12－1　美国卡纳维拉尔发射工位任务一览表

工位号	发射的导弹火箭型号
5，6，26	红石导弹，丘比特火箭，红石运载火箭-水星号飞船
11，12	宇宙神导弹，宇宙神-阿金纳火箭
13，14	宇宙神导弹，宇宙神运载火箭-水星号飞船
15，16	大力神导弹
17	雷神导弹，雷神-德尔它火箭
18	蓝色侦察兵火箭
19，20	大力神运载火箭-双子星座载人飞船，大力神 2 导弹
21	马斯气象火箭
23	气象火箭
25，29	北极星导弹
30	潘兴导弹
31，32	民兵导弹
34	土星 1 运载火箭
36	宇宙神-人马座运载火箭
37	土星 1 土星 1B 运载火箭
39	土星 5 运载火箭-阿波罗飞船、航天飞机
41，42	大力神 3 运载火箭

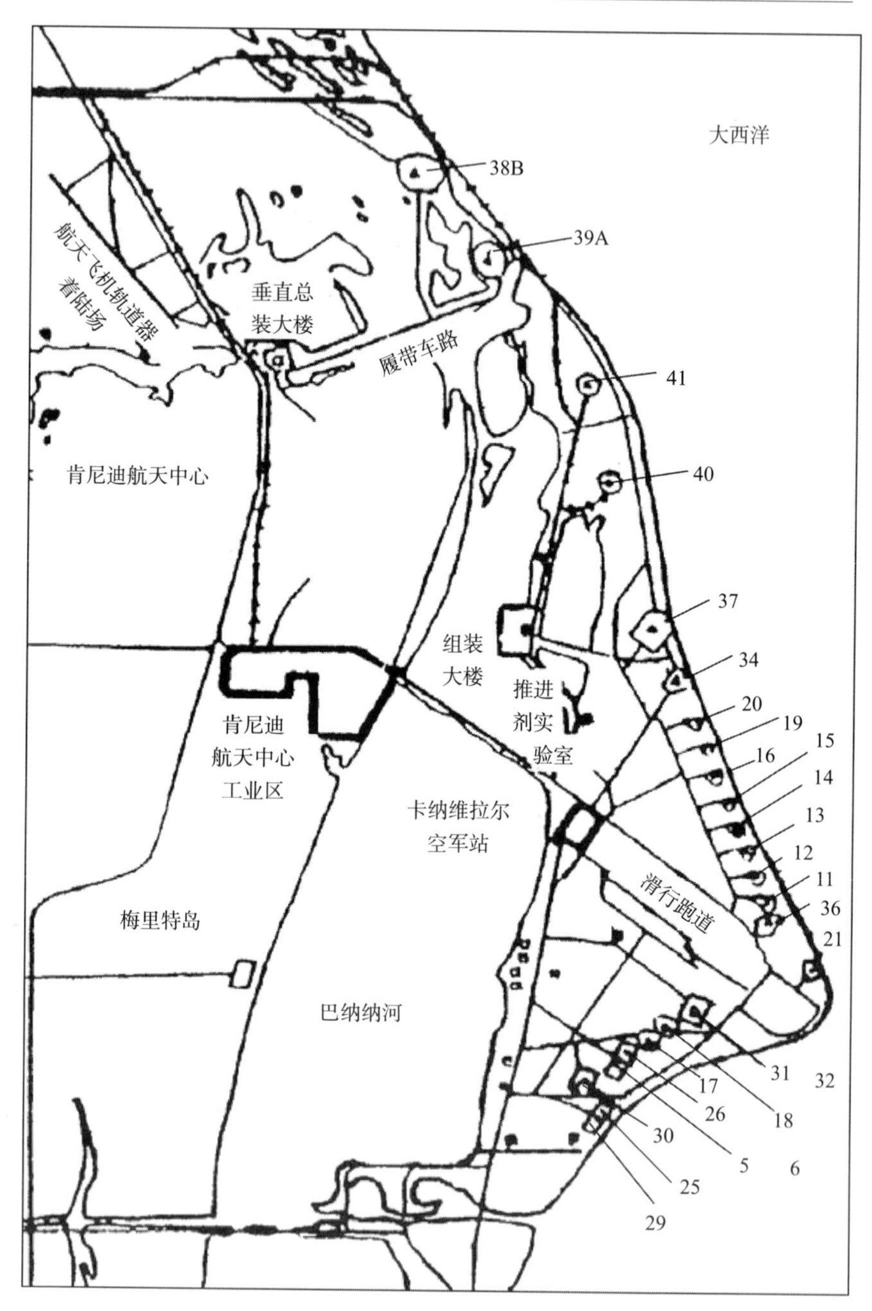

图 12-13 卡纳维拉尔发射工位布局图

肯尼迪航天中心大致可以分为两大部分：NASA大道以北为39号发射综合区，该区的主要功能是完成对载人航天器的装配、检查和发射，其主要设施有垂直总装大楼、轨道器处理设施、航天飞机着陆设施、发射控制中心、发射操作系统、2座机动发射台、2台履带运输车和2座发射台；NASA大道以南是肯尼迪中心的工业区，位于39号综合区以南8 km处，该区的主要任务是完成航天器发射前的测试检查工作，设有NASA的办公室、试验室、航天员室、航天器装配厂房、数据处理中心等。简而言之，前者是直接为发射和回收服务的，后者是进行技术准备和事后处理的。

12.2.4 航天发射场的发展模式

随着人类航天活动的发展和国际航天市场竞争的日趋激烈，航天发射场的建设逐渐由单一化走向综合化，由一弹一塔的模式向一塔多用发展，由单一的发射中心模式向集发射活动、科学试验和联合培训一体化的综合工程体系发展。图12-14所示的正在圭亚那建造的、欧洲空间局发射阿里安-5大推力运载火箭的新发射场和图12-15所示的日本建造的、发射H-2大推力运载火箭发射场都是适应这种新趋势的佐证。

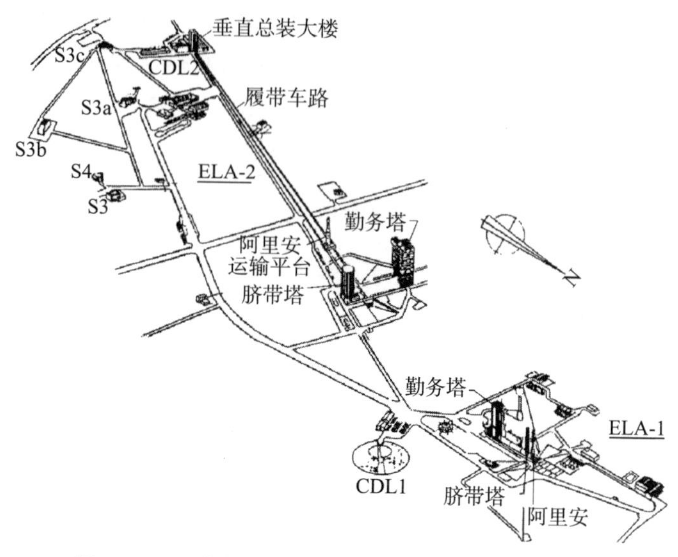

图 12-14　欧洲空间局的阿里安-5 火箭发射场简图

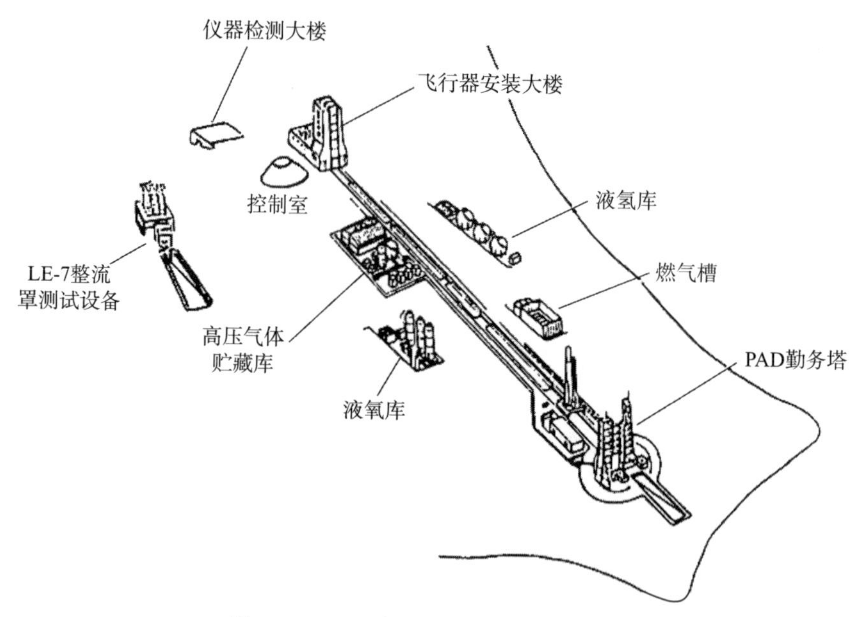

图 12-15　日本 H-2 火箭发射场简图

表 12－2　世界主要航天器发射场简介

国别	名称	场址	主要射向	简　况
美国	东部试验靶场	佛罗里达州卡纳维拉尔角，西经 80°34′，北纬 28°28′	东南	美国最重要和规模最大的国家靶场和国防部重点靶场之一。建于 1949 年 5 月，1950 年 7 月启用，由美国空军第 45 航天联队管理，曾多次更名，1964 年前称为大西洋导弹靶场。该靶场主要用于战略导弹研制性试验，也可进行各种战术导弹试验。1958 年 1 月 31 日在这里将美国第一颗人造卫星送入地球轨道，此后又在这里发射了美国的水星计划和双子星座计划的载人飞船。从此，该靶场成为美国发射倾角为 0°～60°的各种航天器的基地。场区占地面积约为 60 km^2，沿卡纳维拉尔角海岸线先后建了 40 多个发射台。目前还在使用的不到 10 个，并大部分归属于美国国家航空航天局来发射各种航天器。其中 40 号发射场的发射设施改建后将适应多种航天器的发射
	西部试验靶场	加利福尼亚州洛杉矶以西，范登堡空军基地，西经 120°32′、北纬 34°38′	西南、南	美国战略导弹和军用航天器发射试验基地之一，也是美国国家靶场和国防部重点靶场之一。于 1964 年 5 月成立，由原属海军管理的太平洋导弹靶场阿圭洛角的发射设施和范登堡空军基地的发射设施合并组成，由空军第 30 航天联队管理，主要用于战略导弹使用性试验和武器系统作战试验。1959 年开始用于卫星发射，主要是倾角为 70°～115°的各种军用和极轨道卫星，场区占地面积约为400 km^2，先后建有发射台和地下井 50 多个，大部分已停止使用，目前还在使用的主要是用来发射卫星。作为军用航天飞机发射着陆场，1984 年将 6 号发射区改建成航天飞机发射区，并建造了跑道等航天飞机着陆设施
	肯尼迪航天中心	佛罗里达州卡纳维拉尔角西北梅里特岛，西经 80°42′，北纬 28°30′	东南	美国最大的载人航天发射基地，1969 年 7 月 21 日人类实现首次登月的载人飞船就是从这里发射的。该中心成立于 1962 年 7 月，由美国国家航空航天局管理，包括梅里特岛、卡纳维拉尔角和范登堡空军基地三个地区的设施。用于发射卫星、空间探测器、载人飞船、航天飞机。在梅里特岛为发射阿波罗登月载人飞船建成的 39 号发射场，经改建成为航天飞机发射场，于 1981 年 1 月进行首次发射

续表

国别	名称	场址	主要射向	简况
美国	沃洛普斯飞行中心	弗吉尼亚州德尔马瓦半岛，西经75°20′，北纬37°50′	东南	美国国家航空航天局所属的空间探测和飞行试验的研究基地，用于发射探空火箭、小型科学卫星和研究性的航天器（包括部件和分系统试验）、进行化学云试验、航天和生态研究等。该中心原是一个海军航空站，1949年才开始从事火箭试验，1974年改称现名，占地面积约为12.8 km^2，共建有24个发射台（架），共发射过19颗卫星
法国	圭亚那航天中心（库鲁发射场）	南美洲法属圭亚那库鲁地区，西经52°37′、北纬5°08′	东	法国和欧洲各国航天活动的重要基地，建于1966年，由法国国家航天研究中心领导，与欧洲空间局共同使用。法国建有探空火箭发射区和钻石-1运载火箭发射区（1976年停止使用），欧洲空间局建有3个阿里安发射区（其中1号发射区是用欧洲-1号运载火箭发射区改建的，已于1991年6月拆除），3号发射区将来可用阿里安-5运载火箭发射航天飞机。中心的主要设施沿着大西洋海岸，分布在30 km长的地区内，场区占地面积约为1 000 km^2。该中心靠近赤道，也是一个理想的赤道轨道和极轨道发射的场区
日本	种子岛航天中心	九州种子岛南端，东经130°58′、北纬30°37′	东南	日本应用卫星发射基地，由宇宙开发事业团领导，竹崎和大崎相邻的两个区组成，面积为8.64 km^2。竹崎是小型火箭发射区，于1966年建成；大崎是用N-1、N-2、H-1运载火箭发射卫星的发射区，于1974年建成；在该区东北1 km的海边，又建造了用于发射H-2运载火箭的吉信发射区，于1992年建成，1994年2月4日进行了首次发射
	鹿儿岛航天中心	九州大偶半岛内之浦町，东经130°40′、北纬31°15′	东南	日本科学卫星发射基地，文部省宇宙科学研究所管理，始建于1962年，1964年为发射卫星进行了扩建。场区面积为0.71 km^2。日本第一颗大隅号卫星于1970年2月11日在这里用L-4S固体运载火箭发射上天的。该中心除了建有供L、K系列固体探空火箭发射用的发射区外，还建有供M系列固体运载火箭发射用的发射区。1970年2月进行了首次卫星发射

续表

国别	名称	场址	主要射向	简　况
苏联	卡普斯丁亚尔发射场（伏尔加格勒站）	俄罗斯境内伏尔加格勒以东卡普斯丁亚尔镇东北，东经 45°18′，北纬 48°31′	东	苏联最早的导弹试验基地，建于 1946 年底，当时是为试验从纳粹德国缴获的 V－2 导弹建立的，后发展成用于试验中、远程导弹的基地。1962 年开始发射卫星，这些卫星倾角都是 49°左右的小型科学试验卫星。场区布局呈“L”形，建有 30 多个发射台和地下井，占地面积为 96 km×72 km。该基地为苏联早期导弹和航天技术的发展发挥过重要作用，也曾进行过反弹道导弹试验和井下发射卫星试验
	普列谢茨克发射场	俄罗斯境内阿尔汉格尔斯克以南普列谢茨克市东北科奇马斯地区，东经 40°18′、北纬 62°42′	东北	苏联的主要导弹和航天器发射试验基地之一，建于 1957 年，由最初作为火箭技术研究的试验场发展而来。以发射各种大倾角（65°～85°）的军用卫星为主，也进行导弹、大型运载火箭和反卫星试验以及为战略导弹军事训练服务等。在进行战略导弹试验时，向东北方向发射，使用与拜科努尔发射场同一落区。场区占地面积为 120 km×80 km，建有 30 多个发射台和地下井。该发射场是当今世界上发射卫星最多的发射场
	拜科努尔发射场（西方称丘拉坦姆发射场）	哈萨克境内锡尔河畔丘拉坦姆火车站正北地区，东经 63°24′，北纬 45°36′	东北	苏联最大的导弹、航天器发射试验基地和航天飞机的发射、着陆基地，建于 1955 年。1957 年 10 月 1 日和 1961 年月 12 日分别把世界上第一颗人造卫星和第一艘载人飞船送入地球轨道。该发射场主要发射倾角为 52°～65°的各种不同用途的卫星、载人和不载人飞船、行星际探测器和空间站。首区东北卡拉干达以西地区为载人飞船和卫星的回收区。为进行战略导弹和大型运载火箭飞行试验，建立了堪察加半岛陆上落区和巴伦支海（用于潜地弹）、太平洋海上落区。场区呈“Y”形布局。东西长约为 137 km、南北宽约为 88 km，建有发射台和地下井约 90 个。该发射场也曾用于反导、反卫星试验以及部分轨道轰炸系统试验等

续表

国别	名称	场址	主要射向	简　况
以色列	帕勒马希姆-内格夫发射场（亦称为沙维特发射场）	特拉维夫市以南帕勒马希姆镇南部地区，东经34°42′、北纬31°54′	西北	该发射场于1988年9月19日启用，发射了以色列第一颗卫星——奥费克-1。1990年4月发射了第二颗卫星。因该发射场地处地中海东岸，考虑到靶场安全问题，只能向西北逆地球自旋方向发射，但飞行轨道仍要经过南部欧洲上空
意大利	圣马科发射场	非洲东部肯尼亚海滨近海海面上，东经40°18′、南纬2°54′	东	这是世界上唯一建在海上的发射场，由两个海上平台组成。1967年4月投入使用，用美国的侦察兵运载火箭发射卫星
印度	斯里哈里科塔发射场	印度南部东海岸马德拉斯北120 km处的斯里哈里科塔岛，东经80°15′，北纬13°47′	东	印度的主要航天器发射场。由印度航天研究组织领导。1971年正式启用，场区面积为145 km^2，建有SLV-3，ASLV和PSLV运载火箭的发射设施，用于发射地球同步卫星的GSLV运载火箭的发射设施也正在建造中，该发射场于1980年7月首次发射卫星成功。除了发射卫星外，其还用于发射探空火箭，进行导弹飞行试验

续表

国别	名称	场址	主要射向	简　况
中国	酒泉卫星发射中心	中国甘肃省酒泉市东北，东经102°00′、北纬41°20′	东南	中国科学卫星、技术试验卫星和运载火箭发射试验基地之一，始建于1958年，1970年4月24日发射了中国第一颗人造地球卫星，之后发射了一系列返回式卫星，还用于发射神舟系列载人运输飞船
	西昌卫星发射中心	中国四川省西昌地区。东经102° 00′、北纬28°10′	东南	中国发射地球静止轨道卫星为主的航天器发射基地，于1983年建成。1984年发射中国第一颗试验通信卫星，后又多次发射实用通信卫星。1990年将卫星亚洲-1号成功地送入地球同步转移轨道
	太原卫星发射中心	中国山西省太原市西北		中国科学试验卫星、应用卫星和运载火箭发射试验基地之一，1988年9月和1990年9月分别成功地将中国的第一颗和第二颗风云号气象卫星送入太阳同步轨道。该卫星发射中心还进行过一系列运载火箭试验
	文昌卫星发射中心	中国海南省文昌市。东经108°21′～111°03′，北纬19°20′～20°10′	东南	2009年9月14日开工建设，预计将形成发射火箭10～12枚的能力。主要承担中国新一代大型无毒无污染运载火箭、地球同步轨道卫星、大质量极轨卫星、大吨位空间站和深空探测器等航天器的发射任务，可以基本满足国内外各种轨道卫星发射的要求

12.3　运载火箭

至今，载人飞船或其他航天器都是利用运载火箭发射入轨的，因此运载火箭是航天器发射工程体系的核心之一，为此本节简单介绍运载火箭的功能、结构以及国内外的典型型号。

12.3.1　运载火箭及其功能

现代火箭是一种依靠液体（或固体）火箭发动机喷射工质而产生的反作用力向前推进的飞行器。其自身携带全部推进剂（即燃烧剂和氧化剂），不依靠外界工质（如空气）产生推力，所以其既可在大气层内、也可以在大气层外飞行。按照用途不同，火箭可以装载各种不同的有效载荷。例如，装有战斗部时，就称为火箭武器（即导弹武器）；如装有某些科学仪器、卫星等各类航天器时，就称为运载火箭。

无论是导弹武器还是运载火箭，其基本组成和工作原理是相同的，都是由箭体、动力装置、飞行控制系统和有效载荷舱组成的。从历史发展的角度看，目前世界上大部分国家的现有型号运载火箭绝大部分是由战略洲际导弹、中程弹道导弹演变而来的，当然也有一些型号是专门作为运载火箭研制的（如美国的土星-5号与苏联的能源号运载火箭）。应当指出的是，只是在1957年10月4日苏联首先利用以SS-6洲际弹道导弹为基础、捆绑4个液体助推器而组成的卫星号（A）运载火箭，把人类历史上第一颗人造地球卫星送上了太空后，运载火箭才以一个独特的称呼出现，以区别于当时常用的洲际弹道导弹。从此，一提到运载火箭就是指专用于将各种人造地球卫星、飞船、空间站等航天器送入太空的运输工具，其通常由多级火箭组成。

到目前为止，苏联/俄罗斯、美国、法国、中国、日本、欧洲空间局、印度等已相继研制成功20多种大、中、小型运载火箭。各国已经和正在使用的运载火箭主要有：苏联的东方号、上升号、联盟号、质子号、宇宙号、天顶号和能源号，美国的雷神系列、宇宙神系列、大力神系列及土星号运载火箭，欧洲空间局的阿里安系列，日本的 H－2 系列，以及我国的长征系列运载火箭。

值得注意的是，现代运载火箭上还装有遥测系统和箭上安全控制系统。在各子级之间，依靠级间段和分离机构连接，有效载荷装在末级火箭上面，通过分离机构与末级火箭相连接，同时在有效载荷外面装有整流罩。

12.3.2　运载火箭的箭体结构

(1) 箭体结构的主要功用

运载火箭的箭体结构是火箭的各个受力和支撑构件的集成，人们常称之为火箭的壳体。箭体结构的主要功用为：

1) 形成表面光滑的流线形箭体外壳，从而使火箭具有良好气动力外形和飞行性能；

2) 承受各种载荷（包括地面操作时、运输过程以及飞行中的各种载荷），保护箭体内部的各种仪器设备；

3) 安放或构成推进剂贮箱，以便贮存飞行中需要的推进剂；

4) 安装和连接有效载荷、仪器设备、动力装置和各种试验装置，使火箭构成一个完整的整体。

(2) 箭体结构的组成

以液体火箭结构为例，箭体结构由有效载荷舱（卫星、飞船、导弹弹头或其他航天器）、整流罩、氧化剂贮箱、燃烧剂贮箱、仪器舱、级间段、发动机推力结构、尾舱和分离机构等组成。

①有效载荷舱

其位于运载火箭的顶端，主要装载各类航天器或导弹的弹头。

②整流罩

在发射诸如人造卫星或其他探测、实验装置时，要用整流罩包起来，以便在大气层内飞行时能有效地保护有效载荷，承受气动力和气动加热的作用。整流罩一般制成沿其纵向分离面可以分开的两瓣结构，当火箭飞行到一定高度（通常为 40～80 km）时，按照箭上指令抛开整流罩。

③推进剂贮箱

推进剂贮箱除了用于贮存推进剂外，还是火箭的主要承力构件。贮箱占有大部分火箭壳体。贮箱一般被制成薄壁结构，其结构形式取决于承受载荷的类型。

贮箱一般采用铝镁或铝铜合金材料制成，目前有的已采用复合材料结构。对于低温推进剂贮箱，还需要采取必要的隔热措施，以减少热传导，防止推进剂的蒸发损耗。

④仪器舱

仪器舱是用来安装飞行控制系统的主要仪器设备和其他箭上试验装置的专用舱段，通常是装在末级火箭的上部、有效载荷的下部，多采用半硬壳式结构，为方便安装检测仪器设备。舱体上开有较大的舱口。

⑤级间段

级间段是多级火箭各子级之间的连接机构，其结构形式与分离方式有关。采用冷分离方式的级间段多采用半硬壳式结构，采用热分离方式的级间段多采用合金钢管焊成的杆系结构，杆系结构有利于上面级发动机的燃气流顺畅地排出。当然也有级间段采用开有自动排气舱口的半硬式或网格结构，我国研制的长征二号 E 火箭就采用了这种开有排气口的半硬壳式结构。

⑥发动机推力结构

发动机推力结构是用来安装发动机，并把推力传给箭体的承力构件。大型运载火箭的推力结构多为杆系或半硬壳式结构。

⑦尾舱

尾舱位于火箭的底部，其通常是竖立在发射台上的火箭的支撑构件，也是发动机装置的保护罩，又称为尾段。尾段的结构特点是开有各种便于操作的舱口，一般也选用半硬壳式结构。

⑧分离机构

火箭和导弹上兼有连接、解锁和分离功能的机构统称为分离-连接装置，简称为分离机构。分离机构可分为星箭分离机构、级间分离机构和抛罩机构等。航天器与运载火箭的分离机构一般采用两种方式：一种是用弹簧或燃气动作器将航天器弹出；另一种则是用制动火箭使末级火箭减速飞行，从而实现可靠的分离。而多级火箭的级间分离通常采用热分离和冷分离两种方式。热分离是依靠上面级发动机喷出的燃气流的作用力把两级火箭分开的，其基本特点是：在上、下两级的联结件未脱开之前，上面级的发动机便开始启动点火，随后再解除级间的联结件，关闭下面级的火箭发动机，这时上面级发动机的燃气流可把下面级分离开。冷分离则是借助上面级的辅助加力火箭和下面级的反推火箭的推力实现分离的，其基本特点是上面级的主发动机是在两级分离以后才按程序启动。

12.3.3　国内外典型的运载火箭

如前面章节所述，最初的运载火箭系列多是以某种导弹为基础，为适应有效载荷种类增多、质量增加、空间活动范围从近地向高处及深空扩展的需要，通过纵向加级、换级和横向捆绑助推器措施使运载能力不断提高，从而逐步形成系列的。其中较为典型的有美国的宇宙神、德尔它和大力神系列，苏联的东方号系列，欧洲空间局的阿里安系列等。

从系列的发展情况看，美国的德尔它系列和欧洲空间局的阿里安系列的研制比较成功。这两个系列都是通过火箭主要组件的标准化、通用化和模块化，经合理排列组合后获得不同质量体积和各种轨道的有轨载荷发射能力的。例如，阿里安-4 就是通过在一级周围捆绑不同数量和种类的助推器，并利用不同的整流罩和卫星支架，组成了可进行双星和单星发射、运载能力各不相同的 6 种型号和 42 种状态；又如，德尔它系列则是由 4 种一子级、5 种助推器、4 种二子级、3 种直径的整流罩和各种卫星支架组成了 40 种型号，从而使整个系列有很好的适应性。

(1) 美国德尔它运载火箭

德尔它运载火箭是1959年开始研制的中型运载火箭，其主要利用雷神中程导弹的部件研制而成。其静地转移轨道运载能力从最初的45 kg提高到目前德尔它2型的1 819 kg，提高了近40倍。其发射成功率在美国商用运载火箭中名列前茅。图12－16列出了30年来研制的各种型号的德尔它系列。

现在正在使用的德尔它2运载火箭有两个型号，即6292型和7925型。图12－17给出了7925型火箭的结构。

德尔它2可从美国东、西海岸的发射场发射。其在西发射场主要发射极轨道和近极轨道卫星，在东发射场则发射同步轨道和其他小倾角近地轨道卫星。因此，该运载火箭具有较强的发射适应性和灵活性。

(2) 欧洲空间局的阿里安运载火箭

阿里安是西欧联合研制的运载火箭，于1973年正式研制。多年来，共研制了阿里安-1、阿里安-2、阿里安-3、阿里安-4、阿里安-5等型号（见图12－18）。这里主要介绍阿里安-4型火箭。

为了进一步增强欧洲的航天发射能力和火箭的适应能力，欧洲空间局于1982年正式批准研制阿里安-4运载火箭，其目标主要是：

1) 大大增加运载能力；

2) 保持一箭多星发射能力；

3) 形成可根据任务进行组合的多种配置；

4) 提高发射操作的灵活性。

阿里安-4在阿里安-3的基础上加长了第一级，推进剂量增加了61%，达到2.26×10^5 kg，燃烧时间延长到205 s；第二级和第三级也进行了适当的改进；采用了新的箭上计算机和激光陀螺；整流罩更长、更大，并可安装新式的一箭双星结构SPELDA（即阿里安双星发射外部支持结构）；既可捆绑固体助推器，也可捆绑液体助推器，还可固、液混合捆绑。

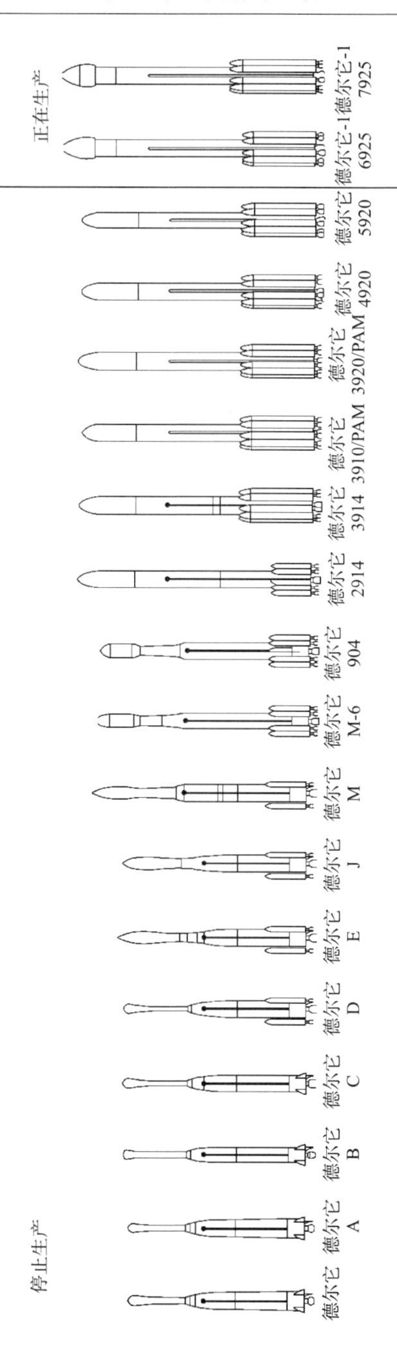

图12－16　德尔它运载火箭的演变

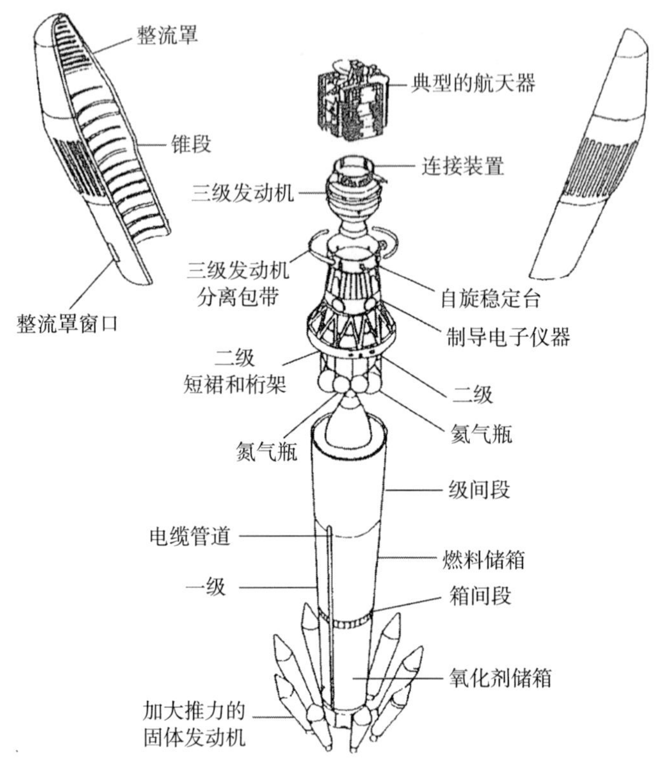

图 12－17　德尔它 2 7925 型火箭的结构

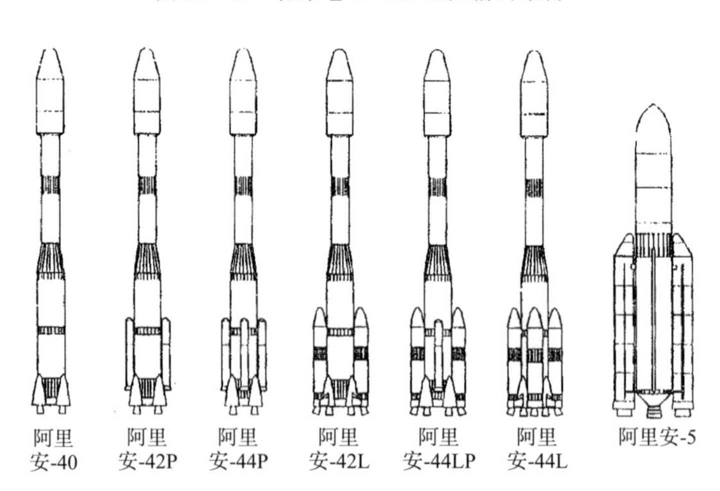

图 12－18　阿里安运载火箭系列

阿里安-4 火箭按固体及液体助推器的捆绑数目共分为 6 种基本型号，即 40 型（无捆绑）、42P 型（捆绑两台固体）、44P 型（捆绑四台固体）、42L 型（捆绑两台液体）、44LP 型（捆绑液体和固体各两台）和 44L 型（捆绑四台液体），这 6 种型号的地球同步转移轨道运载能力从 1 900 kg 到 4 200 kg 不等。阿里安-4 可配用长度分别为 8.6 m、9.6 m 和 11.12 m 的基本型整流罩，其中 8.6 m 和 9.6 m 整流罩可配装双星发射装置。阿里安-4 火箭的结构如图 12-19 所示。

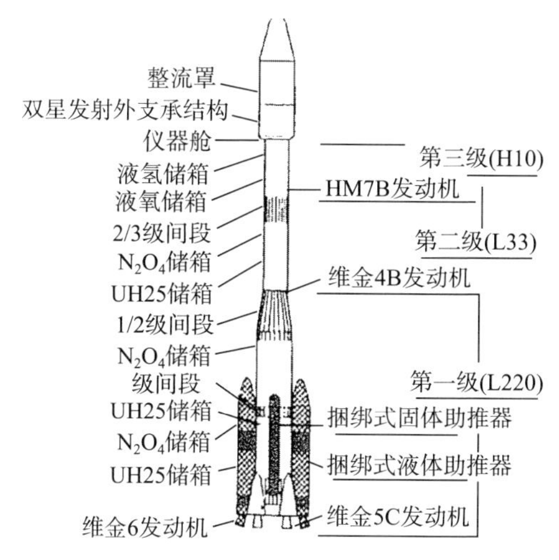

图 12-19　阿里安-4 火箭结构

图 12-20 给出了阿里安-4 运载火箭的典型飞行程序。

（3）苏联东方号/联盟号/闪电号运载火箭

东方号运载火箭是世界上第一种载人航天运载火箭。1961 年 4 月 12 日其将世界上第一位航天员尤里·加加林送入轨道，开创了人类航天的新纪元。到 1988 年止，该运载火箭已成功发射了 150 枚卫星，目前主要用于太阳同步轨道任务。

联盟号运载火箭属于东方号运载火箭系列，其可分为二级型和三级型两种。二级型联盟号火箭按有效载荷又可分为上升号和进步号：上升号是联盟号的初始型，进步号则是联盟号火箭用于发射无人供货飞船时的构型。三级型联盟号后来常被称为闪电号。

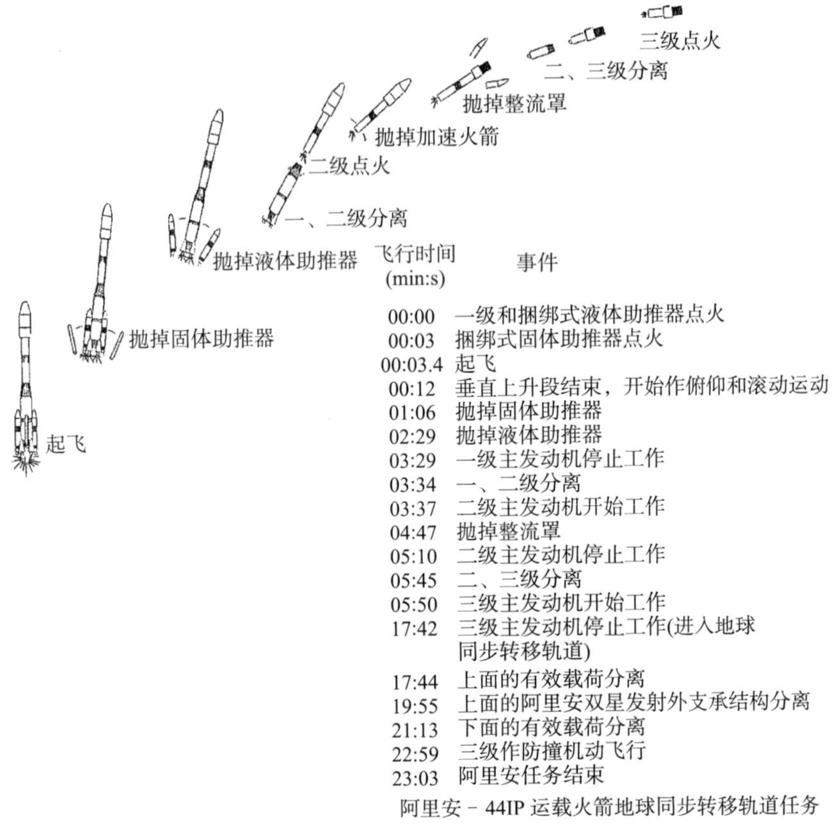

图 12－20　阿里安-4 典型飞行程序

联盟号是在东方号运载火箭的基础上发展来的，一方面扩大和挖掘了东方号一子级的潜力，另一方面则采用了更大推力的二子级，从而使其近地轨道运载能力从东方号火箭的 4 370 kg 提高到 7 200 kg。

联盟号是一种多用途运载火箭，是苏联和世界上发射次数最多的运载火箭，在 1963—1992 年期间共发射了 991 次，其中共发射了 68 艘载人飞船、5 艘不载人飞船、56 艘无人供货飞船。

闪电号与联盟号的主要区别是其增加了第三级，目前主要用于闪电号通信卫星和宇宙号预警卫星，现已经发射了 250 多次。

该系列运载火箭的总体图如图 12－21 和图 12－22 所示。

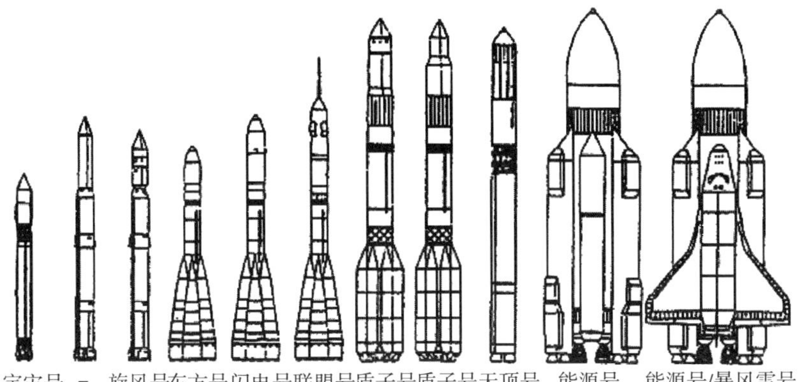

图 12－21　苏联的运载火箭系列

（4）日本 H－2 火箭

日本 1970 年启动了实用型运载火箭全面研发项目，迄今从 N－1、N－2 到 H－1、H－2和 H－2A 已有了 30 多年发展历史。

1983 年开始研制的 H－2 是日本大型主力运载火箭（见图 12－23）。其是一种捆绑了两个大型固体助推器的两级火箭，其一、二级均采用液氢/液氧发动机。第一级的 LE－7 发动机是新研制的，推力为 86 t；第二级的 LE－SA 发动机是 H－1 火箭第一级发动机的改进型，推力为 12 t。火箭总长为 50 m，直径为 4 m，起飞质量为260 t。H－2 火箭的主要特点是：一是结构良好，火箭长度短，质量轻，其质量仅为运载能力相同的苏联质子号火箭的 38%、欧洲空间局的阿里安-4 的一半，而且可靠性高达 96%；二是技术先进，如第一级主发动机 LE－7 采用的二级燃烧循环方式是一项燃烧效率很高的高难技术，目前只有美国航天飞机的主发动机和苏联的能源号火箭第一级发动机采用了这项技术，第二级火箭具有重新启动功能，使 H－2 火箭具有足够的灵活性来满足将有效载荷

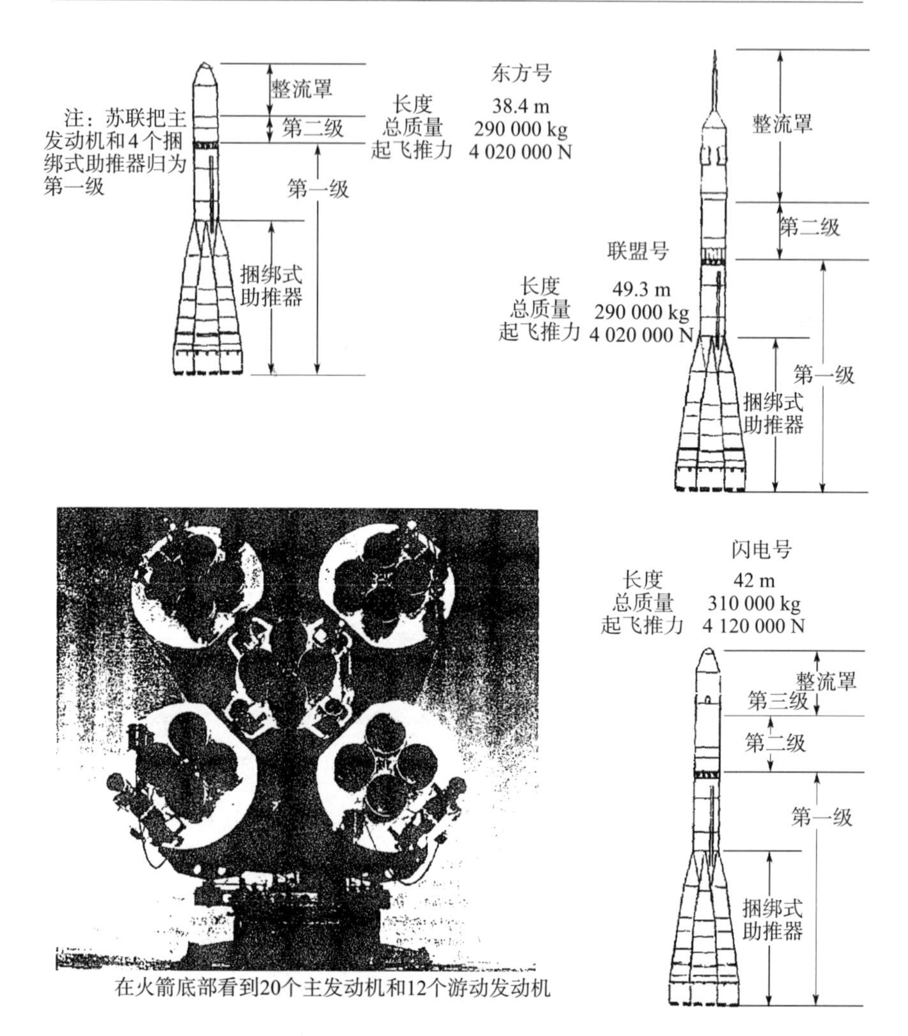

图 12－22 苏联三种不同型号的运载火箭

送入不同轨道的要求。但目前其发射成本较高，每一枚相当于1.55亿美元（170万日元），而发射能力相近的阿里安-4只需0.82亿美元。另一不利因素是发射时间受限制，每年只有1～2月和8～9月，共90天的时间可供发射。

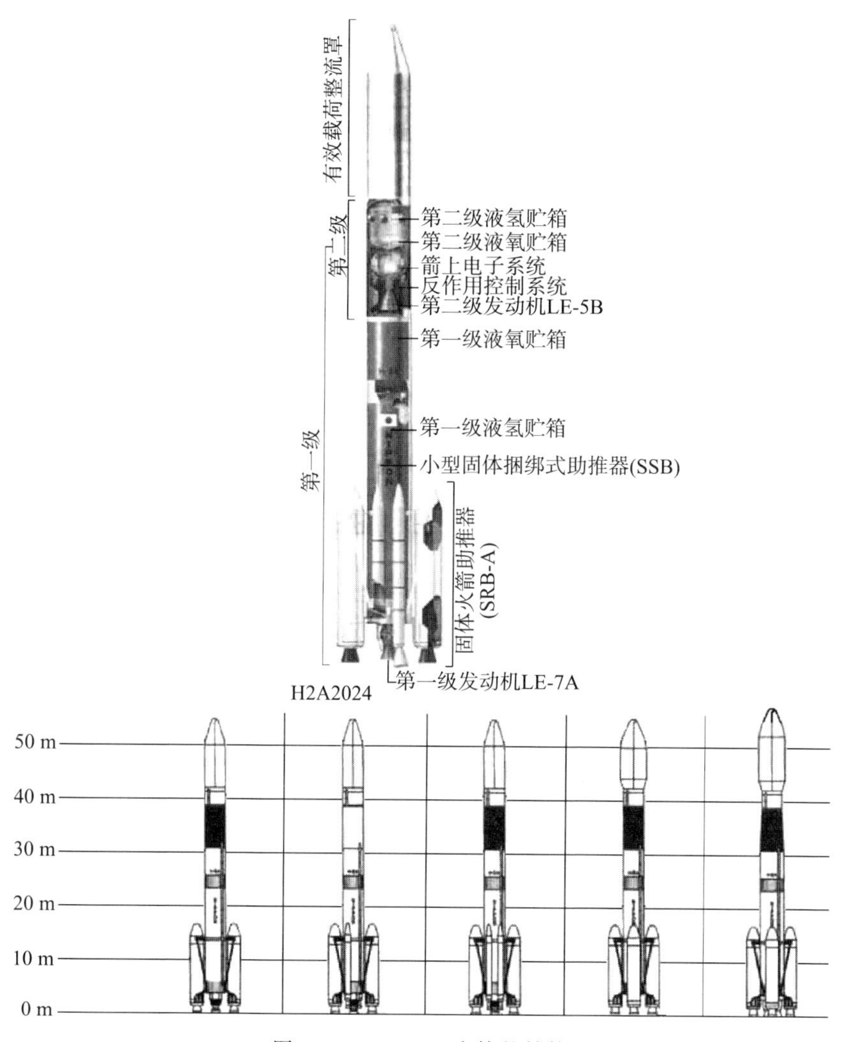

图 12－23　H－2 火箭的结构

日本宇宙事业开发团（NASDA）已开始全面研制 3 种改进型 H－2 运载火箭，依次为 H－2A、H－2B 和 H－2C。其中 H－2A 火箭（图 12－24）是日本目前最大的国产捆绑式运载火箭，具备发射 4 t 有效载荷进入静止轨道、发射 10 t 有效载荷进入近地轨道的能力，与 H－2 的运载能力相当，是与阿里安－4 同级的运载火箭；而 H－2B 和 H－2C 将使用与 LE－7 发动机相似的发动机作为捆绑助推器；另外，根据发射需要，H－2A 还可加一个液体或成对的固体捆绑助推器。这个改进的 H－2 运载火箭系列将可以以较低的发射价格发射较大的有效载荷。

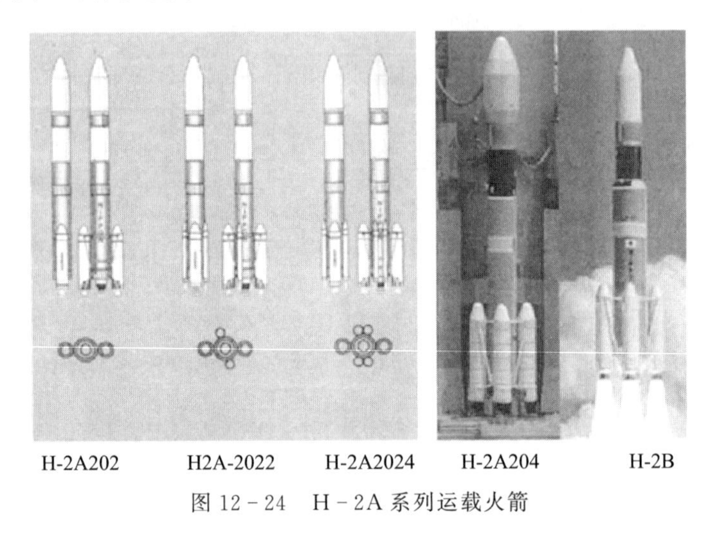

图 12－24 H－2A 系列运载火箭

H－2 系列运载火箭是日本实现“制造百分百国产运载火箭”梦想的重要航天项目，于 1984 年开始研制，1994 年 2 月进行了首次飞行。H－2 系列运载火箭主要面临 4 方面挑战：日本自行研发的一级液体发动机 LE－7、使用激光陀螺的制导系统、直径为 4 m 的大型整流罩、一级两个大型固体火箭助推器，其中 LE－7 是最大的技术挑战。

(5) 印度的运载火箭

印度空间研究组织是印度执行航天计划的主要机构之一，从 1973 年开始，其在探空火箭研制成功的基础上研制卫星运载火箭。迄今，该组织已成功研制了 4 种型号，分别是卫星运载火箭（SLV－3）、大推力卫星运载火箭（ASLV）、极地轨道卫星运载火箭（PSLV）和地球同步卫星运载火箭（GSLV），如图 12－25 所示。

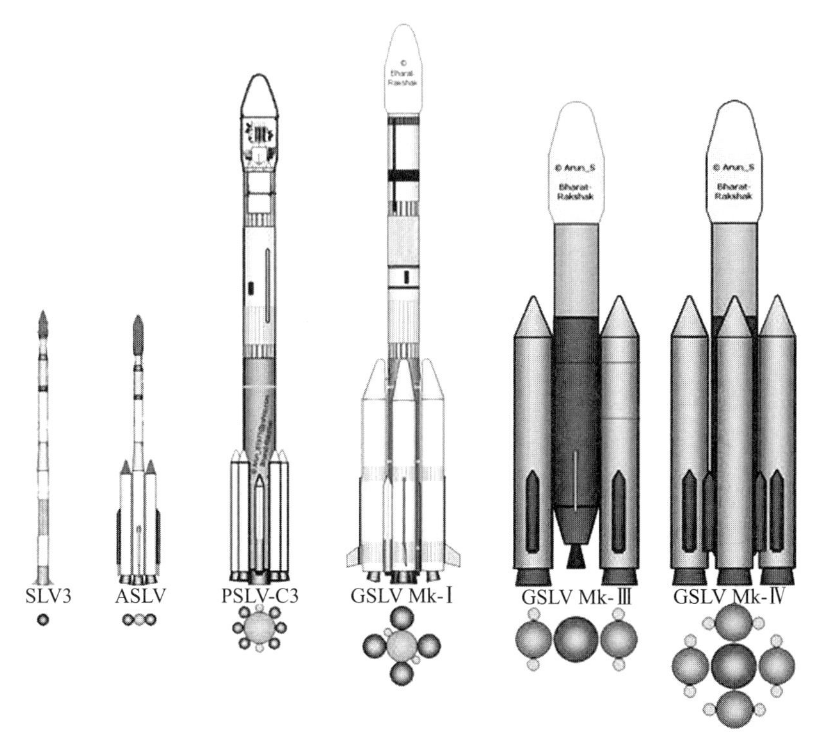

图 12-25　印度运载火箭

SLV-3 运载火箭是四级固体推进剂火箭，全长为 23 m，最大直径为 1 m，起飞质量为 16.9 t，运载能力为 40 kg，推力比为 2.66，起飞推力为 441 kN。1979 年 8 月 10 日首次发射了罗希尼卫星，因二子级制导系统失灵导致发射失败。1980 年 7 月 18 日斯里哈里科塔发射场首次将一颗重 35 kg 的罗希尼-1 卫星送入高度为 400 km 的圆轨道。

ASLV 运载火箭（见图 12-26）是由将两个 SLV-3 运载火箭的一子级发动机作为助推火箭捆绑在 SLV-3 运载火箭构成的，此外，对一、二、四级的发动机壳体也作了修改。ASLV 为四级运载火箭，全长为 23.5 m，起飞质量为 39 t，运载能力增加到 150 kg。

图 12-26　大推力卫星运载火箭（ASLV）

PSLV 运载火箭是由印度空间研究组织负责研制的四级运载火箭，带有 6 台捆绑固体助推器，一级使用固体火箭发动机，二至四级使用液体火箭发动机。火箭全长为 45 m，最大直径为 5.2 m，起飞推力为 5 294 kN，起飞质量为 275 t，推力比为 1.96，运载能力在太阳同步轨道为 1 105 kg，在地球同步轨道为 3 000 kg。该运载火箭能将 1 t 的遥感卫星送入 904 km 高的太阳同步轨道。1994 年 10 月 15 日，印度首次成功发射了极轨卫星运载火箭（PSLV），把重为 870 kg 的印度遥感卫星 IRS-P2 送入高为 825 km、倾角为 98.6° 的太阳同步轨道。印度目前主要用 PSLV 运载火箭发射遥感卫星。

GSLV 运载火箭是三级火箭，高为 49 m，重为 401 t，装有液体和固体燃料助推器以及俄罗斯制造的低温上面级，在地球同步转移轨道的运载能力为 2 t。2001 年 4 月 18 日，印度在南部安得拉邦的斯里哈里克塔航天基地成功将 GSLV-D1（又称为 GSLV-Mk1）

发射升空，并将 1 颗重达 1 540 kg 的试验通信卫星送入地球同步轨道。目前这种火箭的前两级采用印度自行开发的 PSLV 技术，三级则采用从俄罗斯进口的超低温引擎，可使液体燃料持续燃烧时间更长，推进距离达到前两级的总和。

（6）我国的长征系列火箭

20 世纪 60 年代初，中国就开始了运载火箭的研究与发展工作。

经过努力，长征系列运载火箭的第一种型号——长征-1 号运载火箭成功地投入生产。1970 年 4 月，中国的第一颗东方红-1 号卫星成功地用第一枚长征-1 号运载火箭送入低地球轨道（LEO）。长征-1 号运载火箭是在 CSS-2 中程弹道导弹的基础上发展起来的一种三级运载火箭。其一、二级均采用硝酸/偏二甲肼液体发动机，三级采用固体发动机。

为了提高运载能力，中国在 CSS-4 洲际弹道导弹的基础上，研制出了长征-2 号运载火箭。这是一种采用四氧化二氮/偏二甲肼可贮存推进剂的二级运载火箭。在作低地球轨道发射时，其发射有效载荷的能力要比长征-1 号运载火箭高 7 倍。

长征-3 号是一种三级运载火箭，主要用来完成地球同步转移轨道（GTO）发射任务，其一、二级是在长征-2C 基础上发展起来的，三级是新研制的，采用了具有二次启动能力的氢氧发动机。在长征-2C 和长征-3 号运载火箭的基础上，又进一步研制了运载能力更大的长征-2E 商用运载火箭，其低地球轨道的运载能力要比长征-2C 大 2.5 倍。目前，我国还在研制两种运载火箭，其都是以长征-3A 为芯级，在第一级上分别捆绑 4 个和 2 个与长征-2E 所用的相同的助推器，从而组成了长征-3B 和长征-3C 运载火箭。我国在 80 年代还研制了一种能发射太阳同步轨道气象卫星和其他科学应用卫星的长征-4 号运载火箭。相关各个型号的详细情况如图 12-27 所示，在图 12-28 和图 12-29 中更进一步给出了长征-3 与长征-2E 运载火箭的配置图。

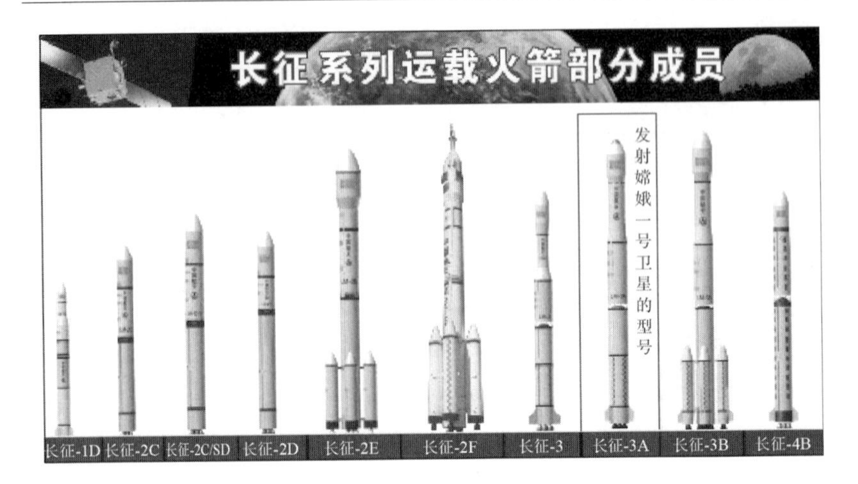

图 12-27　长征系列运载火箭

注：长征-2A（CZ-2A）号：这是一种三级运载火箭，由 CSS-2 中程弹道导弹（IRBM）派生而来。其一、二级采用硝酸/偏二甲肼液体推动剂，三级采用固体推动剂。一级装四台发动机，二级装一台发动机，均采用燃气舵控制。整流罩直径为 2.05 m；

长征-2A（CZ-2A）号：这是一种二级运载火箭，由 CSS-4 洲际弹道导弹（CBM）派生而来，一、二级均采用四氧化二氮/偏二甲肼液体推进剂。一级装有四台摇摆发动机，二级装有一台主发动机和四台控制用的游动发动机；

风暴-1（FB-1）号：这是一种二级液体运载火箭，其结构可能与长征 2 号运载火箭相似；

长征-2C（CZ-2C）号：该运载火箭的结构与长征-2A 号运载火箭相同，只是其可靠性和性能进一步提高了。整流罩直径为 3.35 m 和 2.2 m，还可以使用中国的近地点发动机（PKM）；

长征-3（CZ-3）号：该运载火箭除了第一级安装了空气动力尾翼和增加四个液氧/液氢喷管的第三级之外，其他方面与长征-2C 号运载火箭相同。整流罩直径为 2.6 m 和 3.0 m；

长征-4（CZ-1）号：该运载火箭除了第一级安装了空气动力尾翼、加长了一、二级和增加了推进剂采用四氧化二氮/偏二甲肼的第三级外，其他方面与长征-2C 号运载火箭相同。整流罩直径为 2. 9 m 和 3. 35 m；

长征-2E（CZ-2E）号：该运载火箭除了提高其性能而加长一、二级，并增加了四个四氧化二氮/偏二甲肼捆绑式助推器外，其他方面与长征-2C 号运载火箭相同。整流罩直径为 4.2 m。还可以使用中国的近地点发动机；

长征-ID（CZ-1D）号：该运载火箭除了第二级采用四氧化二氮/偏二甲肼推进剂和以较高精度入轨外，其他方面与长征-1 号运载火箭相同。整流罩直径为 2.05 m；

长征-3A（CZ-3A）号：该运载火箭除了一、二级被加长和采用由长征-3 号运载火箭派生的新的液氧/液氢发动机的第三级外，其他方面与长征-3 号运载火箭相同。整流罩直径为 3.35 m 和 4.0 m；

长征-3B（CZ-3B）号：该运载火箭由长征-3A 作芯级，在第一级上捆绑四个与长征-2E 所有的相同的助推器组成。整流罩直径为 4.0 m

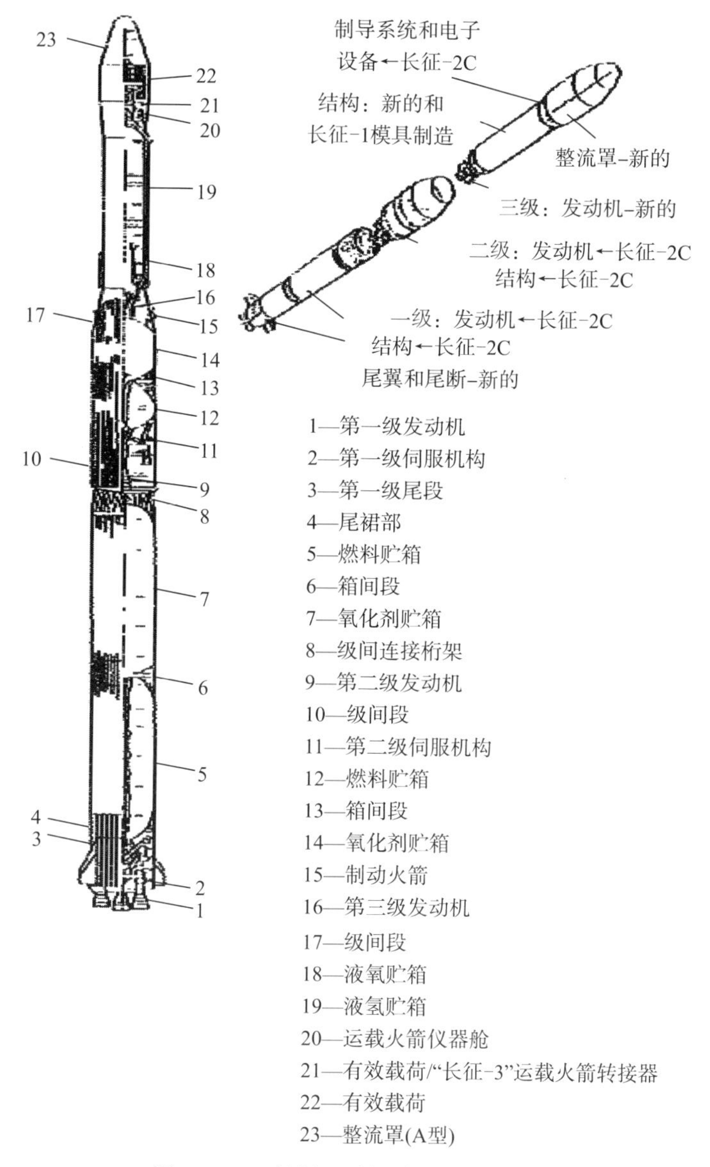

图 12 - 28　长征 - 3 号运载火箭配置图

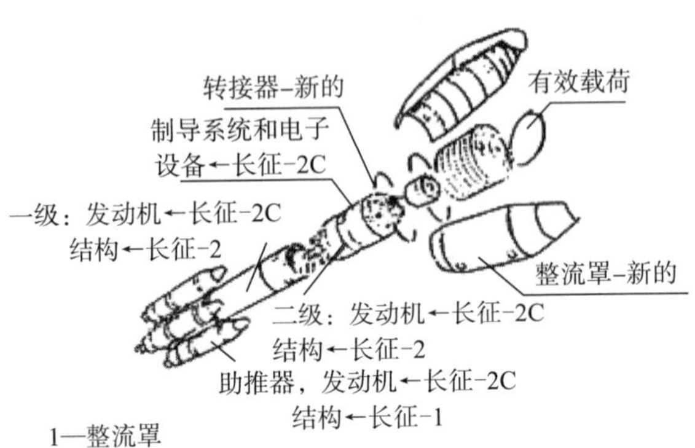

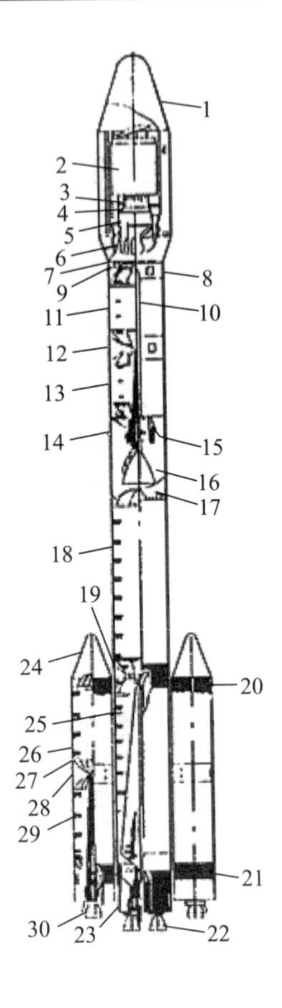

1—整流罩
2—卫星
3—卫星连接接头
4—有效载荷包带及分离弹簧
5—近地点发动机
6—有效载荷转接器(四块)
7—整流罩包带
8—运载火箭仪器舱
9—仪器
10—电缆管
11—第二级氧化剂贮箱
12—第二级箱间段
13—第二级燃料贮箱
14—级间段
15—第二游动发动机
16—第二级主发动机
17—排气口
18—第一级氧化剂贮箱
19—第一级箱间段
20—上部装配装置
21—下部装配装置
22—第一级发动机
23—尾段
24—头锥
25—第一及燃料贮箱
26—液体助推器氧化剂贮箱
27—分离火箭(共16个)
28—箱间裙部
29—液体助推器燃料贮箱
30—液体助推器发动机

图 12 - 29　长征- 2E 运载火箭配置图

我国运载火箭的发行记录如表12－3所示。

表12－3 发射记录

序号	日期	运载火箭	发射场	有效载荷
1	1970.4.24	长征-1	JSLC	东方红-1
2	1971.3.3	长征-1	JSLC	实践-1
*	1974.7.12	风暴-1	JSLC	试验科学卫星
失败				
3	11.5	长征-2A	JSLC	试验科学卫星
失败：姿态稳定失控				
*	1975.6.26	风暴-1	JSLC	试验科学卫星-3
4	11.26	长征-2C	JSLC	试验科学卫星-4
*	12.26	风暴-1	JSLC	试验科学卫星-5
*	1976.8.30	风暴-1	JSLC	试验科学卫星-6
5	12.7	长征-2C	JSLC	试验科学卫星-7
6	1976.8.30	长征-2C	JSLC	试验科学卫星-8
*	1979.7.30	风暴-1	JSLC	试验科学卫星
失败				
*	1981.9.19	风暴-1	JSLC	实践-2/实践-2A/实践-2B（一箭3星）
7	1982.9.9	长征-2C	JSLC	（返回式卫星）
8	1983.8.19	长征-2C	JSLC	返回式卫星
9	1984.1.29	长征-3	XSLC	（地球同频道轨道试验通信卫星）
失败：三级二次启动出现故障				
10	4.8	长征-3		（地球同频道轨道试验通信卫星）
11	9.12	长征-2C		（返回式卫星）
12	1985.10.21	长征-2C		（返回式卫星）
13	1986.2.1	长征-3		试验科学卫星-1
14	10.6	长征-2C		（返回式卫星）

续表

序号	日期	运载火箭	发射场	有效载荷
15	1987.8.5	长征-2C		(返回式卫星)
16	9.9	长征-2C		(返回式卫星)
17	1988.3.7	长征-3		试验同步通信卫星-2
18	8.5	长征-2C		弗利娅试验卫星-12
19	9.7	长征-4		风云-1(气象卫星)
20	12.22	长征-3		试验同步通信卫星-3
21	1990.2.4	长征-3		东方红-2A(通信卫星)
22	4.7	长征-3		亚星-1(商业发射)
23	7.16	长征-2E		巴德-1,澳星模拟星
24	9.3	长征-4		风云-2(气象卫星)
25	10.5	长征-2C		(返回式卫星)
26	1991.12.8	长征-3		通信卫星(未入预定轨道)
27	1992.8.9	长征-2E		(返回式卫星)
28	8.14	长征-4		奥普图斯-B1
29	10.6	长征-2C		弗利娅卫星,微重力科学试验卫星
30	12.21	长征-3		奥普图斯-B2
31	1993.10.8	长征-2E		(返回式卫星)
32	1994.2.8	长征-2E		实践-4
33	7.3	长征-2E		返回式卫星
34	7.21	长征-4		亚太-1
35	8.28	长征-4		奥普图斯-B3
36	11.30	长征-2C		东方红-3/1(通信卫星)

注:1.JSLC:酒泉卫星发射中心(在甘肃省);

2.XSLC:西昌卫星发射中心(在四川省);

3.TSLC:太原卫星发射中心(在山西省);

* 风暴-1运载火箭不计入长征运载火箭发射系列。

长征-2E运载火箭的典型飞行程序如图12-30所示。

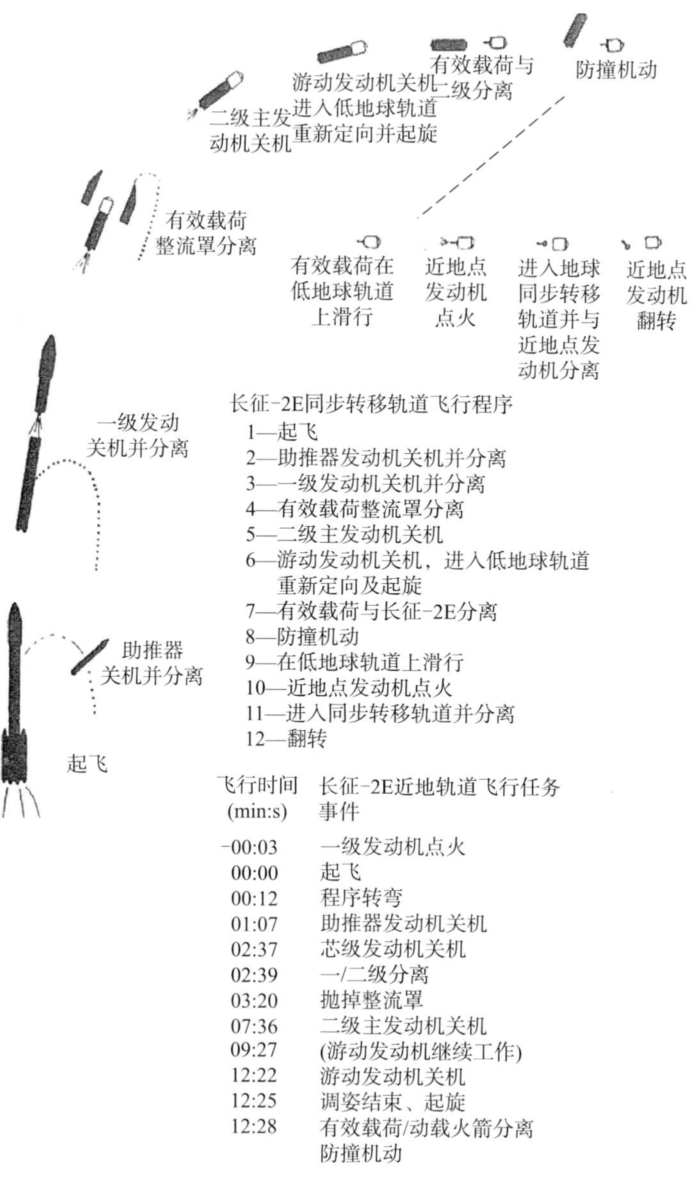

图12-30 长征-2E运载火箭的典型飞行程序

长征-2E运载火箭发射准备程序、时间，以及最后倒数计时程序如下所示。

运载火箭发射准备程序和时间				运载火箭最后倒数计时程序	
工作开始（天）	工作结束（天）	工作时间（天）	工作内容	计时程序	操作
11	9	2	运载火箭起竖和对接	5 h	垂直度校正，瞄准射向
11	9	2	测试准备	4 h	充电和发射前功级检查
9	7	2	运载火箭测试	2 h	状态检查和撤回工作平台
7	6	1	有效载荷组装和安装整流罩	60 min	发射前充电检查和进入1小时发射程序
6	4	2	总检查	40 min	增压和撤除供气管路
4	3	1	发射前演练	20 min	箭上遥测系统加电
3	1	2	加注准备和加注	1 min	电缆摆杆摆开，自动点火
1	0	1	倒计时程序	0 s	起飞

（7）我国的长征大运载火箭

长征三号丙运载火箭（CZ-3C）是一枚三级大型液体捆绑式运载火箭。其是采用经适应性更改后的长征三号甲运载火箭作为芯级，捆绑两枚液体助推器而构成。长征三号丙运载火箭是继长征三号甲与长征三号乙之后、长征三号系列的又一成员。除在其一级捆绑有两个助推器外，其余结构部分、分系统与长征三号乙火箭基本相同。该运载火箭的推出为用户根据有效载荷的质量和任务要求而灵活选用长征火箭拓宽了范围。长征三号丙运载火箭主要用于发射地球同步轨道卫星，其GTO运载能力为3.8 t。全箭起飞质量为345 t，全长为54.838 m，一、二级直径为3.35 m、助推器直径为2.25 m，三级直径为3.0 m，卫星整流罩最大直径为4.0 m。其一级、助推器和二级使用偏二甲肼（UDMH）和四氧化二氮（N_2O_4）作为推进剂，三级则使用效能更高的液氢（LH_2）和液氧（LO_2）。全箭由箭体结构、动力系统、控制系统、遥测系统、外测安全系统、滑行段推进剂管理与姿态控制系统、低温推进剂利用系统、分离系统以及辅助系统等组成。

长征四号运载火箭（CZ－4）于 1982 年开始进行可行性研究，第二年开始工程研制。最初 CZ－4 运载火箭是发射中国通信卫星的长征三号运载火箭（CZ－3）的备份火箭，在 CZ－3 运载火箭成功发射东方红通信卫星后，CZ－4 运载火箭的主要任务转变为发射太阳同步轨道气象卫星。CZ－4 运载火箭是基于 CZ－3 运载火箭研制出来的液体推进剂运载火箭，用于执行低地球轨道（LEO）、太阳同步轨道（SSO）及地球同步转移轨道（GTO）的发射任务。CZ－4 运载火箭典型的太阳同步轨道运载能力为 2 790 kg，典型的地球同步转移轨道的运载能力为 1 419 kg，典型的低地球轨道运载能力为 4 595 kg。CZ－4 运载火箭上有两种整流罩，即 A 型及 B 型，A 型整流罩静态包络为 2.36 m，B 型为 2.9 m。

中国在长征四号甲的基础上研制了一种运载能力更大的三级液体运载火箭长征四号乙，其代号为 CZ－4B。火箭全长为 45.5 m，芯级最大直径为 3.35 m。运载能力在轨道倾角为 98°、高度为 748 km 时为 2 200 kg 。长征四号乙主要用于发射太阳同步轨道的对地观测应用卫星，其首期任务是计划于 1999 年底发射中国与巴西合作研制的地球资源勘察卫星。

中国运载火箭的发展经历了液体火箭发动机、液氧火箭发动机和新研制的大推力运载火箭。新一代运载火箭是以“通用化、系列化、组合化”为设计原则，按照“一个系列、两种发动机、三个模块”的发展思路进行研制的火箭系列。新研制的两种发动机和芯级与现有的火箭发动机和芯级进行组合，载荷涵盖 10 t 以下、10 t、20 t、30 t 和 40 t。其中 40 t 级的重型运载火箭将完全超越欧洲的阿里安－5 和美国的德尔它－4。

新研制的长征五号重型运载火箭（图 12－31）采用了新型发动机、5 m 大直径结构，低温循环预冷等多项新技术。按模块化设计思路，形成了近地轨道 1.5～25 t、地球同步转移轨道 1.5～14 t 的运载能力，可满足未来航天发展需求。

图 12-31　长征 5 号重型运载火箭模型

我国包含新发展的大运载火箭的长征系列运载火箭如图 12-32 所示。

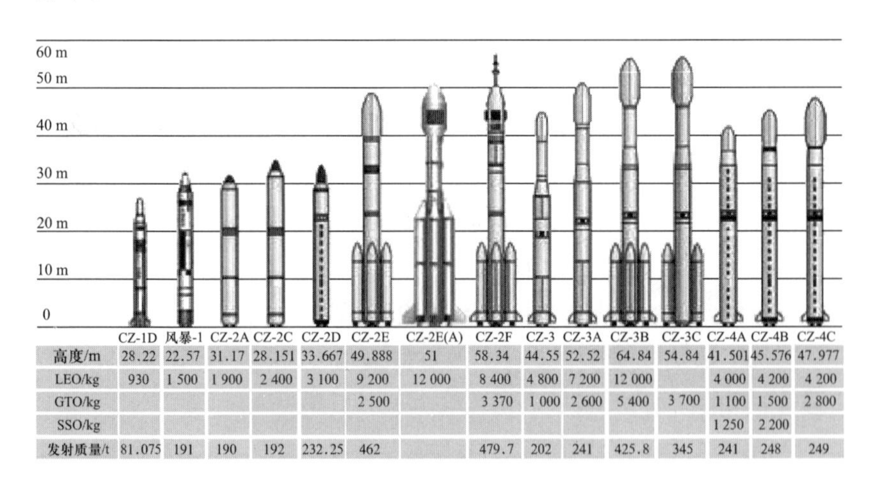

	CZ-1D	风暴-1	CZ-2A	CZ-2C	CZ-2D	CZ-2E	CZ-2E(A)	CZ-2F	CZ-3	CZ-3A	CZ-3B	CZ-3C	CZ-4A	CZ-4B	CZ-4C
高度/m	28.22	22.57	31.17	28.151	33.667	49.888	51	58.34	44.55	52.52	64.84	54.84	41.501	45.576	47.977
LEO/kg	930	1 500	1 900	2 400	3 100	9 200	12 000	8 400	4 800	7 200	12 000		4 000	4 200	4 200
GTO/kg						2 500		3 370	1 000	2 600	5 400	3 700	1 100	1 500	2 800
SSO/kg													1 250	2 200	
发射质量/t	81.075	191	190	192	232.25	462		479.7	202	241	425.8	345	241	248	249

图 12-32　长征系列运载火箭

12.4　发射阵地

作为发射场基本设施的技术阵地和发射阵地，可供运载火箭-航天器进行射前准备和实施发射，通常技术阵地由运载火箭总装测试厂房、航天器装配测试厂房、航天器加注库房、火工品测试间、轨控姿控发动机工作间等专用设施和建筑物组成，配以供气、供配电、指挥通信和勤务保障等通用技术系统。其组成和结构随火箭飞行器的类型、组装方式和发射准备的方式不同而异。图 12 - 33 给出了土星 5 -阿波罗的技术阵地的布局示意图。

12.4.1　任务、组成与布局

发射阵地是装备有专用技术操作设备和通用技术设备的工程设施，用以保障将技术阵地转运来的运载火箭-航天器系统起竖到发射台，以便进行射前测试、给运载火箭加注推进剂和压缩气体，并进行瞄准和发射。

在发射阵地需要完成的基本工作有：

1）将运载火箭和航天器起竖到发射台上；

2）必要时可用于装配运载火箭和航天器；

3）对运载火箭和航天器进行测试和总检查；

4）给运载火箭加注推进剂和充填高压气体；

5）给航天器加注低沸点推进剂；

6）航天员进入飞船座舱；

7）运载火箭进行瞄准；

8）发射；

9）发射后的收尾工作；

10）在无法发射情况下泄出推进剂并从发射台上卸下火箭。

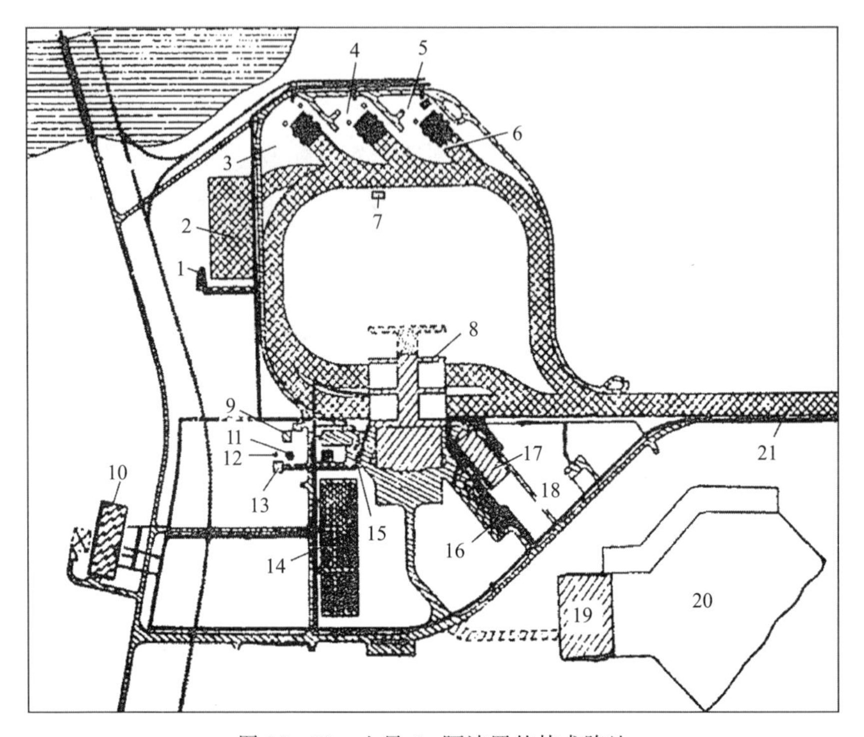

图 12－33　土星 5－阿波罗的技术阵地

1—污水净化站；2—履带运输车停车场；3—1 号发射台面停放场；
4—2 号发射台面停放场；5—3 号发射台面停放场；
6—在发射台面上装配脐带塔的装配场；7—充电站；8—垂直组装厂房；
9—水冷却塔；10—变电所；11—储水场；12—供水塔；13—化学品贮存室；
14、16—停车场；15—空调、供水和供电设备的建筑；17—发射控制中心；
18—带储气罐的压缩机站

发射阵地的组成已由图 12－34 给出，专用技术设备用于发射准备和实施发射；通用设备用于保证火箭-航天器及其专用设备处于良好的工作状态，并给工作人员创造正常的工作条件。

图 12－35 给出了肯尼迪航天中心 39 号阵地的设施布局示意图。其主要由 1 座垂直总装测试大楼、2 个发射工位、1 个发射控制中心、3 个活动发射台、2 台专用运输车、1 座活动勤务塔和 1 条供专

用运输车行动的专用运输道路组成。

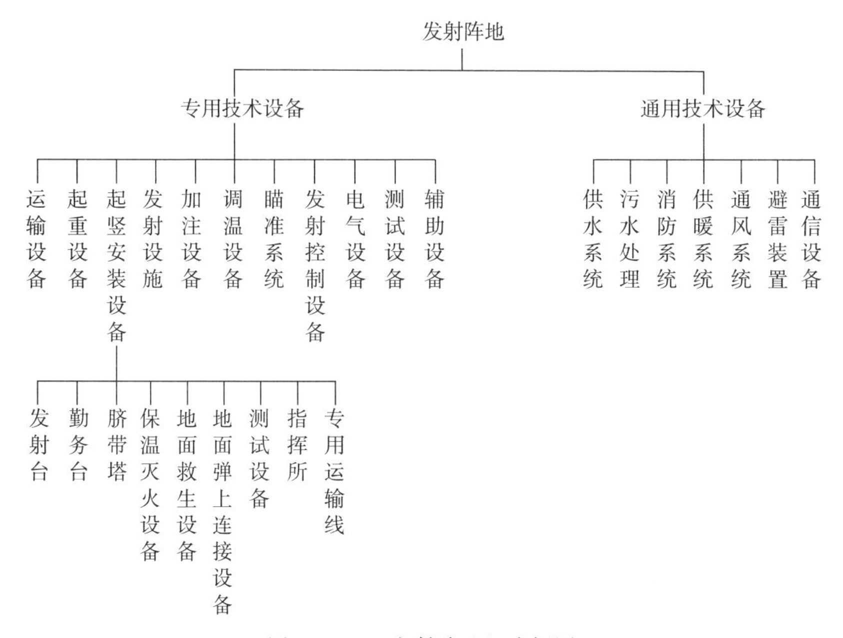

图 12-34 发射阵地组成框图

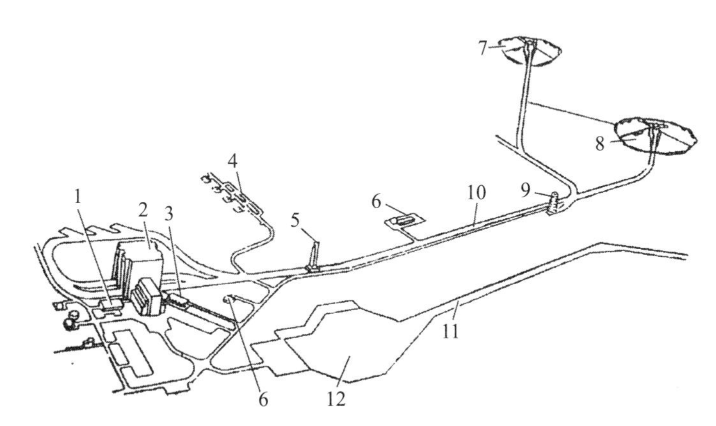

图 12-35 土星-阿波罗登月发射场设施布局图

1—操作人员工作间；2—垂直总装测试大楼；3—发射控制中心；4—各种库房；5—活动发射台（连同脐带塔）；6—压缩空气罐间；7、8—两个发射工位；9—活动勤务塔；10—巨型履带运输车的专用运输道路；11—运河；12—码头

12.4.2　发射系统

发射系统主要用于完成运载火箭、航天器的起竖对接，配合检查测试、加注推进剂和瞄准等工作，完成发射任务。发射系统由发射工位、发射台基座、发射台操纵间、导流槽和工作塔架等组成。

（1）发射工位

图 12-36 给出了 39 号阵地发射工位的布局图。工位场坪大致呈八角形，占地1.3 km^2，其中央为发射台基座。场坪上有通往总装测试厂房的履带运输车道、环形公路、设备控制间、液氢泵站、瞄准间、燃料泄出储槽、消防系统槽罐、液氧泵站、高速摄影机房和通风装置等。在场坪周围设三座 130 m 高的避雷塔。

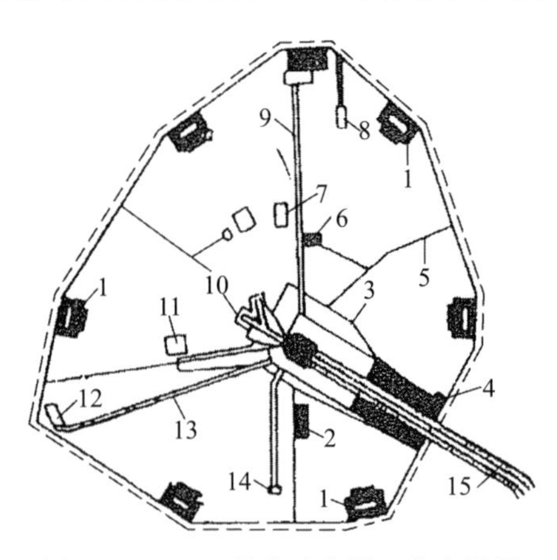

图 12-36　39 号阵地发射工位布局图

1—高速摄影机房；2—汽车停车场；3—发射台；4—检查站；5—供气管道；6—瞄准间；7—燃料泄出储槽；8—燃料和液氢泵站；9—燃料和液氢加注系统管道；10—导流槽固定平台；11—消防系统槽罐；12—液氧泵站；13—液氧加注系统管道；14—通风装置；15—履带运输车道

（2）发射台基座

图 12-37（a）给出了位于场坪中央的发射台底座的设备配置图。在中央台面上有 6 个安装框［图 12-37（a）中 5］，用于固定活动发射台，虚线标出了活动发射台的位置。图 12-37（a）中，1 是

液氢加注管出口，2是供气管接口，3是燃料加注口，4是一级发动机加注工作台，5是发射平台安装框，6是供电电缆出口支架，7是辅助输送设备，8是检查用工作台，9是空调系统出口，10为液氧加注管出口。这些接口设备将库房的推进剂、气体、电力设施和脐带塔连接起来。在台面下的地下室，用于放置测试设备终端接口、空调设备和高压气贮存设备，以及航天员、工作人员紧急地下掩蔽部等。

发射台下面中央为火焰导流槽，深为13 m，长为137 m，宽为18 m，用耐火砖砌衬。

（3）导流槽

导流槽用来排导火箭起飞时喷出的高温高速燃气流和支承固定发射台。当发射不成功时，也可作为一级运载火箭推进剂的泄出储槽。

如图12－37（b）所示，导流槽内有一钢制的导流锥，呈倒V型置于铁轨上，其底部宽为14.6 m，高为12.8m，重为3.5×10^5 kg，发射台可移动进行检修。为冷却导流锥，专门设置了一套独立的水冷却系统。

（4）发射台

发射台用于承载运载火箭和航天器，进行垂直度调整和方位粗瞄。

固定发射台由台体、回转部、液压系统和电气系统组成。39号阵地使用的是活动发射台（见图12－38），其是由发射平台和脐带塔组成的全钢结构，总重约为5.4×10^5 kg。发射台全高135 m，平台面积为52 m×41.7 m，高为7.6 m，中间有一个13.7 m×13.7 m的方形导焰孔。台面导焰孔四周有4个火箭支撑臂。脐带塔装在发射台一端，高为116 m，设有17层工作平台，塔顶装有25 000 kg的塔式起重机。塔内设有2部电梯，可在30 s内把航天员送到塔下。塔上设有9个摆臂，固定通向火箭-飞船的加注管路、供气管路和测试电缆，其中1个作为航天员进入飞船的通道。

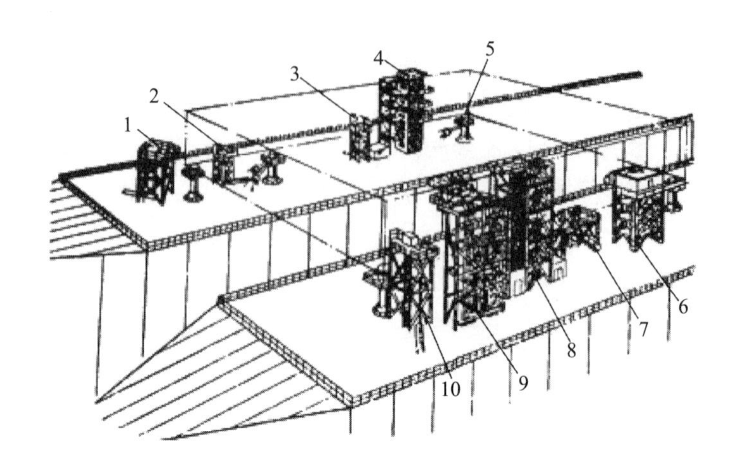

1—液氢加注管出口；2—供气管接口；3—燃料加注口；4——一级发动机加注工作台；5—发射平台安装框；6—供电电缆出口支架；7—辅助输送设备；8—检查用工作台；9—空调系统出口，10—液氧加注出口

（a）发射台基座的设备配置

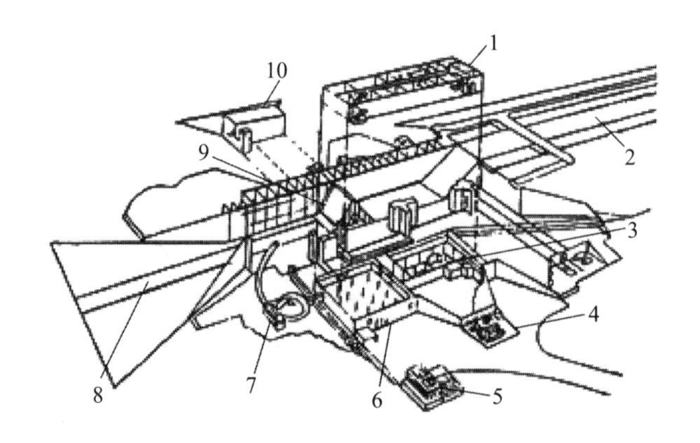

1—二楼通信站；2—发射台底座通路（履带运输车进车道）；3—一楼通信站；4—变电所；5—制冷装置；6—空调设备间；7—应急处理室；8—排烟道；9—导流器；10—压缩气体储罐间

（b）发射台基座导流槽

图 12-37　发射台基座

（5）活动勤务塔

活动勤务塔（图 12－39）用于给火箭安装火工品和安装其他不适合在总装测试厂房中安装的设备。其在射前撤出，平时停放在距发射工位 1.61 km 处的地方。塔高 125 m，塔上设有 5 层封闭工作平台，其中上面 3 层供飞船用，下面 2 层供火箭用。

图 12－38　活动发射台

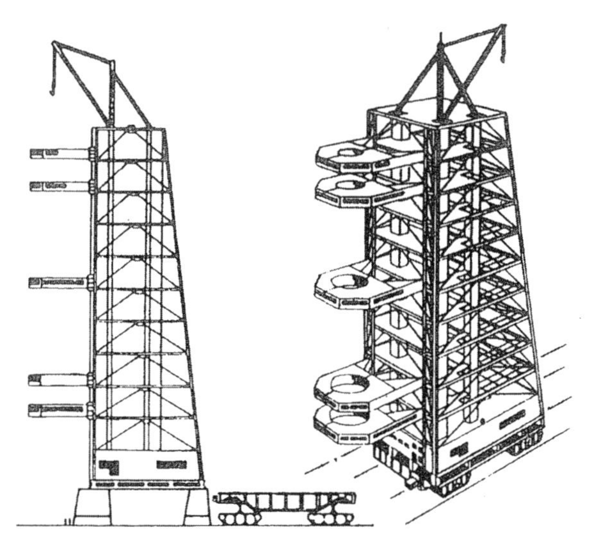

图 12－39　39 号阵地活动勤务塔

12.4.3 测试系统

测试系统由发射控制中心、电源间、外测间、瞄准间和火工品存放间等组成，主要用于完成对运载火箭和航天器的集中检测、监视和发射控制。

(1) 发射控制中心

该中心作为发射阵地的测试控制中心，由测试发射控制室、遥测和外测测试间、航天器测试间、液氢液氧加注控制间、配电室、指挥所等组成。其主要任务是完成对火箭-飞行器垂直状态下的测试检查、瞄准监控及实施发射，并控制、监视低温推进剂的加注、控制摄影和消防等。

39 号发射阵地的发射控制中心的电视监视系统就有 80 台摄像机、100 个监视屏，可对以下 4 种测试发射状况进行监视：

1）总装测试大楼内的项目；

2）转运景象；

3）加注时火箭及加注库房的景象；

4）发射工位上的操作及发射实况。

(2) 外测间

外测间的任务是对外测系统箭上设备进行临射单元检查，对外测箭船上设备进行无线电测试和联试。

(3) 瞄准间

瞄准间应位于射向的正后方，瞄准窗口对准发射中心，室内架有 2 台激光瞄准仪，负责射向的瞄准任务。

12.4.4 辅助系统

(1) 加注系统

对火箭飞行器加注有两套方案：

1）在发射阵地火箭处于发射状态后，加注所有推进剂；

2）在技术阵地加注站向飞行器贮箱加注高沸点推进剂，然后在发射阵地向运载火箭贮箱加注，及给飞行器加注低温液体推进剂。

地面加注系统的分类见图 12-40。

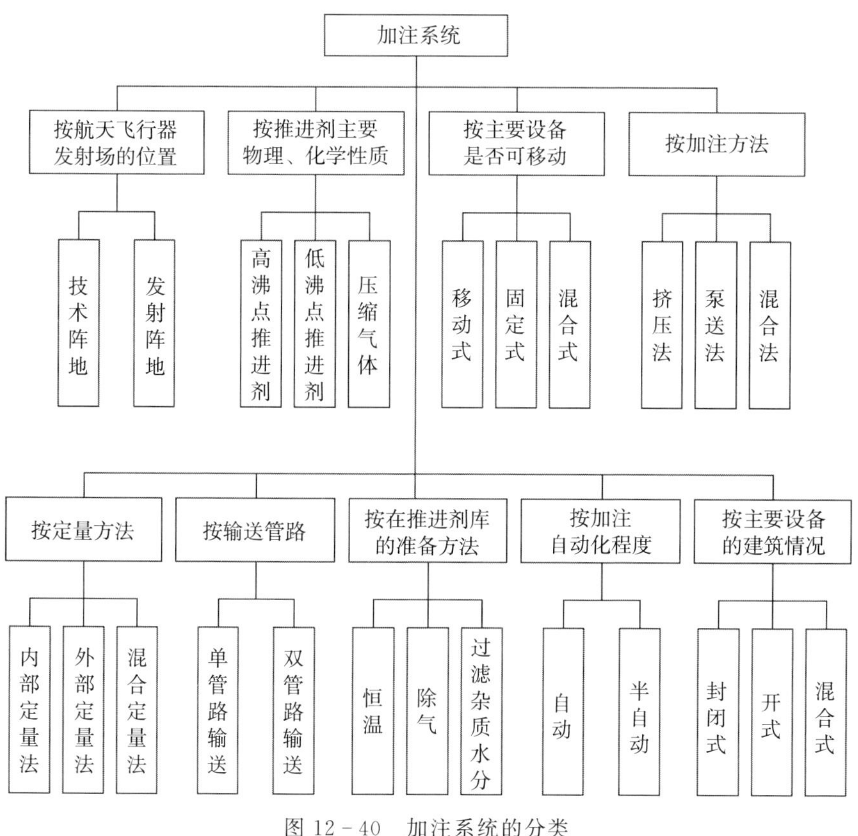

图 12-40　加注系统的分类

发射过程中加注系统由 5 个工作部分组成：

1）准备工作：检查系统所有设备的功能，准备好推进剂并调整好参数（数量、温度、压力），取样分析，进行管路的气密性检查，把系统中所有操纵机件置于起始状态等；

2）基本工作：火箭贮箱的惰性气体吹除，加注，补加，保持加注时推进剂恒温，在取消发射计划时则要泄回贮箱中的推进剂；

3）结束工作：液面校正到规定值，排放弹上和地面管路中的气体和液体，将运载火箭与加注和排放管路分离等；

4）发射后的工作：放空加注管路中残存的推进剂，更换一次性有效使用的机件，使系统处于贮存状态；

5）辅助工作：包括由运输设备向库房转注推进剂，对设备进行技术保养等。

（2）供气系统

供气系统保证压缩气体氮气和氦气的生产、贮存和分配。

氮气用于操作推进剂加注系统的阀门和发射前准备期火箭的阀门，为防爆目的而进行的运载火箭和地面系统各种设备的吹除，以及操作脐带塔上活动工作台的回转机构及某些贮箱的增压。

氦气用于在发射前给液氢贮箱和液氧贮箱增压、弹上气瓶充气、运载火箭和地面系统各种设备的吹除。

（3）勤务保障系统

发射阵地的勤务保障系统包括供水、供配电、空调、消防和污水处理，以及通信气象、时统和安全管理等系统。

12.5 测试发射模式

12.5.1 测试发射模式

火箭-航天器到发射场后，一般要经历检测、组装、测试、起竖、加注和发射几个大阶段。按载人飞船和运载火箭的测试发射工作流程的不同，可分为3种不同的模式。

（1）三水平模式

在技术阵地上的装配测试厂房进行水平装配和综合测试，又以水平状态转运到发射阵地，然后起竖到发射台上进行测试、加注和发射，这是苏联发射东方号、上升号和联盟号飞船所采用的工艺流程，即所谓的水平组装、水平测试、水平整体转运的三水平模式。

以联盟号飞船为例，当其被运到拜科努尔发射场的飞船测试厂房后，先将其垂直竖于工作架上进行单元分系统和综合测试，然后再进行航天员进舱的综合检查。测试合格后，装好整流罩，在垂直状态下运到加注间加注燃料，加注完成后再运回测试厂房，并放置成水平状态。对接逃逸塔，再运到火箭总装测试厂房与整体水平放置的运载火箭对接在水平运输起竖铁路支架车上，并由内燃机车牵引往发射工位。

到发射阵地后，首先转动发射台进行对位，再由运输车液压系统将火箭-飞行器整体托起处于起竖或垂直状态，然后合拢支撑臂、勤务塔，连接好电缆和各种供气管路。整个起竖约需用 1 h。

起竖后，进行火箭飞船各系统的垂直状态测试，约需 5 h。

进入临射检查 6 h 程序，对火箭-航天器再一次进行综合检查。

射前 2 h，航天员进舱，进行生理检测，点火发射。

这种测试发射模式只适用于在结构上允许呈水平状态转运的火箭飞行器。采用这种模式时，火箭-航天器的装配和测试工作是在条件良好的室内进行的，这样的操作方便且质量高，也不必建造高大的装配测试厂房和垂直运送所需的庞大设备及专用道路，缩短了在发射阵地的时间（约需 14 h），从而提高了发射的可靠性且缩短了发射时间的间隔。

这种模式的缺点是：火箭-航天器是非工作状态（水平状态）装配的，必须在发射阵地重新进行综合测试（因为从水平状态转为垂直状态的起竖过程中每一细节都有可能成为发生故障的原因）。

（2）三分级模式

在装配测试厂房对运载火箭各级进行水平或垂直装配，然后分级转运到发射阵地，再在发射台上垂直组装并进行单个系统的测试，最后将飞船对接于已垂直组装好的运载火箭上，进行发射阵地的综合测试、加注和发射。这种模式因需分级水平测试、分级水平转运、分级起竖而被称为三分级模式。其又可依据是否经由技术阵地而分为混合式三分级模式和固定式三分级模式。

①混合式三分级模式

水星号飞船沿用了这种美国 50 年代对导弹和卫星的测试发射的操作流程。水星号飞船和宇宙神运载火箭各级被运到肯尼迪航天中心后，首先在技术阵地的装配测试厂房进行各自的单元测试、装配和水平状态下综合测试。测试合格后，运载火箭的各级和飞船按一定的顺序运送到发射阵地，利用勤务塔、起重机和吊车在发射台上进行装配。在装配过程中先进行分系统测试，然后进行整体综合测试。测试合格后，向火箭、飞船加注推进剂，补充高压气体，航天员进舱后进行发射前各系统功能检查和航天员生理参数检测，完毕后点火发射。

这种模式由于在露天操作，测试过程难尽人意，因而降低了测试操作的准确性和可靠性，具有容易造成失误或难于满足要求的缺点。并且因发射工位占用时间长（一般需三个月），降低了发射场的周转能力，所以只适合于两次发射时间间隔较长的中等规模的火箭-飞行器。

②固定式三分级模式

美国在发射双子星座飞船时，在发射场的测试发射流程中采用了所谓的固定式准备法的工艺流程，即取消技术测试厂房，将运载火箭各子级直接运往发射工位，在固定发射台上垂直装配运载火箭和飞船，然后进行测试、加注和发射。

利用这种模式发射的优点是避免了火箭状态改变，提高了发射的可靠性，但具有如下缺点：

1）需要建造密封性能高、符合火箭-飞船装配环境要求的活动勤务塔，造价昂贵；

2）占用发射工位周期过长，需要几个月的时间；

3）若在加注、发射中发生事故，会给发射工位造成严重损坏；

4）必须建造多个发射工位，双子星座飞船的发射工位就多达 4 个。

（3）三垂直模式

美国起初所采用的三分级模式同苏联所采用的三水平模式都存在一个致命的弱点，即占用发射工位时间长，难于满足对发射窗口要求严格的阿波罗登月计划的发射要求。为此，美国决定采用垂直总装、垂直测试、垂直转运的三垂直新模式来完成阿波罗飞船的发射计划。

土星5火箭的组件在被运至垂直总装测试大楼（图12-41）后，各级火箭在装配大楼的低跨厂房内完成单元及分系统测试检查，然后运到高跨厂房内对接于活动发射台，之后再进行组装和测试。

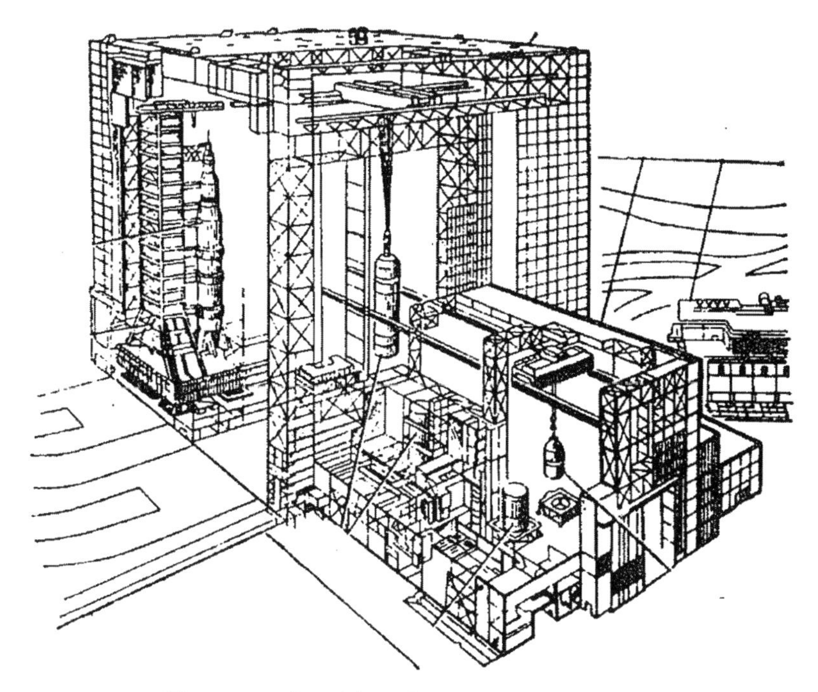

图12-41　肯尼迪航天中心的垂直总装测试大楼

阿波罗飞船的各构件运到肯尼迪航天中心后，在飞船装配楼内进行装配和测试。然后运到装配大楼内与测试好的火箭对接，并进行箭船联合测试。

测试合格的土星 5 运载火箭和阿波罗飞船联合体连同活动发射台和脐带塔一起由履带运输车运到发射工位，如图 12-42 所示。

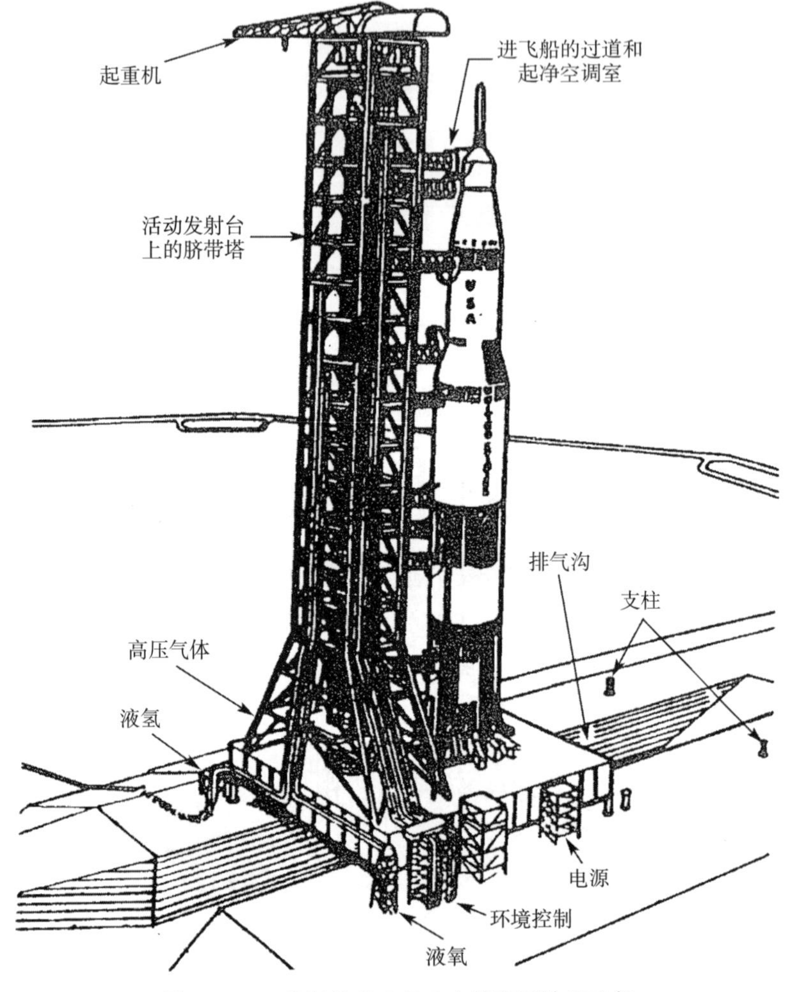

图 12-42 临射前的土星 5 火箭和阿波罗飞船

将活动发射台停于发射点后，运输车返回；将活动勤务塔运到发射工位，然后将勤务塔展开，连上有关的电路、气路和液路。

对火箭-飞船进行综合测试检查，加注、安装火工品后，将活动勤务塔撤离。发射前2 h 航天员进舱。

发射完毕后，用运输车将活动发射台运回垂直装配大楼。

阿波罗飞船的三垂直测试发射模式同以前的模式相比，大大地缩短了发射阵地占用时间；火箭-飞船可以在条件良好的厂房内测试检查，然后以垂直的工作状态运往发射阵地，大大地提高了发射的可靠性和成功率，这种模式后来又运用到航天飞机的测试发射中，但这种模式所需的投资经费高。

12.5.2　发射设施

由表12－4可知，与目前世界上流行的发射方式相匹配的发射设施有下述5种组合的型式。

1）活动勤务塔、活动脐带塔与导流槽结合型。其典型设施有美国肯尼迪航天中心的39号发射阵地、法属圭亚那库鲁航天发射场的阿里安第三发射场；

2）活动勤务塔、固定脐带塔与导流槽结合型。其典型设施有美国肯尼迪航天中心的37号发射阵地，法属圭亚那库鲁航天发射场的阿里安第一、第二发射场，中国酒泉发射场；

3）固定塔架与单向导流槽结合型。其典型设施有中国西昌的1号发射工位；

4）旋转式活动勤务塔、固定脐带塔与移动式发射台相结合型。其典型设施有日本的H－2火箭发射场；

5）倾倒式桁架结构的固定式勤务塔与导流槽相结合型。其典型设施有俄罗斯拜科努尔航天发射场的联盟号飞船发射阵地。

表 12-4　航天发射场的典型发射设施

发射模式	发射场	发射工位	塔的形式	塔总重/($\times 10^3$ kg)	塔高/m	发射装置	组装方式
三垂直模式	肯尼迪航天中心	39 号	活动勤务塔和活动脐带塔	4 250	122	带有发射台和 V 形导流器的高台式	在技术阵地的厂房中垂直装配
混合三分级模式	范登堡空军基地	西靶场	两周移动勤务塔	4 000	83.8	带有导流槽的可回转的发射台	在发射台上使用勤务塔上的起重机
固定三分级模式	肯尼迪航天中心	37 号	活动勤务塔和固定脐带塔	3 175	82+15.8 114	V 形导流器的高台式	同上
混合三分级模式	拜科努尔发射场	能源号	可移动主塔和固定脐带塔		100	三孔导流槽高台式	
三水平模式	拜科努尔发射场	联盟号	有倾倒式桁架结构的固定式勤务塔			带导流槽的半地下建筑物	
三垂直模式	库鲁航天发射场	阿里安-3	活动式勤务塔和活动式脐带塔		45	活动发射台三面导流槽	
固定三分级模式	种子岛发射场	H-2	分成两半固定在发射台上，能绕轴转动 180°的勤务塔，固定脐带塔		75	活动发射台	

12.6　发射装置和辅助设备

(1) 起竖设备

起竖设备的作用是把火箭起竖成垂直状态并放置于发射设备上，或在不发射的情况下把火箭放下来；某些情况下起往发射阵地运输火箭-飞行器、组装火箭和准备发射的作用。

起竖设备大致可分为两大类：一类为活动式，如图12-43所示的联盟号运载火箭使用的起竖运输车；另一类为固定式，如图12-39所示的勤务塔，其可以提供全套的起吊设备供组装火箭飞行器用，利用吊具可以通过简单的技术手段将火箭-航天器各级从水平位置翻转成垂直状态。

图12-43　联盟号火箭的起竖装置

（2）发射设备

发射设备是由脐带塔（图 12-44）、电缆摆杆、发射台支承装置和其他设备组成的。在保证对接、安装、垂直调整和发射火箭飞行器时，其还用于把地面管线接到火箭飞行器上，并供火箭-航天器进

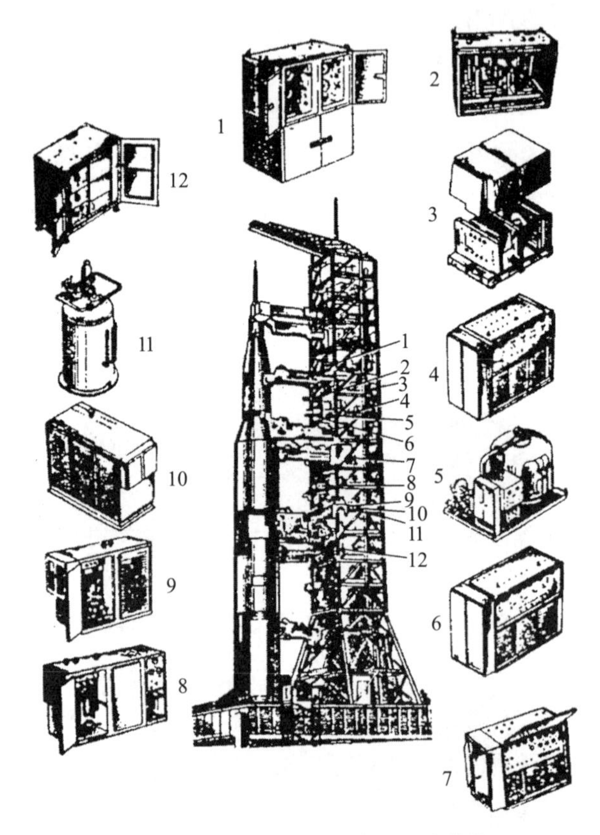

图 12-44　土星 5-阿波罗的脐带塔

1—设备舱气动系统控制装置；2—转换开关部分；3—设备舱的冷却装置；4—控制三级发动机的气动系统装置；5—供给冷却气体（氦气和氮气）的装置，其用途为为三级的箱体增压、为主发动机冷却套冷却以及给驱动涡轮和气瓶充气；6—控制装置；7—控制三级辅助发动机装置的气动系统的装置；8，9，10—控制二级发动机装置的气动系统的装置；11—供给气体（氢气）的装置，其用途为为二级的箱体增压和冷却发动机的冷却；12—控制一级发动机装置的气动系统的装置

行维护、回转和方位瞄准使用。发射设备的结构取决于它的主要功能——保证发射。对于大型运载火箭，可采用固定发射台（图12-45）、活动发射台（图12-38）和带有倾倒装置的发射台。前面两类都是使用火箭支座将火箭支承在发射台上，后一类则是用于端部无支承点的运载火箭（如联盟号飞船的运载火箭）。该类火箭依靠承力组合件悬置在中央的承力装置上，而中央承力装置是靠侧向构件固定的。用发射台上4根可倾倒的承力支撑架悬挂运载火箭，当推力达到额定值后，在平衡器的作用下承力支撑架被抛开。

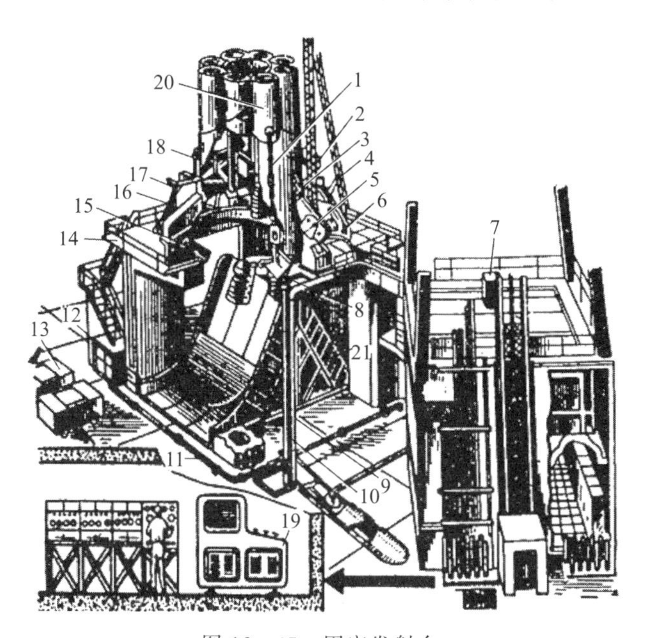

图12-45 固定发射台

1，18—加注管；2，4—电缆摆杆；3，7—预热器；5，16—火箭的支撑装置；6—阀；8，9，10—加注管道；11—供水管道；12—液压系统操纵台；13—发动机的维护设备车；14—工作平台；15—电缆；17—探测渗漏仪表板；19—发动机维护系统操纵台；20—火箭的尾部；21—导流器

12.7　发射窗口

发射窗口，也称发射时机，其可分为日计发射窗口，即规定某天内从某一时刻到另一时刻可以发射；月计发射窗口，即规定某个月内连续某几天可以发射；年计发射窗口，即规定某年内允许连续发射的月份。无论哪种发射窗口，事先都要通过计算选择几个供发射指挥员机动决策。

对于一般的卫星和飞船发射，通常只需选择日计发射窗口；对于月球和行星探测器，要同时选择月计和日计发射窗口；对于发射行星际探测器，如慧星探测器，就要同时选择年计、月计和日计发射窗口。选择月计和年计发射窗口时，主要是考虑星体与地球的运行规律，以节省发射能量。但航天器最终发射时间总是由日计发射窗口来确定的。

选择日计发射窗口时，需考虑因素较多，其通常受下述主要因素的制约：航天器与运载火箭技术对发射环境条件的要求，测量控制系统中各种测控设备对发射时段的要求，通信、时统等技术服务系统最佳和最不利发射时段的限制，气象条件对发射时段的影响，航天器入轨与工作条件（如能源、温控和控制系统对太阳入射角的限制）、入轨姿态误差和变轨姿态误差的影响等。

由此可见，选择发射窗口是一个复杂系统的综合决策问题，特别是对于载人飞船，必须计及高可靠性和高安全性这两个主要的制约条件，也就是说，某一次发射总有比较主要的制约条件在确定发射窗口时起决定性作用。所以在选择发射窗口时，一般先由上述各影响部门分别提出希望和允许的发射时段，然后由发射部门进行综合分析，根据不同发射时段对实现试验目的影响的程序排出综合的最佳发射窗口、较好发射窗口和允许发射窗口。

12.8　发射入轨程序

飞船及运载火箭在发射工位加注完毕后，便进入倒计时的临射程序；航天员进舱后，进行最后的功能检测；当一切正常、符合发射窗口的要求时，运载火箭即点火起飞。运载火箭在运行正常情况下将根据装订的飞行程序飞行，然后将飞船送到预定的入轨点。从点火到入轨这一阶段通常称为发射段，对运载火箭而言，即为发动机工作段，故又称该阶段为主动段。下面以美国双子星座飞船为例，简述飞船从临射到发射入轨的过程。

双子星座飞船的射前准备从420 min（7 h）开始。若计点火时为0″，则其临射和点火起飞程序为：

—400′：火箭、飞船开始加电。

—380′：火箭、飞船功能检查。

—330′：检查核对飞船指令。

—258′：航天员起床。

—220′：飞船计算机装订数据。

—190′：清理发射台、检查发射指令。

—173′：航天员安装生理遥测传感器，穿好航天服，从航天区出发。

—160′：给火箭贮箱增压。

—145′：发射程序地面自检。

—100′：航天员进舱。

—75′：关闭飞船舱口。

—35′：启动飞船全部通信线路，确认航天员与地面的沟通联系并通话。

—20′：飞船内部加电。

—6′：飞船、火箭数据校验。

—3′：精瞄校验，飞船计算机数据校验。

0″：点火。

1.8″：发动机推力室开关调到77%额定推力，“2″程序装置”启动。

3.8″：飞船脱落电缆脱落，火箭系留机构螺栓起爆，允许起飞。

4″：起飞。

23″：火箭接通滚动控制，开始滚动至85°。

25″：火箭停止滚动。

27″：火箭接通偏航控制。

54″：变换救生模式。

65″：火箭马赫数 Ma 至1。

81″：火箭达到最大动压。

128.5″：一级关机。

144″：过载达6.3 g。

152″：抛逃逸塔。

153″：变换救生模式。

169″：一、二级分离。

174″：开始无线电制导飞行。

195″：整流罩分离。

270″：过载达3.5 g。

314″：变换救生模式。

342″：二级关机。

362″：飞船和火箭分离，飞船入轨。

由于需将飞船送入绕地球轨道系统就必须加速至7.9 km/s；而多级火箭的加速时间约100 s，过载峰值为5～8 g，特别是发生故障应急救生的过载更大，因此在主动段飞行中航天员将承受很大的超重作用，持续时间可达200 s。故要对主动段飞行的超重问题作严密的监视。

“十三五”国家重点出版物出版规划项目

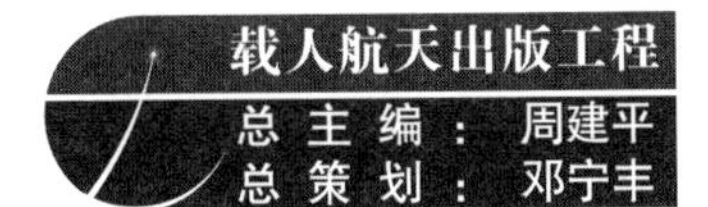

载人航天技术（下）

陈善广　主编

中国宇航出版社
·北京·

目　录

第 1 章　概述 …… 1
1.1　载人航天的意义 …… 1
1.2　载人航天发展历程 …… 5
1.2.1　苏联/俄罗斯的载人航天发展历程 …… 6
1.2.2　美国载人航天发展历程 …… 9
1.2.3　中国载人航天发展历程 …… 18
1.2.4　欧洲空间局载人航天历史 …… 24
1.3　载人航天技术体系 …… 25
1.3.1　航天员 …… 25
1.3.2　航天器 …… 27
1.3.3　运载火箭 …… 27
1.3.4　地面系统 …… 29
1.3.5　空间应用 …… 29
1.4　载人航天未来展望 …… 29
第 2 章　宇宙概述 …… 31
2.1　宇宙 …… 31
2.2　恒星、星云和星系 …… 33
2.2.1　恒星 …… 33
2.2.2　星云 …… 40
2.2.3　星系（河外星系、河外星云） …… 42
2.3　银河系 …… 44
2.4　太阳系 …… 48

2.4.1　太阳系简介 …… 48
2.4.2　太阳系天体及其运动 …… 49
2.5　太阳与月球 …… 61
2.5.1　太阳 …… 61
2.5.2　月球 …… 73
第3章　近地空间环境 …… 80
3.1　地球概述 …… 80
3.2　地球的形状、尺寸、重力 …… 80
3.2.1　地球的形状 …… 80
3.2.2　地球的尺寸 …… 81
3.2.3　地球的重力 …… 81
3.3　地球大气 …… 83
3.3.1　地球大气组成及大气分层 …… 83
3.3.2　地球的大气结构及常用的地球大气模式 …… 87
3.3.3　地球的气候及其特点 …… 92
3.4　太阳电磁辐射和粒子辐射 …… 97
3.4.1　太阳电磁辐射 …… 97
3.4.2　粒子辐射 …… 97
3.5　地球的磁场与磁层 …… 99
3.5.1　地球的磁场 …… 99
3.5.2　磁层 …… 101
3.6　空间碎片 …… 102
3.6.1　空间碎片及其来源 …… 102
3.6.2　空间碎片的危害及防护 …… 104
3.7　微重力环境 …… 106
3.7.1　微重力环境及其来源 …… 106
3.7.2　微重力的应用 …… 109
3.8　空间环境对人与航天器的影响 …… 110
3.8.1　磁层对航天器的影响 …… 111

3.8.2　空间粒子辐射对航天器的影响 …… 111
3.8.3　原子氧环境对航天器的影响 …… 113
3.8.4　空间等离子体环境对航天器的影响 …… 114
3.8.5　微重力对人机体的影响 …… 116
3.8.6　气象、气候对航天器的影响 …… 119

第4章　天体的观测 …… 123
4.1　观察设备 …… 123
4.1.1　观察设备的基本概念 …… 123
4.1.2　观察设备的基本种类 …… 124
4.2　视差与距离 …… 128
4.2.1　视差 …… 128
4.2.2　距离 …… 132
4.3　恒星的测量 …… 133
4.3.1　恒星角径的测量 …… 133
4.3.2　恒星位置的测量 …… 133
4.4　亮度与星等 …… 134
4.4.1　亮度与星等的基本概念 …… 134
4.4.2　亮度与星等的计算方法 …… 134
4.5　行星和月球的观测 …… 135
4.5.1　行星质量与行星自转周期的测量 …… 135
4.5.2　月球的观测 …… 137
4.6　星图辨认 …… 138
4.6.1　星图介绍 …… 138
4.6.2　利用星图辨认星座 …… 142
4.7　天文导航简介 …… 148
4.7.1　天文导航的基本概念 …… 148
4.7.2　天文导航原理和方法 …… 149
4.7.3　天文导航系统简述 …… 152

第 5 章 天球坐标系及其变换 …… 154
5.1 天球及其运动 …… 154
5.1.1 天球 …… 154
5.1.2 天球的旋转 …… 156
5.1.3 天球的基本点、线、面 …… 157
5.1.4 天体视运动现象讨论 …… 160
5.2 天球坐标系 …… 165
5.2.1 地平坐标系 …… 166
5.2.2 时角坐标系 …… 167
5.2.3 赤道坐标系 …… 168
5.2.4 黄道坐标系 …… 169
5.2.5 空间坐标系 …… 170
5.3 坐标系变换 …… 172
5.3.1 天球坐标系之间的变换 …… 172
5.3.2 站心天球坐标系与地心天球坐标系的转换 …… 175
5.4 岁差与章动 …… 177
5.4.1 岁差 …… 177
5.4.2 章动 …… 181
5.4.3 岁差与章动影响的处理 …… 182

第 6 章 时间与历法 …… 185
6.1 时间计量系统 …… 185
6.1.1 计时系统的产生 …… 185
6.1.2 天文学中计量时间的原则 …… 186
6.1.3 时间间隔和时刻 …… 186
6.1.4 时间计量系统 …… 186
6.2 恒星时 …… 187
6.2.1 恒星时单位 …… 187
6.2.2 恒星时和春分点时角的关系 …… 187
6.2.3 恒星时和赤经的关系 …… 187

6.2.4 恒星时的不均匀性 …… 188
6.3 太阳时 …… 189
6.3.1 太阳的周年视运动 …… 189
6.3.2 真太阳和真太阳时 …… 192
6.3.3 平太阳和平太阳时 …… 193
6.3.4 时差 …… 194
6.3.5 太阳时和恒星时之间的换算关系 …… 194
6.4 地方时和区时 …… 196
6.4.1 地方时 …… 196
6.4.2 地方时差和地理经度差的关系 …… 196
6.4.3 世界时 …… 198
6.4.4 区时 …… 199
6.4.5 日界线 …… 201
6.4.6 地方平时、地方恒星时、区时之间的换算 …… 202
6.5 历书时、原子时 …… 205
6.5.1 历书时 …… 206
6.5.2 原子时 …… 208
6.5.3 协调世界时 UTC（Coordinated Universal Time） …… 208
6.6 历法简介 …… 209
6.6.1 太阴历 …… 210
6.6.2 太阳历 …… 210
6.6.3 阴阳历 …… 213

第7章 轨道原理 …… 217
7.1 天体力学基本定律 …… 217
7.1.1 开普勒三大定律 …… 217
7.1.2 牛顿万有引力定律 …… 218
7.1.3 N 体问题 …… 219
7.1.4 二体问题 …… 223

7.1.5 运动常数 …… 224
7.2 轨道方程 …… 227
7.2.1 运动方程的积分 …… 227
7.2.2 圆锥曲线的分类与特性 …… 229
7.2.3 ε 和 h 与轨道几何参数的关系 …… 233
7.2.4 轨道运动的一般特性 …… 235
7.2.5 正则单位 …… 240
7.3 飞船沿轨道运动条件与规律 …… 242
7.3.1 轨道几何参数与航天器入轨点运动参数的关系 …… 242
7.3.2 入轨点参数应满足的条件 …… 244
7.4 基本轨道要素及其与位置和速度矢量的关系 …… 246
7.4.1 坐标系 …… 246
7.4.2 基本轨道要素 …… 248
7.4.3 轨道要素同位置和速度矢量的关系 …… 250
7.5 位置与时间的函数关系 …… 259
7.5.1 椭圆轨道位置与时间的关系 …… 260
7.5.2 抛物线轨道位置与时间的关系 …… 262
7.5.3 双曲线轨道位置与时间的关系 …… 263
7.5.4 确定位置与时间函数关系的其他方法 …… 265
7.6 轨道确定 …… 270
7.6.1 观测数据与初轨计算方法 …… 271
7.6.2 由单个雷达观测数据确定轨道 …… 272
7.6.3 由三个位置矢量确定轨道 …… 279
7.6.4 由两个位置和飞行时间确定轨道 …… 281
7.6.5 由光学观测结果确定轨道 …… 283
7.6.6 初轨计算的加权单位矢量法 …… 286
7.6.7 轨道改进 …… 290
7.7 轨道调整与轨道转移 …… 292
7.7.1 轨道调整 …… 293

7.7.2 共面轨道转移 …… 303
7.7.3 非共面轨道转移 …… 315
7.8 轨道摄动 …… 316
7.8.1 摄动和摄动因素基本知识 …… 316
7.8.2 变动轨道要素法 …… 321
7.8.3 地球扁率摄动 …… 333
7.8.4 气动力摄动 …… 338
7.8.5 轨道保持 …… 344
7.9 飞船在邻近轨道上的相对运动 …… 345
7.9.1 相对运动的目的 …… 345
7.9.2 相对运动基本方程 …… 346
7.9.3 特解及应用 …… 349
第8章 星下点与在轨观测 …… 355
8.1 概述 …… 355
8.2 飞船的星下点轨迹 …… 356
8.2.1 星下点定义 …… 356
8.2.2 地图投影 …… 358
8.3 无旋地球上的星下点轨迹 …… 370
8.3.1 球坐标系下位置与速度的定义 …… 371
8.3.2 球坐标系下运动状态与轨道要素的关系 …… 372
8.3.3 无旋地球上的星下点轨迹方程及其性质 …… 375
8.3.4 星下点轨迹的地图投影 …… 377
8.4 旋转地球上的星下点轨迹 …… 379
8.4.1 星下点轨迹方程 …… 379
8.4.2 星下点轨迹方位角的计算 …… 382
8.4.3 回归轨道与准回归轨道 …… 383
8.4.4 考虑摄动影响时的星下点轨迹 …… 385
8.4.5 不计摄动的星下点轨迹图形 …… 388
8.4.6 航天器轨道的分类 …… 392

8.5 飞船对地观测的覆盖区 …… 392
8.5.1 飞船在轨道上任一点时对地面的覆盖 …… 393
8.5.2 飞船沿轨道运动时对无旋地球的覆盖 …… 395
8.5.3 最小宽度覆盖带对旋转地球的覆盖 …… 400
8.5.4 星载测量设备的视角 …… 401
8.6 星下点轨迹的照明 …… 403
8.6.1 星下点的太阳天顶距与轨道要素的关系 …… 404
8.6.2 可见弧段及其纬度范围 …… 406
8.6.3 星下点照明问题的图解方法 …… 409
8.7 飞船受晒与星蚀 …… 411
8.7.1 受晒与星蚀的概念 …… 411
8.7.2 地影 …… 412
8.7.3 受晒因子 …… 413
8.8 飞船上观测到的地面景象 …… 417
第9章 星际飞行轨道 …… 421
9.1 概述 …… 421
9.2 奔月轨道 …… 423
9.2.1 引力影响球 …… 423
9.2.2 登月飞行引述 …… 425
9.2.3 地-月系统及月球运动的不规则性 …… 430
9.2.4 简单的奔月轨道计算 …… 432
9.2.5 拼接圆锥曲线近似法 …… 436
9.2.6 多圆锥截线法 …… 443
9.3 月球探测器返回轨道 …… 446
9.4 行星际飞行 …… 455
9.4.1 行星际飞行的主要特点 …… 455
9.4.2 拼凑圆锥截线法 …… 462
9.4.3 行星捕获与行星撞击 …… 468
9.5 恒星际飞行轨道 …… 470

9.5.1 恒星际飞行速度 …… 470
9.5.2 飞出太阳系的几种方法 …… 474

第10章 载人航天器介绍 …… 478
10.1 载人飞船 …… 478
10.1.1 几个典型的载人飞船 …… 478
10.1.2 载人飞船的任务和应用 …… 483
10.1.3 货运飞船介绍 …… 484
10.2 航天飞机 …… 490
10.2.1 航天飞机的结构与组成 …… 490
10.2.2 航天飞机的技术特点 …… 491
10.2.3 航天飞机的预想与现实 …… 493
10.2.4 航天飞机的应用 …… 494
10.2.5 航天飞机技术改进 …… 495
10.3 空间站 …… 495
10.3.1 空间站的任务与组成 …… 495
10.3.2 典型的空间站计划 …… 496

第11章 载人飞船 …… 502
11.1 概述 …… 502
11.1.1 载人飞船的特点和分系统 …… 502
11.1.2 载人飞船总体参数 …… 504
11.2 构形与布局 …… 508
11.2.1 典型飞船的构造特征 …… 508
11.2.2 飞船外形设计 …… 518
11.2.3 飞船结构布局 …… 525
11.2.4 飞船内部布局 …… 528
11.3 飞船结构 …… 531
11.3.1 飞船结构的功能、任务和基本设计要求 …… 531
11.3.2 防热结构 …… 532

11.3.3 密封结构 …… 538
11.3.4 连接和分离 …… 541
11.4 环境控制与生命保障系统 …… 543
11.4.1 系统的任务与功能 …… 543
11.4.2 系统的基本组成 …… 545
11.4.3 神舟飞船的环境控制和生命保障系统 …… 545
11.4.4 舱内温度控制 …… 546
11.4.5 舱内湿度控制 …… 554
11.4.6 舱内气体成分保障 …… 555
11.4.7 航天员生命保障 …… 561
11.5 电源系统 …… 567
11.5.1 系统的任务 …… 567
11.5.2 太阳能电源系统 …… 569
11.5.3 化学电源 …… 574
11.5.4 电源系统的功率分配和控制 …… 577
11.5.5 联盟号飞船的电源系统 …… 578
11.6 仪表和照明 …… 581
11.6.1 飞船仪表 …… 581
11.6.2 飞船照明 …… 584
11.7 数据管理 …… 586
11.7.1 数据管理系统的概念 …… 586
11.7.2 数据管理系统的结构 …… 587
11.7.3 数据管理系统软件 …… 590
11.8 推进系统 …… 592
11.8.1 飞船推进系统的任务和功能 …… 592
11.8.2 火箭推进原理和火箭发动机 …… 593
11.8.3 联盟-TM飞船推进系统 …… 601
11.8.4 神舟飞船推进系统 …… 606
11.9 飞船通信 …… 612

11.9.1 飞船通信系统的任务 …… 612
11.9.2 飞船通信系统构成 …… 613

第12章 发射与入轨 …… 617
12.1 航天器发射工程体系概述 …… 617
12.1.1 航天飞行试验 …… 617
12.1.2 航天器发射场体系 …… 620
12.2 航天发射场 …… 622
12.2.1 航天发射场的组成 …… 622
12.2.2 航天发射的工作流程 …… 624
12.2.3 世界主要航天器发射场 …… 628
12.2.4 航天发射场的发展模式 …… 637
12.3 运载火箭 …… 644
12.3.1 运载火箭及其功能 …… 644
12.3.2 运载火箭的箭体结构 …… 645
12.3.3 国内外典型的运载火箭 …… 647
12.4 发射阵地 …… 669
12.4.1 任务、组成与布局 …… 669
12.4.2 发射系统 …… 672
12.4.3 测试系统 …… 676
12.4.4 辅助系统 …… 676
12.5 测试发射模式 …… 678
12.5.1 测试发射模式 …… 678
12.5.2 发射设施 …… 683
12.6 发射装置和辅助设备 …… 685
12.7 发射窗口 …… 688
12.8 发射入轨程序 …… 689

第13章 飞船应急救生 …… 691
13.1 应急救生概述 …… 691

13.1.1 航天员的安全与应急救生 …… 691
13.1.2 应急救生的分类 …… 694
13.1.3 阿波罗和联盟号飞船的应急救生装置 …… 698
13.2 飞船故障和救生策略 …… 699
13.2.1 载人飞船的主要故障类型 …… 701
13.2.2 飞船不同飞行段的救生策略 …… 705
13.2.3 飞船故障检测方法与救生决策原则 …… 709
13.3 上升段应急救生 …… 712
13.3.1 上升段应急救生的特点 …… 712
13.3.2 上升段不同飞行阶段的应急救生方式 …… 713
13.3.3 逃逸飞行器简介 …… 717
13.4 轨道运行段应急救生 …… 722
13.4.1 轨道运行段救生的特点 …… 722
13.4.2 具有返回能力航天器的轨道运行段应急救生 …… 725
13.4.3 载人空间站轨道运行段救生 …… 726
13.5 返回段应急救生 …… 729
13.5.1 返回段应急救生特点 …… 729
13.5.2 返回段故障形式 …… 730
13.5.3 返回段应急救生方式 …… 732
13.6 联盟-TM飞船的应急救生系统 …… 733
13.6.1 联盟-TM飞船应急救生系统的构成 …… 733
13.6.2 联盟-TM飞船的应急救生程序 …… 739
13.7 阿波罗飞船上升段应急救生系统 …… 744
13.7.1 故障检测与报警系统 …… 745
13.7.2 阿波罗飞船的应急救生程序 …… 747
13.8 神舟飞船的应急救生系统 …… 750
13.8.1 待发射段及发射段的应急救生系统 …… 750
13.8.2 运行及返回段的应急救生系统 …… 752

第 14 章 返回与着陆 …… 754
14.1 载人飞船的返回过程 …… 754
14.1.1 返回程序与返回轨道 …… 755
14.1.2 再入方式 …… 757
14.1.3 着陆方式 …… 761
14.1.4 返回段的跟踪测轨和控制技术 …… 764
14.1.5 再入故障 …… 768
14.1.6 再入通信中断 …… 769
14.2 飞船着陆系统 …… 770
14.2.1 着陆系统的任务 …… 771
14.2.2 着陆系统设计的一般原则 …… 772
14.2.3 着陆系统的构成 …… 773
14.3 着陆系统工作程序 …… 786
14.3.1 飞船着陆系统的一般程序 …… 787
14.3.2 联盟-TM 飞船着陆系统和工作程序 …… 789
14.3.3 阿波罗飞船着陆系统与工作程序 …… 796
14.3.4 神舟号飞船的着陆程序控制 …… 800
14.4 回收救援 …… 802
14.4.1 回收救援任务组织与管理 …… 803
14.4.2 回收作业 …… 808

第 15 章 测控系统 …… 813
15.1 测控系统概论 …… 813
15.1.1 测控系统概述 …… 813
15.1.2 测控系统的地位和作用 …… 817
15.1.3 测控系统的功能和结构 …… 818
15.1.4 载人航天测控系统简介 …… 821
15.2 指挥控制系统 …… 829
15.2.1 基本组成 …… 829
15.2.2 指挥控制中心和飞行控制中心 …… 831

15.3 测控站 …… 837
15.3.1 测控站的分类 …… 839
15.3.2 综合测控站的任务与组成 …… 840
15.3.3 测量船的任务与组成 …… 842
15.3.4 天基测控系统 …… 844
15.4 测控系统工作流程 …… 844
15.4.1 概述 …… 844
15.4.2 联调程序 …… 845
15.4.3 星地大回路演练与仿真演练 …… 846
15.4.4 全区合练 …… 848
15.4.5 火箭主动飞行段测控工作程序 …… 849
15.4.6 飞船运行段测控工作程序 …… 850
15.4.7 飞船返回段测控工作程序 …… 850
第 16 章 通信系统 …… 851
16.1 通信系统概述 …… 851
16.1.1 通信系统和测控系统的关系 …… 851
16.1.2 通信系统的任务、组成和分类 …… 853
16.1.3 通信理论的基本概念 …… 855
16.1.4 飞船通信的要求和信道 …… 867
16.1.5 飞船通信方法 …… 872
16.2 典型的飞船测控通信系统 …… 876
16.2.1 美国的飞船测控通信系统 …… 876
16.2.2 苏联/俄罗斯的飞船测控通信系统 …… 878
16.2.3 神舟飞船的测控通信系统 …… 880
16.3 遥测系统 …… 882
16.3.1 遥测系统概述 …… 882
16.3.2 遥测系统的组成和基本工作原理 …… 882
16.3.3 遥测设备 …… 888
16.4 遥控系统 …… 891

16.4.1 遥控系统概述 …… 891
16.4.2 遥控系统的组成和工作原理 …… 892
16.4.3 差错控制 …… 893
16.4.4 安全遥控新技术 …… 894
16.5 信息和数据传输系统 …… 894
16.5.1 信息流程 …… 894
16.5.2 数据传输系统 …… 900
16.5.3 指挥调度系统 …… 902
16.6 监控显示系统 …… 903
16.6.1 系统概述 …… 903
16.6.2 功能与组成 …… 903
16.6.3 显示设备与布设 …… 904

第17章 飞船制导、导航与姿态控制 …… 908
17.1 飞船的控制 …… 908
17.1.1 飞船控制的基本问题 …… 908
17.1.2 GNC系统发展概况 …… 909
17.1.3 飞船GNC系统的任务 …… 911
17.1.4 GNC系统的技术要求 …… 913
17.2 GNC系统的构成 …… 914
17.2.1 系统的组成 …… 914
17.2.2 导航与姿态测量部件 …… 916
17.2.3 控制执行机构 …… 935
17.2.4 GNC计算机 …… 938
17.3 飞船姿态控制 …… 941
17.3.1 飞船姿态描述 …… 941
17.3.2 飞船姿态运动学 …… 959
17.3.3 飞船姿态动力学 …… 961
17.3.4 飞船姿态的确定 …… 966
17.3.5 三轴姿态稳定系统 …… 974

17.3.6　姿态机动控制 …… 987
17.4　飞船轨道控制 …… 992
17.4.1　空间导航原理 …… 992
17.4.2　飞船轨道控制 …… 997
17.5　系统的手动控制 …… 1001
17.5.1　手动控制系统的构成 …… 1001
17.5.2　交会对接手动控制 …… 1005
17.5.3　返回再入过程的手动控制 …… 1007
17.6　GNC 系统与其他系统的联系 …… 1008
第 18 章　轨道测量与跟踪 …… 1011
18.1　轨道测量的目的和任务 …… 1011
18.2　轨道测量系统体制 …… 1014
18.3　飞行器运动参数的测量原理 …… 1019
18.3.1　空间目标定位的几何原理及数学表示 …… 1019
18.3.2　测距原理 …… 1021
18.3.3　测速原理 …… 1024
18.3.4　测角原理 …… 1025
18.4　跟踪测量系统各项功能的实现途径 …… 1029
18.4.1　多普勒探测系统 …… 1029
18.4.2　相位探测系统 …… 1031
18.5　轨道测量系统分类与主要设备 …… 1032
18.5.1　光学外测系统 …… 1032
18.5.2　无线电外测系统 …… 1037
第 19 章　航天医学工程学 …… 1042
19.1　概述 …… 1042
19.1.1　主要任务与内容 …… 1044
19.1.2　发展与展望 …… 1046
19.2　航天环境医学 …… 1047

19.2.1 概述 …… 1047
19.2.2 地位与作用 …… 1048
19.2.3 主要内容 …… 1049
19.2.4 发展与展望 …… 1051
19.3 重力生理学与失重防护 …… 1053
19.3.1 概述 …… 1053
19.3.2 重力环境的基本概念 …… 1054
19.3.3 重力生理学主要内容 …… 1056
19.3.4 失重生理效应与防护 …… 1058
19.3.5 发展与展望 …… 1066
19.4 航天人因工程与工效学 …… 1071
19.4.1 概述 …… 1071
19.4.2 发展历程 …… 1072
19.4.3 主要内容 …… 1074
19.4.4 工效学要求与评价 …… 1079
19.4.5 发展与展望 …… 1082
19.5 航天员选拔与训练 …… 1084
19.5.1 概述 …… 1084
19.5.2 航天员分类 …… 1086
19.5.3 航天员队伍 …… 1087
19.5.4 航天员任务 …… 1090
19.5.5 航天员选拔 …… 1092
19.5.6 航天员训练 …… 1097
19.5.7 发展与展望 …… 1103
19.6 航天员医学监督与医学保障 …… 1105
19.6.1 概述 …… 1105
19.6.2 航天员医学监督 …… 1106
19.6.3 航天员医学保障 …… 1113
19.6.4 医学保障设备 …… 1114

19.6.5　发展与展望 ………………………………… 1114
19.7　航天营养与食品 ………………………………… 1116
19.7.1　概述 ………………………………… 1116
19.7.2　航天员营养保障 ………………………………… 1117
19.7.3　航天食品 ………………………………… 1117
19.7.4　食品储藏及制备 ………………………………… 1123
19.7.5　再生式食品系统 ………………………………… 1123
19.7.6　发展与展望 ………………………………… 1125
19.8　环境控制与生命保障技术 ………………………………… 1126
19.8.1　概述 ………………………………… 1126
19.8.2　系统总体 ………………………………… 1131
19.8.3　供气调压 ………………………………… 1141
19.8.4　空气再生 ………………………………… 1154
19.8.5　温湿度控制和通风 ………………………………… 1170
19.8.6　水回收管理 ………………………………… 1174
19.8.7　餐饮支持 ………………………………… 1184
19.8.8　废弃物管理 ………………………………… 1186
19.8.9　灭火安全保障 ………………………………… 1196
19.8.10　受控生态技术 ………………………………… 1197
19.9　舱内航天服与个人防护装备 ………………………………… 1205
19.9.1　概述 ………………………………… 1205
19.9.2　地位与作用 ………………………………… 1206
19.9.3　舱内航天服的组成 ………………………………… 1208
19.9.4　舱内航天服的分类 ………………………………… 1211
19.9.5　舱内航天服的使用程序 ………………………………… 1216
19.10　航天环境模拟设备与飞行训练仿真技术 ………………………………… 1217
19.10.1　航天环境模拟设备 ………………………………… 1217
19.10.2　飞行训练仿真技术 ………………………………… 1222

第 20 章　航天员出舱活动技术 …… 1231
20.1　出舱活动技术概述 …… 1231
20.1.1　出舱活动简史 …… 1231
20.1.2　出舱活动技术的发展概况 …… 1234
20.2　出舱活动的空间威胁及防护 …… 1238
20.2.1　空间环境对人体的影响 …… 1240
20.2.2　出舱活动的防护技术 …… 1246
20.3　舱外航天服 …… 1249
20.4　气闸舱 …… 1249
20.4.1　气闸舱的基本原理 …… 1250
20.4.2　气闸舱的组成 …… 1253
20.4.3　俄、美和国际空间站气闸舱简介 …… 1255
20.5　出舱活动窗口与出舱活动程序设计 …… 1260
20.5.1　出舱活动窗口与出舱活动程序 …… 1260
20.5.2　出舱活动窗口设计 …… 1261
20.5.3　出舱活动程序设计 …… 1264
20.5.4　国外出舱程序介绍 …… 1266
20.6　国外航天员出舱活动训练设备介绍 …… 1270
20.6.1　俄罗斯大型训练设备介绍 …… 1270
20.6.2　美国大型训练设备介绍 …… 1271

第 21 章　交会对接技术 …… 1275
21.1　概论 …… 1275
21.1.1　基本概念 …… 1275
21.1.2　交会对接任务分类 …… 1276
21.1.3　发展历史和现状 …… 1277
21.2　交会对接飞行程序 …… 1280
21.2.1　飞行阶段划分 …… 1280
21.2.2　飞行任务 …… 1282
21.2.3　国外典型的交会对接飞行方案 …… 1286

21.3　交会对接系统组成 …………………………………… 1293
21.3.1　基本组成 …………………………………… 1293
21.3.2　相对测量设备 …………………………………… 1294
21.3.3　对接机构 …………………………………… 1302
21.3.4　执行机构 …………………………………… 1304
21.3.5　通信设备 …………………………………… 1306
21.4　交会对接制导与控制 …………………………………… 1307
21.4.1　交会对接控制系统 …………………………………… 1307
21.4.2　制导控制方案 …………………………………… 1308
21.4.3　典型制导算法 …………………………………… 1310
21.5　手动控制交会对接系统 …………………………………… 1316
21.5.1　功能和特点 …………………………………… 1317
21.5.2　系统组成 …………………………………… 1318
21.5.3　典型案例 …………………………………… 1321

第22章　空间站技术 …………………………………… 1325
22.1　概述 …………………………………… 1325
22.1.1　空间站发展概况 …………………………………… 1325
22.1.2　各国发展空间站的特点 …………………………………… 1326
22.1.3　我国发展空间站的需求 …………………………………… 1327
22.2　空间站关键技术 …………………………………… 1329
22.2.1　材料与结构 …………………………………… 1329
22.2.2　天地往返运输系统 …………………………………… 1331
22.2.3　制导、导航与控制 …………………………………… 1334
22.2.4　环境控制与生命保障系统 …………………………………… 1335
22.2.5　在轨维护 …………………………………… 1336
22.2.6　科学试验 …………………………………… 1337
22.3　空间站构型设计 …………………………………… 1337
22.3.1　空间站构型发展概述 …………………………………… 1337
22.3.2　国外空间站典型构型 …………………………………… 1339

22.3.3　空间站构型设计准则 …… 1343
22.3.4　空间站构型评估折中 …… 1345
22.4　和平号空间站 …… 1350
22.4.1　主要技术指标 …… 1351
22.4.2　舱段组成 …… 1351
22.4.3　飞行记录 …… 1353
22.4.4　空间试验 …… 1355
22.5　国际空间站 …… 1357
22.5.1　主要技术指标 …… 1357
22.5.2　建造阶段 …… 1358
22.5.3　舱段组成 …… 1360
22.5.4　系统组成 …… 1367
22.6　空间站运营管理技术 …… 1372
22.6.1　运营管理概念 …… 1372
22.6.2　运营管理的任务层次 …… 1373
22.6.3　国外空间站的运营管理 …… 1374

第23章　深空探测技术 …… 1382
23.1　概述 …… 1382
23.2　深空探测发展历程 …… 1384
23.2.1　国外早期月球探测活动 …… 1384
23.2.2　国外近期和未来的月球探测活动 …… 1387
23.2.3　火星探测 …… 1390
23.2.4　水星探测 …… 1392
23.2.5　木星探测 …… 1392
23.2.6　土星探测 …… 1393
23.2.7　天王星、海王星和冥王星探测 …… 1393
23.2.8　小行星探测 …… 1394
23.2.9　太阳探测 …… 1394
23.3　深空探测关键技术 …… 1395

23.3.1　新型轨道设计技术 …… 1395
23.3.2　新型结构与机构技术 …… 1396
23.3.3　热控技术 …… 1398
23.3.4　自主导航与控制技术 …… 1399
23.3.5　新型推进技术 …… 1400
23.3.6　新型能源技术 …… 1403
23.3.7　测控通信技术 …… 1406
23.3.8　综合电子系统技术 …… 1407
23.3.9　有效载荷技术 …… 1407
23.3.10　外星工作站技术 …… 1408
23.3.11　运输与运载系统技术 …… 1411
23.3.12　载人系统技术 …… 1411
23.4　典型深空探测任务 …… 1411
23.4.1　阿波罗载人登月 …… 1411
23.4.2　星座计划 …… 1417
23.4.3　月亮女神月球探测 …… 1421
23.4.4　嫦娥探月工程 …… 1422
第24章　空间科学与应用技术 …… 1425
24.1　引言 …… 1425
24.1.1　空间科学与技术的基本概念 …… 1425
24.1.2　空间科学与空间应用的地位与作用 …… 1427
24.1.3　载人航天任务中的空间科学与空间应用 …… 1427
24.2　空间科学与应用的研究范围 …… 1429
24.2.1　概述 …… 1429
24.2.2　空间科学 …… 1429
24.2.3　空间应用 …… 1445
24.3　空间科学与空间应用的技术支持 …… 1450
24.3.1　概述 …… 1450
24.3.2　共性基础技术 …… 1450

24.3.3　先进科学仪器技术 …… 1453
24.4　载人空间科学与空间应用的发展现状及展望 …… 1455
24.4.1　国际发展状况与趋势 …… 1455
24.4.2　我国载人航天空间科学与空间应用发展状况及未来规划 …… 1461
参考文献 …… 1467

第 13 章　飞船应急救生

载人航天活动中，保障航天员的安全是必须首先解决的关键技术。通常，载人飞船上航天员的安全取决于飞船系统的可靠程度及整个飞行阶段（包括飞行前准备、飞行试验、发射、轨道飞行、再入和着陆）的可靠性，因此，航天员安全问题的实质在于航天飞行任务的可靠性。这包括两层意思：完成任务的可靠性（即任务成功的概率）和航天员的安全性（即航天员生存的概率）。“人”的核心地位决定了航天员的安全性指标比完成任务的可靠性指标更高，为了弥补这两者之间的差距就引出了应急救生的概念。到目前为止，在载人航天工程设计和实施过程中都把应急救生系统作为保障航天员安全而采取的重要措施。本章主要讨论应急救生的必要性、特点、作用和分类，并介绍了几种常见应急救生系统的构成及其工作方式和工程程序。

13.1　应急救生概述

13.1.1　航天员的安全与应急救生

安全第一是载人航天的基本准则。在载人航天中，保证航天员的安全不仅是首先要解决的技术难题，而且具有重要的政治意义。在整个研制与发射过程中，都应把保证安全当作首要任务来考虑。

航天员的安全性是指航天飞行器系统的全部或其组成部分能保障航天员的生命活动，并最终能让航天员安全返回地面的性质。

一次载人航天任务的可靠性，包含着完成任务的可靠性与航天员的安全性两大部分，实际的载人航天飞行中，保证航天员的生命安全比完成飞行任务更为重要。当两者冲突时，则坚持安全第一的方针，把航天员的生命安全放在首位，牺牲完成任务的可靠性，修改或缩短飞行计划，取消某些飞行项目，并提前应急返回。因此航天员的安全性比完成任务的可靠性具有更高的指标要求。

载人航天中完成任务的可靠性主要取决于航天大系统的总的可靠性，而航天大系统主要是由载人航天器系统（包括载人飞船、航天飞机、运载火箭等）、发射系统、测控设备、回收和营救设施等组成的综合体，这个综合体的可靠性主要取决于人类航天技术的发展水平。众所周知，技术总是具有有限的可靠性，当尚未将其完善的时候，总是存在一定的实际可靠性水平限制（有时甚至是理论上的限制），因此在载人航天中，企图单纯通过提高航天系统的可靠性来达到航天员的安全性的“万无一失”的要求是欠缺考虑的，因为两者之间常常存在较大的差距。例如欧洲空间局规定赫尔姆斯航天飞机加上阿里安-5运载火箭系统航天员的安全指标为0.999，而阿里安-5运载火箭的可靠性仅为0.98，远不能满足航天员安全性的要求。要在具有较低的可靠性水平限制航天大系统的基础上满足较高的航天员安全性的要求，就必须设置灾难应急救生系统，使得在飞船发生故障甚至发生灾难性事故的情况下，该系统能帮助航天员迅速脱离险区，及时撤往另一飞行器或安全返回地面，由此提高航天员的安全性。

在发生意外事故时，将危险减小到最低限度并确保航天员的生命安全是应急救生系统的设计目的。在现今的技术条件下，为了万无一失地保障航天员的安全，载人航天器上都必须具备应急救生能力。救生措施的最终目的就是使航天员脱离险区并安全返回地面。

返回技术是载人航天救生技术的基础，这是因为除了空间站类型的航天器外，所有的载人航天器都是返回式载人航天器。而每次载人航天飞行任务的完成都是以载人航天器的返回部分搭载航天员安全回到地面为标志的。

美国和苏联/俄罗斯在发展各自的载人航天计划时，为了保障航天员的安全，一方面尽可能提高飞船系统的可靠性，另一方面也研制出不少专门的飞船故障条件下的应急救生设备。在人类有史以来第一个载人航天器东方 1 号上天之前，苏联就研究开发了飞船上的应急救生设备——弹射座椅，并随同航天员加加林一块飞上了蓝天。之后，随着载人航天活动的迅速发展、载人航天飞行次数的增多，美国和苏联更加重视应急救生系统的研制，因为每次重大故事的发生在政治、经济各方面都会对本国航天计划的正常发展产生巨大的负面影响。法国原计划研制的使神号航天飞机中不配备航天员的应急救生系统，该航天飞机的主要性能指标为：总重为15 000～17 000 kg，机身总长为 18 m，三角翼展为 10 m，运载能力为 4 500 kg，乘员4～6 人，估算的研制经费为 16.7 亿美元。但美国挑战者号航天飞机爆炸后，欧洲空间局立即决定在航天飞机上配备航天员应急救生系统，增设乘员分离救生舱，从而把航天飞机的总重增加到 21 000 kg，机身总长减为 15.5 m，运载能力降到3 000 kg，乘员减为 3 人，并只允许 1 人进行舱外活动，而研制费用增加到 40 亿美元，净增了 23.3 亿美元。总之，为了航天员的安全而在飞船上增设的分离救生舱，使法国付出了极大的经济代价。但航天实践活动证明，为保证航天员的安全而付出的每一分钱都是值得的。例如，1975 年 4 月 5 日，苏联的联盟 18－1 号飞船载着两名航天员发射升空，但上升到 113 m 高空时，由于控制电路的故障，一级火箭未能与末级火箭完全分离，致使运载火箭失稳并偏离预定的飞行轨道，直接威胁航天员的安全。在此紧急情况下，飞船应急救生系统发挥了作用，发动机紧急关机，利用变轨发动机使飞船与运载火箭分离，并按高空救生程序应急返回，最后降落在西伯利亚西部山区（距发射场 600 km），2 名航天员安全生还。1983 年 9 月 27 日，联盟－T10 号飞船准备发射，3 名航天员进入飞船等待起飞。但在起飞前 90 s，运载火箭第一级的一个阀门未能关闭，发生了燃料泄漏，火箭底部起火，一场灾难性火箭爆炸事故已不可阻挡，十几秒钟后运载火箭在发射台上发生爆炸。但在临爆炸前，地面控制人员启动了逃逸救生系统，及时将飞船与运载火箭分离、脱离运载火箭爆炸的危险区域，飞船借助返回设施成功降落在安全区域，使3名航天员死里逃生，这是应急救生系统提高航天员的安全性、拯救航天员生命的两个典型实例。

苏联非常重视应急救生系统的研制，截至1986年底，苏联共进行了67次载人发射，发射成功65次。若保守地按成败型经典理论计算，在置信度为0.80的条件下，载人飞行的可靠性为0.94；但由于其应急救生系统的作用，苏联航天员在发射阶段创下了无一伤亡的记录，令世人瞩目。与此相反，由于美国一度过分迷信其技术的先进性，忽视了应急救生系统的配备，在哥伦比亚号航天飞机进行了四次飞行并取得成功后，就拆除了航天飞机上的应急救生设备——弹射座椅，使得航天飞机在发射段前2 min内不具备应急救生能力，结果在1986年1月28日，当挑战者号发射74 s时，因左侧固体火箭发动机尾部装配接头压力密封失效，导致发生爆炸事故，使7名航天员全部殉难。这血的教训再一次证明了在当今航天系统的可靠性尚不能达到航天员安全性的要求下，必须在飞船上配备灾难情况下的应急救生系统，以保障航天员的安全。

13.1.2 应急救生的分类

从东方1号上的弹射座椅开始，载人飞行航天员应急救生设备就随着人类探索宇宙空间的飞行实践的进行而得到发展与革新。迄今为止，美国、苏联及欧盟等已提出或研制出了多种应急救生方案，如分离救生舱、密闭式弹射座椅、敞开式弹射座椅、折叠式救生舱、气垫、伞锥、囊式救生舱、救生塔、救生滑杆、救生吊篮等，但真正得到实际应用的只有弹射座椅、救生塔、救生滑杆及救生吊篮等有限的几种形式，在飞船的不同运行段应采用不同的应急救生形式。按一次载人航天飞行的全过程来划分，航天员的应急救生可分为以下几类。

1）发射台上和主动段低空阶段。这一阶段主要采用救生塔或救生火箭、救生吊篮及弹射座椅等，如美国的水星号飞船采用了救生塔应急救生系统，苏联的东方号采用了弹射座椅等。

2）主动段的高空阶段。这一阶段中，载人飞船的应急救生方法多采用中断飞行的安全措施。大量的飞行实践证明，在该阶段可能出现推力不足、提前熄火等推进系统故障，制导系统的故障可能使飞行器失去控制、偏离预定的轨道，而级间分离机构失灵可能使已工作完成的发动机不能分离等。当发生这些故障时，运载火箭已无法完成预定的飞行任务，都应采取立即中止飞行、应急返回地面的措施。

3）轨道运行段。目前美国和俄罗斯的所有载人航天飞行器，在轨道上尚无专用应急救生配备，其安全主要依靠飞船系统的可靠性提供保障，这是因为在该阶段发生的故障一般是慢性故障，如果故障得到处理，飞船就可按原计划飞行；否则，只能中断预定的飞行计划，提前返回地面。视故障的紧迫程度，轨道运行段的应急返回分为等待返回、稍候返回和立即返回三种。

4）返回段的应急救生。航天器的离轨返回过程需经受严酷的力学与热学环境，航天员在返回阶段处于不断变化的运动状态之中，外界无法采取合适的营救措施，应急救生主要依靠飞船返回舱或航天飞机轨道器自身的可靠性，如采取航天员穿航天服、自动或手动操纵飞船建立制动姿态、发动机备份、返回升力控制失灵后使返回舱起旋以弹道式返回，以及备份降落伞系统等方法，也可以采用弹射座椅或牵引火箭作为应急备用救生设备，如苏联的东方号和美国的双子星座飞船。不同载人飞行器在不同阶段的应急救生方案，可参见表 13-1。

表 13-1　载人航天飞行器在各飞行阶段的应急救生方案

飞行阶段 / 飞行器	发射台上和主动段低空阶段	主动段高空阶段	轨道运行阶段	制动火箭工作阶段	再入阶段	着陆阶段
水星号（美）	救生塔	由制动火箭使运载火箭与飞船分离，然后返回地面	提前返回	限制近地点高度； 制动火箭由 3 台发动机组成，其中一台失灵飞船也能返回	无	备份主伞
双子星座（美）	弹射座椅	由制动火箭将飞船与运载火箭分离，然后返回地面	提前返回	制动火箭由 4 台发动机组成，其中一台失灵飞船也能返回	无	弹射座椅
阿波罗（美）	救生塔	由变轨火箭将飞船与运载火箭分离，然后返回地面	提前返回	在奔月途中，以登月舱发动机为备份		主伞为三伞系统，如果一具不能打开也能安全着陆
东方号（苏）	弹射座椅	由制动火箭将飞船与运载火箭分离，然后返回地面	提前返回	限制近地点高度； 制动火箭完全失灵，飞船在几天内自然返回	无	弹射座椅
上升号（苏）	无	由变轨火箭将飞船与运载火箭分离，然后返回地面	提前返回	限制近地点高度；制动火箭完全失灵，飞船在几天内自然返回	无	无

续表

飞行阶段 / 飞行器	发射台上和主动段低空阶段	主动段高空阶段	轨道运行阶段	制动火箭工作阶段	再入阶段	着陆阶段
联盟号（苏）	逃逸救生火箭	由变轨火箭将飞船与运载火箭分离，然后返回地面	提前返回	2 台轨道机动发动机，正常工作方式是 1 台工作，1 台备用	无	备份主伞
航天飞机（垂直发射）（美）	固体火箭发动机失灵，轨道器早期分离，海上溅落	一台主发动机失灵，继续入轨或保持故障状态，在预定点着陆； 2～3 台主发动机失灵，轨道器早期分离，海上溅落	提前返回	2 台轨道机动系统发动机，正常工作方式是一台工作，一台备用	无	备用应急着陆场

注：①在最初 4 次试验飞行时，为 2 名试飞员配备敞开式弹射座椅，后来由于乘员人数增加，便取消了弹射座椅。因没有推力中止系统，实际上在这一阶段不具有救生能力。挑战者号发生爆炸后，1988 年 9 月 29 日再次发射的发现者号航天飞机采用了滑索吊篮救生装置及滑杆式救生装置。

13.1.3　阿波罗和联盟号飞船的应急救生装置

苏联的联盟号飞船是世界上发射次数最多的载人飞船，到 1993 年 12 月为止，联盟号系列飞船共发射 96 次，其中 69 次载人发射。

联盟号在发射台及主动段低空阶段采用应急救生逃逸火箭将返回舱与运载火箭分离，然后返回地面；在主动段的高空阶段，应急救生采用变轨发动机将飞船与运载火箭分离，然后返回地面；在轨道运动段的应急救生措施是提前返回；返回段应急救生无专用设备，主要依靠可靠性冗余设计与降额使用来保证飞船的安全性。

在 96 次飞行中，联盟号的应急救生系统共启用了 3 次。

第一次是在 1966 年联盟号飞船进行第二次无人飞行试验时，因陀螺仪伪信号导致误启动。联盟号火箭因故在点火前几秒自动中止发射程序，发射勤务塔摆回，人员回到发射台上。此时，应急救生系统动力装置固体发动机按陀螺仪伪信号突然点火，飞船热控系统启动，几秒后飞船燃料箱爆炸，引起火箭爆炸。

第二次是在 1975 年发射联盟 18 号（发射事故后改称联盟 18A）飞船的过程中启动的，因一、二子级分离故障，在亚轨道中止飞行，返回舱安全着陆于西伯利亚距中苏边界 320 km 处。

第三次是在 1983 年发射联盟-T10 号（发生事故后改称联盟-T10A）飞船，这次是因火箭起火由地面人员指令启动的。航天员于发射前 2 h 进舱，发射前 30 min 勤务塔撤离，发射前 15 min 应急救生系统进入值勤状态，起飞前 140 s 指令增压。但由于燃烧剂阀门故障引起火灾，40 s 后冒出火焰，此时已不可能在 100 s 内解决问题，因此决定启动应急救生系统，由地面的 2 个指挥员（发射场指挥和总设计师）同时给无线电操作人员下达口令。应急救生系统从接到指令到进入安全区用了 11.5 s，当返回舱离开险区后火箭爆炸，3 名航天员死里逃生。

由此可见，除了第一次的误启动外，联盟号飞船应急救生系统在关键时候发挥了应有的作用，作出了卓越的表现。

阿波罗计划是美国的登月计划，共完成了 6 次登月飞行，也是世界上发射次数较多的一种载人飞行器。

阿波罗飞船在发射段及主动段的低空应急救生采用逃逸火箭将指令舱分离，然后返回地面；在主动段高空段，应急救生由变轨发动机将飞船与运载火箭分离，然后返回地面；轨道运行段的应急措施是提前返回；返回段无专门的应急救生设备，主要通过发动机与主伞备份等技术保障航天员的安全。

阿波罗飞船的应急救生系统在实际载人飞行中尚无启动的记载，但在白沙导弹靶场以试验模型 22 进行的高空救生试验中，由于小兵 2 号火箭控制系统出现故障，导致运载火箭解体，通过运载火箭的热线敏感系统及时启动了应急救生程序。这证明了飞船的应急救生系统完全有能力从发生灾难性故障的运载火箭上成功救出航天员，而这一点对增强航天员的信心和勇气有着重要的作用。

联盟号飞船和阿波罗飞船是世界上卓有成效、发射次数最多的 2 个载人飞船系统，在世界航天史上占有重要的地位，而这些成就的取得是与可靠性设计技术和应急救生技术分不开的，正是由于应急救生系统起到的巨大作用，才保障了航天员的安全性。

13.2　飞船故障和救生策略

对于一次特定的载人航天飞行，飞船在不同时间段可能处于不同的飞行状态，各种飞行状态下可能出现的飞行情况如图 13 - 1 所示。按照是否出现故障及故障的危险程度，将飞船任一瞬时的飞行状态归结为如下 4 种类型。

1）正常飞行状态：此时飞船系统一切工作正常，各种参数包括轨道参数、航天员的生存环境都与预定的状态相吻合。此种状态下，航天员是安全的。

2）复杂飞行状态：飞船飞行状态很复杂，可能是处于一些临界状态；如条件进一步恶化，就可导致故障与危险。此刻飞船处于故障临界状态，容易出事故，航天员的安全没有保障。

3）故障飞行状态：此刻飞船系统已出现故障，或者是飞船的某些分系统出了毛病，或者是航天员的心理、生理出现障碍。此刻航天员的安全受到威胁。

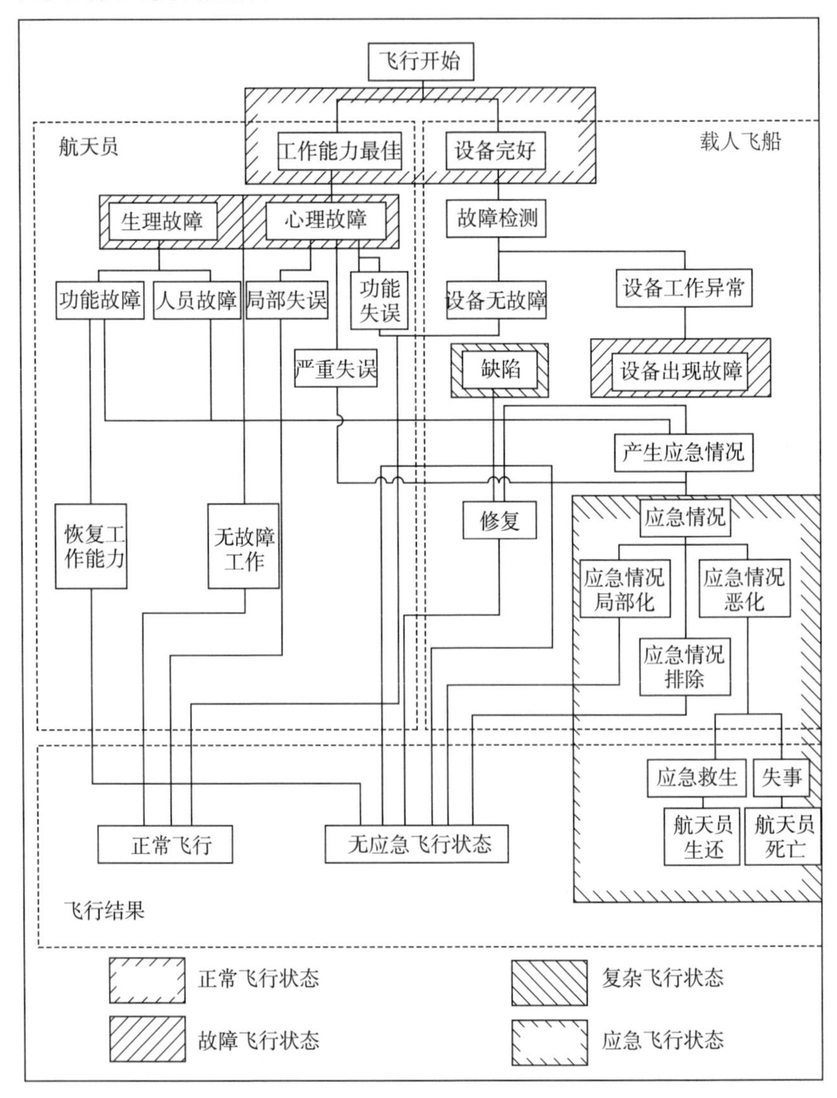

图 13-1　载人飞行中飞船、航天员在各种状态下的飞行情况

4）应急飞行状态：迫在眉睫的灾难就要发生，或者完成飞行任务已不可能，必须立即启动应急救生程序，以保证航天员的安全。

针对一次特定的航天飞行，从发射开始的飞船及航天员在各种飞行状态下可能出现的飞行情况见图 13－1，该图确定了飞船在各种飞行状态下系统出现故障的因果关系及相互联系；图 13－2 则给出了航天系统故障来源、发展及最终的故障结果关系。

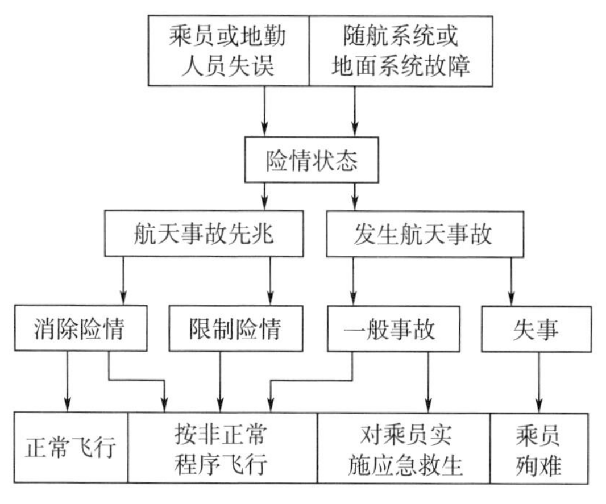

图 13－2　险情的起因和结局

为了保障航天员的安全、完成预定的飞行任务，事先应尽可能全面地分析出飞船飞行中会出现的故障，确定故障检测方法，并制订相应的救生决策原则。由于飞船在不同飞行阶段主要故障类型及故障危险程度不一样，针对不同的飞行段，常常要求制订不同的救生策略。

13.2.1　载人飞船的主要故障类型

虽然无法统计，但对于任何一次载人飞行，都有可能出现意外故障。由于不同的故障会有不同的危险程度，因此也应有不同的排除故障措施。从航天员的安全性角度考虑，故障基本上可以分为以下 3 类。

1）灾难性故障：要求立即启动应急救生程序。这类故障主要是火箭爆炸等；一旦飞船系统发生这类故障，必须马上中断飞行任务，转入应急救生飞行程序，在时间上要求很急迫。

2）危险故障：不需马上启动应急救生程序。这类故障主要是指一些重要系统的损坏，或者飞行任务已无法完成，或者航天员的安全受到威胁，需启动应急救生程序。但在时间上要求并不迫切，可以让航天员或地面监控人员仔细分析情况，然后再决定手动启用应急救生设备。

3）小故障：不需启动应急救生程序。该类故障或者可以在飞行中排除，或者不危及航天员的生命，或者飞船带故障飞行一样可以完成后续全部或大部分飞行任务，同时保证航天员的安全。

在正式的载人飞行前，必须仔细分析飞行中几类经常出现的故障以及相应的对策，下面讨论几种飞船主要的故障类型。

(1) 结构损坏故障

一般而言，飞船系统结构损坏故障发生在飞行阶段的前几分钟内，此时飞船刚刚发射升空，飞行条件恶劣，受力环境严酷。飞船在该阶段受力主要分为：

1）风载荷：运载火箭在发射台上以及在飞行中的重要扰动力是风引起的气动载荷，包括阵风载荷、紊流载荷及飞行器的响应载荷。风载荷对飞行器的作用随时间、空间而变化，并与飞船系统的外形尺寸相关。尽可能了解飞行区域风载荷的分布对飞船设计无疑具有很大的帮助作用。

2）稳态载荷：作用在运载火箭和飞船上的压力分布所产生的局部载荷及总载荷。局部载荷是随马赫数（Ma）变化的压力系数（C_P）与动压（q）的函数，最大的局部载荷发生在跨声速区；在计及总载荷时，必须考虑马赫数（Ma）、动压（q）、风及攻角（α）的影响，其结合起来形成作用在结构上的总弯矩，总弯矩是攻角（α）和动压（q）的函数。根据计算，最大的总载荷总是发生在 $Ma=1.5\sim2.0$ 的超声速区中攻角和动压最大的地方，此时也是结构破坏的危险状态，设计时要予以考虑。

3）抖振载荷：抖振载荷一般是由分离流动区的脉动压力或振荡激波位置上的脉动压力所引起。抖振载荷与飞行马赫数相关，一般其最大值位于跨声速区，而且抖振载荷还可能与结构的低频振动模态发生共振，导致结构损坏。第一次水星-阿特拉斯飞行失败就是由于抖振载荷的作用。

4）颤振：颤振是在空气动力、弹性恢复力和惯性力的耦合作用下产生的一种不稳定结构振动。飞行中，如果飞行器遭受持久的颤振则可能引起结构的损坏。

5）晃动：晃动是由于刚体运动和飞行器发生弹性变形而引起的液体自由表面的振动。对于液体火箭发动机，飞行中的晃动是结构的潜在威胁。在低频情况下，液体的低阶晃动频率可能与结构的低频振动频率、抖振频率相耦合产生共振，导致晃动的破坏作用成倍增加，可能使飞行器的结构发生损坏。

6）噪声：运载火箭和飞船在遭到强烈持久的噪声激励时，可能出现结构损坏。在飞行过程中噪声源很多，如发动机喷管排气噪声、高空空气抖振噪声等，在最大动压区，气动噪声对结构的破坏可能是灾难性的。

（2）爆炸故障

运载火箭着火与爆炸可能是飞船飞行中最具有灾难性的故障。爆炸可认为是高温高压气体区域的突然膨胀，爆炸过程中产生巨大的能量足以毁坏飞行器。爆炸产生的破坏形式主要可分为冲击波、火球、热辐射和碎片等。其共同特点是危害只局限于以爆炸中心为圆心的一定的圆球内，一旦超出了该危险半径则是安全的。为了计算典型推进剂的爆炸破坏能量，工程上常用TNT当量来表示，即爆炸威力可根据参与爆炸的推进剂总质量所相当的TNT炸药作用力来评估。但采用这样一种评估方法仍存在一些缺点，因为TNT和液体推进剂发生爆炸时的爆燃过程及冲击波冲量不同，这是由于TNT爆炸时的初始爆燃速度和相应的火球膨胀速度比液体推进剂的高所致的。液体推进剂爆炸过程中的这一特点只在火球膨胀的初始阶段存在，当冲击波通过某段距离后便不再起作用了。使用 TNT 当量法计算离爆心较远的爆破影响时，其精度是足够的。为了计算运载火箭的爆炸威胁，须确定参与爆炸的推进剂量，其与推进剂总量、火箭航天系统结构及引起爆炸的破坏特征有关，精确计算以上因素对爆炸的影响目前尚不可能，只能按爆炸实验数据及同类运载火箭爆炸统计资料近似给定这部分推进剂量的系数。但由于安全距离仅与爆炸总能量的三分之一次方相关，故按 TNT 当量法算出的安全距离是相当可信的。

爆炸激波峰值与持续时间对发射脱险装置的设计是非常重要的，一旦运载火箭发生灾难性的爆炸事故，应急救生系统应尽快把飞船或救生舱带出危险区，以保障航天员的安全。应急救生系统要完成该项功能，就必须提供足够的冲量，该冲量的大小是由航天员所能耐受的过载及在爆炸中能量释放的大小所决定的。

液体推进剂发生爆炸时会形成火球并产生大量的热辐射能量，为了确定离开火球的安全距离、向应急救生装置设计提供参数，需对被救生部分进行辐射受热计算。这包含被救飞船（或救生舱)、救生装置的结构部件、返回用降落伞系统及弹射时身着航天服或防护服的航天员。这里尤其要注意火工品及发动机的热安全性，通过热辐射计算，掌握爆炸火球产生的热环境，确定适当的距离，从而防止航天服或着陆系统超过额定的安全极限。

在影响安全距离的 3 种因素中，爆炸时飞溅碎片的危险距离最大。运载火箭爆炸碎片飞散的资料表明，个别质量达几百千克的碎片可以飞出 2～3 km 以外。该项结果和按 TNT 当量法算得的结果差别甚大，其原因在于液体推进剂爆炸时的压力脉动可能使个别碎片在获得较大初始速度后飞出较远的距离。但这样的碎片数量极少，杀伤概率极小，因此工程上选定安全距离时，一般不予以考虑。

详细分析爆炸中各种能量释放形式的危害性之后，就可以掌握各种爆炸参数，确定安全距离，这对设计应急救生装置有着重要的指导意义。设计中另外的一个重要问题是确定在爆炸发生之前将飞船或航天员与爆炸中心及火球边缘充分地分离（以防止碎片、高温、压力、光能、毒气及未燃烧的推进剂的任何有伤害的影响）所需要的预警时间。

（3）运载火箭失控

飞船在飞行过程中经历着严酷的动力学载荷，其可能导致飞行任务失败。当考虑风及阵风对飞船系统的输入时，在结构设计中必须考虑飞船结构是否能承受。可根据资料与计算确定动力学参数和响应过程，以设计稳定系统。对动力学响应程序的了解可以避免在飞行中误启动应急救生系统。如果稳定或制导系统出现严重故障，就可能不执行正常飞行程序，使空气动力发生意料不到的变化或者发动机喷管发生偏斜等，导致飞船飞行中的不稳定，最终导致结构失稳。实际飞行中就曾出现过这样的飞行事故。

载人飞船所使用的大多数运载火箭是通过万向支架或旋转发动机来进行姿态控制的，其可能导致出现过大的控制力或控制弯矩，这是飞行中存在的潜在危险，一旦飞船中的制导与导航系统、稳定与控制系统、自动驾驶仪或逻辑线路出现故障，例如发动机过摆，就可由于控制力或控制力矩很大导致飞行器速度迅速增长使飞行器翻滚或旋转，并在很短的时间内超过结构可以承受的极限，导致结构损坏。

这类故障应尽可能在设计阶段予以减少，如采用冗余技术和降额设计方法等。

（4）发动机推力丧失

发动机系统和推进剂输送系统的故障均有可能造成发动机推力衰减，甚至丧失。在起飞阶段丧失推力会导致运载火箭坠毁在发射场区；在主动段飞行过程中，推力丧失或者运载火箭因失去控制力而自由飞行，均将导致飞船不能正常入轨。

13.2.2　飞船不同飞行段的救生策略

一旦发现险情，必须启用应急救生系统时，应急救生系统要有能力终止飞船系统的正常飞行，使飞船转入应急救生飞行，最终将航天员安全送回地面。要完成该项任务，要求做到：

1）保证航天员的生命活动能力，即使生活舱内的大气成分、压力及温度、静过载、冲击过载、振动过载、加速度及噪声作用保持在人能承受的极限范围内；

2）在应急救生过程中应最大限度地利用运载火箭及飞船的正常工作系统。

这两点正是贯穿于飞船不同飞行段的总的救生策略。

按照应急救生方法的不同，可将飞船应急救生分成发射台应急救生、大气层中应急救生、大气层外应急救生和轨道段应急救生。除了应急救生的总的救生策略外，不同飞行段还有不同的救生特点和对策。

（1）发射台应急救生

此时火箭航天系统已进入发射阵地，航天员已登机。一旦发生灾难性事故，如运载火箭爆炸，应急救生系统就必须以冲量形式将飞船（或者救生舱）推出危险区域。为了完成该任务，在设计该阶段的应急救生系统时，必须考虑如下因素的影响：

1）航天员对过载的承受能力不能超过其极限值；

2）爆炸激波对飞船（或救生舱）的破坏作用；

3）应急救生系统的自身质量；

4）为了避免当地的障碍物所要求的高度和距离。

根据爆炸分析可以解决以上设计问题，使飞船（救生舱）的逃逸范围能远离冲击波和爆炸火球，而同时航天员所允许承受的过载值又在规定的范围内。设计应急救生系统的一个重要参数是可提供的预警时间。由于过载限制，发动机推力不能太大，这使得飞出危险区域需要一定的时间，该时间称为预警时间。可提供的预警时间越少，应急救生系统的设计就越困难。

（2）大气层中应急救生

飞船在大气层中飞行时，最危险的情况是在最大动压区飞行。

对该阶段的救生策略应考虑如下因素的影响：

1）由大的气动力产生的负加速度，严重阻碍飞船（或救生舱）与运载火箭的分离；

2）分离后的飞船（救生舱）不能与火箭发生碰撞。

计算与试验表明，火箭在高空爆炸时，产生的激波危害性比海平面上小得多；又由于运载火箭到达最大动压区时推进剂已有了大量消耗，因而高空推进剂爆炸危险性比在发射台上时小多了。但在最大动压区，由于负加速度的影响，分离阻力急剧加大，这对应急救生系统的发动机提出了较苛刻的要求；又由于在飞船（或救生舱）与火箭分离后，运载火箭系统减少了质量、加速度提升，其有可能追上已分离的飞船（或救生舱），导致应急救生失败。因此，应急救生系统的推力矢量不能通过飞船重心，从而可产生一个俯仰力矩使飞船偏离运载火箭的飞行轨迹。最大动压区应急救生时，救生火箭的推力设计还要考虑航天员承受的过载，不能超过其极限范围。总之，要圆满实现大气层中的应急救生，救生火箭的推进系统应满足如下要求：

1）具有足够推力分离飞船（救生舱）与运载火箭系统，并将其送出安全距离以外；

2）推力偏心使运载火箭与飞船（救生舱）不发生碰撞；

3）救生过程中的加速度不能超过航天员的生理极限。

（3）大气层外应急救生

当飞船已飞出大气层（通常是指超出 100 km 的高空）时，推进剂爆炸的危险就基本可以不予考虑，因为此时绝大部分推进剂已被消耗掉。在出现危险情况需进行应急救生时，由于不再出现气动负加速度，飞船（救生舱）的分离是毫无困难的，这一阶段关键问题是飞船（救生舱）以一定的初始条件（高度、速度、弹道倾角等）分离后安全返回地面。为了完成任务，在设计该阶段的应急救生系统时，必须考虑 3 个问题：

1）沿特定轨道返回时的气动加热问题；

2）返回时再入加速度不能超过航天员的生理极限；

3）控制飞船返回到预定的救生区域。

大气层外应急救生的再入过程面临严重的气动加热环境，因此在飞船（救生舱）的设计中应设计烧蚀防热系统，并保证在返回过程始终使覆设有防烧蚀防热层的返回舱大头朝前，这样便可以解决气动加热问题。另外，应急救生系统分离的初始参数很重要，其可影响随后的飞行轨道。必须根据航天员对加速度的承受能力谨慎选择分离初始条件（主要是弹道倾角），使得在返回轨道飞行整个过程中最大负加速度仍在航天员的生理承受能力以内。此外，如果飞船（救生舱）具有一定的升力作用，则可以大大缓和再入时的最大过载。

大气层外应急救生的航程长，可达 1 万多千米。为了便于地面回收营救工作，应该利用飞船动力调整落点，使飞船落在预先选定的救生区域。

（4）轨道段的应急救生

在轨道运行段，载人飞船的故障一般是慢过程的，因此处理故障的时间一般比较充裕。部分故障可以由航天员修复或者启用备份系统来解决，此时飞船可以按预定计划飞行。如果飞船故障不能得到妥善处理（例如，航天员不具备处理能力或失去处理能力）或者不可修复，则飞船需要立即返回，以保障航天员的安全。为满足飞船在轨运行期间应急返回的需要，在进行载人航天大系统设计时，需要在地面选定若干个应急返回着陆区。其包括飞船的主、副着陆场，发射首区，以及若干个具备一定搜索和回收能力的应急着陆场，以便飞船运行中的任一圈都可实施应急返回。对于基于地基测控网的载人航天计划，由于测控覆盖率有限，飞船应急返回时不一定能得到地面测控站的支持，因此飞船系统自身应具有自主确定返回程序的能力，包括自主确定制动点火时刻和制动速度增量的能力。

飞船应急返回时，按故障的严重程度和允许在轨继续飞行的剩余时间，分为以下 3 类：

1）等待返回。飞船虽然出现故障，但允许继续飞行一段较长的时间且不危及航天员安全。可以选择一个适当的返回时刻，使飞船返回到着陆场或条件好的应急着陆场。

2）稍后返回。飞船故障比等待返回严重，但仍有 n 个小时在轨运行并维持航天员安全的能力，可以在故障发生后的前 n 个小时飞行轨道范围中选择一个条件较好的应急着陆场。

3）立即返回。飞船故障比较严重，需要在出现故障后的第一个来得及着陆的应急返回区着陆。情况更为严重时，则不允许等待，飞船立即启动应急程序紧急返回。这种情况下，由于着陆区的条件和地面搜索救援能力有限，甚至可能需要国际救援，此时应以保证航天员生还为目标。大气层外应急救生的设计原则在这种情况仍然有效。

除了从轨道上直接进行飞船应急救生外，国外还研究了通过地面发射营救飞船进行应急救生和通过空间站发射飞船进行救生的方案。但这些方案涉及到变轨、会合以及推进剂质量比要求等一些技术难度大、难于精确控制的问题，目前尚未实际应用。

13.2.3　飞船故障检测方法与救生决策原则

箭上和船上故障检测系统对保障航天员的安全、及时并准确地实施应急救生措施起着至关重要的作用。箭上故障检测系统的任务是检测运载火箭各系统的工作状况，对故障的性质及危险程序作出正确的判断，并将结果通过显示通知航天员、通过遥测传给地面测控人员；当确认是属于直接威胁航天员的生命安全、时间上十分紧迫的灾难性故障时，故障检测系统能自动决策，并立即中止火箭的正常飞行、启动应急救生系统，以确保航天员的安全；对不直接威胁航天员生命、但可导致发射任务失败的故障，可以允许地面监控和航天员进行充分的情况分析，然后手动启动应急救生系统，使航天员安全返回；对于一些小故障，故障检测系统绝不放弃任何能够排除和容忍故障存在的机会，使飞行任务正常进行下去。因此，故障检测系统是保证航天员安全的核心，其必须具有极高的可靠性与实时性，要求做到有故障不漏判、无故障不误判、大小故障分得清。

在设计故障检测系统时，首先要对故障部件和故障类型进行正确的分析，选定故障参数。实际上，任何航天系统出现的险情总可根据系统的一个主要参数或几个参数的总和达到或超过极限允许值来进行表征，即故障准则，这些极限允许值的定性或定量表示通常称为险情参数。对火箭航天系统的故障起因及演变予以分析，可列出如故障测控系统相关参数，若监控以上所有参数，将使航天系统复杂化、耗资剧增，而且也无必要。通常是根据特定的飞船及其任务属性，从中选择几个主要的参数予以监控，以按反映险情的可信性、全面性、快速性选择参数及使监控设备尽可能简单化为准则。表 13－2 给出了火箭-航天器系统的险情参数清单，表 13－3 给出了国外载人飞船所选用的故障检测参数，表 13－4 特别提供了联盟号火箭-航天器系统故障监测系统的故障检测参数。

表 13－2 火箭-航天器系统的险情参数

系统	险情参数
运载火箭发动机装置	主发动机、舵机发动机及燃气发生器燃烧室达到临界压力及温度；涡轮泵达到临界转速；自动控制器件（活门）动作失灵
运载火箭控制系统	控制系统电源下降至临界电压；主要仪器（随航数字电子计算机、陀螺仪、时间机构等）丧失功能
运载火箭结构系统及分离机构	主要承力构件应力达到极限值；在预定时间级间不分离，整流罩及其他分离件不分离；飞船不分离；贮箱排泄系统工作偏离极限；贮箱及管路泄漏
飞船	生活舱起火，漏气；发动机装置增压系统下降至临界压力，贮箱丧失气密，推进剂泄漏；稳定及制导执行机构系统贮箱下降至临界压强
火箭-航天器系统总体	运载火箭任何一级速度达不到最低要求值，运载火箭飞行失稳和失控（俯仰、偏航和滚动方向超出极限角速度）；运载火箭各级工作时轴向过载下降低于允许极限，出现极限横向过载

表 13－3　国外载人运载火箭所选用的故障检测参数

型　号	检　测　参　数
联盟号	· φ、ψ、γ 三轴姿态角 · 一级熄火时的速度 · 助推器分离，一、二级分离 · 二级发动机推力室压力 · 轴向过载
水星-宇宙神	· φ、ψ、γ 三轴姿态角 · $\dot{\varphi}$、$\dot{\psi}$ 俯仰、偏航方向角速率 · 发动机推力室压力 · 液压系统压力 · 贮箱压力 · 级间分离 · 28 V 电源 · 115 V 电源
双子星座-大力神	· $\dot{\varphi}$、$\dot{\psi}$、$\dot{\gamma}$ 三轴角速率 · 一级发动机推力室压力 · 二级发动机推力室压力 · 贮箱压力
阿波罗-土星 5	· $\dot{\varphi}$、$\dot{\psi}$、$\dot{\gamma}$ 三轴角速率 · 飞行攻角 · 发动机推力 · 指令舱与服务舱之间结构振动 · 级间分离

表 13－4　联盟号火箭-航天器系统监控的险情参数

险　情　参　数	监　控　飞　行　器
运载火箭飞行失稳和失控（俯仰角、偏航角和滚动角超出极限）	从运载火箭起飞到第三级关机（分离期间闭锁）
运载火箭第一级及第二级工作结束时速度未达临界值	运载火箭第一级及第二级工作段
第一级提前分离（侧向锁块提前分离）	运载火箭第一级工作段
运载火箭发动机装置燃烧室压力下降	运载火箭第三级工作段

由表 13－3 可见，在火箭的不同飞行段，监控参数是有区别的。在具体研究监控系统时，应着重考虑以下几个方面的问题：

1）乘员参与险情监控的可能性、合理性，以及与此相应的监控自动化程度；

2）系统结构的集中联锁程度；

3）设置能够判断系统有无防止险情灾难性发展能力的预报设备；

4）确定监控系统在火箭航天系统总体中的地位。这是独立自主的系统或者是运载火箭控制系统的一部分，或是飞船控制系统的一部分。

只有综合以上考虑之后，才有可能研制出实用的箭上和船上故障监控系统。

应急救生系统自动启动还是手动启动，即救生决策原则问题，取决于可以利用的时间以及航天员判断情况与执行必要行动的能力。对于一些突发性、时间紧迫的故障，如火箭爆炸，故障检测系统应能自动启动应急救生程序；对于时间是非临界的故障，可以先进行检测，然后根据地面监控人员或航天员的分析和决策决定手动启动应急救生系统。利用这种救生决策原则，一方面降低了系统的复杂性，另一方面也增加了故障检测系统的可靠性。

13.3 上升段应急救生

对于一次特定的载人飞行，整个飞行阶段可分为 3 个大的阶段，即上升段、轨道运行段和返回段。尽管飞行器在每个阶段都存在故障的可能性，但不同阶段的故障形式不一样，其故障性质也不一样。根据近 60 年载人航天的实践来看，多数事故发生在上升段与返回段，因此解决飞船上升段和返回段的应急救生问题，尤其是上升段的应急救生问题，一直是飞船设计的重点。

13.3.1 上升段应急救生的特点

已有的载人飞船的运载系统均为多级火箭，多级火箭按程序点火、工作，将载人航天器送入预定轨道。在该阶段，飞船只被当作多级火箭的运输对象，负责为航天员提供合适的生存环境。因此，上升段的主要任务是由多级运载火箭完成的，飞船只处于值班状态。由此决定了上升段的应急救生具有如下特点。

1）飞船系统处于快速上升的运动之中，加速度大；一旦出现险情，外界很难采取补救措施，航天员唯有逃生自救。

2）重要故障的来源集中在多级运载火箭上。上升段最危险的故障是运载火箭爆炸。由于爆炸的严重危害性与迅猛特性，上升段应急救生必须具有迅速与运载火箭分离、尽快到达安全区的能力。

3）上升段救生范围很广，从高度上包括从发射台的零高度到正常的轨道高度，速度上则是从零速度到轨道速度。因此，上升段通常按高度进一步细分为发射台上、大气层中飞行和大气层外飞行三个阶段。在上升段飞行中，运载火箭主要故障集中于：

- 起飞和起飞后不久；
- 跨声速区至最大动压区；
- 关机与级间分离区。

对上述这些事故多发区予以充分考虑是救生装置设计的潜在要求。在上升段，由于运载火箭的故障导致威胁航天员生命的危险主要体现在两个方面：

- 直接故障后果，如着火、爆炸激波、有毒气体、碎片等；
- 因故障而中断飞行后，飞船所处环境（如高度、速度、温度、压力等）的改变造成对航天员返回地面的不利影响。

针对以上两大危险，研制出的上升段应急救生系统要求包括以下两大组成部分：

- 箭上故障检测系统，可察知故障并对其性质予以分类和判断；
- 专门的逃逸装置，使航天员能迅速脱离险区，并能安全返回地面。

13.3.2　上升段不同飞行阶段的应急救生方式

由于上升段包括的范围很广，从零高度区到数百千米高的轨道高度，中间变化复杂，尤其是需经历大气层中飞行和大气层外飞行两种差别很大的飞行状态，因此在整个上升段采取单一的应急救生模式是不适宜、也是不经济的。按照不同飞行阶段的特点，可将上升段分为发射台上、大气层中飞行段和大气外飞行段，针对这三个阶段的不同特点，可设计不同的应急救生方式。

（1）发射台上应急救生

当载人飞船位于矗立在发射台上的运载火箭的顶部时，运载火箭已进入临发射状态，一旦这时出现危险故障，则常常是灾难性的。因为运载火箭上贮存着最大量的推进剂，一旦发生爆炸，由于地面的反射效应，爆炸产生的激波强度、火球半径、热辐射以及碎片的散布范围都会加大，这对应急救生系统的研制提出了特别的要求。目前载人飞行器在这一阶段主要是采用逃逸飞行器进行逃逸救生，这时虽有飞船座舱为航天员提供保护，但座舱结构耐受超压能力是有限的。为了确保航天员的安全，逃逸飞行器应有足够的冲量将救生舱尽可能快地推出爆炸高压区。危险半径与运载火箭中的推进剂量相关，逃逸飞行器的推重比（P/W）取决于箭上故障检测系统所能提供的预警时间。

在发射台上逃逸时，避免因运载火箭爆炸产生的冲击波的破坏是应急救生系统的首要任务。另外，由于返回降落伞系统有一个工作的最小高度要求，因此应急救生系统应能将救生舱提升到其所要求的高度之上；除此之外，为了避开发射场周围的障碍物以及爆炸火球的威胁，应急救生系统应具有使救生舱横向飞行一定距离的能力。在确定落点航程时还需考虑可能的阵风的影响。

为满足逃逸飞行器横向飞行的距离要求，工程上常用逃逸发动机的推力矢量相对逃逸飞行器质心的适当定位来达到横向航程的需求。由以上分析可确定发射台上应急救生逃逸发动机设计的基本参数：

1）推重比 P/W（即推力与逃逸飞行器重力之比）；

2）推力偏角，一般取 $15^\circ \sim 20^\circ$；

3）逃逸发动机总冲。

1983 年联盟- T10A 飞船发射中，在发射前火箭突然起火，逃逸飞行器成功地从发射台将返回舱送到安全地带，使 3 名航天员死里逃生，这是发射台上应急救生的典型事例。

（2）大气层中飞行段应急救生

目前，绝大部分飞行器在这一阶段，尤其是在大气层中飞行的低空阶段均采用逃逸飞行器的救生方式。在这一阶段飞行中，事故的出现具有如下特点：

1）险情具有突发性，导致灾难性的概率较高；

2）最危险的情形是运载火箭爆炸，但其爆炸危害性随高度的上升而降低；

3）在飞行初期出现灾难性故障时，必须将飞船（或救生舱）提升到一定高度，以满足降落伞开伞的最低要求（该特点同发射台救生特点）；

4）在起飞后 40～90 s 会出现最大动压区，此时由于飞船的弹道系数比运载火箭的大得多，致使作用在飞船被分离部分上的气动力很大，阻碍其分离。

在这一阶段，最危险的应急救生环境是最大动压区。在飞行的最大动压区，逃逸飞行器受到的气动阻力很大，逃逸发动机必须克服这个很大的阻力使飞船与运载火箭分离。另外，被抛弃的运载火箭正在作加速飞行，发生故障后，或者由于安全考虑不能关闭火箭发动机（如起飞初期），或者因故障不能关闭发动机，运载火箭系统可能仍在作加速运动，因此要使分离成为可能，逃逸飞行器的加速度必须大于运载火箭的加速度，这是逃逸飞行器的设计要求。但逃逸飞行器的设计中还有一个根本性的限制，即保证航天员所承受的过载在其可承受的范围内。

如果飞行器安全经过最大动压区后、在大气层的较高区域发生危险性事故，则逃逸飞行器的设计又有了新的特点。由于飞行高度的上升，大气密度随高度剧降，动压相对减少，气动阻力相应降低，因此飞船（救生舱）与运载火箭的分离不成问题；又由于此时运载火箭的燃料已大部分消耗掉，因而爆炸威胁大大减少，逃逸飞行器脱离爆炸危险区亦不成问题。这时逃逸救生的主要问题在于避免逃逸飞行器被追上的运载火箭撞毁。在高空，应急情形常常是由于运载火箭失控造成的。一旦飞船（救生舱）与运动火箭分离，由于运载火箭系统的质量降低了，运载火箭的加速度就有可能加大，并追上分离后的飞船（救生舱），从而发生严重事故。因此该阶段逃逸飞行器的推力不能正对飞船的轴线，常有一个偏心推力使逃逸飞行器避开追上的运载火箭，以保障航天员的安全。

（3）大气层外的应急救生

这一阶段的应急救生一般是采用中断飞行、提前返回的应急救生方式。

载人飞行器上的有效载荷是非常昂贵的。据资料统计，载人飞行器的入轨有效载荷质量只占起飞质量的1%～3%，而其余大部分是燃料。增加1 kg的有效载荷，起飞质量则会大大增加，这显然要提高发射费用。飞船上的应急救生装置在未发生事故时完全是一个废重；又由于应急救生任务的复杂性，这类逃逸飞行器一般都具有较大的质量，这对载人飞行无疑也是一个负担，因此在载人飞行器发射上升到高空后作大气层外飞行时，一旦航天器自身的动力装置（制动发动机或轨道机动发动机）足够提供脱脸动力、而返回器又能发挥其返回功能时，一般都抛掉应急救生设备，如救生塔等。此后一旦出现危险事故，可直接利用载人返回器（如飞船的返回舱、航天飞机轨道器）自身的设备保护航天员、脱离险区并以应急程序返回地面，即直接以返回器作为逃逸装置进行应急救生。载人航天实践证明，该方法不仅合理，而且成功把握也大。联盟号飞船在110 km高处曾采用了分离逃逸救生塔的方法。

当采取应急返回的救生策略时，对航天员的生命构成威胁的主要是气动加热与过载。从飞船（或救生舱）所能承受的飞行气动加热限制与航天员所能承受的过载限制来看，在飞船的上升轨道中总存在一段非安全区。例如水星飞船在速度为 4 200～4 800 m/s 范围内进行应急返回飞行时，航天员在再入时将承受高达 16 g 的过载，设计中必须想办法对其予以改善。

影响再入过载的关键性参数是再入角，而改善再入过载的最有效途径是减小再入角。要实现该要求，必须通过飞船的轨道机动发动机再次启动提供附加推力，从而产生速度增量，达到减小再入角的目的。

施加推力的最佳时机是在返回舱再入后、出现激烈过载之前。在施加推力之前，必须先完成以下工作程序：

1）火箭发动机工作完成；

2）发动机从返回舱中分离；

3）调整好返回舱的再入姿态。

在应急返回飞行中，气动加热问题也要引起足够的重视。但考虑到烧蚀防热材料的发展和姿态控制系统的再入定向能力，应急返回的飞行加热问题普遍能够得到合理解决。

13.3.3 逃逸飞行器简介

为了在紧急情况下为航天员提供应急救生，国内外曾提出各种逃逸飞行器构想，如分离救生舱、密闭式弹射座椅、敞开式弹射座椅、折叠式救生舱、气垫、伞锥、囊式救生舱、救生塔、救生滑杆、救生吊篮等，但在实际载人飞行中得到应用的只有弹射座椅、救生塔、救生滑杆及救生吊篮等有限的几种救生装置。

（1）弹射坐椅

弹射座椅是飞机上常用的飞行员脱险装置，其能对飞行员在任何情况（包括高度和速度）下进行应急救生。弹射座椅包括敞开式与密封式两种。利用该方案进行航天员的应急救生具有结构简单、可靠性高的优点。但由于载人飞船的飞行条件远比飞机恶劣，将航空上的弹射座椅救生方案引入航天领域需解决以下问题：

1）若起飞初期遇险，运载火箭的爆炸会产生强烈冲击波与火球，弹射座椅必须能够飞行到离运载火箭足够远的距离之外；

2）在高气动载荷区弹射时（起飞后 40～80 s），必须保证乘员不受运载火箭发动机装置的高温射流及噪声造成的损害；

3）设计使弹射座椅比航空用的弹射座椅有更广的使用范围，包括更大的使用高度和更大的使用速度。

载人飞行器中最早使用敞开式弹射座椅作为应急救生装置的是苏联的东方号飞船，其结构如图 13－3 所示。东方号飞船的弹射座椅既可作为发射阶段的应急救生装置，也可作为正常返回地面的乘座装置，如东方 2 号飞船的航天员格·斯·季托夫就曾采用弹射座椅的着陆方案。该弹射座椅中装有火工品弹射装置、降落伞系统、氧气瓶、无线电收发报机和应急救生舱等，在实际飞行中该装置起到了很好的作用。

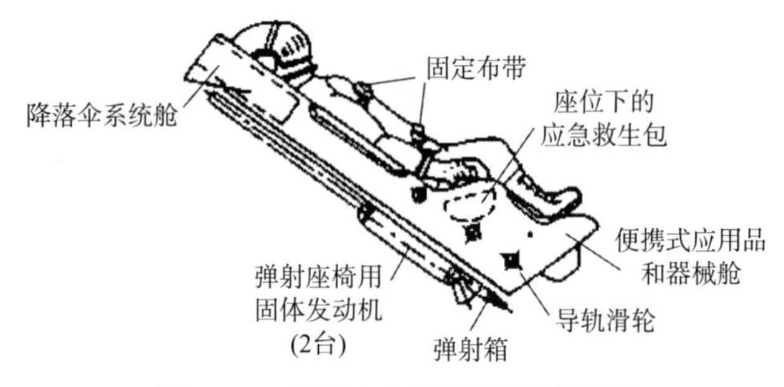

图 13－3　苏联东方号飞船的弹射座椅

采用敞开式弹射座椅作为救生设施的还有美国的双子星座飞船，该飞船在 2 333 m 以上时采用应急返回救生方式，而在 2 333 m 以下则采用敞开式弹射座椅救生方式。苏联的上升号飞船原设计中也采用了敞开式弹射座椅，后因飞船系统可靠性提高，该装置被取消。

敞开式弹射椅由于其质量轻、对飞船系统和航天员影响小、安全可靠以及成功率高的优点，在航天领域有较广的应用。但敞开式弹射座椅对于载多人的飞船存在出舱干扰问题，而且较多的应急出口会增加飞船的结构质量，因此其使用范围受到一定的限制。

密封式弹射座椅是一种单人救生装置，其平时是一个敞开式弹射座椅，一旦出现紧急情况可以迅速形成一个密闭式单人救生舱并弹离飞船，然后用主回收伞予以回收，图13－4所示为密闭式弹射座椅在弹射离飞船前形成密闭小舱的示意图。这种装置在美国的 B－58 和 B－70 轰炸机上使用过，成功率为 62%，可以在 30 km 高度以下、马赫数为 3 的条件下进行人员的安全应急救生。

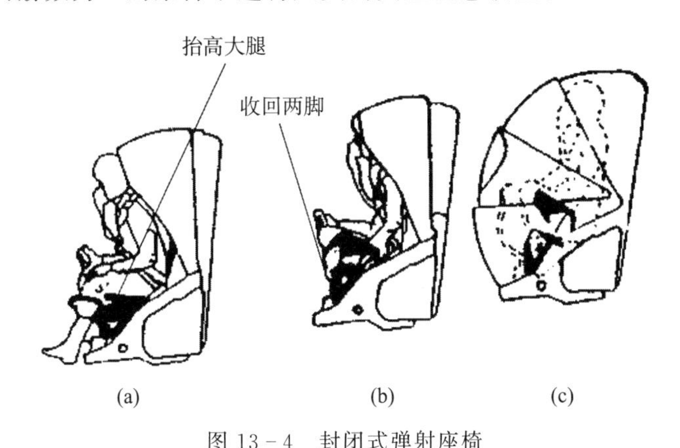

图 13－4　封闭式弹射座椅

（a）（b）座椅形成密封小舱前的动作；（c）形成密封小舱

（2）逃逸救生塔

逃逸救生塔是工程上应用较多的应急救生装置，如水星号飞船在发射和主动飞行段均采用逃逸救生塔作为其应急救生装置。如图 13－5 所示，救生装置包括救生塔、脱险火箭和舱门，其应急工程程序如图 13－6 所示。

联盟号飞船在发射上升段也采用了逃逸救生塔作为应急救生装置。当运载火箭发生故障时，逃逸救生塔上的分离发动机、控制发动机和主发动机协同工作，可使飞船与运载火箭分离，并迅速脱离险区。阿波罗号飞船也采用了类似水星飞船的救生塔，脱险火箭可将其指令舱送到 1 500 m 的高度。正常发射情况下，当飞船到达 9 000 m 的高度时，救生塔被抛掉。

图 13-5　水星飞船的救生塔

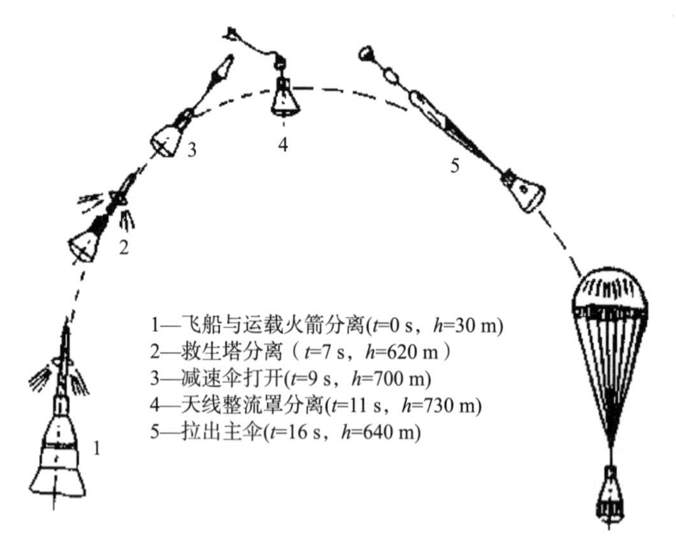

图 13-6　水星飞船应急救生系统工程程序

(3) 吊篮救生系统

美国哥伦比亚号航天飞机在最初四次试验飞行中，采用了两台弹射座椅作为救生设施。但正式飞行后，由于航天员增多，便取消了弹射座椅，这使得航天飞机在发射台上和主动段的低空阶段不具备救生手段。挑战者号失事之后，航天飞机上便配备了吊篮救生系统，以完成上述阶段的应急救生任务。

图 13-7 所示为吊篮救生系统，当航天飞机垂直竖立在发射台上时，航天飞机向乘员提供了紧急从轨道器撤离的设施，该设施可在 2 min 之内将 7～8 名航天员全部撤离。

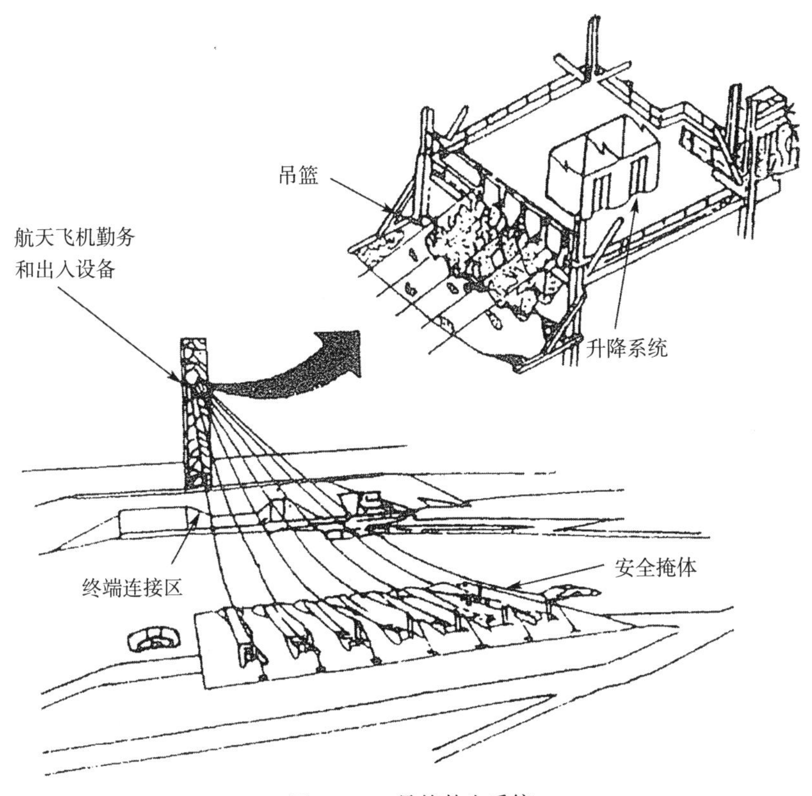

图 13-7　吊篮救生系统

吊篮救生系统从发射塔（30.5 m 高）延伸到离塔基约 360 m 远的地面掩体式装甲救生车中，航天员安全吊篮救生系统装有速度限制器以限制下降速度；在滑索终端装有制动装置，从飞船座舱撤离到安全掩体的时间约 1 min。1988 年 9 月 29 日发射的发现者号航天飞机上采用了吊篮救生系统。

13.4 轨道运行段应急救生

13.4.1 轨道运行段救生的特点

飞船在轨道运行段进行着有规律的运动，其运行的力学环境优于上升段和返回段，发生危及航天员生命的故障形式较少，故障概率相对较低，迄今尚无航天员在轨道运行段死亡的记录。但是，轨道运行段飞行仍具有下列的不得不考虑的因素：

1）飞行时间长，尤其是空间站及与空间站联合飞行的天地往返运输系统，发生故障或事故的累积概率随飞行时间增大而增大；

2）变轨交会对接等轨道作业使危险性加大。

3）航天员在轨道上工作时间长，操作任务重，作业面大。

考虑到上述因素，发生危险故障（包括人员故障）的概率相对提高，表 13－5 给出了轨道运行段各种潜在的故障威胁，表 13－6 给出了可能发生的危险事件，表 13－7 给出了轨道运行段可能发生的灾难事件。

表 13－5　载人航天器的危险因素

类别	因素	
外界环境	· 真空	
	· 微流星、碎片	· 温度过高（或过低）
	· 辐射	· 尘埃

续表

类别	因素	
危险设备或装置	· 含有可释放足够能量致使航天员受伤或空间站损坏的设备 · 含有产生或可能产生有毒物质、腐蚀物或放射物的设备 · 自身的故障却有可能导致航天员生命维持系统或空间站主要功能中断的设备	
危险物质	· 推进剂 · 有毒污染物 · 细菌的危险产物 · 氢气 · 氧气 · 化学反应物	· 放射性物质 · 氟利昂 · 钠 · 腐蚀性物质 · 二氧化碳/一氧化碳
危险性操作	· 轨道机动 · 实验 · 出舱活动（EVA） · 意外情况下操作	· 机器人操作 · 应急操作 · 流体传输
人的因素	· 人员健康状态 · 缺乏隔离的私室 · 紧急情况 · 单调、一成不变的生活	· 对失重适应性的评定不够准确 · 不和或冲突 · 住处的总体布置不够舒适 · 工作过度

表 13-6 载人飞行器的危险事件

类别	事 件	
环境作用	· 微流星碰撞或击穿 · 太阳的耀斑 · 冲蚀（尘埃、原子氧、辐射）	· 碎片碰撞或击穿 · 来自其他航天器的辐射

续表

类别	事件	
分系统或设备故障	·丧失功能 ·电问题 ·机械问题 ·辐射问题	·流体问题（泄漏、混合等） ·结构问题 ·热问题 ·化学问题
操作问题	·外部碰撞 ·失去控制 ·不可能恢复到规定的安全状态	·内部碰撞 ·程序上的差错（错误、不相容、遗漏） ·不能评定安全状态（丧失测量）
航天员的人为错误	·变态的心理行为或生理衰退 ·动作错误 ·航天员体力或心理丧失完成任务的能力	·削弱判断力或理智力 ·违反操作程序 ·非故障的动作

表 13－7　载人飞行器的灾难事件

火灾	爆炸
机械损伤	减压
辐射	电击
温度过高（或过低）	翻滚、失控
断电	通信中断
大气污染	食物或水污染
贮存物和消耗品耗尽	航天员失常
伤、病	

这些潜在的故障与灾难对载人飞行器的伤害可以分以下几个等级：

1）飞行器可继续使用，继续完成后续全部或部分飞行计划；

2）可修理的故障，航天员安全性不遭到破坏；

3）必须撤离空间站。

针对以上故障后果，尤其是第三种故障后果，必须设计轨道运行段的应急救生方案，以确保航天员的安全。

13.4.2 具有返回能力航天器的轨道运行段应急救生

具有返回能力航天器主要是指载人飞船与航天飞机，这类航天器在轨道运行段运行时间一般较短、轨道高度较低，因此发生灾难性故障的概率也相对降低。

目前，所有载人飞行器轨道运行段的应急救生方式都是中断飞行任务、提前返回地面。在轨道上的飞行安全靠产品的可靠性予以保证，并没有配备专门的应急救生装置。一旦发生危险故障而必须采取应急返回措施时，都是利用制动发动机降低轨道高度，从大气再入返回地面。出于制动发动机在返回时的重要性考虑，一般对其采取冗余备份措施，例如联盟号飞船的姿控发动机亦是制动发动机的备份。如果因飞船的全部制动功能失效而不能离开原来的运行轨道时，可以利用一切方法降低飞船轨道的近地点高度，利用大气阻力使其轨道自然衰减；当轨道的近地点降至稠密大气层时，飞船的返回舱即可实现再入大气层返回地面。例如苏联的东方号和联盟号在制动火箭完全失灵时，其利用上层大气的阻力，可在几天内自然返回地面。

一些极端的轨道运行段故障可能使载人飞船完全丧失返回救生的能力。这种情况可采用发射救生飞行器、利用对接技术营救航天员的方案。阿波罗—联盟对接试验中，地面发射的、具有返回能力的营救航天器实现了与轨道上遭灾的载人飞行器之间的交会对接，并把遇难航天员接引到营救飞船上，航天员最终安全返回了地面。该试验证明发射营救飞船进行轨道运行段救生是可行的，并证明了不同国家研制的航天器可以实现互相营救，这一点很有意义。

美国在航天飞机的设计中还考虑了一种更极端的灾难情形，即遭灾的航天器已完全失去对接功能，或航天器失控根本无法对接。此时的营救方案是让航天员穿上舱外活动航天服，通过飞船上装置的帮助离开飞船，在轨道中等待营救。美国航天飞机已经具备实施该营救方式的能力。

13.4.3　载人空间站轨道运行段救生

由于载人空间站不具备返回能力，因此载人空间站上一旦出现危险事故，只能通过在空间站上的飞船或与从地面发射的飞船对接予以救生，其不能实现自主逃生。

随着载人空间站向大规模、多乘员和长寿命方向的发展，空间站在轨道运行段故障次数逐渐增多，空间站救生已成为当前载人航天救生的重点之一。

美国的天空实验室和苏联的礼炮号、和平号空间站均以载人飞船作为天地往返运输器，运送航天员和设备进出空间站。当飞船发射入轨与空间站对接后，其就一直对接在空间站上，作为空间站上一种自主的逃生工具；一旦空间站发生危险故障，如航天员病重，则可立即用飞船将航天员送回地面，以完成应急救生任务。如果因为空间站或飞船的故障，使得飞船无法与空间站分离，此时自主逃生已不可能，只能等待地面发射营救飞船予以营救，而空间站上一般也设有备用对接口。例如按美国的天空实验室计划，在运送航天员的阿波罗飞船发射升空后，马上就开始另一艘营救飞船（另一艘是由 3 座改装成 5 座的阿波罗飞船）的发射准备，以待应急发射、实施营救行动。

空间站的应急救生过程包括航天员从遇险空间站上撤离和利用营救飞船返回地面两大过程。为了实现对遇险的空间站上航天员的应急救生，国内外设想了 6 种方案，参见表13－8。若能完美地完成其中的一种方案，就能保证航天员的安全。在目前的技术条件下，可考虑几种救生方案的联合使用，以提高应急救生的成功概率。

表 13-8　空间站应急救生方案

方式	方案	名称	特征	优缺点
逃生	1	站基救生舱	· 作为空间站的一部分连同空间站发射入轨 · 与空间站分离后只具有返回能力	· 救生舱在地面与空间站连接，无需在轨交会对接，救生舱构造简单，操作简便 · 救生舱直接返回地面，救生成功率高 · 救生舱占一定发射质量和体积 · 一次使用，无法补充
	2	站基避难舱	· 作为空间站的一部分连同空间站发射入轨 · 与空间站分离后具有轨道保持和被动交会对接能力	· 避难舱在地面与空间站连接 · 避难舱无直接返回能力，仍需通过营救完成任务，成功率低 · 避难舱占一定发射质量和体积 · 一次使用，无法补充
	3	站基避难航天器	· 作为空间站的一部分连同空间站发射入轨 · 与空间站分离后具有机动变轨和主动交会对接能力	· 避难航天器在地面与空间站连接 · 航天器占一定发射质量和体积 · 只有当遇难空间站与其他国家空间站同轨运行时，才可通过国际合作完成救生任务，成功率低 · 一次使用，无法补充
	4	站基逃避航天器	· 从地面单独发射，与空间站对接后长期停靠在空间站上 · 具有自主轨道飞行和自动交会对接能力 · 与空间站分离后仍具有再次交会对接能力 · 与空间站分离后具有返回能力	· 不占空间站的发射质量和体积 · 逃避航天器直接返回地面，救生成功率高 · 逃避航天器还可用作避难舱，供航天员离开空间站短暂避难，灾情过后再返回空间站 · 使用后，可由地面再发射补充 · 逃避航天器的轨道操作多，技术要求高

续表

方式	方案	名称	特征	优缺点
营救	5	地基营救航天器	· 从地面发射，载营救人员或不载营救人员 · 具有较强的轨道机动能力和自动交会对接能力 · 与空间站分离后具有返回能力	· 可携带营救人员进行救生作业，能灵活处理各种疑难问题 · 完成一次营救任务的环节多，时间长，成功率低
	6	天基营救航天器	· 事先从地面发射，长期在空间站同一轨道平面内运行 · 具有较强的轨道机动能力和自动交会对接能力 · 与空间站分离后，具有返回能力	· 相对地基营救，可减少航天器的发射准备时间 · 技术难度大，维持费用高

13.5 返回段应急救生

一般而言，航天器的离轨返回可以看作是发射入轨的逆过程，返回段也是载人飞行中的事故多发段。据不完全统计，发生在返回段的事故约占事故总数的31.8%，因此返回段的应急救生问题是载人飞行应急救生问题的重点，其重要性仅次于主动段航天员的应急救生。

13.5.1 返回段应急救生特点

当载人飞行进入返回段时，多是已完成飞行任务，只需将航天器安全送回地面。但返回段经历的飞行环境复杂，从轨道飞行，经过大气层再入，最后水平或垂直进行着陆。针对返回段复杂的飞行环境，返回段的应急救生具有如下特点：

1）飞船系统作高速飞行，加速度大，飞行状态复杂，飞行过程较短。一旦发生险情、需要实施航天员应急救生时，只能依靠航天员和飞船（返回舱）已有的设施进行逃生自救，外界很难采取有效的营救措施。

2）返回段的危险故障主要集中于大气层再入和着陆飞行阶段，返回段最危险的、危及航天员生命的故障是加速度过载与着陆系统的失效所导致的飞船（返回舱）坠毁，因此返回段救生要针对该类问题进行特别设计。

3）返回段救生范围广阔。在高度上，从轨道高度到地面零高度，经历大气层外飞行、再入大气层飞行两大阶段，应急救生环境复杂；返回落点散布大，飞船、救生舱着陆时，有时散布点为几百至上千千米，这给返回段的地面搜索和救援带来困难。

4）返回段救生与地面营救搜索行动相关，某些故障条件下的着陆点远离预定着陆区，此时快速有效的地面营救行动可以提高返回段应急救生中航天员的生存可能性。当飞船在作海面溅落时，地面营救设施的有效性也有利于提高航天员的生存可能性。例如，1961年7月21日，水星-宇宙神4号（MA－4）飞船第二次亚轨道飞行返回溅落在海面上时，由于座舱舱门动作继电器与着陆系统电路短路，导致座舱侧门突然打开，使海水大量涌入座舱，很快飞船就沉入海底。幸亏航天员格里逊及时跃出座舱，并由营救直升机搭救至回收船，才幸免于难。

正是由于返回段救生有上述这些特点，因此不能简单地把返回段当作上升段的逆过程而采取与上升段相似的救生策略与救生方案，必须针对返回段的特点，制定专门的返回段救生方案。

13.5.2 返回段故障形式

返回段的故障主要集中于飞船上，该阶段是故障多发阶段。按照多年来的飞行实践，尤其是一些重大飞行事故的教训，可以将返回段的危险事故分为以下几大类。

1）因为制动发动机等的故障使飞船无法调整到返回状态，这是返回段的常见故障之一。例如，1988年6月7日，联盟-TM6号飞船在完成了91天的载人飞行后，于9月5日完成其考察任务，预定离开和平号空间站进行返回。但在进行第一次返回时，由于敏感地球温度的传感器失效，使计算机工作6 s后停止工作，这导致返回制动的变轨发动机工作6 s后就过早关机，使飞船无法脱离运行轨道。3 h后，飞船进行第二次返回尝试，利用备用计算机发出让变轨发动机点火指令，但由于备用计算机故障，第二次点火未成功，返回失败。此刻应急供氧及食品只够维持一天，且对接机构已抛弃，航天员无法返回到空间站上。幸亏9月7日凌晨，第三次变轨发动机点火成功，才使航天员安全返回到了地面。又如，1965年3月18日，上升2号飞船飞行至第16圈时，开启返回程序，但因自动稳定装置中的太阳敏感元件损坏，飞船不能自动调整到返回状态，故不能按预定轨道返回，不得已多飞1圈。后改用航天员手动调整返回姿态，才得以安全返回。由此可见，因元器件的损坏，主要是各种敏感元器件的损坏，使飞船无法调整到返回状态是返回段的重要故障之一，直接威胁着航天员的生存和飞行计划的完成。

2）气动加热与飞行过载过大，尤其是当加速度过载超过航天员的生理极限时，可直接威胁航天员的生命。例如，1971 年 8 月 7 日，飞行了 215 h 的阿波罗 15 号返回着陆时，由于在着陆指令舱姿控系统中的剩余燃料 H_2O_2 排除时，不慎将 3 具主伞中的 1 具伞腐蚀，因此在着陆时，该伞被动载气流冲走，使指令舱溅落加速度增大，航天员承受了高达 16 g 的冲击过载。

3）飞船着陆系统均采用降落伞软着陆的方式，所以一旦降落伞系统出现故障，就可能导致机毁人亡的惨剧。1967 年 4 月 23 日，联盟 1 号飞行至第 15 圈时，一个姿控发动机中 H_2O_2 燃料从喷嘴中泄漏，使飞船处于不规则的飞行状态之中。为了抵消不平衡力矩，保持飞船的姿态稳定，航天员只得启动另外几个姿控小发动机工作，但此时飞船已飞出苏联国境，无法应急返回。当飞船飞到第 16 圈时，在回收区上空飞船又未能调整到再入姿态，不得已又多飞了一圈；但第 17 圈时，将飞船调整到再入姿态的努力又宣告失败；直到第 18 圈，航天员才勉强调整好飞船姿态开始返回。在返回过程中，飞船降落到 6.7 km 高度时，按程序打开主伞，但由于降落伞系统的故障，伞绳发生缠绕，降落伞无法打开，飞船很快坠毁，航天员柯马洛夫当场牺牲。另外，1985 年 4 月 12 日，当发现号航天飞机在肯尼迪航天中心机场跑道着陆时，因其轮胎过度损坏，一个起落架上的轮胎炸裂，造成了航天飞机的安全威胁。

4）着陆系统导致的落点偏差，使航天员的生存受到威胁。在返回飞行中，各种故障和外界因素都会影响到着陆点的精确性，当发生一些严重事故时，着陆点可能偏离预定着陆点很远，这给地面搜索营救工作带来很大的困难，最终对航天员的安全构成威胁。例如，1966 年 3 月 16 日，水星 7 号（MA－7）进行了第二次载人轨道飞行。当飞行至第 3 圈进行返回时，由于姿控系统不精确，使飞船姿态调整误差较大、反推火箭点火不及时，导致飞船落点偏差达

420 km，航天员卡本特尔乘坐救生筏在大西洋飘浮了 3 h 才被营救直升机救起。又如上升 2 号飞船的落点偏差达 800 km，险出重大事故。因此，要保障航天员的安全，就要尽可能保证返回舱落点的精确性。

13.5.3 返回段应急救生方式

迄今为止，所有载人航天器在返回阶段的安全性主要是依靠飞船返回舱或航天飞机轨道器自身的高可靠性来保障的，很少配备专门的应急救生设备。由于返回段飞行的区域宽广，下面分三个工作段来考虑载人飞船在返回段的应急救生方式。

（1）制动火箭工作段

在制动火箭工作段，要将在轨道上运行的飞船进行姿态调整，使其建立返回姿态，制动发动机点火使飞船进入返回轨道。如前面章节所述，由于故障造成的飞船无法建立返回姿态或制动发动机不能正常工作是返回段的危险故障。针对该类故障，目前多采用冗余设计技术予以解决，即在设计时设置备份制动火箭，一旦姿控或制动发动机失灵，还可使用备份发动机完成任务。例如，美国的航天飞机设计中就配备了两台轨道机动系统发动机，正常的工作方式是一台工作、一台备份。对于极端情形，即当飞船上所有的制动火箭都失灵时，应急救生则是利用上层大气的阻力逐渐降低轨道高度，直至进入大气层进行再入飞行，从而完成返回操作，例如苏联的东方号与联盟号飞船。

（2）再入阶段

飞船在再入飞行过程中，遇到的危险因素主要是气动加热与加速度过载问题。在该阶段采用的应急救生方案常是通过轨道控制的方法建立安全飞行走廊，使飞船（返回舱）沿可控制的轨道飞行，以保证在整个飞行过程中加速度过载与气动加热均低于极限水平。为此，可进行以下两方面的工作：

1）返回姿态的控制。在返回前仔细调整返回姿态，因为初始返回姿态对飞船（返回舱）的返回轨道起决定性作用。倘若该姿态调整到最优，飞船返回时就会沿着优化轨道返回，使加速度过载与气动加热都控制在允许的范围内。

2）利用附加推力进行轨道控制。若返回过程中飞船轨道偏离了预定轨道，就可能导致过载或气动加热超过极限，此时可通过利用附加的反推力使飞船返回优化轨道或减少过载，以达到保障航天员安全的目的。

（3）着陆阶段

着陆阶段的故障可能是致命性的。目前的载人飞船着陆系统均采用降落伞软着陆方式，降落伞系统的失败可能导致机毁人亡。

对该阶段的应急救生方式主要采用多伞系统与备份降落伞系统；也有采用弹射座椅作为应急备用救生设施的，如苏联的东方号和美国的双子星座飞船。

由于航天飞机采用了普通飞机轮式着陆的方法，因此航天飞机在着陆阶段的应急救生设施主要是采用备份应急着陆机场的方法。例如美国的航天飞机，除了加利福尼亚爱德华空军基地和佛罗里达州肯尼迪航天中心的主着陆场之外，其应急着陆场还有新墨西哥州的诺斯罗普斯特里普机场、怀特桑兹基地、西班牙的罗塔海军航空站、日本冲绳的嘉手纳空军基地及夏威夷的希卡姆空军基地等。

实际的载人飞行证明，着陆阶段的安全方案对保障航天员的安全是很有意义的。

13.6　联盟-TM 飞船的应急救生系统

13.6.1　联盟-TM 飞船应急救生系统的构成

联盟-TM 应急救生系统由飞船与火箭的部分分系统和设备，及应急救生专用设备两部分组成。从发射到末级发动机关机期间，当火箭发生事故时都用该系统救生。当事故性质属于危险事故时，火箭发动机将接收到中止飞行指令，应急救生系统将可分离头部拉离发生事故的火箭，由返回舱携带航天员作自主飞行，最后返回地面。

可分离头部的结构见图 13-8，由飞船的逃逸部分（返回舱、轨道舱）、火箭头部整流罩的逃逸部分（上部整流罩）和应急救生动力装置组成。在上部整流罩内装有应急救生系统的各种设备、机构和仪表，在该整流罩的下部装有 4 块在逃逸时展开的栅格稳定翼。

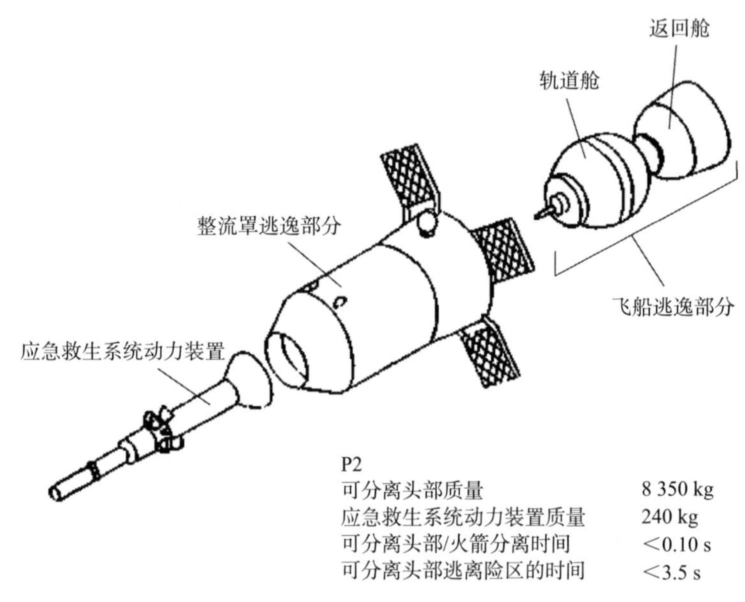

图 13-8 可分离头部

应急救生系统的组成如下。

1）应急救生专用系统：

·应急救生系统动力装置；

·头部整流罩上的分离发动机；

·应急救生系统控制系统（自动装置）；

·头部整流罩的应急救生系统机构和装置，包括头部整流罩应急逃逸分离面爆炸螺栓、可展开的栅格稳定翼、头部整流罩和飞船的连接件、潜望镜抛罩火工装置和灭火装置。

2）属于飞船的系统：

· 飞船控制系统；

· 飞船舱段分离系统；

· 无线电指令装置和线路；

· 返回舱控制系统及其执行机构；

· 着陆装置和设备；

· 飞船/火箭分离设备；

· 监控再入大气时的温度传感器。

3）属于运载火箭的系统：

· 火箭控制系统；

· 飞船/火箭分离系统；

· 应急救生系统和头部整流罩的抛掷系统；

· 故障检测系统。

一旦飞船发生故障，应急救生专用系统与以上所列的分别属于飞船、火箭的系统协同工作，以实现航天员的应急救生，最大限度地保障航天员的安全。其中，应急救生专用系统是只在火箭发生危险故障时才起作用，并对危险故障条件下应急救生任务的完成起决定性作用。整个应急救生系统的设计要求如下。

1）在发射或发射区附近发生火箭爆炸等危险事故时，必须将可分离头部拉离险区；与此同时还要考虑可能将带伞的返回舱吹回险区的阵风的影响。

2）应急救生系统的工作应满足着陆系统装置的以下要求：

· 应保证降落伞系统启动时的允许飞行条件（攻角、速度头和返回舱角速度）；

· 飞行高度应该满足降落伞系统的工作高度要求；

· 返回舱用降落伞降落的时间应足够用于完成返回舱着陆前的各种工作。

3）考虑在最大速度头区，气动力对可分离头部的分离和逃离险区的影响。

4）在确定应急救生系统动力装置和头部整流罩的抛掷条件时，

应考虑应急救生系统动力装置在稠密大气层边界工作时的最大轴向和纵向过载。

5）考虑火箭在飞行 300～400 s 时发生故障时，返回舱分离、再入大气层时所达到的最大纵向过载。

6）返回舱与可分离头部分离时，可分离头部运动参数应该满足返回舱自主飞行的允许条件。

7）伞舱抛离时的返回舱运动参数应该满足随后的着陆装置的工作要求。

要使应急救生系统完成救生任务，起关键作用的是应急救生系统专用组件，具体包括以下装置。

（1）应急救生系统动力装置

联盟-TM 应急救生系统动力装置图如图 13-9 所示，共由 3 种固体发动机组成，即主发动机、分离发动机和控制发动机。发动机全部采用自由装填双基药柱，不计配重动力装置总重不超过 1 800 kg。

①主发动机

主发动机用于在火箭一级工作时将可分离头部拉离发生故障的火箭。该发动机有上、下 2 个共底燃烧室，上燃烧室安装 4 个小喷管、下燃烧室安装 4 个小喷管。2 个燃烧室可同时工作；也可大燃烧室工作，小燃烧室起配重作用。主发动机的主要性能见表 13-9。

②控制发动机

控制发动机位于应急救生系统动力装置的上部，共 4 台，沿 4 个象限呈 90°均匀分布。其负责 37 km 以下高度逃逸时逃逸弹道的偏转，其工作时间与推力应满足发射时救生的水平距离和逃逸塔分离时偏离运载火箭飞行弹道的要求。在使用时，可根据需要启动某 1 台（或 2 台）控制发动机，使返回舱的弹道落点得到一定的控制，控制发动机的主要性能见表 13-9。

③分离发动机

分离发动机用于在 37.5 km 以下高度逃逸时返回舱与可分离头部分离；正常飞行时用其来分离未曾使用的应急救生系统动力装置，

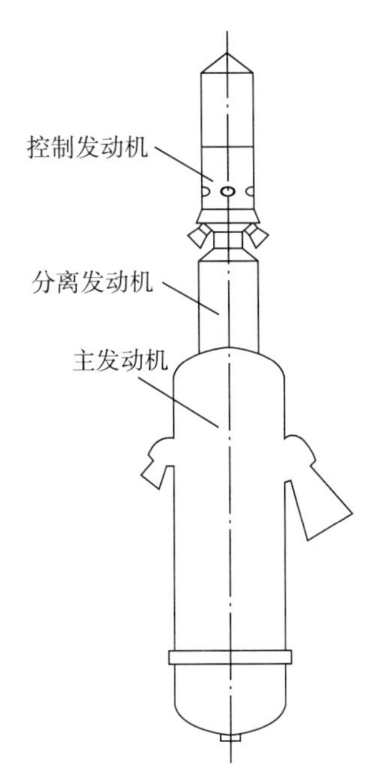

图 13－9　应急救生系统动力装置简图

并连同发动机上部整流罩一起推离火箭，分离发动机的主要性能见表 13－9。

④配重

在应急救生系统动力装置顶部装有配重，可通过其和栅格稳定翼来实现可分离头部的静稳定性要求。

配重的质量是按栅格翼展开、救生系统主发动机和头部整流罩分离发动机药柱烧尽时质心位置不超过极限位置的要求确定的，可调的质量范围为 50～270 kg。

（2）安装在头部整流罩上的分离发动机

该发动机用于在发射场附近发生事故时提高可分离头部的逃逸高度，其也具有在救生系统动力装置按程序抛掷后、整流罩分离前需应急救生时拉开被分离的头部的作用，该发动机性能见表 13－9。

表 13－9　联盟－TM 逃逸发动机系统的基本性能

发动机	总冲/(kN·s)	最大推力/kN	数量	尺寸	喷管数	喷管与中心线夹角
主发动机 第一燃烧室 第二燃烧室	1 618 1 275 343	785 687 98	1	620×4 200	8	30°
分离发动机	118	235	1	380×1 300	12	30°
俯仰、偏航控制发动机	5.9	14.7	4	135×450	1	—
整流罩上分离发动机	63.7	63.7	4	230×1 200	1	—

（3）安装在头部整流罩上的机构和装置

①栅格稳定翼

可分离头部的底部有 4 块栅格稳定翼。栅格稳定翼在闭合状态时用爆炸螺栓固定，展开时螺栓起爆。栅格稳定翼在弹簧推力器、气动力和轴向过载作用下才可打开，栅格稳定翼打开时的动能由液压阻尼器吸吸，栅格稳定翼锁定于横向位置。

②飞船-头部整流罩连接机构

飞船和头部整流罩间有 3 个托架作为其承力连接构件。其支撑面分布在 2 个部位，上部支撑面位于返回舱和轨道舱的对接面处，传递轴向和侧向力；下部支撑面位于返回舱前部防热结构处，只传递侧向力。正常飞行时应急救生系统支座抱住返回舱，但允许其相对头部整流罩自由移动；支座在发生事故时定位，使飞船的逃逸部分与上部整流罩牢固连接。

轨道舱上部设有 3 个支点，其承受径向力，并将径向力传给头部整流罩。

③灭火装置

整流罩内设有 2 个带灭火工质的喷射环，以防止工作的救生系统发动机引起火灾。其中一个喷射环位于轨道舱和返回舱对接面处，另一个位于返回舱和设备舱对接面处。

13.6.2 联盟-TM 飞船的应急救生程序

联盟-TM 飞船的事故准则是下列参数达到其极限值。

1）火箭飞行姿态失稳、失控，俯仰角、偏航角、滚动角超过其极限值；

2）火箭一、二级工作结束时，未达预定速度；

3）一级助推器提前分离；

4）火箭起飞到二子级熄火期间，轴向过载降到规定极限值以下。

出现上述情况时，就必须启用应急救生系统。应急救生程序开始于中止飞行指令，该指令可由控制系统自动发出，也可由地面人员在目视和遥测数据的基础上通过无线电遥控将指令传送到飞行器上。根据飞行器所处的飞行阶段的不同，飞船上的应急救生系统在接到“中止飞行”指令后可选择 4 种应急救生飞行程序，详情参见图 13-10。

1）事故发生在火箭待发状态到正常抛掷应急救生系统动力装置期间，以模式Ⅰ中止飞行；

2）事故发生在正常抛掷应急救生系统动力装置之后、头部整流罩抛掷之前，以模式ⅠA 中止飞行；

3）事故发生在头部整流罩抛掷之后、火箭控制系统发出“分离预令”之前，以模式Ⅱ中止飞行；

4）事故发生在火箭控制系统发出“分离预令”到二子级正常关机期间，以模式Ⅲ中止飞行。

（1）模式Ⅰ

该阶段的起始时间与撤离服务塔的时间相符，此时航天员已进入飞船，地面人员已疏散，应急救生系统已处于值勤状态；该阶段结束于正常抛掷应急救生系统动力装置的时刻，在该阶段中，应急救生系统按以下 3 种中止飞行程序工作。

1）应急救生系统进入值勤状态到起飞触点接通之前发生事故时的中止飞行程序，在此阶段发生事故时，由地面根据目视和遥测信号分析结果发出“中止飞行”指令，但“中止飞行”指令只能在发

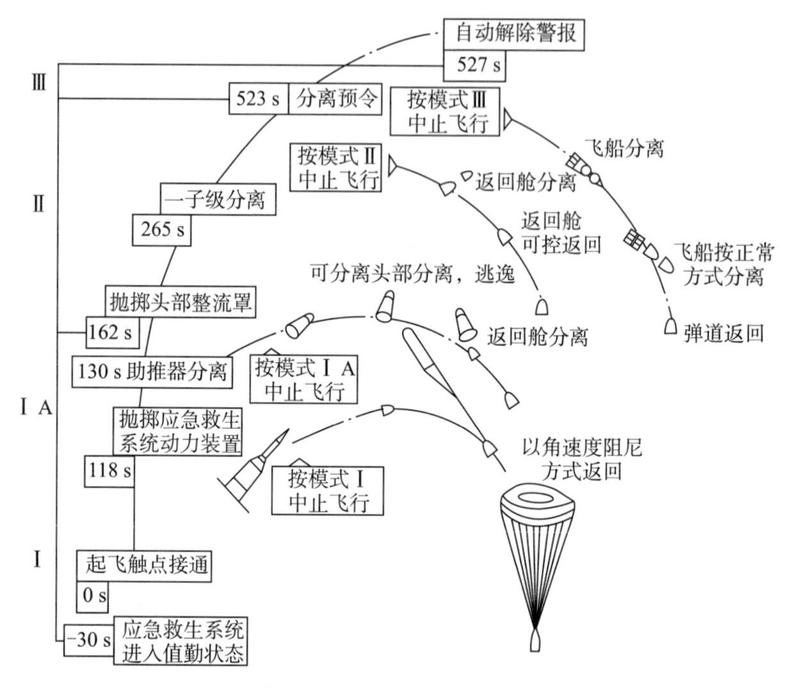

图 13－10　中止飞行模式

射撑臂倒开到能保障可分离头部无障碍逃逸的程度时发出。

应急救生系统自动装置在接到“中止飞行”指令后，同时发出 3 项指令：

· 向火箭控制系统发出“中止飞行”指令，使火箭主发动机应急关机；

· 接通应急救生系统灭火装置；

· 指令整流罩内上部支点工作，使托架定位，返回舱/轨道舱与整流罩实现刚性连接。

接着由自动装置向飞船控制系统发出“中止飞行”指令，由飞船控制系统依次发出以下指令：

· 返回舱/设备舱分离；

· 返回舱/轨道舱分离；

· 弹开返回舱密封板；
· 返回舱转自主供电；
· 接通航天员操纵台“中止飞行”信号灯；
· 返回控制系统、着陆系统自动装置工作准备；
· 接通测量系统。

几乎与返回舱/设备舱分离的同时，由应急救生系统自动装置发出以下指令：

· 应急救生系统主发动机第一、第二燃烧室点火工作；
· 将双向控制发动机 YPдⅡ转为 100%推力工况；
· 头部整流罩应急分离面爆炸螺栓起爆；
· 栅格稳定翼打开。

之后开始动力起拉可分离头部。在此过程中，可按发射前装订的阵风逻辑启动任一台控制发动机，以控制可分离头部绕质心的运动，并按阵风的方向将返回舱控制到最佳方向；控制发动机的点火逻辑考虑了发生事故时箭体的偏斜以及风速和风向；利用起飞触点接通前解锁的陀螺仪测量可分离头部与垂向的夹角。

接到“中止飞行”指令后 4 s，安装在头部整流罩上的 4 台分离发动机点火。待可分离头部到达轨道顶点时，应急救生系统动力装置分离发动机点火，将可分离头部从已分离的返回舱上拉开。

然后返回舱的返回控制系统和执行机构系统接通，返回舱作弹道飞行。

在此阶段中，着陆系统可按不同的故障发生时间，以着陆系统自动装置 No. 1、No. 2 中止飞行程序或正常程序工作。

2）起飞触点接通到火箭飞行 20 s 期间发生事故时的中止飞行程序，在此阶段发生事故时，由应急救生系统自动装置在处理事故参数结果后发出“中止飞行”指令。逃逸程序与上阶段所述相同，只是在此阶段内运载火箭的发动机不作应急关机。

3）起飞后 20 s 到应急救生系统动力装置正常分离期间发生事故时的中止飞行程序，在此期间发生事故时“中止飞行”指令由应急救生系统自动装置发出，火箭发动机应急关机。应急救生系统主发动机第一燃烧室工作，第二燃烧室不工作，4 台位于头部整流罩的分离发动机也不工作。双向安装的控制发动机 YPдⅡ以 70%推力的低工况工作，其在主发动机第一燃烧室点火后不久启动，将可分离头部从火箭飞行轨道引开。

接着返回舱与可分离头部分离，分离发动机 PдP 点火，拉开带着轨道舱的可分离头部与已分离的返回舱之间的距离，以防碰撞。

其他程序同前述阶段程序。整个模式Ⅰ中止飞行程序参见图13-11。

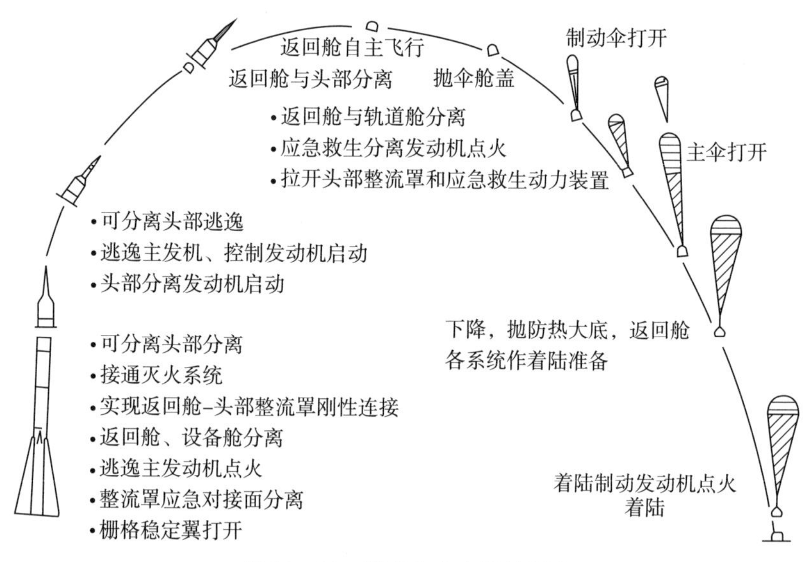

图 13-11　模式Ⅰ中止飞行程序

(2) 模式ⅠA

以此模式中止飞行时，由事故纵向过载传感器或陀螺仪端点触头发出“中止飞行”指令。此外，如在起飞触点接通后 115 s 尚未接到“分离信号Ⅰ”指令，系统也要发出“中止飞行”指令。

指令发出后的程序如下：

1) 托架和上部支点定位；

2) 接通灭火系统；

3）发出运载火箭发动机应急关机指令；

4）向船载设备控制系统发出信号。

由飞船控制系统控制返回舱/设备舱分离、密封板分离、轨道舱应急分离面爆炸螺栓起爆，并向安装在头部整流罩（Ⅰ—Ⅲ稳定界）的第一对分离发动机发出点火指令，点火后不久由应急救生系统自动装置向位于头部整流罩的第二对分离发动机发出点火指令。两对发动机相继工作，将可分离头部从发生故障的火箭的飞行轨道面引开。随后返回舱与轨道舱分离，由船载设备控制系统接通测量系统自动装置和返回舱着陆控制系统。接着返回舱进行滚动机动并减小各轴角速度，着陆系统按正常程序工作。

（3）模式Ⅱ

以此模式中止飞行时，可由火箭控制系统向应急救生系统自动装置发出“中止飞行”指令，按事故过载传感器信号中止飞行或由地面传送无线电遥控中止飞行指令。

火箭控制系统在火箭失控、运载火箭发动机工作不正常、“分离信号Ⅰ”后183 s火箭芯级发动机不关机或二子级发动机推力不足（由发动机燃烧室3个压力传感器中的2个传感器确定）时发出信号。

运载火箭发动机在接到“中止飞行”指令后应急关机，接着飞船与火箭分离，并按正常程序进行飞船各舱段的分离。

分离后返回控制系统以最佳工作制度或以弹道下降制度工作。

（4）模式Ⅲ

当故障发生在分离预令最后10 s到二子级正常熄火期间，则按模式Ⅲ中止飞行。正常飞行时，应急救生系统在发出二子级关机指令时自动解除警报。

事故发生在此阶段时，飞船有可能先进入非预定轨道后再返回地面，所以发生事故时飞船可像正常飞行一样整个三个舱段一起、而不是二个舱段与二子级分离。事先作发动机应急关机，将中止飞行指令送至船载控制系统，按该系统命令将中止飞行指令送至航天员操纵台，作为飞船分离的准备。此时火箭控制系统发出设备舱/二子级过渡段分离指令。随后起动二子级反作用喷管，使二子级偏转并制动。

温度传感器在飞船分离时开始工作，飞船进入大气层后按其指令分离舱段。

如果飞船在第一圈飞行中未能进入稠密大气层，那么温度传感器便停止工作，之后的飞行就按地面站的目标指令进行；必要时可通过航天员操纵台或无线电指令线路接通某一返回程序，并按此进行正常的返回控制。如果飞船舱段是按温度传感器信号分离的，那么返回舱进行弹道飞行，着陆系统按正常程序工作。

13.7 阿波罗飞船上升段应急救生系统

阿波罗飞船是为登月计划而专门设计的载人飞行器，总体结构由指令舱、服务舱和登月舱构成。其采用主指令舱（返回舱）居前的三舱构形，飞船外部不装整流罩，逃逸塔直接装在指令舱的前端，逃逸塔和指令舱构成了逃逸飞行器。阿波罗飞船在上升段、91 440 m高度内均采用逃逸飞行器救生方式，阿波罗飞船逃逸飞行器的构形如图 13－12 所示，各逃逸发动机的基本参数见表 13－10。

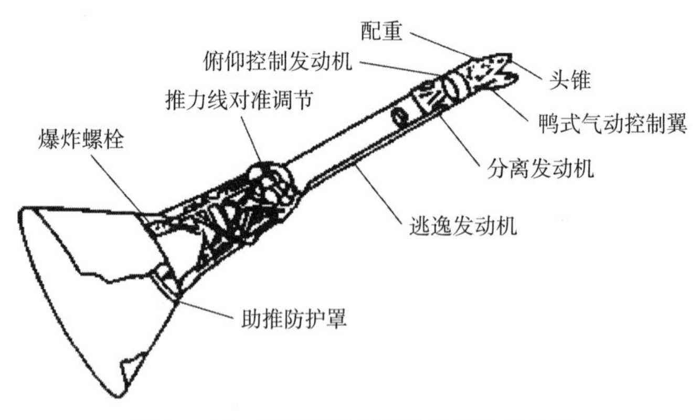

图 13－12 阿波罗飞船及逃逸飞行器构形

表 13-10　阿波罗逃逸发动机基本参数

名称	总冲/(kN·s)	工作时间/s	数量	喷管数	总质量/kg	外形尺寸	备注
逃逸发动机	2 478.6	3.6	1	4	2 183	600×4 725	4 个喷管相对于发动机中心线呈 35°
分离发动机	142	1	1	2	241	660×1 412	2 个喷管相对于发动机中心线呈 30°
俯仰控制发动机	7.5	0.5	1	1	33	224×560	

13.7.1　故障检测与报警系统

整个阿波罗飞船的应急救生方案应包括完成登月飞行到返回地面各个阶段的应急救生方法，这里主要介绍上升段，即从发射台进入地球轨道这一发射阶段的应急救生方案。

在上升段的应急救生中，阿波罗飞船的故障检测与报警系统极为重要，故障检测系统监控所有可能表征发生事故的特征参数，并将监控结果显示给航天员，再通过遥测系统传给地面指挥中心。一旦某一监控参数达到极限，故障检测系统一方面发出警报，一方面根据故障的严重性决定是否自动启动应急救生系统。在阿波罗飞船应急救生系统的设计中，始终遵循着如下原则：只要有可能，让航天员自己决定是否启动应急救生系统，绝不自动启动。这是因为，不管自动救生系统做得多么可靠，仍不能替代航天员的逻辑推理、判断和观察的能力。不过对于一些紧急危险情况，当航天员不可能有足够的时间去进行逻辑推理与判断时，还是要靠自动救生装置来自动启用应急救生系统，以保障航天员的安全。例如，飞行器的角速率超过极限值时（俯仰和偏航超过 3°/s，滚转超过 20°/s），应急救生系统会自动启用，以救援航天员。

故障检测系统对所有的应急救生故障参数都拥有三度冗余的传感器和优势表决逻辑思路，以保证不漏判与不误判；而绝大多数手动应急救生传感器都采用双重重复制。采取双重重复制可防止敏感系统的主要损坏方式。在开始手动应急救生之前，至少要有两种独立的且互不相同的损坏指示，这条准则有力地防止了由于敏感系统的故障而引发的任何偶然的应急救生误启动。

在故障监测系统中，决定手动启用应急救生系统的参数具体如下。

1）S-ⅠC级推力。S-ⅠC级每台发动机的状况在飞船中用5个显示灯指示。当其中一台发动机发生故障时，可根据飞行规则决定是否启用应急救生系统。每台发动机至少有2个推力传感器来点亮发动机有故障的指示灯。

2）S-Ⅱ级推力。S-Ⅱ级每台发动机的状况在飞船中用5个指示灯来显示。当其中一个发动机发生故障时，可根据飞行规则决定是否启用应急救生系统。每台发动机至少有2个推力传感器来点亮发动机有故障的指示灯。

3）S-ⅣB级推力。S-ⅣB级发动机的状况在飞船中用1个指示灯显示。需在整个S-ⅣB工作期间监视其发动机推力，因推力丧失而进行应急救生是根据飞行规则决定的。在S-ⅣB发动机上至少有2个推力传感器来点亮发动机有故障的指示灯。

4）级间分离程序。级间分离由飞船中指示灯来指示；若没有分开，则根据飞行规则决定是否进行应急救生。

5）运载火箭姿态参考系统损坏。当运载火箭姿态参考系统运行不正常时，飞船中的故障指示灯点亮，此时根据飞行规则决定是进行应急救生还是转接到飞船的制导系统中。

6）攻角。在飞船中用模拟指示灯来显示攻角的函数，该参数是导致攻角逾限的、缓慢的控制损坏的一种指示。

7）S-Ⅱ级推进剂贮箱压力。在飞船中用模拟显示器来显示S-Ⅱ级液氢和液氧贮箱压力，该参数需要一种重复的传感器和显示系统。

8）S-ⅣB推进剂贮箱压力。在飞船中用模拟显示器来显示S-ⅣB级液氧和液氢贮箱压力，该参数需要一个重复的传感器和显示系统。

9）姿态误差（飞船）。来自飞船制导和导航系统的姿态误差以模拟的形式显示在飞行航向姿态指示器上，该参数是导致攻角或姿态逾限的控制系统缓慢的控制损坏的一种指示。

10）角速率。在任何平面中若角速率超过其允许值，则由仪器舱控制故障检测系统速率陀螺组合件来点亮飞船唯一的运载火箭逾限率指示灯。

故障检测系统中决定自动启用应急救生系统的两个参数是：

1）角速率逾限。该参数涉及一切会迅速导致攻角逾限后飞行器崩溃的控制损坏，通过控制故障检测系统速率陀螺组合件来提供信息；

2）出现 S－ⅠC 两个发动机有故障，两个或两个以上发动机有推力丧失的情形，就立即自动启用应急救生系统。

飞船上的故障检测系统监控以上所有决定飞船手动或自动启用应急救生系统的重要参数，并通过显示与报警校对系统反馈给航天员与地面指挥中心。其中反馈给航天员的应急情况主要以显示方式提供，其显示模式如表 13－11 所示。

表 13－11　应急情况显示方式

运载火箭状况	显示
总攻角	模拟显示
制导损坏	指示灯亮
推进剂容器压力	模拟显示
发动机状态	低推力指示灯亮，同时指示级间分离
S－Ⅱ第二段	指示灯亮
要求分离中断飞行	灯亮表示地面控制中心通知立即手动中断飞行

13.7.2　阿波罗飞船的应急救生程序

阿波罗飞船的应急救生系统在接到执行指令后，首先应关闭运载火箭发动机，但由于考虑到发射场的安全，在飞行的前 30 s 以内不能关闭火箭发动机。

应急救生系统按上升段飞行阶段的不同，将启动以下不同的应急救生程序。

(1) 乘逃逸飞行器逃逸

大气层内飞船从发射到 91 440 m 高度以内，阿波罗飞船的逃逸救生主方案均采用该方案。在此期间又根据飞行阶段的不同，分为低空救生（发射台至 21 km 高度）、中空救生（21～30.5 km 的高度）和高空救生（30.5 km 高度到箭船分离），在逃逸救生的前几秒内，这三种逃逸程序具有以下相同的救生程序：

1）由航天员或故障检测系统启动应急救生程序；

2）运载火箭关机，但在火箭起飞后前 30 s 以内禁做该项程序；

3）指令舱与服务舱解锁；

4）逃逸与俯仰控制发动机点火，但起飞 42 s 以后的逃逸阶段撤除俯仰控制发动机点火程序；

5）逃逸发动机点火 11 s 后，鸭式气动控制面展开。

此后这三种逃逸救生程序应用不同的救生程序：

①低空救生程序

逃逸开始后 14 s 分离发动机点火，抛掉逃逸塔、助推防护罩和对接环，延迟 0.4 s 抛掉指令舱顶盖，第 16 s 启动着陆回收系统，并按低空救生方式工作。

②中空救生程序

当逃逸飞行器飞越弹道顶点并下降到 7 315 m 高度时，分离发动机点火，抛掉逃逸塔、助推防护罩和对接环，延迟 0.4 s 后抛掉指令舱顶盖，接着启动着陆回收系统，并按正常状态工作。

③高空救生程序

在中空救生基础上加入一特殊程序，即在逃逸发动机熄火后，航天员操纵指令舱上反作用控制系统使逃逸飞行器产生约 5 (°) /s 的俯仰角速度，以避免逃逸飞行器锁定在逃逸塔朝前的不稳定状态；

然后当高度下降到 7 315 m 的高度时，同中空救生程序。

阿波罗飞船上升段乘逃逸飞行器救生不同阶段的救生程序如图 13－13 所示。

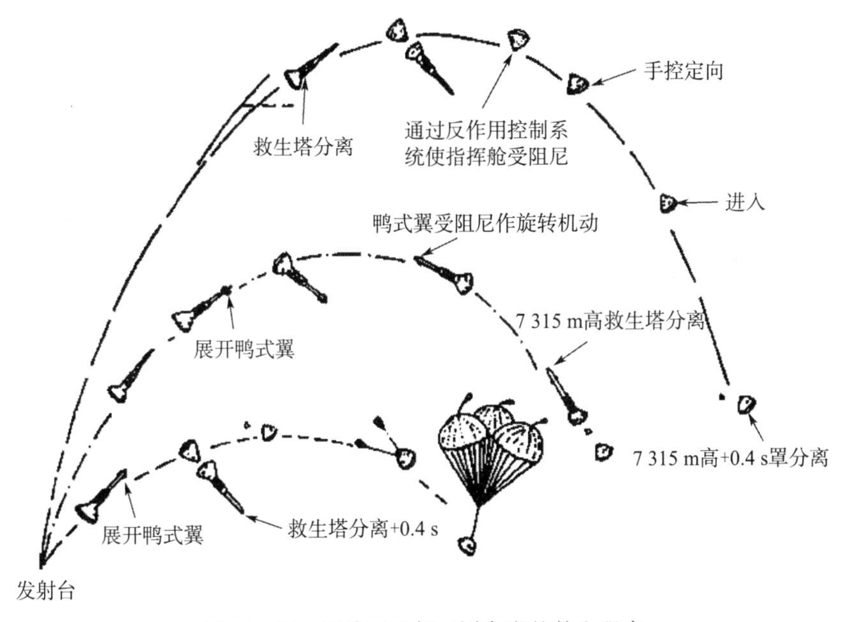

图 13－13　阿波罗飞船不同高度的救生程序

（2）按应急程序返回

当飞行器离开大气层后，即飞行高度超过 91 440 m 后，应急救生方法采用该方案。此时由于大气稀薄，运载火箭爆炸的可能性与危害性都大大降低。因此，应急救生程序仅包括利用飞船的轨道机动发动机实现与运载火箭分离；按需要再启动轨道机动发动机产生速度增量，从而改善再入过载或控制落点；最后抛弃服务舱，指令舱定向到再入姿态，作升力控制再入，并在预定应急着陆海域溅落。

（3）应急救生方法

如果故障发生在上升段的最后两分钟内，此时弹道条件仍是亚轨道。但飞船推进系统可以提供到地球轨道的转移，因此有机会选择合适的着陆点，即当进入地球轨道后，飞船沿轨道运动可以返回到理想的着陆区时，航天员再执行通常的再入机动。如果在转移机动后还保留足够的推进剂，并且原来的应急情况并不要求中断飞行时，还可以继续完成某些飞行任务。

13.8 神舟飞船的应急救生系统

13.8.1 待发射段及发射段的应急救生系统

待发射段及发射段应急救生的任务是从发射台上的操作平台撤收后起，经火箭点火起飞至飞船入轨前这期间，一旦火箭发生致命性事故时对航天员实施应急救生。

抛整流罩前的逃逸救生任务主要由运载火箭的逃逸分系统、故障检测处理分系统，和飞船的应急救生分系统、数管分系统、制导导航与控制分系统、回收着陆分系统等承担。

（1）火箭逃逸分系统

火箭逃逸分系统由逃逸塔、上部整流罩、栅格稳定翼及其释放装置、上支撑机构、下支撑机构和灭火装置组成，图 13－14 所示为 CZ－2F 运载火箭该系统的组成。

逃逸塔由逃逸主发动机、分离发动机、偏航俯仰发动机、配重段、头锥和围裙段组成。在上部整流罩上安装有高空逃逸发动机和高空分离发动机，这两种发动机主要分别用于在起飞后 120 s 抛掉逃逸塔后，无塔逃逸飞行器逃逸救生时的逃逸动力和返回舱与逃逸飞行器分离的动力。

在逃逸分系统的工作范围内（待发射段至整流罩分离），逃逸模式分为 2 种，即有塔逃逸模式和无塔逃逸模式。前者适用于待发射段至起飞后 120 s，后者适用于起飞后 120 s 至抛整流罩前。在有塔逃逸模式中，起飞 60 s 之前逃逸期间火箭发动机不关机，60 s 之后逃逸期间火箭发动机关机。对应有塔逃逸模式的逃逸程序有 3 种，对应无塔逃逸模式的飞行程序有 1 种。

图 13－14　CZ－2F 运载火箭逃逸分系统的组成

（2）火箭故障检测处理分系统

故障检测处理分系统有两个主要任务：一是检测火箭的重要参数，判断火箭故障，出现故障时向有关系统发出逃逸指令和中止飞行指令；二是逃逸时完成逃逸飞行器的时序控制和火工品配电。故障检测参数由遥测系统的控制系统提供，其包括姿态角偏差、箭体角速率、轴向过载、逃逸塔分离信号、助推器分离信号、整流罩纵向分离信号和平台切换信号等。

（3）飞船应急救生分系统

飞船应急救生分系统负责飞船应急救生模式和飞行程序设计，飞船在待发射段和发射段抛整流罩前有救生模式Ⅰ～模式Ⅳ共 4 种应急救生模式，每种应急救生模式对应一种应急救生飞行程序。一旦收到逃逸指令，应急救生分系统的飞船逃逸程控器就依次发出共 12 条飞船逃逸指令。

（4）飞船数管分系统

飞船数管分系统负责接收运载火箭分系统发出的逃逸指令，并通知制导导航与控制分系统、应急救生分系统和回收着陆分系统。一旦收到逃逸指令，数管分系统将按照当时值班的模式，发出相应的应急救生程序指令，使相应的分系统进入应急救生状态。

(5) 飞船制导导航与控制分系统

制导导航与控制分系统在低空救生模式中承担根据导航计算数据实时计算返回舱与逃逸飞行器分离时刻的任务，并将该分离时刻通知数管分系统。在中高空救生模式和高高空救生模式中，承担返回舱从逃逸飞行器中分离后对返回舱进行姿态控制的任务，以确保返回舱开伞时处于较好的姿态。

(6) 飞船回收着陆分系统

回收着陆分系统负责在低空、中空、高空三种救生模式中正确实施着陆段的应急救生飞行程序和动作，以保证在待发射段和发射段不同救生状态下返回舱成功实现软着陆。

运载火箭抛整流罩后至飞船入轨之前的应急救生主要由飞船系统完成。在此期间，当运载火箭出现致命性故障与飞船应急分离后，飞船应使变轨发动机工作一段时间，以加大飞船和运载火箭的相对速度和相对距离，并在再入大气层前使二者达到安全距离，避免运载火箭末级在再入大气层后发生爆炸、危及航天员。另一方面，应判定采用大气层外救生模式Ⅴ～Ⅷ中的哪种模式（包括当圈应急返回、当圈变轨应急返回着陆，在海上应急着陆、进入非设计轨道第2圈返回、进入非设计轨道第14圈返回），并实施相应的应急救生飞行程序。

13.8.2 运行及返回段的应急救生系统

神舟飞船标准状态下采用飞行7天方案，一旦飞船在运行段或返回段初期出现致命性故障，可以对故障进行适当处理后实施应急返回。神舟飞船的应急返回的种类和所适用的故障状态如下：

1) 当飞船入轨后推进舱太阳能电池阵未展开等故障发生时，可实施第2圈应急返回，着陆在四川盆地；

2）当运行过程中出现电源、热控、环控与生保等分系统故障时，可实施提前至第 1、第 2、第 3、第 4、第 5、第 6 天返回，着陆在内蒙古中部地区的主着陆场；

3）当运行段出现 GNC 不能进行导航计算故障时，可实施弹道式返回到主着陆场；

4）在第一次调姿或第二次调姿故障发生时，可以中止返回，实施第 8 天应急返回，在主着陆场着陆；

5）当运行段出现飞船失压或失火等故障时，在航天员的操作下飞船可以实施自主应急返回，着陆在自主应急返回着陆区（国内外共 10 个）；

6）当数管三机失效或 GNC 分系统自动系统失效时，可以启动手控半自动返回飞行程序，实施手控半自动返回，着陆在主着陆场附近。

第 14 章　返回与着陆

14.1　载人飞船的返回过程

载人航天技术的发展是现代科学技术综合运用的结果，也是社会文明进步的标志。载人进入太空，既扩大了人类的活动空间，也为人类更好地认识太空和开发太空打下了基础。在人类还没有在地球以外的其他天体上建立起适合自身生存和发展的空间以前，进入太空的人终归是要回到地面上来的。因此，当某次太空飞行完成预定任务之后，载人飞船必须将航天员安全载回地球表面。由于载人飞船是以很高的速度（接近或大于第一宇宙速度）绕地球飞行，为了使飞船能安全无损地降落在地面上，必须设法降低其飞行速度，这一点是返回过程的主要任务。飞船的返回过程是发射过程的逆过程。理论上讲，飞船的返回可以有几种方法供选择，但既经济又可行的方法是利用地球表面的空气阻力减速，其过程是：首先，在一定的轨道位置和方向上启动制动发动机，产生制动力，使得飞船离开原来的运行轨道转入朝向大气层的轨道；当飞船以一定速度进入大气层后，其受大气阻力作用逐渐减速；最后，再利用飞船着陆系统进一步减速，使飞船安全降落在地面上。载人飞船的返回过程是在控制系统作用下的受控运动，这与人造天体的陨落过程有本质差别，同时也区别于在没有大气层天体上的降落过程。载人飞船的返回技术主要是为实现人和飞船的安全大气层再入、安全减速、防热和安全着陆提供保证，同时设计时还要考虑在轨道运行段与返回段的应急救生等问题。

14.1.1　返回程序与返回轨道

载人飞船的返回过程一般可分为离轨、再入轨道过渡、再入和着陆 4 个阶段。

(1) 离轨阶段

飞船在离开原轨道准备返回地面之前，首先要在确定的离轨点进行姿态调整，建立制动姿态；然后制动发动机点火，使飞船脱离原来的运行轨道，转入一条再入大气层的过渡轨道。假定飞船在轨道上某点 D 的速度为 $\boldsymbol{V}_1$（如图 14－1 所示），制动火箭的推力沿着与当地水平成 θ_0 角的方向作用很短的时间，使飞船在 θ_0 角的方向获得每秒约几百米的速度增量 $\Delta\boldsymbol{V}$。$\Delta\boldsymbol{V}$ 使飞船的速度由原来的 $\boldsymbol{V}_1$ 改变为 $\boldsymbol{V}_2$，由于 $\Delta\boldsymbol{V}$ 与 $\boldsymbol{V}_1$ 相比很小，故速度 $\boldsymbol{V}_2$ 与速度 $\boldsymbol{V}_1$ 大小相差不大，但在方向上朝地球方向转了一个小角度。只要精确控制 $\Delta\boldsymbol{V}$ 的大小、方向和在轨道上的位置，就可以使飞船以 $\boldsymbol{V}_2$ 的速度转入一条新的椭圆形的过渡轨道，从而再入大气层。但如果对离轨控制出现偏差，飞船将可能不进入大气层，而是沿着新的轨道继续绕地球飞行，也可能再入大气层后由于过热烧毁。

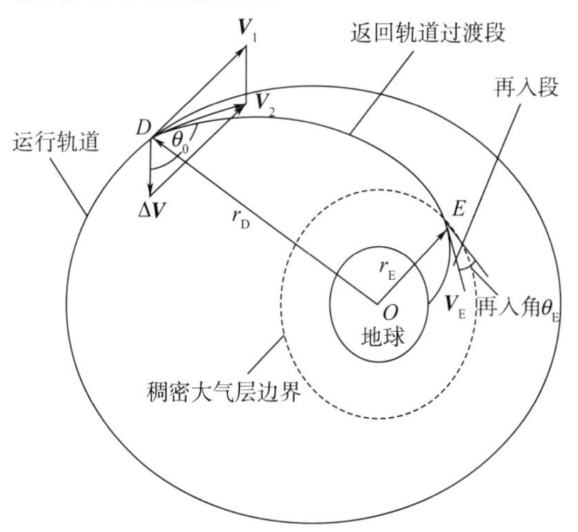

图 14－1　载人飞船返回过程及轨道示意图

（2）再入轨道过渡段

飞船离开原来的运行轨道，在重力作用下沿过渡轨道自由下降，在 100 km 左右高度处到达稠密大气层边界。飞船开始再入大气层的速度方向与当地水平所成的夹角 θ_E 称为再入角，再入轨道与稠密大气交界点称为再入点，飞船从离轨点到再入点之间的运行轨道称为再入轨道过渡段。再入轨道过渡段是一条开普勒轨道，在再入点高度已定的情况下，可以根据过渡段开普勒轨道算出此高度飞船的再入速度 $\boldsymbol{V}_E$ 与再入角 θ_E ，从而进行初步的过渡轨道设计。

根据飞船返回轨道设计理论，飞船再入状态是受限制的，一种飞船只能在特定过渡轨道范围内实现正常再入，该范围称为再入走廊。飞船返回时，过渡轨道必须在再入走廊之内。如不在该范围内，飞船要么会因为再入角太小，仅在大气边缘擦过而不再入大气层继续绕地球飞行，不能实现正常再入；要么会因为再入角太大、再入大气层轨道太陡，受到的空气阻力过大，使飞船受到的减速度过载与气动加热过于严重，也不能实现正常再入。

因此，需要根据飞船原有的运行轨道参数、允许再入角范围、回收区域地理位置等因素，综合确定在离轨点制动火箭的总冲量、作用方向和点火时刻，并严格控制其精度，使再入角限制在 1°～3° 之间，令载人飞船很平地再入大气层，以保证飞船通过大气层时的最大减速过载及持续时间不超过航天员身体的承受极限，气动加热不超过防热结构设计允许的界限。另外，在返回再入期间，飞船运动控制系统还应根据测量数据，对返回轨道进行偏差控制，以保证飞船按设计轨道飞行，并在预定区域着陆。

在此阶段，飞船返回部分（返回舱）与不返回部分（仪器舱和轨道舱）要进行分离。

（3）再入段

飞船返回过程中通过再入点后即进入到稠密大气层，在气动阻力作用下，返回舱急剧减速，同时承受严重的气动加热和制动过载。对于采用降落伞着陆系统垂直着陆的飞船，从再入点到降落伞着陆系统开始工作的这一段轨道称为再入段，其是飞船返回过程中环境最恶劣和最复杂的一段。在再入段，飞船靠气动阻力减速下降，飞船受到的空气阻力 F 大小与飞船的速度 V 的平方、大气密度 ρ 、飞船特征面积 S 和阻力系数 C_D 成正比，即

$$F=\frac{1}{2}\rho V^2 C_D S \tag{14-1}$$

气动阻力使飞船减速，减速时飞船及其内部的航天员和有效载荷会受到较大减速过载的作用。又由于空气的压缩与摩擦会产生大量热量，这可使飞船表面温度急剧升高。因此，在进行飞船的结构与气动外形、控制系统与防热结构设计时要充分考虑再入段减速过载、气动压力与表面温度等的影响。

（4）着陆段

载人飞船大多采用降落伞系统的垂直着陆方式，从降落伞系统开始工作到飞船软着陆这段轨道称为着陆段，这是飞船整个飞行任务的最终阶段。通过再入段的气动阻力减速，飞船下降到 20 km 左右高度时受到的气动阻力 F 等于其所受的重力 W，飞船下降速度大小已趋于平衡速度 $V_E=\sqrt{\frac{2W}{\rho C_D S}}$ ，约为 200 m/s。此时，如果不进一步采取减速措施，飞船将以每秒二百多米的速度冲向地面后坠毁。

因此，在飞船着陆之前还需要有一套完整的着陆减速装置，将飞船的飞行速度进一步减小到安全着陆速度。飞船的这套着陆减速装置被称为着陆系统，其工作过程是在控制系统作用下，根据这一段轨道起始条件（主要是速度、高度和大气参数）和着陆条件自动启动着陆系统的各个部件来完成的。另外，在下降过程中和着陆后，还需要采用特定装置向回收区的地面搜索工作人员提供方位信息，以便其尽早发现目标，及时开展回收作业。

14.1.2　再入方式

如前面章节所述，飞船再入大气层后同时受到重力和空气动力

的作用。作用在飞船上的气动力可分解为阻力与升力。根据飞船在大气层中运动时气动特性的不同，再入方式可以分为弹道式再入、弹道-升力式再入和升力式再入 3 类。目前国外载人飞船返回舱一般都采用弹道式或弹道-升力式再入。这 3 种再入方式的特点和区别具体如下。

（1）弹道式再入

弹道式再入飞船在大气中运动时，在其上只产生阻力不产生升力，其升阻比 C_L/C_D 为零；或者即使产生升力，但对升力大小和方向均不加以控制和利用。例如，苏联的东方号和上升号飞船、以及美国的水星号飞船等，这些早期载人飞船都采用弹道再入方式。由于这类飞船一旦脱离原来的运行轨道就沿着一定的弹道无控制地返回地面，与弹道式导弹弹头的运动相似，故称为弹道式再入飞船。

由于这类飞船的返回舱在大气中没有升力或不控制升力，再入段比较陡峭，所经历的航程和时间较短，因而所受气动加热总量较小，防热结构简单。此外，鉴于其气动外形不复杂，可以做成简单的旋转体，因此弹道式再入飞船在技术上易实现，是最先发展的一类载人航天器。

弹道式再入飞船的主要缺点来自其无控性。由于飞船在大气里的运动是无控的，因此对这类载人飞船而言，一旦离轨状态确定了，飞船的整个返回轨道以及着陆点也就确定了，中间不能进行任何调整与修正，这使得飞船的着陆点分散性较大。影响弹道式再入飞船着陆点位置的主要因素有运行轨道的偏差、离轨点位置的偏差、离轨制动姿态的偏差、制动火箭总冲量的偏差和大气参数的偏差等。这些偏差的累积将使飞船可能在非常广阔的区域内着陆，由于其回收区域广阔，因此需要有一支庞大的回收搜索队伍。

弹道式再入飞船的另一个缺点是再入过程中制动过载较大。虽然载人飞船的再入角已限制得很小（3° 以下），但其最大制动过载还可能达到 8～10 g 甚至更高。这样大的过载会使航天员在再入过程中感到很不舒适。

（2）弹道-升力式再入

为了弥补弹道式再入的上述缺陷，可通过配置质心的办法，使飞船返回舱在再入大气层后产生一定的升力，并对升力加控制，这就成为弹道-升力式再入飞船。如图 14-2 所示，弹道-升力式飞船通过将质心配置在偏离中心轴一小段距离的地方，该飞船返回舱在飞行中产生一个不大的攻角，并称为配平攻角。同时还产生了一定的升力，该升力不超过阻力的一半，即升阻比小于 0.5。

通过这种方法，既可使飞船的再入走廊增宽，又可改善其再入状况。与弹道式再入相比，利用一定的升力可以减小飞船再入段的最大过载值，降低热流密度峰值。更重要的是，在再入段可以通过飞船的滚动控制改变升力方向，使飞船再入轨道得到控制，在航向和横向具备一定的机动性，从而大大减小落点位置的分散性，将着陆位置控制在一定的区域内。

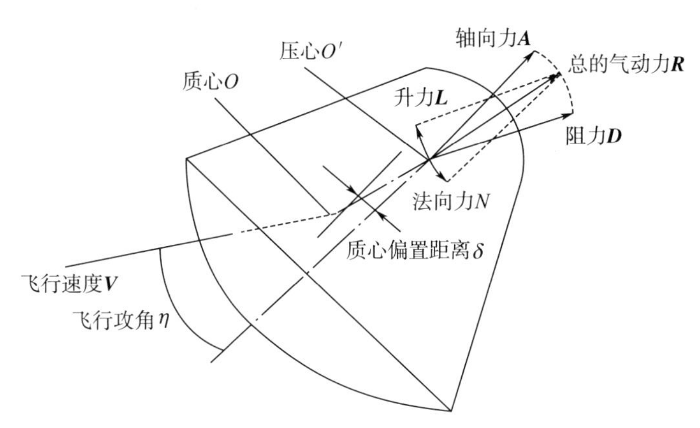

图 14-2　载人飞船返回舱再入过程的气动力

当然，有升力的返回舱通过大气层的时间和航程比弹道再入式的要长，因此受到的总热量也更多。但总的来说，弹道-升力式返回舱既保留了弹道再入式的结构简单、易于防热的特点，又适当利用了升力，在一定程度上克服了弹道式再入的缺点。因此，在需要降低最大过载和减小落点分散性的场合下，弹道-升力式返回舱得到了广泛采用。美国的双子星座和阿波罗飞船返回舱，以及苏联的联盟号飞船都采用了这种再入技术。

根据载人飞船的工作特点，弹道-升力式返回舱能满足载人飞船的要求，因此载人飞船也大多是弹道-升力式的。

（3）升力式再入

弹道-升力式再入飞船虽然产生了一定的升力，但还是与弹道式再入一样不能实现水平着陆，需要利用降落伞系统采用垂直着陆方式。当要求载人航天器水平着陆时，就必须给航天器足够大的升力，使其着陆段足够平缓。当航天器返回过程中可利用的升力值增大后，再在再入段调整升力大小，就可以增大轨道调整能力，实现机动飞行，从而达到水平着陆和在机场跑道着陆的目的。要航天器实现水平着陆主要是为了克服垂直着陆时冲击载荷过大与落点分散这两大缺点，并为多次重复使用创造条件。

能实现水平着陆的升力式航天器的升阻比一般都大于 1，这样大的升力不能再采用偏轴配置质心的办法，而是需要采用不对称的升力体，具体可分为带翼与不带翼两种形式。现有的升力式航天器都采用带翼的结构外形，其形状与飞机相似，故通常称这种返回式航天器为航天飞机。在返回过程中，航天飞机利用机翼产生升力，并控制升力来实现其机动飞行、下滑与水平着陆。由于这类航天器能实现无损和定点着陆，为航天器的重复使用提供了可能性，因此升力式再入航天器是未来返回技术发展的趋势。其实现的途径除了采用有翼升力式结构外形外，还可能采用可控翼伞回收弹道-升力式设计。

升力式航天器由于其再入段平缓，再入段航程和经历的时间都比弹道式或弹道-升力式要长得多，因此总的气动加热量大。再加上升力式航天器本身结构外形不对称，这使得这类航天器的气动力问题、气动防热问题、结构设计问题和制导控制问题变得十分复杂。美国 1981 年研制成功的空间运输系统中的轨道器（航天飞机）是目前唯一水平着陆的带翼升力式返回器。

14.1.3　着陆方式

返回式航天器的气动特征和质量特性决定了其再入地球大气层的轨道特征，进而决定了所能采取的着陆方式和应配置的着陆装置。返回式航天器的着陆方式可以分为垂直着陆和水平着陆两类，各有其特点。

（1）垂直着陆

人类载人飞船的返回舱采用大头朝前的锥形或钟形外形，在气流中只产生阻力不产生升力或产生的升力很小，升阻比为 0～0.5，属于弹道式或弹道-升力式再入航天器。实践证明，降落伞是弹道式或弹道-升力式再入航天器最合适、最有效、最可靠的减速装置，且已被历代载人飞船所采用。由于在无风情况下普通圆形降落伞几乎呈垂直下降，因此垂直着陆成为弹道式或弹道-升力式再入航天器的着陆特征。图 14 - 3 显示了弹道式或弹道-升力式再入航天器的垂直着陆过程。

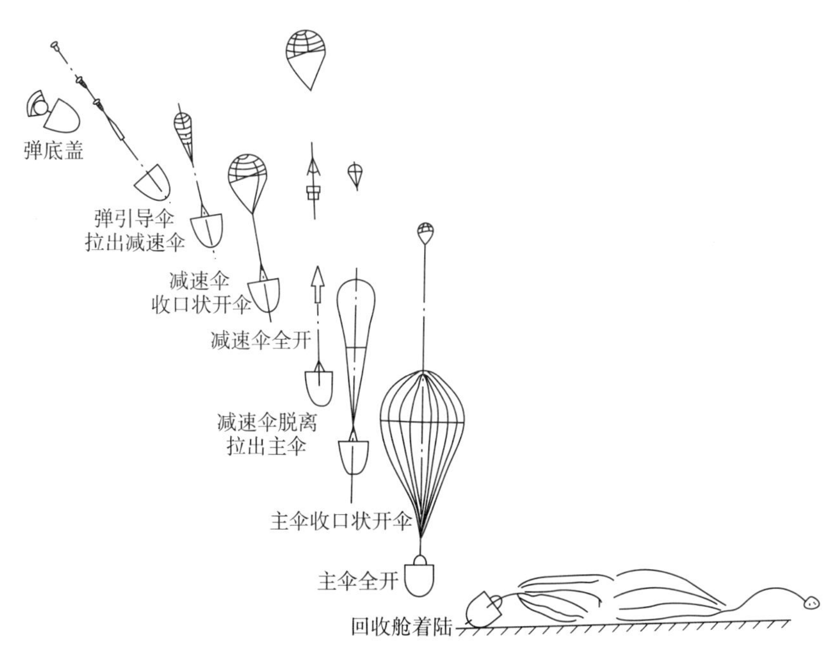

图 14 - 3　弹道式再入航天器的垂直着陆过程

(2) 水平着陆

航天飞机的轨道器采用带翼升力体的结构外形，形状似飞机，升阻比为1.3～3.0，属于升力式再入航天器。在再入大气层过程中，轨道器受强大的气动升力作用，沿着比较平缓的轨道滑翔下降，同时通过姿态控制系统控制轨道器俯仰和滚动，从而改变升力的大小和方向，使轨道器能在几千千米范围内机动飞行，以选择最佳的再入路线飞向预定目标地。在下降到20 km左右高度时，气动力作用已增大到可通过操纵活动翼面控制轨道器的机动飞行和下滑状况，从此轨道器进入引导着陆段。在这一段飞行中，轨道器受导航系统引导，一面下滑一面机动飞行，最后达到准定常直线飞行状态所规定的高度、速度和距跑道的距离。轨道器沿准定常直线轨道下滑到一定高度放下着陆装置，继续下滑到拉平高度为止。此后轨道器平飞减速，到达跑道上空飘落下降到跑道上，滑跑减速到停止。升力式再入航天器的水平着陆过程如图14-4所示。航天器水平着陆所采用的着陆装置类同于飞机的起落架。

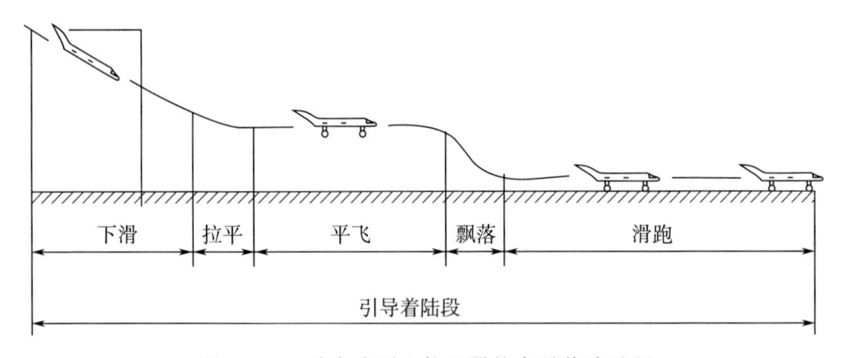

图14-4　升力式再入航天器的水平着陆过程

弹道-升力式再入航天器虽是较先发展的一类载人航天器，但至今尚没有解决着陆冲击可能造成的损伤和在指定地点着陆的问题。这类航天器一般都能做到保证有效载荷、生物和人不因冲击过载而受损伤，但不能做到返回舱的结构和设备不受损害；其一般都能做到在一定地区的一定范围内随机着陆，但不能做到在指定地点着陆。因此弹道-升力式再入航天器仍按一次性使用设计。

早在 20 世纪 60 年代初美国研制双子星座飞船时，就已试图用滑翔翼伞着陆系统代替普通降落伞着陆系统。这种滑翔翼伞展开后，不仅能产生阻力还能产生一定的升力（升阻比达 3.5）。改变升力的方向即可改变飞行方向，从而控制返回舱的运动轨迹，将返回舱引导到预定的着陆场。当下降到距地面不大的高度时，滑翔翼伞迅速作拉平机动（即雀降），使升阻比突然增大、垂直下降速度急剧减小，若操纵适时可将着陆冲击过载减小到无损的程度。无疑这是一种适合垂直着陆方式的无损和定点着陆系统，可惜在 20 世纪 60 年代初期滑翔翼伞技术还很不成熟，关键技术久攻不下。最后，美国当局不得不在双子星座计划中放弃滑翔翼伞方案，仍采用普通降落伞着陆系统。图 14－5 表示了双子星座飞船乘滑翔翼伞的着陆过程。

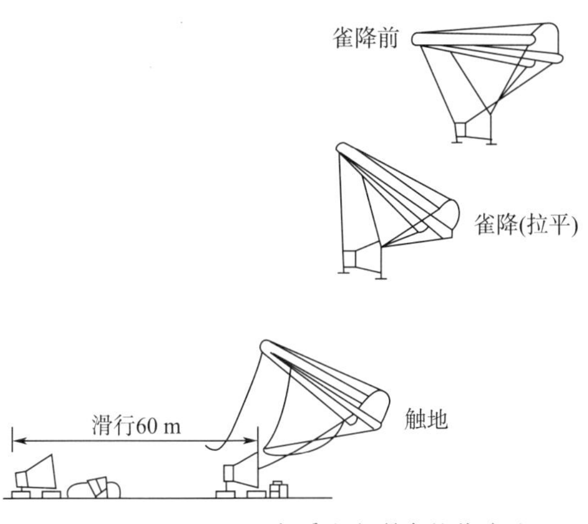

图 14－5　双子星座飞船乘滑翔翼伞的着陆过程

无损和定点垂直着陆技术的研究和试验没有取得预期的成果，这促使了升力式再入航天器的发展，并通过无损和定点的水平着陆解决了航天飞机的多次重复使用问题。但是航天飞机轨道器结构外形的不对称性，使得其所遇到的气动力问题、气动防热问题、结构设计问题和再入控制问题变得十分复杂，轨道器的可靠性和可重复使用性难以保证。

14.1.4　返回段的跟踪测轨和控制技术

（1）返回控制的任务与特点

载人飞船从运行轨道返回地面中最重要的任务就是保障航天员的人身安全，无论是正常再入还是出现故障后的应急返回，飞船返回舱都必须按一定轨道安全返回地面。因此，在飞船返回过程中，制导控制系统必须以标准轨道为参照，根据测量系统测出的实际轨道和姿态参数，实时调整飞船的飞行轨道与姿态，使飞船返回舱在返回时受到的气动加热量和过载不超过允许值，并在预定区域内着陆。

飞船返回段的跟踪测轨与控制技术是飞船实现安全返回地面的根本保证。其功能是使飞船遵循正确的轨道飞行，既有控制飞船轨道的能力，又有引导救生的能力。该技术主要完成 3 项任务：

1）实时精确感知和测量飞船的姿态、轨道位置和速度参数；

2）处理这些信息，计算出未来飞船的轨道和着陆点，将其变为飞船控制执行装置的指令，并确定实现轨道机动所需要的初始参数；

3）控制推力与升力大小使飞船达到新的轨道和着陆点。

前两项是导航系统的任务，最后一项是制导系统的任务。从以上任务可以看出，飞船导航与控制系统包括 3 大主要部分，即跟踪测轨部分、计算机处理系统和控制执行机构。当今的载人飞船在再入段都采用对倾侧角 γ 的控制来改变升阻比，从而控制飞船的导航参数、控制参数和稳定参数。

飞船导航与制导系统工作一般有 3 条不同的渠道：

1）由地面雷达跟踪飞船，并将所测得的数据传给地面控制中心的实时计算机系统，由计算机系统计算出飞船目前的位置与速度，通过通信系统通知飞船的导航与制导系统计算机；

2）飞船本身的惯性测量仪器测出飞船的方向与速度变化，直接提供给飞船的导航与制导系统计算机；

3）航天员在飞船上进行天体观测得到飞船的位置与速度参数，通过键盘输入飞船的导航与制导系统计算机。

计算机从这 3 条渠道中的一条或几条获得数据后，经过处理，根据一定的制导方式向执行机构发出控制指令。图 14－6 是飞船导航与制导系统的工作示意图。

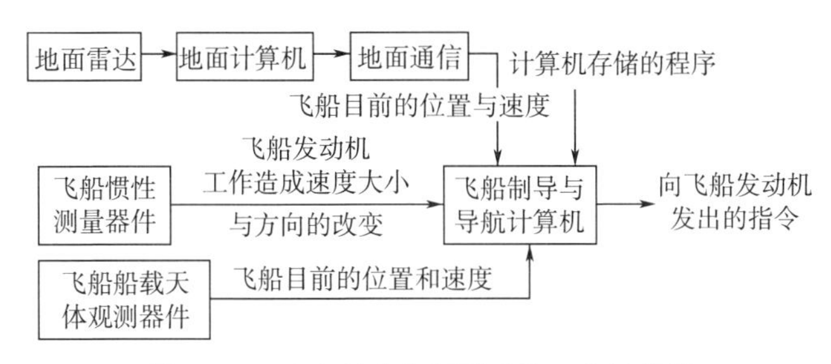

图 14－6　飞船导航与制导系统工作示意图

弹道式返回舱的轨道控制系统只在离轨和着陆两个阶段起作用，对再入段一般不进行控制，因此弹道式返回舱轨道控制的主要任务是精确建立离轨姿态，控制制动火箭点火时刻与总冲量。为了保证离轨点和位置符合设计要求，通常可以采用时间程序控制和遥控两种控制方式。即在航天器控制系统中设置时间程序；或根据计算机实时轨道计算结果，当飞船到达离轨点位置时地球测控站发出遥控指令，启动制动火箭点火程序。为保证制动火箭点火期间冲量平均方向在要求方向上，返回舱作起稳定作用自旋，脱离运行轨道后再消旋。

弹道–升力式返回舱上制导与导航控制系统在飞船返回着陆的全过程都要工作。在再入段，控制系统按一定的控制逻辑改变滚动角，以控制升力在水平和垂直两方向上的分量大小，达到对再入段轨道进行实时修正的目的。从而在一定程度上克服弹道式再入的缺点，降低最大减速过载，提高返回着陆点的精度。

升力式返回器的导航与制导系统是利用高升阻比的返回器外形（带翼或非旋转体外形的升力体）产生较大升力，控制升力的大小进行运行轨道与姿态修正，其具有良好的机动性。由于产生的升力足够大，使着陆段平缓到可水平着陆。这种再入方式的制导与控制比弹道式和弹道-升力式返回舱的制导与控制复杂得多。

（2）返回控制方法

飞船的跟踪制导方法分为两类：标准轨道法和预测落点法。

标准轨道法是在返回舱计算机内预先存储标准返回轨道参数，在飞船返回过程中由导航系统测出返回舱的姿态参数和速度增量；由计算机计算得到返回舱的位置和速度等轨道参数，将实测轨道参数与标准轨道参数进行比较，产生误差信号；以误差信号为输入，通过制导方法算出返回舱的姿态角和姿态角速度，向姿态控制系统发出控制指令，调整返回舱的姿态角，从而改变升力的方向，实现返回舱再入轨道的制导控制。

预测落点法是在返回舱计算机内存储对应理论落点的轨道特征参数，根据导航平台测量的轨道姿态参数，实时进行落点计算并将计算的结果与理论落点进行比较，形成误差控制信号；将误差控制信号输入计算机制导方程，根据规定的制导控制规律控制返回舱的姿态角，从而改变升力的大小和方向，以实现返回舱的着陆点控制。

（3）导航系统的种类及惯性导航的工作原理

返回舱的制导导航有自主和非自主两类。

无线电制导是非自主的，这种制导方法是由地面雷达完成返回舱的跟踪测轨工作，并由地面测控中心进行数据处理，再向返回舱发出姿态控制指令，使返回舱降落在预定着陆区内。这种制导导航系统结构简单，但只能在雷达作用范围内使用。由于再入段某一高度范围内航天器周围会出现等离子体，其可使无线电信号中断，因此无线电制导不能完全满足载人飞船返回制导的要求。

惯性导航是自主导航。惯性导航又分为两类，一类是平台-计算机惯性系统，该系统包括在航天器上安装的惯性测量装置（陀螺和加速度计）、计算机和惯性平台，惯性测量装置安装在惯性平台上；另一种是捷联式惯导系统，即不用惯性平台，惯性测量装置固联安装在返回舱上。惯性导航通过陀螺和加速度计测量返回舱相对惯性空间的角速度和线加速度，由返回舱上的计算机将这些数据进行处理，以获得返回舱的位置、速度和姿态信息，由计算机完成制导方程的解算并向执行机构发出控制指令。这两种自主制导方法比无线电制导复杂，但实时性好，对有升力的再入段控制是必需的。

惯性导航系统除了包括上面所说的惯性测量装置、计算机和惯性平台三大主要部分外，还包括一些控制机构和电源等。加速度计利用物体的惯性可以测量航天器的视加速度，给出初始条件后，对所示视加速度进行一次积分得到视速度，两次积分得到航天器位置。惯性平台是惯性导航系统的核心部件，其根据陀螺的定轴特性，使得无论飞行器的姿态如何改变惯性平台在惯性空间的取向始终保持不变。惯性系统计算机主要完成各类计算工作和信号处理，如平台校准与姿态确定、制导方程的解算和控制指令生成等。导航系统的工作示意图如图 14－7 所示。

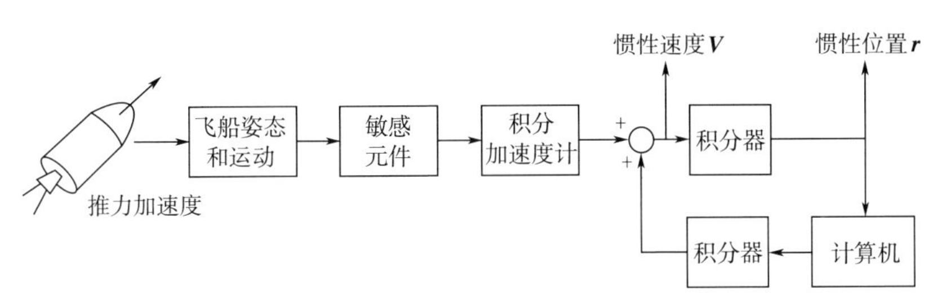

图 14－7　加速飞行期间的导航系统

载人飞船内除了采用惯性导航系统进行跟踪测轨以外，还采用光学测量系统。当飞船在轨道上飞行时，通过视线到陆标的光学测量获得导航数据，这些导航数据还给出了用于惯性测量系统校准的基准数据。

如图 14－8 是双子星座飞船的返回制导与导航控制系统的工作原理框图，其制导与导航系统由通用数字计算机和惯性测量单元组成。

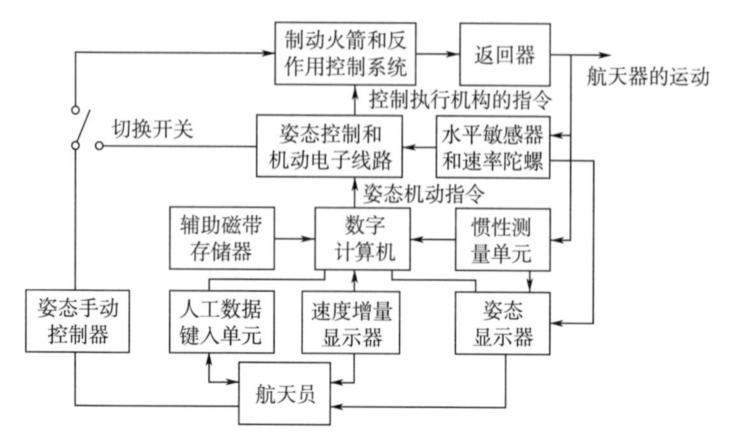

图 14-8　双子星座返回制导与导航系统

14.1.5　再入故障

载人飞船在返回过程中，可能因为某些再入故障使飞船不能实现正常返回，从而威胁航天员的生命安全。因此，为了提高返回系统的可靠性与航天员的安全性，需要全面分析和了解飞船在返回过程中可能出现的再入故障，为进一步合理采用备份系统或其他措施提供依据，尽量避免在返回过程中出现事故。

根据以往的载人飞行统计，在飞船飞行的三个阶段（主动飞行段、在轨运行段、返回着陆段）中，返回段出现事故的概率是比较高的，其中又以返回段中的制动段和着陆段出现事故的概率最高，其原因与两个阶段的复杂程度密切相关。下面就返回过程的几个阶段来分别说明再入故障的类型。

在制动阶段，飞船需要进行姿态调整和启动制动火箭两项主要工作。该阶段可能出现的故障有：制动火箭未能正常启动，制动姿态角控制出现较大偏差，飞船返回部分与不返回部分不能完成正常分离。

在再入段，飞船主要在气动力作用下自由减速，该阶段主要可能是导航与控制系统出现故障，如姿态稳定控制系统失灵使飞船再入角过大或滚动角速度过大等。

在着陆段，着陆系统开始自主工作，控制装置的动作比较复杂。该阶段可能出现的故障有：

1）控制装置与火工品装置的传感器元件出现故障；

2）减速伞工作不正常；

3）主伞不能正常张开或不能正常分离，备份伞与主伞缠绕；

4）着陆缓冲装置（如着陆火箭）不能正常工作。

载人飞船在返回阶段的运动状态处于不断变化之中，因此一旦出现故障，外界无法采取营救措施，航天员在返回段的安全主要依靠飞船返回舱自身的高可靠性来保证；同时，在飞船内针对不同的再入故障采用了大量的冗余设计，如制动火箭备份、降落伞备份、自动或手动控制飞船姿态、返回升力控制失灵时按弹道式返回等。

14.1.6　再入通信中断

载人飞船返回舱以很高的飞行速度再入大气层后，在返回舱的前面会形成激波，强烈的气动加热使飞船表面与激波间的温度急剧升高为 6 000～8 000 ℃，结果使空气分子和飞船表面的防热材料发生电离，产生大量的电离质。这些电离质在飞船周围形成了较密的等离子体，称其为等离子鞘。

等离子鞘会给无线电通信造成严重的影响，特别是对无线电波的吸收和反射可造成电波信号的极大衰减，致使在再入的某一阶段出现通信中断。1966 年 11 月，双子星座 12 号飞船在返回时，曾有 5 min 的通信中断；1969 年 11 月，阿波罗 12 号在再入时，通信中断了 3 min9 s。

等离子鞘出现的高度在 80 km 左右，其结构与飞行器的形状有密切关系。对于返回舱外形的再入体，其回流区内的电子密度很高，且大量来自于防热层的烧蚀产物。

由于等离子鞘会造成载人飞船再入期间话音通信中断与遥测数据的丢失，因此迫切需要解决这一问题。目前采用的方法有两种：一是适当增大天线功率；二是设法降低等离子体的密度，主要采取在等离子体中掺加化学杂质的措施（如掺加固体粉末、亲电子的原子、冷却剂等）。

14.2 飞船着陆系统

对于采用弹道式和弹道-升力式返回的载人飞船来讲，飞船在100 km的高空再入大气层后，在气动阻力的作用下逐渐减速，在离地面10 km左右的高度速度减为100～200 m/s。该速度已达到了飞船的平衡下降速度，为了继续利用气动阻力来减速，需要借助能产生巨大气动阻力面积的着陆系统来实现载人飞船的安全着陆。利用着陆系统，飞船的速度可在着陆段从平衡速度减至安全着陆速度(5～10 m/s)。

着陆系统工作时段是飞船返回过程的着陆段，其主要任务是采取适当的减速措施保证返回舱以一定的安全着陆速度着陆；同时在下降过程和着陆后发出一定的标位信号，帮助地面回收工作人员及时确定返回舱的方位，便于回收作业。在选择载人飞船的着陆系统时，主要从可靠性、航天员的安全性以及满足最小质量和容积要求这几方面考虑。

飞船着陆系统包括保证飞船安全着陆的减速装置及其附属机构(包括控制器、执行机构、着陆缓冲机构等)。

着陆系统工作过程的一系列动作是在一定程序的控制下进行的，具有不可逆性和自主性。回收程序一旦开始，就要依照预定程序进行下去，直至飞船着陆。如果中途出现故障，不可能将程序暂停或复原重新开始。在整个回收程序中，如果有一个程序动作失败，就有可能导致回收失败。因此，要求整个系统，包括每个部件都应具有高可靠性，且应有关键部件设备备份和故障诊断系统，备份设备具备适时进行工作的能力。在正常情况下，飞船在预定回收区着陆。出现异常情况时，返回舱有可能提前返回，在回收区和备用回收区以外的地方着陆，这就要求着陆系统具有引导飞船在陆地和水上降落的能力。

根据着陆段大气环境的特点，目前国外载人飞船采用的减速装置一般都是降落伞减速系统。另外，由于飞船的再入外形一般都采用大头朝前的锥形或钟形外形，而这种气动外形在亚声速气流中是不稳定的，因此对于飞船返回舱来说，采用降落伞系统还起到了稳定飞船飞行的作用。

载人飞船减速伞系统的减速过程一般分二步：先在 12～7 km 高度时打开一具面积较小的减速伞，将返回舱的速度减至 60～70 m/s，同时还起稳定作用；然后在 7～3 km 高度时打开面积较大的主伞，完成最终减速任务，保证返回舱以安全速度着陆，着陆速度＜10 m/s。

14.2.1　着陆系统的任务

载人飞船着陆系统是飞船主要系统之一。如前面章节所述，该工作阶段是飞船返回地面的最后阶段，这一阶段虽然是整个飞行过程中航程很短的一段，但其却是非常复杂和重要的阶段，且着陆系统正常工作是飞船圆满完成整个飞行任务的最后要求。因此，着陆系统必须按特定工作程序，自主完成一系列设计任务。

着陆系统的主要任务是：正常返回时，在飞船返回的着陆段（从高度为 10 km 开始，速度在 200 m/s 左右）降低返回舱的速度，并使飞船最终安全着陆；应急救生时，在应急救生系统工作之后，继续完成减速任务，引导返回舱安全着陆返回。

为了完成上述减速任务，达到安全降落返回的目的，着陆系统中的程序控制装置担当着非常重要的角色。飞船着陆系统启动之前，首先由控制程序发出动作指令，将后防热罩（底盖）向飞行后方弹射掉，清除开伞通道。为实现正常返回程序控制，就要通过大气压力传感器测量飞船返回舱在某一高度时的大气压力，而后换算出当时的高度值。当返回舱达到预先设定的高度时，弹伞筒弹出减速伞使其张开进行工作，直到完成第一阶段减速任务；然后时间程序控制装置发出分离减速伞、拉出主伞的指令，进行第二次减速，与此同时判断主伞是否工作正常，从而决定是否启用备份伞系统；最后控制装置发出指令，座椅缓冲器和软着陆发动机等着陆缓冲装置进入准备状态，随后进行正常工作，使飞船着陆速度进一步降低到人能承受的范围内。

返回着陆系统除完成以上使返回舱减速的主要任务之外，还应完成下列任务：

1）为了完全排除航天员和地勤人员触及剧毒或易燃推进剂组元的危险性，在着陆前必须排出返回控制系统发动机的剩余推进剂；

2）为消除着陆时返回舱内外压差，应使舱内压与外界大气压平衡；

3）在降落伞制动段应抛掉返回舱的迎面防热壳，使安装在底部的固体火箭制动发动机或其他着陆缓冲装置处于可正常工作的状态；

4）如果在水面上溅落，应保证返回舱具有需要的漂泊姿态，使出入口舱盖位于水面上；

5）着陆系统应具有发光装置及无线电信标机等，以保证返回舱无论在白天或夜间着陆后都能很快地被找到。

当以上任务都顺利完成后，就可以实现飞船安全返回着陆。

14.2.2 着陆系统设计的一般原则

在进行返回舱着陆系统设计、研制着陆设备和确定航天员安全保障方案时，除了考虑飞船正常返回着陆程序外，还要研究在发射段、入轨段或返回段出现应急情况下的救生与着陆问题。也就是说，要紧扣着陆系统的工作特点与任务来确定其设计原则。

着陆系统设计首先必须满足总体设计要求，与其他分系统相互协调，并要继承以往的经验或标准。设计时要留有余量，以备日后改进。由于载人飞船着陆系统设计与其他航天飞行器设计相比，除要求质量轻、结构布局尽量合理外，在安全性与可靠性方面的要求较高。大部分子系统都采用了冗余技术，关键性部件都有备份系统，一旦某一部分工作出现故障，可自动启动备份系统工作。

载人飞船的着陆系统就是要用最少的设备保证飞船返回舱可减速到要求的着陆速度范围，从而使着陆冲击过载限制在人能够承受的水平范围内。其工作特点之一是不可逆，这给返回段的应急救生带来一定的困难，一旦出现危险情况，外界将无法采取营救措施，因此需要采用各种保障措施来预防事故发生。例如，大量采用备份系统设计，设计时尽可能采取可保证主部件能正常工作的措施。

着陆系统工作的另一个特点是在着陆过程中，控制系统工作具有自主性。返回控制系统根据飞船在着陆段所处的状态，按预定的工作程序向各个执行机构依次发出动作指令，如弹射底盖、开减速伞、启用备份伞系统等，这些动作指令的下达是自主的，也可以在航天员的参与下完成，但不需要地面控制中心的反馈。

14.2.3 着陆系统的构成

着陆系统由减速装置、执行机构、回收控制装置、着陆缓冲装置以及标位系统组成。

（1）减速装置

减速装置，顾名思义是用来降低飞船飞行速度的装置，其是着陆系统的最关键部分，通常都采用降落伞系统来实现着陆减速。当返回舱下降到 20 km 以下的高度时，其速度由超声速逐渐过渡到亚声速，已适合降落系统工作。因此，降落伞系统的工作段从返回舱到达 20 km 高度开始到其最终返回地面结束，并由 2 具（或两组）降落伞分两步完成减速过程。

降落伞是用织物制成的，质地柔软，在工作之前被折叠包装成体积不大的伞包，安放在返回舱适当位置上。在工作过程中，先被弹出或被拉出返回舱，在气流作用下能够迅速充气张满，形成很大阻力面积，具有很高的减速效率。在相同阻力面积情况下，与其他类型减速装置相比，降落伞具有最小的体积与质量。例如，阿波罗飞船着陆系统的主伞是由3具名义直径为26 m的环帆伞组成，伞衣总名义面积为1 600 m^2，比飞船指令舱的最大截面积大138倍。这样大的伞衣面积在气流中能产生1 200 m^2的阻力面积，可保证飞船指令舱以小于8.5 m/s的速度着陆；而主伞包总容积只有270 L，质量不到200 kg，而整个着陆系统的质量为265 kg，主伞只占回收质量的4.5%。

航天回收系统所用的降落伞是在航空降落伞技术上发展起来的。降落伞技术应用于航空领域已有很长的历史，有着十分丰富的设计和使用经验，可以达到很高的可靠性指标。因此，在设计飞船返回降落伞系统时可以借鉴在航空领域的技术与经验，但航天回收系统也存在其特殊性，在可靠性、包装容积、质量等方面要求更高，开伞冲击压力也更大。

降落伞系统一般由引导伞、减速伞和主伞组成。

返回舱减速装置一般从200 m/s左右速度开始工作。从这么大的速度减速到预定安全着陆速度，如果仅用一具伞来承担，那么这具伞的强度和质量都会大到不合理的地步，这就是着陆减速过程分两步的原因。对于减速伞来说，因其对亚声速飞行的返回舱还起到稳定飞行的作用，故又称其为稳定伞。引导伞起辅助减速伞和主伞开伞的作用，其伞衣面积一般只有2 m^2左右。

主伞的伞衣面积由返回舱的质量及所设计着陆速度而定，而主伞开伞时的工作条件则是由其当时所在的高度与减速伞的减速效果而定的。在设计降落伞系统时，一方面要考虑减速伞和主伞开伞时作用在返回舱和人体上开伞冲击载荷不得超过允许范围，同时还要尽量使降落伞系统的质量和体积最小。已知降落伞系统开始工作时的力学条件以及降落伞材料的机械性能，可以根据减速伞的相对面积求出降落伞系统的质量及其最小值（参考图14-9）。

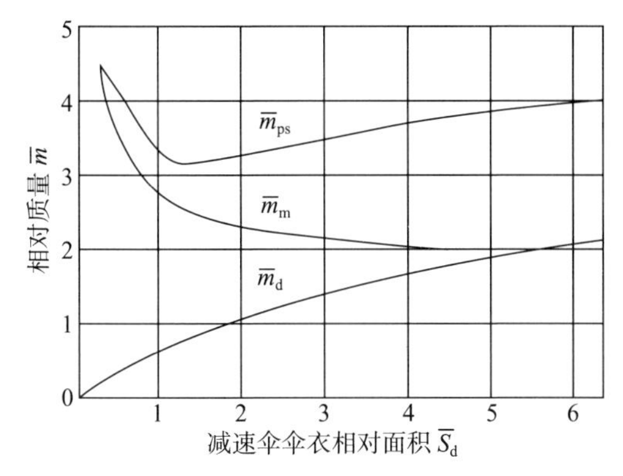

图 14-9　降落伞系统质量 $\bar{m}_{ps}$，主伞质量 $\bar{m}_{m}$，减速伞质量 $\bar{m}_{d}$ 与减速伞伞衣相对面积 $\bar{S}_{d}$ 的关系

减速伞的面积越大，其开伞冲击载荷就越大而主伞开伞时的速度就越小，主伞相应的开伞冲击载荷就越小。减速伞的面积取某一特定值时，减速伞和主伞两者的开伞冲击载荷大致相等，而减速伞面积的这一特定值，恰好使减速伞和主伞的质量和最小，这一特点可以帮助设计者确定减速伞的面积（参考图 14-10）。

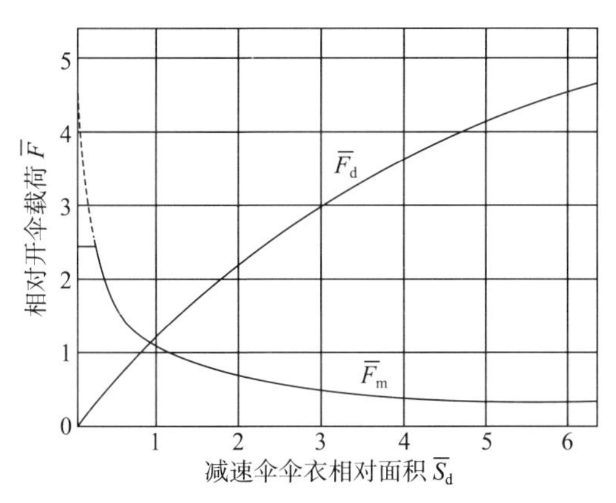

图 14-10　减速伞开伞冲击载荷 $\bar{F}_{d}$ 主伞开伞冲击载荷 $\bar{F}_{m}$ 与减速伞伞衣相对面积 $\bar{S}_{d}$ 的关系

减速伞在设计时，一般选择开伞冲击载荷较小的带条伞，并根据实际需要选择合适的开伞方式。另外，通过立式风洞试验可以观察到减速伞所所起的稳定飞船飞行的作用，飞船-稳定伞组合体的动稳定性与稳定伞的大小、连接绳长度及固定方式等密切相关。通过立式风洞试验研究这些因素对飞船稳定性的影响非常有效，这为设计者提供了一种选择减速伞参数的方法。

主伞一般都采用单伞系统，这方面的设计已日臻成熟。但随着返回舱质量的增加，主伞衣的设计面积也相应增大，当所需要的伞面积很大时，便应采用多伞系统设计方案。对于多伞系统设计来说，伞包在返回舱内的布置比采用单一大伞灵活得多，且伞衣张开时充气时间也会减少。更重要的是，在其中一具主伞失控时仍能实现安全着陆，提高了减速系统的可靠性。但其缺点是开伞时伞衣之间存在干扰，阻力系数也减少了5%～10%。美国阿波罗飞船指令舱着陆系统的主伞由3具直径约为22.5 m的环帆伞组成，为减少伞衣之间的干扰采取了一系列的改进方案。例如：去掉伞衣第五圈帆片上75%的材料，使伞衣上部形成一个环形开槽，限制了伞衣在收口处开伞的外形；收口位置由径向加强带缝线固定点移到底边加强带上伞幅的中央（叫做伞衣幅中心收口），并增加了一级收口。1971年2月阿波罗15号飞船溅落前，有一具主伞被排泄的剩余燃料烧坏，另外两具主伞正常开伞工作，保证了指令舱安全溅落。

由于着陆过程的不可逆性，从安全角度出发，如果主伞是单伞系统，就需要有备份伞系统，且设计时要保证在着陆过程中主伞发生故障时能自动启动备份伞系统。备份伞的设计完全仿效主伞系统，如伞舱开启装置和拉伞装置等，这样可以保证在安全可靠的前提下缩短研制周期。备份伞的伞衣面积一般略大于主伞的50%。联盟号飞船就是采用了主伞和备份伞两套降落伞系统。

如果给定着陆速度，则根据物体在空气中运动时的稳定下降速度公式，可求出所需降落伞的阻力面积 $(C_{\mathrm{D}}S_{\mathrm{D}})_{\mathrm{P}}$

$$(C_{\mathrm{D}}S_{\mathrm{D}})_{\mathrm{P}}=\frac{2mg}{\rho_{\mathrm{L}}v_{\mathrm{L}}^{2}}-(C_{\mathrm{D}}S_{\mathrm{D}})_{\mathrm{b}} \tag{14-2}$$

式中　$(C_D S_D)_b$——悬挂物(返回舱)的阻力面积；

ρ_L——着陆点海拔高度对应的大气密度；

v_L——给定着陆速度，也就是乘主伞下降的飞船在着陆点海拔高度的稳定下降速度。

稳定下降速度是随空气密度而变的，飞船着陆速度就是其接近地面时的稳定下降速度，在海平面上 $2g/\rho_0 \approx 16(\mathrm{m^4/kg \cdot s^2})$ 。

从式(14－2)可以看出，降落伞所需的伞衣面积近似与着陆速度平方成反比。因为降落伞系统的质量近似与主伞面积成正比，所以其也与着陆速度的平方成反比。以 $\bar{m}_{ps}$ 表示降落伞系统的比质量，即降落伞的质量与回收体质量之比，则 $\bar{m}_{ps}$ 与 v_L 的关系如图 14－11 所示。可以看出，当 $v_L<8$ m/s 时，降落伞系统的比质量急剧上升，因此在工程设计中，设计者着陆速度不能规定得太低，必须在安全着陆范围之内。

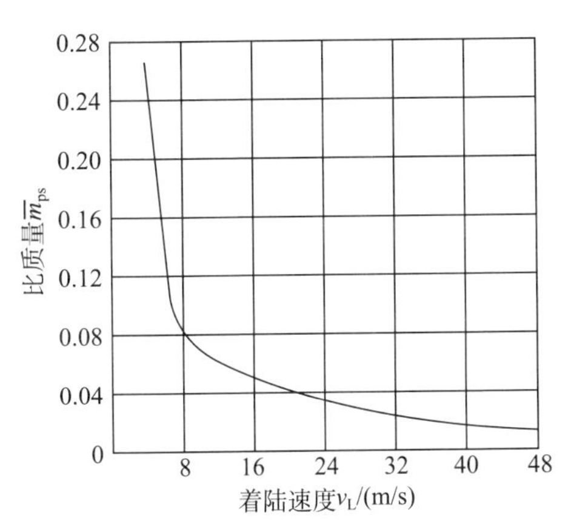

图 14－11　降落伞系统比质量 $\bar{m}_{ps}$ 与着陆速度 v_L 的关系

所谓安全着陆速度是指，当返回舱以该速度着陆时，所产生的着陆冲击载荷不超过人所能承受的范围。着陆冲击载荷大小主要取决于着陆速度，此外还与回收方式、着陆区域地质条件、返回舱结构以及所采取的缓冲措施有关。也就是说，不同的着陆条件和回收方式对应的安全着陆速度不同。飞船-降落伞组合体的着陆速度就是着陆点海拔高度的稳定下降速度 v_L ，由式(15－2)可知，其可表示为

$$v_L = \sqrt{\frac{2mg}{\rho_L[(C_D S_D)_b + (C_D S_D)_P]}}$$

该速度一定要小于安全着陆速度。

降落伞由伞衣、伞绳和连接绳组成。伞衣产生的气动阻力通过伞绳和连接绳传递给悬挂物，伞衣构形决定了伞型。返回舱的着陆系统常用的降落伞有如下几种：平面圆伞、带条伞、环帆伞、导向面伞和冲击翼伞等。不同类型降落伞的性能对比如表 14－1 所示。

在进行降落伞系统设计时，首先要选择合适的伞型，主要考虑降落伞的工作条件、伞的阻力系数、自身的稳定性和伞衣的透气量等因素；然后根据减速的程度决定伞的面积大小。

各种伞的开伞方式是非常重要的考虑因素。减速伞的开伞方式有几种，主要是用弹伞筒先弹出（或弹射返回舱后盖的同时拉出）引导伞，引导伞开伞后拉出减速伞或直接弹射出减速伞。在返回舱的后部存在尾流区域，如果减速伞位于这一区域将不能正常工作，因此减速伞应当有相当长的连接绳，使伞衣能位于顺流区。最常用的主伞开伞方式是由减速伞拉出，也可以先弹射引导伞再由引导伞拉出。

各种伞的开伞过程是从开始拉伞到伞系统达到稳定下降为止的整个过程，具体分为三个阶段：拉直阶段、充气阶段和稳定下降阶段。拉直和充气阶段是在很短的时间内完成的，虽然只需几秒钟，但这是一个复杂的物理过程。在这个过程中，返回舱-降落伞组合体的气动外形、质量分布、气动力参数、运动速度以及各部分的相对位置都有显著变化，在舱体与降落伞之间会产生相当大的开伞冲击载荷。为减少开伞冲击载荷，最有效的办法是采用伞衣收口技术。收口技术使降落伞充气分成多次，即多级开伞，延长了伞衣张满时间，使开伞冲击力峰值明显减小，有效地降低了开伞冲击载荷。阿波罗飞船主伞采用了三级开伞，在收口处有两根平行的、不同长度的收口绳。其中一根控制主伞，以 8.4%收口比开伞，持续 6 s；另一根控制伞，以 24.8%收口比开伞，保持 4 s，松口后张满；采用了两组延时时间分别为 6 s 和 10 s 的切削器来控制两根收口绳的工作时间。

表 14-1 几种类型降落伞性能对比

伞型	伞的结构	透气量	阻力系数 C_D	特点	应用
平面圆伞	伞衣可展开成平面圆形，中心开孔	小	0.65～0.90	结构简单，可靠性高；开伞冲击载荷大，稳定性差	对稳定性要求不高的主伞
带条伞或环缝伞	伞衣由同心带条组织，带条之间有缝隙	0.15～0.3	0.45～0.55	良好的稳定性，开伞冲击载荷小	减速伞或卫星着陆系统主伞
环帆伞（波环伞）	伞衣环呈鱼鳞状相叠而成，充气后呈锯齿状，气流顺鳞片向下排出	小	0.70～0.95	开伞冲击载荷小，稳定性好，可靠性高，某些伞衣幅撕裂后，仍能正常张满	飞船着陆系统主伞
导向面伞	伞面由近似圆拱形的顶部（顶幅）和从顶幅边缘延伸到后底边的一个倒装的锥面（导向面）组成	小	0.8～1.0	良好稳定性	对稳定性要求较高的减速伞
盘缝伞	伞衣上部是平面圆形伞结构，中央开有伞顶孔，侧边围有一圈圆柱形的圆幅	0.12～0.15	0.53～0.7	良好稳定性，适合在空气稀薄的条件下工作	火星探测器减速伞，中低高气象火箭的箭身降落伞减速系统
冲击翼伞	伞衣由双层柔性矩形织物制成，前缘开启，后缘封闭，充气后形状像机翼；能产生升力，升阻比为3～4，伞面积只有常规伞的1/5～1/10	—	$\frac{C_L}{C_D}=3\sim4$	具有可控制性	可能用作能实现定点着陆系统

（2）程序装置

载人飞船在着陆段下降过程中，为保证降落伞系统与着陆缓冲装置完成正常减速任务，需要按预先制定的控制方案在某设计高度或时间，让控制系统自主地向各个执行机构发送动作指令，从而完成程序动作。典型的着陆系统动作程序如图 14－12 所示。程序装置的任务就是根据精确的定时和程序计划，通过传感器确定飞船位置是否到达程序动作的工作点，并在满足条件的情况下，向分系统提供信号和能源。载人飞船返回时大多采用过载-时间控制法和气压高度控制法两种返回控制方法。

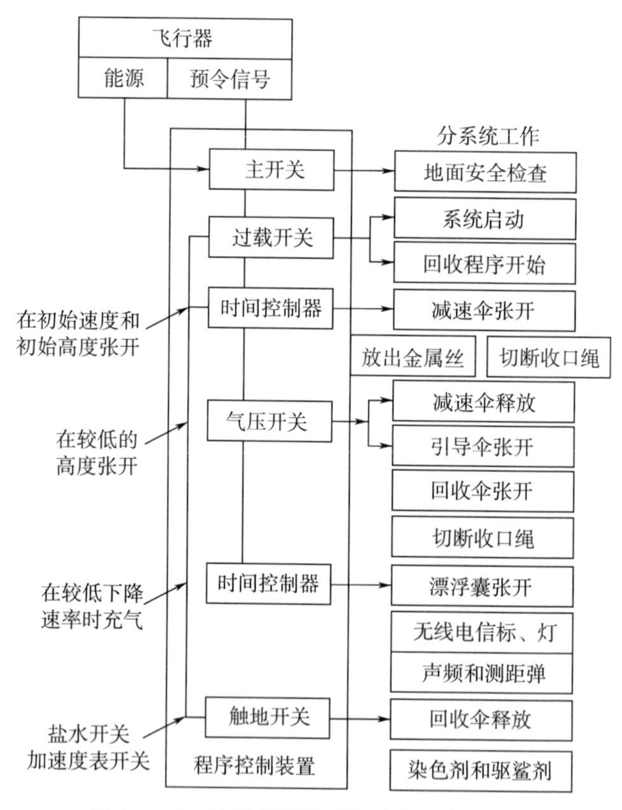

图 14－12　典型的着陆系统动作程序方块图

过载-时间控制是在最大过载系数附近启动时间控制器开关，用时间控制法来控制动作指令的发出。气压高度控制是根据气压高度控制器显示的高度，在飞船达到某一指定高度后发出动作指令。对于采用缓冲火箭的返回舱，还需一种低高度控制器来控制着陆火箭的点火与关机。

程序装置包括气压开关、加速度开关、时间控制器和控制电路等。

时间控制器是最常用的控制部件，其通过一定的方式进行延时，可以得到所要求的控制时间间隔。当某个动作指令发出后，通过延时，经过一定的控制时段又可发出下一个动作信号。常见的时间控制器有机械式或机电式时间控制器、阻容式时间控制器及火药延时等。

气压高度控制器是通过敏感元件（感受大气压的真空膜盒）测出飞船当时位置的大气压，根据膜盒式高度表推算出当时高度。当飞船下降到预定高度时，气压式高度控制器发出控制指令。

加速度开关又称过载开关，当航天器的过载值达到某一预定值时，加速度开关触点闭合，接通控制电路发出控制指令。加速度开关由质量块弹性元件、触点和电路组成。质量块的位移与过载值成正比，当过载达到某预定值时，质量块上的触点与固定触点相接触，电路接通发出控制指令。

低高度控制器主要用于着陆火箭点火。机械式低高度控制器在飞船下部伸出触杆，当触杆触地时，触杆向上移动，压迫行程开关动作，发出着陆火箭点火指令。伽马射线低高度控制器利用发射器向下方发射伽马射线，接收器接收到从地面反射回来的伽马射线，根据伽马射线反射流的强度可以判断飞船距地面的高度。还有其他类型的低高度控制器，如噪声调频雷达、脉冲雷达、激光与超声波高度控制器等。

回收系统控制电路与其他系统的电路相比，其主要特点是电路中有相当数量的火工装置，必须采取一系列有效的安全保护措施。

如果程序装置发出故障，航天员应当取代程序装置，手动控制系统工作，以保证安全着陆。

着陆系统中，火工装置的设计与应用也是非常重要的问题。在航天器返回控制系统中的一系列程序动作，如舱段之间的解锁分离、返回舱底盖（伞舱盖）的弹射分离、降落伞的弹射和分离、降落伞伞衣松口等动作，都要求在很短的时间内提供相当大的能量来完成，选用火工装置（作为动作执行机构）来完成这些动作非常合适。

（3）着陆缓冲装置

降落伞作为一种很有效的气动力减速装置，被广泛应用于载人飞船返回时的末级减速。如前面章节所述，由于降落伞的质量与着陆速度平方成反比，为了使降落伞的质量合理化、提高降落伞的利用效率，因此在设计时飞船着陆速度不能规定得太低。但当返回舱以这一速度着陆时仍会产生相当大的冲击载荷，所以要在载人飞船上安装着陆缓冲装置，以防止航天员及返回舱结构受到过大的冲击载荷。

着陆缓冲装置利用结构变形吸收变形能的原理，使缓冲器在着陆时发生变形，消耗部分着陆能量，延长冲击响应时间，从而减小冲击力响应峰值。

缓冲系统必须可靠性高、质量轻、体积小。缓冲装置设计考虑的主要因素包括飞船返回舱质量、着陆时的速度大小与方向、主要元件承载能力及着陆点地质情况等。缓冲装置的设计有多种方式，可以是局部缓冲，如给航天员的座椅上安装减震缓冲结构；也可以使用整舱缓冲，如采用冲击气囊等，使整个返回舱着陆时受到的冲击载荷得到缓冲；也有采用着陆缓冲火箭，使舱体着陆前得到进一步减速，如联盟号飞船。

缓冲气囊是较常用的缓冲装置之一，水星飞船着陆系统就采用过这种缓冲装置（如图 14－13 所示）。气囊由高强度的尼龙或玻璃纤维制成。在飞行时，气囊被折叠并贮存在飞船返回舱底部防热罩内；在返回舱乘主伞下降过程中，分离防热罩，释放缓冲气囊，用压缩空气瓶使空气充满气囊；着陆时，气囊受到压缩，气囊内空气从排气孔或排气阀门排出，从而吸收了返回舱着陆冲击能量，达到了缓冲目的。

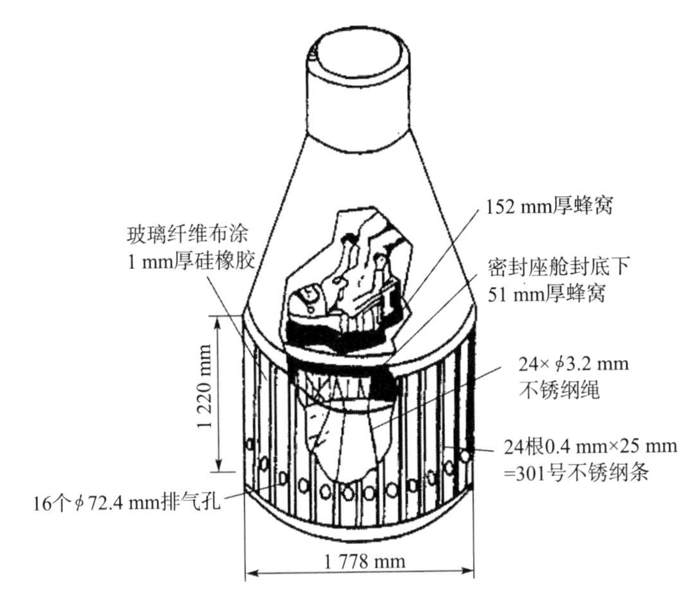

图 14－13　水星飞船座舱上的着缓冲措施

如果缓冲气囊吸收返回舱着陆时的全部（或部分）动能和势能后，使返回舱内的着陆过载值不超过允许的 n_{max} 值，那么假定着陆缓冲过程中最大冲击力为 F_{max}，平均冲击力为 $\bar{F}$，空气囊效率（F_{max} 与 $\bar{F}$ 之比）为 η，则气囊的理论缓冲行程 h 为

$$h \geqslant \frac{v^2}{2q(\eta n_{max}-1)} \tag{14-3}$$

一般取 η 为 0.4～0.6，对自然进气的气囊取 $\eta<0.35$。缓冲气囊的实际高度应在 h 值的基础上，考虑结构特点和安全裕度后确定。

缓冲气囊的优点是具有较大的反作用接触面积，受压缩的行程大，因而缓冲效果明显。但是其结构比较复杂，而且增加了舱体高度，稳定性变差，使得着陆时容易舱体倾倒。

缓冲装置中另外一种应用很普遍的结构是蜂窝结构。这种系统使用被冲头或活塞压缩的蜂窝柱或峰窝芯，蜂窝结构作为吸能物受压后皱曲，吸收冲击能量，使冲击过载不超过规定值。这种装置设计简单、质量轻、力-冲程效率高。因此经常被用作航天员座椅的缓冲，或直接在座舱下封头壳体下面加蜂窝结构进行着陆缓冲。

机械缓冲装置是一种将弹簧、板簧或液压减震器安装在仪器设备或航天员的座椅下面，以吸收物体着陆冲击能量的设施。

着陆缓冲火箭是一种动力减速缓冲装置，当返回舱下降到距地面很近的高度时，着陆缓冲火箭给予返回舱一个向上的冲量，使飞船的下降速度从 10 m/s 左右减速到相当小的数值（0.5～4 m/s），从而使着陆冲击载荷也相应减小。

分析与研究表明，着陆系统利用降落伞进行前期减速、着陆前瞬间用固体火箭发动机制动的组合式系统是一种质量特性最优的方案。着陆缓冲火箭的主要特点是其紧凑可靠、缓冲行程大、力-冲程效率高，可以实现在相当小的冲击过载条件下着陆，这对于载人飞船来说是非常重要的。苏联的上升号飞船与联盟号飞船都采用了这种系统作为着陆缓冲装置。

着陆火箭发动机开始制动的高度是由低高度控制器来控制的（如触杆式与 γ 射线低高度控制器等）。当飞船下降到开始制动高度时，控制程序发出接通点火电路指令，使发动机开始工作，且工作至着陆前再关机熄火，避免因喷口被堵引起爆炸现象。如果着陆火箭在刚开始工作时返回舱下降到距地面 H_a 高度且下降速度为 v_1，则可以对火箭发动机的总冲量作出粗略估计。为简化计算，假设火箭推力 F_r 及返回舱质量 m 不变。

由能量守恒定律，存在下列关系

$$F_r H_a = \frac{1}{2} m (v_0^2 - v_1^2) + mgH_a \tag{14-4}$$

设允许缓冲制动过载为 n_x，则火箭推力 F_r，应满足

$$F_r \leqslant n_x mg$$

则有

$$H_a \geqslant (v_0^2 - v_1^2)/2g(n_x - 1) \tag{14-5}$$

在着陆火箭工作阶段，返回舱下降速度变化方程为

$$m\mathrm{d}v/\mathrm{d}t = mg - F_r$$

则可得着陆火箭的制动时间

$$t_r = \frac{v_0 - v_1}{g(F_r/mg - 1)} \tag{14-6}$$

和着陆火箭的总冲量

$$F_r t_r = m(v_0 - v_1) + t_r mg \tag{14-7}$$

以上仅是一种简化计算，计算中还假定降落伞在这期间不起作用。综合分析降落伞-着陆火箭系统各部分的性能参数，进行优化设计，便可以使组合系统质量最优。

以上几种缓冲装置可以结合使用，即在一个返回舱上同时采用多种缓冲措施，达到理想减震效果。并且在某一种缓冲装置失效情况下，依靠其余缓冲装置也能实现安全着陆。如水星号飞船座舱就同时采用了航天员座椅下加蜂窝结构、座舱下封头壳体下面加蜂窝结构以及座舱下面伸出缓冲气囊等缓冲措施，其中最主要的是缓冲气囊。联盟号飞船则同时采用了缓冲座椅和着陆缓冲火箭。

（4）标位装置

标位装置的任务是在返回舱的下降过程中和着陆后给出返回舱的位置（或方位）信息，使回收区搜索人员能尽快发现目标，以及时开展回收作业。标位装置有各种不同的类型，一般是以无线电标位为主，辅之以其他的标位手段。常用的回收标位装置有各种无线电信标机、雷达应答器、闪光标位器、发烟装置、反射的彩色降落伞和反射镜等。

在返回舱再入大气层之后，到达 60～80 km 高度时，由于等离子鞘的出现，会使返回舱通信中断（一般持续 4～6 min）；而当返回舱下降到 20 km 高度时，其速度已减小到声速附近，此时各种专用的标位装置便可以开始工作。

无线电信标机是最主要的标位装置，其与地面机载（或船载、

车载）定向罗盘配合使用，有中波和短波等几种形式。在返回舱下降过程中向外辐射电波信号，当空中搜索直升机上的定向罗盘收到该信号后，就能给出目标方位信息，从而发现下降中的返回舱。无线电信标机工作在100～300 MHz频率范围内，在其执行任务时根据具体情况而选定相应工作频率。信标机输出功率为225 W，其对机载罗盘的作用距离大于100 km。

雷达应答器与地面雷达机配合，在回收区布置的车载雷达机向返回舱发出询问脉冲信号，返回舱应答器再报以回答信号。根据雷达的作用原理实现目标的测距和定向，实时提供返回舱在空中的瞬时坐标，并据此推算出落点坐标。

闪光标位器符合于夜间搜索情况，陆地或水上都可用。典型的发光灯的强度可达到2×10^6支烛光的强度水平，以一定间隔闪光一次。直升机的搜索距离可达几十千米，船上搜索距离可达10 km。

发烟装置只适用于白天使用。其由航天员点燃后，发出浓烟，向前来搜索营救的飞机指示自身所在的位置，在8 km距离内有效。

染色剂用于水上回收。其可使舱体周围的水着色，以增强观察能力。染色剂有效持续时间为2 h，可见距离达10 km。

另外，将返回舱的主伞衣染成橙黄色等鲜艳的颜色，可以保证其在任何地区和任何季节提供最好的反差，以便于目视发现；还可用伞衣反射雷达信号。

14.3 着陆系统工作程序

飞船着陆系统为达到使返回舱减速、稳定与安全着陆的目的，需要按一定的程序进行工作。如前面章节所述，这些动作开始的时刻由程序装置控制，动作的次序由着陆程序规定。虽然不同的载人飞船因其采用的着陆系统不同而使工作程序存在差异，但其着陆系统工作的一般程序是相同的。

14.3.1　飞船着陆系统的一般程序

飞船着陆系统需要保证飞船在正常返回与主动段应急救生这两种工作状态下的安全着陆。因此，目前所有载人飞船着陆系统都是针对这两种工作状态来制定两套着陆工作程序。一种是飞船完成预定任务后正常返回着陆程序，另一种是飞船在发射区或飞行过程中发生应急情况后的应急着陆程序。根据目前国外载人飞船的着陆程序设计情况，这两种程序的动作次序不存在本质差别，但采用的程序控制方法可能存在差别。如阿波罗飞船在正常返回（包括高空应急救生）时，采用高度-时程控制；而主动段低空应急救生则采用纯时程控制。本节主要介绍正常返回情况下的着陆程序。

（1）进入准备状态

当飞船下降到 35 km 高度时，飞船到达最大过载值处，从而引起过载开关闭合，回收系统开始进入准备状态，此时，控制电路总电源接通，火工装置处于待命工作状态，时间控制器开始工作。

（2）底盖分离

飞船正常返回过程中，当返回舱在稠密大气中减速下降到 10 km 左右的高度时，通过气压式高度控制器发出防热罩或伞舱盖分离指令，使降落伞的出伞路径畅通。分离掉的防热罩将在返回舱尾流中运动。

（3）减速伞完成第一步减速任务

如果减速伞是采用引导伞拉出的方式，则可在伞舱盖分离的同时拉出引导伞；也可直接用弹射筒弹射出引导伞，待引导伞开伞张满后，拉出减速伞；另外，还可以采用弹射筒直接弹射出减速伞的方式。无论是引导伞还是减速伞的弹射，其弹射初速度都必须足够大，以便顺利通过尾流区。

减速伞拉出后，很快充气张满，工作一段时间后使返回舱的速度下降到每秒几十米，然后程序装置发出减速伞分离指令，减速伞与舱体分离。

(4) 主伞完成第二步减速任务

在减速伞与舱体分离的同时将主伞包从舱内拉出；也可以在减速伞分离后弹射出引导伞，引导伞开伞后拉出主伞包。

主伞衣先以收口状飞行一段时间，然后时间程序控制器发出收口绳切割器动作指令，切掉收口绳。主伞衣充气到完全张满，使飞行速度进一步下降到每秒几米，达到安全着陆速度。

在乘主伞飘落的过程中，还要通过改变悬挂方式来调整返回舱着陆时的姿态，引爆防热底火工装置使防热底脱落，启动低高度传感器装置，座椅缓冲器、着陆气囊等缓冲装置处于工作状态。标位系统开始工作，发出标位信号。

(5) 着陆缓冲装置工作

对于采用着陆火箭进行缓冲的飞船着陆系统，当飞船下降到预定高度后，着陆发动机点火工作，着陆前发动机关机熄火。着陆后，主伞与舱体分离。飞船降落在水上时漂浮装置开始工作，飞船等待回收救援。

对于采用备份降落伞的飞船着陆系统，在降落伞系统开始工作之后需要启动具有判断降落伞是否正常工作的传感器装置（如判断下降速度是否超过规定速度）。如果降落伞出现故障（包括减速伞和主伞故障），应当立即通过逻辑转换电路启动备份伞系统，其动作程序与主降落伞系统的工作程序基本相似，包括打开备份伞舱盖、开备份引导伞、减速伞和主伞等动作。如系统中有着陆火箭，则最后按备份伞工作情况在需要的高度（大于乘主伞下降时的高度）启动着陆火箭。

对于采用多伞的飞船着陆系统来说，若其中一个主伞出现故障，虽也能使飞船速度减小到安全着陆速度范围内，但其缓冲装置工作状态可能与正常着陆不同。

14.3.2　联盟-TM飞船着陆系统和工作程序

（1）着陆系统组成

联盟-TM飞船着陆系统由自动程序装置、主伞和备份伞系统、着陆火箭和带有缓冲器与单个托架的座椅组成。

①自动程序装置

飞船着陆系统自动程序装置主要由3组气压传感器的气压部件、低高度控制器（γ射线高度表）、冲击传感器、时间程序控制器、火工品执行机构等组成。其主要任务是正常情况下控制主伞系统工作，在主伞系统失效的情况下控制备份伞系统工作，并在给定的高度启动高度控制器控制着陆缓冲火箭工作。

根据返回舱与轨道舱分离时气压部件内两组气压传感器BP1和BP2的状态，程序装置可自动选择工作程序，即正常返回还是应急救生。

当BP1与BP2均未闭合情况下，着陆系统自动装置按第一种应急程序工作，应急救生系统处于发射台或低空（$H<6$ km）救生状态。

当BP1未闭合、BP2已闭合情况下，着陆系统自动装置按第二种应急程序工作，应急救生系统为中空（$6\ \text{km}<H<10$ km）救生状态。

当BP1和BP2均已闭合情况下，着陆系统自动装置按正常程序工作，应急救生系统为正常返回或高空救生状态（$H>10$ km）。

气压控制器压力标定分别为：BP1为（17 700±933）Pa（对应高度为10 km）；BP2标定压力为4.47×10^4 Pa（对应控制高度为6 km）；BP3为微动气压计，相对BP2标定，压差为$\Delta P=$（7 200±667）Pa，对应高度差为（1 150±200）m。

②主伞和备份伞系统

主伞与备份伞系统分别安装在返回舱座椅后上方互成35°的主伞舱和备份伞舱内，主伞系统包括2具串联引导伞（面积分别为4 m²

和 0.6 m^2)，1 具减速伞（面积为 24 m^2）和 1 具主伞。其中，主伞面积为 1 000 m^2，伞舱容积为 0.3 m^3，主伞系统总质量为 115 kg。备份伞系统也包括 2 具串联引导伞（面积也分别为 4 m^2和 0.6 m^2），1 具减速伞（面积为 16 m^2）和 1 具备份主伞。其中备份主伞面积为 590 m^2，伞舱容积为 0.2 m^3，备份伞系统总质量为 85 kg。由于减速伞、主伞与返回舱均处于非对称单点吊挂状态，其必然会引起舱体旋转，为此设计了旋转接头，以消除两者之间的转动。

降落伞作为飞船在大气中降落时的主要减速手段，其具有许多突出优点，但也不免有些缺点。在下降过程中，航天员既无法操纵降落伞，也不能选择着陆场地；在遇到前面有向下气流和大风时，降落伞无法阻止下降速度的增加。以上情况需要根据精确的轨道计算进行飞船姿态控制，从而将飞船引导到最良好的条件下进行着陆。

返回舱在着陆过程中，无论是正常返回还是应急返回，都首先启用主伞系统，唯有主伞系统发生故障的情况下才换用备份伞系统。

主伞系统故障主要包括：

1）伞舱盖在指定高度未能弹射分离；

2）减速伞损坏，不能将主伞从伞舱内拉出；

3）主伞舱变形卡住了主伞包。

在联盟号飞船内设置了一组微动气压计（BP3），其通过监测在设定时间段内飞船高度下降引起大气压的变化值判断减速伞或主伞是否工作正常。具体来说，当联盟号飞船下降到 6 km 高度时，计时控制器开始计时。在 55 s 内，如果压力差达到或超过设定值 (7 200±667) Pa，则说明飞船下降距离大于 1 150 m，下降速度必定大于 20 m/s。此时主伞系统显然发生故障，微动气压计闭合，使飞船立即切换至备份伞系统工作程序。55 s 之后不再监测主伞系统是否出现故障。

在监测到主伞系统发生故障时，飞船已下降了一段距离（6 km 左右），此时飞船下降速度比主伞系统开始工作时的速度要小些，因此备份伞系统的面积只有主伞系统的一半左右。即使在主伞系统伞舱盖没打开的这种最危险情况下，飞船乘备份伞下降到着陆火箭点火时飞船的速度也在 8～11 m/s 范围内，着陆仍是安全的。

③着陆火箭

早期的联盟号飞船的着陆火箭仅使用 4 台发动机，单个安装在返回舱底上；后改用 6 台发动机，但由主伞着陆时仅点燃其中 4 台，由备份伞着陆时点燃全部 6 台发动机。这 6 台发动机分 2 组，每组 3 台发动机先安装在一过渡板上，再将该过渡板安装在返回舱底上。发动机采用管状双基药，单台推力为 2 500 kg，冲量为 350 kg · s。发动机结构示于图 14 - 14。

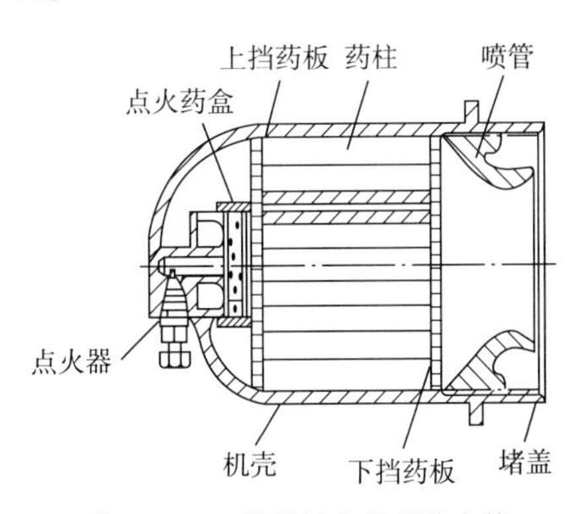

图 14 - 14　联盟号飞船着陆火箭

联盟号飞船采用 γ 高度表测量高度，并控制发动机点火时刻。在着陆火箭不工作的情况下，飞船完全靠降落伞进行减速，着陆速度在无风时为 6 m/s，有上升和下降气流时分别为 4 m/s 和 8～9 m/s。这种情况下，着陆冲击载荷较大，会使航天员感到不舒服，但着陆仍是安全的。

④座椅缓冲装置

联盟号飞船座椅缓冲装置（如图 14 - 15 所示）有一静止不动的连杆，连杆上套有紧配的锥套及圆筒衬套，衬套上罩有不同弹性的、能自动活动的金属胀环，胀环上依托着活动的支承套筒，支承套筒上连着座椅骨架。在着陆冲击作用下，座椅连同支承套筒一起向下运动，胀环在锥套上胀开变形，从而消耗冲击能量。

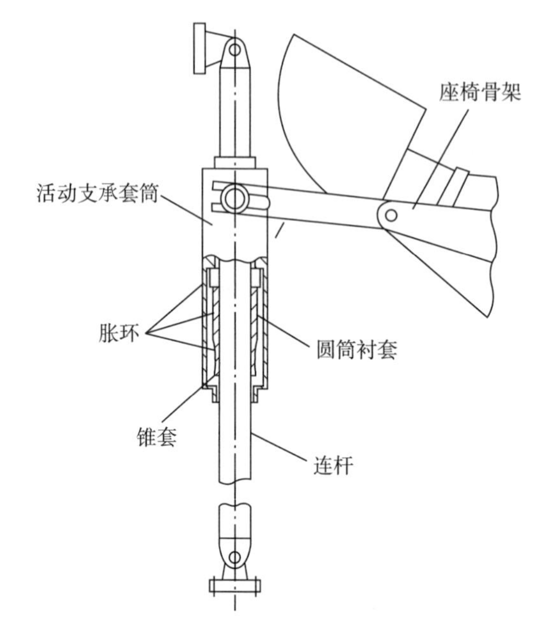

图 14－15　联盟号飞船航天员座椅的着陆缓冲装置

座椅缓冲装置和着陆火箭一起为返回舱创造了一个更加适宜的着陆条件，进一步缓解了航天员所受到的冲击过载的作用。

(2) 着陆系统工作程序

当联盟号飞船返回舱与轨道舱分离发生在 10 km 以上时，返回舱按正常工作程序着陆。因此在正常返回、轨道段应急返回和高空救生时，返回舱均为正常着陆。其动作次序由着陆系统的自动装置根据发送装置的信号和计时装置形成的指令确定（如图 14－16 所示）。

①正常着陆工作程序

1) 返回舱下降到 10 km 高度时，气压高度控制器和时间程序控制器开始工作，并利用返回姿态控制系统将返回舱调整至标准配平姿态，相应攻角为 24°，计时装置置零，即 $t_1 = 0$ s。

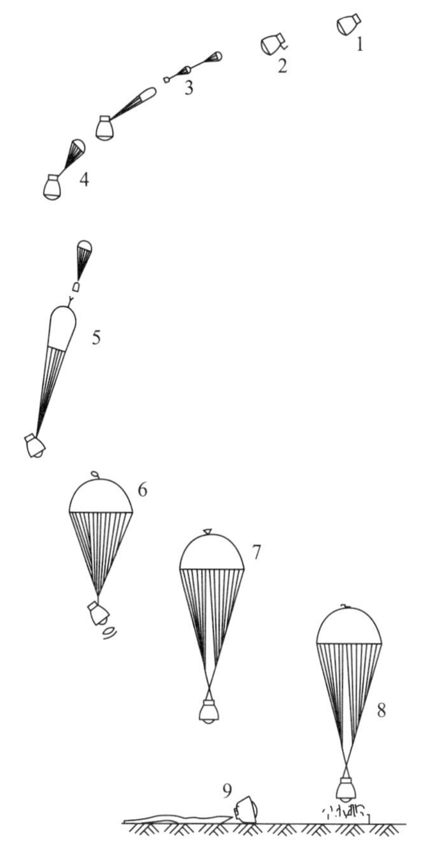

图 14-16　联盟号载人飞船着陆器着陆系统工作图

1—开始下降；2—降落伞舱盖弹射；3—引导伞引出减速伞；4—以减速伞下降；
5—减速伞分离和主伞引出；主伞收口状开伞，工作 4 s 后收口松开；
6—以主伞下降和迎面防热层分离；7—对称吊挂的交叉连接，无线电信标机开机；
8—启动着陆缓冲火箭；9—着陆

2）当 $t_1=(4\pm0.55)$ s 时，引爆伞舱盖分离装置，伞舱盖分离，将引导伞拉出伞舱并开伞，在低速飞行时（在起飞或低高空处故障救生系统工作时），两个引导伞衣共同提供打开减速伞的必要拉力；到达额定下降速度时，大伞衣拉断按强度校准的吊绳，并分离。在 9.5 km 高度处由小伞衣引导伞将减速伞引出，并减速到 90 m/s，从而为打开主伞衣创造了条件。

3）t_1＝（20±0.5）s时，返回舱此时高度约为8 km，引爆挂伞机构的脱伞火工装置，使减速伞与返回舱分离。减速伞继而拉出主伞包，主伞收口状工作4 s，返回舱速度下降到35 m/s，切断收口绳；主伞完全充气，使返回舱速度下降到13～17 m/s。

当返回舱高度下降到6 km时，计时装置再次置0，t_2＝0 s，此时微动气压装置BP3启动。当t_2＝（55±1.5）s时，如果气压差小于（7 200±667）Pa，即下降高度不大于(1 150±200）m，这说明主伞系统工作正常，继续按正常工作程序进行。

4）当t_2＝（58±1.5）s时，引爆防热底罩火工装置，防热底从返回舱上脱落。

5）当t＝（61±1.5）s时，引爆挂伞机构的垂挂火工装置，使返回舱由单点吊挂状态转换为双点对称吊挂。当t_2＝（67±1.5）s时引爆座椅上的火工装置，使座椅缓冲器起竖进入工作状态；启动γ射线高度表，以平衡返回舱与大气之间的压力。接近地面时高度表给出信号，通知航天员准备着陆。控制台上的“着陆”指示灯亮，并带有音响信号。

6）在离地面0.6～1.8 m高度处，返回舱速度已下降到6～7 m/s，γ高度控制器发出着陆缓冲火箭点火指令，使返回舱的下降速度进一步减小到1～4 m/s。

7）着陆火箭点火后6 s，主伞脱伞器解除保险，航天员方可通过座椅手柄上的按钮操纵主伞与返回舱脱离。

返回舱经过以上过程，最终实现安全着陆，然后等待地面救援部队的回收救援。

当返回舱下降到接近4.5 km的高度时，如果返回舱降落速度大于额定值，则着陆系统自动装置发出故障指令，备份伞系统迅速进入工作状态。失效的减速伞或主伞自动与返回舱分离，以避免与备份伞缠绕。备份伞系统工作过程由时间程序装置控制，工作程序与主伞系统基本相同，包括弹射分离备份伞舱盖，开备份系统引导伞、减速伞及其分离，开主伞。在距地面约 1.5 m 时启动着陆缓冲火箭，最终实现安全着陆。

②应急着陆程序

联盟号座舱内未设有弹射座椅，因此当飞船在发射台或主动段的低空阶段发生危险情况时，由应急救生系统的发动机将返回舱迅速带离危险区域。

由于返回舱上面有一轨道舱、外面还有整流罩，因此在应急救生情况下，应急救生系统连同轨道舱、返回舱和部分整流罩组成一个整体，被称为可分离的头部组件，并与设备舱及运载火箭分离。

应急救生发动机组由主发动机、分离发动机和控制发动机组成。应急救生时，这三组发动机的工作程序如图 14－17 所示。连接可分离头部组件的爆炸螺栓首先动作，主发动机和控制发动机点火工作。主发动机火箭迅速将可分离头部组件提起，而控制发动机控制该组件按一定弹道飞行到安全区域。在弹道顶点附近，分离发动机将返回舱与整流罩连同轨道舱分离。返回舱分离后，需要按时间程序装

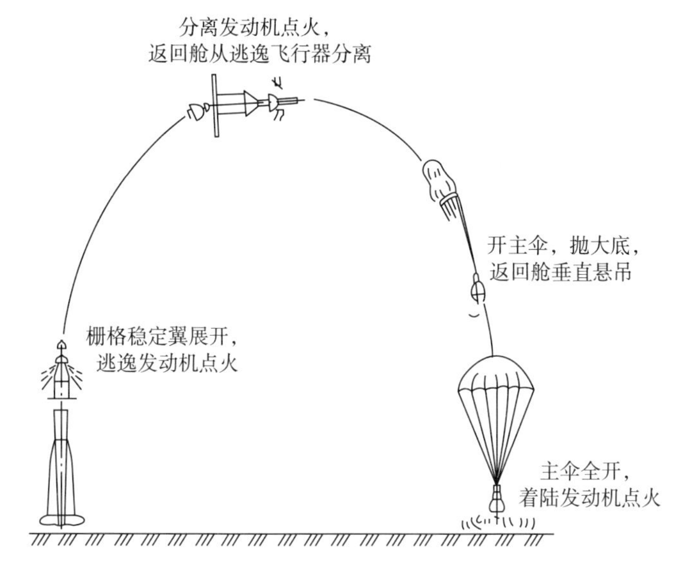

图 14－17　联盟号飞船低空救生时着陆系统工作程序

置指令先后启动降落伞系统（同样包括引导伞、减速伞、主伞的开伞与分离等动作）和点燃着陆发动机，最后实现安全着陆。

联盟号飞船在低、中空应急返回着陆过程中，着陆系统程序控制装置均无切换至备份伞系统的功能。

14.3.3 阿波罗飞船着陆系统与工作程序

（1）着陆系统组成

阿波罗飞船着陆系统与联盟号飞船着陆系统的最大差别是其主伞采用多伞衣系统。由于阿波罗飞船指令舱质量非常大（5 900 kg），因此没有采用单伞衣系统，技术上基于以下几方面考虑：

1）如果采用单伞衣系统，伞的直径将超过 38.1 m，这样大的伞，按当时的技术水平很难加工，其质量很难得到控制；

2）在阿波罗指令舱顶部，要安置这样大的伞很困难；

3）还需另一具大伞作为备用系统，这在质量和容积上是不合适的；

4）大伞充气时间长，使发射台应急救生问题变复杂，特别是需要利用备用伞的情况。

多伞衣系统具有优良的摆动稳定性、高可靠性、较小的质量和容积；且容易获得多重保险，在某一具伞出现故障后，仍能实现指令舱的安全返回。

阿波罗飞船着陆系统包括有：2 具稳定伞（直径为 5.03 m，是锥角为 25°的带条伞，有 20 根长为 10.21 m 的伞绳）、3 具引导伞（直径为 2.2 m 的环槽伞）、3 具主伞（直径为 25.5 m 的锥形环帆伞，有 68 根长度为 37.74 m 的伞绳），此外还有加速前防热罩分离伞、火工装置、控制装置、标位系统及缓冲装置等。3 具主伞正常工作时的着陆速度为8.54 m/s，而只有 2 具主伞能正常工作时的着陆速度为 9.26 m/s。

虽然阿波罗飞船前防热罩的分离伞能为前防热罩提供 13.7 m/s 的初始分离速度，但前防热罩仍存在不能从指令舱尾流区飞出的可能性，这对着陆系统构成了严重的隐患，因此增加了一套加速前防热罩分离的降落伞系统。

3 具主伞的开伞通过弹射筒同时弹射出引导伞来完成，但其各自的充气过程却不同。若一具伞很快地充气，就会妨碍其余两具伞的充气，特别是在松口后的充气过程尤为明显，这种伞群之间的干扰使主伞的开伞载荷出现异常高的峰值。为了改善这种状况，最有效的措施是在主伞衣的第五圈帆片上去掉 25％的材料，使伞上部形成一个环形开槽；另外就是采用伞衣幅中心收口技术，为了减少每具伞的开伞载荷峰值，采用二级收口技术，并在第一级收口上使用两根收口绳（一根作保险用），如图 14－18 所示。收口绳切割器分别延时 6 s 和 10 s 工作。

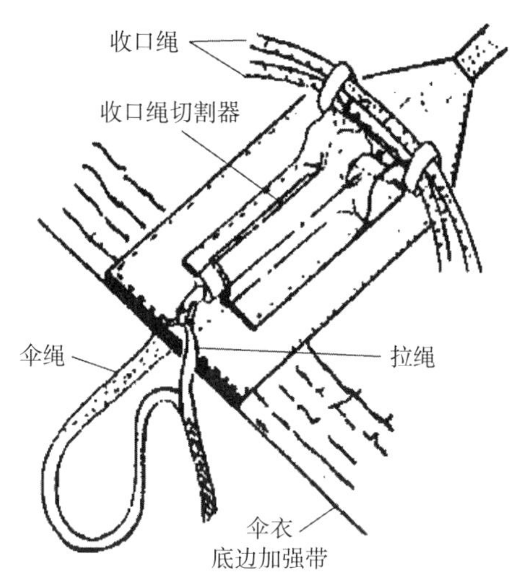

图 14－18　阿波罗飞船的主伞底边收口绳穿过切割器

阿波罗飞船采用了航天员的局部缓冲（对航天员的座椅单独缓冲）和飞船角着陆（飞船底部的一角先着陆）相结合的缓冲措施。

（2）着陆系统工作程序

①正常返回情况

阿波罗飞船的着陆程序可以是自动控制的，也可以由航天员手动控制。

回收工作程序由气压高度控制器触点闭合或者延时继电器动作而自动启动，图 14－19 是阿波罗飞船地球着陆系统的程序控制框图，图 14－20 是阿波罗飞船回收工作程序示意图。

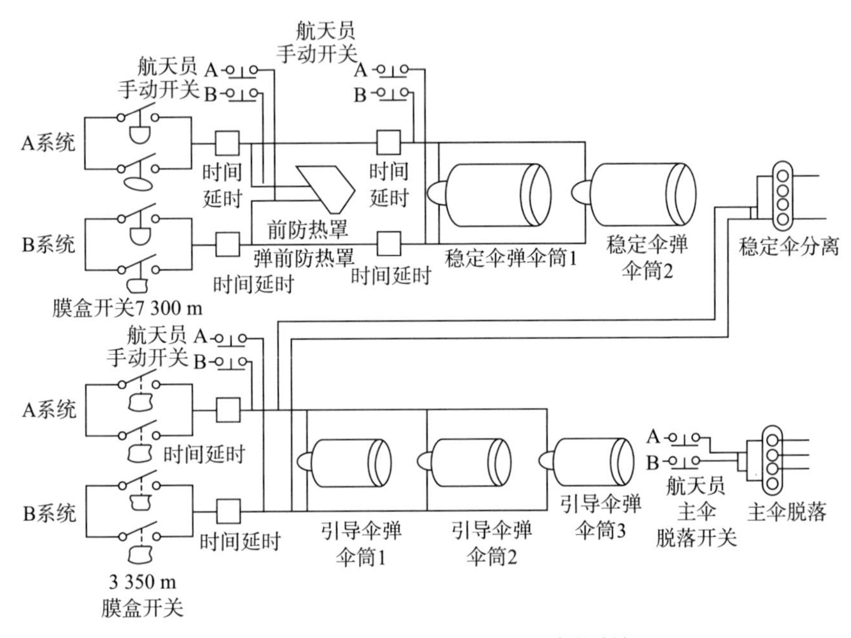

图 14－19　阿波罗飞船回收工作程序控制框图

1）在正常再入或高空应急返回情况下，回收工作程序在名义高度为 7 330 m 时弹射掉前防热罩后开始工作。

2）当前防热罩从指令舱顶部分离后，立即从前防热罩内由弹射筒弹射出一具直径为 2.2 m 的阻力伞，这具伞将前防热罩从指令舱的尾流区中拖出，以防止前防热罩与指令舱再相碰。

3）前防热罩弹射后 1.6 s，2 具弹射筒分别弹射出 2 具稳定伞，稳定伞收口 10 s 后松口，完全张满。由于采用两具稳定伞，因此只要其中一个正常工作，主伞系统就能正常开伞。

4）指令舱下降到 3.4 km 高度时，气压高度控制器动作，经延

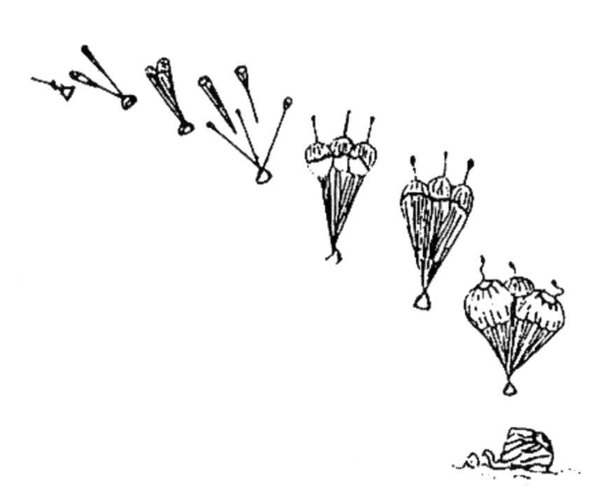

图 14 - 20　阿波罗飞船回收工作程序示意图

1—在 $H=3\ 700$ m 后 0.4 s 顶部防热罩分离；2—在 $H=7\ 300$ m 后 2 s 稳定伞收口状开伞；3—稳定伞收口持续 $\Delta t=10$ s 后松口；4—在 $H=3\ 550$ m，稳定伞分离，引导伞开伞拉出主伞，主伞收口状拉直；5—主伞开伞充气；6—主伞收口持续 $\Delta t=6$ s 后，第一级松口；7—主伞第二级收口持续 $\Delta t=10$ s 后松口；8—指令舱溅落，主伞分离

时后 2 具稳定伞连接绳切割器动作，将 2 具稳定伞的连接绳切断，稳定伞分离飘走。在连接绳切割器动作的同时，3 只弹伞筒分别将 3 具主伞引导伞弹出，待引导伞张开后又将 3 具主伞拉出。

5）主伞经两级收口后，完全张满。

6）在返回舱溅落后，航天员手动控制 3 具主伞连接绳切割器动作，将主伞连接绳切断。主伞与返回舱分离，沉入海中。如果返回舱溅落后是前端部朝下的姿态，则航天员手动控制扶正气囊充气，返回舱转为前端部朝上的正常姿态。

②应急返回情况

飞船在低高空和高高空的应急返回情况，对于降落伞系统来说与正常返回情况相同，没有特殊的技术要求。

如果发射阶段发生应急情况，那么由于开伞高度与速度都很低，构成了降落系统工作的下限，因此必须备有一套应急措施。阿波罗飞船采用了救生塔式的低高空应急救生方案。当飞船飞行的最大高度低于气压高度控制器所控制的开伞高度时，前防热罩的弹射以及稳定伞、引导伞和主伞的引出都是按定时程序进行的，该程序由延时继电器控制。发射段的应急返回工作情况如图 14 - 21 所示。

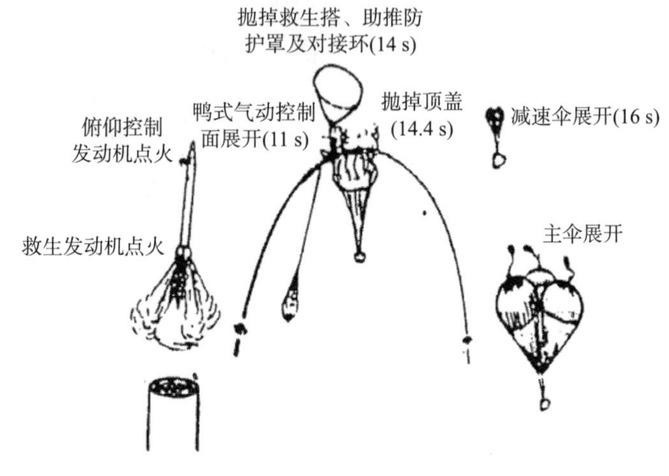

图 14 - 21 阿波罗飞船着陆系统发射处应急返回程序（发射台至 91 440 m）

14.3.4 神舟号飞船的着陆程序控制

神舟号飞船的着陆程序采用自动控制方式，在正常返回、应急返回和高空救生情况下，神舟号飞船返回舱按正常工作程序着陆，其工作程序如图 14 - 22 所示。

1）当返回舱下降到 10 km 高度时，气压高度控制器使时间程序控制器置零（$t_1 = 0$ s），并开始按预定程序发出时序指令。此时姿态控制系统已将返回舱调整至标准配平姿态，对应攻角为 20°。

2）当 $t_1 = 0.5$ s 时，引爆伞舱盖分离装置，打开伞舱盖。伞舱盖的分离将引导伞从伞舱拉出并开伞，继而引导伞将减速伞从伞舱拉出。减速伞开伞后呈收口状工作 8 s，切断收口绳呈完全张满状再工作 8 s，使返回舱速度下降到 8 m/s，为打开主伞创造必要条件。

3）当 $t_1 = 16.5$ s 时，引爆降落伞连接分离机构上的脱伞火工装置，使减速伞与返回舱分离，继而减速伞拉出主伞。主伞开伞，呈

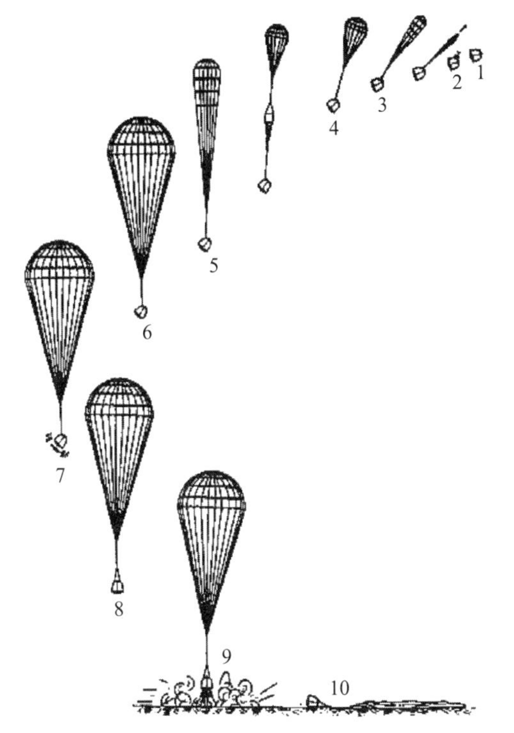

图 14－22　神舟号飞船着陆系统工作程序

1—返回舱呈配平姿态下降；2—弹伞舱盖，开引导伞；3—引导伞拉出减速伞，减速伞收口状开伞；
4—工作 8 s 后解除收口，减速伞全开；5—减速伞分离，拉出主伞，主伞收口状开伞；
6—工作 8 s 后解除收口，主伞全开；7—抛防热底；8—转换成对称吊挂；
9—着陆缓冲发动机工作；10—脱主伞，着陆

收口状工作 8 s 后切断收口绳，主伞完全张满，使返回舱速度下降到 13～17 m/s。

当返回舱下降到 6 km 高度时，气压高度控制器使时间程序控制器再次置零，$t_2=0$ s。

4）当 $t_2=58$ s 时，引爆防热底火工装置，防热底从返回舱上脱落。

5）当 $t_2=68$ s 时，引爆挂降落伞连接分离机构的垂挂火工装

置，使返回舱由单点吊挂状态转换为双点对称吊挂。

6）当 t_2= 78 s 时，引爆座椅上的火工装置，使座椅缓冲器起竖进入工作状态。

7）当 t_2= 95 s 时，启动 γ 射线高度表，在离地面约 10 m 高度上 γ 射线高度表发出信号，通知航天员准备着陆。

8）在离地面 0～1.8 m 高度上，返回舱速度已下降到 6～7 m/s。γ 射线高度表发出着陆缓冲发动机点火指令，使返回舱的下降速度进一步减小到 1～4 m/s。

9）着陆缓冲发动机点火后 2 s，主伞脱伞器解除保险，航天员可通过手持仪表板上的按钮操纵主伞与返回舱脱离。

返回舱经过以上过程最终实现安全着陆，然后等待地面救援部队的回收救援。

14.4 回收救援

对于载人航天飞行来说，飞船返回舱安全着陆并不等于整个飞行任务的圆满完成，接下来的回收救援工作也是非常重要的。其包括及时找到并撤离航天员，为航天员提供医监和医保服务，对返回舱进行技术维修并运往指定地点等内容。由于载人飞船可能在正常情况下或在各种故障状态下返回地面，因此返回舱可能在预定着陆区或在非预定着陆区内着陆。这就要求有一支庞大的回收救援队伍，其能适应各种环境（包括各种地面环境与气候环境），并能从飞船发射升空开始随时准备展开回收救援工作。

美国和俄罗斯已在载人飞船的回收救援方面积累了丰富的经验。本节将主要以其回收救援工作为例，就回收救援任务的组织与实施两方面内容作简要介绍。

地面回收救援部队的主要任务包括：

1）用各种手段寻找并发现降落中的或已着陆的载人飞船返回舱；

2）预测并确定返回舱落点的精确坐标位置，将位置信息通知给回收救援部队指挥中心；

3）回收救援部队指挥中心调集救援人员与各种救援设备，尽快抵达返回舱着陆区；

4）回收救援部队尽快撤离航天员，医护人员对航天员进行医务护理，将航天员运往救护保健中心；

5）对返回舱进行技术维修，取出返回舱中的技术文件、返回产品、科研资料及可卸的仪器；

6）回收整个返回舱，并将其运往指定地点。

回收救援部队是一支拥有各类专业人员（包括飞行员、领航员、医生、通信专家、气象专家以及车队人员等）和特种装备（飞机、直升机、测向仪、水陆交通工具、通信设备以及医疗、气象和信息处理设备）的特种机动救援部队。

一般来说，载人飞船返回舱的回收救援工作涉及到空军、海军的回收救援部队，以及同载人飞船有关的部门和机构。因此，载人飞船的回收救援任务是一项复杂的系统工程，需要在组织指挥机关领导下、各有关部门协调作业。

为保障载人飞船的安全返回，通常要设置一个主着陆场和几个备用着陆场。当返回舱在某一备用着陆场降落时，除编制的回收救援部队外，还要号召任何可能的当地部队与部门参与回收救援工作。

当飞船返回舱在公海溅落时，由海军的搜索救援部队负责回收救援；如果溅落在外国领土或领海，则需要根据国际或双方协议进行协调，并由专门的空、海部队对航天员和返回舱进行回收救援。

14.4.1　回收救援任务组织与管理

回收救援指挥中心负责整个飞船回收救援、勤务保障的指挥工作。指挥中心通过设在主着陆场的指挥所或备用着陆场、沿发射航区内的辅助指挥所对参与搜索的飞机、直升机及地面车辆进行指挥。

每次回收救援工作被划分为几个责任区，每个责任区又被分为若干个搜索区。在搜索区内布置一定的搜索人员和装备，组成回收救援部队，负责该区的搜索救援工作。

回收救援部队的各专业分队有明确的作业分工。搜索分队负责对返回舱进行地面搜索，在各种特殊着陆条件下（包括水域、森林、山区、沼泽等）采取措施，以对救援航天员和回收返回舱；利用无线电通信向指挥中心报告返回舱具体位置，便于其他分队人员及时赶到着陆点。技术作业分队由各种技术人员组成（包括发射场和返回舱制造厂厂方代表），负责在返回舱着陆现场救援航天员以及对返回舱进行技术维护。医疗救护分队负责在返回舱着陆现场给航天员提供医疗救护。其他地面工作分队负责各种地面勤务工作，包括气象勤务、航空工程勤务、物资技术保障勤务和通信勤务等。

在技术装备方面，回收救援部队为了保障各分队在各种地理、气候和气象条件下，以及在难以到达的地区能自主地回收救援着陆的航天员和返回舱，并同其他搜索飞机、直升机、指挥所和航天员保持无线电通信，给各个正式编制的分队配备了种类繁多的技术装备，如专用搜索飞机、通信中继飞机、直升机空中站、具有高越野性能的搜索回收车辆（包括水陆两用的、带起吊机的回收车），在各种飞机和车辆上都装有高灵敏度的无线电测向装置及各种波长的通信设备，以及救生用具和帐蓬等（包括御寒服装、医疗器械和其他专用工具，供撤离作业和航天员救护之用）。所有这些设备经专门包装后，由搜索飞机、直升机和地面车辆运往返回舱着陆地点，必要时也可空投到着陆现场。

为了便于海上救援作业，还要动用海军回收救援部队的人员和装备，包括装备齐全的打捞船、搜索和起吊设备的舰船、气垫艇以及直升机等。在这些舰艇和飞机上都有经过专门训练的医务工作者、潜水员和其他技术人员，以便能及时对溅落在海上的航天员进行必需的救援和从水面上回收返回舱。

载人飞船的回收救援工作涉及搜索和找到返回舱、救援和撤离航天员、对返回舱进行技术维护以及将返回舱回收和运送到指定地点的整套措施。因此，回收救援指挥中心要制订严密的救援工作计划，组织下属各部门协同动作。回收救援系统除以上回收救援部队外，还包括参与航天飞行任务的各个地面测控站、测控船、卫星通信网、地面雷达站、地面测控中心等通信保障系统，以及进行天气预报的气象保障系统。图 14－23 和图 14－24 是美国水星飞船在计划协调阶段和操作控制阶段的组织机构。在这两个阶段中，水星计划国防部代表分别负责制定计划并安排各种资源，以支持其后续工作。具体包括飞行前的训练和模拟工作，负责国防部各有关部队、资源和设施的操作控制，通过回收控制中心对全球范围的回收部队进行指挥控制，利用先进的通信设备对着陆点的意外变化作出快捷反应。

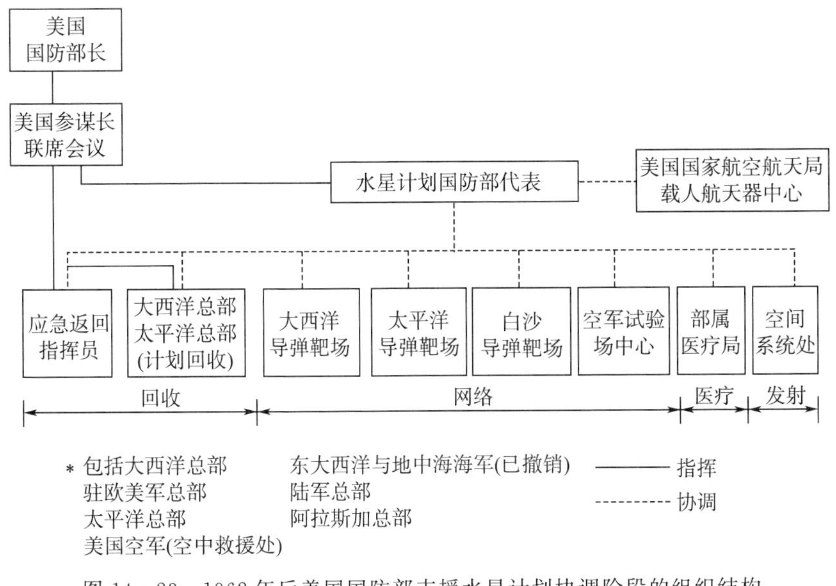

图 14－23　1962 年后美国国防部支援水星计划协调阶段的组织结构

美国国防部为支援水星计划投入的人力极为庞大。在水星计划最后一次飞行（MA－9）中，回收部队由 28 艘船和 171 架飞机组成，参与回收工作总人数达 18 000。回收着陆区达 32 个之多，且多是应急着陆区，在应急着陆区的回收救援工作主要由飞机和伞兵负责。

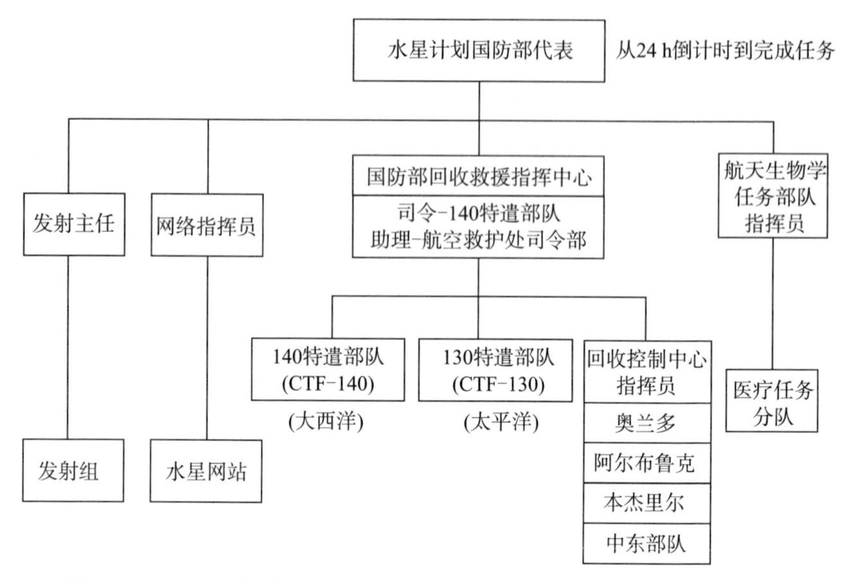

图 14-24　1962 年后美国国防部支援水星计划操作控制阶段的组织结构

飞船着陆区分主着陆区、副着陆区和应急着陆区，回收救援部队主要布置在主着陆区内。当飞船在应急着陆区着陆时，在可能情况下，其他着陆区的救援部队应立即给予支持。

美国阿波罗飞船设定了 4 个着陆区，分别是日本立川附近的西太平洋区、夏威夷群岛附近的中太平洋区、百慕大附近的西大西洋区和亚速尔群岛拉日什附近的东大西洋区。此外还设有 4 个应急着陆区，分别是毛里求斯、帕果帕果、利马（秘鲁）和阿森松岛附近。在飞船飞行的一个返回圈内，一般设主副 2 个着陆场。

图 14-25 是苏联回收救援各个机构的组织管理实施示意图，图 14-26 是苏联联盟-TM 飞船发射区的回收救援部队组成情况。苏联空军搜救总指挥部是回收救援任务的指挥中心，其负责指挥与协调各个分系统之间的工作。在联盟-TM 载人飞船飞行期间，按标准方案进行搜索回收工作时动用的飞机、直升机、地面车辆和搜救人员总数如下：

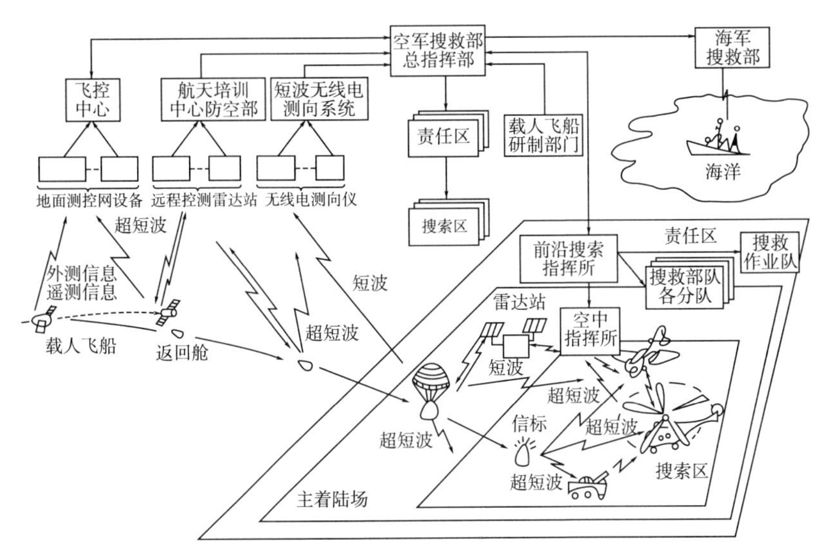

图 14-25　苏联载人飞船回收救援组织机构

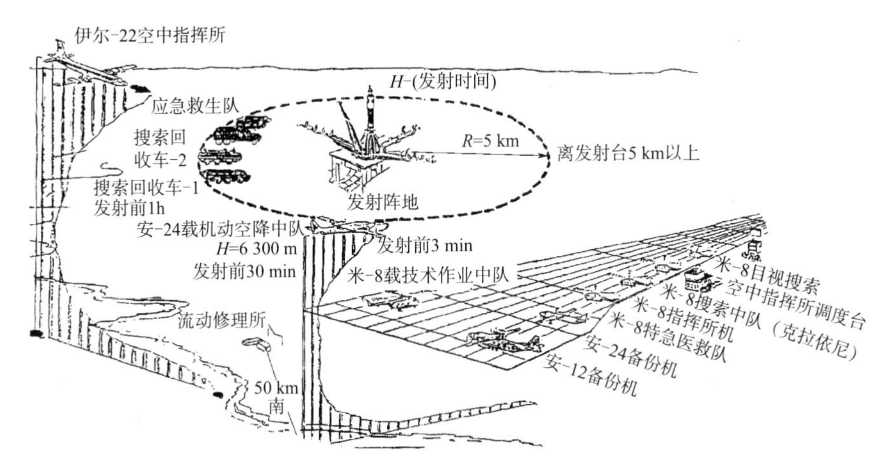

图 14-26　苏联联盟-TM 飞船发射区回收救援部队组成情况

安-12、安-24、伊尔-22、图154、伊尔-76等飞机共26架，米-6、米-8直升飞机共57架，搜索回收车辆8台，履带式搜索救援车5台，技术操作中队、急救医疗中队共7个，空降中队19个，医生44人。

联盟-TM飞船在北哈萨克斯坦预定区着陆，即在离拜科努尔254 km的阿尔卡勒卡或离拜科努尔125 km的哲兹卡着陆。在应急情况下，分别布置了每圈的着陆区：1、2、3圈——哈萨克斯坦着陆场，4、5圈——伏尔加格勒应急着陆场，6、7圈——英国、法国边界区，8、9、10、11、12圈——美国、加拿大领土，12、13、14圈——日本、中国海域。

14.4.2 回收作业

根据回收救援作业计划，载人飞船的回收救援工作分为搜索和回收两个阶段。在搜索回收作业准备过程中，应给回收救援部队下达任务书，其内容包括：载人飞船的发射日期和时间、返回舱的着陆日期；返回舱的计算航线和着陆点，返回舱的主要特性，航天员呼号；各类飞机的起飞程序、飞行路线、高度和速度，进入飞行路线起点的时间；无线电搜索和目视搜索的方式；飞行员在听到返回舱无线电信号及返回舱进入着陆区后应如何行动；同航天员及地面（航船）进行无线电通信的方式、频率和呼号；直升机降落和起飞的程序。

在飞船发射前5～6昼夜，需将回收救援部队的人员和装备集中在预先确定的地区，以便进行部队训练。在飞船发射前3昼夜，搜索人员和装备不仅要部置在航天发射场和主着陆场，同时还要部置在飞船发射航区上选定的主动段救生区和备份着陆场，以便在发射入轨段发生险情和飞船入轨后突然发生事故需紧急返回时进行搜索救生。

回收救援部队在飞船发射时刻便进入准备状态，并及时与航天发射场指挥部协同动作，直到飞船入轨为止。

在飞船入轨后的整个飞行期间，回收救援部队同载人航天飞行指挥中心协同动作，从飞行控制中心获得返回舱每圈可能着陆的区域和时间信息、下降航迹数据、航天员自我感觉的信息和飞船的飞行状态信息等回收部队本身亦向飞行控制中心通报自己的准备情况、投入使用的装备以及着陆区的气象条件等。

在着陆日，飞机和地面车辆沿返回航区布设，在下降过程中采用多种探测手段搜索与探测返回舱。用地面无线电测量站对返回轨道上和降落伞开伞后的返回舱进行远距离探测（可利用防空部队的无线电探测站、当地的雷达站、远距离测向系统、超短波无线电测向仪等），用机载和地面搜救车辆（舰船）上的无线电探测设备发现并测定返回舱的坐标，对返回舱进行目视观测，并更精确地测定返回舱着陆区的坐标。具体顺序如下：

1）防空部队的无线电探测站从返回舱进入大气层时刻（到达 95 km 高度时）开始对返回舱进行远距离探测。

2）通信和无线电测向枢纽站在飞船发射前和着陆前 1 h 30 min 进入工作准备状态。

3）防空部队的无线电探测站、地面回收救援部队和搜索回收车辆、观测哨和当地雷达站在主伞系统预计开伞时间前 3 min 进入 1 级准备状态。

4）在主伞系统预计开伞时间前 3 min，搜索飞机和直升机进入有关的责任区，并根据气象条件编成相关梯队。

5）从返回舱上的超短波和短波无线电信标机开始工作起，搜索飞机、直升机和搜索回收车上的人员便用机载或车载探测设备进行返回舱探测和定向。探测到信标并予以定向后，飞机便以 0°差 10°的无线电台相对方位角飞往返回舱（以避免同返回舱相撞）；若在返回舱预计着陆时间以后探测到信标，则以 0°无线电台相对方位角飞往返回舱，同时机组人员向指挥所报告发现信号的时间、自己所在的位置、磁航向、无线电信标的方位以及同航天员建立无线电通信等情况。然后用机场的雷达站和自己的无线电测向仪更精确地测定返回舱的实际着陆区。

当搜索直升机和地面车辆未探测到返回舱的信标时，可由搜索飞机（通信中继飞机）通过指挥所将直升机和地面车辆引入到返回舱着陆区。搜索飞机飞越返回舱着陆点上空时，用超短波电台向指挥所发出返回舱着陆点的方位。

地面搜索车辆也可由飞向返回舱实际着陆点的搜索飞机在飞越车辆上空时，将其引入着陆区。

无线电探测设备是基本的搜索手段，其不受气候、时间条件限制，但为了加强搜索能力，也利用红外设备根据再入大气层时的热辐射尾迹来发现返回舱。而且一定要充分利用目视观测手段，例如利用返回舱降落伞的颜色及返回舱着陆时发出的声、光信号来发现返回舱。

当搜索飞机的机组人员看到返回舱后，便在返回舱的安全距离内选择停机坪，并且在搜索区飞行指挥长的指挥下按一定的顺序降落。当技术操作中队不能被空运时，可用地面搜索回收车辆将其运往返回舱着陆地点。

当回收搜索部队和装备进入返回舱着陆现场后，搜索阶段便宣告结束。接着在回收作业指挥长（技术操作中队长）的领导下进行撤离航天员和回收返回舱的工作。具体顺序如下：

1）组织警卫将返回舱围起来，只允许技术操作中队的成员、医生和其他降落专家接近；

2）由技术操作中队成员开启返回舱的舱盖，首先由医生、再由降落专家将航天员扶出返回舱，然后进行必要的救护和医检；

3）将航天员送入现场架起的、可供野外任何条件下使用的帐篷，由急救医疗队的人员（包括医学生理研究所的专家）在 1～1.5 h 内用相应的医学仪器和检查设备对航天员进行身体初步检查；

4）用专门的直升机将航天员送到最近的机场；

5）由技术专家检查返回舱的技术状态，取出文件、科研资料和可卸的仪器，然后用专门的车辆将返回舱运往指定地点；

6）回收救援部队将有关在返回舱着陆现场完成的工作情况和航天员的身体情况、自我感觉等信息通过电话通信线路通报给飞行控制中心。

最后，回收救援任务圆满完成，回收搜索部队与装备返回常驻基地。另外，当载人飞船返回舱在海面上溅落时（如美国的载人飞船系列），虽然其回收救援工作只能在海面上进行，但过程与在陆地上的回收救援工作基本一致。在飞船返回过程中的搜索定位阶段，无论着陆点在海上还是陆上，搜索定位手段、装备与方法几乎完全相同。在回收救援阶段，在海面上溅落时，需要利用舰船将回收救援部队和技术装备等运往着陆海域。当舰船和直升机到达着陆海域后，将潜水员和专用设备投放到海面上，潜水员进行一系列操作，其中包括连接海锚与飞船的漂浮环。将飞船打捞到船上后进行的工作与在陆地上着陆后的工作完全一样。

通信保障在飞船回收过程中是非常重要的，其肩负着保障指挥中心与下属的各机构之间及下属机构相互之间通信畅通的重要任务。回收通信系统为保证回收救援任务的完成提供了可靠的通信手段。指挥中心通过专用的通信网络，向回收救援部队、返回舱及其他地面控制分中心下达指挥命令，以便协调动作；各下属机构也通过通信线路向指挥中心报告各自的情况。在建立回收通信系统时，要充分利用航天、部队各部门已有的通信资源，并利用卫星通信等现代化的通信手段。

气象保障的主要任务是进行天气预报，从而为选择着陆区提供必要的参考，保证飞船不在可能受到环境影响的区域内着陆。影响飞船安全着陆的气象因素包括雷雨、大风、积冰条件、云层高度、能见度和海上降落时的海况等。一般要求风速不高于 25 节，空中云量不超过 30%，云层高度不低于 450 m，能见度不小于 5 km，以及没有影响降落伞下降的气流紊乱现象。要做好气象保障工作，必须注意两方面问题：一是在计划初期为选择着陆场提供必要的气象资料；二是为执行返回与回收任务提供着陆场和备用着陆场的气象观测资料，并据此作出准确的天气预报。根据气象学研究，可选择的着陆场之间需分开200～500海里（1海里＝1.852 km）或更远的距离，以保证避开有害天气的影响。这样就可以在计划执行过程中根据气象预报选择着陆场区。

医学保障的主要任务是提供及时的、严密的现场医疗救护，在飞行后对航天员生理状况进行迅速全面的评定。在太空中飞行较长时间的航天员，因受到一些特殊环境的影响（包括超重和失重等），其心理和生理都会有一系列变化。当航天员返回地面后，需要对其进行全面测定。这项工作必须由专门的医生负责，包括规划、组织和部署在全球范围内的医学支持工作。医学保障工作涉及到多方面的内容，如行政管理、设施、设备人员和训练等。根据每次载人飞船回收救援的特点，选择与配置合适的医疗设备，制定完整的医疗保障方案和程序。参与回收救援的医疗人员必须经过严格的医疗训练，且在回收救援之前就被分配到各个有关部门和主、副着陆区。

第 15 章　测控系统

本章通过介绍测控系统的任务、功能和组成，重点讲述测控系统在航天器测轨跟踪、遥测遥控中对航天飞行控制的重要作用，使读者了解测控系统的工作流程。15.1 节通过对载人航天测控系统的介绍，概述了测控系统的地位、作用、功能和结构；15.2 节重点介绍了测控系统的中枢——飞行控制中心的功能与组成；15.3 节概述测控系统的耳目——测控站（船）的任务和组成；15.4 节对测控系统的工作全过程作扼要介绍。

15.1　测控系统概论

15.1.1　测控系统概述

载人飞船由运载火箭发射升空到完成全部飞行任务顺利返回的整个过程已由图 14－1 给出。该过程通常包括发射段（即运载火箭工作段）、在轨运行段和返回再入着陆段。对承担不同任务的载人飞船而言，其发射段和返回段基本相同，而在轨运行段的飞行过程可随任务而异。但不管为了完成哪类任务，总需要一个系统来对运载火箭、飞船等航天器进行跟踪、测量和控制，以完成地面对航天器的测控以及两者之间的信息传递。这些信息包括跟踪测量、指令控制、遥测、遥感、报话通信和电视图像等项目。

航天测控系统就是对航天器飞行轨道、姿态和其上各分系统工作状态进行跟踪测量、监视与控制的技术系统，用于保障航天器按照预先设计好的状态飞行与工作，以完成规定的飞行任务。当系统中还包括有天地话音、电视和用户数据传输等通信功能时，又被称为航天测控与通信系统。测控就是遥测（telemetry）、跟踪

(tracking) 和指挥 (command) 的简称 (TT&C)。其包括对航天器的跟踪观测，获得其相对于地面的运行信息，借以了解和预报其轨迹和运行情况；获取其内部测得的工程参数和航天员生理参数，借以了解航天器中各部件的工作状态和航天员的健康状态，用于制订飞行计划和控制决策；以及对航天器进行必要的指令控制，借以按照任务需要改变其工作状态、轨迹、姿态及进行机动飞行。通信(communication) 是指获取、传输航天器和地面之间的视觉和语言信息。其包括获取与传输航天器舱内、舱外的环境图像和航天员的生活图像、航天员与地面指挥控制人员的通话信息，地面向航天员播放电视、音乐节目，航天员与家人实况见面等。

在本书中，航天测控与通信系统简称为航天测控系统。各类航天系统都具有测控系统，不同的航天系统还可以有其专用的测控系统，某些航天系统也可以按照其测控需求的共同性合用一个相互兼容的测控系统。

由于除地球同步卫星的飞行轨迹地面投影一般为范围有限的小“8”字形外，航天器飞行轨迹的地面投影都是环球性的，因此，为了从地面上实现对航天器飞行轨道的高百分率跟踪和通信覆盖，常需要从全球范围甚至高空考虑测控系统的布局问题。由图 15-1 可知，测控系统实质上是由一个测控网组成的，该测控网由飞行控制中心、测控站、测量船（或飞机）、连接飞行控制中心和测量站（船）的双向通信线路和控制链组成。

测控系统按照测控对象不同，可分为导弹测控系统、卫星测控系统和载人航天测控系统。按照作用距离的不同，其又可分为发射场测控系统、近地卫星（轨道高度为数百千米）测控系统、高轨道测控系统和深空测控系统。

在测控网支持下，测控系统与航天器携带的制导、导航与控制系统相配合，对各类航天器在飞行的各个阶段完成遥测、跟踪和控制任务（见图 15-2）。

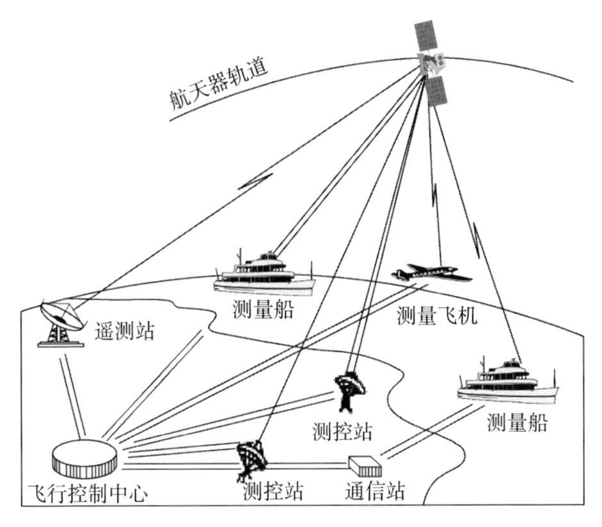

图 15－1　（地基）测控系统示意图

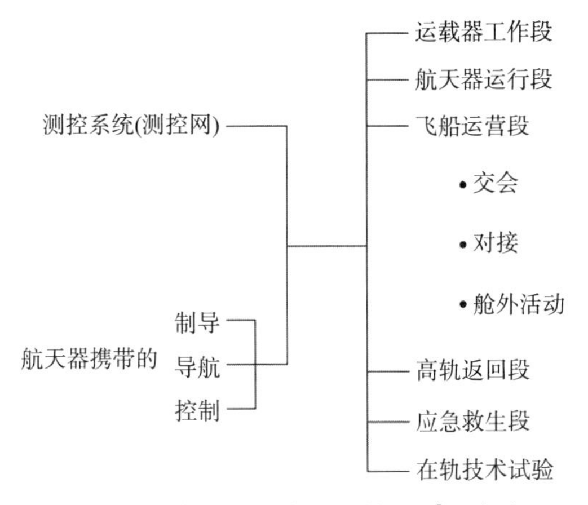

图 15－2　航天器飞行过程的 TT&C 任务

测控与通信系统的发展经历了以下 4 个时期。

1）测控设备独立发展时期。跟踪设备、遥测设备、遥控设备、电视和话音设备相互独立发展，各有自己的载频、天线和收发设备。1965 年前基本处于上述状态，使得设备庞大繁多，操作复杂。

2）统一载波时期。从1965年后逐步形成了跟踪设备、遥测设备、遥控设备和话音设备的传输共用一个载频的情况，构成了统一S波段载波测控系统，达到了简化天-地设备的效果。

3）1980年前后，TT&C和宽带、高速数据通信系统合并成为通信和跟踪系统（C&T），这反映了载人航天转入应用阶段。

4）由陆（海）基的测控与通信系统转向天基测控与通信系统。采用陆（海）基的测控与通信系统，需要在全球范围内建站才能满足载人航天任务的覆盖要求；而天基测控与通信网主要利用跟踪与数据中继卫星系统（TDRSS）及少量的地球站（一个或几个）就能实现覆盖全轨道飞行任务的通信与跟踪。

航天器测控系统一般都是从导弹测控系统发展而来的。随着卫星技术发展、跟踪和数据中继卫星的出现，该系统又增加了跟踪与数据中继系统。由地基网向天基网发展是当代航天高端技术在测控系统中应用的杰出成就，这为载人航天的发展提供了可靠的保障。

（1）任务

测控系统承担下述5项主要任务。

①测轨

1）目标实时的坐标与速度测量；

2）航天器的轨道计算和位置预报。

②测姿

1）姿态测量；

2）姿态稳定与控制。

③遥测

1）工程参数；

2）大容量航天员生理数据。

④遥控（指令控制）

1）实时遥控指令；

2）延时遥控指令。

⑤通信

1）提供遥感和监视显示信息；

2）为远方测量设备提供引导信息；

3）实时数据信息传递；

4）人员通话。

（2）特点

由载人航天测控网的任务可知，其具有如下特点：

1）覆盖空间大（过程不间断）：为了满足跟踪监视、信息传输及应急救生的需要，一般通信覆盖率不小于 30%，轨道覆盖率不小于 15%；

2）实时性强（时间不间断）；

3）精度要求高：定位精度为 10 m，测速精度为 0.01 m/s，姿态精度为 0.1°；

4）数据量大，数据传输率达兆量级；

5）可靠性高，可确保载人航天飞行任务的成功。

15.1.2　测控系统的地位和作用

航天飞行中的测控犹如人体中的神经系统。在发射过程中，由地面测控系统负责测量并监视运载火箭的飞行状态以及飞船是否进入预定轨道；飞船入轨后，地面测控系统继续对其进行测控和监视，以保证其在轨的正常运行和运营；需要变换轨道时，飞船轨道的变换和保持更需地面测控系统进行测量和控制。航天员在飞船的整个飞行过程中都与地面测控系统保持良好的通信联系，地面测控系统对其生理参数进行监视，以保障航天员的应急救生。

地面测控系统对载人航天器发射运行的具体作用如下：

1）对航天器进行测量，确定其轨道参数；

2）为航天器的空间导航系统和自主飞行系统提供必要的地面支持；

3）接收和处理航天器的遥测信息；

4）对航天器进行工作状态控制和动力学控制；

5）接收载人航天器的电视信息，完成与航天员的通话；

6）必要时实施安全控制，以保障航天员的应急救生；

7）为各级指挥系统提供监视、显示信息；

8）与应用部门、科研部门、航天员培训中心、政府部门和新闻单位进行信息交换或通信。

15.1.3　测控系统的功能和结构

（1）功能

测控系统是检验航天器设计指标和控制飞船正常运行的人机结合系统，其应具备信息获取功能、信息传递功能、信息实时计算显示功能、事后数据处理功能以及控制功能，如图 15－3 所示。

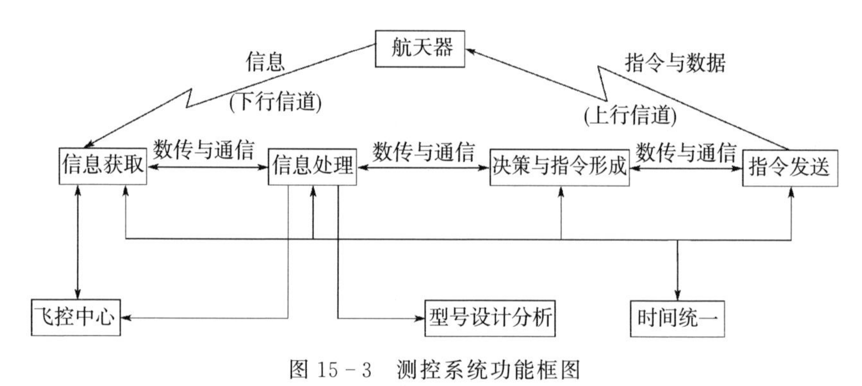

图 15－3　测控系统功能框图

（2）功能结构

作为完成上述功能的手段，测控系统主要包括数据采集系统、遥控系统、实时数据处理系统、监控显示系统、时间统一系统、通信系统、搜索救援系统和事后数据处理系统，如图 15－4 所示。

1）数据采集系统包括光学测量系统、无线电外测系统和遥测系统，用于获取运载火箭和飞船的轨道参数、工作状况的遥测数据和航天员的生理遥测数据，并拍摄和记录运载火箭的飞行状态。

2）遥控系统泛指安全遥控系统和飞船遥控系统，其包括地面遥

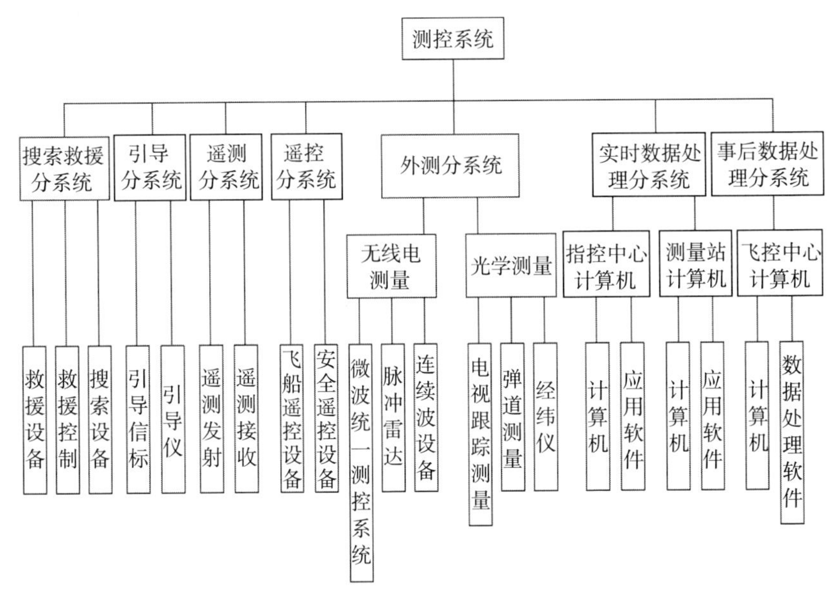

图 15-4　测控系统的功能结构示意图

控设备和运载火箭，飞船上指令接收机、译码器等设备，用于应急救生和对飞船的轨道、姿态控制以及船上设备控制，引导航天器返回，进行着陆导航。

3）实时数据处理系统包括指挥中心计算机、测控站计算机和相应的软件及外部设备，用于实时计算、加工测控系统所获取的信息，为飞行控制中心提供显示数据，并为测控系统提供引导信息。

4）监控显示系统包括显示台、大屏幕、电视监视器和各种记录设备，用于指挥人员观察运载火箭和飞船的发射、飞行情况，以便实施指挥和控制。

5）时间统一系统由定时校频接收机、标准频率源时间码产生器等设备组成，用于向各种测控设备提供统一的时间基准和频率基准。

6）通信系统分为天-地通信与数据传输系统和地-地通信系统。前者主要用在载人航天测控与通信系统中，用于完成航天器和地面之间的话音、电报、电视、图像和特种或较高速率数据的传输。该系统包括信源终端、用户终端、数据传输设备、通信线路、交换设备等，把各级指挥中心、发射场、回收场、测控站（船）联系起来，完成各种电传、数据、话音图像等信息的传输。

7）搜索救援系统由指挥机关与各种特种装备（飞机、直升机、水陆交通工具、测向设备、目视观测器材、通信设备以及医学、气象和其他信息处理设备）组成。

8）事后数据处理系统由计算机、洗印判断设备、磁带记录重放设备、打印设备、显示设备、频谱分析仪和数据存储设备及相应软件组成，其主要任务是精确处理轨道数据和遥测参数，并向研制部门提供处理结果报告。

实现跟踪测量、遥测数据的采集系统、遥控系统和天-地通信与数据传输系统可以是相互独立的系统，即单功能系统。但当今更为广泛采用的是统一系统，即多功能系统，如统一 S 频段（USB）系统。统一的含义是用一副天线（包括天线、馈源、伺服驱动、天线控制单元等）、同一载波信道来传输各功能终端（即基带设备）产生输出的或要解调接收的信息信号。

（3）系统结构

按系统结构划分，测控系统可看成是由若干个位置合理布局的测控单元、经通信系统连接构成的网络。所谓测控单元是指，由若干种功能的测控分系统组成的有机集合，其可以作为一个相对独立的单位布置在适当的位置，执行指定功能的航天测控任务。

有两类基本的测控单元，即测控中心和测控站。从位置布局的角度来观察航天测控系统时，航天测控系统可看成是由控制中心和若干地域分布广泛的测控站，通过通信系统和时间统一系统联结成一个有机整体，从而形成一个信息沟通、时间统一的网，即航天测控网。为了使测控网内信息传输直接、快速，测控网通常都采用星形拓扑结构。

所谓测控网的拓扑结构是指测控网的结构要素总和及其链接形

式。由于各个具有航天能力的国家或国际组织设计测控网的任务背景不同，其测控网的具体结构亦不同。中国航天测控网的拓扑结构如图 15－5 所示。图中节点间直线表示有线（电缆、光缆）链接，其中实线链接用于近地空间卫星飞行任务，虚线链接用于载人飞船飞行任务。节点间折线链接表示卫星通信，其中实折线链接用于近地空间卫星飞行任务，虚折线链接用于载人飞船飞行任务。

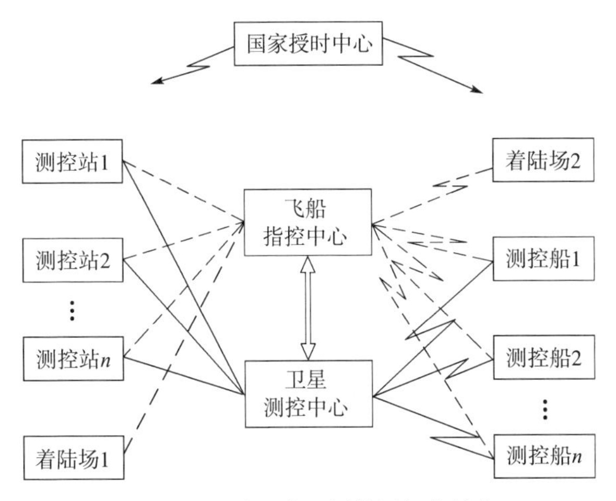

图 15－5　中国航天测控网拓扑结构

15.1.4　载人航天测控系统简介

（1）苏联/俄罗斯航天测控系统

苏联/俄罗斯航天测控系统由 2 个飞行控制中心，约 15 个测控站，6 艘测量船和 3 颗中继卫星组成。飞行控制中心与主要测控站如图 15－6 所示。这个航天测控系统的服务对象是苏联/俄罗斯的卫星、飞船、空间站和航天飞机。

①飞行控制中心

在航天飞行任务中，飞行控制中心是实施信息交换、数据处理、监控显示和指挥决策的中枢。加里宁格勒飞行控制中心是载人航天

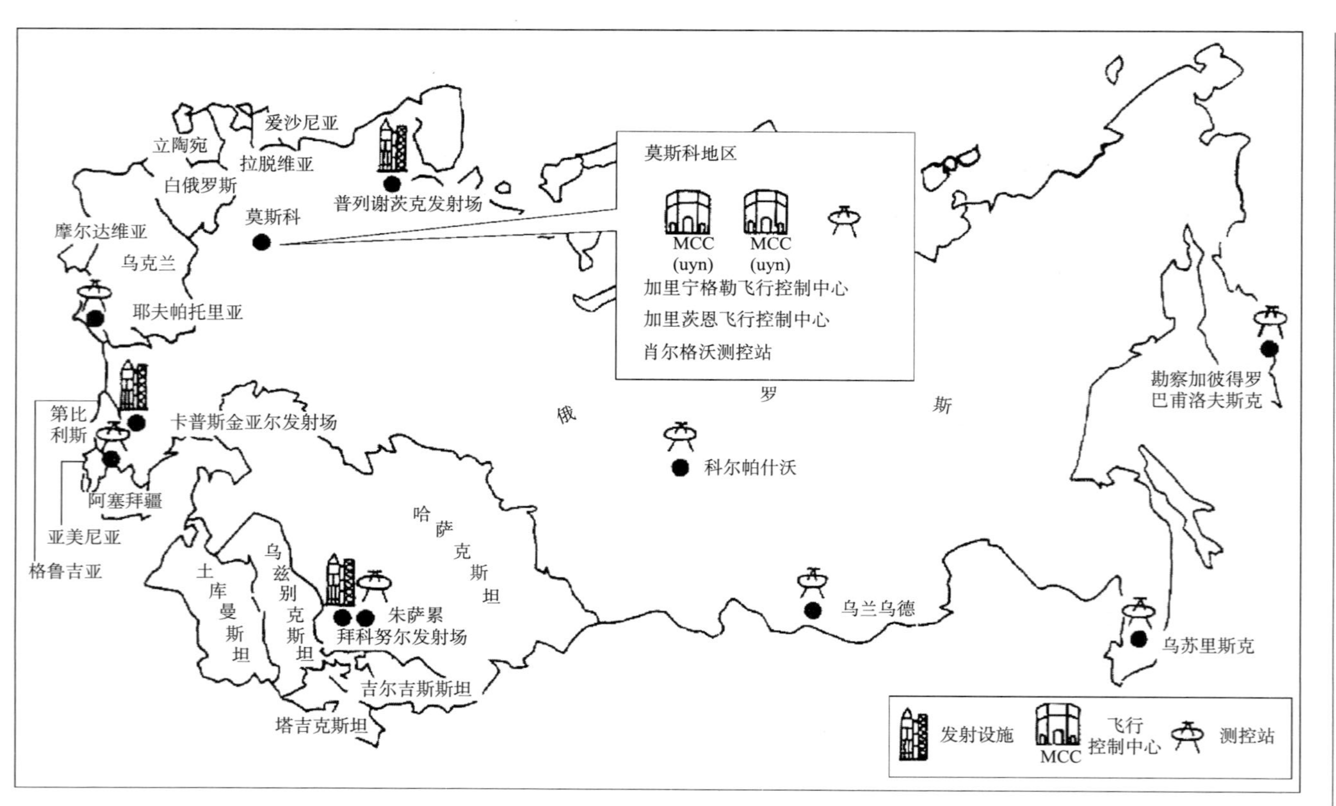

图15－6　苏联/俄罗斯主要飞行控制中心和测控站

飞行控制中心，该飞行控制中心的主要任务是：完成载人航天器（包括载人飞船、货运飞船、空间站和航天飞机等）的飞行控制，完成深空探测器的飞行控制。该中心于多目标状态下工作，以和平号空间站联合体为例，其最多可达 7 个舱体联合在轨运行，飞行控制中心可同时对这 7 个舱体进行测控通信。

加里宁格勒飞行控制中心有 2 个指挥大厅，分别用于和平号空间站和暴风雪号航天飞机的指挥。大厅的主要设备是监控显示台和大屏幕。监控显示台分 5 排，共 24 节，每节为 2～3 个监控显示单元。大厅正面为 5 个屏幕，大的 1 块居中，尺寸为 8 m×6 m，主要显示以世界地图为背景的航天器飞行轨迹；置于两侧的 4 个屏幕尺寸为 4 m×3 m，分别显示航天器图像、航天员工作生活电视画面、轨道示意图、测控计划、重要事件文字说明等。

飞行控制中心的核心是计算机系统。该系统由多台大型计算机组成，每台计算机又由多台处理器组成。中心的计算机按照功能可分为：弹（轨）道保障计算机、遥测处理计算机、指令和计划生成计算机、仿真计算机等。所有计算机联为一个网络，其数据传输速率为10 Mb/s。该计算机系统的数据处理能力强、实时性好、可靠性高。

为保障飞行控制中心的通信，中心设有通信电路 720 路，其中包括传输电视信号的宽带电路 20 路。该飞行控制中心利用位于莫斯科以东约 35 km 处的肖尔格沃测控站内的卫星通信站、通过闪电号和地平线号通信卫星实现与测控站（船）的通信，同时利用站内的终端站，与波束号中继卫星进行通信。

②测控站

1）运行段测控站。为了提高航天器的测控覆盖率，在苏联/俄罗斯领土范围内的东西方向上配置了 15 个主要测控站，使经度覆盖范围达到近 180°。图 15 - 6 给出了其中 7 个用于载人航天测控的测控站位置。

2）主动段测控站。除测控系统中的测控站外，为了对运载火箭的主动飞行段进行测量，对图 15 - 6 所示的 3 个发射场均配置了必备的测控站。

拜科努尔发射场就拥有 5 个测控站：位于联盟号运载火箭发射场附近的第一测控站，位于天顶号运载火箭发射场附近的第二测控站，位于质子号运载火箭发射场附近的第三测控站，位于列宁斯克（发射场生活区的城镇）附近的第四测控站和第五测控站。其中第一、第五测控站为大型测控站，配有多功能测控设备。

除以上 5 个测控站外，在拜科努尔发射场以东还有 4 个测控站，以保证发射载人飞船的航区的测控需要，详见图 15 - 7。

③测量船

为了提高对航天器的测控覆盖率，苏联/俄罗斯建造了规模很大的海上测量船系统，图 15 - 9 给出了 1989 年 11 月 26 日从拜克努尔发射场发射量子- 2 号轨道器完成与和平号空间站对接任务时所用的 12 艘测量船的布设位置。航天器一旦超出了地面测控站的测控范围，就将通过海上测量船对其进行跟踪与控制。

测量船从载人航天器接收遥测信息，并借助波束号中继卫星网把信息传输到飞行控制中心；其也可以用于航天员与测量船之间的通话。因此，借助测量船可以把绕地球一周90 min的航天器与飞行控制中心之间的通信时间从 20 min 提高到 45 min。

④中继卫星

苏联/俄罗斯正在使用中的中继卫星波束号（Luch）共 3 颗，分别定位于东经 95°、西经 16°和西经 160°的赤道上空，该中继卫星分布如图 15 - 8 所示。图 15 - 8 中矩形框表示中继卫星的覆盖范围。中继卫星的 2 个抛物面天线分别用于与地面终端站及和平号空间站通信，2 个抛物面之间的相控阵天线用于与飞船通信。地面终端站发往飞船、空间站的信息（来自飞行控制中心）有指令信息、话音信息等；终端站发往飞行控制中心的信息（来自飞船、空间站）有遥测信息、话音信息、电视信息等。

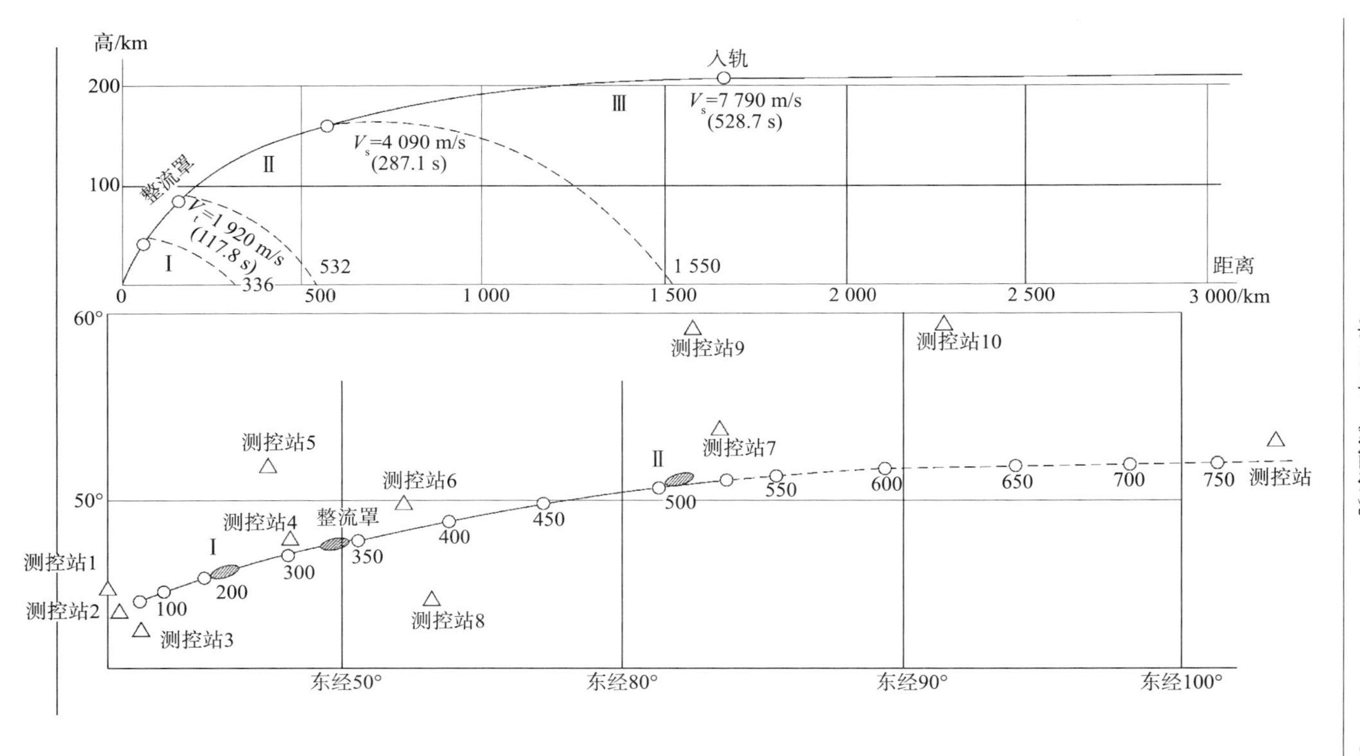

图15－7　从拜科努尔发射场用于联盟号运载火箭发射载人飞船的航区及测控站

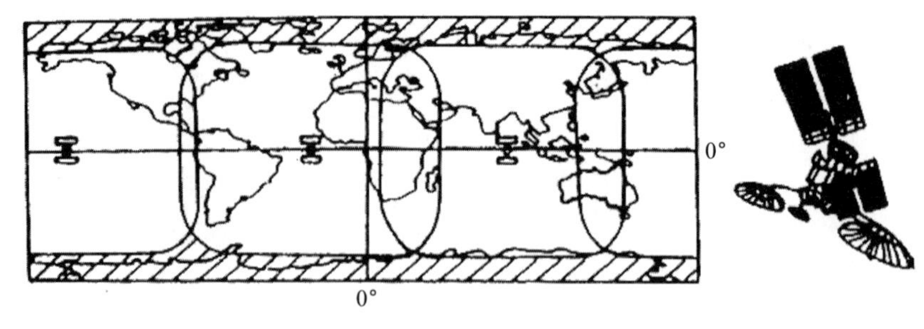

西经 160°中继 卫星（尚未发射）　　西经 16° 中继卫星　　东经 95° 中继卫星

图 15-8　苏联/俄罗斯中继卫星分布及其外形

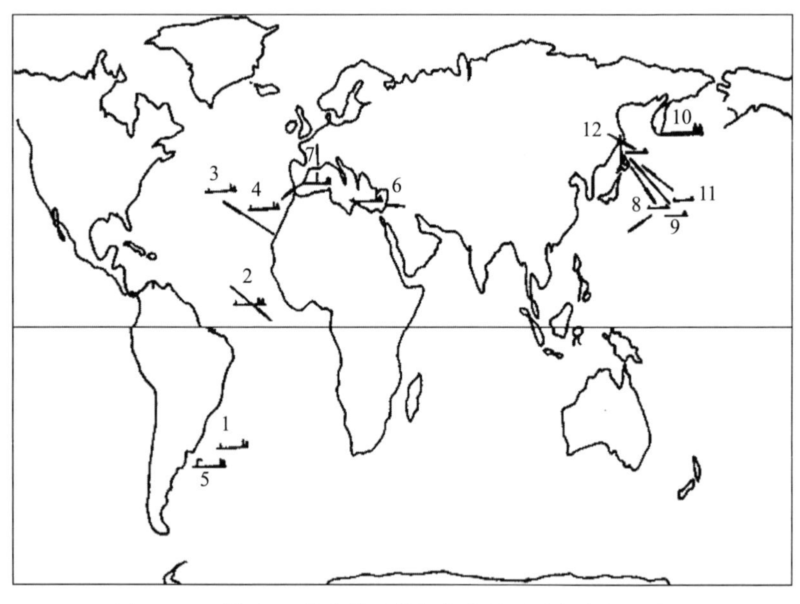

图 15-9　量子-2 号发射对接任务中的测量船布设示意图

地面终端站位于肖尔格沃测控站内，与飞行控制中心之间有宽带通信线路。地面终端站有 2 副天线和 2 套对应设备，可同时与 2 颗中继卫星通信。中继卫星系统建成后，充分展示了其覆盖率高、使用方便等优点。俄罗斯在 1992 年执行的重要航天任务中均采用陆上测控站加中继卫星的测控方案，尽可能少地动用测控船。

(2) 美国载人航天测控系统

美国的载人航天测控系统是由战略导弹测控系统演变发展而成的，大致经历了从立体化—全球体—卫星化三个阶段。图 15 - 10 给出了美国实施阿波罗登月计划时的测控系统布设示意图。其由 22 个地面测控站、5 艘测量船、8 架测量飞机、3 个飞行控制中心组成，对近地轨道的覆盖率可达 30%。

载人航天跟踪网（MSFN）是美国于 20 世纪 60 年代开始建设的，其主要是为载人航天任务服务的一个跟踪和数据获取网，由遥控网、通信网、遥测网、跟踪网、仿真网、实时计算机网和飞船电视网等专业网与休斯敦航天指挥控制中心组成。20 世纪 70 年代初与卫星跟踪和数据获取网（STADAN）合并，经调整和充实后，便成为综合性的航天跟踪和数据获取网（STDN）。

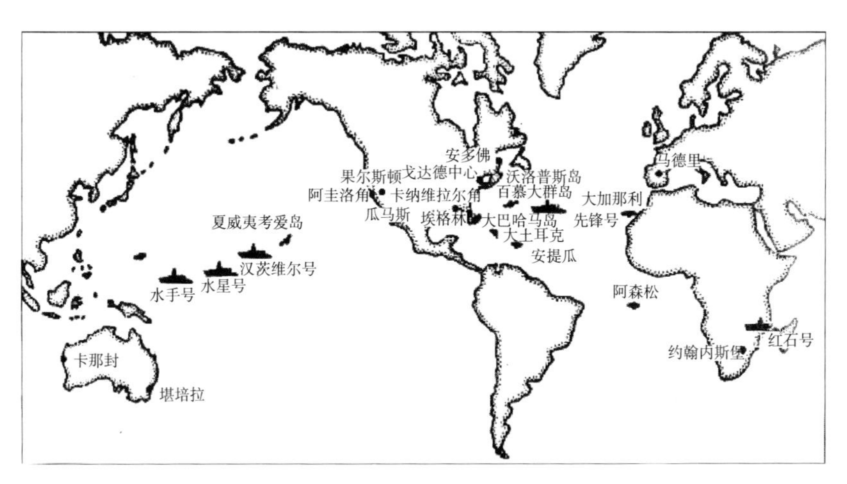

图 15 - 10 美国测控系统（地面站和测量船配置图）

20 世纪 80 年代，随着卫星应用技术的发展，测控系统由原来全球化的陆基时代进入了卫星化的天基时代。此时，利用一颗地球同步轨道中继卫星就可以覆盖低轨航天器 50%的轨道段；运用两颗跟踪和数据中继卫星（TDRS ）与地球终端站构成的立体测控系统，对低轨道飞行器可提供 85%的覆盖率，从而大大减少了地面测控站及相关设备。美国用跟踪与数据中继卫星取代了在全球设置的14个测控站，且对所有中、低轨道航天器的轨道覆盖率由曾经的15%提高到了85%，处理信息的能力也提高了6倍多。同时，每年节省的维修和运行地球测控站费用达3亿美元。

(3) 日本航天测控系统

日本宇宙事业开发局建有独立的航天测控系统，但其受地理条件的限制，规模不大。该系统的操作中心、卫星控制中心和载人指控中心位于筑波宇宙中心，包括胜浦（桂）站、增田站、冲绳岛站及其他用于初轨阶段的测控站，必要时可请求NASA提供测控支持。为了完成国际空间站日本负责的部分，日本于2002年9月发射了试验型数据中继试验卫星（DRTS），其定点于90°E。

受困于欧美对日本火箭技术发展的限制，日本目前没有独立自主的大型地面测控站，也没有大型航天测量船，主要通过美国、法国、德国等国家组建的共同测控系统来满足其航天发展的测控需求。虽然该测控系统覆盖面广、精度高、技术先进，但由于日本没有自主权力，获得的测控能力有限。

(4) 欧洲空间局航天测控系统

欧洲空间局测控系统于1968年开始运行。早期测控设备工作在VHF频段，主要用于近地大倾角卫星的测控。1986年成功研制并启用S频段统一测控系统，主要用于支持地球同步卫星以及高轨卫星的发射段和在轨运行期间的测控。欧洲空间局航天测控系统中心位于德国的达姆斯塔特，包括一些固定站和机动站，并根据任务需要随时启用和增设一些测控站，总的规模并不大。根据实际需要常常要请求美国NASA、法国CNES和其他国家向其提供测控支持。经过几十年的发展，欧洲空间局测控系统已经初具规模，其测控站可以保证欧洲空间局所有中低轨卫星和同步高轨卫星的测控支持业务。欧洲空间局很重视中继卫星在测控中的作用，2001年发射了试验型数据中继卫星Artemis，定点于59°E，并与位于40°W的DRS卫星组网构成数据中继系统，向低轨道卫星提供S/Ka频段的数据中继服务。

（5）我国载人航天测控系统

我国的载人航天测控通信系统是在原有卫星测控通信系统的基础上增加建设了符合国际标准体制测控系统，其可进行国际联网的S波段统一测控通信设备，形成了新的陆海基载人航天测控通信系统。其主要包括北京、西安、酒泉的3个指挥控制中心，喀什、东风、渭南、青岛、厦门5个固定测控站，和田、主场2个活动站，纳米比亚、马林迪、卡拉奇等8个国外或国际联网站，以及航行在太平洋、大西洋等洋面上的4艘远望号测量船。2008年4月25日，中国首颗跟踪与数据中继卫星（简称中继卫星）天链1号的01星，在西昌卫星发射中心由首枚长征3号丙火箭成功发射，这标志着中国航天器首座天基数据中转站正式建成。2011年7月11日，天链1号02星成功发射入轨，与天链1号01星组网运行，主要用于为中国神舟号载人飞船及后续载人航天器提供数据中继和测控服务；同时，为中国中、低轨道资源卫星提供数据中继服务，为航天器发射提供测控支持。其不仅可以使中国航天测控网覆盖率大幅提升，还能增强航天器测控及天-地数据传输的实时性。这对未来降低航天器的运行风险，提高地面测控指挥的效率，尤其是在航天器出现异常情况下及时实施故障分析和太空救援具有重要意义。

15.2　指挥控制系统

15.2.1　基本组成

作为航天飞行控制链的测控系统的中枢，飞行控制中心通过其指挥控制和通信系统将测控目标（如飞船）、试验发射中心、跟踪台站链、搜索与救援系统以及信息用户（即准备在空间进行科学试验的机构）连接成一个可协同工作的整体。

由图15-11可知，在飞船发射之前，发射场的指挥控制中心与飞行控制中心协同工作。飞行控制中心指定精确发射时刻，并通过无线电通信进行指挥；继而发射场的指挥控制中心要不断向飞行控制中心通报各阶段的进展情况，最后报告飞船是否准备就绪。实施发射前不久，大量的遥测数据便开始从飞船传入飞行控制中心，飞行控制中心的专家们根据这些信息来判定飞船及其系统的工作状况、起飞时受超重和振动的影响情况以及飞船以什么样的条件进入轨道。从运载火箭起飞到脱离，指控中心要对飞船的安全和任务负责。在飞船到达预定轨道后，其由飞控中心接管。

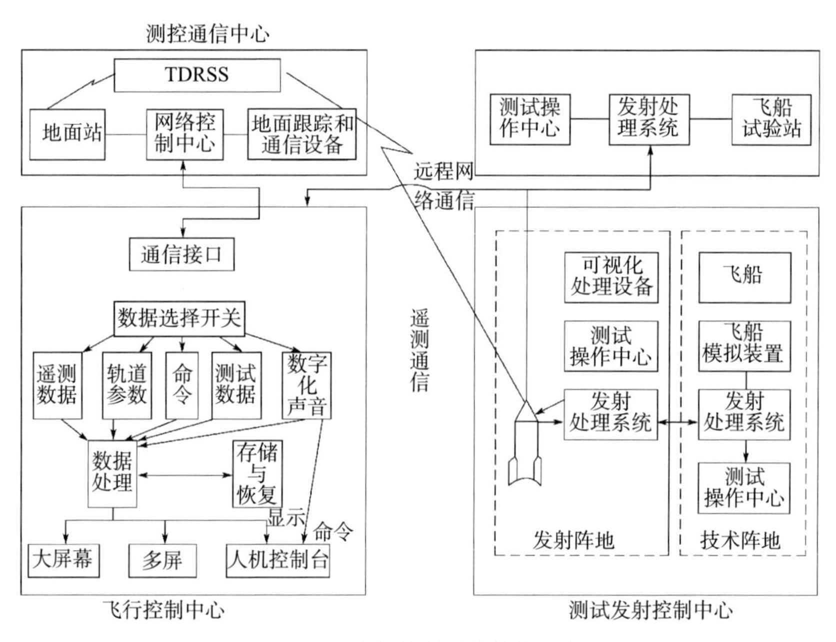

图 15-11　指挥控制系统结构示意图

在从发射升空到航天员着陆的整个过程中，每时每刻都存在搜索与救援的需求。为了完成报告发动机何时开机制动降落、预报着落地点、报告航天员与回收舱的状况等任务，搜索救援系统需要与飞控中心合作。飞控中心先预测出可能的目标区域及在轨飞船每圈可能的着陆点，搜索救援系统向中心报告准备情况。

航天器研制机构的专家们与飞控中心的专家共同分析飞船的性

能。其动用已有的软件模拟在轨飞船上可能出现的紧急或预料之外的情况，确定其原因并提出解决措施。

在整个飞行跟踪控制过程中，飞行控制中心实施对地面测控站飞行控制操作的指令指挥。通过通信系统引导各地面测控站对飞越其视区范围内的飞船进行接力跟踪，由地面测控站发出的遥测数据需及时发送到飞控中心或进行站间必要的数据和信息交换。

15.2.2　指挥控制中心和飞行控制中心

指挥控制中心和飞行控制中心在航天测控系统中起到如神经中枢一般的重要指挥控制作用，其包括调度指挥中心、控制计算中心、信息交换中心、试验通信中心和数据处理中心。在发射首区设有指控中心，由其负责运载火箭主动飞行段的指挥、控制、信息交换、试验通信和数据处理；在飞船航区与轨道段由飞行控制中心负责飞船运行段的指挥、控制、信息交换、试验通信和数据处理。两个中心互相交换数据信息，以飞行控制中心为决策中心、协同指挥，共同完成航天飞行试验的任务。

（1）发射首区的指挥控制中心（指控中心）

①功能

作为航天发射场的指挥、控制、信息交换、试验通信和数据处理的中心，指挥控制中心必须具备下述功能：

1）能实时汇集传输各种信息：反映射前准备阶段关键工作的实况（如吊装、加注燃料），点火及飞行实况，弹道参数，测控通信设备工作状况，安全控制等；

2）能对各种信息进行编辑、检验、加工和交换，使其变成所需的信息形式，并能实时显示、打印、记录各种原始数据，为事后分析检查提供依据；

3）有拍摄电影、实时摄像、录像和重放记录，以再现整个飞行过程的能力；

4）有反映各种试验工作状态的显示监视手段和指挥调度手段。

②任务

利用上述功能，指控中心将用于完成下述任务：

1）指挥：对航天飞行试验的运载火箭主动飞行段下达指挥口令，对所属参试单位实施指挥，与航天飞行控制中心进行协同指挥；

2）负责运载火箭一、二级飞行段的安全控制；

3）对射前和起飞初始段的实况、弹道数据进行显示，并向飞行控制中心和友邻指挥所提供显示信息；

4）给各测控站和下靶场测控设备提供引导信息；

5）完成性能校飞和故障的数据处理任务。

③组成

图 15－12 给出了指挥控制中心组成的方框图，其各组成部分的功能简述如下。

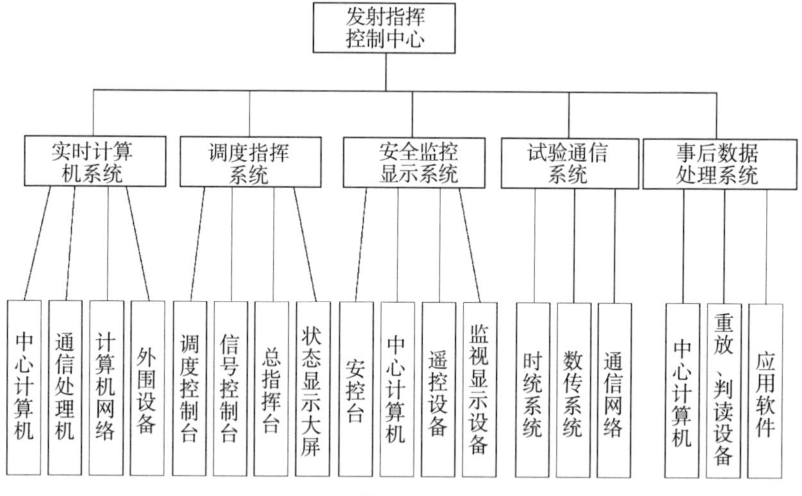

图 15－12　发射指控中心组成方框图

1）实时计算机系统。这是指挥控制中心的核心系统，用来完成数据处理、实时引导、安全控制和显示等任务。通常都是双工配置，互为热备份。

作为与飞行控制中心及各测控站计算机的数据通信和站内指挥

调度的枢纽，该系统必须具备两种功能：首先必须具有远程网络通信功能，以完成全网的信息交换；其次，可完成自身负责的计算和控制任务。图 15-13 给出了与指挥控制中心连接的设备。

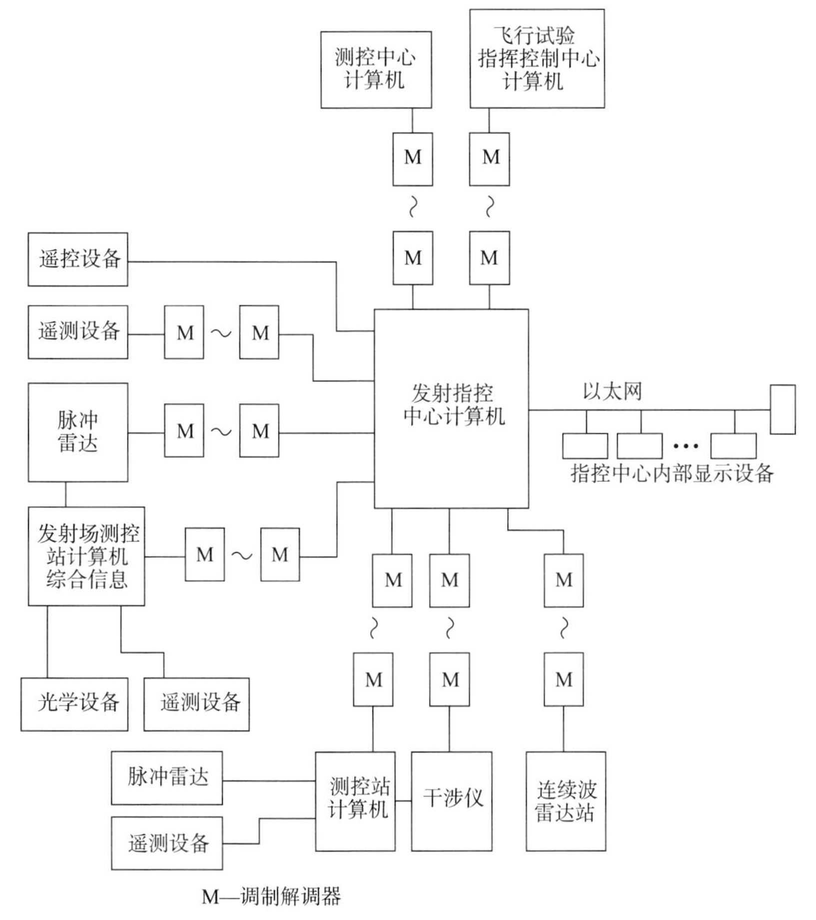

图 15-13　与发射指挥控制中心计算机连接的设备

2）调度指挥系统。作为指挥试验的专用通信系统，该系统用来完成飞行试验任务的组织指挥和任务协调。其由调度控制台、信号控制台、总指挥台和状态显示大屏等组成。总指挥台配置有以观测飞行器试验发射实况的，时间划分显示，全区工作状态划分显示，发射流程显示，安检状态显示，任务勤务调度口令显示以及飞行参数显示等显示设备。

3）安全监视显示系统。该系统由中心计算机、安控台、遥控设备和显示监视设备组成。安全指挥员借助此系统进行安全判决，通过遥控指令达到安全控制的目的。

4）试验通信系统。该系统由时统与数传两大系统及其间通信网络组成，将在第 18 章进行详细介绍。

5）事后数据处理系统。该系统由硬件设备与应用软件两大部分组成。应用实时接收或记录重放设备、判读设备、中心计算机、频谱分析仪、数字模拟磁带机等设备对原始数据作预处理，然后利用应用软件通过中心计算机对数据作综合处理，最后生成规定格式的数据图形和表格并发送飞控中心和用户。

（2）航天飞行控制中心（飞控中心）

飞控中心是对整个载人航天活动进行规划和指挥、对载人航天器从起飞到着落整个任务期间的所有操作进行保障的核心设施，也是进行信息交换、数据处理、监控显示和指挥控制的中心。

①任务

1）发射前计划制定：进行发射前各种准备，包括制定长期计划和详细的飞行计划、部署地面保障系统、对航天员和地面操作人员进行培训等。

2）实施指挥控制：对地面保障系统进行指挥与协调，对航天器进行监视、测控，对航天器进行制导、轨道监视和遥控，指挥和控制航天器的返回着落。

3）完成实时测控：汇集各测控站（船）获取的跟踪测量和遥测数据，确定航天器的轨道参数与姿态参数，处理遥测数据，计算和提供各类控制参数，提供引导信息、显示信息和轨道预报，监视飞船的工作状态。

4）故障诊断与排除：根据遥测数据以及与航天员的通话来判断航天器各系统的工作状况，对故障进行诊断和排除。

5）对参与载人航天活动的各系统进行协调。

6）对航天任务进行仿真演练。

7）汇集测控系统数据，进行事后数据处理。

②组成

由上述任务可知，该中心实质上是以主计算机为中心的集中式数据处理网络结构系统。图 15－14 给出了一个飞控中心的典型结构框图。

由图 15－14 可以看出，该中心由三部分组成。

1）通信接口系统。通信接口系统由通信处理机等一些通信设备组成。由其提供飞控中心内部以及飞控中心与外界的话音、数据通信，负责对输出数据进行格式编排和压缩，对输入数据进行格式重排和编码，以及数据加密等工作。

2）数据计算设施。数据计算设施由多台处理机组成，负责处理从通信处理机送来的数据，完成遥测、轨道和指令数据处理任务，将处理结果以图形语言构造的显示内容发送给显示和控制系统。各类计算机分别用于航天作业、动态备份、模拟作业、地面保障模拟和动态检查维修等方面。

3）显示和控制系统。显示和控制系统由数字/电视式显示设备、离散事件指示灯、大屏幕显示等设备组成。

数字/电视式显示设备利用主机输出的数据产生多路视频显示，显示画面由静态背景和动态前景组成。

离散事件指示灯用于控制台上的指示器、警告装置和报警灯光。

大屏幕显示设备用来显示世界地图、航天器轨迹以及航天器系统状态，以及航天员生活和工作情况。屏幕图像由计算机生成，由实时数据驱动。

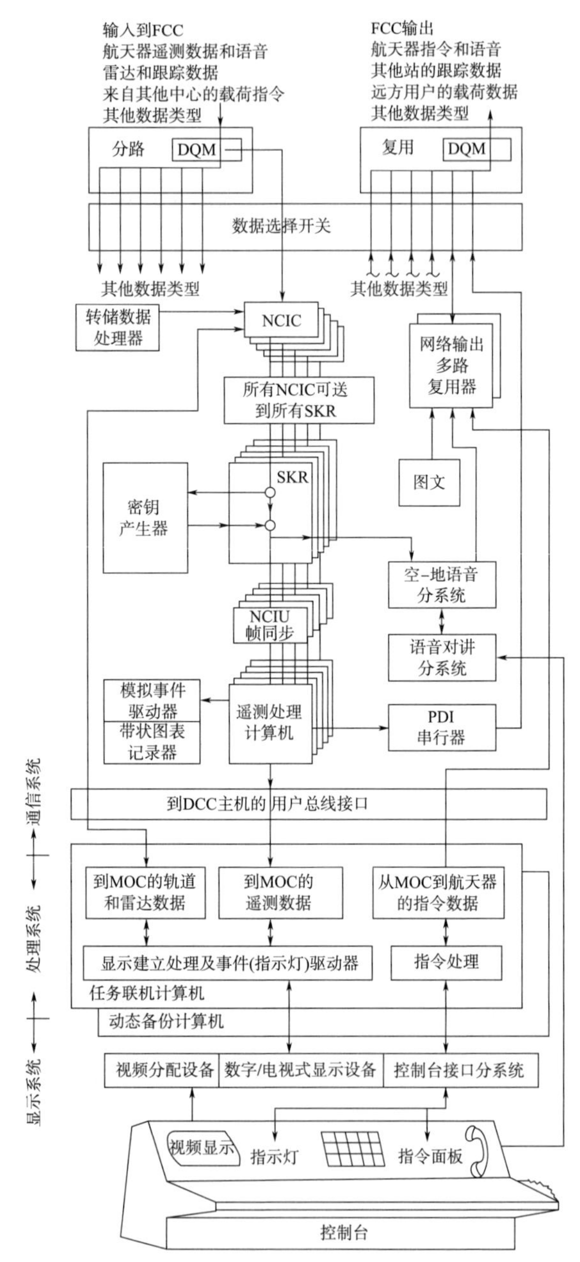

注：FCC—飞行控制中心；
NCIC — 网络通信；
接口公用设备：
SKR — 分离-解密-组合器；
DQM — 数据质量监视；
NCIU—网络通信连接器；
专用设备：
PDI — 载荷数据摄入器；
DCC — 数据计算设施；
MOC — 任务操作计算机

图 15 - 14　飞控中心典型结构框图

15.3　测控站

航天测控站是执行测控任务的基本单位，是航天测控系统同航天器进行无线电联系的结点，是直接对航天器实施跟踪测量、控制及进行通信、数据传输的测控单元。其任务是：在航天控制中心的组织下，跟踪测量航天器的轨道运动参数，接收解调航天器的遥测信息，向航天器发送遥控指令（含注入数据），与航天器通信和交换数据信息。

根据跟踪测量、遥测、遥控和通信等分系统在测控站中的配置情况，将航天测控站分为单功能测控站和多功能测控站。单功能测控站只具有一种测控功能，多功能测控站具有两种或两种以上测控功能。

作为综合测控站，其功能如图 15－15 所示。其可以集遥测站、跟踪站、遥控站和通信站于一体，也可以选择其中一或二项进行工作。

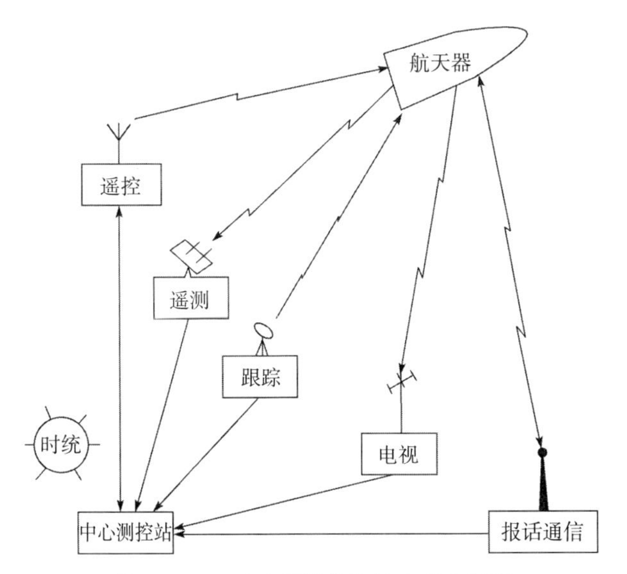

图 15－15　多功能测控站的功能示意图

在首区，借助首区跟踪遥测站、阵地电视系统和通信系统完成射前保障准备，测量运载火箭主动段弹道，获取箭-船各系统工作状况和航天员状况的遥测信息，同航天员进行无线电和电视通信，以及安全控制（在发射台和起飞后发现异常情况时发出接通救生塔的指令）等工作。在航区，还要不时从掠过相关测控站区域的航天飞行器上获取其各系统工作和航天员生理状况的遥测信息，并对其轨迹作测量和预报，同航天员进行无线电和电视通信。

这些测控站又必须通过通信系统与飞行控制中心实现通信联系，把跟踪和遥测结果传送到控制中心，再把对飞船的指令信息从控制中心传送到测控站。飞行控制中心通过测控站同航天员进行话音和电视联系。

由测控站所担负的任务决定了其布局应能保证为航天飞行控制提供最有利条件，图15－16给出了测控站与飞行控制中心的信息交换链图。

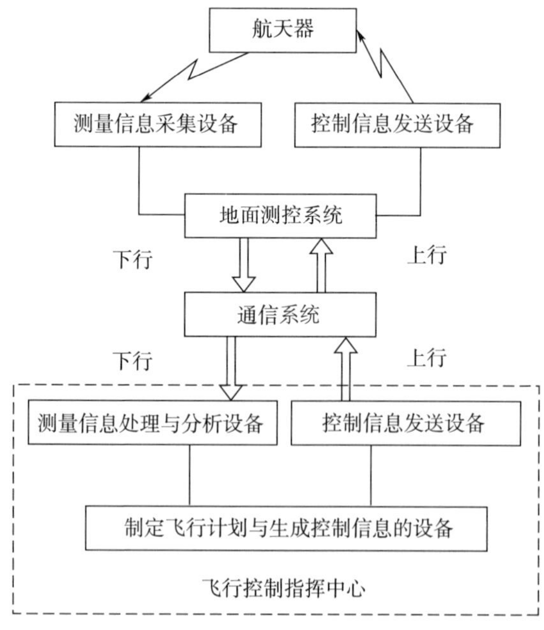

图15－16　测控台（船）与飞行控制中心的信息链

15.3.1　测控站的分类

（1）根据布设位置不同，分为天基测控站、空基测控站和地基测控站

1）天基测控站：运行于地球同步轨道上的跟踪与数据中继卫星，简称为中继卫星（TDRS)。由中继卫星、地面终端站和用户航天器上的合作设备组成了跟踪与数据中继卫星系统（TDRSS)，系统中的中继卫星作为测量基准点完成对用户航天器的跟踪测量，以及作为用户航天器和地面终端站之间的信息中继；地面终端站通过地-地通信链路与航天器控制中心相连，完成控制中心与天基测控站的信息交换任务。

2）空基测控站：即测量飞机，是一种空中机动测控站。在航天测控中，其主要用在载人航天器的入轨段和返回段，以保障天地间双向话音通信，接收和记录遥测信息，必要时向航天器发送遥控指令。

3）地基测控站：分为陆上固定站、陆上机动站和海上测量船。

（2）按测控对象不同，可分为近地卫星（飞船）测控站、地球同步卫星测控站和深空测控站

（3）按照站址是否固定，可分为固定站和活动站

1）固定站：站址固定，有大型的固定设施（如机房、天线座、标校塔及输变电设备等)。设备固定使用，通常不能机动。

2）活动站：设备装在活动平台内，由汽车牵引，设备轻便灵活。活动站机动性大，可按任务需要任意布设展开。活动站按其布设的空间位置又分为陆基活动测控站、海上测量船和空中测量飞机。

（4）按运载火箭、航天器飞行阶段不同，可分为初始段测控站、主动段测控站、入轨段测控站、运行段测控站和再入段测控站，各测控站的任务可以兼容。

1）初始段测控站：在发射阵地附近部置测量设备，多为光学电影经纬仪、高速摄影机、无线电遥测设备。完成运载火箭起飞初始

段的姿态摄影和弹道测量，接收遥测信息。

2）主动段测控站：沿着射向两侧向前延伸部署测量设备，既有光学测量设备，又有无线电测量设备，一般以无线电测量为主。完成运载火箭主动飞行段的精密跟踪测量。

3）入轨段测控站：将测量设备部署在对入轨段测量精度最好的位置上，以满足入轨点对测量精度的要求，一般应配置高精密的无线电外测设备、无线电遥测设备和电子计算机。

4）运行段测控站：根据不同的轨道对测量的要求和要完成的测控任务部署的测控站，除了配有光学电影经纬仪、单脉冲雷达、双频多普勒测速仪及电子计算机外，还配置了微波统一测控系统。其集测轨、遥测、遥控、数传和电视接收五项功能于一身。

5）再入段测控站：根据航天器再入速度大的特点，在射向两侧安全距离以外配置跟踪角速度大的外测设备或广视场角的弹道照像机等测量设备。

（5）按功能不同，可分为综合测控站和专用测控站

随着测控技术的发展，专用测控站已向综合测控站发展。早期的光学电影经纬仪必须采用三站交汇测量定位，一台光学设备就构成了一个测量站。现在可用于完成若干职能的测控系统比只完成单一职能的专用站使用得更为普遍，这样既便于对测控设备的管理，又能综合利用时统、通信及电源设施，较为经济。

15.3.2 综合测控站的任务与组成

（1）任务

①跟踪

轨道的计算、预报、修正与返回着陆预报、地面测控站的目标指示等都必须对航天飞行轨迹进行跟踪测量。航天器飞过相关测控站的视区时，部置在测控站的跟踪设备将通过测量确定其运动参数。所得测量数据经测控站初步处理以后，所得编码实时或事后发送至飞行控制中心。

②遥测接收

利用无线电遥测设备接收和解调航天器的遥测信号，从而获取航天器工程参数、探测参数以及航天员的生理参数等信息，并实时发送至飞行控制中心。

③同航天员进行通话

当飞船在某一测控站的视区内飞行时，地面用超短波同飞船内航天员进行无线电通话。继而通过地面通信网或中继卫星，把同航天员的双向通信接通到飞行控制中心。由飞船、测控站和飞行控制中心组成的电视通信可实况转播航天员的工作和生活情况。

④遥控指令的发送

根据飞行控制中心的命令，对航天器实施各种控制，并通过遥测监视控制的效果。

(2) 组成

综合测控站由光学外测设备、无线电电子外测设备、无线电遥控设备、无线电遥测设备、引导雷达以及与其配套的通信系统、数传和电子计算机等测控设备组成。其典型的设置如图 15 - 17 所示。

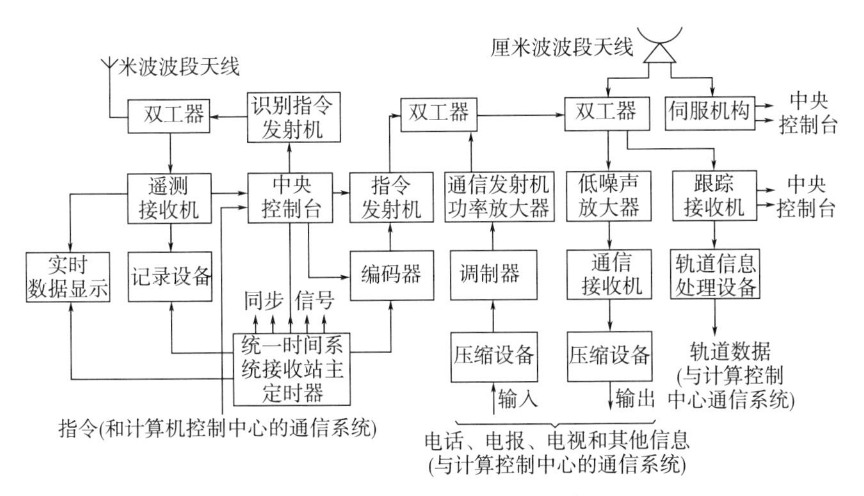

图 15 - 17　综合测控站的组成

15.3.3 测量船的任务与组成

根据跟踪覆盖率的要求，检测和控制航天器飞行还需在国土以外的某些地面点接收遥测和轨道信息，或者传送指令以完成遥控任务。这就要配置如完成此类任务而装备有特殊的无线电技术装备的船舶进行测量和传送指令，以及同航天员进行通信对话。海上测量船的最大优点是其布设的地理范围大，可根据航天器飞行轨迹和测控具体要求比较自由地布设在最有利于测控的海域上，以弥补陆地特别是国土范围的局限，较高效率地增大测控与通信覆盖率。这类船舶测量站为在海洋取得地面站所得不到的航天信息扩充了地面站网的功能，实现了跟踪控制的连续性。

为了完成飞船入轨、运行轨道、变轨等运动参数的测量，实现对其飞行轨道的控制，完成接收遥测信息和科学信息，保障同航天员的话音通信与电视转播诸项任务，测量船除了装备必须的光学外测设备、无线电外测设备、无线电遥测设备、遥控设备、信息计算系统、时统设备、数传设备、有线和无线通信设备外，还必须装备船舶海上定位系统及船舶天线稳定系统。图 15－18 所示为 UNSN 红石号俯视图。

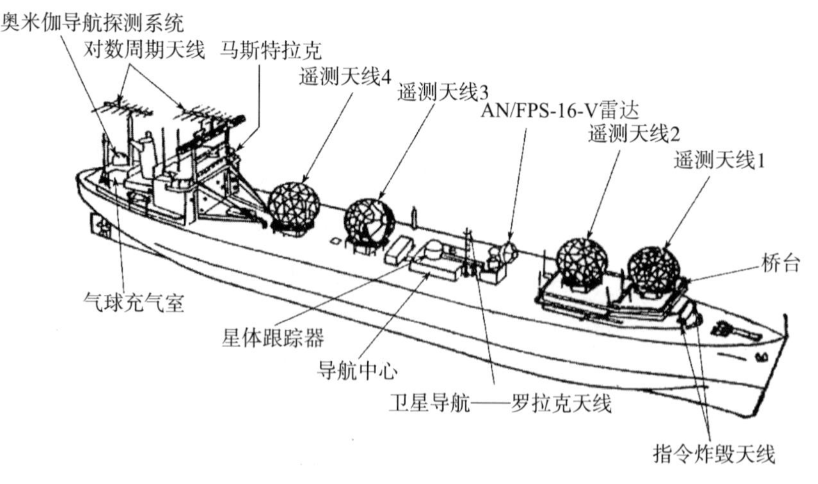

图 15－18　UNSN 红石号俯视图

测量船由导航定位系统、测控系统、通信系统和气象水文系统等组成。

导航定位系统由 2 套惯性导航设备，1 套天文导航设备，1 台卫星导航接收机，1 台导航计算机组成，以保证在执行测控任务期间向船上各测控设备连续提供精确的船位、航速、船舶姿态与航向等信息。

测控系统由激光电影经纬仪、跟踪雷达、综合测量雷达、遥测设备、操作指挥中心和中心数据处理系统、显示终端等组成（见图 15 - 19）。运用该系统可完成飞船的入轨和轨道运行段的跟踪测量，接收遥测数据，接收上靶场传送来的引导数据，作实时数据处理并及时发送至飞控中心。

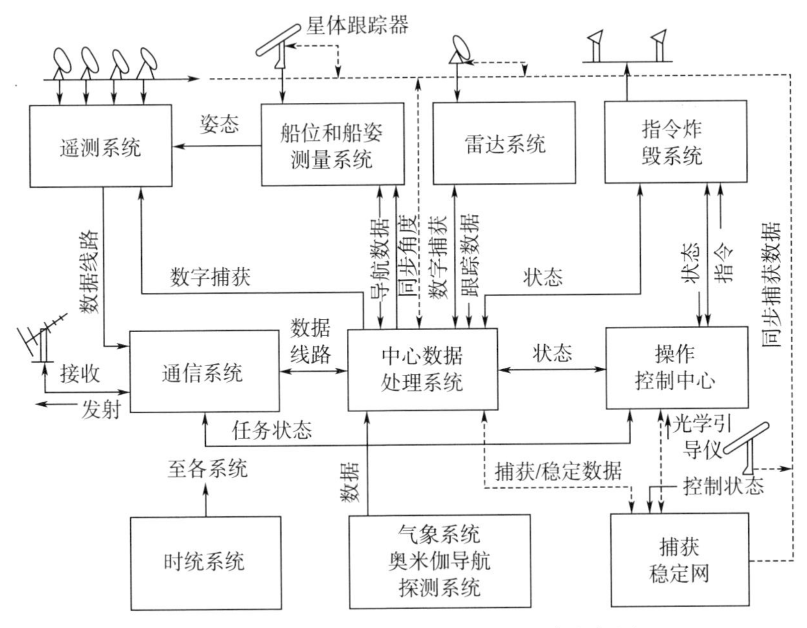

图 15 - 19　测量船的测量控制系统设备方框图

通信系统负责收发船内外的话音、电传和数据信息，对外通信系统承担船对岸、船对船和船对飞机的信息交换任务。其拥有短波、超长波、超短波、卫星通信、接力通信等多种手段。

气象水文系统由高空气象雷达和卫星云图接收机组成，用于进行海面气象观测、高空气象探测、接收低轨卫星云图，根据所得数据制作海区内三天的气象预报，以保障船舶安全、提供测量修正所需的气象参数。

15.3.4 天基测控系统

天基测控系统主要包括导航卫星系统与数据中继卫星系统，这两个天基测控系统的详情将在第 17 章和第 18 章中讲述。

15.4 测控系统工作流程

15.4.1 概述

飞船的发射、入轨和运行都在测控系统的支持下进行，整个操作过程涉及的地域广、设备多、时间长，必须对其工作流程作周密安排、反复演练、实时监视，才能使跟踪测量、遥测参数、遥控指令的获取与发送可靠有效，使得数据的生成和处理及信息流的传送正确无误，保障与航天员的话音和电视图像传送通畅，对航天器及航天员的监视、指挥、控制及飞船的安全返回着落有条不紊地按计划进行。

测控系统的工作流程是根据基地试验任务指示、测试发射工作程序、指挥协同程序、飞行试验大纲、测控总体技术方案等制定的，具体落实到以下几个方面：

1）各测控站的任务：明确各参试设备的任务、跟踪测量的弧段、数据记录格式等；

2）指挥调度程序；

3）数据传输的规定和要求；

4）控制内容和形式；

5）对实时和事后数据处理的要求；

6）活动站开设的时间和地点；

7）大地测量勤务保障的任务；

8）再入返回的控制、观测、搜索与救援；

9）应急救生的模式和方案的落实。

15.4.2　联调程序

作为测控任务的基础，该项工作流程包括站内联调、站间联调、分系统联调和测控系统联调四步。

（1）站内联调

站内联调是测控任务准备的基础环节。站内联调的顺利通过表明该测控站基本具备执行任务的能力。依据参试设备的任务要求，站内联调是在对本站所有设备安排、调试、对接、校飞完毕和程序工作基本就绪的基础上进行的。由测控站按测试设备的技术管理要求组织实施，目的是打通全站设备的通道，使全站构成一个可进行联合协同工作的测控整体。

站内联调的主要内容有：设备检查，程序检查，接口检查，通道检查（重点检查计算机与各有关设备的信息通道），引导试验（包括数字引导、同步引导及反引导），应答机试验，放球试验等项目。

（2）站间联调

站间联调是控制中心与一个站或几个站之间、两个站之间或几个站之间进行的联调。站间联调的目的是验证控制中心与站间接口关系及流程的正确性，诸如站间接口匹配、信息交换、软件协同问题等，重点解决下述问题：

1）解决控制中心与某站之间数传的接口问题和数传的正确性问题；

2）解决控制中心与某站之间的程序问题（尤其是收讯程序和发讯程序）；

3）解决控制中心与某些站间的数据转发、重发问题；

4）控制中心与承担特殊任务的部分（如回收站、测量船）之间进行通道检查、信息交换对接和演练。

(3) 分系统联调

工作内容只限于一个分系统（一种业务）的联调称为分系统联调，通过分系统联调可使各分系统得到充分的检查和考验。这样既重点突出解决特殊环节与薄弱环节问题，又可以减少全系统的联调次数。分系统联调的形式可分为：

1）无线电通信联调；

2）数据传输系统联调；

3）岸船通信联调；

4）通信系统联调；

5）入轨段联调；

6）运行段联调；

7）返回着落段联调；

8）搜索与救援系统联调。

(4) 测控系统联调

这种大规模的联调，除飞行控制中心、台站和测量船参加外，发射场区的指挥控制中心和测控分系统、上级指挥部门的技术勤务单位以及相关的电信、气象台场都要参加联调。该联调的要点如下：

1）检查全系统通信、数传、时统的工作状况，使通信系统正常运行，可为测控系统的工作提供支持；

2）对分系统进行信息交换检查，引导数据发送、转发、接收，以及模拟测控信息的发送与接收；

3）进行全系统测控过程模拟；

4）检查事后数据重发、数据处理工作过程；

5）对重要的应急救生方案与故障对策进行演练。

15.4.3　星地大回路演练与仿真演练

测控系统联调旨在解决系统工作的正确性，而实测演练和仿真演练则主要解决系统的适应性。

星地大回路演练是指空间运行的航天器为实测目的的演练性进行的协同工作。由于选定用于演练的航天器合作目标不一定完整、运行轨道也不尽相同，因此演练不可能对将来执行任务的过程进行全面预演，但就一些重要环节（如跟踪测量、定轨、控姿、预报等）能够真实地进行。只要加上一些必要的仿真模拟，就可使测控过程的演练与将来的实际情况十分相似。综上可得星地大回路演练不失为一种检验总体方案、考验组织指挥和训练技术人员的有效途径，具体组成如图 15 - 20 所示。

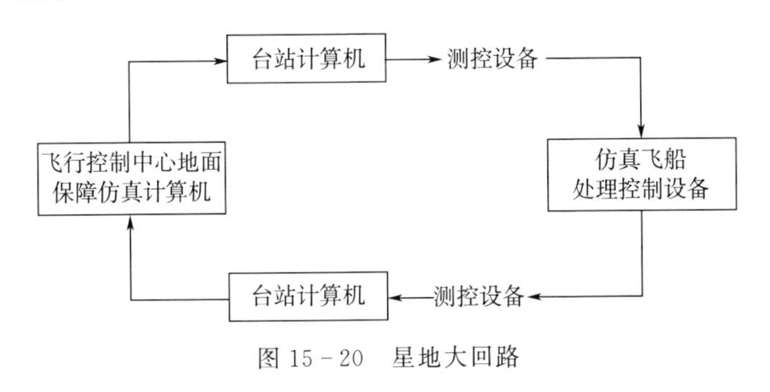

图 15 - 20　星地大回路

仿真演练是对已成熟的系统模型在真实条件下进行演示、测试和计算的综合模拟过程。该项演练是由置于飞行控制中心的地面保障仿真计算机为中枢而进行的端-端形式的综合系统数据试验，用来仿真载人航天测控系统的船/地大回路演练，图 15 - 21 给出了这种演练的示意图。

在飞船的发射与管理过程中，测控系统的突出使命是遥测、指令控制，及与航天员的通信联系。整个仿真演练都是在上、下行的物理过程中得以仿真的，仿真过程简述如下。

1）下行仿真：仿真计算机利用各种动力学模型产生航天器的空间位置数据（$\boldsymbol{R}$，$\dot{\boldsymbol{R}}$，$\boldsymbol{E}$，$\boldsymbol{A}$），并提供航天器运行的全部信息，将这些信息送至模拟应答机或直接送至测控计算机，经计算处理后送至飞控中心。

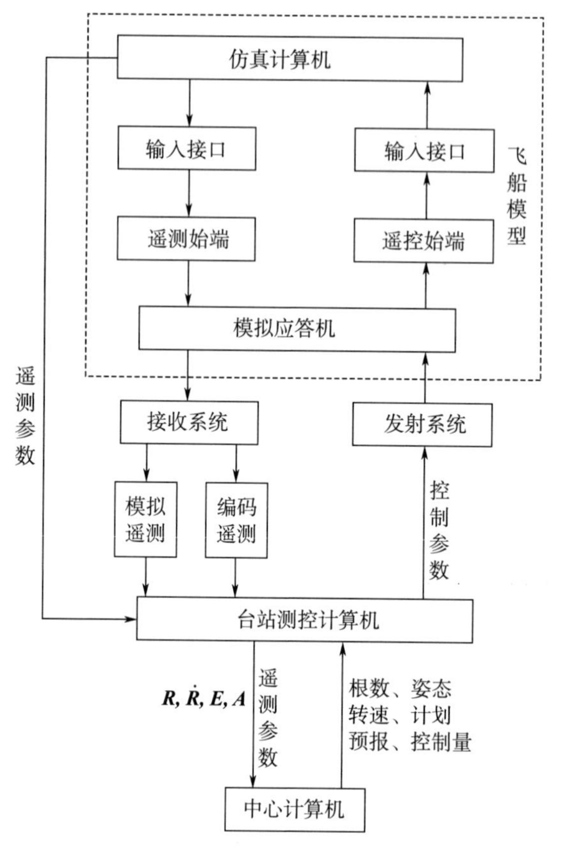

图 15-21　船/地大回路演练示意图

2）上行仿真：上行信息主要是控制指令和执行脉冲。控制信息除送至模拟应答机外，还要送至仿真计算机，以便仿真计算机模拟计算出飞船受控后的运动参数。

15.4.4　全区合练

全区合练是执行任务前规模最大的联合协同演练，发射系统和测控系统共同参加，其由上级指挥部门实施组织指挥，发射系统指挥部门实施调度指挥。

全区合练是在各系统准备就绪的基础上进行的，旨在进行全面的协同演练而不是解决技术问题，发射与测控系统将严格按照指挥协同程序进行。

15.4.5　火箭主动飞行段测控工作程序

（1）外弹道测量

1）运载火箭一、二级飞行段的外弹道测量由发射首区的测控系统完成，将所测得的数据经数传设备送至指挥站中心计算机，同时由终端记录设备记录。计算机按选优程序对测量数据进行实时数据处理，将发射坐标系的火箭飞行弹道参数送至飞行控制中心。弹道参数经飞行控制中心计算机处理后转发给航区各测控站和海上测量船，测控站（船）计算机将接收到的弹道参数换算成引导数据，对测量设备进行实时引导。

2）运载火箭三级飞行段的外弹道测量，由飞行控制中心的陆上测控站和海上测量船完成，以确保入轨段测量。各测控设备将测量数据传送至飞行控制中心的计算机进行实时数据处理，将所得参数分送至发射首区的指控中心。

（2）遥测数据的接收和处理

1）地面测控系统配备不同频率点的超短波综合遥测设备，接收运载火箭一、二、三级的遥测数据；

2）用统一 S 波段系统的遥测终端器接收飞船遥测参数，测量船上以微波频率接收飞船遥测参数，超短波频率接收火箭三级速度遥测参数；

3）用遥测数据处理机进行实时挑点、编辑、记录和传输处理；

4）飞行控制中心对遥测数据进行汇集处理。

（3）地面安全控制与应急救生

火箭起飞后，地面安全控制系统实时处理测量信息，显示各种关键参数，不断地监视、判断火箭飞行情况。当一、二级飞行段发生故障、参数超出安全标准时，可选择适当时机，由遥控设备发出控制指令，采用救生逃逸塔方案进行应急救生。

15.4.6 飞船运行段测控工作程序

（1）进入初始轨道测控工作程序

1）由测量船上的单脉冲雷达、双频测速仪、双频段遥测设备和统一S波段遥测分系统测得入轨数据及飞船姿态角；

2）不断接收航天员的生理医学遥测数据和飞船各分系统的工程数据，由测控站（船）初步处理后汇集至飞行控制中心作实时处理，与航天员保持话音通信，进行电视转播。

（2）经停泊轨道进入运行轨道的测控工作程序

1）控制变轨发动机点火，通过遥测和跟踪测量设备所得数据预报变轨运行情况；

2）控制飞船上的导航制导与控制系统，及时调整飞船的运行参数，以保持飞船的标准轨道。

3）与航天员保持话音通信，进行电视转播；

4）接收飞船遥测信息和航天员的生理医学遥测数据。

15.4.7 飞船返回段测控工作程序

返回轨道的测控包括对离轨段、过渡段、再入段和着落段的测控。

1）地面测控站注入返回指令；

2）注入分离指令，轨道舱、服务舱分别与返回舱分离；

3）由测量值预报再入点，在进入再入点之前调整返回舱姿态，并将其稳定在设计的配平角状态；

4）跟踪测量返回舱，在其再入大气层后，调整其滚动角，以控制返回着陆点位于预定区域；

5）搜索返回舱信标；

6）根据得到的返回舱的轨道测量数，预报落区，做好回收救援准备。

第16章　通信系统

本章通过对飞船测控通信系统的分析，在简述通信系统的功能和组成基础上，进一步介绍了跟踪测量和遥测遥控指令的信息与数据传输的流程。

16.1　通信系统概述

16.1.1　通信系统和测控系统的关系

组成测控系统的测控站数量多、分布范围广，只有依靠通信系统才能将其连接成一个有机的整体，从而实现测控设备与计算机之间、各测控站之间、测控站与飞行控制中心之间及各指挥中心之间的语音、数据、图像、时间频率信号等的传递、交换和处理，使整个测控系统协调一致地工作。在载人航天飞行试验中，测控通信系统犹如人的耳目必不可少，是为航天器的发射和运行传递测控信息和其他信息的专用通信系统。该通信系统还实现了测控系统与其他系统（如发射中心、各参试单位、协作单位等）相互连接，协同动作。图16-1给出的俄罗斯测控站与飞控中心的信息链图充分说明了通信系统与测控系统是不可分割的有机整体。

从通信系统的最基本组成（见图16-2）可知，信源发出的语音、文字、数据、图像等信息，经发送设备进行信号变换、编码、调制、放大变换成适合在给定传输媒介中传输的形式，然后被送入传输媒介。当接收端的接收设备收到这些信号后，经过解调、解码及变换，恢复出原来信源发送的信号，提供给收信者（信宿），从而完成通信任务。从某种意义上讲，第16章中论及的测控设备和中心计算机系统可视为通信系统的信源和信宿，在功能上体现了通信系统与测控系统的不可分割性。

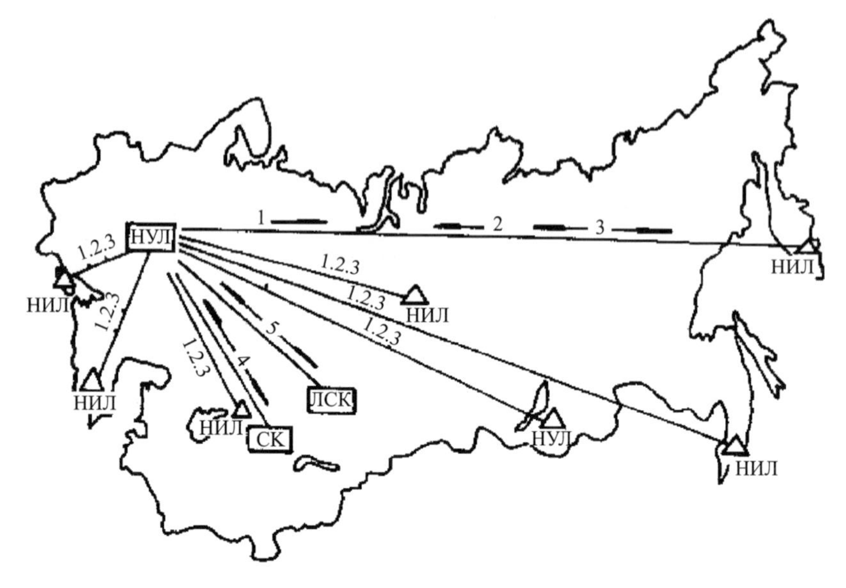

图 16－1　俄罗斯测控台站与飞控中心的信息链图

注：НУЛ：飞控中心；НИЛ：地面测量站；

1—指令信息；2—跟踪和遥测信息；3—同航天员交换信息；4—同发射场（СК）交换信息；

5—同回收救生指挥系统（ЛСК）交换信息

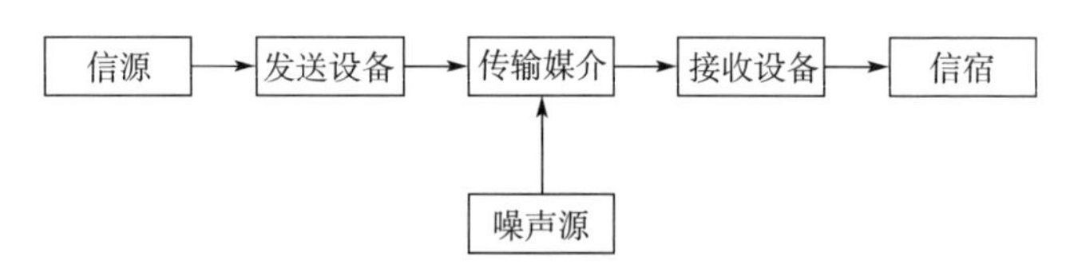

图 16－2　通信系统的基本组成

作为载人飞船的通信系统具有下述特点：

1）作用距离广、范围大，跟踪通信系统具有高覆盖率。由于飞船种类多、轨道变化大，要求测控系统必须具有较广的作用距离。为保证对飞船的持续跟踪，必须部署更多的跟踪站，以提高覆盖率。

2）测量精度要求适中。根据飞船测轨定轨的需要，飞船跟踪系统的精度要求相对低些，具有适中精度即可。

3）空载设备要尽量简化，信道需综合利用。飞船上的测控和通信设备的工作环境恶劣，要综合考虑冲击、振动、过载、低气压、发动机噪声等对其的影响。由于飞船受体积、质量和能源的限制，就要求空载设备体积、质量和功耗尽量小，因此必须简化空载设备，且尽可能对信道加以综合利用。通常采用统一S波段系统，可同时完成跟踪、遥控、遥测、数据收集和通信等任务。

4）要求其有高的可靠性和长寿命。

5）可适应特殊的跟踪体制。

飞船的运行轨道除个别飞行段外，基本上都是惯性飞行，应用现代轨道力学理论就能根据较少量的、有一定间隔的跟踪数据计算出飞船的轨道。根据飞船的任务，一般可选干涉仪测量跟踪、多普勒测速跟踪和距离变化率跟踪这三种跟踪体制。

16.1.2 通信系统的任务、组成和分类

图16-3给出了美国阿波罗计划的通信系统框图。

作为航天器试验、发射、运行时传递测控信息和其他信息的专用通信系统，通信系统包括通信和时间频率基准两大部分，由通信网、数据传输系统、调度指挥系统和时间统一系统等分系统组成。为了监视飞船的发射、返回和运行，控制其轨道与姿态，并能和航天员直接进行对话，通信系统应能够完成各参试测控站间的时间同步、测控信息的实时传递，对航天器实现遥测遥控、通信对话，并保障各级指挥人员的实时指挥调度。具体到载人飞船有：

1）跟踪和测量飞船的轨道，以便在通信、遥控、遥测、数据收集和电视接收等方面使地面站与飞船之间及时取得联系，并预报飞船返回和着陆位置区域，以便及时准确回收飞船；

2）测量飞船的工程环境参数及航天员的生理医学数据，以监视和判定飞船各系统的工作及航天员的状态是否正常，并在出现异常时采取必要的措施；

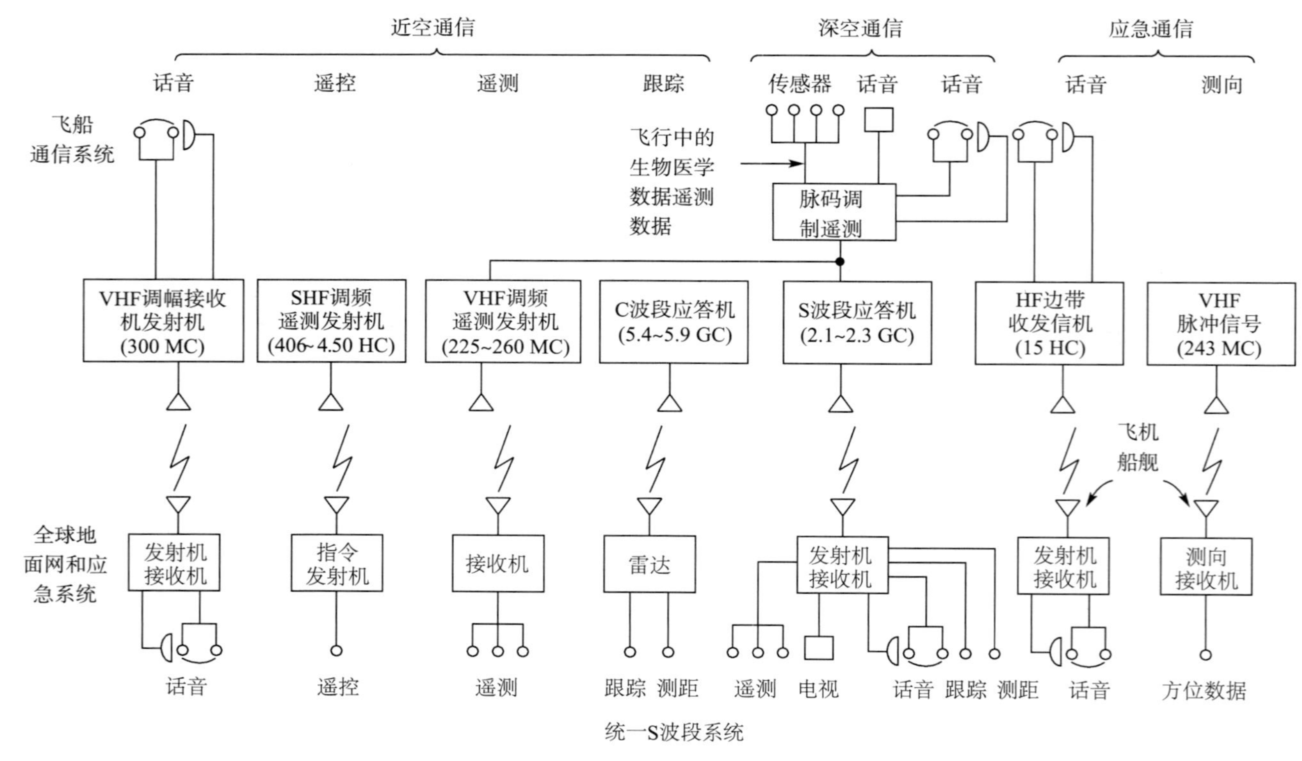

图 16－3　美国阿波罗计划的通信系统框图

3）传递遥控指令，控制飞船的入轨、变轨、姿态调整、返回和着陆；

4）地面控制中心和航天员之间进行话音通信联系或直接对话；

5）传输电视图像，以便地面控制中心监视航天员的活动状态。

通信系统按传输媒介不同可分为有线通信系统和无线通信系统，按传输信号形式可分为模拟通信系统和数字通信系统，按通信业务可分为电话、电报、传真、数据等通信系统，按通信手段可分为卫星、有线、短波和移动通信系统。

16.1.3　通信理论的基本概念

通信系统是一种用电磁波传送信息的无线电通信系统。无线电通信系统的原理框图见图 16－4。

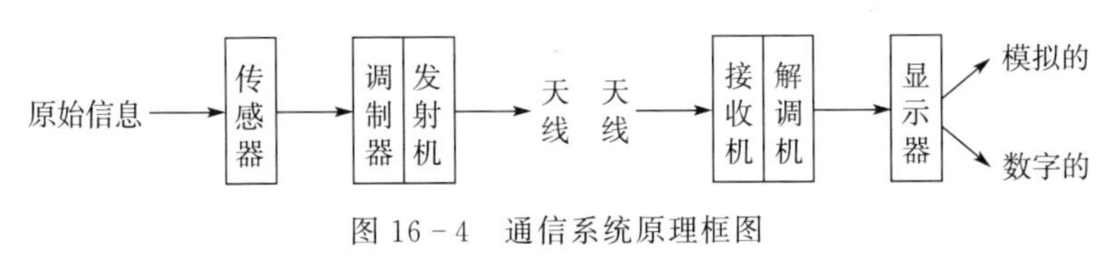

图 16－4　通信系统原理框图

原始信息通常是一种物理参数的变化，例如速度、温度、加速度、声波、光波等，传感器（热敏电阻、应变仪、话筒等）感受原始信息并将物理参数的变化转换成电压的变化，不同的电压被输送到调制器，调制器利用不同的电压来改变或调制载波，载波在发射机与接收机之间运载数据信号。

载波由发射机产生，由调制器改变，由发射天线辐射出去。然后由接收机天线和接收机接收。接收机、解调器及显示装置补充发射机的功能，并以数字、模拟、电视图像或其他形式再现原始信息。

（1）电磁波的发射和接收

电磁波在无线电通信中由天线完成其发射和接收的使命。如图 16－5 所示，在天线中间接入一高频交流电源，使导线内有高频交流电流通过，则导线中的电子往返地从一臂流入另一臂，从而天线的两个臂上随时间相应地有了极性不同的电荷，那么在两臂之间自然就会形成高频交变电场。

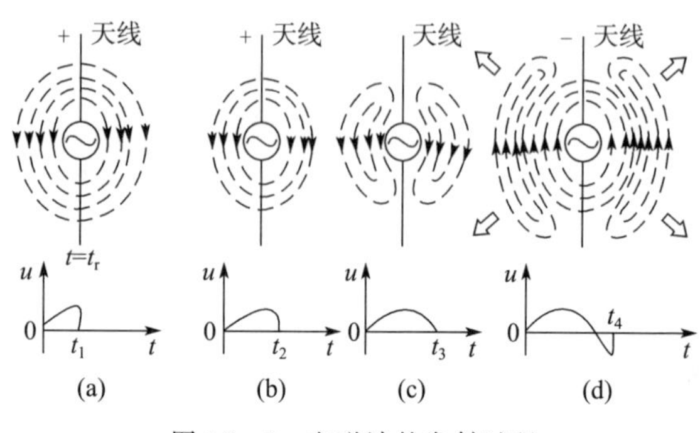

图 16－5　电磁波的发射过程

在高频电流通过发射天线并产生交变电场的同时，天线周围也产生了交变磁场，且其伴随着电场向外传播。交变电磁场在空间一起传播，形成的统一的波即为电磁波，亦称为无线电波，其以光速（3×10^5 km/s）在空间传播。

当在空间运动的电磁波传播到接收天线时，就有一部分高频能量被接收天线吸收，这时天线里的电子受到该能量的作用，随着电磁波的波动而在天线导线里进行往返运动，从而在接收天线的电路里产生了高频电流。从能量的观点来看，发射天线是能源，电磁波是能量的携带者，其把部分能量给了接收天线，所以电磁波传播过程就是一种传送能量的过程。

电磁波的传播特性与频率（或波长）密切相关。例如，发射的电磁波频率越高，则其辐射出去的能量越多。电磁波的传播方式和作用距离与波长直接相关，在无线电通信中，根据波长或频率将电磁波划分成若干波段或频段。

电磁波的频率被定义为每秒高频电流周期振荡的次数，其波长与频率的关系表示为

$$\lambda=\frac{c}{f} \tag{16-1}$$

式中　$c = 3\times10^{8}$ m/s——电磁波在真空中的传播速度；

f——频率，单位为 Hz；

λ——波长，单位为 m。

电磁波各波段的划分见表 16-1。实际上，有时将表中的米波、分米波、厘米波和毫米波统称为超短波，也有将分米波及更短的波称为微波。

表 16-1　电磁波波段的一般划分

名称	波长范围/m	频率范围
超长波	10 000 以上	30 kHz 以下
长波	100 000～3 000	30～110 kHz
中波	3 000～200	100～1 500 kHz
中短波	200～50	1 500～6 000 kHz
短波	50～10	6～30 MHz
米波	10～1	30～300 MHz
分米波	1～0.1	300～3 000 MHz
厘米波	0.1～0.01	3 000～30 000 MHz
毫米波	0.01～0.001	30 000～3 000 000 MHz
亚毫米波	0.001 以下	300 000 MHz 以上

电磁波又可按照十进制作另一种划分，见表 16-2。

此外，几个常用的微波波段及对应的频率和其波长见表 16-3。这些术语在卫星和飞船通信中经常可以见到。

表 16-2　十进制电磁波波段划分

名称/简写	波长范围/m	频率范围
甚低频/VLF	100 000～10 000	30 kHz 以下
低频/LF	10 000～1 000	30～100 kHz
中频/MF	1000～100	300～3 000 kHz
高频/HF	100～10	3～30 MHz
甚高频/VHF	10～1	30～300 MHz

续表

名称/简写	波长范围/m	频率范围
特高频/UHF	1～0.1	300～3 000 MHz
超高频/SGF	0.1～0.01	3～30 GHz
极高频/EHF	0.01～0.001	30～300 GHz

表 16-3　常用微波波段及其波长

波段	频率	波长/cm
L	390～1 550 MHz	76.9～19.3
S	1 550～5 200 MHz	19.3～5.77
C	3 900～6 200 MHz	7.69～4.83
X	5 200～10 900 MHz	5.77～2.75
K	10.9～36.0 GHz	2.75～0.834

航天器同地面测控站之间的成功无线通信取决于合理选用射频频率和系统有足够的抗干扰能力。选择频率的主要准则是，保证通信容量和避免通信任务之间的相互干扰。当然，干扰也可能来自于地球辐射源。

射频频段的分配是根据各种无线电业务确定的。由于空间通信接收到的信号非常弱，考虑到大功率地面测控站的特有性能，空间通信只限于使用某些频段的一部分或全部。在所有情况下，分配给空间探测的频段也可用于其他业务的共用频段。

空间通信用的射频频段分配已于 1979 年在日内瓦举行的世界无线电管理会议上正式通过，于 1982 年 1 月开始生效。表 16-4 摘录了国际无线电章程中空间通信可以使用和只限于空间通信使用的频段。

表 16-4　空间通信频段分配

频段名称	频率	方向	类别
S 频段	2 110～2 120 MHz	地球至空间	一类
	2 290～2 300 MHz	空间至地球	一类

续表

频段名称	频率	方向	类别
X 频段	7 145～7 190 MHz	地球至空间	一类
	8 400～8 450 MHz	空间至地球	一类
Ku 频段	12.75～13.25 GHz	空间至地球	二类
	16.6～17.1 GHz	地球至空间	二类
Ka 频段	31.8～32.3 GHz	空间至地球	一类
	34.2～34.7 GHz	地球至空间	一类

(2) 通信距离方程

通信距离方程是通信信道计算的有用工具，由其可确定系统的基本参数，例如天线尺寸、功率要求及带宽。

对于一个由全向天线发射的电磁波，在自由空间中以球面波的形式向外辐射。若信号源的功率为 P_T，那么在距离信号源半径为 R 的球面上，电磁波的功率密度 P 等于 P_T 除以球面面积，即

$$P = \frac{P_T}{4\pi R^2} \tag{16-2}$$

电磁波信号传输所到达的太空实质上类似于自由空间。在没有气候影响的条件下，地球大气层对用于空间通信的频段几乎是完全透明的，因此，对空间通信式（16-2）成立。

在信号源产生的电场内放置一根天线，其有效面积为 A_{eR}，则其所获得的功率 P_R 为

$$P_R = P_T \frac{A_{eR}}{4\pi R^2} \tag{16-3}$$

如果信号源不是一根全向天线，且具有一定的增益，则对于在接收天线方向具有增益 G_T 的发射机，其距离方程为

$$P_R = P_T \frac{G_T A_{eR}}{4\pi R^2} \tag{16-4}$$

因此，为提高通信效率和质量，发射天线的指向应使得其在接收方向上的增益最大。

天线增益 G 与其有效面积 A_e 的关系是

$$G=\frac{4\pi A_e}{\lambda^2} \tag{16-5}$$

式中　λ——工作波长。

将式（16-5）应用于发射和接收天线并代入式（16-4）中得到

$$P_R=P_T\frac{A_{eR}A_{eT}}{\lambda^2R^2}=P_T\frac{G_TG_R\lambda^2}{(4\pi)^2R^2}=P_T\frac{G_TA_{eR}}{4\pi R^2}=P_T\frac{A_{eT}G_R}{4\pi R^2} \tag{16-6}$$

式中　P_R——接收功率；

P_T——发射功率；

G_R——接收天线增益；

G_T——发射天线增益；

A_{eR}——接收天线的有效面积；

A_{eT}——发射天线的有效面积；

λ——工作波长；

R——作用距离。

天线的有效面积 A_e 可以用天线效率 η 与其面积的乘积表示

$$A_e=\eta A \tag{16-7}$$

由此，式（16-6）可改写为

$$P_R=P_T\frac{A_R\eta_RA_T\eta_T}{\lambda^2R^2}=P_T\frac{A_R\eta_RG_T}{4\pi R^2}=P_T\frac{A_R\eta_RG_T}{4\pi R^2} \tag{16-8}$$

式中　η_T 与 η_R——发射天线和接收天线的效率；

A_T 与 A_R——发射天线与接收天线实际的口径面积。

为了简化距离方程的书写形式，采用式（16-9）中的形式

$$P_R=P_T\frac{GA\eta}{4\pi R^2} \tag{16-9}$$

式中　G——通常是一根天线的增益；

$A\eta$——其所对应天线的有效面积。

通信系统设计中非常重要的参数之一是接收机检波前的信号噪

声功率比 σ_i（简称信噪比），其算式定义为

$$\sigma_i = \frac{\bar{S}_i}{\bar{N}_i} \tag{16-10}$$

式中　$\bar{S}_i$ 、$\bar{N}_i$ ——分别为平均信号功率和平均噪声功率。

平均噪声功率与整个系统的平均工作噪声温度 $\bar{T}_{op}$ 和接收机射频带宽 B_{TR} 的乘积成正比例

$$\bar{N}_i = kB_{TR}\bar{T}_{op} \tag{16-11}$$

式中　k—— 玻耳兹曼常数，$k = 1.38 \times 10^{-20}$ mW/kHz 。

将式（16-9）和式（16-11）代入式（16-10），可得

$$\sigma_i = \frac{P_R}{\bar{N}_i} = \frac{P_T GA\eta}{kB_{TR}\bar{T}_{op}4\pi R^2} \tag{16-12}$$

于是发射功率 P_T 可以表示为

$$P_T = \frac{k\bar{T}_{op}B_{TR}\sigma_i 4\pi R^2 M}{GA\eta} = \frac{k\bar{T}_{op}B_{TR}\sigma_i (4\pi)^2 R^2 M}{G_T G_R \lambda^2} \tag{16-13}$$

式中　M——考虑系统损耗的备余量。

距离方程式（16-13）常被写成对数形式

$$10\ \log P_T = 10\ \log(k\bar{T}_{op}B_{TR}) + 10\ \log\sigma_i + 20\ \log\left(\frac{4\pi R}{\lambda}\right) + 10\ \log M - 10\ \log G_T - 10\ \log G_R \tag{16-14}$$

此式可以进行如下解释：

发射功率＝噪声功率水平＋输入信噪比＋空间损耗＋系统损耗－发射机天线增益－接收机天线增益。

(3) 无线电波的传播

无线电波从发射天线辐射出来，传播到接收天线，其有不同的传播方式，主要有如图 16-6 所示的 4 种传播方式。

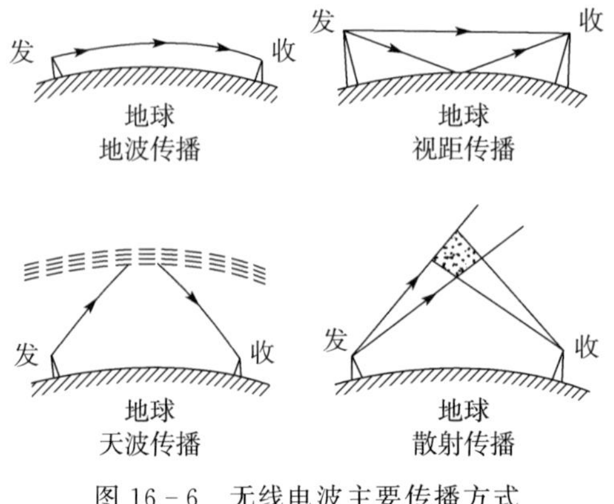

图 16－6　无线电波主要传播方式

①地波传播

无线电波沿地球表面传播的方式称为地波传播。由于地球表面的吸收作用，地波的强度随传播距离逐渐降低。降低的多少与地表情况和波长有关：海洋对其的吸收远低于陆地，高频吸收大于低频。

②天波传播

无线电波向天空辐射，由电离层反射到接收点，这种方式称为天波传播。利用天波进行通信需要选择适宜的工作频率：频率太高，电离层不能反射；频率太低，电离层对其吸收过多而不能保证必需的信噪比。因此，频率必须选择在最佳工作频率附近，其与年、月、日、时等时间参数以及通信距离有关。

③视距传播

发射天线和接收天线在视距内的传播方式为视距传播。该无线电波的传播是直射波与反射波的总和，其直射波的场强近似等于自由空间的场强值，相应的传播损耗最小。与天波传播相比，视距传播比较稳定。由于多径效应、大气中的水气对电波的吸收和气象条件的影响，视距传播也存在衰弱现象。

④散射传播

无线电波依靠对流层或电离层的不均匀性而散射传播至接收点，其分别称为对流层散射传播和电离层散射传播。散射传播的传输损耗很大，受收发场地的地形、地物以及大气条件的影响。

实际上，无线电波的传播是多种传播方式的组合，只是其中有一种占主导地位。不同频段的电磁波传播方式不同，这就是各个波段适用于不同的通信业务的主要原因。

飞船与地面间通信从本质上讲属于视距通信。视距通信的传播范围可以由图 16－7 用几何方法求出。当飞船轨道高度为 h 时，只有满足式（16－15）的地球区域可以与飞船实现视距通信。

$$\varphi \leqslant \bar{\varphi} = \arccos \frac{R}{R+h} \tag{16-15}$$

式中　φ——地面一点与地心的与线与飞船与地心的与线的夹角。

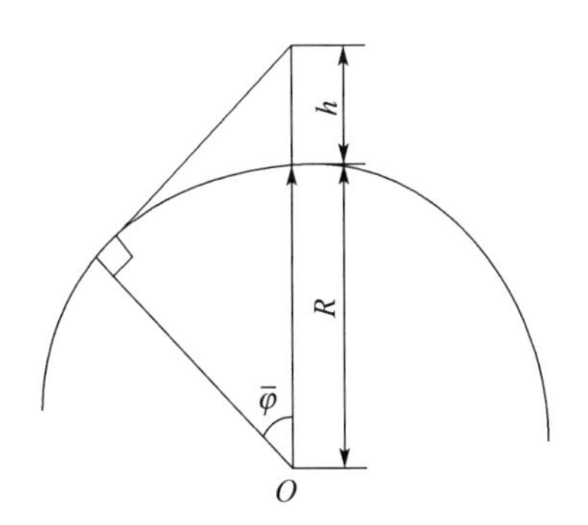

图 16－7　视距通信的传播范围

对于圆形轨道，地面测控站与飞船之间的一次最长通信时间 T_m，对应于飞船轨道正好飞船从地面测控站天顶通过时，故

$$T_m = \frac{\bar{\varphi}}{\pi} T \tag{16-16}$$

式中　T——飞船的轨道周期。

利用

$$T = 2\pi(R+h)\sqrt{\frac{R+h}{GM}}$$

式中　G——万有引力常数；

M——地球质量。

则有

$$T_m = 2(R+h)\sqrt{\frac{R+h}{GM}}\arccos\frac{R}{R+h} \tag{16-17}$$

例如，当轨道高度 $h=350$ km 时，$T_m=566$ s。

为提高通信覆盖率，需要保证飞船与地面通信系统的有效作用距离不小于最大视距距离 d

$$d=\sqrt{(R+h)^2-R^2}=\sqrt{2Rh+h^2} \tag{16-18}$$

由于飞船与地面测控站距离较远，传播损耗较大，因此地面与飞船间通信必须用大功率发射机。受飞船质量的限制，船上不可能装备大功率发射机和相应的天线，因此只能在地面站装备大功率发射机和大的高增益天线，并使用高灵敏度接收机来接收飞船发来的信号。

大气层对电磁波频率具有选择性，其允许某一段频率的电磁波通过，而对某些频率的电磁波吸收，对某些频率的电磁波甚至严重地吸收。可以穿过大气层的频率范围称为地-空通信之“窗”。能够穿过大气层的频率是从电离层的临界频率起至可被雨滴和气体吸收的频率这一范围的频率为 10 MHz～20 GHz，这个范围有时会缩小为 70 MHz～10 GHz。在太阳活动性最大的年份，临界频率变高。如果地面测控站的位置和信号途径正好是最大投射角的情况，就可能需频率到达 70 MHz 以上才能穿过电离层，而在大雨时又可以使上限降低到 10 GHz。在某些情况下，这个“窗”又可以扩展为从 2 MHz（极区夜间）到50 GHz（高纬度地区无雨时）。

为了实现飞船与飞船间或飞船与其他航天飞行器之间的通信，可以使用不能通过地球大气层无线电窗的无线电波，例如，利用毫米波段的无线电波是十分有利的。

（4）信号调制

在无线电技术中，调制的意义就是使高频率振荡的某些内在要素（幅度、频率或相位）随着欲传送的信号作有规律的变动，以达到传递信号的目的。这种载送信号的高频振荡称为载波，控制载波的信号称为调制信号或调制波。经过调制后的高频振荡称为已调波，其可以以电磁波的形式向空间辐射出去。利用信号来控制或改变高频振荡的过程称为调制过程或简称调制。

进行调制有两个主要的原因。

第一个原因是，其可使不能直接远播的信号，借助于高频振荡的辐射特性载送到远方。只有当天线的长度可以和振荡波长相比时，才能获得有效的辐射。例如，直接辐射频率等于 10 000 Hz 的正弦振荡（信号的一个分量）是不可能的，因为与 10 000 Hz 正弦振荡相对应的波长为 30 000 m，即 30 km，如要辐射这样低的频率就需要制造几十千米长的辐射体，这是不可想象的。若将该信号附于 30 MHz 的载波上，其所对应的振荡波长仅为 10 m，辐射体线长度不过几米，这是很容易实现的。

另一个原因是便于信道的划分。同频率的信号同时在空间传播必将相互干扰，导致无法实现接收。因此，将不同信号附着于不同频率的载波上，可以避免其间的干扰。

调制的方式有很多种，大致可分为两类：连续波调制与脉冲调制。所谓连续波调制就是：作为载波的高频率简谐振荡的幅值、相位或频率随着欲传送的信号连续不断地改变，以达到调制的目的。所谓脉冲调制就是：先使信号调制一组脉冲波的幅值、宽度或相对位置，这组经过调制的脉冲波虽已蕴含了信号，但不能辐射出去；再用这组已经调制的脉冲来调制高频振荡，以此达到传播的目的。在连续波调制系统中，仅经过一次调制过程就可得到已调的高频振荡，所以这种调制属于单重调制；但在脉冲调制系统中，需经过两次调制才可得到高频已调波，所以这种调制又称为双重调制。

按随信号变化载波参数（幅度、频率或相位）的不同，连续波调制又可分为调幅、调频和调相。按随信号变化的脉冲参数（幅度、宽度或相对位置）的不同，脉冲调制又可分为脉冲调幅、脉冲调宽和脉冲调相。而按脉冲编码方式进行的调制，称为脉冲编码调制。

(5) 噪声

无线电噪声在无线电接收设备中对有用信号起干扰作用，其一部分来自于外部环境，另一部分在接收设备内部产生。

外部噪声有宇宙噪声、天电噪声、大气噪声、地面噪声、工业噪声及人工辐射干扰。

宇宙噪声主要包括银河系射电辐射噪声、太阳射电辐射噪声和月球、行星及射电点源的射电辐射噪声。银河系射电辐射是地面接收天空背景噪声的主要来源。太阳射电辐射较大，但仅在接收天线波束对准时有影响。射电点源、月球和行星的射电辐射很小。宇宙噪声主要对超短波及较长波长波段的通信有影响。

天电噪声来源于闪电，其强度随频率增加而迅速下降，主要影响短波及长波波段的通信。

大气噪声为大气热辐射，地面噪声为地面热辐射。在微波波段，其他噪声降低后，这两种噪声的比例增大。

工业噪声的强度亦随其频率增加而下降，主要影响短波及长波波段的通信。人工辐射干扰的影响要视具体情况而定。

内部噪声有热噪声、散弹噪声及闪变噪声等。热噪声及散弹噪声是超短波及微波波段的主要噪声源，而闪变噪声对低频及直流放大有影响。

(6) 再入通信黑障

进入地球大气层的航天飞行器（包括载人飞船），其速度和在地球重力场中的位置使其具有大量的动能和势能。当飞行器进入大气层而使其周围空气被压缩和加热时，在飞行器前面会形成激波。激波和空气阻力将飞行器的大量动能转换为热能，该热能提高了激波和飞行器头部之间驻点区内的空气温度，使空气分子发生离解。另外，飞行器表面的温度常常足以使烧蚀防热材料发生电离。综上所述，飞行器再入地球大气时，这些在其周围的电离质就称为再入等离子鞘。

等离子鞘的出现给无线电通信造成下列严重的影响：

1) 无线电波在等离子层中被吸收；

2) 等离子体-空气界面上，即等离子体密度发生陡变的地方，对无线电波产生折射和反射；

3）改变了天线附近区域的电磁场结构，从而改变了天线的输入阻抗，造成失配；

4）改变了天线辐射方向图；

5）改变了辐射的极化特性；

6）改变了天线周围介质的介电性能，从而大大限制了天线的功率容量；

7）等离子体本身在一定频谱上的辐射增加了通信系统的噪声；

8）由于等离子体电磁特性的非线性性质，使得在各路通信系统之间产生交叉调制及干扰。

较密的等离子体上述影响效应十分严重，特别是吸收和反射造成的衰减极大，可致使再入某一阶段通信中断。不太密的等离子体，在未造成通信中断时，其对电磁波传播也有有害作用，包括衰减、折射、噪声的引入、方向图改变及失谐等。

1966 年 11 月双子星座 12 号飞船在返回时，曾一度有 5 min 的通信中断。1969 年 11 月阿波罗 12 号在再入时，通信中断了 3 min 9 s。1981 年 4 月 14 日，哥伦比亚号航天飞机首次试飞按预定计划返回地面，在大约 80 km 高空进入大气层后，航天飞机与地面之间的无线电通信中断了 15 min；当航天飞机下降到 55 km 高空时，其速度从每小时大约26 875 km降低到 13 357 km 后，才恢复了与地面的通信联系。

再入通信中断使得飞船跟踪和测轨不能用遥测方式进行，目前使用反射式雷达来完成这一任务。

16.1.4 飞船通信的要求和信道

一艘载人飞船若需要与地面测控站及其他飞船之间传递信息，就要求有跟踪、遥测、指令、话音及电视信道。

信道由地面测量设备、空载设备（应答机或信标机）以及无线电信号传播路径三部分组成。地面发射设备、传播路径以及空载应答机接收部分构成上行信道，应答机转发部分、传播路径以及地面接收设备构成下行信道。

（1）跟踪信道

跟踪信道包括测速、测距和测角。飞船上载有锁相应答机和天线，地面跟踪站配备远程跟踪雷达、干涉仪测角系统、多普勒测速系统以及距离和距离变化率跟踪系统，这部分内容已在第 17 章作了详尽介绍。

（2）遥测信道

由飞船至地面测控站的遥测信道是通信系统的一个重要组成部分，用其由地面测控站对飞船进行监视，以达到飞行控制的目的。遥测信道通常组合了几种类型的数据，有生物医学的、飞船结构系统的、工程测量或工程环境的数据等，这些数据可以进行实时传输，或者是存贮在飞船上，到飞船处于地面测控站视区范围内再将其发送到地面，在地面测控站对该数据进行预处理后再发送到飞控中心处理。

图 16－8 给出了载人飞船的典型遥测信道。飞船上备有信息处理机，其是由低电平多路调制器、高电平多路调制器、模拟-数字转换器和程序机构组成，该程序机构可将全部传感器输出适当地组合起来。副换接和超换接用来调节各种带宽的传感器输出信号。在数据不能实时传送的情况下，信息处理机与记录装置相接。脉冲编码调制遥测和模拟数据，并在信号组合器中组合成复合信号，然后经发射机发送。在发射机中信号将对载波进行调频，然后再由飞船天线发射出去。地面测控站由遥测接收天线、接收机及遥测信息处理器等组成。

（3）指令信道

指令信道又称遥控信道，起上行数据传输的作用，以达到控制飞行的目的。

一次通信开始之前，将指令内容和向航天器发送的时间预先传送给地面测控站，或者通过通信信道自动输入地面时间程序装置。通信开始后，操作员把指令传送给航天器。

控制航天飞行的无线电指令有两类。一类是用于控制运动的指令，其中包括轨道修正、变轨操作、运行操作、返回操作、姿控等。

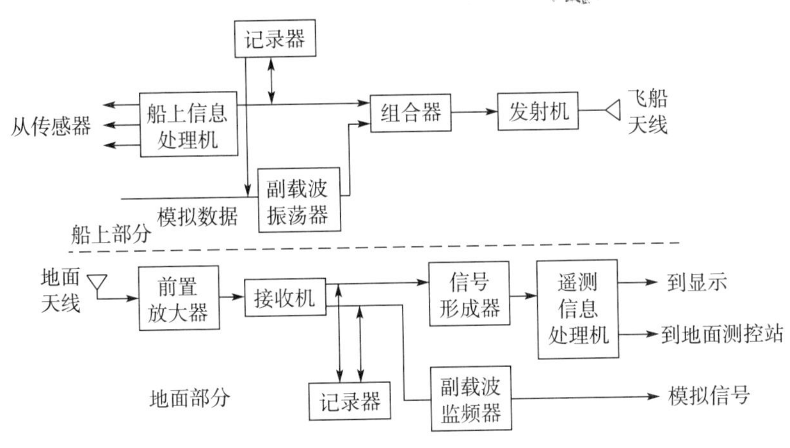

图 16-8　载人飞船的典型遥测系统

另一类是与运动无关的指令，如接通空载无线电设备，改变空载系统的工况等。虽然这两类指令的计算及其在可操纵航天器上的执行都有区别，但这些差异都不涉及指令编码方法，也不涉及通过地面向航天器发送的方法。

图 16-9 给出了用于载人飞船的典型数字指令信道。地面部分包括指令存储器和字释放或转发控制器，两者都是数据处理型装置。指令存储器的输出连接了二进制单位编码器，后者将每个数据二进制单位编码成了二进制单位形式；而已编码的消息信号调制发射机，然后由天线发射出去。在地面站备有接收机，用于接收和解码指令信号，使其检验从天线发出的是否是适当的消息信号。为了更可靠地工作，子二进制单位编码器、发射机、接收机和错误检验电路都备有复份。如果在传送路中发现错误，则字自动地重复。

字释放或转发控制器接收来自遥测信道的输入，即由飞船传送地面的核对信号，同时接收由地面的错误检测电路及由手动控制台发出的输入。由预先的约定，能用开关实现一个字从零次到七次的重复传送。地面测控站的指令存储器，通过电传打字机从飞行控制中心获取，或者从产生或存储指令的地面数据处理机获取寄存输入。

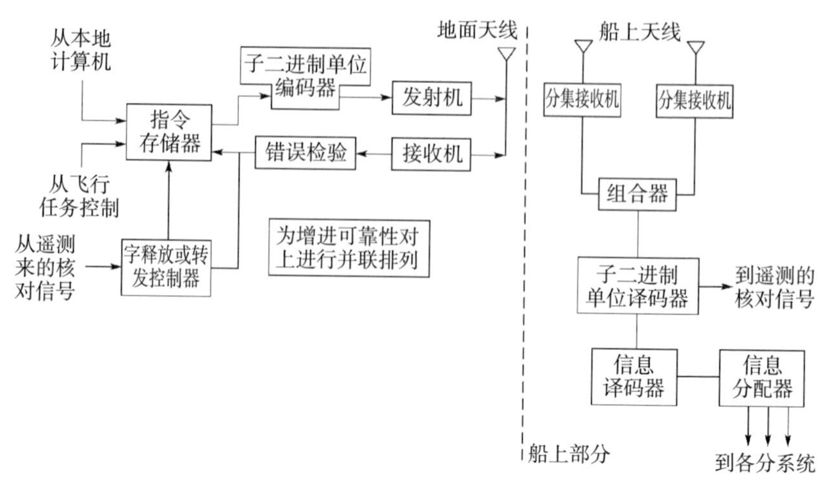

图 16－9　数字指令通道的典型装置

空载设备包括两个分集接收机，分集接收机输出接到组合器以选择较好的信号。组合器之后接子二进制单位译码器，由其控制，使正确的信息信号进入飞船分系统。子二进制单位译码器后接信息译码器，其对飞船和分系统的码址进行译码。这些译码后的消息信号分配到适当的分系统，诸如计算机、计时器等处；如果信息信号是离散的，则就分配到继电器译码器。

（4）话音信道

话音信道是完成船和地、船和空间站及航天员之间的通话和应急呼救的直接通信信道，通常采用数字话路。飞船与地面测控站设有双向数字话路，并提供两个分开的话音信道来满足应急情况或作为备份。在台站视距范围内，有微波和超短波两个话路；在台站视距范围外，通过微波话路进行。故障呼救报警通过呼救发射机通道向地面测控站直接喊话或自动发出求救信号。一个地面测控站可以观测的时间约为 10 min，故只要合理设站，就可满足航天员与地面通信覆盖率达 30％的要求。

图 16－10 给出了用于载人飞船的典型双向话音信道。在飞船上有一个话音控制中心，可用作多向通信系统，其可接收航天员的话筒发

出的输入和提供到航天员头盔耳机的输出。话音控制中心连接到话音收发机，飞船内话音发射机和接收机合为一体，使用同一频率。

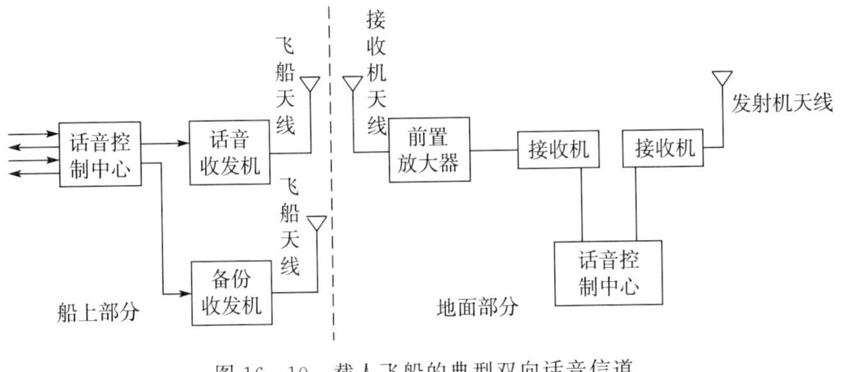

图 16-10　载人飞船的典型双向话音信道

地面接收站有两个天线，一个用于接收，一个用于发射。这是由于接收和发射信号的功率比要求不同。接收天线后接前置放大器。地面接收机话音控制中心给反馈，由控制中心控制地面站接收和发送信号的工作。话音信号使用专用的话音发射机，而不与其他信道共用。

（5）电视信道

电视信道用于完成船上的各种电视功能。在台站视距范围内高速实时传送电视图像，台站视距范围外传送低速慢扫描图像。对功率要求最苛刻的通信信道是电视信道，由电视信道发射的视频带宽取决于所需分辨力和帧频。其要求 1～10 MHz 范围宽的射频带宽，为了分配频率，一般在 S 波段上进行带宽分配。

对各信道的信息量估计见表 16-5 和表 16-6。

表 16-5　上行（前向）链路信息量估计

信息种类	数量	数据率
电报	1	75 b/s
话音	2	2×24 kb/s
遥控	1	2.4 kb/s

续表

信息种类	数量	数据率
电视会议	1	768 kb/s
PN码测距	1	3 Mb/s
合计	2	3 818.47 kb/s

表16-6 下行（返回）链路信息量估计

信息种类	数量	数据率
电报	1	75 b/s
话音	2	2×24 kb/s
遥控	1	64 kb/s
电视会议	1	768 kb/s
PN码测距	1	3 Mb/s
监视电视	1	400 kb/s
GPS导航	2	2×2 kb/s
生理遥测	2	2×64 kb/s
测姿	1	1 kb/s
呼救信号	1	0.3～3 kHz
遥视	1	768 kb/s
合计		5 181.675 kb/s

16.1.5 飞船通信方法

在配置载人飞船通信系统时，有两种设计方案。一种是甚高频（VHF）系统（单个信道方法），其对每个信道分配单独的频率并使用各自的设备，仅船上天线系统是公用部分。另一种方法称为统一S波段系统，其合并所有通信信道到一个副载波系统中，信号由公用的一个功率放大器放大，共用一个天线。

（1）甚高频系统方法

单个信道所用的射频主要在甚高频（VHF）波段及较低的特高频（UHF）波段上。遥测使用225～260 MHz波段，另一个在

15 MHz 附近。指令信道采用低的特高频波段，其典型配置方框见图 16 - 11，该方法的优点是每个信道有其单独的设备，可靠性高。

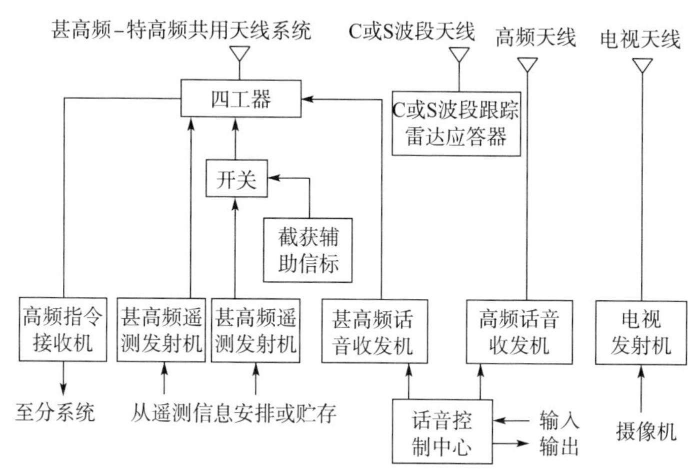

图 16 - 11　单个指令信息通道系统的典型配置图

飞船具有组合的甚高频-特高频共用天线系统，并经过多式器连接高频指令接收机、甚高频遥测发射机和甚高频话音接收机。图 16 - 11 中所示的两个遥测发射机，一个用于实时传送，而另一个则用于贮存信息信号的传送。与其中一个发射机相连的是截获辅助信标，当遥测发射机断开时，其接通。当进入地面测控站视区范围时，使用截获辅助信标或遥测载波捕获飞船。指令接收机将指令译码后分送到相应的分系统去。甚高频和高频话音发射/接收组合通到话音控制装置。

飞船的精确跟踪出地面设置的雷达来实现。用于这个目的的雷达工作在 C 波段或 S 波段，在飞船上装有 C 波段或 S 波段的跟踪雷达的应答器。

特高特-甚高频共用天线系统必须是宽带的，使其工作在 225～460 MHz 的频段内，以保证飞船话音信道有效工作。

（2）统一 S 波段系统

统一 S 波段系统是集跟踪、测轨、遥控、遥测、数据传送、话音通信和电视功能为一体的无线电综合系统，该系统采用了多个独立的发射和接收载波频率。在地面发射的无线电上行信号中，有纯粹的载波频率、测距码、遥控信号、数据指令和通信信号，其中后面几种信号都对载波进行调制。在飞船上相应地安装综合应答机，用于接收来自地面的全部信息。通过解调从射频载波提取副载波，进行检波，取出话音和指令信息，再分别送到飞船的其他系统；检出测距码并将其变换成视频信号，连同要从飞船上发送下来的话音和遥测数据调制到几个副载波上，作为下行信号以一定载波频率发回地面。其工作原理图见图 16－12。

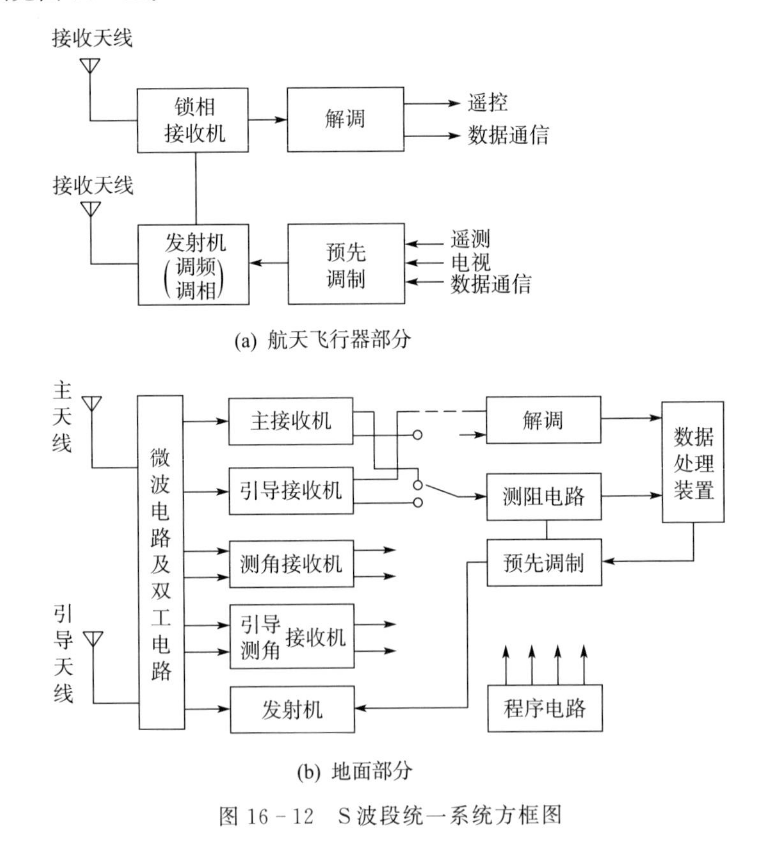

(a) 航天飞行器部分

(b) 地面部分

图 16－12　S 波段统一系统方框图

地面部分由天线系统、捕获系统、射频系统、接收机激励系统、上行线路系统、测距系统、信号数据解调系统、控制数据系统，时统系统等组成（详见表16-7)。

表16-7 统一S波段系统地面部分

系统	分系统或设备	功用
天线系统	天线结构； 液压分系统； 伺服分系统； 空调分系统	获得发射和接收定向增益
捕获系统	捕获区选择设备； 捕获天线	跟踪引导
射频系统		高功率射频载波
接收机激励系统	接收机； 激励器	对上行载波作相位调制； 对上行载波作调制
上行线路系统	上行数据缓冲调制解调器； 副载波振荡器	对上行的话音、指令数据和测距码进行调制
测距系统		测量
信号数据解调系统	载波频率解调器； PCM遥测数据解调器； 语音和生物医学数据解调器	通过遥测信道接收机接收输入信号、并将其解调
控制数据系统	天线定位程序仪； X和Y轴编码器； 跟踪数据处理机	为自动跟踪、程序跟踪定位及处理来自测距、轴角、时统和跟踪接收机的数据
时统系统	精密频标； 时间变换和信号分配电路	

16.2 典型的飞船测控通信系统

16.2.1 美国的飞船测控通信系统

以阿波罗飞船的测控通信系统为例，该飞船上装有统一 S 波段主副发射机-接收机和功率放大器组件。其具有与载人航天网结合进行的跟踪、应答、通话接收、遥测发射和指令接收多重功能，同时还载有一台独立的 S 波段调频遥测发射机，用于月球距离上的测控和通信。

图 16-13 给出了完成阿波罗计划的美国国家航空航天局通信网（NASCOM）系统示意图。该网由各种路径的全天候通信信道构成，图 16-13 中标出了各种长途公用载波设备、各种类型的重要电缆和卫星线路联结点、跟踪和数据获取网的各站点、主交换中心及航天指控中心的大致地理位置。

系统的主交换中心设在戈达德航天中心（GSFC），中转交换中心分别设在堪培拉、马德里、伦敦、檀香山、关岛和卡纳维拉尔角，其用陆线、海底电缆和通信卫星系统提供的信道在需要接口线路的地方由高频无线电设备提供信道。该网所提供的信道的路径尽可能多样化，以保证宽带信道、窄带信道和电视信道在通信出现故障时，使系统功能方面所受的影响减至最小。

载人航天网的地面设备主要由 9 m 和 26 m 直径的高增益天线的统一 S 波段跟踪、遥测、遥控站（陆上、船载和机载）以及一些 C 波段跟踪站、甚高频遥测和空-地话间设备组成。此外，在肯尼迪航天中心还设有与载人航天网相连的发射信息交换系统，以保障在发射阶段测控通信任务的完成。在执行任务期间，每个统一 S 波段站可提供的通信通道见表 16-8。

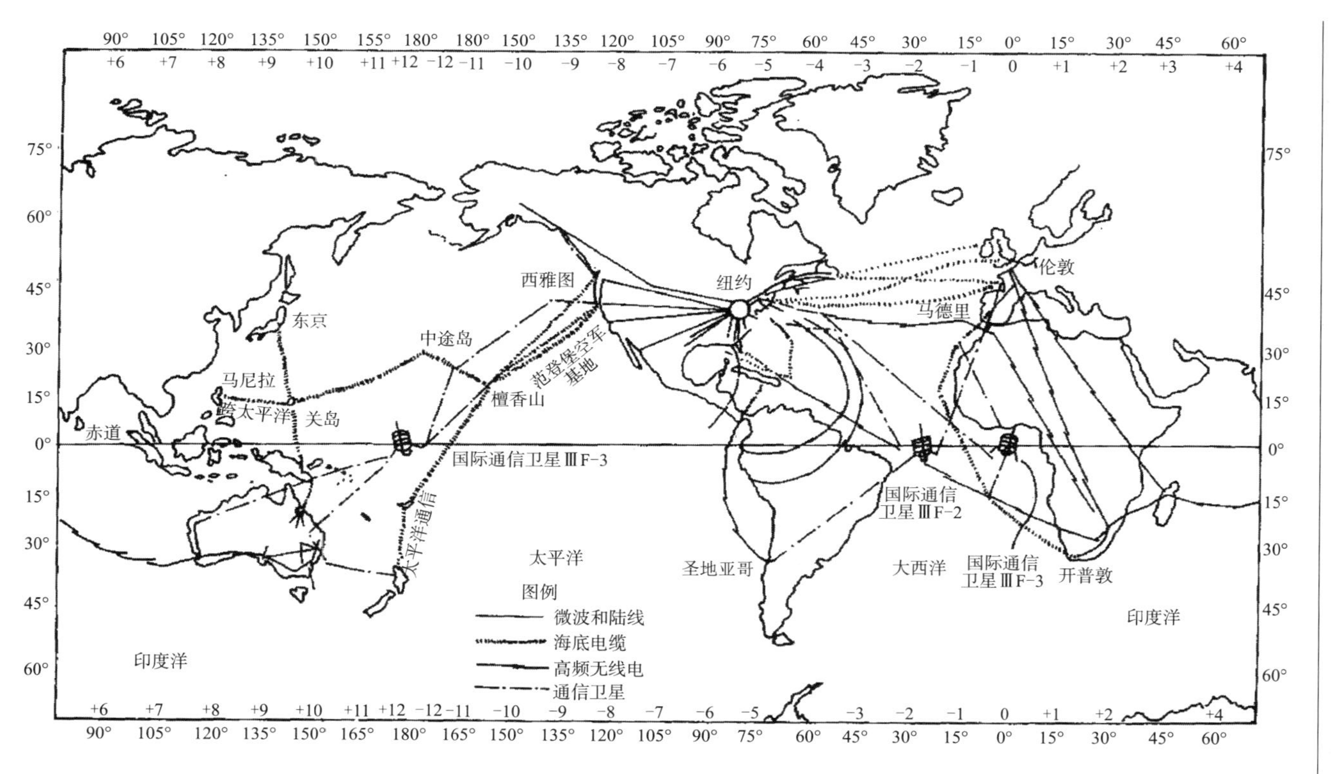

图 16－13　美国国家航空航天局通信网系统

表 16-8 执行任务时统一 S 波段站的通信信道

统一 S 波段站←→GSFC/MCC*	MCC←→GSFC/统一 S 波段站
2 条高速数据（2.4 kb/s），用于遥测； 1 条会议话路（空-地），用于飞行控制； 1 条话音/生物医学数据，用于模拟信号（实时）； 1 条跟踪数据（1.2/2.4 kb/s），实时； 1 条话音信道，用于载人航天网调度（MCC）； 1 条跟踪数据（2.4 kb/s），实时； 1 条电传信道，用于跟踪数据（实时或作备份）； 1 条电传信道，用于工作调度	1 条高速数据（1.2/2.4 kb/s），用于数字指令（实时）； 1 条会议会话、用于飞行控制； 1 条话音/生物医学数据，用于维护/操作调度； 1 条话音信道，用于载人航天网调度； 1 条电传信道，用于预报/引导（实时或备份）； 1 条电传信道，用于工作调度

注：* GSFC：戈达德航天中心，MCC：航天控制中心（休斯敦）。

16.2.2 苏联/俄罗斯的飞船测控通信系统

以联盟号飞船为例，其测控通信系统的功能如下。

（1）遥测

1）遥测参数总数约 1 000 个，其中连续参数占 30%；

2）遥测参数的体制：分布式的脉冲编码调制（PCM）；

3）采样率：实时传输，基本采样率 100 次/s；

4）编码位数：10 位；

5）总编码率：256 kb/s；

6）传输方式：实时传输与记录重发、混合传输；

7）飞船数据存储方式：磁带机；

8）可靠性冗余度：传感器为单套，电子设备为二余度。

(2) 遥控

1) 控制方式：数字式；

2) 使用无线电频段：分米波；

3) 每昼夜进行一次装订数据。

(3) 跟踪测轨

1) 体制：脉冲雷达测量，目标合作；

2) 船上应答机安装位置：设备舱；

3) 使用频率：5 200 Hz ；

4) 地面雷达：松九雷达；

5) 采用二余度的船上应答机。

(4) 话音通信

1) 数字电话：2.4 kb/s；

2) 通信频率：短波和超短波段。

(5) 电视传输

1) 下行数字电视，用于监视航天员的舱内活动；

2) 上行电视用于娱乐。

该测控通信系统有如下特点：各个分系统相对独立，各自使用不同的无线电频率。遥控系统工作于分米段，其接收由地面测控台站发来的遥控指令，并返回给地面一个信号以表示指令已接收。遥控系统还担负测量轨道的任务。

无线电话音系统工作于短波和超短波段，其可提供船内航天员之间、飞船与地面之间以及飞船与轨道上其他载人航天器的电话和电报联系，并通过设在仪器舱壳体上不同长度的鞭状天线发出遥测信号。这套系统在返回下降时，通过返回舱上的槽形天线与地面保持联系；在降落伞下降阶段和着陆后，通过降落伞连接绳上的天线以及着陆后伸出的鞭状天线与地面联系，并发出标位信号。

16.2.3 神舟飞船的测控通信系统

神舟载人飞船的测控通信系统是天地信息传输的主要通道，为确定飞船的运行轨道、实现飞船与地面的通信和信息交换提供支持，其任务时段可分为自主运行段和留轨段。

自主运行段的任务：

1）提供测控手段，对飞船进行跟踪测轨、遥控指令和数据注入接收及分发、遥测信息采集以及下行传输；

2）提供双向话音和下行电视图像采集、处理和传输，供地面人员和航天员之间进行话音和图像信息交流；

3）提供高速数据传输通道，将飞船上的高速数据传至地面；

4）发射着陆信标信号，供地面搜索人员对飞船返回舱进行定位；

5）测量发射段、变轨段、制动段、返回段以及着陆段的速变力学参数，以便了解在这些特征段的振动、噪声、过载和冲击的情况；

6）提供无线电信号发射和接收用的天线及网络；

7）提供高稳定的频率基准信号。

留轨段任务：

1）提供测控手段，对飞船进行跟踪测轨、遥控指令和数据注入接收及分发、遥测信息采集及下行传输；

2）提供无线电信号发射和接收用的天线及网络。

神舟飞船测控通信系统由 6 个子系统构成：自主运行段测控子系统、数据传输子系统、通信子系统、信标子系统、力学参数采集和记录子系统及留轨段测控子系统，其组成框图见图 16－14。

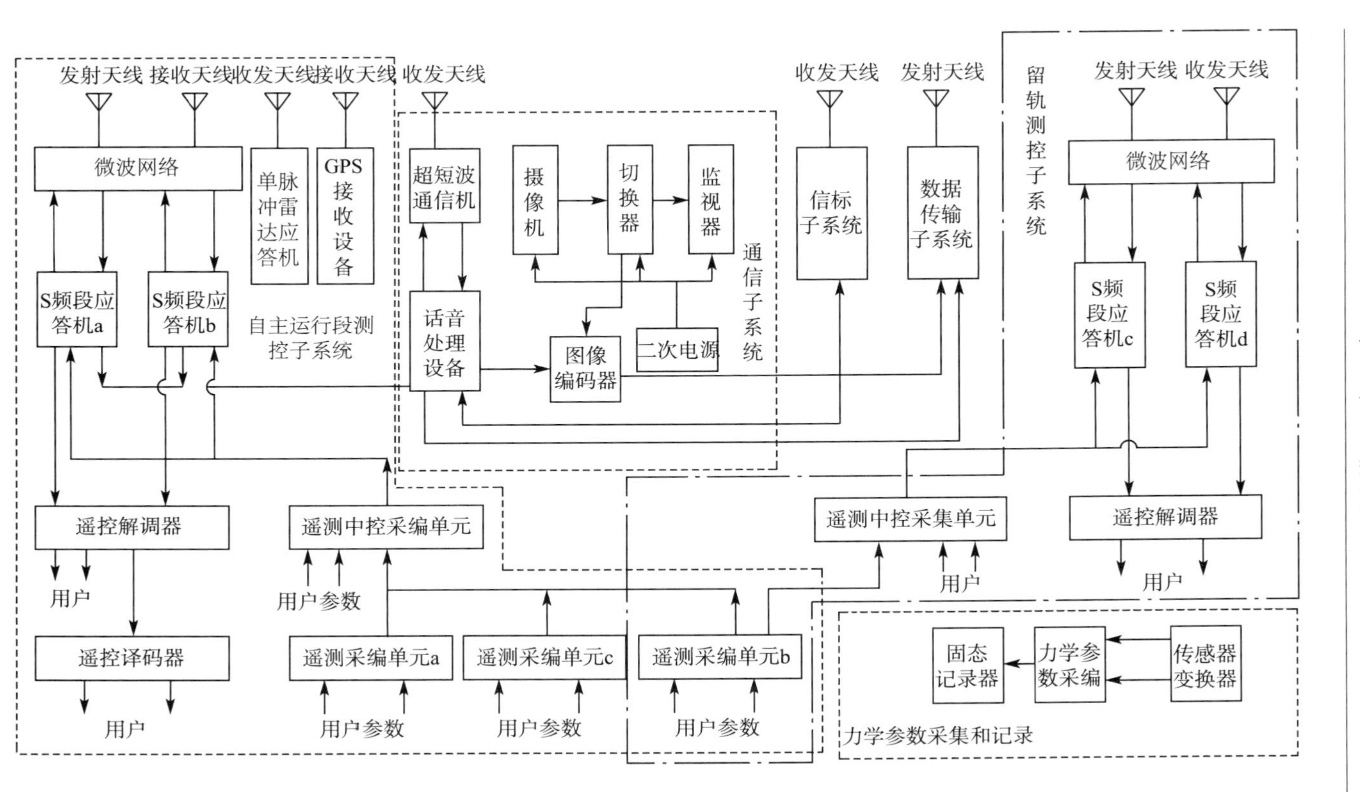

图16-14　神舟飞船测控通信系统组成框图

16.3　遥测系统

16.3.1　遥测系统概述

具有将一定距离外的待测参数，经过感受、采集，通过信道传送到接收地点进行记录、处理和显示等综合功能的设备的组合，就是遥测系统。

遥测系统是载人航天测控系统的重要组成部分，其对运载火箭、飞船的发射和运行有着举足轻重的作用。利用遥测系统监视箭船上各分系统的工作状况，计算出飞船的姿态参数，为遥控调姿提供原始参考数据；载人飞行时运用，其可运用于监视航天员的生理参数、生活环境参数等，为航天员生命安全、飞行安全提供保障条件；在科学试验中，有效载荷的探测信息也往往是通过遥测系统来传送的。

简而言之，遥测系统的作用可归纳为以下几点：

1）获取地面试验及飞行试验数据，为运载器和航天器的设计、评定和改进提供依据；

2）为故障分析提供原始数据；

3）测定飞行器飞行状态参数及环境参数，提供实时监控显示信息，使各有关人员掌握飞行试验情况并作出相应判决，为选择应急救生方案提供依据；

4）测定航天员的生理参数和生活环境参数，保障航天员生命安全；

5）为遥控系统提供反馈信息，确保遥控指令准确传输。

16.3.2　遥测系统的组成和基本工作原理

（1）组成

无线电遥测系统是一个信息传输系统，发信者（信源）就是各个被测对象，信息就是各种被测对象呈现出来的物理化学特性。通过发信变换器，把这些信息变成可以远距离传送的无线电波，而收信变换器则是将无线电波变换成收信者（信宿）可以接受的信息形式。

被测对象可以是航天器各系统的工作情况，也可能是航天员的生理参数，航天器上的科学仪器探测到的数据等都得通过遥测系统传送回地面。在测量中许多参数往往是非电量，其需要通过传感器把这些被测参数变成电信号，再通过无线电遥测系统、运用多路信息传输技术发送到地面站，其典型系统框图见图 16－15。

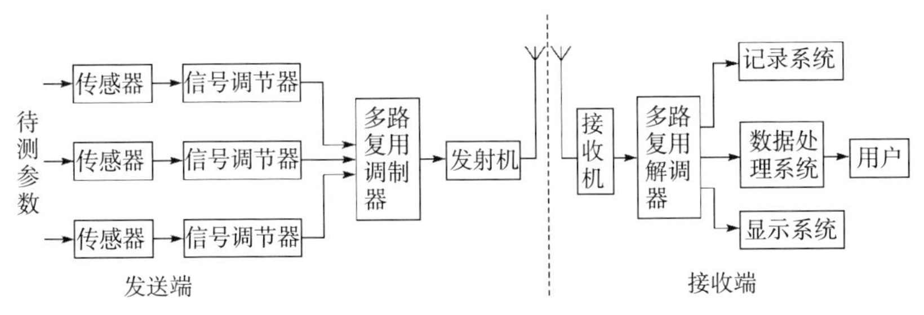

图 16－15　无线电遥测系统原理图

由图 16－15 知，作为多路信息传输的遥测系统，包括信息采集、传送与处理 3 个环节：

1）利用各种传感器和变换器将被测参量（或参数）转换成适合于远距离传输的规范化信息；

2）将多路遥测信号通过传输信息送到远处的接收地点；

3）在接收地点对遥测数据进行记录、处理和显示，按用户的需要形成最终的形式。

针对火箭飞行器的特殊环境条件，其总是采用无线电遥测系统，工作的大致过程简述如下：

箭上和飞船上待测参量通过传感器变换成适合传送的规范化信号，由多路复用调制器将各路遥测信号按一定体制集合起来，以调制发射机载波，并通过天线发回地面。在接收端，接收天线收到信号后送入接收机对载波解调，再经过多路复用解调器恢复出各路原始信号，由终端设备予以记录、处理和显示，并按要求将遥测数据传送到飞行控制中心。

要弄清上述的遥测系统基本工作原理，首先就要从信号调制理论和信号划分理论两方面搞懂遥测信息传输的基本原理。

（2）信号调制理论

调制就是被传输的基带信号去改变另一个信号参数的过程，这个被传输的信号称为调制信号，被改变参数的信号称为被调制信号。调制有以下几类：按被调制信号的形式可分为连续波调制和脉冲调制；按调制信号形式可分为模拟调制和数字调制。

在无线电遥测系统中，调制的目的主要有两个：一是实现多路复用；二是把遥测信号调制到载波上，通过无线电波发送出去。有时为了信道综合利用采用二次调制方式，此时将信号的第一次调制称为副载波调制。

①连续波调制

在连续波调制中，载波是一个正弦波，其有三个可调参数：幅度、角频率和相位。当载波幅度受调制信号的控制而变化时，称其为幅度调制，简称调幅（AM）；当载波的频率受调制信号控制而变化时，称其为频率调制，简称调频（FM）；当载波的相位受调制信号控制而变化时，称其为相位调制，简称调相（PM）。

②脉冲调制

脉冲调制中，被调制的信号为一个脉冲序列，当脉冲幅度、脉冲宽度和脉冲重复频率随调制信号作线性变化时，分别被称为脉冲调幅（PAM）、脉冲调宽（PDM）和脉冲调位（PPM）；当把 PAM 信号的脉冲幅度值（即调制信号被采样的样点值）用一组二进制码表示时，称为脉冲编码调制（PCM）。这几种脉冲调制方式的波形示意图如图 16－16 所示。

1）脉冲调幅（PAM）：脉冲调幅的基本原理是把连续变化的模拟信号变换为离散的样点值序列，这一过程称为采样。脉冲调幅实际就是如图 16－17 所示的采样过程，其是用所要传输的基带信号 $g(t)$ 对采样脉冲进行幅度调制。

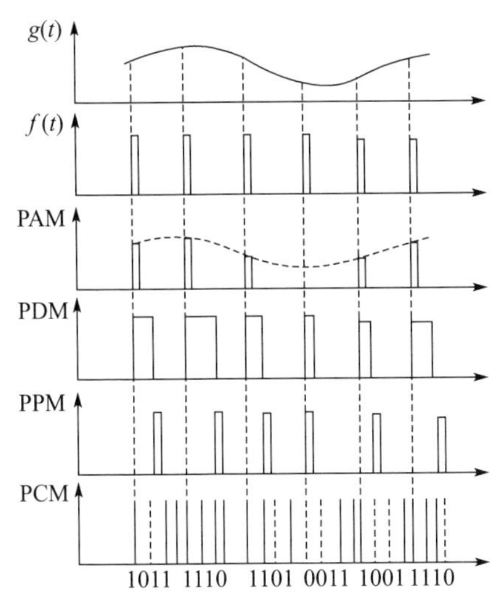

图 16－16　各种脉冲调制的波形示意图

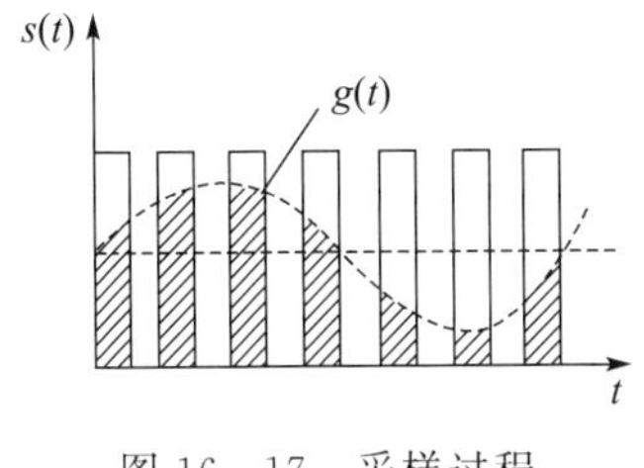

图 16－17　采样过程

2）脉冲编码调制（PCM）在 PAM 调制中，已调脉冲的幅度随调制信号 $g(t)$ 的量值在一定范围之内连续变化，所以得到的 PAM 信号的脉冲幅度有无穷多个电平。把这无穷多个电平用一组有限个离散电平代替，这一过程称为对 PAM 信号的量化（见图 16－18）。把一组离散电平用一组数码对应表示，这一过程称为数字化。采样→量化→数字化三个过程总称为编码。在二进制 PCM 体制中，传送信号的电平只有“0”和“1”两个码，只要噪声的幅度不超过两电平差的一半，接收端就能正确分辨出“1”或“0”来，因此 PCM 制具有很强的抗干扰能力，故其得到越来越广泛的使用。

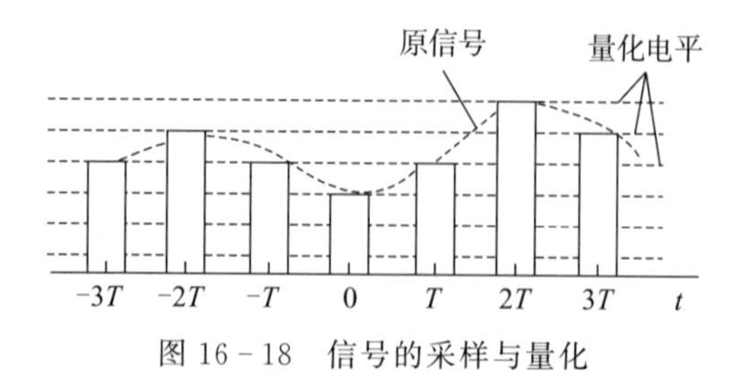

图 16-18 信号的采样与量化

③数字调制

用二进制 PCM 数字序列对载波的幅度、相位和频率进行调制，分别称为幅移键控（ASK）、频移键控（FSK）、相移键控（PSK）和差分相移键控（DPSK）。对应于 PCM 二进制的两个信号电平“0”和“1”，载波的被调参量也是两个给定的离散值。数字调制的波形见图 16-19。

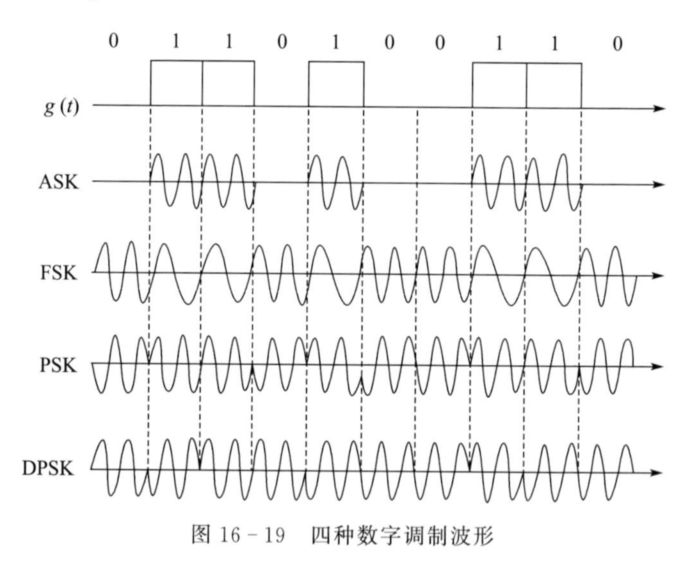

图 16-19 四种数字调制波形

(3) 信号划分理论

遥测系统通常在一个信道中同时传播几十到几百路信号，因而存在信号划分问题。信号划分也叫信道多路复用，目前多路复用信息传输的常用方法有频分制（FDM）、时分制（TDM）和码分制（CDM）三种。

①频分制

频分制是把待传送的各种信号分别调制到不同的副载波上，当被调制的各路副载波的频率间隔足够大时，各路已调波的频谱将不会互相重叠。经过公共信道传送后，在接收端可以很方便地用一组带通滤波器分开，达到多路信号共用一个信道的目的。（见图 16 - 20）

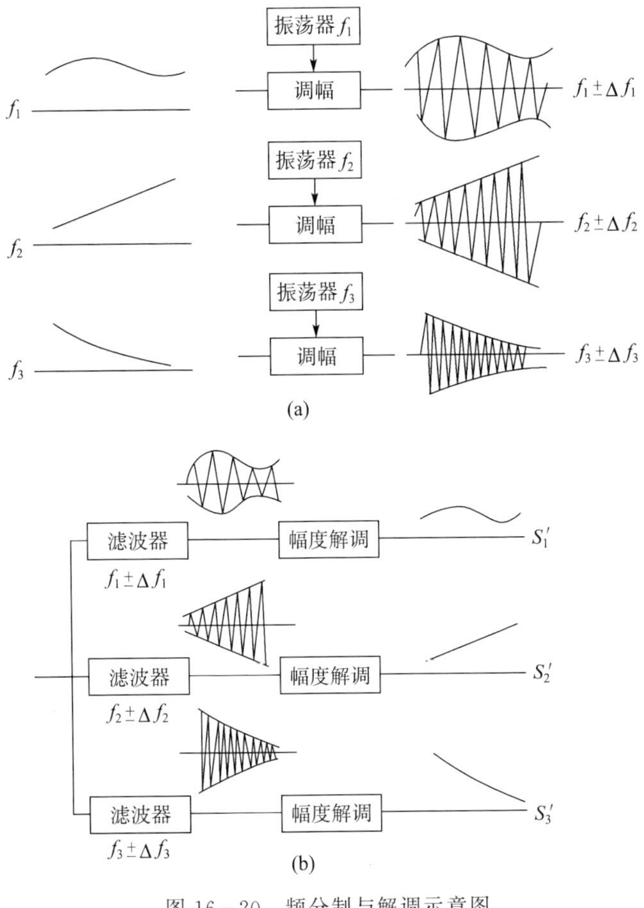

图 16 - 20　频分制与解调示意图

频分制采用二次调制，副载波、载波调制方式可以是 AM、FM、PM 中的任一种，两次调制的不同组合可以组成多种体制的遥测系统，而其中应用最广泛的为 FM－FM 系统。FM－FM 体制在许多方面优于其他频分体制。

②时分制

时分制是对各路信号进行采样，将各采样值按时间交错排列成一串速率更高的数据流。由于各路信号的样点序列在时间上互不重叠，通过公用信道后，在接收端可用一个与发送端同步的选通开关把其互相分开。时分制中所用的调制方式可以是 PAM、PDM 和 PCM。

③码分制

码分制也是一种共享信道的方法。每个用户可在同一时间使用同样的频带进行通信，但使用的是基于码型的分割信道的方法，即每个用户分配一个地址码，各个码型互不重叠。通信各方之间不会相互干扰，且抗干扰能力强。码分制主要用于无线通信系统，特别是移动通信系统。其不仅可以提高通信的话音质量、数据传输的可靠性以及减少干扰对通信的影响，而且增大了通信系统的容量。笔记本电脑、个人数字助理（Personal Data Assistant，PDA）以及掌上电脑（Handed Personal Computer，HPC）等移动性计算机的联网通信就是使用了这种技术。

16.3.3　遥测设备

无线电遥测由发射（箭、船）部分和接收（地面遥测）两部分组成。在载人航天测控中，地面系统大多采用综合测控系统，遥测系统只是其中一个分系统。

一个天线自跟踪遥测系统的组成大致包括以下设备：天馈设备、天线座、伺服系统、伺服控制台（计算机）、遥测接收机、跟踪接收机、视频解调设备、遥测显示工作站（遥测计算机）、磁记录设备、中心监控台、数据记录仪、标校设备和必要的通信接口设备等。

随着航天技术的发展，要求遥测系统具有更高的测量精度、更大的数据容量以及更远的作用距离。数据容量的增大势必带来信道带宽的增大，因此必须提高载波的频率。为提高作用距离，必须尽可能提高系统接收灵敏度，并不断增大天线口径。国外遥测地面站抛物面接收天线口径一般为 5～10 m，大的可达 20 m 以上。抛物面天线口径越大，其工作频率就越高，则其接收波束角就越窄。为使窄波束天线能自动对准高速运动的飞行目标，以保证可靠地接收遥测信号，窄波束遥测天线必须配备自跟踪分系统，该系统的组成框图如图 16 - 21 所示。

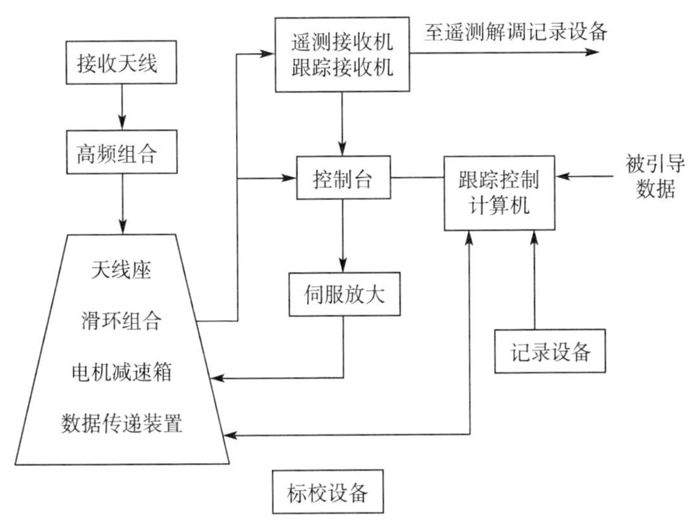

图 16 - 21　遥测自跟踪分系统的组成框图

天线在接收微波遥测信号后，经接收机送至解调设备，解调出副载波遥测信号及角误差信号，其中后者作为跟踪信号送入跟踪控制计算机，驱动天线实时跟踪目标。

微波遥测设备因所选用遥测体制不同而结构组成不同，最常用的为 PAM - FM 和 PCM - FM 体制。

PAM - FM 体制是时分制中最简单的一种，其典型的设备的组成框图见图 16－22。多路时分开关（俗称交换子）对多路信号进行采样，形成的 PAM 信号调制发射机载波，再由天线将调频信号发至地面。地面遥测站天线接收到射频信号，经放大送到解频器，解调出 PAM 信号，再经过视频滤波器送至同步器及 PAM 分路器。同步器从 PAM 序列中提取出帧同步及路同步信号之后，由分路器从 PAM 序列中分离各路采样脉冲，经过各通道滤波器还原出被测参数。

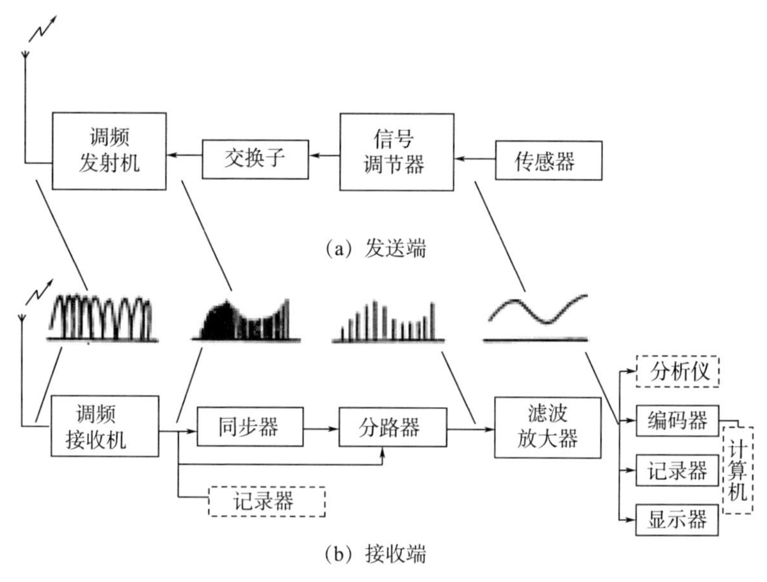

图 16－22　PAM－FM 无线遥测传输系统

PCM－FM 体制的基本组成如图 16－23 所示。前面已经提到，在 PCM 系统中，先要对被测信号进行编码，在插入同步（帧同步）信息之后，多路被测信号的数字比特流就成为串行 PCM 数据流，其调制到载波上后发射出去。其中载波调制常采用调频体制。

接收端在接收和解调射频信号后，重新得到带噪声的 PCM 数据流。经提取位同步并对二进码进行判决得到重建的 PCM 数据流，再帧同步与字同步之后恢复出原始被测信号。

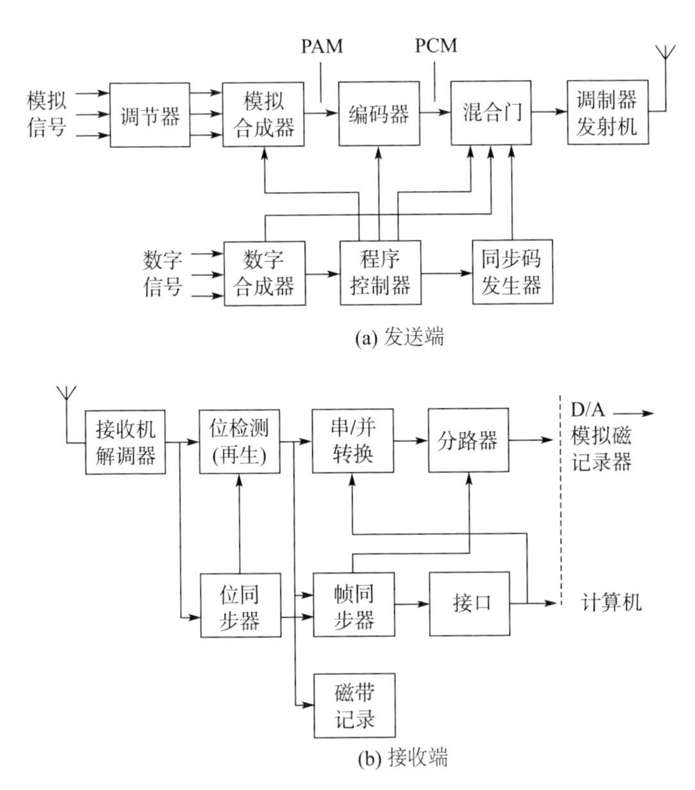

图 16－23　PCM－FM 遥测系统的基本组成

16.4　遥控系统

16.4.1　遥控系统概述

遥控是对相隔一定距离的被控对象发送某一形式的信号以进行控制的技术，完成这一功能的设备组合称为遥控系统。利用无线信道传输的系统，称为无线遥控，测控系统中均采用无线遥控。对比遥测和遥控的定义可知，其都是将信息（遥控指令或遥测信息）通过信道送至收信者，所以有很多相关基础理论问题是相同的。

按用途不同，遥控分为安全遥控和航天器遥控，在载人航天任务中还有航天员的逃逸遥控系统，其中逃逸遥控和安全遥控在很多方面具有相似的特点和要求。安全遥控的作用是当导弹或运载火箭在主动段出现故障或偏离飞行轨道时发出指令将其炸毁以终止飞行，是导弹、运载火箭自毁系统的备份手段。其具有实时性强、可靠性高、安全保密性强、内容少以及执行任务时间短等特点。航天器遥控的作用是用于数据注入、各种开关控制、轨道控制、姿态控制等，其主要目的是保证航天器正常工作与运行，具有控制内容多、执行任务时间长、要求复杂等特点。

16.4.2 遥控系统的组成和工作原理

（1）组成

遥控系统主要由航天器遥控系统和地面遥控系统组成。地面设备主要有遥控分控台、编码器、调制器、激励器、发射机、伺服系统、天线和监控显示系统以及电源、引导系统、调度和数传等接口设备。船上设备有接收天线、指令接收机、解调器、译码器和功能分配器等。

（2）工作原理

将指令按控制对象进行编码形成代码，然后按照指令传输格式调制到遥控副载频上，再调制到载频上发射到航天器，或直接调制到载频上。航天器经过接收解调，译码形成具有一定驱动能力的电脉冲驱动被控制对象，从而完成航天器的各种操作控制。数据也是按规定格式调制到遥控副载频后或直接调制载频发射到航天器上的接收机，经过解调送到需要数据的航天器设备。为了指令或数据的安全，即防止非法者以伪指令侵入控制信道、从测量信道窃取信息、或篡改伪造信息，在发送遥控指令或数据时必须采取加密措施。其工作原理如图 16 - 24 所示。

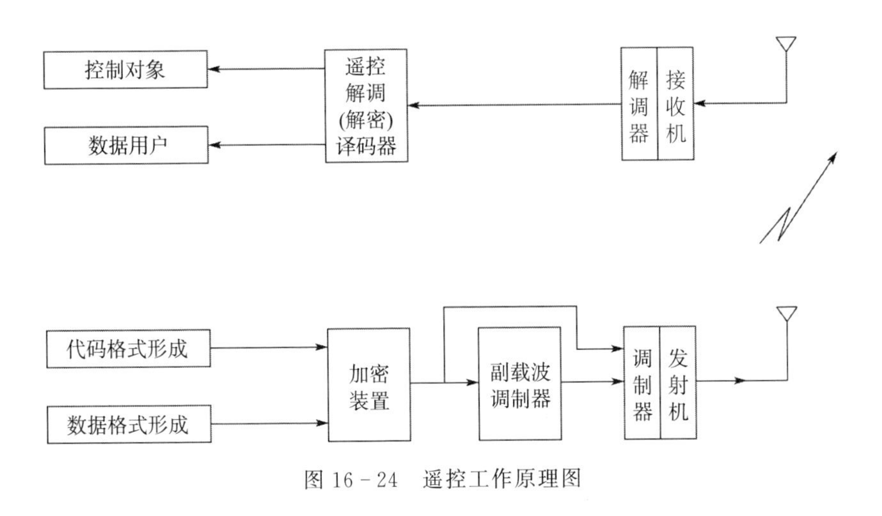

图 16－24　遥控工作原理图

16.4.3　差错控制

由于遥控系统要求极低的传输错误概率，因此差错控制是一项重要技术。遥控系统按差错控制技术分类，有天地大回路反馈校验指令体制和前向纠错校验指令体制。

天地大回路反馈校验指令体制的特点是把要控制的内容（地址）作为“预令”，而把执行动作作为“动令”。其基本过程是，地面遥控站向航天器发送遥控预令码，航天器收到后先存储起来暂不执行，然后通过遥测系统将收到的预令原码返回地面，由地面与原发指令比对；若发现错误，则发取消指令并重新重复上述过程，直到大回路比对正确后才发送动令脉冲。航天器收到动令脉冲后再根据原存储的预令码内容产生规定的动作。这种体制的优点是利用简单的编码方法能够得到较低的错误概率，同时由于“动令”是脉冲信号，可以控制其相位精度，从而实现同步控制功能。其缺点是由于反馈校验所需时间较长，故控制较慢，这难以应用在可控时间很短的中、低轨航天器，但对于静止轨道卫星就不是问题。所以迄今为止，国内外静止轨道卫星都采用这种指令体制。

前向纠错校验指令体制的特点是把“预令”和“动令”合一，即航天器收到可识别的指令就立即动作。由于传输中的失真和干扰可能造成错误，因此航天器收到的指令可能是地面发送的那条指令（正确指令），也可能不是地面原发的指令（误指令）；或者地面根本就没有发指令，而是由干扰产生的指令（虚指令）；或者地面发了指令，而航天器没有译出来（漏指令），以上就会造成一些错误动作。为了减少这种错误概率，就需要在编码技术上下功夫。这势必造成编码解码复杂，指令较长，执行动作的相位也很难精确控制，特别是采用检错重发来完成前向纠错的指令码，其执行动作的时间随机性就更大了，很难用于完成同步控制。这种指令码虽长，但其发令时间比前述的反馈校验指令体制还是短得多，这一优点对于可控时间很短的中、低轨航天器来说是非常宝贵的，所以国内外的中、低轨航天器遥控都采用前向纠错指令控制体制。

16.4.4 安全遥控新技术

为提高安全遥控系统的可靠性、降低安全遥控的虚指令概率，美国采用了主字母（HA）体制，近年来又研发出改进的主字母体制（MHA）。这种体制的基本原理是：从多个（如 11 个）正交单音中选出 2～3 个组合相加组成一个字母，再由 5～9 个字母组成一条指令，载波仍采用 FM 调频体制。这种体制的主要优点是捕获解调快速可靠、虚指令概率低、安全保密性高。

16.5 信息和数据传输系统

16.5.1 信息流程

整个测控通信过程是信息数据生成、传送及处理的过程。这里所谓的信息数据已不再仅指数字，而是泛指数字、声音、图像、图表等。由图 16－25 给出的发射测控通信的信息流图可知，信息和数据传输系统的枢纽是计算机系统和计算机网络系统，由其从测控设备上采集数据，生成规定的传送格式，进行记录和数据处理，再通过网络系统传送到各个终端。该过程包括对外测、遥测信息的数据获取、生成、传送和处理过程，还包括控制指令的生成、传送和执行监控的过程，同时还必须对信息流的生成、传送和处理过程进行调度指挥、监控显示，以及负责对突发事件（诸如应急救生、航天器状态异常等）作出判断和提出对策，以保障任务可靠、圆满地完成。

为了更清楚地了解信息流的生成、传送及处理过程，下面将对逐个系统进行介绍。

（1）信息处理计算机系统

信息处理计算机系统由4层、3个主系统组成。作为第一层的预处理机，负责接收外部送来的信息并进行必要的预处理；第二层由中心处理机组成，进行信息的最终处理；结果信息由第三层计算机作信息显示处理，将结果显示在公用或个人显示设备上；第四层由若干PC构成，负责连通网上计算机和进行网络管理。整个系统结构见图16-26。

（2）指令程序信息计算系统

指令程序信息系统由控制计划系统、仿真系统和实时操作控制系统组成。

①控制计划生成系统和实时操作控制系统

如图16-27所示，该系统负责覆盖区的通信期计划及各级飞行计划的制订、指令程序信息和上行注入数据的生成、地面测控设备的远程监控和实飞控制。

②仿真系统

该系统用于对载人飞船和地面测控网的操作控制、遥测信息生成与传送，对飞船运动及外测信息生成进行仿真演练，还可把仿真软件分设在弹道、遥测和指令信息计算机中，通过网络相连，在时间同步和信息交换级上构成一个完整的仿真系统，从而进行局部演练。

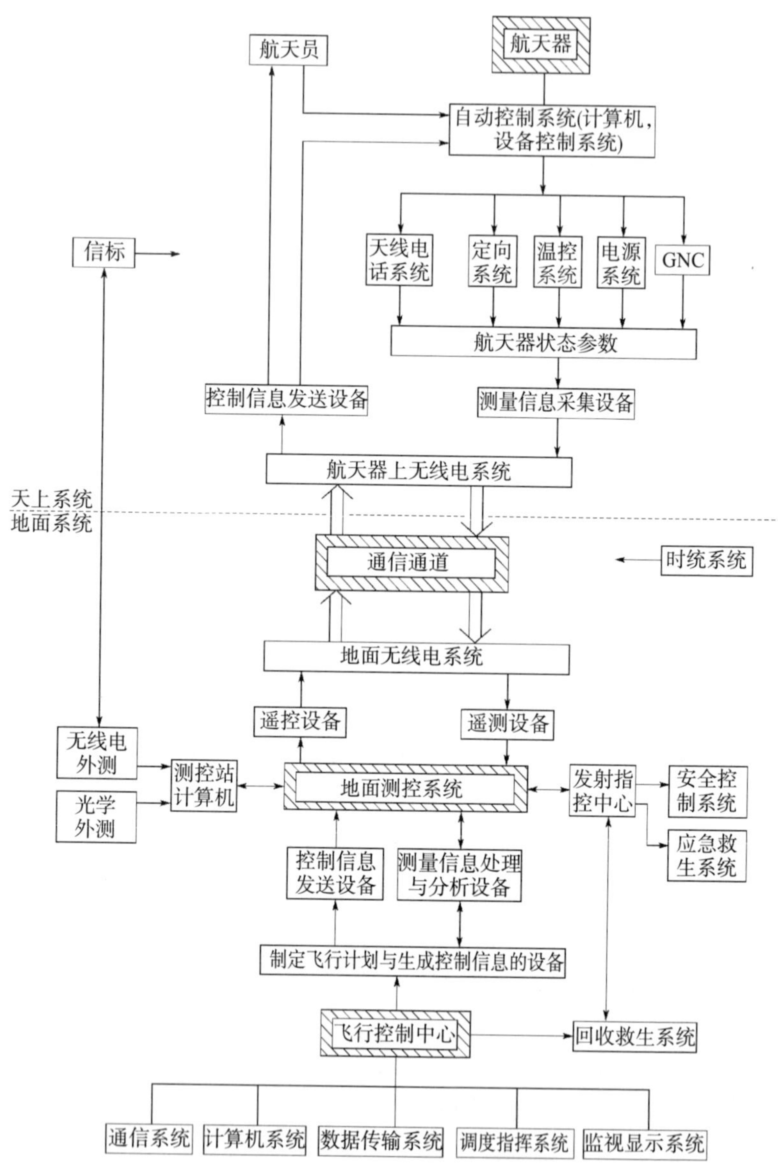

图 16－25　发射测控通信信息流程简图

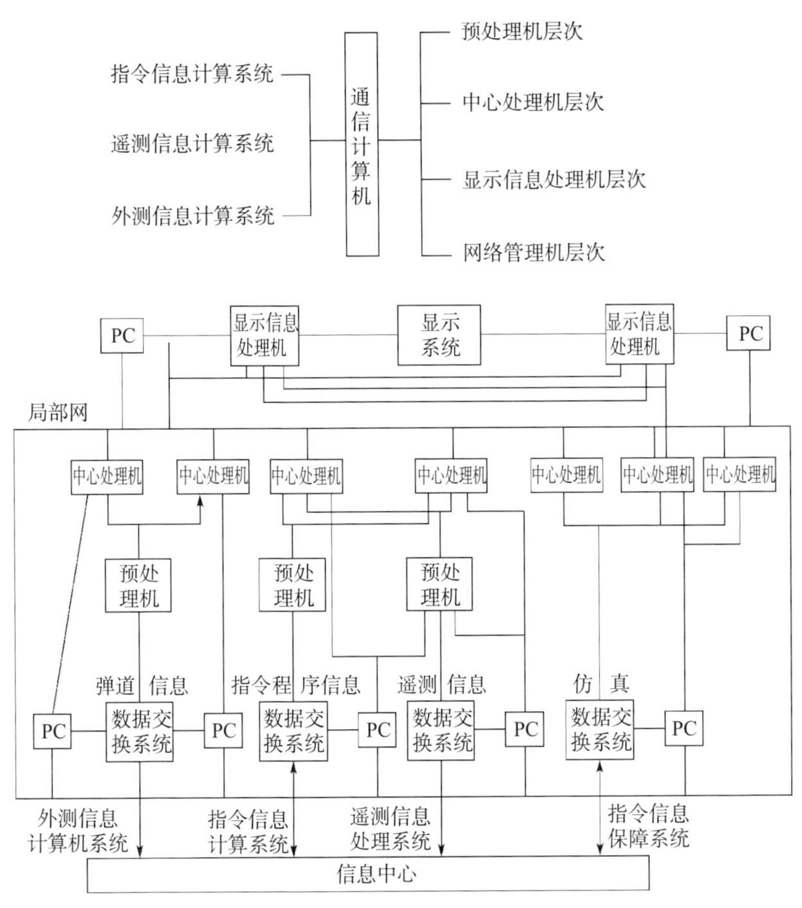

图 16-26　信息处理计算机结构

(3) 遥测信息计算系统

该系统由遥测预处理系统、中央处理系统和显示系统组成，其基本流程见图 16-28。

遥测信息预处理过程大致如下：预处理计算机在收到经数传通信处理机送来的规格化的原始测量数据后，再由时统系统输入的时间对测量值进行时间对齐。然后对各遥测帧进行反转换后进行分类。对空间飞行项目的信息、科研信息及航天器载计算机系统的参数作各自的预处理，包括对测量值进行滤波和删除多余度。完成数据预处理后，向中央处理机系统发送信息，同时将信息记录在磁带上存档，以供需要时使用。

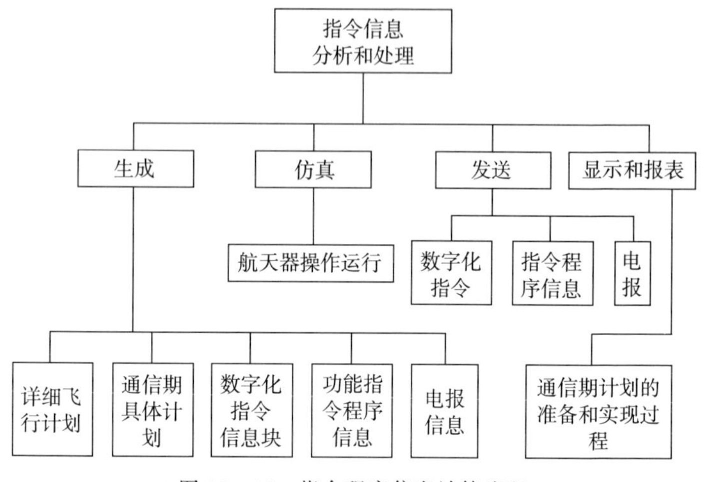

图 16-27　指令程序信息计算流程

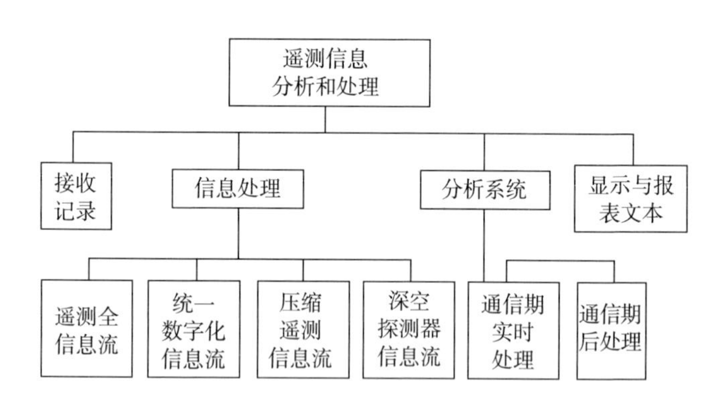

图 16-28　遥测信息处理流程

下一步是在中央处理机系统上对预处理数据作最终处理。首先将测量值转换成物理值并同检验标准值进行比较。然后分析航天器载计算系统的遥测值，获取该系统的参数信息。根据处理结果分析航天器上各种系统的工作情况，再根据遥测信息解算出姿态和轨道参数。最后以重放方式处理信息，将处理结果编制成文件报表和测量参数的曲线图，向显示系统发送信息。经显示系统处理，在个人用显示系统上可根据终端操作员的要求，以彩色字母-数学表格、曲线和模拟系统图形等形式发送。

（4）外测信息计算系统

对载人航天外测信息的计算要求如下：

1）地面飞行控制中心能通过不断监测得到的数据，正确预报航天器的轨道；

2）保证各飞行阶段测定轨道所需的精度；

3）为航天员和指挥控制操作组提供制定飞行计划和进行试验所需的外测信息。

外测信息计算系统的基本任务示于图 16－29。

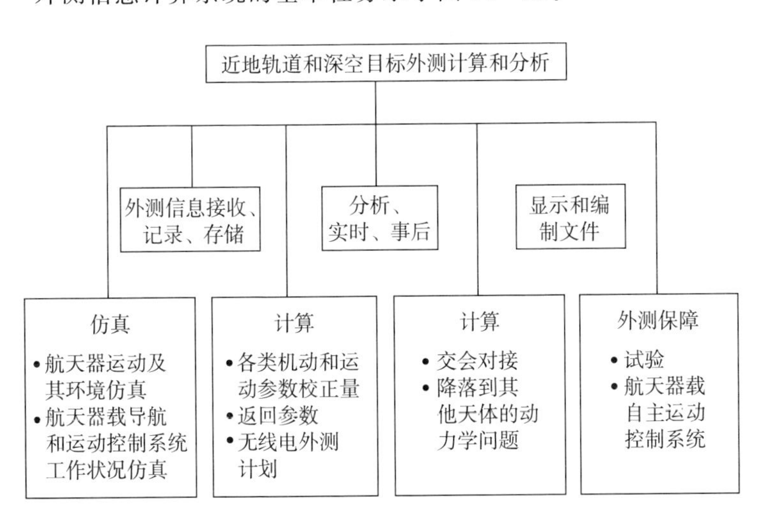

图 16－29　外测信息计算系统的基本任务

外测信息处理流程图见图 16－30。

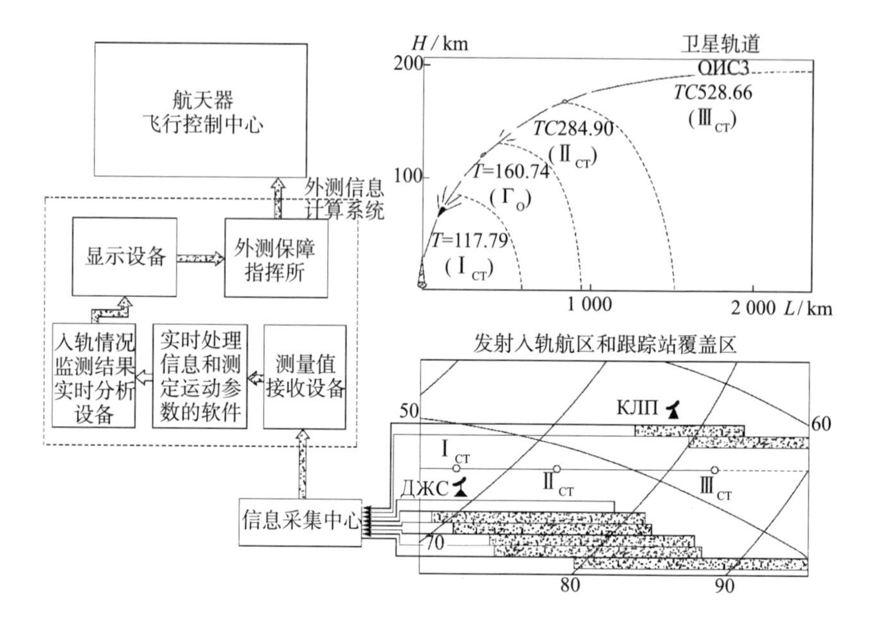

图 16 - 30　外测信息处理流程图

16.5.2　数据传输系统

能将信源的数据按要求送往需要该信息的信宿端的系统称为数据传输系统。一个传统的数据传输系统通常由信源编、译码设备，信道编、译码设备，调制、解调器，以及信道等组成（图 16 - 31）。

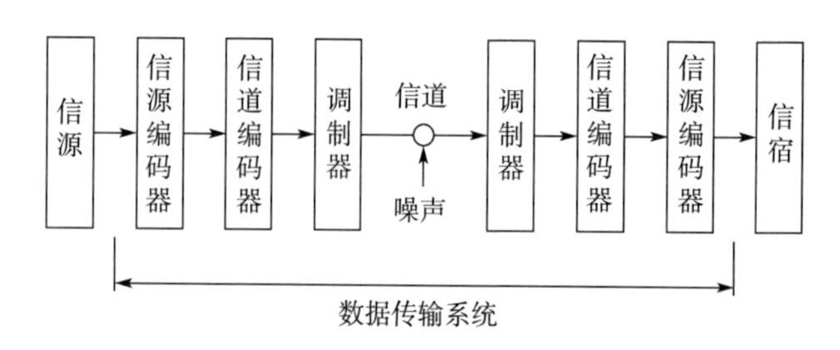

图 16 - 31　数据传输系统组成框图

信源编码器将信源信息转换成下一个环节所需要的信息序列。信道编码器将输入信息按一定规律进行编码变换，使接收端的信息错误率控制在允许的范围内。调制器将来自前一环节的二进制数字序列变换成适合在话音带宽信道上传输的波形。解调器、信道译码器、信源译码器功能与上述对应部分相反。这类频带传输方式将数据信号频谱变换到音频带宽内后再进行传输，从而解决了数据信号和模拟信道之间不相适应的问题，使数据信号能利用现有的通信系统实现远距离传输。

数据传输系统是伴随计算机技术发展起来的数据通信技术的组合，其任务是把通信信道与数据输出、数据输入设备有机地连接起来，形成完整的数据传输网，完成如图16－32所示的各种数字脉冲序列的交换任务。具体来讲，就是完成飞行控制中心与测控站设备之间的测试参数、外测数据、遥测数据、引导数据和安全指挥显示数据的传输任务，完成各计算机系统的信息交换。

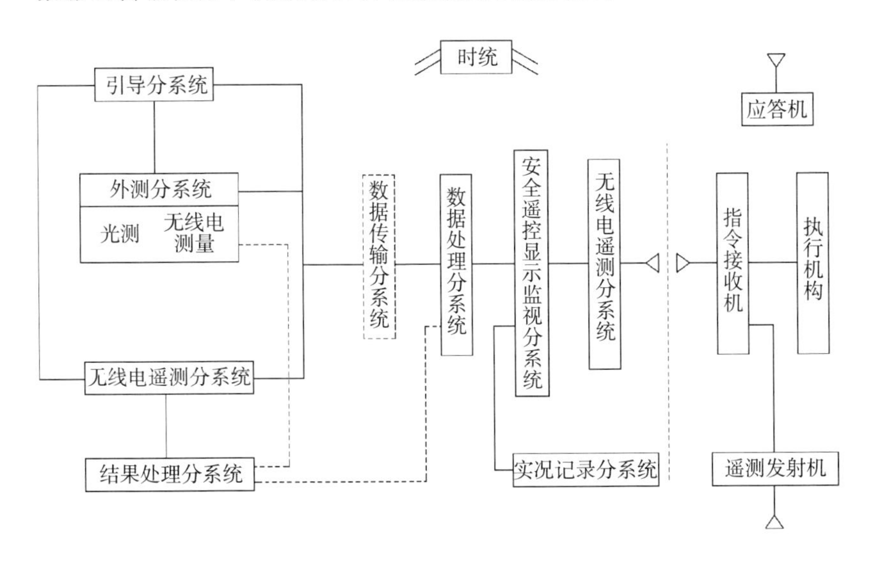

图16－32 数据传输系统在测控通信系统中的功能

16.5.3 指挥调度系统

指挥调度系统是指挥试验任务的专用通信系统。指挥员通过该系统与各参试单位保持紧密的联系，并迅速准确地对试验任务实施统一的组织指挥及业务协调。

指挥调度系统按分级汇接、集中指挥的原则进行组网（图 16－33）。该系统以语音调度为主，有线电报、无线电报、电话、传真显示等为辅完成试验任务的指挥通信，同时通过计算机联网，提供信息交换，传送指挥指令、文字及图像等决策信息。此外，该系统还具有实时记录、事后重放和任务重现的功能，可对指挥调度通信网进行自动化控制、监视，显示其工作状态，实施全网通信业务的组织调度。

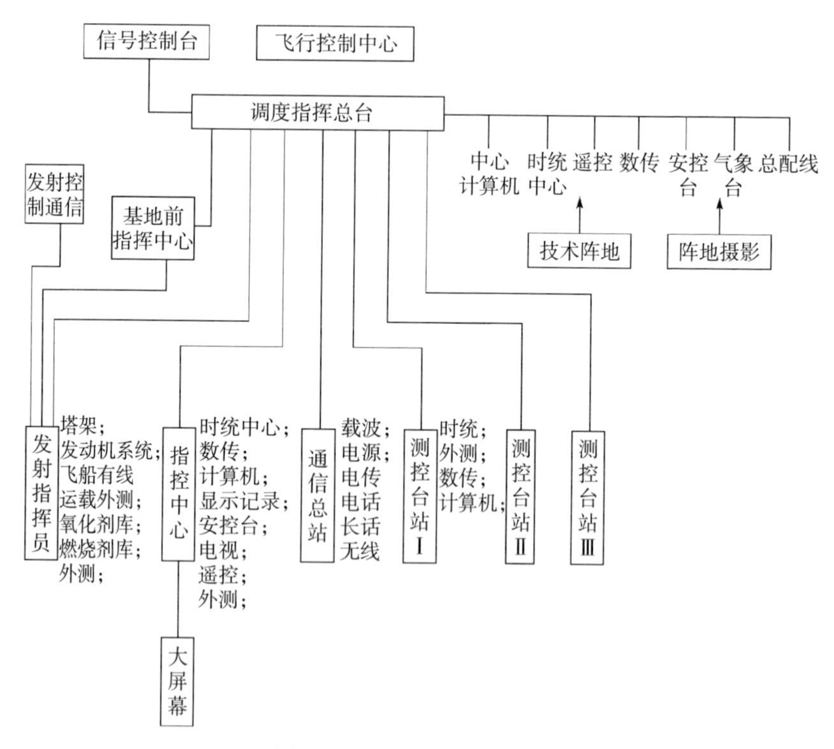

图 16－33 指挥调度关系图

16.6　监控显示系统

16.6.1　系统概述

监控显示系统将中心计算机处理后的、反映运载火箭和飞船的空间飞行状态、箭船内部设备工作状况的信息、航天员生活活动情况以及地面设备工作状态，以曲线、参数、图形、电视及各种警告边界（或背景）的形式，用形象化的手段和方式显示在掌握全局的决策者面前。在飞船的发射、运行和回收着落的任务中，各级指挥人员及有关专家依靠主计算机系统和监控显示系统给出的各类显示，共同完成对飞行过程的控制和管理。

16.6.2　功能与组成

通常要求监控显示系统可实时地为组织指挥人员提供讲、看、听、动这四项基本功能。

1）讲是指通过指挥调度设备下达各种指挥程序和命令；

2）看是指通过电视、图形、表格、曲线，掌握参试设备和飞行目标的工作状态及运动参数，了解航天员生活活动情况；

3）听是指通过有关设施了解设备、飞船、航天员等的一切活动的工作汇报和告警信息；

4）动是指挥决策人员行使控制职权，通过操作有关设备，干预飞行目标的运行情况以及对测控资源和人员调度指挥。

可完成上述功能的监控显示系统的典型组成见图16-34。主计算机系统实时处理加工飞行器的弹道和轨道参数、飞行器内部的遥测参数、地面各设备的工作状态、系统信息流程等。

控制工作站完成运载火箭主动段的安全控制，完成飞船运行段及回收首落段的运行监控。

显示工作站主要显示目标空间运动的参数和轨迹、目标内部各部件的物理特性参数、空间环境及背景、关键作业执行效果和电视

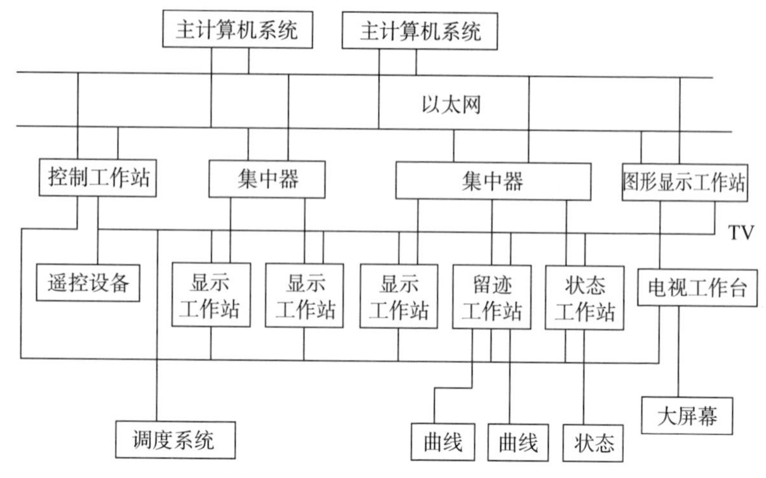

图 16 - 34　监控显示系统示意图

图像等。

留迹工作站主要绘制飞行器速度-时间曲线（理论、实际）、飞行器可能的落点散布、完全走廊、星下点轨迹和高度、倾角曲线等。

状态工作站输出的状态信息主要包括飞行器内部设备工作状态、地面测控站及测控设备的状态和各种时间参数。

图形显示工作站可以全面、形象地显示飞行器在三维空间的运动轨迹、关键作业（如一级关机、级间分离、二级点火、抛整流罩、变轨等）、瞬间变化过程、飞行全过程预示及演练和异常状态的模拟。这些加工后的图形可送大屏幕进行放大显示，使参观者了解飞行过程。大屏幕不但可显示计算机加工的三维图形，还可显示电视实况图像（包括地面设备、飞行器的全景和局部、航天员工作、甚至关键部件的景象）。

16.6.3　显示设备与布设

图 16 - 35 给出了苏联/俄罗斯飞控中心的显示大厅的布设。其中的显示监视系统由控制计算机系统和网络、数字/电视式显示设

备、离散事件指示灯、大屏幕显示等设备组成。

数字/电视显示设备利用主计算机输出的数据产生几十路视频显示，显示画面由静态背景和动态前景组成。显示信息内容包括外测信息结果。离散事件指示灯用作控制台上的指示器、警告装置和报警灯光。

大厅中间设有公用的大屏幕显示和众多的个人显示监控台。大屏幕用于显示飞船的状态、飞行轨迹和测控覆盖区，旁边的小屏用于显示飞船的结构、空间轨道和一些提示性的图形；也可以进行电视投影，显示发射现场和航天员在空间的电视图像。

图16-35　苏联/俄罗斯飞行控制中心的显示大厅

图16-36给出了某发射场首区的地面设备工作状态显示板的布设图。

图16-37给出了飞行器状态参数显示板的布设图。

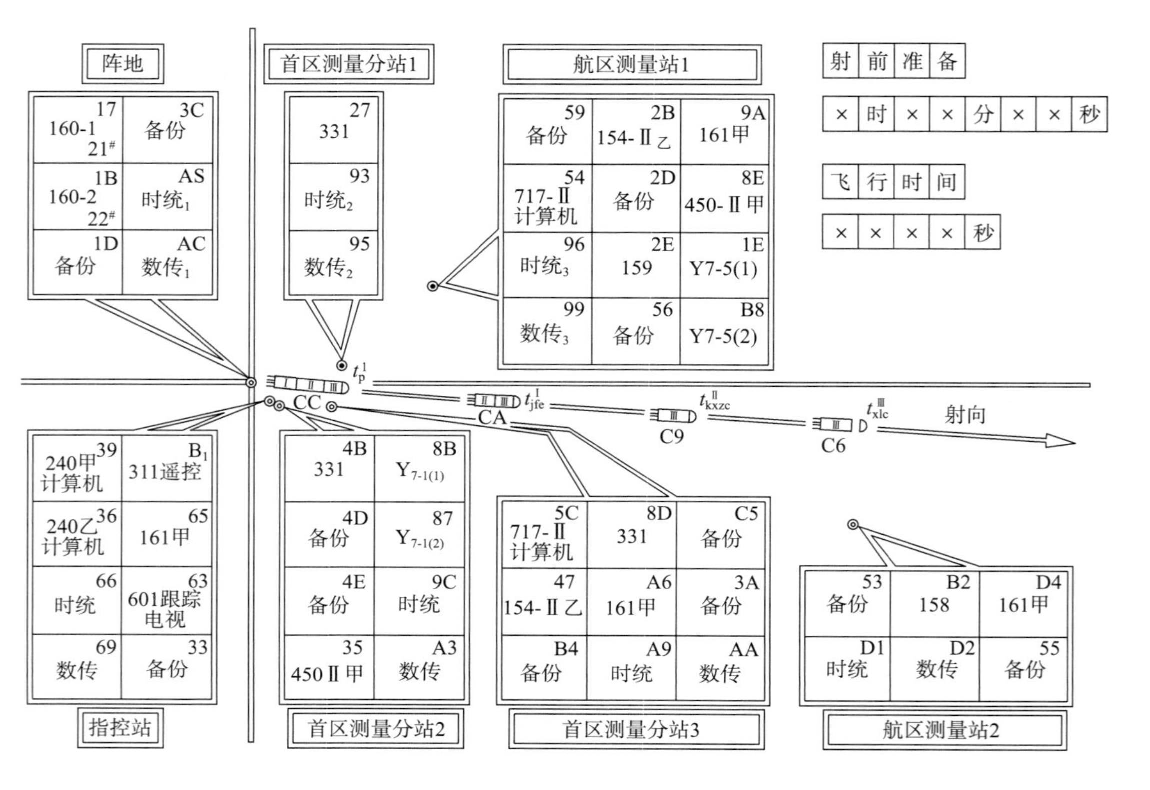

图 16－36　首区地面设备工作状态显示板

北京时间××时××分××秒　　飞行时间××××秒

姿态	工程参数		程序指令		测控设备参数			星上参数	
Ⅲ 33 $U_t\varphi$ 俯仰角电压	Ⅰ 53 P_{YP1} 一级(Ⅰ)压力	Ⅱ 63 P_{rt} 二级(游) 燃压力	Ⅰ 93 tq 起飞点接通	Ⅲ A3 tzf1-2 整流罩分离	Ⅲ 87 Uw5G 275功率	Ⅲ 1B 双频信标 功率	Ⅱ 4D Uwc-10 姿控引爆	B4 Ug1 应答机A锁定	C3 P1 贮箱A压力
Ⅲ 35 Ut4 偏航角电压	Ⅰ 55 P_{yp2} 一级(Ⅱ)压力	Ⅲ 65 Prs1 三级(Ⅰ)压力	Ⅰ 95 tk1 一级 主令关机	Ⅲ A9 tvce 维持 沉底通电	Ⅲ 8B UwbG 276功率	Ⅱ 1D Uw41s 254(1)视出	Ⅱ 4E Uwc-B 遥控引爆	B8 Zg1 应答机A开关	C5 P2 贮箱B压力
Ⅲ 36 Utr 滚转角电压	Ⅰ 56 PrP3 一级(Ⅲ)压力	Ⅲ 66 Prs2 三级(Ⅱ) 燃压力	96 tjfe 一、二级 分离	Ⅲ AA tk3-1 三级 一次关机	Ⅱ 8D UwIG 281功率	Ⅱ 3A Uw412 254(1)指令	Ⅲ 2E Ucd1 电池1电压	D1 Ug3 应答机A积分	C6 备用
1E 备用	Ⅰ 59 Prp4 一级(Ⅱ)压力	Ⅲ 69 Prs3 三级(Ⅲ)压力	Ⅱ 99 tk2ze 二级 主令关机	Ⅲ AC tk3-2 三级 二次关机	Ⅱ 8E Uw13 281-3#电平	Ⅱ 3C Uw42s 254(2)视出	Ⅱ 2D U73p 373功率	D2 Ug2 应答机B锁定	C9 IN1 电池放电电流
27 备用	Ⅱ 5A Pyp 二级(主)压力	Ⅲ 6A Prs4 三级(Ⅳ)压力	Ⅱ 9A tk2ye 二级 游机关机	Ⅲ 39 txfe 星箭分离	A5 备用	Ⅱ 47 Uwa2z 254(2)指令	Ⅱ B1 U73a 373锁定(收)	D4 Zg2 应答机B开关	CA 备用
2B 备用	Ⅱ 5C Pyt 二级 (游氧压力)	Ⅲ 6C Nx1 轴向过载1	Ⅱ 9C tife 二、三级 分离	Ⅲ A6 Fcx 程序 机构频率	Ⅱ 17 Uw18 281-8#电平	Ⅱ 4B Uwc-0 安全另秒	Ⅲ B2 Uyz Ⅱ级电池 电压1	D8 Ug4 应答机B积分	CC 备用

送显示数据到飞行器状态板

8	Ⅱ 12	10	20 23
	3	SH	ZT

说 1.SH=i为设备号；
2.当ZT=5表示设备故障，红、绿都亮；ZT=6设备工作正常，绿亮；ZT=C表示设备不工作，灭；ZT=3回收。

图 16－37　飞行器状态参数显示板

第 17 章 飞船制导、导航与姿态控制

17.1 飞船的控制

17.1.1 飞船控制的基本问题

飞船在空间的运动可以由其位置、速度、姿态和姿态角速率来描述。位置和速度描述了飞船的质心运动，也就是飞船的轨道；姿态和姿态角速率描述了飞船的空间指向和绕质心的转动。飞船在轨道上的运动受到各种力和力矩的作用，其中干扰力使飞船的轨道产生摄动，干扰力矩使飞船的姿态产生扰动。为了使飞船的轨道运行保持在特定的轨道且满足姿态要求，就必须对飞船的运动过程进行控制。飞船的控制分为轨道控制与姿态控制两个基本问题。飞船制导、导航与姿态控制系统又称为 GNC（Guidance Navigation and Control）系统，其主要任务就是完成飞船的轨道控制、姿态控制及太阳帆板的伺服控制。

飞船的轨道控制包括轨道确定和轨道控制两项任务。轨道确定的任务是确定飞船在空间的位置和速度，轨道确定的问题也称为导航。轨道控制是根据飞船现有位置、速度、飞行的最终目标以及飞船受控运动的限制条件，对飞船进行控制，以改变其运动轨迹，轨道控制也称为制导。

飞船的姿态控制同样包括姿态确定与姿态控制两项任务。姿态确定就是相对于某个参考坐标系确定飞船的空间指向及姿态参量的时间变化率，姿态确定一般采用姿态敏感器和相应的数据处理方法。姿态控制是使飞船在规定的空间方向上定向的过程，姿态控制又可以根据控制目的的不同而分成姿态稳定控制和姿态机动控制两个方

面。飞船的姿态稳定控制是使其保持特定的空间定向的过程，而姿态机动控制的目的是使飞船从一个姿态过渡到另一个规定的姿态的再定向过程。

为了保证太阳能帆板向飞船提供充足稳定的电力，飞船的 GNC 系统还需要对太阳能帆板进行伺服控制，使其能面向太阳。太阳能帆板的定向实际上是飞船的一个部件的姿态定向，因此太阳能帆板的伺服控制实际上也属于姿态控制的范畴。

17.1.2 GNC 系统发展概况

到目前为止，共研制发射成功了两类不同的载人飞船 GNC 系统。第一类载人飞船 GNC 系统也称为第一代载人飞船 GNC 系统，其代表是美国水星载人航天飞船的控制系统。第一代载人飞船的控制系统实际上是一个典型的姿态控制系统，只不过由于飞船上载有航天员，因此备有航天员手动控制系统。这类系统的自动控制部分由 3 种主要部件组成，具体包括姿态敏感器、逻辑处理装置和执行机构。姿态敏感器有对地定向用的地球敏感器、测量太阳方位的太阳敏感器以及惯性姿态敏感器，逻辑处理装置是对姿态敏感器测量信息直接进行处理的模拟控制线路或逻辑线路，执行机构是产生控制力和力矩的轨道机动发动机和姿态控制发动机。由于第一代载人飞船 GNC 系统采用直接控制方法，即由逻辑处理装置直接处理姿态敏感器的一次测量信息后便向主发动机（制动发动机）和姿控发动机发出控制指令，从而控制飞船姿态和轨道，因而其系统结构简单。但是该系统性能（包括控制功能和控制精度）较低，不能满足载人航天领域功能扩展以及控制精度的要求。例如，采用直接控制方法的 GNC 系统由于没有船载计算机，不能进行导航及制导计算，没有返回再入的制导及控制功能，因此采用第一代载人飞船 GNC 系统的载人飞船在再入段只能采用弹道式再入控制方式，这导致飞船返回落点散布大、再入过载高。该系统更不能完成空间交会对接以及载人登月等活动所要求的制导、导航和控制任务。

随着载人航天事业对 GNC 功能要求的提高、航天控制技术和计算机技术等的进步，人类研制并飞行试验成功了第二代载人飞船的 GNC 系统，其代表是美国阿波罗载人飞船以及俄罗斯联盟-TM 载人飞船的 GNC 系统。第二代载人飞船的 GNC 系统的控制功能有了重大扩展，其中包括轨道机动、空间交会对接、惯性导航及返回再入控制，该系统还具有故障诊断及系统重构的功能。第二代载人飞船 GNC 系统具有下列特点。

1）该 GNC 系统具有导航功能，能自主确定飞船的返回飞行轨道。这类 GNC 系统无一例外都具有惯性测量装置 IMU。IMU 可以是惯性导航平台（如阿波罗飞船），也可以是捷联式惯性导航系统（如联盟-TM 飞船）。船载 IMU 可以测量飞船的视速度和角速度，船载计算机利用这些测量信息可以实时地进行导航计算，计算出飞船质心的飞行轨迹以及飞船相对参考坐标系的姿态，从而可以完成对飞船的制导、控制任务。

2）该 GNC 系统具有制导的功能，即在导航计算的基础上能够对载人飞船的飞行轨道进行控制，因此可以完成空间交会对接控制，对飞船的返回轨道进行控制。其可以用在载人空间站所必须的空间往返运输工具上，还可以用在诸如载人登月任务所需要的有制导功能的航天器上。这样就大大地扩宽了载人飞船的应用领域。

3）该 GNC 系统具有自主故障诊断和系统重构功能，可满足载人飞船安全性技术指标要求，能做到“一个故障工作，两个故障安全”。

4）该 GNC 系统中包含有船载导航、控制数字计算机。船载导航数字计算机的应用消除了对设计人员的某些限制，使其在 GNC 系统设计时可以应用现代控制理论的最新的成果，如线性滤波、最佳控制、故障诊断及专家系统等。正是因为有了船载导航、控制数字计算机，捷联式惯性系统才能在第二代 GNC 系统中得到广泛应用，空间交会对接、飞船再入制导控制等任务才能完成。

船载导航、控制数字计算机的应用将载人航天技术的发展推到了一个新的阶段。现代船载计算技术的发展为设计人员应用新的先进设计方法提供了物质基础。在总结 GNC 系统传统设计方法的基础上，推出新的设计方法，将现代控制理论、力学、光学、统计学、计算数学等学科的最新成就都应用在其中。容错计算机和容错软件最新成就的应用对飞船安全性、可靠性的提高起了十分重要的作用。

目前鉴于激光陀螺、星敏感器和全球定位系统导航接收机组成的组合导航系统的研制进展，以星载 GPS 和捷联惯性组合导航为主要组成部分的第三代载人航天 GNC 系统已经成为航天器（包括载人航天器）GNC 系统发展的方向。

在神舟载人飞船的 GNC 系统中采用了一系列先进控制技术，如上升段救生控制技术、捷联惯性导航系统的在轨标定及瞄准技术、故障诊断及系统重构技术、偏航机动控制技术以及升阻比实时估计及自适应返回控制技术等。这些技术分别通过了神舟 1 号到 4 号飞船飞行试验的考验，且均获得圆满成功。试验中，4 艘飞船的返回控制落点精度均达到了世界先进水平，这标志着我国已成为世界上第三个掌握了飞船可控返回技术的国家。

17.1.3　飞船 GNC 系统的任务

飞船的飞行过程包括发射入轨、初始椭圆轨道运行、变轨进入停泊圆轨道、停泊轨道运行、交会对接、返回制动及再入等过程。飞船 GNC 系统的任务就是完成这些飞行过程中的轨道控制与姿态控制。飞船 GNC 系统除了完成以上正常飞行过程的控制外，还要完成逃逸救生过程的轨道与姿态控制任务。图 17－1 所示为飞船飞行过程控制任务示意图。

在飞船运行过程中，GNC 系统的主要任务如下。

（1）消除初始姿态偏差

为克服飞船与运载火箭分离对飞船姿态所产生的扰动，GNC 系统需将飞船姿态角和姿态角速率稳定在要求的范围内。

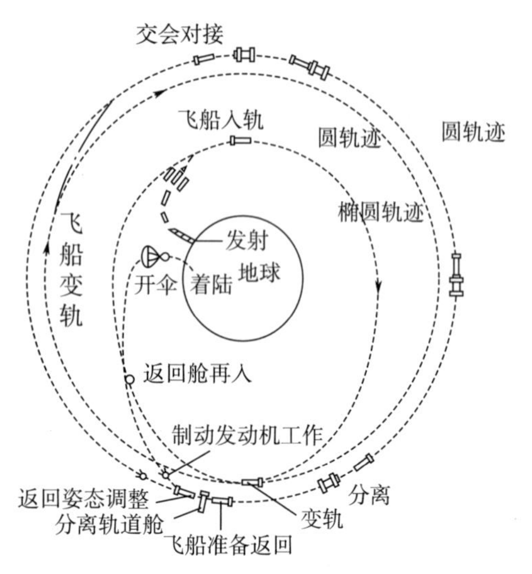

图 17-1　飞船运行过程中控制任务示意图

(2) 姿态稳定和控制

在各个飞行阶段稳定和控制飞船的姿态，满足飞行任务所规定的各种定向要求。当姿态超出预定的限度时，可通过全姿态捕获使飞船恢复到正常运行姿态。

(3) 太阳帆板伺服控制

控制太阳帆板转动，使太阳帆板的法线方向与太阳在轨道面上的投影方向相一致，从而使太阳帆板跟踪太阳，以保证飞船所需的能源供应。

(4) 变轨控制

通过变轨控制使飞船从初始的椭圆轨道进入停泊轨道，再次进行变轨控制使飞船由停泊圆轨道进入运行轨道。

(5) 轨道保特

在飞船进入运行圆轨道后，GNC 系统保持飞船的标称轨道，并在必要时按照指令进行轨道机动控制。

(6) 交会对接控制

在地面测控站和定位系统的支持下进行交会制导，实现飞船和目标飞行器的交会对接。对接完成后，飞船与目标飞行器所组成的对接联合体进行飞行任务。当对接联合体完成飞行任务后，飞船与目标飞行器解锁、分离，飞船 GNC 系统重新开始工作。

(7) 返回再入控制

为了返回再入，离轨前用星敏感器对惯性导航系统进行在轨标定，然后按规定的调姿时间和角速度建立返回制动姿态，变轨发动机启动工作进行制动，飞船离轨再入。在再入段，通过升力控制来满足飞船过载和着陆点精度的指标要求。

(8) 留轨舱段的姿态控制

留轨舱段具有独立的 GNC 系统，可以在飞船返回舱返回再入后对留轨舱段进行姿态稳定和控制，以满足预定的稳定和定向要求。

(9) 应急救生控制

根据各飞行阶段逃逸救生程序的需要，GNC 系统完成逃逸飞行所需的控制任务。

17.1.4　GNC 系统的技术要求

为了完成飞船飞行过程的控制任务，GNC 系统必须满足一定的技术要求。

首先，GNC 系统必须满足轨道控制与姿态控制的精度要求，轨道控制精度一般以半长轴偏差的形式提出。为了实现轨道的精确控制，轨道的半长轴偏差应小于给定值。飞船三轴稳定对地定向的姿态控制的精度要求分别为俯仰角、滚转角和偏航角的控制精度及稳定度。为了保证姿态控制的精度，必须对姿态测量的精度提出要求。飞船姿态测量精度的要求要比姿态控制精度高出 10 倍以上。

其次，GNC 系统必须满足返回再入控制的技术要求。为了确保航天员的生命安全，要求控制系统满足再入过载小于 4 g 的技术条件。再入返回阶段对 GNC 系统的另一个要求是着陆精度。为了达到一定的着陆精度，要求飞船返回过程的开伞点的星下点精度小于给定值，并且 GNC 系统应具有修正常值风造成的着陆点偏差的能力。

另外，飞船 GNC 系统应满足质量、工作时间与可靠性方面的技术要求。作为航天产品，GNC 系统应满足质量与功耗要求。GNC 系统的设计工作时间应满足飞船飞行过程的时间要求。GNC 系统的可靠性与安全性是至关重要的技术指标。以联盟-TM 飞船为例，其在可靠性指标方面的要求为：当出现一个任意故障时，GNC 系统应能保证完成飞行任务；当出现两个任意故障时，控制系统应能保证返回舱落在地球上。

17.2 GNC 系统的构成

17.2.1 系统的组成

飞船 GNC 系统按照控制方式可以分为自动控制系统和人工控制系统两种。自动控制系统包括导航与姿态测量部件、控制计算机和执行机构。人工控制系统包括显示仪表、手控器、手控电路以及与自动控制系统共用的执行机构。除了控制系统硬件之外，飞船 GNC 系统还包括一套完成控制与管理功能的计算机软件。飞船 GNC 系统的组成原理如图 17-2 所示。

由惯性单元、敏感器、交会雷达等组成的导航与姿态测量部件完成飞船的空间定位、姿态测量及交会对接过程中飞船与目标飞行器之间的相对距离及相对速度的测量。惯性单元可以组成平台惯导系统或捷联惯导系统。敏感器包括太阳敏感器、地球敏感器及星敏感器。交会雷达可分为远距离交会雷达和中距离交会雷达。为了完成交会对接的近距离定位，通常还配备光学成像敏感器。另外，对于现代化飞船而言，GPS 也是重要的导航测量手段。

GNC 系统的控制部件是 GNC 计算机，其采集导航及姿态敏感器信息，接收数据、遥控指令以及航天员的工作指令，完成各飞行任务段的制导、导航和控制任务；监视系统运动状态和各部件的工

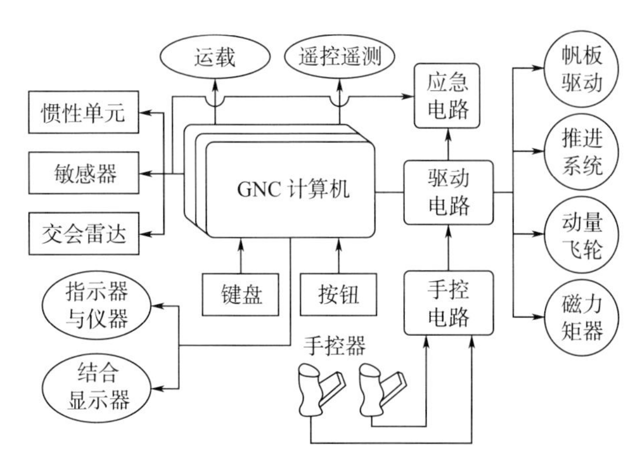

图 17-2　飞船 GNC 系统组成原理图

作性能，对系统进行冗余管理；其还负责故障检测、识别、隔离以及对故障部件进行自动切换和系统重构的任务。驱动电路根据 GNC 计算机的控制指令驱动执行部件的步进电机或电磁阀门。

执行机构包括太阳能帆板的驱动器、推进系统的各种姿控发动机和变轨发动机、动量飞轮和磁力矩器，其为太阳能帆板和飞船的姿态与轨道控制提供控制力和控制力矩。

人工控制系统是自动控制系统的补充与备份。各种指示仪表、指示器以及多功能综合显示器为航天员显示飞船姿态以及各种运动状态信息，另外，舷窗也是飞船上一种可靠而有效的测量与显示设备。航天员可以根据所获取的各种信息，通过键盘、控制按钮以及平动与转动控制手柄对飞船进行姿态与轨道控制。

为了提高飞船 GNC 系统的可靠性、确保航天员的安全，导航与姿态测量部件、GNC 计算机及控制执行机构都在硬件设计上采取了可靠性备份。在控制手段上，平行设置了自动控制与人工控制两种控制途径。为了进一步提高系统安全性，还设置了应急电路。在轨道运行阶段，应急电路可以在计算机瞬间故障的情况下，直接根据姿态敏感器的信息控制太阳能帆板，使其对准太阳，以确保飞船获得充足的能源，给地面测控站和航天员足够时间来排除故障。在返回再入阶段，应急电路能完成速率阻尼和自旋转速控制任务，以确保航天员的安全。

17.2.2 导航与姿态测量部件

（1）陀螺仪

陀螺仪能测量飞船船体的转动角速度和转动角度，输出相应的测量信号，是飞船 GNC 系统的重要惯性单元。

①陀螺仪的特性

陀螺是质量轴对称分布的高速自转的刚体，其自转轴称为陀螺主轴。一个陀螺转子装在一组框架上，使其具有一个以上的自由度，该种装置称为陀螺仪。图 17－3 所示是一个陀螺仪的示意图。根据刚体运动规律可知，转子高速旋转的陀螺仪具有定轴性和进动性两个重要特性。定轴性和进动性是刚体的转动惯性的表现，在惯导系统中正是利用了陀螺仪的这些惯性特性，因此将陀螺仪称为惯性单元。

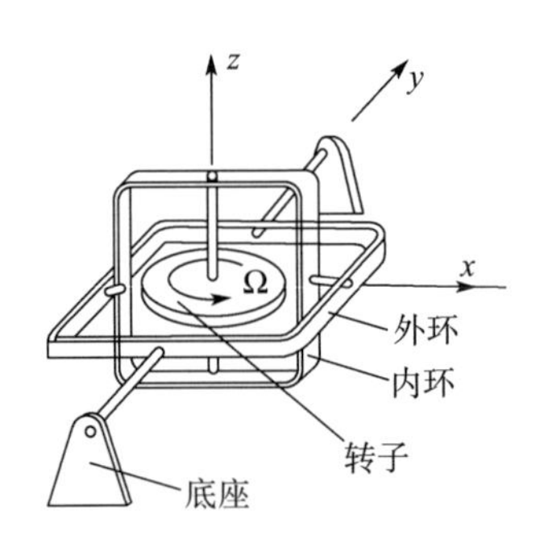

图 17－3 陀螺仪示意图

转动的陀螺，如果未受到外力矩的作用，则其主轴在惯性参考系中的指向永不改变，这种特性称为陀螺的定轴性。陀螺的定轴性是刚体动量矩守恒定律的具体表现。由刚体的动量矩定恒定律可知，当刚体所受的合外力矩为零时，刚体的动量矩保持不变。陀螺的动

量矩 $\boldsymbol{H}$ 是绕主轴的转动惯量 $\boldsymbol{I}$ 与自转角速度矢量 $\boldsymbol{\Omega}$ 的点积，即

$$\boldsymbol{H}=\boldsymbol{I\Omega} \tag{17-1}$$

当没有外力矩作用时，陀螺的动量矩 $\boldsymbol{H}$ 保持不变，则其自转角速度矢量 $\boldsymbol{\Omega}$ 也保持不变，即陀螺的主轴在惯性参考系中的指向保持恒定不变。

当陀螺仪在垂直于主轴的方向上受到外力矩的作用时，陀螺主轴则绕第三个正交轴转动。陀螺的这种运动特性称为陀螺的进动性。如图 17-4 所示，以自转角速度 $\boldsymbol{\Omega}$ 绕 z 轴转动的陀螺，当受到 x 轴方向上的外力矩 $\boldsymbol{M}$ 的作用时，陀螺的转轴将绕 y 轴以角速度 $\boldsymbol{\omega}$ 转动；如果外力矩 $\boldsymbol{M}$ 消失，则进动立即停止。陀螺的进动运动同样是由陀螺转子的惯性所引起的。由动量矩定理的表达式可知，当陀螺受到外力矩 $\boldsymbol{M}$ 作用时

$$\frac{\mathrm{d}\boldsymbol{H}}{\mathrm{d}t}=\boldsymbol{M} \tag{17-2}$$

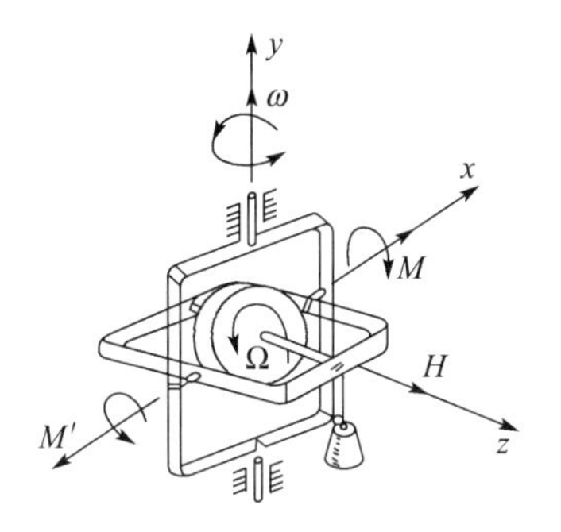

图 17-4　陀螺仪的进动示意图

显然，动量矩 $\boldsymbol{H}$ 的变化率矢量处于外力矩 $\boldsymbol{M}$ 的方向上。也就是说，陀螺在外力矩 $\boldsymbol{M}$ 的作用下，其动量矩矢量 $\boldsymbol{H}$ 的端点的运动速度大小，在数值上等于作用于陀螺的外力矩 $\boldsymbol{M}$ 的大小。对于图 17-4 中所示的例子而言，陀螺的动量矩矢量在主轴方向上，外力矩矢量 $\boldsymbol{M}$ 作用在 x 轴方向上，矢量 $\boldsymbol{\Omega}$ 沿最短的途径向外力矩矢量 $\boldsymbol{M}$ 的方

向偏转。

实际上，只要转动的陀螺上有外力矩 $\boldsymbol{M}$ 的作用，就必然有相应的进动角速度 $\boldsymbol{\omega}$；反之，只要转子有进动角速度 $\boldsymbol{\omega}$，就必然有相应的陀螺外力矩 $\boldsymbol{M}$。外力矩 $\boldsymbol{M}$ 与陀螺的动量距 $\boldsymbol{H}$ 及进动角速度 $\boldsymbol{\omega}$ 之间满足关系

$$M = \omega \times H \tag{17-3}$$

对图 17-4 所示的例子，由于 $\boldsymbol{\omega}$ 与 $\boldsymbol{H}$ 垂直，因此

$$\omega = \frac{M}{H}$$

式中　H、M、ω——分别为陀螺动量矩、外力矩及进动角速度的大小。

陀螺的定轴性和进动性是刚体转运动的理想运动特性。在实际应用中，由于转轴的摩擦力矩及制造误差的存在，陀螺的主轴会随机漂移。陀螺仪工作时间越长，随机漂移的误差就越大。因此，在飞船惯性别导系统中，除了采用特别精密的陀螺仪之外，还需要利用其他敏感器或 GPS 定位的信息对陀螺仪的漂移误差进行修正。

②自由陀螺仪

自由陀螺仪具有三个相互垂直的轴，即自转轴、内环轴和外环轴。自由陀螺仪是二自由度陀螺仪，我们可以利用一个自由陀螺仪测量飞船的两个姿态角。自由陀螺仪的测量信号既可以作为平台稳定的控制信号用于陀螺稳定平台，也可以作为求解制导方程所需的角度信息用于捷联惯性制导系统。

由于自转轴不能给出角度信息，只有内环轴、外环轴能测出飞船相对于惯性坐标系的角度，所以必须用两个自由陀螺仪才能确定飞船在惯性空间的三个角度位置。如图 17-5 所示，一个自由陀螺仪测量飞船的滚转、俯仰角度位置，另一个自由陀螺仪测量飞船的偏航、俯仰角度位置。将两个自由陀螺仪的测量输出组合起来，就可以得到飞行器的滚转、偏航与俯仰三个角度位置。

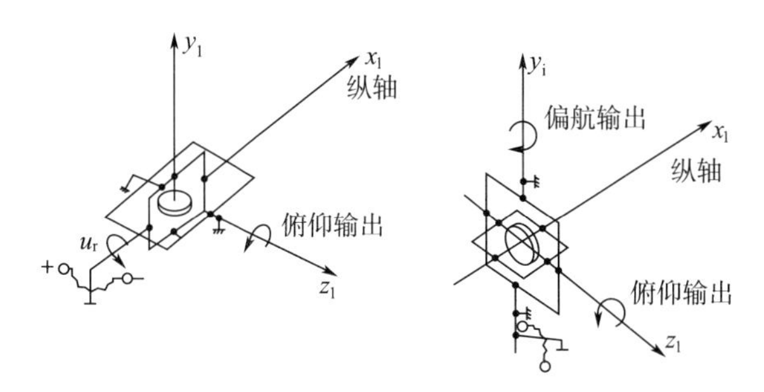

图 17-5 用自由陀螺仪测量三个角度位置

为了减少框架轴承的摩擦力等干扰力矩所引起的陀螺自转轴随机漂移，精密陀螺仪采用气浮或液浮结构。

图 17-6 所示为一个液浮式自由陀螺结构原理图。转子装在一个球形浮子内，浮子浸在悬浮液中，形成中性悬浮支承。浮子通过一对挠性金属丝与内平衡环相连，内平衡环也浸在悬浮液中。另一对挠性金属丝同连接浮子的金属丝正交，将平衡环连在壳体上，金属丝起到定位作用。由于陀螺仪的转子、内平衡环都浸在悬浮液中，作用在环轴上的压力完全消失，因此可用挠性金属丝代替环轴。这样消除了框架轴承的摩擦力矩，降低了陀螺的随机漂移。通过控制悬浮液的温度，可使其黏度符合技术要求。

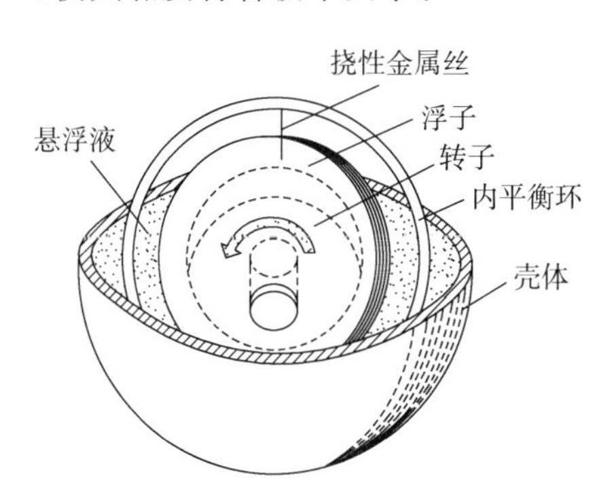

图 17-6 液浮式自由陀螺仪原理图

③速率陀螺仪

速率陀螺仪是单自由度陀螺仪，其利用陀螺的进动性，测量飞船垂直于陀螺自转轴的方向上的角速度 $\boldsymbol{\omega}$，并产生与 $\boldsymbol{\omega}$ 成比例的陀螺力矩，从而实现对角速度 $\boldsymbol{\omega}$ 的测量。

速率陀螺仪只有一个内框架，其工作原理如图 17－7 所示。当飞船绕 y 轴具有角速度 $\boldsymbol{\omega}$ 时，其在 x 轴上产生陀螺力矩，x 轴上的陀螺力矩与弹簧的反抗力矩相平衡。弹簧的反抗力矩是由于框架偏转一个角度 θ 所引起的。这实际上相当于在 x 轴上施加相当于弹簧反抗力矩的外力矩，使得陀螺产生进动角速度 $\boldsymbol{\omega}$，由进动角速度与陀螺力矩的关系

$$k\delta = \omega I\Omega \tag{17-4}$$

式中　k ，δ ——分别为弹簧的刚度与压缩量。

若弹簧的力矩臂大小为 l ，在框架偏转角度 θ 为小角度时，有

$$\theta = \frac{I\Omega}{kl}\omega \tag{17-5}$$

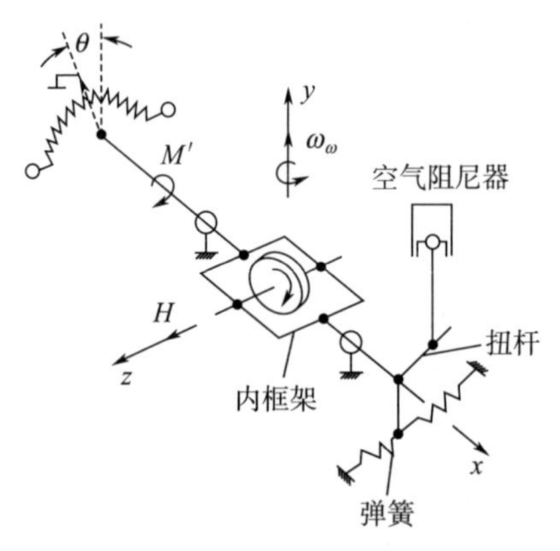

图 17－7　速率陀螺仪原理图

也就是说，速率陀螺仪内框架的偏转角 θ 正比于自转轴角速度 ω 。为了减小陀螺仪的随机漂移误差，精密速率陀螺仪采用液浮式结构，液浮式速率陀螺仪的结构示意图如图17－8所示。其转子封装

在一个充气圆筒里，整体称为浮子。浮子浸在一种重黏性液体中，浮液使浮子保持中立悬浮状态，以保护壳体上安装浮子的轴承，并获得所需的阻尼特性。传感器和力矩器的激磁绕组封在浮子和壳体结构中。这种陀螺仪性能好，结构紧凑。

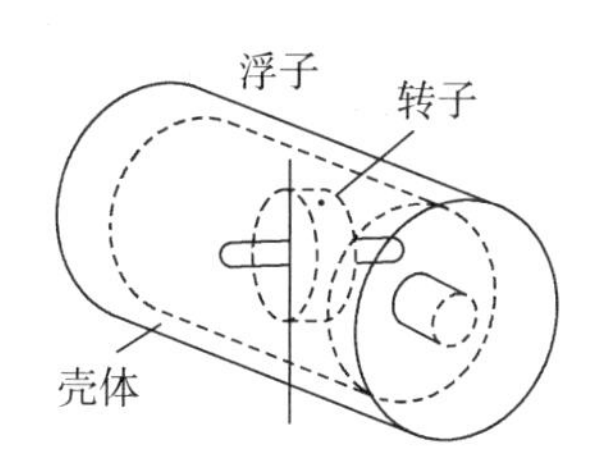

图 17-8　液浮速率陀螺仪示意图

④挠性陀螺仪

液浮式陀螺仪虽以较高的精度广泛用于惯性制导系统中，但其结构复杂、成本高。挠性陀螺仪用挠性支承代替环架支承，消除了摩擦干扰力矩。其精度与液浮式陀螺仪相当，但结构简单、体积小、质量轻、可靠性高，因此受到各国的重视，已成为惯性制导系统中的主要应用惯性元件之一。

挠性陀螺仪原理结构如图 17-9 所示。陀螺转子通过挠性接头与马达轴连成一体。挠性接头是个细脖颈、无摩擦的弹性支承，转子相对马达轴可作小角度倾斜，从而，转子获得转动自由度，起到框架的作用。马达经挠性接头带动转子高速旋转时，使其产生陀螺动量矩，并具有定轴性。飞行器姿态角变化时，陀螺壳体也随之转动。转子在马达轴上进动，挠性接头对转子的偏转起回复弹簧的作用。转子偏转的角度 θ 可由传感器测量出来。

⑤激光陀螺仪

激光陀螺仪利用在惯性空间转动的环形激光器产生正、反两束激光，激光随激光器转动出现频差效应，从而测量运载体的转动角速度，其原理图见图 17-10。环形激光器一般为三角形，由两个不

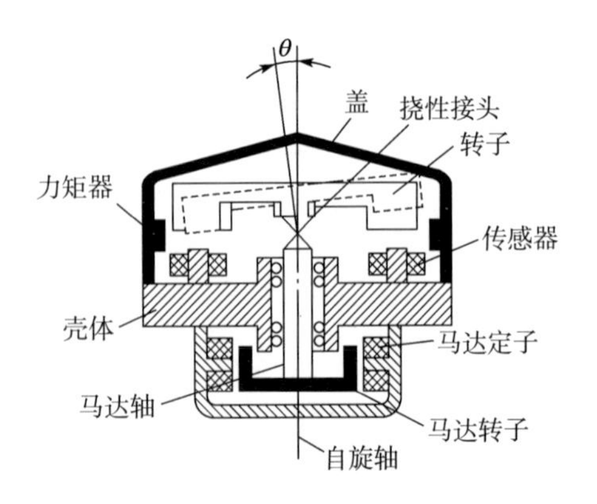

图 17－9　挠性陀螺仪结构示意图

透明镜、一个半透明镜和一个激光发生器等组成。环形激光器是一个封闭的光学回路，环形腔内的激光分成两束，分别沿顺时针和逆时针方向传播。光束的波长由振荡条件决定，激光器的周长为波长的整数倍。当环形激光器基座静止时，两束激光具有相同的光程；当陀螺的基座绕垂直于光路平面的轴以角速度 ω 转动时，沿旋转方向的光束的光路变长，逆旋转方向的光束的光路变短，正、反两路光束存在光程差，从而产生频差。这个频差 Δf 与基座旋转角速度 ω 成正比，即

$$\Delta f = k\omega \tag{17-6}$$

式中　k ——由结构参数和波长决定的系数。

这样，由半透明镜透射的光束经棱镜透射后，便可用拍频法或干涉条纹法检测出光程差，再用数字表示出来。

激光陀螺仪是一种速率陀螺仪，其没有机械旋转元件，结构简单、可靠性好、耐冲击、能快速启动且能直接输出数字信号，便于和数字机配合。目前，该陀螺仪多用于捷联惯性制导系统。

（2）加速度计

加速度计是飞船 GNC 系统中另一个重要的惯性敏感元件，用于测量飞船船体在指定方向上的加速度。

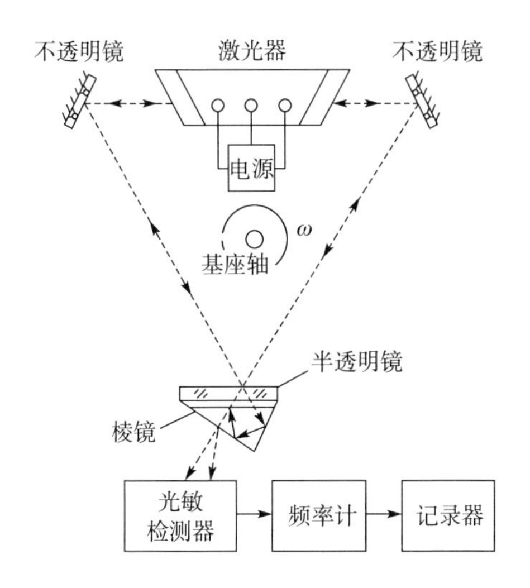

图 17-10　激光陀螺仪原理图

①重锤式加速度计

重锤式加速度计利用质量块的惯性测量飞船在敏感方向上的加速度。重锤式加速度计的原理如图 17-11 所示。当加速度计的基座以加速度 $\boldsymbol{a}$ 运动时，由于惯性，质量块 m 相对于基座后移。质量块的惯性力拉伸前弹簧、压缩后弹簧，直到弹簧的回复力 $F_l = k\Delta s$ 等于惯性力时，质量块相对于基座的位移量才不再增大。质量块和基座有相同的加速度，即 $\boldsymbol{a} = \boldsymbol{a}'$ 。根据牛顿定律

$$F_l = ma' \tag{17-7}$$

因此

$$a = a' = \frac{F_l}{m} = \frac{k}{m}\Delta s \tag{17-8}$$

即

$$a = k'\Delta s \tag{17-9}$$

其中

$$k' = k/m$$

所以，测量出质量块的位移量 Δs ，便可知道基座的加速度。

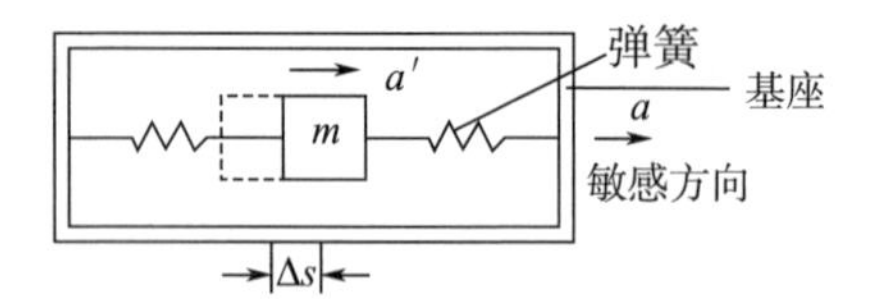

图 17-11　重锤式加速度计原理图

②摆式加速度计

摆式加速度计一般是指陀螺摆式加速度计以外的各种摆式加速度计，其检测质量块悬置，相当于单摆，可绕垂直于敏感方向的另一个轴转动。图 17-12 为摆式力矩平衡加速度计原理图，当检测质量块 m 受到加速度作用偏离零位时，由传感器检测出信号，该信号经高增益放大器放大后激励力矩器，产生恢复力矩。力矩器线圈中的电流与加速度成正比。

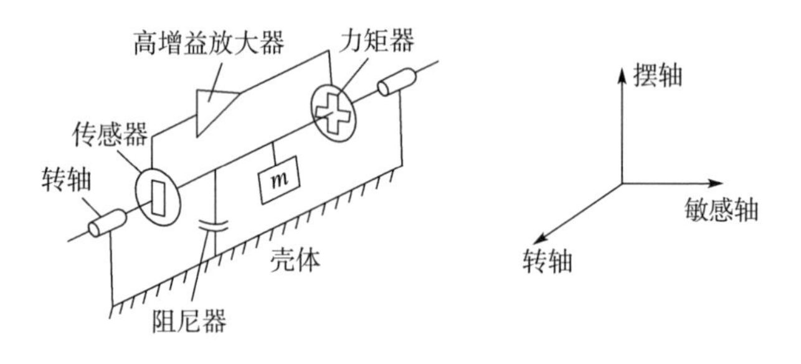

图 17-12　摆式力矩平衡加速度计原理图

采用普通轴承来支承加速度计的摆组件，因为只有当输入加速度大于一定值时，作用在摆上的惯性力矩才能克服轴承的摩擦力矩，使摆开始旋转，所以由于其轴承的静摩擦力矩较大，就会使加速度计的灵敏度受到限制。为了提高摆式加速度计的精度，发展出了各种支承技术，如静压气浮技术、静电悬浮技术及液浮技术等。图 17-13 是液浮摆式加速度计的原理图。由于摆组件所组成的浮子在液体中处于全悬浮状态，因而大大降低了作用在摆上的干扰力矩，使其测量精度大大提高。

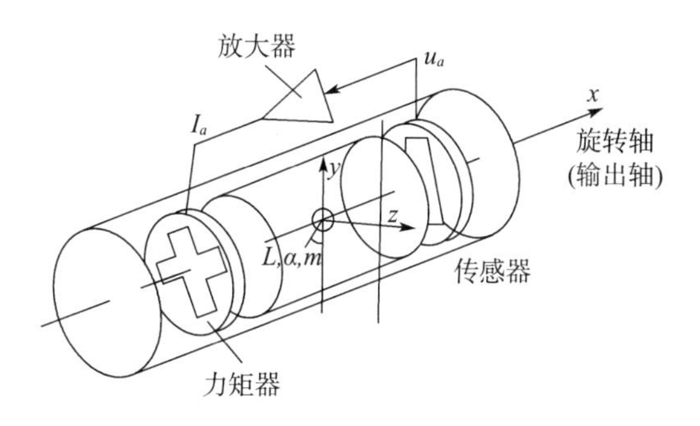

图 17-13　液浮摆式加速度计原理图

挠性加速度计也是一种摆式加速度计，其与液浮摆式加速度计的主要区别是：摆组件采用一定型式的挠性支承，从而不存在摩擦；而引入的弹性力矩又是微小的，因而挠性加速度计具有优良的性能。

③陀螺摆式加速度计

陀螺摆式加速度计是利用单自由度陀螺仪特性制成的积分加速度计，其原理见图17-14。在陀螺自旋轴上装有摆性质量块，即不平衡质量块。陀螺仪壳体装在转台上，转台由力矩马达驱动，其上还装有角度数字编码器。当沿输入轴方向加有加速度 $\boldsymbol{a}$ 时，摆性质量块产生的惯性力矩使陀螺仪绕旋转轴转动，经传感器输出与转角成比例的信号，再经放大送给力矩马达，使陀螺绕输入轴进动，从而产生与惯性力矩平衡的陀螺力矩。因此，陀螺绕输入轴进动角速度与飞船加速度成比例，陀螺输入轴相对惯性空间的转角便和该加速度的积分即速度成比例，最后由数字编码器输出。

陀螺摆式加速度计精度较高，一般在支承形式上采用气浮式或液浮技术。为了同非陀螺惯性加速度敏感元件相区别，又将陀螺摆式加速度计称为陀螺加速度表。

(3) 太阳敏感器

一般情况下，确定飞行器的姿态大多采用太阳敏感器。太阳是很强的光源，其强烈的太阳辐射可以使敏感器的构造简单化，太阳

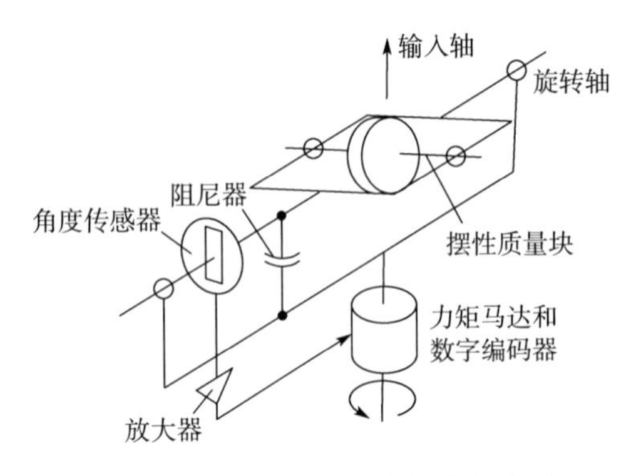

图 17－14　摆式积分陀螺加速度计原理

敏感器的视场可以从几分×几分到 128 度×128 度，分辨率可以从几度到几秒。这类敏感器可分为模拟式、数字式和太阳指示器三种敏感器。

①模拟式太阳敏感器

模拟式太阳敏感器通常称为余弦检测器，其是利用硅太阳电池输出电流随太阳辐射入射角按余弦变化的规律来确定的，如图 17－15 所示。太阳辐射到面积 A 上的能量为

$$\boldsymbol{E}=\boldsymbol{p}\cdot\boldsymbol{n}A \tag{17-10}$$

式中　$\boldsymbol{p}$——Poynting 矢量；

　　　$\boldsymbol{n}$——单位法线。

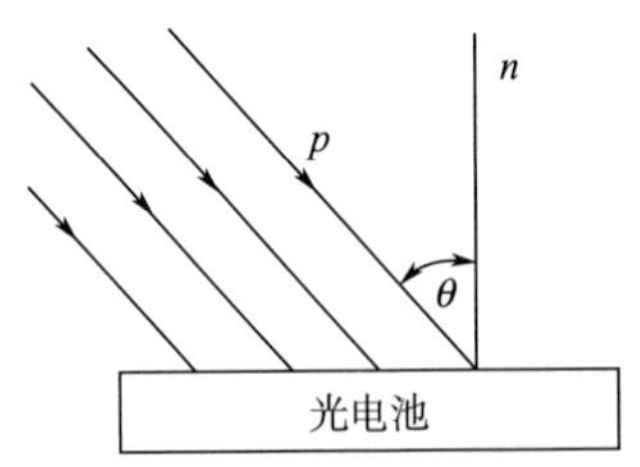

图 17－15　余弦检测器太阳敏感器

因此，存储在光电池中的能量正比于太阳辐射入射角的余弦。同时，输出电流 I 也正比于太阳辐射入射角余弦

$$I(\theta) = I(0)\cos\theta \tag{17-11}$$

式中　$I(0)$——表示入射角为 0 时的输出电流值。

由反射产生的传输损耗、光电池有效面积上传输损失，以及空气和光电池接触面上与角度有关的反射所产生的传输损失都很小，可以不予考虑。

窗口用来限制模拟式太阳敏感器的视场，而余弦探测器通常用来确定太阳辐射入射角位置。双余弦探测器具有锥形视场，一般同时采用两个光电敏感器，两者所产生的电流输出之差作为太阳敏感器的输出。如图 17－16 所示，每一组余弦探测器都有一定的视场，其能够在很宽的角度范围内提供中等精度的姿态测量。图 17－17 为图 17－16 所示的两个余弦探测器的输出。当太阳位于图 17－16 所示的基准轴和探测器法线组成的平面内时，图 17－17 中的虚线表示每个敏感器的输出，实线表示两个探测器的输出和。当两个元件所受照度接近相等时，敏感器的输出为零。

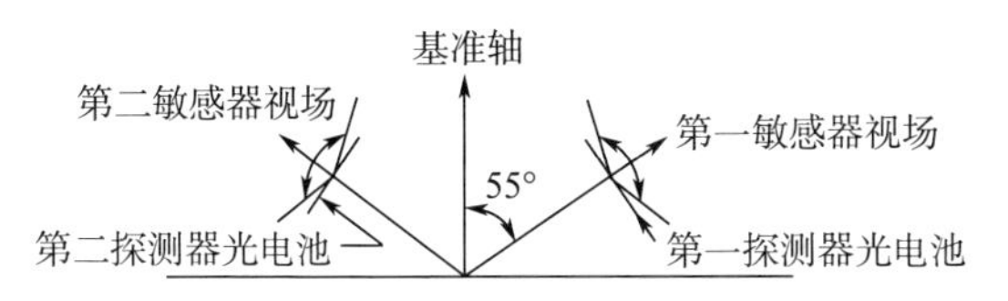

图 17－16　双余弦探测器输出示意图

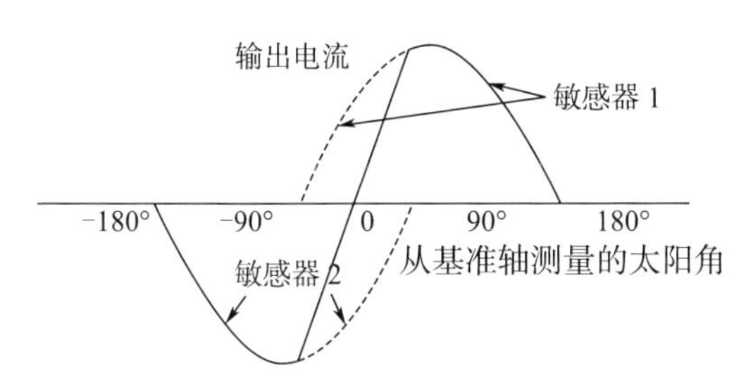

图 17－17　双余弦探测器输出示意图

模拟式太阳敏感器在飞船上主要用于太阳能帆板对太阳定向和在全姿态捕获时获得姿态信息。

②数字式太阳敏感器

数字式太阳敏感器的输出量以数字编码形式表示太阳辐射入射角。数字式太阳敏感器由柱面镜、码盘及硅光电池三部分组成。这种敏感器把通信狭缝的太阳辐射入射角转换成位置函数。码盘上刻有粗码、细码、全码及视场监视码，码盘将光线分配成明暗两部分，分别代表二进制“1”或“0”的格雷码。按这种方式分配后的光线到达光电变换器，再转换成数字式电信号，其工作原理如图 17－18 所示。目前，数字式敏感器应用较多，一般精度可达到 0.10°。若采用数字编码细分技术，其精度可提高到秒级。

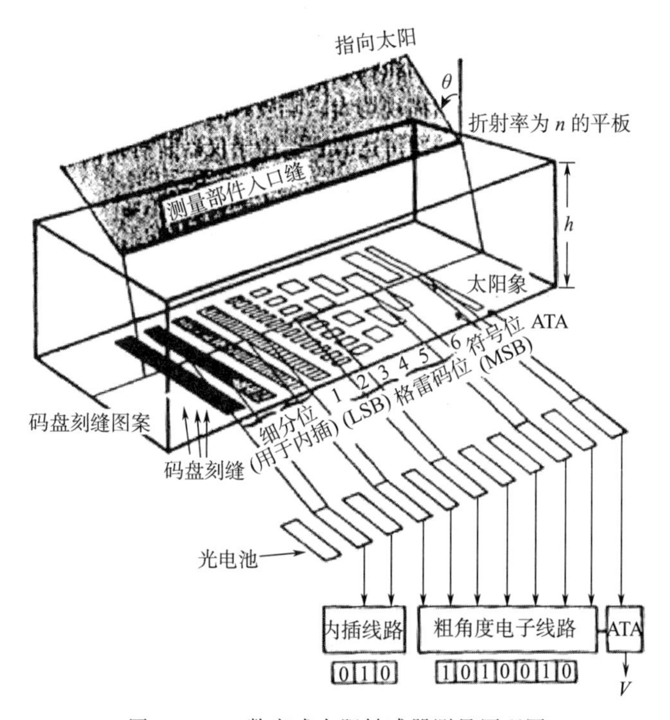

图 17－18　数字式太阳敏感器测量原理图

③ 0－1 式太阳指示器

太阳指示器的作用是保护仪器，激励硬件工作，并使卫星或实验仪器定位。其原理是，太阳指示器产生一个阶跃函数响应，这个阶跃信号可指示太阳在探测器视场中的出现。图 17－19 所示的是遮光板太阳指示器，其输出斜率较陡，具有一定的视场，其精度为 1′。

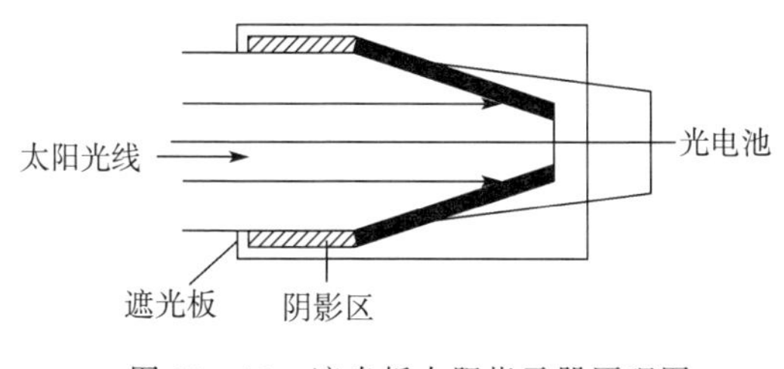

图 17－19　遮光板太阳指示器原理图

0－1 式太阳敏感器作为全姿态捕获及对太阳定位控制时的主要测量工具之一，其利用切割成五个探头的半球形敏感器可以构成 2π 立体角视场。每个探头嵌有一片光电池，四边四个光电池对应视场为（±450）×（±300），中间光电池对应视场为（±300）×（±300）。相邻光电池之间用挡光板隔开，但有一定的重叠角。利用两个这样的敏感器相背安装，则可以得到太阳在全天球分割成的十个区域中之一的方位。

（4）地球敏感器

地球敏感器用来测量当地垂线或测出当地地平位置。通过测出地平位置来确定飞行器的姿态，这对地球指向卫星是最简便的。为提高敏感器精度，则要求地球轮廓清楚，所以采用 14～16 μm 红外波段。大多数地球敏感器都由扫描机构、光学系统、敏感元件和信号处理线路这四个部分组成。

目前地球敏感器主要型式可分为三种：圆锥扫描式、边界跟踪式和辐射热平衡式。

①圆锥扫描式

圆锥扫描式红外地平仪的原理如图 17－20 所示。两个敏感器探头配置在飞行器上，由电机驱动旋转。两个敏感器穿越地球时间之差正比于飞行器的滚转角，而飞行器俯仰角正比于任一个敏感器穿过地球与基准脉冲的相位差。这种红外地平仪发展较早，应用也较多。其扫描视场大，响应时间快，对许多飞行任务适应性强，目前精度可达 0.1°。

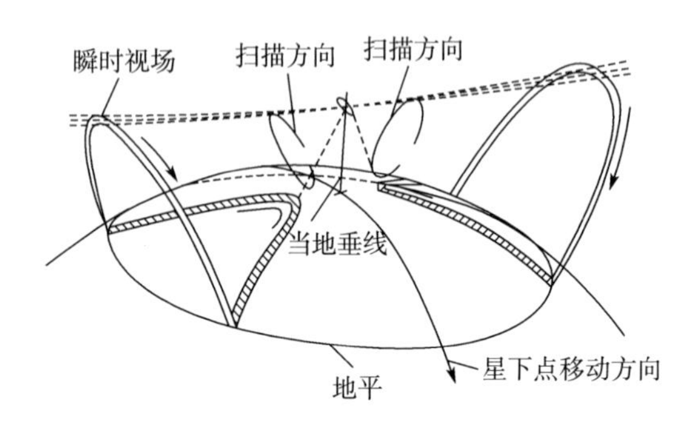

图 17－20　圆锥扫描式红外地平仪

②边界跟踪式

早期在双子星飞船上采用过这种地平仪。敏感器采用方位扫描边界跟踪法，扫描头在约 160°的方位角上摆动，敏感器用唯一的视场跟踪地平。同步轨道三轴稳定通信卫星——轨道试验卫星采用一种抖动式地平仪，其运动部件（扫描反射镜）由无刷力矩电机驱动，并采用挠性支承（叉簧轴承）。该地平仪的视场为 5°～11°，精度可达 0.025°，扫描频率较低（5 周），寿命有很大提高。其结构原理如图 17－21 所示。

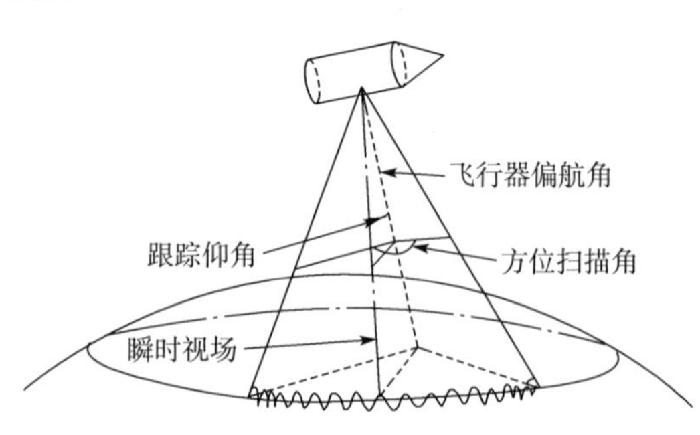

图 17－21　边界跟踪式地平仪

③辐射热平衡式

图 17－22 介绍了辐射热平衡式敏感器的原理。在地球辐射均匀不变的条件下，相对安置的敏感器 a、b、c、d 上的辐射流之差正比于姿态的偏差。该敏感器没有运动部件，其体积和质量相对可以减少、功耗低，适合于长期飞行任务。但是敏感器的使用还存在两个困难：仪器各部分的温度梯度会产生热交换，地球红外辐射圆盘随地球季节变化具有不均匀性和不稳定性。虽然如此，目前该敏感器仍有较大发展前途，如欧洲为轨道试验卫星研制的 SAT－03 型静态地平仪，其精度＜0.030°。

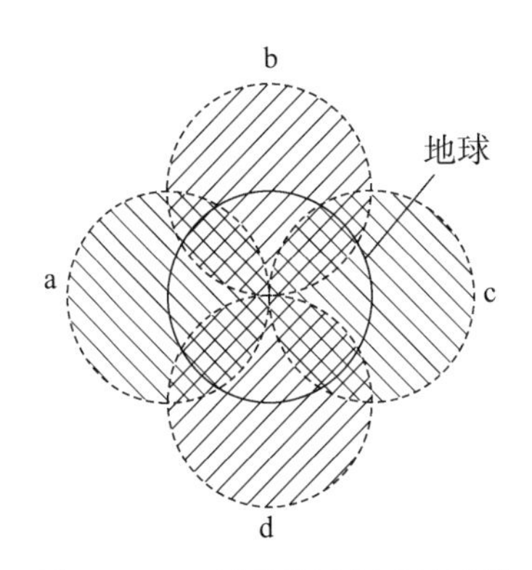

图 17－22　辐射热平衡式敏感器

(5) 星敏感器

星敏感器用于测量某星在空间飞行器坐标系中的坐标位置，把观测到的坐标信息与已知某星的坐标进行比较，从而提供姿态信息。一般情况下，星敏感器是姿态敏感器中最精确的一种，其精度可达到秒级；缺点是容易受太阳、地球和其他光源的掩蔽和干扰。

图 17－23 所示的 V 型狭缝式星敏感器是由太阳罩、光学系统、成像装置（确定探测的视场区域）、光电倍增管和电子线路等组成。通过旋转运动使敏感器对天球进行扫描，当聚焦平面上的星体影像通过一条狭缝时，探测器可敏感地测得这一星体。通过探测器的光

信号，经过电子组件放大后超过某一阈值时，电子线路会产生一个脉冲，指示出星的存在。

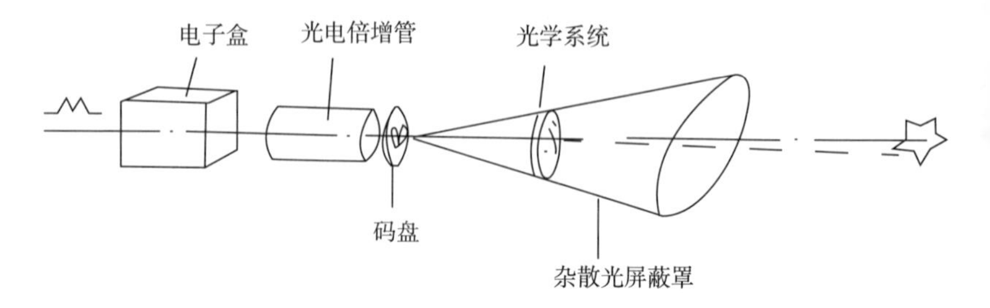

图 17-23　V 型狭缝式星敏感器示意图

(6) 光学瞄准镜

光学瞄准镜用于航天员对地观测，是飞船的光学测量部件。航天员可以利用光学瞄准镜完成对地观测，从而确定飞船的星下点飞行轨迹，并以一定的精度确定飞船的姿态。

光学瞄准镜是一个由两种光学系统组成的纯光学仪器，两种光学系统分别为中心系统和周边系统。中心系统和周边系统所得到的地球图像投影到同一个平面上，周边系统将八个视场所对应的地球边缘图像投影到相应的窗口，中心系统也将其所对应区域内的地表图像进行投影。光学瞄准镜的光学主轴与飞船指向地心的体坐标轴方向重合。通过边缘窗口内的地球边缘可以确定飞船的俯仰和滚转角，通过中心体系的图像移动方向可以确定飞船的偏航姿态角。

(7) 磁强计

磁强计被广泛地用作卫星姿态的矢量敏感器，其能提供磁场的方向和大小，特点是质量轻、性能可靠、所需的功率低、工作温度范围宽并且没有活动部件。这种磁强计仅限用于在轨道高度不到 1 000 km 的航天飞行器上。

图 17-24 所示是磁强计示意图，其由磁敏感器和电子部件两部分组成，电子部件把磁敏感器测量的信号变换成数字信号。

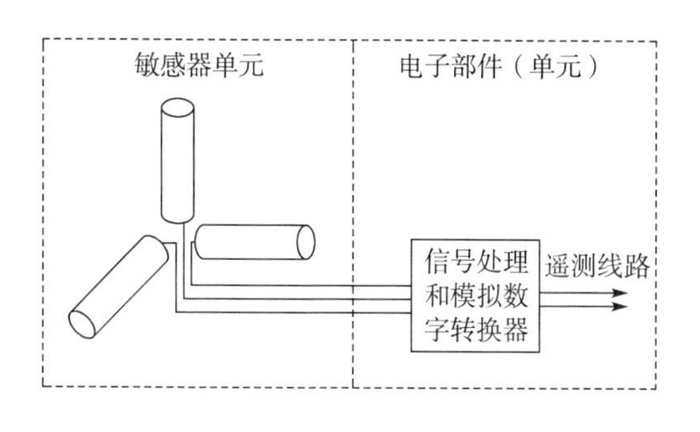

图 17-24　磁强计示意图

根据不同的原理，磁强计分为两种类型：建立在法拉弟磁感应定律基础上的感应式磁强计和利用塞曼分裂或核磁共振原理制成的量子磁强计。

感应式磁强计是一个置于随时间变化的磁通（$\frac{\mathrm{d}\varphi_B}{\mathrm{d}t}$）中的线圈，所产生的感应电动势 E 沿此线圈的积分可得电压为

$$V=\oint E\,\mathrm{d}l=-\frac{\mathrm{d}\varphi_B}{\mathrm{d}t} \tag{17-12}$$

感应式磁强计又可分为两种：搜索线圈式磁强计与磁门式磁强计。搜索线圈式磁强计是在磁导率为 μ 、截面积为 A 的磁性心上绕 N 匝螺旋形线圈。若将该线圈置于磁场中就出现感应电动势，其电压

$$V=-AN\mu\frac{\mathrm{d}B}{\mathrm{d}t} \tag{17-13}$$

式中　B ——沿螺线管轴的磁场分量，其输出电压是随时间变化的。

对于一个以固定频率 $f=\omega/2\pi$ 、绕垂直恒定磁场 B_0 转动的线圈，其输出电压可写为

$$V(t)=-AN\mu B_0\cos\omega t \tag{17-14}$$

根据上述原理设计的搜索线圈式磁强计，主要为自旋卫星提供精密的相位信息。

磁门式磁强计如图 17－25 所示，导线 P_1 和 P_2 为原线圈，交替地把两个可饱和的铁心 SC_1 和 SC_2 激励到相反的饱和状态，任何外界磁场被看成是导线 S_1 和 S_2 副线圈中感应电流的二次谐波。在两个可饱和铁心上按相反方向绕线的目的是使副线圈不受原线圈频率的影响。

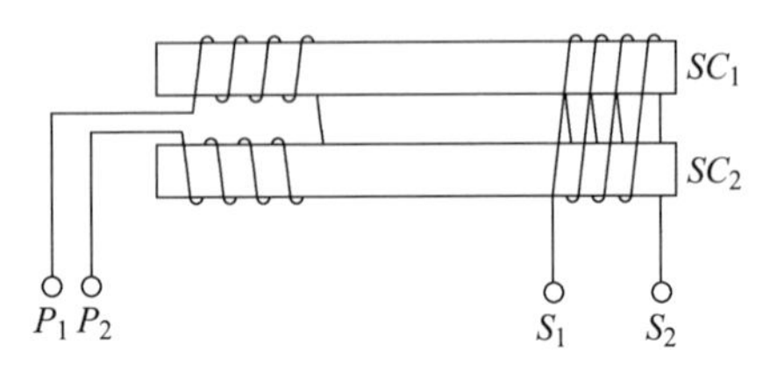

图 17－25　磁门式磁强计示意图

量子磁强计是根据一种所谓光学泵激励而设计的。其由能产生很强的谐振辐射平行光束的光源、圆形的偏振镜、含蒸汽的光学泵、光学泵抽动蒸汽时产生谐振的射频线圈和一个监视光传输的光电池所组成。该磁强计把环境磁场作为蒸汽透光度的复杂函数进行测量，根据测量结果可以提供磁场的方向和大小。

(8)射频敏感器

用射频敏感器确定飞行器姿态的原理是测量飞行器天线轴与无线电波瞄准线之间的夹角。目前，大多采用两种射频敏感器：单脉冲比相干涉仪和比幅干涉仪。

单脉冲比相干涉仪是根据光的干涉原理设计而成的，其采用两个以上的接收天线，其间距 D 称为基线长度，如图 17－26 所示。当天线与地面距离远远大于基线长度 D 时，有如下关系式

$$\cos\theta = \frac{\lambda}{2\pi D}\varphi \tag{17-15}$$

式中　φ ——两个天线接收电波的相位差。

由式（17－25）可知，$(\lambda/2\pi D)\varphi$ 是预先确定的，因此只要测出两个天线接收信号的相位差 φ ，便可确定方向角 θ 。同样，若在一基线的垂直方向增加另一套同样设备，就可以测出另一个方向角。

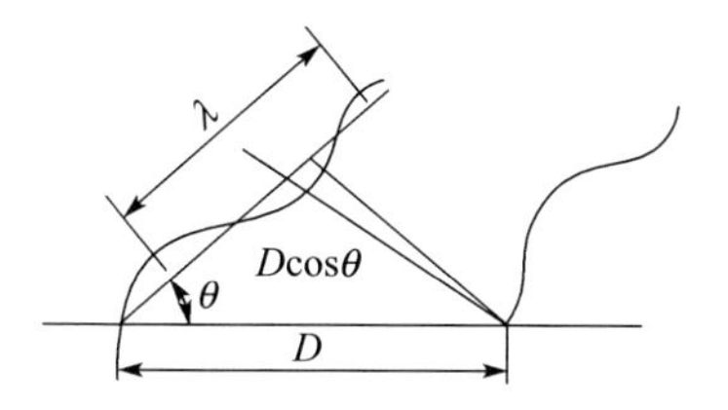

图 17 - 26　单脉冲比相测量原理

单脉冲比幅方法需要形成两个互相叠交的天线方向图。当目标与天线轴成 α 角时（见图 17 - 27），下面的方向图所收到的信号 E_1 将大于上面的方向图所收到的信号 E_2，两个信号的振幅差表示目标与天线轴之间的夹角，振幅差的符号则表示偏离的方向；当目标与天线轴重合时，上、下方向图收到的振幅相等，其差值就等于零。

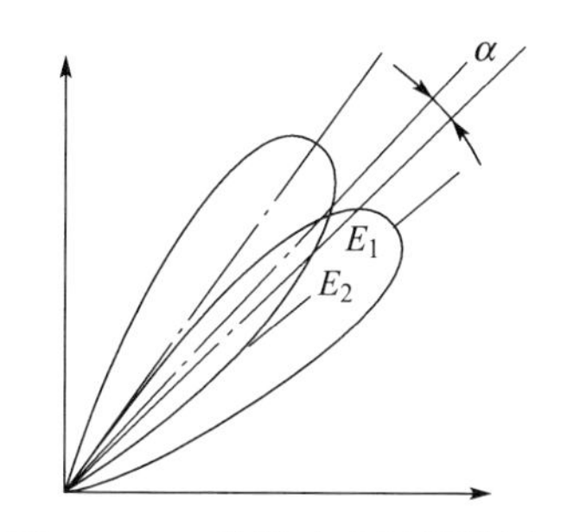

图 17 - 27　单脉冲比幅测量原理

射频敏感器的精度可以达到 0.02°，是今后高精度、长寿命航天飞行器姿态敏感器的一个发展方向。

17.2.3　控制执行机构

控制执行机构为飞船 GNC 系统提供控制力与控制力矩。飞船的控制执行机构主要包括推进系统、动量轮、磁力矩器等，太阳能帆板的控制执行机构是步进电机。

(1) 推进系统

飞船推进系统为轨道机动、轨道保持及姿态控制提供可控动力。

推进系统由恒压挤压式推进剂供应系统、单组元推进剂液体火箭发动机和双组元推进剂液体火箭发动机组成。载人飞船一般配置推进舱，为全船在轨运行提供控制动力。推进舱采用双组元推进剂火箭发动机，常用的推进剂组合为 N_2O_4 和甲基肼。由于飞船轨道舱留轨利用的需要和飞船返回舱再入返回过程中姿态控制的需要，飞船轨道舱和返回舱均配置单组元推进剂推进系统，其中的液体火箭发动机为单组元推进剂分解发动机，所使用的推进剂一般为无水肼。

①变轨发动机

变轨发动机配置在推进舱上，为双组元推进剂火箭发动机。变轨发动机的单机真空推力达数千牛顿，一般采用双机或多机系统，以提供硬件备份。变轨发动机的控制功能包括：

1） 提供变轨控制冲量；

2） 提供离轨制动冲量。

变轨发动机采用连续工作方式，GNC 系统计算机发出的控制指令经过接口装置进行功率放大、驱动变轨发动机的电磁阀打开和关闭，从而使变轨发动机启动和关机。变轨发动机启动后以定常恒定推力工作，其具有多次启动能力，以满足多次变轨控制的要求。发动机的启动加速性和关机减速性对飞船轨道控制的品质有直接影响：过低的启动加速性会损害轨道控制系统的响应性能，关机减速性的降低所引起的后效冲量会影响轨道控制的精度。变轨发动机启动加速性与关机减速性的指标一般为 100～200 ms。

②姿控发动机

飞船的姿控发动机分别配置在推进舱、轨道舱和返回舱上，以满足飞船姿态控制的各种需求。姿控发动机为姿态控制提供控制冲量，通过成对配置的姿控发动机可以提供姿态控制所需的俯仰、偏航和滚转力矩。飞船的姿控发动机根据所配置的舱段分为双组元发动机和单组元发动机，其真空推力由数牛顿到数百牛顿，其工作方式可以分为脉冲式与连续式。姿控发动机脉冲方式工作时，单个脉冲的脉冲宽度及脉冲的重复性都对姿态控制精度有直接影响。姿控发动机的启动加速性与关机减速性指标一般为数十毫秒。GNC 计算机通过控制发动机的电磁阀使发动机启动、关机以及脉冲工作。

(2) 动量轮

动量轮也就是角动量交换飞轮。产生控制力矩的另一种方法是转动安置在飞行器内的惯性部件。如果用电机转动一个飞轮，使其沿一个方向旋转，则根据动量矩守恒定律飞行器就会按反方向进行转动，也就是说，改变飞轮转速就可以得到一个作用在飞行器上的力矩。这种方法不需要消耗工质，飞轮旋转由太阳能供电，其缺点是饱和后就会失去控制能力。因此，飞轮自己不能独立构成一个系统，必须要有第二个系统来卸饱和，例如利用磁力矩器卸饱和。

对于留轨利用的飞船轨道舱，由于其姿态控制系统的工作寿命要求较长，利用角动量交换产生控制力矩比单独使用姿态控制发动机更加合适。这是因为从目前技术发展来看，对于高精度长寿命卫星姿态控制系统，用角动量交换（飞轮）产生控制力矩比喷气更加合适，具原因如下。

1) 飞轮可以给出较精确的控制力矩，而喷气只能作开关控制，前者控制精度比后者高两个数量级（0.001°与 0.1°之比），飞轮姿态误差速率也比喷气小；

2) 飞轮控制特别适合克服周期性扰动，飞轮所需能源可以不断补充，因而也适合于长寿命工作；

3) 避免喷气对光学仪器的污染。

飞轮寿命取决于飞轮轴承和润滑。目前飞轮轴承有动压油膜润滑、液体润滑滚珠和磁悬浮等三种。

(3) 磁力矩器

飞船的轨道舱在留轨应用期间的姿态控制还可以利用磁力矩器作为控制执行机构。航天飞行器的磁特性和环境磁场相互作用可产生磁力矩

$$\boldsymbol{M}=\boldsymbol{P}\times\boldsymbol{H} \tag{17-16}$$

式中 $\boldsymbol{P}$——飞船上的磁矩；

$\boldsymbol{H}$——环境磁场强度。

当 $\boldsymbol{P}$ 与 $\boldsymbol{H}$ 相互垂直时磁力矩最大，当两者相互平行时磁力矩为零。磁力矩器的最简单形式就是通电线圈。通电线圈产生的磁矩与地球磁场相互作用就可产生控制力矩，用三个相互正交安装的磁力矩器可以得到任意所需方位的磁矩。磁力矩器一般用来进行动量轮的卸饱和。

（3）控制力矩陀螺

控制力矩陀螺是指飞轮转速不变的框架动量矩轮。按框架的自由度分，有单自由度控制力矩陀螺和双自由度控制力矩陀螺。框架动量矩轮由于要通过控制轮速来控制俯仰通道，因此框架角的取值范围受到限制，对滚转和偏航通道只能提供较小的控制范围，从而增加了卸载系统的工作量。另外，从力学原理角度来说，控制轮速的输入力矩和输出力矩是相等的；而对高速旋转飞轮的框架，只需输入很小的力矩便可获得很大的输出力矩，因此其控制效率很高。控制力矩陀螺就是靠旋转飞轮的框架来获得控制力矩的，而且其框架角的取值范围不受限制，卸载次数较少，因此其较框架动量矩轮系统又有较多的优点。空间站等大型航天器，综合考虑了可靠性、质量、功耗和成本等因素，均采用控制力矩陀螺作为其控制系统的主要执行器。

每个控制力矩陀螺只能提供单轴（单自由度控制力矩陀螺）或双轴（双自由度控制力矩陀螺）的控制力矩，因此要实现星体三轴姿态控制就需要有三个或更多个陀螺来提高系统的可靠性和冗余度。例如，天空实验室是用三个双自由度控制力矩陀螺作三轴正交配置，自由号和和平号空间站都是用六个单自由度陀螺组成了高冗余度和高可控度的系统。

17.2.4 GNC 计算机

GNC 计算机是飞船 GNC 系统的控制器。由于现代飞船采用数字计算机，因此 GNC 计算机也是一个全数字式控制器。GNC 计算机的基本功能是实现控制规律或控制对策，把飞船上的敏感器和执行机构连接起来，从而完成对飞船的控制任务。

GNC 计算机采集导航及姿态敏感器信息，接收数传数据、遥控指令以及航天员的工作指令，完成各飞行段的制导、导航和控制任务；监视系统运动状态和部件性能，对系统进行冗余管理；此外，还进行故障检测、识别、隔离、自动切换以及系统重构。

为了确保工作可靠，GNC 计算机采用多机冗余容错计算机。

对于飞船 GNC 计算机的基本要求如下：

1）满足航天飞行器的基本要求，例如质量轻、体积小、功耗低等；

2）适合在空间环境长期工作，例如轨道环境辐射、真空条件及温度变化；

3）具有冗余结构，可满足故障检测、故障处理与修复等功能的高可靠性要求；

4）根据飞船飞行特点和控制任务要求，权衡采用集中控制或分散控制。

集中控制便于采用高可靠性的大型中央处理机，而分散控制的最大优点是将系统的复杂性从系统级的范围变为分系统级，从而使系统简化。

一个典型的 GNC 控制计算机是美国航天飞机的计算机系统，该系统由计算机硬件和软件组成。其为航天飞机轨道器的控制系统提供星上数据处理能力，包括制导、导航和控制所需的数据处理、有效载荷的处理和管理，以及性能监视等功能。

航天飞机的 GNC 计算机的主要技术途径如下。

1）采用多台高性能的计算机来提供全部计算能力。采用 5 台完全一样的通用计算机（GPC），其中的每一台都是当时最新的现役计算机（IBM 先进系统/APi 系列 AP101 型计算机）的改进型，采用数字数据总线互联。在关键的飞行阶段，由 4 台计算机承担制导、导航和控制任务，共同作为一个协调冗余组工作，冗余组内每台计算机的计算由另外几台计算机来校验。采用这种方法的计算机系统便能保证系统具有故障-操作/故障-保险这种工作性能，第 5 台计算机承担系统管理任务。在轨道上的非关键飞行期，由 1 台计算机完成制导、导航和控制任务，另 1 台计算机进行系统管理，剩下的 3 台计算机可以用作管理有效载荷或者待命备用。采用多台完全一样的计算机可满足电子系统在容错、任务划分和功能隔离等功能上的要求，也简化了计算机的设计与研制任务。

2）信息传送和控制采用独立的输入/输出处理机。计算机系统中，每台通用计算机都由 2 个独立的单元组成：1 个中央处理单元（CPU），以提供中央计算能力：1 个输入/输出处理机（IOP），以执行和控制 CPU 的输入/输出操作。这种分开的办法有利于计算机的设计和研制，同时也减轻了维护和更换工作。

3）采用分时串行数字数据总线完成计算机之间以及计算机与其他分系统之间的数据传送。这样，在系统配置时就能灵活地应对不同的修改要求，且可减轻设备质量。系统采用 24 条计算机数据总线，分成 7 组。数据采用脉冲编码调制方法实现时分多路传送，每一条总线的操作速率为 1 Mb/s。

4）中央处理机和输入/输出处理机都采用微程序编程，这样就能高度灵活地构成一个综合的指令系统，从而能适应指令系统和系统结构特性方面所需的各种变化。此外，这种系统具有规则的设计方法，可以缩短研制周期，减少维护时间，提高故障检测能力。空间计算机上采用微程序编程在经济上也是可行的，因为其可以采用早先已在 IBM 计算机上用过的单片可编程只读存储器（EPROM）。

5）在 CPU 的编程中采用高级语言，以减少软件工作量并提供更好的控制。由于计算机系统具有浮点运算动力，并能灵活地实现专用微指令，因而采用高级语言既实用又有效。

GNC 计算机通过总线接口单元与各部件及其他装置实现连接总线，接口单元一般采用串行总线专用的标准接口。

17.3　飞船姿态控制

飞船姿态控制的任务是在各飞行阶段稳定和控制飞船的姿态，满足飞行任务规定的各种定向要求，当飞船姿态超出规定限度时，可通过全姿态捕获使飞船恢复到正常运行姿态。飞船姿态的稳定与控制的基础是飞船姿态的准确描述和确定。为了描述、确定与控制飞船的姿态，首先必须明确定义飞船姿态的参考坐标系，然后讨论飞船的三轴姿态在参考坐标系中的描述方式，进而讨论三轴姿态的确定方法与控制方法。

17.3.1　飞船姿态描述

（1）参考坐标系

在讨论飞船的姿态时，首先要选定空间参考坐标系，不规定参考坐标系就无法描述飞船的姿态。至少要建立两个坐标系才能严格地确定飞船的姿态，一个是空间参考坐标系，另一个是固连于飞船的体坐标系，后者的三个坐标轴和参考坐标轴之间的角度关系描述了飞船姿态的状况。在实际使用时，两个坐标系还不够，因为姿态敏感器的测量轴并不能总与选定的体坐标轴一致，要通过测量坐标的转换才能使体坐标和空间参考坐标联系起来。另外，为了获得参考天体在某个空间参考坐标系中的方向，也要引用一些辅助坐标系。

体坐标系（$x_b y_b z_b$）是一个正交坐标系，其原点在飞船质心 O_b 上，三个坐标轴和飞船体主惯量轴保持一致。

质心轨道坐标系（$x_o y_o z_o$）的原点在飞船的质心上，飞船轨道平面为坐标平面。由质心指向地心的坐标轴是 z_o 轴；x_o 轴在轨道平面上与 z_o 轴垂直，指向飞船速度方向；y_o 轴和 x_o、z_o 轴组成右手正交坐标系，且与轨道平面的法线平行。如图 17－28 所示，此坐标系在空间中是旋转的。在静止轨道上，对地定向的三轴稳定卫星的姿态就定义在此坐标系中（下面简称为轨道坐标系），通常分别称 x_o、

y_o、z_o 轴为滚转、俯仰和偏航轴。当体坐标系和轨道坐标系重合时，飞船的姿态误差为零，相应的 x_b，y_b，z_b 轴称为飞船滚转、俯仰和偏航轴。

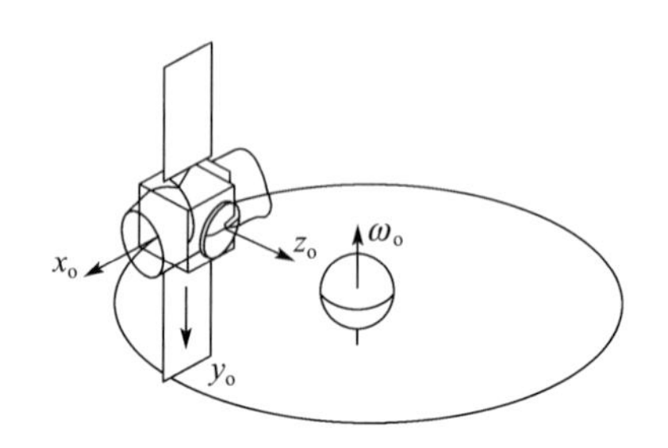

图 17－28　质心轨道坐标

地心轨道坐标系（$x_p y_p z_p$）的原点在地心，x_p 轴沿飞船的位置矢量 $\boldsymbol{r}$ 的方向，z_p 轴和轨道平面的法线方向一致，y_p 轴和 x_p、z_p 轴正交。显然 x_p 轴和质心轨道坐标系中的 z_o 轴共线，但方向相反。

地球坐标系（$x_e y_e z_e$）的原点在地心，x_e 轴在地球赤道平面内指向格林威治子午圈，z_e 轴和地球自旋轴一致，y_e 轴和 x_e、z_e 轴正交，此坐标系和地球一起旋转。

赤道惯性坐标系（$x_I y_I z_I$）的原点在地心，x_I 轴指向春分点，地球的自转轴为 z_I 轴，y_I 轴和 x_I、z_I 轴正交，此坐标系为惯性坐标系，用下标 I 表示。

这些坐标轴的方向表示在图 17－29 上。t_G 是格林威治春分点时角，λ_s、φ_s 是飞船星下点的经、纬度。体坐标轴和参考坐标轴之间的角度关系与飞船的相对位置无关，可以将参考坐标系平移到飞船的质心上，以上这些坐标系之间的转换矩阵为 $\boldsymbol{T}_{eI}$、$\boldsymbol{T}_{pe}$、$\boldsymbol{T}_{op}$。下标中后一个表示原始坐标，前一个表示经过转换后得到的新坐标。参考图 17－29 可以直接得出

$$\boldsymbol{T}_{eI}=\begin{bmatrix}\cos t_G & \sin t_G & 0\\ -\sin t_G & \cos t_G & 0\\ 0 & 0 & 1\end{bmatrix}\qquad(17-17)$$

$$\boldsymbol{T}_{\mathrm{pe}}=\begin{bmatrix}\cos\varphi_{\mathrm{s}}\cos\lambda_{\mathrm{s}} & \cos\varphi_{\mathrm{s}}\sin\lambda_{\mathrm{s}} & \sin\varphi_{\mathrm{s}}\\ -\sin\lambda_{\mathrm{s}} & \cos\lambda_{\mathrm{s}} & 0\\ -\sin\varphi_{\mathrm{s}}\cos\lambda_{\mathrm{s}} & -\sin\varphi_{\mathrm{s}}\cos\lambda_{\mathrm{s}} & \cos\varphi_{\mathrm{s}}\end{bmatrix} \tag{17-18}$$

$$\boldsymbol{T}_{\mathrm{op}}=\begin{bmatrix}0 & 1 & 0\\ 0 & 0 & -1\\ -1 & 0 & 0\end{bmatrix} \tag{17-19}$$

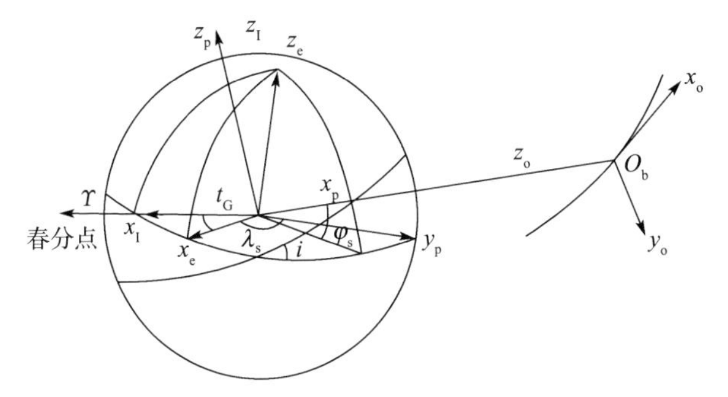

图 17-29　参考系之间的关系

轨道坐标系与惯性坐标系之间的转换矩阵 $\boldsymbol{T}_{\mathrm{oI}}$ 等于上述转换矩阵的乘积 $\boldsymbol{T}_{\mathrm{oI}}=\boldsymbol{T}_{\mathrm{op}}\boldsymbol{T}_{\mathrm{pe}}\boldsymbol{T}_{\mathrm{eI}}=\boldsymbol{T}_{\mathrm{op}}\boldsymbol{T}_{\mathrm{pI}}$ ，其中转换矩阵 $\boldsymbol{T}_{\mathrm{pI}}$ 也可用轨道六要素表示。

$$\boldsymbol{T}_{\mathrm{pI}}-\begin{bmatrix}\cos(\omega+f) & \sin(\omega+f) & 0\\ -\sin(\omega+f) & \cos(\omega+f) & 0\\ 0 & 0 & 1\end{bmatrix}\begin{bmatrix}1 & 0 & 0\\ 0 & \cos i & \sin i\\ 0 & -\sin i & \cos i\end{bmatrix}\begin{bmatrix}\cos\Omega & \sin\Omega & 0\\ -\sin\Omega & \cos\Omega & 0\\ 0 & 0 & 1\end{bmatrix}$$

体坐标系与轨道坐标系之间的转换矩阵有多种形式，与选用描述飞船姿态的姿态参数有关。

利用这些坐标转换矩阵，可求出飞船姿态敏感器测量的参考天体（或目标）在定义姿态的参考坐标系中的方向。通常被选用的参考天体有地球、太阳、恒星以及地球表面的陆标。从飞船指向参考天体方向的单位矢量图 17-30 所示。

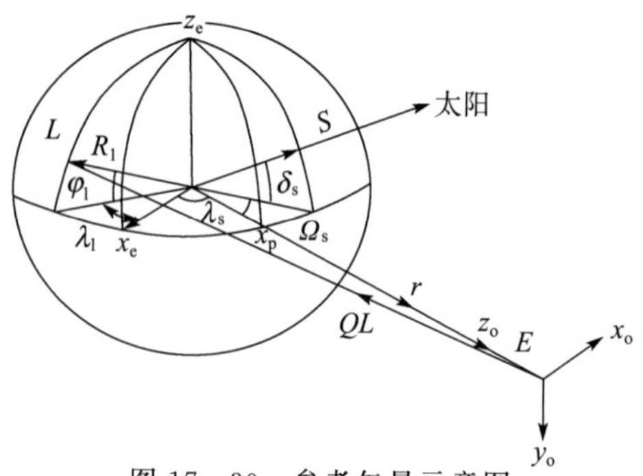

图 17-30　参考矢量示意图

地心（天底）方向的单位矢量 $\boldsymbol{E}$ 和轨道坐标系的 z_o 轴方向一致，其在轨道坐标系中的方向余弦是

$$(\boldsymbol{E})_o=\begin{bmatrix}0\\0\\1\end{bmatrix} \tag{17-20}$$

太阳方向的单位矢量 $\boldsymbol{S}$ 在赤道惯性坐标系中的赤经、赤纬是 α_s、δ_s，其方向余弦是

$$(\boldsymbol{S})_I=\begin{bmatrix}\cos\alpha_s\cos\delta_s\\ \sin\alpha_s\cos\delta_s\\ \sin\delta_s\end{bmatrix} \tag{17-21}$$

利用上述坐标转移换矩阵可得出太阳参考矢量在轨道坐标系中的方向余弦

$$(\boldsymbol{S})_o=\boldsymbol{T}_{op}\,\boldsymbol{T}_{pI}\,(\boldsymbol{S})_I$$

陆标在地球坐标系中地心纬度是 φ_l，地理经度为 λ_l，此陆标的位置矢量 $\boldsymbol{R}_l$ 是

$$(\boldsymbol{R}_l)_e=\boldsymbol{R}_l\begin{bmatrix}\cos\lambda_l\cos\varphi_l\\ \sin\lambda_l\cos\varphi_l\\ \sin\varphi_l\end{bmatrix}$$

$\boldsymbol{R}_l$ 是陆标的地心距。

(2)飞船三轴姿态的描述

概括地说,3 条体坐标轴 x_b、y_b、z_b 在参考坐标系($x_r y_r z_r$)中的方向确定了飞船姿态的状况,如图 17－31 所示(下标 r 表示某种选用的参考坐标系)。描述这些方向的物理量称为姿态参数,其有多种形式,最一般性的姿态参数是这两套坐标轴之间的方向余弦。但这种方法不直观,缺乏明显的几何图像概念。实际中常用刚体转动的欧拉角表示飞船姿态,由于飞船姿态可唯一地确定,因此各种姿态参数之间可以互相转换。下面列举几种姿态参数的形式。

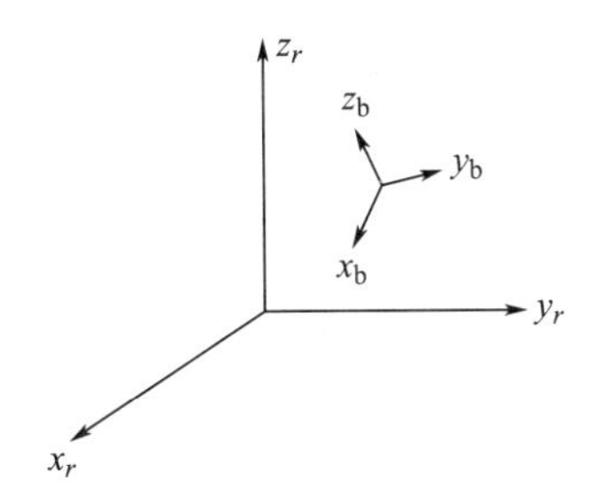

图 17－31　三轴姿态示意图

①方向余弦式

令 $\boldsymbol{i}$、$\boldsymbol{j}$、$\boldsymbol{k}$ 表示坐标轴 x、y、z 的单位矢量,下标表示坐标系的种类,例如 b、r 分别代表体坐标系和参考坐标系,这两套坐标轴之间的夹角的余弦(方向余弦)共有 9 个,分别用 A_{xx}、A_{xy}… 表示。

$$\left.\begin{aligned}\cos(\boldsymbol{i}_b,\boldsymbol{i}_r)&=\boldsymbol{i}_b\cdot\boldsymbol{i}_r=A_{xx}\\\cos(\boldsymbol{i}_b,\boldsymbol{j}_r)&=\boldsymbol{i}_b\cdot\boldsymbol{j}_r=A_{xy}\\\cos(\boldsymbol{i}_b,\boldsymbol{k}_r)&=\boldsymbol{i}_b\cdot\boldsymbol{k}_r=A_{xz}\\\cos(\boldsymbol{j}_b,\boldsymbol{i}_r)&=\boldsymbol{j}_b\cdot\boldsymbol{i}_r=A_{yx}\\&\cdots\\\cos(\boldsymbol{k}_b,\boldsymbol{k}_r)&=\boldsymbol{k}_b\cdot\boldsymbol{k}_r=A_{zz}\end{aligned}\right\}\tag{17-22}$$

利用这些方向余弦,任一条体坐标轴的单位矢量在参考坐标系中的方向有下列表达形式

$$\boldsymbol{i}_b=(\boldsymbol{i}_b\cdot\boldsymbol{i}_r)\boldsymbol{i}_r+(\boldsymbol{i}_b\cdot\boldsymbol{j}_r)\boldsymbol{j}_r+(\boldsymbol{i}_b\cdot\boldsymbol{k}_r)\boldsymbol{k}_r=A_{xx}\boldsymbol{i}_r+A_{xy}\boldsymbol{j}_r+A_{xz}\boldsymbol{k}_r\tag{17-23}$$

同理

$$\boldsymbol{j}_{\mathrm{b}} = A_{yx}\boldsymbol{i}_r + A_{yy}\boldsymbol{j}_r + A_{yz}\boldsymbol{k}_r$$

$$\boldsymbol{j}_{\mathrm{b}} = A_{zx}\boldsymbol{i}_r + A_{yy}\boldsymbol{j}_r + A_{zz}\boldsymbol{k}_r$$

将式（17－23）的方向余弦组成一个矩阵

$$\boldsymbol{A} = \begin{bmatrix} A_{xx} & A_{xy} & A_{xz} \\ A_{yx} & A_{yy} & A_{yz} \\ A_{zx} & A_{zy} & A_{zz} \end{bmatrix} \tag{17-24}$$

根据式（17－23），体坐标系在参考坐标系中的几何方向可被确定为

$$\begin{bmatrix} \boldsymbol{i}_{\mathrm{b}} \\ \boldsymbol{j}_{\mathrm{b}} \\ \boldsymbol{k}_{\mathrm{b}} \end{bmatrix} = \boldsymbol{A} \begin{bmatrix} \boldsymbol{i}_r \\ \boldsymbol{j}_r \\ \boldsymbol{k}_r \end{bmatrix}$$

在飞船三轴姿态确定问题中，称此方向余弦阵 **A** 为姿态矩阵，因为矩阵 **A** 完全确定了飞船姿态在参考坐标系中的状态。矩阵中的每个元素为姿态参数，由于参考坐标系和体坐标系都是正交坐标系，因此该 9 个元素还满足 6 个约束方程。由各单位矢量的模值可导出 3 个约束方程

$$\begin{cases} \boldsymbol{i}_{\mathrm{b}} \cdot \boldsymbol{i}_{\mathrm{b}} = A_{xx}^2 + A_{xy}^2 + A_{xz}^2 = 1 \\ \boldsymbol{j}_{\mathrm{b}} \cdot \boldsymbol{j}_{\mathrm{b}} = A_{yx}^2 + A_{yy}^2 + A_{yz}^2 = 1 \\ \boldsymbol{k}_{\mathrm{b}} \cdot \boldsymbol{k}_{\mathrm{b}} = A_{zx}^2 + A_{zy}^2 + A_{zz}^2 = 1 \end{cases} \tag{17-25}$$

由体坐标轴的正交特性可导出另三个约束方程

$$\begin{aligned} \boldsymbol{i}_{\mathrm{b}} \cdot \boldsymbol{j}_{\mathrm{b}} &= A_{xx}A_{yx} + A_{xy}A_{xy} + A_{xz}A_{yz} = 0 \\ \boldsymbol{i}_{\mathrm{b}} \cdot \boldsymbol{k}_{\mathrm{b}} &= A_{xx}A_{zx} + A_{xy}A_{zy} + A_{xz}A_{zz} = 0 \\ \boldsymbol{j}_{\mathrm{b}} \cdot \boldsymbol{k}_{\mathrm{b}} &= A_{yx}A_{zx} + A_{yy}A_{zy} + A_{xz}A_{zz} = 0 \end{aligned} \tag{17-26}$$

因此，只有 3 个姿态参数是独立的。换言之，只要用 3 个独立参数就可以描述飞船的三轴姿态在参考坐标系中的状态。

根据式（17－25）和式（17－26）可以得知姿态矩阵 **A** 具有下列特性

$$\boldsymbol{A}\boldsymbol{A}^{\mathrm{T}}=\boldsymbol{I} \tag{17-27}$$

式（17－27）表明矩阵 **A** 是正交矩阵。实际上，姿态矩阵也就是参考坐标系与体坐标系之间的转换矩阵。如已有单位参考矢量 **V**，其在体坐标系和参考坐标系中分别表示成

$$\boldsymbol{V}=V_x^{\mathrm{b}}\boldsymbol{i}_{\mathrm{b}}+V_y^{\mathrm{b}}\boldsymbol{j}_{\mathrm{b}}+V_z^{\mathrm{b}}\boldsymbol{k}_{\mathrm{b}}$$

和

$$\boldsymbol{V}=V_x^r\boldsymbol{i}_r+V_y^r\boldsymbol{j}_r+V_x^r\boldsymbol{k}_r$$

将上式两端分别与矢量 $\boldsymbol{i}_{\mathrm{b}}$、$\boldsymbol{j}_{\mathrm{b}}$、$\boldsymbol{k}_{\mathrm{b}}$ 标识，并用 $(\boldsymbol{V})_{\mathrm{b}}$ 和 $(\boldsymbol{V})_r$ 分别表示矢量在体坐标和参考坐标系中的余弦，则

$$(\boldsymbol{V})_{\mathrm{b}}=A(\boldsymbol{V})_r \tag{17-28}$$

其中

$$(\boldsymbol{V})_{\mathrm{b}}=(V_x^{\mathrm{b}}V_y^{\mathrm{b}}V_z^{\mathrm{b}})^{\mathrm{T}}$$

$$(\boldsymbol{V})_r=(V_x^rV_y^rV_z^r)^{\mathrm{T}}$$

用方向余弦表示的姿态矩阵是姿态描述的一般形式，姿态确定问题就是具体如何把这些方向余弦与飞船姿态敏感器的测量几何联系起来，如何根据飞船姿态敏感器测量参考矢量 **V** 的测量值得出 $(\boldsymbol{V})_{\mathrm{b}}$，以及利用在参考坐标系中已知的 $(\boldsymbol{V})_r$ 求解式（17－28），从而得出姿态矩阵 **A**。

②欧拉轴/角式

应用姿态矩阵表示飞船姿态要用到 9 个方向余弦，在求解方向余弦时还要引入 6 个约束方程，使得这种方法使用很不方便，并且没有直接显示出飞船姿态的几何图像。因此，我们可以用欧拉转角表示飞船姿态相对于坐标系的状态。在理论力学中有一个著名的欧拉定理：刚体绕固定点的任一位移可由绕通过此点的某一轴转动一个角度而得到。该定理来源于正交矩阵 **A** 的一个性质：一个常实正交矩阵至少有一个特征值为 1 的特征矢量，即存在一个满足下面等式的单位矢量 $\boldsymbol{e}$

$$\boldsymbol{A}=A\boldsymbol{e}$$

该式表明代表刚体转轴方向的矢量 $\boldsymbol{e}$ 在体坐标系中的分量与在

参考坐标系中的分量相同，而任何姿态转动都对应一个转换矩阵 $\boldsymbol{A}$。使用欧拉转角描述姿态的参数有 4 个——转轴的单位矢量 $\boldsymbol{e}$ 在参考坐标系中的三个方向余弦 e_x 、e_y 、e_z ，以及绕此转轴的转角 Φ 。下面叙述该 4 个姿态参数和 9 个方向余弦之间的转换关系。

设飞船体上任何一点 P' 在参考坐标系中的原始位置为 $P'(x', y', z')$ ，经过绕转轴 e 转过一个 Φ 角度后，P' 点在参考坐标系中到达一个新的位置 $P(x, y, z)$ 。P' 和 P 点位置矢量形式是

$$\begin{aligned}\boldsymbol{OP}' &= x'\boldsymbol{i}_r + y'\boldsymbol{j}_r + z'\boldsymbol{k}_r \\ \boldsymbol{OP} &= x\boldsymbol{i}_r + y\boldsymbol{j}_r + z\boldsymbol{k}_r\end{aligned} \tag{17-29}$$

现在要求出坐标（x, y, z）和（x', y', z'）之间的关系。设 K 是 P' 在 e 轴上的垂足，其也是点 P 在 e 轴上的垂足，并且 $P'K = PK$ 。设 Q 是 P 点到直线 $P'K$ 上的垂足，如图 17－32 所示，有

$$\boldsymbol{OP} = \boldsymbol{OP}' + \boldsymbol{P'Q} + \boldsymbol{QP} \tag{17-30}$$

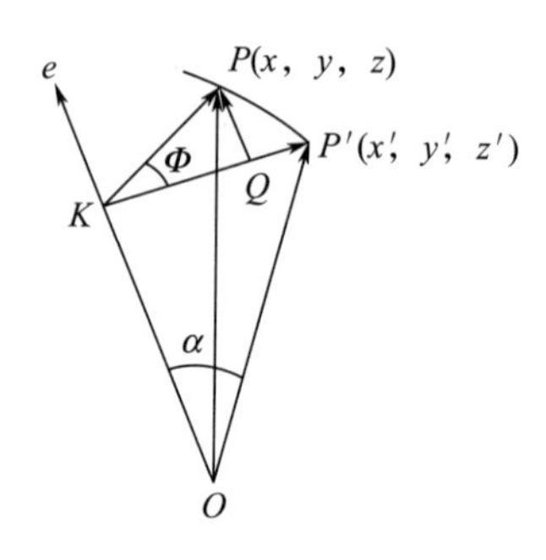

图 17－32　飞船体转动

由于 $P'Q = P'K$ 且同方向，因此其长度为

$$P'Q = P'K - PK\cos\Phi = (1-\cos\Phi)P'K$$

所以

$$\boldsymbol{P'Q} = (1-\cos\Phi)\boldsymbol{P'K} = (1-\cos\Phi)(\boldsymbol{OK} - \boldsymbol{OP}') \tag{17-31}$$

式中　$\boldsymbol{OK}$——矢量 $\boldsymbol{OP}'$ 在转动轴上的分量。

因此有等式

$$\boldsymbol{OK} = (\boldsymbol{OP}' \cdot \boldsymbol{e})\boldsymbol{e} \tag{17-32}$$

矢量 $\boldsymbol{QP}$ 和 $\boldsymbol{e} \times \boldsymbol{QP}'$ 同方向，而其长度等于

$$QP = P'K\sin\Phi = OP'\sin\alpha\sin\Phi$$

因此

$$\boldsymbol{QP} = QP\,\frac{\boldsymbol{e} \times \boldsymbol{OP}'}{OP'\sin\alpha} = (\boldsymbol{e} \times \boldsymbol{OP}')\sin\Phi \tag{17-33}$$

将式（17-31）、式（17-32）、式（17-33）代入式（17-30），则矢量 $\boldsymbol{OP}$ 可表示为

$$\boldsymbol{OP} = \boldsymbol{OP}' + (1-\cos\Phi)[(\boldsymbol{OP}' \times \boldsymbol{e})\boldsymbol{e} - \boldsymbol{OP}'] + (\boldsymbol{e} \times \boldsymbol{OP}')\sin\Phi \tag{17-34}$$

再将式（17-29）代入式（17-34），经过整理得出 P 和 P' 两点坐标之间的关系为

$$\begin{aligned}
x &= x' + (1-\cos\Phi)[(x'e_x + y'e_y + z'e_z)e_x - x'] + (z'e_y - y'e_z)\sin\Phi \\
y &= y' + (1-\cos\Phi)[(x'e_x + y'e_y + z'e_z)e_y - y'] + (x'e_z - z'e_x)\sin\Phi \\
z &= z' + (1-\cos\Phi)[(x'e_x + y'e_y + z'e_z)e_z - z'] + (y'e_x - x'e_y)\sin\Phi
\end{aligned} \tag{17-35}$$

如把 P' 点作为参考坐标系中某坐标轴单位矢量的端点，如 $\boldsymbol{OP}' = \boldsymbol{i}_r = [1\ 0\ 0]^{\mathrm{T}}$，则 P 点就是体坐标系中单位矢量 $\boldsymbol{i}_{\mathrm{b}}$ 的端点，P 点的坐标就是 $\boldsymbol{i}_{\mathrm{b}}$ 在参考坐标系中的方向余弦，将 $x'=1$，$y'=z'=0$ 代入式（17-35）可得

$$\begin{aligned}
\boldsymbol{i}_{\mathrm{b}} \cdot \boldsymbol{i}_r &= \cos\Phi + e_x^2(1-\cos\Phi) \\
\boldsymbol{i}_{\mathrm{b}} \cdot \boldsymbol{j}_r &= e_x e_y(1-\cos\Phi) + e_z\sin\Phi \\
\boldsymbol{i}_{\mathrm{b}} \cdot \boldsymbol{k}_r &= e_x e_z(1-\cos\Phi) - e_y\sin\Phi
\end{aligned}$$

同理可以求得 $\boldsymbol{j}_{\mathrm{b}}$ 和 $\boldsymbol{k}_{\mathrm{b}}$ 的方向余弦。由此得到用 e_x、e_y、e_z、Φ 这 4 个姿态参数描述的姿态矩阵

$$\begin{aligned}
\boldsymbol{A}(\Phi) &= \begin{bmatrix}
\cos\Phi + e_x^2(1-\cos\Phi) & e_x e_y(1-\cos\Phi) + e_z\sin\Phi & e_x e_z(1-\cos\Phi) - e_y\sin\Phi \\
e_x e_y(1-\cos\Phi) - e_z\sin\Phi & \cos\Phi + e_y^2(1-\cos\Phi) & e_y e_z(1-\cos\Phi) + e_x\sin\Phi \\
e_x e_z(1-\cos\Phi) + e_y\sin\Phi & e_y e_z(1-\cos\Phi) - e_x\cos\Phi & \cos\Phi + e_z^2(1-\cos\Phi)
\end{bmatrix} \\
&= \cos\Phi\boldsymbol{I} + (1-\cos\Phi)\boldsymbol{e}\,\boldsymbol{e}^{\mathrm{T}} - \sin\Phi\widetilde{\boldsymbol{E}}
\end{aligned} \tag{17-36}$$

其中

$$\widetilde{\boldsymbol{E}}=\begin{bmatrix}0 & -e_z & e_y \\ e_z & 0 & -e_x \\ -e_y & e_x & 0\end{bmatrix} \tag{17-37}$$

式中　$\boldsymbol{e}\boldsymbol{e}^{\mathrm{T}}$——矢量的外积；

$\widetilde{\boldsymbol{E}}$——斜对称矩阵。

转轴 e 称为欧拉轴，转角 Φ 称为欧拉转角，因此这种定义飞船姿态的方法称为欧拉轴/角参数式。表面上，该方法共有 4 个参数，但仍然只有 3 个参数是独立的，因为 $|\boldsymbol{e}|=e_x^2+e_y^2+e_z^2=1$。对照这两种姿态矩阵式（17－24）和式（17－36），可以根据欧拉轴/角参数表示两个坐标系之间的方向余弦。如已知方向余弦，则按式（17－38）计算欧拉参数

$$\begin{cases}e_x=\dfrac{1}{2\sin\Phi}(A_{yz}-A_{zy}) \\ e_y=\dfrac{1}{2\sin\Phi}(A_{zx}-A_{xz}) \\ e_z=\dfrac{1}{2\sin\Phi}(A_{xy}-A_{yx}) \\ \cos\Phi=\dfrac{1}{2}[tr(A)-1]\end{cases} \tag{17-38}$$

其中

$$\mathrm{tr}(A)=A_{xx}+A_{yy}+A_{zz}$$

式中　$\mathrm{tr}(A)$——姿态矩阵 $\boldsymbol{A}$ 的迹，绕任意转轴转动相同的 Φ 角，姿态矩阵的迹不变。

分析欧拉转角 Φ 和两种坐标轴之间的几何关系是很有意义的。如图 17－33 所示，设 Φ_x、Φ_y、Φ_z 是参考坐标系和体坐标系中对应坐标轴之间的夹角。显然，姿态矩阵中对角线上的元素可以表示成

$$A_{mm}=\cos\Phi_m=\cos\Phi+e_m^2(1-\cos\Phi)\quad m=x,y,z$$

经过三角恒等变换，上式可化成

$$\sin^2\frac{\Phi_m}{2}=(1-e_m^2)\sin^2\frac{\Phi}{2}\quad m=x,y,z$$

将上面三式相加得

$$\sin^2\frac{\Phi}{2}=\frac{1}{2}\left(\sin^2\frac{\Phi_x}{2}+\sin^2\frac{\Phi_y}{2}+\sin^2\frac{\Phi_z}{2}\right) \tag{17-39}$$

式（17-39）给出了对应坐标轴的偏离角与绕欧拉轴的转角之间的关系。当偏角较小时，有

$$\Phi=\frac{1}{\sqrt{2}}\sqrt{\Phi_x^2+\Phi_y^2+\Phi_z^2} \tag{17-40}$$

式（17-40）对于评价姿态确定误差是有用的。

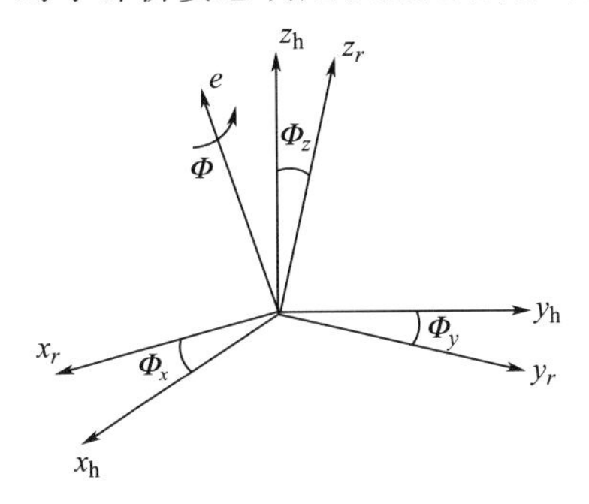

图 17-33　参考坐标轴与体坐标轴之间的夹角

③欧拉角式

在工程技术中，常希望这三个姿态参数具有更简便、更明显的几何意义，并能用姿态敏感器直接测出这些参数，较方便地求解出用这些姿态参数描述的姿态动力学方程。欧拉角是最合适这种要求的姿态参数。根据上述欧拉定理可知，刚体绕固定点的位移也可以是绕该点的若干次有限转动的合成。在欧拉转动中，将参考坐标系转动 3 次可得到体坐标系。在 3 次转动中，每次的旋转轴是被转动坐标系的某一坐标轴，每次的转动角即为欧拉角。因此，用欧拉角确定的姿态矩阵是 3 个坐标转移矩阵的乘积，而这些坐标转换矩阵都有标准的形式。显然，姿态矩阵还与 3 次转动的顺序有关，这些转动顺序可分为两类：

1）第一次和第三次转动是绕同一坐标轴进行的，第二次转动是绕另两个轴中的一轴进行的；

2）每次转动是绕不同坐标轴进行的。

如以 xyz 表示转轴的类别，则有 12 种欧拉转动顺序，即

$$zxz \quad yxy \quad xyx \quad zyz \quad yzy \quad xzx$$

$$zxy \quad yxz \quad xyz \quad zyx \quad yzx \quad xzy$$

最常用的欧拉角是按 zxz 或 zxy 转动顺序得出的，常用 ψ 、θ 、φ 表示每次的转角。

如图 17－34 所示，参考坐标轴为 x_1、y_1、z_1，按第一类转动顺序 zxz 。先绕 z_1 轴转 ψ 角，得过渡坐标系 $x'y'z'$ ，其中 z' 轴与 z_1 轴一致，坐标转换矩阵为 $\boldsymbol{A}_z(\psi)$ ；再次绕 x' 轴转 θ 角，又得过渡坐标系 $x''y''z''$ ，其中 x'' 轴与 x' 轴一致，坐标转换矩阵为 $\boldsymbol{A}_x(\theta)$ ；最后绕 z'' 轴转 φ 角，得体坐标系 $x_\mathrm{b}y_\mathrm{b}z_\mathrm{b}$ ，其中 z_b 轴与 z'' 轴一致，坐标转换矩阵为 $\boldsymbol{A}_z(\varphi)$ 。根据坐标转换矩阵的标准式，可得到用第一类欧拉角表示的姿态矩阵为

$$\boldsymbol{A}_{zxz}(\psi,\theta,\varphi)=\boldsymbol{A}_z(\varphi)\boldsymbol{A}_x(\theta)\boldsymbol{A}_z(\psi)$$
$$=\begin{bmatrix} \cos\varphi\cos\psi-\cos\theta\sin\varphi\sin\psi & \cos\varphi\sin\psi+\cos\theta\sin\varphi\cos\psi & \sin\theta\sin\varphi \\ -\sin\varphi\cos\psi-\cos\theta\cos\varphi\sin\psi & -\sin\varphi\sin\psi+\cos\theta\cos\varphi\cos\psi & \sin\theta\cos\varphi \\ \sin\theta\sin\psi & -\sin\theta\cos\psi & \cos\theta \end{bmatrix} \tag{17-41}$$

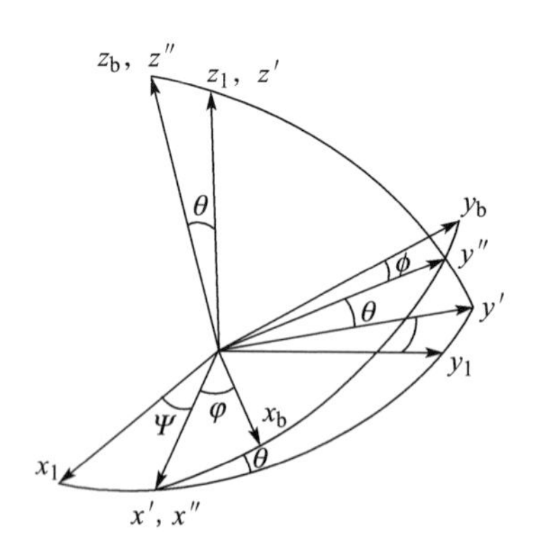

图 17－34　第一类转动顺序

对照方向余弦阵式（17－24），欧拉角与方向余弦的关系式为

$$
\begin{aligned}
&\psi=-\arctan\left(\frac{A_{zx}}{A_{zy}}\right)\\
&\theta=\arccos A_{zz}\\
&\varphi=\arctan\left(\frac{A_{xz}}{A_{yz}}\right)
\end{aligned}
\tag{17-42}
$$

为了避免 θ 角的双重性，选择 $0^\circ<\theta<180^\circ$。

图 17－35 表示了第二类转动顺序 zxy，各次转角为 ψ、φ、θ。同理可得姿态矩阵为

$$
\begin{aligned}
\boldsymbol{A}_{zxy}(\psi,\varphi,\theta)&=\boldsymbol{A}_y(\theta)\boldsymbol{A}_x(\varphi)\boldsymbol{A}_z(\psi)\\
&=\begin{bmatrix}
\cos\theta\cos\psi-\sin\varphi\sin\theta\sin\psi & \cos\theta\sin\psi+\sin\varphi\sin\theta\cos\psi & -\cos\varphi\sin\theta\\
-\cos\varphi\sin\psi & \cos\varphi\cos\psi & \sin\varphi\\
\sin\theta\cos\psi+\sin\varphi\cos\theta\sin\psi & \sin\theta\sin\psi-\sin\varphi\cos\theta\cos\psi & \cos\varphi\cos\theta
\end{bmatrix}
\end{aligned}
\tag{17-43}
$$

如果 ψ、φ、θ 都是小角度，则姿态矩阵式（17－43）的小角近似式为

$$
\boldsymbol{A}_{zxy}(\psi,\varphi,\theta)\approx\begin{bmatrix}
1 & \psi & -\theta\\
-\psi & 1 & \varphi\\
\theta & -\varphi & 1
\end{bmatrix}
\tag{17-44}
$$

如原参考坐标系为轨道坐标系，则姿态矩阵式（17－44）和图 17－35 直接显示出：

1）ψ 为偏航角；即飞船滚动轴 x_{b} 在当地水平面上的投影与轨道 x_0 轴的夹角；

2）θ 为俯仰角；即飞船滚动轴 x_{b} 与其在当地水平面上的投影的夹角；

3）φ 为滚转角；即飞船俯仰轴 y_{b} 与其在当地水平面上的投影的夹角。

因此，这种转动顺序又称为偏航、滚转、俯仰顺序。同样，对照方向余弦式（17－24），欧拉角的方向余弦式是

$$\begin{cases}\psi = -\arctan\left(\dfrac{A_{yz}}{A_{yy}}\right)\\ \varphi = \arcsin A_{yz}\\ \theta = -\operatorname{arcan}\left(\dfrac{A_{xz}}{A_{zz}}\right)\end{cases} \tag{17-45}$$

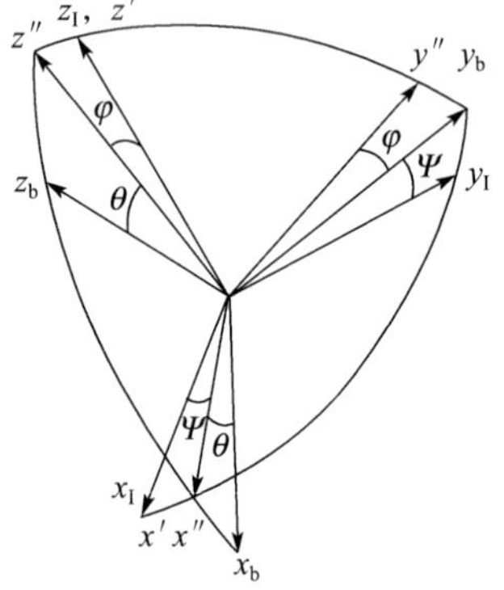

图 17-35　第二类转动顺序

φ 角也有双重性的问题，应选择 $-90° < \varphi < 90°$。

根据上述坐标转动原理可导出飞船转动速度在体坐标系中的分量 ω_x、ω_y、ω_z 与欧拉角速度之间的关系式，以第一类转动顺序为例，有

$$\begin{bmatrix}\omega_x\\ \omega_y\\ \omega_z\end{bmatrix} = \boldsymbol{A}_z(\varphi)\boldsymbol{A}_x(\theta)\boldsymbol{A}_z(\psi)\begin{bmatrix}0\\0\\ \dot{\psi}\end{bmatrix} + \boldsymbol{A}_z(\varphi)\boldsymbol{A}_x(\theta)\begin{bmatrix}\dot{\theta}\\0\\0\end{bmatrix} + \boldsymbol{A}_z(\varphi)\begin{bmatrix}0\\0\\ \dot{\varphi}\end{bmatrix}$$

$$= \begin{bmatrix}\dot{\psi}\sin\theta\sin\varphi + \dot{\theta}\cos\varphi\\ \dot{\psi}\sin\theta\cos\varphi - \dot{\theta}\sin\varphi\\ \dot{\psi}\cos\theta + \dot{\varphi}\end{bmatrix} \tag{17-46}$$

欧拉角速度是非正交的，根据上述转动原理，不难导出欧拉角

速率的公式为

$$\begin{cases}\dot{\psi}=(\omega_x\sin\varphi+\omega_y\cos\varphi)\dfrac{1}{\sin\theta}\\ \dot{\theta}=\omega_x\cos\varphi-\omega_y\sin\varphi\\ \dot{\varphi}=\omega_z-(\omega_x\sin\varphi\cos\theta+\omega_y\cos\varphi\cos\theta)\dfrac{1}{\sin\theta}\end{cases}\tag{17-47}$$

如式（17-47）中的飞船转动速率 ω_x、ω_y、ω_z 是三个测速陀螺的测量值，则求解式（17-47）即可得到飞船姿态大角度机动时的欧拉角。但该式是非线性微分方程并有奇点，为了避免这种缺点，可采用下述的四元数式表示姿态参数。

④四元数式

用欧拉轴/角参数 e_x、e_y、e_x、Φ 组成四元数来表示姿态矩阵中的各元素，这是另一种较方便的姿态参数表示法，相关参数的定义为

$$\left.\begin{aligned}q_1&=e_x\sin\frac{\Phi}{2}\\ q_2&=e_y\sin\frac{\Phi}{2}\\ q_3&=e_z\sin\frac{\Phi}{2}\\ q_4&=e\cos\frac{\Phi}{2}\end{aligned}\right\}\tag{17-48}$$

这 4 个参数不是相互独立的，其约束方程为

$$q_1^2+q_2^2+q_3^2+q_4^2=1$$

因此，四元数中只有 3 个参数是独立的。可以把这 4 个参数看成是一个四元数矢量 $\boldsymbol{q}$ 的分量：前三者是矢量部分，后者是标量部分，即

$$\boldsymbol{q}=q_1\boldsymbol{i}+q_2\boldsymbol{j}+q_3\boldsymbol{k}+q_4\tag{17-49}$$

式中　$\boldsymbol{i}$、$\boldsymbol{j}$、$\boldsymbol{k}$ ——参考坐标轴的单位矢量。

$\boldsymbol{q}$ 的矩阵形式是

$$\boldsymbol{q}=\begin{bmatrix}q_1\\q_2\\q_3\\q_4\end{bmatrix}=\begin{pmatrix}\boldsymbol{q}_0\\q_4\end{pmatrix}$$

式中 $\boldsymbol{q}_0$ 是 3×1 列阵，q_4 是标量。根据式（17－36），则用这些参数表示的姿态矩阵是

$$\boldsymbol{A}(q)=\begin{bmatrix}q_1^2-q_2^2-q_3^2+q_4^2 & 2(q_1q_2+q_3q_4) & 2(q_1q_3-q_2q_4)\\2(q_1q_2-q_3q_4) & -q_1^2+q_2^2-q_3^2+q_4^2 & 2(q_2q_3+q_1q_4)\\2(q_1q_3+q_2q_4) & 2(q_2q_3-q_1q_4) & -q_1^2-q_2^2+q_3^2+q_4^2\end{bmatrix}$$

$$=(q_4^2-\boldsymbol{q}_0^{\mathrm{T}}\boldsymbol{q}_0)I+2\boldsymbol{q}_0\boldsymbol{q}_0{}^{\mathrm{T}}-2q_4\tilde{\boldsymbol{Q}} \tag{17-50}$$

$\tilde{\boldsymbol{Q}}$ 是斜对称矩阵

$$\tilde{\boldsymbol{Q}}=\begin{bmatrix}0 & -q_3 & q_2\\q_3 & 0 & -q_1\\-q_2 & q_1 & 0\end{bmatrix}$$

式（17－50）不包含三角函数，运算方便。根据式（17－48）和式（17－38）可得，四元数与方向余弦之间的转换关系是

$$\begin{cases}q_1=\dfrac{1}{4q_4}(A_{yz}-A_{zy})\\q_2=\dfrac{1}{4q_4}(A_{zx}-A_{xz})\\q_3=\dfrac{1}{4q_4}(A_{xy}-A_{yx})\\q_4=\pm\dfrac{1}{2}(1+A_{xx}+A_{yy}+A_{zz})^{\frac{1}{2}}\end{cases} \tag{17-51}$$

q_4 可取正或负值，不影响姿态矩阵 $\boldsymbol{A}(q)$。

与方向余弦法相似，连续两次转动后的姿态四元数等于各次转动的四元数的乘积，令第一次转动的四元数为 $\boldsymbol{q}$，第二次转动的四元数为 $\boldsymbol{q}'$，两次连续转动后的姿态四元数为 $\boldsymbol{q}''$。如以姿态矩阵表示

两次转动的结果，则有

$$\boldsymbol{A}^*(\boldsymbol{q}^*)=\boldsymbol{A}'(\boldsymbol{q}')\boldsymbol{A}(\boldsymbol{q}) \tag{17-52}$$

将 $\boldsymbol{q}'$ 和 $\boldsymbol{q}$ 分别代入式（17－50），再将结果代入式（17－52），根据用四元数表示姿态矩阵的标准形式，可以得出两次转动的四元数等于

$$\boldsymbol{q}^*=\begin{bmatrix} q'_4 & q'_3 & -q'_2 & q'_1 \\ -q'_3 & q'_4 & q'_1 & q'_2 \\ q'_2 & -q'_1 & q'_4 & q'_3 \\ -q'_1 & -q'_2 & -q'_3 & q'_4 \end{bmatrix}\begin{bmatrix} q_1 \\ q_2 \\ q_3 \\ q_4 \end{bmatrix} \tag{17-53}$$

这个结果可用四元数乘积直接表示，即

$$\boldsymbol{q}^*=\boldsymbol{q}\boldsymbol{q}'=(q_1\boldsymbol{i}+q_2\boldsymbol{j}+q_3\boldsymbol{k}+q_4)(q'_1\boldsymbol{i}+q'_2\boldsymbol{j}+q'_3\boldsymbol{k}+q'_4) \tag{17-54}$$

利用四元数的乘法规则

$$\begin{cases} \boldsymbol{i}^2=\boldsymbol{j}^2=\boldsymbol{k}^2=-1 \\ \boldsymbol{i}\times\boldsymbol{j}=-\boldsymbol{j}\times\boldsymbol{i}=\boldsymbol{k} \\ \boldsymbol{j}\times\boldsymbol{i}=-\boldsymbol{k}\times\boldsymbol{j}=\boldsymbol{i} \\ \boldsymbol{k}\times\boldsymbol{i}=-\boldsymbol{i}\times\boldsymbol{k}=\boldsymbol{j} \end{cases} \tag{17-55}$$

式（17－54）可表示为

$$\begin{aligned} {}^*=\ & (q_1q'_4+q_2q'_3-q_3q'_2+q_4q'_1)i+(-q_1q'_3-q_2q'_4-q_3q'_1+q_4q'_2)j+ \\ & (q_1q'_2-q_2q'_1+q_3q'_4+q_4q'_3)k+(-q_1q'_1-q_2q'_2-q_3q'_3+q_4q'_4) \end{aligned} \tag{17-56}$$

显然式（17－56）与式（17－53）是等效的。但应注意，对照式（17－52）与式（17－54），四元数乘积与姿态矩阵乘积的运算顺序是相反的。

如已知初始姿态矩阵 $\boldsymbol{A}$，要将姿态转到姿态矩阵为 $\boldsymbol{A}^*$ 的给定状态，则姿态机动应实现的姿态转动矩阵是

$$\boldsymbol{A}^1=\boldsymbol{A}^*\boldsymbol{A}^{-1}$$

如用四元数表示姿态机动，则根据式（17－54）和四元数乘法

规则，描述姿态机动的四元数等于

$$\boldsymbol{q}'=\boldsymbol{q}^{-1}\boldsymbol{q}^{*}=(-q_1\boldsymbol{i}-q_2\boldsymbol{j}-q_3\boldsymbol{k}+q_4)(q_1^{*}\boldsymbol{i}+q_2^{*}\boldsymbol{j}+q_3^{*}\boldsymbol{k}+q_4^{*}) \tag{17-57}$$

下面说明四元数与欧拉角之间的转换关系。将与参考坐标系转成体坐标系的3次欧拉转动（ψ，θ，φ）分别用四元数表示（按 zxz 顺序）

$$\boldsymbol{q}_{\psi}=\sin\frac{\psi}{2}\boldsymbol{k}+\cos\frac{\psi}{2}$$

$$\boldsymbol{q}_{\theta}=\sin\frac{\theta}{2}\boldsymbol{i}+\cos\frac{\theta}{2}$$

$$\boldsymbol{q}_{\varphi}=\sin\frac{\varphi}{2}\boldsymbol{k}+\cos\frac{\varphi}{2}$$

体坐标系的最终方向可用四元数的乘积表示为

$$\boldsymbol{q}=q_1\boldsymbol{i}+q_2\boldsymbol{j}+q_3\boldsymbol{k}+q_4$$

$$=\left(\sin\frac{\psi}{2}\boldsymbol{k}+\cos\frac{\psi}{2}\right)\left(\sin\frac{\theta}{2}\boldsymbol{i}+\cos\frac{\theta}{2}\right)\left(\sin\frac{\varphi}{2}\boldsymbol{k}+\cos\frac{\varphi}{2}\right)$$

根据四元数乘法规则式（17－55）。得出用欧拉角 ψ、θ、φ 计算四元数的公式是

$$\begin{cases}q_1=\sin\frac{\psi}{2}\sin\frac{\theta}{2}\sin\frac{\varphi}{2}+\cos\frac{\psi}{2}\sin\frac{\theta}{2}\cos\frac{\varphi}{2}\\ q_2=\sin\frac{\psi}{2}\sin\frac{\theta}{2}\cos\frac{\varphi}{2}-\cos\frac{\psi}{2}\sin\frac{\theta}{2}\sin\frac{\varphi}{2}\\ q_3=\sin\frac{\psi}{2}\cos\frac{\theta}{2}\cos\frac{\varphi}{2}+\cos\frac{\psi}{2}\cos\frac{\theta}{2}\sin\frac{\varphi}{2}\\ q_4=\cos\frac{\psi}{2}\cos\frac{\theta}{2}\cos\frac{\varphi}{2}-\sin\frac{\psi}{2}\cos\frac{\theta}{2}\sin\frac{\varphi}{2}\end{cases} \tag{17-58}$$

将式（17－58）两边对时间取导数，再利用式（17－46），不难得出在飞船姿态运动过程中四元数的变化率与体转动速度分量 ω_x、ω_y、ω_x 的关系式

$$\dot{\boldsymbol{q}}=\begin{bmatrix}\dot{q}_1\\\dot{q}_2\\\dot{q}_3\\\dot{q}_4\end{bmatrix}=\frac{1}{2}\begin{bmatrix}q_4&-q_3&q_2\\q_3&q_4&-q_1\\-q_2&q_1&q_4\\-q_1&-q_2&-q_3\end{bmatrix}\begin{bmatrix}\omega_x\\\omega_y\\\omega_z\end{bmatrix}\tag{17-59}$$

式（17－59）是线性微分方程，便于求解。

比较三种描述姿态的方法——方向余弦式、欧拉角式和四元数式，四元数式具有下列优点：

1）不包含三角函数；

2）没有奇点；

3）只需解四个线性微分方程；

4）约束条件简单；

5）绕欧拉轴的转动规律简单；

其主要缺点是在姿态机动过程需不断地计算飞船的四元数。

17.3.2　飞船姿态运动学

姿态运动学方程是姿态参数在姿态机动过程中变化的方程。令姿态相对参考坐标系的转速为 ω ，转轴单位矢量为 e ，即 $\omega=\omega e$ 。如在时刻 t 姿态矩阵为 $\boldsymbol{A}(t)$ ，在 $(t+\Delta t)$ 时刻姿态矩阵为 $A(t+\Delta t)$ ，则有

$$\boldsymbol{A}(t+\Delta t)=\boldsymbol{A}'\boldsymbol{A}(t)\tag{17-60}$$

式中　$\boldsymbol{A}'$ ——绕 e 轴转过 $\Delta\varphi=\omega\Delta t$ 角的转动矩阵。

根据欧拉轴/角参数式，此转动矩阵可写为

$$\boldsymbol{A}'=\cos\Delta\varphi\boldsymbol{I}+(1-\cos\Delta\varphi)\boldsymbol{e}\boldsymbol{e}^{\mathrm{T}}-\sin\Delta\varphi\widetilde{\boldsymbol{E}}\tag{17-61}$$

其中

$$\widetilde{\boldsymbol{E}}=\begin{bmatrix}0&-e_z&e_y\\e_z&0&-e_x\\-e_y&e_x&0\end{bmatrix}$$

又当 $\Delta\varphi$ 为小角度时有 $\sin\Delta\varphi=\omega\cdot\Delta t$ ，那么

$$\boldsymbol{A}' = \boldsymbol{I} - \tilde{\boldsymbol{\omega}}\Delta t \tag{17-62}$$

式中 $\tilde{\boldsymbol{\omega}}$ 为 $\boldsymbol{\omega}$ 的斜对称阵，满足

$$\tilde{\boldsymbol{\omega}} = \begin{bmatrix} 0 & -\omega_z & \omega_y \\ \omega_z & 0 & -\omega_x \\ -\omega_y & \omega_x & 0 \end{bmatrix}$$

因此，在 $(t+\Delta t)$ 时刻，姿态矩阵可展开为

$$\boldsymbol{A}(t+\Delta t) = \boldsymbol{A}(t) - \tilde{\boldsymbol{\omega}}\boldsymbol{A} \cdot \Delta t \tag{17-63}$$

即可得以姿态矩阵表示的姿态运动方程

$$\frac{\mathrm{d}\boldsymbol{A}}{\mathrm{d}t} = -\tilde{\omega}\boldsymbol{A} \tag{17-64}$$

应用姿态四元数与方向余弦的关系式，可得姿态四元数的变化方程

$$\begin{bmatrix} \dot{q}_1 \\ \dot{q}_2 \\ \dot{q}_3 \\ \dot{q}_4 \end{bmatrix} = \frac{1}{2}\begin{bmatrix} 0 & \omega_z & -\omega_y & \omega_x \\ -\omega_z & 0 & \omega_x & \omega_z \\ \omega_y & -\omega_x & 0 & \omega_z \\ -\omega_x & -\omega_y & -\omega_z & 0 \end{bmatrix}\begin{bmatrix} q_1 \\ q_2 \\ q_3 \\ q_4 \end{bmatrix} = \frac{1}{2}\begin{bmatrix} q_4 & -q_3 & q_2 & q_1 \\ q_3 & q_4 & -q_1 & q_2 \\ -q_2 & q_1 & q_4 & q_3 \\ -q_1 & -q_2 & -q_3 & q_4 \end{bmatrix}\begin{bmatrix} \omega_x \\ \omega_y \\ \omega_z \\ 0 \end{bmatrix} \tag{17-65}$$

式（17-65）为姿态四元数运动方程，可简写为

$$\dot{\boldsymbol{q}} = \frac{1}{2}\boldsymbol{\Omega}(\omega)\boldsymbol{q} \tag{17-66}$$

式（17-66）此为线性微分方程，不含三角函数，无奇点问题，并且方程的解必定满足约束条件式

$$q_1^2 + q_2^2 + q_3^2 + q_4^2 = 1$$

令四元数的模为

$$|\boldsymbol{q}| = \boldsymbol{q}^{\mathrm{T}}\boldsymbol{q} \tag{17-67}$$

则其微分式为

$$\frac{\mathrm{d}}{\mathrm{d}t}|\boldsymbol{q}| = \dot{\boldsymbol{q}}^{\mathrm{T}}\boldsymbol{q} + \boldsymbol{q}^{\mathrm{T}}\dot{\boldsymbol{q}} = \boldsymbol{q}^{\mathrm{T}}(\boldsymbol{\Omega}^{\mathrm{T}} + \boldsymbol{\Omega})\boldsymbol{q}$$

因 $\boldsymbol{\Omega}^{\mathrm{T}} = -\boldsymbol{\Omega}$，所以四元数微分方程（17-66）的解的模值恒为

常值。

从欧拉角转动顺序可得姿态欧拉角的运动方程，姿态相对参考坐标的转速 ω 在星体坐标中可表示为

$$\omega = \omega_x x_b + \omega_y y_b + \omega_z z_b \tag{17-68}$$

此转速可视为三次欧拉转动的合成。以 3—1—2 转动顺序为例，以 $\hat{\mathbf{1}}$，$\hat{\mathbf{2}}$，$\hat{\mathbf{3}}$ 分别表示顺序转轴矢量 $\hat{\mathbf{1}}=(1\ \ 0\ \ 0)^{\mathrm{T}}$，$\hat{\mathbf{2}}=(0\ \ 1\ \ 0)^{\mathrm{T}}$，$\hat{\mathbf{3}}=(0\ \ 0\ \ 1)^{\mathrm{T}}$，则有

$$\omega_{312} = R_2(\theta)\{\dot{\theta}\hat{2} + R_1(\varphi)\ [\dot{\varphi}\hat{1} + R_3(\psi)\dot{\psi}\hat{3}]\} \tag{17-69}$$

即

$$\begin{bmatrix} \omega_x \\ \omega_y \\ \omega_z \end{bmatrix}_{312} = \begin{bmatrix} -\dot{\psi}\sin\theta\cos\varphi + \dot{\varphi}\cos\theta \\ \dot{\psi}\sin\varphi + \dot{\theta} \\ \dot{\psi}\cos\theta\cos\varphi + \dot{\varphi}\sin\theta \end{bmatrix} \tag{17-70}$$

由式（17-70）可得到按 3—1—2 顺序旋转的姿态角运动方程

$$\begin{bmatrix} \dot{\psi} \\ \dot{\varphi} \\ \dot{\theta} \end{bmatrix}_{312} = \frac{1}{\cos\varphi} \begin{bmatrix} -\omega_x\sin\theta + \omega_z\cos\theta \\ \omega_x\cos\theta\cos\varphi + \omega_z\sin\theta\cos\varphi \\ \omega_x\sin\theta\sin\varphi + \omega_y\cos\varphi - \omega_z\cos\theta\sin\varphi \end{bmatrix} \tag{17-71}$$

式（17-71）为非线性方程，有奇点，分别为 $\theta=0^\circ$ 和 $\varphi=90^\circ$。与欧拉运动方程相比，四元数运动方程因不存在奇点，具有更好适用性。

17.3.3　飞船姿态动力学

飞船姿态动力学描述了飞船及其质心运动的状态和性质，飞船的姿态运动方程可以由牛顿力学定律导出。研究飞船的姿态动力学时，在飞船的太阳能帆板没有展开的情况下可以将飞船视为刚体。当飞船的太阳能帆板展开时，飞船成为一个典型的挠性结构，此时飞船的姿态动力学应描述包括作为刚体的飞船的姿态运动和太阳能帆板的振动运动。因为仅讨论飞船姿态控制的基本原理，所以不考

虑挠性结构的振动对飞船姿态的影响，仍然将飞船视为刚体。飞船的姿态运动是在各种控制力矩与干扰力矩的作用下进行的，飞船姿态动力学方程是研究飞船姿态控制的基础。

（1）姿态动力学方程

在体坐标系中，利用刚体的动量矩守恒定律可以将飞船的姿态动力学方程表示为

$$\frac{\mathrm{d}\boldsymbol{H}}{\mathrm{d}t}+\boldsymbol{\omega}\times\boldsymbol{H}=\boldsymbol{M} \tag{17-72}$$

其中

$$\boldsymbol{H}=h_x\boldsymbol{i}+h_y\boldsymbol{j}+h_z\boldsymbol{k}$$

$$\boldsymbol{\omega}=\omega_x\boldsymbol{i}+\omega_y\boldsymbol{j}+\omega_z\boldsymbol{k}$$

$$\boldsymbol{M}=M_x\boldsymbol{i}+M_y\boldsymbol{j}+M_z\boldsymbol{k}$$

式中　$\boldsymbol{H}$、$\boldsymbol{\omega}$ 和 $\boldsymbol{M}$ ——分别为飞船的动量矩矢量、角速度矢量和外力矩矢量。

将姿态动力学方程写成分量形式，则得到欧拉力矩方程式

$$\begin{cases}\dot{h}_x+\omega_y h_z-\omega_z h_y=M_x\\ \dot{h}_y+\omega_z h_x-\omega_x h_z=M_y\\ \dot{h}_z+\omega_x h_y-\omega_y h_x=M_z\end{cases} \tag{17-73}$$

如果体坐标系各轴取为飞船的主惯量轴，则有

$$h_x=I_x\omega_x$$

$$h_y=I_y\omega_y$$

$$h_z=I_z\omega_z$$

因此有

$$\begin{cases}I_x\dfrac{\mathrm{d}\omega_x}{\mathrm{d}t}=M_x-\omega_y\omega_z(I_z-I_y)\\ I_y\dfrac{\mathrm{d}\omega_y}{\mathrm{d}t}=M_y-\omega_x\omega_z(I_x-I_z)\\ I_z\dfrac{\mathrm{d}\omega_z}{\mathrm{d}t}=M_z-\omega_x\omega_y(I_y-I_x)\end{cases} \tag{17-74}$$

将体坐标系中的角速度分量向地心坐标系投影，则可以得到用欧拉角表示的姿态角速度方程

$$\begin{cases}\dot{\varphi}=\omega_z-(\omega_x\sin\varphi+\omega_y\cos\varphi)\mathrm{ctan}\theta\\\dot{\theta}=\omega_x\cos\varphi+\omega_y\sin\varphi\\\dot{\varphi}=(\omega_x\sin\varphi+\omega_y\cos\varphi)\dfrac{1}{\sin\theta}\end{cases}\tag{17-75}$$

（2）扰动力矩

在轨道上运行的航天飞行器受各种力和力矩的作用，这些力矩使飞行器的姿态产生扰动。作用于飞行器上的扰动力矩有气动力矩、重力梯度力矩、磁干扰力矩、太阳辐射力矩以及空间微粒碰撞产生的力矩等。扰动力矩是相对的，在有些情况下把上述扰动力矩作为姿态稳定力矩，如重力梯度稳定、磁力稳定等。下面简要介绍几种主要的扰动力矩。

①气动力矩

飞行经验表明，气动力矩能显著地干扰飞行器姿态，在120～1 000 km的轨道高度上气动力矩必须予以考虑。在飞行器姿态控制系统设计中，特别是1 000 km以下的轨道，气动力矩可以用自由分子流理论来计算，也就是认为大气分子的平均自由行程大于飞行器的特征尺寸。例如，对于横截面直径近似1 m的飞行器来说，这个条件在120 km以上的高度就能得到满足；轨道高度在120 km以下，飞行器受到的气动力矩就很大。

在设计飞行器姿态控制系统时，气动力矩可粗略地表示为

$$M_s=\frac{1}{2}C\rho V^2AL\tag{17-76}$$

式中　ρ——大气密度；

C——阻力系数，一般取2～2.6；

V——飞行器速度；

A——在垂直于来流方向的平面上飞行器投影面积；

L——力臂或压心与质心距离。

当飞行器压心和质心距离还没有估算出来时，可以将力臂 L 保守地估算为至少是包括全部附件在内的飞行器的最大尺寸的1/3。如果投影面积中心和质心相距较远，则力臂还需估算得大一些。实际上气动力矩与飞行器外形、姿态角、质心相对压心的位置以及表面性质密切相关。

②重力梯度力矩

重力梯度力矩是由飞行器各部分质量具有不同的重力而产生的。确定这个力矩需要知道重力场的资料和飞行器的质量分布特性，其与轨道半径的立方成反比。把飞行器尽可能设计成接近于等惯量，即具有相同的主惯量，就可以在任一轨道上使重力梯度力矩达到最小。重力梯度力矩必须在结构设计中考虑到，否则飞行器结构确定以后再对其进行更改是非常困难的，而且代价也很高。重力梯度力矩在低轨道运行的飞行器的设计中是一个需要考虑的重要因素。重力梯度力矩也可以用来作为姿态稳定力矩，这时设计飞行器质量分布特性的目的在于增加而不是减少惯量之间的差。这里只讨论把重力梯度力矩当作干扰力矩来考虑的情况。

③磁干扰力矩

磁干扰力矩是由飞行器的磁特性和环境磁场的相互作用而产生的。确定这个力矩需要知道环境磁场（如地磁场）的强度和方向、飞行器的磁矩以及这个磁矩相对于当地磁场矢量的方向。当然飞行器上的电流回路、永久磁铁和能产生剩余磁矩或感生磁性的材料是主要的磁力矩源。但是，当航天飞行器整体或其中一部分在磁场中很快地旋转时，由涡流和磁滞效应所产生的磁干扰力矩也是很可观的。对采用被动稳定的飞行器，或者当长期作用的小干扰对飞行器的姿态可能产生重要影响时，使磁干扰力矩达到最小是非常必要的。

当然，磁力矩也可作为姿态稳定的力矩。这里只讨论磁干扰力矩，其可以粗略地表示为

$$M_{\mathrm{M}} = HP\sin\beta \tag{17-77}$$

式中　P ——飞行器的剩余磁矩；

H ——飞行器所在高度地球磁场的强度；

β ——地磁场与磁矩的夹角。

为保证磁干扰力矩不产生显著影响，对飞行器磁矩要严加限制，且在设计飞行器和选择元部件时就应当予以考虑。因为要对一个已被磁污染的飞行器装置进行净化是非常困难的，而且费用很高。

④太阳辐射力矩

太阳辐射力矩主要是由于太阳的直接照射以及飞行器质心和压心不重合所引起的，对于在地球轨道上的飞行器还存在着另外两种辐射源：地球反射的太阳光和地球及其大气层的红外辐射。航天飞行器上的电磁能（典型的有热或无线电信号）的不对称辐射也应看作是一种辐射源。

决定辐射力矩的主要因素有：

1）入射辐射或反射辐射的强度、频谱及方向；

2）飞船表面形状及太阳面相对于飞行器质心的位置；

3）辐射入射表面或辐射反射表面的光学性质。

由于太阳辐射强度与太阳和飞行器之间的距离之平方成反比，因而对于人造地球卫星来说，太阳辐射力矩基本上与高度无关。由于其他扰动力矩多数是随着高度增加而减小的，因而在对轨道高度为1 000 km以上且表面积大的飞行器进行设计时，太阳辐射力矩是一个很重要的扰动力矩考虑因素。

太阳辐射力矩可近似表示为

$$M_v = P_0(1+R)AL \tag{17-78}$$

式中　P_0——常数，一般为4.3×10^{-6} Pa（在低轨道还要考虑地球反照，在500 km轨道高度地球反照约占P_0的30%～40%）。

⑤航天员活动干扰力矩

对于载人飞船而言，航天员在飞船内的各种活动可以产生对飞船姿态运动的干扰力矩，从而影响飞船的姿态稳定。航天员在飞船内的行动、各种操作以及体育锻炼等都可能产生干扰力矩。

(3) 传递函数

姿态在小角度范围变化时，欧拉动力学方程式和运动学方程式可以线性化，即

$$\begin{cases} M_x = I_x\ddot{\varphi} + (I_y - I_z - I_x)\omega_0\dot{\psi} + (I_y - I_z)\omega_0^2\varphi \\ M_y = I_y\ddot{\theta} \\ M_z = I_z\ddot{\psi} - (I_y - I_z - I_x)\omega_0\dot{\varphi} + (I_y - I_x)\omega_0^2\psi \end{cases} \tag{17-79}$$

分析式（17－79）可知，飞行器姿态动力学参数在俯仰方向上可以独立出来，而滚转和偏航姿态是相互耦合的。

对式（17－79）进行拉氏变换可得到控制对象传递函数，其结构框图如图 17－36 所示。飞行器在受到扰动力矩作用后，其姿态角加速度将发生变化，从式（17－79）也可看出。为了保持飞行器姿态稳定或一定的指向精度，必须对飞行器加控制力矩来补偿外界扰动。因此在姿态动力学方程式或（17－79）的左边，力矩 **M** 应包含两种力矩：干扰力矩和控制力矩。控制力矩由姿态控制系统确定。

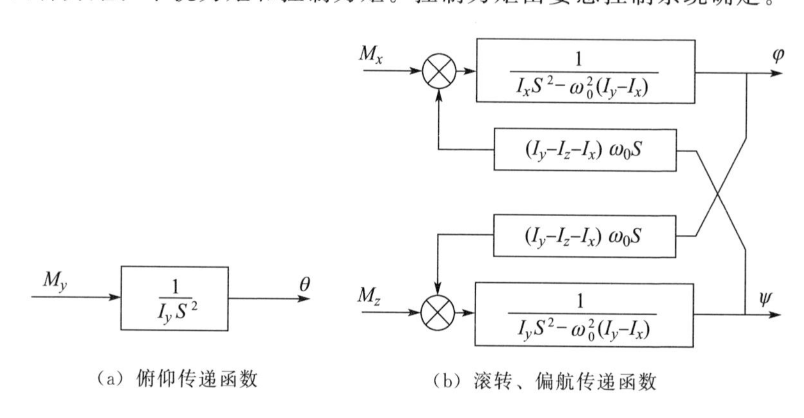

图 17－36　飞行器姿态传递函数

17.3.4　飞船姿态的确定

姿态确定一般根据姿态敏感器的体轴相对于基准方位的夹角来确定飞船的姿态。如果测量的角信息完全正确，则利用基准方位的

角位置就可用几何方法确定出飞船的角位置，这种几何确定方法属于确定性方法。但在实际测量过程中，由于敏感器和遥测过程的随机噪声以及飞船的运动特性的变化，不可避免地会引起测量的随机误差，并在姿态确定过程中随机误差转化为姿态角的误差。为减少测量的随机误差，除需要提高敏感器精度外，还需要对大量测量数据进行统计处理。在高精度姿态控制系统中，这种统计姿态确定方法更为重要。

(1) 飞船三轴姿态的几何确定方法

飞船三轴姿态确定就是根据姿态敏感器的测量值计算出所需的飞船姿态参数或姿态矩阵，这些被测的参考天体（或目标）的方向并不一定与参考坐标轴一致，敏感器的测量轴也可能与体坐标轴不平行。在这种情况下，敏感器的输出值不能直接代表飞船的姿态参数（如欧拉角等），但这些被测的参考矢量在参考坐标系中的方向是已知的，对比同一参考矢量在两个坐标系中的方向余弦可以列出一组包含姿态参数的线性方程式。观测一个参考矢量只能得到两个独立的测量值，而待求的有三个独立的姿态参数，因此必须观测两个参考矢量才能唯一地确定姿态矩阵。

①双矢量确定姿态

已知在参考坐标系中有两个互不平行的单位参考矢量$\boldsymbol{V}_1$、$\boldsymbol{V}_2$，其在星坐标系中被测为$\boldsymbol{U}_1$、$\boldsymbol{U}_2$，$\boldsymbol{U}_1$、$\boldsymbol{U}_2$ 被称为单位观测矢量。现需求的姿态矩阵（正交矩阵）$\boldsymbol{A}$ 满足条件

$$\boldsymbol{A}\boldsymbol{V}_1=\boldsymbol{U}_1,\boldsymbol{A}\boldsymbol{V}_2=\boldsymbol{U}_2 \tag{17-80}$$

利用参考矢量的不平行性，即 $\boldsymbol{V}_1\times\boldsymbol{V}_2\neq 0$，在参考坐标系中建立新的正交坐标系 R，各坐标轴的单位矢量为

$$\boldsymbol{R}_1=\boldsymbol{V}_1,\boldsymbol{R}_2=\frac{\boldsymbol{V}_1\times\boldsymbol{V}_2}{|\boldsymbol{V}_1\times\boldsymbol{V}_2|},\boldsymbol{R}_3=\boldsymbol{R}_1\times\boldsymbol{R}_2 \tag{17-81}$$

同样，在体坐标系中建立一个正交坐标系 S，各坐标轴的单位矢量为

$$\boldsymbol{S}_1=\boldsymbol{U}_1,\boldsymbol{S}_2=\frac{\boldsymbol{V}_1\times\boldsymbol{V}_2}{|\boldsymbol{V}_1\times\boldsymbol{V}_2|},\boldsymbol{S}_3=\boldsymbol{S}_1\times\boldsymbol{S}_2 \tag{17-82}$$

设 $\boldsymbol{R}_i$，$\boldsymbol{S}_i(i=1, 2, 3)$ 是 R，S 坐标系各坐标轴的方向余弦，则有下面的两个 3×3 矩阵

$$\boldsymbol{M}_{\mathrm{R}}=[\boldsymbol{R}_1 \vdots \boldsymbol{R}_2 \vdots \boldsymbol{R}_3]$$

$$\boldsymbol{M}_{\mathrm{S}}=[\boldsymbol{S}_1 \vdots \boldsymbol{S}_2 \vdots \boldsymbol{S}_3]$$

以上是 R、S 坐标系分别在参考坐标系和体坐标上的方向余弦阵。根据式（17-80）、式（17-81）和式（17-82），显然有 $\boldsymbol{S}_i=A\boldsymbol{R}_i(i=1, 2, 3)$，以及 $\boldsymbol{M}_{\mathrm{S}}=\boldsymbol{A}\boldsymbol{M}_{\mathrm{R}}$。$R$、$S$ 两个坐标系之间的转换矩阵也是 $\boldsymbol{A}$，而 $\boldsymbol{M}_{\mathrm{R}}$ 是已知的，$\boldsymbol{M}_{\mathrm{S}}$ 是被测得的，因此，姿态矩阵 $\boldsymbol{A}$ 等于

$$\boldsymbol{A}=\boldsymbol{M}_{\mathrm{S}}\boldsymbol{M}_{\mathrm{R}}^{-1}=\boldsymbol{M}_{\mathrm{S}}\boldsymbol{M}_{\mathrm{R}}^{\mathrm{T}} \tag{17-83}$$

这里没有对参考矢量提出任何限制，只要求矩阵 $\boldsymbol{M}_{\mathrm{R}}$ 可逆，而参考矢量的不平行性保证了这个条件得到满足。顺便指出，规定两个观测矢量需要四个测量角，而姿态矩阵仅用三个独立角表示，这种代数法含蓄地丢失了某项信息，被丢掉的信息是两个矢量的平行分量，这个分量与坐标系无关。

下面粗略地分析双矢量确定姿态的精度估计。已知单位参考矢量 $\boldsymbol{V}_1$、$\boldsymbol{V}_2$ 的观测矢量 $\boldsymbol{U}_1$、$\boldsymbol{U}_2$，但由于有测量误差，观测矢量 $\boldsymbol{U}_1$、$\boldsymbol{U}_2$ 分别在以 $\boldsymbol{V}_1$、$\boldsymbol{V}_2$ 为轴的锥面上，锥角为 a_1、a_2，如图 17-37 所示。令单位矢量 $\boldsymbol{V}_3$、$\boldsymbol{U}_3$ 分别垂直于 $\boldsymbol{V}_1$、$\boldsymbol{V}_2$ 和 $\boldsymbol{U}_1$、$\boldsymbol{U}_2$，因此 $\boldsymbol{V}_1$、$\boldsymbol{V}_2$、$\boldsymbol{V}_3$ 组成了一个固连于参考坐标系的非正交坐标系。同样，U_1、U_2、U_3 组成了固连于体坐标系的非正交坐标系。分析这两个坐标系之间的相对转移，就可以说明由于测量误差引起的姿态确定误差。为了简便，用绕欧拉轴的转角 Φ 表示这两个坐标系之间的相对位移，在本节中计算全转角 Φ 的方法式（17-39）也适用于非正交坐标系

$$\sin^2\frac{\Phi}{2}=\frac{1}{2}\left(\sin^2\frac{a_1}{2}+\sin^2\frac{a_2}{2}+\sin^2\frac{a_3}{2}\right) \tag{17-84}$$

令 θ_{12} 为两个参考矢量之间的夹角，当测量误差 a_1、a_2 较小时，有近似等式

$$|\boldsymbol{V}_1\times\boldsymbol{V}_2|\approx|\boldsymbol{U}_1\times\boldsymbol{U}_2|\approx\sin\theta_{12}$$

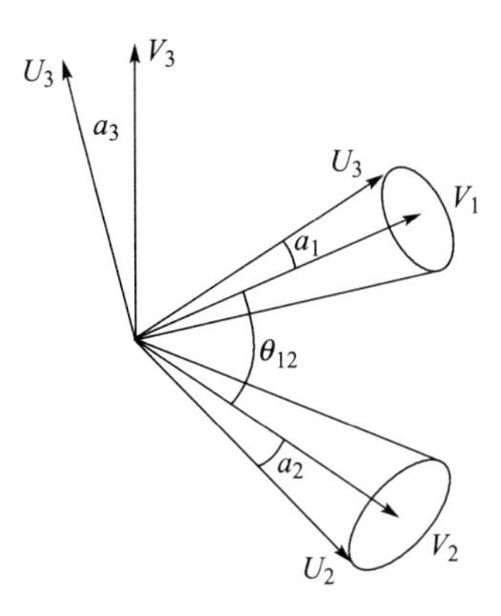

图 17 - 37　观测矢量误差示意图

$$\boldsymbol{V}_1 \cdot \boldsymbol{U}_2 \approx \boldsymbol{V}_2 \cdot \boldsymbol{U}_1 \approx \cos\theta_{12}$$

利用这些近似等式，参考图 17 - 37，可以导出矢量 $\boldsymbol{V}_3$ 和 $\boldsymbol{U}_3$ 之间的角度关系

$$\begin{aligned}\cos a_3 &= \boldsymbol{V}_3 \cdot \boldsymbol{U}_3 = \frac{\boldsymbol{V}_1 \times \boldsymbol{V}_2}{\sin\theta_{12}} \cdot \frac{\boldsymbol{U}_1 \times \boldsymbol{U}_2}{\sin\theta_{12}} \\ &= \frac{1}{\sin^2\theta_{12}}[(\boldsymbol{V}_1 \cdot \boldsymbol{U}_1)(\boldsymbol{V}_2 \cdot \boldsymbol{U}_2) - (\boldsymbol{V}_1 \cdot \boldsymbol{U}_2)(\boldsymbol{V}_2 \cdot \boldsymbol{U}_1)] \\ &= \frac{1}{\sin^2\theta_{12}}(\cos a_1 \cos a_2 - \cos^2\theta_{12})\end{aligned}$$

将上式进行恒等变换，可得

$$\sin^2\frac{a_3}{2} = \frac{1}{\sin^2\theta_{12}}\left(\sin^2\frac{a_1}{2} + \sin^2\frac{a_2}{2}\right) \tag{17 - 85}$$

将式（17 - 85）代入式（17 - 84），则欧拉转角的正弦为

$$\sin^2\frac{\Phi}{2} = \frac{1}{2}\left(\sin^2\frac{a_1}{2} + \sin^2\frac{a_2}{2}\right)(1 + \csc^2\theta_{12})$$

欧拉转角 Φ 代表了参考矢量的测量误差引起的姿态确定误差。其由两部分组成，其中一项直接反映了测量误差，另一项与参考矢量之间的几何关系有关。当两个参考矢量正交时，确定误差最小，夹角变小或变大（大于 90°）姿态确定误差都会变大，如图 17 - 37

所示。$\boldsymbol{U}_1$、$\boldsymbol{U}_2$ 可以处在 $\boldsymbol{V}_1$、$\boldsymbol{V}_2$ 锥面上任何一个位置：当 θ_{12} 角较小时，$\boldsymbol{U}_1$、$\boldsymbol{U}_2$ 的外积矢量 $\boldsymbol{U}_3$ 和 $\boldsymbol{V}_3$ 的夹角可以很大；而当 θ_{12} 角较大时，$\boldsymbol{U}_3$ 主要由 $\boldsymbol{V}_1$、$\boldsymbol{V}_2$ 的方向决定。这就是所谓基线越长精度越高的道理。

②多矢量确定姿态

在实际问题中常遇到多个参考矢量，这就是多矢量定姿问题。现有 N 个给定的单位参考矢量 $\boldsymbol{V}_1$、$\boldsymbol{V}_2$、…、$\boldsymbol{V}_n$，星上仪器观察这些参考体测得的观测矢量是 $\boldsymbol{U}_1$、$\boldsymbol{U}_2$、…、$\boldsymbol{U}_n$。定义一个损失函数 $L(\boldsymbol{A})$，其是观测矢量和经过转换的估算矢量之差的加权平方和

$$L(\boldsymbol{A})=\frac{1}{2}\sum_{i=1}^{N}W_i\,|\boldsymbol{U}_i-\boldsymbol{A}\boldsymbol{V}_i|^2 \tag{17-86}$$

式中 W_i ——权系数。

需求出最优的姿态转动矩阵 $\boldsymbol{A}$，使此损失函数最小。由于 $|\boldsymbol{V}_i|=|\boldsymbol{U}_i|=1$，$\boldsymbol{A}$ 为正交矩阵 $\boldsymbol{A}\boldsymbol{A}^{\mathrm{T}}=1$，此损失函数可以简化成

$$L(\boldsymbol{A})=\frac{1}{2}\sum_{i=1}^{N}W_i(\boldsymbol{U}_i-\boldsymbol{A}\boldsymbol{V}_i)\cdot(\boldsymbol{U}_i-\boldsymbol{A}\boldsymbol{V}_i)=\sum_{i=1}^{N}W_i-\sum_{i=1}^{N}W_i(\boldsymbol{U}_i-\boldsymbol{A}\boldsymbol{V}_i)$$

姿态确定问题便转化成使增益函数

$$G(\boldsymbol{A})=\sum_{i=1}^{N}W_i(\boldsymbol{U}_i\cdot\boldsymbol{A}\boldsymbol{V}_i) \tag{17-87}$$

现讨论取最大值的问题。单位矢量 $\boldsymbol{V}_i$、$\boldsymbol{U}_i$ 是一个 3×1 列阵，矢量的标积可以看作是 1×1 矩阵的迹。应用矩阵迹 tr 的公式，有 $\mathrm{tr}(\boldsymbol{MN})=\mathrm{tr}(\boldsymbol{NM})$，其中 M、N 可以是非正方矩阵。因此增益函数 $G(\boldsymbol{A})$ 可化成

$$G(\boldsymbol{A})=\sum_{i=1}^{N}W_i\,\mathrm{tr}[\boldsymbol{U}_i^{\mathrm{T}}\boldsymbol{A}\boldsymbol{V}_i]=\mathrm{tr}[\boldsymbol{A}\sum_{i=1}^{N}W_i\boldsymbol{V}_i\boldsymbol{U}_i^{\mathrm{T}}]=\mathrm{tr}[\boldsymbol{A}\boldsymbol{B}^{\mathrm{T}}] \tag{17-88}$$

其中

$$\boldsymbol{B}=\sum_{i=1}^{N}W_i[\boldsymbol{U}_i\boldsymbol{V}_i^{\mathrm{T}}] \tag{17-89}$$

$\boldsymbol{B}$ 是 3×3 矩阵。如直接用方向余弦表示姿态矩阵 $\boldsymbol{A}$，则共有 9 个元素，还有 6 个约束方程。在这种情况下求 $G(\boldsymbol{A})$ 的极值问题是

很复杂的，采用四元数姿态参数可以较方便地求解出最佳姿态矩阵。

在前面已论述了矩阵 $\boldsymbol{A}$ 的四元数表示式 $\boldsymbol{A}\ (q)$

$$\boldsymbol{A}(\boldsymbol{q})=(\boldsymbol{q}_4^2-\hat{\boldsymbol{q}}^{\mathrm{T}}\hat{\boldsymbol{q}})\boldsymbol{I}+2\boldsymbol{q}\boldsymbol{q}^{\mathrm{T}}-2q_4\tilde{Q}$$

$\hat{\boldsymbol{q}}$ 是 3×1 列阵，q_4 是标量，$\tilde{\boldsymbol{Q}}$ 是斜对称矩阵，将上式代入式（17－88），增益函数又可化成

$$G(\boldsymbol{q})=(\boldsymbol{q}_4^2-\hat{\boldsymbol{q}}^{\mathrm{T}}\hat{\boldsymbol{q}})\mathrm{tr}[\boldsymbol{B}^{\mathrm{T}}]+2\mathrm{tr}[\hat{\boldsymbol{q}}\ \hat{\boldsymbol{q}}^{\mathrm{T}}\boldsymbol{B}^{\mathrm{T}}]-2\ \boldsymbol{q}_4\mathrm{tr}[\tilde{\boldsymbol{Q}}\boldsymbol{B}^{\mathrm{T}}] \tag{17-90}$$

利用上面各式，可将增益函数式（17－90）化成一个二次型的函数

$$G(\boldsymbol{q})=\boldsymbol{q}^{\mathrm{T}}\boldsymbol{K}\boldsymbol{q} \tag{17-91}$$

其中

$$\boldsymbol{K}=\begin{bmatrix}\boldsymbol{S}-\sigma\boldsymbol{I} & \boldsymbol{Z}\\ \boldsymbol{Z}^{\mathrm{T}} & \sigma\end{bmatrix}$$

使增益函数式（17－91）取极大值的最优解 $\boldsymbol{q}_0$ 就是待求的最优姿态参数。当然，必须考虑四元数的约束条件

$$\boldsymbol{q}^{\mathrm{T}}\boldsymbol{q}=|\ \hat{\boldsymbol{q}}\ |^2+\boldsymbol{q}_4^2=1$$

引入拉格朗日乘子 λ 构成一个新的不带约束条件的增益函数

$$G'(\boldsymbol{q})=\boldsymbol{q}^{\mathrm{T}}\boldsymbol{K}\boldsymbol{q}-\lambda(\boldsymbol{q}^{\mathrm{T}}\boldsymbol{q}-1)$$

显然，此函数取极值的解应满足方程式

$$\boldsymbol{K}\boldsymbol{q}=\lambda\boldsymbol{q} \tag{17-92}$$

因此，最优的 $\boldsymbol{q}_0$ 是矩阵 $\boldsymbol{K}$ 的特征矢量，λ 是矩阵 $\boldsymbol{K}$ 的特征值。只要在观测矢量 $\boldsymbol{U}_i$ 中有两个矢量不共线，则 $\boldsymbol{K}$ 的特征值互异，即式（17－92）有单值解。最优的 $\boldsymbol{q}_0$ 应使 $G(\boldsymbol{q})$ 获得最大值，将式（17－92）代入式（17－91），得

$$G(\boldsymbol{q})=\boldsymbol{q}^{\mathrm{T}}\boldsymbol{K}\ \boldsymbol{q}^{\mathrm{T}}=\lambda\ \boldsymbol{q}^{\mathrm{T}}\boldsymbol{q}=\lambda$$

增益函数的值恰好等于矩阵 $\boldsymbol{K}$ 的特征值。显然，最优的 q_0 应对应于最大的特征值 $\lambda_{\max}$。因此，最优解可以写成为

$$\boldsymbol{K}\ \boldsymbol{q}_0=\lambda_{\max}\ \boldsymbol{q}_0$$

（2）基于状态估计的姿态确定

以上各节论述的姿态确定方法属于确定性处理方法，现讨论的这种方法和所得的结果具有明确的物理或几何上的意义。但这种方法要求参考矢量的参数足够精确，因为原则上这种方法很难克服参考矢量的不确定性对姿态确定精度的影响。参考矢量的不确定性主要包括卫星轨道参数的误差、姿态敏感器的安装偏差及信息处理误差等（统称系统误差），用上述的代数法难以建立包括这些系统误差在内的定姿模型及加权处理不同精度的测量值。与确定性处理方法相反，在状态估计法中姿态参数解的维数与观测维数可以不相同，而且被估计的量不仅限于姿态参数，参考矢量、观测矢量中的一些不确定参数也可列为被估计的量。状态估计法提供统计最优解，在一定程度上能免除某些不确定因素的影响，从而提高姿态确定的精度。

在状态估计法中定义了 3 个矢量：状态矢量 $\boldsymbol{x}$ 、观测矢量 $\boldsymbol{y}$ 和观测模型矢量 $\boldsymbol{z}$ 。

①状态矢量 $\boldsymbol{x}$

$\boldsymbol{x}$ 为 n 维矢量，由需确定的姿态参数组成，必要时还包括精确定姿所必需的其他变量，如敏感器的系统误差、轨道参数等。状态矢量的元素可以是常值（如敏感器的系统误差），也可以是时间变量。根据姿态动力学、运动学以及参考矢量空间的动态特性，可建立描述状态量变化的状态方程，其一般模式为

$$\dot{\boldsymbol{x}}=f(\boldsymbol{x},t)+g(\boldsymbol{x},t)n(t) \tag{17-93}$$

式中　$n(t)$ ——状态过程的噪声，一般可归结为白噪声。

②观测矢量 $\boldsymbol{y}$

$\boldsymbol{y}$ 是由姿态敏感器测量值组成的 m 维矢量，其元素可以是姿态敏感器的直接测量值，也可以是由测量值以某种模式建立的导出量。

③观测模型矢量 $\boldsymbol{z}$

$\boldsymbol{z}$ 为 m 维矢量，是根据状态矢量所得到的估计值，根据观测模型

$$z = h(x, t) \tag{17-94}$$

计算得出的观测矢量的预测量。此观测模型是根据姿态敏感器的硬件模型、测量几何以及选定的状态矢量建模得出的。与观测矢量的差即为测量残差 $\boldsymbol{V}$，其包括系统误差和随机误差。由此定义观测方程为

$$y = z + V = h(x, t) + V \tag{17-95}$$

获得状态矢量估计值的一般步骤为先确定状态矢量的先验初值 $\boldsymbol{x}_0$，按式（17－94）得出观测模型矢量 $\boldsymbol{z}_0$，然后与观测矢量 $\boldsymbol{y}_0$ 比较。根据误差选择新的状态估计 $\boldsymbol{x}_1$，再比较观测模型矢量与观测矢量的误差，不断地重复此过程，最后得到一个最优的状态估计 $\boldsymbol{x}$，使观测模型矢量与观测矢量之间的残差的平方加权最小。其最优指标函数可写为

$$Q(x) = \frac{1}{2}(y - z)^{\mathrm{T}} W (y - z) \tag{17-96}$$

姿态确定中估计方法——最小二乘法和卡尔曼滤波法的应用在许多文献中都有详尽的阐述。对于姿态确定，估计模型的建立有下述若干特点。

1）状态矢量的元素包含三类：与敏感器性能相关的参数（如敏感器的偏置误差），其对姿态确定精度起重要影响，且在大多数情况的飞行期间保持不变；与卫星轨道相关的参数，敏感器的测量值常与卫星的轨道位置有关，因此轨道参数是不可缺少的，但最常用的参数是轨道跟踪误差而不是轨道参数；以及姿态参数或姿态传播参数。这些参数的传播模型中有时含有动力学成分。在动力学模型中，状态矢量的某些元素可能包含与力矩有关的参数。在任一时刻卫星的模型姿态要通过动力学方程的积分求出，在运动学模型中与姿态传播有关的状态矢量元素不包含力矩参数。在任一时刻卫星的模型姿态可以直接根据状态矢量元素计算出来。

2）选择状态元素的原则。对于不同的姿态，状态矢量应明显地影响观测模型矢量。但这种影响是相对的，具体决定于对姿态确定

精度的要求。状态矢量能代表一些实际的物理量（或是描述物理过程的数学参数），并且这些元素是可观测的，即通过一段时间内的观测能取得姿态的信息。状态矢量的值在整个观测期间内大致保持常值或按某一动力学模型传播。要把状态矢量的某几个不同元素对数据的影响分离开，有时是十分困难的，因为这些参数之间的相关性很紧密，难以确定哪个参数是引起误差的真正原因。此时，可令一个参数作为状态元素，而把其他参数限定为其最优估计值。

3）建立观测模型的一般性原则。敏感器的直接输出数据属于测量值，而观测矢量是在构造估计器时人为地定义的，根据同一个测量值可以规定出几个不同的观测模型，也可以将几个不同敏感器的测量值进行组合构成一个观测值。观测模型的建立是状态估计的重要环节，选择观测模型时最基本的考虑因素是要能精确地估计出状态矢量。下面给出建立观测模型的一般性原则：观测模型必须与状态矢量相适应，以免观测模型过于简化或繁琐；选择尽可能接近敏感器测量值的观测模型，因为从敏感器的实测值转换到计算的观测值，可能从不相关的测量中产生统计相关的观测，或引入不确定的参数而导致模型误差；应有足够的观测模型，以便利用对状态估计有益的所有敏感器的测量值，同时还应考虑到丢失一个或几个测量不会使所有观测模型失效。

17.3.5　三轴姿态稳定系统

航天飞行器的姿态稳定根据所利用的控制力矩的来源不同而分为被动稳定系统和主动稳定系统两大类。被动稳定系统利用自然环境力矩源或物理力矩源，例如自旋、重力梯度、地磁场、太阳辐射压力或气动力等，该系统不需要星上能源、姿态敏感器及控制电路；主动稳定系统对所有控制自由度都要使用姿态敏感器，利用推进系统或动量轮等进行姿态稳定控制。被动稳定系统与主动稳定系统相结合，又可以组成半被动、半主动以及混合稳定系统等。

载人飞船姿态稳定系统采用三轴姿态稳定系统，在飞船在轨运行阶段飞船姿态发动机对飞船进行三轴姿态稳定控制。留轨使用的轨道舱由于其运行时间长，因而采用动量三轴姿态稳定控制，以减少推进剂消耗量，延长姿态稳定系统的工作时间。

当姿态角偏差较小时，三个方向的姿态运动不耦合，可以将姿态运动方程（17－79）写成如下形式

$$
\begin{aligned}
I_x\ddot{\varphi} &= M_{dx} + M_{cx} \\
I_y\ddot{\theta} &= M_{dy} + M_{cx} \\
I_z\ddot{\psi} &= M_{dz} + M_{cz}
\end{aligned}
\qquad (17-97)
$$

式中　M_{dx}，M_{dy}，M_{dz} ——为干扰力矩在三个方向上的分量；

M_{cx}，M_{cy}，M_{cz} ——控制力矩在三个方向上的分量。

姿态稳定的任务就是确定控制力矩的作用规律，从而克服干扰力矩的作用，使姿态在所要求的空间指向上保持稳定。

（1）喷气姿态控制

喷气姿态控制系统利用喷气反作用原理产生控制力矩，从而对飞船的姿态进行控制。为了产生控制力矩又不影响轨道运行，喷气姿态控制系统的姿控发动机都是成对配置的；为了产生正反向的控制力矩，需要在正反两个方向成对地配置姿控发动机。

喷气姿态控制系统一般按非线性控制规律来设计。因为姿态控制发动机一旦启动，其产生的推力基本上是常值，很难根据姿态偏差来连续均匀地调节姿控发动机的推力。如果采用线性控制规律，在系统的响应时间及延迟的影响下，可以导致喷气系统一开始工作便工作至推进剂耗尽的情形发生，所以喷气姿态控制系统一般采用继电控制等非线性控制规律。

研究非线性控制系统常用的分析方法是相平面图解法和谐波平衡法（即描述函数法）。相平面是由姿态角和角速度所组成的平面。相平面图解法就是研究系统在相平面中的运动轨迹，这种方法对于研究较简单的低阶非线性系统具有简单和直观的优点。在相平面上可以研究过渡过程时间、超调量、极限环等主要姿控指标。在小偏

差角的假设下，三轴姿态控制方程是解析的。因此，仅以俯仰通道为例对喷气姿态控制进行分析。

①角度反馈继电控制

角度反馈继电控制系统只反馈角度信息不反馈速度信息。对于俯仰通道，飞行器的动力学方程为

$$I_y\ddot{\theta}=u+M_{\mathrm{d}} \tag{17-98}$$

其中

$$u=\begin{cases}-U_0 & \theta>0\\ +U_0 & \theta<0\end{cases} \tag{17-99}$$

式中　u——控制力矩。

式（17－99）说明只要姿态有偏差（$\theta\neq 0$），喷嘴即产生恒定推力力矩 U_0。

将式（17－99）代入式（17－98），并且设 $M_{\mathrm{d}}=0$，则有

$$\ddot{\theta}=\pm\frac{U_0}{I_y}=\pm A \tag{17-100}$$

其中

$$A=\frac{U_0}{I_y} \tag{17-101}$$

式（17－100）解如下

$$\dot{\theta}=\dot{\theta}_0\pm At \tag{17-102}$$

$$\theta=\theta_0+\dot{\theta}_0 t\pm\frac{1}{2}At^2 \tag{17-103}$$

式中　θ_0—— 初始角度；

$\dot{\theta}_0$——初始角速度。

若消去式（17－102）和式（17－103）中的时间变量 t，就得到相轨迹方程

$$\theta=\theta_0\pm\frac{1}{2A}(\dot{\theta}^2-\dot{\theta}_0^2) \tag{17-104}$$

式（17－104）说明相平面上的轨线是由一簇其轴线与横轴平行

的抛物线组成的。当 $\theta=0$ 时，该轨线为直线，图 17 - 38 给出了这些轨线族，该图表示了一根轨线的不衰减振荡［如在图 17 - 38（b）中心部分实线所示］。但是实际上由于控制系统有惯性，故轨线是发散的，系统是不稳定的［如图 17 - 38（b）中虚线所示］。为此，若不加任何校正作用，这种非线性控制显然是不稳定的。

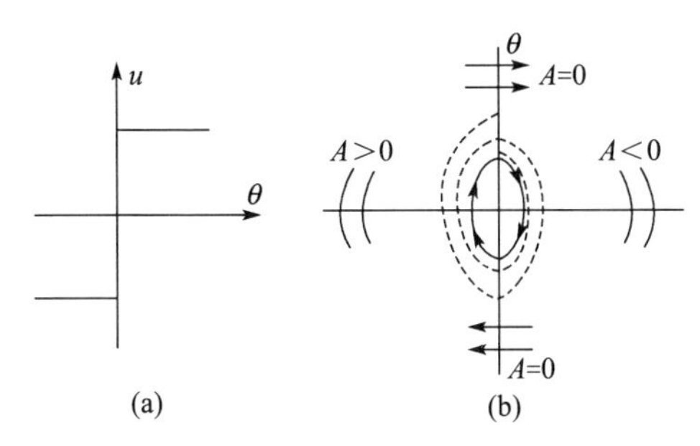

图 17 - 38　角度反馈继电控制相平面

②角度和速率反馈继电控制

为了使控制系统稳定，在反馈控制系统中引入角速度反馈，并考虑推力器力或力矩输出特性中的死区特性（如图 17 - 39 所示）。采用角度和角速度敏感器的继电型控制系统结构框图如图 17 - 40 所示。这里姿态角度敏感器可以采用红外地平仪，角速度敏感器可以是速率陀螺。

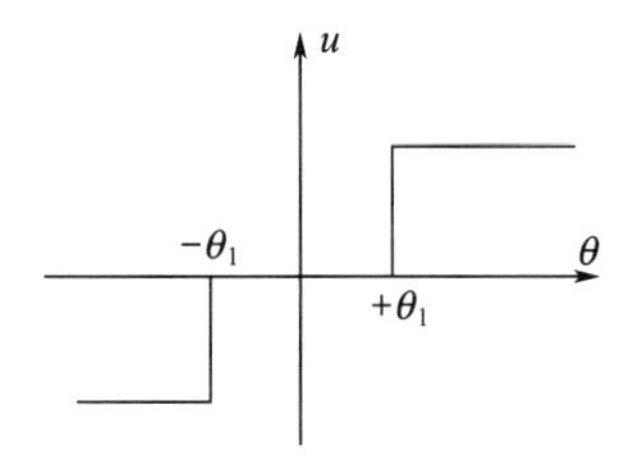

图 17 - 39　推力具有死区开关特性

对应控制规律如下

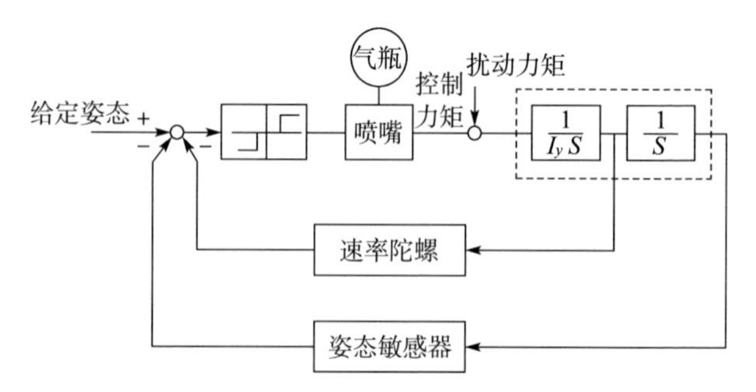

图 17-40　角度和速率反馈继电控制系统

$$U(\theta,\dot{\theta})=\begin{cases}-1 & \text{当 } \theta>\theta_1,\dot{\theta}>-\dot{\theta}_1 \text{ 时} \\ 0 & \text{当 } |\theta|<|\theta_1|,|\dot{\theta}|<|\dot{\theta}_1| \text{ 时} \\ +1 & \text{当 } \theta<-\theta_1,\dot{\theta}<\dot{\theta}_1 \text{ 时}\end{cases} \tag{17-105}$$

这里首先假设喷嘴没有滞后（如图 17-40 所示），则扰动力矩不存在。图 17-41 给出了喷气系统相平面图。

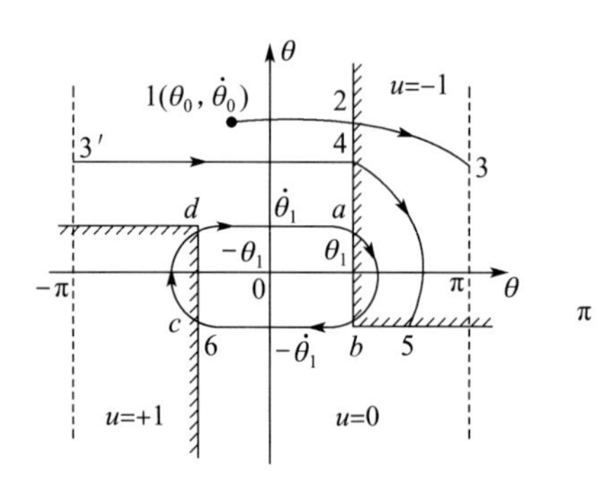

π

图 17-41　具有死区喷气系统相平面图

在一般情况下，控制系统将受运动的初始扰动的抑止，这种扰动出现于相平面中的点 $1(-\theta_0,\ \dot{\theta}_0)$ 处；然后使飞行器进入极限环模式（自振荡）。

根据分析，可以验证图 17-41 中 1—2 段上的点将沿着平行于横坐标的直线运动。在点 2 处，推力器点火，并以阻尼角速度 90 到点 3。点 3 为止的运动是一条抛物线，此时式（17－104）变为

$$\dot{\theta}^2-\dot{\theta}_0^2=2A(\theta-\theta_1) \tag{17-106}$$

想象点 3 在 3′，对应于飞行器是从位置 $\theta=\pi$ 过渡到 $\theta=-\pi$。从点 3′ 开始，飞行器沿切换线方向均匀持续旋转，一直到点 4。在点 4 处，推力器点火，飞行器的角速度就又开始减小。如果角速度敏感器没有死区，则在想象点遇到横轴时推力器应熄火。但是，由于角速度敏感器总存在死区，推力器将在点 5 处熄火，也就是说 $\dot{\theta}$ 具有负值 $\dot{\theta}=-\dot{\theta}$。于是，其速度为 $-\dot{\theta}_1$ 时，飞行器将作反方向的均匀旋转，该过程对应于相图中的 5—6 段。

这样便证实了自振荡过程在相图上就是封闭的 $abcd$ 围线。该围线表示了一个稳态过程，相轨迹 1—5 定义了相应的暂态过程。

与稳态过程相比，暂态过程时间不长，因此在研究继电系统时自振荡式是主要的。对于给定的理想情况，自振荡周期可以按下述方法求得。

$$\ddot{\theta}=0 \tag{17-107}$$

对应于自振荡循环的线性段，而

$$\ddot{\theta}=\pm A \tag{17-108}$$

对应于抛物线段。

根据初始条件

$$\theta=\theta_1,\ \dot{\theta}=\dot{\theta}_1$$

对式（17－107）、式（17－108）进行积分，对于整个 $abcd$ 段有

$$4\theta_1=\dot{\theta}_1 t_{\rm off} \tag{17-109}$$

$$4\dot{\theta}_1=At_{\rm on} \tag{17-110}$$

式中　$t_{\rm on}$ 和 $t_{\rm off}$ ——分别是有推力与没有推力的时间。

显然，自振荡周期 $t_{\rm a}$ 为

$$t_a = t_{off} + t_{on} \tag{17-111}$$

由于 $t_{off} = 4\theta_1/\dot{\theta}$ ，$t_{on} = 4\dot{\theta}_1/A$ ，故

$$t_a = 4\left(\frac{\theta_1}{\dot{\theta}_1} + \frac{\dot{\theta}_1}{A}\right) \tag{17-112}$$

反作用推力器推力的建立和消失不能在瞬间完成。实验已经证明，对于大多数典型推力器来说，点火和关机时推力的建立和消失存在滞后，且这种推力的变化一般可按指数规律进行。若考虑推力的这种特性，则上述相平面图将对应变化。

由图 17-41 相平面可以看出极限环宽度由喷嘴推力器不灵敏区（即死区）决定，而极限环高度由姿态角速度敏感器（例如速率陀螺）的不灵敏度决定。具有角速度和角度反馈的继电型控制系统是稳定的，由相平面图得知系统是有阻尼的，阻尼大小由角速度反馈系数决定。

③超前校正继电型控制系统

超前校正继电型控制系统比采用速率陀螺简单很多，而且校正网络是由无源网络组成的，技术实现也很容易。系统框图见图 17-42。

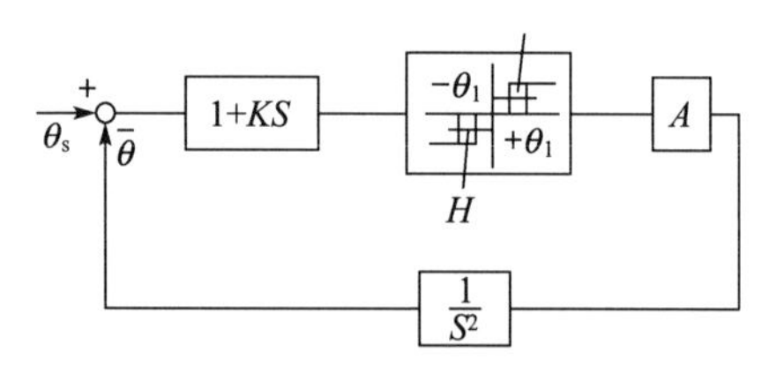

图 17-42　超前校正继电控制系统

图 17-42 中 K 是微分系数，θ_1 是死区，H 是磁滞系数，θ_0 是给定的姿态角度。系统相平面图见图 17-43。

当 $\theta_s = 0$ 时，系统由初始条件逐渐向里收敛，最后停留在一个稳定振荡上面，该稳定振荡区域称为极限环（如图 17-43 所示）。过渡过程的最大角度超调发生在点 2 处，分析式（17-104）得知这发

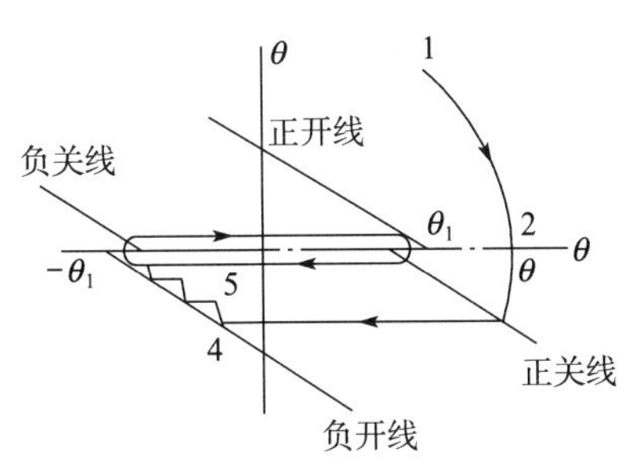

图 17－43　超前校正控制相平面图

生在 $\dot{\theta}=0$ 处，其大小可以表示为

$$\theta_{\mathrm{m}}=\theta_{0}+\frac{\theta_{0}^{2}}{2A} \tag{17-113}$$

当 $\left|\frac{\mathrm{d}\dot{\theta}}{\mathrm{d}\theta}\right| \geqslant \frac{1}{K}$ 时，发生滑行现象，如图 17－43 所示点 4 以后的轨线状态。

相平面图（图 17－43）中开关线议程可以由下列分析得到。

由

$$\theta(1+Ks)=\pm\theta_{1} \tag{17-114}$$

得到开线方程

$$\dot{\theta}=\frac{-\theta}{K}\pm\frac{\theta_{1}}{K} \tag{17-115}$$

同时由

$$(1+Ks)\theta=\pm(1-H)\theta_{1} \tag{17-116}$$

得到开线方程

$$\dot{\theta}=-\frac{\theta}{K}\pm\frac{(1-H)\theta_{1}}{K} \tag{17-117}$$

由式（17－117）可知开关线的斜率等于 $-1/K$ 。可以很方便地把开关线方程和运动轨线方程联立，求得各个交点或者称为切换点的坐标，从而得到过渡过程时间、超调量、角速度变化量等控制系统主要指标。经过一些推导可以得到极限环参数的近似表示

$$\dot{\theta}_{\mathrm{R}}=\frac{H\theta_{1}}{2K} \tag{17-118}$$

$$\theta_{\mathrm{R}}=\theta_{1}(1-\frac{H}{2}) \tag{17-119}$$

式中 θ_{R} 和 $\dot{\theta}_{\mathrm{R}}$ ——分别表示极限环角速度和角度，其决定了飞行器姿态控制的精度和推力器死区范围成正比。

(2) 动量轮姿态控制

动量轮姿态控制系统是以动量飞轮为主的控制系统。由于飞轮系统需要有第二个系统来卸饱和，因此飞轮不能完全独立构成一个系统。

利用飞轮构成三轴姿态稳定控制系统时，飞轮的配置有各种组合方案。按照飞轮的安装形式，可以将飞轮的配置方案分为三正交飞轮配置方案和四飞轮配置方案。按照飞轮是否具有初始角动量可以把飞轮配置方案分为零动量系统和偏置动量系统：零动量系统不具有陀螺定轴性；偏置动量系统飞轮中贮存有初始角动量，从而使飞行器有陀螺定轴性。对于四飞轮配置方案，可以通过三个正交飞轮和一个斜装飞轮的安装方法，使每个飞轮具有初始动量而处于偏置状态但飞轮系统为零动量。这样可以使飞轮转速不过零且姿态机动比较灵活。

①三正交飞轮系统

在最简单的零动量系统中采用了三个正交安装的反作用飞轮，其角动量与星体主惯量轴平行，该三个飞轮分别独立地吸收沿滚转、俯仰和偏航轴上的外扰动角动量。姿控稳定系统根据姿态敏感器测得的姿态偏差调节（增加或减少）飞轮的转速，从而实现连续式的姿态控制。以俯仰通道为例，根据姿态动力学方程的解耦形式，俯仰姿态的控制方程为

$$I_{y}\ddot{\theta}=-h_{y}+M_{\mathrm{d}y}=-J\dot{\omega}+M_{\mathrm{d}y} \tag{17-120}$$

式中 J、ω ——分别为反作用飞轮的惯量和转速。

假定式（17－120）的初值为零，对式（17－120）积分后得

$$\dot{\theta}=\frac{1}{I_{y}}\left(\int M_{dy}\,dt-J\omega\right)$$

如果外力矩 $M_{dy}=M_{oy}+M_{sy}\cos\omega_0 t$，为了保持姿态稳定，则要求 $\dot{\theta}=0$，控制系统应自动按如下规律驱动飞轮的转速

$$\omega=\frac{1}{J}\left(M_{oy}t+\frac{M_{sy}}{\omega_0}\sin\omega_0 t\right)$$

因此，周期性外扰力矩 M_{sy} 可引起飞轮转速的交变，而常值外扰力矩 M_{oy} 可引起飞轮转速单调地增长（或减少），这就是飞轮吸收外扰角动量的结果。当飞轮的转速超过允许范围的上界（或下界）时，就必须沿俯仰轴的负（或正）方向施加一个去饱和用的喷气力矩。该控制力矩将保持飞行器姿态稳定并使飞轮的转速按相反方向回到初始值，也就是将飞轮贮存的外扰角动量释放出去，使飞轮能重新吸收外扰角动量。

②四飞轮系统

在三个正交飞轮系统中，如其中一个飞轮出了故障，则系统将失控。最简单的备份方法是在与星体三个主惯量轴成等角的方向上安装第四个飞轮，见图 17－44。

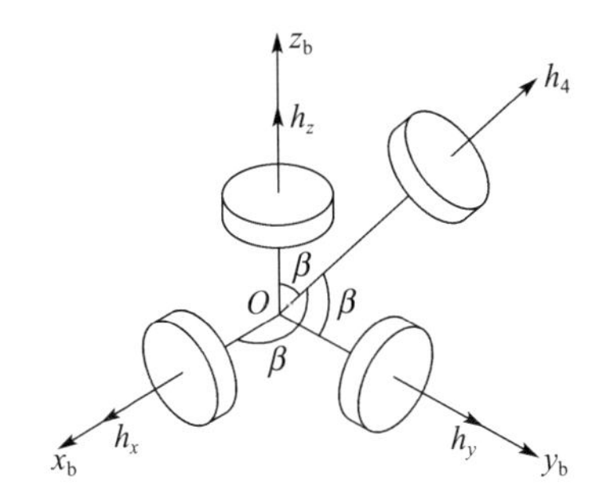

图 17－44　三正交的斜装飞轮系统示意图

此飞轮的角动量 h_4 在三个坐标轴上的分量都应相等，且

$$h_{4x}=h_{4y}=h_{4z}=\frac{1}{\sqrt{3}}h_4$$

因此斜装角为

$$\beta=\arccos(\frac{1}{\sqrt{3}})=54.74^{\circ}$$

另一种更一般的备份方法是将四个飞轮相对俯仰轴对称斜装，见图 17－45，其中 h_1、h_2、h_3、h_4 分别代表各飞轮的角动量（沿飞轮转轴的方向）。

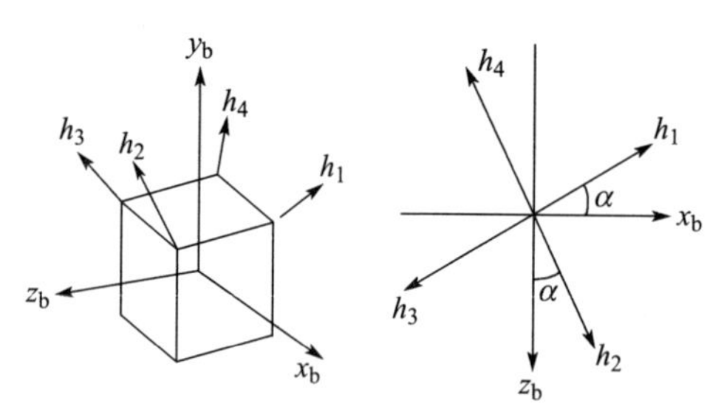

图 17－45　四斜装飞轮系统示意图

这些角动量与俯仰轴的夹角都是 β 。角动量 h_1 和 h_3 在同一平面内，h_2 和 h_4 在另一平面内，此两平面与滚动、偏航平面的交线与滚转轴 x_b 和偏航轴 z_b 的夹角都为 α 。根据上述安装情况，四个飞轮产生的合成角动量 h_x 、h_y 、h_z 是

$$\begin{bmatrix}h_x\\h_y\\h_z\end{bmatrix}=\begin{bmatrix}\sin\beta\cos\alpha & \sin\beta\sin\alpha & -\sin\beta\cos\alpha & -\sin\beta\sin\alpha\\ \cos\beta & \cos\beta & \cos\beta & \\ -\sin\beta\sin\alpha & \sin\beta\cos\alpha & \sin\beta\sin\alpha & -\sin\beta\cos\alpha\end{bmatrix}\begin{bmatrix}h_1\\h_2\\h_3\\h_4\end{bmatrix}\tag{17-121}$$

或写成

$$\boldsymbol{h}=\boldsymbol{M}\boldsymbol{h}_{\mathrm{w}}\tag{17-122}$$

$\boldsymbol{M}$ 称为安装矩阵，安装角 α 、β 决定了各个飞轮在每个控制通道中提供的角动量。

在姿态控制系统中把 $-h_x$ 、$-h_y$ 、$-h_z$ 看作为控制动量，要根据安装几何关系式（17－122）将给定的控制动量分配到各个飞轮上去。显然有无穷多组分配方式，应选择最佳分配方法使飞轮功耗的总和为最小，也就是各飞轮转速的平方和应取极小值。如果四个飞轮的惯量相等，求取最佳分配方式的指示函数为

$$J(\boldsymbol{h}_{w})=h_1^2+h_2^2+h_3^2+h_4^2$$

或写成矩阵形式

$$J(\boldsymbol{h}_{w})=\boldsymbol{h}_{w}^{T}\boldsymbol{h}_{w} \tag{17-123}$$

这是一个具有等式约束式（17－122）的极值问题。利用乘子 λ ，可以将其化成无约束的极值问题，指标函数是

$$J'(\boldsymbol{h}_{w})=\boldsymbol{h}_{w}^{T}\boldsymbol{h}_{w}+\lambda^{T}(\boldsymbol{M}\boldsymbol{h}_{w}-\boldsymbol{h}) \tag{17-124}$$

控制动量 $\boldsymbol{h}$ 是给定值，根据必要条件 $\dfrac{\partial J'}{\partial \boldsymbol{h}_{w}}=0$ 不难求得最佳分配是

$$\boldsymbol{h}_{w}=\boldsymbol{M}^{T}(\boldsymbol{M}\boldsymbol{M}^{T})^{-1}\boldsymbol{h}=\boldsymbol{D}\boldsymbol{h} \tag{17-125}$$

其中 $\boldsymbol{D}=\boldsymbol{M}^{T}(\boldsymbol{M}\boldsymbol{M}^{T})^{-1}$ ，称为分配矩阵。其是安装矩阵 $\boldsymbol{M}$ 的伪逆矩阵。如果四个飞轮都工作，则其分配矩阵为

$$\boldsymbol{D}=\begin{bmatrix} \dfrac{\cos\alpha}{2\sin\beta} & \dfrac{1}{4\cos\beta} & \dfrac{-\sin\alpha}{2\sin\beta} \\ \dfrac{\sin\alpha}{2\sin\beta} & \dfrac{1}{4\cos\beta} & \dfrac{-\cos\alpha}{2\sin\beta} \\ \dfrac{-\cos\alpha}{2\sin\beta} & \dfrac{1}{4\cos\beta} & \dfrac{\sin\alpha}{2\sin\beta} \\ \dfrac{-\sin\alpha}{2\sin\beta} & \dfrac{1}{4\cos\beta} & \dfrac{-\cos\alpha}{2\sin\beta} \end{bmatrix}$$

将此最佳动量分配式（17－125）代入指示函数式（17－123），得

$$J(\boldsymbol{h}_{w})=\frac{1}{2\sin^2\beta}h_x^2+\frac{1}{4\cos^2\beta}h_y^2+\frac{1}{2\sin^2\beta}h_z^2 \tag{17-126}$$

令此二次多项系数之和为 P ，应选择最佳安装角 β 使 P 值极

小，于是有

$$\beta = \arctan\sqrt{2} = 54.74^{\circ}$$

对于三个正交飞轮系统，有

$$J(\boldsymbol{h}_{\mathrm{w}}) = h_x^2 + h_y^2 + h_z^2 \tag{17-127}$$

比较式（17－126）与式（17－127）的系数可知，四斜装飞轮功耗在三个通道中都是三正交飞轮系统的3/4。

比较三正交飞轮加斜装与四斜装飞轮系统贮存外扰角动量的能力可显示出四斜装飞轮方案的更大优点。贮存角动量的能力具体体现在这些动量装置在体坐标中的各个方向上所能提供的角动量。这些角动量的端点组成一个多面体，称为角动量包络，此包络的体积越大，系统贮存角动量的能力就越大。三正交飞轮加斜装的系统共有4种工作模式（任意三个轮工作），四斜装飞轮共有5种工作模式（四个轮全工作或任意三个轮工作）。每种工作模式的角动量包络是不相同的，因此系统贮存角动量的能力应是各个系统中各种模式的角动量包络的公共部分，这个公共部分包含在每一种模式的角动量包络之内。设各个飞轮的额定角动量为1，则三个正交飞轮系统中的斜装轮与各坐标轴的夹角 $\beta = 54.74^{\circ}$；如四斜装飞轮的安装方位角 $\alpha = 45^{\circ}$，则每个斜装轮与各坐标轴的夹角也都是 $\beta = 54.74^{\circ}$，各个飞轮在体坐标轴上的分量都是 $1/\sqrt{3}$。不难想象，三正交轮加斜装轮的角动量包络的公共部分是一个边长为 $2/\sqrt{3}$ 的立方体，如图17－46所示。四斜装飞轮包络的公共部分的中央部分也是一个边长为 $2/\sqrt{3}$ 的立方体，另外，在该立方体的每面上还需再加一个高度为 $1/\sqrt{3}$、底边长为 $2/\sqrt{3}$ 的四棱锥，图17－47是该立体图形沿 x_{b} 轴、y_{b} 轴和 $\angle x_{\mathrm{b}}Oy_{\mathrm{b}}$ 的平分线上的投影视图，图上的实线是此立体图形各个棱的投影，箭头是各角动量（取正值）的投影。显然，图17－47中的立体图形的体积比图17－46的大得多。因此，四斜装轮系统具有更大的贮存角动量的能力，或者说，此系统的抗扰动能力强、可控区域大、飞轮的需卸载次数少。

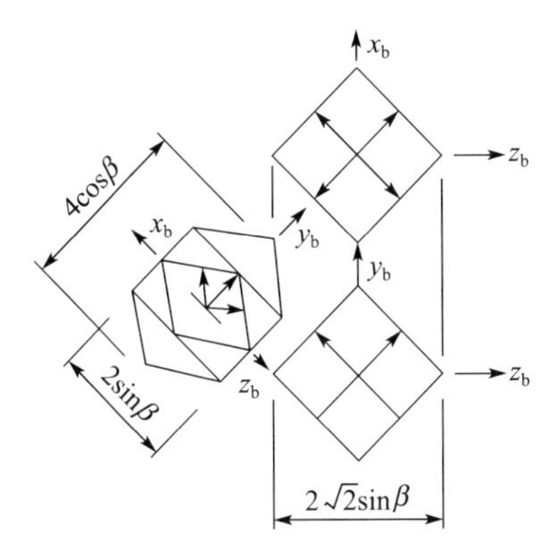

图 17-46　三正交一斜装飞轮系统包络图

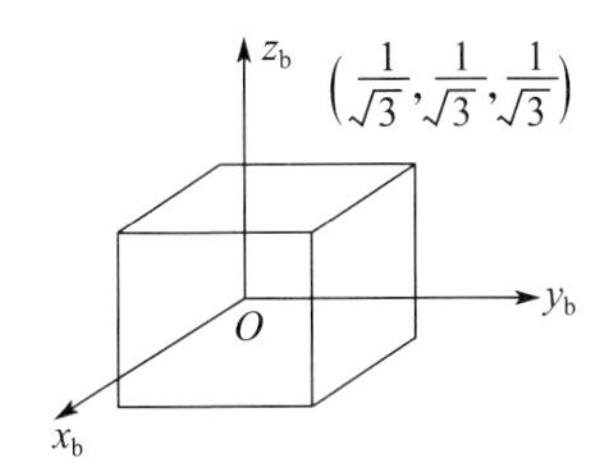

图 17-47　四斜装飞轮系统包络图

17.3.6　姿态机动控制

姿态机动控制是指飞船由一个姿态转变到另一个姿态的再定向过程。飞船在进行分离及制动时，都需要进行姿态机动控制。当飞船的姿态误差超出允许范围时，需要进行姿态捕获。姿态捕获是一种特殊的姿态机动控制，在姿态误差超出允许范围的情况下，飞船的初始姿态是未知的，姿态捕获的目的就是把飞船由未知的姿态机动到预定的姿态。

飞船的姿态机动控制采用姿态控制发动机进行全喷气控制，控制过程与三轴姿态稳定基本相同，其主要区别在于姿态机动控制的目的是使飞船的指向重新定向。

姿态捕获方式可分为三类：全自主、半自主和地面控制姿态捕获方式。全自主姿态捕获由GNC系统自主实现姿态捕获，半自主姿态捕获方式在地面测控站的参与下由GNC系统完成姿态捕获，地面控制姿态捕获方式利用姿态敏感器所获得的姿态信息，由地面测控站控制完成姿态捕获。

三轴姿态捕获是大姿态角的机动过程，在工程实践上应确保捕获过程中卫星不失控。因此，星上装有3个速率陀螺，从监视卫星三轴姿态的变化（其也是控制三轴姿态转动的敏感器），同时利用外部基准——太阳和地球作为三轴姿态定向的参考目标。

以图17-48所示的姿态捕获搜索过程为例。在从自旋转入三轴稳定的过渡状态中，卫星应能搜索到目标太阳，为此星上装有2个模拟式太阳敏感器。每个太阳敏感器的视场呈扇形，一个敏感器的扇形视场位于滚转-俯仰平面，视场中心线与滚动轴一致，另一只敏感器的扇形视场位于滚转-偏航平面，视场中心与偏航轴一致，扇形角大于180°。飞行器低速转动时，太阳敏感器将扫描整个空间，位于任意方向的太阳都能进入太阳敏感器的视场。

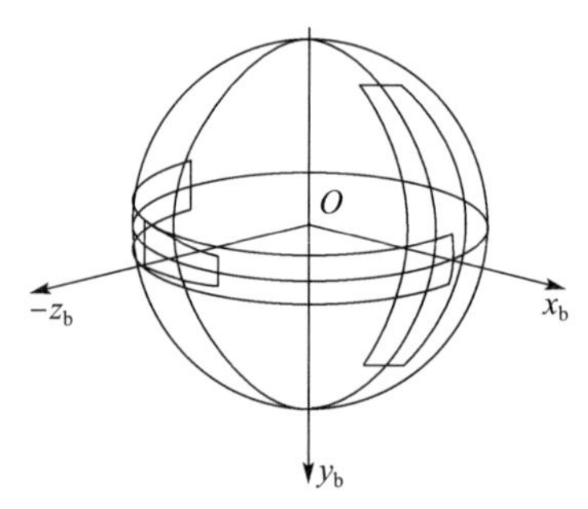

图17-48 姿态捕获搜索过程示意图

姿态捕获分三个阶段，即消旋及速率阻尼、太阳捕获和地球捕获。将飞行器消旋后，根据太阳位于体坐标系中的位置，通过速度控制回路使飞行器绕滚转轴 x_b 缓慢转动，并消除绕其他两轴的角速度。当太阳进入 Ox_bz_b 平面时，绕 x_b 轴的控制回路可保持太阳在

Ox_bz_b 平面内，同时绕俯仰轴 y_b 的控制回路使飞行器体绕 y_b 轴缓慢转动，使太阳沿 Ox_bz_b 平面进入 x_by_b 平面。然后将飞行器的 x_b 轴（正或负）指向太阳，完成太阳捕获。在地球捕获过程中，x_b 轴始终指向太阳，同时飞行器运行到合适的位置，即太阳-飞船-地球之间的姿态转角达 90°时，地球必定进入地球敏感器的视场。一旦红外地平仪扫描到地球，立即通过绕 x_b 轴的滚动通道控制回路消除飞行器体绕 x_b 轴的角速度，锁住飞船姿态，将地球保持在 Ox_bz_b 平面内。同时使飞行器偏航轴 z_b 指向地球，完成三轴姿态捕获。

三轴姿态捕获的主要问题是根据太阳、地球在体坐标系中的位置，选用特定的捕获控制回路。太阳、地球和飞船的位置（已知）定义在空间惯性坐标系中，因此需测量体坐标系在空间惯性坐标系中的方向。

在这种大姿态角机动的情况，只能选用速率陀螺来测量飞行器绕各轴的转速 ω_x、ω_y、ω_z，通过运动学关系式求解飞船姿态的欧拉角。

前面章节已指出四元数法是计算姿态欧拉角的有效方法。设 q_1、q_2、q_3、q_4 是飞船在轨道坐标系中的姿态四元数，姿态矩阵 $\mathbf{A}(q)$ 如式（17－50）所示。根据测量得出的体转动角速度，利用式（17－59）求得姿态四元数，即可导出飞船在轨道坐标系中的姿态欧拉角。速率陀螺测得的角速率 ω_{gx} 、ω_{gy} 、ω_{gz} 包括飞船相对于轨道坐标系的角速度以及轨道坐标系的转动速率 ω_0，其在体坐标系中的分量是

$$\begin{bmatrix}\omega_{0x}\\ \omega_{0y}\\ \omega_{0z}\end{bmatrix}=\mathbf{A}(q)\begin{bmatrix}0\\ -\omega_0\\ 0\end{bmatrix}\tag{17-128}$$

因此，在大姿态角机动过程中，飞船在轨道坐标中的姿态四元数是运动方程式式（17－129）的解。

$$\begin{bmatrix}\dot{q}_1\\\dot{q}_2\\\dot{q}_3\\\dot{q}_4\end{bmatrix}=\frac{1}{2}\begin{bmatrix}q_4&-q_3&q_2\\q_2&q_4&q_1\\-q_3&q_1&q_4\\-q_1&-q_2&-q_3\end{bmatrix}\begin{bmatrix}\omega_x-\omega_{0x}\\\omega_y-\omega_{0y}\\\omega_z-\omega_{0z}\end{bmatrix}$$

$$=\frac{1}{2}\begin{bmatrix}q_4&-q_3&q_2\\q_2&q_4&q_1\\-q_3&q_1&q_4\\-q_1&-q_2&-q_3\end{bmatrix}\begin{bmatrix}\omega_x+2(q_1q_2+q_3q_4)\omega_0\\\omega_y+(-q_1^2+q_2^2-q_3^2+q_4^2)\omega_0\\\omega_z+2(q_2q_3-q_1q_4)\omega_0\end{bmatrix}\tag{17-129}$$

将由式（17－129）解出的四元数代入式（17－50）计算方向余弦，再根据式（17－42），便可求得飞船在轨道坐标系中的姿态欧拉角。

利用姿态四元数还可以实现快速直接捕获法。将消旋后的飞船绕欧拉轴转动，使飞船体坐标系经过一次欧拉旋转就与轨道坐标系重合。设姿态机动的目标姿态四元数为 $\boldsymbol{q}_{\mathrm{D}}$，根据四元数的定义和姿态机动的要求，$\boldsymbol{q}_{\mathrm{D}}$ 的矢量部分应为零，标量部分应为 1，即

$$q_{\mathrm{D1}}=q_{\mathrm{D2}}+q_{\mathrm{D3}}=0,q_{\mathrm{D4}}=1$$

再设姿态机动的四元数为 q_{m}，则根据式（17－54）、式（17－58）和式（17－53）有

$$\boldsymbol{q}_{\mathrm{m}}=\boldsymbol{q}^{-1}\,\boldsymbol{q}_{\mathrm{D}}=-q_1\boldsymbol{i}-q_2\boldsymbol{j}-q_3\boldsymbol{k}+q_4\tag{17-130}$$

要实现四元数为 $\boldsymbol{q}_{\mathrm{m}}$ 的姿态机动，需确定欧拉转角 $\boldsymbol{e}_{\mathrm{m}}$ 在体坐标系中的方向，根据式（17－48），$\boldsymbol{e}_{\mathrm{m}}$ 的方向余弦是

$$\begin{cases}e_{\mathrm{m}x}=\dfrac{q_{\mathrm{m1}}}{\sin\dfrac{\theta_{\mathrm{m}}}{2}}=\dfrac{-q_1}{\sin\dfrac{\theta_{\mathrm{m}}}{2}}\\[2ex]e_{\mathrm{m}y}=\dfrac{q_{\mathrm{m2}}}{\sin\dfrac{\theta_{\mathrm{m}}}{2}}=\dfrac{-q_2}{\sin\dfrac{\theta_{\mathrm{m}}}{2}}\\[2ex]e_{\mathrm{m}z}=\dfrac{q_{\mathrm{m3}}}{\sin\dfrac{\theta_{\mathrm{m}}}{2}}=\dfrac{-q_3}{\sin\dfrac{\theta_{\mathrm{m}}}{2}}\end{cases}\tag{17-131}$$

其中

$$\frac{\theta_{\mathrm{m}}}{2}=\cos^{-1}(q_{\mathrm{m1}})=\cos^{-1}(q_4) \qquad 0^{\circ}<\frac{\theta_{\mathrm{m}}}{2}<90^{\circ}$$

如绕欧拉轴转动的转速为给定值 $\omega_{\mathrm{m}}(0<\omega_{\mathrm{m}}<0.5^{\circ}/\mathrm{s})$，则三轴姿态直接捕获的程序是：根据测速陀螺的测量值 $\omega_{\mathrm{g}x}$、$\omega_{\mathrm{g}y}$、$\omega_{\mathrm{g}z}$ 和式（17－128）、式（17－131），实时计算姿态状四元数 $\boldsymbol{q}$ 和欧拉轴 $\boldsymbol{e}_{\mathrm{m}}$ 的方向。通过各体轴的转速控制回路，实现绕欧拉轴的转动，三个转速控制回路的转速指令是

$$\begin{bmatrix}\omega_{\mathrm{c}x}\\ \omega_{\mathrm{c}y}\\ \omega_{\mathrm{c}z}\end{bmatrix}=\begin{bmatrix}\omega_{\mathrm{m}}e_{\mathrm{m}x}+\omega_{0x}\\ \omega_{\mathrm{m}}e_{\mathrm{m}y}+\omega_{0y}\\ \omega_{\mathrm{m}}e_{\mathrm{m}z}+\omega_{0z}\end{bmatrix}=\begin{bmatrix}-Kq_4q_1+\omega_{0x}\\ -Kq_4q_2+\omega_{0y}\\ -Kq_4q_3+\omega_{0z}\end{bmatrix} \tag{17-132}$$

其中

$$K=\frac{\omega_{\mathrm{m}}}{\sin\dfrac{\theta_{\mathrm{m}}}{2}\cos\dfrac{\theta_{\mathrm{m}}}{2}}>0$$

如忽略转速控制回路的时间常数，则测速陀螺的测量值等于转速值指令，即

$$\omega_{\mathrm{g}z}=\omega_{\mathrm{c}x},\omega_{\mathrm{g}y}=\omega_{\mathrm{c}y},\omega_{\mathrm{g}z}=\omega_{\mathrm{c}z}$$

将上式代入式（17－132），再代入式（17－129），得出姿态捕获过程四元数的变化规律为

$$\dot{q}_1=-\frac{1}{2}Kq_4^2q_1$$

$$\dot{q}_2=-\frac{1}{2}Kq_4^2q_2$$

$$\dot{q}_3=-\frac{1}{2}Kq_4^2q_3$$

$$\dot{q}_4=-\frac{1}{2}K(1-q_4^2)q_4$$

显然，姿态四元数必定收敛到 $\boldsymbol{q}=[0\ 0\ 0\ 1]^{\mathrm{T}}$，即体坐标系与轨道坐标系重合。然后断开转速控制回路，接入三轴稳定控制回路。

17.4　飞船轨道控制

17.4.1　空间导航原理

空间飞行器轨道确定也称为空间导航。空间导航回答了以下问题：飞行器在哪里，朝哪个方向飞行，飞行速度是多少。这些都是属于飞行器运动学的几何学性质问题，因此需要选定一个参考坐标系以及在这个坐标系中运动物体（飞行器）的定位方法。对地球轨道上的飞行器来说，如果求出在地心惯性坐标系中飞行器的三维位置及三个速度分量，就可以很方便地转换成人们所熟悉的轨道六要素。

空间飞行器轨道确定基本上可分为两大类：自主和非自主。非自主轨道确定由地面站设备（例如雷达）对飞行器进行跟踪测轨，并且在地面上进行数据处理，最后获得飞行器轨道位置信息。相反，若飞行器运动参数（位置和速度）用星上测轨仪器（或称导航仪器）来确定，而该仪器的工作不取决于位于地球或其他天体上的导航和通信设备，那么这种轨道确定（空间导航）则是自主的。过去绝大部分飞行器都采用非自主测轨，但这种方法存在很大局限性，其要依赖地面测控站，而一个地面测控站跟踪卫星的时间是非常有限的。如果要连续跟踪卫星，则需要相当数量的地面测控站。若要求地面测控站100%时间覆盖飞行器，则地面测控站数目可用式（17-133）计算

$$N=\frac{14\ 400}{\text{轨道高度}}+2 \qquad (17-133)$$

例如，当飞行器轨道高度为270 km时，需要设置56个站；当高度为800 km时，需要设置20个站。并且，若这些站都要求理想分布，其中的大多数站势必在国外或海上。由此可见，用增加地面测控站的办法来跟踪低轨道飞行器100%的轨道时间是不经济，甚至是不现实的。但若不能连续跟踪飞行器，那么测轨只能利用一段轨

道数据进行处理，当设站不够多时测轨精度很低。除此以外，若测轨数据不能实时获得，则某些飞行器将丧失非常有价值的功能。

下面介绍几种典型的自主导航方法。

①惯性导航方法

惯性导航方法利用惯性导航系统确定飞船在空间的位置和速度。惯性导航系统又可以分为捷联式和平台式两种。平台式惯性导航系统的惯性测量装置安装在稳定平台上。由于稳定平台在惯性空间定向，因此平台式惯性导航系统可以敏感出飞行器相对于惯性坐标系的加速度，并可由此计算出速度和位置信息。捷联式惯性导航系统没有稳定平台，其装置直接与飞船船体固连。由于捷联式惯性导航系统测得的运动参数都按体坐标系取向，因此需要通过各种计算方法将其转换到惯性坐标系上。捷联式惯性导航系统又可以分为位置捷联式惯性导航系统和速率捷联式惯性导航系统。位置捷联式惯性导航系统利用位置陀螺测量弹体姿态，用加速度计测量运动速度；速率捷联式惯性导航系统利用速率陀螺仪作为惯性制导的测量仪表测量飞船运动姿态角速度并利用加速计测量得到的加速度信号一起进行坐标转换，从而计算出飞行器的速度和位置。惯性导航方法自主性很强，不受外界影响（例如电磁波和光波），其导航精度也较高。但是由于陀螺漂移使导航精度随着系统工作时间的增加而降低，因而此种方法难于满足长寿命飞行器的导航任务。另外，当飞行器在自由飞行时，惯性导航对加速度计灵敏度要求很高，大约高于 $10^{-9}g$ 以上的灵敏度，并且要求准确的重力场数据。惯性导航方法若与其他导航方法组合使用（例如与天文导航组成天文惯性导航系统），则其可以对惯性导航系统进行及时校准，从而克服惯性导航的误差积累。

②天文导航

测量对天体敏感的角度从而确定飞行器的位置基本上属于天文导航方法。在这种系统中，飞行器首先测定其对于地球表面的当地垂线，然后以此为基准分别测量三个彼此独立的已知星体的角度。

根据这些测量数据就可推算出飞行器的位置和姿态信息。天文导航系统的主要设备包括测量各种星体方向之间夹角和在星蚀时刻到各星体距离的光学设备，例如空间六分仪、跟踪望远镜，以及星上时间系统和计算设备。利用空间六分仪测量月球明亮边缘和亮星（目视星等为 3.0）之间的夹角。当测量第一恒星与月球中心之间夹角时，飞行器位于锥面的某个地方，该锥体的顶点在月球中心的位置上，而锥体轴在恒星方向上（见图 17－49）；对另一颗恒星和月球进行第二次测量，建立一条位置线［图 17－49（b）中的 *OM* 线］。飞行器位于两个锥面的两条相交线上，其中有一条是假的，可根据飞行器飞行的物理特性来识别其真假。

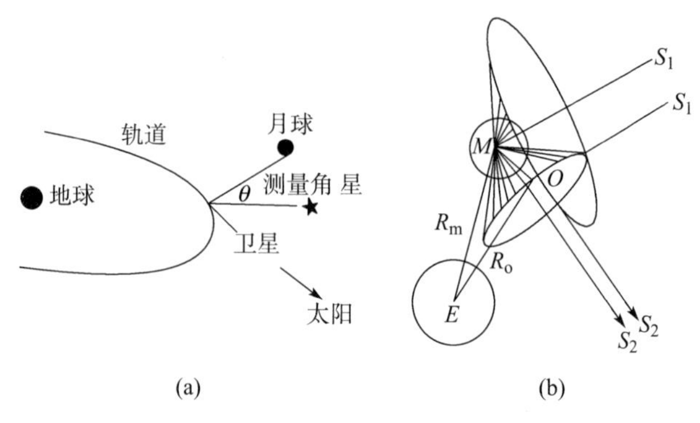

图 17－49　空间六分仪测量原理

基于 X 射线脉冲星的导航星座自主导航是在导航卫星上安装 X 射线探测器探测脉冲星辐射的 X 射线光子，然后整合脉冲轮廓和提取影像信息、星载原子时钟记录脉冲到达时间，经过星载计算机处理得到卫星位置、速度、时间和姿态等导航参数的基本过程。

③全球定位系统（GPS）

目前世界上主要有两个导航卫星系统，一个为美国的全球定位系统（GPS），另一个为俄罗斯的 GLONASS 系统。每个导航卫星系统都有 24 颗卫星，从中、低轨道卫星到全球表面任何地点都可以借助接收机进行导航。

全球定位系统目前由 18 颗导航卫星组成，分布在 3 个不同轨道平面上，每个轨道平面相隔 120°，这样每个轨道平面有 6 颗卫星等距运行，周期为 12 h，轨道高度约为20 000 km，在地球上任意地方可以同时收到 4 颗导航卫星发出的信号（图 17 - 50）。导航原理采用已知信标时间测距方法，星上装有高精度铷或铯原子钟，稳定度为 10 s，时间精度为 0.5 ns。

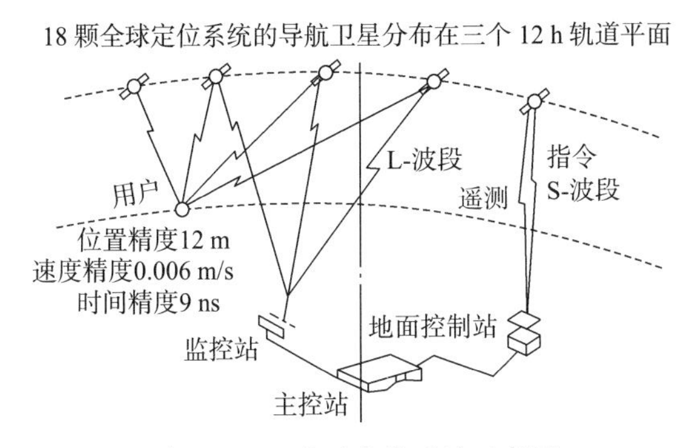

图 17 - 50　全球定位系统示意图

④天文惯性导航方法

天文惯性导航是利用天文测量和惯性部件（加速度计和陀螺）来实现的，其可以在飞行器上自主确定飞行器位置和速度。这种方法比较适合短期飞行任务，例如飞行器变轨控制、再入控制和载人飞船轨道控制系统的测轨等。

在天文惯性导航系统中用加速度计测量飞行器加速度。为了消除飞行器姿态对轨道耦合的影响，把加速度计装在陀螺惯性平台上，也可以利用捷联惯导方法将加速度计直接固连在飞船船体上。为了修正惯性部件和更准确地确定飞行器的位置，需利用天文观测装置，图 17 - 51 表示采用稳定平台的天文惯性导航系统。该系统由下列部件组成：3 个正交敏感轴装有 3 个加速度计 A_x、A_y、A_z，3 对积分器 H_x、H_y、H_z，陀螺惯性平台装有 3 个陀螺 K_1、K_2、K_3 和 3 个计算装置 B_1、B_2、B_3。

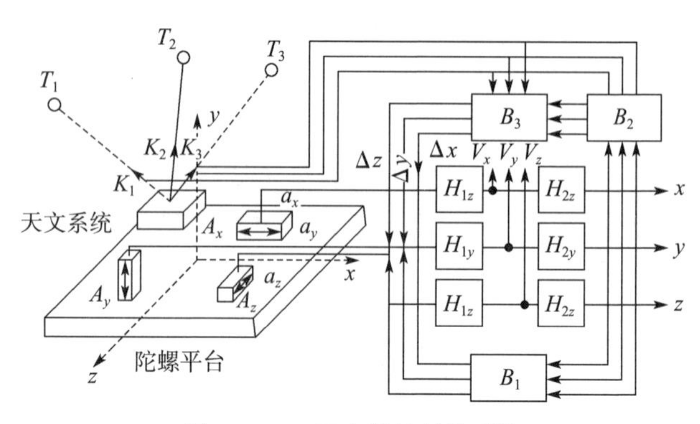

图 17-51 天文惯性导航系统

对于平台惯导系统，加速度计的信号 a_x、a_y、a_z 经一次积分得到飞行器在选定坐标系上的运动速度分量 V_x、V_y、V_z，而信号经过二次积分可确定飞行器的运动坐标 x、y、z。对于捷联惯性导航系统还需要在积分计算时进行坐标变换，因为加速度计所测量的飞行器加速度是在非重力源的力的作用下进行的。为此，采用计算装置 B_1 对重力加速度引起的惯性系统误差进行自动补偿，望远镜修正陀螺惯性平台对于三个天体 T_1、T_2、T_3 的漂移；采用计算装置 B_2 实现对望远镜的控制，以保持陀螺平台在惯性空间中固定不变。

天文惯性导航系统的误差取决于下列因素：由给定飞行器的质量、尺寸和其轨道要素的误差造成的加速度计自动补偿过程中的误差，加速度计、陀螺平台和积分器的漂移，以及望远镜跟踪系统和计算装置的误差。

⑤地磁导航

地磁导航具有无源、无辐射、全天时、全天候、全地域、能耗低的优良特征，其原理是通过地磁传感器测得的实时地磁数据与存储在计算机中的地磁基准图进行匹配来定位的。由于地磁场为矢量场，在地球近地空间内任意一点的地磁矢量都不同于其他地点的矢量，且与该地点的经纬度存在一一对应的关系，因此，理论上只要确定该点的地磁场矢量即可实现全球定位。

磁传感器测得的是测点的磁场强度总量，其包括地磁场和环境干扰磁场。通过野值剔除和误差补偿等手段提取出地磁场信号后，减去由地磁场模型给出的主磁场信号，然后做日变校正等处理，便可得到地磁异常强度的测量值。根据导航系统的位置输出在地磁异常图上读取对应的地磁异常强度，与地磁异常强度的实测值进行比较，该差值反映了导航定位误差。对导航系统的位置输出进行修正，使得导航系统指示的异常强度向着其实测值靠拢，即使得导航系统的定位结果向真实位置靠拢。按地磁数据处理方式的不同，地磁导航分为地磁匹配与地磁滤波两种方式。地磁匹配是把预先规划好的航迹上某段区域某些点的地磁场特征量绘制成参考图存贮在载体计算机中，当载体飞越这些地区时，由地磁匹配测量仪器实时测量出飞越点地磁场特征量，构成实时图。在载体计算机中对实时图与参考图进行相关匹配，计算出载体的实时坐标位置，供导航计算机解算导航信息。地磁匹配类似于地形匹配，区别在于地磁匹配可有多个特征量。由于地磁匹配需要存储大量的地磁数据，因此对卫星、导弹适用性不强。地磁滤波是指在较长一段时间内连续递推滤波导航定位，其对初始误差要求较高。如果飞行器的飞行轨迹在等磁线变化较为丰富的区域，则使用滤波修正导航偏差更为有效。在地磁导航中，目前应用较多的还主要为卡尔曼滤波技术。

地磁场模型与地磁图是研究地磁导航技术的基础，其精确程度决定了地磁导航技术是否可行。磁传感器是研究地磁导航的硬件基础，是决定导航精度的关键因素。高精度磁传感器技术的应用以及地磁干扰建模技术、磁传感器配置探测技术、地磁导航方案、组合导航理论等方面的发展，将促进地磁导航系统关键技术的突破与应用。

17.4.2　飞船轨道控制

空间飞行器的轨道控制从广义上来说是飞行器制导问题，即对按一定导引规律运动的飞行器进行飞行器质心运动的速度大小和方向的控制，使飞行器的轨道满足飞行任务的要求。

轨道控制包括变轨控制、轨道校正、轨道保持、交会、对接、返回再入和落点控制等。

（1）变轨控制与轨道校正

变轨控制与轨道校是空间飞行器轨道机动的一种形式。变轨控制是指飞行器借助某种控制力使其从一种轨道参数变为另一种预定的轨道参数的机动，轨道校正是指飞行器在轨道运行中由于受到非控制力的扰动使其偏离预定轨道参数，为此进行的轨道校正。轨道校正也包括中途航向校正，例如月球轨道飞行器从地球飞往月球途中进行航向校正。

在许多情况下，对一个飞行器的轨道机动可以由一系列的轨迹来实现，换句话说，飞行器从一个轨道上变到另一个轨道上可以经过许多轨迹来实现。因此存在一个最优轨迹，这个最优轨迹的选择需以最少燃料消耗量和最小质量为准则，有时还要求最合适的时间(可能是最短时间，也可能是给定时间)。

变轨控制方式一般有两种：

1）无线电指令控制系统（或称遥控系统）；

2）惯性控制系统。

前者是由星上和地面测控站共同组成的，并由地面测控站通过遥控来实现；后者是通过惯性控制系统来实现星上自主闭环控制。星上惯性测量系统由加速度计和陀螺组成，该系统在工作以前要置入飞行器运动初始条件。在制导过程中，飞行器的真实速度 $\mathbf{V}$ 是通过对加速度计所得数据积分获得的，而飞行器姿态是通过对所测的角速度矢量积分而得到。在控制过程中推力矢量的指向不断改变，变轨发动机一直要工作到速度差 $\Delta\mathbf{V}=0$ 为止。

（2）轨道保持

变轨后，飞船进入一条近圆轨道，在正常轨道计算中需考虑地球形状及大气阻力摄动。轨道保持的任务为确保回收，同时使星下点排列较为均匀。

大气阻力使飞船飞行的轨道半长轴减小，从而使周期变小、飞船地面轨迹向东漂移。这种漂移量累积起来有可能使飞船不能准确返回着陆场，因此需要进行轨道保持以维持轨道周期。

轨道保持需要补偿初始变轨的偏差和大气阻力的衰减。用抬高近地点的方法调整轨道周期，使飞船在轨道运行的实际时间等于回收轨道设计的理论运行时间，并且使星下点排列尽量均匀。

(3) 再入和返回落点控制

空间飞行器的返回实际上是发射的逆过程。再入和返回落点控制大致上有三项要求：

1) 落点精度；

2) 再入大气层的飞行器表面受热限制；

3) 对载人飞船还要求减速限制（考虑人体安全）。

再入和返回落点控制的整个过程可以分为三个阶段来实现：

1) 制动阶段；

2) 再入阶段（从制动发动机关机到飞行器进入稠密大气层）；

3) 进入稠密大气层阶段，在此阶段可以采用落点控制装置，例如降落伞或滑翔设备。

由于飞行器是高速运行（第一宇宙速度）的，因此为了使飞行器或者一部分能够返回地面，必须降低飞行器飞行速度，否则其永远不会落到地面上来，这就是制动的目的。使飞行器减速的最简单办法是在飞行方向使用制动火箭，这对飞行器降落在没有大气包围（或者大气非常稀薄）的星球上（如月球）的情况是一个比较合适的办法。但是在有大气层的星球（如地球、火星等）上降落却是一个非常原始且十分不经济的办法，因为其需要巨大的制动火箭。在这种情况下运载起飞质量与有效载荷之比大约高达一万倍。

由于地球周围有一层大气，因此返回地球的飞行器利用大气阻力来减速是一个比较经济的办法。飞行器减速过程：用一小段推力变轨使飞船朝向大气层，完成后就不再用火箭来减速；飞行器以一定速度在空气中飞行，其受到大气的阻力作用逐渐减速，最后降落到地面上，这就是再入大气问题。根据计算，采用这种再入办法，飞向月球并能返回地球的飞行器的运载起飞质量与有效载荷之比是1 000～10 000，飞向金星并能返回地球的飞行器的运载起飞质量与有效载荷之比是10^4～10^5。

再入轨道控制以是否采用升力而分为两种：不采用升力的再入和采用升力的再入轨道控制。若不采用升力进行再入轨道控制，则飞行器在受大气阻力作用下不产生任何升力。这种情况又可分为阻力系数不变和可变两类。阻力系数不变是在大气层飞行过程中，飞行器的形状和受大气阻力作用的面积不发生变化，这种办法虽然简单，但是在减速过程中最大减速度大且无法进行控制。对于载人飞船来说，由于需要满足人体过载的控制，最大减速度应在8～14 g之间。因此，再入角（再入轨道与当地地平线的夹角）必须限制在很小范围，即1°～3°，并且要求控制船体正确方向，否则飞行器就有可能跳出大气层。这种办法对轨道控制精度要求较高，但是较小的再入角，可以使飞行器不致过度受热，即使受热的时间可能长一些，也是可以接受的。

不采用升力的再入轨道控制的另一种方式是阻力系数可变。当再入开始时，由于周围空气很稀薄，可以适当加大再入角以保证飞行器不跳出大气层；当飞行器继续进入大气层时，通过调节阻力系数（即改变阻力作用的面积和形状）来改善受热状况。

不用升力仅用阻力且阻力系数不变的再入轨道控制，仅仅控制飞行器再入的初始条件，这样使得落点精度很低，甚至可高达几百千米；而且落点散布范围也是随机的，因为对中途受到的扰动（例如风力）无法再进行轨道修正。如果采用变阻力系数控制，则落点散布范围在纵向可以缩小，但横向落点散布得不到改善。

这种不用升力而完全采用阻力的再入轨道称为弹道式轨道。美国水星飞船具有阻力很大的钝头外形，以弹道式降落到水面。

不仅具有阻力而且还有升力的降落称为滑行或者具有升阻比的降落。飞行器在大气层中飞行受到阻力的同时，也相应地产生一个成比例的升力，这样飞行器在大气中便沿着一定轨道滑行降落到地面上。这种滑行降落使航天员着陆更加容易，因为缓慢的制动可以使过载系数下降到3～4（弹道式降落过载系数为8～10）。另外，在滑行降落时既可以作航向的机动，也可以作某些侧向机动，这就可以提高着陆精度。俄罗斯联盟系列采用了具有升阻比的降落：在4 km的高度上打开减速伞，然后打开降落伞系统的主伞盖，在着陆前1 m左右的高度上软着陆系统的固体推进剂制动发动机启动，使着陆速度不超过3 m/s。美国双子星飞船也是具有升阻比降落到地球上的（落到水面）。如果需要很高的落点精度，则在船上必须装有控制系统，且控制系统中一般具有可快速运算的计算机。

17.5　系统的手动控制

载人飞船GNC系统平行地配置了自动控制系统和人工控制系统。人工控制系统通过航天员手动控制对飞船的姿态和轨道进行控制，人工手动控制可以作为自动控制系统的补充与备份，其也是载人航天的基本特点。

17.5.1　手动控制系统的构成

飞船的手动控制系统由显示器、光学瞄准镜、转动控制手柄、平移控制手柄和手控线路组成。显示器可以为航天员手动控制提供各种姿态和状态信息；光学瞄准镜用于航天员观察地球，以便其获取飞船姿态信息；转动控制手柄是航天员发送飞船转动指令的三自由度转动机构；平移控制手柄是航天员发送飞船平移指令的三自由度转动机构；手控线路把航天员对控制手柄的操作信息转换成相应的控制信号。手动控制系统可以是完全独立的，也可以同自动控制系统共用部分设备。事实上，作为飞船控制执行机构的推进系统，其应是由人工控制系统与自动控制系统共用的；在人工控制系统利用显示器的显示信息时，相应的姿态敏感元件也是共用的。对于利用先进的控制计算机的GNC系统，自动控制系统与人工控制系统也可以共用控制计算机。这样一来人工控制实际上是由控制计算机辅助进行的，而手动控制的作用只是为控制计算机输入一定的控制指令。当然，这种控制指令可以通过键盘，也可通过控制手柄输入控制计算机。

手控线路在手动控制系统中具有重要作用。手控线路的作用越强，手动控制的自动化程度就越高，包含有较强功能的手控线路的人工控制系统，实际上就是半自动化控制系统。可以根据手控线路的电路和功能把手动控制系统分为如下几种形式。

（1）手动-比例系统

手动-比例系统由一个利用机械连动装置和节流阀相连接的三轴手控制器组成。该系统通过这些阀控制推进剂流量从而达到控制推力的目的，因而飞行器的角加速度在本质上是与操纵手柄偏转角成比例的（如图17－52所示）。这个系统已经用于轨道飞行任务的所有阶段，并且仅依靠单纯目视（无速度与姿态信息）就可为成功再入提供了足够的控制精度。其显著的优点是完全与电源无关，以及具有通过航天员操纵成比例的控制力矩可抵消连续的干扰力矩的能力。但实际应用上这种系统有若干缺点：复杂的连动装置大大地增加了飞行器质量，并且会引起在提供相适应的操纵手柄感觉特性方面的困难；同时，由于对飞船上其他的系统（例如主发动机与制动火箭点火），电源是必不可少的，因而提供完全的机械系统并未得到实际的好处。历史上节流阀曾出现过严重的问题，其与滑动型分流阀有关的细间隙使得这些装置对燃料中的杂质特别敏感，从而导致刻痕与凝固问题，因此必须对阀的特性引进一个重要的死区以便简化过滤。这种非线性加上干扰力矩迅速起伏的事实，产生了系统采用开/关方式而不是作为一个比例系统启动的趋势。

（2）电传操纵与最小冲量系统

利用电气方法直接控制反作用发动机的方法经常被称为应急控

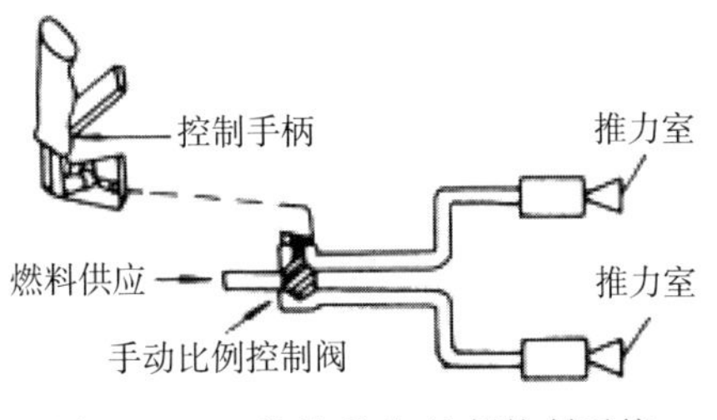

图 17－52　单轴手动-比例控制系统

制。这里提出的专门术语电传操纵是作为一个系统，该系统提供了灵活操纵飞船的方法。

该系统正常的机械操纵是利用三轴手控制器的操纵手柄偏转到某些角来操纵微动开关的，以便把飞船电源的电流直接引入反作用发动机的电磁阀，如图 17－53 所示。在反作用控制系统具有两级推力的情况下（例如，水星飞船的 0.45 kg 与 10.89 kg），低推力可以在操纵手柄偏转到 30％时工作，而高推力在操纵手柄转到 90％时工作。

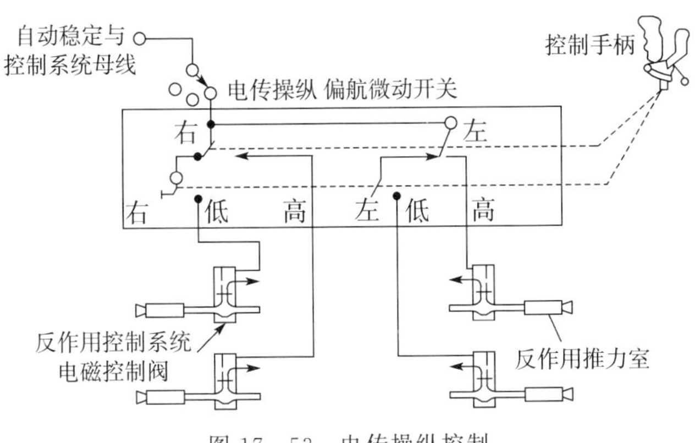

图 17－53　电传操纵控制

利用手控制器产生脉冲来获得速度增量而不是与正常的手柄偏转角有关的连续加速度，可以实现飞行器的准确控制。

现已经发现，航天员利用手控制器能够产生的最小输入是 100 ms

量级的。在飞行器具有很高的转矩-惯量比和只有一级推力可以利用的情况下，该最小输入可能产生的飞行器角速度对于一些特殊的工作（如对接或导航瞄准）是过高的，此时，可以结合一种最小冲量的方法。在该方法中，一个电子脉冲发生器插入手控制器与电磁阀之间的线路中，这样就可以使手控制器的操作引起一个电压脉冲，该脉冲的持续时间通常对应于推力器能够产生的最小冲量单位。当提供所需要的准确控制时，这种附加的复杂性有可能降低系统可靠性。因此，阿波罗指令舱系统保留了推力器的直接控制以便应急使用，同时增加了一种最小冲量方式以用于导航瞄准。

（3）速率稳定与控制系统

如前面章节讨论的系统那样，虽然指令输入是通过手控制器产生的，但是速率稳定与控制系统（或速率指令系统）可以提供自动阻尼，因此该系统属于半自动系统（图17－54）。

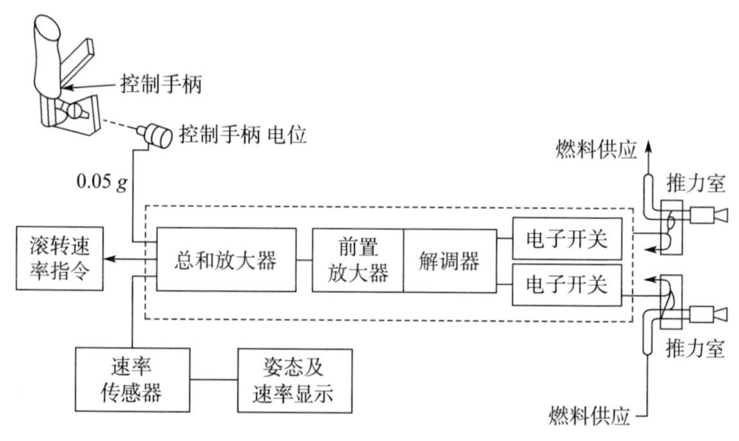

图 17－54　单轴速率稳定与控制方块图

装在飞船轴上的角速率敏感元件的输出是通过与来自手控制器的比例输出相加操作一个控制反作用来控制系统开关阀的。使用开关放大器的速率稳定与控制系统的主要优点是可限制机动速率的能力。当燃料消耗与角速率成正比时，对于像阿波罗这样惯性很大的飞船，必须限制其机动速率小于1(°)/s 。使用纯手动系统要求航天员不断地集中注意力，以防出现过分的机动速率和由此产生的高燃料消耗。

(4) 计算机手动控制系统

在手动控制系统中引入星上计算机，便可以利用数字化算法对航天员的种种手动控制进行补偿与处理，从而利用手动控制实现更为精细和复杂的控制功能。在手动控制系统中引入计算机后，航天员的手动控制实际上只是对控制计算机输入了一定的控制信息，计算机对手动控制信息和姿态信息进行处理后对作动机构发出控制指令。计算机手动控制系统的方块图如图 17－55 所示。

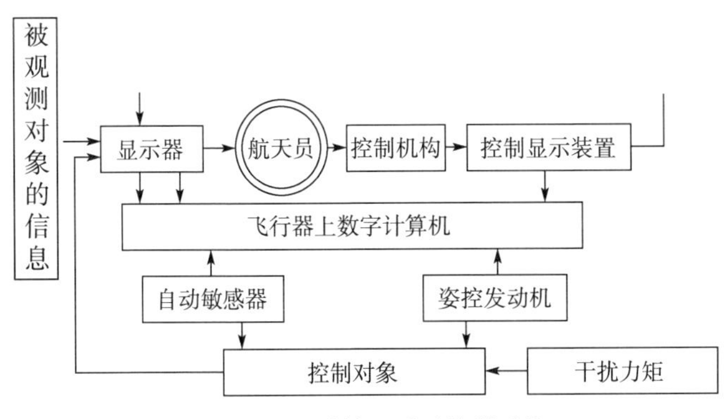

图 17－55　计算机手动控制系统

17.5.2　交会对接手动控制

飞船在空间的交会对接过程包括搜索和捕获目标、靠近、停靠及对接。由于交会对接过程的飞行控制任务十分复杂，因此载人飞船与目标飞行器的交会对接控制要有航天员的参与和手动控制。

在交会对接过程中，航天员可以参与飞船与目标飞行器靠近之前的搜索和目标的捕获。对于恒星背景上的目标瞄准点，可通过下列特征进行搜索：

1) 以在静止的恒星背景上目标的角位移为特征，按发光对象的角速度和相对位置变化进行识别；

2）以与目标间的距离变化所引起的目标亮度变化为特征，接亮度进行识别；

3）以目标的颜色与恒星的颜色的区别为特征，按颜色进行识别；

4）对于旋转目标，以目标旋转所引起的亮度的周期变化为特征，按旋转物体进行识别；

5）以星空图出现新的对象为特征，按星空图进行识别。

飞船与目标飞行器的靠近阶段以航天员或星上仪表可靠地捕获目标作为开始，当飞船与目标飞行器之间的距离和相对速度达到停靠操作的要求时，靠近阶段宣告结束。在靠近过程的控制中，航天员和自动控制系统协同控制飞船，航天员对靠近控制进行监控并且进行飞船的手动控制定向操作，飞船交会的手动控制系统方块图如图 17－56 所示。

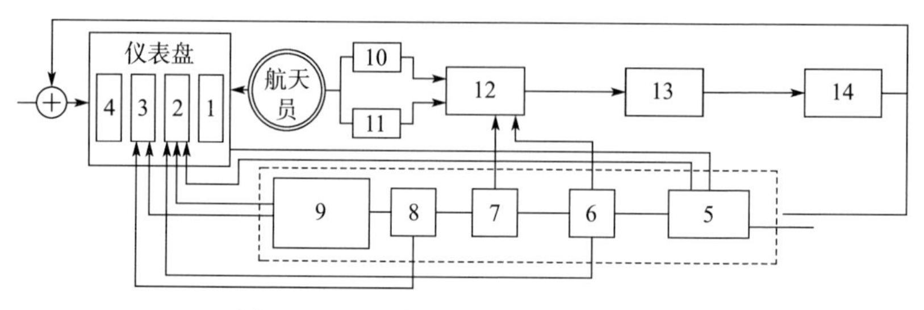

图 17－56　飞船交会的手动控制系统图

在联盟－4 号和联盟－5 号飞船的飞行中，均采用了带有自动跟踪的手动停靠和在联台控制下的手动停靠。在第一种方法中，自由飞行器在俯仰和偏航方向对机动飞行器进行自动跟踪，航天员以手动方式控制飞行器质心运动。机动飞行器的驾驶员根据距离和相对速度，指示器的指标控制纵向加速度，以维持给定的靠近程序；同时在光学观测仪的帮助下，驾驶员一面监视自由飞行器，一面开启和关闭船上控制用侧向加速度器，因此机动飞行器姿态的控制是以半自动方法完成的。在联合控制时，每一个驾驶员控制自己的飞行器的方式就像在第一种方法中机动飞行器的驾驶员一样。

实现对接之后的分离需要在纵向通道上提供必要的速度，航天驾驶员手动控制姿态运动，以便在其视场内显示出对面的飞行器。

17.5.3　返回再入过程的手动控制

对驾驶航天飞行器再入大气进行导航与控制，其主要目的是让飞行器在降落到给定的区域时不超出其允许的过载及热极限。在下降段控制系统的设计中，要实现各种结构参数（考虑到过载与热限制）、控制参数与系统结构及整个飞行任务合理的结合。

在接近段中，飞行器半自动控制系统（图 17－57）包括：测量机构（带稳定陀螺的惯性平台、加速度计和其他设备，捷联惯性导航系统不带惯性平台）、计算设备（例如船上数字计算机）、辅助分系统（无线电导航仪、天文坐标方位仪及其他）、给航天员显示的设备、手柄和控制台、执行机构（喷气发动机、空气动力表面、制动发动机和其他）。

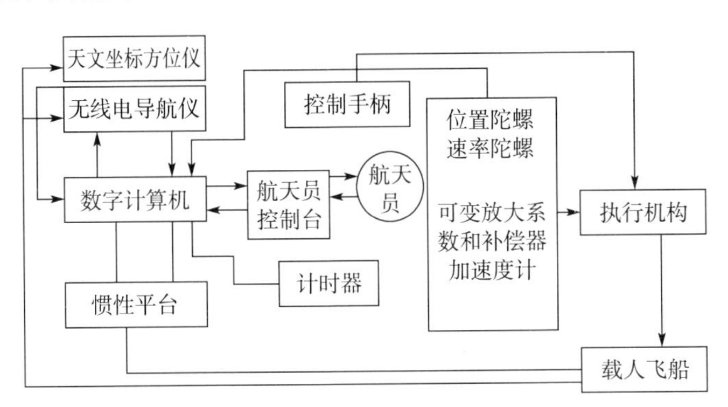

图 17－57　在接近段飞船半自动控制系统

图 17－58 给出了滚转角变化与轨道参数变化之间的关系。滚转角变化是短周期运动的一部分，引起滚动角变化的飞船质心运动变化是长周期运动。在仅有滚转信息的情况下，为了控制距离必须保持 6 个参数的信息，再利用综合指示器简化飞船的控制。

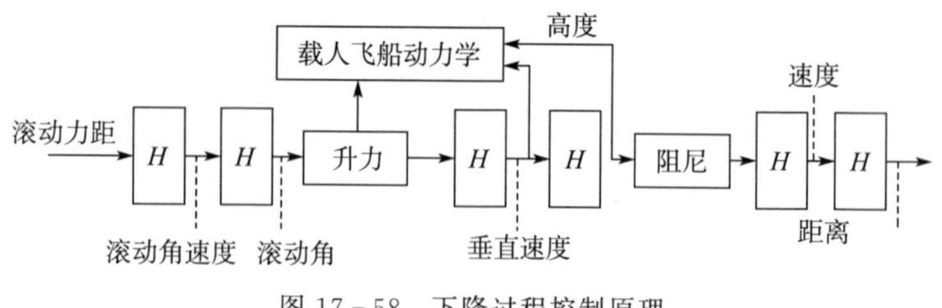

图 17-58 下降过程控制原理

例如，有关飞船运动的信息由 6 个不同的指示器提供，其距离的误差可达 60 km。若将到达目标距离的信息变换为必须的速度值并在速度指示器上标出，则可使航天员保证控制误差小于 5 km。

在引入短周期运动稳定系统的情况下，航天员可顺利地解决控制对象的三阶控制问题；在无短周期运动稳定系统的情况下，只有在得到滚转角变化所需的速度信息后，航天员才能顺利地进行控制。

在出现故障的情况下，为了得到导航信息可利用舷窗，航天员在其帮助下自行确定相对地平线的滚转角。这种情况下，加速度表的指示可判断高度的相对变化。

为了增加飞船着陆控制系统的可靠性，使用手动控制方式的范围包括：由手动控制条件下的普通调节器转至完全按数字计算机指令完成的操作、依靠与飞船加速度成比例的指令进行的手动机动控制、用脉冲式最小推力进行的手动控制、飞船稳定在给定位置上的手动控制，以及自动地机动运行。手动控制的方法有：飞船以给定的周期和过渡过程的速度进行位置的稳定控制，控制三个轴的姿态，改变飞船的加速度。

17.6 GNC 系统与其他系统的联系

我们已经知道，载人飞船在功能结构上可以分为结构与机构、环境控制与生命保障、GNC、电源、仪表和照明、数据管理、推进、测控与通信等分系统。GNC 系统是飞船的神经中枢，其与飞船的其他系统相互依赖且相互支持。

结构与机构系统为 GNC 系统的各种敏感器提供了合乎要求的安装条件。在飞船船体上设置的舷窗既是航天员生活的重要设施，又是 GNC 系统用于手动控制操作的重要姿态观测设备。飞船的舷窗不仅要提供航天员观察地球地平线的参考刻度，而且在结构上应满足承压和防热要求。

环境控制与生命保障系统为 GNC 系统的电子设备提供了合乎要求的工作条件。

电源系统与 GNC 系统之间的联系是双向的。一方面，GNC 系统控制太阳能帆板对准太阳，以保证电源系统产生充足的电力；另一方面，电源系统向 GNC 系统供应电力。在 GNC 系统短时间故障的情况下，飞船应急线路可保证太阳能帆板的伺服控制，以保证飞船的电力供应。

推进系统与 GNC 系统在功能上直接是联系在一起。推进系统是 GNC 系统的执行机构，GNC 系统对飞船的姿态稳定与控制以及轨道控制都必须由推进系统来实现。推进系统的启动与关闭响应、脉冲冲量的重复性、推力的精度等都对 GNC 系统的控制响应特性和控制精度有着重要影响；反过来，GNC 系统的控制规律对推进系统的工作寿命及推进剂的消耗量也有重要影响，良好的控制方法应使推进系统的发动机启动次数最少、推进剂的消耗最小。为了保证飞船可靠性，飞船推进系统一般配备了双冗余备份，在两套发动机之间一般设置了推进剂的交叉供应系统。当某个发动机发生故障时，可以通过一定的控制手段进行发动机的切换及对有泄漏的发动机进行隔离，从而保证 GNC 系统的有效工作。

测控与通信系统通过遥控向 GNC 系统注入所需的轨道参数及其他参数，其还需完成返回调姿、制动段的辅助跟踪与测轨。

数据管理系统为 GNC 系统的程控任务提供程控指令，在飞行过程中通过注入新的指令来改变原有的飞行程序。数据管理系统还存储了飞船姿态控制与轨道控制的重要状态和数据。

仪表和照明系统与 GNC 系统的手动控制操作密切相关。仪表和照明系统的多功能显示器主要为航天员提供 GNC 系统的实时参数显示。为保证航天员手动控制操作，飞船仪表需显示飞船的全姿态画面。仪表系统与 GNC 系统设有信息接口，以得到显示信息；照明系统为 GNC 系统手动控制操作提供照明，并且为飞船交会对接提供照明。

第 18 章　轨道测量与跟踪

本章依据飞行器空间飞行各分段的跟踪与测量任务，介绍了轨道测量元素、体制以及飞行器运动参数测量原理的基础知识，讲述了轨道测量系统各项功能的实现途径及主要设备。

18.1　轨道测量的目的和任务

对飞行器轨道的跟踪测量是预报飞行器运动和计算其航迹所必须进行的工作，也是对空间飞行进行控制的前提。只有通过对飞行器的轨道跟踪测量、获取飞行器的运动参数，才能计算出其轨道要素，进而通过计算来确定飞行器在未来时间里的运动。也只有知道了飞行器未来的运动，才能准备修正飞行器的轨道或确定返回地球的适合的轨道点和时间。例如，飞船返回的计算就要依据其正在运行的轨道选择轨道点，然后计算该轨道点的速度脉冲值和方向，以便在指定的区域开始返回下降轨迹。所有这些都得依靠对轨道跟踪测量所测得的数据的分析和计算，且在返回前准备好相关数据才能及时把空间定向的预定值和启动制动发动机的指令发送给飞船。

除了上述控制飞行的目的，跟踪测量还将为分配给各测控台站的通信次数和时间提供引导信息，使得各测控台站有充分时间做好同即将进入台站视区的飞行器进行通话和遥测遥控联系的准备。

下面将对我国飞船的发射、入轨、运行、操作、返回着陆这一整个飞行过程中的分段跟踪与测量任务作扼要介绍。

（1）发射场

由发射场发射，射向东南，倾角在 60°左右。主动段测量由首区 154 型单脉冲雷达系统完成，由沿航区所设的多个测控站交会接力测量。

(2) 主动段

主动段外测由154外弹道测量系统完成，并提供安全控制指令。同时154外弹道测量系统可发送逃逸指令到超短波统一系统台站或微波统一系统台站，并遥控发送逃逸指令。

(3) 入轨段

入轨段测轨利用154外弹道测量系统、154-Ⅱ乙型单脉冲雷达系统和微波统一系统设备连续跟踪获取外测数据。当飞船与运载火箭分离后，单脉冲雷达系统和微波统一系统设备继续跟踪，实时处理数据报出初轨数据。利用GPS（全球定位系统）对初轨进行数据处理分析，结果由中继卫星发到地面测控站。

发射场、主动段和入轨段的跟踪测量示意图见图18-1。

(4) 运行段

当飞船飞经陆地上空时，由地面测控站的两套系统工作进行测轨，在台站视距范围外使用GPS系统测量数据定轨，并把所得数据通过中继卫星送往地面控制中心以计算定出精确轨道。

(5) 返回段

由于返回段航程很长，仅靠地面测控站跟踪测量不全，因此返回段测控系统方案是根据预定返回场区进行精确轨道计算。在飞船返回的前一圈，由地面测控站发送返回延时遥控指令；与飞船返回有关的数据通过中继卫星传送到飞行控制中心，以计算出飞船再入轨道；地面雷达站预报方位、仰角，等待飞船进入测控站测量范围，随后捕获目标进行测量。

返回段测控由地面测控站和微波统一系统完成测控，并在适当地点布置171活动雷达站组网联测，以确定再入弹道、预报回收落点。

将171活动雷达和161A引导雷达布置在回收场区前，和其他测控站进行接力长弧段测量，预报精确飞船落区。

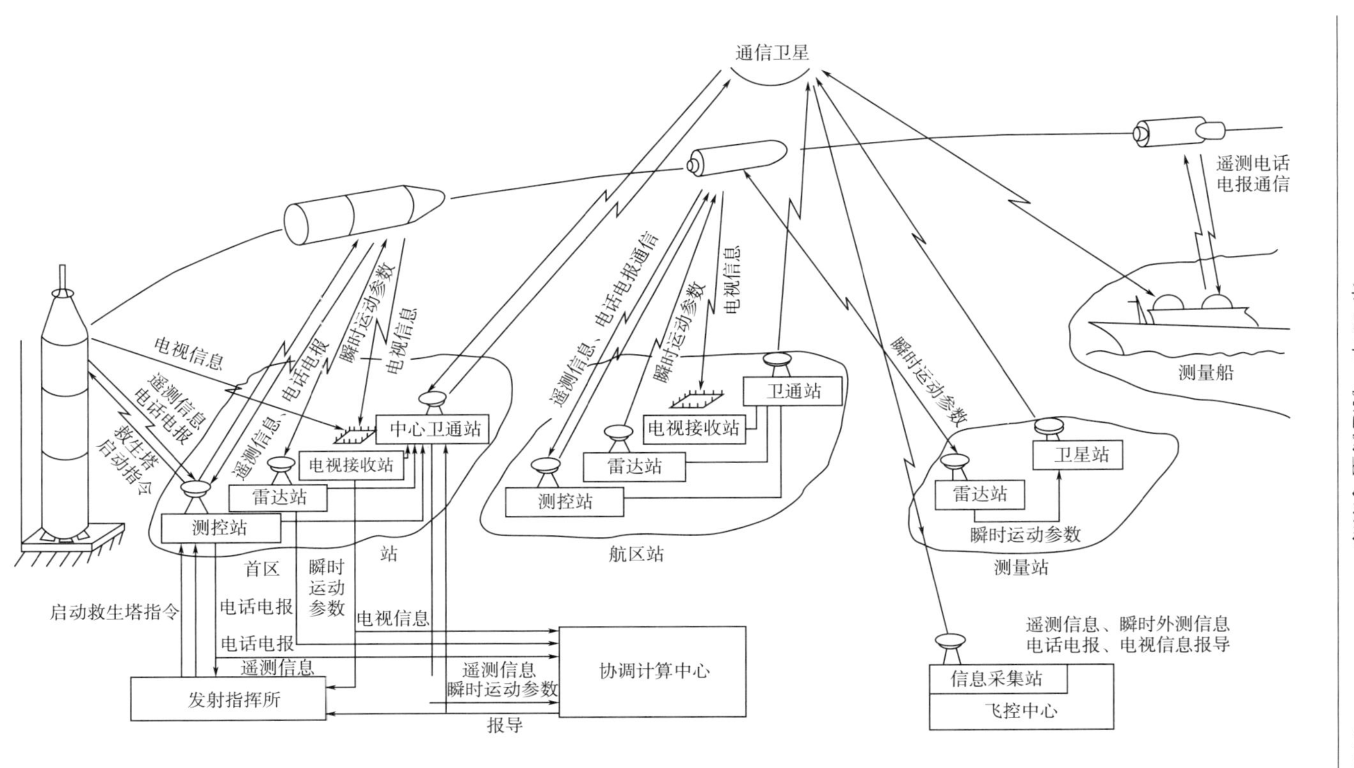

图 18-1　发射场、主动段和入轨段跟踪测量任务分配

18.2 轨道测量系统体制

轨道测量系统的体制是由飞行器的轨道特性和外测要求决定的。为了确定飞行器的轨道，即飞行器每一时刻的位置和速度（X，Y，Z，$\dot{X}$，$\dot{Y}$，$\dot{Z}$），需要用若干个测量元素组成一种测量体制，例如，距离与角度（R，A，E）组成的定位体制、多个同时刻距离及其变化率组成的定位测速体制。而确定外力作用下飞行目标的运动参数必须采用 6 个测量元素组成的测量体制。

（1）测量元素

所谓测量元素是指测控站的测量设备与飞行器（应答机）配合所能获取的、反映航天器质心相对于测量站测量坐标系运动状态的测量参量的总称。所谓测量体制是指测量航天器在空间位置时所采用的测量元素以及测量元素的组合方式，也称为测量方法。

无线电跟踪测量设备可获得的测量元素有：距离 R ，距离变化率 $\dot{R}$ ，方位角 A ，俯仰角 E ，方向余弦 l 、m ，距离和 s 和距离差 r 等。其定义如下：

取法线测量坐标系 $O-XYZ$ ，如图 18－2 所示。原点 O 位于测量点测量天线的旋转中心，其地心大地经、纬度为 L_0、B_0。OY 轴与过 O 点的地球椭球面法线相重合，指向椭球面外；OX 轴在垂直于 OY 轴的平面内（地平面），由原点指向大地北；OZ 轴与 OX 、OY 轴构成右手系，即指向大地正东。

飞行器沿轨道运动，在某时刻 t 时位于测量坐标系 $O-XYZ$ 中的 M 点，其相对位置矢量为 $\boldsymbol{OM}$ ，相对速度矢量为 $\boldsymbol{MV}$ ，则各测量元素可定义为：

1）距离 R ：位置矢量 $\boldsymbol{OM}$ 的大小，等于观测点至目标飞行器的最短距离；

2）径向速度 $\dot{R}$ ：距离 R 的变化速率，等于相对速度矢量 $\boldsymbol{MV}$

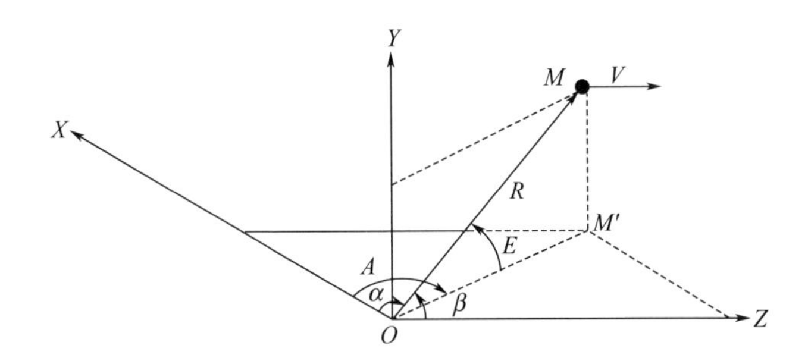

图 18-2　测量坐标系及相关测量元素

沿位置矢量 **OM** 方向的分量；

3）方位角 A ：位置矢量 **OM** 在地平面内的投影 OM' 与 OX 轴之间的夹角，从 OX 轴方向顺时针计量为正；

4）俯仰角 E ：位置矢量 **OM** 与 OM' 之间的夹角，由地平面向上为正；

5）距离和 s ：发站至目标的距离 R_1 与目标至收站的距离 R_2 之和，即 $s=R_1+R_2$；

6）距离差 r ：发站至目标的距离 R_1 与目标至收站的距离 R_2 之差，即 $r=R_2-R_1$；

7）方向余弦 l 、m ：l 为位置矢量 **OM** 与 **OX** 轴之间的夹角 α 的余弦，即 $l=\cos\alpha$ ，当飞行器在测量站以北为正；m 为位置矢量 **OM** 和 OZ 轴之间夹角 β 的余弦，即 $m=\cos\beta$ ，飞行器在测量站以东为正。

上述测量元素中，s 、r 、l 、m 为 R 、A 、E 的演变形式。

（2）常用外测体制

①RAE 体制

用 R、A、E（距离、方位角、俯仰角）作为测量元素来完成飞行目标的位置测量，将其微分平滑后可得到其随时间的变化率 $\dot{R}$ 、$\dot{A}$ 、$\dot{E}$ ，以此完成目标速度测量。这种体制常受测角精度限制，从而影响测量精度。脉冲雷达、连续波雷达和具有激光测距的光电经纬仪可构成 RAE 体制。

②Rlm 体制

R、$\dot{R}$ 为目标到测站的距离及其变化率；l 、m 、$\dot{l}$ 、$\dot{m}$ 分别为目标的方向余弦及其变化率（如图 18－3 所示）。

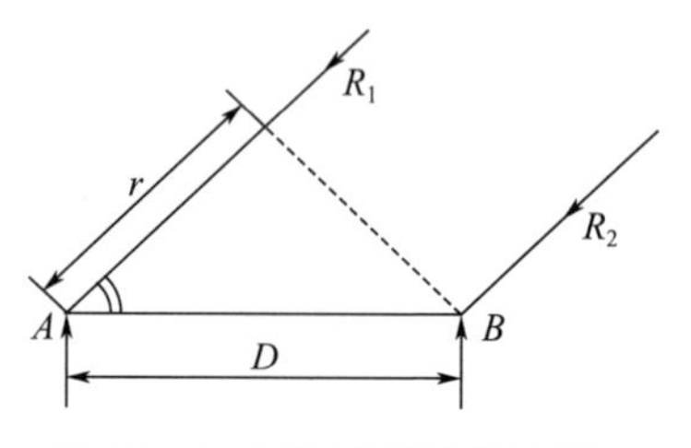

图 18－3　短基线干涉仪示意图

在实际工作中，需由两对正交的基线组成测量阵。由 17.4.2 节可知，干涉仪是利用比相法进行距离差的测量的，即由相隔一定距离 D 的两个接收天线构成长度为 $n\lambda$（λ 为载波波长，n 一般为整数）的基线，以接收来自飞行目标的信号；测得信号到达这两个天线的相位差 $\Delta\varphi$ 或时间差，由此计算出目标方向与基线之间的夹角或夹角的余弦（即方向余弦）。该方向余弦由式（18－1）可知，与目标到每个天线的距离差成比例。

$$\begin{cases} l=\cos\alpha \approx r/D \quad \dot{l}=\dot{r}/D \\ m=\cos\beta \approx r'/D' \quad \dot{m}=\dot{r}'/D' \\ R=(\lambda/2\pi)\varphi \quad \dot{R}=\lambda f_{\mathrm{d}} \end{cases} \tag{18-1}$$

式中　D ——两天线之间距离（基线长度）

$$\begin{cases} r=R_1-R_2 \\ \Delta\varphi=\varphi_1-\varphi_2=(2\pi/\lambda)(R_1-R_2)=(2\pi/\lambda)r \end{cases} \tag{18-2}$$

这种体制的特点是利用载波信号比相测出距离差，测量元素为 R 、l 、m 。$\dot{R}$ 、$\dot{l}$ 、$\dot{m}$ 的精度高，但存在着角度模糊问题，对天线对的列阵要求很高。其典型设备为 156 型短基线干涉仪。

③ Rr_i 体制

为了提高测量精度，需增大短基线干涉仪中两天线之间距离，这样使得基线上微波信号的衰减也随之增加、信噪比降低，以致无法测得方向余弦。为此，用调制信号（调相或调频）测量到达两天线的距离，两距离相减得到距离差 r，这就形成了 Rr_i 体制。如图 18－4所示。

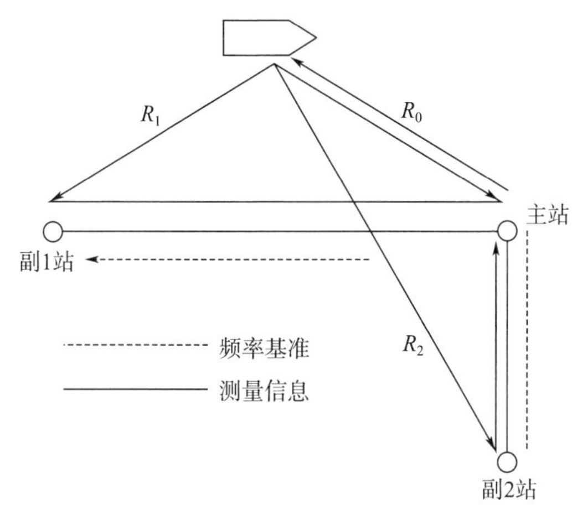

图 18－4　中基线干涉仪示意图

该体制通常由一个主站和两个副站布成直角三角形。为了保证主、副站信号的相干性，主站通过基线传输塔向副站发送微小信号作为副站频率源；副站接收到来自飞行目标的信号后也通过基线传输塔转发至主站，在主站完成距离和速度数据的测量与记录。

④ $KR\dot{R}$ 体制

$KR\dot{R}$ 体制属于非基线制，每个站各自完成对 R、$\dot{R}$ 的测量，多台脉冲雷达交会即可构成这种体制。

⑤ $KS\dot{S}$ 体制

$KS\dot{S}$ 该体制中要求每站完成距离和（s）及其变化率（$\dot{s}$）的

测量，整个测量系统一般包括一个主站和多个副站。该体制一般由连续波多站系统构成，副站只接收主站发射的信号。该体制测量元素 s 的精度较高，主、副站之间不需往返传递测量信号，站间距离可达数百千米，其布站如图 18－5（a）所示。如果副站也能发射测量信号，应答机能多路应答，就演变成 $KR\dot{R}$ 体制，如图 18－5（b）所示。

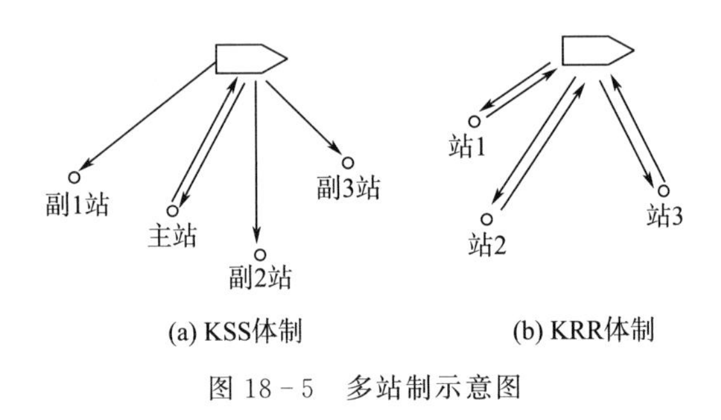

(a) KSS体制　　(b) KRR体制

图 18－5　多站制示意图

无线电 RAE 测量系统属非基线测量体制（即单站制），靠天线的方向性测角，设备简单，但精度低。其余几种体制属于基线制（或多站制），利用基线长度拉开天线之间的距离，相当于增大了单站制的雷达天线口径，使测角精度大为提高，但整个系统的设备和数据处理十分复杂。

由于各种测量体制的局限性，在实际应用中通常由两种或多种不同的测量体制组成一个协同工作的测量系统。

对主动段的高精度测量常用 Rr_i 体制和 $KS\dot{S}$ 体制组成的基本测量系统。Rr_i 体制的中基线干涉仪设在发射首区，其基线长度选为 30 km 左右。由于主动段飞行时间短、飞行航程短，利用该系统即可覆盖整个主动段。$KS\dot{S}$ 体制的外测系统布在航区，以完成航区的跟踪测量。

18.3　飞行器运动参数的测量原理

飞行器的轨道测量，具体来讲，就是测量飞行器与地面测控站之间角度、距离和相对速度。作为空间运动目标的飞行器，其位置是随时间而变的，所以只有将每一瞬间对应的距离、角度等运动参数记录下来才能定出飞行器的轨道。对空间运动的航天器的测定，首先必须“抓住”它，也就是运用测量设备跟踪飞行器的运动轨迹，即所谓的跟踪测轨。

18.3.1　空间目标定位的几何原理及数学表示

在一条直线上，如果想知道两点间的相对位置，只要测出两点间的绝对位置，就可以唯一地确定。对于空中目标，要确定其空中位置，就要由立体几何的关系来确定。通常采用雷达测量时，用图 18－6 所示的球面坐标来表示：距离 R，方位角 A，俯仰角 E，径向速率 $\dot{R}$ ，角速率 $\dot{A}$ 和 $\dot{E}$ 。

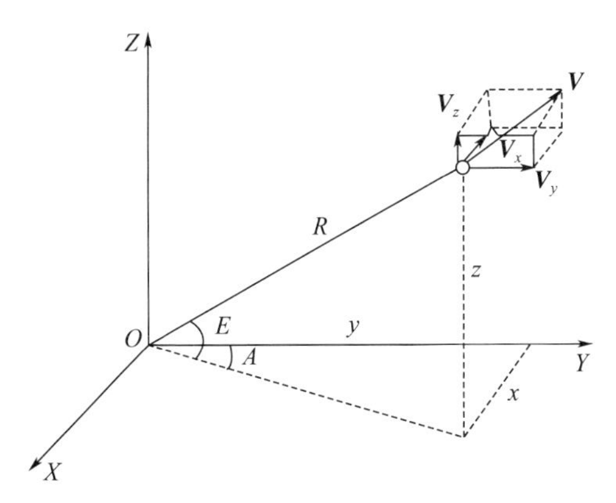

图 18－6　测站上测出的航天器的运动参数

如图 18－7 所示为如何通过 R、A、E 这三个数据来确定空间位置呢？首先，以测量站为原点，构筑一个直角坐标系 $O-XYZ$。在这个坐标系中，若只测一个距离 R，只能确定目标在一个以 O 为球心、以 R 为半径的半球面上。若再测得方位角 A，则表示目标还应该在图 18－7（b）所示的一个半平面内。由 R 和 A 可确定目标一定在半球面与平面的交线上，但还不能最后确定其确切位置。只有再测得俯仰角 E，如图 18－7（c）所示的该曲线与锥面的交点，方是空间目标的确切位置。将上述用于确定飞行目标的确切位置的 R、A、E 称为测量元素。

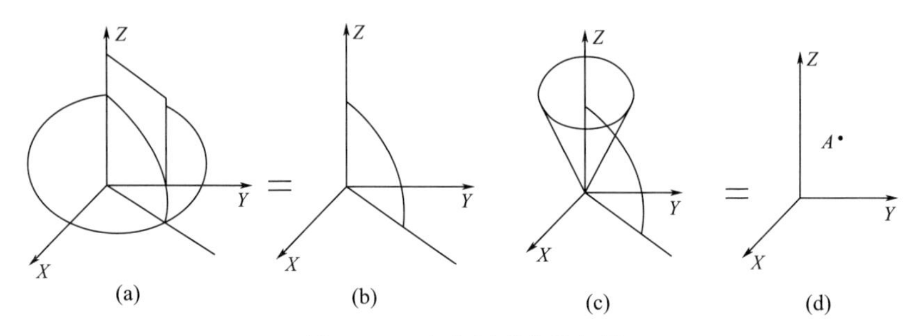

图 18－7　定位原理的几何图

根据不同的测量方法就可确定各种不同的测量元素。例如，测出两站的距离差，可画出双曲面；测量两站的和，可以画出椭球面等，因而形成了不同的测量体制。一般来说，无线电外测系统可分为表 18－1 所示的 6 种主要测量体制。

表 18－1　6 种主要测量体制

被测参数	数学处理方法
三个距离	球面三角测量法
三个距离差	双曲面交会法
距离和	椭球面计算法
距离、方位角、仰角	球面-极坐标交会法
距离及二极角	球面与拟双锥面相结合的几何图解法
距离和、距离差及高度	椭球面、双曲面及平面的比较法

但不管什么样的测量体制，其定位原理都是相同的，且相互之间可以转换。例如，球面坐标系中的测量参数 R、A、E 可以转换成直角坐标系中的三个参数 X、Y、Z，其间的关系为

$$\begin{cases}X = R\cos E\cos A \\ Y = R\cos E\sin A \\ Z = R\sin E\end{cases} \tag{18-3}$$

而飞行目标的径向速率 $\dot{R}$ 与速度在各坐标上的分量，可以用式（18－4）所示关系表示

$$\dot{R} = \frac{x}{R}V_x + \frac{y}{R}V_y + \frac{z}{R}V_z \tag{18-4}$$

事实上，测量系统所测得的量并不一定同飞行目标的定位坐标系完全相同，可以通过测量元素与定位坐标系的上述数学关系来最后确定所需要的飞行目标的位置和速度。

18.3.2　测距原理

利用无线电进行外弹道测量，一个重要的测量元素是目标的瞬时距离。通常利用大功率发射机通过天线向飞行器发出无线电信号，这些信号经飞行器接收机接收并转发回来（或者直接由飞行器表面反射回来），再由地面接收机接收，测量无线电波往返传送的时间或相位移，从而计算出测量目标相对于测量站的距离。其基本原理是无线电波在均匀媒质中是以恒速、直线传播的，因此测距信号的时延或瞬时相位与传播距离之间具有线性关系。频率为 f 的信号，以光速往返传播后，其相位延迟为

$$\varphi = (4\pi/\lambda)R = (4\pi f/c)R = 2\pi f\tau \tag{18-5}$$

设发射信号为 $u(t)$

$$u(t) = U_t\cos\varphi_t = U_t\cos(\omega t + \varphi_0) \tag{18-6}$$

式中　U_t ——发射信号幅值；

φ_t ——发射信号瞬时相位；

ω ——发射信号角频率（$\omega = 2\pi f$）；

φ_0——发射信号初始相位。

发射信号经目标反射（或应答机转发）后，地面接收信号为

$$U_r(t)=U_r\cos\varphi_r=U_r\cos[\omega(t-\tau)+\varphi_0+\varphi_{r0}] \tag{18-7}$$

式中 U_r——接收信号幅值；

φ_r——接收信号瞬时相位；

φ_{r0}——无线电波被目标反射（或应答机转发）时的初始相位。

τ 为接收信号相对发射信号的延迟时间，$\tau=t_r-t_t$，其中 t_t 为电波发射时刻，t_r 为电波接收时刻。因此有

$$R=\frac{c}{2}\tau=\frac{c}{2}(t_r-t_t) \tag{18-8}$$

式中 R——目标的距离；

c——光速。

目前，用于无线电测距的信号有脉冲信号和连续波信号两大类，其相应的设备又称为脉冲测距设备和连续波测距设备。

（1）脉冲测距原理

脉冲测距是测量回波脉冲对于发射脉冲的时延 τ 从而获得目标距离的方法，τ 可通过对收、发信号时间间隔进行计数而得到。图 18-8 给出了脉冲测距的原理框图。若计数脉冲频率为 f_g，周期为 T_g，在 τ 内计有 n 个脉冲，则 $\tau=nT_g$。

目前测控系统所用脉冲雷达都由数字测距机利用前后波门获取误差信号进行自动跟踪测距的。雷达由搜索捕获转入跟踪状态时，前后波门中心相对发射脉冲的时延代表了目标的距离。波门中心与回波中心比较，得出相对位置的误差和极性号。误差大小与两中心偏差量成正比，误差的极性由偏离波门中心的方向来确定。距离计数器按输出误差电压的正负作加或减以进行计数，并不断调整波门中心位置，使波门中心与回波中心对齐，从而实现自动跟踪。

（2）连续波测距原理

雷达的作用距离主要取决于雷达发射的平均功率，而脉冲雷达

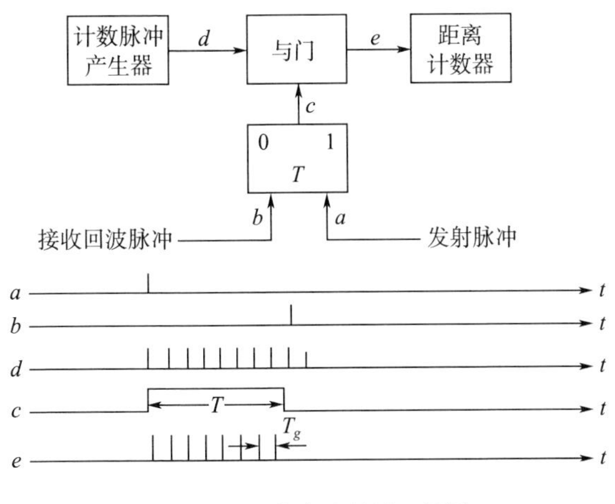

图 18－8　脉冲测距原理框图

发射机因受峰值功率和发射脉冲宽度的限制，难以提高平均功率。这样就限制了脉冲测距的作用距离，因此远距离、深空、高精度的测距多采用连续波雷达。

发射一连续的高频无线电波，并用较长周期的电信号调制；同时在接收端接收后把较长周期的电信号调解出后，与发射调制信号相比较。通过比较接收测距信号与发射测距信号的相位差 $\Delta\varphi=\varphi_r-\varphi_t$，由公式（18－5）来求得距离 R

$$R=\frac{1}{4\pi}\lambda\Delta\varphi \tag{18-9}$$

图 18－9 给出了正弦型低频调制信号的相位差测距原理图。

连续波测距是将一定形式的测距信号调制在连续发射的载频上来实现的，所谓一定形式的测距信号，可以是带有特殊时刻标志或相位标志的信号。采用正弦型信号调制载波测距，称为侧音测距；采用周期性的伪随机码去调制载波测距，称为伪码测距。目前常用的连续波测距信号主要有 3 种形式，即侧音信号、伪码信号和两者结合的音码组合信号。

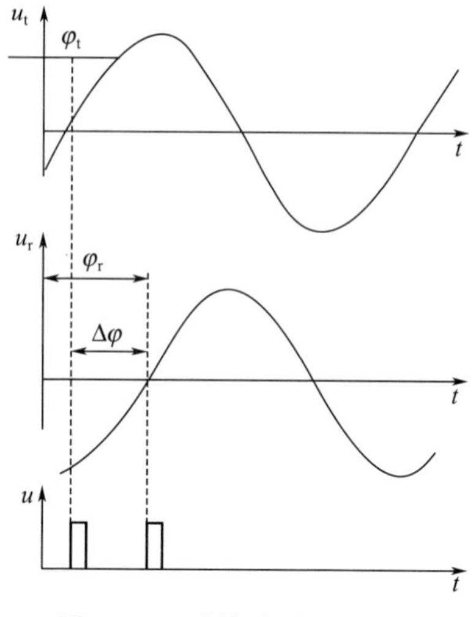

图 18-9 连续波测距原理图

18.3.3 测速原理

无线电测速系统通常都利用多普勒原理进行单向测速或双向测速。

当一个发出某一稳定频率的波动，如声波或无线电波的物体与观察者有相对运动时，观测者观测到该物体发出的频率是变化的。当该物体向观测者方向运动时，其所发出波动的波长缩短，也就是频率变高；当物体离开观察者时，波长增大、频率变低。这种波动效应称作多普勒效应。多普勒效应表明，频率的变化与相对速度成反比

$$f_d = \Delta f = \frac{v}{u} f \tag{18-10}$$

式中 Δf ——频率变化量（称为多普勒频移，可用 f_d 表示）；

v ——物体与观察者的径向速度，接近时取正值，离开时取负值；

u ——物体发出的波动相对于物体的传播速度，对于无线电波 $u=c$（c 为光速）。

将多普勒效应应用于测量径向运动速率 $\dot{R}$ 。若飞行目标上装有信号发射机，其发射信号的频率为 f_t ，地面接收收到的频率为 f_r 。

由于目标相对于测量站以 $\dot{R}$ 的径向速率在运动，使得 f_r 不等于 f_t，则 $r_d = f_r - f_t$ 称为单向多普勒频移，由式（18－10）知其值为

$$f_d = \frac{\dot{R}}{c} f_t \tag{18-11a}$$

基于多普勒原理测量的目标径向速度 $\dot{R}$ 为

$$\dot{R} = \frac{c}{f_t} f_d = \lambda_t f_d \tag{18-11b}$$

式中　λ_t——发射信号波长。

同理，若地面设备发射信号频率为 f_t，经目标转发，地面再接收，则该多普勒频移表达式为

$$\begin{cases} f_d = 2\dfrac{\dot{R}}{c} f_t \\ \dot{R} = \dfrac{1}{2}\lambda_t f_d \end{cases} \tag{18-12}$$

式（18－12）即为双向多普勒测速原理的公式。

事实上，速度是个矢量。也就是说，要描述这个量，不但要知道速度的大小，还要知道其方向。上述所讨论的方法只是求出了飞行目标相对地面测量系统的径向速度的大小。为了求得其速度的方向，至少要用三个类似的测量站，如图 18－10 所示，才能组成一个完整的多普勒测量系统。

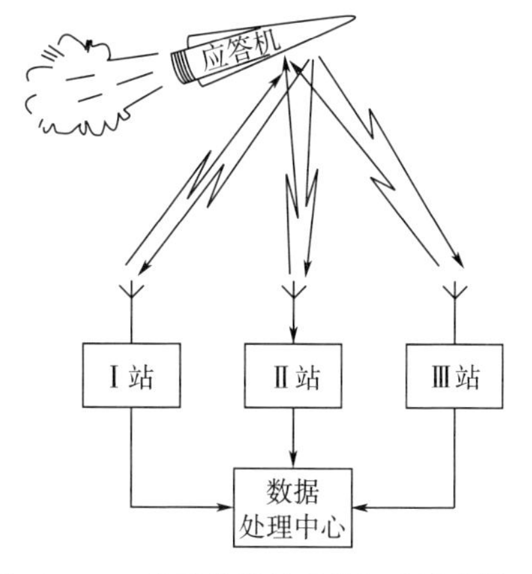

图 18－10　多普勒测量系统组成示意图

18.3.4　测角原理

无线电测角是建立在无线电波直线传播的基础上，通过方向性极强的天线波束对准目标而实现对目标的角坐标的测量的。无线电测角系统的主要任务是瞬时地测出

空间飞行目标的角坐标位置，用其和无线电测距系统所测得的距离数据综合求解，从而确定空间飞行目标的瞬时位置。

无线电外测设备都能作精度不等的角度测量。有些无线电外测设备可从接收信号的相位差值直接计算出精确的角度数据，但大多数设备是利用天线波束的方向性取出误差信号，以此驱动天线波束对准目标，再从角度跟踪系统输出角度数据。无线电自动跟踪测角体制有圆锥扫描和单脉冲两种，在精密测角系统中以单脉冲体制为主。单脉冲测角系统按角度误差信号获取的方式可分为相位法和振幅法，其中振幅法应用得更加普遍。

（1）圆锥扫描

圆锥扫描雷达的天线为旋转抛物面天线，天线波束轴（最大增益值）偏离天线轴 θ_0 角度。波束扫描机构使波束按照一定的角度频率 Ω 绕天线轴旋转，这样波束轴就在空间画出一个绕天线轴旋转的圆锥面，故这种体制称为圆锥扫描。在扫描过程中，无论波束在什么位置，天线轴方向的增益都是相等的。当天线对准目标时，接收线号为等幅波；而当目标偏离天线轴线时，随着波束的旋转，接收信号近似为调制正弦波，其调制深度取决于目标偏离天线轴（等信号轴）角度的大小，而调制信号的起始相位则由目标偏离天线轴的方向确定。圆锥扫描的信号波形如图 18－11 所示。

圆锥扫描的角误差信号要在波束扫描一周后得到。天线轴线在跟踪目标时并不是方向图的最大值，这就会造成接收信号的损失，但其测角灵敏度随着偏角 θ_0 的增大而增大。所以要折中选择 θ_0。一般选择使波束宽度在扫描时比不扫描时增加 1.4 倍。

圆锥扫描的优点是设备简单，波束宽，易于捕获目标，因此其常用于对精密窄波束设备的引导；缺点是测角精度低，抗干扰能力差。

（2）比相单脉冲测角

利用两接收天线测量目标反射信号或信标信号的相位差进行角度测量的方法称比相测角法。如图 18－12 所示。

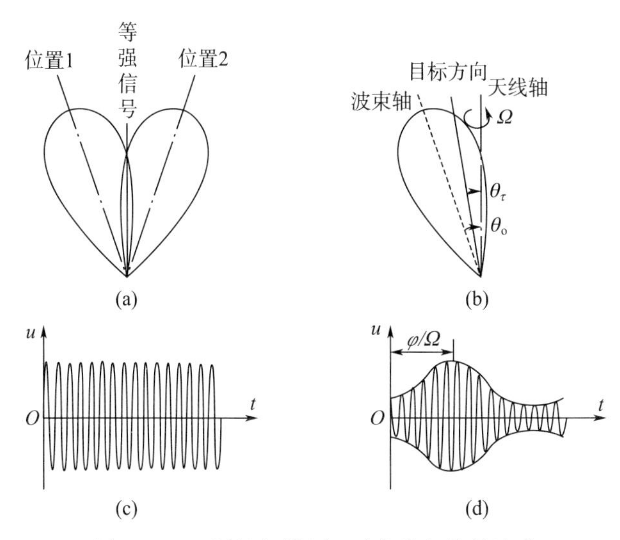

图 18－11　圆锥扫描原理及接收机信号波形

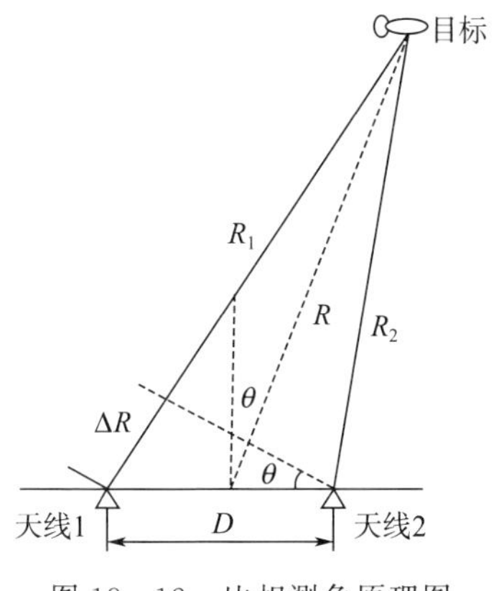

图 18－12　比相测角原理图

设目标在 θ 方向上，当目标距离两接收天线很远时，目标信号可视作平行射线，且信号强度近似相等。因而两接收天线所接收的目标信号由于波程差而产生的相位差 $\Delta\varphi$ 为

$$\Delta\varphi = (2\pi/\lambda)(R_1 - R_2) = (2\pi/\lambda) D \sin\theta \qquad (18-13)$$

式中　D——两接收天线间距离；

θ——目标方向与基线垂线的夹角；

$\Delta\varphi$——两天线所接收目标信号之间的相位差。

（3）比幅单脉冲测角（天线定向测角）

①最大信号法

当天线波束对准目标时，接收到的回波信号幅度最大，其他时候波幅随波束轴偏离目标的角度增大而减小。根据回波信号这一特点，以波束轴对准目标接收到最大回波时的角度 θ_t 为目标的坐标角，如图 18-13 所示。

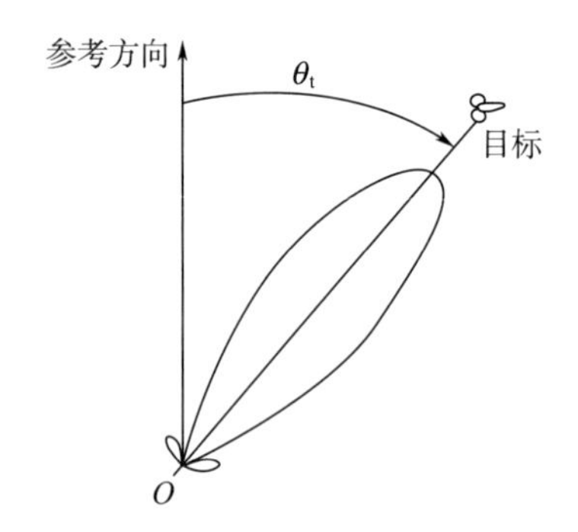

图 18-13　最大信号法原理图

这种方法的优点是测角过程简单，测得目标角坐标时天线接收到的信号噪声功率比为最大；缺点是测角准确度不高，这是因为天线波束方向图在最大值附近一般比较平坦、变化比较小，因此当目标偏离天线轴很小时回波强度变化不大。所以最大信号法不适用于精密测量，但可用于搜索、引导和步进跟踪。

②等信号法

等信号法测角采用两个相同但彼此部分重叠的波束方向图，如图 18-14 所示，两个波束的交点与原点的连线 OA 称等信号轴。若目标处在等信号轴上，两个波束接收到的回波信号强度相等。当目标偏离等信号轴 OA 时，两波束所收到的回波信号强度就会不等：若目标在 OB 线上，波束 1 收到的回波信号会比波束 2 收到的强；

若目标在 OC 线上，则恰好相反。这样根据两波束接收信号的相对强度，就可知道目标偏离 OA 的方向和大小。

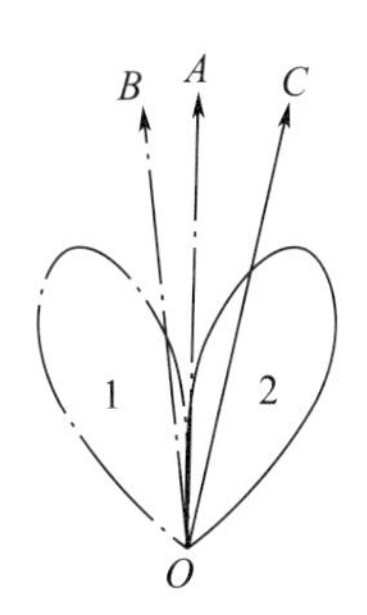

图 18-14　等信号法原理图

等信号法的优点是测角精度高。因为等信号轴 OA 一般位于方向图变化率较大的地方，只要目标稍偏离轴线 OA，两路信号就有明显差别；缺点是天线设备比较复杂。该方法常用于自动跟踪测角。

18.4　跟踪测量系统各项功能的实现途径

18.4.1　多普勒探测系统

多普勒探测系统基于多普勒频移原理，根据连续波的频率变化推算出航天器的速度及其他参数。这类系统原则上可以和飞行器上的应答机配合工作，也可以靠飞行器反射信号（不带应答机）进行工作，但其效果不及前者，所以连续波多普勒测量系统通常都采用应答方式。

多普勒测速和测位系统（DOVAP）是典型的多站连续波频率比较式轨道测量系统。如图 18-15 所示，该系统包括地面基准发射机、空载应答机和地面测量站。径向速度可由各个测量站各自测得。为了确定速度矢量，至少得布设三个地面测量站。

余下的问题是如何再通过这三个站接收的频率来计算位置坐标从而确定航天器的位置。为此，先说明怎样由一个站的多普勒频移

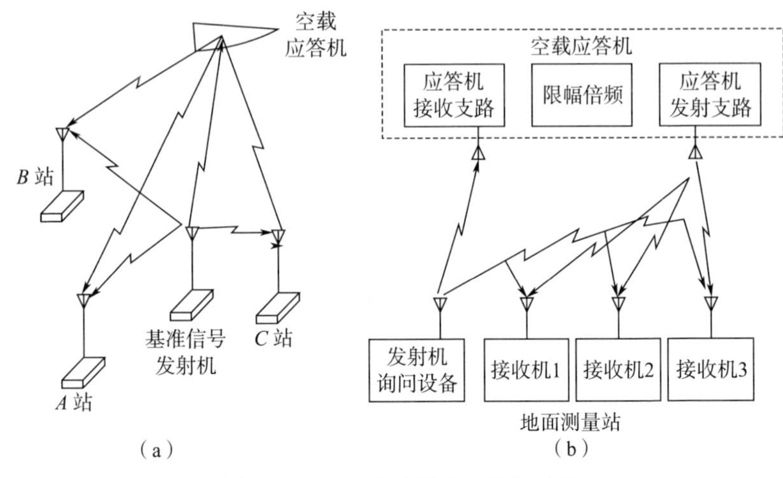

图 18-15　多普勒测速和测位系统

进行测距。

在 18.3.3 节中讨论了产生多普勒频移的原理，当发出信号的一方和接收信号的另一方无相对运动时，信号以光速传送；当二者有了相对运动后，信号传送速度就发生了变化。由于发出的信号的频率和波长没变、只是接收方接收的频率变了，若相对运动的速度是个不变常数，则多普勒频移 f_d 也应为一个常数。目标以这个不变速度运动时，假设经过了 T 时间，那么很显然目标运动距离 S 应为 $T \cdot v$，由式（18-10）知

$$f_d = \frac{v}{u} f_0 = \frac{v}{u/f_0} = \frac{v}{\lambda}$$

式中　λ ——发射信号的波长。

可见

$$S = T \cdot v = (T \cdot f_d)\lambda \tag{18-14}$$

$T \cdot f_d$ 为时间 T 内的多普勒积累周数。因此只要测量出多普勒频移 f_d 在一段时间间隔内的周数，就能确定这一段时间内的相对距离。

有了三个站的测距数据，对发射机-接收机产生一个标量数据，标量数据的轨迹构成一个回转椭球面，发射机和接收机分别是其两

个焦点。这样，三个回转椭球面相交于一点就定出了飞行器的位置。

DOVAP 系统精度取决于测量站的位置、航迹的几何特性、频率的精密测量和控制。至今已有许多种衍生型出现，例如三值测量多普勒系统、球面多普勒系统、超高频多普勒和多普勒相位锁定系统等。

18.4.2　相位探测系统

相位探测系统又称为干涉仪测量系统。利用 18.3.4 节所述的比相测角原理，用一对天线（置于图 18-16 的 A、B 两点）可以测出飞行器与 A、B 两点连线中点 O 的连线的夹角 α，即被测目标一定位于以基线 AB 为轴、以 O 为顶点、顶角为 α 的圆锥面上。如果在与原基线 AB 的垂直方向再设一对天线位于 C、D 两点，用同样方法测出与 CD 连线中点 O 的夹角 β，则又可画出另一个锥面，那么目标就一定在这两个锥面的交线上。只要再测出目标离 O 点的距离 R，即可将目标定位。由图 18-16 可知其定位关系为

$$\begin{cases} X = R \cdot \cos\beta = R \cdot l \\ Y = R \cdot \cos\alpha = R \cdot m \\ Z = R \cdot n \ (n^2 + l^2 + m^2) = 1 \\ \cos E = \sqrt{\cos^2\alpha + \cos^2\beta} \end{cases} \tag{18-15}$$

利用上述原理设计了电子测角部件（AME）和电子测距部件（DME）。AME 和 DME 的不同组合就可组成满足不同要求的探测定位系统，典型的有 AZUZA 系统（短基线微波干涉仪）。将 DME 和 AME 部件与 DOVAP 系统经过精心的设计和巧妙安排，就可以组成一类精密的轨道测量系统，美国著名的 MISTRAM（导弹弹道测量系统）就是这样组成的。如果再加上脉冲精密雷达，又可构成新的测量系统，例如 GLOTRAC（全球跟踪网）。

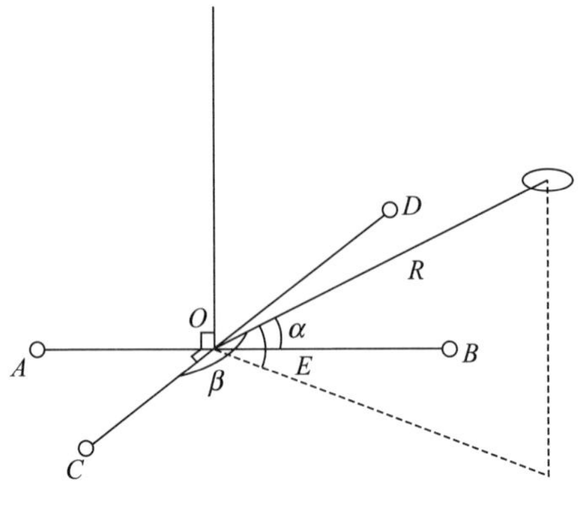

图 18-16　相位探测系统的定位原理图

18.5　轨道测量系统分类与主要设备

为了实现对目标运动参数的连续测量，必须首先实现对目标的连续跟踪。对目标的跟踪方法大致有以下三种：

1）手动跟踪：根据理论或预报的目标运动轨迹手动天线跟踪目标；

2）程序跟踪：根据理论或预报的目标运动轨迹使天线随动跟踪目标；

3）自动跟踪：天线自动追随并跟踪目标。

完成空间目标轨道测量的手段主要有两种：光学跟踪测量和无线电跟踪测量。

18.5.1　光学外测系统

（1）概述

光学测量设备是飞行器发射和航天试验中不可缺少的测量手段，其具有测量精度高、直观性强，不受“黑障”和地面杂波干扰影响的优点。但是光学测量设备由于其具有观测条件苛刻（如要求天光地影、天气晴朗等）、作用距离较近等缺点，因此不满足在全球范围内长期运行的飞行器的测轨要求，故在航天跟踪测量系统中未得到广泛应用。一般用其可完成外弹道参数测量、事件记录及辐射测量，具体包括飞行目标的位置、速度、姿态、着陆点、级间分离、助推器脱落、救生搜索等，并在试验鉴定和故障分析中起着重要作用。

借助光学测量设备完成的测量功能，大致可分为以下三大类：

1）弹道测量设备：主要用于飞行目标的主动段、再入段弹道参数的测量和无线电设备的精度鉴定，其主要设备有电影（光电）经纬仪、弹道照相机、激光雷达等；

2）事件记录设备：以摄录图像的方式记录火箭点火、起飞、离架、程序转弯、级间分离、飞行器返回时的实况，其主要设备有电影（光电）望远镜、高速摄影机等；

3）物理参数测量设备：用于在轨飞行器的光度和红外辐射等光谱辐射特性的测量，其主要设备有红外辐射测量仪和光谱测量仪。

虽说光学测量设备具有目标捕获困难、作用距离近、不能全天候工作和不能实时输出数据等固有缺点，但由于高新技术在光学测量设备中的广泛应用，不仅发挥了光学测量设备原有的优点，而且有效克服了某些固有缺点，使光学测量设备在测控系统的外测分系统中仍然保持着重要地位，并与无线电设备相辅相成，不可替代。

（2）主要设备简介

①电影（光电）经纬仪

电影经纬仪是在测地经纬仪的基础上发展起来的，是经纬仪与电影摄影机相结合的产物。随着科技的发展，将激光、红外、电视技术用于电影经纬仪上，便形成了当代先进的激光红外电视电影经纬仪。

激光红外电视电影经纬仪用于飞行器发射段、再入段的外弹道测量和飞行姿态行事件记录，其电视系统还可实时提供电视监视图像。

激光电视电影经纬仪设备组成如图 18－17 所示，其由摄影光学系统、瞄准系统、测角系统、记录系统、电视（或红外）跟踪测量系统、激光测距系统、伺服系统和机架等组成。

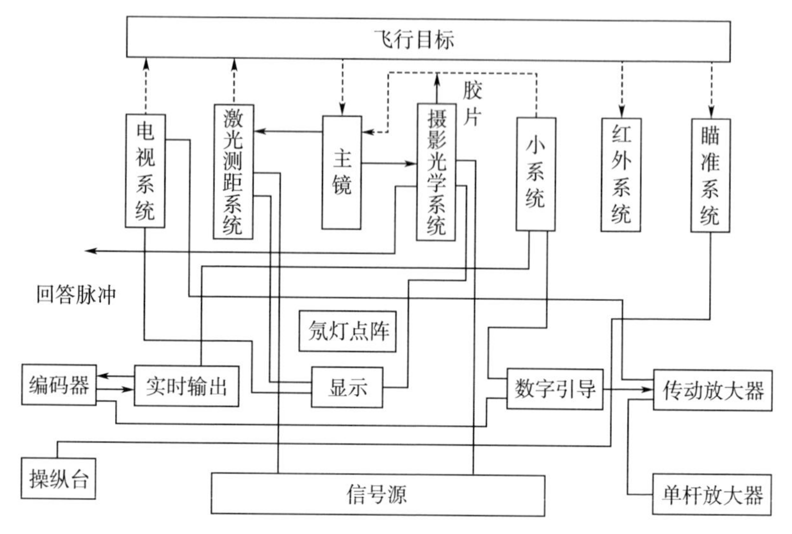

图 18－17　激光电视电影经纬仪工作原理框图

电影经纬仪由半自动或数字引导捕获目标后，用其自身的红外系统或电视系统进行自动跟踪、激光测距及电影经纬仪测角，并由电视系统进行脱靶量修正。当电视系统跟踪失效时，可用红外系统进行自动跟踪、激光测距及电影经纬仪测角，并由红外系统进行脱靶量修正。在跟踪的同时，将测量的角度、距离、脱靶量等数据一方面实时输出传送到中心计算机处理，一方面用胶片记录供事后数据处理用。

发射的激光经发射望远镜射向目标，接收系统的光路通过经纬仪主镜系统分光后，由光电倍增管接收距离计数器实现激光测距；同时向摄影自动调焦系统提供调焦电压。有激光测距时，电影经纬仪可单站定位。

②弹道照相机

弹道照相机是一种固定式、单画幅连续曝光拍摄的光学测量设备，其工作原理基本上与电影经纬仪相同。其可以恒星为定向基准来确定弹道照相机视准轴的方向，从而达到很高的测角精度（1″～2″）。

图 18－18 给出了单站工作 192 弹道照相机的方框图。其由弹道照相机本体、程序控制记录仪、光电接收装置、目标光源（含石英装置）、目标光源（含石英钟系统）、时统系统、坐标测量仪等分系统组成。该弹道照相机能单站独立工作，配有完善的时统通信设备和灯光导航设备，所有测量设备全部安装在专用车辆上，机动性好。

③激光测距机

激光测距机根据激光往返传播的时间和光的传播速度得到被测目标到测量站的距离。激光测距技术包括相位测距技术和脉冲测距技术。相位测距技术的测距精度极高（0.1～1 cm），但其作用距离有限，主要用于高精度大地测量；脉冲的测距技术的测距精度较高（0.1 cm～1 m），且其作用距离远，主要用于运载火箭、空间目标等飞行器的轨迹测量。在飞行器轨迹测量中，激光测距值可以和电影经纬仪获得的方位角（A）、俯仰角（E）的测量值结合起来构成 RAE 单站定位系统。

光在给定介质中的传播速度是一定的，因此，通过测量光在参考点和被测点之间的往返传播时间即可给出目标和参考点之间的距离。脉冲测距是通过直接测量激光脉冲的往返传播时间进行测距的。激光脉冲的往返传播时间由距离计数器测量。距离计数器的开门信号为激光主波采样信号，对应的关门信号为激光回波信号，激光脉冲往返传播时间可根据距离计数器在开、关门信号之间计数值求得。由上述测量原理可知，传播时间测量精度主要取决于距离计数器的时间分辨力和主、回波触发点的一致性。

激光测距机的组成见如图 18－19 所示。图 18－19 中框 A、B、C 分别代表激光发射系统、接收系统和信号处理系统。发射系统包括激光器、激光电源、扩束驱动、光学系统及冷却系统等部分。接收系统包括探测器、探测器电源、放大器和辅助电路。信号处理系统包括计算、控制、通信等功能单元电路和低压电源模块。三个分系统分别完成激光脉冲的发射、激光信号探测、时间—距离转换等功能。

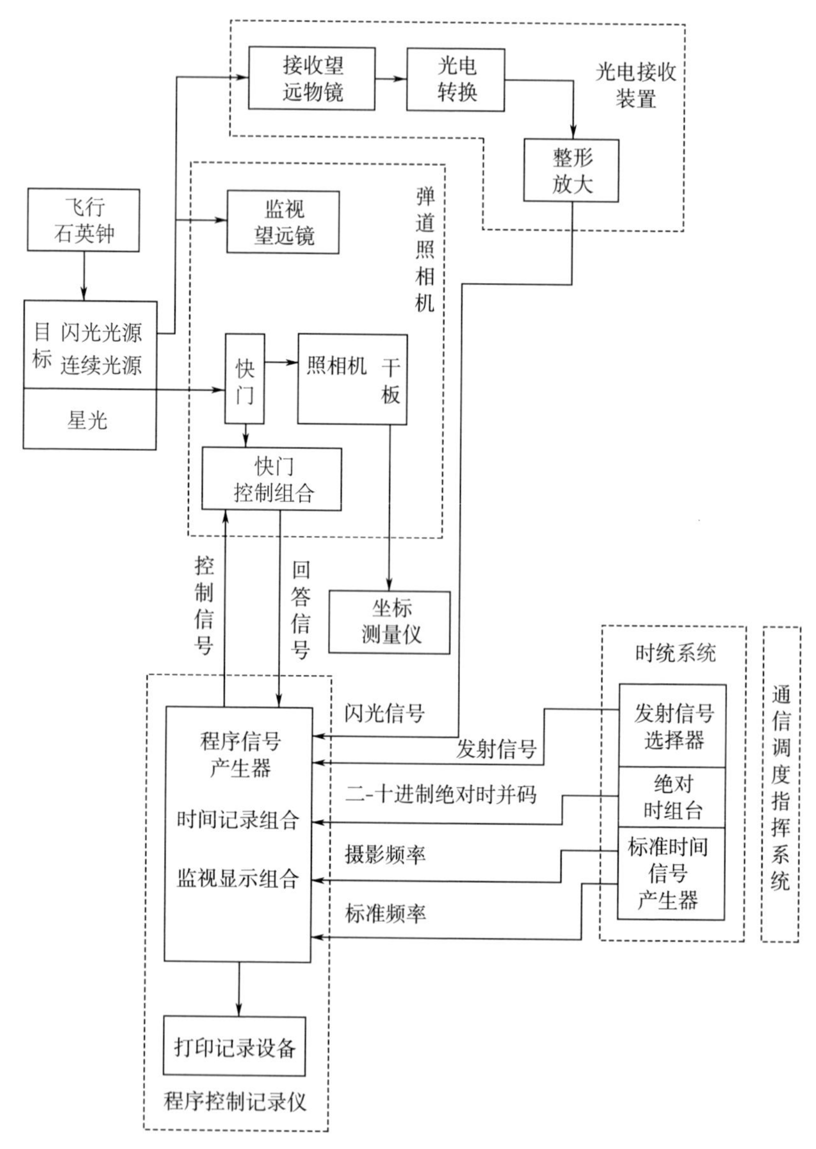

图 18-18 单站工作 192 弹道照相机框图

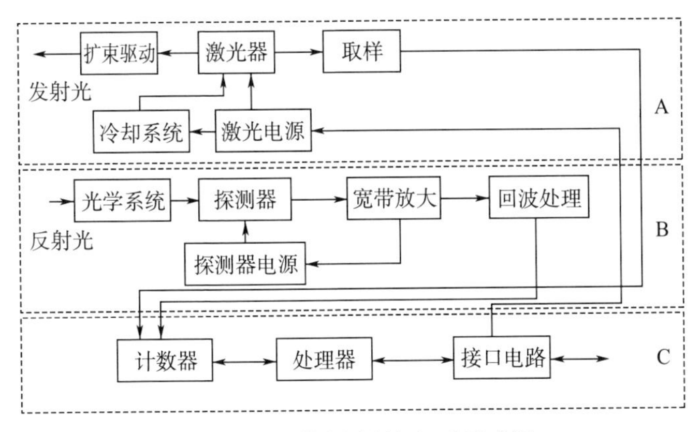

图 18-19　激光测距机组成示意图

18.5.2　无线电外测系统

（1）概述

无线电外测就是利用无线电波对飞行器目标进行跟踪测量，以确定其弹道或轨道参数。无线电波由地面发射机产生，通过天线射向飞行器，由飞行器搭载的应答机天线接收，经应答机处理再由天线转发至地面（反射式雷达信号由目标直接反射回地面），地面接收天线接收并经接收机处理，最终由终端机给出测量参数。产生、发射、转发、接收、处理无线电信号、给出目标运动状态测量元素的一整套设备统称为无线电外测系统。无线电外测系统具有全天候工作、作用距离远、其信号易于综合传送其他多种信息和方便实时处理等优点，是航天跟踪测量系统的主体。

无线电外测系统包括脉冲体制和连续波体制。前者采用各种射频脉冲信号工作的脉冲测量雷达，其主要优点是设备简单，可单站、单站接力和多站同时工作，一般用于飞行器近距离、短时间的发射主动段测量；后者采用连续发射射频信号工作方式，易于实现测速和载波信道的综合利用，多用于飞行器的远距离、长期运行的运行段测量，主要包括多普勒测速系统、距离与距离变化率测量系统和微波统一测控系统等。

无线电测量系统由飞行器上设备和地面测量站的设备组成。飞行器上的设备包括应答机（或信标机）及天线馈线系统，地面测量站设备主要由发射机、接收机、天线伺服系统和测距、测速、测角终端等组成。

（2）主要设备简介

①单脉冲雷达

单脉冲雷达是利用对波束接收信号的振幅或相位的比较而得到目标偏离天线轴的角误差信号的一类跟踪雷达。由于其能从一个回波脉冲信号中得到目标偏离天线轴的角误差信号，因而称之为单脉冲雷达。因为其测角精度高于其他雷达，故在测控系统中得到广泛应用。以应答方式可对箭-船系统的主动段、入轨段、飞船的运行段、回收再入段进行跟踪测量，提供目标的距离、方位、仰角和径向速度的信息。

C 波段（频率在 4 000～8 000 MHz 之间）脉冲雷达属于振幅测角型单脉冲雷达，其工作过程如下。

1）发射：同步振荡器输出稳定的连续波至测距机，其经放大微分作为距离基准脉冲和主脉冲。主脉冲送至发射机，调制发射机参量倍频器的输出信号，经发射机参量倍频器倍频后输出 C 波段的脉冲波，再经两级行波管放大器与速调管放大器放大，输出一个主脉冲延迟的射频脉冲。射频脉冲经馈线系统、高频加减器（和差器）、馈源和反射器（抛物面）向空间辐射。

2）接收：目标回波（或应答信号）由天线接收，经高额加减器送入接收机。接收机将距离信号和俯仰、方位信号分别经晶放、混频变成中频信号，并分别送至各通道。送入测距机的信号经过捕获装置、消除测距模糊装置、消除盲区装置等一系列信号处理，测出接收信号同发射信号的时间间隔 τ，从而根据多普勒频移效应确定目标距离 R，并同时实现对运动目标的距离的自动跟踪。俯仰、方位通道提供的误差信号作为角控制信号分别送入俯仰、方位伺服系统，控制天线随目标转动，从而实现角度自动跟踪。

②信标引导仪

信标引导仪作为测控系统不可缺少的通用的无线电引导设备，与飞行器携带的信标机配合工作，提供方位角和俯仰角实时引导信息。

信标引导仪由锁相接收机、天线控制系统和终端三大部分组成，其框图如图 18－20 所示。该设备采用锁相接收机和圆锥扫描角跟踪体制，以信标工作方式测量目标的方位角和俯仰角。

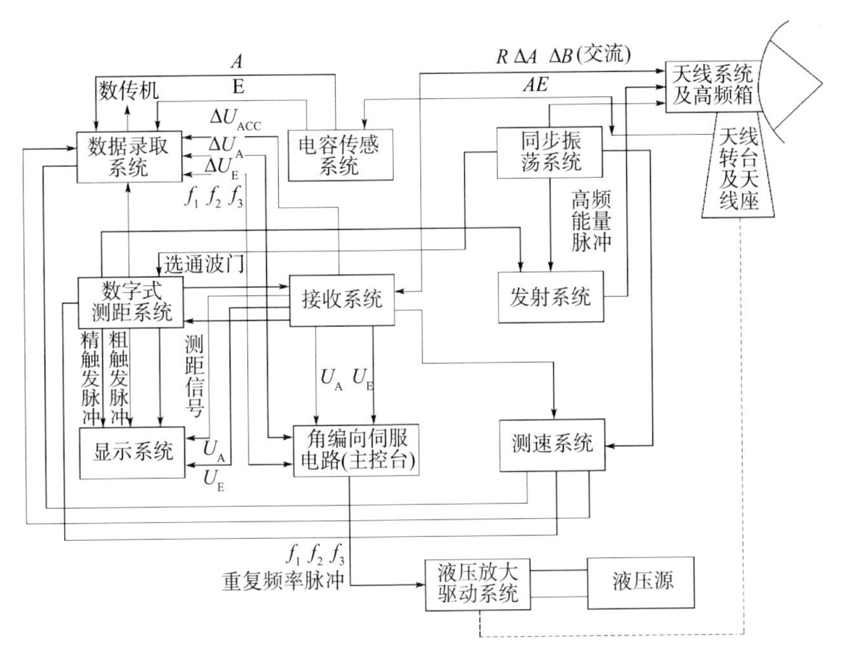

图 18－20 161 甲信标引导仪组成框图

③连续波雷达

连续波雷达主要用于运载火箭主动段的测量和近地卫星与飞船的轨道测量。作为中精度测量设备，其由频率源、发射机、接收机、天线馈线、测角和伺服、测距机、测速机、数录机、总监控台、标校塔与应答机等分系统组成，其框图如图 18－21 所示。

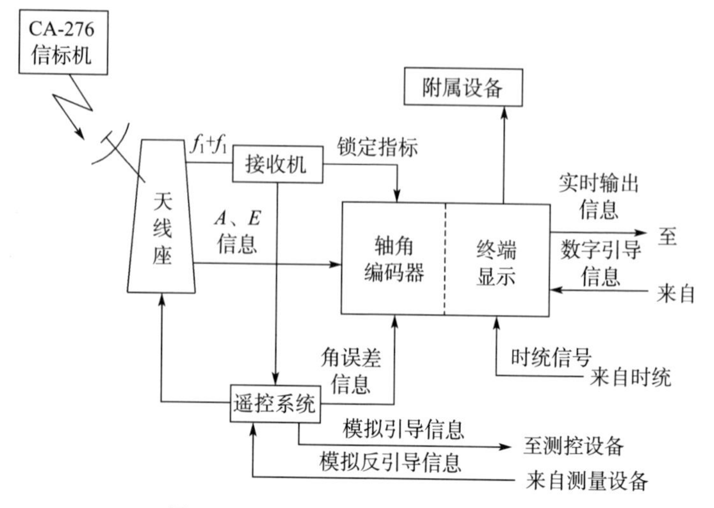

图 18-21　158 连续波雷达组成框图

④微波统一测控系统

微波统一测控系统是指利用统一的载频、一套天线、一套设备，将飞行器的跟踪测轨、遥测、遥控和天地通信等功能合为一体的无线电测控系统。其测距采用伪码加侧音的混合体制，测角采用三通道单脉冲体制。微波统一测控系统的基本工作原理是：将各种信息先分别调制在不同频率的副载波上，然后相加共同调制到一个载波上发出；在接收端先对载波解调，然后用不同频率的滤波器将各副载波分开：解调各副载波信号得到发送时的原始信息。该系统配有同频引导设备，引导仪捕获并跟踪飞船上的信标后，通过模拟通道和数字通道实现引导。微波统一测控系统按其功能划分的基本组成有：测距分系统、测速分系统、测角分系统、遥控分系统、遥测分系统、通信分系统、引导分系统和监控显示分系统。图 18-22 是统一测控系统的组成及其工作流程图。其设备可分为两大部分：飞行器上测控设备和地面测控设备，飞行器上设备包括应答机、信息处理终端、记录设备，地面测控设备包括测轨设备、遥控发送设备、遥测接收设备、通信设备、监控、显示设备、引导设备以及测控站与计算机或其他外界设备连接的接口设备。在该系统中，有时候还采用同一收发天线、馈电系统和参放传送多个载波，如电视或遥测等信息容量较大的信号，这种传输方式称为多载波传送，如图 18-22 中虚线的方框部分所示。

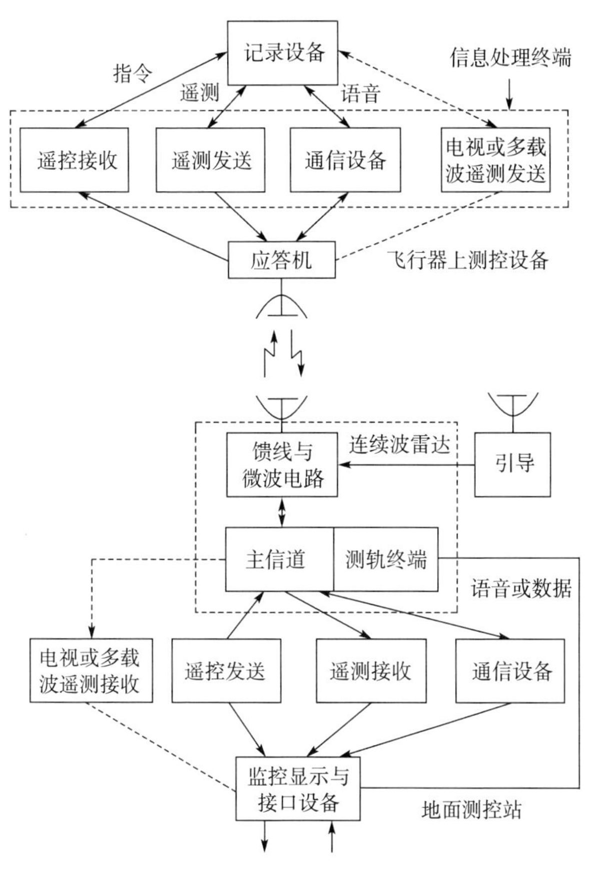

图 18-22　微波统一测控系统组成及其工作流程

第19章 航天医学工程学

19.1 概述

航天医学工程学是以载人航天任务为背景，为适应载人航天发展需要而形成和建立起来的一门医学与工程相结合、多学科交叉集成的综合性医学工程应用学科。其以系统论为指导，利用现代科学技术以及与之相适应的方法体系，研究载人航天活动对人体的影响及特征规律，研制出可靠的工程对抗防护措施，设计和创造合理的人机环境，寻求载人航天系统中人（航天员）、机（载人航天器及运载器）和环境（航天环境和飞行器内环境）之间的优化组合，以确保航天活动中航天员的安全、健康和高效工作。其既源于航空医学、空间生命科学、工程技术等基础学科，又具有鲜明的自身特色，凸显了学科间的交叉渗透融合和明确的飞行任务应用背景。

航天医学工程学以人为中心，以实现载人航天任务中航天员的安全、健康和高效工作的要求为目标，在明确的任务牵引下，遵循应用基础研究、应用技术攻关、应用技术工程化实践的发展规律和科学的方法体系，综合集成生物学、医学、电子学、数学、力学、机械工程学等多学科知识、理论和技术，通过医学工程技术的交叉融合，形成了以确保航天员安全、维护航天员健康、提高航天员工作能力为目标的实施体系（图19-1）。

上述体系体现了航天医学工程学的四个核心要素：

1）以系统论为指导；

2）以人为本；

3）医学与工程相结合；

4）安全、健康、高效工作的三大目标。

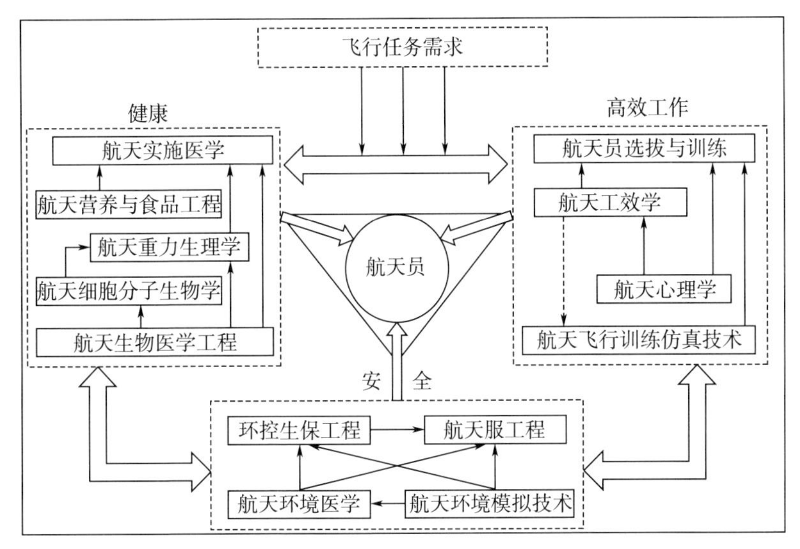

图 19－1　航天医学工程学与载人航天任务关系示意图

系统论是航天医学工程学的指导思想。在航天医学工程学分支学科设置、研究内容和研究方法确定、学科发展规律探索等方面，需始终贯彻系统论的指导思想。航天医学工程学设置了 13 个分支学科，这些分支学科紧紧围绕载人航天中航天员的安全、健康和高效工作的目标开展研究，各学科之间互相关联，构成了一个综合交叉的学科群，以共同解决载人航天复杂人机系统问题。要达到上述目标、解决这些问题，依靠单个学科是无法实现的。

以人为本是航天医学工程学的核心理念。人始终是航天医学工程学关注的焦点和核心，各分支学科的研究都是围绕人展开的。例如，航天实施医学围绕航天员的医学监督与医学保障开展研究，航天营养与食品工程围绕航天员的营养需求与营养保障开展研究，航天人因工程与工效学则重点研究如何保证航天器更好地适应人的生理、心理特点和工作能力。

医学与工程相结合是航天医学工程学的特色。在医学研究过程中要借鉴工程化的方法，强化研究的边界条件和过程控制，使研究结果更具工程可行性；在工程研制中要充分考虑医学需求，以人为中心展开设计，工程研制的结果要通过有人参与的试验加以验证。例如，在航天服装备的研制过程中，医学部门在研究中摸清人的生理特性和规律，通过工程化的实验研究提出航天服生理卫生学与工效学要求，医学部门与工程部门共同协商确定航天服工程设计上可操作的医学工程设计参数要求；工程部门负责制定并测试航天服医学工程设计参数，医学部门负责制定航天服人体生理学评价方法及标准并实施评价；而对于航天服装备的系统综合试验评价，则由医学部门和工程部门联合实施。上述研究和试验方法是医工结合的具体体现。

安全、健康和高效工作，是学科群要实现的共同目标。以安全、健康和高效工作为目标牵引的三大模块存在着相互影响、相互支撑的内在联系，且层层递进。确保航天员的安全是保障航天员健康飞行和高效工作的前提，也是最基本的要求；在此基础上，还必须保证航天员的健康，这要求航天环境医学和环控生保工程还必须保证人的正常生活；最后，还必须开展复杂人机系统工效学研究，以提高航天器的适人性。通过选拔训练确保航天员具备工作能力和良好心理素质，保证其在轨高效工作，充分发挥载人航天中人的作用。

19.1.1 主要任务与内容

航天医学工程学及其各分支学科的研究，必须坚持以系统论为指导，走医工结合道路，以保证航天员的安全、健康和高效工作。但各分支学科的具体侧重点有所不同。

1）航天员的安全主要通过航天环境医学要求及工程实现途径的研究来保证。航天环境医学研究人在空间环境中的生存和生活条件，确定正常飞行条件下环境、代谢参数和应急工况下人的安全耐受限值，以作为航天器工程设计依据；航天环控生保和航天服工程研究人在空间环境中生存和生活的工程实现途径，从而保证航天员飞行安全；航天环境模拟技术为航天环境医学研究和工程产品可靠性试验提供独特的技术平台和技术保障。

2）航天员的健康主要通过对载人飞行中医学问题的研究与医学保障来实现。航天重力生理学和航天细胞分子生物学分别从宏观和微观层面研究失重航天特殊环境对人体的影响机理及防护措施，为航天员健康保障提供理论依据；航天实施医学研究航天员医学监督与医学保障应用技术；航天营养与食品工程根据航天员工作负荷和空间作业特点，研究物质代谢规律与营养需求，以提供营养膳食保障；航天生物医学工程研究医学监测的工程实现途径。上述分支学科在理论与应用、医学与工程方面共同保障航天员的健康。

3）训练有素的航天员和良好的人机界面是高效工作的基础。航天人因工程与工效学研究航天器与人的最佳匹配途径；航天员选拔与训练针对飞行任务要求实施航天员训练，选拔出身体、心理和技能合格的飞行乘组；航天心理学研究成果用于指导航天员心理健康维护，保证飞行中航天员良好的心理状态，为其高效工作奠定了基础；航天飞行训练模拟技术针对飞行任务特点，研究并提供航天员飞行训练支持手段。

航天医学工程学是载人航天工程的重要支撑，在此基础上创建了两个最具载人特色的工程系统——航天员系统和航天器环境控制与生命保障系统。与此同时，在载人航天工程研制实践中，伴随航天员选拔训练、航天心理学、航天实施医学、环控生保、航天服、航天环境模拟技术、航天生物医学工程、航天营养与食品工程等工程需求的扩大，航天医学工程学的学科体系和内容也随之丰富、充实。

50多年来，载人航天已经由初期的试验阶段发展到空间探索和应用阶段，人类在进军太空的进程中取得了辉煌的成就。事实证明，无论过去、现在和将来，载人航天的发展都与航天医学工程学密切相关。载人航天发展的需求对航天医学工程学的发展起着牵引作用，航天医学工程学的发展反过来制约或推动载人航天的发展进程。未来，人类想要在更广的范围和更深的层次上探索宇宙和开拓空间，首先必须探索人体自身的限制和奥秘、开拓人体相关科学和技术疆界，这就是我们必须重视航天医学工程学研究的重要理由。

19.1.2 发展与展望

随着我国载人航天“三步走”战略规划的实施和发展，我国载人航天将沿着空间实验室、空间站、载人登月和火星探测的方向发展，这给航天医学工程学研究与发展带来了新任务和新挑战。

(1) 空间实验室/空间站

为了保障我国空间实验室和空间站任务的实施，航天医学工程学将围绕中长期飞行中航天员安全、健康和高效工作的目标，重点开展长期飞行航天员健康保障总体技术、航天员在轨医学处置技术、航天员在轨组装和维护与维修技术、再生式环控生保技术、先进舱外航天服技术、中长期飞行航天员营养与食品保障技术、中长期航天飞行重力生理效应与防护技术、长期飞行授时因子的工程设计与生物节律的导引问题、长期飞行微生物监测与防护、长期飞行有害气体检测技术、空间站医学和卫生学要求等关键技术研究。其发展的主要目标是建立较为完善的中长期飞行航天员选拔训练及健康维护技术，构建中长期飞行中航天特因环境效应的防护技术，完善舱外航天服研制技术，建立和完善空间站居住系统医学工程技术和标准，建立空间站再生式环控生保技术、航天医学空间实验研究技术，完善空间站医学和工效学设计评价技术和标准。

(2) 载人登月

为实现载人登月和建基月球的梦想，航天医学工程学将重点针对登月和月球居留可能面临的异常重力环境及空间时间暗示环境的生理适应、辐射危害与防护、心理健康维护、遥医学、人-机工效学和生命保障的医学工程等问题，开展载人登月航天员健康保障关键技术、登月航天服技术、受控生态生保技术等关键技术研究；开展长期月球居留中辐射生物学以及月球重力环境生理、心理效应特征及防护措施研究；开展空间时间生物学研究，探讨生物节律变化对人体心理、行为的影响特征及节律导引措施研究；开展月球基地环控生保和月球农场技术研究，能够就地利用月球资源，实现月球基地中生保物质的闭合循环。

（3）火星探测

为了实现载人登陆火星，航天医学工程学将重点探索和建立针对登陆火星长期飞行的自主心理健康维护体系，以维持航天员健康稳定的心理状态、乘员间关系和航天员行为能力；研究建立自主医疗体系，实现对火星飞行航天员健康状况监测和对潜在疾病的预防与治疗；探索建立适合于火星飞行任务的环控生保系统；研究能适应火星环境的舱外航天服技术；建立火星探索辐射防护体系和以人工重力为主的失重防护体系；研究建立火星环境医学和工效学设计评价标准体系；研究并初步建立地外生命探测体系。

长期载人航天飞行、载人登月和火星探测已成为21世纪世界载人航天发展的热点，也是我国载人航天发展的长远目标。航天医学工程学在后续载人航天任务实施中将得到进一步应用、丰富和发展，同时其发展也将进一步促使载人航天工程型号任务的完成和推动载人航天技术的发展。

19.2　航天环境医学

19.2.1　概述

航天环境医学主要研究航天环境因素作用于人体所产生的生理学和病理学效应、作用机理及其防护措施，其内容包括座舱大气环境医学、座舱环境化学和卫生毒理学、温度医学、振动医学与工程、声环境医学与工程、辐射环境医学与工程及载人航天器医学评价技术等。

航天环境医学所涉及的航天环境是载人航天过程中作用于航天员并可能产生不良影响的环境因素的总和。航天环境可归纳为两类：一类是人工环境，包括为航天员在太空生活和工作建立的居住环境和为保障航天员生命安全在航天服内建立的微小生保环境，如载人航天器乘员舱内的大气压力和温湿度环境等，人工环境还包括航天员生命活动和职业工作过程中所形成的环境因素，如有害气体环境、微生物污染环境以及动力学环境因素噪声等；另一类是空间自然环境和飞行环境，空间自然环境有空间微重力环境、真空环境、温度环境、电离辐射环境、光辐射环境等，飞行环境主要是飞行过程中遇到的环境，如电离辐射、加速度、超重、振动和噪声环境等。这些航天环境因素可能是物理的，也可能是化学或生物的。值得注意的是，航天飞行过程中航天员往往暴露在多种环境因素形成的复合环境，如上升段振动与加速度的共同存在，轨道段电离辐射与微重力的共同作用，返回段有害气体、脉冲噪声和着陆冲击等的共同效应。

作用于航天员的航天环境因素在一定条件下会对机体产生一些有害的效应，这些效应可能影响到航天员的生命安全、身体健康和工作效率，从而影响飞行任务的完成，因此受到了特别的关注。按照暴露机体产生效应的时间划分，可归纳为急性效应和远期效应。急性效应是指当有害环境因素作用量级（作用强度和时间）到达一定程度时，短时间内必然发生的一种效应，而且该效应的严重程度与作用的强度有关，如低压缺氧反应、高低温反应、有害气体污染效应、噪声的听觉效应、电离辐射的确定性效应等。远期效应是指暴露于有害环境因素较长时间以后才显现出来的效应，如某些化学致癌物和电离辐射所产生的致癌和遗传效应。致癌和遗传效应的发生是随机的，有较长的潜伏期，其发生概率与作用量级有关，而效应的严重程度与作用量级无关。

19.2.2 地位与作用

航天环境医学是航天医学工程学的主干学科之一，其与航天医学工程学的各分支学科之间存在着密不可分、相辅相成的关系。

1）为载人航天器和航天服工程设计提供医学支持。根据不同的飞行期限，载人航天器设计需要提出不同的乘员舱大气环境的压力制度、大气组成成分、大气温湿度及风速要求、人体的代谢参数、非金属材料的使用要求等。航天服工程设计也需要提出压力制度、通风供氧流率、通风流量分配以及其他的卫生学要求。对于飞行阶段可能出现的有害环境因素需提出监测和防护要求，如有害气体、振动、噪声、冲击、电离和非电离辐射的约束限值以及大气压力、氧分压、二氧化碳分压的报警限值等。

2）为载人航天器和航天服提供医学评价。在载人航天器和航天服研制的不同阶段均需实施地面的医学评价，以便及时发现问题和不足并在工程研制中加以改进，为实施发射任务的决策提供依据。在空间飞行期间也需实施医学评价，一方面为医学监督和医学保障工作提供环境医学支持，同时也为飞行控制提供环境医学信息。由于其是实际的空间飞行，这一评价具有更大的实际意义。

3）为航天员提供辅助的防护方法和措施。对于飞行中的有害环境因素载人航天器已有基本的防护设计，但对于随机发生的或工程上一时难以解决的有害环境因素还需提供个体的监测和防护。例如，噪声强度过大或影响睡眠时需提供耳塞防护，为减轻振动和冲击的影响需研制缓冲减振座垫，对空间电离辐射环境需提供航天员个人剂量监测和辐射防护药物等。

4）为航天员选拔训练提供服务。在航天员的特因选拔中，提供缺氧耐力、减压病易感性、噪声敏感性等技术服务，在航天员训练中提供航天环境的体验服务。

19.2.3　主要内容

航天飞行过程中往往多种有害环境因素同时存在，其产生的复合作用是相当复杂的，尤其是产生相同效应环境因素间的协同作用会比单一因素的效应严重得多，所以对其应给予更多的关注。航天环境医学的主要研究领域如下。

（1）低压生理

主要进行低压缺氧状态下人体与动物的生理反应特性与规律的研究、标准制定、工程防护产品评价等工作。乘员舱大气压力及气体成分是载人航天器生命保障需要首先控制和保障的人工环境因素，其作用参量有大气总压、氧分压、二氧化碳分压、压力的变化速率等。当总压降低到一定程度时可引起航天减压病；氧分压过低或过高可引起急性缺氧反应和氧中毒，严重时可危及航天员的生命；当压力变化速率过快时可引起中耳损伤。

（2）温度生理

主要进行不同温度和模拟失重条件下人体温度生理学和温度医学工程方面的研究、标准制定、工程防护产品评价等工作。乘员舱大气温湿度及风速是载人航天器环境控制与生命保障需要持续控制的人工环境因素，是关系乘员健康和舒适的基本要素。环境温度过高或过低都会引起人体的高温或低温反应；当超过人体的热耐受和冷耐受限度时，将出现热、冷损伤病症，严重时甚至危及航天员的生命。

（3）有害气体卫生与毒理

主要进行乘员舱内人体和非金属材料挥发性物质的检测与目标污染物毒理学效应分析、标准制定、工程防护产品评价等工作。有害气体对人体的影响主要是由有害气体的种类、浓度和暴露时间决定的。各种化学污染物的毒性效应有所不同，主要的效应是对粘膜、呼吸道的刺激以及对中枢神经系统的抑制作用，有些污染物有致癌作用，如多环芳烃和苯等。

（4）振动医学效应

主要进行人体振动测量、效应和振动防护研究、标准制定、工程防护产品研制和评价等工作。航天飞行中强度较大的振动主要是由火箭推进系统和气动力产生的，并伴随有持续性加速度（超重）的作用。振动对人的影响主要由振动加速度、振动频率、作用时间、作用部位和方向等参数决定。一定频率和强度的振动会引起人体的生理和心理反应，低频振动还容易引起运动病。

（5）噪声医学效应

主要进行噪声测量模拟、生物效应、声学工程及噪声防护等方面的研究、标准制定、工程防护产品研制和评价等工作。航天器的上升段和返回段的噪声主要由火箭发动机和空气动力产生，轨道段的噪声主要由航天器内仪器设备和人产生。噪声对人的影响主要由声压级、频率、作用时间和作用方式等参数决定。强噪声可损伤听力（听觉效应），并引起心理和生理上的反应（非听觉效应）。

（6）辐射医学与防护

主要进行空间电离辐射测量、非电离辐射测量和生物效应与防护的研究、标准制定、工程测量与防护产品的研制与评价等工作。电离辐射环境是空间内自然存在的，包括银河宇宙辐射、地磁捕获辐射以及随机发生的太阳粒子事件。电离辐射对人的影响主要由吸收剂量、辐射品质因子和暴露时间及方式等决定。电离辐射可引起皮肤、眼晶体、造血系统、免疫系统和生殖系统的急性效应，也可引起癌症和遗传疾病的远期效应。航天非电离辐射主要包括紫外线和射频辐射（短波、超短波和微波）。电磁辐射对人的作用参量有功率密度、暴露时间和作用方式。非电离辐射可引起人体的中枢神经系统、感觉系统、内分泌系统、消化系统的急性效应，也可能产生远期效应。

19.2.4　发展与展望

航天环境医学今后研究的主要任务包括研究空间站长期地球轨道飞行有关的环境医学问题及有害环境的防护问题，研究与建立月球基地和火星探险相关的环境医学问题以及相关防护措施。

（1）空间站环境医学

通过长期载人航天飞行的实践验证，将逐步形成适用于我国长期载人飞行任务的医学要求与医学评价标准，重点加强飞行器乘员舱有害气体、噪声、辐射环境等方面的相关研究。

针对航天员最长飞行任务时间已延长到180 d以上，航天员的能量代谢规律和舱内环境的适应能力与短期飞行相比将会发生明显的改变。个体耐受能力将随时间延长而下降，这会导致人体运动适应能力下降、工效下降、长时间重体力活动受限。另一方面，随飞行任务的延长，累计效应显现，意外污染事件发生的可能性大大增加，使航天员出现疾病的风险上升。因此需要对长期飞行的大气环境医学开展研究，在此基础上制定针对60 d以及180 d以上飞行的环境医学要求，为工程系统设计提供依据。

随着飞行时间的延长，航天员遭遇意外事故的可能性大大增加。因此，必须评估意外事件对航天员健康的影响以及人体对意外环境医学事件的耐受能力，确定失压、急性污染事件、温湿度控制失效、火灾、风速异常等意外事故时的应急医学要求，制定不同意外事件的应急预案。

开展的相关试验工作包括动物试验和人体验证试验研究：

1）生理气体急剧变化的生物学效应；

2）有害气体的急性污染效应；

3）高温环境、低温环境的温度生理效应；

4）舱内恶劣噪声的人体效应；

5）舱内辐射大剂量照射事件的应急防护措施。

（2）登月环境医学

在登月等飞行任务中，航天器离开地球磁场的保护直接暴露于太阳辐射和宇宙射线下，高能粒子辐射显著增加，同时太阳粒子事件对载人航天飞行的影响也更大。月球表面的辐射环境与地球轨道上的有很大不同，由于没有磁场和大气，高能带电粒子直接打在月球表面，这会使航天员受到高剂量的空间辐射。因此，需要开展人体辐射效应及防护措施研究，包括建立组织等效人体模型、研究人体器官/组织的剂量分布，以及体表剂量与体内器官/组织剂量之间的关系，以确定飞行任务中人体不同器官辐射吸收剂量限值，为制定空间辐射医学防护要求、安全评价方法及可行的防护措施提供科学依据。

(3) 火星探险环境医学

火星任务周期很长，往返一次至少需要500多天。火星表面有大量的CO_2，其表面的辐射环境与月球和地球轨道上的也有很大区别。登陆火星阶段的航天环境医学研究必须以辐射生物学效应及其防护技术为重点。其中，由于重离子具有高能量和高LET的辐射特性，可使生物细胞产生失活、致突、致癌等效应，最后导致生物体的损伤或死亡，因此其生物学效应研究成为国际空间辐射效应研究的重点和热点。由于银河宇宙辐射（GCR）的贯穿能力极强，太阳粒子辐射高能量的质子注量量级高，因而二者构成了长期载人航天的主要威胁，必须对其开展相关医学要求、生物效应及防护技术研究。

火星探险或深空探测时，空间辐射测评的主要内容包括空间辐射品质因子。空间确定性辐射效应的严重程度和随机性辐射效应发生的概率与辐射的种类和能量有关，即取决于辐射的辐射品质因子Q。需确定载人飞行器舱内Q值随飞行空域的变化规律，并给出平均品质因子数值。为此需研制电离辐射剂量当量仪，以在不同飞行任务中实时探测和记录不同能量的带电粒子数。返回地面后，根据所得能谱计算电离辐射剂量当量和LET谱，为辐射医学评价提供依据。

19.3　重力生理学与失重防护

19.3.1　概述

载人航天过程中的力学环境因素包括航天器发射和再入大气层时的加速度变化以及航天器在轨飞行期间失重的变化。重力生理学就是一门研究载人航天活动中失重与超重对人体影响的规律及其防护措施的学科，其是航天医学工程学的主干学科。

重力生理学的主要特点是基础研究和工程应用研究相结合，既要探索重力这一环境因素对机体的影响及其发生的内在机制、开展地基和天基的生命科学实验，同时又要针对工程应用开展防护措施的建立、防护措施的效果评价以及防护措施的应用方案的制定等研究工作。重力生理学致力于研究人在重力变换条件下各生理系统间的内在协同调节机制，建立人体在重力变换条件下的防护调节模式，以保障航天员在不同重力环境因素下的正常生活和工作。

作为航天医学工程学的分支学科，重力生理学与航天环境医学、航天实施医学以及航天员选拔训练主要用于实现确保航天员健康和生命安全两大目标。重力生理学与航天实施医学密不可分，二者互为因果。重力生理学的研究促使航天实施医学在明确的航天生理变化及其机制理论的指导下，使航天疾病的诊断、预防和治疗更有的放矢；航天实施医学工作中遇到的医学问题又为重力生理学研究提出了新的目标和方向。重力生理学研究中探讨的人体对失重和超重的响应分类，成为了促进航天员选拔训练发展和建立完善选拔训练技术的重要理论支撑。重力生理学和航天细胞分子生物学从宏观和微观的不同层面研究了重力生理学涉及的基本医学问题，丰富了航天医学的内涵。

19.3.2 重力环境的基本概念

（1）重力的概念

在地球引力场内，一个物体的重力矢量 $\boldsymbol{W}$ 等于地球对其的引力 $\boldsymbol{F}_g$ 和作用于其上的惯性力 $\boldsymbol{F}_i$ 的矢量和

$$\boldsymbol{W}=\boldsymbol{F}_g+\boldsymbol{F}_i \tag{19-1}$$

由于 $\boldsymbol{F}_i$ 总是与物体所受的加速度力 $\boldsymbol{F}_a$ 大小相等、方向相反，所以有

$$\boldsymbol{W}=\boldsymbol{F}_g-\boldsymbol{F}_a \tag{19-2}$$

如果只考虑重力的大小，而且将其表示为相对于地球表面重力的相对值，以 G 表示，则有

$$G=(mg-ma)/mg=(g-a)/g \tag{19-3}$$

式中　m——物体质量；

g——地球重力加速度（m/s^2）；

a——物体在 $\boldsymbol{F}_a$ 作用下产生的加速度（m/s^2）。

$G=1$ 时为标准重力状态，$G>1$ 时为超重状态，$G<1$ 时为低重力状态，$G=0$ 时为失重状态。

（2）航天超重环境

①上升段

为了实现近地轨道的载人飞行，载人航天器必须具备 7.9 km/s 的速度，即第一宇宙速度。发射时航天员必须承受 806 G · s 的总超重作用，其一般需用三级火箭来实现。每一级火箭产生一个准锯齿波的加速度曲线，峰值为（4～5）g，持续时间为 100～200 s。在上升段，如果发生应急情况而必须逃逸时，飞行器超重峰值可能超过 15 g，但作用时间较短。

②返回段

载人航天器借助于大气的阻力减速，减速的峰值和持续时间与再入角和载人航天器的气动力外形有关。正常返回时，减速峰值约为 5 g，持续时间约为 100 s。航天飞机由于采用滑翔式返回，其减速峰值不大于 2 g，但持续时间在 17 min 左右。

③载人航天超重作用的方向

上升段和返回段的加速或减速方向基本上与航天器的纵轴平行，而此时航天员是以半卧位姿势束缚在座椅中，身体纵轴与座舱纵轴之间约呈 75°，所以主要的超重分量是胸-背向（$+G_X$）分量，但也有部分头-盆向（$+G_Z$）和一定的侧向（G_Y）超重分量。

（3）航天失重环境

①航天失重环境

在近地轨道飞行中，由于航天器到地球的距离为 200～500 km，远小于地球的半径，故地球引力作用衰减得并不很大。但由于同时受高速飞行惯性力的作用，航天器在稳定的轨道飞行状态下所受离心力与地球引力大小相等、方向相反，于是，根据式（19－1）和式

(19－2)，载人航天器及其中的航天员等载荷的重力实际上等于零，也就是说其处于失重状态。

②微重力效应与失重效应

在轨道飞行中，离心力抵消了地球引力的作用而使航天器内的重力环境成为一种微重力环境，其数量级可达 $10^{-5}g$ 左右。在这样的微重力环境中，人体及其他生物体的生命过程会发生一系列变化，许多物理过程也会发生变化，这些变化被称之为微重力效应，又称为失重效应。

19.3.3 重力生理学主要内容

我国重力生理学起源于航空医学，早期主要进行超重生理学研究，随着我国载人航天事业的发展，重力生理学的研究内容也逐渐完善。我国重力生理学在研究方法和分析方法上具有一定的特色，同时也取得了很多有价值的研究结果，在航天医学工程学科中发挥着越来越具有特色的作用。

重力生理学是航天医学工程学的主干学科，也是很长一个时期内的重点学科方向，具有特殊的重要意义。从 20 世纪下半叶开始，通过大量地面模拟试验研究和国外航天实际观察，人们已初步认识到航天员进入失重环境会引起的前庭、体液、血液、心血管、肌肉、骨等一系列适应性变化，这些研究内容确定了重力生理学的主要研究方向。我国重力生理学经过近 60 年的发展，根据我国航天医学工程学的发展实际已经形成了自身的分支学科体系，既包含国际上对重力生理学研究的基本认识，也反映了我国重力生理学在其发展过程中各分支学科的涨落情况。

(1) 空间神经科学

该学科研究失重/模拟失重下前庭神经系统变化、空间运动病发生机制及其对抗措施，研究前庭自主神经调节及其对心血管、骨骼和其他生理系统的影响，研究失重/模拟失重以及前庭刺激下脑高级功能的变化，研究失重/模拟失重及前庭刺激下中枢神经系统神经生物学变化，研究失重/模拟失重人体昼夜节律变化、调节方法及对抗措施效果。

（2）失重心血管生理学

该学科研究失重/模拟失重下心肺循环功能反应特性，针对立位耐力和运动耐力降低等医学问题研究其机制及对抗措施，研究失重/模拟失重血液系统变化规律，以及航天贫血症的发生机制及对抗措施。

（3）失重肌肉生理学

该学科研究失重性肌萎缩发生机制，评价体育锻炼等物理防护措施防护失重性肌萎缩的效果及机理，筛选失重性肌萎缩的中药方剂，制定抗失重性肌萎缩综合对抗措施及其应用制度。

（4）失重骨骼生理学

该学科研究失重/模拟失重情况下骨丢失机理，研究失重/模拟失重情况下骨生物力学特性改变，研究失重性骨丢失综合对抗措施及对其效果进行评价，建立失重性骨丢失在轨无创检测等技术。

（5）失重免疫内分泌生理学

该学科针对航天飞行中出现的免疫功能障碍进行研究，发现其发生发展的变化规律，以提高免疫功能为目标，研究对抗防护措施、建立免疫功能快速在线检测技术，以氧化应激和生物节律为重点和突破口发展机体氧化还原和生物节律调控的新理论。

（6）超重生理学

该学科研究航天飞行中超重对人体的影响、损伤机理、人体耐受限值及相应对抗措施，研究着陆冲击生物力学效应及对抗措施。

（7）失重防护技术

该学科研究失重生理效应综合防护措施，研究重力影响防护新技术，研究失重生理效应防护措施空间飞行使用方案，建立失重生理效应防护效果评价体系。

（8）空间生理学实验技术

该学科建立了空间生理学实验技术平台，开展空间生理学研究及在轨锻炼生理信号检测评估技术研究。

19.3.4　失重生理效应与防护

由于人类长期生活在地球表面，无论是从系统发育还是从个体发育的角度，其生理系统的结构和功能均已适应于 1 g 的重力环境。但是人在乘载人航天器进行轨道飞行时，作用于人体的重力将消失，这种失重现象必然会对人体产生一定的影响，从而导致一系列的生理变化。

（1）失重生理效应

鉴于重力作用的普遍性和持久性，人体的各生理系统在系统进化过程中已演化出一定的机制来适应重力及相对重力作用的变化，因此重力变化对人体的影响可以说是无处不在的。实际上，就像人体各生理系统功能分为不同的层次一样，失重的生理效应也可分为如下三个层次：

1）第一层次效应：主要发生在神经系统，在机体内存在直接和间接感知重力变化的器官，当重力变化信息作用于人体时，首先影响到的是机体姿势维持和空间定向运动功能，表现为头晕目眩、胃部不适且伴有恶心等运动病反应，即空间运动病，而且发病率高达48％。这种效应在进入失重环境后 1～3 天比较明显，3 天以后逐渐消失。该层次效应的特点是时间短、适应速度快。

2）第二层次效应：主要是机体内环境的重新调整，其诱因主要是失重后体液的头向转移，涉及循环、体液调节、血液和内分泌等系统，主要表现为压力感受器反射功能改变、血容量减少、动静脉收缩功能降低、红细胞变形能力下降、血液流变性降低等。该层次效应的特点是需重新建立新的平衡，一般需要数周的时间。

3）第三层次效应：主要是失重的低动力效应，也可称为直接的力学效应，主要涉及肌肉和骨骼系统。所谓失重的低动力效应是指重力消失而引起的肌肉和骨骼负荷及做功减少的状态，主要表现为骨骼肌萎缩。长期失重还可改变肌纤维的比例，使肌肉氧化功能下降、出现糖原和脂质蓄积，骨代谢过程发生变化和退化，导致承重骨部位骨矿含量减少、骨密度降低及骨丢失现象，该层次效应的特点是效应持续时间长，如果不采取措施会严重影响身体健康。

除此之外，失重还可导致非特异性免疫功能下降，表现为胸腺和脾脏明显萎缩、脾细胞数明显减少、血清溶菌酶含量降低，如果不采取措施会严重影响航天员的免疫功能。

一般来说，失重引起的生理效应在本质上是人体对微重力环境的适应性变化，但是人在空间的停留是短暂的，而根据地球上正常生理学的观点，这些效应中的大多数都是偏离常态的一种适应性变化，因此，为了减小失重对机体的影响、帮助航天员更好地适应空间微重力环境以及在其返回地面后更快地适应于1 g 的重力环境，往往需要采取必要的对抗措施。

航天失重环境对人体各系统都会产生不同程度的影响，为了维持航天员的身体健康必须制定科学有效的防护措施。在载人航天的发展过程中，科学家和工程师们已经研究和使用了很多不同的防护措施，也研发了许多防护设备和物品，经验证明，大多数措施都是有效的。

对于短期飞行，在航天器上只需装备一些简单的防护用品和器材。而对于长期飞行，航天器上防护措施的设备和物品则较复杂，这对保障航天员的健康及进行航天医学研究都是十分重要的。

飞行中的防护措施可分为运动锻炼、非运动锻炼、药物及其他措施，详见表19-1。

表19-1　航天飞行中的防护措施

失重效应	防护措施或设备
空间运动病	药物、减少头部运动、经穴刺激、生物反馈锻炼等
体液调节改变	下体负压、局部束缚加压、补充盐水等
心血管功能改变	运动锻炼、下体负压等
骨丢失	运动锻炼、电磁振动、药物（维生素）、饮食调节等
肌肉萎缩	运动锻炼、穿企鹅服、电刺激等
免疫功能下降	药物、运动锻炼
立位耐力下降	返回前下体负压、补充盐水等

（2）运动锻炼方法

在飞行中坚持体育锻炼是一种积极有效的防护措施，其可以增强体质、预防和减少心血管系统的功能改变、预防和减少肌肉萎缩和骨质丢失、改善航天员返回地面后直立姿势下的协调能力和运动能力。典型的运动锻炼设备如下。

①拉力器锻炼

这是早期飞行最常用的一种锻炼方法，其可以用橡皮绳或弹簧制成。航天员通过克服一些弹性物品的阻力使肌肉得到锻炼。用拉力器锻炼简单易行，可以对上下肢、背部的部分肌肉起到锻炼作用。

②跑台锻炼

这是一种有效的运动锻炼方法，早期曾在礼炮 4 号空间站和天空实验室中使用，后来又在航天飞机和和平号空间站上使用，国际空间站上也装备了新研制的跑台。天空实验室飞行中使用的是固定跑台，其具有一个聚四氟乙烯涂覆的行走表面，附着在天空实验室的栅格地板上；4 根橡皮带系在肩部和腰部，可提供 80 kg 的等效负荷。航天员在锻炼时系上橡皮带、穿上袜子，可以在跑台上行走或跑步。通过调整橡皮带的角度，可以使人体与行走表面形成一定的倾斜角度，在这种姿势下的行走或跑步就像在爬山一样。

国际空间站采用隔振跑台，其类似于航天飞机上使用的跑台，主要区别是隔振跑台安装了新的受试者加载装置、增加了电动能力、增加了隔振系统。隔振系统隔离 x、y 和 z 方向的平动以及滚动、俯仰和偏航，防止其干扰空间站上的其他系统和有效载荷。

③自行车功量计锻炼

这是美俄广泛采用的一种运动锻炼方法。其是一种类似于自行车并可计量运动做功量的装置，主要用于航天员在飞行中对抗微重力对人体产生的影响，同时也可作为研究和评价航天员心血管功能改变的实验设备。美国在阿波罗和天空实验室计划中使用了第一代自行车功量计，这种自行车功量计具有 3 种工作模式：

1）固定心率模式，自行车功量计按照预先选定的心率工作；

2）排好程序的心率模式，其类似于固定心率模式，只是心率不是一个固定心率而是预先排好的序列心率；

3）固定运动负荷模式，按照固定的运动负荷工作。

天空实验室使用的自行车功量计的功率范围为25～300 W，踏板转速为40～80 r/min，心率控制范围为40～200次/min。

航天飞机改用自行车功量计Ⅱ型，其也是一种可以由手或脚驱动的变功量自行车功量计。该功量计可以由被试者的心率控制，也可以通过手动或计算机控制。其运动功率范围为10～350 W，踏板转速和心率控制范围与天空实验室相同。目前，美国又发展了第三代自行车功量计——自行车功量计Ⅲ（图19-2）。与之前型号不同的是，其不是垂直安放而是水平安放在地板上的，被试者系上安全腰带斜躺在椅背上，腿几乎与地板平行。其有一个很大很重的飞轮，刹车带用于阻止被试者的蹬踏，光学传感器用于测量飞轮的转速，由转速和刹车力计算出腿部肌肉所作的功。控制显示装置将信息显示给航天员，也可以将信息传到地面。在国际空间站上装备的自行车功量计，具有可隔离 x、y 和 z 方向平动以及滚动、俯仰和偏航转动的隔振系统。

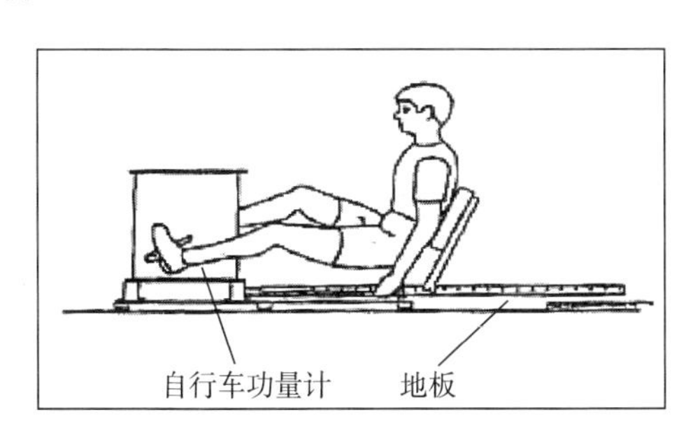

图19-2　自行车功量计Ⅲ

④抗阻锻炼

这是国际空间站上装备的一种运动锻炼方法，主要用于腿部、臀部、躯干、肩部、手臂和腕部肌群的锻炼，以保持肌肉的强度、力量和耐力。其安装在隔振跑台上，以隔离锻炼时产生的振动。其可与跑台交替使用，阻抗力增量为2.3～195 kg。这种抗阻锻炼装置可以进行蹲坐、侧弯、弯腿、伸腿、腿内收外展、举膝、划船、蝶泳等十几种方式的锻炼活动。锻炼过程中的信息，包括阻抗负荷、重复次数等，可以存储、显示和下传到地面。

(3) 非运动锻炼方法

①企鹅服

企鹅服是苏联/俄罗斯使用的一种特殊服装（图19-3），实际上其也是应用了肌肉克服阻抗得以锻炼的原理。在服装的夹层中排列着橡皮条，航天员穿在身上活动时必须克服衣服的弹性阻力，从而使肌肉得到锻炼。国际空间站俄罗斯部分配备有企鹅服，长期飞行的航天员经常穿着这种服装，每天穿12～16 h。

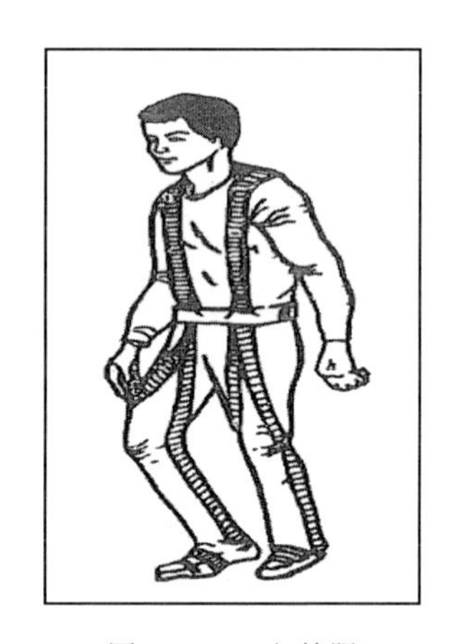

图19-3 企鹅服

②下体负压

这是失重生理效应防护措施的重要装置之一，其是对抗失重引起体液头胸部转移、心血管功能改变及返回后立位耐力下降的一种有效方法，可以在飞行初期（用于对抗体液头胸部转移）、飞行中期（用于对抗心血管功能改变）以及返回前（用于防止立位耐力下降）使用，同时还可以作为研究和评价飞行中心血管功能状态的一种重要手段。下体负压装置一般由负压腔（或小舱）、密封系统、真空系统和控制系统组成。负压腔内抽成 4.0～6.7 kPa 的负压，既保证了防护措施及研究的需要，又不至于使航天员因血压过低而引起昏迷。

美国最早是在天空实验室 2 号上使用了下身负压装置。图 19-4 给出了天空实验室使用的下身负压装置，图中所示是美国第一代下身负压装置。其有一个圆筒形的小负压舱，由阳极化处理的铝合金制成，其内径为 51 cm，长度为 122 cm，但由于太笨重无法用在航天飞机上。后来，美国为航天飞机又研制了可折叠的下身负压装置，其基本原理及构成与天空实验室上的类似，但其结构及系统更加紧凑、使用更加方便。可折叠下身负压装置在航天飞机 STS-32 飞行中第一次使用，后来又根据航天员的意见在舒适性方面进行了改进。

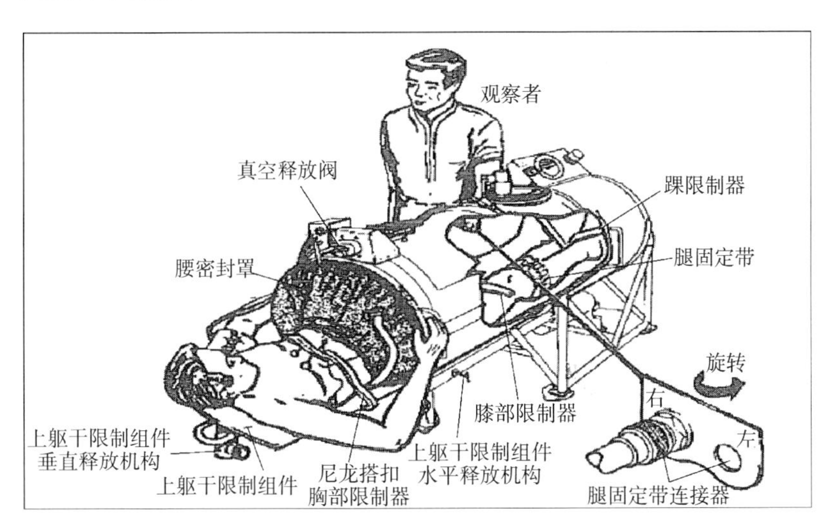

图 19-4　天空实验室下身负压装置

苏联最早使用下身负压装置是在礼炮 1 号上，直到和平号空间站这种下身负压装置仍然被使用，其被称为 Chibis 下身负压装置。实际上该装置是一个下身负压服，裤筒由波纹支撑结构和密封材料制成，航天员的两腿伸入裤腿中，在腰部的髂骨处密封，图 19-5

给出了其结构示意图。装置内的负压控制是由泵及进、出气的调节完成的。俄罗斯下体负压裤负压范围从（10±3）至（60±5）mmHg（1 mmHg＝0.133 kPa）。据计算，当装置内的负压达13.3 kPa时，在腰以下部位所产生的负压力等效于1 g的重力，此时穿着下身负压装置在跑台上运动的效果将类似于在地面上运动。

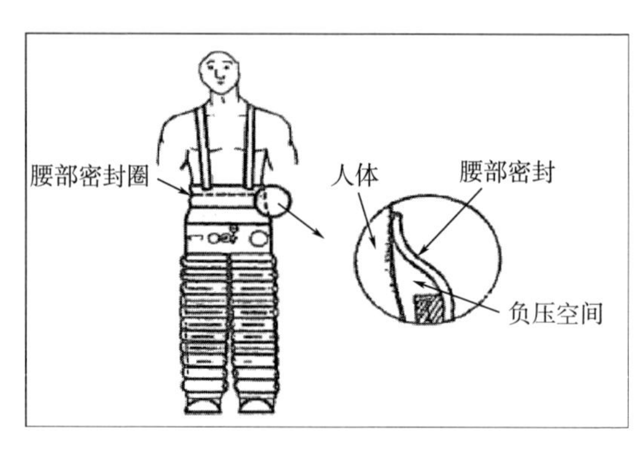

图 19－5　Chibis 下身负压装置

③自体反馈训练（autogenic feedback training）

该系统是应用生物反馈与自体治疗相结合、训练航天员控制与自主神经系统有关的空间运动病症状的生物反馈训练系统。自体反馈训练方法的依据是：从空间运动病一般在72 h后消失的事实可推测出这是因为神经存储中心积累了足够的、关于耳石在微重力状态下协调相互冲突的感官信号方面的信息。通过自体反馈训练，可增强自主神经系统的适应性，从而避免空间运动病或缩短其适应时间。苏联通过对灵长类的研究认为，自主神经系统的适应是避免空间运动病的关键。

NASA 艾姆斯研究中心对这种方法进行了三十多年的研究，有350人进行了自体反馈训练，85％的人的运动病耐力有显著改善。该方法也已被空军飞行员用于防治空晕病。其优点是：

1）训练时间短，只需6 h的训练；

2）对大多数人都有效；

3）通过缓和最容易激发运动病的刺激源，从而减轻行为和生理反应；

4）可长时间存储在受训者的记忆里。

美国在 1992 年航天飞机 STS－47 飞行中曾经使用过自体反馈训练系统，该系统是一个由电池供电、轻型、可移动的生理监测系统（图 19－6）。航天员通过监测自己的生理参数，可以有意识地控制自身生理反应，以帮助对抗空间运动病的影响。

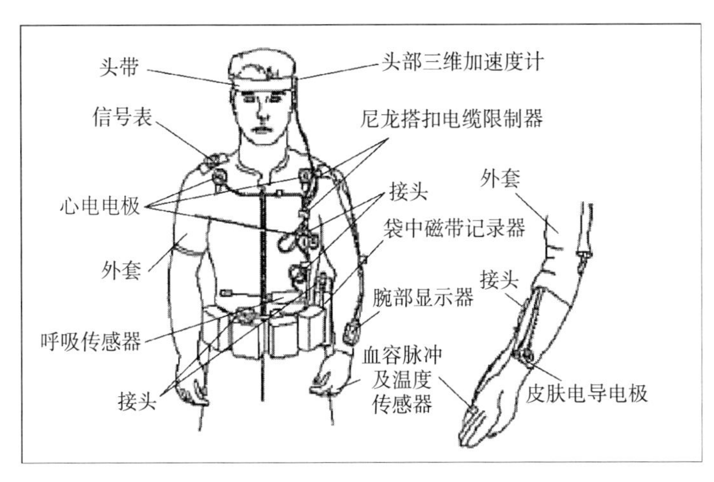

图 19－6 自体反馈训练系统

（4）药物

飞行中采用药物对抗航天环境的影响是航天医学研究的一个重要方向。在载人航天器的飞行药箱上配置了对抗航天环境的药物，目前应用最多的是抗空间运动病药。美国对首次飞行或以前飞行中发生过空间运动病的航天员均给予药物进行预防性治疗，这些药物对大多数航天员都可以起到改善空间运动病的症状的作用。空间运动病常用的防治药物有拟交感神经药、抗组织胺药和抗胆碱药，美国采用的药物有东莨菪碱、东莨菪碱与右旋苯丙胺的合剂、异丙嗪等。以前主要采用口服，现在也采用肌肉注射的方式。然而这些药物都有一些副作用，如口服异丙嗪会降低人的工作效率，使人的反应能力、推理能力和图形识别能力变差，并影响人的情绪和睡眠。自1989年3月以来，美国采用了肌肉注射异丙嗪用于防治空间运动病（20～50 mg）。肌肉注射比口服更为方便，因为空间运动病经常会抑制胃的运动；同时，肌肉注射会使由于肠内吸收和肝脏代谢而引起的药物损失最小；肌肉注射还可以较长时间维持药物高水平活性（长达12 h）。

国外也研究和试验过一些对抗心血管系统失调、抗骨质丢失和提高工作效率的药物。我国的航天医学专家也进行了多年的研究，特别是采用中药对抗航天环境的影响，并取得了良好的效果。

（5）其他防护措施

飞行过程中还可以采用一些其他防护措施。例如，保持良好的饮食和营养，及时补充体液，可以从整体上提高航天员对失重影响的抵抗能力；飞行中对身体局部采取束缚加压，可以调节血液分布并可减轻失重状态下血液重新分配所产生的影响；返回的当天补充盐水，对于提高航天员返回后的立位耐力有一定效果；返回后穿下身加压服也有利于提高航天员的立位耐力。

19.3.5 发展与展望

为了确保航天员在飞行期间和进入其他星球时的健康、安全、保持良好工作状态及高的工作效率，21世纪我国重力生理学研究的主要目标是进一步了解长期失重、重力改变及失重与其他因素（辐射、心理、重力）综合作用对航天员整体和各生理系统的影响，探讨其机理并制定有效防护措施。根据不同的载人航天任务，重力生理学的研究将有不同的研究重点和方向。

（1）为了实现在空间的长期居住，首先需要了解长期失重飞行对人体的影响及其机理

尽管美国和俄罗斯从20世纪70年代就开始长期失重飞行，但由于种种条件的限制，在太空还未进行大量、深入的生理学研究，地面的大多研究结果也未在太空中得到很好的验证。因此，到目前

为止，我们并不了解长期失重（尤其是 1 年以上的失重飞行）时各生理系统的动态变化规律和存在的潜在危险，对其变化机理更无法确定。所以，为实现我国长期空间飞行任务，应该根据我国载人航天的具体情况，通过地面模拟失重和空间实验，从整体—细胞—分子水平进行深入的失重生理学研究。

为了保证航天员长期飞行中的健康，失重生理学研究的另一个重点是失重防护措施。理想的防护措施方案应该实现以下两个目标：

1）维持机体的适应性反应，防止病理生理学变化，使航天员能够适应长期失重环境；

2）使机体能够较快地适应（0～1）g 范围不同重力条件，以加快航天员进入失重环境、其他星球表面和返回地面 1 g 环境时的适应过程。

目前航天中已经采用了各种以运动为主的防护措施，但仍出现了明显的生理改变和一些病理性变化，这说明长期失重的防护措施有待进一步改进。防止长期失重对人体不良影响最有效的方法是创造人工重力。为了实现人工重力，重力生理学研究必须回答以下问题：人工重力对人体有哪些不良影响？如何克服？维持 1 g 生理稳态所必须满足的重力生理条件是什么？从目前来看，由于航天工程技术和经济实力等问题，实现整个航天器的连续性人工重力可能性较小，但是实现由舱内短臂离心机旋转产生的间断性人工重力是可能的。地面研究已经初步肯定了其在防止失重引起生理变化中的作用，但需进一步研究，以提出最优化的间断人工重力制度，达到在航天飞行中得到真正应用的目的。

长期飞行对航天员的影响、疾病防治和在轨医学处置等医学问题是人类全面进入太空前必须解决的问题。人类 50 多年的航天实践已证实，空间飞行条件下的微重力、辐射等环境因素可导致机体发生心血管功能障碍、骨丢失、肌肉萎缩、免疫功能下降、内分泌功能紊乱、空间运动病等多种严重影响航天员健康的生理及病理问题，但是关于长期空间飞行对人类健康的影响还知之甚少。美国的空间探索新计划明确指出，载人航天发展的长远目标是建立月球基地和载人登陆火星，国际空间站的重点是研究空间长期旅行对人体的影响。如何在较长的空间飞行和星际探索期间将空间环境对人的影响降低到最小程度，是航天医学面临的最大挑战，也是制约人类向更深、更远、更高的外层空间探索的瓶颈因素。

①长期失重的防护

航天员在空间中的生活环境与地面上截然不同，多种特殊的航天环境因素会对航天员的生理机能造成损害，影响到航天员的正常工作和身体健康。长期的太空飞行不可避免地会遇到太阳粒子事件，这会使航天员暴露在高强度的辐射之中，如不进行恰当防护，势必对其健康造成影响，这很有可能造成身体组织和器官的改变，具有潜在的生命危险。失重导致的体液头向分布对心血管系统功能的影响、前庭系统耳石传入信息的降低诱发的空间运动病、空间失定向、刺激感知水平降低、情绪冷漠及脑高级功能变化等一系列心、脑功能问题都将成为影响任务完成的主要因素。中长期空间飞行引起的骨丢失和肌肉萎缩将对航天员健康产生严重影响，如航天员在轨执行特殊任务、应急返回承受高载荷和重返重力场时，均有发生应力性骨折的风险。另外，空间飞行导致的尿钙水平增加还可能引起肾结石的发生。

②太空自行车

该方案实际上是在空间站内建造一个小型离心机，以便让航天员在飞行中经常受到重力的作用。这种方案实际上使用的是一种由受训者自身提供能源的人体离心机，其有一个中心轴，可被牢固地安装在航天器上；其旋转平面与中心轴垂直，在旋转平面的两端有两个类似于自行车的踏板，当人在蹬踏板时可以通过安装在踏板处的齿轮结构和中心轴之间的动力传动带使在自行车上的人绕中心轴旋转起来，从而产生离心作用。作用在人身上的离心力是$+G_z$方向的，也就是说与其在地球上所受到重力的方向是一致的。同时，在脚踏板曲轴上还有一个特殊的装置，使骑车人在不断蹬脚踏板的过程中足部就受到周期性变化冲击力的作用。在太空中使用这种装置时要将骑车人固定起来，骑车人的头部也要有一个限制器，以免诱发空间运动病。

太空自行车可以为航天员提供一个间歇性的加速度环境，其所产生的头-盆向加速度与地面重力加速度对人体作用的方向相一致，因此可以减小或消除失重对人体的影响。从目前所知的情况来看，这是一种可以用在航天器上的模拟重力作用的方法。目前，航天医学专家正在对此方法的防护效果进行研究，并解决在航天中应用时可能带来的一些问题，例如离心机在旋转时易诱发运动病以及其所占空间较大等。

③人工重力

对于长期星际探险飞行对抗失重效应的一种可能措施是在航天器上使用人工重力，人工重力可以通过整个舱体旋转或者在舱内设置一个离心机来实现。

在地面上，离心力和重力相结合产生的矢量称为重力惯性矢量，其在幅值上大于离心力自身、并且倾斜于重力的方向。在微重力下，被试者仅受到离心力的作用，也就是人工重力的作用。由于离心力取决于旋转角速度和半径，可以通过增加半径或者增加角速度来实现增加一定的人工重力水平。但是这项技术一个显著的缺点是科里奥利（Coriolis）力的存在，身体在不平行于旋转轴心的任何平面内进行线性运动时即产生这种力。科里奥利力不仅影响整个身体的运动，还会影响前庭系统，对内耳三个半规管诱发刺激，可能出现恶心、呕吐的症状。目前，仍然在研究和试验的人工重力的理论及方案问题集中在如何选择短臂离心机的半径、转速、g 值和暴露时间，使得既能达到对抗失重的影响，又不会引起前庭系统的不良反应。据报道，人在 1～2 r/min 时不会产生任何问题，经过一定的适应过程可耐受 6 r/min，较长时间的适应可以达到 10 r/min。若按 10 r/min 计算，提供1 g 人工重力需要半径为 10 m 的离心机；如果按照 0.5 g 的要求，则需要 5 m 的离心机。

（2）重返月球，重力生理学研究的重点是失重飞行后对重力再适应的问题，以及长期居住在月球 1/6 g 重力环境对生理系统的影响和防护

美国阿波罗登月计划已经证明短期失重引起的心血管功能变化和免疫系统功能下降对登月任务有一定影响，尤其是失重引起的心血管调节功能下降和心脏节律变化。今后的登月计划是为了在月球建立长期居住地，长期的月球低重力环境对生理系统的影响及在月球上采用的防护措施将是完成此任务时重力生理学研究的重点。目前关于长期低重力对机体影响的研究很少，今后应加强此方面的研究。

（3）火星星际飞行将遇到更严重的生理学问题，因此重力生理学将肩负更重的任务

飞向火星的来回大约需要 30 个月，在此期间航天员将经历长期失重—长期低重力—长期失重—地球 1 g 重力环境的变化，这些巨大的重力环境变化对人体生理系统有哪些影响、航天员是否能够适应这些重力的改变、是否有有效的对抗措施，都是属于重力生理学研究的范畴，是决定能否实现火星飞行的关键问题。随着火星探险任务的提出，需要逐渐展开此方面的研究。在各生理系统的研究中，由于火星探险过程中航天员出现严重疾病不能返回地球治疗且航天员长期远离完备的医疗条件，重力环境变化对免疫系统的影响及其他生理系统是否会产生病理性改变将是重力生理学研究的重点。此外，为了使航天员登上火星后能够很快地进行工作，长期失重飞行后的再适应问题将比地球轨道飞行中的更重要，因此在重力生理学研究中占了重要地位。同时，火星探险时，除了长期失重以外，很多其他因素（如辐射、心理因素等）会给航天员带来更多已知和未知的危险，因此研究失重与其他因素（例如辐射、心理等）的复合作用对生理系统的影响、探讨其机制也是重力生理学研究的一项新任务。

为了解决长期失重对火星探险航天员健康的影响，防护措施的

研究将增添新内容，不仅要缓解长期失重的影响，而且要解决长期处于火星0.38 g 低重力环境带来的不良后果。在此期间，航天器旋转的连续性人工重力可能提到日程上。在进行此项研究时，最主要是从医学的角度出发，确定人类可以耐受多大的连续离心机刺激，通过研究确定人工重力使用的时间和量值，解决使用多少的人工重力可以防止机体失代偿现象发生的问题。这些研究必须提前进行，以便为人工重力航天器的研制提供工程指标。尽管上述问题的明确答案只能通过在太空中实施的有效性验证试验才能获得，但是通过地面研究仍然可以开展初步的筛选试验及效果评估研究。

19.4 航天人因工程与工效学

19.4.1 概述

载人航天任务中航天员、航天器以及航天环境构成了一个复杂的人—机—环境系统，其中航天员是载人航天任务的主体，其作用能否充分发挥是任务成败的关键。空间飞行中失重、长期狭小空间、单调的社会关系、长期昼夜节律变化、人机界面设计以及适居性等问题会对航天员作业能力产生极大影响，可导致航天员完成任务的绩效下降、人误增加甚至任务失败。航天人因工程是人因工程在载人航天领域的拓展和应用，是直接面向载人航天工程需求的应用基础学科。其秉承为航天员使用而设计的理念，分析研究航天特因环境下航天员生理、心理等能力特性及其变化规律，系统研究解决航天员、航天器、航天环境之间的关系问题，确保航天员在轨安全、舒适、高效地工作，实现任务全周期范围内的系统优化整合、性能最优。

俄罗斯（苏联）在载人航天初期就专门成立了生物医学问题研究所，牵头开展空间飞行极端环境对生物体的影响以及机理研究和航天工效研究，并在和平号空间站运行期间通过大量在轨实验深化了对长期飞行中人的因素的研究和认识。美国在初期的水星号飞船、空天实验室、阿波罗登月等任务中，重点解决人在太空中能否生存和工作的问题。美国国家航空航天局（NASA）于 1987 年在约翰逊航天中心成立了适居性和人因部门，作为航天人因工程的主要牵头单位，并建立了跨平台的人-系统整合标准 NASA STD — 3000，该标准后续更新为 NASA STD—3001；1991 年为国际空间站（ISS）任务制定了航天人因工程发展计划（SHFE）；2005 年推出了人的研究计划（HRP），全面深入研究了未来深空探测、登火星任务中的人因工程问题，在引领国际航天人因工程领域的发展的同时，也对其载人航天任务的成功和发展起到巨大推动作用。欧洲空间局制定了载人空间探索战略 THESEUS 研究计划，建立了 14 个专家小组，围绕综合系统生理学、心理学、人机系统、空间辐射以及居住地管理和医疗保健这 5 个主要领域开展工作。我国从 1968 年航天医学工程研究所成立开始，就开展了航天工效研究，1981 年创立了人-机-环境系统工程理论。1992 年我国载人航天工程启动，经过二十多年的实践发展，我国的航天人因工程在研究内容、方法和工程应用上逐步走向成熟，形成了包括载人飞船、货运飞船、空间站舱内、舱外以及舱外航天服等一系列工效学设计要求和评价标准。航天人因工程在保障载人航天任务策划的科学合理性、提升人信息加工和决策可靠性、减少操作失误、优化人机功能分配、人-系统整合协同高效工作以及提高系统安全性等方面，发挥了重要作用。

19.4.2　发展历程

航天人因工程从载人航天计划启动之初就得到美俄等航天大国的高度重视，这些国家分别制定了航天人因发展计划。航天人因工程在国际载人航天舞台上发挥着越来越重要的作用，并在载人航天飞行实践中不断丰富发展。我国的航天人因工程学发展也经历了初期、基础、验证和提升四个发展阶段。

1）初期：20 世纪 60 年代至 90 年代以基础研究为主。1968 年航天医学工程研究所成立（现为中国航天员科研训练中心），其航天工效学等部门直接负责我国载人航天中人因工程相关领域工作，20世纪70年代在曙光1号任务的推动下，从人体神经-感官生理方面开展了大量研究，其包括脑功能、视功能和听觉功能等，研究成果也被用于解决飞行员与飞机之间的关系问题。

2）基础：1992年我国载人航天工程型号任务启动，航天人因工程迎来了重大发展机遇。工程型号任务设立了航天员系统，航天员系统下设有工效学要求与评价分系统、选拔训练分系统，并针对航天器提出了工效学要求，开展了航天器工程全周期工效学评价，有效地保障了航天器人-系统整合设计。航天人因工程研究在航天器研制全周期的作用逐步增强。

3）验证：自2003年起，在我国神舟5号首次载人航天飞行任务到神舟11号任务中，我国先后突破了天地往返、空间驻留、出舱活动、交会对接等一系列关键技术，航天人因工程前期的基础研究成果在载人飞行任务中得到全面应用、验证和提升。2010年人因工程国防科技重点实验室设立，其作为我国航天人因工程领域重要的研究基地极大地推动了学科和人才团队的发展，同年在科技部的支持下，人因工程实验室牵头承担了首个载人航天领域973项目——面向长期空间飞行的航天员作业能力变化规律及机制研究，该阶段的航天人因工程研究将基础研究与工程设计紧密结合，极大地推进了学科快速发展。

4）提升：空间站任务启动，在长期空间飞行研究需求牵引下，航天人因工程研究深度和广度进一步增加，在研究内容、方法和工程应用上逐步走向成熟，形成了包括载人飞船、货运飞船、空间站舱内、舱外以及舱外航天服等一系列工效学设计标准、规范。所形成的《空间站初步工效学要求》更上升到工程大总体层面，已作为空间站全系统跨平台人-系统整合设计标准约束。同时在中国航天员科研训练中心建立了包括人体参数、人服系统作业能力等基础数据库，开展了空间站长期飞行下人因工程基础研究，航天人因工程研究在基础、方法、技术等全方面得到了极大提升。

19.4.3 主要内容

航天人因工程是多学科交叉的边缘科学，如前面章节所述，其与许多学科有着密不可分的关系，研究的内容十分丰富多样、范围相当广泛。航天人因工程研究体系如图 19－7 所示，主要包括航天员能力特性、人机界面与人机交互、人误与人因可靠性、人-系统整体设计与评估四个方面。

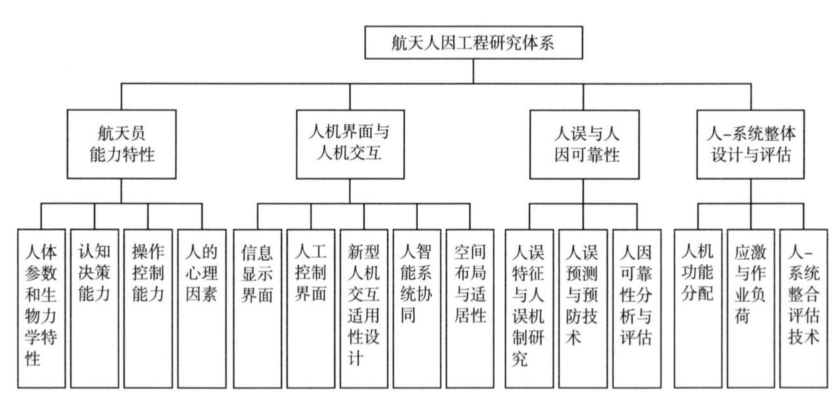

图 19－7 航天人因工程研究体系图

（1）航天员能力特性

在载人航天飞行任务中，航天员是整个飞行系统的主体和核心，一切机器、设备、条件都是为了确保航天员的生命、安全和工作能力。深入了解人在太空中的能力和局限性，是开展人-系统整合设计、任务规划等重要活动的基础和保障。因此，研究人体特性，充分认识及利用人体认知和行为特性是航天人因工程与工效学最重要的研究领域与内容。其主要包括人体参数和生物力学特性、认知决策能力、操作控制能力、人的心理因素四个方面。

①人体参数和生物力学特性

其主要研究航天员在不同重力环境、不同着服状态下人体形态参数（身高等）、力学参数（质心、惯性矩等）、肢体活动度（关节活动角度、可达域等)、肌肉力量、关节力矩等特性，同时还关注长期空间飞行中不同重力对航天员人体参数与生物力学特性的影响及变化规律。例如，NASA建立了涵盖亚洲女性第1百分位到欧洲男性第99百分位的全球人体参数数据库，有效地支持了目前低轨道各类载人航天器的研制。我国也面向航天员人群建立了较为系统的人体参数数据库及航天员着舱外服后作业能力数据库。

②认知决策能力

其主要研究航天员在空间飞行中感知觉、注意、记忆、决策等能力特性的变化规律，分析其能力变化对复杂航天飞行任务的绩效和操作可靠性的影响。例如，美俄等国在其载人航天任务之初就对飞行中微重力等环境对人的感知觉开展了相关研究，发现了微重力环境可导致航天员视域变窄、对比敏感度变差、眼压升高等视功能变化。另外，失重、狭小空间、昼夜节律变化等因素会引起各感知通道输入信息出现不适应或相互冲突，航天员出现空间失定向、眼动神经功能改变和主动视觉退化、手动控制能力下降、平衡和运动功能障碍等症状。

③操作控制能力

其主要研究空间飞行环境对人的身体及肢体控制精度、协调性等影响，主要包括身体平衡能力、精细操作能力等方面，特别是对于舱外作业中航天员着舱外手套后手作业能力变化规律的研究，其是出舱活动人机界面设计、任务规划以及舱外服手套设计的基础。例如，我国和美俄等国对舱外手作业能力从活动范围、操作力量、感知能力、灵活性、疲劳和舒适性等层面建立了测试方法和体系，并形成了能力基础数据。

④人的心理因素

长期空间飞行中孤立狭小的空间、个人隐私和个人空间得到不保障、在轨时的社会交往圈单调等因素会让航天员产生很大的心理压力，并对其在轨作业能力产生影响。人因工程主要针对空间飞行环境引起人的焦虑、抑郁、人际关系、情绪等进行研究，重点关注这些问题带来的航天员作业能力的变化规律。例如，俄罗斯面向火星任务组织开展了 Mars500 试验，我国也在飞行任务中通过焦虑问卷、颜色偏好测试和 POMS 测试开展了相关研究。

（2）人机界面与人机交互

整个载人航天器系统是由航天员和航天器两大部分组成的一个整体，其间有着密切的关系，二者之间实际上存在着一种信息和能量交换的过程。因此，将人机之间进行信息和能量交换的场所，包括显示装置和控制装置，称之为人机界面。人机之间信息和能量交换的过程是一个十分复杂的过程，被称为人机交互，其也是整个航天系统中发生的十分重要的过程，该过程进行的顺利与否在很大程度上体现了整个航天系统的性能。要保证这个过程快速、顺利、可靠地进行，必须要了解人和机器两方面的特性，使二者相互匹配。因此，人机界面与人机交互研究为航天器人机交互效能的提升提供了重要的理论和技术，以确保其符合航天员的使用要求，符合航天员的能力特性，使航天员与航天器之间更好地沟通，从而实现整个系统的安全与高效。人机界面与人机交互研究主要包括五个方面。

①信息显示界面

航天器信息显示界面工效设计直接影响航天员对航天器状态进行监控、获取任务信息，空间飞行任务中航天器信息显示界面的物理特性（如尺寸、亮度、对比度等）、信息布局和呈现方式等是影响航天员信息可读性和可懂性等的关键因素，也是航天人因工程研究重点之一。

②人工控制界面

其主要指航天员对航天器进行交会对接、对地定向、起飞或着陆等操作，是一个典型的人在回路中的动态精细操控任务，涉及到图像显示、控制手柄、飞船控制特性等航天人因工程关键问题。

③新型人机交互适用性设计

人机交互技术的快速发展为航天员在轨信息管理、航天器操作控制等提供了新的交互途径，但如何建立与人的认知行为特性相匹配的交互模式，以解决多通道信息的语义融合（语言、手势、眼神、身体姿势等）、多维信息的整合和协同模式等成为当前航天人因工程的关注重点，也是确保这些先进技术真正得到在轨应用的前提。

④人与智能系统协同

机器人技术的快速发展使得未来人与机器人联合进行行星际探测成为发展的必然方向，因此如何确保人与机器人协同高效地工作成为人因研究的重点。

⑤空间布局与适居性

乘员舱空间布局及视觉效果、生活设施方便性、工作任务安排合理性及睡眠等多个方面都对适居性产生影响，如何建立有效的在轨测试技术和方法成为了发现和提升航天器适居性的关键。

（3）人误与人因可靠性

随着载人航天系统及任务复杂性的不断提高，航天员在任务回路中的参与度不断增大，人的失误引发航天异常、故障和事故的问题日益突显，使得各国航天机构逐渐意识到人的失误（下文简称人误）可能导致系统可靠性降低，甚至飞行任务失败、人员伤亡和经济损失。结合认知科学与人因可靠性的最新进展研究航天飞行因素对人误的影响，深入研究人误机制与机理，针对长期飞行开展人误预测技术、人因可靠性改善与提高方法研究，从而确保航天员-航天器系统的可靠性与安全性，具体主要包括：

①人误特征与任务机制研究

通过对航天人误事件的分析研究，明确不同任务下的人误特点、规律及其影响因素，深入研究其内在的机制与机理，明确人误的作用途径，为人误的预测与预防提供理论基础。

②人误预测与预防技术

基于航天独有环境对人误的影响机制，根据预测的目标及对象的特点，构建航天环境下人误的认知行为模型，确定人误预测与预防方法。

③人因可靠性分析与评估

针对航天任务特点开展人因可靠性分析、评估及可靠性提高方法的研究，特别注重开发新的 HRA 模型、方法、工具以及标准体系。

（4）人-系统整合设计与评估

航天器是一个复杂的人系统，而航天员是该系统的核心和主体，人-系统整合设计的优劣直接影响系统安全性和系统效能的发挥。人-系统整合设计与评估是从系统层面上建立人机功能分配、作业任务设计以及系统效能评估相关的理论、方法、流程和技术。

①人机功能分配

全部依靠自动化技术完成所有飞行任务，包括意外事件的处置和复杂的维修活动等，但在近期内由于技术、系统结构或成本的原因不可能完全实现。因此，人参与到系统中去，即进行人、机功能分配是系统总体设计必须要考虑的问题。所谓人、机功能分配就是根据飞行目的和任务，把一些工作分配给航天员完成，再把一些作业分配给机器（自动化系统）去完成。航天员的存在对于系统的安全可靠性提出了更高的要求，也增加了航天器和飞行环境研制的难度；但另一方面，航天员的存在也给充分发挥和利用人的能力提供了机会。利用好航天员的能力，不仅可简化设备、降低费用、缩短研制周期，而且可以提高整个系统的机动灵活性和安全可靠性。

载人航天飞行中有许多任务，我们根据这些任务的性质将其分为两大类：一类是航天器的操纵、控制和管理，另一类是飞行过程中所进行的试验与生产加工等。这些任务各自有不同的目的和特点，特别是对预料不到的故障的处置，可以由人轻松地去完成。因此，从系统的角度考虑，为提高工效必须根据任务的性质、特点以及人和机器的长处与短处，将任务在航天员和自动化系统之间进行合理分配，达到扬长避短的目的。

②应激与作业负荷

航天员无论执行何种作业，都要投入一定的体力和脑力，投入负荷的大小直接影响航天员的工作效率甚至健康。航天员长期在轨飞行面临失重、昼夜节律变化等环境应激，以及繁重的工作等工作应激，这种环境与工作的综合应激导致航天员在轨作业负荷与地面相比存在较大的差异。航天人因工程研究在不同条件下、不同作业时航天员的人体负荷，寻求评价工作负荷的可靠性和有效性的方法。要准确测定工作负荷的大小是十分困难的，因为工作负荷除与作业本身的许多参数有关以外，还与人体状态有关。人体负荷大小首先取 决于任务的轻重，但人体负荷还与每个人的能力大小有关、与个人完成任务时的功能状态有关，而功能状态又受到环境、技能及心理状态的影响。

③人-系统整合评估技术

对于航天器这样的复杂人系统，需要面向其研制全周期建立全周期的人-系统整合评估技术，以保证以人为中心的设计理念的贯彻和实施。人因工程理论和方法是实现人-系统整合设计与评估的核心，其包括任务分析、时间线分析、模型和仿真、可用性测试等方法体系。

19.4.4　工效学要求与评价

航天人因工程与工效学要求是实现载人航天系统中人-机适配设计的重要依据。从表面上看有些要求虽是很普通的数据，但其却是根据大量的实验研究获得的科学结果，因此，其可以在人机适配设计中避免出现盲目性和片面性。航天器工效学要求和评价技术是确保航天器适人性设计水平最重要的方法和技术。下面主要以乘员舱和舱外服为代表，介绍工效学要求，以及工效学评价技术。

（1）乘员舱工效学要求

乘员舱工程设计的工效学要求包括空间布局、信息显示与控制、手控交会对接、照明和视觉环境、辅助装置、标记/标识和可维修性等项目与内容。

①空间布局

在工作空间与布局方面，主要包括舱内活动空间、设备操作空间、仪表板位置及板面布局、舷窗位置大小与防强光措施、舱门尺寸与开启力及操作、座椅束缚系统、进出舱通道等要求；生活空间与布局方面，主要包括睡眠区空间、生活照料与个人卫生处理空间、生活类物品操作、私密性与内装饰等要求。

②信息显示与控制

信息显示方面主要包括显示界面的布局与方式、显示器、报警与通报形式与种类等要求；操作控制方面主要包括控制手柄、操纵棒、控制面板、键盘、开关、手轮手柄控制器、连接器等控制器的操作力、操作空间与防误措施等要求。

③手控交会对接

手控交会对接包括姿态/平移手柄的安装位置、操作特性、极性，靶标和标尺的图像/图形信息显示界面、方式与布局，显示与控制匹配性等。

④照明和视觉环境

照明和视觉环境包括舱内照明、应急照明、辅助照明、睡眠区照明的照度水平，照度分布均匀性，色温，显色性等照明要求以及漫反射系数、涂布/装饰布、防眩光等视觉环境要求。

⑤辅助装置

辅助装置包括身体限制器、设备限制器、助力装置等辅助装置的尺寸与安装位置等要求。

⑥标识/标记

标识/标记包括舱内标识和设备标识的大小、位置、可视性、可懂性等要求。

⑦可维修性

可维修性包括维修工具、维修设备布局、维修操作等要求。

（2）舱外服工效学要求

舱外服工程设计的工效学要求包括穿脱性、适体性、活动性、头盔面窗的观察区域与光学性能、信息显示与控制、照明、报警、标识、舱外服内外表面的安全性等项目与内容。

1）穿脱性：穿脱的方便性、穿脱时间等；

2）适体性：与人的尺寸、手的尺寸及身体各部位的匹配性；

3）活动性：舱外服手套的活动性、舱外服的关节活动性；

4）头盔面窗的观察区域与光学性能：观察区域方面包括上侧观察区域、下侧观察区域、左侧观察区域及右侧观察区域等要求，以及透光率、角偏差、防雾功能等；

5）信息显示与控制：舱外服上观察设备、显示器显示界面、压力表等显示器要求，以及开关、背包门、更换设备的操作方式、操作力、操作空间等控制器方面要求；

6）照明：照度水平、照度分布均匀性、照明灯的安装位置与角度等；

7）报警：报警内容及呈现方式、显示报警、灯光报警、语音报警等；

8）标识：标识的大小、位置、可视性、可懂性等；

9）舱外服内外表面的安全性、应急状态的操作安全等。

（3）工效学评价

工效学评价的目的是检验系统是否满足航天员安全、工作和生活的工效学设计要求。工效学评价主要包括两大方面的内容，一个是工效学评价标准，另一个是工效学评价方法。评价标准是确定产品所达到的技术标准。工效学评价方法有测量法、主观评价法和客观评价法。评价等级有单部件、分系统、系统等层次。在工效学评价方面，应始终紧跟产品的不同阶段实施工效学评价，以及早发现问题，这样可最大限度地确保产品设计质量。

载人航天工程任务的工效学评价应在任务进展过程中的不同时期进行，从各个不同环节发现并解决工效学问题。例如，从方案构想、设计直到产品都要进行相应的工效学评价，及时发现并解决问题，最大限度地避免人力、物力和时间上的浪费。

航天员用品的工效学评价应根据需求在不同层次上进行，被评价的产品可以是元件、部件、装置、设备，以及系统和总体。当然，对整个系统进行的全面、综合、整体评价是最终和最重要的评价，但这种评价绝对脱离不了在其他层次上的评价。

工效学评价既可进行单项目（指标）的评价，也可进行多项目（指标）的综合评价，更重要的是在某一次载人航天飞行任务完成之后的综合评价。要针对实际飞行结果进行全面、认真、深入的评价，根据航天员和工程设计人员的意见对航天器的结构和飞行程序等进行全面的评价。评价的基本点在于航天员的满意程度、系统的效率和存在的问题，并对其提出改进措施。评价结果可以来自于主、客观两个方面，但必须包括人—机—环境三个因素。

19.4.5　发展与展望

按照我国载人航天发展“三步走”的战略，第一步突破天地往返技术；第二步突破多人多天飞行和交会对接技术，发射短期有人照料的空间实验室；第三步建造空间站，解决较大规模、长期有人照料的空间应用问题。同时，面向后续航天发展，还将实现载人登月、深空探测等目标。针对我国载人航天任务的需要，需借助载人航天发展的大好契机，遵循任务带学科、学科促任务的发展思路，推动航天人因工程与工效学向更深更广的方向发展。

（1）交会对接任务工效学研究

交会对接是空间实验室、空间站以及后续深空探测等任务中必须解决的关键技术，已列入到我国载人航天二步一阶段发展目标。人控交会对接是自动交会对接的重要备份，航天员作为整个航天器交会对接控制回路中的一个组成部分，涉及到大量的工效学问题。航天人因工程与工效学将深入研究人控交会对接过程中航天员的空间感知能力、决策能力、操作控制能力，以确保航天器控制特性、信息的显示与航天员手控能力相匹配，确保人控交会对接任务的成功。

(2) 空间站任务工效学研究

在空间站任务中，航天员将面临大量的舱外组装、维修、在轨实验研究等工作。如何使航天器的人机界面设计与航天员长期飞行时的能力相匹配将是后续航天人因工程与工效学的研究重点，包括：航天员在轨遥操作工效，研究航天员在遥操作过程中的空间知觉特征、控制能力和操作反馈特征等；舱外作业工效，研究航天员着舱外服后身体活动能力、手操作能力、感知能力等以及空间站适居性工效学研究。同时面向工程研制实际和航天飞行任务的实际需求，建立包括空间实验室、空间站等多层次的人机工效学设计要求、评价指标和评价方法。

长期飞行时生物节律、心理、疲劳、微重力等应激因素会对航天员在轨驻留期间的工作能力产生极大影响。为保证飞行任务的完成，在空间实验室和空间站阶段均需要对航天员在轨作业负荷进行预测与评估，对在轨工作能力和负荷进行监测，提出工程上可行的工作负荷分析方法和工作绩效的评价方法，用于航天员作业负荷评价和飞行任务流程设计。

(3) 载人登月

面向后续载人登月任务，航天人因工程与工效学将重点研究在1/6 g 重力作用下航天员着登月服后的操作能力，包括身体活动能力、手操作能力、感知能力等。开展登月服工效学要求与评价方法研究，建立登月舱、月球基地的布局、适居性等相关工效学要求和评价方法，对登月作业任务规划开展工效学设计与评价工作。

(4) 深空探测

深空探测任务对航天员的能力提出了更高的要求，长期失重环境、生物节律变化、狭小孤立的空间、适居性、乘员交互等因素对长期飞行环境下航天员的工作能力提出了极大的挑战。航天工效学将对航天员在轨飞行中的不同层面的能力与特性开展深入的研究，包括空间知觉、心理调控、情绪与认知活动的相互作用、航天员基本认知和决策特征，探索其相关规律。这些研究将对作业任务规划、航天器设计优化提供重要的支持。

总之，我国载人航天后续的发展对航天人因工程与工效学提出了更高的要求及更严峻的挑战，同时也带来了极大的发展机遇和空间。其发展前景是光明的、前途是远大的、任务是艰巨而繁重的，航天人因工程与工效学应该抓住机遇，明确发展方向，紧贴我国载人航天发展的需要，在更高和更深层次上完善和提高学科的内涵、研究方法和技术手段，使航天人因工程与工效学更好地为我国载人航天事业服务。

19.5 航天员选拔与训练

19.5.1 概述

航天员是指经过选拔和训练，能够乘航天器进行太空飞行并执行特定任务的人。航天员分为职业航天员和非职业航天员：职业航天员是指以在太空飞行为职业的人员，非职业航天员是指为执行某具体任务进行太空飞行并随着该任务结束不再从事太空飞行的人员。在太空飞行中，航天员要承担驾驶、管理、维修航天器等任务，或从事科学实验、生产加工和军事观察等活动。以观光为目的、不承担具体任务、不参与具体活动而进行太空飞行的人员不能被称为航天员，一般称之为太空游客。

50 多年来，航天员在载人航天史上创造了一个又一个新的记录，为人类载人航天技术的发展和空间科学探索做出了巨大的贡献。1961 年 4 月 12 日，27 岁的苏联人尤里·加加林乘坐东方 1 号航天器在空间遨游了 108 min，成为了人类历史上第一位进入宇宙空间的人类，从此揭开了载人航天发展的序幕，为人类增添了一种属于勇敢者的职业——航天员。表 19－2 给出了世界上重要的载人航天飞行记录。

表19-2 世界上重要的载人航天飞行记录

	飞行记录	航天员	性别	国籍	日期
1	人类第一个进入太空的航天员	尤里·加加林	男	苏联	1961.04.12
2	第一个进入太空的女航天员	瓦列依基娜·捷列什科娃	女	苏联	1963.06.16
3	第一个出舱活动的航天员	阿列科谢·列昂诺夫	男	苏联	1965.03.18
4	第一个登上月球的航天员	尼尔·阿姆斯特朗	男	美国	1969.07.20
5	第一个出舱活动的女航天员	斯维特兰娜·萨维茨卡娅	女	苏联	1984.07.25
6	一次飞行时间最长的航天员(438天)	瓦列里·波利亚科夫	男	俄罗斯	1994.01—1995.03
7	一次飞行时间最长的女航天员(188天)	夏农·露西德	女	美国	1996.03—1996.09
8	飞行时间最长的航天员(6次累计803天)	谢尔盖·克里卡廖夫	男	俄罗斯	1988.11—2005.10
9	飞行次数最多的航天员(7次)	张福林、杰里·罗斯	男	美国	1986.01—2002.06 1985.11—2002.07
10	飞行次数最多的女航天员(5次)	苏珊·海尔姆斯、夏农·露西德等6人	女	美国	—
11	出舱活动次数最多、时间最长的航天员(16次、78 h)	安纳托利·索洛维约夫	男	俄罗斯	1990.07—1998.01
12	一次出舱活动时间最长的男航天员(8 h 56 min)	詹姆斯·沃斯	男	美国	2001.03.11
13	一次出舱活动时间最长的女航天员(8 h 56 min)	苏珊·海尔姆斯	女	美国	2001.03.11
14	中国第一个进入太空的航天员	杨利伟	男	中国	2003.10.15
15	中国第一个出舱活动的航天员	翟志刚	男	中国	2008.09.27
15	中国第一个进入太空的女航天员	刘洋	女	中国	2012.06.16

在进行空间科学探索并取得了巨大成绩的同时，人类也付出了巨大的代价。其中，美国分别因两次航天飞机失事导致了14名航天员遇难，苏联因航天器事故导致了4名航天员遇难。此外，还有多名在地面训练和试验中遇难的航天员，尤里·加加林就是在一次飞机飞行训练时发生事故遇难的。这些航天员为人类的空间探索事业贡献了自己宝贵的生命。

航天员选拔与训练主要针对载人航天飞行环境和任务对人的要求研究航天员选拔与训练的方法、标准和程序等，其内容包括预备航天员及飞行乘组选拔技术研究与实施、入选航天员训练技术研究与实施等。航天员选拔与训练是航天医学工程学的重要组成部分，是载人航天工程的重要支持。

我国航天员是否合格主要是从政治思想、心理品质、身体素质和航天专业技术操作这四个方面进行考察。在政治思想方面，必须热爱社会主义祖国，热爱人民，热爱集体，能够把祖国和人民的利益放在首位，具有甘为祖国和人民献身的精神。在心理品质方面，需要具备良好的心理应激能力、危机处理能力及良好的心理相容性。在身体素质方面，应具有能适应航天中各种特殊环境因素的能力，具体包括超重耐力、低压缺氧耐力、前庭刺激耐力、空间微重力适应能力及返回地面后的再适应能力等。在航天专业技术操作方面，航天员应熟练掌握载人航天飞行所需的专业知识和各种操作技能，包括对载人航天器的飞行状态和各有关系统的监视、控制和维修，以完成各种试验项目的操作。

19.5.2　航天员分类

按照航天员在太空飞行中承担的任务不同，航天员分为航天驾驶员（space pilot）、航天飞行工程师（space engineer）和载荷专家（payload specialist）三大类。航天驾驶员是指负责操纵、控制载人航天器的航天员；航天飞行工程师是指负责航天器操作、设备管理和维修的航天员，同时还协助航天驾驶员工作，在航天驾驶员出现意外而不能正常工作时代替航天驾驶员履行职责；载荷专家负责载人航天器上有效载荷的管理、操作、维修，从事空间科学实验、技术实验、生产加工、科学研究以及其他任务，在飞行中负责载荷试验的监视、操作、数据采集和处理、设备的维修与更换，进行产品加工与管理，与载荷控制中心联络等。随着载人航天飞行次数和飞行人数的增加，航天员的队伍不断扩大，航天员的类别也在增加。图 19-8 给出了美国国家航空航天局航天员的分类。

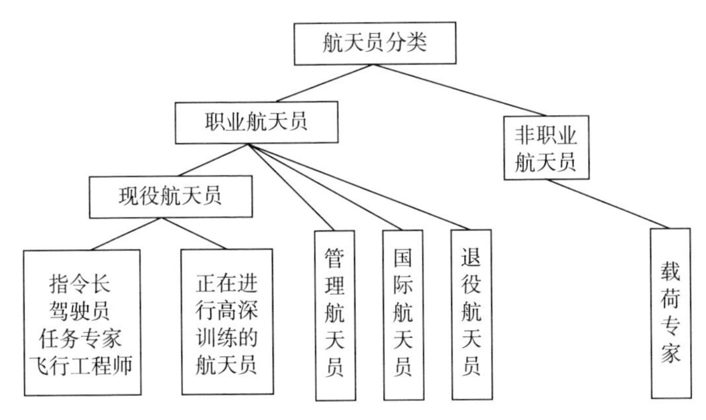

图 19-8　美国国家航空航天局的航天员分类

19.5.3　航天员队伍

1958 年，美国国家航空航天局组织了有关专家研究航天员选拔事宜，并于 1959 年 4 月 2 日宣布为水星计划选出了 7 名航天员，成立了世界上第一支航天员队伍。美国航天员选拔的人数和具体时间根据任务需要而定，大约每两年进行一次。2009 年 NASA 进行了第 20 批航天员选拔，总人数约为 329 名，其中有预备和现役航天员 119 名、管理航天员 46 名、累积退役和死亡的航天员 168 名。近年来，美国的航天员人数已大幅减少，2011 年仅有 58 名航天员，其主要原因是航天飞机的退役和国际空间站从建设转为全面运营。为了满足国际空间站任务和其他一些地面基础工作的需要，2013 年 8 月 NASA 完成了第 21 批 8 名航天员的选拔，航天员队伍总人数为

337名。

苏联于1959年10月至1960年2月成立了20人组成的航天员队伍。历史上，俄罗斯曾有多个机构拥有自己的航天员队伍，主要的三支航天员队伍是：

1）加加林航天员科研试验训练中心航天员大队，这支队伍的人数最多，其人员全部从空军飞行员以及航空兵中选拔出来；

2）能源火箭公司航天员大队，这支队伍人数不多，由非军人组成，驻扎在莫斯科近郊的科罗廖夫市；

3）生物医学问题研究所航天员大队。

此外，俄罗斯科学院、俄罗斯中央机械制造设计局、俄罗斯飞行研究所、奇卡洛夫国家空军科学实验所、赫鲁尼切夫国家航天科研生产中心、进步号中央专业设计局和俄罗斯科研生产企业星星公司等机构都曾有过自己的航天员队伍。2010年年底，俄国斯联邦航天局局长A·H·佩尔米诺夫签署了关于“成立俄罗斯航天局统一航天员大队”的命令，宣布在2011年1月1日前成立俄罗斯联邦航天局统一航天员大队，并统一归加加林航天员科研试验训练中心管理。2012年8月，俄罗斯航天员大队的17名军人航天员和航天员训练中心余留军人已全部从军队退役，此后俄罗斯航天员大队将不存在军人航天员。俄罗斯首次进行的航天员公开选拔活动于2012年9月结束，共有8人入选，其中包括1名女性。

法国在1980年开始训练自己的航天员，德国在1982年、加拿大在1983年、日本和意大利也分别在1985年和1988年开始训练自己的航天员。1998年欧洲空间局（ESA）开始将各成员国的航天员合并组建了一个欧洲的航天员大队。2000年7月完成了航天员大队的合并过程，并于2009年5月完成了最近一批航天员的选拔。

中国于1998年1月选拔组建了首批14名男性航天员队伍，2010年选拔出了第二批航天员，其中男航天员5名、女航天员2名，目前共有21名航天员在役。

以下为部分著名航天员的简介。

1）加加林（Gagarin，1934—1968），苏联航天员，1959 年入选。1961 年 4 月 12 日乘东方 1 号飞船从拜科努尔航天发射场升空，进入太空轨道绕地球飞行一圈，历时 1 h 48 min，完成了人类历史上首次太空飞行，开创了载人航天的新纪元。

2）艾伦·巴特利特·谢波德（Alan Bartlett Shepard，1923—1998），美国航天员，1959 年入选。1961 年 5 月 5 日乘水星 3 号飞船垂直升空，到达 187 km 的高空，历时15 min，成为了美国第一名进入太空的航天员。1971 年 1—2 月又担任阿波罗 14 号飞船的指令长进行了登月飞行，整个飞行历时 9 d 42 min。

3）约翰·赫舍尔·格林（John Herschel Glenn，1921 至今），美国航天员，1959 年入选。1962 年 2 月 20 日乘水星 6 号飞船升空，绕地球飞行 3 圈，历时 4 h 55 min，成为了美国第一名完成轨道飞行的航天员。1998 年 10—11 月再乘发现号航天飞机，在太空参加 10 项老年医学实验。他以 77 岁高龄重返太空，成为了世界上最年长的航天员。

4）捷列什科娃（Tereshkova，1937 至今），苏联女航天员，1962 年入选。1963 年 6 月 16 日乘东方 6 号飞船升空，绕地球飞行 48 圈，航程 2×10^6 km，完成了与东方 5 号飞船的编队飞行和科学考察任务，1963 年 6 月 19 日返回地面，历时 2 d 22 h 41 min。她是世界上第一名女航天员。

5）列昂诺夫（Leonov，1934 至今），苏联航天员，1960 年入选。1965 年 3 月 18 日乘上升 2 号飞船进入太空，在舱外活动 24 min，系安全带离开飞船达 5 m，成为了世界上第一名在太空行走的人。1975 年 7 月，再次担任联盟 19 号飞船指令长，在太空中与阿波罗飞船进行了 6 d 的联合飞行。

6）尼尔·奥尔登·阿姆斯特朗（Neil Alden Armstrong，1930—2012），美国航天员，1962 年入选。1966 年 3 月乘双子星座 8 号首次参加太空飞行。1969 年 7 月 16 日担任阿波罗 11 号飞船指令长并成为了人类第一个登上月球的人。他和奥尔德林在月面活动了

2 h 31 min，采集了 22 kg 标本，其登上月球时的一句话“个人一小步、人类一大步”成为了传世佳话。

7）萨莉·克里斯滕·赖德（Sally Kristen Ride，1951—2012），美国女航天员，1978 年入选。1983 年 6 月 18—24 日乘挑战者号航天飞机升空，历时 6 d 2 h 24 min，成为了美国进入太空的第一名女航天员。1984 年 10 月再乘挑战者号航天飞机作第二次航天飞行，历时 8 d 5 h 24 min。

8）波利亚科夫（Polyakov，1942 至今），俄罗斯航天员，1972 年入选。1988 年 8 月 29 日至 1989 年 4 月 27 日乘联盟 TM－6 号飞船进入和平号空间站，完成 239 天的太空飞行。1994 年 1 月 8 日至 1995 年 3 月 22 日，再次乘联盟 TM－18 号飞船进入和平号空间站，完成 950 项太空医学实验，创造了 438 d 太空飞行时间最长的世界纪录。

9）谢尔盖·克里卡廖夫（Sergei krikalev，1958 至今），俄罗斯航天员，1985 年入选。分别于 1988 年 11 月 26 日、1991 年 5 月 18 日、1994 年 2 月 3 日、1998 年 12 月 4 日、2000 年 10 月 31 日、2005 年 4 月 15 日参加了 6 次航天飞行，在空间逗留时间累计达到 803 天，成为世界上逗留太空时间最久的航天员。

10）杨利伟（Yang Liwei，1965 至今），中国航天员，1998 年入选中国航天员大队。2003 年乘坐中国神舟 5 号载人飞船绕地球飞行了 14 圈，历时 21 h 26 min，成为了中国进入太空的第一人。

11）翟志刚（Zhai Zhigang，1966 至今），中国航天员，1998 年入选中国航天员大队。2008 年 9 月乘坐神舟 7 号载人飞船进入太空，是中国第一个太空行走的航天员。

12）刘洋（Liu Yang，1978 至今），中国航天员，2010 年入选中国航天员大队。2012 年 6 月乘坐中国神舟 9 号载人飞船进入太空，是中国进入太空的第一个女航天员。

19.5.4 航天员任务

航天员是整个载人航天任务的核心。人在航天中的作用是随着航天任务复杂性的增加而增大的。50 多年来，航天员的任务向着高度复杂化和智能化的方向发展。在载人航天初期，例如东方号和水星号航天器，其目标主要是验证人在空间的生存能力，航天员主要是作为一个备份的操纵者。目前，航天员必须在空间完成复杂的舱内和舱外活动以及空间科学研究和实验任务；将来，在人类重返月球以及火星探险任务中，人的任务和作用将更具有挑战性。航天员在航天中的任务和作用归纳起来有以下几点：

1）航天器运行管理：人与自动系统紧密结合和合理分工，在飞行或运行过程中完成对航天器的监视、操作、控制和通信等任务，保证航天器的正常飞行或运行。这项工作对于各种航天器和每一次飞行都是必须的。目前已有的载人飞船、航天飞机、空间实验室和空间站是这样的，将来的月球基地和火星探险航天器也会是这样的。

2）航天器的组装和维修：在空间或在月球与行星表面，航天员对航天器进行建造、组装、维护和检修工作。例如，航天器舱内/舱外设施的组装及维修、空间无人航天器的捕获及维修、空间站的组装及维修，以及将来行星表面基地的建造和维修等。

3）科学研究和探索：载人航天事业具有极强的探索性，根据飞行任务的要求，航天员在飞行中需完成规定的空间科学研究、实验和探险任务，以便获得新的数据、新的认识和新的知识。

4）空间及行星资源开发：航天员充分利用空间资源（微重力、高位置、太阳能、辐射等）或月球与行星表面资源，完成加工、制造和开发工作，以造福于人类。

应当指出的是，在载人航天系统中，航天员绝不是一个被动的保护和关照对象，而是处于主导地位的系统管理者和操纵者，生存保障只是最起码的必要条件，更重要的是如何充分发挥人独特的高级智能，以发现、分析、解决各种意料之外的难题，这样才能真正显示出载人航天的特点和优势。因此，在载人航天系统设计之初，人们就已经明确地树立了以航天员为中心的指导思想。

19.5.5 航天员选拔

航天员选拔是指依据航天员选拔标准选拔出能够执行载人航天飞行任务的个人或乘组的整个过程，包括预备航天员选拔、训练期航天员选拔、飞行乘组选拔和飞行后再选拔。预备航天员选拔是指从申请人中选拔出那些达到选拔标准并取得参加训练资格的人员的过程，训练期航天员选拔是指预备航天员为取得航天员资格所进行的选拔过程，飞行乘组选拔是指从合格航天员中选拔出执行某次载人航天飞行任务的飞行乘组的过程，飞行后再选拔是指航天员在执行完一次航天飞行任务后的再选拔过程。

航天员在载人航天活动中要经受超重、失重、振动、噪声等动力学因素，航天器内部的微小气候因素，航天器外部的环境因素和社会心理学因素等特殊而又复杂的综合环境的作用，其生理功能、心理状态和工作效能会受到明显影响；在特殊情况下，其还可能出现疾病和身体损伤，严重者会导致生命危险和航天飞行任务的失败。在载人航天初期，人们把选拔训练出身体最健康、对航天环境因素耐受性高的航天员作为首要目标，因而临床医学选拔、各种生理功能选拔和训练倍受重视，成为了当时航天员选拔训练的主要内容。后来，航天员承担的任务发生了很大变化。航天员不仅仅是实验对象，更要监视、操纵和维护航天器，进行出舱活动和航天器交会对接，开展科学研究等；在出现故障和应急情况时，还要果断、正确处置相关情况。因此，越来越艰巨的飞行任务对航天员的心理素质和操作能力提出了更高的要求。

在经历了几十年的载人航天实践后，人们逐渐认识到让一名航天员承担多种任务既不经济也不可靠，于是便产生了航天员任务分工的问题。也就是说，根据航天员在飞行中承担的不同任务和职责，将航天员分为：

1）航天驾驶员：在空间负责操纵、控制载人航天器飞行；

2）飞行工程师：在空间负责载人航天器操纵、设备管理和维修；

3）载荷专家：在空间负责有效载荷的管理、操作、维修以及空间科学实验和技术试验等。

不论哪一类人员，都要通过严格的选拔和训练。

(1) 航天员选拔标准

航天员选拔标准是根据载人航天飞行任务、飞行时间、载人航天器资源配置、载人航天飞行环境等因素制定的候选人基本条件、身体健康状况与身体素质、心理素质、知识储备与操作技能等方面的要求。随着载人航天事业的发展、航天员任务的变化以及飞行经验的不断积累，美、俄航天员选拔标准已逐步细化出适合于航天驾驶员（指令长）、飞行工程师和载荷专家的三级选拔标准。其中，航天驾驶员选拔标准不仅选拔项目和内容最全面，而且要求也最严格，而对飞行工程师和载荷专家的要求和评价标准则相对较宽松。此外，女航天员的选拔标准也充分考虑了女性的生理和心理特征。经过多年的研究与实践，中国已制定了一整套科学有效的航天员选拔标准，包括预备航天员医学选拔标准（临床医学选拔标准、生理功能选拔标准、航天环境因素耐力与适应性选拔标准、心理学选拔标准）、训练期航天员选拔标准和飞行乘组的选拔标准等。中国神舟5～10号载人飞行任务中航天员完美的表现，证明了中国航天员选拔标准的科学性和有效性。

(2) 航天员选拔原则

航天员选拔涉及预备航天员选拔、训练期航天员选拔以及飞行乘组选拔（任务航天员选拔）等三个阶段。虽然各个阶段选拔的目的、项目、重点和方法有所不同，但是每个阶段都涉及到选拔依据、选拔标准、选拔方法、选拔组织、选拔实施以及评定录取等环节，缺少任何一个环节航天员选拔都不能有效进行。因此，在航天员选拔过程中必须遵循以下原则：

1）自愿原则：自愿和向往是从事并做好任何工作的重要条件，对于从事高风险和极具挑战性的航天飞行尤为重要。自愿原则主要适用于预备航天员选拔阶段。

2）职业适合性原则：航天员的职业活动对人的身体素质、心理素质、知识结构、特殊技能与能力等方面均具有很高的要求，不是任何人都可以胜任的。因此，职业适合性原则适用于航天员选拔的所有阶段。

3）系统性原则：航天员选拔涉及面广、环节多、实施过程复杂并且需要多部门协同配合，航天员训练不仅内容多，而且周期长。因此，系统性原则主要适用于航天员选拔与训练的评定录取阶段。

4）满足任务需要原则：由于每次载人航天飞行任务的飞行时间与任务目的不同，对航天员的身体、技能水平以及个性特征等方面都有不同的要求。因此，在飞行乘组选拔时必须考虑飞行任务对人的要求，有针对性地选拔那些能够满足任务需要的航天员。

5）客观公平原则：对所有候选人采用统一的检查方法与评价标准，对各项检查、考核与评定结果必须客观、真实和有效。

6）个体与乘组评价相结合原则：在对多名航天员组成的乘组选拔时，除应对每名航天员进行单独考评外，还应重点考察乘组之间的协同配合能力及乘组整体效能。

除此之外，在航天员选拔与训练的各个阶段，还要结合候选者的政治思想、心理素质以及个人综合素质等方面对其进行全面衡量和综合评定。

（3）预备航天员选拔

预备航天员选拔是从其他职业申请人中选拔出那些达到航天员选拔标准并取得航天员训练资格的人员的过程。主要是针对候选人的基本条件、身体健康状况、身体基本素质和心理品质进行检查和评定。一般由载人航天主管部门组织成立临床医学专家和航天医学专家选拔组，依据总体要求和选拔标准，确定选拔实施程序，执行选拔各阶段的选拔任务。预备航天员选拔的主要项目和内容如下。

1）基本条件选拔：依据航天员选拔标准对申请人的年龄、身高、体重、健康状态、职业与文化背景等进行审定的过程，主要针对申请人提供的个人资料和档案资料进行审查，合格者可进入临床医学选拔。

2）临床医学选拔：对基本条件审定合格的候选人进行临床各科常规检查，并依据选拔标准挑选合格候选人的过程。临床医学选拔是预备航天员选拔首先进行的重要项目，其目的是依据航天员医学选拔标准，采用现代的诊断技术和方法，排除具有明显的和潜在的疾病及其可能存在的功能紊乱的候选人。预备航天员临床医学选拔一般包括健康与病史调查、临床各科常规检查以及实验室辅助检查三大项目。临床医学选拔合格者可进入生理功能和航天环境因素耐力选拔。

3）生理功能选拔：在临床医学选拔合格的基础上对候选人所进行的机体储备能力、调节功能以及对航天特殊环境因素耐力等方面的选拔过程。一般生理功能选拔主要包括身体基本素质检查，心血管功能、肺功能和脑功能检查。在实施过程中，一般将心血管功能检查与肺功能检查结合进行，心血管功能检查除进行常规心电图检查、24 h 动态心电图和血压检查外，还要利用功率车或跑台进行一定强度的负荷刺激，以便进一步了解候选人的心肺功能。

4）航天环境因素耐力选拔：根据规定的耐受限值并利用相应的设备对候选人进行航天环境因素（单项或复项）耐力选拔的过程。其目的是择优选出那些对航天特殊环境因素耐力好、适应能力强的候选人，淘汰那些对航天特殊环境因素耐力差的候选人。选拔项目主要包括超重耐力检查、低压缺氧耐力检查（含低压易感性和耳气压功能检查）、前庭功能检查、下体负压耐力检查、头倒位耐力检查、立位耐力检查、血液重新分布适应性检查等。

5）心理选拔：运用心理学原理和方法对航天员候选人进行心理检查和评定，并挑选出具备航天职业心理素质的人员的过程。心理选拔是航天员选拔的重要组成部分，选拔内容包括认知、情绪和意志、个性心理等，选拔方法包括调查法、观察法、会谈法、测验和模拟实验方法等。由于心理选拔内容较多，在选拔中除了有明确的心理、病理性证据可以进行单项淘汰外，一般情况下都要将检查结果进行综合评定。

6）评定录取：由临床医学、航天医学和心理学专家组成的航天员选拔专家委员会对候选人临床医学选拔、生理功能选拔、航天环境因素耐力选拔以及心理选拔的各项检查结果进行综合评定，并依据优胜劣汰的原则确定合格人选；在录取前还要对候选人进行政审、家庭医学查访和家属体检等。

（4）训练期航天员选拔

训练期航天员选拔是预备航天员通过训练取得航天员资格的选拔过程。预备航天员在训练期间所接受的所有训练科目都要进行考核与评定。除此之外，航天员每年还要定期进行医学、生理学检查与评定，只有评定合格者才能取得航天员资格，如果评定为不合格则将被淘汰。

（5）飞行乘组选拔

飞行乘组选拔（任务航天员选拔）是从合格航天员中为某次航天飞行任务而选拔出最佳飞行乘组的过程。乘组选拔贯穿于航天器技术训练、飞行任务技术训练、有效载荷训练、出舱活动/交会对接训练以及飞行程序与任务训练的全过程，包括确定飞行乘组梯队（主份和备份乘组梯队）以及在临飞前对乘组梯队进行最终确定的过程。乘组选拔应充分考虑飞行任务的特点与要求，主要从思想政治素质、医学检查与评定结果、心理素质测评结果、训练成绩考评结果等方面进行综合评定，对乘组整体效能做出评价，并最终择优排序。

（6）飞行后再选拔

飞行后再选拔的项目、内容与飞行乘组选拔基本相同，除了地面例行的选拔项目之外，其重点考察飞行乘组在飞行中的表现，例如完成飞行任务的情况、身体状况、心理素质以及乘组之间协同配合能力等，这些表现将是决定其是否能参加下次飞行的重要依据。

载人航天初期，美、俄在选拔航天员时都十分重视航天环境因素耐力和适应能力的选拔，并将其作为航天员选拔的重要内容之一，这是由于当时载人航天技术条件还不能很好地满足人对恶劣的载人航天环境因素的适应，所以突出了对航天环境因素耐力和适应能力的选拔。但是近年来随着航天技术的不断发展，航天器内部环境条件已逐步改善，人们发现航天飞行对身体的影响并不像最初想象的那样严重，以往作为选拔的航天特殊环境因素（噪声、振动、温度等）现在也只是作为航天员体验性训练项目。进入 21 世纪以来，人类载人航天发展的长远目标是建立月球基地和载人登陆火星，因此在未来的航天员选拔中，心理素质、身体基本素质以及综合文化素质的选拔将会越来越受到重视。

19.5.6　航天员训练

航天员训练是依据载人航天飞行任务的总体要求，对入选航天员进行身体、心理、知识储备、飞行任务操作技能、综合素质等方面的专业训练，并使其能够满足载人航天飞行任务需要的训练过程。

航天员是在空间从事航天特殊作业的个体，航天员的作用是对航天器及其舱载设备进行操作、控制、维护以及进行出舱活动、交会对接、对地观测、科学实验等，同时还必须维持舱内的日常生活与管理工作。因此，航天员的表现与作用将直接影响到载人航天飞行任务的成败，必须在精心选拔的基础上对航天员实施系统和科学的训练，使其具备良好的生理和心理素质、对航天特殊环境因素具有良好的适应能力、熟练掌握航天器相关和完成飞行任务所应具备的各种知识及技能，以保证飞行任务圆满完成。

美、俄从 20 世纪 50 年代末开始实施载人航天计划，并先后创建了本国的航天员训练系统。随着载人航天事业的发展，航天员训练的项目、内容、标准、方法和程序也得到了进一步的发展和完善。中国从 20 世纪 90 年代初开始发展载人航天事业，经过 20 多年的实践，逐步完善了航天员训练大纲、方法和程序，研制了航天器训练模拟器、模拟失重训练水槽以及交会对接模拟训练器等一系列训练设备，培养出了一批高素质的航天员教员队伍，建立了一套具有中国特色的航天员训练体系，培养出了一批以航天英雄杨利伟为代表的中国航天员队伍，并于21世纪初期成功完成了中国神舟5～10号载人航天飞行任务。随着中国载人航天“三步走”发展战略的顺利实施，中国的航天员训练事业必将得到进一步的繁荣发展。

载人航天活动不仅要求航天员必须具有健康的体魄和良好的心理素质，对航天环境具有良好的耐受能力和适应能力，而且飞行任务的艰巨和操作技能的复杂性对其知识、技能及能力也提出了很高的要求。要求航天员必须感知敏捷、情绪稳定、具备良好的注意力分配能力、信息提取能力、快速决策能力以及丰富的知识储备和熟练的操作技能。因此，必须在精心选拔的基础上，通过理论学习和各种操作训练，使航天员掌握与载人航天相关的各种技能。具体包括对航天器的操纵、控制，飞行工况的监视，对应急状态和故障的识别、判断和处理，对舱内设备的管理与维护，对各种安全保障装备、通信设备、有效载荷、日常生活与工作用品的使用和操作，交会对接和出舱活动操作，以及返回地面后救生技能等。通过训练使航天员熟知飞行任务、飞行计划、正常飞行程序和应急飞行程序，并能熟练使用所携带的飞行手册圆满完成飞行任务。

（1）训练原则

航天员训练内容涉及基础理论、航天医学、心理学、运动生理学、航天技术、系统工程等学科领域，具有项目多、内容广、周期长等特点，且训练项目是分阶段实施的。因此，为了确保训练效果，各阶段的训练应遵循以下原则。

1）满足需求原则：满足任务需求是航天员训练应遵循的首要原则。由于航天员训练的项目繁多，因此，必须在训练资源有限的情况下，针对总体任务需求设置训练科目和内容，以实现任务的总体目标。

2）系统性原则：航天员训练是一项复杂的系统工程，具有项目多、要求高、涉及面广、实施过程复杂等特点，因此，需要多部门密切协同与配合。通过系统训练，使航天员在政治素质、心理素质、身体素质、综合文化素质、航天飞行专业技能素质等方面满足载人航天飞行任务的需要。

3）科学可行性原则：在制定训练目标和训练实施模式的过程中，既要重视科学性，又要考虑可行性和可操作性，以确保航天员训练能够满足载人航天飞行任务的需要。

4）理论与实际相结合原则：航天员的理论学习是为操作训练奠定基础，是为航天员在空间飞行中正确判断和处置异常情况提供帮助，因此训练中必须贯彻理论与实际相结合的原则。

5）针对性原则：在身体基本素质、心理以及航天特殊环境因素适应性等共同性训练科目中，依据航天员的个体差异制定针对性训练方法是取得良好训练效果的重要环节，对不同岗位职责的航天员乘组也应采取不同针对性的训练方法和手段。

6）安全有效性原则：某些航天员训练科目（例如水槽训练、离心机训练、救生训练等）具有一定的危险性，因此，在训练实施中应全面分析各种可能影响航天员安全的因素，制定相应的安全保障措施，严格执行各项安全规章制度，以确保航天员训练的效果和安全。

（2）训练项目

航天员训练项目和内容的设置主要取决于航天飞行环境、航天器和航天飞行任务等三个方面的需求。训练项目多、涉及面广以及针对性强是航天员训练的主要特点。航天员训练项目包括载人航天基础理论训练、体质训练、心理训练、航天环境因素适应性训练、救生与生存训练、航天专业技术训练（航天器技术训练、舱载设备与空间实验技术训练、出舱活动技术训练、交会对接技术训练、空间站技术训练等）、飞行程序与任务模拟训练等，每一种训练由若干不同的训练科目组成。一般来讲，对不同类型的航天员（指令长、驾驶员、任务专家、飞行工程师、载荷专家）、不同航天器的航天员和担负不同任务的航天员有着不同的训练要求，主要表现在训练学时、考核标准、训练内容等方面。

①基础理论训练

该训练是使航天员熟练掌握与载人航天密切相关的专业基础理论知识的过程，是预备航天员入选后首先接受的训练项目，其目的是使航天员掌握与载人航天飞行相关的专业基础知识，为后续的专业技术训练奠定基础。训练课程内容主要涉及以下五大类：

1）通用性基础课程：高等数学、飞行力学基础、自动控制基础、计算机基础、电工电子学基础等；

2）与载人航天飞行环境有关的课程：宇宙物理学、大气物理学、天文学、地理与气候等；

3）与载人航天工程技术相关的课程：飞行力学、空间制导与导航、飞行控制基础、载人航天工程基础等；

4）与载人航天特殊环境因素防护及身心健康相关的课程：人体解剖与生理学基础、航天医学基础、临床医学基础知识、心理学基础知识等；

5）与载人飞行任务相关的课程：流体物理、材料科学、生命科学、空间科学等（此类课程最不确定，随飞行任务而定）。

②体质训练

该训练是维持和提高航天员的身体素质，提高航天员对载人航天特殊环境因素适应能力的训练，包括一般体质训练和特殊体质训练。其主要目的是使航天员能够以健康的体魄和旺盛的精力完成训练任务和航天飞行任务。体质训练分为一般体质训练和特殊体质训练两大类：一般体质训练的目的主要是提高和保持航天员的速度、耐力、力量、柔韧性、协调性等，训练内容主要有田径、游泳、爬山、形体训练、健身操、太极拳、各种球类运动等；特殊体质训练的目的主要是加强航天员对航天特殊环境因素的适应与耐受能力，训练内容主要有滚轮、悬梯、浪木、四柱秋千、垫上前后滚翻、弹性蹦床、水下翻滚和抗眩晕操、原地定时快速高抬腿、短时定时快速跳绳、下斜式仰卧起坐和负重蹲伸、头手倒立、多角度斜板仰卧倒挂、手倒立等。航天员的体质训练有两个突出特点：一是针对性很强，对不同的人有不同的训练计划；二是过程中要特别注意航天员安全和避免出现运动损伤。

③心理训练

该训练是为了提高航天员的心理素质及相互配合能力，运用心理学原理和方法开展训练的过程，包括心理学基础与心理健康教育、心理相容性训练、心理表象训练及放松训练等科目。训练分为结合性心理训练和专项心理训练。结合性心理训练是指通过其他各大项训练使航天员熟悉航天员训练过程和情况，训练中心理教员对航天员进行心理观察并提供必要的心理支持和指导；专项心理训练包括航天心理学基础与心理健康教育、心理放松训练、心理表象训练、心理相容训练、狭小环境中的隔离训练、针对错觉的心理训练等。

④航天环境因素适应性训练

该训练是在模拟的各种载人航天特殊环境条件下，航天员接受训练、提高耐力水平及掌握防护技术的过程。其目的在于提高航天员对航天飞行特殊环境因素的耐力与适应能力，以及返回地面后的再适应能力。主要包括航天员在地面进行的超重耐力适应性训练、前庭功能训练、失重适应性训练（失重飞机飞行训练、血液重新分布适应性训练、头低位卧床体验等）、航空飞行训练等。航天特殊环境因素适应性训练是最具载人航天特色，并对航天员的生理、心理具有极大挑战的训练项目。

⑤救生与生存训练

该训练是通过各种营救和自救设备和方法，使航天员全面掌握救生能力的过程。其目的是使航天员掌握发射前、飞行中、返回后的救生与生存技能。训练项目主要包括发射前紧急撤离训练，飞行中的救生训练，着陆后出舱、生存和营救训练等。

⑥航天专业技术训练

该训练是通过讲课和实际操作使航天员熟练掌握载人航天飞行所需专业知识和各种操作技能的过程。航天飞行专业技术训练主要取决于航天器系统和航天飞行任务的需求，主要分为航天器技术训练、飞行任务技术训练、有效载荷训练、出舱活动训练和交会对接训练等。其目的是使航天员掌握载人飞行所必须具备的各项技能及相关知识，主要训练内容包括对航天器姿态的操纵和控制，应急状态和故障的识别、判断和处理，各种装备的使用和操作，对舱内设备的照料与维护，飞行日常生活和工作用品的使用和操作，有效载荷操作，交会对接，出舱活动，舱外作业等项目。

⑦飞行程序与任务模拟训练

该训练是使航天员熟知飞行任务、飞行计划和所需执行的正常飞行程序和应急飞行程序，熟练掌握飞行手册的内容以及各种操作技能的过程。其目的是使航天员掌握飞行程序，即知道什么时候发生什么预定的事件以及如何处理该事件；并且使其养成习惯，做到非常熟练。训练内容主要包括正常飞行程序训练、应急飞行程序训练、故障识别与处理训练、逃逸救生程序训练、全任务模拟训练等。飞行训练模拟器是该项训练的主要设备，其内部结构与布局和真实的航天器相同，并能够模拟航天器飞行时的视景、振动和噪声效果。运动基模拟器还可以模拟运动效果。

⑧乘组训练

该训练是在共同科目训练的基础上对飞行乘组进行的进一步强化性训练。其主要目的是进一步强化乘组之间以及乘组与地面指挥之间的协同与配合。训练的项目包括正常飞行程序训练、应急与故障处理训练、全任务模拟训练以及有效载荷操作训练等。

（3）训练考评

训练考评是考查受训航天员是否达到训练大纲规定的训练目标，并且对航天员的能力和水平做出客观的评价的过程。由于航天员训练项目多、范围广，因此在考评中应贯彻平时考核与阶段考核相结合、定量与定性考核相结合和客观公平的原则。航天员的操作能力和水平是航天员执行航天飞行任务的关键项目，考官在对单项训练器和模拟器、正常飞行程序/应急/故障状态处置以及飞行任务乘组之间的协同配合等操作科目进行考评时，必须借助现场观察和媒介记录（录音、录像、自动记录仪器等）相结合的手段做出客观评价。考评结果一般采用多科目的综合评价，但对关键操作科目的考核（例如航天员出现了直接影响飞行安全和飞行任务成败的操作失误时）采取“一票否决”制。

人类50多年的载人航天实践表明，现代载人航天是人和自动化系统的有机结合，航天员既是驾驶员、检修工程师，又是探险家、空间科学家，更是信息的管理者、决策者、空间生产加工设备和大型空间设施的建造者。人的参与可使航天器飞行得更安全、更可靠，完成任务的成功率更高。但是，人是一个复杂的、无法固化的巨系统，其具有两面性：一方面，航天员可以成为一个高度智能化的冗余系统，能弥补工程系统的某些缺陷和故障，提高安全可靠性、保证航天任务的完成；另一方面，当航天员本身的可靠性降低时，容易出现人为失误，使航天员不能正确处置突发事件或出现身体问题和心理问题，这可能会给飞行安全和航天任务的完成带来负面影响。因此，必须在精心选拔的基础上，对航天员进行严格科学的训练，最大限度地减少和消除负作用，充分发挥航天员的智能化作用。

19.5.7 发展与展望

随着载人航天技术的发展，人类利用太空资源的能力将会不断增强，人类将通过对太空的探索和开发实现飞跃式的发展。人类在外层空间中将会有越来越多的“一小步”，而通过征服宇宙掌握新知识来促进文明进步的这项事业最终会产生人类的“一大步”，人类将会再一次实现自己的梦想，载人航天也将会继续得到持续稳步的发展。航天员选拔训练经历了50多年的发展，一直随着载人航天技术的发展、人类对载人航天飞行认识的不断深入及航天飞行经验的积累而不断地调整和变化，也必将随着人类征服宇宙的进程进一步发展、变化和完善。毋庸置疑，作为我国的载人航天工程不可或缺的重要组成部分，航天员与选拔训练事业必将会随着我国载人航天事业的持续发展而得到更加进一步的、持续稳步的发展。航天员选拔与训练体系将更加完善，其理论体系和技术也必将随之进一步丰富、完善和提高。同时，航天员选拔与训练的发展不仅将为航天员选拔与训练的工程实施提供更加有力的技术支撑，而且也必将进一步补充和丰富航天医学工程学，促进航天心理学、航天重力生理学、航天环境医学、航天实施医学、航天人因工程与工效学、航天飞行训练仿真技术和航天环境模拟技术等相关学科的发展。

我国载人航天工程后续任务对航天员选拔训练提出了新的要求，面对未来的机遇和挑战，结合工程实际，我国航天员选拔与训练的研究重点主要有以下三个方面。

（1）继续开展预备航天员选拔方法和标准的研究

补充和完善我国预备航天员选拔技术体系。在首批预备航天员选拔基础上，研究确定未来预备航天员选拔的策略，研究制定飞行工程师、载荷专家和女航天员的选拔方法和标准，包括对候选者的基本要求、医学和心理选拔的方法与标准、综合评价的方法和标准，补充完善预备航天员选拔体系。根据国家载人航天的发展规划和任务需要，适时进行预备航天员的选拔，并开展系统全面的训练，使航天员队伍保持适宜的规模，以满足后续任务的需要。毫无疑问，随着我国载人航天事业的发展，我国航天员队伍的组成必将向多元化发展。

（2）继续开展交会对接和空间站任务航天员选拔与训练技术的研究

研究确定航天员交会对接选拔与训练技术、空间站技术训练技术，研制相应的训练设备，补充完善航天员选拔与训练体系。在全面系统训练的基础上，重点进行交会对接训练、空间站技术训练、空间实验技术训练、有效载荷技术训练等，为交会对接任务、空间站任务选拔训练出优秀的飞行乘组。适时开展载人登月航天员选拔训练方面的研究，为后续任务的发展进行技术储备。根据中长期飞行对航天员及飞行乘组的要求研究并提出相应的选拔方法和标准，训练项目、内容、方法和标准以及考评的方法和标准。尤其是应更加重视航天员心理选拔训练及飞行乘组的选拔训练方面的研究工作，包括个人的创造潜力等素质、乘组成员的搭配及乘组整体效能的研究等。

(3) 针对可能开展的国际合作进行相应的研究和技术准备

研究不同政治、信仰、文化背景等方面的差异和语言交流方面带来的问题对航天员选拔训练的影响，并有针对性地采取措施做出相应的调整。

19.6 航天员医学监督与医学保障

19.6.1 概述

航天员医学监督与医学保障的任务是研究航天员在飞行前、中、后可能发生的疾病及其预防、诊断和治疗措施，以便对航天员实施飞行前、中、后的医学监督和医学保障，确保航天员的身体健康。其主要工作内容如下。

1) 航天员医学监测与医学鉴定是开展航天员健康监测方法与评价标准的研究。其运用先进的医学技术，定期对航天员进行临床检查、生理功能检查、特因耐力检查，制定医学检查方法和医学鉴定标准，同时对航天员的健康状况进行等级评定。

2) 航天员健康维护是整合预防医学、康复医学、运动医学、中医药的理论与技术，研究确定强身固本、防病治病等一系列医疗卫生保障方法与措施。

3) 航天员医学救援是应用卫生勤务学、急救医学的理论与方法，按照系统论的观点，科学合理地组织航天实施医学人员与医疗器械装备及药品，针对各重大任务现场航天员可能出现的安全、健康问题，研究组织管理与医学技术手段等综合措施，以实现对航天员进行健康维护、伤病防治、应急救助。

19.6.2 航天员医学监督

(1) 基本概念和常用方法

航天员医学监督是为保障航天员身体健康、确保圆满完成训练和航天飞行任务所进行的一系列健康跟踪、维护和评定措施。其内容主要包括定期对航天员实施医学检查，以便及时跟踪与评价其健康状况；及时发现潜在疾患并尽早处理；定期对航天员进行医学鉴定，以决定其下一步训练和任务的实施；进行航天员大型训练现场的医学监督，以保证航天员的训练安全；以及航天飞行前、中、后的医学监督和评价等。其中最重要的是飞行中的医学监督。

在航天员进行体质训练、理论知识培训和专业技能训练时，需要对航天员进行医学、心理学观察和监督，以保证航天员在训练期间的身心健康。在训练和试验前、中、后还要进行必要的医学检查，大约3个月进行一次定期医学检查，飞行前30～45天进行临床生理学检查，发射前5～7天进行射前检查，发射当天还要进行最后的医学检查，同时根据飞行任务制定飞行中的医学监督计划。飞行中要监测航天员的一些重要生理指标，观察航天员的心理状态，以便能够及时地对航天员的身心状况做出判断。

在载人航天初期，美、苏选择的医学监督指标较多，兼顾了监督和研究两个方面。目前的发展趋势是简化常规监测指标，包括一般的心电、呼吸、血压和体温等指标，增加定期医学监测指标。航天器上携带的各种生理生化传感器及信息处理设备将航天员的生理生化信息传递到地面，在载人飞行控制中心、航天员中心、发射场都设有航天员地面医监设备，由地面医生监视航天员的生理状态。同时，通过与航天员的通话和航天员的主诉以及航天员的电视画面，了解和判断航天员的心理和生理健康状态，预测航天员心理和生理疾病发生的倾向。在飞行中，地面医生要及时对航天员进行医学和心理指导。当飞行中航天员发生严重的生理和心理疾患，或航天器舱内大气环境参数对航天员的身体健康构成严重威胁无法继续正常飞行时，地面医生有权提出中止飞行的建议。双向视频通话对于地面医生和在轨的航天员都是很有价值的，特别是对于在空间站上长期飞行的航天员，非常有助于解除其心理上的孤独感。

飞行后要对航天员实施全面的医学检查和特殊生理功能检查，要选择多项指标连续跟踪一定的时间，并与飞行前的数据进行对照分析，从而对航天员飞行后的状态做出判断和评价。

（2）血压测量

飞行中的血压测量可用于监测航天员的健康状态，也可用于对航天员生理状态的实验研究。在飞行中应用的血压测量方法有两种：Korokoff 音（简称柯氏音）技术和 Penaz 技术。美国天空实验室曾采用自动柯氏音法，在进行下身负压及代谢实验期间连续测量航天员的血压。在美国参与的俄罗斯和平号的合作计划中，以及在航天飞机与和平号空间站的合作计划中，也曾使用柯氏音法在采用下身负压装置研究立位耐力时连续测量航天员的血压。空间实验室生命科学 1 号上采用了依靠 Penaz 技术制造的血压测量装置。在国际空间站人研究设备中也包括了依靠 Penaz 技术制造的血压测量装置。

（3）人体代谢分析及肺功能测试

研究人在空间飞行中的代谢活动是航天医学的基础性研究工作。天空实验室代谢分析仪用于测量航天员在飞行中的代谢水平，包括耗氧量、产 CO_2 量、每分钟呼吸量、呼吸熵和潮气量（或肺活量）。其具有两种工作模式：在模式Ⅰ，吸气量由一个活塞肺活量计直接测量；在模式Ⅱ，吸气量由呼出量和测得的吸入气及呼出气中氮气的浓度计算得出。在天空实验室研究工作中主要使用模式Ⅱ。该分析仪的主要部件包括质谱计、吸气及呼气肺活量计、标定气体组件、呼吸装具和电子组件，图 19－9 给出了其功能框图。

（4）图像诊断

超声图像诊断是一种安全、廉价、快速的最常用的医学软组织

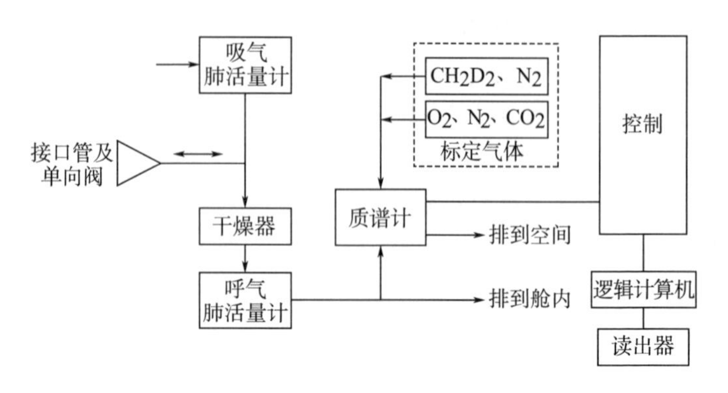

图 19-9　天空实验室代谢分析仪功能框图

诊断方法。与其他的成像方法相比，如 X 光、CT 和核磁共振，超声图像诊断用于航天是因其具有很多重要的优点：其对人体不会有损伤；且扫描设备很小，质量小、功耗小、电磁干扰小。所以，超声成像设备在航天医学研究中起着重要的作用。

美国在航天飞机上使用过两种超声心动仪用以评价心脏功能。一种是由商业 HP7020 改装的飞行系统，其由操作者视频显示处理单元、数字扫描转换器、视频记录器和遥测下传界面组成。另一种是由 ADR5000 便携式超声心动仪改装的飞行系统，称为美国超声心动仪研究成像系统，其可以显示心脏和其他软组织的一维和二维图像，所得图像可记录在 8 mm 磁带或发送给轨道器上的摄像机。该系统可以测量或导出心脏的每搏量、心输出量、心壁的运动、心室的大小等参数。

然而，二维超声系统要求操作者必须具备熟练的超声诊断技术，而飞行中的航天员不可能是医学专家。在这种情况下，精确定位就成了问题。美国为国际空间站研制了三维超声系统，航天员只需要一定的训练就能掌握操作技能，而不再需要具备诊断技能。在诊断时，使用超声系统对受试者需要检查的解剖学部位进行大体积的扫描，不需要航天员判读；然后将数据传输到地面，由超声专家在地面进行分析和诊断。国际空间站人研究设备的超声系统可提供心脏和其他器官、肌肉及血管的三维图像，其具有很高的成像能力，可以广泛地用于研究及诊断方面，例如超声心动扫描、腹部深层器官超声、脉管超声、妇科超声、肌肉及筋超声、颅脑超声、超声对比研究、细部超声等。

（5）肌肉电刺激

肌肉电刺激器是由欧洲空间局为国际空间站人研究任务提供的设备。其主要用于为除胸部以外的肌肉群提供电脉冲刺激，使肌肉产生收缩，以支持人的神经肌肉研究。其可以提供单脉冲或序列脉冲，并有两种可选择的脉冲宽度和变化的振幅。该仪器是一个手提式设备，可以单独使用，也可以与其他生理测试设备一起使用。在单独使用时，可以在前面板上选择预制的脉冲方案，每一方案都有相应的脉冲序列；在遥控模式工作时，其与肌肉萎缩研究和锻炼系统一起工作，肌肉萎缩研究和锻炼系统控制肌肉电刺激器的工作，包括选择肌肉电刺激的脉冲方案和下传脉冲方案。

（6）肌肉萎缩研究和锻炼

肌肉萎缩研究和锻炼系统是由欧洲空间局为国际空间站人研究任务提供的设备。其是一个通过控制和测量位置、速度、力矩、力与时间的相互关系，来评价关节周围肌肉群强度和肢体肌肉强度的装置；其还可以用做航天员的锻炼设备，如图19－10所示。

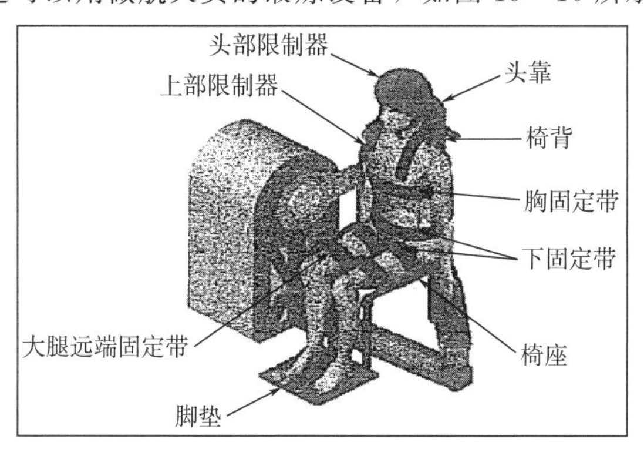

图19－10　肌肉萎缩研究和锻炼系统

在主箱中装有传感器、驱动电机、电池和电子设备。座椅和适配器为受试者提供限制和约束。主箱底座上有隔振装置，防止其对其他有效载荷造成干扰。该系统可以测量和锻炼各关节的活动，包括膝关节、踝关节、躯干、臀部、肩关节、肘关节和手腕的弯曲伸展等，以及测量关节活动时的力矩、角度和速度；可以测量上、下肢所有关节的线性运动并锻炼相关关节，以及测量线性运动时的力、位置和速度；可以支持等角度、等动能、等张力的锻炼等。该系统能单独工作，实时采集数据；也可与便携计算机、肌肉电刺激器和肌电放大器一起工作，为上述设备提供控制和供电；并可实时将数据传给货架上的工作站，以便下传。

（7）质量测量

在航天飞行中，经常需要测量一些物品的质量，如食品、生物样品等，有时也需要测量人体的质量。在失重状态下测量物体的质量的方式与地面不同。空间质量测量的基本原理是应用弹簧产生的力推动被测物体运动，通过测量弹簧振荡的周期或者被测物体的加速度计算出被测物体的质量。

美国从天空实验室计划开始使用空间质量测量设备，后来又在空间实验室生命科学 1 号等飞行任务中测量物品和人体的质量。在航天飞机的飞行任务中曾使用一种小型质量测量装置，用于测量生物样品的质量，其原理如下：将被测量的生物样品放在托盘上，然后将固定样品的托盘从偏离位置释放，支撑托盘的弹簧使其产生振荡；原点探测组件检测其振荡周期，从而计算出生物样品的质量。其测量范围为 1 g～10 kg，精度在测量 25 g～2 kg 物体时为±0.5 g；2～10 kg 为±5 g。该设备质量为 17 kg，功耗为 15 W。

在国际空间站上装备的人体质量测量设备称为空间线性加速度质量测量装置，其外形如图 19－11 所示。该设备应用弹簧对人体施加力，测量人体产生的加速度，从而计算出其质量。在装置的内部由两个弹簧产生拉力，通过一套滑轮系统将拉力作用于导轨机构上，该导轨机构上装有人体限制机构，使用一个精密的光学器件探测导轨臂在弹簧力的作用下的运动轨迹，再由一个内置的微处理器收集原始数据并提供精确的时间，最后使用便携式计算机进行计算。其测量范围为 41～109 kg，精度为 0.2 kg。该设备使用 28 V 的电源，内部可存储 145 次的数据。

(8) 飞行医学监督系统

飞行医学监督系统主要是用航天器上的医监和医学检查设备检测航天员的一些重要生理、生化指标，并将这些信息传送到地面。飞行中医监生理、生化指标的选择应考虑飞行任务的需要及其可能性。到目前为止，飞行中常规医监生理指标有心电、呼吸、血压、血流等。

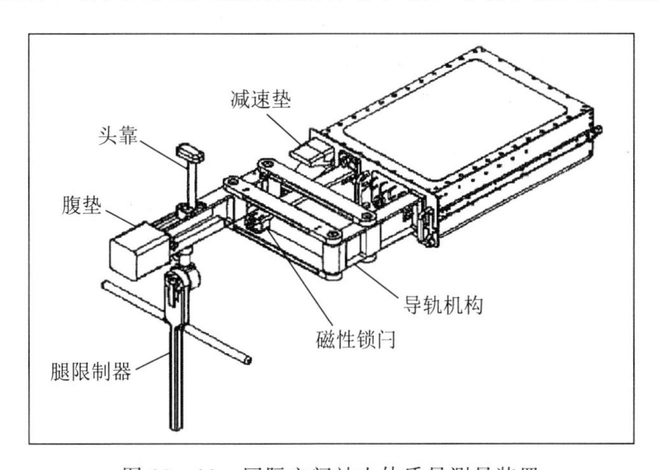

图 19－11　国际空间站人体质量测量装置

图 19－12 给出了天空实验室生物测试系统的方框图。背带组件由纤维制成，其具有口袋和带子，可以安放电气组件，使用摁扣可以将其附加到液冷服或航天服内部常穿的服装上。生物带可以将各部分连接起来。贴在身上的电极为心电调节器和呼吸阻抗描记器提供输入信号。温度测量使用耳道温度探头测量耳部的温度（后来取消了温度测量）。心率信号来自心电信号。

我国载人航天器中配置的医监设备可以检测的生理指标为心电、呼吸、血压和体温 4 个生理指标。交会对接任务中的目标飞行器增

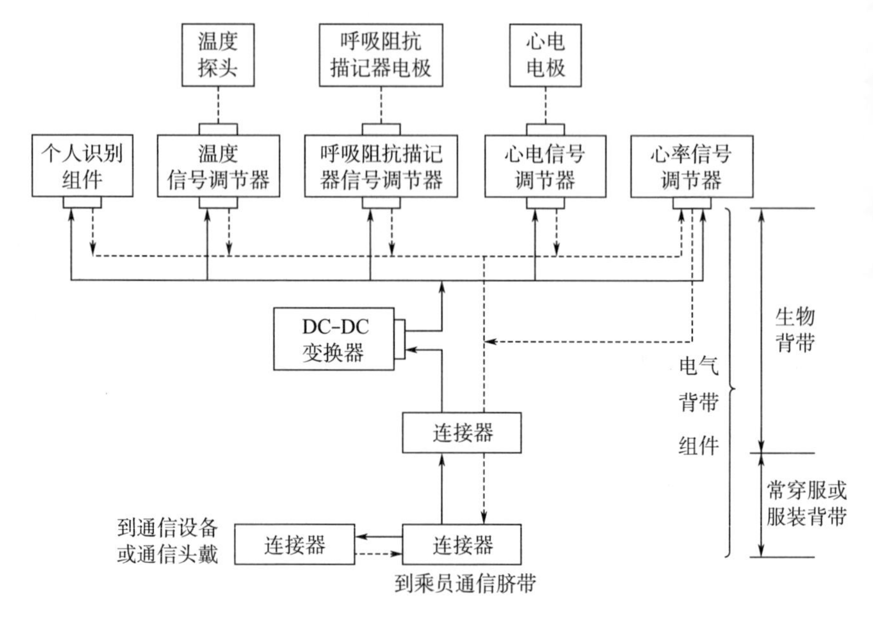

图 19-12　天空实验室生物测试系统方框图

加了多项定期医学检查设备，包括对连续心电、动态血压、运动肺功能、血乳酸等检测的各类检查设备，检测数据为组合体运行段航天员医学保障提供了较为充分的信息。

在国际空间站上的人研究设备主要有：肺功能系统、生理代谢气体分析系统、肺功能组件（欧洲空间局）、光声分析组件（欧洲空间局）、气体输送系统、超声医学诊断系统、便携计算机、冷冻离心机、空间线性加速度质量测量装置、移动数据采集系统、脚与地面间的测量装置、脚与地面间总力测量装置、关节锻炼传感器、活动监测仪、连续血压监测装置、脉冲血氧计、肌肉萎缩研究和锻炼系统（欧洲空间局）、手握力计（欧洲空间局）、肌肉经皮电刺激器（欧洲空间局）、眼跟踪装置（德国航天局）、中子探测器（日本）等。这些设备分装在两个货架中，分多次发射组装到国际空间站上。

由于这些设备安装在航天器上，因此其必须能够耐受航天环境的影响并满足体积、质量、功耗、安全性、可靠性等限制要求。这些设备有时可以采用一些成熟的商业产品，有时则需要修改或按照航天的要求重新设计。

19.6.3　航天员医学保障

航天员医学保障为保障航天员身体健康、确保圆满完成训练和航天飞行任务所进行的一系列医学保障措施，其主要内容包括航天员日常医学保障、飞行前医学保障、飞行中医学保障和飞行后医学保障。

（1）航天员日常医学保障

其主要是在训练期间维持航天员的身体健康，包括航天员训练期间作息制度的安排、制定航天员营养饮食标准和卫生制度、航天员训练期的体检制度、航天员日常健康维护与保障以及疗养安排等。

（2）飞行前航天员医学保障

其包括合理安排和实施进发射场后的营养饮食制度，以防止航天员发生消化系统疾病，同时还要控制航天员饮食；要对航天员进行相对隔离以及有关设备和物品的消毒检疫。

（3）飞行中航天员医学保障

其是医学保障工作中的关键一环。针对飞行中可能出现的医学问题确定航天药品配置需求，制定航天员个人卫生清洁措施，使航天员保持良好的个人卫生，保持口腔、手、脸和身体的清洁；制定飞行器乘员舱卫生清洁措施，以维持良好的生活环境；实施肌肉放松等措施；并对航天员在轨失重生理效应防护措施的实施进行医学监测，以确保其安全性。

（4）飞行后航天员医学保障

其主要是对正常返回或应急返回着陆后的航天员进行现场医学处置，必要时送至医院；然后护送航天员返回航天员中心，对航天员进行体检并采取飞行后的再适应和康复措施。

19.6.4　医学保障设备

飞行中的医学保障技术是根据飞行任务的要求而确定的。对于短期飞行，飞行中的医学保障较为简单，例如在航天器上只装备一个航天药箱以及一些卫生用品等。随着飞行时间的加长，飞行中的医学保障技术有了新的发展。特别是对于长期运行的空间站以及月球居住和火星探险任务，航天器上将配备具有一定独立功能的医学保障系统。例如，飞行中的定期体检设备，疾病预防、诊断和治疗药品、医疗用品和设备，卫生及污染防护用品，飞行中的锻炼设备及防护措施设备等。

航天药品及医疗用品是航天器上保障飞行乘员健康的必备物品。对于短期飞行，其品种和数量都较少。随着飞行时间的加长，航天员医学问题的风险和飞行乘员发病率增加，航天药品的品种和数量也随之增加。在航天器上装备的航天药品除了考虑如发烧、呼吸道感染、肠胃炎、牙痛、尿路感染、皮炎及外伤等常见疾病外，还必须考虑如与失重生理效应相应的航天特殊环境的对抗药品。对于长期飞行，除了药品以外，医疗用品及设备的品种和数量也在增加，一些必要的疾病诊断和治疗设备将装备到航天器上。

此外，需根据舱内卫生学处理和个人卫生清洁提供配套清洁用品，包括舱内擦拭毛巾、湿纸巾，部分内含消毒清洁液，以及个人头部、面部、身体清洁和护理用品等。鉴于水资源以及在轨废水处理的问题，各类人体清洁用品都以免洗类产品为主。

19.6.5　发展与展望

长期飞行对航天员的影响、疾病防治和在轨医学处置等医学问题是人类进入空间前必须解决的问题，其重点是研究空间的辐射和失重等环境因素对人的长期影响。如何在较长的空间飞行和行星际探索期间将空间环境因素对人的影响降低到最小程度，是航天医学面临的最大挑战，也是制约人类向更深、更远的外层空间探索的瓶颈因素。

(1) 随着航天飞行时间的延长，航天员在轨健康维护和保障需采用逐步智能化的对抗防护及在轨医疗措施

航天医学研究应紧紧围绕长期航天飞行的关键医学问题，从微重力生理、心理等方面开展航天员医学监督和医学保障研究，包括飞行各阶段的医学监督与医学保障工作以及航天员的在轨医学鉴定。

在空间实验室飞行任务中，航天员要经历失重等航天特殊环境来完成交会对接、出舱活动等任务，且其空间停留时间长、身心负荷大，因此需要对航天员进行全方位的医学监督和医学保障。飞行前对航天员实施医学鉴定与医学放行。飞行中对航天员实施生理参数动态监测，预测航天员的健康状况，对出现的意外伤病及时作出正确诊断，并指导航天员采取相应的在轨医疗处置措施；制定航天员对失重的防护措施，指导航天员实施相应防护，并提供飞行中心理支持；实施人体微生物监测与医学控制，以保证航天员的身心健康。返回后，实施恢复期医学监测和康复治疗，以促进航天员尽早康复。

(2) 载人登月

与近地轨道飞行相比，载人登月和月球居留对航天员的医学监督和医学保障提出了新的挑战。惟一有借鉴意义的就是美国的阿波罗登月，但是在阿波罗登月中每个航天员在月面上逗留的时间都只有短短的几个小时，因此可以说，对于月球长期居留的航天员的医学监督和医学保障，人类还没有任何经验。但是载人登月和月球居留的航天员医学监督和医学保障，应在近地轨道短期飞行的基础上有着更高的要求和考虑。

①对登月航天员医学监测的要求

由于月球距地球 3.8×10^5 km，使航天员医学监督难度加大，从而容易影响疾病诊断。因此需要对登月和长期居留月球的航天员提供不间断的医学监督，定期对其进行全面体检，在线预测评估健康状况。同时，在月球基地还应配备必要的检查设备，如生理和生化指标监测设备、医学影像检查设备及其他必要的医学诊断设备。还

需要针对长期月球居留航天员的生理、心理特点，研究开发无创、在线的航天员健康监督、预估技术。

②对登月航天员医学保障的要求

载人登月和月球居留期间的医学保障主要是发展在线疾病诊断、医疗处置和医学支持。地面医生通过医学监督信息、地月通话和实时图像，对月球上的航天员健康和疾病进行诊断，并通过话音、图像等指导航天员利用配备的航天药品、医疗器械等设备进行在线医疗处置，甚至包括手术治疗。

（3）火星探险

在与火星飞行有关的医学问题中，进一步对机体在航天特因条件下的再适应过程进行研究，并明确生理代偿与出现病理现象的界限显得尤为重要。这就需要探索和建立针对火星长期飞行的自主心理健康维护体系，以维持健康稳定的心理状态、乘员间关系和行为能力；建立自主医疗体系，实现对火星飞行航天员健康状况监督和对潜在疾病的预防与治疗。

19.7 航天营养与食品

19.7.1 概述

航天营养与食品工程是研究航天员营养需求和营养保障的技术学科，以确保航天员在空间健康生活为根本目标，主要研究航天环境下人体物质代谢规律及航天食品加工工艺、包装和食品质量与安全管理等内容，其研究成果直接应用于载人航天工程的实践。

航天食品在载人航天中发挥着多种作用，包括从营养素摄入对维持健康的基本功能到进餐时的心理学益处。膳食所提供的能量与营养素是维持机体生存的物质基础，航天飞行时机体发生的生理和生化改变与膳食营养有着十分密切的关系，包括维持内分泌和免疫系统的功能、骨骼和肌肉的完整性与水合状态等。随着飞行时间的延长和乘员人数的增加，航天食品和饮水的携带量也会随之大幅增加，这就占据了航天器的有效载荷，从而对载人飞行任务形成制约。

航天营养与食品工程是保证航天员身心健康的重要基础，其与航天医学工程学的各分支学科之间存在着密不可分、相辅相成的关系。航天营养与食品工程的研究结果是环控生保工程进行系统设计的必要输入，且还是对其研制产品的验证与评价；同时环控生保工程的研究结果反过来对航天营养与食品工程的产品研制提出工程条件限制。航天环境医学提出的某些特殊要求是航天营养与食品工程的必要输入，航天营养与食品工程的研究成果是航天实施医学措施、制定实施方案的重要科学依据。

19.7.2　航天员营养保障

要保证航天员的营养，首先要制定合理的航天膳食营养素供给量标准。航天膳食营养素供给量标准应包括常量营养素标准，如能量、蛋白质、碳水化合物、脂肪、纤维素和液体；包括矿物质，如钙、磷、镁、钾、钠等宏量元素以及铁、锌、硒、碘等微量元素；还应包括各种维生素的供给量。营养素供给量标准的制定应考虑飞行任务要求，主要是飞行时间的长短。航天员的热能供给量还应适于人的个体差异，如年龄、性别、身体尺寸、健康状况，同时还与环境条件有着密切的关系。

19.7.3　航天食品

随着载人航天的发展，航天食品系统从适应短期单人飞行到适应长期多乘员飞行的过程中，系统的构成由初期只有简单的即食食品逐渐发展成为一个较完备的系统，并且在将来食品系统将向着长储存寿命和由生物再生构成的复杂系统方向发展。食品系统按其复杂程度可分为储存式食品系统和再生式食品系统。决定食品系统复杂程度的主要因素是飞行时间、乘员人数、补给周期及当地资源的可用性。对于飞行时间不太长、乘员人数不太多、补给周期不太长的航天器，应采用储存式食品系统。当飞行时间很长、乘员人数很多、补给周期很长时，储存式食品系统将给航天器带来无法承受的质量、体积及补给负担，此时部分采用或主要采用再生式食品系统就变得十分必要。

食品按其在飞行任务中的用途，可分为食谱食品、储存食品、舱外活动食品和救生食品。食谱食品是食品中最主要的组成部分，其是按照正常飞行的时间顺序安排好的食品。美国一般按照每天 3 餐安排，另加一些小吃；俄罗斯和平号空间站按照每天 4 餐安排。食谱食品是由航天营养学家根据飞行任务要求及航天员的营养需要，并吸取参加飞行任务的航天员的意见后确定的。美国航天飞机和国际空间站计划都有其基准食品和饮料清单及标准食谱。航天飞机乘员的典型食谱见表 19－3 和表 19－4。

表 19－3　航天飞机乘员典型食谱（第 1～4 天）

	第一天	第二天	第三天	第四天
A 餐	桃干 玉米片 柑橘-菠萝饮料 可可	梨干 牛肉饼 炒蛋 香草方便早餐 柑橘饮料	杏干 早餐卷 巧克力方便早餐 柚子饮料	桃干 麸制快餐 柑橘－芒果饮料 可可
B 餐	火腿 奶酪涂抹食品 玉米饼 菠萝 腰果 草莓饮料	花生酱 苹果或葡萄果子冻 玉米饼 杂拌水果 什锦水果 桃-杏饮料	火鸡色拉涂抹食品 玉米饼 桃 燕麦片 柠檬水	炒蘑菇牛肉丝加面条 玉米饼 苹果酱 杏仁 加柠檬和糖的茶
C 餐	熏火鸡 脆皮火鸡 西红柿和茄子 玉米饼 桃 葡萄饮料	烤鸡 面条和鸡 奶油菠菜 玉米饼 草莓 核仁巧克力饼 热带混合果汁	意大利面加肉酱汁 意大利蔬菜 饼干 奶油糖果布丁 柑橘饮料	红烧鸡 米饭和鸡 豌豆和椰菜 玉米饼 木薯布丁 菠萝饮料

表 19-4　航天飞机乘员典型食谱（第 5～7 天）

	第五天	第六天	第七天
A 餐	梨干 香肠饼 墨西哥炒蛋 粗玉米粉加黄油 橙汁	杏干 麦片加越桔 柑橘-柚饮料	梨干 香肠饼 调味炒蛋 麦片粥加红糖 橙汁
B 餐	鲑鱼 玉米饼 梨 花生糖 桃-杏饮料	鸡色拉涂抹食品 饼干 巧克力布丁 黄油甜饼干 热带混合果汁	金枪鱼 玉米饼 香蕉布丁 奶油饼干 花生 葡萄饮料
C 餐	牛肉加烤肉酱 通心面和奶酪 豌豆加蘑菇 玉米饼 桃 苹果酒	虾开胃品 牛排 烤土豆干酪 芦笋 玉米饼 草莓 柠檬水	甜酸鸡肉米饭 烤椰菜干酪 玉米饼 香草布丁 茶加柠檬

我国在交会对接任务中为航天员提供了食谱食品、储备食品以及返回后个人救生食品。在航天器中，航天员使用食品加热装置（热辐射）以及注水设备等进行部分食品及饮水（含饮料）的加热、食品及饮料的复水，舱内配备配套的餐盘餐具。进食过程中可以使用残渣收集设备进行残渣的收集，并配有残余食品收集袋，可通过抽负压处理确保不对舱内环境造成污染。

我国飞行食谱设计针对航天员生理、心理及飞行时间等因素，在提供充足能量的基础上加强营养配比平衡，运用先进工艺和技术研制传统特色食品，共提供了近 70 种食谱食品。有中式菜肴类热稳定食品、脱水食品、中水分食品、自然型食品、高能压缩食品、复水饮料及即食类食品，品种丰富，充分体现了中华饮食文化特色，卫生安全，让航天员有在家进餐的感觉。

（1）食谱食品

食谱食品又称常态飞行食品，即在正常飞行过程中按照饮食制度和食谱计划研制的成套食品，为航天员提供日常所需的热量和营养保障。

食谱食品包括即食食品和非即食食品，前者开封后即可食用，后者虽不需烹调但需稍加制备。以下根据食品的加工、保存和使用方法分别对食谱食品加以介绍。

①新鲜食品

不经任何加工和处理的食品，包括新鲜蔬菜（如胡萝卜、芹菜）和新鲜水果（如苹果、香蕉）等。在没有冷藏设备的航天器上，新鲜食品应在飞行开始的头两天食用，以免发生腐烂。

②自然型食品

其是一种包装在软塑料袋中的即食食品，食用前不需要任何处理，例如一些坚果、燕麦片、饼干等。

③复水食品（含饮料）

其是指将食品中的水分去除、食用前加水复原后食用的食品。复水食品的优点是其发射质量较小，缺点是食用前需要复水，会消耗水并应有相应的复水设备。美国的复水食品有通心面、米饭和鸡、汤和开胃品、早餐蛋、早餐粥等。复水饮料一般为干粉，其包装类似于复水食品。由于在国际空间站上采用太阳能电池，复水食品已经没有特别的优势，空间站上又有冷冻、冷藏设备，因此冷冻、冷藏及热稳定食品占了主导地位。美国为航天飞机计划研制的复水食品多达数十种。

④热稳定食品

其是指食品或食品原料经预处理后，装入密封容器再经加热杀菌后制成的食品。这种食品可以在室温条件下较长时间保存，其缺点是质量较大。俄罗斯的航天食品中，热稳定食品（包括铝管食品和马口铁罐头食品）一直占有主导地位。美国自阿波罗 10 号以后，逐渐增加了热稳定食品，例如大多数主菜（蘑菇牛肉、西红柿、茄子、烤鸡、火腿等）多包装在软蒸煮袋中。罐头食品有金枪鱼、鲑鱼罐头和水果罐头等。

⑤中水分食品

其是指将食品中的一部分水去掉，或者利用糖或盐等水的约束物，使食品中水的活动性受到限制的食品，其含水量为15%～30%。这种食品质地松软，食用前不需要制备，为即食食品。由于食品中的水是处于与糖或盐结合的状态，因此可防止微生物生长。美国自阿波罗11号起一直应用中水分食品，例如豌豆、桃干、杏干、梨干、牛肉干等。美国为航天飞机研制的玉米饼也可以算作一种中水分食品，玉米饼解决了面包类食品在微重力条件下的掉渣问题，是一种深受航天员喜爱的食品。

⑥辐照食品

经离子辐照使其稳定的食品称为辐照食品。这种食品的优点是感官可接受性好，可以在室温条件下保存。美国阿波罗17号使用了辐照火腿肉。目前，美国有10种可以用于航天飞机和空间站上的辐照食品。航天飞机实际采用的只有牛排和熏火鸡，其包装采用层压薄膜软包装袋。苏联的航天器上也使用了辐照肉块。

⑦冷冻食品

这种食品为维持食品原有的质地和新鲜味道，经快速冷冻处理后将其保存在冷冻冷藏设备中。美国空间站的冷冻食品有锅型菜、鸡肉馅饼、奶蛋糕等。

⑧冷藏食品

需要低温保存的食品。

⑨保健食品

保健食品有钙强化食品、钾强化饮料、维生素C强化饮料、氨基酸强化食品和再适应饮料等。钙强化剂包括广泛的强化谷类食品，美国曾用乳酸钙强化食品。航天器上选择将钾强化剂用于强化复水饮料的方式，美国在8种钾盐中优选出葡萄糖酸钾作为航天复水饮料的强化剂。在美国航天复水饮料中，采用了维生素C强化饮料，并采用了微胶囊技术包裹维生素 C，以防止其氧化。还可根据航天膳食氨基酸含量和比例是否合理选择氨基酸强化食品。在航天员返回前需要补充盐水，因此还需要高盐固体饮料。返回前 1～2 天，每天需供给航天员高盐固体饮料，以保证返回后航天员对地球重力的再适应。

⑩调味品

有商业袋装调味品，如番茄酱、芥末、蛋黄酱、墨西哥酱、辣胡椒酱，但地面上使用的胡椒粉和盐都不能在空间使用。采用将胡椒粉悬浮在油中、将盐溶于水中的方式，然后再将这些液体装在聚乙烯滴瓶中以备使用。

（2）储存食品

对于短期和中期飞行，主要采用储存式食品系统。到目前为止，已有的各种载人航天器的食品系统都属于储存式食品系统。按照飞行任务及航天员营养和卫生要求，将食品在地面上制备并包装好，在航天器发射时带上天，或经补给运输器运送到航天器上。食品储藏在航天器舱内的食品柜或冷冻冷藏设备中，食用前打开包装直接食用，或经过如加热、复水、调制等适当的处理后食用。储存式食品系统又可按其食品制备能力分为无制备能力的系统和有制备能力的系统。早期的航天器都不具备食品制备能力，采用即食食品；现代载人航天器的食品系统都具有一定的食品制备能力，使得食品更加可口。

（3）舱外活动食品

舱外活动食品是为航天员出舱活动时提供热量和营养素的食品。航天员出舱活动时由于其身穿舱外航天服，因此需要通过位于航天服头盔内颈圈部的供食器和供水器获得食品和水。鉴于使用条件的限制，舱外活动食品应是中水分食品。

（4）救生食品

救生食品是为航天员返回地面后等待救援期间准备的食品与水，一般放置在航天员个人救生包内。救生食品一般为高能压缩食品，热量优于营养成分，主要由高脂肪、低蛋白和适量碳水化合物构成。

19.7.4　食品储藏及制备

载人航天器上的食品储藏、制备及用餐设备，受到飞行任务、乘员人数、航天器舱内体积及质量的严格约束。如美国航天飞机及国际空间站这类较完备的载人航天器可单辟一处空间作为舱内厨房。食品储藏设备可分为室温储藏设备和低温储藏设备。对于短期飞行的载人航天器，一般只有室温储藏设备，如美国航天飞机上的食品柜有食谱食品柜、储存食品柜和新鲜食品柜。在较完备的载人航天器上，如美国的天空实验室和国际空间站，装备有低温冷藏设备。

食品制备设备包括食品复水设备和食品加热设备。复水设备为复水食品和复水饮料提供所需用水。美国航天飞机厨房中的复水设备是复水操作台。

用餐设备包括食品保持设备和餐具等。美国航天飞机上的食品保持设备有餐盘、调味品分配器、液体盐和液体胡椒及维生素分配器等。餐具包括刀、叉、勺、剪刀和吸管等。

19.7.5　再生式食品系统

对于长期载人飞行，特别是对于将来的火星探险和在月球上的长期居住任务，需要解决食品的生物再生技术，以减少食品的携带量和补给量。食品再生是通过植物的栽培来实现的。植物不仅可以生产食品，还可以实现大气的再生，通过吸收二氧化碳和微量污染物放出氧气；植物也可以净化水，实现水的回收和再生。再生式食品系统是受控生态生保系统的重要组成部分，图19-13给出了食品再生及受控生态生保系统示意图。

实现再生式食品系统需要解决的关键技术如下。

（1）生物食品品种的选择

可供选择的生物食品有：高等植物、藻类、微生物和动物。高等植物和藻类是再生式食品系统中首选的生物品种。微生物是很好的单细胞蛋白质资源，例如酵母。有人认为应考虑山羊、鸡、鱼等

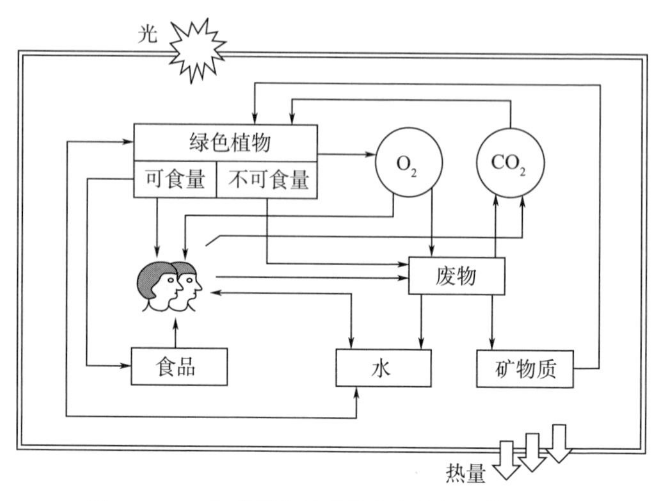

图 19-13 食品再生及受控生态生保系统示意图

动物的饲养，以补充肉类食品。另外一些人则认为动物的饲养将给航天器带来许多复杂的技术问题，参与这些飞行任务的乘员应是素食者。

目前，经食品种植、食品加工及营养学方面的专家研究认为，可供选择的蔬菜作物有西红柿、生菜、胡萝卜、卷心菜、菠菜、甜菜、萝卜、洋葱等，可供选择的粮食作物有小麦、马铃薯、红薯、大豆、豇豆、稻米、花生等。还有人认为可能还应种植香草和调味品植物。

（2）植物密封舱及环境控制系统

植物生长需要保证合适的大气压力、气体成分、温度、湿度以及良好的通风。植物密封舱的环境控制系统与乘员舱的环境控制系统有着非常密切的关系。

（3）植物栽培系统

该系统包括植物培养基、营养液的供给及光照控制等。植物的培养基及营养液的输送必须考虑微重力（地球轨道）或低重力（行星表面）状态。植物生长所需要的光照不能仅依靠太阳，必须设置人造光源。

(4) 不可食生物的回收利用

某些植物的不可食部分占有很大比例，必须加以回收利用。例如小麦的根、茎和叶这些不可食的部分占小麦整体的60%。植物的不可食部分被加工成用于以后植物栽培的营养成分。

美、俄等国一直在加紧研究食品的生物再生技术。美国国家航空航天局艾姆斯研究中心为航天飞机研制了一种“色拉机”，用于评价植物在微重力条件下如何生长，以及营养液的供给方法。苏联也曾在礼炮7号空间站上进行洋葱、黄瓜、小萝卜等的种植试验，以供航天员食用。同时美、俄等国也在加紧研究在空间种植小麦、花生、大豆等粮食作物，以实现通过生物技术将航天员的代谢废物转变成食物的过程。

在约翰逊航天中心1997年年底完成的月球火星生保系统实验课题阶段Ⅰ的90天试验中，变压植物生长舱中种植的小麦为参试乘员烤制面包提供了面粉；在食品生长装置中种植的生菜，每11天为参试乘员提供4个生菜头。

19.7.6　发展与展望

根据我国载人航天“三步走”的战略发展规划，长期载人航天飞行和建立月球基地乃至深空探测，给航天营养与食品工程研究也带来了机遇和挑战。其研究内容将更加丰富，针对性将进一步加强，学科将更加完善，为我国航天医学工程学科的发展和确保人在空间健康生活发挥着越来越重要的作用。

(1) 空间站阶段航天营养与食品工程

空间站阶段随着飞行时间的延长，航天营养与食品的重要性也逐渐增加。载人航天的经验表明，人体在适应航天环境的过程中，其消化功能会发生变化，对物质的消化代谢也与地面有所不同，表现为对营养素的利用率下降。另一方面，要对抗失重和空间辐射对机体的不良生理效应，对营养素的需要量也提出了不同要求。因此，航天营养研究的主要内容是研究航天飞行机体生理变化的机制与膳食营养之间的关系，制定合理的营养素供给量标准，以满足载人航天的需要。

（2）传统养生理论在航天员膳食指导中的应用研究

该研究主要内容包括：

1）利用传统养生理论的因时、地、人、材（食材）而异的针对性强的特点，制定个性化食谱的可行性研究；

2）传统养生理论对环境的适应性研究；

3）传统养生理论用于航天员在地面训练期间的日常膳食指导研究。

（3）研制具有中国饮食文化特色的航天食品

随着载人航天时间的不断延长，飞行任务对航天食品的研制提出了更高的要求。要满足长期载人航天的需要，应着重解决以下几个方面的问题：

1）增加食品品种，提高食谱组成的可选择性；

2）提高食物的感官接受性，减少剩食量；

3）延长食品的保质期；

4）研制具有保健功能（抗辐射、抗疲劳等）的航天保健食品。

19.8 环境控制与生命保障技术

19.8.1 概述

人类赖以生存的环境是地表环境，为维持人类自身的生命活动，人类必须与周边环境进行物质和能量交换，图 19 - 14 给出了人均每天最基本的物质和能量交换关系。所以，人类要想脱离地球探索外层空间，必须设法制造出一个人类可以生存的小环境。

环境控制与生命保障系统（Environmental Control and Life Support System）简称为环控生保系统（ECLSS），其任务就是在载人航天器的密闭空间内创造出一个基本的生存环境，为乘员提供生命活动必需的物质和安全保障条件，使得乘员能够在太空或其他星

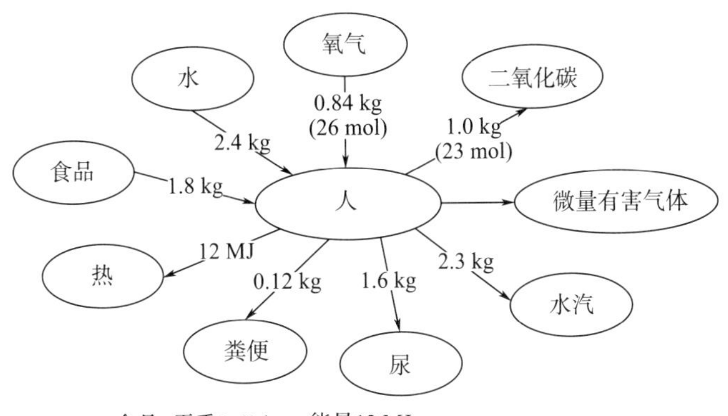

图 19 - 14　人均每天人体与环境之间最基本的物质和能量交换

球上健康生活、有效工作。其主要功能有：

1）供气调压——提供人员生命活动所必需的氧气，储存满足飞行任务要求的气体（如空气、氮气），补充航天器密封舱泄漏或乘员进行太空活动造成的大气损失，控制大气总压、氧分压；

2）空气再生——去除密闭空间大气中的二氧化碳、其他微量有害气体、微小颗粒物和微生物，监测大气质量；为进一步提高航天器内物质循环利用的闭合度，根据载人航天器的任务要求，某些场合还需包含二氧化碳还原功能；

3）温湿度控制和通风——保持航天器密封舱内大气的温度和湿度在适宜的范围内，保证舱内大气的适当流动，使得温度和气体成分尽可能均匀分布；

4）水回收管理——提供乘员生命活动所必需的饮水、适度的卫生用水，收集、处理乘员活动产生的废水，如人体代谢产湿和卫生废水；

5）餐饮支持——提供失重条件下的饮水和就餐支持设施；

6）废弃物管理——收集、储存和处理乘员活动时产生的废弃物，如尿、粪便和食品包装等；

7）灭火安全保障——航天器密封舱内的烟火检测与必要的灭火

措施，以及灾后的大气重建。

随着载人航天飞行时间的延长，为保障人员在脱离地表环境下长时间保持健康生活，环控生保系统不能仅仅提供图 19－15 所示的维持人员基本生存的物质、清除图 19－15 所示的乘员代谢产物，还必须提供日常生活中乘员必要的物质消耗。按照美国国家航空航天局提供的统计数据，现代生活中每人每天的物质需求和废弃物的排放量的典型值如图 19－15 所示，显然人们对卫生、清洁用水的需求量很大。此外，图 19－15 中数据还未统计人员生活、工作中产生的废弃物，如食品包装、人体清洁纸（巾）和工作垃圾等。

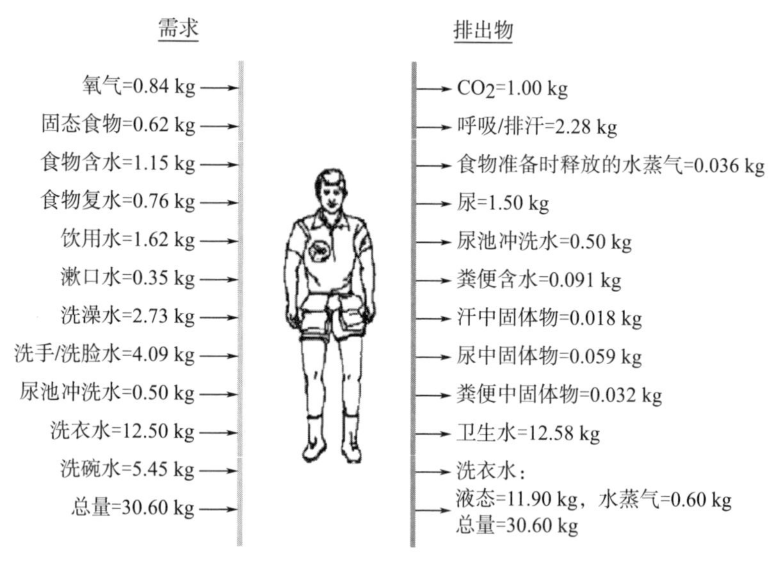

图 19－15 人员每人每天的物质需求及排出

注：以上数据基于的人体代谢率为 136.7 W，相当于呼吸熵（呼吸熵为人体呼出二氧化碳与吸入氧气的摩尔质量比）0.87 时的平均值。这些数据随着人的个体不同而有所差异，并且当人的活动量增加时，其也会增大

众所周知，人类赖以生存的地球的表面重力加速度为 9.81 m/s^2，物体克服地球重力环绕地球运行的第一宇宙速度为 7.9 km/s，脱离地球引力进入太阳系的第二宇宙速度为 11.2 km/s，摆脱太阳系

向其他星系进发的第三宇宙速度更是达到了 16.7 km/s。因此，将物体送入太空必定消耗巨大的能量，由此产生了一系列的重大技术难题和巨额财政支出。为克服上述困难、实现人类进入太空探索的梦想，人们又发展出在载人航天器内回收、利用人们生活、工作中产生的废弃物的技术，以降低载人航天器对地面物资的补给需求。当然，空间回收、利用废弃物同样需要能源和设备。显而易见，载人航天器人员的物资消耗是来自地面还是通过废弃物的再生利用取决于载人航天器的飞行时间。环控生保系统中可以具备的物质循环利用功能有：供气调压、空气再生、水回收管理和废弃物管理这四项功能。根据这四项功能使用的技术，环控生保系统主要分为以下三种类型。

1）非再生式环控生保（nonregenerable ECLS，或 expendable ECLS）技术。其特点是维持人员生命的物质，如氧气、水、食品和二氧化碳吸收剂等全部从地面携带，航天员排出的二氧化碳、水汽和尿等代谢产物不回收利用。由于其需要从地面发射大量消耗品升空，故只适合于短期载人航天飞行。苏联（俄罗斯）的联盟号飞船、美国的阿波罗飞船和我国的神舟飞船环控生保系统均为典型的非再生式环控生保系统。

2）物理-化学再生式环控生保（physicochemical regenerative ECLS，或 P/C regenerative ECLS）技术。其利用物理-化学（简称物化）方法，再生循环使用二氧化碳吸收剂和微量有害气体净化剂，把乘员生命活动中产生的二氧化碳、水汽、尿和卫生废水转变为氧气、纯净水，以此降低维持人员生命活动的消耗品发射量。当然，上述物理-化学再生过程能耗大，单机设备质量也较非再生设备大，其适合于中、长期载人航天飞行，如环绕地球的空间实验室、空间站、行星际载人飞行器以及星球基地。

3）受控生态环控生保（controled ecological life support，CELS，也称生物再生式环控生保）技术。其是在非再生式和物理-化学再生式环控生保技术的基础上引入生态概念，利用植物、微生物营造一个基本闭环的生态环境。利用绿色植物的光合作用净化航天员生命活动中产生的二氧化碳和其他微量有害气体，放出氧气、生产食品；通过微生物将航天员排泄的尿液、粪便等代谢废物以及植物的不可食部分转化为可供航天员或植物使用的物质。尽管生物反应可以在地表环境下持续进行，然而生物反应过程相对于现有的化工过程而言，其能源利用率低、反应周期长、产物繁杂，故基于受控生态技术的功能部件所需要的空间、质量和能耗都相当巨大。但是，受控生态环控生保技术（生物再生式环控生保技术）在最终解决长期载人航天任务（如月球基地和火星基地）方面有着独特优势。

按照 NASA 的评估结果，以现有飞船和国际空间站环控生保系统配置为基础，结合目前的研究成果，环控生保系统的等效系统质量（equivalent system mass，ESM）作为评估依据，各类环控生保系统两两对比的飞行时间平衡点分别是：

1）非再生式环控生保系统和物理-化学再生式环控生保系统的平衡点是 256 天；

2）提供 50% 食物的受控生态环控生保系统与物理-化学再生式环控生保系统的平衡点是 29 年；

3）完整的受控生态环控生保系统与物理-化学再生式环控生保系统的平衡点是 44 年；

4）完整的受控生态环控生保系统和提供 50% 食物的受控生态环控生保系统的平衡点是 80 年。

上述评估的环控生保系统等效系统质量与任务间关系如图 19－16 所示。

必须指出的是，上述评估结果并未涉及系统设备的寿命，以及为保障系统可靠性而设置的设备冗余。考虑到这两个因素后平衡点时间还会有不同程度的延长。

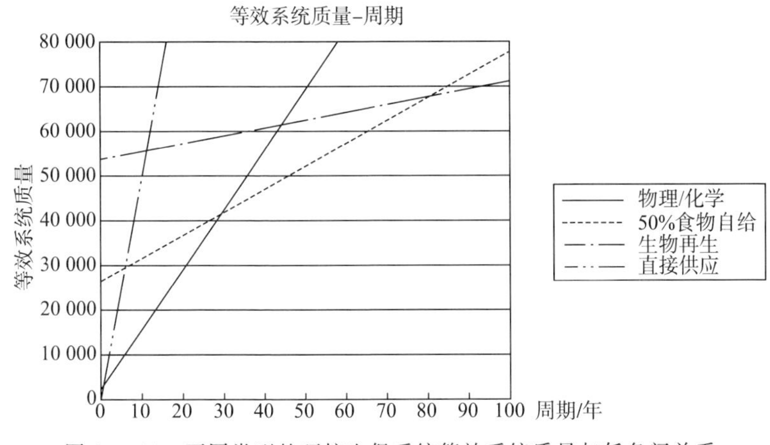

图 19－16　不同类型的环控生保系统等效系统质量与任务间关系

19.8.2　系统总体

环境控制与生命保障系统总体上遵循航天医学、生理学给定的环境医学要求和人员生理要求，依据载人航天器的乘员人数、任务特点、运行时长，确定载人航天器密封舱内的压力制度、气体成分、温度、气流速度以及人员生活物资（如饮水、食品等的供给量，尿、粪便和其他废弃物的收集量）。在此基础上，结合现有的工业技术水平，制定了从大气供应与控制到测量控制这 9 项基础功能的配置基线以及采用的技术方案。

（1）航天环境医学要求

①压力制度

对于目前或近期可能进行的如地球轨道、月球探索，均为真空辐射环境，即使是火星的大气也非常稀薄，其压强仅仅是地表的 1％，主要成分为二氧化碳。另外，人们还希望脱离航天器的束缚，或者在特种个体装备的帮助下漫游太空或脚踏其他星球，近距离感知新环境的特性，以充分发挥人的主观能动性。这样，航天环境医学要求中的压力制度、气体成分仅使人们能够在航天器狭小的密闭环境内正常生活是远远不够的，还需要满足人们在特定条件下（如穿着舱外航天服进入太空）的操作和探险的愿望。由此可见，压力制度的确定与载人航天器肩负的任务、运营时间高度相关。

采用与地表环境相当的1大气压氧氮混合气压力制度符合人类生活习惯，有利于人体健康。但1大气压氧氮混合气压力制度有以下不足：

1）乘员进入太空活动前必须经历一个较长时间的吸氧排氮过程，且返回航天器时密封舱升压至1大气压的时间受到人体生理条件限制，不可能太快；

2）航天器结构质量略大，密封舱气体泄漏率略高；

3）舱压控制体系略复杂，需要控制氧分压。

尽管人员不宜在1/3大气压纯氧环境下长期生活，且该环境防火安全性差，但是这种压力制度有其独特优势：

1）现阶段所有供乘员在太空行走的舱外航天服无一例外是1/3大气压纯氧压力制度，因此，乘员穿着好舱外航天服后即可离开航天器开展工作，并且人员返回航天器时的升压速率不受人体生理条件的限制；

2）航天器结构质量低，密封舱气体泄漏率小；

3）舱压控制技术简单。

目前世界各国还在研究1/2大气压氧氮混合气压力制度，其优点是：

1）人员、动物、植物有望在该条件下长期健康生存、正常繁衍；

2）相对1大气压压力制度，航天器结构质量小、密封舱气体泄漏率小。

综上所述，各种压力制度有其独自的优缺点。实际上，根据载人航天任务的要求，不同航天器将配置不同的密封舱段，每个密封舱也会按照任务剖面在相应的时段使用相应的压力制度。

②有害气体浓度

载人航天器密封舱内对人体有害的气体种类、容许浓度与人员在其中的生活时间和工作状态密切相关。以容许浓度为依据划分，有害气体分别是二氧化碳、氟利昂、乙醇、乙二醇等。由于二氧化碳容许浓度比其他有害气体至少高 1 个数量级，故除二氧化碳外的其他有害气体统称为微量有害气体。二氧化碳的容许浓度随着人员生活、工作时间的延长而降低；需要检测、控制的微量有害气体种类与人员暴露在其中的时长正相关，容许浓度则为负相关。

③温湿度及风速

人们的舒适感觉取决于周围的空气温度、相对湿度、气流速度以及附近热（冷）源的温度。无论在地面还是太空，这些影响因素并无二致，但必须注意的是：即使在地面无风的室内，受地球重力的影响到处都有空气自然对流，而在航天器的轨道运行段却不存在这种效应。

(2) 任务需求

环控生保系统的任务决定了其与人的自身特点密切相关。显而易见，随着载人航天器乘员人数的增加、飞行时间的延长，保证乘员生活的物资呈线性增长趋势。

影响环控生保系统功能配置、技术方案以及系统质量、能耗的主要因素有：

1) 乘员人数。乘员消耗的饮水、食品供应量，以及水汽、尿等代谢产物收集量与人数成正比；生活、卫生设施可以 1～3 人配备一套，6 人共用一套显然不合理；另外，供失重条件下使用的卫生设备的结构及外观还有性别上的差异。

2) 飞行时长。飞行时长对环控生保系统的技术方案影响最大，其决定了系统非再生与再生技术应用的比例，即人体代谢产物回收利用的规模，以及航天器运营过程中系统是否需要维护，系统对地面物资补给种类、数量和频度的要求。

3) 出舱活动。乘员出舱活动的要求与密封舱压力制度的选择相关，同时，环控生保系统还需要为出舱活动提供支持设备、人员返回时密封舱复压用气源。

4）任务区域。载人航天器翱翔在太空还是坐落在其他星球上，差异之一就是航天器在飞行过程中处于失重状态，而位于其他星球的航天基地则有重力。然而，任务决定了环控生保系统必须面对运行废水、固态废弃物的收集、处理过程。在重力条件下可同地面一样以自由落体的方式收集各类废弃物，并自然实现气、液、固的分离；而失重环境中则需要依赖气流抽吸等方式收集废弃物，利用物体的表面张力或旋转机械产生的离心力完成气、液、固的分离。

（3）系统配置与技术方案

以人体对物质的输入、输出要求进行源分析（图 19-15），环控生保系统主要涉及了氧气、饮水和食品供应以及二氧化碳、水汽、尿液和粪便收集。从废弃物循环利用角度可以分为氧循环、二氧化碳循环、水循环、食物生产和固态废弃物利用。按照目前的技术水平，采用不同方式来满足人体对物质的输入、输出要求的环控生保系统，以下列方式配置在不同的载人航天器上：

1）人员需要的物资全部由地面供应，代谢废物不回收利用的全开式环控生保系统应用于短期飞行的载人航天器，如飞船、航天飞机和空间站等；

2）配备了氧循环、水循环，部分水和全部食品由地面供应、固态废弃物不利用的环控生保系统应用于空间站，如苏联的和平号空间站；

3）在 2）配置的基础上增加二氧化碳循环，以进一步减少地面的水补给，全部食品仍由地面供应、固态废弃物不利用的环控生保系统应用于空间站，如正在运营的国际空间站；

4）配置氧循环、二氧化碳循环、水循环，以及部分食物生产和固态废弃物利用功能的环控生保系统被期望用于月球或火星基地；

5）无需地面物资补给的全闭环环控生保系统或许得以在月球或火星基地使用。

①系统概要

就目前全球技术水平而言，不存在一个十全十美的方案可构建出能够覆盖从短期到长期载人航天飞行任务的环控生保系统。非再生技术具有系统流程简单、能耗低、可靠性高的优点，但所有与人员生命活动相关的物资均来自地面；再生技术的物质循环利用率高，缺点是系统流程复杂、设备质量大、能耗高。因此，针对不同的任务需求，环控生保系统必须采用相应的功能流程和技术方案。

图 19－17 显示了当今飞船环控生保系统的典型配置和系统概况，其是全开式环控生保系统，完全使用非再生技术，通常应用于载人飞行时间不超过 15 天的飞船中，其特点如下。

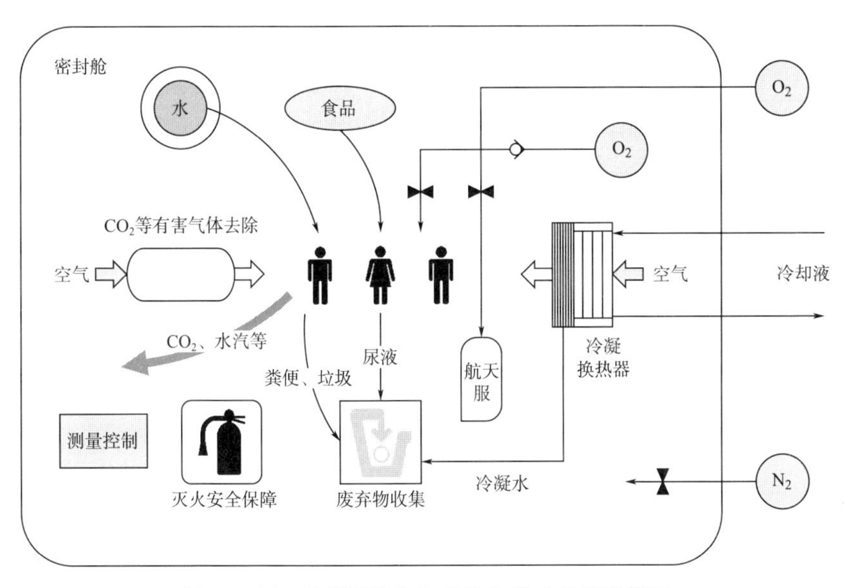

图 19－17 飞船环控生保系统典型功能流程简图

1）氧的携带方式多种多样，有高压气态、低温超临界液态，乃至利用超氧化钾等超氧化物，基于 1 大气压氧氮混合气压力制度的飞船携带了高压氮气源。美国早期的双子星座飞船、阿波罗飞船由于使用了 1/3 大气压纯氧压力制度，故省略了图 19－17 中的氮气源。

2）利用氢氧化锂、超氧化钾等去除人们呼出的二氧化碳，活性炭清理人体和舱内有机材料散发的微量有害气体。

3）使用降温除湿的方法控制密封舱内的空气湿度，消除人员代谢释放的水汽。

4）冷凝水、尿液等液态废弃物封存在密封舱内或排放至太空，粪便、食品包装等固态废弃物收集后密封保存在密封舱内。

5）食品、饮水全部由地面提供。

6）密封舱发生意外泄漏事故后，通过向航天服大流量输送氧气确保人员安全返回地面。

7）灭火安全保障仅为最基本的配置，有些型号飞船甚至未配备。

物理-化学再生式二氧化碳去除技术最早应用于实际飞行的环控生保系统中，图 19－18 是该系统的应用模式。由于可再生的二氧化碳吸附剂在吸附二氧化碳的过程中伴随着水汽的吸附且反向的解吸过程又将两者释放到太空，因此，利用这一特性的环控生保系统与图 19－17 所示系统的差异是：使用再生式二氧化碳去除系统，同时清除人体代谢产生的二氧化碳和水汽，但该系统的能耗高于图 19－17 所示的非再生式二氧化碳去除系统。

液体冷却回路仅用于空气降温，这样，图 19－17 中含水气分离功能的冷凝换热器被简化为气液换热器，无需收集冷凝水。

随着人们期望在太空的停留时间越来越长，必须设法减少图 19－17、图 19－18 所示的全开式环控生保系统所要求的巨量地面物资补给。以当今世界的科技水平，基于物理-化学方法的再生式环控生保系统成为人们的不二选择，图 19－19、图 19－20 展示了这类系统的概要流程。这是一个物质半闭合的循环系统：食品完全来自地面，需要补充少量水；粪便、食品包装等固态废弃物不回收利用；此外，再生式设备自身也需要定期获取少量补给。

图 19－19 所示的环控生保系统配置是以往的空间站基本配置，其特点如下。

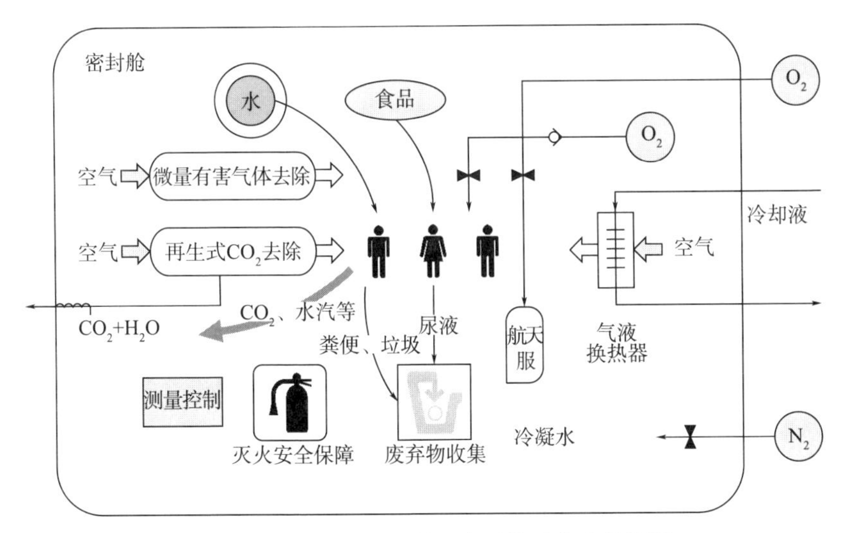

图 19-18 新型飞船环控生保系统功能流程简图

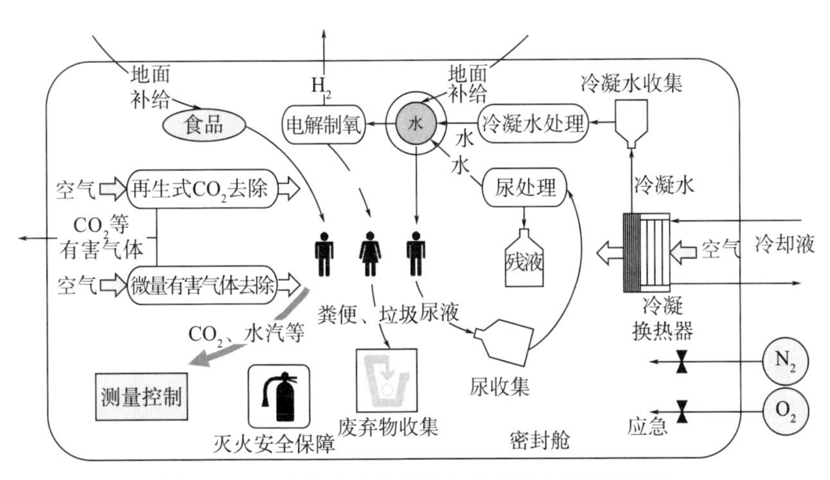

图 19-19 以往空间站环控生保系统功能流程简图

1）为保障人员长期健康生活，采用 1 大气压氧氮混合气压力制度，携带高压氮气以补充密封舱泄漏；

2）使用电解制氧系统将水分解，氧气供人员呼吸、补充密封舱泄漏，氢气排放到太空中，高压气态氧用作应急氧源；

3）再生式二氧化碳去除系统消除人员产生的二氧化碳，系统收集、浓缩的二氧化碳同样排放到太空中，保留非再生式二氧化碳去除设备作为应急措施；

4）再生式微量有害气体清除系统清理人体和舱内有机材料散发的微量有害气体，非再生式设备作为应急备份；

5）与图 19－17 所示系统的方案一致，通过降温除湿方法控制密封舱内的空气湿度、消除人员代谢释放的水汽，但冷凝水流入冷凝水收集系统；

6）来自冷凝水收集系统的冷凝水经冷凝水处理系统转化为纯净水后进入水管理系统储存，等待后续应用；

7）人员排泄的尿液独立收集并预处理后送入尿处理系统，在尿处理系统，尿中的水被提取输送到水管理系统储存，少量无法处理的残液被密封保存等待统一销毁；

8）粪便等固态废弃物处理方式与图 19－17、图 19－18 所示系统相同，收集后密封保存在密封舱内等待统一销毁；

9）灭火安全保障功能必须配置，且检测、灭火方式更加完善；

10）人员安全逃离的功能由飞船提供，因此取消了向航天服应急供氧设施。

图 19－20 所示系统为目前的国际空间站环控生保系统功能配置和系统流程概况，与图 19－19 所示系统的差别主要有以下 3 方面。

1）增加了二氧化碳还原系统，提高了物质循环的闭合度。二氧化碳还原系统将电解制氧系统产生的氢气与再生式二氧化碳去除系统收集、浓缩得到的二氧化碳反应生成水，副产物甲烷和多余的二氧化碳排放到太空中。

2）仍然使用非再生式微量有害气体清除系统。

3）冷凝水、二氧化碳还原系统产生的水和未进行深度处理的尿处理系统产生的水统一交由冷凝水处理系统实施净化。

虽然以图 19－19、图 19－20 所示系统为代表的空间站环控生保系统，在太空狭小的密闭空间内、有限的能源供应条件下，实现了

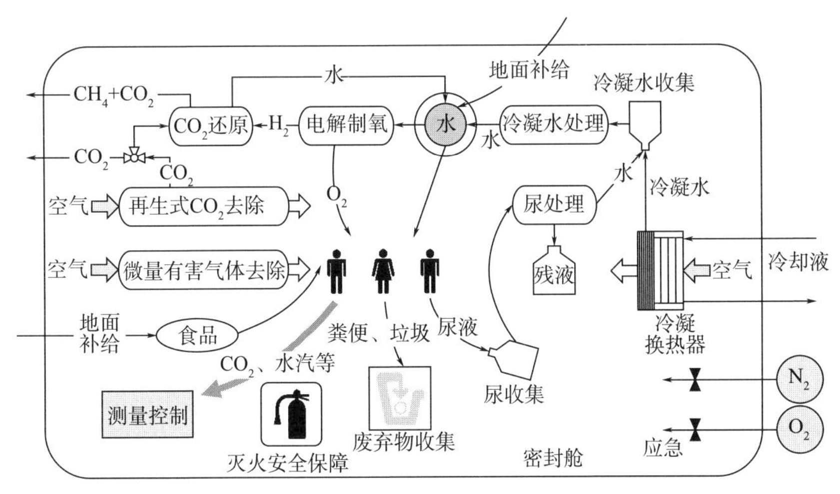

图 19－20　目前国际空间站环控生保系统功能流程简图

部分的物质转化利用。然而，由于物体要达到第二宇宙速度才可进入月球轨道，故将物体输送到月球表面的技术难度和运输成本远远高于向近地轨道空间站的输送。即使以国际空间站环控生保系统作为蓝本建立月球基地，其物资补给量的巨额花费也令任何国家难以承受。

针对物理-化学再生式环控生保系统无法提供食物的缺陷，人们试图引入受控生态技术，以减少月球基地的食品补给。但是，受控生态技术能耗巨大、所需空间庞大，在月球表面实现该技术同样面临空前的挑战。目前，人们普遍认为月球基地环控生保系统需要以物理-化学再生技术为主、受控生态技术为辅进行构建。即便如此，现今月球基地环控生保系统仍然停留在概念研究和概念验证阶段，还未取得工程应用上的突破，图 19－16 以等效系统质量的方式综合展现了这些研究成果。

②方案评定

环控生保系统采用何种技术方案取决于系统的飞行时长、该技术设备的等效质量和其当前的成熟度。由环控生保系统的特性可以看出，系统设备可以分为以下 3 类：

1）第Ⅰ类，基础设施，其质量与人员数量无关，使用时间可以达到设备寿命；

2）第Ⅱ类，这部分设备质量仅与人员数量相关，设备寿命期内与飞行时间无关，如各类型再生式环控生保设备；

3）第Ⅲ类，其质量不仅与人员数量相关，还与飞行时间密切相关，大多数的非再生式环控生保设备，以及再生式环控生保设备所需的补给品均属于这一类。

然而，无论采用何种技术方案，上述设备均具有自身的质量、体积和使用寿命，且大部分设备还需要消耗电能、散发热量，这都需要占用航天器的资源，而这些资源终将转换为航天器的发射质量。为使环控生保系统占用的航天器发射质量最低，通常采用等效系统质量 ESM 方法评估，ESM 的定义是

$$\begin{cases} ESM = \sum_{N=\mathrm{I}}^{\mathrm{III}} EM_N \\ EM_{\mathrm{I}} = \sum_{i}^{n} [m_i + em_{\mathrm{I}-i}(V) + em_{\mathrm{I}-i}(P) + em_{I-i}(C)] N_i \\ EM_{\mathrm{II}} = \sum_{i}^{n} \{m_i + CM \times [em_{\mathrm{II}-i}(V) + em_{\mathrm{II}-i}(P) + em_{\mathrm{II}-i}(C)]\} \\ \qquad N_i + CM \times \tau \times l_i \\ EM_{\mathrm{III}} = \sum_{i}^{n} \{m_i + CM \times \tau \times [em_{\mathrm{III}-i}(V) + em_{\mathrm{III}-i}(P) + CM \times \\ \qquad \tau \times em_{\mathrm{III}-i}(C)]\} N_i \\ N_i = INT\left(\dfrac{\tau}{MTBF_i} + 0.5\right) \end{cases} \tag{19-4}$$

式中 EM ——子系统或集成后全套装置的等效质量，下标为对应的设备类型；

m ——单台设备质量；

$em(x)$ ——单台设备等效质量，是设备体积、功率、散热的函数，下标为对应的设备类型；

V ——单台设备体积；

P ——单台设备功率；

C ——单台设备散热或冷源功率；

CM ——乘员人数；

τ ——载人航天器的运行时间；

$MTBF$ ——单台设备的平均无故障工作时间；

l ——再生设备的地面物资补给率；

N ——设备配置数量，$N=1, 2, 3, \cdots, n$。

根据任务要求的乘员人数、飞行时间和待选技术方案的技术成熟度，通过反复的 ESM 计算、分析、对比，可以确定环控生保系统供气调压、空气再生、水回收管理和废弃物管理等 8 项功能的配置状态和技术方案。

19.8.3　供气调压

供气调压的任务是控制载人航天器密封舱内的总压和氧分压，其是通过定压向密封舱内供应氧气和氮气（或空气），并当舱压超过规定值时排放舱内多余气体实现的。当今的载人航天器中，氮气和空气均以高压气态方式存储，而氧气的存储及供应方式则种类繁杂，大体可以分为储氧和制氧两种方式。储氧为非再生式环控生保技术，在工程应用中分为高压气态储存、液化气储存和化合物储存这三类；制氧则属于再生式环控生保技术，方法多种多样，本节仅针对物理-化学制氧技术展开讨论。

（1）高压气态储存

标准状态下，氧气的密度是 1.43 kg/m^3，氮气的密度是 1.25 kg/m^3，空气的密度是 1.29 kg/m^3。要在载人航天器狭小的空间内存储足够的气体，只有使用比地面常用的15 MPa 更高的充气压力来提高气体的充装密度。高压气态储氧不仅是现代航空器上常用的技术，也是当今载人航天器上一直在广泛使用氧气储存方式。时至今日，还未见不配备气态氧源的载人航天器，即使在未来的长期载人航天中，高压气态氧源也是不可缺少的，特别是应急救生、出舱活动的氧源更是离不开高压气态储存技术。

高压气态储存技术的核心是高压气瓶，其特点是：系统简单、可靠性高，不需要外界能源，储存的气体几乎可以全部被使用。随着材料技术的发展，气瓶的工作压力逐渐被提升，材质也由金属转变为复合材料。高压气态储存系统的流程如图 19－21 所示。

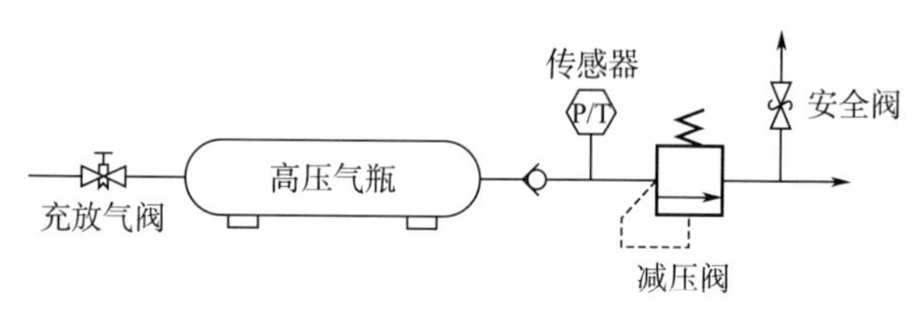

图 19－21　高压气态储存系统简图

（2）液化气储存

由表 19－5 可知，液化气密度比标准状态下的相应气体密度高了 3 个数量级，因此使用液化气可以大大减小储罐的容积。实际上，液化气储存已广泛应用于医院、钢厂等大量使用氧气的地方。

表 19－5　氧气、氮气和空气液化的主要物理性质

名　称	临界点		1 大气压下	
	温度/℃	压力/MPa	沸点/℃	密度/（t/m^3）
氧气	－118.6	5.043	－183	1.14
氮气	－147.0	3.394	－196	0.808
空气	－140.6	3.769	－192	0.91
氢气	－240.2	1.293	－253	0.070 8

液化气储存有低温亚临界储存和低温超临界储存两种方法。低温亚临界储存是指液化气储罐的温度和压力均维持在临界点以下，此条件下储罐内可能存在气液两相状态；低温超临界存储则是液化

气储罐的温度在临界点以下、压力保持在临界压力以上，此条件下储罐内仅存在液相状态，但液化气的密度在变化。除了行星基地以外，大部分载人航天器运行过程中均处于失重状态，无法像在地面上一样利用重力实现气液分离。因此，到目前为止的载人航天器中实际应用的液化气储存系统均为低温超临界存储。另外，由于液化气储存过程中气体损失率较高，所以即使在短期飞行的载人航天器中也仅仅使用了液氢、液氧作为气源，供燃料电池使用为主、乘员呼吸用氧为辅。

以美国的阿波罗飞船为例，其指令舱和登月舱均采用了低温超临界方式储存液氧和液氢。用于环控生保系统供氧的流程图如图 19－22 所示，当系统工作时，随着氧气的不断输出，为维持储罐的工作压力，用储罐内的电加热器（如图 19－23 所示）加热液氧。

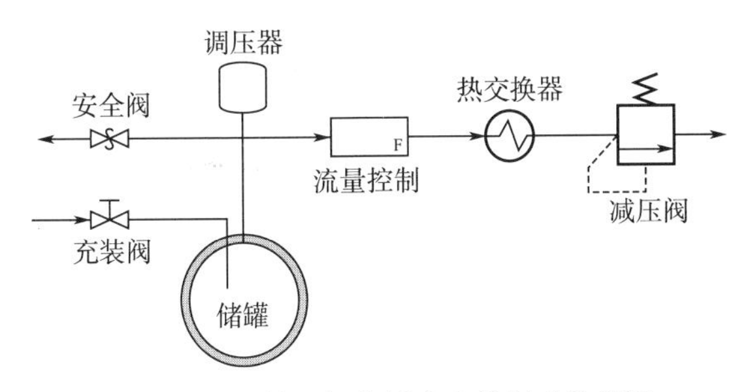

图 19－22　低温超临界液态供氧系统简图

（3）化合物储存

利用容易分解产生氧气或氮气的氧化合物或氮化合物作为储氧、氮物质，也是载人航天器可选的氧源、氮源方案之一。其优点是，相比单质气体储存来讲，化合物存放不需要高压或低温。到目前为止，仅化合物氧源投入了实际应用，而化合物氮源还在研发中。

①氧源

易分解产生氧气和化合物的稳定性是一对矛盾，当今已知可供使用的储氧化合物有超氧化物和氯酸盐两类，其均广泛应用于潜艇

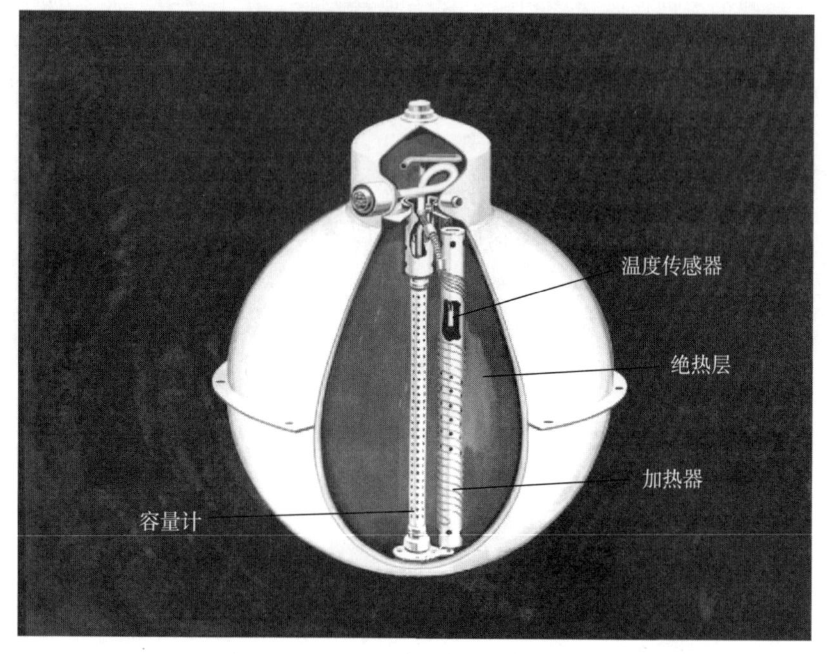

图 19－23　改进后的阿波罗飞船的低温超临界液氧储罐

和载人航天器。表 19－6 给出了利于储存、分解的高含氧化合物及其相关数据。

表 19－6　性能稳定的高含氧化合物及其相关数据

名　称	分子式	密度/(g/cm³)	生成焓/(kJ/mol)	理论产氧比/(kg 化合物/kg 氧气)	产热比/(MJ/kg 氧气)
超氧化钠	NaO_2	2.20	－260.4	2.29	10.85
超氧化钾	KO_2	2.14	－285.1	2.96	11.88
高氯酸锂	$LiClO_4$	2.43	－381.3	1.66	3.972
氯酸钠	$NaClO_3$	2.26	－366.0	2.22	7.625

(a) 超氧化物氧源

使用超氧化物作为氧源最初用于潜艇，通常为超氧化钠（NaO_2 或 Na_2O_4）或超氧化钾（KO_2 或 K_2O_4）。其反应释氧过程是一个散

发热量和吸收二氧化碳的过程，反应式为

$$4MeO_2 + 2H_2O = 4MeOH + 3O_2 + 热 \qquad (19-5)$$

$$2MeOH + CO_2 = Me_2CO_3 + H_2O + 热 \qquad (19-6)$$

式中　Me——碱金属 Na 或 K。

由式（19-5）、式（19-6）可得表 19-6 的产氧比和产热比的相应数据。同时，通过式（19-5）、式（19-6）也可以看到：这两种超氧化物的二氧化碳吸收与氧气释放的摩尔比为 2∶3、质量比是 0.917，即在乘员正常活动条件下，若通过其释放所需的每天 0.84 kg（图 19-15）的氧气，那么理论上至少有 0.23 kg 的二氧化碳必须采用其他方式清除。

俄罗斯/苏联的载人飞船一直使用碱金属的超氧化物作为正常氧源和二氧化碳吸收剂，其具有使用简单、不需要或仅消耗很少外部能源的特点；同时，还能杀灭空气中的带菌群落，消除空气中的吲哚、粪臭素、硫化氢、对甲苯酚和甲醇等有害气体。通常的操作方法是：使用时，去除超氧化物的外密封包装，使其暴露在环境大气中；若超氧化物的工作位置通风条件不佳，则采用风机强迫通风方式（见图 19-24）。

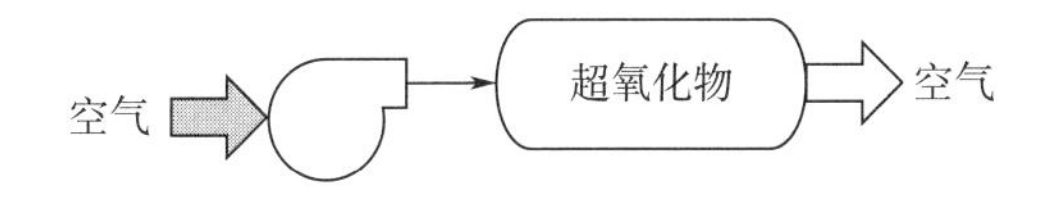

图 19-24　超氧化物产氧、二氧化碳去除系统流程

使用超氧化物主要有两个缺点。

1）由超氧化物的反应式可知，超氧化物供氧量取决于空气的湿度，而精确控制空气的湿度代价极高。因此，用氧化物供氧时，密封舱内氧浓度波动范围大，且必须控制舱内空气湿度的上限。

2）由于钾和钠的碳酸盐极易吸湿潮解，使得超氧化物颗粒膨胀，从而改变预设的气流通道；在颗粒表面形成一层糊状物，妨碍气体向颗粒内部扩散，阻碍深层的超氧化物反应；糊状物使得颗粒之间相互粘结，使气体流通的阻力急剧上升，极大地影响二氧化碳的清除。

为克服上述使用过程中的不利影响、充分发挥超氧化物的效能，通常在超氧化物成型和外包装结构上采取以下相应措施。

1）为降低吸湿潮解问题的影响，可在超氧化钠或超氧化钾中混入6%的石棉粉和1%左右的氢氧化铜及氯化铜［$3Cu(OH)_2$、$CuCl_2$］，并在6 MPa下压制成型后烘干。常用的形状有粒径4～10 mm的颗粒和蜂窝状药盘。

2）为使气流在包装结构内的超氧化物颗粒或药盘周围均匀流通，以便尽可能多的超氧化物参与反应，对颗粒或药盘进行分段隔离，尽量降低超氧化物膨胀对气流的阻碍。

（b）氯酸盐氧源

无论是在载人航天器还是在潜艇上，碱金属的氯酸盐仅作为应急氧源使用，其利用了氯酸盐加热分解产生氧气的特性。常用的是氯酸钠，其反应式为

$$2NaClO_3 \overset{\triangle}{=\!=\!=} 2NaCl + 3O_2$$

分解反应所需的热量一般通过燃烧金属粉末获得。

在实际使用中，将氯酸钠、金属粉末燃料（铁、镁、铝等）、抑氯剂、催化剂和粘结剂混合后，经挤压、浇注成型，并在成型件内附着发火装置以便使用。工作时，利用发火装置将混合物点燃，使其自行燃烧释放氧气。由于这类产品工作时的燃烧方式与蜡烛相似，故名为氧烛。氧烛点燃后无法控制，因而仅能作为辅助供氧设备。俄罗斯/苏联从载人飞船到空间站（国际空间站俄罗斯舱段）都配备了氧烛。

②氮（氢）源

目前研究最多的、可用作氮源的化合物有氨（NH_3）和肼（N_2H_4），其在催化剂的帮助下可分解为氮气和氢气。

氨的临界温度为132.3 ℃，临界压力11.3 MPa，1大气压下沸点为−33.3 ℃。相对氧气、氮气等气体，氨更容易被液化，目前国际空间站上也用液氨作制冷剂。液氨加热至800～850 ℃时，在镍基催化剂作用下可以得到含75%氢气、25%氮气的氢氮混合气体。该工艺流程广泛应用在半导体工业，其反应式是

$$2NH_3 \xrightarrow[\triangle]{\text{镍基催化剂}} N_2 + 3H_2$$

肼是目前应用最广泛的火箭发动机推进剂之一，其是一种无色发烟的、具有腐蚀性和强还原性的无色油状液体。与氨分解不同，肼分解是一个放热过程。作为氮源时，以镍为催化剂，可在常压、室温条件下完成分解。

$$N_2H_4 = N_2 + 2H_2 + 热$$

上述氨、肼分解后得到的氮氢混合气可利用传统的钯、钯合金膜或新兴的陶瓷膜/陶瓷复合膜技术将其分离，也可使用聚合物-电化学分离法（polymer - electrochemical separation）。实际上，氨、肼分解更重要的意义是：氮气是一种具有相对惰性的气体，氢气是一种品质极佳的还原剂，该特性使其在物理-化学再生式环控生保系统中的还原过程中可作为一类十分重要的原料（参见19.8.4节）。

（4）物理-化学制氧技术

自20世纪60年代起，人们已研究了多种用于载人航天的物理-化学制氧技术，但到目前为止，仅水电解制氧技术在空间站得到了应用，其余的各项技术还无法满足实际使用要求。

①水电解制氧

人类于1789年首次在静电场的作用下把水分解为氢气和氧气，1869年格拉姆发明直流发电机后，电解水逐渐引起人类关注，成为一种小规模、廉价制氢的方法，而在载人航天中则主要用于获取氧气，原理如式（19-7）所示。

$$2H_2O + 电能 \longrightarrow 2H_2\ (-) + O_2\ (+) \tag{19-7}$$

式中　（－）——电解池阴极或电源负极；

（＋）——电解池阳极或电源正极。

由式（19-7）可知，当水电解制氧系统的质量产氧率为 $\dot{m}_{O_2}$ 时，系统的理论水质量消耗率 $\dot{m}_{-H_2O}$ 和氢气质量产生率 $\dot{m}_{H_2}$ 分别是

$$\dot{m}_{-H_2O} = 1.125\dot{m}_{O_2} \tag{19-8}$$

$$\dot{m}_{H_2} = 0.111\dot{m}_{-H_2O} = 0.125\dot{m}_{-O_2} \tag{19-9}$$

当产氧率 $\dot{m}_{O_2}$ 采用国际单位，即 kg/s 时，由法拉第定律可得到单电解池的电解电流 I_E 为

$$I_E = 1.206 \times 10^7 \dot{m}_{-O_2} \quad (A) \qquad (19-10)$$

由于氢氧原电池的可逆电动势是 1.229 V，因此，电解时的理想或最小电解功率 P_{ET} 为

$$P_{ET} = 1.482 \times 10^7 \dot{m}_{O_2} \quad (W) \qquad (19-11)$$

因此，当水电解制氧系统用作氧源时，以图 19 - 15 所示的耗氧率每人每天 0.84 kg 为基准，可得水需求率每人每天为 0.95 kg，同时产生氢气每人每天0.11 kg，至少耗电 144 W。

由于水的电离程度极小，在水中 H^+ 和 OH^- 的浓度仅为 10^{-7} mol/L，因此为提高电解效率必须增加电极表面的离子浓度，目前用于工业化的电解水的方法有两种：

1）向水中添加强碱性电解质，如氢氧化钾（KOH）、氢氧化钠（NaOH）等，该方法属于碱性电解；

2）向水中添加固体聚合物电解质（solid polymer electrolyte，SPE）使水电解。SPE 是 20 世纪 60 年代发展起来的技术，最具代表性的是美国杜邦（Dupont）公司生产的、商品名为 Nafion 的全氟磺酸质子交换膜，该方法属于酸性电解。

俄罗斯（苏联）最早实现了水电解制氧技术在空间站上的应用，其电解制氧装置（和平号为 Elektron - V，国际空间站是 Elektron - V 的改进型 Elektron - VM 采用了当时技术中更为成熟、可靠的流动碱性（KOH）水电解池方案。为适应空间站运行中的微重力状态，在氢气、氧气出口处分别增加了静态水气分离器，其余流程与工业设备大同小异，具体见图19 - 25 所示。其主要由电解芯体、静态氢-水气分离器、静态氧-水气分离器、氢-水汽/氧-水汽热交换器、潜热回收交换器、电解液蓄能器、循环泵、气溶胶过滤器、氢-氧压力平衡阀、多功能气体净化器和其他控制、监测等辅助设备构成。为防止碱溶液外泄、确保装置的安全性，全部与液体流动相关的部件被集成在一个充氮的金属密封容器内。

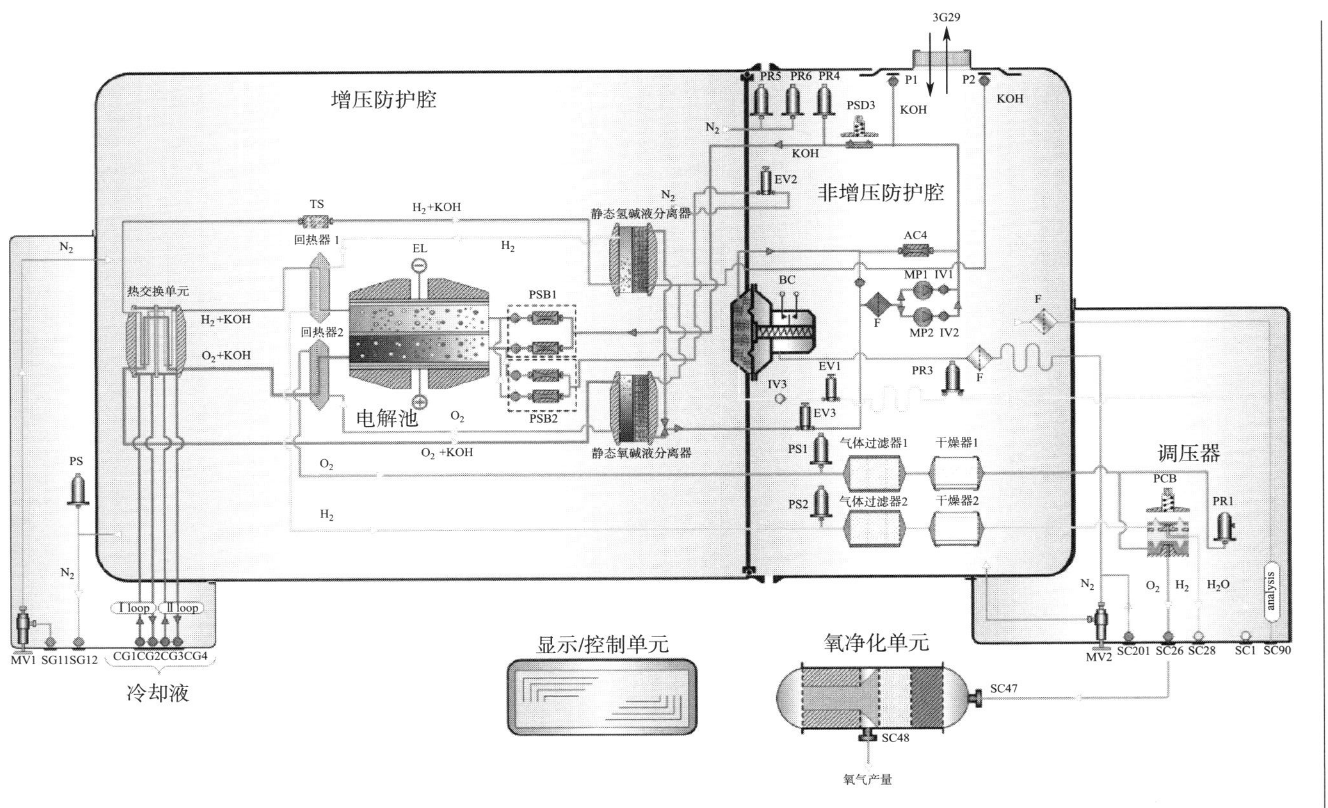

图 19 - 25　俄罗斯水电解制氧装置系统原理流程图

美国在空间站技术研究方面比俄罗斯起步晚，故其国际空间站水电解制氧系统选择了当时已日趋成熟的新型 SPE 水电解方案。为减少水气分离设备，该方案与常规地面设备的阳极供水相反，采用阴极供水方式。该方案的水气分离技术和俄罗斯也不一样，为动态水气分离器。由于美国国际空间站水电解制氧系统以 SPE 水电解池技术为核心，较俄罗斯的动态碱性水电解池系统省略了气溶胶过滤器、多功能气体净化器等气体净化设备和相应的检测设备，使得系统流程大为简化；同时，系统不存在强腐蚀性的碱性电解液，故装置的寿命提高了 1 个数量级。不过，其对水质的要求也提高了 1 个数量级，所以，其入口水净化设备比俄罗斯的庞大。系统的原理流程如图 19－26 所示。其主要由入口水离子交换床、电解芯体、动态氢-水气分离器、热交换器、蓄能水箱、循环泵，以及其他控制、监测等辅助设备构成。

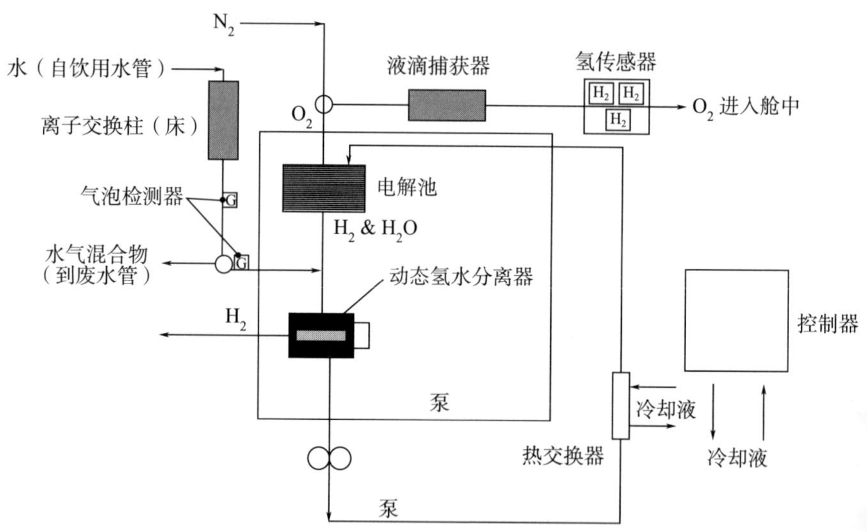

图 19－26　美国国际空间站水电解制氧系统原理流程图

俄罗斯、美国的水电解制氧系统技术方案完全不同，其优缺点同样对立。俄罗斯方案的优点是能耗低、对水质要求低，缺点是系统复杂、寿命短；美国方案的优点是系统简单、寿命长；缺点是能耗高、对水质要求高。

②二氧化碳电解制氧

二氧化碳电解制氧是一个十分理想的物质转化过程，其也可归类于后面章节讨论的二氧化碳回收技术。随着人们对二氧化碳排放的增加引起的全球温室效应上升的危害认识的加深，在二氧化碳电解方面的研究也日趋深入广泛。

目前，得到深入研究并接近实用的方法是以固体氧化物陶瓷作为电解质（Solid Oxide Electrolyte，SOE），在高温下将二氧化碳或二氧化碳和水汽混合物电解为氧气和一氧化碳。二氧化碳电解池的核心材料是气密的陶瓷电解质和多孔材料电极，目前多以氧化钇稳定的氧化锆（Yttria Stabilized Zirconia，YSZ）为电解质。电极材料为多孔金属陶瓷，常用的阴极材料是镍-氧化钇稳定的氧化锆（Nickel - Yttria Stabilized Zirconia，Ni - YSZ），阳极材料有掺杂镧、氧化锰的YSZ（YSZ and Doped Lanthanum Manganite，LSM - YSZ）。由于YSZ在700～1 100 ℃才呈现可接受的导电性，所以电解必须在高温下进行，当前为800～900 ℃。为降低电解温度，常在YSZ中掺杂其他稀土元素，如二氧化铈。二氧化碳在其中的电解反应式是

$$2CO_2 + 电能 \longrightarrow 2CO\ (-)\ + O_2\ (+)$$

当二氧化碳中混有水或水汽时，上述电解池同样可以工作，发生的电解过程是二氧化碳电解和水电解两个独立反应，其合并反应式是

$$CO_2 + H_2O + 电能 \longrightarrow H_2\ (-)\ + CO\ (-)\ + O_2\ (+)$$

电解池运行时，二氧化碳或二氧化碳和水汽混合物被加热到工作温度以上，然后进入阴极，副产物一氧化碳和氢气均可作为推进剂。二氧化碳和水汽电解的优点是：可直接使用从二氧化碳去除系统得到的含水的高浓度二氧化碳气体，且比纯二氧化碳电解能耗低。

为克服SOE必须在高温下才能导电的缺点，近来人们开始探索

利用在室温或室温附近呈现液态的离子化合物，吸收或溶解二氧化碳，在这种离子液（ionic liquids，ILs）的帮助下电解二氧化碳。

③原位资源制氧

通过物理-化学手段，从企图建立行星基地的本地资源（in - situ resource，ISR）中提取氧气的方法目前获得了大量的关注。在21世纪，人类最有可能建立基地的星球有月亮和火星。

从月尘、火星土壤中提取氧气的研究目前主要集中在熔融电解、氢还原和碳还原这三种方法上。

1）熔融电解（molten oxide Electrolysis）制氧技术通过电能加热，将月尘、火星土壤熔融并作为电解质进行电解，从而获取氧气。实际上，熔融电解法已广泛应用于提取和提纯金属的冶金过程。其在19世纪初开始被使用，随着熔融电化学的迅速发展，至19世纪末期就以工业规模利用该技术生产铝、镁等轻金属。

2）氢还原（hydrogen reduction）制氧流程较熔融电解过程增加了一个环节，其是向加热的月尘、火星土壤中吹入氢气，氢气与其中的金属氧化物产生水汽，水汽冷凝后再电解得到氧气，氢气循环使用。

3）热碳还原（carbothermal reduction）制氧过程（图 19 - 27）是3者中最复杂的。首先向熔融的月尘或火星土壤中吹入甲烷，其中的硅酸盐与甲烷反应生成一氧化碳、二氧化碳和氢气，得到的混

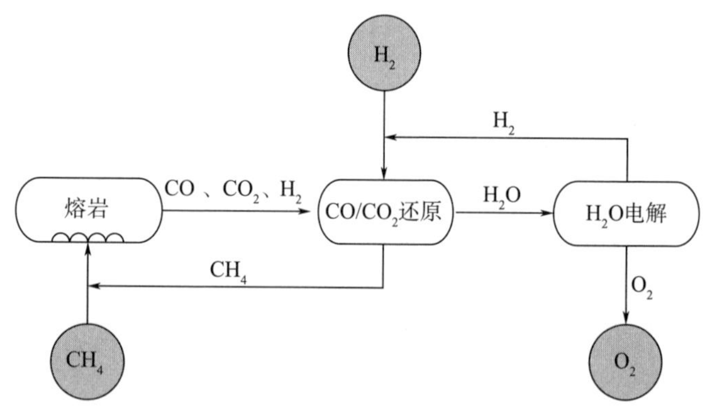

图 19 - 27　月尘、火星土壤热碳还原法制氧流程

合气和氢气反应产生甲烷和水，冷凝后的水进一步电解释放出氧气，甲烷和氢气循环使用。

从火星大气制氧，可以使用前述的二氧化碳电解，也可采用图 19－28 或图19－29 的工艺流程，Sabatier 和 RWGS 二氧化碳还原反应原理可参见 19.8.4 节。

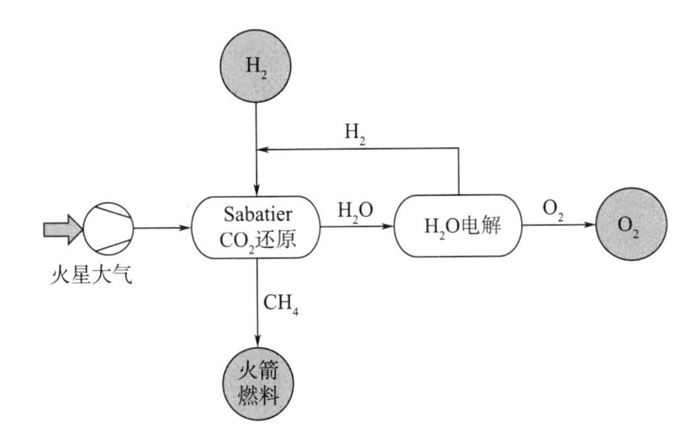

图 19－28　基于 Sabatier 反应的火星大气制氧流程简图

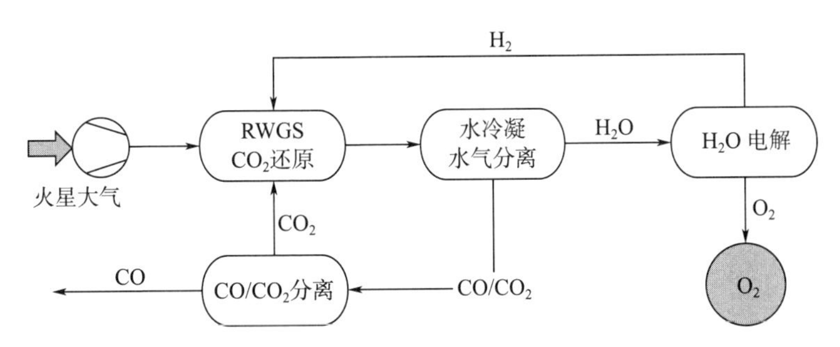

图 19－29　基于 RWGS 反应的火星大气制氧流程简图

（5）氧测量技术

控制氧分压或氧浓度的前提是测量，目前达到实用化的空气中氧测定方法有热导、磁氧、化学发光、电化学和氧化物半导体等，从测量范围、精度、稳定性以及设备的质量、功耗这些方面衡量，仅以电化学方法为基础的氧传感器可用于载人航天，该类氧传感器主要有伽伐尼电池式氧传感器、以 YSZ 为电解质的极限电流型氧传感器。

19.8.4 空气再生

空气再生主要负责清除载人航天器密封舱内人员、设备、材料产生的有害气体，同时在条件许可的情况下回收利用二氧化碳。舱内的二氧化碳几乎全部由人员代谢呼出。除二氧化碳外的其他微量有害气体则大多来自舱内的各种工质泄漏和有机材料挥发，人员代谢排出的种类和数量仅占其中的很小一部分。

（1）二氧化碳去除

二氧化碳去除是指控制空气中的二氧化碳含量不超过人员健康生活的限值的过程。按照二氧化碳去除材料的使用方式分为一次性使用的非再生式或消耗式以及能够循环使用的再生式。本节针对再生式方法仅讨论物理-化学制氧技术。

①非再生技术

非再生或消耗性的二氧化碳去除流程（图 19－30）十分简单、可靠，能耗极低。目前，主要以氢氧化锂（LiOH）、活性炭作为吸收剂。在实际使用中，通常将氢氧化锂粉末烘干、挤压成颗粒状或蜂窝药盘后加以封装。

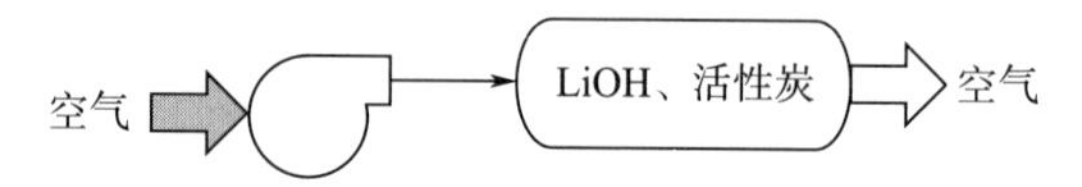

图 19－30　非再生式二氧化碳、微量有害气体净化系统流程

二氧化碳经过下列反应得以清除

$$CO_2 + 2LiOH \longrightarrow Li_2CO_3 + H_2O + 热$$

采用图 19－15 的乘员二氧化碳呼出率每人每天 1.0 kg 数据，可得氢氧化锂消耗率≥每人每天 1.1 kg，产水每人每天 0.41 kg。产生的水约 2/3 随空气进入密封舱（图 19－30）。

另外，19.8.3 节所述的超氧化物也可认为是一种二氧化碳吸收剂，不过由于超氧化物在吸收二氧化碳时释放氧气，按 19.8.3 节的分析，仍然需要不少于 0.25 kg 的氢氧化锂予以补充。

②物理-化学再生技术

多年的载人航天发展需求催生了多种物理-化学再生式二氧化碳去除技术，其从单纯的物理吸附到现今的膜技术，可谓百花齐放。但投入实际应用的只有分子筛技术和固态胺热真空解吸技术这两种。

(a) 分子筛技术

分子筛又称沸石，是一种内部布满单一通径孔穴的晶体。其孔径尺寸与分子大小相当，在范德华力的作用下可截留小于孔穴通径的分子。分子筛去除二氧化碳是一个可逆的物理过程：吸附阶段分子筛利用二氧化碳强极性特性，截留室温、常压条件下空气中的二氧化碳分子；解吸阶段加热分子筛，使其内部的二氧化碳分子的热动力大于范德华力，这样二氧化碳分子便会从孔穴脱落，若同时使分子筛外部气压低于内部二氧化碳压力，则二氧化碳便会逃离分子筛。

显然，基于分子筛技术的二氧化碳去除系统至少需要两个反应床，以使每个床交替处于吸附或解吸状态。目前，常用于吸附二氧化碳的是 5A 分子筛。由于水是一种极性比二氧化碳强的分子，且其分子大小与二氧化碳相近，故 5A 分子筛在截留二氧化碳的同时也会截留部分水。水的存在使解吸能耗大幅上升，为避免这一现象，需要对进入 5A 分子筛的空气进行干燥，常用的可热再生（即解吸或脱水）的材料有 13X 分子筛和硅胶。水解吸通道有两种：独立或与二氧化碳共用，前者适用于需要水或二氧化碳回收利用的场合，后者适用于一般不再回收水和二氧化碳的场合。

不回收水和二氧化碳的分子筛二氧化碳去除系统通常将 5A 分子筛和干燥剂封装在一个反应床内，组成 2 床分子筛（2 - bed molecular sieve，2BMS）系统（图 19 - 31）。在此基础上构建的环控生保系统流程、特征如图 19 - 18 所示，从物质循环角度看，其仍属于全开式环控生保系统，曾在美国的天空实验室中应用。

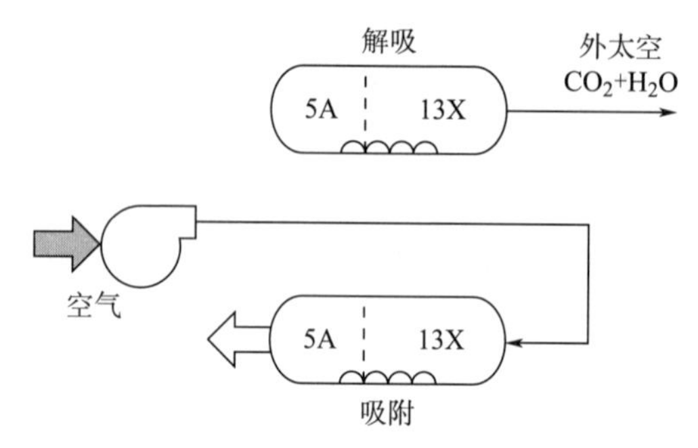

图 19－31　2 床分子筛二氧化碳去除系统流程简图

为回收水和二氧化碳，需要将上述系统的干燥功能独立，因此增加了 2 个干燥床。最具代表性的是国际空间站上美国使用的 4 床分子筛（4－bed molecular sieve，4BMS）二氧化碳去除系统（carbon dioxide removal assembly，CDRA)，其工作原理如图 19－32 所示。

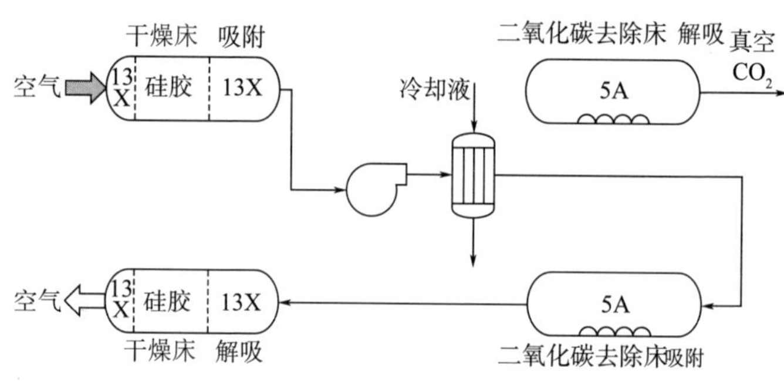

图 19－32　4 床分子筛二氧化碳去除系统流程简图

(b）固态胺技术

固态胺技术起源于工业上常用的液胺（如一乙醇胺 MEA、甲基二乙醇胺 MDEA 等）吸附-解吸二氧化碳方法。为克服液胺吸附-解吸二氧化碳过程中液胺固有的传输障碍和流动性碱性腐蚀的缺点，人们开始在多孔树脂骨架材料上接枝胺基来代替传统的液胺，即所谓的固态胺材料。不同的骨架材料结合不同的有机胺功能团，形成了种类繁多、性质各异的固态胺材料。

不同类型有机胺功能团R与二氧化碳的反应机理各不相同，大体可分为两类。一类是必须有水参与才可进行，这类固态胺材料首先与水结合形成含－OH的基团，然后靠－OH结合CO_2，即

$$H_2O+RNH_2 \longleftrightarrow RNH_3 \cdot OH+热$$

$$CO_2+RNH_3 \cdot OH \longleftrightarrow RNH_3 \cdot HCO_3+热$$

$$H_2O+R_2NH \longleftrightarrow R_2NH_2 \cdot OH+热$$

$$CO_2+R_2NH_2 \cdot OH \longleftrightarrow R_2NH_2 \cdot HCO_3+热$$

$$H_2O+R_3N \longleftrightarrow R_3NH \cdot OH+热$$

$$CO_2+R_3NH \cdot OH \longleftrightarrow R_3NH \cdot HCO_3+热$$

将上述反应合并后得

$$CO_2+H_2O+RNH_2 \longleftrightarrow RNH_3 \cdot HCO_3+热$$

$$CO_2+H_2O+R_2NH \longleftrightarrow R_2NH_2 \cdot HCO_3+热$$

$$CO_2+H_2O+R_3N \longleftrightarrow R_3NH \cdot HCO_3+热$$

另一类固态胺既存在上述反应，也可自行与二氧化碳结合：一个胺基首先与二氧化碳结合为羧酸基团，然后再与另一个胺基结合。

$$CO_2+RNH_2 \longleftrightarrow RNH \cdot COOH+热$$

$$RNH \cdot COOH+RNH_2 \longleftrightarrow NH_4 \cdot R_2NCOO+热$$

$$CO_2+R_2NH \longleftrightarrow R_2N \cdot COOH+热$$

$$R_2N \cdot COOH+R_2NH \longleftrightarrow R_2NH_2 \cdot R_2NCOO+热$$

$$CO_2+R_3N \longleftrightarrow R_3 \cdot NCOO+热$$

$$R_3 \cdot NCOO+R_3N \longleftrightarrow R_4N \cdot R_2NCOO+热$$

将上述反应合并后得

$$CO_2+2RNH_2 \longleftrightarrow NH_4 \cdot R_2NCOO+热$$

$$CO_2+2R_2NH \longleftrightarrow R_2NH_2 \cdot R_2NCOO+热$$

$$CO_2+2R_3N \longleftrightarrow R_4N \cdot R_2NCOO+热$$

显然，这类固态胺在无水条件下的二氧化碳吸收率仅为在含水条件下的一半。

与分子筛不同，固态胺二氧化碳吸附-解吸是一个化学过程，其性状决定了其解吸方式有真空解吸和热解吸两种，且解吸过程消耗

的热量低于5A分子筛。固态胺真空解吸（solid amine vacuum desorption，SAVD）二氧化碳去除系统已有实际应用，其流程与分子筛系统类似，也有2床（图19－33）和4床（图19－34）两类。

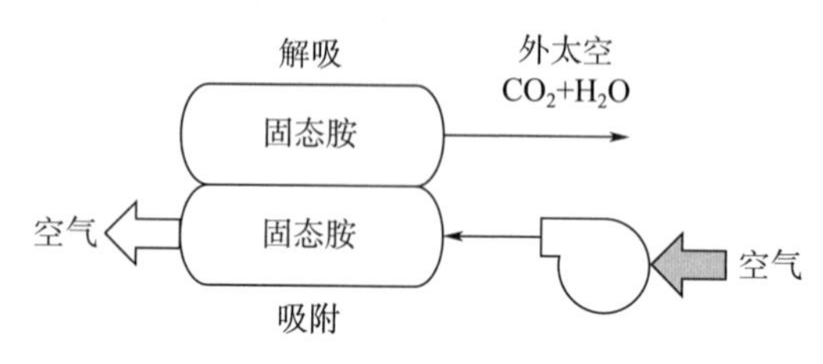

图19－33　热耦合结构2床SAVD二氧化碳去除系统流程简图

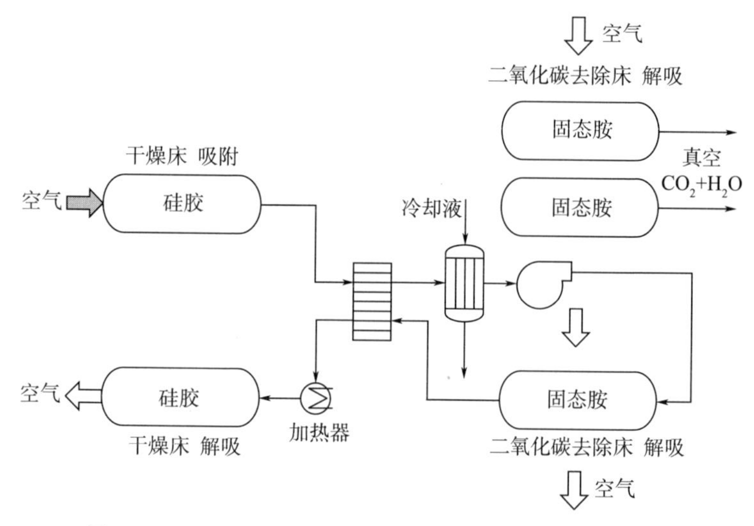

图19－34　和平号空间SAVD二氧化碳去除系统流程简图

由于固态胺真空解吸时消耗热量低于其吸附时产生的热量，图19－33所示的2床SAVD二氧化碳去除系统通过2个反应床的良好热耦合结构设计使系统的能耗远小于分子筛系统，与氢氧化锂系统相当。该系统将配备在新型短期载人飞船上。

4床流程系统首先装备在苏联的和平号空间站上。由于其固态胺二氧化碳去除床吸附周期为30 min、解吸周期为60 min，因此，实际的 SAVD 二氧化碳去除系统有 3 个固态胺床，其中 1 个吸附、2 个解吸。其与图 19－32 的 4 床分子筛二氧化碳去除系统不同的是：SAVD 二氧化碳去除系统的干燥床只装填了硅胶，借助外置电加热器加热空气吹除硅胶吸附的水，二氧化碳去除床利用舱内气流使其维持在近似等温状态。

常压下加热固态胺也可释放二氧化碳，但消耗的热量要大于真空条件下，并且固态胺树脂的耐高温性能不佳，所以热源大多使用水蒸气，其系统流程如图 19－35 所示。固态胺水蒸气解吸（solid amine water desorption，SAWD）二氧化碳去除系统目前已接近实用状态，系统中的蒸汽发生器和水气分离器均按适应微重力条件设计。

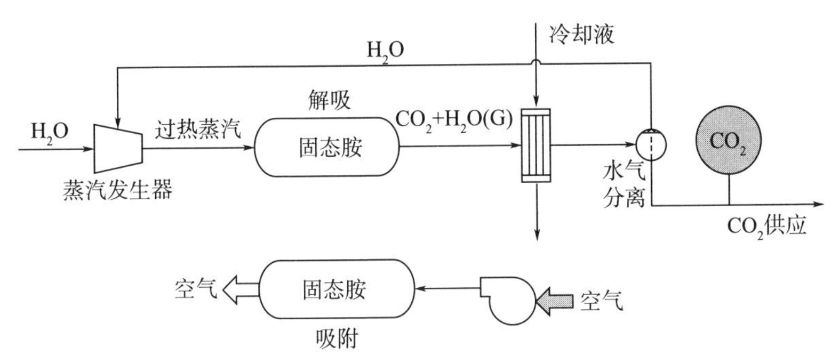

图 19－35　SAWD 二氧化碳去除系统流程简图

(c) 电化学方法

电化学方法去除二氧化碳是基于电化学电池（electrochemical depolarized cell，EDC）原理，在电池的阴极吹入舱内空气、阳极输入氢气。该电池的反应是

阴极（－）：$O_2 + 2H_2O + 4e^- \longrightarrow 4OH^-$，$2CO_2 + 4OH^- \longrightarrow 2H_2O + 2CO_3^{2-}$

阳极（＋）：$2H_2 + 4OH^- \longrightarrow 4H_2O + 4e^-$，$2H_2O + 2CO_3^{2-} \longrightarrow 2CO_2 + 4OH^-$

电池反应：$2CO_2$（－）＋O_2（－）＋$2H_2$（＋）⟶

$2CO_2$（＋）＋$2H_2O$（＋）＋电能＋热

式中 （－）——电池阴极或负极；

（＋）——电池阳极或正极。

从阳极输出的二氧化碳和多余的氢气供 Sabatier 反应使用。

(d) 膜分离方法

膜分离二氧化碳工艺已在天然气工业得到应用，然而净化后的天然气含有不超过2％的二氧化碳，显然无法用天然气工业中使用的膜去除空气中的二氧化碳。鉴于膜分离过程的低能耗特性，人们仍在进行用于载人航天二氧化碳膜分离方法的研究，目前主要有以下两方面：

1）研究新型高渗透性、高选择性二氧化碳分离膜；

2）在现有膜分离的基础上研究新工艺流程，如采用新型二氧化碳吸收剂，其同时作为温湿度控制系统的冷却液，通过气-液膜接触器吸收空气中的二氧化碳和水汽，然后利用外太空环境的定量蒸发释放其中的二氧化碳和水汽。该流程有望用于舱外航天服便携生保系统中。

(2) 二氧化碳还原

通过二氧化碳还原反应提取二氧化碳中的氧，可以进一步提高环控生保系统的物质闭合度。目前，国际空间站上已经装备了基于 Sabatier 反应的二氧化碳还原系统。正在进行工程应用研究的有：Bosch 反应、结合 Sabatier 反应器和成碳反应器（carbon formation reactor，CFR）的先进成碳反应系统（advanced carbon - formation reactor system，ACRS），以及二氧化碳电解制氧技术。

①Sabatier 反应

Sabatier 反应在20世纪初被法国化学家 Paul Sabatier 发现。二氧化碳和氢气在镍或钌催化剂的帮助下，形成如下反应

$$CO_2 + 4H_2 \longleftrightarrow CH_4 + 2H_2O + 热 \qquad (19-12)$$

该反应温度为200～500 ℃，温度升高反应速度提高，但转化

率下降。在370 ℃时最终转化率为90%，而在200 ℃时可达99%。

由式（19-12）可知，当二氧化碳质量供应率为 $\dot{m}_{-CO_2}$ 时，则Sabatier反应的理论氢气质量消耗率 $\dot{m}_{-H_2}$ 和对应的甲烷质量生成率 $\dot{m}_{CH_4}$ 、质量产水率 $\dot{m}_{H_2O}$ 分别为

$$\dot{m}_{-H_2}=0.182\dot{m}_{-CO_2}$$

$$\dot{m}_{CH_4}=0.364\dot{m}_{-CO_2}=2.00\dot{m}_{-H_2}$$

$$\dot{m}_{H_2O}=0.727\dot{m}_{-CO_2}=4.50\dot{m}_{-H_2}$$

现今，基于Sabatier反应的二氧化碳还原系统通常配备在含水电解制氧系统和再生式二氧化碳去除系统的空间站上。根据图19-15和19.8.3节的数据，乘员代谢呼出1.0 kg的二氧化碳、水电解制氧释放0.11 kg的氢气的情况下，Sabatier反应可产生0.50 kg的水和0.22 kg的甲烷，消耗掉全部的氢气和0.60 kg的二氧化碳。

国际空间站美国舱段装备的二氧化碳还原系统（图19-36）可防止甲烷等有害气体泄漏，其工作压力低于舱内环境气压。该系统以双温度Sabatier反应器为核心，反应器入口设有氢气、二氧化碳摩尔比例控制器，出口的水冷凝后经动态水气分离器分离后送入水处理系统。

②Bosch反应

Bosch反应以铁为催化剂，其反应温度比Sabatier反应高，需要530～730 ℃。该反应可将二氧化碳分解为碳，其是由德国化学家Carl Bosch在20世纪初发现的。

$$CO_2+2H_2\longrightarrow C+2H_2O+热$$

在实际应用中，Bosch反应最大的问题是随着反应的进行碳沉积在催化剂表面，阻碍了反应的继续。Bosch反应的理论氢气质量消耗率 $\dot{m}_{-H_2}$ 和对应的碳质量生成率 $\dot{m}_{C}$ 、质量产水率 $\dot{m}_{H_2O}$ 分别为

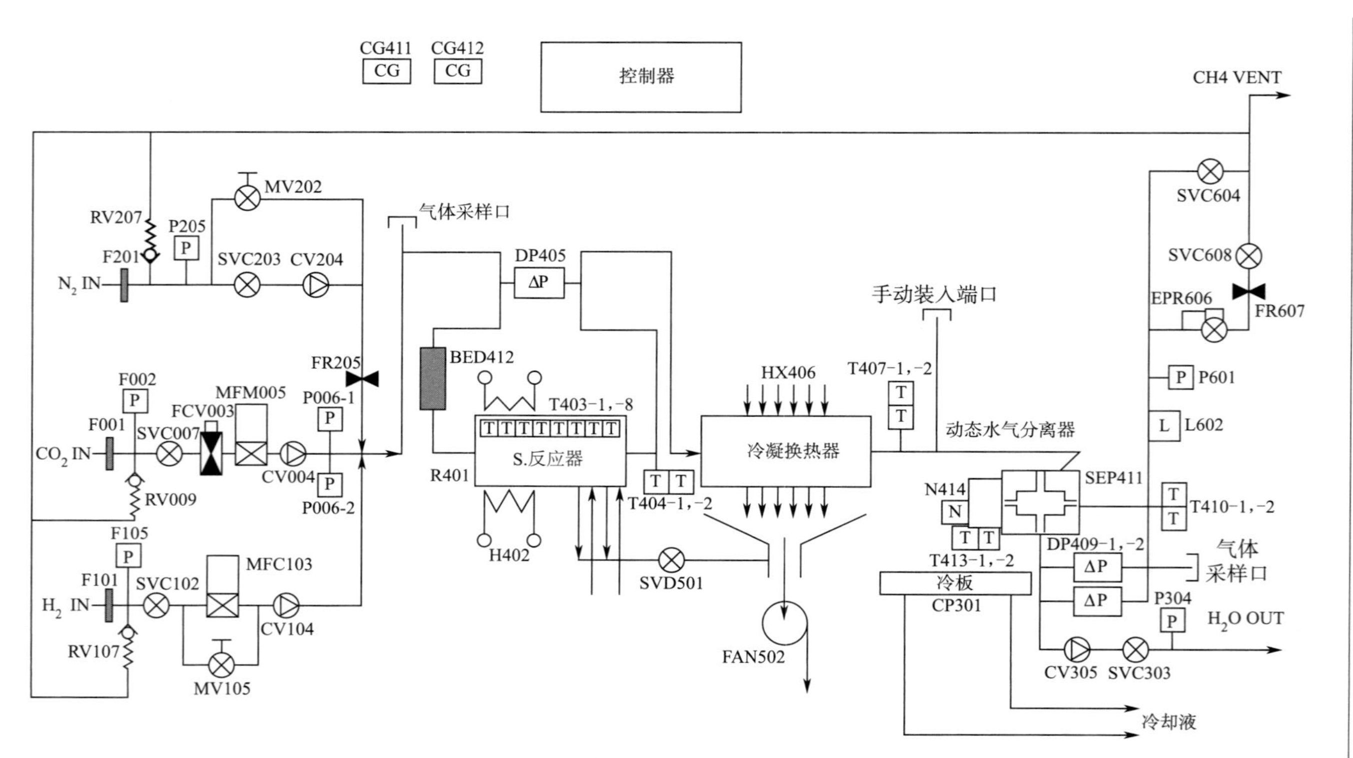

图 19 - 36　国际空间站二氧化碳还原系统流程图

$$\dot{m}_{-H_2}=0.0909\dot{m}_{-CO_2}$$

$$\dot{m}_{CH_4}=0.364\dot{m}_{-CO_2}=3.00\dot{m}_{-H_2}$$

$$\dot{m}_{H_2O}=0.727\dot{m}_{-CO_2}=9.00\dot{m}_{-H_2}$$

由此可知，同样在人员代谢呼出 1.0 kg 的二氧化碳、水电解制氧释放 0.11 kg 的氢气的条件下，Bosch 反应理论上可产生 0.81 kg 的水、0.27 kg 的碳，二氧化碳可完全消耗，氢气多余 0.02 kg。

③ACRS

先进成碳反应器系统（advanced carbon - formation reactor system，ACRS）是将 Sabatier 反应生成的甲烷直接在 850 ℃高温下裂解，得到固态碳和氢气。相较 Bosch 反应，该系统核心设备之一成碳反应器（carbon formation reactor，CFR）体积小，但依然存在积碳问题。

④RWGS

RWGS（reverse water gas shift，RWGS）源自水煤气变换反应（water - gas shift reaction），其应用背景是火星大气制氧。水煤气变换反应由意大利物理学家 Felice Fontana 于 1780 年发现，这是一个可逆反应

$$CO_2+H_2\longleftrightarrow CO+H_2O$$

得益于微通道反应器技术，堆叠式（multi - stack）RWGS 微通道反应器已将上述可逆反应的转化效率从以往的 10%左右提高到 80%以上。

（3）微量污染物净化

大气微量污染物是每一种密闭或半密闭生活空间的固有问题。不同于在地面，人们可以通过与室外换气、户外活动降低或避免居室或车间中的大气微量污染物对健康的影响，在载人航天器密封舱内必须控制其种类和含量。目前已知的密封舱内微量污染物种类如表 19 - 7 所示，针对这些污染物常用的方法有过滤、吸附和催化氧化。

表 19-7 载人航天器密封舱大气中的微量污染物分类

污染物类型	特 性	代表物质
无机物		硫化氢、氧化氮、氨气、一氧化碳、氢气等
易挥发有机化合物	沸点<50 ℃，在空气中挥发很快	甲烷、乙烯、甲醛、乙醛、二氯甲烷等
挥发有机化合物	沸点介于 50～240 ℃之间，在空气中慢慢挥发	正己烷、乙酸乙酯、乙醇、苯、甲基乙基酮、甲苯、三氯乙烷、丁醇、二甲苯等
半挥发有机化合物	沸点>240 ℃，挥发很慢，有沉降性和凝结性	

1）过滤，特别是高效过滤（high efficiency particulate arresting，HEPA）仍然是清除空气中微小颗粒物和气溶胶不可替代的手段，其能很好地过滤和吸附 0.3 μm 以上的污染物。

2）吸附分为物理吸附和化学吸附，典型的物理吸附剂是活性炭，其能有效地吸附多种挥发有机化合物，包括烃类、醇类、酮类、醛类、硫醇类、有机酸、卤化物，并且多数活性炭可在热真空条件下释放吸附的污染物；活性炭的缺点是对一氧化碳、氢气和甲烷的吸附能力很低。氢氧化锂是一个性能极佳的化学吸附剂，其能够清除各种酸性气体，经常置于催化氧化反应器的下游，但其不可再生。

3）催化氧化可以将很多种污染物氧化成水和二氧化碳，但也可能将部分化合物转化为其他种类的污染物。现有的常温催化氧化法能够有效地净化一氧化碳、氢气、甲醛等特定污染物；去除甲烷等难氧化物质需要高温催化氧化，且有少量反应副产物需要进行继续净化。

和平号空间站使用的微量污染物控制系统（图 19-37）结合了再生、消耗的物理吸附和常温催化氧化技术。该系统首先用消耗性活性炭、浸渍炭吸附大分子量挥发性有机物（volatile organic compound，VOC）并吸收酸性、碱性无机气体，再通过可再生的活性炭吸附小分子量 VOC，然后在室温催化剂的帮助下完成一氧化碳、氢气等气体的氧化，最后用热真空方法再生可再生活性炭。

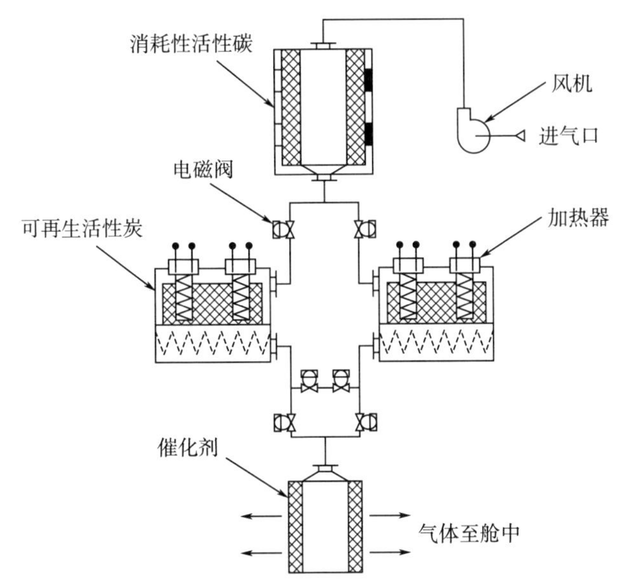

图 19－37　和平号空间站再生式微量污染物净化系统

美国在国际空间站上采用了非再生吸附净化与高温催化氧化技术净化舱内微量污染物（图 19－38）。舱内气体以 255 L/min 的流量流经活性炭床，去除多数 VOC 和酸性、碱性无机气体后，大部分返回密封舱，其余的进入高温催化氧化装置氧化小分子化合物，最后经氢氧化锂床吸收氧化后的酸性气体，完成净化。

为克服热真空再生方法能耗高的缺点，一种利用变湿吸附循环（humidity swing desorption cycle）的再生式空气净化系统（regenerable air purification system，RAPS，图 19－39）正在深入研究中。其使用新型活性炭和催化剂，以水为媒介，比传统的再生式微量污染物净化系统能耗低且无排放。

（4）微生物控制及检测

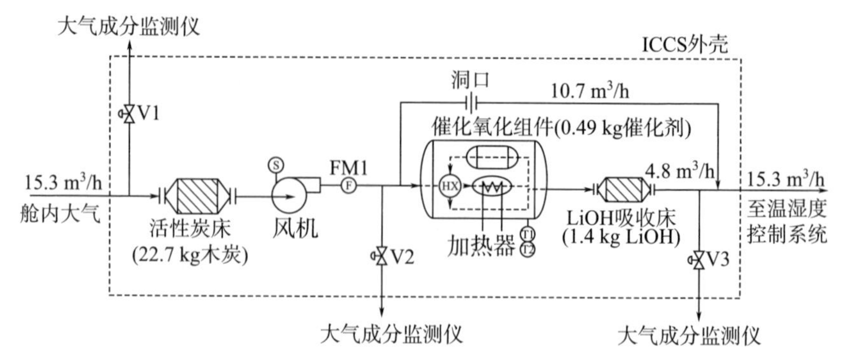

图 19－38 国际空间站美国舱段微量污染物净化系统

大多数微生物不损害人类的健康，但其中某些种类会以密封舱的有机材料（如电缆绝缘层、舱内装饰材料等）为食，还有些细菌的代谢产物会腐蚀金属。为防止这些不利现象的发生，需要控制密封舱内微生物总量，其中有效的措施有：

1）靠前述 HEPA 捕获空气中微小颗粒物和气溶胶，同时该方法也有效地抑制了其上的微生物生长；

2）用消毒剂擦拭物体表面；

3）紫外线照射。

地面的微生物检测、鉴定和计数方法多种多样（表 19－8），目前仅三磷酸腺苷（ATP）方法可做到操作简便、使用仪器小，该方法现已用于食品卫生现场检测。

当前，国际空间站每 6 个月人工采集密封舱内大气、水系统中以及物体表面的微样本，送回地面分析、鉴定微生物种类和数量，定期人工清洁、消毒空间站内环境，以控制微生物总量满足规定要求。

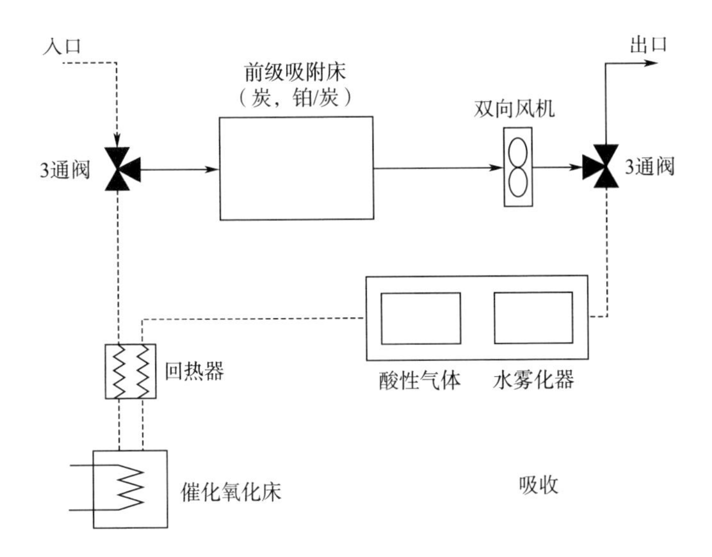

(a) 吸附

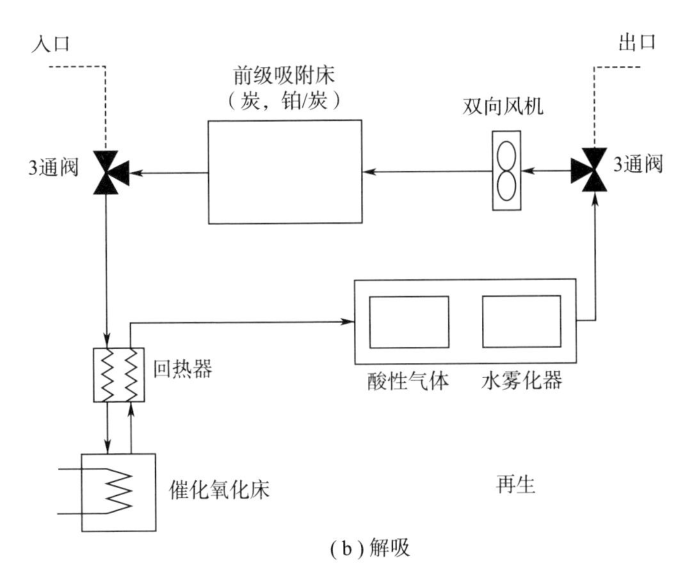

(b) 解吸

图 19－39　再生式空气净化系统（RAPS）流程简图

表 19-8 微生物检测、鉴定和计数方法

方 法	可检种类
三磷酸腺苷（Adenosine Triphosphate，ATP）	活细胞
微生物检测仪	所有微生物
生物传感器	微生物及化合物
DNA 探针	细菌、病毒
电子颗粒检测（Electron Particle Detection，EPD）	细菌
酶免疫传感器	抗体、抗原
荧光显微镜（Epifluorescence Microscopy，EPM）	细菌
荧光检测	细菌
全自动免疫诊断系统（Vitek Immuno Diagnostic Assay System，VIDAS）	细菌、真菌、病毒和代谢产物
二维荧光光谱	微生物
热原检测	革兰氏阴性细菌
聚合酶链反应（Polymerase Chain Reaction，PCR）	所有生物

（5）大气质量监测

评判密封舱大气质量不仅需要根据氧气、氮气、二氧化碳、水汽这些主要气体的成分指标，还必须以载人航天器污染物最高容许浓度 $SMAC$（spacecraft maximum allowable concentration）和毒性综合指数 T（toxic synthetic index）为依据，并要求 $T<1$。

$$T=\sum_{i=1}^{n}\frac{C_i}{SMAC_i}$$

式中 C——单个化合物浓度；

i——评定的第 i 种化合物；

n——被评定的化合物总数。

随着乘员在密封舱内生活时间的延长，污染物的 $SMAC$ 值下降，而进入 T 评定的化合物种类增加。短期飞行的载人飞船只检测大气中的二氧化碳浓度即可满足要求，而长期载人的空间站等航天器则不仅需要检测大气中的二氧化碳浓度，还需要分析对 T 影响大的微量污染物的浓度。微量污染物的检测方法有两种：宽范围的化合物总量测定和特定的化合物含量测定。后者使用的扫描质谱仪不能区分分子量相同的物质，如一氧化碳（CO）和氮气（N_2）。

地面常用的气体检测、鉴定和（或）计量方法见表 19－9。目前国际空间站以非扫描磁质谱仪作为主成分测试仪（major constituent analyzer，MCA），以测定舱内大气中氧气、氮气、二氧化碳、水汽、氢气和甲烷这 6 种成分的含量。挥发性有机气体分析仪（volatile organic analyzer，VOA）是气相色谱仪与离子迁移谱仪（ion mobility spectrometry，IMS）联用，能检测甲醇、乙醛、苯等 18 种微量有害气体。同时，还在试验基于傅里叶变换红外干涉（fourier transform infrared，FTIR）的环境气体干涉分析仪（analyzing interferometer for ambient Air，ANITA），其能检测甲醛、氨气、一氧化碳等 32 种微量有害气体。

表 19－9　气体检测、鉴定和（或）计量方法

方　法	可检种类
扫描磁质谱仪	全部，不可区分分子量相同物质
非扫描磁质谱仪	
离子阱质谱仪	
离子阱串联质谱仪	
飞行时间质谱仪	大分子量物质
四极质谱仪	合成有机化合物
离子迁移谱仪（ion mobility spectrometry，IMS）	非碳氢化合物
气相色谱仪	全部
热导检测仪	全部
超声检测仪	全部
离子敏感场效应管（ion sensing field effect transistor，ISFET）	氢气，硫化氢，氨气，一氧化碳
傅里叶变换红外干涉仪（Fourier transform infrared，FTIR）	全部
非色散红外光谱计	一氧化碳，二氧化碳，碳氢化合物
声表面波	氢气，二氧化硫，水汽

续表

方　法	可检种类
金属氧化物	一氧化碳，甲烷，可燃气

19.8.5　温湿度控制和通风

预计在21世纪人类足迹能够涉及的范围内，载人航天器的外热源几乎全部来自辐射，且70%以上由太阳产生，因此航天器各个区域的外热流会随时间和位置改变。然而，生命活动的存在，使得载人航天器密封舱内包含不稳定的热源和产湿源。为实现密封舱内空气温度、湿度的稳定，防止舱内壁结露且同时使乘员感觉舒适，航天器密封舱有下列三个热设计准则：

1）舱壁绝热设计，密封舱内乘员、设备产热主要通过温湿度控制系统排出；

2）舱内壁温度比舱内空气露点高2～3 ℃，但不高于40 ℃；

3）密封舱内乘员、多数设备散热通过空气传递到温湿度控制系统，少量设备产热直接转移到温湿度控制系统。

由于载人航天器密封舱要求的温差比外部空间实际的温差小1个数量级，且密封舱内除乘员外还有大量设备，为将这些热流散发到空间，现今的载人航天器均以液体为工质，通过密封舱（简称为内环）和空间散热（简称为外环）2条热耦合的液冷回路完成热排放（图19-40）。常用的内环冷却工质有水、乙二醇水溶液，外环冷却工质有硅油、氟利昂等。国际空间站因其热流大，外环的冷却工质是液氨。

载人航天器与客机不同，一般由2个以上可相互隔离的密封舱组成，这样就需要每个密封舱配备相对独立运行、功能与所在舱段匹配的温湿度控制系统，即实际的图19-40所示的系统是由2条以上的内环液冷回路并联组成的。

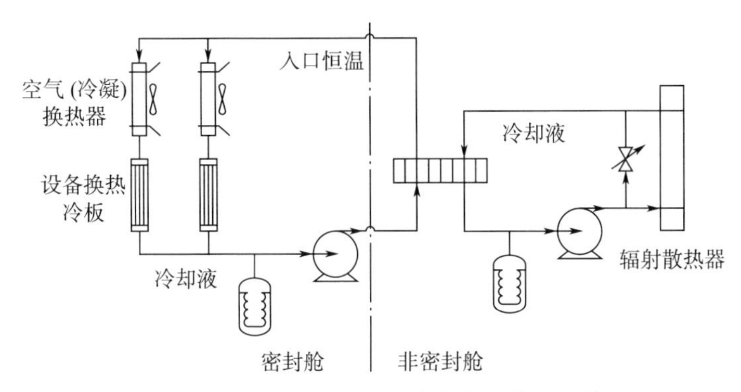

图 19 - 40　载人航天器温湿度控制系统流程简图

（1）温度控制

密封舱内空气温度是温湿度控制系统的控制目标参数。为简化控制逻辑，通常通过调节流经辐射散热器的冷却液流量，以维持进入密封舱的冷却液温度在特定的范围内（图19 - 40）。

为保持密封舱内总通风量不变，空气温度控制采用气流旁路方式，即将流经图 19 - 40 中空气（冷凝）换热器的风机气流分为两路，一路经过换热器，一路直通大气，两路流量比例可控。

密封舱内大部分设备利用气流或安装在设备换热冷板（图 19 - 40）上散热，需要高精度温控的设备，通常采用改变通过该设备的气流量或者调节相应设备换热冷板的冷却液流量来实现。

（2）湿度控制

目前多数的载人航天器通过控制空气（冷凝）换热器（图 19 - 40）入口冷却液保持在 5 ℃左右，使得进入其中的含水空气冷凝成液态，达到消除空气中乘员代谢产生的水汽的目的。另一方面，由于温度控制采用气流旁路方式，且气压一定时空气的相对湿度与温度正相关、绝对湿度负相关，故尽管人体的舒适性感觉取决于相对湿度，可相对湿度无法成为控制目标值。

对于轨道飞行的载人航天器，采用上述降温除湿方案的温湿度控制系统首先需要解决在微重力条件下收集、排放空气（冷凝）换热器表面的产水问题，以防止热传导过程急剧变差。为解决上述问题有以下两种方法。

1）在冷凝表面放置亲水多孔材料，在毛细作用下使冷凝水进入其中，多孔材料中的冷凝水在外界气流的作用下排出（图 19－41）。

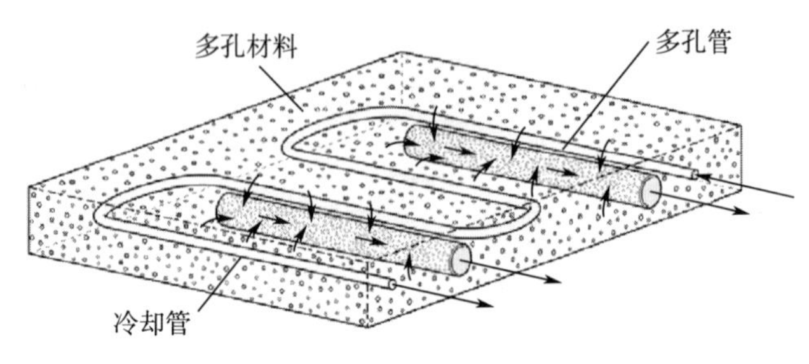

图 19－41　多孔材料气-液分离结构示意图

2）在常规的空气（冷凝）换热器空气出口设置一气液预分离器，在气动力、亲水处理表面张力的作用下，大部分无液态水的空气直接流出，小部分气液混合物通过小孔进入另外的通道。这种结构多用于美国载人航天器的冷凝换热器中，被称为 Slurper Bar（图 19－42）。

另一类采用 19.8.4 节所述的 2 床二氧化碳去除系统的载人航天器，在二氧化碳吸附的同时吸收一定的水汽，水汽吸收率与所用的二氧化碳吸附材料相关。但是，二氧化碳去除系统以二氧化碳吸附率为设计目标，因此相对湿度也只能控制在一个较宽的范围内。此时，图 19－40 中进入密封舱的冷却液温度应略高于空气的露点温度，空气（冷凝）换热器不除湿。

（3）通风

轨道飞行中的载人航天器处于失重状态，即使是月球基地、火星基地，由于其表面重力小于地球，密封舱内空气不存在自然对流或弱于地表。因此，必须通过外部动力驱使密封舱内空气流动，使气体成分均匀、温度梯度尽可能得小，故通常通风流量大于空气换热（除湿）流量。

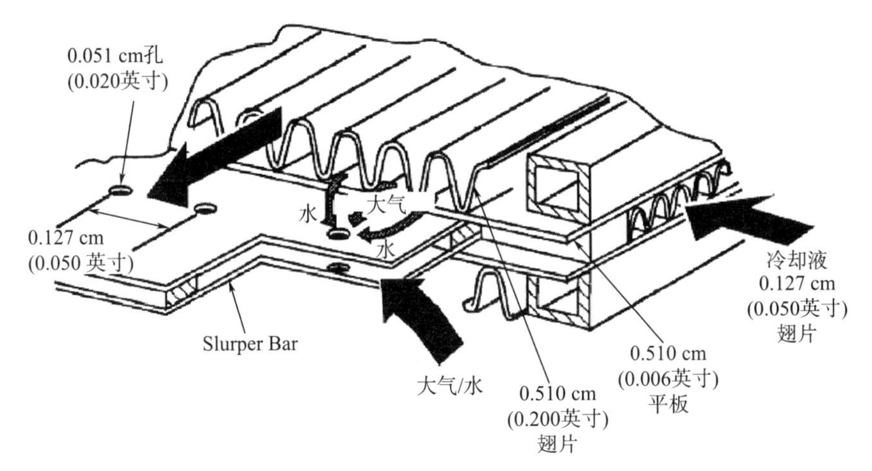

图 19 - 42　含 Slurper Bar 结构的冷凝换热器

驱动风机的布局有分布式和管道通风集中式两种：分布式一般用在乘员活动空间较小的密封舱，如飞船、空间实验室和空间站小型舱段等场合；管道通风集中式用在空间站等大型独立密封舱中。相邻密封舱的空气交换靠专用风机实现。

驱动风机分布式布置由数个动力源组成，需要合理安排每个风机的位置、流向和流量。一般以空气（冷凝）换热器的风机为主动力源，结合二氧化碳去除系统等空气净化系统的气流，再在专用风机的助力下，营造出一个满足要求的空气流场和温度场。为适应乘员的个体差异，乘员活动区专用风机方向可调。

管道通风集中式布局可参考图 19 - 43，其主要用于人员活动区的通风。送风口设在过道两侧的顶部与天花板的交界处，每个送风口装有格栅以调节送风方向及改善人员个体感觉；回风口设在过道两侧下方与地板的交汇处，每个回风口还设有可更换的微生物过滤器。国际空间站美国舱段还安装了供设备机柜专用的通风散热管道，其比图 19 - 43 所示系统简单。此外，在乘员睡眠区等相对隔离的空间仍然安装了专用风扇。

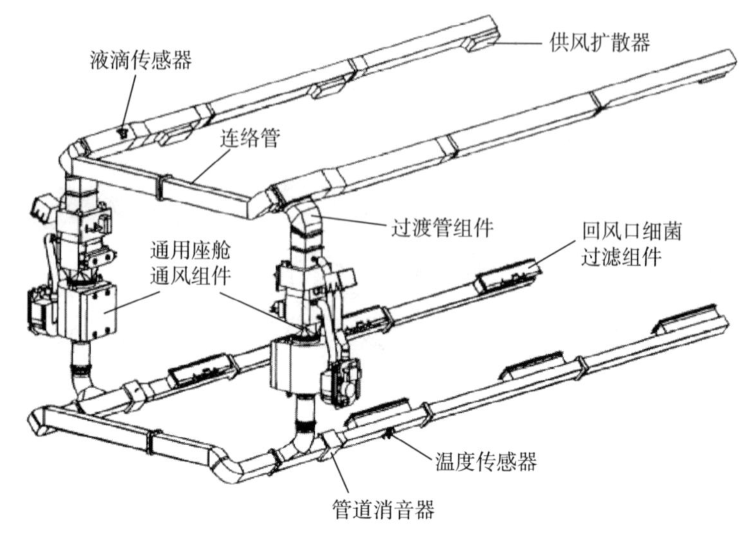

图 19－43　国际空间站美国舱段主通风系统结构图

19.8.6　水回收管理

为乘员和设备（如水电解制氧装置）储存及供应饮用水、卫生水或设备用水，收集、保存冷凝水和生活污水等废水，将废水转化为纯净水并重新分配是水回收管理的基本功能。这些功能正常运行的前提之一是水的正常流转、避免气塞。但冷凝水（图 19－41、图 19－42）、卫生废水等液体抽吸过程必然伴随着空气流动，故气液分离、特别是微重力环境中的气液分离是水回收管理的基础技术。

（1）微重力环境中的气液分离

微重力环境中的气液分离是环控生保系统的基础技术之一，不仅水回收管理需要该技术，水电解制氧、二氧化碳还原等过程也离不开它。其实现途径是利用毛细现象或借助旋转机械产生的离心力。

利用材料的毛细现象的气液分离也称为静态气液分离，如图 19－44所示，在稳态下有

$$\Delta P = P_G - P_L = \frac{2\sigma\cos\theta}{r}$$

式中　P_G——气液界面气体压强，Pa；

P_L——气液界面液体压强，Pa；

σ——液体的表面张力系数，N/m；

θ——固液表面接触角；

r——毛细管半径。

因此，当浸润性液体和气体混合物进入多孔材料气侧［图 19-44（a）］，且 $0 < P_G - P_L < \frac{2\sigma\cos\theta}{r}$ 时，则在材料表面的液体可以流入“液”侧而气体不能进入；当非浸润性液体和气体混合物进入多孔材料“液”侧［图 19-44（b）］，且 $0 > P_G - P_L > \frac{2\sigma\cos\theta}{r}$，则在材料的表面气体可以到达“气”侧而液体被阻挡。

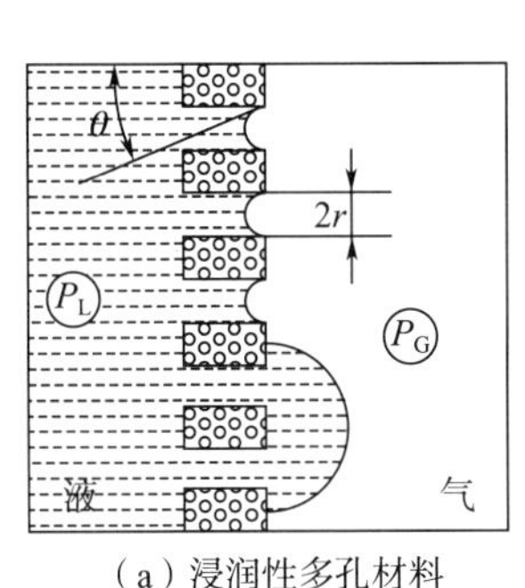

（a）浸润性多孔材料

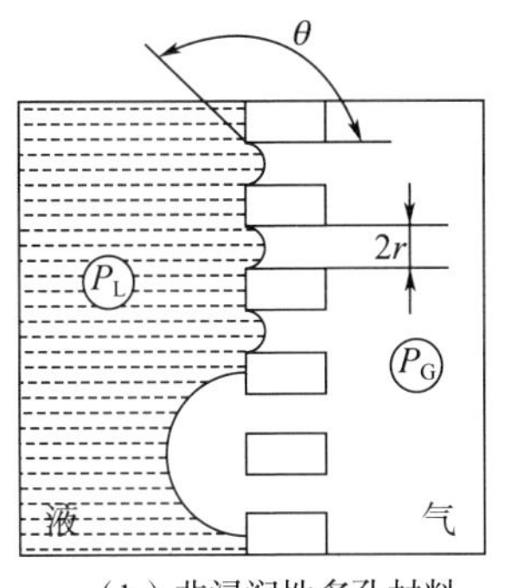

（b）非浸润性多孔材料

图 19-44　多孔材料中的气-液交界面

例如：图 19-41 中的水气分离结构使用的是亲水材料；图 19-45 所示的冷凝水储箱首先用亲水的吸水材料将来自入口的混合物气液分离并储水，位于气体排出口的憎水膜片起二次保护作用。

借助旋转机械产生离心力的气液分离方式也称为动态气液分离，进入其中的流体所受彻体力 f 为

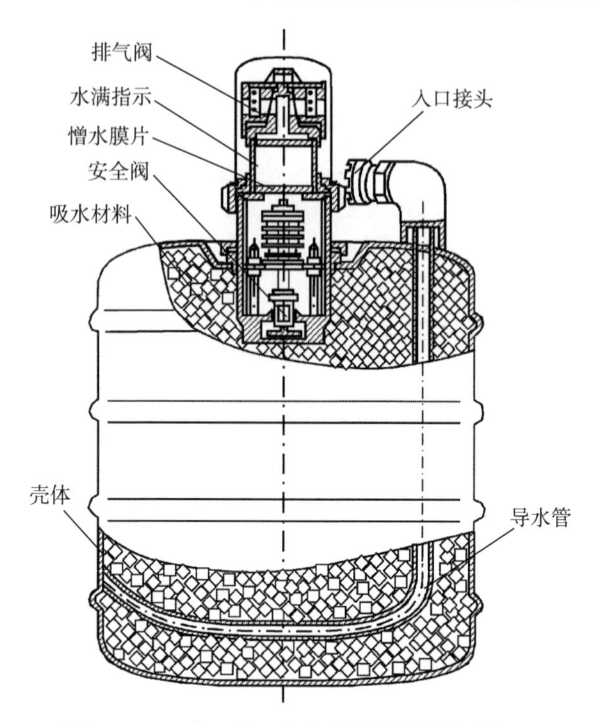

图 19-45 联盟号飞船冷凝水储箱结构示意图

$$f=\rho\omega^2R$$

式中 ρ——流体密度，kg/m^3；

ω——旋转体的角速度，rad/s；

R——流体旋转半径，m。

与在地面情况类似，气液密度不同导致其产生的彻体力不同，从而气液分离。实现流体旋转的方式有转鼓旋转（图 19-46）和叶轮旋转（图 19-47）这 2 种。

（2）水储存和供应

不论是饮用水还是废水，都必须考虑到在失重条件下的储存。此时，由于重力引起的气-液密度差分离机制失效，为避免气液混合，主要采用非金属软囊或金属波纹管储水，泵、气压或手动挤压方式输水（图 19-48）。

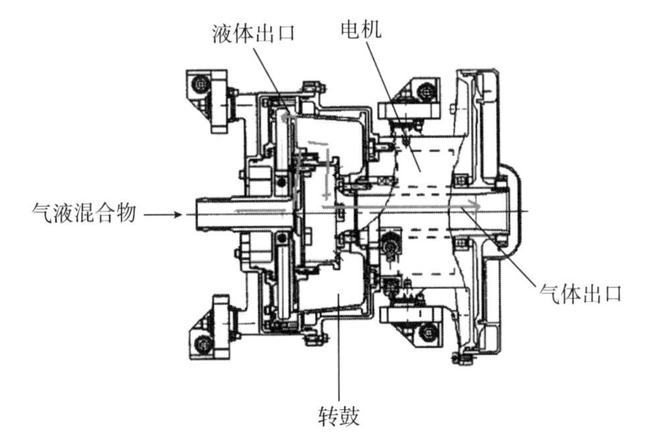

图 19－46　转鼓结构动态气液分离器简图

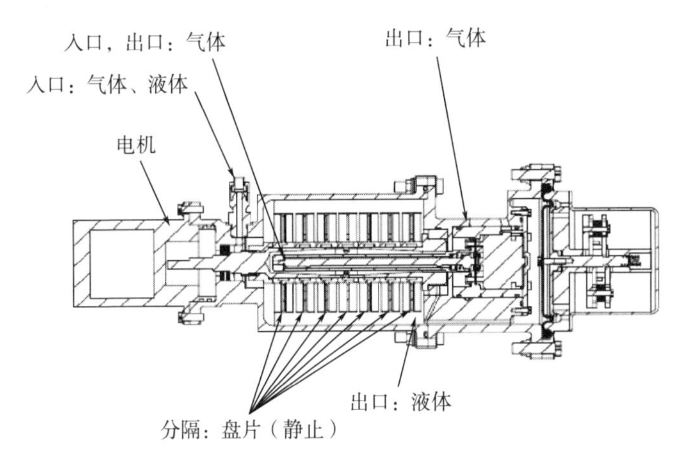

图 19－47　离心叶轮式动态气液分离器结构示意图

为抑制饮用水、卫生水中微生物的滋生，目前多采用向水中添加银离子或碘离子的方式。

（3）冷凝水处理

载人航天器密封舱内回收的冷凝水基本来自人体代谢、身体清洁和餐饮过程，其中的污染物除人体产生的以外，还有由密封舱内材料挥发、工质泄漏产生的污染物，以及微生物和冷凝水收集过程

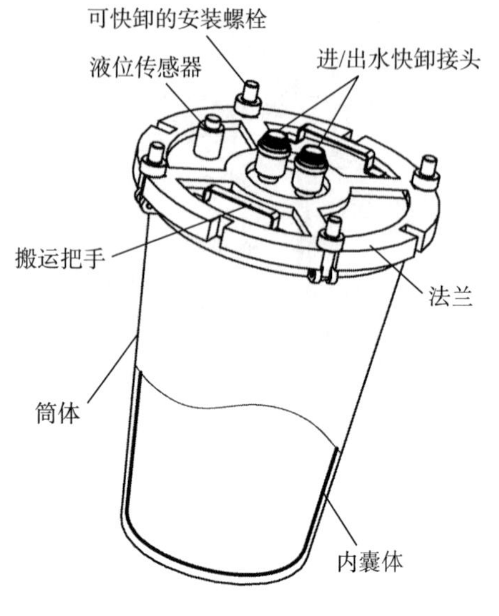

(a) 有金属外壳

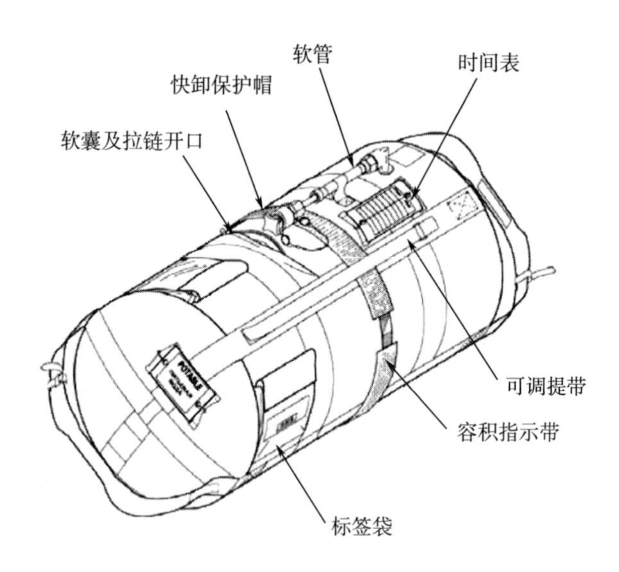

(b) 无硬质外壳

图 19-48 空间站水箱结构示意图

中相关设备的溶出物和脱落物（表 19－10），并且分析检测发现，不同飞行任务的载人航天器带回的冷凝水样本污染物种类、含量差异很大。目前，还没有可用于载人航天的单一净化方法来消除冷凝水中的污染物，需要根据污染物的特性和净化水质的要求选用对应措施并合理安排（表 19－10）。

表 19－10　载人航天器密封舱冷凝水中的污染物种类及目前处理方法

污染物类型	代表物质	处理方法
颗粒物	空气换热器等相关设备脱落物	过滤
无机离子型化合物	氨气、氯化钠、硫酸钾、硫酸钠等	离子交换
有机酸	甲酸、乙酸等	吸附，离子交换
醇类	甲醇、乙醇、乙二醇、异丙醇等	催化氧化
挥发性有机物	丙酮、2－丁酮、二氯甲烷等	吸附，催化氧化
半挥发性有机物	邻苯二甲酸二乙酯、辛酸、苯并噻唑等	吸附，催化氧化
微生物		加热，添加碘、银离子抑制

1975 年苏联在礼炮 4 号首先配备了冷凝水净化系统，图 19－49 所示为俄罗斯目前在用的冷凝水处理系统（SRV－K）流程。其净化过程如下：

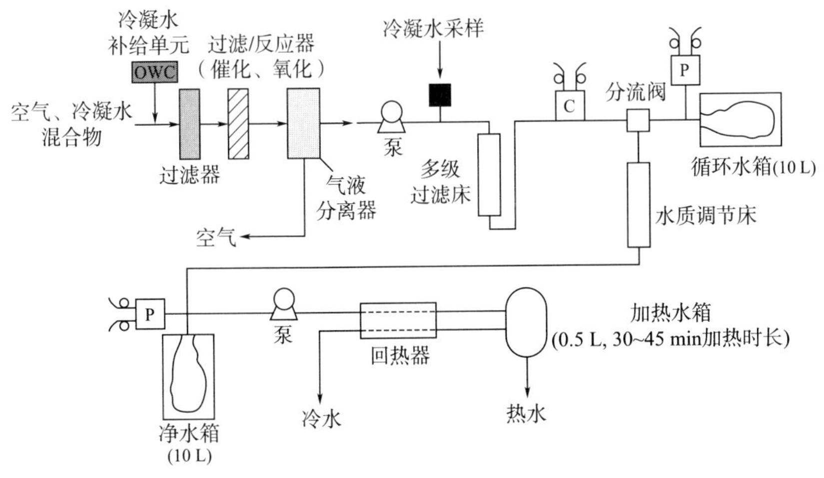

图 19－49　俄罗斯和平号（国际）空间站冷凝水处理系统流程

1）空气与冷凝水的混合物先经过滤-反应器除去颗粒物，并进行催化氧化反应；

2）气液分离后，水进入多层过滤床通过离子交换和活性炭吸附，去除无机和有机污染物；

3）最后经水质调节床加入含钙、镁等的矿物质和银离子，调节水的口感并控制微生物总量。

国际空间站美国舱段的水回收管理流程与俄罗斯不同，其汇集了冷凝水、卫生废水和尿处理系统产生的蒸馏水，统一交由水处理装置（water processor assembly，WPA）处理，最终的净化水再重新分配，以供饮用、清洁卫生和电解制氧（图 19 - 50），其流程如下：

1）输入的水经动态气液分离器分离后，水被泵入过滤器滤除颗粒物；

2）之后进入多层过滤床，通过离子交换和活性炭吸附去除无机和有机污染物；

3）为满足 SPE 电解制氧对水质的高要求，再以 135 ℃的湿式催化氧化作深度净化处理；

4）催化氧化后的水去除掉残留污染物，添加碘离子后存储。

美俄水处理采用的方法相同，但由于净化水质的要求不同，导致了各个方法的参数有所不同，处理流程略有差异。

（4）卫生废水处理

表 19 - 10 中的污染物在卫生废水中占比不高。卫生废水的主要污染物来自人体毛发、皮屑和清洁剂。并且清洁剂中的表面活性剂还会使水的表面张力减弱，导致气液分离器分离能力下降甚至失效，因此，为降低卫生废水处理系统的负担，载人航天活动中必须使用与地面日常生活不同的专用洗涤制品。此外，还需研制能抵抗低表面张力、高发泡率污水的气液分离器。就水处理方法而言，冷凝水和卫生废水处理无大的差异，国际空间站美国舱段并未区分这两种废水，一般做统一处理。不过国际空间站上未配备淋浴设备。

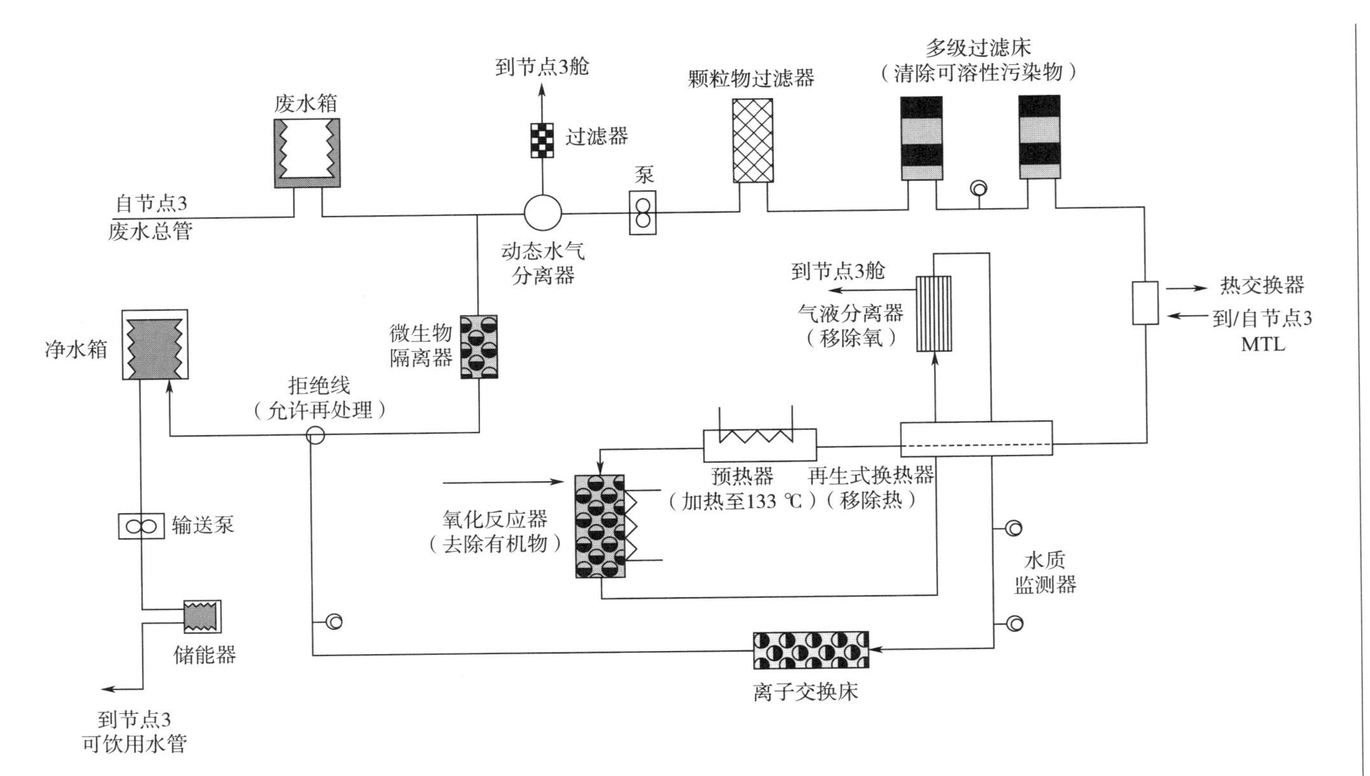

图 19－50　国际空间站美国舱段水处理装置流程

由于和平号空间站上装有淋浴设施，因此俄罗斯使用了独立的卫生废水处理系统，图 19－51 展示了其处理流程，与图 19－49 所示的冷凝水处理系统相比，其主要差别是：

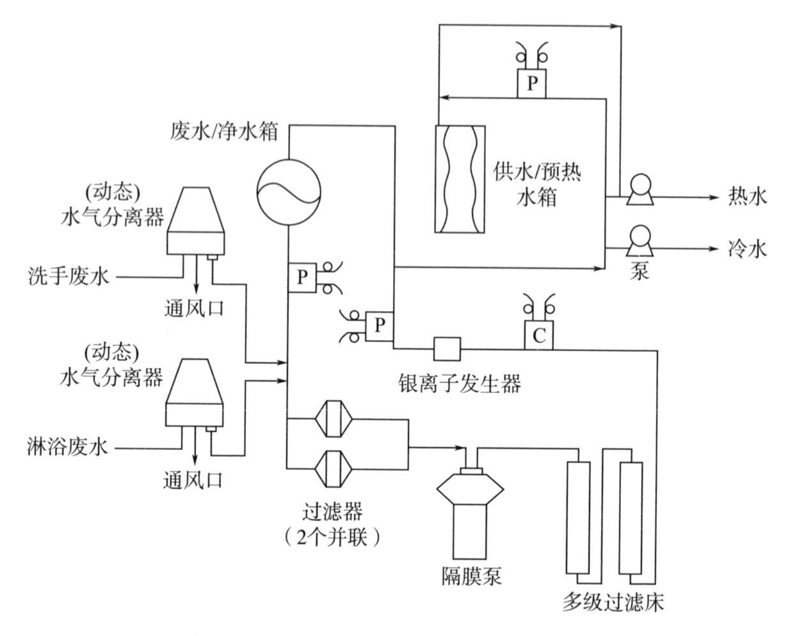

图 19－51　俄罗斯和平号空间站卫生废水处理系统流程

1）入口改用转鼓式动态气液分离器；

2）强化入口机械过滤器（2 个并联）和多层过滤床，并增加配置，其中机械过滤器是 2 个并联，多层过滤床为 2 个串联；

3）取消了水质调节床，改用电解银离子发生器向净水中添加银离子以控制微生物总量。

（5）水净化技术

水净化技术的使用可以追溯到古罗马时期。时至今日，水资源的短缺迫使人类不断探索新技术的开发应用，其中不少发明有望用于载人航天。

1）加压膜分离。依照使用的膜的孔径由大到小依次排列为超滤、纳滤、反渗透，其工作压力由低到高相应上升。超滤技术可分离大分子溶质，用于卫生废水处理的前级处理；纳滤和反渗透技术能有效截留水中的无机盐，用于冷凝水处理，可回收其中 90% 以上的水。

2）电渗析。电渗析联合使用阳离子交换膜（阳膜）和阴离子交换膜（阴膜），在电场的作用下分离阴阳离子使水净化（图 19－52）。

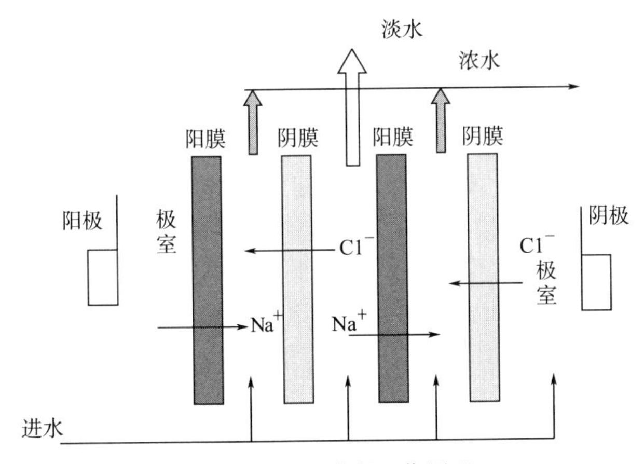

图 19－52　电渗析工作原理

3）电去离子（electrodeionization，EDI）或连续电去离子（continuous electrodeionization，CEDI）。电去离子技术是电渗析和离子交换技术的完美融合，理论上不存在离子交换树脂的消耗。其利用混合离子交换树脂吸附给水中的阴阳离子，同时这些被吸附的离子又在电场的作用下分别透过阴阳离子交换膜，从而实现水净化（图 19－53）。1987 年，美国 Millipore 公司成功研制出第一台商业 EDI 设备，目前已在医药、电子、电力、化工等行业得到推广。

（6）水质检测

由于不可能在航天器内检测、分析水中的全部化合物，因此可行的方案是检测反映水质的总体性参数：电导、pH 值、总有机碳

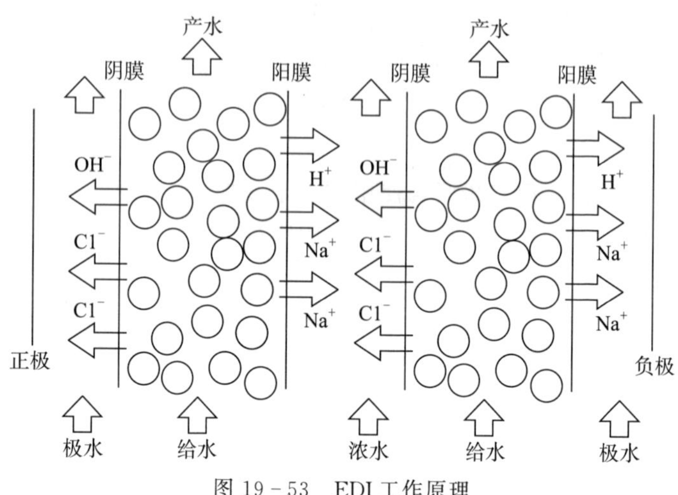

图 19-53　EDI 工作原理

(total organic carbon, TOC)。图 19-54 是水质检测流程，通常的水处理流程以电导为依据判定水质，pH 值、TOC 定期采样分析。

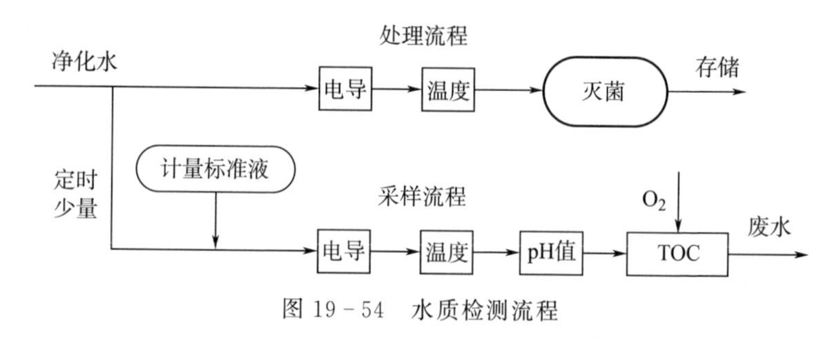

图 19-54　水质检测流程

19.8.7　餐饮支持

餐饮支持包括食品储存、食品加热和失重条件下的用餐、饮水支持等服务设施。

(1) 食品储存

现阶段载人航天过程中人员所需食品均为在地面加工、封装完毕的成品，短期飞行任务的食品全部是室温保存，长期任务中为改善人员的餐饮品质会有部分食品需要冷藏。此外，长期飞行任务中会有部分实验药品、试剂、样品需要冷冻。大容量的冷藏、冷冻设备目前采用的是基于地面通用的蒸汽压缩制冷循环的方式；散热方式有如同家用冰箱的空气散热，也有接入图 19－40 所示的内环冷却回路。小容量的设备多用半导体制冷循环，且为空气散热。

（2）食品加热

在微重力状态下加热食品，常用的方法有以下三种：

1）把食品放入特制的电加热板之间，以热传导方式实现；

2）采用与民航类似的热风式电加热炉，以强迫对流方式加热食品；

2）微波加热，此时要求食品包装采用耐热不导电非金属材料。

（3）用餐、饮水支持

航天用餐具与食物和包装对应，与地面餐具无本质上差异。饮水在失重条件下采取吸吮软袋中的水或饮料的方式，或将加压的饮水通过专用的供水嘴注入口中（图 19－55）。这类供水嘴还是向复水食品、饮水软袋注水的工具。

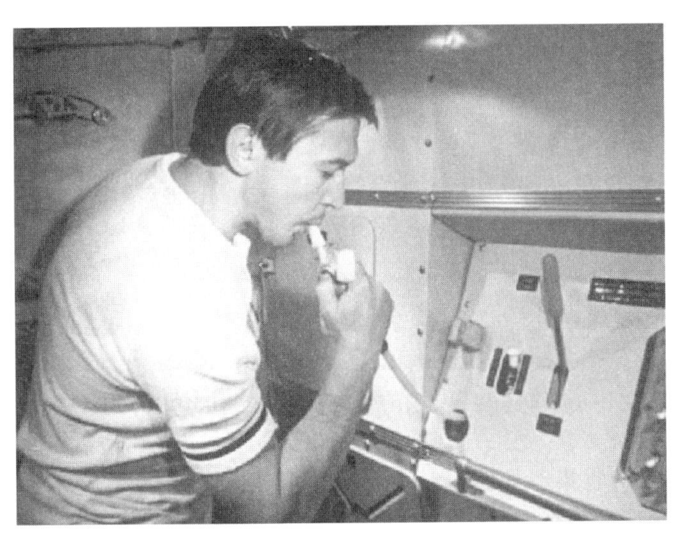

图 19－55　联盟号飞船人员使用供水嘴饮水（地面训练）

19.8.8 废弃物管理

废弃物管理不仅涉及人员的尿液、粪便收集和处理，还要妥善保管人员生活、工作中丢弃的诸如食品包装、旧衣物和实验用品等垃圾，以避免这些废弃物对狭小的密封舱造成污染且挤占人员生活空间。

（1）大小便收集存储

与地面不同，载人航天器中人员的尿液和粪便通过独立的管道单独收集并分别存储，以便保管。

①收集器具

为克服载人航天器轨道运行中的微重力影响，美国早期载人飞船使用身体接触式尿收集传输组件（urine collection transfer assembly，UCTA，图 19－56）采集尿液，利用人员排尿压力将尿送入尿收集袋封存；采用专用的软收集袋（fecal collection bag，图 19－57）收集粪便，收集袋内含杀菌剂，一次性使用。

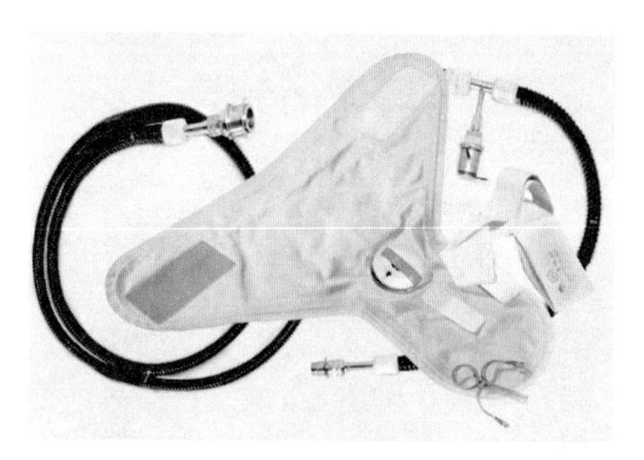

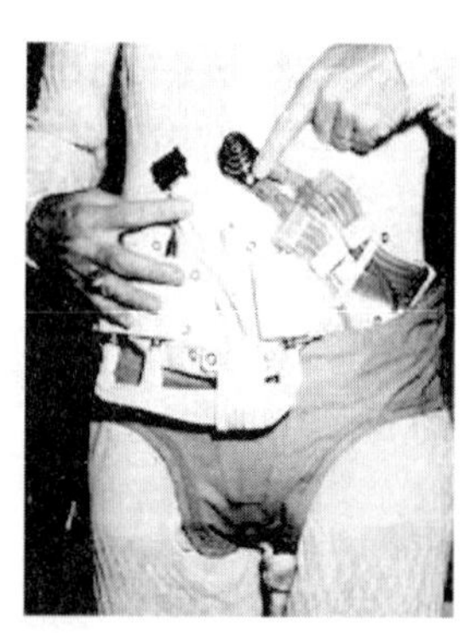

图 19－56　美国阿波罗飞船尿收集传输组件（UCTA）

现今的收集器具使用时更为方便、舒适，且均以气动方式收集粪便。图 19－58、图 19－59 展示了俄罗斯联盟号飞船大小便收集装置的使用方式和与人体接触部分的外观，美国的航天飞机和美俄的空间实验室、空间站上均配备了马桶式大小便收集器（图 19－60）。

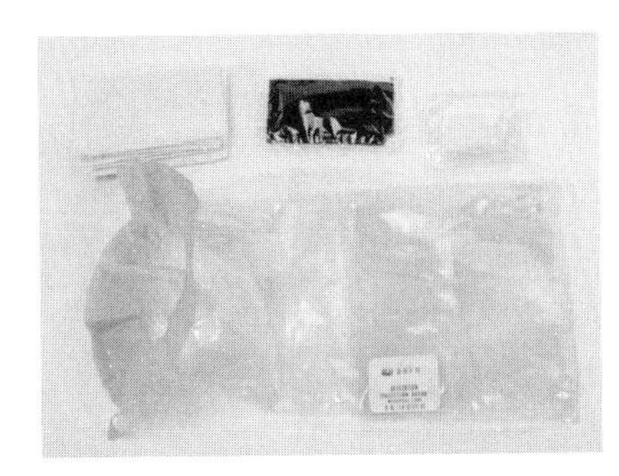

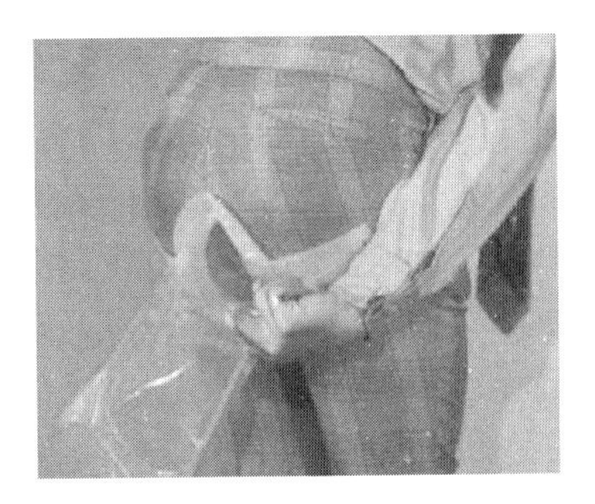

图 19－57　美国阿波罗飞船大便收集袋（fecal collection bag）

图 19－58　俄罗斯联盟号飞船大小便收集装置使用方法示意图

(a) 男性

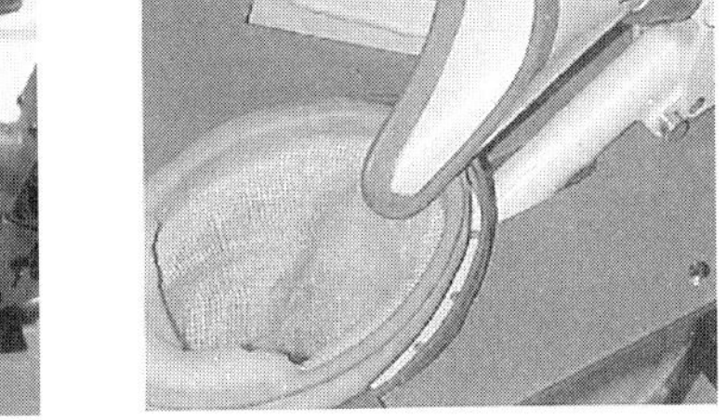

(b) 女性

图 19－59　联盟号飞船大小便收集装置

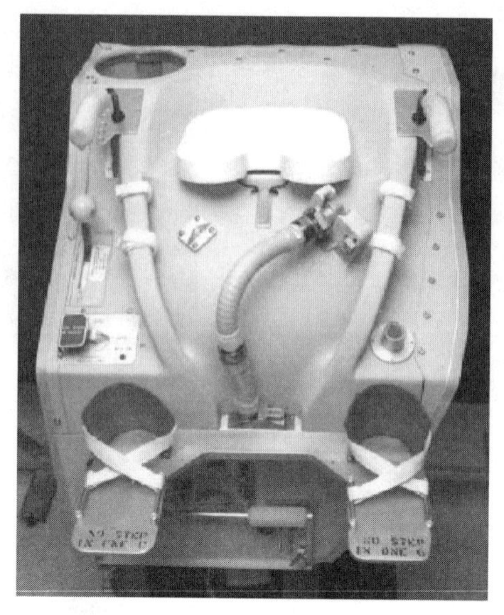

图 19-60　美国航天飞机配备的马桶

注：软管用于尿收集

②尿液收集存储

通常，一个健康人代谢排出的尿液中水约占96%，其余物质主要是尿素（~13 g/L）、无机盐（NaCl：~8.0 g/L，K_2SO_4：~2.6 g/L，KCl：~1.6 g/L 等）、有机化合物、有机氨盐。尿液中的尿素很容易水解释放出氨气和二氧化碳，新鲜尿液的气味主要源自其中的挥发性有机物。

根据上述特性，尿液收集过程产生的气味可由航天器中的微量污染物净化系统处理或专用的异味过滤设备消除，收集的尿液应立即密封存储、排放到外太空或设法阻止其中的尿素水解污染密封舱内空气。美国的阿波罗飞船采取了排尿到空间的措施，俄罗斯联盟号飞船则将尿液封存在密封舱内的尿储箱中。图9-61所示为联盟号飞船大小便收集系统流程，其收集过程由气流辅助、尿气混合物进入尿储箱（工作原理、核心结构参考图19-45）完成分离，尿液留在其中、空气通过除臭罐返回密封舱。美国航天飞机同样以气流吹扫尿液，与联盟号飞船不同的是，航天飞机使用动态气液分离器分离尿液和空气。尿液排放至空间的流程的核心部分与图 19－62 中类似。

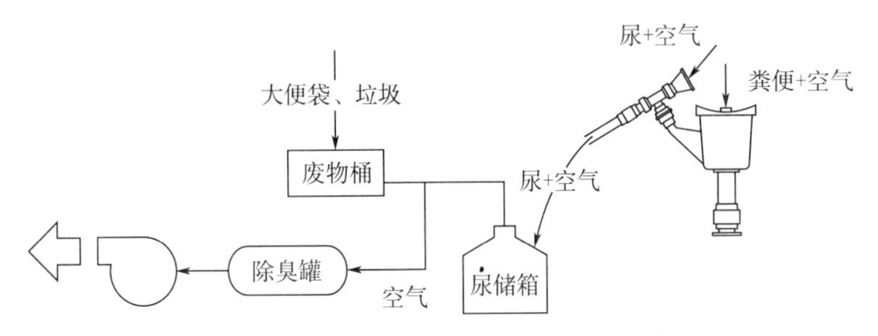

图 19－61　俄罗斯联盟号飞船大小便收集系统流程

空间站上尿液是宝贵的水资源，故其收集过程和存储方法与飞船有较大差异。美俄空间站的尿液收集流程类似（图 19－62 和图 19－63），收集中均添加预处理剂，排尿后用水清洗收集通道，使用动态气液分离器分离尿液和空气，存储的含预处理剂的尿液供后续的尿液处理系统使用。不同的是，美国使用固态尿预处理剂，俄罗斯则使用液态预处理剂。

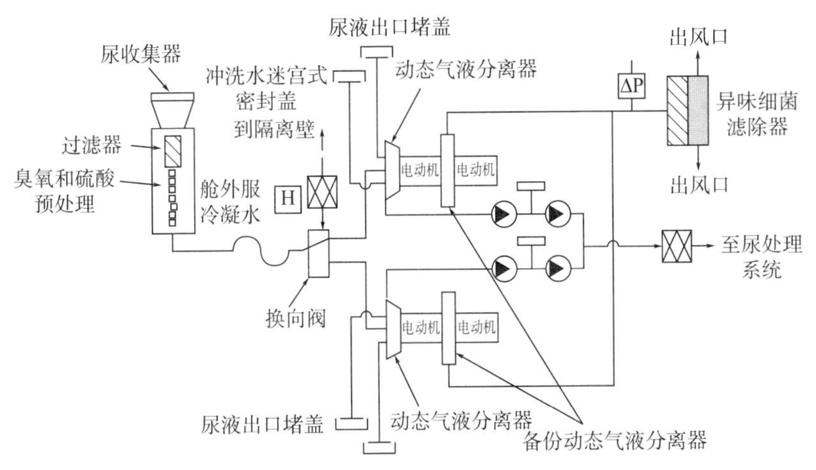

图 19－62　国际空间站美国尿液收集流程

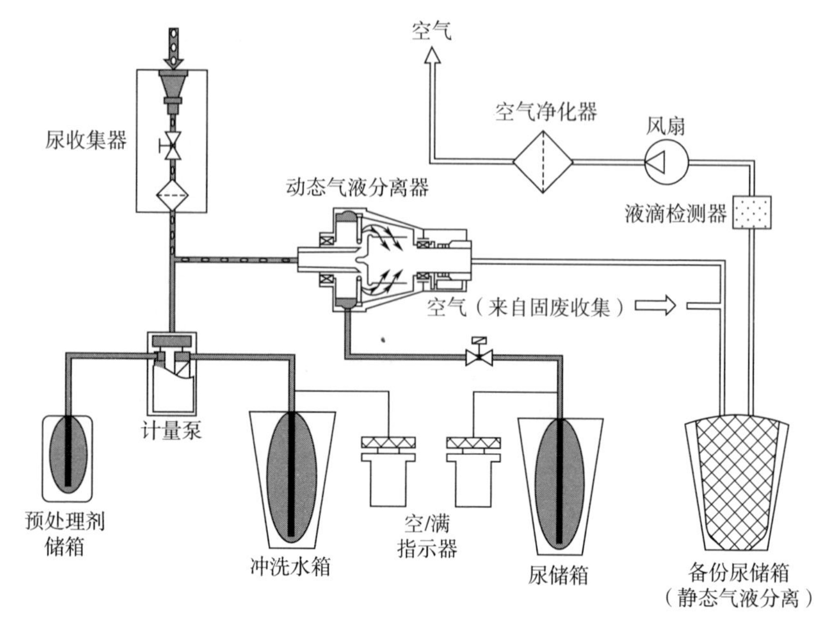

图 19-63　俄罗斯和平号尿液收集流程示意图

③粪便收集存储

人类正常排出的粪便的成分远比尿液复杂，其中水分占近 75%，其余为固体物。固体部分细菌最多，可达总量的 30%～50%，但排出时细菌大部分已死亡；还有 10%～20% 的无机盐、10%～20% 的脂肪，以及 2%～3% 的含氮物质。粪便气味来源的主要成分是吲哚、粪臭素、硫化氢、胺、乙酸、丁酸，其中吲哚和粪臭素是产生恶臭的根源。因此，排便过程的气体最好立即收集除臭，且粪便应立即密封存储。

早期载人飞船因条件所限，包括美国阿波罗飞船也使用了简易大便收集方法，导致乘员排便过程中密封舱内气味不佳。俄罗斯联盟号飞船用气动方式收集粪便，气流除臭后返回密封舱（图 19-61），有效地消除了舱内臭味；其大便收集器内的大便袋（图 19-58、图 19-59）一次性使用，用后由人员取出，放进密封袋内密封后再投入图 19-61 所示的废物桶中保存。美国航天飞机的粪便收集原理与联盟号飞船相同，为气动方式。为降低粪便的储存质量和体积，其采用的存储方式迥然不同——真空干燥（图19-64）。

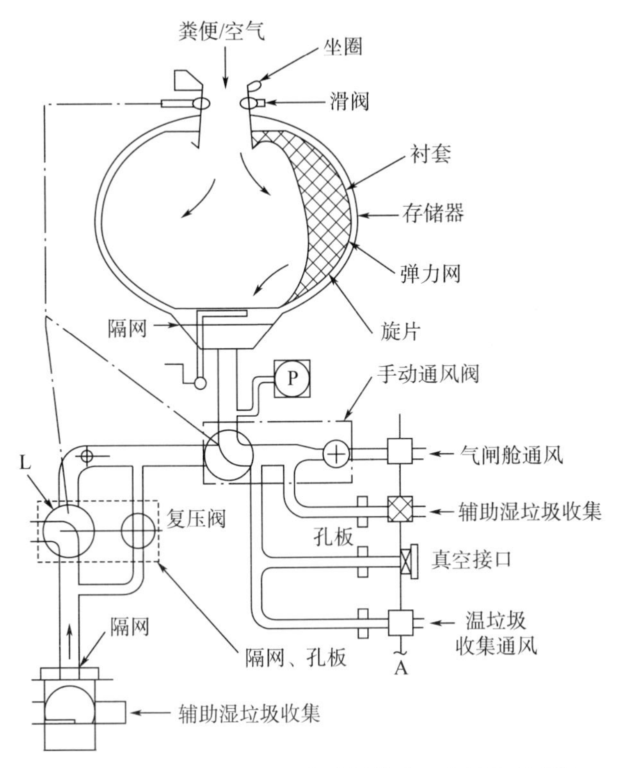

图19-64　美国航天飞机的粪便收集、存储流程简图

国际空间站上，俄罗斯舱段马桶仍然使用了联盟号飞船的粪便收集、处理方式；美国舱段马桶则包括粪便自动封装、挤压机构，但未采用航天飞机的真空干燥措施，其粪便收集流程如图19-65所示，与俄罗斯的类似。

（2）尿液处理

尿液处理在本质上属于水处理，但与冷凝水和卫生废水相比，尿液的成分更复杂、杂质含量更高。在载人航天器的质量、空间和能源的限制下，尿处理方法不可能简单地沿用水处理流程。

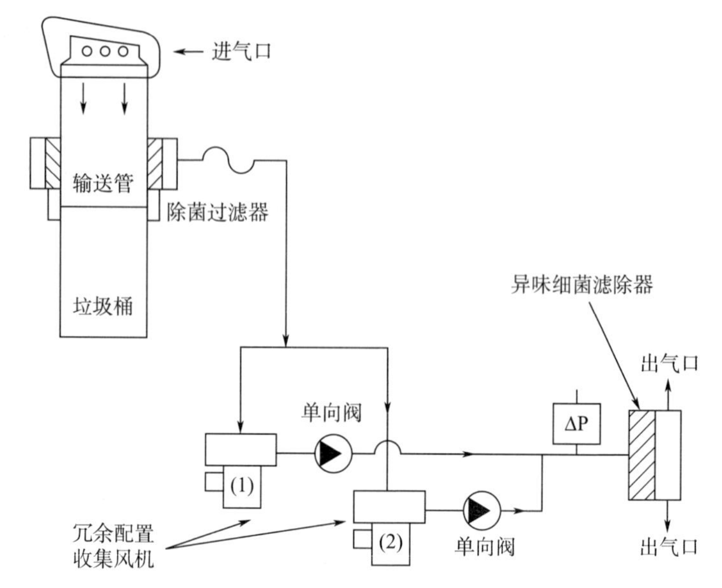

图 19-65　国际空间站美国舱段粪便收集流程

①蒸馏

目前实际应用的尿液水提取方法是蒸馏，其处理流程为

尿预处理⟶<70 ℃蒸馏⟶提取水后处理

(a) 尿预处理

尿预处理的目的是控制储存和蒸馏单元内的气味和细菌滋生，防止储存中出现沉积物，延缓蒸馏时沉淀物聚积阻碍蒸馏过程运行。目前常用的预处理剂是硫酸和强氧化剂，其在尿液收集过程中添加。俄罗斯的预处理剂是混有重铬酸钾的液态浓硫酸（图 19-63）；美国为固态预处理剂，由商品名为 Oxone 的过硫酸氢钾制剂和固体硫酸组成（图 19-62）。

(b) 蒸馏

俄罗斯首先研制成功了供空间站应用的尿处理系统并用于和平号空间站，图 19-66 为系统的蒸馏单元流程（引自《Development and Operation of Separation and Heat-transfer Equipment of Water

Recovery Systems for Space Stations》，SAE 2000 — 01 — 2253）。其以渗透蒸发（PV）膜技术为核心，空气吹扫方式收集产物水蒸气，吹扫气流冷凝后经静态气液分离器分离，所得水供后处理。尽管水的汽化潜热巨大，达 2.4 MJ/kg，即 670 W·h/kg，然而为简化流程提高可靠性，和平号空间站的尿处理系统没有采用回热技术。

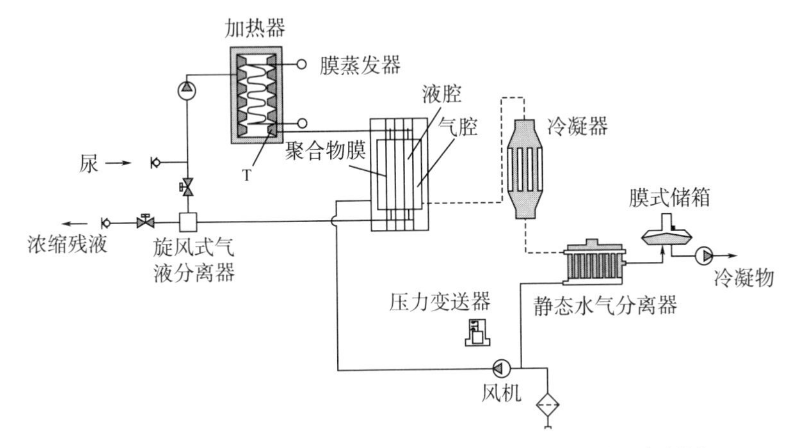

图 19 - 66　俄罗斯和平号尿处理系统膜渗透蒸发过程流程图

国际空间站美国舱段的尿蒸馏方式与俄罗斯的截然不同，其以曾用于海水淡化工业的蒸汽压缩蒸馏（vapor compression distillation，VCD）流程为基础，经过预处理的尿液在低压下蒸发，产生的水蒸气增压后冷凝，水的蒸发和冷凝在一个薄金属板的两侧完成，从而实现水的潜热回收。美国舱段的尿处理系统流程如图 19 - 67 所示。其核心部件旋转鼓（图 19 - 67 中的 DA）的结构原理见图 19 - 68，DA 集成了一个同轴双旋转鼓动态气液分离器和一个罗茨式压缩机，在其中完成上述的尿蒸汽压缩蒸馏过程，以及微重力条件下的气液分离。

（c）提取水的后处理

俄罗斯的尿处理系统配备了与冷凝水处理系统类似的设备，以完成提取水的后处理；美国的尿处理系统直接将提取水交给冷凝水处理

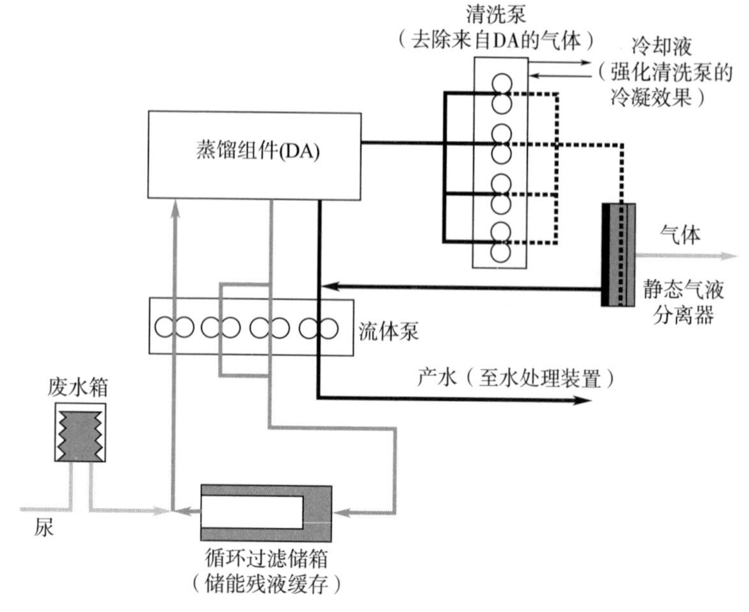

图 19-67 美国尿处理系统流程图

系统进行深度净化，自身不设后处理设备。

②候选技术

针对载人航天应用曾经研发的尿处理技术、热电膜蒸发系统（thermoelectric integrated membrane evaporation system，TIMES）、蒸汽氨催化去除技术（vapor phase catalytic ammonia removal，VAPCAR）等，再结合目前水处理技术的发展，今后可能用于载人航天的物理-化学尿处理技术有：

1）用 19.8.6 节的电渗析技术直接处理原尿，剩余的非离子型有机污染物再用其他方法处理；

2）超临界湿式氧化（super critical wet oxidation，SCWO），超临界湿式氧化反应要求工作条件在水的临界点以上（水的临界温度为 374 ℃，临界压强为 22.1 MPa），不需要催化剂，能够氧化尿中全部有机物，并沉积大部分无机物。

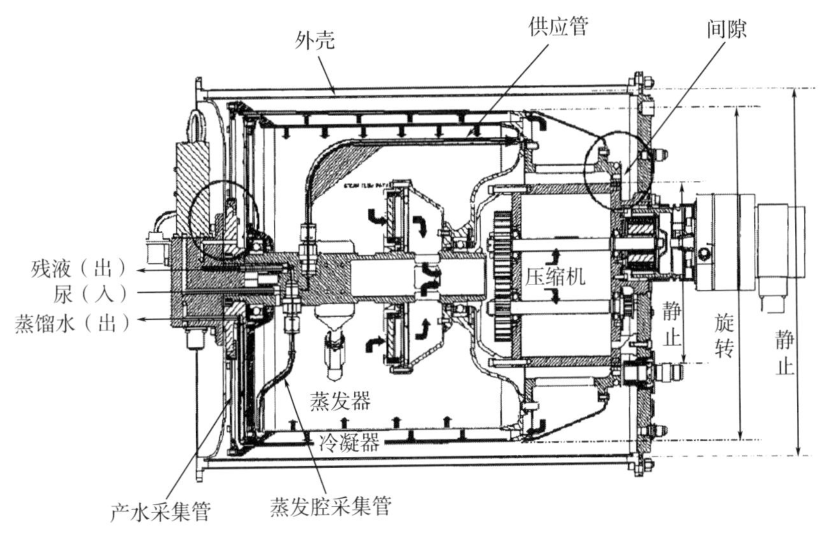

图 19-68 美国尿处理系统中的核心部件旋转鼓（DA）的结构示意图

（3）粪便处理

尽管人们已经进行了大量的前期研究，但仍未开发出可供航天器使用的粪便资源化技术，正在研究的物理-化学再生技术有：

1）与尿液混合后的超临界湿式氧化。

2）与尿液混合后的湿式氧化，其工作温度、压力均低于超临界湿式氧化，利用空气中的氧气或纯氧，使粪便在 200～300 ℃、压力约 14 MPa 的条件下燃烧，反应产物主要是二氧化碳和水，其余产物与温度、压力相关。

3）焚烧。焚烧有完全燃烧和缺氧燃烧两种，焚烧前均加热干燥粪便，蒸发的水汽冷凝后还需深度处理；燃烧后产物通常还需通过催化剂进一步氧化、分解。完全燃烧和缺氧燃烧生成不同的氮化合物，前者产生硝酸盐和亚硝酸盐，其中硝酸盐有助于植物生长而亚硝酸盐对植物有低毒性；后者产生氨气，氨气在催化剂的作用下氧化、分解为氮气和水，该生成物对环境无害，但氮气不能被植物吸收利用。

(4) 其他固态废弃物

目前，载人航天器中只能将食品包装、旧衣物和实验用品等固态废弃物挤压、密封后堆放在密封舱内。今后有可能应用的技术是垃圾燃气化（trash-to-gas，TtG），其以近来兴起的生物质气化技术为基础，将固态废弃物在高温、高压下热解为甲烷，并用作推进剂。该技术能将垃圾中85%以上的氢元素转化为甲烷，在添加氢气或水的条件下将垃圾中85%以上的碳元素转化为甲烷。此外，前述的焚烧方法也是一种选择。

19.8.9 灭火安全保障

微重力条件下温差引起的对流几乎消失，使得火灾特性与地面有诸多差异：

1）尽管载人航天器密封舱内的强迫通风形成的气流速度与地面自然对流相当，但是火焰传播速度仍然低于地面，火焰引起的传热、传质速度的下降反过来使得火灾报警时间延长；

2）火焰相对稳定无晃动且温度低，使得火焰的辐射特征与地面不同；

3）烟雾、悬浮颗粒的尺寸、分布范围和浓度也不同于地面环境。

此外，受制于载人航天器的负载能力以及密封舱有限的容积，灭火后的密封舱内大气重建是一个与地面完全不同且不可忽视的重要问题。

(1) 火灾报警

火灾报警原理与地面一致，为烟雾探测和能量检测。但需要提高仪器灵敏度，并合理布局测量点。烟雾探测常用的有光电和离子两种方法。能量检测一般使用紫外、可见光和红外波段的光，相应仪器也可感知温度变化。

(2) 灭火及灾后大气重建

根据载人航天器的特点，灭火方法有密封舱泄压和借助灭火剂两种。可用的灭火剂目前主要是饮用水或卫生水、二氧化碳、氮气、哈龙灭火剂和低毒泡沫灭火剂。

大气重建主要是向失火密封舱补充必要的氧气和氮气，并利用活性炭吸附和氢氧化锂吸收物品燃烧产生的大量有害气体。

19.8.10 受控生态技术

维基百科给出的定义：单个生态系统（an ecosystem）是指由生物群落与所处非生物环境（如空气、水、矿物质等）构成的相互作用的整体，其中的生物和非生物成分通过养分循环、能量流动紧密地联系在一起。生态系统（ecosystems）则是由多个相互作用的单个生态系统组成的网络，网络中的各个生物群落内部、生物群落之间，以及其周围的非生物环境彼此关联、互相影响。生态系统包含下列4个要素：

1）非生物环境（abiotic environment）包括参与物质循环的无机元素和化合物（如C，N，CO_2，O_2，Ca，P，K）、联系生物和非生物成分的有机物质（如蛋白质、糖类、脂质和腐殖质等）和气候或其他物理条件（如温度、压力）；

2）生产者（producer）是指能用简单的无机物制造有机物的自养生物（autotroph），包括所有植物和部分细菌；

3）消费者（consumer）是针对生产者而言的，其不能从无机物制造有机物质，而是直接或间接地依赖于生产者所制造的有机物质，因此属于异养生物（heterotroph），各种食草动物、食肉动物、顶级食肉动物，以及人类都是消费者；

4）分解者（decomposer）也是异养生物，其把动植物体的复杂有机物分解为生产者能重新利用的简单化合物，其作用与生产者相反。分解作用不是一类生物所能完成的，往往包括一系列复杂的过程，各个阶段由不同的生物去完成。分解者有食碎屑动物、细菌和真菌。

生态系统的运行遵循热力学第二定律，阳光是其初始能源，生物群落、生命过程的各个环节及每个阶段都伴随着物质的转换和热量的释放。从最初的水、二氧化碳、矿物质等无机物经光合作用转化为糖类（单糖：葡萄糖、果糖，双糖：蔗糖，多糖：淀粉），这种最基本的生物能源载体以及少量的脂肪、蛋白质和有机酸等结构更加复杂的有机物，再通过后续的物质流转、生化反应变为形形色色的生物组织，最终又回到水、二氧化碳和矿物质等供光合作用使用的简单化合物，周而复始便完成了水、碳、氮、磷和硫等所有物质的闭循环，并在碳的流转过程中发生能量转化、热量散失（图 19－69）。

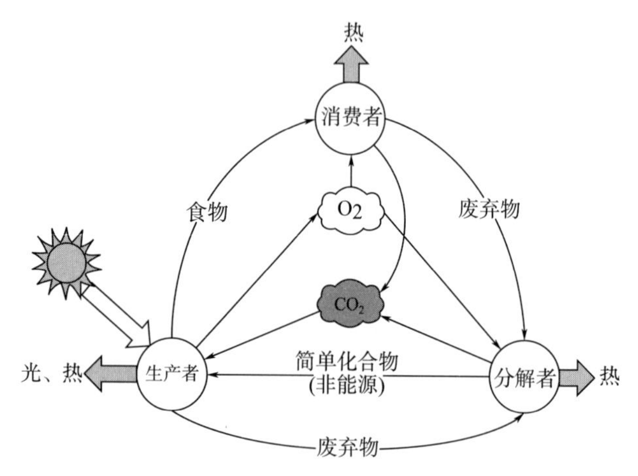

图 19－69　生态系统能流、物流示意图

光合作用是生态系统的基础，植物的光合作用可表示为

$$CO_2 + H_2O + 光 \longrightarrow (CH_2O) + O_2 + 热$$

释放的氧气中的氧原子来自水，发生光反应的场所在植物叶面内的叶绿素、类胡萝卜素和藻胆素中，高等植物的叶片主要含有叶绿素和类胡萝卜素，藻类则大多为叶绿素和藻胆素。叶绿素能够吸收 390～700 nm 的全部可见光，对 430～450 nm 的蓝紫光和 640～660 nm的红光吸收能力最强；类胡萝卜素的吸收光谱为 380～520 nm，最强吸收区是 400～500 nm 的蓝紫光；藻胆素可以吸收 250～700 nm 范围内的光，在 565～570 nm 的绿光区（藻红素）、610～620 nm 的橙红光区（藻蓝素）和 650 nm（别藻蓝素）

有强吸收带，在 620 nm 附近有副吸收带，在 306 nm、360 nm 的近紫外部分有吸收带。

光合作用的效率通常用光能利用率描述

$$光能利用率=\frac{单位面积上作物生物产量的热能}{单位面积上作物生育期接受的日光能}$$

从分子角度出发，光能利用率可以表达为光能量子利用率，其也是光能利用率的最大值

$$光能量子利用率=\frac{葡萄糖彻底氧化分解释能}{光合葡萄糖光量子吸收量}$$

现已知光合作用需要 8～10 个光量子固定 1 分子二氧化碳，产生 1 分子葡萄糖需要同化 6 分子二氧化碳。如果按 10 个光量子（以紫光计）计算，则光能量子利用率为 16%。当今高产田的光能利用率不超过 5%。地面上照射在植物叶面上的阳光大致有 60% 不能被吸收，8% 被反射和透过，8%作为热量散发，19% 被植物用于自身代谢消耗，仅 5% 转化为化学能以糖类等形式储存在植物中。

光合作用转化得到的化学能被各种各样的消费者和分解者利用、转化，其能量利用率同样很低。虽然说法不一，但通常认为从供体到受体的一次能量传递效率只有 5%～20%，平均为 10%，这最早由林德曼（Lindeman）发现，即著名的百分之十定律。其反映出尽管生态系统结构复杂、形态多样，但从能流角度出发呈金字塔形，系统中的食物链环节数和营养级等级数一般维持在 4～5 的水平上。

参考地球的生态系统，人们试图引入特定的生物技术，构建受控生态生保系统，完成密闭空间内的物质循环，实现在无物质损耗的前提下保障人员在太空或其他星球上健康生活、有效工作。显然，这是三类环控生保技术中能耗最高的。

（1）系统总体

尽管受控生态生保系统的目标简洁、明确，但实现其的途径仍有待探索。

①能量消耗

由图 19－15 可知，人均能量摄入为 12 MJ，即 0.14 kW。因此，按照林德曼的百分之十定律可知：

1）当人们的食物全部来自植物时，需要消耗 1.4 kW 的植物性能源；

2）当人们的食物 90%由植物提供、其余补充食草动物时，需要消耗 2.7 kW 的植物性能源；

3）当人们的食物有 90%由植物提供、剩余部分的 10%来自食肉动物、其余均为食草动物时，需要消耗 3.9 kW 的植物性能源。

载人航天器中向植物提供光源的方法有两种：

1）直接引入阳光。如果太阳常数为 1 353 W/m^2，植物的光能利用率按 5% 计算，航天器在地球轨道或月球光照面，那么当人们完全素食时，至少需要光照面积 21 m^2；含 10% 的肉制品时，至少需要光照面积 40 m^2 [上述条件 2] 或 58 m^2 [上述条件 3]。在火星表面太阳的辐照强度约为地球的一半，故火星基地的光照面积要翻倍。

2）利用日光发电，再将电能转化为光源。目前，实验室条件下最佳的光电、电光转换效率均在 50% 左右，即使是人造光源产生的光谱、光强完全符合植物光合作用的要求，使得光能利用率达到光能量子利用率，扣除植物的自身代谢消耗，总光能利用率也仅为 0.8%。

②物质循环

地球生态系统中关键的物质循环有水、碳、氧、氮、磷、钙、钾、钠等循环。依照循环特征其又可分为三大类型，即水循环(water cycle)、气体循环（gaseous cycle）和沉积物循环(sedimentary cycle)。其中水循环是基础，在太阳辐射和地球引力的推动下，水通过海洋、地表水的蒸发上升，再在高空冷凝，以雨、雪等形式回到地表，从而实现水的净化和营养物的传递。氧、二氧化碳、氮循环属于气体型循环，大气和海洋是其主要储存库。磷、钙、钾、钠、镁等储存在土壤、沉积物和岩石圈中，主要通过岩石风化和沉积物分解转变为可利用的营养物质，为沉积物循环。气体循环和沉积循环虽然各有特点，但都依赖于水循环。生态系统中的物质循环是彼此影响、相互耦合的。在自然状态下，虽然这三大类循环周期差异巨大（水循环约0.04 a，碳在大气中的平均滞留时间约5 a，氮、磷、钙等元素更加漫长），但得益于地球的巨大物质容量（以水为例，全球生物体中的水约仅为地表水的10^{-6}），各主要库中的某种物质的输入、输出量基本相等。然而人们对生态系统物质循环的认识基本处于定性阶段，量化数据极其稀少，因此通过受控生态生保系统实现物质的彻底闭循环还存在以下诸多困难。

1）环境、人员、农作物和分解者之间的动态特性、长期的相互作用关系，以及由此引发的生存状态影响依然不明。

2）类似地球的天然物质储存库，为缓冲人员、农作物和分解者在各个阶段对物质吸收、排放的不同需求、确保物质循环持续不断，必须预先存储足够的各类基本生存物质，并提供相应的中间产物库容，然而其品种及数量大多还是未知数。

③植物品种选择

显然，受控生态生保系统需要栽培的植物是农作物，并且其应具有低矮、营养价值高、可食部分占比大的特点。目前研究较多的品种有小麦、水稻、大豆、其他种类干豆、花生、红薯、马铃薯、生菜、莴苣、菠菜和番茄等，其食用生物特性见表19－11，生理特性相关数据见表19－12。

表19－11　用于环控生保系统的农作物食用特性

作物名称	可食生物量/（g/m²·d）		不可食生物量/（g/m²·d）	
	干重	鲜重	干重	鲜重
小麦	20.0	22.7	30.0	300
水稻	9.07	10.3	21.2	212
大豆	4.54	5.04	6.80	68.0
干豆	10.0	11.1	15.0	150
花生	5.63	5.96	16.9	169
红薯	15.0	51.7	22.5	225

续表

作物名称	可食生物量/（g/m²·d）		不可食生物量/（g/m²·d）	
	干重	鲜重	干重	鲜重
马铃薯	21.1	105	9.03	90.3
甜菜	7.00	87.5	3.77	37.7
胡萝卜	8.98	74.8	5.99	60.0
小萝卜	5.50	91.7	5.50	55.0
洋葱	9.00	81.8	2.25	22.5
卷心菜	6.06	75.8	0.67	6.74
生菜、莴苣	6.57	131	0.73	7.3
菠菜	6.57	73.0	0.73	7.3
番茄	10.4	174	12.7	127

表 19-12 用于环控生保系统的农作物生理特性

作物名称	光照强度/[mol/(m²·d)]	生长期/d	净光合速率/[mol/(m²·d)]	蒸发速率/[kg/(m²·d)]	成熟时高度/m
小麦	115	79	1.75	11.8	0.50
水稻	33	85	1.14	3.43	0.80
大豆	28	97	0.435	2.88	0.55
干豆	24	85	0.958	2.53	0.50
花生	27	104	1.12	2.77	0.65
红薯	28	85	1.29	2.88	0.65
马铃薯	28	132	1.02	2.88	0.65
甜菜	17	45	0.359	1.77	0.45
胡萝卜	17	75	0.511	1.77	0.25
小萝卜	17	25	0.371	1.77	0.20
洋葱	17	50	0.375	1.74	0.25
卷心菜	17	85	0.225	1.77	0.35
生菜、莴苣	17	28	0.243	1.77	0.25
菠菜	17	30	0.243	1.77	0.25
番茄	27	85	0.824	1.77	0.40

④环境控制

农作物乃至鱼类、禽类的存在使得环控生保系统的输入、输出状态与前面章节所述的系统大为不同。

(a) 氧气与二氧化碳

人的呼吸熵在 0.87 左右，鱼类、禽类的呼吸熵也小于 1。植物的呼吸熵与植物的生长阶段、外部环境密切相关，变化极大，如种子萌发过程中的呼吸熵大于 1，其他阶段在 1 左右。对比并计算图 19－15、表 19－11 和表 19－12 的数据，可以看到：除极个别品种（如菠菜）外，作物的栽培面积食物需求大于呼吸用氧供应。而二氧化碳又是植物生长的元素之一，因此，必须设法将乘员、其他动物代谢废物和植物不可食部分中的碳与多余的氧转化为二氧化碳。

(b) 温湿度

用于环控生保系统的农作物生长所需的温湿度环境与人员感觉舒适的条件虽略有差异，但不大。根据表 19－12 的数据可知：在满足食物供给的前提下，作物栽培所需的能耗和作物自身水蒸发率均高于人体散热、排湿 2 个数量级，即以受控生态技术为核心的环控生保系统的温湿度控制能力比非再生或物理-化学再生式环控生保系统至少应高 2 个数量级。

(c) 微量污染物

目前人们还未深入研究植物对微量污染物净化作用，且相关生物存活期间代谢排放、废弃物分解过程产生的微量污染物也是未知。因此，如何种植（如不同作物的栽培比例、成长状态比例等）上述用于环控生保系统的农作物及其他植物，使其既能满足乘员乃至其他动物的食物供给，又可控制密封舱内微量污染物浓度在规定范围内更是一大难题。

(d) 微生物

显而易见，受控生态环境也为微生物提供了良好的生存、繁衍条件。微生物种类繁杂、数量巨大，能够在多种极端环境下生存，其种类、种群数量、彼此之间的相互作用对受控生态系统的影响还是未知数，人们甚至不清楚缺少或存在某一类或若干类微生物是否终将导致系统的崩溃。

（2）植物栽培

确保栽培的植物健康成长、果实饱满、代代相传是保证生活在航天器中的乘员生存的前提。

①栽培面积

显然，空间条件下植物栽培面积在满足食物供应的条件下需尽可能得小，但不得不考虑下列因素：

1）能够生产足够的种子，以供后期栽培使用；

2）植物生长期和食物储存周期之间的平衡；

3）适当的冗余种植面积，以保障植物生长状态不及预期时仍能提供基本食物。

②光照

植物的光照条件涉及光谱、光强和照射时间，现已证实：

1）高等植物尽管存在蓝紫光和红光 2 个吸收峰，但其他波段的可见光对植物的健康生长亦有不可忽视的作用，这在使用电光源时必须注意；

2）在植物的光补偿点和光饱和点之间，随着光强的增加植物的光合速率加快，即在适当条件下可人工增加光强以提高产量；

3）延长植物的光照时间可以加速植物生长，但并不是所有植物的可食部分也同步增长，同时阴暗条件下的植物呼吸作用能够修复植物的伤病。

光源则可直接使用日光或利用电光源。如前面章节所述，直接使用日光可以提高能源利用率，但不适合诸如非极地月球基地这类处于长黑夜期（14 d）地理位置的航天器；使用电光源总体能源利用率低，却便于植物空间立体栽培，从而提高航天器的空间利用率。

③栽培模式

目前普遍认为应采用无土栽培模式种植上述农作物，其具有节约水肥、果实产量高且品质佳的特点。此外，在空间密闭环境内还避免了尘土污染，减少甚至无需清洗收获的果实。

④微重力和辐照影响

微（低）重力和高于地表的辐照环境是地面植物在太空人工环境生长面临的又一个巨大挑战。微（低）重力不仅影响植物的根系发育，还可能引起其遗传变异，但目前人们对其效应认知仍然十分肤浅。相对而言，人们对辐照的了解更为深入。虽然植物耐受辐照能力比人类强，但过高剂量的辐照依然会导致植物的死亡，且辐照诱发的遗传变异导致的后果现也不明了。

（3）水循环

通过将各种生活废水经简单处理、混入植物营养物供植物栽培，利用生长中植物的蒸腾作用将水排放到空气中，而空气中的水汽来自人体及其他动物仅不到1%，因此冷凝收集的水一般可满足饮用要求。

（4）固态废弃物循环

通过何种途径、用何种方法将植物生产的不可食部分、乘员乃至其他动物生活、生长中产生的固态废弃物全部转化为二氧化碳、氨、钾盐、磷酸盐等植物能够吸收的化合物形式仍然是未知的。目前研究较多的生物方法是堆肥，物理-化学方法是超临界湿式氧化（SCWO）。

（5）小结

以目前人类的认知，即使可获得充足的能源，距实现在载人航天器中的物质闭循环、使得少量人员在其中长期生活工作，可谓是眼前层峦叠嶂、脚下沟壑纵横。并且，单纯依赖受控生态技术也无法实现该目标。

19.9 舱内航天服与个人防护装备

19.9.1 概述

航天服工程是研究与制造用于保障航天员在航天活动中生命安全和工效的个人生命保障系统（装备）的工程技术。航天服装备是由舱内航天服装备和舱外航天服［又称为出舱活动装置（extravehicular mobility unit，EMU）］组成的，用于在真空或低压条件下航天员的生存和工作，具有防护航天环境因素对人体的危害、提供航天员生命活动的保障条件功能，是保障航天员生命安全与工效的综合防护设备。

国外航天服装备的研制始于1959年，苏联和美国分别首次在东方号和水星号航天器载人飞行中使用的航天服装备均属舱内航天服。

在出舱活动早期，苏联上升号、美国双子星座号和阿波罗号航天器的航天服既可用于舱内又可用于出舱活动。这种多用途方式的航天服在作为出舱活动使用时，需要配有真空屏蔽隔热服、滤光面窗和便携式生命保障系统以构成舱外航天服装备。其缺点是可靠性降低，而作为舱内应急使用时又增加了不必要的复杂性。

美国从航天飞机计划、苏联从礼炮号开始，便改变了这种设计思想，将航天服装备分为舱内航天服和舱外航天服装备两类分别进行研制及使用。目前，俄罗斯和美国正在使用的KB-2航天服、海鹰-M型舱外航天服装备和航天飞机使用的发射/再入服和舱外活动装置（EMU）都是现代最先进的航天服装备。

我国航天服工程研制始于1968年，历经40年，特别是近十几年，通过任务牵引、“863”技术预研、技术引进与消化和载人航天工程型号研制，取得了飞速的发展。于2003年和2008年分别成功研制出舱内航天服和舱外航天服装备，并应用于神舟号载人航天器飞行使用和出舱活动使用，其主要功能和性能接近俄罗斯和美国的航天服水平，为我国神舟号载人航天器飞行和实现航天员出舱活动做出了重要贡献。至今已建立了初步完整的航天服工程研制体系，达到了相当的规模和水平，使我国成为世界上第三个能独立研发和制造航天服装备的国家。

19.9.2　地位与作用

舱内航天服装备是航天员在载人飞船座舱内使用的个人防护装

备，当飞船座舱发生压力应急时，可防护低压（真空）与缺氧对人体的危害，保障航天员的生命安全，是载人航天过程中航天员备用的个人应急救生装备。

在载人航天飞行中，飞行器座舱意外失压是各种应急事件中最严重的一种。从统计学上看，座舱失压虽属小概率事件，但一旦发生便会危及航天员生命。目前，航天活动日益增多，航天器对接、气闸舱舱门或阀门故障、座舱供氧调压装置故障、微流星击穿舱壁等均可导致座舱压力丧失。据统计，在近几十年来，载人航天器共发生大小事故近50余起，约占总发射次数的20%，其中严重事故多发生在航天器上升段和返回段，因此必须考虑这两个阶段的逃逸救生问题。美国自1988年以后，航天飞机航天员在发射段和返回段都穿着发射（再入）服装备，以此作为航天员必备的个人应急逃逸救生设备。苏联在联盟11号飞船之前，在发射段和返回段中一直不配备舱内航天服，联盟11号在返回过程中发生座舱失压事故，造成3名航天员死亡，此后联盟号飞船在发射和返回过程中航天员都穿着舱内航天服（图19－70）。

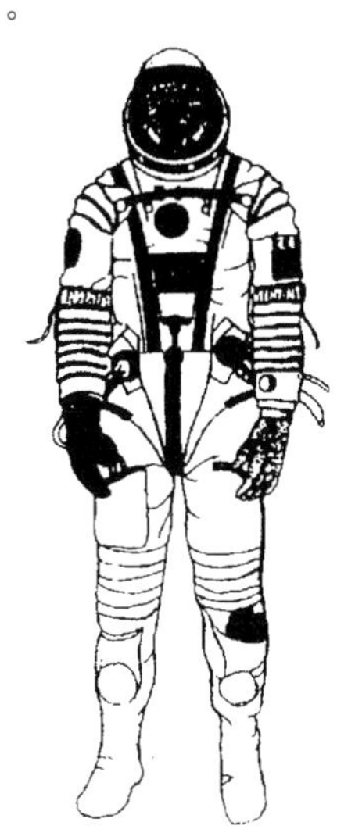

图19－70　联盟T舱内航天服

舱内航天服装备是在高空密闭服装备的基础上发展起来的，其主体部件是密闭压力服（全压服）和调压供氧装置，并与航天器舱内生命保障设备构成舱内航天服系统。作为乘员舱环境控制与生命保障系统的冗余系统，其主要功能是当座舱失压时能自动维持服装内规定的压力，保证服装内氧气的供给和二氧化碳的排出，使航天员免受低压与缺氧的危害，保障其生命安全。舱内航天服装备主要是在飞船发射、变轨、交会对接、返回再入阶段和轨道飞行座舱出现压力应急时使用，起应急救生防护作用。除此之外，还可用于舱内严重污染（烟雾或毒性气体等）、需要更新气体时的低压和缺氧对人体危害的应急防护。

19.9.3 舱内航天服的组成

一般来讲，舱内航天服由以下各部分组成。

（1）液冷通风服

通风系统沿管路给身体各部位输送空气，吸收因人体代谢而不断排出的二氧化碳、水蒸气、汗和热，并供给航天员氧气。

对通风系统的要求为：通风气流分布到全身各部位，首先要流入人的头部并分配较大流量（30%）；通风管道既柔软又不会变形，通风阻力小，气流为层流，风速符合卫生生理学要求，根据不同部位的散热要求制定通风流量的比例关系；根据代谢热、二氧化碳排出量确定通风流量。

航天员进行舱外活动作业时（如月面作业和捕捉卫星等），由于其活动量大，只靠通风已不能满足散热要求。据航天生理学测算，通风的最大散热能力为 $1.26\times10^6\sim1.46\times10^6$ J/h，而航天员舱外活动的平均产热量达 $1.46\times10^6\sim1.67\times10^6$ J/h，峰值可达 6.28×10^4 J/min。实践证明，最有效的办法是采用通风和液冷两种散热技术途径，合理分配两种散热系统的功能达到散热要求。液冷通风服的散热能力可达 2.72×10^6 J/h，因此散热功能主要由液冷服承担，通风系统则用来供氧和排出污染气体。

液冷服是一种网状编织的内衣，上面固定着密布的细管，细管内径一般为 1.5～3 mm，通常总管道数量为 20～80 根，管道总长度达 90 m 以上。

液冷通风服散热效率高，也克服了大流量通风散热所造成的体液丧失的副作用。液体散热量仅需每分钟数千克即可满足要求，使得系统功耗、质量都显著降低。

（2）气密压力服

气密压力服是航天服的主体结构，其主要功能是构成密闭空间并承受一定的内部压力，主要由用通过缝纫和胶合工艺成型的胶布或胶片气密层和用高强度材料制成的承压结构组合件组成。

气密压力服设计的一个重要指标是在充气加压状态下，活动关节的弯曲和伸展力矩应尽量小，人体各主要活动部位的转动角度应能满足舱外活动任务的要求。因此，活动部位的结构设计十分重要。肩关节常采用波纹管复合式结构，肘、膝、髋、踝关节采用波纹管结构，腕关节采用波纹管和气密轴承断接器复合结构，手套指关节采用桔瓣式结构。

（3）外套防护服

外套防护服包括外套和隔热屏蔽结构。外套是航天服最外的一层，其功能是保护气密压力服不受磨损，在高速气流中不受速压的破坏，并能防火和防护空间环境因素的危害。要求外套材料具有很高的强度，在高温下不易燃、表面光学性能好，对强阳光有很高的反射系数。隔热屏蔽结构的用途是保护航天员在舱外活动中免受外部环境过热或过冷的侵袭；在强阳光辐射下防止热流透进服装内部，在背阳光的阴影里防止热流流出。这一层采用屏蔽复合结构，一般包括镀铝聚酰亚胺薄膜、玻璃纱网、达可隆布、聚脂薄膜和尼龙氯丁胶布和防冲层等。

（4）手套

手套包括衬里、气密套层和其他附件。要求手掌和手指在其中能活动自如；手的汗腺分布密度大，是精神性发汗的重要部位，因此手套需要良好的通风设计；同时手指为肢体末端，血液循环不良，易冷惧寒，这些都是设计航天员手套时的关键因素。

手套通过腕部的断接器与航天服相连接。断接器装有密封轴承，手可以灵活转动。手指部位采用桔瓣式结构以增加手指活动的灵活性。

（5）航天头盔

航天头盔用于给人的面部营造舒适的密闭大气环境，保证视、听感官通过其与外界联系，防护头部不受各种力学的和空间环境因素的影响。

航天头盔由盔壳、面窗、颈圈以及各种防护组合件等组成，分为面窗型和全透明型两种。面窗型头盔的面窗可以任意启闭，在压力舱紧急减压时可在很短时间内关紧并锁闭，具有安全可靠的突出特点。全透明型头盔的直径为 300～320 mm，头可在盔内自由转动。盔壳由聚碳酸脂材料膜压成型，通过颈圈与航天服连接在一起。全透明头盔视野大，气密性好，结构简单。

（6）内衣与保暖服

内衣是航天服的内层，其紧贴航天员身体。对内衣的要求为：有弹性、不刺激皮肤；吸湿性好，在潮湿情况下不粘皮肤，不影响汗液的排出和蒸发；透气性好，有利于皮肤与周围空气的热交换。

保暖服位于内衣的外部，在寒区着陆时不能及时回收的情况下才考虑使用保暖服。

（7）靴子

靴子用于防寒、防湿、防止机械性损伤。在设计上，要求不压迫皮肤、血管和神经。靴子有三种类型：一是与航天服的密封压力服构成一体，与航天服一起穿脱；二是与气密压力服通过断接器相连接，这种密封靴可以单独穿脱；三是穿在气密压力服外部的套靴。

舱内航天服由飞船座舱的气体供给设备经输氧软管供氧，实现呼吸和通风。舱外航天服与一种紧凑的携带式生命保障系统组成一个组合体系统，该系统控制航天服内的大气环境并维持航天员的生命安全和良好的工作效率。图 19－71 给出的是阿波罗号飞船的登月航天服示意图。

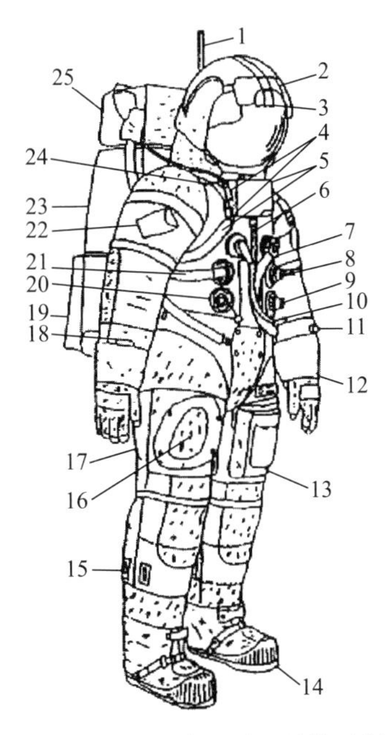

图 19－71　阿波罗号登月航天服

注：1—天线；2—中央护眼挡罩；3—观察窗口；4—氧净化系统启动开关；5—携带式生保系统遥控装置输送带；6—躯干调节器；7—生保系统输水管；8—氧输送管入口；9—氧输送管出口；10—通话线管带；11—压力安全阀；12—出舱用手套；13—用物口袋；14—登月靴；15—皮带环（每个腿部 5 个）；16—尿收集及输送连接器/生物医学注射/剂量附带口盖；17—登月防温防微流尘综合层；18—压力表罩；19—伴随式辅助生保系统；20—消除阀；21—氧清除系统输送带；22—防眩光太阳镜口袋；23—携带式生保系统；24—生保系统固定系带；25—充氧系统

19.9.4　舱内航天服的分类

根据舱内航天服与其截面的关系，舱内航天服可分为开环通风型、闭环通风型、开环通风供氧及闭环通风水冷型（图 19－72）。

开环通风型系统简单，用于乘员舱减压时氧气消耗量较大、散

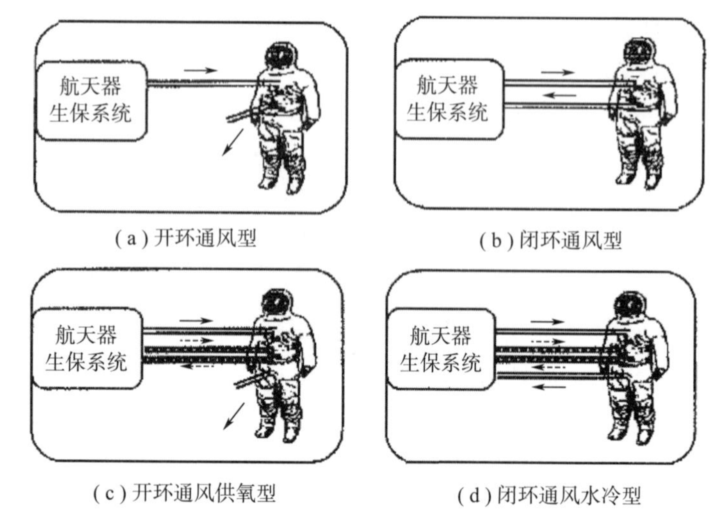

(a) 开环通风型　(b) 闭环通风型

(c) 开环通风供氧型　(d) 闭环通风水冷型

图 19－72　舱内航天服及其界面

热性能受气体流量限制的情况，适用于低代谢率。该型航天服曾用于苏联的东方号、上升号、联盟号、联盟 T 和联盟 TM 飞船上。中国的神舟号飞船也采用这种类型的航天服。该型航天服曾用于美国水星号、双子星座号、阿波罗飞船的指令舱内，苏联暴风雪号航天飞机也曾计划采用这种类型。开环通风供氧的特点是散热性能较好，但结构较复杂，用于乘员舱减压时氧气消耗量较大的情况，这种形式尚未得到应用。闭环通风水冷型的特点是散热性好，适用于高代谢率，但结构复杂，曾在美国阿波罗登月舱内使用。

联盟 TM 飞船使用的舱内航天服为海鹰 KB－2 型航天服。该舱内航天服的具体用途是在航天器上升和返回过程中，正常状态下由风机给航天服通风；在发生乘员舱异常减压事故时，给航天服应急供氧；着陆后溅落在海上时，航天服可起到漂浮和保暖作用。

海鹰 KB－2 型航天服是一种开环通风供氧航天服。其结构采用头盔与躯干肢体服连为一体的软式结构，由躯干肢体服、头盔、通信帽以及压力调节器、压力表等附件组成（图 19－73～图 19－75）。

躯干肢体服有两层，内层为气密层，外层为承力限制层。在胸

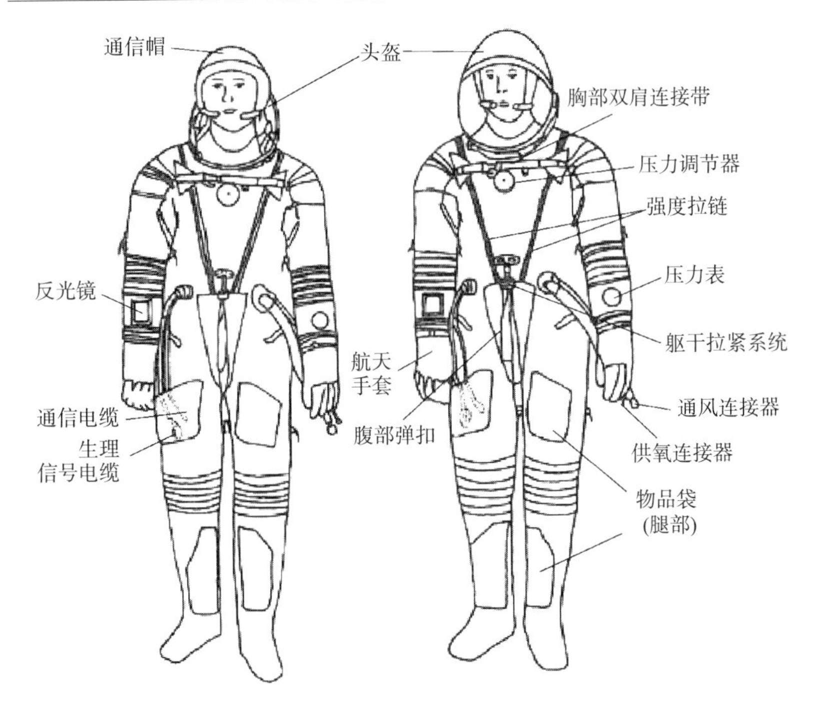

图 19-73 海鹰 KB-2 舱内压力服

部有 Y 形拉链结构，内有一个口袋形穿脱口用于穿脱。该方式较气密拉链方案结构简单，强度及气密性好，安全可靠。在颈部有橡胶防水隔膜，用来在水中溅落时防止水进入服装。腰部的通风和供氧软管与服装内的通风和供氧分配管系相连。左袖口有一个压力表，用于监视服装内的压力。服装内有通信帽、生理信号传感器及其电缆。头盔由半球形透明面窗、面窗启闭和密封结构以及缝制在躯干肢体服上的软体结构组成。手套通过带有密封轴承的腕部断接器连接到躯干肢体服上。在服装躯干、四肢轴向及裆部设置了可以调节的服装加压形变限制带，目的是控制服装加压形变，调节服装的形态及尺码，使航天员穿着适体。在肘、膝、踝及肩部采用平褶式或波纹管式的活动关节，使服装具有必要的活动性能。

海鹰 KB-2 型航天服的主要技术性能如下：

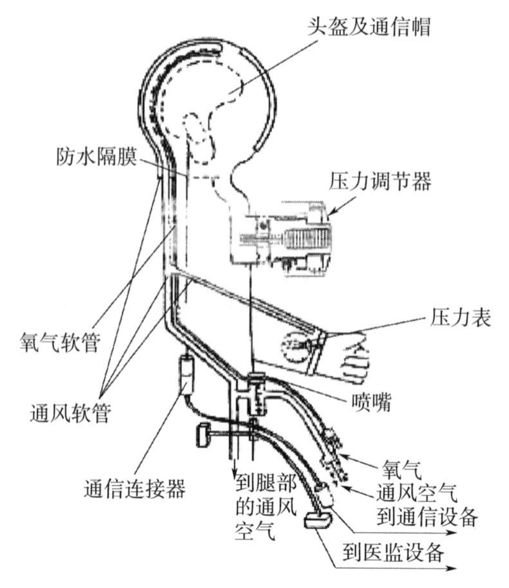

图 19－74 海鹰 KB－2 舱内压力服结构与功能示意图

图 19－75 海鹰 KB－2 舱内压力服穿脱口结构

1—掩襟；2—橡胶绳；3—锁扣；4—尼龙绳；5—强度拉链

1）其和生保系统一起使用，在返回舱出现 13.33 kPa/s 漏气时能够保证航天员生存的必要条件；

2）航天服的压力调节器可以调剂两种压力制度，基本工作压力为（39±3）kPa，备份工作压力为（26.3±3）kPa。备份工作压力用于提高航天服的灵活性。两种压力之间的转换是通过手动操作来完成的，备份工作压力的维持时间不超过 15 min；

3）在压力应急状态下使用时，航天服供氧流量为（20+2）L/min；连续通风供氧 1 h 后，头盔内口鼻区的二氧化碳分压不超过 1.33 kPa；

4）服装的漏气量不大于 2 L/min；

5）在空气流量为 150 L/min 时，打开头盔面窗、戴手套，压力调节器放在基本工作压力位置，通风阻力不大于 0.785 kPa（80 mm 水柱）；

6）航天员自主穿好航天服的时间为 5～10 min，脱掉航天服的时间为 3 min，戴好两只手套的时间为 60～80 s，关好面窗的时间为 3～5 s；

7）航天服的质量不大于 10 kg；

8）航天服的使用寿命不少于 50 次使用循环。

神舟号载人航天飞行是采用座舱软着陆形式实施航天员返回地面的，类同于俄罗斯联盟号航天器的飞行方案。按照神舟号返回舱着陆和压力应急救生要求，神舟号舱内航天服采用全压服结构方案，具有座舱压力应急救生防护功能和必要的操作工效能力。神舟号舱内航天服结构方案具有如下特点：

1）舱内航天服为全软式柔性壳体结构，头盔与服装组合成一体，面窗可启闭；

2）压力手套通过具有气密轴承的腕部断接器可进行快速脱戴；

3）航天服穿脱口位于前胸部，成 Y 型结构，采用掩襟包扎方法进行密封，使用强度拉链进行闭锁；

4）航天服颈部设有防水隔膜，防止溅落水中时服装进水；

5）航天服配置绝对压力调节器，在低压下具有自动控制服内绝对压力的功能，常压下具有通气阀和安全阀的功能；

6）航天服内设置通风管路结构，具有通风散热的功能；

7）为航天员配备、研制抗噪通信头戴，具有天地高噪声环境下的语音通话功能；

8）为航天员配备、研制生理信号测试背心，具有医监功能；

9）为航天员配备、研制尿收集装置，具有尿液收集结晶和除臭抗菌功能。

神舟号舱内航天服经低压舱快速减压试验、人体穿着加压（40 kPa）试验、低压舱试验及水上溅落和抗浸漂浮试验，证实该舱内航天服功能、性能满足我国载人航天压力应急使用要求。

神舟号舱内航天服正样生产的产品（图 19-76）于 2003 年首次用于神舟 5 号航天飞行试验，之后分别应用于神舟 6～10 号载人航天飞行任务，实践证明其性能良好。

图 19-76 神舟号舱内航天服

19.9.5 舱内航天服的使用程序

舱内航天服装备使用程序如下。

1）飞船发射前，在发射场技术阵地对航天服进行安全检查及消毒，并进行有关部门的汇签。

2）航天员在发射场技术阵地航天服更衣室穿好航天服，通风充气，使航天服压力达到规定的压力；检查航天服的安全性，然后打开头盔面窗，脱掉压力手套，并使用手提式通风箱给航天服通风散热。

3）航天员在航天技术人员和航天医生的陪同下，乘专用车前往发射阵地。

4）航天员手提通风箱，乘发射架的升降梯到达飞船座舱。

5）航天员除掉通风箱后进入座舱，将通风管与座舱内的生保系统相连接，关好面窗、戴上压力手套，进行航天服系统的性能检查并进行汇签，然后等待起飞。

6）当飞船入轨正常飞行后，航天员自行脱掉航天服，穿上舱内工作服。

7）当飞船座舱在轨道上因偶然事故发生座舱漏气、舱压下降时，航天员要迅速地（5～10 min 内）穿好舱内航天服，打开航天服内供氧循环回路；然后航天员可查找和排除故障，或准备离轨返回，这种情况称为轨道应急状态。在轨道应急飞行期间，航天员可利用航天服内尿收集和排出装置进行小便。

8）在正常返回时，航天员脱掉舱内工作服，穿好航天服，并进行航天服的气密性和安全性的检查，然后操作飞船离轨返回。

19.10　航天环境模拟设备与飞行训练仿真技术

19.10.1　航天环境模拟设备

航天环境模拟技术是航天医学工程学重要的支撑性应用技术分支学科，集多项应用学科理论和基础工程技术，与航天医学密切结合，在地面上人工等效再现或模拟载人航天环境。其内容包括压力环境、大气环境、热真空环境、动力学环境的模拟技术等，为航天医学工程研究及产品研制提供有效的试验保障手段，是服务于航天医学工程研究的独特试验平台。

航天环境模拟技术通过其实际应用，以航天环境物理参数模拟和航天环境效应模拟等方法和技术为手段，以安全至上为理念，建造载人航天人工大气环境模拟设备、载人航天空间环境模拟设备、载人航天动力学环境模拟设备、模拟失重训练设备等大型系列地面模拟试验和训练设备，为航天员选拔训练、航天医学工程学研究以及航天医学工程型号任务产品研制提供实（试）验保障手段。

（1）离心机

离心机可以模拟航天器发射和返回过程中产生的加速度，研究超重对人体的影响，并用于航天员的选拔与训练。离心机的特征参数有最大 G 值和 G 值增长率。一般训练用离心机的最大 G 值为 16～20 g，最大 G 值增长率约为 6 g/s。离心机主要包括电机或液压驱动系统、转臂、载人座舱（单轴舱或三轴舱），以及舱内显示、控制和噪声模拟设备等。俄罗斯加加林航天员培训中心的离心机臂长为 18 m，最大 G 值为 30 g（高 G 值主要用于装船设备的试验），最大 G 值增长率为 5 g/s。其座舱压力可模拟 20 km 高空的低压，也可调节舱内温度和气体成分，还可同时检测航天员的 60 多个生理参数。

（2）冲击塔

冲击塔主要用于模拟航天器飞行过程中，特别是返回和着陆时的冲击，研究冲击对人体的影响及防护措施。人用冲击塔一般采用自由落体的方式来产生冲击加速度，其结构包括座椅、垂直导轨、牵引和释放机构以及底部的刹车系统。刹车系统是靠底部的活塞在冲击塔下落时插入一个水容器中，从而产生要求的冲击波形。冲击塔的特征参数包括最大冲击 G 值、G 值增长率、作用时间和冲击波形等。

（3）转椅和秋千

转椅和秋千都是通过旋转运动产生的角速度和角加速度的变化对人的前庭系统造成刺激来研究人的前庭功能和运动病，以及用于航天员选拔训练的。人用转椅一般由座椅、自动倾斜机构、底座、液压系统和电控系统等组成。秋千一般由吊舱、转椅、支架、摆臂、电动驱动系统以及控制系统等组成。与转椅和秋千的功能相类似的设备还有旋转台等。

（4）中性浮力水槽

中性浮力水槽模拟失重的原理是，当人体浸入水中时，通过增减配重和漂浮器使人体的重力和浮力相等，达到随遇平衡，即中性浮力，从而获得模拟失重的感觉和效应。但其并没有消除重力对于人体及其组织的作用，因此，模拟出的环境不同于真实的失重环境。目前，这种方法主要用于出舱活动的航天员进行训练。一般是将 1∶1 的航天器放入水槽中，航天员穿上改制的舱外航天服进行出舱活动程序的模拟和技能的训练。美国约翰逊航天中心的水槽是在一个拆掉离心机的建筑物中改造的，其类似于一个游泳池，长为 23.4 m，宽为 9.9 m，深为 7.6 m。俄罗斯加加林航天员培训中心的水槽直径为 23 m，深为 12 m，容积为 5 000 m^3。

（5）失重飞机

这是一种专门设计或改造的飞机，可以完成抛物线飞行，形成 15～40 s 的微重力时间。失重飞机的主要用途有三方面：一是训练航天员，使其熟悉失重环境；二是对航天器上与失重特性有关的设备进行性能试验；三是进行微重力科学实验研究。美国的小型失重飞机有 T－33 和 F－104 飞机改装的失重飞机，大型失重飞机有 KC－135和 PC－9。俄罗斯用伊尔-76 改装的大型失重飞机，其微重力时间大约为 30 s，法国有快帆和 A300 失重飞机，A300 是目前世界上最大的失重飞机。日本也有大型或中型失重飞机。中国曾利用歼教-5 改装成小型失重飞机。

（6）舱外航天服试验舱

为了确保航天员的安全，航天员出舱活动所穿着的舱外航天服必须能够经受住宇宙空间真空、冷黑和太阳辐照的严酷环境。舱外航天服在研制过程中需要在地面模拟的宇宙空间环境中进行大量性能评价及检验试验。航天员也需要在地面模拟的宇宙空间环境中进行身着舱外航天服的体验和训练。舱外航天服试验舱能够在地面上模拟宇宙空间真空、冷黑和太阳辐照环境等的基本物理效应，是开展舱外航天服研制和航天员进行舱外航天服使用训练不可缺少的试验平台。

舱外航天服试验舱由舱体、热沉、氮系统（包括液氮系统和气氮系统）、真空系统（包括高真空主抽气系统和粗抽系统）、紧急复压系统、红外模拟器、训练支持设备、液氦系统等大大小小数十个分系统组成（图 19－77）。

图 19－77　舱外航天服试验舱

舱体采用卧式圆柱体结构，内径为 4.2 m，圆柱段长约 6.5 m，不锈钢制造。舱体有两个椭圆封头，一端是能够最快开启的整体大门，另一端为固定式封头。

舱外航天服试验舱拥有一个异于常规的、独特的真空系统。该真空系统由提供舱内高真空环境的高真空主抽气系统和提供舱内低真空环境的粗抽系统组成。

非载人空间模拟设备真空系统的试验载荷（如卫星整机或部件等）均为放气量很小的金属材质。舱外航天服试验舱在进行载人试验时由舱外航天服内漏放到舱内的气体量很大；另外，试验中要求舱外航天服外层多孔材料的小孔内需达到一定的真空度，这相当于对舱内真空度的要求提高了一个数量级。以上两种不利条件迭加到一起，使得舱外航天服试验舱高真空系统的性能要求大为提高。为了能够满足这种高真空度的严苛要求，高真空主抽气系统采用了多台低温泵联合抽气、另配一套液氦泵的方案。这种并联配置不但大大提高了高真空系统的抽气能力，而且使系统在使用中具有很大的灵活性。

对舱外航天服试验舱粗抽系统进行了特殊的设计考虑，使其能够模拟出航天员出舱活动过程中遇到的独特的航天器气闸舱减压和增压曲线。同时系统还可以在纯氧环境中安全运行。

紧急复压装置是舱外航天服试验舱的特色装置。紧急复压是载人空间环境模拟设备最重要的安全保障功能，非载人空间环境模拟设备无需该功能。舱外航天服试验舱实施载人试验时，如果意外出现危险情况（如服装破裂等意外因素引起服装快速失压），为了保证航天服内受试者的安全，需要在医学要求的短暂时间内将舱内的低压环境紧急恢复至人体安全压力状态，同时向服装应急供氧。紧急复压的时间及程序由航天医学专家和工程专家共同确定，以确保其能够满足医学安全要求并在工程实现上可行。舱外航天服试验舱紧急复压装置采用多个能够快速开启的大口径气动真空阀门并联使用的技术方案，既能满足紧急复压的快速要求，又减小了单件失效的风险。此外，舱内结构和装置中对抗紧急复压冲击气流的散流设计也是舱外航天服试验舱具有特色的设计之一。

舱外航天服试验舱建成后，分别实施了神舟 7 号任务舱外航天服的性能评价试验以及航天员着舱外航天服的低压环境体验和训练试验。

舱外航天服试验舱的研制成功实现了我国航天空间环境模拟设备从非载人到载人的突破，填补了我国载人空间环境模拟设备的空白。舱外航天服试验舱的研制成功充分体现了我国的高科技水平和工业制造能力。

19.10.2 飞行训练仿真技术

航天飞行训练模拟器需要尽可能逼真地为航天员提供载人航天器在不同飞行阶段的飞行状态和飞行过程，为航天员提供载人航天器的设备操作、飞行程序、飞行任务等方面训练的技术支持。因此，其要给航天员提供航天器内部环境及相应的仪表、窗外视景等的视觉效应，通过发出与由载人航天器的动力系统及运动机构产生的相似的音响来提供听觉效应，甚至提供运动与操作负荷等感觉效应等。受训航天员通过航天飞行训练模拟器可以体验到真实飞行各阶段中航天器的不同状态与飞行过程，可以练习整个飞行过程中所需完成的观测、操作及通信等任务中的具体动作。

飞行训练模拟器进行的航天员训练具有安全可靠、经济、灵活方便且不受气象等外部条件影响等特点。另外，飞行训练模拟器还具有一个突出的优点，就是在其上可以练习一些在实际的载人航天器上很难实施的训练科目，如航天器系统的故障识别、判断、处理的训练。鉴于这些突出的优点，该设备是航天员在起飞前进行飞行任务训练的重要设备之一。

在载人航天活动中，经过严格选拔程序挑选出来的航天员，要想安全可靠、出色圆满地完成其承担的飞行任务，就必须预先在地面接受全面、系统、科学的训练与评估。鉴于载人航天的特殊性，在训练过程中需要各种各样的教学训练设备，而各类航天飞行训练模拟器（简称模拟器）便是其中最重要的。使用实物、半实物和数字仿真的方法，航天飞行训练模拟器可以在地面模拟出载人航天器实际座舱的内部状况、载人航天器的飞行过程和各种飞行状态。航天员可以通过各类飞行模拟器训练获得执行特定航天飞行任务所需的各项专业技能，提高其完成飞行任务的信心与能力。

航天飞行训练仿真技术作为一门综合性应用技术，是航天医学工程选拔与训练和工效学评价的基础技术与工程支撑。通过应用航天飞行训练仿真技术研制出的模拟器可用于航天员选拔训练。由于该技术以仿真为主、具有极大的变动性与灵活性，因此模拟器也为工效学研究提供一个试验平台。同时，作为以仿真为主的系统，除了正常状态仿真外，其还可模拟各种极限状态，为工程的研制提供决策信息，减少工程实验成本。

航天飞行训练仿真技术以航天飞行理论与工程实施为基础，利用相似原理、控制理论、计算机技术、信息技术等构建出人在回路中的模拟飞行训练系统，是一门多学科综合性应用技术。根据具体的工程应用背景，航天飞行训练仿真技术的研究内容通常包括航天器建模与仿真、仪表仿真技术、视景仿真技术、音响仿真技术、模拟座舱仿真技术以及教员台控制技术等。

（1）航天器建模与仿真

航天器系统仿真是航天飞行训练仿真技术的基础，所以航天器系统数学模型的建立是飞行训练仿真技术研究的核心，也是仿真逼真度程度的关键所在，通常研究内容包括仿真对象、模型构建与校验、实时仿真等。受计算机发展技术的制约，我国的训练用航天器建模与仿真经历了从初级到高级、从简单到复杂的过程。

飞行训练仿真技术主要考虑的是对人的训练，所以仿真主要考虑与训练主体航天员相关的对象，但同时也要考虑教员监控的需要。在模拟器任务实施过程中，逐步形成了完善的仿真内容，具体包括运载火箭的参数仿真、航天器的飞行参数仿真、遥控/遥测信息的仿真。仿真的参数主要提供航天器仪表板信息，以供航天员监控、操作；同时驱动如视景、音响、电视图像等感知环境，驱动舱内相关机械阀门及操作设备状态等。除正常飞行仿真外，模拟器还应具有故障仿真功能，训练航天员对典型故障的识别与处置能力。在神舟 5 号状态飞行训练模拟器的研制中，初步确立了航天器典型故障仿真架构。

要模拟航天员感知的飞行场景，作为训练仿真技术首先必须对需要仿真的对象进行数学建模，这是训练仿真的关键。训练仿真中的建模一般分为理论建模和试验建模两种方式。理论建模是从已知的原理、定律和定理出发，通过机理分析研究，找出系统内在的运动规律，推导出系统中各状态参数与外作用之间的解析关系式，即数学模型；试验建模是直接从系统运动或试验中测量系统的外作用和系统的响应数据，应用辨识方法，建立系统的数学模型。按照工程型号任务的规律，模型构建的初期阶段一般偏重于理论建模，随着飞行任务的增多，有了大量的飞行数据后可以进行试验建模。航天器的一些系统的数学理论模型已经非常经典，在训练仿真中需要根据工程的试验数据和设计数据对模型的不确定性参数进行修订，以保证与飞行设计状态严格一致。

按照模拟器的实际情况，通常可以采用集中式和分布式两种模式进行仿真的架构设计。经过前期尝试，神舟5号状态飞行训练模拟器采用了集中式的模式，科研人员提出并采用共享内存模式进行交互验证，成果直接应用于模拟器中，最终取得了很好的效果。

目前我国已建成颇具中国特色的模拟器仿真架构平台，能够适应不同型号任务的仿真需要。

（2）仪表仿真技术

航天器仪表是航天员操作与感知的最主要、最重要的设备。在航天飞行训练模拟中，仪表仿真提供在功能和操作上与真实载人航天器逼真一致的仪表数据显示和操作。

飞行训练模拟用的仪表，按仿真方法可以分为三类：一是直接引用真实仪表，即全实物仿真；二是改装仪表，即半实物仿真；三是计算机实时图形仿真仪表，即数字仪表或虚拟仪表。全实物仿真的仪表代价较大，且模拟器中需要专门对数据接口进行仿真转换，工程实现复杂；半实物仿真仪表需要对真实仪表进行改造，存在实现风险；虚拟仪表用交互式软件技术来实现，相对简单，代价也小。不过从航天员训练的操作和感知的逼真度角度考虑，一般采用半实物仿真。

从训练的角度来讲，训练用的仪表一般可以分两类。一类是数字仿真的仪表，主要是让受训者掌握仪表的机理、信息操作布局、程序操作等，航天员起初训练都采用数字仿真仪表；另一类是半实物或者实物的仪表，主要让受训者体验操作的逼真度，航天员后期的训练一般采用这种类型。

为实现仪表的远程监控，在航天飞行训练模拟器上采用了虚拟仪表的方法，即以数字仿真的方法，根据界面等效原则、信息等效和操作等效原则，采用计算机信息、图像和图形技术，以仪表功能规则为依据，通过软件生成与真实仪表基本一致的实时镜像界面，保证舱内真实仪表的信息和状态在远程得到实时、准确、沉浸的呈现。

我国的航天飞行训练模拟器虚拟仪表采用了自行研发的、基于可配置的背景图像贴图和信息显示定位法，其工程实现灵活、简单。在实现上，通过所见即所得的拖拉模式进行与真实仪表界面一致的显示信息配置。

在出舱活动程序训练中，真实真空压力表采用机械式结构，而且其必须在低压环境下才能工作，所以在常压训练模式下采用计算机模型模拟的方式，利用计算机显示屏幕构建与真实一致的显示界面（图 19－78）。仪表由数字仿真驱动，使得训练研制成本降低，而且便于训练控制与维护。

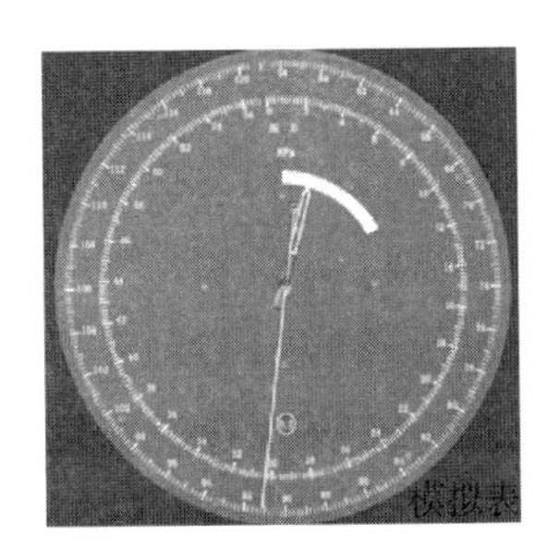

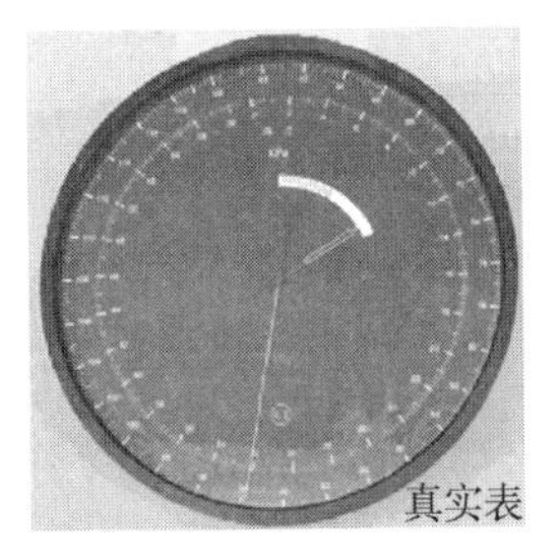

图 19－78　真空压力表对比图

随着计算机图形学的发展，目前航天虚拟仪表已经逐步由二维转为三维，以游戏沉浸的模式让受训者对仪表进行操作训练。科研人员在出舱活动学习系统中对此技术进行了尝试，并取得了非常好的效果。

（3）视景仿真技术

航天器在飞行过程中，航天员主要通过光学瞄准镜、舷窗和电视图像系统来感知飞行的景象。在故障情况下，要靠仅有的视觉信息系统来判断与调整航天器的飞行状态。

起初的航空视景系统采用闭路电视视景系统，用沙盘支撑；而航天的视景系统采用地球仪旋转模式，通过光学系统模拟舷窗所看的地球信息。

随着计算机图形图像技术的发展，航天的视景系统采用了图像生成技术来模拟视景。视景图像实时生成技术主要建立以地球为主要对象的太空三维模型（包括星空、太阳等），以航天器飞行的位置、姿态为基准，按照航天器光学设备安装位置及视场角对上述目标进行投影成像计算，最后生成实时的航天员感知视觉信息。软件实现上要考虑分辨率、视场角、纹理信息、景物的细节等级、感兴趣区、日照与阴影的切换和地球的晕轮实现等。

计算机实时生成的图像通过普通的光学设备难以营造出受训航天员在太空中深邃、无限远观察的场景印象，故通常采用分光镜式准直光学显示系统来实现，该系统主要包括高亮度 CRT 显示器、球面镜和分光镜，成像原理如图 19－79 所示。CRT 显示器接收视景计算机生成的舷窗视景图像信号作为光学显示的像源；分光镜位于球面反射镜的焦平面上，具有半透半反功能，一方面将从 CRT 荧光屏上发出的光线反射到球面镜表面，另一方面允许从球面镜表面反射回来的光线透过，供人眼观察；球面反射镜（也称准直镜）将经过分光镜（位于其焦平面上）反射的光线变成平行光线，从而实现无限远显示效果。

这种模式的缺点是视景的亮度受限。目前，我国训练视景拟将 CRT 显示器改为用投影仪、反光镜和成像面组成的装置替代，该系统亮度能满足训练要求且更容易维护。

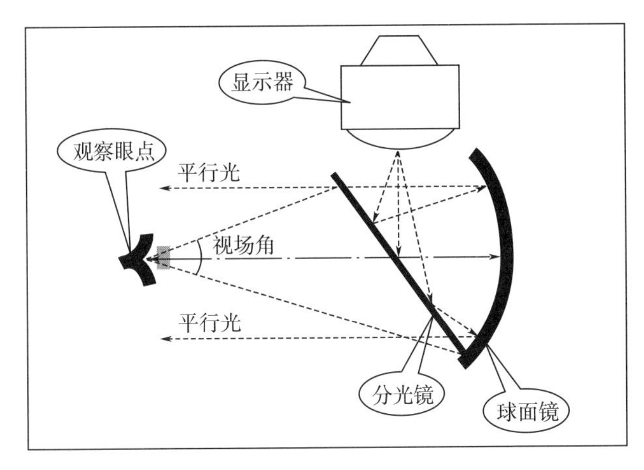

图 19－79　分光镜式准直光学显示系统

（4）音响仿真技术

航天器在飞行过程中，航天员能听到运载火箭、航天器发动机、陀螺以及火工品爆炸分离等的声音。为使受训的航天员身临其境，飞行训练模拟器也需要逼真地模拟这些音响效果，帮助受训航天员判断航天器的飞行状态。模拟器中音响系统仿真指标包括声音的保真度、变化趋势、方位感、音量大小和实时性等。

音响系统实现考虑到航天环境的特征，采用了数字式音响仿真结合多通道声音定位方法，实现的音响仿真系统称为多通道数字式音响仿真系统。其实现原理如下：首先录制真实环境中的各种噪声存储为声音文件，对于无法获得声音文件，通过对相近的声音信号处理或者利用各种信号处理方法以及音效编辑软件生成；然后在离线情况下根据真实飞行过程中各种音响的属性（包括频率、幅值、方位）对声音文件进行配置，并且将所有音响的配置存储为一个音响属性配置文件；在系统运行阶段，音响软件根据从网络上接收到的航天器当前的飞行状态选择相应需要的播放声音，根据规则文件中保存的音响配置信息通过 3 块声卡设备进行声音播放，声卡输出的音频信号通过功率放大器推动 6 个音箱播放声音（图 19－80）。

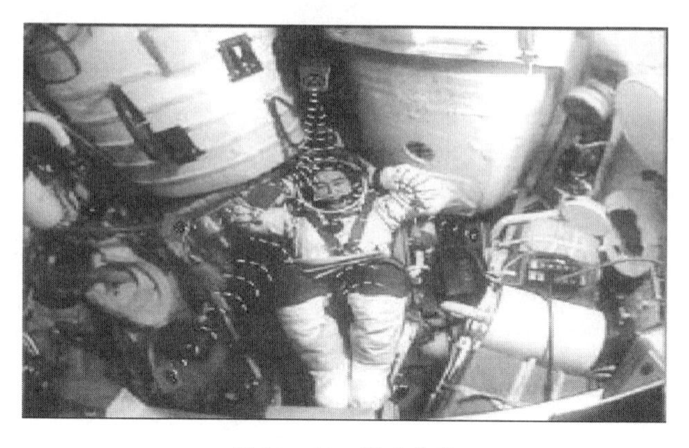

图 19-80 音响仿真

(5) 座舱模拟技术

我国的神舟系列航天器由推进舱、返回舱和轨道舱等三部分组成。在训练中，由于推进舱与航天员的感知环境无关，通常只是构建返回舱和轨道舱舱内环境，呈垂直竖舱状态连接。根据训练的目的和方式的不同，有些专项训练模拟器的座舱可以采用开放式模式。例如，出舱活动程序训练模拟器由于要移动悬吊的舱外训练服，气闸舱采用了开放式模式。

除了构建模拟座舱外，还要配置模拟座舱内相应的舱载设备。对于模拟器舱载设备来说，除正常功能的模拟仿真外，还需要模拟故障模式。同时，考虑到教员对航天员设备操作的实时监测和评价的需要，设备上的信息和操作也要回传给教员，用于监测和评价。

考虑到实际训练的需要和工程研制代价，舱载设备可以采用如下三种模式：真实件、功能操作件和外形模拟件。如果设备具有独立功能，与仿真没有耦合关系或操作事件可以回传，那么在研制代价较低的情况下可以采用航天器的真实件；有独立功能，与仿真有很大的耦合关系，要模拟故障功能，则可采用具有模拟功能和操作界面的功能操作件；没有操作功能和仿真模拟功能，只要具备人机界面空间感觉的舱载设备，可以采用外形模拟件。

(6) 教员台控制技术

飞行训练仿真是典型的人在回路中的仿真，教员要对整个训练进程科目进行实时监控，还要监控飞行状态等的参数并与正常的操作比较，在训练时或训练后把监控的操作信息反馈给受训航天员。同时，教员在训练过程中需要随时模拟地面进行的遥测控制，并根据训练要求进行训练的故障设置与处理，因此教员系统是航天飞行训练模拟器的总控台。

训练教员台的起始阶段受计算机控制技术限制，教员台通常以硬件控制方式为主，采用硬件控制对整个系统的训练科目进行激励控制，形式单一且稳定性不高。随着计算机软件技术的发展和成熟，目前教员系统通常采用软件来实现（图 19－81）。该软件应该具备如下功能：

1）训练信息管理功能，即涵盖航天员信息、训练课程信息、故障信息、跳飞点信息、地面注入指令信息和训练记录信息；

2）训练控制功能，即教员通过人机界面在模拟器在线运行状态下发送系统训练命令和相关数据，命令包括训练科目设置、训练开始、冻结、解冻、跳飞、存点、故障注入、故障解除、重放、训练结束等；

3）训练监视功能，即在实时在线运行状态下以数字的方式、虚拟图像镜像等方式动态显示由网络接收的航天器各分系统的参数数值以及当前航天员的操作信息；

4）训练评价功能，设置评判准则与专家系统，对训练后成绩进行有效评价。

(7) 发展与展望

几十年来的航天飞行仿真技术的发展历程表明，这一技术始终与任务需求紧密地联系在一起，几次大规模的设备研制都是在明确的任务背景下完成的，因此下一步航天飞行仿真技术的发展方向也必然与我国的载人航天发展战略密切相关。

面对我国载人航天“三步走”的战略，在完成第一步任务后，

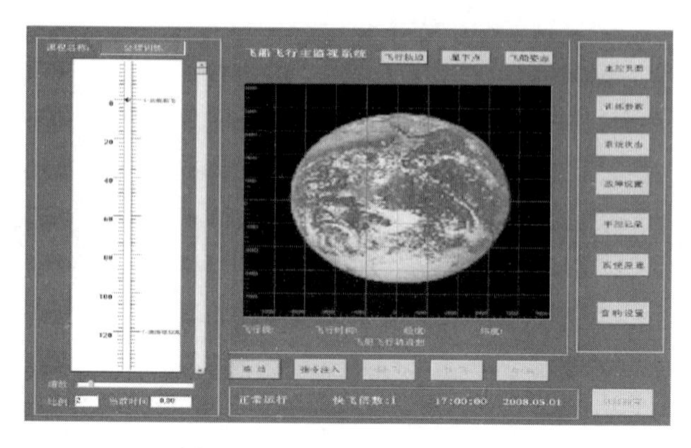

图 19 - 81　教员软件部分界面

随着第二步和第三步工程实施的陆续推进，航天员将面临完成中长期飞行任务、完成长时间出舱活动任务的考验，这对航天员的生理、心理、体质及技能都提出了更高的要求。面对新的任务特点，我国的新一代航天员的选拔标准和训练内容将会有新的调整。相应地，载人航天环境地面配套模拟试验设备及设施的建设也会向适用于长时间试验以及多种环境复合因素的选拔和训练试验的方向发展。在这方面，苏联和美国在 20 世纪 70 年代、80 年代积累的经验对我国航天环境模拟技术下一步的发展有着十分重要的借鉴价值。

此外，我国虽然还没有把登月明确列入国家载人航天计划，但登月始终是载人航天发展大国综合技术实力的体现，也是开展其他星球探测的基础。实施载人登月计划将涉及到运载工具、载人航天器、登月服等新一代载人航天装备的研制以及新的飞行程序和任务的制定。这不仅会导致登月航天员选拔标准和训练项目及内容的调整，同时也必将引出基于登月计划的航天环境模拟仿真技术新课题，例如特殊环境因素的重新考虑。这包括登月飞行环境因素、登月空间环境因素、月球表面环境因素、月球重力环境的模拟和登月航天员训练，以及登月服工效评价、月球表面实验装置研制等，所有这些任务需求均会推动航天环境模拟技术向前发展，并具体体现在新一代的载人航天环境地面模拟和训练设备的研制上。

第20章　航天员出舱活动技术

20.1　出舱活动技术概述

出舱活动技术是载人航天的三大基本技术之一，该三大基本技术分别为载人航天器发射和航天员安全返回技术、航天员出舱活动技术、航天器在轨交会对接技术。人类要想自由进入太空，建造空间站，登陆月球、火星等天体，探索和开发太空资源，就必须掌握这三项基本技术。对于一个国家来说，只有拥有了这三项基本技术，才能取得独立平等地参与国际载人航天活动的资格。

出舱活动的英文是 extra vehicular activity，简称 EVA，也被翻译成舱外活动。单纯从翻译的角度来讲，舱外活动似乎更准确些；但从工程技术和航天员训练的角度来讲，出舱活动则蕴含了航天员出舱、舱外作业和返回的一系列动作程序，从字面上体现了人的“主动性”和“过程”这两层意思，有益于学者对 EVA 进行深入理解和全面把握，对舱外活动任务的设计、相关产品研制和舱外活动任务的实施有更大的指导意义。

20.1.1　出舱活动简史

迄今为止，载人航天中进行的出舱活动绝大多数都是由俄（包括苏联）、美两国航天员实现的；哈萨克斯坦、法国、加拿大、日本、德国和瑞士六国航天员的出舱活动都是在美国的航天飞机、俄罗斯的和平号空间站以及国际空间站上进行的。世界上已有的出舱活动硬件系统包括上升号飞船、双子星座飞船、联盟号飞船、阿波罗飞船、天空实验室（空间站）、礼炮6号空间站、礼炮7号空间站、航天飞机、和平号空间站以及国际空间站。

截至2005年年底，人类在太空中共进行了239次出舱活动。虽然出舱活动是载人航天中最惊心动魄的活动，具有风险性、复杂性和不可预测性等特点，且也出现过一些故障和问题，但所有已进行的出舱活动都是成功的。

根据出舱活动的目的和出舱活动硬件系统的发展，将截至目前的人类出舱活动史划分为三个阶段。

（1）第一阶段：起步探索阶段（1965—1968）

在这一阶段世界上共进行出舱活动10次，出舱活动的目的从政治上讲主要是美、苏争夺太空霸权，从技术上讲主要是为了验证航天员出舱活动的可行性。此阶段出舱活动硬件系统的代表是上升2号飞船和双子星座飞船。

1965年3月18日，苏联航天员列昂诺夫穿着奥兰型舱外航天服走出了上升2号飞船的气闸舱，靠一根15.35 m长的脐带与飞船连在一起。他在离飞船5 m处活动，在太空中停留了24 min。此次出舱活动是世界上的第一次出舱活动。苏联赶在美国之前进行出舱活动，验证了出舱活动的可行性。

1965年6月3日，美国航天员麦克迪维特和怀特乘坐双子星座4号飞船进入太空飞行了5天，并且在绕轨道第3圈时由怀特穿着G4C舱外航天服实现了美国人首次太空行走（21 min）。出舱时他身上连着一根管缆，利用一个手持的小型火箭来实现太空机动，用喷气装置使自己在太空中机动飞行。双子星飞船没有专门的气闸舱，在出舱活动时直接对座舱进行减压和复压。

在这一阶段，苏联只进行了1次出舱活动，美国则在双子星座4号、9号、10号、11号、12号飞船上共进行了9次出舱活动，出舱活动时间最长达到了2 h 18 min。除苏联和美国的首次出舱活动在1965年实施外，其余8次出舱活动均是美国在1966年完成的。1967年和1968年，两国均未进行出舱活动。

（2）第二阶段：改进强化阶段（1969—1972）

在这一阶段世界上共进行出舱活动 20 次，出舱活动的目的除政治上的需要外，技术上主要是发展新一代具备出舱活动能力的飞船，实施登月和验证出舱活动空间救援。此阶段出舱活动硬件系统的代表是联盟号飞船和阿波罗飞船。

苏联在东方号和上升号飞船的基础上，发展了第三代载人飞船——联盟号飞船，并对在上升 2 号使用的舱外航天服进行了一些改进（仍为奥兰型航天服）。于 1969 年 1 月 16 日实施了其第二次出舱活动，验证了航天员在两个航天器间出舱转移的能力。

这一阶段出舱活动的重头戏是美国在实施阿波罗登月计划中所进行的 19 次出舱活动。美国首先在阿波罗 9 号飞船的飞行中验证了 A7L 舱外航天服和便携式生保系统、航天员在月球舱和指令舱应急出舱转移、月球舱和指令舱支持出舱活动的能力，然后在阿波罗 11 号、12 号、14 号、15 号、16 号、17 号飞船飞行中实施了 15 次月球表面的出舱活动和 3 次深空（月球轨道）出舱活动。美国从阿波罗 15 号开始使用改进了的 A7LB 舱外航天服，该型航天服可以支持更长时间的出舱活动，并最终在阿波罗 17 号飞行中创造了 7 h 37min 月球表面出舱活动时间最长的记录。美国阿波罗计划中实施的一系列出舱活动为该计划取得的巨大成功做出了重要贡献。

（3）第三阶段：发展完善阶段（1973 至今）

出舱活动在冷战结束后，其政治色彩逐渐淡化，主要是为了探索和利用太空、发展太空科技。该阶段出舱活动硬件系统的代表是天空实验室（空间站）、礼炮 6 号空间站、礼炮 7 号空间站、航天飞机、和平号空间站和国际空间站。这一阶段出舱活动的特点是：围绕近地轨道实施，出舱活动的硬件系统包括空间站和航天飞机两类，均有相对独立和功能完备的气闸舱，舱外航天服和便携式生保系统进一步完善。出舱活动的主要目的是试验和探索建立近地空间站的技术途径，继续研究人在空间站内有何军事、经济和科学价值，为建立未来大型空间站和进行深空探测、行星际航行做准备。

1971年4月，苏联成功发射了世界上第一个试验性载人空间站——礼炮1号空间站，随后苏联相继发射了一系列礼炮号空间站，并于1986年2月至1996年4月发射了和平号空间站——世界上第一个长期载人空间站。2003年3月23日，和平号在绕地球飞行8万多圈、行程约35亿公里、超期服役近10年后，坠毁在太平洋预定海域。在这一阶段，美国发展并完成了一个太空实验室计划，而现在正在建设和使用之中的太空实验室则是集聚了多个国家空间力量的国际空间站。空间站的出现和发展给美苏长久以来的激烈角逐关系带来了冲击，载人航天的发展历史中出现了新的气息。出舱活动在空间站的建造和维护、空间设备的维修和科学研究等方面发挥着非常重要的作用。

1981年4月12日，美国发射了世界上第一架航天飞机哥伦比亚号，从此航天飞机正式启用。此后美国又陆续发射了挑战者号、亚特兰蒂斯号、发现号、奋进号和企业号航天飞机，其中企业号是原型机，没真正上过天，只做过一些滑翔试验，目前放在史密森航空博物馆里供人参观。美国航天飞机投入运营20多年来，已成功飞行110多次，在太空部署过卫星、维修过哈勃望远镜，完成了无数科学试验和多次出舱活动任务，是建造国际空间站的主要运送工具。

在这一阶段，值得一提的是在1984年7月25日礼炮7号进行的为时3 h 35 min的出舱活动，苏联女航天员苏维特兰娜穿着一件曾8次在礼炮7号空间站上的航天员穿过的航天服进行了出舱活动，这是女性参加的第一次出舱活动。

20.1.2 出舱活动技术的发展概况

美俄两国在航天员第一次出舱活动的基础上，在航天员着舱外服在太空中的运动与控制技术、舱外航天服装备技术、气闸舱技术、出舱活动窗口选择与出舱活动程序设计技术、出舱活动训练技术等方面都进行了深入的研究。

(1) 航天员着舱外服在太空中的运动与控制技术

航天员在失重状态下的运动特性是出舱活动的重要研究内容。美、俄等国从 20 世纪 60 年代起开始研究失重状态下人体动力学问题，用于指导航天员完成出舱任务。NASA 于 20 世纪 80 年代后期开展了为期五年的研究计划，在该研究中除了将理论模型与实验数据相结合外，还大量使用了先进的计算机动态仿真技术。

除了在方法和原理上的研究，美、俄也十分重视舱外机动装置的研制，先后研制了系绳装置、机械臂、牧羊钩装置、手持式机动装置、喷气鞋装置、航天员机动装置、载人机动装置、苏联的 YMK 装置和国际空间站上的舱外活动救生辅助装置。

(2) 舱外航天服装备技术

在早期的航天员出舱活动中，采用脐带式的环境控制与生命保障技术。航天员出舱活动期间，利用载人航天器中的生命保障系统，通过脐带为身着航天服的出舱活动航天员进行供氧、去除 CO_2 和排出热量等，上升 2 号飞船和双子星座飞船均采用了此方案，航天员列昂诺夫、怀特通过脐带分别完成了苏联和美国的第一次航天员出舱活动。采用脐带式的环境控制与生命保障技术时，航天员的活动范围受到脐带的限制，其活动范围非常有限。

在此基础上，美国从阿波罗登月和苏联礼炮号空间站开始，采用了背包式出舱活动生命保障系统。采用背包式生命保障系统时，航天员利用随身携带的小型高压气瓶供氧，采用装有 LiOH 和活性炭的小型吸收罐吸收二氧化碳和微量污染物，航天员的代谢热通过水蒸发器或水升华器排除，呼吸和出汗产生的湿气通过冷凝热交换器冷凝，然后再由气液分离器分离。

与脐带式生命保障系统相比，背包式系统的出舱范围不受脐带的约束，但在该出舱活动生保系统中，由于航天员的代谢热通过水的蒸发或升华排除到周围空间，即通过水的相变带走热量，因此较长时间和较频繁的航天员出舱活动需要携带和消耗大量的水；又由于采用 LiOH 吸收 CO_2 的方案，需要经常更换 LiOH，因此需要在载人航天器上存储大量的LiOH。

此外，为了提高航天员出舱活动的机动性，美国还在出舱活动生保系统的基础上，研制了带有动力的出舱机动装置（extra-vehicular mobility unit，EMU）和载人机动装置（manned maneuvering unit，MMU），用于天空实验室和航天飞机的出舱活动。苏联也为和平号空间站和暴风雪号航天飞机研制了用于支持建造和装配大型空间结构的载人机动装置。载人机动装置能够使航天员离开载人航天器，并在空间一定的距离内飞行。

（3）气闸舱技术

气闸舱是航天员在轨出舱时为防止载人航天器舱内气体泄漏到宇宙空间的装置，即供航天员进入太空或由太空返回用的气密性装置。苏联上升2号飞船于1965年3月率先使用了气闸舱。航天员列昂诺夫通过气闸舱走出舱外，成为世界太空行走第一人。除苏联上升2号外，其他载人飞船上都没有专用气闸舱，而在空间站和航天飞机上普遍采用了气闸舱。

上升2号飞船上的伏尔加气闸舱为一个由两层化学纤维制成的气囊，在气囊内用36根橡皮充气棒将气囊支撑起来。气闸舱以折叠状态固定在飞船返回舱外舱口的上方。气闸舱中装有为保证充气、使其展开的系统，压力调节系统，控制板，照明灯，摄影机，以及航天员出舱时的脐带式软管。

和平号空间站除了供出舱活动外，气闸舱还用于存放载人机动装置和航天服。气闸舱在量子-2舱向外的一端内有一个直径为1 m的舱口，能够容许穿着出舱活动航天服和载人机动装置的航天员通过。

美国航天飞机气闸舱内舱门与中层甲板舱相通，将气闸舱与乘员舱分隔开，以保证在航天员进行出舱活动时乘员舱内不发生减压；外舱门与航天飞机的货舱相通，通过外舱门航天员即可进入货舱。美国航天飞机气闸舱能同时容纳两名穿着航天服的航天员进行工作，气闸舱功能较完善，其代表着气闸舱的现代设计水平。

国际空间站上使用了探索号共用气闸舱，其由乘员气闸舱和装备气闸舱两部分组成。乘员气闸舱供美、俄航天员出舱活动用；装备气闸舱除用来存放航天员出舱活动用的各种装备外，还供航天员进行预吸氧。共用气闸舱可供身着美、俄两种型号服装的航天员出舱活动共同使用。

（4）出舱活动窗口选择与出舱活动程序设计技术

出舱活动窗口选择是保证出舱活动航天员安全和顺利完成出舱任务的前提条件。在俄、美开展出舱活动的初期，出舱活动窗口选择利用了开展卫星、载人飞船等航天任务窗口设计的经验，考虑了近地空间环境中的南大西洋异常区、太阳质子事件、温度环境、空间碎片环境等对出舱活动的影响以及载人航天器轨道特性、测控通信系统的要求，降低了出舱活动时航天员受到环境的危害，以保障航天员出舱活动的安全。随着对空间环境认识的逐渐深入和监测水平的提高，出舱活动窗口选择为出舱活动窗口的设计提供了更可靠的保障。

出舱活动程序设计是确保航天员顺利出舱、完成舱外任务并顺利返回载人航天器的基本保证。早期的出舱活动由于任务单一，其出舱程序设计相对简单。随着出舱活动变得频繁、出舱任务更加多样化，出舱活动程序设计已成为出舱活动中的重要任务，并根据出舱任务需预先编制详细的出舱程序，航天员根据预先编排的程序进行出舱活动。例如，国际空间站航天员出舱时，依据飞行手册，决定着何种出舱航天服、何时在何地做何种工作。根据飞行手册航天员可以在地面上进行大量的专门训练。在出舱过程中，航天员根据飞行手册完成预定的出舱任务。

（5）出舱活动训练技术

出舱活动训练技术是为了保证航天员能够更好地适应空间环境，顺利完成出舱活动各项任务的训练技术。早期的出舱活动训练是针对出舱活动任务进行的特定训练，即基于任务的训练。航天员针对特定出舱任务，在出舱活动训练设备中，按训练计划进行相关技能和流程的训练。出舱活动训练技术在现阶段尚处于起步阶段，训练设备还不够齐全，训练时间有限，训练效果缺乏有效的评价方法。例如，列昂诺夫乘坐上升 2 号飞船进行出舱活动之前，就没有在中性浮力水槽中进行相应的训练，导致列昂诺夫返回飞船时遇到了预想不到的困难，这与气闸舱设计有关；同时，这与当时的训练手段不齐全、训练过程不充分也有密切的关系。

此后，根据出舱活动的需要，俄、美等国先后对与出舱活动训练相关的大型训练设备进行了配套建设，建设了失重飞机、中性浮力水槽、低压舱等设备，为出舱活动提供了有效的训练手段，例如美国航天员利用 KC－135 失重飞机进行失重飞行的时间大约为 10 h/人。1993 年，在约翰逊航天中心建造了世界上最大的中性浮力模拟实验室 NBL，用于国际空间站的装配程序试验和航天员装配操作技能训练，航天员需在该设备中进行数千小时的模拟训练。苏联加加林航天中心的失重水槽在联盟号飞船、礼炮号空间站、和平号空间站等航天器故障修复任务中进行了大量的模拟训练试验，对故障修复任务的完成起到了极其重要的作用。

在训练设备完善的同时，对训练科目的设置、训练效果的评估、训练的安全性等方面也进行了大量的研究工作，例如，在训练科目中设置了航天服的穿脱和有关操作的训练、应急措施的训练等。通过训练，提高了航天员出舱活动过程的效率和活动能力，提高了出舱活动的安全性。

20.2 出舱活动的空间威胁及防护

载人航天器在空间运动时，受到地球、月球、太阳和其他天体引力、大气阻力、太阳光辐射压力等力的作用，并在上述力的综合影响下沿着相应的轨道运行。

按照轨道的高度，轨道通常可分为低轨道、中高轨道和高轨道等。当轨道高度小于2 000 km 时为低轨道，当轨道高度大于2 000 km且小于 20 000 km 时为中高轨道，当轨道高度大于20 000 km时为高轨道。

通常，载人航天器运行在高度为 200～400 km 的低地球近圆轨道上。例如：国际空间站运行在轨道高度约为 400 km 的圆轨道上，轨道倾角为 51.6°；神舟 5 号和神舟 6 号飞船的轨道基本相同，船箭分离时飞船进入近地点高度为 200 km、远地点高度为 347 km 的椭圆轨道，变轨后飞船进入轨道高度为 343 km 的圆轨道，轨道倾角为 42.4°。

在低轨道上运行时，载人航天器面临的空间环境与宇宙空间中的其他环境之间有较大的差别。以探测行星际空间和太阳系以外空间为目的的探测器和飞船将在远离地球的宇宙空间中运行，其所遇到的主要是太阳风、行星际磁场、宇宙射线、微流星等环境；如要探测木星或土星，则会遭遇木星辐射带或土星辐射带中由高能带电粒子组成的强辐射环境。以通信、数据传输、气象观测为目的的航天器在地球同步轨道上运行，除了宇宙射线和微流星对航天器构成一定威胁外，地球磁层扰动时从磁尾注入的高温等离子体是此轨道上特有的恶劣环境因素，对航天器构成严重威胁。在数千千米高度上飞行的航天器的主要威胁来自辐射带中的高能质子和重离子诱发的单粒子事件和主要由高能电子造成的剂量效应。在 1 000 km 以下运行的航天器主要是对地观测卫星、气象卫星、载人飞船、空间站和航天飞机等，该区域的环境条件除数千千米高度航天器面临的环境外，还受到地球高层大气的影响：大气对航天器的阻力是航天器轨道最主要的摄动来源，是航天器陨落的主要原因；大气中的氧原子成分又是航天器表面化学腐蚀、剥离的主要原因；此外，由于这一区域内的地磁场的强度较大，其对航天器的姿态会产生较大的干扰力矩；但地磁场因其对高能带电粒子的偏转作用，使其成为载人航天器的天然屏障，使得低纬度区宇宙射线强度大大低于其他区域。由于在这一区域中运行的航天器最多，因此遗弃在轨道上的空间碎片也最多，空间碎片已成为威胁载人航天器和出舱活动航天员安全的重要的环境因素。

20.2.1 空间环境对人体的影响

（1）真空环境对人体的影响

宇宙空间的真空环境会对航天员的身体健康甚至生命产生严重影响。根据热力学原理可知，当液体的饱和蒸气压与其表面的压力相等时，该液体就发生沸腾。例如，在海平面，当水被加热到100 ℃时，其饱和蒸气压为101.3 kPa（76 mmHg），和大气压力值相等，水即产生沸腾，即海平面上水的沸点为100 ℃。随高度的增加，大气压力不断降低，相应高度上水的沸点也越来越低。水在37 ℃时，其饱和蒸气压为6.3×10^3 Pa（47 mmHg），当外界大气压力降低到6.3×10^3 Pa（47 mmHg）、约为地球表面19.2 km高度时，37 ℃的水就会出现沸腾现象。

在载人航天活动中，航天器从地面发射后进入高度在100 km以上的轨道运行。在距地球表面高度达到19.2 km时，外界气压降低到6.3×10^3 Pa（47 mmHg），此时气压等于37 ℃体液的饱和蒸气压，暴露在此高度上的生物体液便会转化成气体而形成气泡，从而出现体液沸腾。

体液沸腾产生的气泡和游离气体的膨胀会导致皮下组织气肿。由于组织、体腔和血管内的压力并不完全一致，体内体液所承受的压力是组织内压与外界大气压力的总和，因此并非外界压力降低到6.3×10^3 Pa（47 mmHg）就立刻引起全部组织器官内的体液沸腾。有的部位，如胸膜腔内，因其平时就呈负压状态，故其中的体液在外界大气压降低到6.8×10^3 Pa（51 mmHg）时就发生沸腾现象，形成所谓的蒸气胸。还有些组织器官，如眼球，因其本身的内压较高，眼球内的体液只有当外界大气压力下降到4.0×10^3 Pa（30 mmHg）以下（轨道高度约24.0 km）时才发生体液沸腾。

实验表明，突然减压到4×10^2 Pa的低真空环境后，仅仅经过一秒钟，被试验动物心脏中已可发现有小气泡；与此同时，体内残余气体膨胀还会引起肺气胀性损伤。大量水汽蒸发，在肺脏形成蒸汽泡，在皮下组织形成组织气肿，使躯干容积增大，四肢僵直；心律紊乱，由单一的期外收缩一直发展到危险的心室自搏或颤动，呈现为停搏前的心脏活动，加速动物的死亡。但在实验中发现，狗暴露在减压到 260 Pa 的低真空环境、暴露时间不超过 90 s 时，虽然意识丧失，呼吸、循环活动异常，但如恢复到常压，经 10～15 min 后，仍可恢复常态；当暴露时间延长到 120 s 以上时，脑、心脏等重要器官的损伤使得死亡率明显增加。

由于空间真空环境的存在，使得进行出舱活动的航天员还可能出现太空减压病。减压病是体内溶解气体的分压大于外界压力时，气体从血液及组织液中离析出来形成气泡造成对组织、神经的损伤而引起的疾病。其主要症状为关节疼痛，有时出现皮肤刺痛或瘙痒以及咳嗽、胸痛等，严重时还会出现中枢神经系统症状，甚至发生神经循环虚脱。

(2) 热环境对人体的影响

载人航天器在轨运行和航天员出舱活动时，均与环境之间不断进行着传热，从而影响着航天器、航天服表面和内部的温度。载人航天器在轨运行和航天员出舱活动时处于太阳电磁辐射、地球与大气反射和地气辐射环境下，与周围气体的热交换可以忽略，其表面热平衡决定于太阳电磁辐射、地球和大气反射、地球本身的红外辐射、与空间背景（冷黑环境）之间的辐射换热以及载人航天器或航天服向外释放的热流。

在空间热环境与内部热流的共同作用下，载人航天器或航天服受太阳照射的一面温度可达 120 ℃，而背对着太阳的一面温度可低至－100 ℃以下。

载人航天器在轨运行时，由于部分轨道处于地球阴影区中，因此，载人航天器在轨运行时，太阳直接照射区域和地球阴影区域交替出现，导致了航天活动中热环境的交替变化。在太阳直接照射区域，航天器或出舱活动航天员受到太阳辐射、地球反射辐射、地气辐射与冷黑环境等热环境的影响；在地球阴影区域，航天器或出舱活动航天员不受太阳辐射环境、地球反射辐射的影响，热环境仅与地气辐射与冷黑环境相关。

另外，当载人航天器环境控制与生命保障系统或航天服出现故障时，航天员所处的热环境也将偏离理想状态，出现过冷或过热现象。

在高温、低温环境下，人体的热平衡受到破坏，人主观感觉不舒适、工效受损、耐力降低。极端的高温或低温环境将危及人的健康甚至生命安全。

(3) 电离辐射环境对人体的影响

空间电离辐射环境中主要成分是质子和电子，当这些粒子（包括其产生的次级辐射）与人体相互作用时，将在人体内部组织细胞中引起电离、原子位移和化学反应，从而造成对航天员健康的危害。

为了定量描述电离辐射能在人体中沉积的情况，在辐射剂量学中采用吸收剂量这一概念。吸收剂量是指单位质量物质内所沉积的平均电离辐射能，单位是 $J \cdot kg^{-1}$，用戈瑞（Gy）表示。过去曾用单位 rad，1 rad=10^{-2} Gy。

电离辐射对人体的危害性质和严重程度取决于辐射能在生物体内沉积的数量与分布，出现的危害既具有确定性效应，也具有随机性效应。

吸收剂量相同时，由于辐射的类型或能量的不同以及照射条件不同，所产生的生物效应是不同的。在辐射防护中，最关心的是人体在受到各种类型辐射的照射后将产生什么样的效应，因此必须研究辐射场对生物效应的具体影响。

用剂量当量（H）来反映辐射场物理参数和生物效应之间定量关系。

$$H = N \times QF \times D$$

式中 D ——吸收剂量（Gy）；

QF ——品质因子，是与受照生物体辐射效应有关的参数，一般说来空间辐射品质因数估计为 1.1～1.3；

N ——与剂量率、深部剂量分布和生理因素有关的修正因子。

N 和 QF 均是无量纲变量，为避免混淆，剂量当量的单位采用希沃特（Sv）。过去曾用单位雷姆 rem，1 rem=10^{-2} Sv。

单位时间内的剂量当量为剂量当量率，单位是 Sv/min 或 Sv/h。

电离辐射的确定性效应是指高于某一剂量阈值必然发生的效应，效应的严重程度与受照射剂量的大小有关：当机体受到照射时，受到照射的机体细胞被杀伤，细胞功能受到损害；当照射剂量达到一定水平、使功能细胞的缺失达到一定数量时，必然会引起器官或组织的功能障碍，即导致确定性效应发生。确定性效应是受照射剂量达到一定水平时，相当数量的细胞被杀死又不能由活细胞的增值来补偿所产生的结果，因此其是有阈值的。达到阈值后，损伤的严重程度随受照射剂量增大而加重。确定性效应的阈值与受照射对象的辐射敏感性、受照射后经过的事件长短和照射剂量率有关。

另一方面，电离辐射能量的沉积是一个随机的离散的过程，因此，即使在剂量很小的情况下，在很小尺度细胞内的关键体积中也可沉积足够的能量，从而导致细胞发生变异或者被杀死。单个或少数细胞死亡不会造成器官或组织的功能改变，但是单个细胞的变异却可引起遗传变化或导致癌症的发生。随机性效应包括辐射遗传效应和辐射致癌效应。

（4）非电离辐射环境对人体的影响

出舱活动期间较重要的非电离辐射是紫外线和射频辐射，其作用于人体会产生不同程度的损伤作用。射频辐射的危害程度与其场强和作用时间有关：人体接收的辐射总剂量越大，发病率就越高，危害的程度也越严重。

紫外线辐射在人体组织中的贯穿能力很低，该辐射引起的生物效应主要局限于眼睛和皮肤。眼睛受过量紫外照射后可引起角膜炎，并可能在眼睑周围的面部伴随出现红斑，眼睛内有进入异物或沙子的感觉，可能有畏光、流泪和眼睑痉挛等症状。角膜炎的发生通常在受到照射后 6～12 h 内，潜伏期的长短与照射的严重程度成反比。人眼的最大灵敏区在 270 nm 波长处，在 220～310 nm 范围内的阈值为 4～14 mJ/cm^2。动物照射试验表明，275～320 nm 波段的紫外线辐射能引起眼晶体暂时性或永久性白内障。暂时性白内障的阈值剂量范围在 0.15～12.6 mJ/cm^2，永久性白内障的阈值剂量的典型值是暂时性阈值的两倍。皮肤受紫外照射的影响包括皮肤加速老化和出现红斑两方面。长期受紫外光照射会引起皮肤干燥、粗糙、松弛、多皱和黑色素沉着等皮肤加速老化现象。长期暴露在波长小于 320 nm 的紫外线辐射下会增加发生皮肤癌的危险，例如，扁平细胞癌是最常见的一种光致皮肤癌，其大部分发生在局部受照部位。

射频辐射对人体的作用效应包括热效应和非致热效应两方面。由于构成生物体组织的分子具有二极性，因此在射频辐射的作用下，分子发生振动和旋转，使组织变热，产生热效应。射频电磁波照射到人体时，吸收能源的多少与射频电磁波的频率和组织的含水量有关。含水量高的肌肉、大脑、内脏器官吸收能量较多，含水量低的脂肪和骨骼吸收能量较少。射频电磁波对人体组织的贯穿能力与其波长有关，波长越长，贯穿能力越强。当生物体的长度与波长之比在 0.36～0.4 时，辐射吸收达到最大值，生物体处于共振吸收状态。人体的共振频率约为 70 MHz。

另外，频率低于 0.1 MHz 的射频辐射在改变极化分子在组织内的分布和取向、干扰生物功能的非致热作用机制方面有着重要的作用。中枢神经系统是对射频电磁波最敏感的组织之一。长期暴露在射频辐射环境中可引起中枢神经系统功能性变化，通常表现为疲劳或兴奋度升高、记忆力减退、睡眠紊乱、情绪淡漠、对光和其他刺激敏感性增强。眼晶体对射频辐射也较敏感，射频辐射可影响视觉功能，引发干性结膜炎。当射频辐射强度较高时，眼内温度升高，可导致晶状体蛋白质凝固、酶系统代谢障碍，使蛋白质变性而引起白内障。

射频辐射还可造成听觉功能障碍，作用于皮肤时可引起热感、痛觉甚至使皮肤烧伤。射频辐射可使血液动力学失调，血管通透性改变，外周血管张力降低。长期暴露于射频辐射的环境中，会出现交感神经紧张性紊乱，如心率过速、高血压、窦性心率不齐等。射频辐射的长期作用可影响内分泌系统，对血液系统、消化系统、免疫系统和代谢也会产生不良影响。射频辐射作用于人体还会产生远期效应，如染色体畸变。

(5) 微流星与空间碎片对人体的影响

微流星与空间碎片的速度很大，当其与载人航天器或出舱活动航天员相撞时，释放出巨大的能量会对载人航天器或出舱活动航天员造成很大危害。

航天器由于微流星高速碰撞而造成的失效事故不断发生。1970 年 4 月 14 日 11 时 8 分，阿波罗 13 号飞船航行到距地球 329 961 km 时，遭遇微流星碰撞，使其辅助舱的 2 号液氧箱爆炸，登月被取消，只好返回地球。1983 年苏联发射的轨道站联合体礼炮 7 -联盟 T9 -宇宙 1443，在其轨道飞行期间，其中一个弦窗上厚度为 14 mm 的玻璃被微流星击穿，洞孔直径约 4 mm。航天员在轨道站外面活动期间，观察到外蒙皮被微流星撞击形成无数不同大小的凹坑。1983 年，挑战者号航天飞机的前窗被一个涂料片击中，航天员虽免遭横祸，但前窗被打破。

质量小的微流星体主要对载人航天器表面起沙蚀作用，使表面粗糙，造成表面热控涂层特性破坏；对于光学表面、太阳电池等，会影响其透光性能，引起表面材料的熔化与汽化等；光学系统的污染会影响光学和射电天文学工作等。

空间碎片与运行的载人航天器发生碰撞，会毁坏载人航天器并威胁航天员的生命安全。空间碎片与运行的载人航天器发生碰撞造成的破坏程度取决于空间碎片的质量和速度。一般来说，大于 0.01 cm 的空间碎片对载人航天器造成的主要影响是使其表面凹陷和磨损，大于 0.1 cm 的空间碎片会影响航天器结构，大于 1 cm 的空间碎片会造成航天器严重损坏。由于空间碎片是运动的，因此在碰撞事件中，即使很小的空间碎片与载人航天器相撞也会使航天器遭到破坏。在低轨道发生碰撞的空间碎片的平均速度为 9.1 km/s，峰值速度达 14 km/s。几厘米大小的空间碎片，撞击能相当于 130 km/h 疾驶的小汽车的撞击能。因此，直径仅几厘米的空间碎片与载人航天器相撞就可能摧毁载人航天器且危及舱内航天员的生命。毫米级的太空碎片不仅能降低太阳能电池或光学仪器的性能，甚至能穿透在太空行走的航天员的航天服。尺寸大的空间碎片对载人航天器的危害就更大。

（6）微重力环境对人体的影响

人类一直生活在地球表面重力环境下，人体的生理组织结构和生理机能已经适应了该重力环境。当航天器从地面的重力环境进入轨道的微重力环境后，人体会出现一系列的生理反应。

在微重力环境下，人体在地球重力环境下建立起来的神经与肌肉的协调和控制功能出现紊乱，引起人体的姿态平衡能力、运动协调能力和空间定向能力下降。进入微重力环境的初期，部分航天员会发生前庭功能障碍，产生晕眩、恶心、呕吐或空间定向障碍等空间运动病症状。重力环境的消失使得人体的体液重新分布，下肢体液向头部和身体上部转移，对心血管系统和水盐代谢产生影响。

微重力环境导致人体内分泌系统发生变化，使机体免疫功能下降。长期处于微重力环境下，可引起肌肉萎缩、肌力下降和体力工作能力降低。航天任务中的体育锻炼可以减缓肌肉萎缩的进程，但不能阻止其发生。长期处于微重力环境下，会引起航天员承重骨的骨密度下降和持续性的骨质脱钙。为了克服微重力环境对人体的影响，科学家们研究了人工重力等方法，但到目前为止，主要还是通过地面训练使航天员逐渐适应微重力环境，从而降低微重力环境对人体的影响。

20.2.2　出舱活动的防护技术

（1）舱外航天服

为了适应空间环境，航天员出舱活动时必须穿着舱外航天服进行工作。舱外航天服的功能是为航天员提供适当的大气压力、足够的氧气、适宜的温度和湿度，以保障航天员的生命活动需要，同时具有足够的强度防止辐射、微流星和空间碎片对航天员造成伤害，提供航天员必需的工作能力。

舱外航天服供航天员离开载人航天器、进入开放的宇宙空间进行舱外活动时使用。舱外航天服不仅为航天员提供在宇宙空间生存的环境，还具有使航天员在宇宙空间进行各种工作所需的活动能力。因此，舱外航天服不光是形式上应具备柔性，其还应包括生命保障系统、防护系统和通信控制系统等，其中生命保障系统和防护系统显得尤为重要。

美国舱外航天服将多种防护功能进行复合，强调柔性结合；而俄罗斯舱外航天服则采用层合防护，强调实用。对于前面章节所述太空环境，硬质的太空舱可以通过各种材料复合和加厚达到防护的目的；而对于在舱外活动的航天员，则需要特殊的柔性材料的组合或复合完成防护，显然其难度和要求都大大增加。

为了实现对空间环境的有效防护，通常舱外航天服由多层组成：外层为防护层，作为光、热反射层（可能还具有反射高能射线作用）；其次是隔绝层，作为隔绝热和减缓力作用层；中间为增强层，其作为成形复合织物的基本构架和支撑材料，并起力学稳定与防护作用；再次层为封闭层，以隔绝气体的渗出，为气密作用层，该层即为常规概念的最内层。

(2) 出舱程序设计

出舱程序的设计对预防太空减压病的出现具有重要影响，现阶段美、俄和欧洲空间局基本采用的方法为吸氧排氮或阶段减压、或二者兼用。

在出舱活动前，通过吸收纯氧、进行阶段减压或两者结合使用，将溶解在身体各组织、体液中的氮气向血液中弥散，最终呼出体外，以避免从体内溶解气体的血液及组织液中离析出来的气泡造成对组织、神经的损伤，从而预防减压病的发生。

美国航天飞机用于出舱活动的预防减压病方案之一如下：开始

在正常舱压下航天员吸氧排氮 6 min，然后将舱压维持在 70.3 kPa，24 h 后航天员穿上航天服、再吸氧排氮40 min。实践证明，上述出舱程序可有效地预防减压病的发生。

合理的出舱程序有利于航天员保持良好的身体状态，提高工作效率、心理稳定性和对低压缺氧、高低温等环境因素的耐受性，确保出舱活动的顺利完成。

（3）出舱时机选择

当航天员出舱活动时，载人航天器的辐射屏蔽不再发挥作用，航天员穿舱外航天服直接暴露于航天器外面的辐射环境，因此更需要进行出舱时机的选择。

太阳活动极大年，发生太阳粒子事件的概率增加而银河宇宙射线辐射强度降低；太阳活动极小年，发生太阳粒子事件的概率减小而银河宇宙射线辐射强度增加。由于太阳粒子事件的发生以及事件的规模难以预报，就有可能在飞行任务中遭遇太阳粒子事件而构成危险，因此，当飞行轨道很高或进行行星际飞行时，应当选择在太阳活动极小年。同时，必须连续监测太阳粒子事件，一旦有可能遭遇太阳粒子事件，则取消出舱活动计划或中止出舱活动。

近地轨道载人航天器在轨运行时，可能多次穿越南大西洋异常区，在进行出舱活动安排时，必须避开该区域。计算表明，在航天飞机飞行过程中，每天有 12～15 h 可避开南大西洋异常区，在此期间进行出舱活动较为安全。

（4）空间碎片预报与轨道清扫

对尺寸较大的空间碎片主要是依靠地基光学望远镜或雷达来进行观测。由于空间碎片的数量逐年增多，特别是一旦发生激烈的太阳活动、大气密度发生变化，空间碎片的运行轨道将受到影响需要进行重新捕获，因此对碎片编目的难度就越来越大。一个比较实际的方案是首先解决应急的、某些轨道面内的碎片观测，例如对载人航天危害极大的、经过 250～450 km 近地圆轨道区域内的空间碎片的观测。

针对空间碎片已提出了许多对策，归结起来可用“避、禁、减、清”四个字来概括。所谓“避”，就是加速发展空间目标监视系统，对空间碎片进行严密的监视与跟踪，并采取有效的机动规避手段，使航天器及时避开空间碎片。所谓“禁”，就是在国际上制定有关空间法规，禁止在空间进行试验和部署各种武器，限制发射核动力卫星，使空间成为为人类文明服务的和平空间。所谓“减”，就是发射航天器的国家应采取措施，尽量减少空间碎片的增加，对末级火箭采取未燃尽推进剂和高压气体排空，以避免末级火箭爆炸。所谓“清”，就是发展空间碎片清扫技术，对已完成任务的运载火箭末级采取转移轨道措施，使其返回大气层烧毁；对已达到预定寿命的卫星，让其获得逃逸速度，远离近地空间或采用清除装置进行清除。目前，已提出了一些清除空间碎片的设想和方案，包括激光清扫、太空风车、大型泡沫气球、清扫卫星等。

20.3　舱外航天服

舱外航天服是指航天员出舱活动时用于防护宇宙空间环境对人体危害的个人防护作业密闭服。对于在轨飞行出舱用舱外航天服，其主要的防护功能是防止真空、热辐射、热沉等近地球轨道空间环境因素对人体造成危害，具有气密、承压、隔热和一定的抗微流星/空间碎片冲击等性能，并具有良好的关节结构活动性能和面窗视觉防护工作能力，以保证航天员在飞行器表面正常操作活动，是舱外航天服装备的关键设备。

20.4　气闸舱

气闸舱，英文为 Airlock，直译为气闸、气锁或气塞，是指用于密封舱段与真空空间之间的隔离段。气闸舱为航天员进出太空提供必经的过渡通道，其中设有两个舱门，与密封舱连接的叫作内舱门，通向太空的叫作外舱门。当航天员要出舱活动时打开内舱门，航天员进入气闸舱后内舱门关闭，在采取一系列安全措施和调整舱压后再打开外舱门，这时航天员可以出舱进行太空行走。当航天员返回时，采用相反的程序。

气闸舱主要有四个作用：一是在打开航天器的舱门航天员进行出舱活动时，减少飞行器内气体的流失量，节省宝贵的气体；二是在航天员出舱前对大气压力进行调节，航天员进行吸氧排氮，以预防减压病；三是泄压复压；四是简化出舱活动系统的设计，提高出舱活动的安全性。

20.4.1 气闸舱的基本原理

(1) 节省气体的基本原理

下面来确定航天器密封舱体积与其内部气体质量的关系。

设航天器密闭舱段内的气体为空气，其中氧气占21%，氮气占79%，气体的压力为P，温度为T，密封舱体的体积为V。氧气的分子量为32，氮气的分子量为28，则密闭舱内空气的平均分子量$\overline{M}$为

$$\overline{M}=0.21\times 32+0.79\times 28=28.84 \tag{20-1}$$

由克拉伯龙方程可知，密闭舱内的气体质量m为

$$m=\frac{P\overline{M}}{R_0 T}V \tag{20-2}$$

式中 R_0——普适气体常数，对所有的气体都是同样的值[$R_0=8\ 314\ \mathrm{J/(kmol\cdot K)}$]。

式(20-2)方程中各个量的单位如下：

P——$\mathrm{N/m^3}$，V——$\mathrm{m^3}$，T——K

$\overline{M}$——kg/kmol，R_0——J/(kmol·K)，m——kg

由式(20-2)可知，当密闭舱内气体的压强、温度和混合比例相同时，舱内气体的质量与舱体的体积成正比。

下面比较一下载人飞船和空间站出舱采用座舱直接减压方式时

气体的消耗量。分别以阿波罗飞船和国际空间站作为比较的标准。阿波罗飞船座舱的体积为 6.17 m^3，国际空间站为 908 m^3。设舱内气体的压强为 101.3 kPa，温度为 27 ℃，即 300 K，舱内气体的组成为空气，其中氧气占 21%，氮气占 79%。

由式（20－2）得

$$m=\frac{101.3\times 10^3\times 28.84}{8\ 314\times 300}v=1.17V \tag{20-3}$$

式（20－3）中给出了密闭舱体积与其内部气体质量之间的关系。对于阿波罗飞船，密闭舱内的气体质量为 7.22 kg；对于国际空间站，密闭舱内的气体质量为 1 062.36 kg。

由以上计算结果可知，如果国际空间站不采用气闸舱、而采用座舱直接减压的方式进行出舱活动，则一次出舱活动气体的消耗量就为阿波罗飞船的 147 倍。

国际空间站探索号气闸舱内部的空间为 34 m^3。国际空间站采用气闸舱进行出舱活动，则每次出舱消耗的气体量为 39.78 kg，每次出舱比座舱直接减压的方式节省气体1 022.58 kg。

由以上分析可知，航天器密封舱段内气体的质量与其舱段的体积成正比，因此对于密闭舱段体积较大的航天器，进行出舱活动时，采用气闸舱的方式可大大节省航天器上的气体。

（2）吸氧排氮和阶段减压预防减压病的基本原理

在地球表面时，人体受到大气层的压力为 1 个大气压，人体在这样的压力下不仅生活正常，与外界气体的交换也正常。此时各种气体均以饱和状态溶解在机体组织和体液中，其成分中只有氮气不和体内物质发生反应。氮气约有 4%溶解在血液里，其余 96%溶解在其他组织里，且大部分溶解于脂肪组织。当体外环境压力下降时，组织、体液中溶解的氮气呈过饱和状态，同时由于体内外的压力差，使过剩饱和气体经循环、呼吸系统排出体外，该过程称为脱饱和。如果体外环境压力下降速率较低，脱饱和过程自然完成，不在体内形成气泡，此时不会引发任何不良症状。在航天活动中，从密封舱段过渡到舱外航天服时，体外环境减压速率较快，从而机体组织绝对压力的下降速率比组织中溶解气体张力的下降速率大，使脱饱和过程来不及完成，过饱和溶解的气体在体内形成气泡的倾向随之增加。在各种组织中形成的气泡可能压迫、刺激局部组织，血管内的气泡则可能成为气体栓子堵塞血管、或与血液成分发生相互反应。由于形成气泡多少、压迫或堵塞部位不同，以及与血液成分发生反应的性质及引起继发性反应的特点各异，从而导致了各种不同的减压病症状。

如果外界气压下降过大过快，那么人体组织内的气体因外界压力低而大量往外逸出。氧气是人体需要的，逸出到哪里都可以；但氮气向人体组织外逸出就会使机体产生皮肤发痒、关节与肌肉疼痛、咳嗽和胸闷等症状。这种从高压（正常压）变成低压所引发的病就是减压病。如果所设计的载人航天器密封舱采用的是接近地面大气的压力制度，那么航天员进入航天器内时就不必采取任何预防措施；如果所采用的是半个大气压的压力制度，那么航天员在进入载人航天器之前就得把体内多余的氮气排出，用氧气代替。这是因为在 1 个大气压的普通空气中生活时，人体中氧气只占 21%左右，而氮气约占 79%。

航天员到舱外活动时，舱外航天服系统中的压力比舱内的压力低，航天员在进行出舱（舱内采用一个大气压的压力制度）准备、穿舱外航天服之前必须把体内多余的氮气排出。现在可以采用阶段减压和吸氧排氮这两种方案：第一种方法由于耗费很长的时间，一般不单独采用；第二种方法所需时间较短，为大多数出舱活动所采用。

医学上常用减压前组织氮气压力（P_{N_2}）与减压后环境压力（P_{CK}）之比表示氮气形成气泡倾向的大小，该比值称为氮气过饱和倍数（R），即

$$R=\frac{P_{N_2}}{P_{CK}} \tag{20-4}$$

随着 P_{CK} 降低，R 逐渐增大；但 P_{N_2} 减小时，R 值随之降低。这是出舱活动前预防减压病发生最重要的理论基础，是舱外航天服压力控制、出舱前吸氧排氮时间控制和气闸舱阶段减压方案制定的最主要理论依据。美国航天标准规定，不产生减压病的 R 值为1.22，在医学上可以接受的允许低发病率的 R 值为1.4。经证实，压力降低不超过50%的情况一般不会发生减压病，因为人体对氮气的过饱和是有一定耐受能力的，虽然体内形成了氮气过饱和溶解，但其尚不能形成气泡。

20.4.2　气闸舱的组成

(1) 内外舱门

内外舱门是防止航天器舱内气体流失的基本组件，也是航天员进出航天器必经的通道。内外闸门的气密性和易操作性是气闸舱舱门设计必须满足的条件。

气闸舱的主要功能之一就是防止舱内气体的流失，因此舱门的密封性是至关重要的。气闸舱的舱门除了要在设计到制造过程中精益求精、严格把关以外，还应在气闸舱内提供对舱门气密性的检查和测试手段。比较简单的方案是在舱门的两边分别提供一个压差指示计，并在舱门上设有观察窗，以供航天员方便地观察舱内的减压情况。

在出舱活动过程中，航天员要多次开启和关闭气闸舱舱门，特别是在穿着舱外航天服时，航天员的灵活性大大降低、体力工作强度大大提高，因此舱门的易操作性对出舱活动的成败起至关重要的作用，其是舱门设计必须满足的条件。

气闸舱舱门的设计应满足以下要求：在舱门上的插销失灵时，应有打开舱门的应急措施和办法；舱门应能从门的两边锁上和打开；当气闸舱的内部压力低于外部压力时，舱门不能被压力自动推开；在紧急状态下，舱门也能关上；在紧急状态下，如果舱门被卡住，能用手协助将舱门强行打开；在打开和关闭舱门时，为了防止身体移动应提供必要的限制设备；舱门设计应该能耐受高压负荷，又不要过于笨重而导致操作不便；舱门的开关和控制装置应能让穿着航天服的航天员用手方便地操作和使用；舱门应开向压力较高的一边，利用压力的作用使其自然密封，进一步提高可靠性；当一名穿着航天服的航天员受伤或生病时，舱门应容许穿着航天服的另一名航天员将其营救出来。

（2）生命保障系统

航天员要在气闸舱内进行舱外航天服检测、吸氧排氮等一系列的出舱准备活动，因此气闸舱内要配备必要的生命保障系统，以保障航天员在气闸舱工作时的生命安全。

（3）舱门气密性检查和测试设备

气闸舱的主要功能之一是防止舱内气体的流失，因此舱门的气密性是十分重要的，提供必要的气密性检查和测试设备也是十分必要的。同时，在气闸舱内的吸氧排氮和气闸舱阶段减压过程是严格按预定的程序进行的，因此在减压的每一个阶段都应检查和测试气闸舱的气密性和泄漏率，以确保减压过程严格按预定程序进行，这也要求气闸舱内提供必要的气密性检查和测试设备，以便航天员在气闸减压的每一个阶段进行气密性和泄漏率检测，为出舱活动制定科学的出舱程序。

（4）通信设备

为实现航天员出舱准备和在舱外活动期间与飞船内航天员以及与地面之间的话音通信，并将舱外航天服遥测参数和航天员生理遥测参数通过飞船向地面的通信传输，气闸舱需提供出舱活动通信功能，设计支持通信联系的相关设备。

（5）扶手和脚限制装置

航天员在气闸舱内进行出舱准备活动时要完成一系列的操作，如多次开启和关闭气闸舱舱门，特别在身穿舱外航天服时，航天员的灵活性大大降低，在完成这些操作时航天员很难自如地控制自己的身体的运动。为了航天员能在较小的体力消耗下顺利地完成预定的操作，有必要在气闸舱内安装一些扶手和脚限制装置，以协助航天员方便地完成任务。

（6）航天服控制台

航天服控制台的主要功能是对舱外航天服进行舱载供气控制以及与液冷回路的连接。航天员在舱外进行太空行走时，舱外航天服以独立生保和独立供电的模式工作，通过无线方式与飞船进行通信，舱外航天服与气闸舱舱体以安全系绳连接。在出舱前准备和出舱活动结束返回气闸舱期间，为了节省舱外航天服宝贵的资源，舱外航天服通过电脐带和软管束与航天服控制台连接，通过航天服控制台进行供气控制和液冷回路的连接。

舱载液冷回路连接工作原理如下：舱外航天服内部液冷回路通过软管束连接到航天服控制台，然后通过冷水回路管路与服装换热器连通；整个回路由舱外航天服内的泵驱动，冷却水从服装换热器流出，流过舱外航天服的液冷服和气液分离器等，带走舱外航天服内泵、风机等设备工作和人体产生的热量，并进行舱外航天服内空气除湿。

舱载气路连接工作原理如下：舱外航天服通过软管束与航天服控制台连接，然后通过供氧管路与气闸舱舱载氧瓶连接，形成供气通路，提供航天员着舱外航天服时密封检查、大流量冲洗、吸氧排氮、正常呼吸等模式下的舱载供氧支持。

一般来说，航天服控制台与舱外航天服是相互匹配的，如果不经过特殊设计，不同型号的控制台与舱外航天服之间是不能匹配的。在国际空间站上没有装有共用气闸舱之前，美国的航天员如果要通过俄罗斯的星辰号服务舱出舱，就必须穿着俄罗斯的舱外航天服，俄罗斯的航天服控制台不支持美国的舱外航天服是其重要的原因之一。国际空间站的共用气闸舱在设计时考虑了不同舱外服的兼容性，使其可供美、俄两种型号的服装共同使用。

20.4.3　俄、美和国际空间站气闸舱简介

（1）上升 2 号飞船气闸舱

上升 2 号飞船上的气闸舱重为 250 kg，直径为 0.7 m，高为

0.77 m，在飞船发射时气闸舱是储藏在返回舱内的。当航天员在轨道上进行出舱活动时，气闸舱进行充气，这时气闸舱长为 2.5 m，内部直径为 1.0 m，外部直径为 1.2 m。

这种称为伏尔加的气闸舱，在发射时安装在飞船的舱门上，凸出到船身外 0.74 m。其由 3 部分组成：1 个宽为 1.2 m 的金属环，扣在飞船的舱门上；1 个长为 2.5 m、由两层化学纤维制成的气囊；1 个宽为 1.2 m 的金属环，其也装在门上。在化学纤维制成的气囊内，有 36 根橡皮充气棒将气囊支撑起来；36 根橡皮充气棒被分成 3 组，每组 12 根。如果其中 2 组橡皮充气棒失灵，那剩余的 1 组橡皮充气棒也能保证气闸舱的形状。气闸舱以折叠状态固定在飞船返回舱外舱口的上方。气闸舱中装有为保证充气使其展开的系统、压力调节系统、控制板、照明灯、摄影机和航天员出舱时的脐带式软管（长为 15.35 m）、完成任务后与飞船分离的系统以及其他一些部件。36 根橡皮充气棒需要 7 min 才能充完气。飞船上有 4 个球形氧气瓶可供橡皮充气棒充气和气闸舱加压。

上升 2 号上的航天员列昂诺夫的出舱活动险象环生，人类的首次出舱活动并不顺利，这跟出舱活动航天服的加压膨胀和在载人飞船上安装技术不成熟的气闸舱有一定关系。

（2）苏联礼炮号气闸舱

礼炮号空间站上的气闸舱又称前过渡舱，如图 20－1 所示。礼炮号空间站由 3 部分组成：气闸舱、小直径的生活舱和大直径的工作舱。气闸舱长为 3 m，直径为 2 m，有 4 个开口。后部开口装有对接系统；前部开口与大直径的工作舱相通；顶部开口供航天员出舱活动用，该开口有一扇可以开关的密封舱门；底部开口与一个小舱室相通，该小舱室用于将返回舱弹到太空去。气闸舱内储存有 2 套出舱活动航天服，供出舱活动的航天员使用。

（3）和平号气闸舱

和平号空间站上的气闸舱位于量子－2 舱内。量子－2 舱重为 19 600 kg，直径为 4.35 m，长为 13.7 m，内部可供使用的容积为

图 20-1　礼炮号上的气闸舱

61.3 m³。量子-2舱又分成3个舱：气闸舱、中央科学仪器舱、基础服务与货舱。气闸舱在量子-2舱向外的一端，内有一个直径为1 m的舱口，能够容许穿着舱外航天服和载人机动装置的航天员通过。中央科学仪器舱也有舱门，可以用来密封和减压，因而中央科学仪器舱可以作为备用气闸舱或气闸舱的扩大部分。除了供出舱活动外，气闸舱还可存放载人机动装置和航天服。量子-2舱于1989年才加到和平号空间站上，在这之前航天员是通过直径仅0.8 m的对接舱口出舱。

(4) 美国天空实验室气闸舱

在天空实验室上美国首次安装了气闸舱，不过该气闸舱是一个多用途气闸舱：一是作为航天员出舱活动的一个通道；二是放置天空实验室的一些系统及其控制装置，即在该气闸舱内除了气闸外还有天空实验室的通信系统、数据中心设备、电力供应系统、环境控制系统、故障警报系统及相关控制装置；三是作为天空实验室的一个结构件，将轨道工场与可重复使用的对接装置连接起来。

该气闸舱呈圆筒形，长为5.4 m，基本直径为3.1 m，最大直径为6.55 m，舱内航天员活动空间的容积为17.66 m³。气闸舱主要由两个同轴的大圆筒组成。在发射时为了与轨道工场的大直径相匹配，外圆筒的外边还有一个有效载荷防护罩；该外圆筒也是阿波罗望远镜系统的支持结构，类似于一个专用底座，将复杂的阿波罗望远镜系统的一部分架设在其上。内圆筒才是真正的气闸舱，同时又是连接轨道工场与可重复使用的对接装置的一个通道。通道两端分别有一个舱门，在气闸舱减压时可以关闭上。此外，在气闸舱的舱壁上还有一个舱门，航天员通过该舱门进行出舱活动。在出舱活动时，先将两端的舱门关闭上，气闸舱减压，侧舱门打开，航天员出舱；航天员完成出舱活动任务后返回时，关闭侧舱门，气闸舱加压，两端的舱门重新打开，航天员回到轨道工场。

在外圆筒和内圆筒之间的连接支架上放置有 12 个高压气瓶，分别为 6 个氧气瓶和 6 个氮气瓶，用于向轨道工场内提供大气。

（5）美国航天飞机气闸舱

美国航天飞机的气闸舱是比较标准的气闸舱：第一，为航天员出舱活动专用；第二，代表着气闸舱的现代设计水平；第三，功能比较完善。

航天飞机气闸舱位于航天飞机乘员舱的中层甲板舱内，内部直径为 1.58 m，长为 2 m，内部容积为 4.2 m^3，能同时容纳两名穿着航天服的航天员。其前后有两个压力密封的舱门，内舱门与中层甲板舱相通，其作用是将气闸舱与航天飞机轨道器的乘员舱分隔开，在航天员进行出舱活动时保证乘员舱内不会发生减压；外舱门与航天飞机的货舱相通，其作用是将气闸舱与货舱隔开，通过此舱门航天员即可进入货舱。舱门呈 D 字形，直径为 1 m，具有以下特点：舱门的两边都能锁上和打开，使用寿命达 2 000 次，身穿航天服的航天员用一只手就能打开和关闭舱门，在前后方向上能耐受 20 g 的冲击力，压差在 1.38 kPa 时仍能打开舱门，开关的手柄最大能承受 132.3 N 的力。

航天飞机气闸舱主要用于航天员出舱活动时的减压和重新加压，维修出舱活动装备和补充消耗品，给液冷服中的冷却水散热，进行出舱活动装备的测试，航天员穿脱出舱活动航天服以及进行通信联系。在气闸舱内的舱壁上设有放置出舱活动航天服的地方，此外，舱内还有航天服测试装置和补充消耗品的设备。

(6) 国际空间站气闸舱

国际空间站上使用的是名叫探索号的共用气闸舱，如图 20-2 所示。其可供美、俄两种型号的服装共同使用。共用气闸舱是于 2001 年 7 月才与国际空间站的节点-1 舱对接上的。

图 20-2　国际空间站上的气闸舱

共用气闸舱长为 6 m，直径为 3.9 m，内部活动空间为 34 m^3，重为 6 500 kg。其由两部分组成：人员气闸舱和装备气闸舱。装备气闸舱除用来存放航天员出舱活动用的各种装备外，还供航天员在其中预吸氧。人员气闸舱供美、俄航天员出舱活动用，人员气闸舱内有照明和脐带式接口装置。这种脐带式接口装置固定在气闸舱的舱壁上，通过脐带可以同时为两套航天服供水、回收废水、供氧、供电和通信联络。在气闸舱的舱门打开之前，舱内压力先下降到 20.7 kPa，然后再降到零，这时服装内的压力为 29.6 kPa。装备气闸舱还可供航天员对服装进行定期保养维修，因此舱内有各种维修保养用的工具和设备。

在没有装共用气闸舱之前，俄罗斯航天员是通过星辰号服务舱上的过渡舱进行太空行走的。星辰号服务舱是在 2000 年 7 月被发射并与国际空间站对接的，其重为19 000 kg，长为13 m。舱内分3个部分：前端为一较小的球形过渡舱，其有两项功能，一是作对接舱用，二是作气闸舱用，俄罗斯航天员即从该部分出舱；中间是一个巨大的圆筒形工作舱；后端是一个圆筒形过渡舱。球形过渡舱上有3个小观察窗口，每个直径为0.23 m。航天员在出舱活动期间，星辰号服务舱还向地面飞行控制中心提供数据、声音和电视信息。

20.5 出舱活动窗口与出舱活动程序设计

20.5.1 出舱活动窗口与出舱活动程序

出舱活动是一项具有高技术含量的载人航天飞行任务，具有高危险性及高复杂性。要顺利地完成一次出舱活动，需要方方面面的支持与配合。事实上，在正式执行出舱活动任务前的很长一段时间就得着手做好充分的计划，并形成正式的任务安排。从国外40多年的实践经验看，严密的组织和策划，以及科学、严谨的出舱活动程序设计是保证任务成功的必要条件。以国际空间站计划为例，早在空间站计划初期就已经把将要执行的出舱活动任务次数、任务、每次出舱活动的时间等进行了详细的编排。因此，做好出舱活动的整体策划工作，编排、设计好出舱活动的窗口和出舱活动程序，对于一次成功的出舱活动任务而言是至关重要的。

(1) 出舱活动窗口

“窗口”一词原指墙上开的窗形的孔，后被引申为与时间或某一时刻有关的物理描述。在航天任务中，常用发射窗口表示运载火箭发射的时机，该时机是在综合了火箭技术、天文、地理、测控通信等多方面因素之后确定的。出舱活动窗口是指航天员在执行航天飞行任务过程中实施出舱活动的时机。前面章节中已经说过，出舱活动有不同的种类，每种任务的情况也不尽相同。不同种类出舱活动任务都需要提前考虑各种相关因素，并编排出科学、合理的出舱活动任务计划和实施细则，并将这些情况落实到航天任务指挥协同各相关部门以及航天员使用的飞行手册中。经过几十年的发展，出舱活动任务的组织和策划日臻完善，国外在出舱活动窗口设计和程序设计上已经形成了一整套完整的体系。以国际空间站航天员飞行手册为例，在手册中已经将航天员着何种出舱航天服、何时、在何地做何种工作进行了详细的编排。根据手册航天员可以在地面上进行大量的专门训练，在太空中航天员可以根据这些完整、严密的编排顺利完成预定的任务。

(2) 出舱活动程序

广义上的出舱活动程序指的是从出舱活动前的准备至活动后整理完毕之间的全部工作过程，包括对飞行器内服装的启封及组装、服装和气闸舱的检查、在轨预训练、出舱当天服装和气闸舱的检查、进入服装至打开舱门、在舱外执行任务、返回至飞行器内、关闭出舱舱门至出服装、返回后服装的整理；狭义上的出舱活动程序仅指出舱活动当天从服装和气闸舱检查等准备，至打开出舱舱门、关闭水升华器，再至关闭出舱舱门，最后至服装整理的过程。本章所指的出舱活动程序特指狭义上的定义。

出舱活动程序是航天员执行出舱任务所必须遵循的法规性文件，是地面指挥人员实施指挥协同和航天员在轨执行任务的依据，是在不断编写、修改、实践、再修改过程中形成的。其是在综合考虑了出舱活动人数、任务，舱外航天服的使用特点和约束条件，气闸舱的使用特点和约束条件等多种情况下形成的。

20.5.2　出舱活动窗口设计

出舱活动窗口的确定取决于整个出舱活动系统的设计。出舱活动的系统设计应与以下内容有关：首先应确定出舱活动的目的和任务，在此基础上进一步确定出舱活动的持续时间、几个人出舱、出几次舱；同时还应根据具体任务明确航天员必须使用哪些辅助工具以及航天员应掌握的技能等。安全是载人航天员活动设计中最基本也是最重要的考虑，在出舱活动系统设计过程中，必须对活动涉及的所有安全问题进行统筹考虑，并制定相应的对策。美国国家航空航天局（NASA）在文件《人-系统综合标准》（MAN - SYSTEM INTEGRATION STANDARDS）中提出了以下的设计安全因素：

1）温度（temperatures）：航天员出舱活动有可能接触到的航天器表面温度，应低于防护服装的设计接触温度限值；

2）辐射（radiation）：在设计出舱活动系统和操作程序时，应注意使执行出舱活动任务的航天员不受辐射造成的危害；

3）微流星和碎片（micrometeoroids and debris）：在设计出舱活动系统时，应注意使航天员不受微流星体和碎片威胁；

4）化学污染物（chemical contamination）：出舱活动系统应保护航天员不受化学污染物的损害；

5）边缘和棱角（edges and protrusions）：航天员出舱活动有可能接触到的所有航天器设备和结构，都应采取消除锐利的边缘或棱角的措施，或者采取包覆的形式以避免对航天员或装备的损害；

6）危险装置（hazardous equipment）：各种装置上存在一些潜在的撕扯、刺戳、剪切、引燃或摩擦等危险因素，可能导致执行出舱任务的航天员受伤或装备受损；

7）进/出气闸舱（ingress/egress）：必须保证出舱活动航天员始终有安全可靠的方法和手段返回气闸舱；

8）高能辐射（power sources）：应提供相应的屏蔽措施或手段，防止航天员暴露于安装在航天器表面的原子能反应器或放射性同位素发生器所产生的高能核辐射之下；

9）发射装置（transmitters）：航天器的外表面上安装了许多高能电磁波发射装置的发射天线（如微波发射器、雷达、激光、无线电等），这就使航天员可能暴露于该有害的非电离辐射之下，因此在程序设计时必须防止航天员在出舱活动期间受到这种损害；

10）起束缚作用的绳索（tethers）：除非身着载人机动装置或有其他可靠的限制装置保护，在微重力的环境中航天员应时刻注意把自己安全地连接在航天器上；

11）火源（ignition sources）：由于气闸舱和舱外航天服的生保系统内含有富氧的大气，如有火源极易引起火灾，因此必须考虑加装限流装置，以消除火灾隐患；

12）气体超压（positive pressure）：必须注意防止因航天器压力供给系统故障导致服装超压而引起的压力服破裂；

13）电压（electrical voltage）：执行出舱活动任务的航天员应该防止被电击，这种电击可能来自于电源接地疏忽或者是静电累积导致的放电；

在确定了出舱活动系统之后，就需深入分析并确定具体的某一次出舱活动任务的窗口。事实上，出舱活动窗口设计与具体出舱活动任务如何分类有着密切的关系。

根据美国国家航空航天局的有关规定，出舱活动可以分为三类：

1）计划的出舱活动（planned EVA）——按照预先排定好的时间执行选定任务的出舱活动任务；

2）非计划的出舱活动（unplanned EVA）——执行的出舱活动任务并非是预先排定好的、但对于任务的成功却是必需的，例如对任务有促进效果的活动、以及修理或废除失效系统等；

3）应急出舱（contigency EVA）——为保证人和航天器的安全必须进行的出舱活动。

一般情况下，无论哪种类型的出舱活动，在进行窗口设计时都必须首先考虑人的安全，其次还要考虑到设备的安全。人的安全始终是载人航天任务设计最关键的因素。因此，在设计出舱活动窗口的过程中，应考虑上述 13 点设计安全因素。

在出舱活动任务窗口设计时，还需要考虑以下两个方面的因素：

1）任务的关键程度；

2）任务的复杂程度。

这两个方面的因素对航天员执行具体的任务和安排有着重要的影响，同时其还是指导航天员在地面实施训练的重要依据。

一般情况下，选择航天员出舱窗口主要应考虑以下这些因素：

1）预计的飞行时间；

2）预计的出舱人数、次数和出舱任务；

3）出舱活动窗口尽可能安排在阳照区；

4）出舱活动窗口应保障地面的测控覆盖；

5）出舱活动窗口应考虑到航天员在入轨后的生理适应情况，尽可能避开空间运动病高发期；

6）应考虑空间辐射环境对人体的影响，尽可能避开太阳活动的活跃期和南大西洋辐射异常区域；

7）为预防减压病所采取的吸氧排氮策略。

美国国家航空航天局的有关研究和经验表明：在飞行的前期，因微重力环境而出现空间运动病征兆的概率达到70%，且该征兆有可能持续2～4天，其中有10%～20%的人会发生呕吐现象。一般情况下航天员在太空飞行的头三天是航天环境的适应期，因此在此期间原则上不安排出舱活动任务，除非有特殊情况。

目前对于国际空间站的出舱程序设计中，一般考虑两人或以上同时出舱的情况。从安全角度讲，几个航天员一起执行出舱活动能互相支持和照应，比单独一个人出舱更为安全。国外早期出舱活动任务均是一个人出舱，另一个人在舱内支持；目前的出舱活动任务，一般是两人出舱，至少一人在航天器内协助（也有例外，比如航天器内无人协助的情况）。

20.5.3 出舱活动程序设计

出舱活动过程是一个涉及面广、技术复杂、对各方面要求极高的过程，是天地各种资源、信息综合作用的整体。一般情况下，出舱活动程序在正式飞行前就已预先制定完毕，航天员在地面上已经按照该程序进行了充分的模拟训练，其也是在实际任务中地面指挥控制人员、协作人员以及在轨飞行的航天员必须遵循的行动准则。

在设计过程中，必须明确以下输入条件。

1）本次出舱的目的。

2）将要完成的任务以及完成任务需要的条件保障。

3）出舱人数及舱内配合的人数：出舱人数不同和舱内有无协助人员对出舱程序和任务执行有着很大影响。国际空间站上一般是2人执行出舱任务、舱内1人协助，这几乎是最佳的搭配方式。但在特殊情况下，也可能舱内无人协助。根据人数不同，必须制定针对性的程序并规定每名航天员的操作项目。

4）使用何种出舱过渡舱。

5）测控覆盖时间应保证出舱活动过程中的关键事件与地面的通信联系：航天员的出舱活动中的关键事件必须在地面指挥人员的监控之下，一方面重要事件需要得到地面的许可方能进行，另一方面航天员的操作需要地面确认，因此地面的测控覆盖对执行出舱活动任务至关重要。

6）出舱用服装的工作压力制度：目前在国际空间站上可以使用两种工作压力制度的舱外航天服。美国的舱外航天服采用大约29 kPa的压力，俄罗斯的舱外航天服则采用大约40 kPa的压力。

7）采取何种吸氧排氮策略：如果穿着美国舱外航天服，则有几种不同的吸氧排氮策略，可根据情况选择；如穿着俄罗斯的舱外航天服，则只需要大约30 min的吸氧排氮即可。

8）出舱过渡舱使用的泄复压方案。

9）预计服装准备时间：舱外航天服装备的部组件多，准备起来复杂，同时由于其是航天员在执行任务中唯一的生命保障装备，因此必须精心准备、仔细检查，这就需要许多时间来处理。预先估计出准备时间，合理制定程序，使航天员劳逸结合。

10）预计在轨预训练时间：地面上无法长时间模拟太空中的环境情况，因此在太空必须进行预先训练。预先训练可使航天员在真实的环境下体验操作特点，了解与地面操作的区别，从而不至于在正式执行任务时出现问题。

11）出舱用服装会有哪些故障，并明确故障处理步骤：根据地面试验或飞行经历，预测出可能的服装故障，并预先制定好相应的对策。

12）必须有应急的程序：在轨执行出舱活动任务难免有特殊情况存在，一旦发生又无准备，则后果将不堪设想。因此必须进行预先考虑，并做好应急程序。

13）程序的描述本身应指示性强，简洁、直观、易懂。

14）各系统对航天员的操作需求。

20.5.4 国外出舱程序介绍

（1）俄罗斯的出舱活动程序（国际空间站）

在国际空间站上，俄罗斯的出舱程序设计是以使用奥兰-M舱外航天服为基础进行的。这种服装采用约40 kPa的工作压力制度，并且出舱活动设计为2名航天员共同完成。俄罗斯的舱外航天服设计原则与美国不同，其设计思路是能够在轨道上重复使用和维护、尺寸能够调节以适应不同的航天员穿着。这样就使其出舱程序设计有很大不同。

俄罗斯的出舱活动程序包括三个阶段：

1）第一阶段，出舱活动前的在轨安装与准备；

2）第二阶段，在轨预训练；

3）第三阶段，在轨执行过闸程序（如有异常即转入故障处置程序）。

出舱活动前的在轨安装与准备主要是在正式出舱活动前对舱载的各种设施、设备进行安装与检查，为在轨的预训练和正式出舱做准备。其主要包括以下内容：

1）出舱保障控制台检查；

2）移动式复压氧瓶的压力检查；

3）舱载氧瓶压力检查（气闸舱内的）；

4）奥兰-M舱外航天服、服装控制台及遥测通信系统检查；

5）通过服装控制台检查平衡阀和泄压阀状态。

在轨预训练是非常重要的内容，一方面航天员可以按照出舱程序内容在轨进行预先的基本操作体验，以回顾程序内容，并体验失重情况下的移动特性；另一方面航天员可体会在失重下执行出舱程序的操作特点。在轨预测训练的重要性在于这是航天员首次在真实的失重情况下的操作体验。由于条件限制，航天员在地面的出舱程序训练是在有重力条件下进行的，无法体验到失重环境对执行操作的影响。虽然可以通过失重飞机等手段模拟失重条件，但由于模拟失重时间太短，无法体验到全部出舱活动程序的操作。因此，预训练就显得格外重要。预训练的主要内容包括：

1）奥兰-M 服装系统检查；

2）奥兰-M 与服装控制台检查；

3）穿着服装；

4）通信检查、医监遥测参数检查；

5）进入并密闭舱外服；

6）奥兰-M 与服装控制台接口控制检查；

7）服装和服装控制台的初步密封性检查；

8）服装的最终气密性检查（0.4 个大气压）；

9）着服装情况下的移动训练；

10）退出服装；

11）训练后的整理工作。

在正式执行出舱活动任务之前，航天员必须根据手册执行规定的程序，以确保整个过程中人和设备的安全。出舱程序中最后一个阶段内容是正式执行过闸程序。目前着俄罗斯舱外航天服在国际空间站执行过闸程序包括两个阶段的内容：一个阶段是从服装检查至打开舱门出舱；另一个阶段是执行完舱外任务返回母船，关闭舱门，退出舱外航天服。下面将以 2000 年 6 月的一次出舱程序为例，介绍一下俄罗斯出舱活动过闸程序包含的内容，主要包括：

1）气闸舱准备；

2）出舱活动前的舱门准备；

3）医监信号监视；

4）通信系统检查；

5）奥兰-M舱外航天服检查；

6）服装控制台检查；

7）进入服装前的最终检查；

8）穿着个人装备；

9）出舱活动前的气闸舱配置准备；

10）与其他舱体之间舱门的检查；

11）进入服装并关闭后背包门；

12）服装控制系统检查；

13）服装及接口单元的初步气密性检查；

14）服装及接口单元的最终气密性检查；

15）气闸舱初步泄压；

16）服装大流量纯氧冲洗；

17）航天员吸氧排氮；

18）气闸舱再次泄压；

19）气闸舱再次检查；

20）服装由舱载供给转为自主供给；

21）打开出舱舱门；

22）打开温度调节系统，出舱，执行出舱任务；

23）出舱活动后，关闭温度调节系统；

24）关闭出舱舱门；

25）服装初步复压；

26）服装转为舱载供给；

27）服装再次复压，航天员退出服装。

（2）美国的出舱活动程序（航天飞机或国际空间站）

目前，使用美国舱外航天服执行出舱活动任务的航天器有两处：美国航天飞机和国际空间站。无论是航天飞机还是国际空间站，对于美国的舱外航天服而言，其出舱活动程序大致是一样的，主要包括以下内容：

1）气闸舱减压操作准备；

2）气闸舱配置；

3）对舱外航天服等各系统进行检查；

4）大流量纯氧冲洗服装；

5）航天员吸氧排氮；

6）舱外航天服状态最终确认，气闸舱泄压，打开气闸舱出舱舱门；

7）执行出舱任务；

8）关闭出舱舱门；

9）气闸舱复压；

10）脱舱外航天服；

11）对舱外航天服进行整理等出舱活动后的工作。

（3）俄、美两国出舱活动程序的比较

自人类首次实现出舱以来的50多年间，俄、美两国分别独立地发展了各自的出舱活动系统。在出舱程序的设计上虽有许多相近之处，但也存在显著的不同。目前，俄罗斯的出舱活动基本上是基于空间站的出舱，而美国的出舱活动可以是基于航天飞机的、也可以是基于国际空间站的。

下文以2001年俄罗斯和美国在国际空间站上执行出舱活动的程序为例，对两国的出舱活动程序进行比较。

两国在出舱活动程序方面的共同点：

1）航天器均采取分阶段减压措施；

2）均需进行吸氧排氮。

两国在出舱活动程序方面的主要不同点在于吸氧排氮策略不同。

由于俄、美两国的出舱活动航天服工作压力制度不同，因此在出舱活动的吸氧排氮策略上两国有显著不同。俄罗斯的舱外航天服工作压力高，因此航天员执行出舱活动任务前的吸氧排氮时间一般在30 min左右。美国的舱外航天服工作压力低，吸氧排氮在程序上主要分为两种情况；一种是舱压降为70 kPa并保持24小时的情况下，在出舱前只需在服装内吸氧排氮 40 min；另一种是如果舱压保持不变，则出舱前吸氧排氮 4 h。可见吸氧排氮策略不同，对出舱程序的影响非常大。单从这一点来看，俄罗斯的出舱活动协同设计有显著的优势。

20.6 国外航天员出舱活动训练设备介绍

20.6.1 俄罗斯大型训练设备介绍

（1）出舱程序训练模拟器

俄罗斯的出舱程序训练模拟器能够进行单项技能实践训练和出舱程序训练，如图 20－3 所示。在该模拟器上，航天员能够进行出舱前服装的准备、预训练、进入服装至打开舱门、返回气闸舱至关闭舱门的全部内容；同时该模拟器还能够设置服装泄漏、通风故障、供氧故障、电系统故障等各种出舱活动典型故障供航天员训练，以便使航天员在该设备上可以体会到正式出舱之前航天员所需执行的各项工作，以及在执行任务中可能会遇到的各种异常现象，并通过训练使航天员掌握异常情况的处理方法。

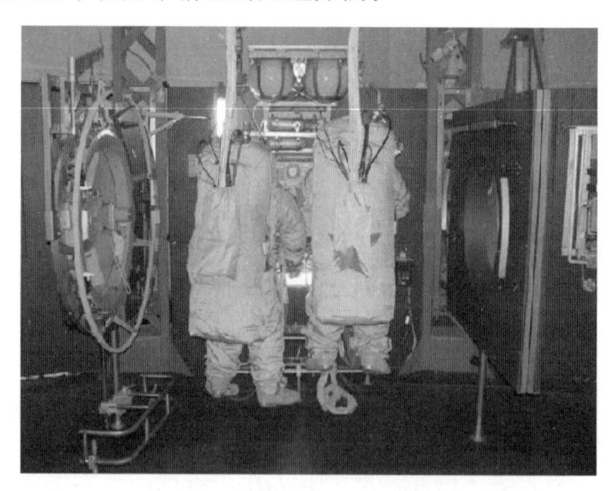

图 20－3 出舱程序训练模拟器上正在训练的航天员

（2）中性浮力水槽

俄罗斯的中性浮力水槽位于加加林中心，于1980年建成。该水槽为圆形，直径为22.5 m，深为12 m，容积为500 m^3，可以容纳和平号空间站核心舱的模型。水池中在3个水平层面上设置了45个0.6 m直径的观察窗，还有2个用于观察和控制测试或训练情况的1.2 m×0.85 m的矩形观察窗。其灯光系统可以模拟太空中实际的光照区和阴影区的情形。

在中性浮力水槽中，在潜水员的配合下，航天员穿着水槽训练专用服装在水下按照既定的程序和任务内容，通过实际操作模拟完成出舱活动任务。

20.6.2　美国大型训练设备介绍

（1）全机身训练器（full - fuselage trainer，FFT）和乘员舱训练器（crew compartment trainer，CCT）

全机身训练器（图20 - 4）是一个全尺寸轨道器模型，航天员可以在这里进行舱外航天服和过渡舱的实践操作训练以及出舱活动程序训练等内容。

除了没有有效载荷支架外，乘员舱训练器和全机身训练器的用途基本一样。

图20 - 4　全机身训练器（FFT）

(2) 失重飞机

失重飞行训练使用的飞机是一种经过改装的 4 引擎 KC - 135 喷气运输机，如图 20 - 5 所示。这种飞机在做抛物线飞行时每次可产生约 30 s 的失重。每次训练任务一般要连续飞行 2～3 h，完成多次抛物线飞行。

图 20 - 5　美国 KC - 135 失重飞机在做抛物线飞行

(3) 中性浮力设施

美国国家航空航天局有多个用于模拟失重的大型水槽，但其中供航天员出舱活动训练用的主要有两个：一个是失重环境训练设备，另一个是中性浮力实验室（neutral buoyancy laboratory，NBL）（图 20 - 6 和图 20 - 7）。失重环境训练设备水深为 7.5 m，长为 23.4 m，宽为 9.9 m。

中性浮力实验室（NBL）位于美国国家航空航天局约翰逊航天中心附近的桑尼·卡特（Sonny Carter）训练中心，于 1997 年 1 月投入使用，是目前世界上最大的室内水槽，长为 61 m，宽为 31 m，水深为 12.2 m，其中有一半在地面以上，容积为2.27×10^{7} L。

中性浮力实验室（NBL）是一座能够模拟国际空间站上环境进行模拟失重训练的大型设施，在其中能够进行像哈勃太空望远镜维修和空间站装配等任务的训练。该设施不但能够全年供航天员进行出舱活动训练，而且还具备工程技术开发、飞行程序制定以及实时飞行任务支持等功能。

图 20－6　美国中性浮力实验室（NBL）

在中性浮力实验室的水池内，安装了国际空间站实体模型外加一个航天飞机的货舱模型，共有 200 多人在此服务，其中包括 60 名有丰富经验的水下工作人员。中性浮力实验室是美国航天飞机航天员和国际空间站航天员的主要训练设备，在实验室的水槽中航天员可以熟悉在失重状态下身体是如何运动及双手是如何操作的。在 NBL 中还配备了高压氧舱，以便出现减压病等紧急情况时提供应急处置。NBL 除供航天员出舱活动训练外，其也是美国国家航空航天局设计、研制和试验国际空间站的主要设备之一。对于出舱活动训练而言，NBL 是地球上环境最接近于太空的地点之一。

图 20－7　美国中性浮力实验室 2（NBL）

（4）美国的水下训练基地：水瓶座（Aquarius）实验室

美国国家航空航天局还有一处可供航天员进行训练的基地，名叫水瓶座实验室。其是目前世界上唯一还在使用中的海下训练设施，提供了与国际空间站类似的模拟装置。航天员将在这里体验和面对与太空中类似的出舱活动任务和挑战，进行出舱活动任务的试验和训练。该基地隶属于美国国家海洋与大气管理局，由北卡罗来纳大学负责管理。水瓶座长为 14 m、宽为 3 m、重约 81 t，位于距基拉戈岛（迈阿密以南 100 km）约 5.5 km 远的海中，建在 27 m 深的水下。虽然水瓶座范围不大，但淋浴、卫生间、微波炉、冰箱、联网电脑等设施一应俱全。航天员在水下需要的空气来自固定在舱体顶部的生命支持设备，航天员呼吸所用的空气通过一条脐带从那里传到舱中。生命支持设备主要由压缩机和发动机组成。

从 2004 年 7 月 12 日起，美国国家航空航天局的 4 名航天员开始了为期 10 天的特殊水下训练，为将要进行的太空飞行做准备。这次模拟训练的全称是“美国国家航空航天局极限环境任务行动”（NEEMO——NASA Extreme Environment Mission Operations），主要研究人体如何适应零重力环境的生理学机制。就像走出空间站进行太空行走一样，航天员们每天会有 4 小时左右的舱外工作时间。航天员在返回海面前，要进行 17 小时的减压，以避免迅速上浮带来的危险。

第 21 章　交会对接技术

21.1　概论

21.1.1　基本概念

交会对接（rendezvous and docking，RVD）技术是指两个航天器于同一时间在轨道同一位置以相同速度会合并在结构上连成一个整体的技术。参与交会对接的两个航天器通常一个为被动航天器，一个为主动航天器。被动航天器不作任何机动或作少量机动，被称为目标航天器或目标器，例如空间站或飞船。主动航天器要执行一系列的轨道机动后飞向目标器，被称为追踪航天器或追踪器，例如飞船或航天飞机等。

空间的交会对接相互衔接的空间操作包括两部分：空间交会和空间对接。所谓空间交会是指目标航天器在已知轨道上稳定飞行，而追踪航天器执行一系列的轨道机动与目标航天器在空间轨道上按预定位置和时间相会。所谓空间对接是指在完成交会后，两个航天器在空间轨道上接近、接触、捕获和校正，最后紧固连接成一个复合的航天器的过程。

交会对接技术是进行高级空间操作的一项关键技术，可以用于：

1）在轨组装大型航天器；

2）轨道平台或空间站的补给；

3）空间站的人员轮换；

4）航天器在轨维修；

5）在轨捕获航天器并返回；

6）深空探测时航天器的重新组装。

21.1.2　交会对接任务分类

（1）按任务特征分类

在进行交会对接任务分类时，由于对接通常是一个标准程序，一般不对对接阶段任务加以详细考虑，交会对接任务的不同主要体现在交会阶段。从任务约束条件和技术要求出发，将交会阶段任务划分为如下几种类型：

1）释放和捕获（deploy/retrieve）；

2）空间启动交会（space - based rendezvous）；

3）地面启动交会（ground - based rendezvous）；

4）协作交会（cooperative rendezvous ）；

5）多次交会（multiple rendezvous）；

6）往返交会（round trip rendezvous）。

（2）按交会轨道分类

根据交会对接所处的空间环境，可以将交会对接任务和交会轨道大致划分为如下三种类型：

1）地球近地轨道交会对接；

2）地球同步轨道交会对接；

3）其他行星（包括月球）轨道交会对接。

（3）按对接口方向分类

按对接口（轴）方向的不同，交会对接通常可划分为－V - bar、＋V - bar 、R - bar、H - bar 对接以及其他特定逼近方向对接。V - bar、R - bar、H - bar 均在目标航天器当地轨道坐标系中定义：V - bar 与目标航天器轨道速度方向一致，R - bar 由目标航天器指向地心，H - bar 沿目标航天器轨道角动量矢量方向的反方向。

（4）按控制方式分类

根据 RVD 控制的自动和自主程度，通常可以将 RVD 控制方式分为如下四种类型：

1）遥控操作：由地面站操作员或目标航天器上的航天员通过遥

测和遥控来实现；

2）手动操作：航天员利用船载设备进行观察和操作；

3）自动控制：不依靠航天员，由船载设备和地面站相结合实现交会对接；

4）自主控制：不依靠地面站，完全由船载设备来实现。这种自主控制方式，航天员可参与；若航天员不参与，则是自动自主方式，其在技术上比较复杂。

（5）按目标器是否合作分类

根据目标器是否合作分类，通常可以将 RVD 分为如下两种类型：

1）合作目标交会对接；

2）非合作目标交会对接。

21.1.3　发展历史和现状

1962 年 8 月 12 日，苏联的东方 4 号载人飞船上天。该飞船与东方 3 号首次在空间实现了交会飞行，最近相距 5 km，该过程从太空传回电视。

1966 年 3 月 16 日，美国的双子星座-8 载人飞船与阿金纳目标航天器实现了世界上首次航天员参与下的手控交会对接。

1967 年 10 月 30 日，苏联发射宇宙 188 号无人飞船。该飞船飞行 49 圈后与宇宙 186 号飞船在空间实现了首次无人航天器自动对接。

1969 年 1 月 16 日，苏联的联盟 4 号飞船与联盟 5 号对接成功，第一次实现了两艘载人飞船的空间交会对接。

1975 年 7 月 17 日，苏联的联盟 19 号飞船与美国的阿波罗飞船对接成功，实现了两个国家的太空握手。

1998 年年底，俄罗斯研制的曙光号功能货舱与美国研制的节点舱对接成功，标志着 RVD 技术已经步入成熟的运用阶段。

……

从20世纪60年代初起，首次交会、首次手控交会对接、首次自动交会对接、两个航天大国的首次太空握手等依次实现。迄今为止，美苏（俄）已经进行了200多次交会对接，欧洲空间局和日本也进行了交会对接空间试验。

（1）美国

美国的交会对接技术在下列计划中得到了发展：

1）阿波罗计划（1968—1972年）；

2）天空实验室（1973—1974年）；

3）航天飞机的卫星修复任务（开始于1984年的Solar Max卫星维修）；

4）航天飞机与和平号空间站对接任务（1994—1998年）；

5）航天飞机与国际空间站对接任务（1998年至今）。

美国的载人航天器主要采取手动方式进行交会对接。

美国近期与交会对接有关的项目包括：

1）自动交会技术验证（demonstration of autonomous rendezvous technology，DART）；

2）试验卫星系列XSS-11；

3）轨道快车（Orbital Express）卫星服务演示计划；

4）哈勃机器人服务及离轨任务（Hubble robotic servicing and deorbit mission，HRSDM）；

5）乘员探索飞行器（crew exploration vehicle，CEV）。

（2）俄罗斯（苏联）

俄罗斯的交会对接技术在下列计划中得到了发展：

1）飞船与飞船交会对接（1967—1971年）；

2）礼炮号系列空间站（1971—1986年）；

3）联盟号、进步号与和平号空间站的交会对接（1986—2001年）；

4）联盟号、进步号与国际空间站的交会对接（1998年至今）。

俄罗斯（苏联）是世界上进行交会对接活动最多的国家。无人航天器自动交会对接在 1967 年首先由苏联实现。俄罗斯（苏联）航天器交会对接主要采取自动方式，航天员只作为监视和故障情况下的备份。到目前为止，俄罗斯自动交会对接在轨技术水平一直处于世界领先地位。

（3）欧洲

欧洲空间局（ESA）从事航天活动虽然比美国和俄罗斯晚，但是其航天技术发展很快。欧洲空间局的在轨交会对接研制工作和地面试验在 20 世纪 80 年代就开始了，其 RVD 主要采用自动自主形式，并应用了多项新技术。

1987 年 11 月，欧洲空间局正式批准了总投资高达 220 亿美元的阿里安-5 运载火箭、使神号（Hermes）航天飞机和哥伦布（Columbus）空间站这三项载人航天计划。阿里安-5 运载火箭和使神号航天飞机构成了欧洲的天地往返运输系统，哥伦布空间站计划包括对接在自由号空间站上的哥伦布实验舱、有人照料的自由飞行实验室和极轨平台三个单元。由于经费超支等原因，使神号航天飞机和哥伦布空间站计划相继被取消。

使神号航天飞机项目取消后，欧洲空间局开始为国际空间站研制用于后勤补给的自动转移飞行器（automated transfer vehicle，ATV）。作为一种为空间站服务的后勤保障航天器，ATV 同时具备 3 种能力：补充燃料、运送物资和运走垃圾，这也是俄罗斯进步号飞船所具备的能力。不过，ATV 的优势在于，其将是迄今为止运载能力最强的飞船，其最大货运量达 7 200 kg，将近进步号飞船运载能力的 3 倍，从国际空间站带走的垃圾量最多可达 6 400 kg。ATV 的另一优势是，其具有自动交会对接能力，与国际空间站对接时不需要航天员或地面操作人员的干预。首艘 ATV 最终于 2008 年发射，并成功与国际空间站对接，首次飞行的 ATV 被命名为凡尔纳号。

（4）日本

1976 年，日本在其国家航天研究所（ISAS）和日本宇宙开发事业团（NASDA）的带头下，开始了交会对接的研究工作。NASDA

在1997年11月28日发射了工程试验卫星Ⅶ（Engineering Test Satellite Ⅶ，ETS-7），其主要任务有三项：自动自主空间交会对接飞行试验、空间机器人技术试验、通过数据中继卫星对多星测控。日本于1998年进行了两次交会对接试验，于1999年进行了一次交会对接试验。通过这些在轨试验，在轨验证了从相对接近阶段到对接阶段的自主RVD技术都是可行的。

H-2转移飞行器（H-2 Transfer Vehicle，HTV）是在ETS-Ⅶ的基础上研发出来的无人货运飞船，并借鉴了H-2与H-2A运载火箭的箭身设计技术。日本第一架HTV于2009年9月11日凌晨在鹿儿岛县日本宇宙航空研究开发机构种子岛宇宙中心发射升空，向国际空间站搬运物资，于9月18日HTV与国际空间站成功对接。值得一提的是，日本RVD系统的总体方案设计中，充分考虑了利用GPS导航和地面遥控功能。

（5）中国

2011年，神舟8号与天宫1号目标飞行器成功实现刚性连接，中国载人航天首次空间交会对接试验获得成功。2012年，神舟9号与天宫1号对接成功，中国首次载人交会对接取得成功。2013年，神舟10号与天宫1号进行1次自动交会对接和1次航天员手控交会对接。2016年，神舟11号与天宫2号空间实验室进行交会对接，这也是我国迄今为止最长的一次载人飞行。

21.2 交会对接飞行程序

21.2.1 飞行阶段划分

从追踪航天器入轨完成开始，交会对接过程一般分为远距离导引段、寻的段、接近段、平移靠拢段、对接段、组合体飞行段和撤离段，其中寻的段、接近段和平移靠拢段一起被称为自主控制段。如果对接轴不在水平轴上，那么一般在接近段之后、靠拢段之前还有绕飞段。图21-1给出了一个典型的-V-bar交会对接飞行阶段划分，而图 21－2 是一个典型的 R－bar 交会对接飞行阶段划分。相比－V－bar 交会对接，R－bar 交会对接多了绕飞段。

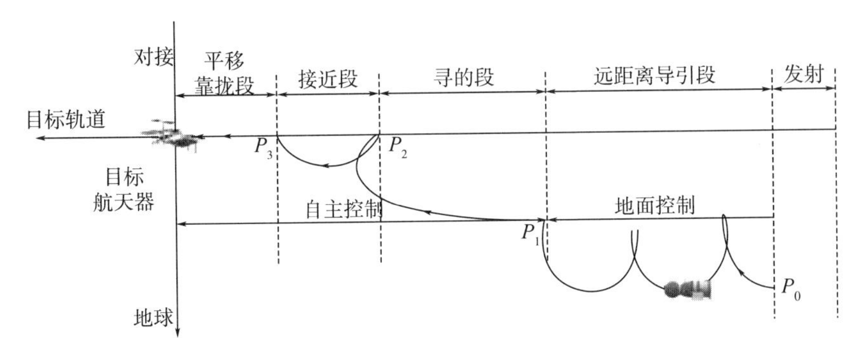

图 21－1　－V－bar 交会对接飞行阶段划分示意图

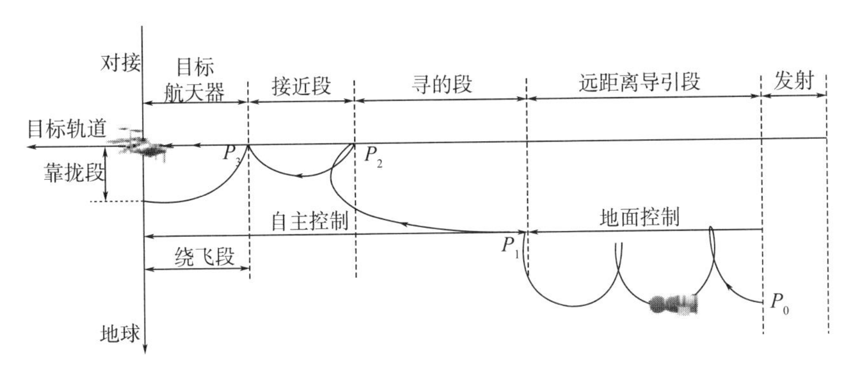

图 21－2　R－bar 交会对接飞行阶段划分示意图

1）远距离导引段——追踪航天器入轨后，在地面控制下进行若干次轨道机动，到追踪航天器上的敏感器捕获到目标航天器，追踪航天器的控制由地面交给航天器自主进行为止；

2）寻的段——从追踪航天器开始进行自主控制到进入距目标航天器几千米的停泊点 P_2；

3）接近段——从停泊点 P_2 到追踪航天器进入距目标航天器一二百米的停泊点 P_3；

4）平移靠拢段——从停泊点 P_3 到追踪航天器与目标航天器的对接机构接触；

5）对接段——从两个航天器对接机构接触起到对接机构合拢，然后完成气密性检查、两个航天器组合作为一个整体飞行为止；

6）组合体飞行段——从两个航天器作为一个整体运行至追踪航天器与目标航天器分离；

7）撤离段——从对接的两个航天器解锁开始，到追踪航天器自主控制撤离至安全距离为止。

21.2.2 飞行任务

（1）远距离导引段

远距离导引段，国际上通常称其为调相段（phasing segment），俄罗斯和中国则称其为远距离导引段或地面导引段。如图 21－3 所示，相位角指追踪航天器位置矢量与目标航天器位置矢量之间的夹角，调相即指调整相位角。

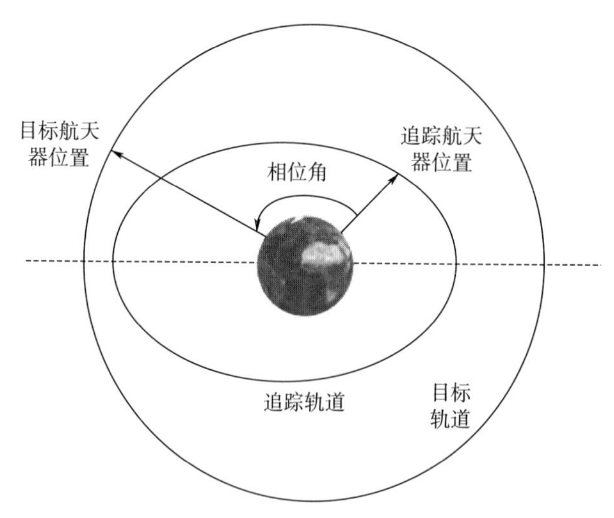

图 21－3　相位角的定义

远距离导引段可以进一步分为入轨初期、轨道调整期、转入自主控制段等。该段的飞行任务是调整追踪航天器轨道高度到目标航天器附近，减小两个航天器之间的相位角，同时修正轨道倾角和升交点赤经偏差，将追踪航天器导引到自主控制段初始位置。该段的飞行时间一般为两天或三天（如航天飞机、联盟/进步飞船近地交会），根据具体任务的不同也可能仅几小时（双子星飞船近地交会）或持续几个月（火星样品返回交会）。远距离导引段的终端条件分为两种：初始瞄准点及进入走廊。初始瞄准点一般在目标航天器后下方几十千米处，与目标航天器的相对位置和速度为定值。进入走廊要求追踪航天器进入自主控制段的前一个远地点处位置和速度均在一定范围内。两种终端条件均要求追踪航天器轨道为近圆轨道，在空空通信及相对测量敏感器工作范围内，从终端条件处开始追踪航天器并能够自动完成交会过程。远距离导引段一般不能直接进行相对运动状态测量，其绝对运动状态测量一般由地面测量站、地面测量船、中继卫星、卫星定位系统、船载惯性测量单元等组成的天地测控网共同完成。

（2）自主控制段

自主控制段，也称为自主交会段或自主导引段，一般指追踪航天器的GNC系统基于相对导航信息，控制、追踪航天器以获得对接初始条件的过程。典型的自主控制段由寻的段、接近段、平移靠拢段以及各阶段之间进行相对位置保持的停泊点组成。

在自主控制段，追踪航天器与目标航天器之间已建立起稳定的、高精度的信息交流链路，相对导航（如相对GPS、激光雷达、CCD成像敏感器等）成为主要测量手段。因此，自主控制段轨道转移主要采用相对运动方程进行研究与设计，导航控制计算由追踪航天器的船载计算机完成，控制主要采用冲量方式、也有连续推力方式。自主控制段制导方案设计时主要考虑确保交会任务安全，减少燃料消耗，并将转移时间控制在一定范围内。自主控制段需要进行敏感器切换、敏感器功率或远近视场切换、轨道控制、姿态控制等一系列复杂操作。

寻的段的飞行任务是通过数次轨道机动捕获目标轨道，减小两航天器间的相对距离和相对速度，协调光照测控等外部条件的时间表、航天员作息时间表及轨道转移时间表，保证接近段初始点所需的状态。该阶段的飞行时间约为大半个轨道周期，初始点在目标航天器后下方几十千米处，终点通常是 V-bar 上距目标航天器几千米的停泊点。测量设备包括微波雷达、相对 GPS、激光雷达以及星敏感器等，过程中可能涉及主要测量敏感器的切换。

接近段的飞行任务是进一步减小两航天器间的相对距离，捕获对接走廊。该阶段的飞行时间约为半个轨道周期。接近段通常从两航天器相距几千米开始到相距一二百米结束，在接近段终端追踪航天器应当满足合适的位置、速度、姿态和角速度条件，以保证最后平移靠拢段所需要的初始条件。测量信息主要由激光雷达及相对 GPS 提供。接近段终端，CCD 成像敏感器、电视摄像机等近距离敏感器开始工作。

平移靠拢段的飞行任务主要是继续减小两航天器间的相对距离，捕获对接初始条件。该阶段的飞行时间根据具体情况可能为几分钟到几十分钟。初始条件为追踪航天器进入对接走廊，两航天器间的相对距离约为一二百米。终端要求两航天器的对接机构接触。测量设备包括 CCD 成像敏感器、电视摄像机（用于手控）等，为平移靠拢段自动控制提供近距离高精度相对导航，为手动控制提供必要的图像信息。

（3）对接段和组合体飞行段

对接段从两航天器对接机构接触开始到两个航天器成为一个组合航天器一同运行。对接的目的和任务主要包括获得结构上的刚性连接及进行组合体运行准备等。

刚性连接对接过程对两航天器的相对位置及速度、相对姿态及角速度均有严格要求，建立结构上的刚性连接方式包括接触与缓冲、捕获、缓冲与校正、拉近贴合、锁紧等。

两个航天器完成结构上的刚性连接后，还需要进行一系列复杂的操作才能合并成为一个组合体航天器共同运行。

（1）轨道与姿态控制转换

在组合体飞行段，通常依靠追踪航天器或目标航天器一方进行轨道和姿态控制，控制一方通常选择为两个航天器中较大的一个（为了便于论述，这里以目标航天器控制组合体航天器为例）。

（2）数据与指令管理转换

组合体运行状态下，追踪航天器的部分参数通过对接总线在目标航天器仪表上显示。该阶段主要操作包括两航天器进行总线并网、关闭两航天器之间的空空通信设备等。

（3）对接通道建立

对接完成之后，追踪航天器航天员要进入目标航天器（或目标航天器航天员要进入追踪航天器），该过程一般均需要建立对接通道。该阶段主要事件包括对接通道检漏、对接通道复压、航天员打开追踪航天器对接口舱门、航天员打开目标航天器对接口舱门等。

（4）环境温度控制、能源控制转换等

对接通道建立后，追踪航天器与目标航天器舱内环境相通，追踪航天器的一些环境温度控制设备关闭，由目标航天器统一控制；追踪航天器不需工作的设备相继关机，两航天器并网供电。

在组合体运行过程中，航天员休息调整后按计划进行科学实验等预定任务，该阶段与单个载人航天器运行基本相同。

（4）撤离段

除了装配任务以外的交会对接任务，最后一般都具有撤离飞行任务。从对接的两个航天器独立运行开始，到追踪航天器自主控制撤离到安全距离为止称为撤离段。撤离段可进一步划分为分离段和远离段。

两个航天器的分离包括独立运行准备及结构上的分离。

①独立运行准备

1）轨道与姿态控制转换；

2）数据与指令管理转换；

3）对接通道关闭；

4）环境温度控制、能源控制转换等。

②结构分离

主动对接机构接到航天器控制系统指令后，启动对接锁驱动组合电机，使主动锁钩处于解锁位置，弹簧推杆将两航天器推开。主动对接机构的分离敏感器测得分离完成，向航天器控制系统发出信号，分离过程结束。

由于弹簧力作用结束时两航天器相对距离大致为 1 m，为了避免羽流影响，特别是对目标航天器上光学仪器的污染，此时只启动姿控发动机。追踪航天器和目标航天器保持对地定向姿态，追踪航天器要以弹簧力作用结束时的速度继续飞行，直至两航天器间距离达到一定数值启动反推发动机。

分离段结束后，追踪航天器启动反推发动机，以避免两航天器发生碰撞。该阶段直到两航天器相对距离达到绝对安全距离时结束，一般在几十千米左右。在此距离上，即使不实施任何控制，两航天器都不可能再发生相遇。

21.2.3 国外典型的交会对接飞行方案

（1）航天飞机交会对接方案

美国航天飞机的交会对接飞行方案包括四个阶段：调相段、相对导航飞行段、逼近手控段和对接段，其中调相段由地面控制、相对导航飞行段由船载系统控制、逼近手控段和对接段由航天员手动控制。

航天飞机的调相策略由一系列的标准机动组成，其目的是获得可行的调相轨道、调整航天飞机进入目标轨道平面。到达目标航天器后下方几十千米处，调相段的机动过程示意图如图 21 - 4 所示。最后一次 NC 机动执行后，调相段结束，地面控制人员将航天飞机导引到目标航天器后方 100 km 以内，航天飞机上的相对测量敏感器捕获目标航天器，从而进入相对导航飞行段。在调相段，由于两个航天器相距较远，航天飞机不能直接追踪目标航天器，因此地面对两个航天器的独立导航支持是非常重要的。在该阶段，可行的制导程序计算量较大（几天的精确轨道预报、多个迭代流程），难以在航天飞机上完成。该阶段的数次机动以及应急操作均由地面任务控制中心计算后再上传给航天飞机执行，各次机动间间隔数圈以满足实时任务规划和地面追踪的要求。在该阶段，航天员不必参与轨道控制，可以专注于具体任务的载荷操作。

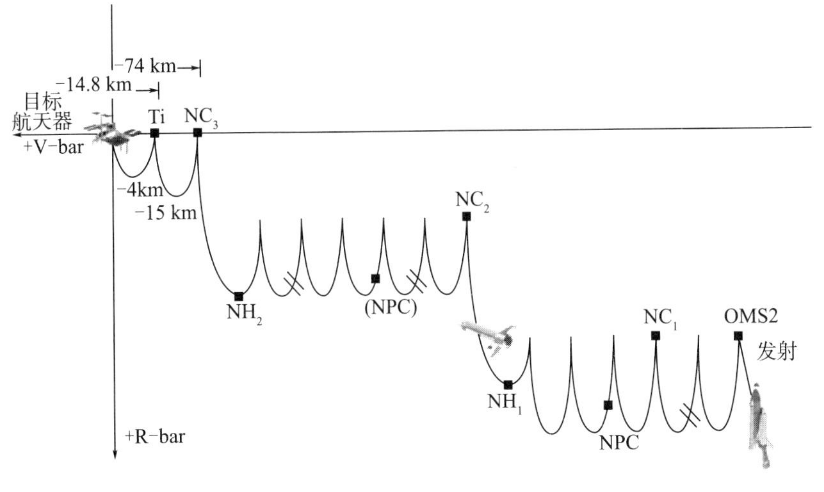

图 21-4　航天飞机调相段

相对导航飞行段的任务是基于航天飞机自身的 GNC 设备（目标航天器可以是完全被动的）将航天飞机导引到目标航天器后方约 2 km 处。相对导航飞行段的轨道机动过程如图 21-5 所示。导航滤波器将处理所有输入信息，这些信息来自星敏感器、交会雷达、惯性测量单元、GPS、机动命令和地面注入的初始条件等。

在调相段、穿过 R-bar 之前，航天员开始进行手控操作。除了交会雷达外，航天员还可以使用航天员光学瞄准器 COAS、闭路电视系统 CCTV、轨道控制敏感器 TCS 等，以提高导航精度。标称的航天飞机逼近操作在＋V-bar 和＋R-bar 上进行，如图 21-6 和图 21-7 所示。

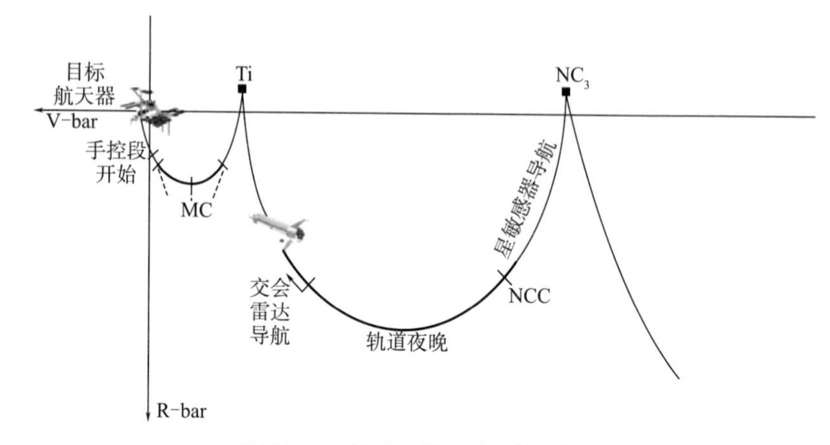

图 21-5　航天飞机相对导航飞行段

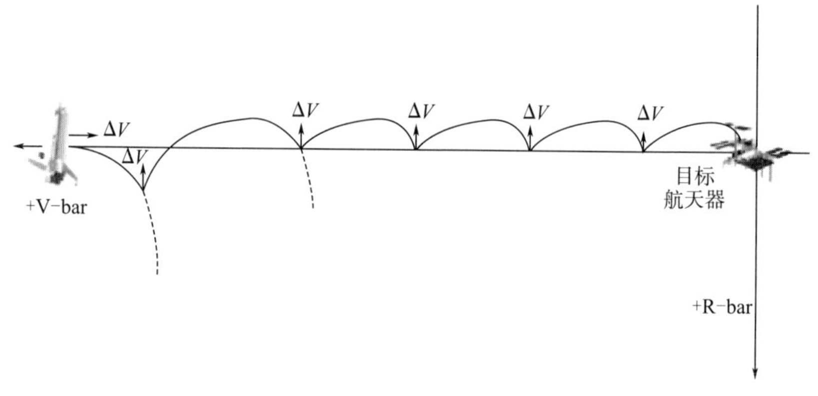

图 21-6　航天飞机+V-bar 逼近

+V-bar 逼近如图 21-6 所示。最终逼近操作开始时，速度指向目标航天器，接着是一系列的跳跃。这些跳跃是由航天器每次穿过 V-bar 时施加沿径向的冲量引起的。

+R-bar 逼近如图 21-7 所示。当航天飞机穿过 R-bar 时，通过施加一个-V-bar 方向的冲量来减小向前的速度。接着，沿+V-bar和-R-bar 方向施加组合冲量以补偿轨道的自然漂移（根据近圆轨道相对运动特性，轨道自然漂移是沿-V-bar 和+R-bar 方向的）。航天器每次穿过 R-bar 时，沿+V-bar 和-R-bar 方向

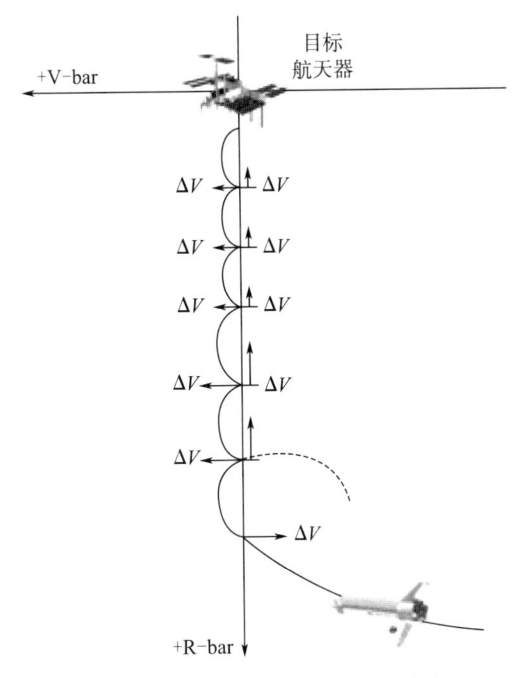

图 21-7 航天飞机+R-bar 逼近

施加冲量，航天器沿着-R-bar 朝着目标航天器跳跃运动。

(2) 联盟/进步号飞船交会对接方案

俄罗斯联盟/进步号飞船交会对接飞行过程包括调相段（图 21-8)、近距离导引段（图 21-9 和图 21-10)、逼近靠拢段和对接段(图 21-11)。联盟/进步号飞船的调相策略实际上是和寻的段轨道机动策略作为一个整体来设计的，调相机动直接瞄准寻的终点，而调相的后续几个脉冲则由星载系统重新修正。与航天飞机相比，联盟/进步号飞船的调相策略采用的是综合变轨策略，这使得轨道机动序列规划比较容易。

在近距离导引段，在 M4 执行后不久，飞船进入到 Kurs 测量系统的工作范围内。基于 Kurs 测量系统提供的相对状态矢量，控制系统重新计算 M5 执行时刻、三个方向推力分量值以及在瞄准点期望

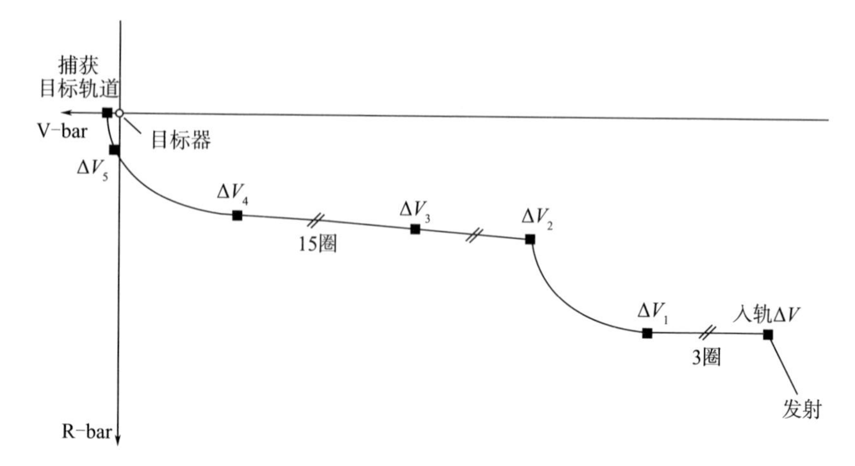

图 21-8 联盟/进步号飞船调相段

的相对速度。为了在到达目标轨道时获得平稳的制动速度剖面，需要的制动脉冲在 3 次机动中分次施加（M6～M8）。第一次脉冲（M6）是在目标轨道下方约 1 km 处，由主发动机执行；另外两次由姿态控制发动机执行。除主发动机工作阶段，航天器都沿着逼近轨道指向目标航天器。

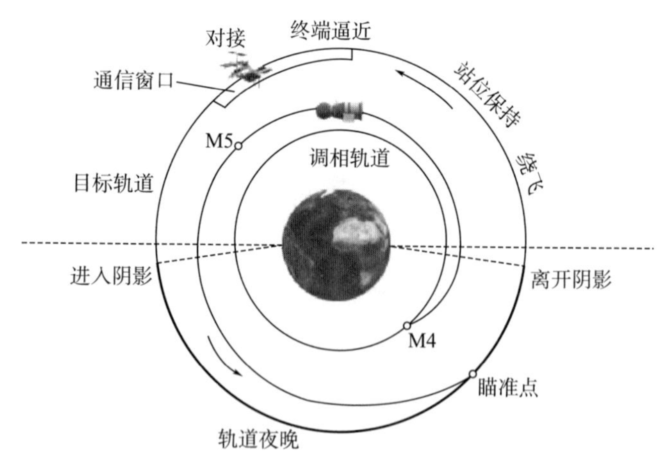

图 21-9 联盟/进步号飞船的近距离导引段绝对轨道

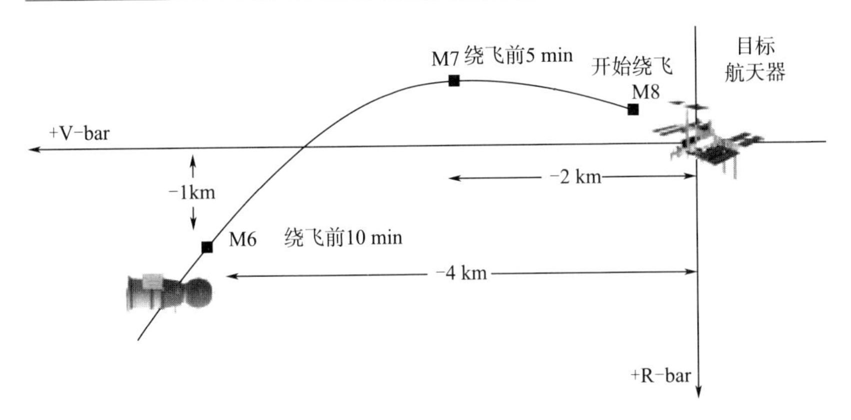

图 21-10　联盟/进步号飞船的近距离导引段相对轨道

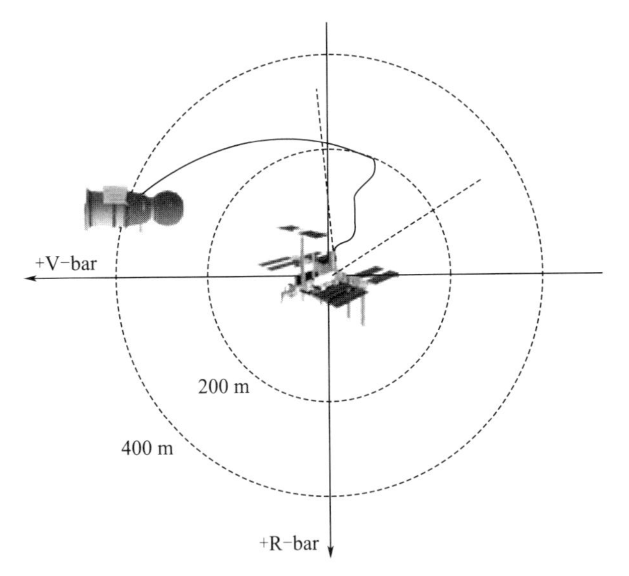

图 21-11　联盟/进步号飞船的绕飞逼近相对轨道

为了对准目标航天器对接轴，追踪航天器需要在距目标航天器200～400 m的距离上进行绕飞，转移到＋V－bar（也可是－V－bar或－R－bar）上的对接口或惯性对接口所需要的逼近线上。

绕飞后，航天器将进行站位保持，等待任务控制中心下一步操作命令。等待时间的安排要结合最后逼近段测控通信窗口和光照条件的要求进行。

（3）ATV 交会对接方案

ATV 的调相段一般由 3 组霍曼机动以及轨道面修正机动组成。机动策略类似于进步号货运飞船，其目的是捕获目标航天器后方 30 km 下方约 5 km 处的 S_0 点。从 S_0 点开始 ATV 可以自动进行交会对接任务。ATV 与国际空间站的自动交会过程如图 21－12 所示，整个交会过程设置了 6 个保持点：$S_{-1/2}$、S_0～S_4，在 $S_{-1/2}$处，地面控制中心将判断 ATV 是否继续进行自主交会操作；ATV 继续前进到与 $S_{-1/2}$点相距 30 km 附近的 S_0 点，ATV 和国际空间站建立起空空通信，进行相对 GPS 导航；在保持点 S_1 之后，ATV 进行寻的机动，抬高轨道高度到与空间站同一高度，同时继续接近空间站，直至 AE 外的保持点 S_2，在该过程中即便在任务误差扰动下 ATV 都不能和 AE 发生碰撞；从 S_2 到 S_3 接近的过程，ATV 保持对地定向姿态模式，ATV 也不能和 KOS 发生碰撞；然后经过 S_3 保持点，ATV 开启图像测量敏感器及激光测量敏感器，后续交会任务以图像测量信息作为 GNC 的主要导航信息，ATV 将以呈 10°角的接近走廊进入 KOS；到达保持点 S_4，经过检测一切正常后，启动近距离图像测量敏感器，朝着对接口继续逼近直至对接。

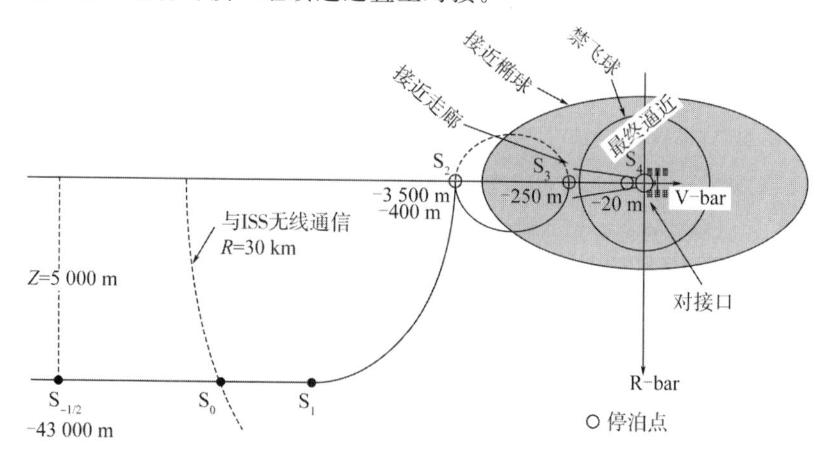

图 21－12　ATV 与国际空间站交会过程

21.3　交会对接系统组成

21.3.1　基本组成

交会对接系统基本组成如图 21-13 所示。

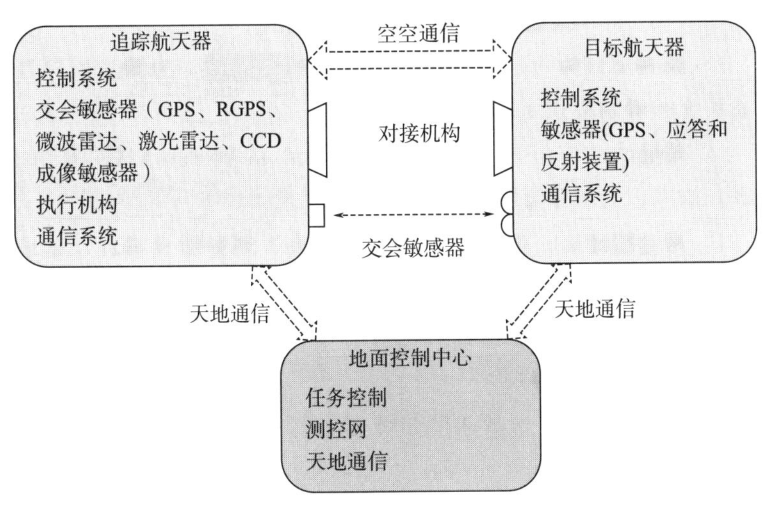

图 21-13　交会对接系统基本组成

交会对接任务如果有地面的支持，将会大大降低其复杂度，提高安全和成功概率。由于地面测控网的覆盖范围有限，因此交会对接中追踪航天器必须具有一定的自主控制能力，能够在目标航天器附近进行自主控制。追踪航天器和目标航天器的地面控制中心可以单独设立，也可以联合设立。

在发射和调相阶段，追踪航天器和目标航天器可以单独控制。除了要相互交换的必要信息外，追踪航天器地面控制只需要得到目标航天器的精确轨道参数。在近距离导引段开始自主控制后，追踪航天器和目标航天器开始需要频繁交换数据。在这一阶段，追踪航天器和目标航天器必须建立空空通信链路，接近轨迹必须满足安全性要求。在进入接近走廊后，必须建立包含追踪航天器、目标航天器和地面控制中心的控制体系结构，明确各参与方的控制优先权。地面控制中心应该具有最高控制权。

21.3.2 相对测量设备

追踪航天器对目标航天器的测量是交会对接过程的重要内容。

在 RVD 中的测量系统具有如下主要特点：

1）被测量目标为合作目标，有较高的协同性，为测量传感器或测量系统的研制提供了较有利的条件；

2）测量的动态范围比较大，如从 1.5 m 到 150 km，大约 10^5 的动态范围，对测量系统的配置有较高要求；

3）测量精度高，但受测量距离的约束，测量距离越近，精度要求越高；

4）测量参数多，包括相对位置、相对速度、相对姿态及其变化率，共计 12 个运动参数；

5）实时性强，一般要求测量数据更新率为 5～10 Hz；

6）大约工作在 400 km 的高空，空间环境恶劣，测量设备要有很强的空间环境适应性；

7）可靠性、安全性要求高。

测量系统的上述特点是对测量传感器进行研究和设计的主要依据。

另外，从交会对接各飞行阶段任务看，航天器交会对接的飞行阶段主要由远程导引段和近程导引段组成，相应的运动控制也分为航天器绝对运动的控制和相对运动的控制。与此相对应，交会对接测量设备也由两部分构成：测量单个航天器位置、速度和姿态的绝对测量设备，主要包括地面测控系统和惯性测量传感器等；测量两航天器之间的相对位置、速度和姿态的相对测量设备，主要包括相对 GPS、激光交会雷达、微波交会雷达和 CCD 成像敏感器等。航天器的绝对测量设备是所有航天器都需要的一个公用系统，因此不在本章赘述，本章主要介绍交会对接任务特有的相对运动测量设备。

用作非接触测量的传感器种类很多，综合国际上50多年来交会对接的经验，本章主要挑选了4种较有实用意义的测量传感器进行介绍，如微波交会雷达、激光交会雷达、CCD成像敏感器和卫星导航系统。卫星导航系统能为地球表面和近地空间的各类用户提供全天候、全天时、高精度的导航和时间信息，并且具有动态测量范围宽、体积小、质量轻、功耗低等优点，广泛地应用在空间交会对接相对测量系统中，成为交会对接测量系统中首选的测量设备。现今国际上应用最为成功的卫星导航系统是GPS卫星导航系统。

(1) 激光交会雷达

①系统组成

激光交会雷达由激光发射机、激光接收机、光学系统、光束偏转器、信号处理单元和合作目标等组成，如图21-14所示。

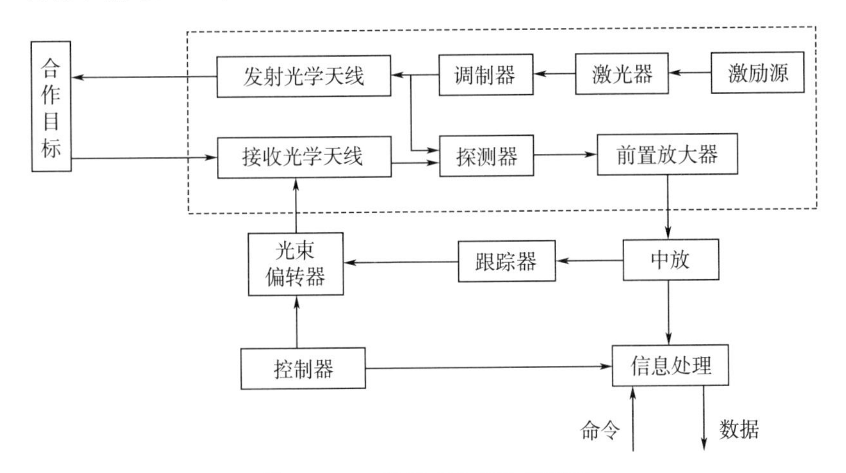

图21-14 激光交会雷达原理图

激光发射机的主要任务是完成激光的产生、调制，以及光束的准直、发射等。

激光接收机完成回波信号的光电转换、混频、放大、整形，以及目标脱靶量提取。

光学系统包括发射望远镜和接收望远镜。发射望远镜完成激光束的准直、整形，达到设计的光束发散角；接收望远镜完成激光回波信号汇聚、收集。

光束偏转器具有对光束的扫描偏转能力，实现对目标的搜索、捕获、激光束及探测视场在空域的扫描。

信号处理单元包括：测距模块、测速模块、综合控制模块等，完成对系统各组成部分的时序控制，对距离、速度的测量，对目标的提取、跟踪，对数据进行采集、处理、转换、输出等。

目标航天器上装备合作目标，可以大大增加雷达的作用距离，减小发射功率和天线口径。

②功能

根据 RVD 激光雷达的任务特点分析，激光交会雷达需具备以下功能。

1）对目标的搜索、捕获功能。激光交会雷达应具备对目标的搜索、捕获功能，在有其他传感器引导条件下，对指定空域进行快速搜索，发现目标后锁定并跟踪；若无引导，激光雷达应具备在较大范围内自动搜索、捕获功能；丢失目标后应具备重新搜索和捕获能力。

2）跟踪功能。激光雷达捕获到目标后，应具备对运动目标跟踪的能力，在稳定跟踪的同时完成对距离、速度、角度及角速度的测量。

3）测距功能。测量目标相对于飞船的径向距离，可采用脉冲直接探测、相位测量等方法实现。

4）测速度功能，以测量两飞船的相对径向运动速度。速度的直接测量采用多普勒测速原理，间接测量采用距离微分方法。

5）测角度功能，以测量目标的仰角和方位角。目标仰角和方位角的测量与目标的跟踪密切相关，目标跟踪的方法包括四象限跟踪、成像跟踪。成像跟踪有多种方式，如机械扫描成像、电子扫描成像。

6）测角度变化率。测量目标仰角和方位角的变化率，即视线角速度。

（2）微波交会雷达

①系统组成

基本微波交会雷达由发射机、接收机、天线和信号处理器（包括显示）等组成，如图 21 - 15 所示。

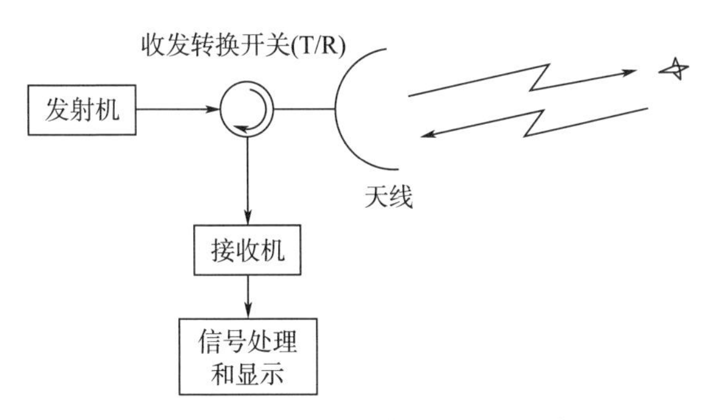

图 21 - 15　基本微波交会雷达系统

空间交会测量雷达大多采用合作模式的雷达系统，雷达发射的电磁波、接收天线接收的电磁波主要不是经由目标反射而是由装载在目标上的应答机转发的电磁波。在辐射能量相同的情况下，合作模式的探测距离会更远，或者说耗费较小的能量能获得与主动雷达一样的探测距离。图 21 - 16 表示了合作模式的雷达系统，其中应答机与雷达一样也有天线、发射机和接收机，不过一般情况下要将接收到的、来自雷达的信号经变换和时延后再转发给雷达。

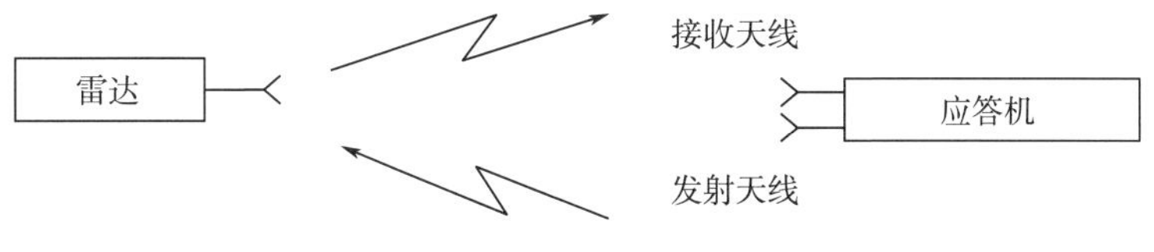

图 21 - 16　合作模式的雷达系统

②功能

与激光交会雷达类似，微波交会雷达具备以下功能：

1）测距、测速功能，测量目标相对于飞船的径向距离、径向运动速度，测量方法有调频法和脉冲法；

2）测角度功能，测目标飞船的仰角、方位角，测量方法有相位法和振幅法；

3）测角度变化率，测量目标飞船仰角、方位角的变化率，即视线角速度；

4）对目标的搜索和捕获功能；

5）跟踪功能。

（3）CCD成像敏感器

①系统组成及工作原理

CCD成像敏感器一般由CCD摄像机和合作目标组成。

理论上讲，只要有一台CCD摄像机就能完成定位计算。但考虑到空间环境应用需要有很高的可靠性，因此一般选择四台摄像机方案，两台摄像机用于小视场、远距离的测量，另外两台用于大视场、近距离的测量。这样的配置方案特点是：各摄像机固定焦距，分段测量，互为备份，具有较高的可靠性。另外，利用两台摄像机的成像进行立体视觉计算，可提高精度。理论上讲，只要有三个合作目标标志点就可以定位，但考虑到杂波干扰、图像识别及可靠性等因素，可以多布置几个合作目标点。

CCD成像敏感器基本测量原理是：在目标航天器上安装若干个坐标（相对于目标飞行器坐标系）已知的合作目标，这些合作目标将在追踪航天器上安装的CCD成像敏感器中成像，根据成像位置及合作目标间原有的位置关系可建立约束方程；如果目标及CCD光学成像敏感器的数量、参数及布置合理，就可通过解方程计算出合作目标相对追踪器坐标系的位置和姿态关系，并换算出目标航天器相对于追踪航天器的位置和姿态；同时可以用差分、滤波等方法求出其一阶时间导数，即相对位姿变化率。上述过程实际上是多个坐标系间标定、求解、变换的过程，其计算流程见图21-17。

②功能

CCD成像敏感器一般都用在交会对接的逼近段及靠拢对接段

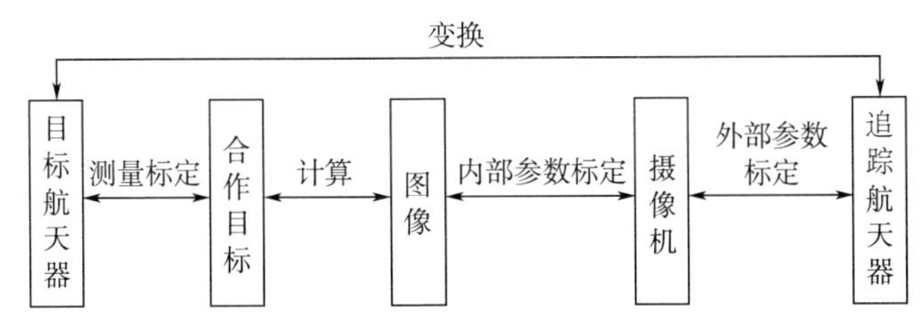

图 21－17　CCD 成像敏感器测量的计算流程图

(相对测量的最后阶段)。此时追踪航天器的对接口逐渐靠近目标航天器的对接口，被测量的目标应看作体目标，因此 CCD 成像敏感器应具备如下功能：

1）相对位移测量功能，测量目标相对于飞船的 3 个位移分量；

2）相对位移变化率测量功能，测量目标相对于飞船的 3 个位移变化量；

3）相对姿态测量功能，测量目标相对于飞船的 3 个姿态角；

4）相对姿态变化率测量功能，测量 3 个相对姿态角的变化率。

（4）GPS 相对定位

GPS 相对定位的原理是：两点中有一点的位置已知，令该点作为起始点或基准点，在这两个点上同时设站，同步观测相同的卫星，从而确定未知点的位置，其实质就是测定两点之间的相对位置。采用相对定位法具有很大的优越性，其可以消除或极大降低定位中的系统误差、提高定位精度。这里重点介绍 GPS 在交会对接中的工作原理和 GPS 伪距差分相对定位方法。

①工作原理

典型的 GPS 工作过程如图 21－18 所示。在远程导引段，追踪航天器和目标航天器的 GPS 接收机分别独立地接收 GPS 信号（伪距和载波）；然后根据接收的信号解算出航天器在 WGS－84 坐标系下的绝对位置和速度，并将 WGS－84 坐标系下的参数传递给追踪器导航系统；最后由导航系统转化为 J2000 地心惯性坐标系下航天器的绝对位置和速度，作为远程导引段地面测控系统的备份。

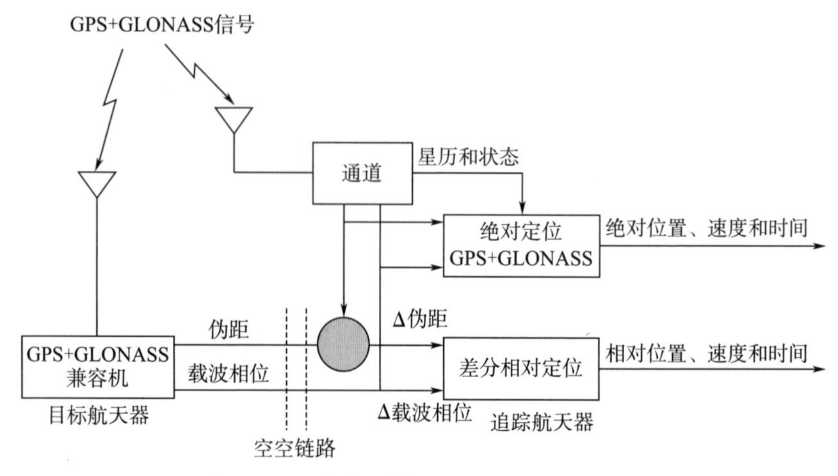

图 21-18　交会对接航天器 GPS 工作原理图

当追踪航天器进入近距离导引段、追踪航天器与目标航天器建立空空通信链路后，GPS 除继续进行绝对导航外还启动相对导航。首先目标航天器 GPS 接收机将接收到的 GPS 伪距信号通过空空通信链路传递给追踪航天器；然后追踪航天器采用伪距差分相对定位方法进行导航参数的计算，解算追踪航天器与目标航天器在 WGS-84 坐标系下的相对位置和速度，并进行进一步的导航计算。

②GPS 伪距差分定位方法

进行 GPS 伪距差分相对定位，必须选择基准站和活动站，并在基准站与活动站之间建立实时的数据传输系统。根据基准站的形式、数据处理的性质与数据处理的方式，一般可分为两种情况。

1）基准站坐标精确已知。根据已知的精确坐标计算该基准站至所测 GPS 卫星的瞬时距离及其与相应测量的伪距观测值之差，并将这些值作为伪距修正量实时传给运动的接收站。接收站根据基准站传输的数据，选择与基准站相同的 GPS 卫星进行观测，并利用基准站传输的伪距修正数据进行相对定位解算。该方法由于要求设置精确坐标已知的基准站，因此主要被应用于地基的相对定位中。

2）基准站是活动的，不能得到精确基准站的坐标。将基准站同步观测的 GPS 伪距数据和基准站的大致坐标实时传送给活动的 GPS 接收站，进行差分处理，以实时确定运动点相对于活动基准站的空间位置。这种方法由于不需要知道活动站的精确坐标，因此被广泛地应用于空基的相对定位中。RVD 中一般采用这种方法，其原理如图 21 - 19 所示。

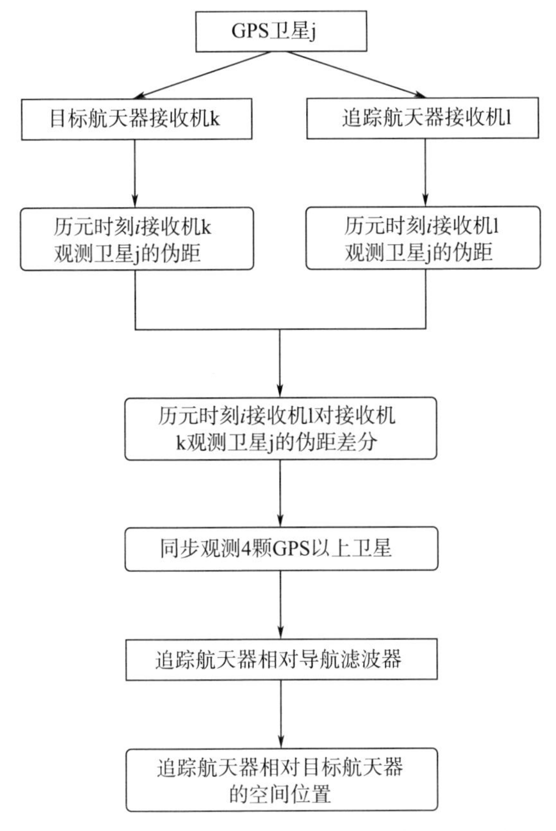

图 21 - 19　RVD 伪距差分相对定位法原理图

由 GPS 绝对定位方法可知，目标航天器接收机 k 和追踪航天器接收机 l 在历元时刻 i 的观测方程分别为

$$\boldsymbol{r}_{\mathrm{k}}=\boldsymbol{A}_{\mathrm{k}}\boldsymbol{D}_{\mathrm{k}} \tag{21-1}$$

$$\boldsymbol{r}_{\mathrm{l}}=\boldsymbol{A}_{\mathrm{l}}\boldsymbol{D}_{\mathrm{l}} \tag{21-2}$$

对式（21-1）、式（21-2）求差分可得

$$\delta\boldsymbol{r}_{\mathrm{k}}=\boldsymbol{A}_{\mathrm{l}}\boldsymbol{D}_{\mathrm{l}}-\boldsymbol{A}_{\mathrm{k}}\boldsymbol{D}_{\mathrm{k}} \tag{21-3}$$

式中 $\boldsymbol{A}_{\mathrm{l}}$——追踪航天器绝对位置矢量的函数；

$\boldsymbol{A}_{\mathrm{k}}$——目标航天器绝对位置矢量的函数。

当目标航天器与追踪航天器相对距离较近时，可近似用 $\boldsymbol{A}_{\mathrm{k}}$ 代替 $\boldsymbol{A}_{\mathrm{l}}$，则式（21-3）可简化为

$$\delta\boldsymbol{r}=\boldsymbol{A}_{\mathrm{k}}(\boldsymbol{D}_{\mathrm{l}}-\boldsymbol{D}_{\mathrm{k}})=\boldsymbol{A}_{\mathrm{k}}\delta\boldsymbol{D} \tag{21-4}$$

其中 $\boldsymbol{A}_{\mathrm{k}}$ 中的目标航天器绝对位置矢量由目标航天器 GPS 绝对定位的结果给出。

若基准站与活动站同步观测的 GPS 卫星数多于 4 个，则存在冗余观测，由此可求得最小二乘解

$$\delta\boldsymbol{D}=(\boldsymbol{A}_{\mathrm{k}}^{\mathrm{T}}\boldsymbol{A}_{\mathrm{k}})^{-1}\boldsymbol{A}_{\mathrm{k}}^{\mathrm{T}}\delta\boldsymbol{r} \tag{21-5}$$

求出 $\delta\boldsymbol{D}$，即得到 $\delta\boldsymbol{\chi}(t_i)=[\delta X(t_i)\quad\delta Y(t_i)\quad\delta Z(t_i)]^{\mathrm{T}}$，可利用

$$\delta\boldsymbol{\chi}^{n+1}(t_i)=\boldsymbol{\chi}_{\mathrm{l}}^{n}(t_i)-\boldsymbol{\chi}_{\mathrm{k}}^{n}(t_i)+\delta\boldsymbol{D}\quad n=0,1,2,\cdots \tag{21-6}$$

求出用户相对位置。若精度不够，可以用求出的新值作为标称值，重新开始迭代计算，直到精度满意为止。

21.3.3 对接机构

（1）主要功能

对任何一种对接机构系统，其基本任务都是能多次实现两航天器之间的机械对接和分离。对接机构最基本的功能要求是形成精确的、有足够强度和刚度的对接，载人航天器对接时，还必须要求是密封连接。对接机构系统应能保证航天器在对接状态下飞行，并在完成对接任务后能够安全分离。除了上述对接、对接保持和分离三种基本功能外，还要求对接机构系统能够执行一些其他辅助功能，如对接后的电、气、液的传输等任务，在给定的对接初始条件范围内对接机构系统应能完成捕获和对接，在对接后的联合飞行中对接

机构系统应能承受作用在对接处的全部设计载荷。

（2）基本组成

对接机构系统由主、被动两个对接机构组成，而对接机构都是由若干单元机构和部件构成的。一般说来，对接机构一般包括下列四个部分（如图 21 - 20 所示）：

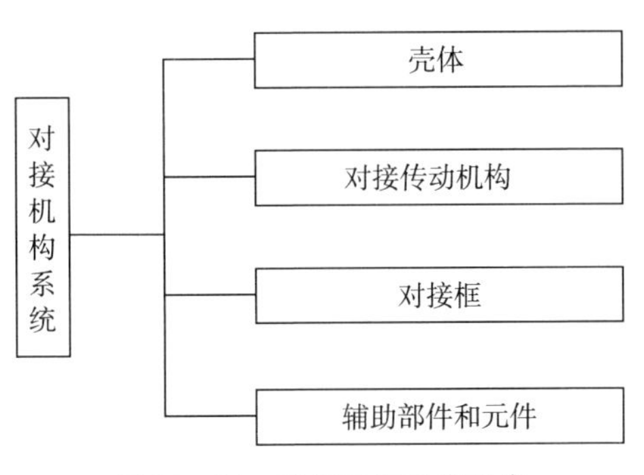

图 21 - 20　对接机构系统组成

1）壳体：壳体是对接机构系统的基础结构和承载部件，其上安装有对接传动机构和对接框机构；

2）对接传动机构：主要包括完成主动对接机构的推出、捕获、缓冲、校正、拉紧以及分离等过程的驱动及传动部件；

3）对接框：主要包括对接框及安装在对接框上的结构锁系、密封圈、分离装置和导向装置等部件；

4）辅助部件和元件：主要包括各类传感器、检漏仪、控温仪、控制器和电、气、液连接接头等。

（3）对接机构的分类

对接机构按照结构和功能主要分为三类。

1）带有接纳锥的对接机构。这类对接机构一般在目标航天器上安装接纳锥，在追踪航天器上装有带伸缩的杆子。对接时，杆锥相互作用，杆和锥能够补偿偏移量，进行缓冲和校正。这类对接机构由于杆锥占据了其中心部分、堵住了对接通道，使用起来较不方便。带有接纳锥的对接机构主要在联盟号飞船、双子星座飞船、进步号货运飞船、阿波罗飞船以及 ATV 上使用。

2）异体同构周边式对接机构。这类对接机构是将对接的元件和部件分布在机构的周边，且保证雌雄同体，在中间留有过渡通道。在 ASTP 任务中和航天飞机上采用了这类对接机构。

3）卡爪式对接机构。这类对接机构一般存在一个卡爪，通过该卡爪对两航天器进行捕获和拉紧，一般无密封性能和通道，适用于无人航天器和空间结构的对接。在日本的工程试验卫星（ETS－Ⅶ）飞行任务中得到成功应用。

21.3.4 执行机构

（1）主要功能

交会对接任务中执行控制指令，从而对追踪器的轨道和姿态进行控制。执行机构主要包括：姿/轨控发动机、角动量交换装置和磁力矩器等。

（2）轨控发动机

对于航天器的轨道控制，由于航天器在空间需要改变自身的质心运动情况，因此需要通过轨控发动机喷射推进剂来获取作用力。

①发动机推力产生原理

发动机反作用推力和航天器质量的变化可用式（21－7）表示

$$\begin{cases} P = \dot{m}_{s} v_{e} \\ \dot{m} = -\dot{m}_{s} \end{cases} \tag{21-7}$$

式中 P ——推力大小；

$\dot{m}_{s}$ ——推进剂秒流量；

v_{e} ——发动机出口排气速度；

m ——航天器质量。

②发动机的力与力矩

对于航天器上的发动机，其所产生的力和力矩的通用表达式为

$$\begin{cases} \boldsymbol{F} = P\boldsymbol{d} \\ \boldsymbol{M} = \boldsymbol{r} \times \boldsymbol{F} \end{cases} \tag{21-8}$$

式中　$\boldsymbol{F}$ ——发动机所产生的力；

$\boldsymbol{M}$ ——所产生的力矩，

P ——发动机推力大小；

$\boldsymbol{d}$ ——发动机推力方向；

$\boldsymbol{r}$ ——发动机位置在体坐标系中的位置矢量。

（3）姿态控制主要执行机构

①姿控发动机

对于航天器的姿态控制，可通过姿控发动机喷射推进剂产生控制力矩。

②角动量交换装置

对于航天器的姿态控制，也可根据航天器在空间角动量守恒定理，利用角动量交换装置实现对航天器的姿态控制。角动量交换装置进行姿态控制用于航天器飞行过程中时，会受到外界的干扰而导致航天器角动量持续积累，最终使控制力矩陀螺或飞轮的转速到达极限，即出现转速饱和现象，这种情况下需要对航天器施加外力矩降低角动量交换装置的转速，即对其进行卸载。

航天器常用的角动量交换装置主要包括控制力矩陀螺（control moment gyroscope，CMG）和飞轮（flywheel），其中CMG又包括单框架控制力矩陀螺（single gimbal CMG，SGCMG）、双框架控制力矩陀螺（double gimbal CMG，DGCMG）以及变速控制力矩陀螺（variable speed CMG，VSCMG），飞轮又包括反作用飞轮和储能飞轮。

采用CMG和反作用飞轮作为主要的姿态控制设备的方案，与喷气推力器相比，其最大优点在于不需要燃料消耗，但由于空间站在轨飞行时要受到外界干扰的影响、在控制过程中角动量交换装置的角动量随时间的累积而增加，从而导致角动量的饱和，因此需要对CMG进行卸载以使其正常工作。

③磁力矩器

磁力矩器是利用空间磁场产生力矩，产生的磁力矩一般较弱，但不需要消耗推进剂，因而可用于小型航天器的姿态控制或用于给角动量交换装置卸载。

磁力矩器按照磁控规律获得的磁矩为

$$\boldsymbol{N}=\frac{K}{B^{2}}\boldsymbol{B}\times\Delta\boldsymbol{H}_{w} \tag{21-9}$$

式中 K ——大于零的增益系数；

$\Delta\boldsymbol{H}_{w}$ ——动量轮系统的角动量矢量（单位为 N·m·s）；

$\boldsymbol{B}$ ——计算得到的地磁场矢量（单位为 T），且能产生的最大磁矩为（100±5）A·m^2，磁力矩器的剩磁小于1%。

21.3.5 通信设备

（1）主要功能

交会对接通信设备主要用于实现空地和空空信息传输功能，具体包括：

1）提供数据传输通道和传输平台，对上行信息进行接收、处理、分发，对下行信息进行采集与传输；

2）提供高质量的双向话音和视频服务；

3）完成交会对接空空通信链路的信息传输。

图 21-21 描绘了一个用于交会对接的典型通信流程。两个航天器通过数据中继卫星分别在其控制中心进行通信，而在地面测控站可用且已经列入计划时，则通过地面测控站进行通信。

（2）主要设备

1）数据传输设备包括波段数传机、中继终端；

2）图像传输设备包括摄像机、视频处理设备（编码、译码和图像切换等）；

3）话音设备包括无线和有线两种方式，由话音处理器、无线通信单元、话音接收和发送设备等实现；

两个航天器之间的空空通信设备包括空空通信机和天线。

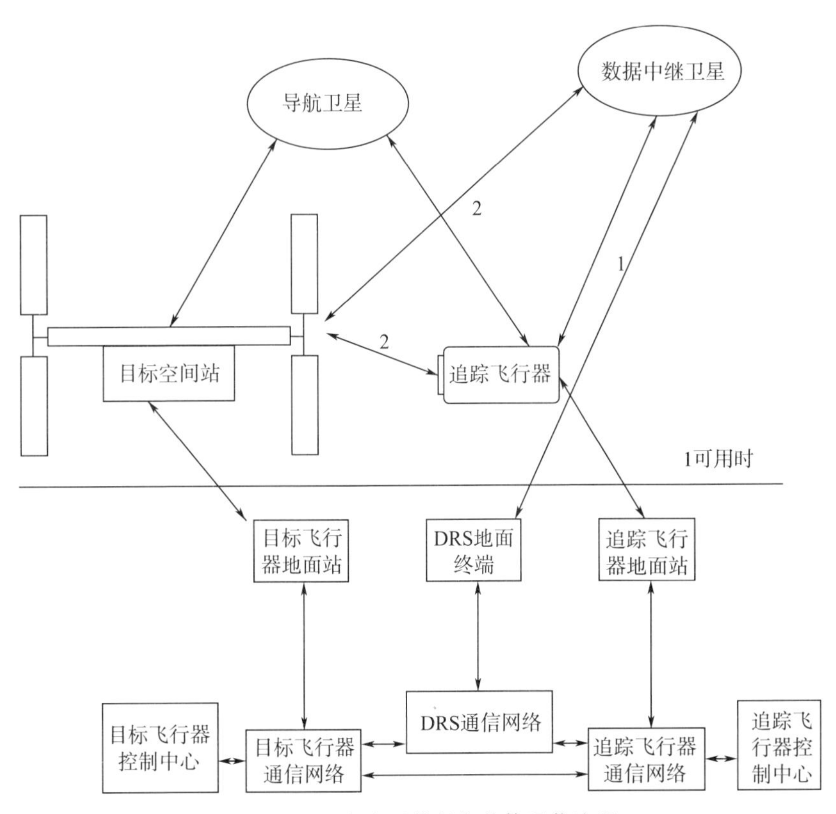

图 21-21　交会对接任务总体通信流程

1—本地通信范围之外的链路；2—本地通信范围之内的链路

21.4　交会对接制导与控制

21.4.1　交会对接控制系统

交会对接控制对象是一个复杂多变量的系统，一个航天器具有 3 个相对位置和 3 个相对姿态角，共 6 个变量，两个航天器的相对运动便有 12 个变量，且这些变量在许多情况下是相互耦合的。对具有位置和姿态的多变量交会对接的控制对象，一般通过轨道控制系统控制航天器的三维位置变化，通过姿态控制系统确保其姿态达到所要求的状态，而轨道和姿态两个控制系统是相互关联的，从而满足上述多变量耦合交会对接控制系统的要求。

交会对接控制系统包括地面控制系统以及自主交会控制系统两个部分，图 21-22 是交会对接控制系统的结构图。在交会对接任务中，远距离导引段一般采用地面控制方式，而近距离导引段常采用手动、自动或自主交会等控制方式。

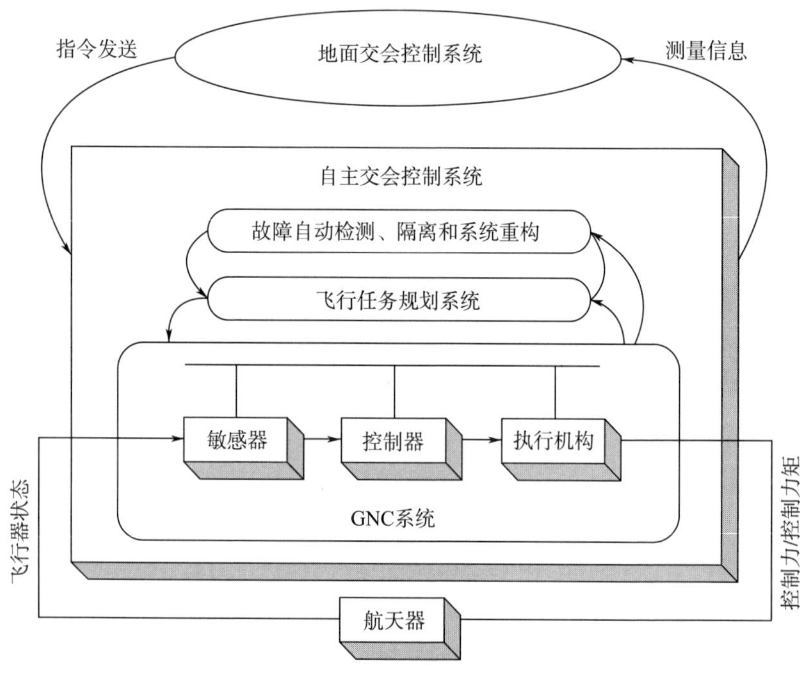

图 21-22　交会对接控制系统

21.4.2　制导控制方案

（1）远距离导引段

地面控制为远距离导引阶段的飞船轨道控制方式。由于该阶段两航天器相距较远，不能建立相对导航信息，所以需要地面测控站或测量船对两航天器的飞行状态进行测量，而后地面飞行控制中心根据测量数据进行轨道控制计算，再将计算结果以控制指令方式发送至追踪航天器使其完成变轨控制。其中追踪航天器的变轨完全由地面测控站完成，地面测控站根据测轨数据决定轨道调整的时间和方式，追踪航天器只负责自身的姿态稳定控制，通过姿态敏感器测定姿态，然后利用所测的数据控制姿态的稳定。远距离导引段控制系统的结构如图 21－23 所示。

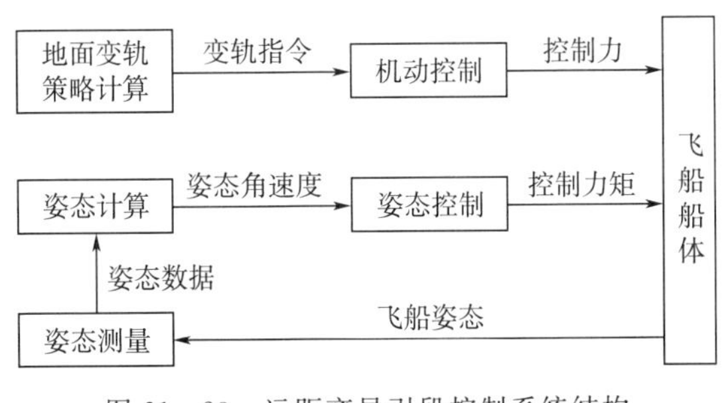

图 21－23　远距离导引段控制系统结构

（2）自主交会段

对于自主交会控制系统，其核心部分由敏感器、控制器和执行机构组成，航天器通过自身携带的多种敏感器来获取其轨道和姿态信息，而后控制器基于该信息进行轨道和姿态控制计算，最后将计算结果通过执行机构进行控制施加，从而实现轨道和姿态控制。图 21－24 描述了自主交会控制系统基本原理。

其中，寻的段一般基于 C－W 制导或 Lambert 制导算法进行轨道控制，追踪航天器在该阶段脉冲控制的次数一般为 3～4 次。C－W 制导基于相对测量参数进行制导计算，而 Lambert 制导算法基于绝对参数，所以当选择两种制导算法时需要考虑寻的段的参数测量情况。接近段的轨道控制可采用 C－W 制导和视线制导，C－W 制导算法一般应用于接近段的前面阶段，而视线制导应用于接近段的后面阶段。平移靠拢段基于视线制导，进行六自由度控制，同时可采用一些智能控制方法，如 PID 控制和模糊控制算法等，平移靠拢段

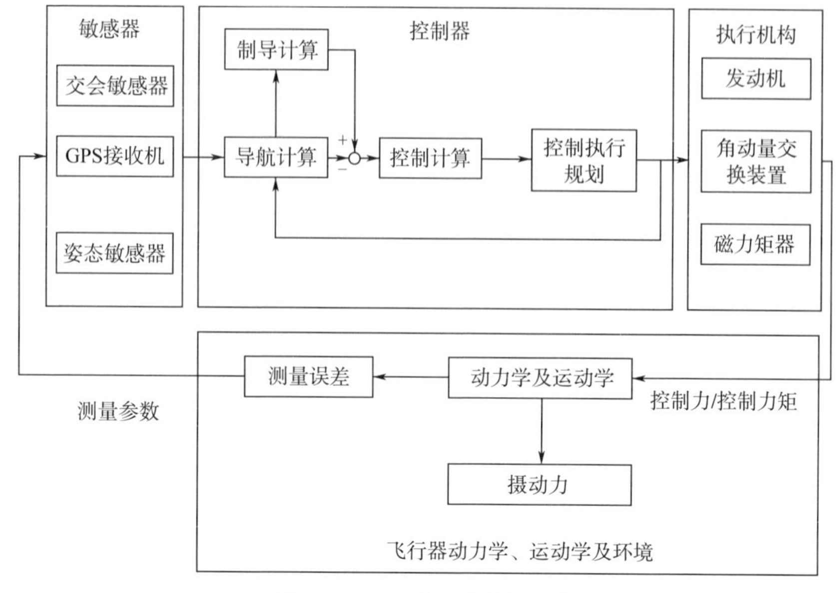

图 21－24　自主交会控制系统

是轨道和姿态同时闭环控制的过程。下面对自主交会段常用的制导算法，如 C－W 制导算法、Lambert 制导算法、视线制导原理等进行介绍。

21.4.3　典型制导算法

（1）C－W 制导算法

当目标航天器为近圆轨道运行时，目标航天器轨道角速度 ω 近似为常数。两航天器的相对距离不是很大，特别是高度差不大的情况下，采用轨道坐标系（图 21－25）下的相对动力学方程对航天器的相对运动进行描述能够获得比较高的精度，可以满足近距离交会控制的精度要求。该相对动力学方程可写成如式（21－10）所示的状态方程。

$$\dot{\boldsymbol{X}} = \boldsymbol{AX} + \boldsymbol{BU} \tag{21-10}$$

其中

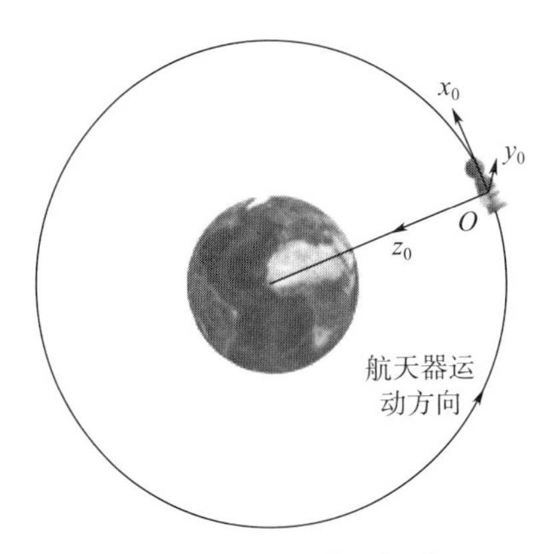

图21-25　轨道坐标系

$$\begin{gathered}\boldsymbol{X}=(\boldsymbol{\rho}^{\mathrm{T}},\boldsymbol{V}^{\mathrm{T}})^{\mathrm{T}}=(x,y,z,\dot{x},\dot{y},\dot{z})^{\mathrm{T}}\\ \boldsymbol{U}=(a_x,a_y,a_z)^{\mathrm{T}}\end{gathered}\tag{21-11}$$

$$\left\{\begin{aligned}\boldsymbol{A}&=\begin{bmatrix}0&0&0&1&0&0\\0&0&0&0&1&0\\0&0&0&0&0&1\\0&0&0&0&0&2\omega\\0&-\omega^2&0&0&0&0\\0&0&3\omega^2&-2\omega&0&0\end{bmatrix}\\ \boldsymbol{B}&=\begin{bmatrix}0&0&0\\0&0&0\\0&0&0\\1&0&0\\0&1&0\\0&0&1\end{bmatrix}\end{aligned}\right.\tag{21-12}$$

设初始时刻 $t_0=0$，由状态方程式（21-10）可得状态转移矩阵为

$$\boldsymbol{\Phi}(t,t_0)=\begin{bmatrix}1 & 0 & 6(\omega t-s) & \dfrac{4s-3\omega t}{\omega} & 0 & \dfrac{2(1-c)}{\omega}\\ 0 & c & 0 & 0 & \dfrac{s}{\omega} & 0\\ 0 & 0 & 4-3c & \dfrac{2(c-1)}{\omega} & 0 & \dfrac{s}{\omega}\\ 0 & 0 & 6\omega(1-c) & 4c-3 & 0 & 2s\\ 0 & -\omega s & 0 & 0 & c & 0\\ 0 & 0 & 3\omega s & -2s & 0 & c\end{bmatrix}$$

(21 - 13)

其中

$$c=\cos(\omega t)$$

$$s=\sin(\omega t)$$

此状态转移矩阵可分解为如式（21 - 14）所示的矩阵。

$$\boldsymbol{\Phi}(t,\ t_0)=\begin{pmatrix}\boldsymbol{\Phi}_{11} & \boldsymbol{\Phi}_{12}\\ \boldsymbol{\Phi}_{21} & \boldsymbol{\Phi}_{22}\end{pmatrix} \tag{21 - 14}$$

当推力作用可近似为 N 次脉冲时（每次推力作用在瞬间完成），假设在 t_i 时刻施加了脉冲 $\Delta\boldsymbol{V}_i=[\Delta V_{xi},\ \Delta V_{yi},\ \Delta V_{zi}]^{\mathrm{T}}$，($i=1$，2. …，$N$)，则对于终端时刻 t_{f} 的状态矢量

$$\boldsymbol{X}(t_{\mathrm{f}})=\boldsymbol{\Phi}(t_{\mathrm{f}},\ t_0)\boldsymbol{X}_0+\sum_{i=1}^{N}\boldsymbol{\Phi}_v(t_{\mathrm{f}},\ t_i)\Delta\boldsymbol{V}_i \tag{21 - 15}$$

其中
$$\boldsymbol{\Phi}_v(t,t_0)=\begin{pmatrix}\boldsymbol{\Phi}_{12}\\ \boldsymbol{\Phi}_{22}\end{pmatrix}$$

如果起始时刻 t_0 的状态 $\boldsymbol{X}(t_0)$ 和终端时刻状态 $\boldsymbol{X}(t_{\mathrm{f}})$ 都是给定的设计变量，令

$$\Delta\boldsymbol{X}=\boldsymbol{X}(t_{\mathrm{f}})-\boldsymbol{\Phi}(t_{\mathrm{f}},t_0)\boldsymbol{X}(t_0) \qquad (6\times 1)$$

$$\Delta\boldsymbol{V}=[(\Delta\boldsymbol{v}_1)^{\mathrm{T}}(\Delta\boldsymbol{v}_2)^{\mathrm{T}}\cdots(\Delta\boldsymbol{v}_N)^{\mathrm{T}}]^{\mathrm{T}} \qquad (3N\times 1)$$

$$\boldsymbol{F}=[\boldsymbol{\Phi}_v(t_{\mathrm{f}},t_1)\boldsymbol{\Phi}_v(t_{\mathrm{f}},t_2)\cdots\boldsymbol{\Phi}_v(t_{\mathrm{f}},t_N)] \qquad (6\times 3N)$$

则

$$\Delta \boldsymbol{X} = \boldsymbol{F} \Delta \boldsymbol{V} \tag{21-16}$$

当 $N=1$ 时，一般情况下，式（21－16）是一个无相容解的矛盾方程组。

首先判断方程组是否有解：若 $\mathrm{rank}\{[\boldsymbol{F}, \Delta \boldsymbol{X}]\} = \mathrm{rank}(\boldsymbol{F})$，则方程组有解；否则方程组无解。

当 $N=2$ 时，即双脉冲变轨，该方程组有唯一解

$$\Delta \boldsymbol{V} = \boldsymbol{F}^{-1} \Delta \boldsymbol{X} \tag{21-17}$$

当 $N>2$ 时，一般情况下，这个方程组的解不唯一，其通解为

$$\Delta \boldsymbol{V} = \boldsymbol{F}^{-} \Delta \boldsymbol{X} + (\boldsymbol{I} - \boldsymbol{F}^{-} \boldsymbol{F}) \boldsymbol{\xi} \tag{21-18}$$

式中　$\boldsymbol{F}^{-}$ ——$\boldsymbol{F}$ 的广义逆矩阵；

　　$\boldsymbol{\xi}$ —— $3N \times 1$ 任意矢量。

取最小范数解（即 $3N$ 个冲量分量的平方和最小），则需要施加的 N 次冲量为

$$\Delta \boldsymbol{V} = \boldsymbol{F}^{\mathrm{T}} (\boldsymbol{F} \boldsymbol{F}^{\mathrm{T}})^{-1} \Delta \boldsymbol{X} \tag{21-19}$$

C－W 制导控制模型是目标器在近圆轨道条件下的一种末端交会的控制方法。根据C－W方程可得到线性化的相对运动方程的解析解。该解析解确立了追踪器在任一时刻的相对状态与初始相对状态之间的解析关系。

（2）Lambert 制导算法

如图 21－26 所示，追踪航天器初始位置及速度矢量为 $\boldsymbol{r}_1$、$\boldsymbol{v}_{10}$，目标航天器初始位置及速度矢量为 $\boldsymbol{r}_{1\mathrm{tar}}$、$\boldsymbol{v}_{1\mathrm{tar}}$，交会时间为 Δt，需要求解两次点火的速度冲量。Δt 较小时，转移轨道唯一。

目标航天器初始状态为 $[\boldsymbol{r}_{1\mathrm{tar}}, \boldsymbol{v}_{1\mathrm{tar}}]^{\mathrm{T}}$，经过时间 Δt 后的状态为 $[\boldsymbol{r}_{2\mathrm{tar}}, \boldsymbol{v}_{2\mathrm{tar}}]^{\mathrm{T}}$；追踪航天器终端 $[\boldsymbol{r}_2, \boldsymbol{v}_2]^{\mathrm{T}} = [\boldsymbol{r}_{2\mathrm{tar}}, \boldsymbol{v}_{2\mathrm{tar}}]^{\mathrm{T}} + [\boldsymbol{r}_{r2}, \boldsymbol{v}_{r2}]^{\mathrm{T}}$；$\boldsymbol{r}_r$、$\boldsymbol{v}_r$ 为追踪航天器期望相对目标航天器的位置及速度（惯性系）矢量。转移轨道初始速度为

$$\boldsymbol{v}_1 = \sqrt{\mu a}\ \frac{\boldsymbol{r}_2 - \boldsymbol{r}_1}{r_2 r_1 \sin\theta} + \sqrt{\frac{\mu}{\theta}} \tan\frac{\theta}{2} \frac{\boldsymbol{r}_1}{r_1} \tag{21-20}$$

转移轨道终点速度为

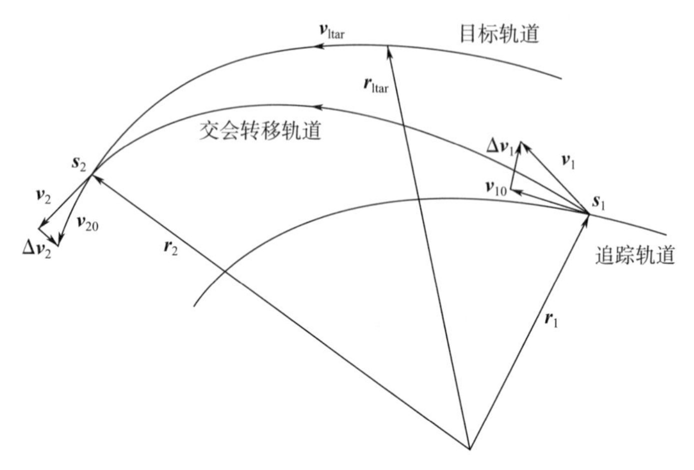

图 21-26 Lambert 交会制导算法示意图

$$\boldsymbol{v}_2 = \sqrt{\mu a}\ \frac{\boldsymbol{r}_2 - \boldsymbol{r}_1}{r_2 r_1 \sin\theta} - \sqrt{\frac{\mu}{\theta}} \tan\frac{\theta}{2}\frac{\boldsymbol{r}_2}{r_2} \tag{21-21}$$

θ 为 $\boldsymbol{r}_1$、$\boldsymbol{r}_2$ 的夹角，a 为交会转移轨道的长半轴，由时间 Δt 、$\boldsymbol{r}_1$、$\boldsymbol{r}_2$ 确定

$$a = \frac{s}{1 + \cos\lambda} \tag{21-22}$$

其中

$$s = \frac{1}{2}(r_1 + r_2 + c)$$

式中 c ——交会始点 A、终点 B 连线长度。

λ 为 Lambert 参数，$-\pi < \lambda < +\pi$ ，由 Lambert 方程解出

$$\Delta t = \sqrt{\frac{s^2}{\mu(\lambda + \cos\lambda)^3}}\ [\pi + (\lambda + \sin\lambda) - (\beta - \sin\beta)] \tag{21-23}$$

$$\cos\beta = 1 - [(s - c)/s](1 + \cos\lambda) \tag{21-24}$$

最后，双冲量 Lambert 交会需要的冲量为

$$\Delta\boldsymbol{v}_1 = \boldsymbol{v}_1 - \boldsymbol{v}_{10} \tag{21-25}$$

$$\Delta \boldsymbol{v}_2 = \boldsymbol{v}_2 - \boldsymbol{v}_{20} \tag{21-26}$$

(3) 视线制导原理

视线制导平行交会起源于导弹拦截的平行接近，是用抑制视线转动的比例导引法实现的，有时也称为视线不转动制导。由于可采用成熟的雷达方法来进行有关视线运动参数的测量，同时控制手段简便，为此在空间交会末制导中该方法多被采用。

平行交会是两个航天器在交会过程中，视线的转动角速度在某一确定的坐标系为零，也就是说，两个航天器之间视线在交会过程保持平行。保证视线平行的条件下，两个航天器就可以沿着视线方向靠近目标，相对速度数值为负，从而达到交会的目的。

平行交会有两种方式：一种方式是将两个航天器之间的相对视线方向在惯性坐标系中保持不变，如图 21-27 (a) 所示；另一种方式是在目标航天器的轨道坐标系中视线保持不变，如图 21-27 (b) 所示。前者称为空间平行交会，适用于目标姿态对惯性空间稳定的情况；后者称为当地平行交会，用于目标对地定向的情况。

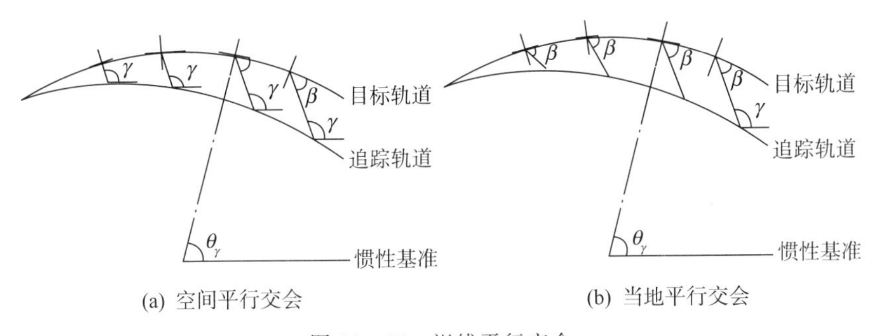

图 21-27　视线平行交会

为了进行平行交会，首先要将追踪器的初始运动状态导引到满足平行交会的初始条件，这由地面制导或星上自主制导完成。一般而言，此时两个航天器已在共面轨道。不难证明，在中心引力场中不同的两个轨道上，在没有引力作用下，不存在某一个时间区间会出现平行交会式的相对运动。因此，只能在某一时刻，通过导引使相对速度与视线重合。平行交会的首要问题是如何最优地将追踪航天器引入平行交会，即最优地选择引入前的初始条件和推力条件，使所需的特征速度最小；其次在进入平行交会后，如何继续消除视线转动速率，并最优控制接近速度，实现交会。

视线制导控制的主要特点是把测量角速度的陀螺安装在追踪航天器的本体上，该陀螺兼用于初始姿态机动和姿态稳定。通过雷达的框架角和姿态控制系统使追踪航天器的纵轴指向目标、测向陀螺的输出为视线角速度在追踪航天器本体坐标系上的分量。通过滚动控制使视线角速度与追踪航天器的某一侧向轴一致，从而建立导航平面，使侧向发动机可以直接抑制视线速率。图 21－28 是视线制导控制系统的结构图。

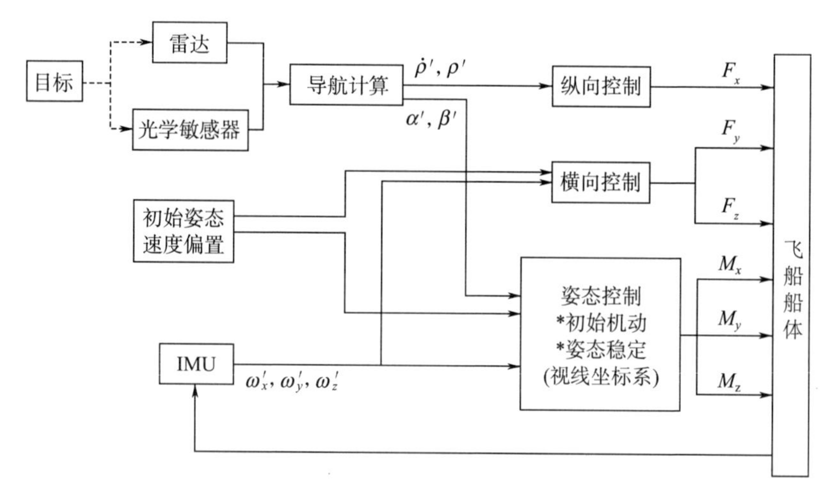

图 21－28　视线制导控制系统结构图

21.5　手动控制交会对接系统

空间交会对接是航天技术中一项极为重要的飞行操作技术，手动控制交会对接是其中的一种重要形式。手动控制交会对接是指航天员在追踪航天器上通过电视摄像机等船载设备观察两个航天器的相对位置和相对姿态，并操作手动控制器进行交会对接控制的过程。

21.5.1　功能和特点

（1）功能

手动控制交会对接主要具备以下三种功能。

1）执行空间手动控制交会对接任务。在追踪航天器与某一目标航天器进行交会对接的最后平移靠拢段，航天员可以通过手动控制器直接操作追踪航天器进行交会对接，而不需要自动控制系统的参与。

2）作为自动控制交会对接系统的重要备份。当自动控制交会对接系统自主测量敏感器（如CCD成像敏感器）出现故障时，自动控制系统无法正常工作，此时可启用手动控制交会对接系统以保证任务的顺利进行。

3）紧急情况下的撤离操作。当航天器在交会对接过程中（或对接完成后）出现紧急情况、危及航天器甚至航天员的安全时，可通过手动控制系统实现航天器的紧急撤离，以保证航天器和航天员的安全。

此外，经过大量手动控制交会对接训练的航天员还可以将手动控制操作拓展到交会对接以外的航天任务中，如紧急情况下的手动返回控制、登月飞船的手动着陆控制、货运飞船的手动遥操作控制等。

（2）特点

航天器空间交会对接技术的实施必须由高级控制系统来完成，根据航天员及地面站的参与程度可将控制方式划分为遥控操作、手动操作、自动控制和自主控制四种类型。从本质上讲，上述分类可归结为手动控制方式或自动控制方式，其优缺点如表21-1所示。

表 21-1 手动控制和自动控制方式优缺点对比

控制方式	优点	缺点
手动控制	具有观察、分析、判断、决策和处理能力，能够提高交会对接任务成功的概率；能对对接系统中的故障进行维修；节省燃料	航天员的工作负荷大；受空间环境条件（如光照）限制
自动控制	不需要生命保障系统，可靠性高；无须考虑人的救生问题；适用于无人航天器	需要分布很广的地面测控站或中继卫星；不能处理意外情况

迄今为止，两种方式均有应用，美国较多地应用手动控制方式，而俄罗斯则主要采用自动控制方式。但自动控制方式也并不排斥手动控制，因为已有的经验表明，即使应用高级自主的交会对接系统，出于安全考虑，也不能过分依赖卫星的支持，否则当失去卫星导航和中继的情况下系统将十分脆弱。所以，若采用高级交会对接技术，那么支持航天员直接介入交会对接的能力应该得到加强，而绝不是削弱。

21.5.2 系统组成

手动控制交会对接系统的组成一般包括：电视摄像机、对接靶标、显示仪表与控制面板、姿态控制手柄、平移控制手柄、手动控制专用的光纤陀螺和轴向加速度计，以及与自动控制系统共用的液浮陀螺、轴向加速度计、模拟太阳敏感器、红外地球敏感器、执行部件等。此外，手动控制线路还可接受来自激光雷达的导航信息，在地影区内目标航天器的照明主要依靠照明灯。图 21-29 为手动控制交会对接系统基本组成图。

航天员根据追踪航天器上显示仪表屏幕上显示的图形和数字，直接操纵控制手柄，经手动控制线路处理发出控制命令到推进分系统控制姿控发动机或平移发动机，控制追踪航天器的姿态或轨道，来完成手控交会对接、撤离控制和故障情况下的主动逃逸机动控制等。

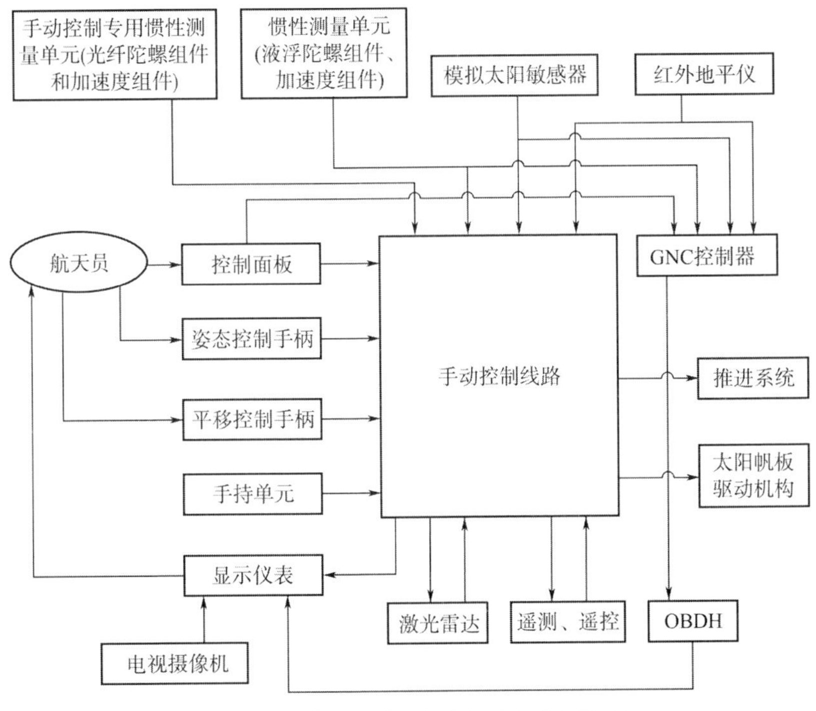

图 21－29　手动控制交会对接系统基本组成图

（1）电视摄像机

一般安装在追踪航天器上，提供从追踪航天器上观察到的目标航天器的图像，并传送到显示仪表的屏幕上。考虑到观测精度、横向相对运动范围、相对姿态角的大小以及在追踪器上安装的可能性，一般采用两台电视摄像机。其中一台为宽视场电视摄像机，视场角为 40°；另一台为窄视场电视摄像机，视场角为 18°。

（2）对接靶标

对接靶标一般安装在目标航天器对接机构附近，由一个背景圆盘和一个伸出的十字架组成。背景圆盘涂成黑色，上面有白色的刻线，包括长的十字刻线和短的角度刻线。十字架涂成白色，从背景圆盘中心伸出。背景圆盘直径为 400 mm，十字架从背景圆盘伸出

600 mm。十字架的长度为 180 mm，宽度为 20 mm。图 21-30 为不同角度模拟的对接靶标图像。

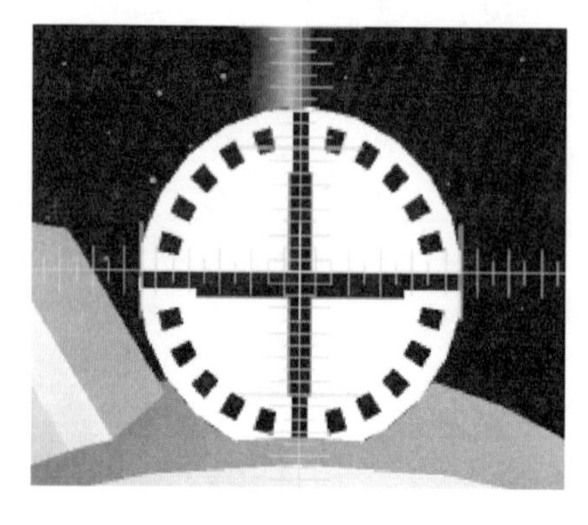

图 21-30　手动控制对接靶标正视图和侧视图

（3）显示仪表与控制面板

电视摄像机拍摄的图像输出到画有网格和刻线的显示仪表屏幕上。该仪表输出外部环境图像的同时，根据航天员的控制指令，显示来自自动交会测量设备的各种信息，包括图像和数字量（各种导航参数，如位置、速度、姿态角、姿态角速度等）、控制状态标志、系统健康状态和对航天员的建议等信息。控制面板包括键盘和一系列按钮，用于发出启动、控制模式选择、数据输入、显示选择、故障检查和初始化指令等。

（4）手动控制专用惯性测量单元

手动控制专用惯性测量单元包括一套三轴光纤陀螺和一套三轴加速度计，用于确定追踪航天器的姿态角速度和平移速度增量。

（5）手动控制线路

根据航天员控制手柄的输出信号，按一定的控制策略生成控制指令，将发动机控制指令送到推进分系统的驱动线路，控制喷气执行机构。

（6）姿态控制手柄

姿态控制手柄采用连续工作方式，三个自由度分别对应滚动、俯仰和偏航。各个通道上姿态控制手柄的转角与设置的角速度有一定的对应关系。

(7) 平移控制手柄

平移控制手柄“上—下”键倾斜引起质心在俯仰平面上的运动，“左—右”键倾斜引起质心在偏航平面上的运动。为控制交会速度，平移控制手柄上装有三工位开关：开关默认工位交会速度不变，开关“向前”将提高交会速度，开关“向后”减小交会速度。

(8) 照明灯

追踪航天器上装有照亮处于地影中的目标航天器及对接靶标的照明灯。照明灯可保证在100 m内航天员通过电视摄像机观察目标航天器的能见度。

21.5.3 典型案例

美国在双子星座和阿波罗计划中都使用了手动控制方式来完成航天器的交会对接。例如，在双子星座计划的经验总结报告中就有这样的评价：“事实说明，航天员在交会操作中广泛地参与是可行的。航天员能够指导制导系统的主要操作，而且在制导系统失灵时也能完成各阶段的飞行任务。此外，他们还能发现和检查出系统故障，采取措施确保飞行任务的完成。他们还可以监测制导和导航系统的工作，按照基本飞行信息来完成各种交会机动。”

与美国相反，俄罗斯（苏联）比较侧重于自动模式的应用。尽管如此，他们并没有放弃手动控制模式的研究。从联盟2号和3号交会对接起，其就应用了手动控制的交会对接系统。俄罗斯（苏联）以手动控制作为自动控制的一种备份，在研制出全自动交会对接系统的同时，对手动控制系统也进行了不断的改进和完善，使其能够减轻航天员的工作负荷，提高作业效率和安全可靠性。

(1) 1969年1月联盟4号和5号首次成功地进行了手动控制交会对接（图12-31）

1969年1月14日和15日，联盟4号和5号飞船先后发射，于1

月 16 日成功实现手动控制对接。对接后，两艘飞船的各系统连接成一个整体，联盟 5 号飞船上的航天员阿· 斯·叶利谢耶夫和依·弗·赫鲁诺夫身着舱外航天服从舱外过渡到弗·阿·沙塔洛夫乘坐的联盟 4 号飞船上，持续时间为 37 min。两艘飞船工作间的总体积为 18 m^3。其对接飞行了 4 h 35 min，建立了世界上第一个空间站的雏型。这次飞行在整个航天史上写下了重要的一页。

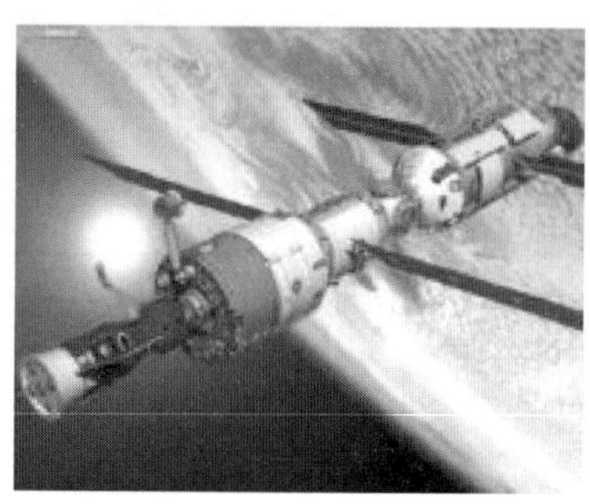

图 21－31 联盟号飞船空间对接

（2）航天飞机与和平号的手动控制对接（图 12－32）

1995 年 6 月 27 日美国东部夏令时间（EDT）19 时 32 分，亚特兰蒂斯号航天飞机从美国卡纳维拉尔角发射升空。经两天的飞行和变轨后，在航天员的手控操作下，航天飞机于 29 日格林尼治时间 13 时 01 分与俄罗斯和平号空间站对接成功。对接后两小时航天飞机机长吉布森打开对接口舱盖，进入和平号空间站，顺利实现世界上有史以来外形结构最复杂、质量最大的两个航天器的首次空间对接。

（3）货运飞船的手动控制遥操作交会对接训练

由于货运飞船上没有航天员，无法直接在船上进行手动控制操作，因此由航天员在空间站上通过遥控方式进行手动控制操作，以控制货运飞船与空间站交会对接。

2005 年 11 月 16 日，航天员 Valery I. Tokarev 作为俄罗斯联邦航天局远征 12 飞行组的飞行工程师，在国际空间站的星辰（Zvezda）服务舱的 Simvol－Ts/TORU 工作站上使用笔记本电脑和

图 21 - 32　航天飞机与和平号对接

手动控制器进行手动控制训练。当 Tokarev 在键盘上进行联盟 TMA - 7 航天飞船的移动操作训练时，对接过程的仿真图像可显示在电脑屏幕上（图 21 - 33）。

图 21 - 33　Valery I. Tokarev 的手动控制遥操作训练

航天员 Pavel V. Vinogradov 代表俄罗斯联邦航天局，作为远征 13 飞行组的飞行指令长，使用国际空间站星辰服务舱的 TORU 电视操作控制系统来练习对接程序，为进步号飞船的对接做准备。

Vinogradov 在 Kurs 自动对接系统出现故障的情况下可以通过 Simvol－TS 屏幕和手动控制器手动将进步号对接到空间站上（图 21－34）。

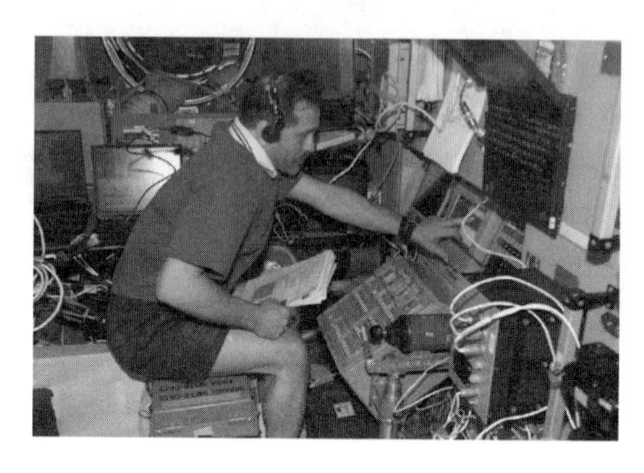

图 21－34 Pavel V. Vinogradov 的手控遥操作训练

2007 年 1 月 19 日，航天员 Mikhail Tyurin 代表俄罗斯联邦航天局，作为远征 14 飞行组的飞行工程师，使用国际空间站星辰服务舱的 TORU 电视操作控制系统练习对接程序，为进步号飞船的对接做准备。Tyurin 在 Kurs 自动对接系统出现故障的情况下可以通过 Simvol－TS 屏幕和手动控制器手动将进步号对接到空间站上（图 21－35）。

图 21－35 Mikhail Tyurin 的手控遥操作训练

第 22 章　空间站技术

22.1　概述

22.1.1　空间站发展概况

从 1971 年 4 月 19 日苏联成功发射世界第一座空间站礼炮 1 号到现在，美、苏/俄共把 9 座空间站送上太空。从总体结构上讲，这些空间站可分为单模块空间站和多模块组合式空间站两大类，前者是指用运载火箭一次就能送入太空轨道运行的空间站；后者是指分多次运送入轨、由多个舱段或模块在轨组装而成的空间站。

单模块空间站总共发展了两代。1971—1977 年升空的礼炮 1～5 号和天空实验室为第一代，其主要特征是空间站上仅有一个对接口，每次只能接纳一艘客货两用飞船（运送往返人员和少量物品），因而空间站上的科研仪器和主要物品均在发射前就装入空间站内，很难补给。这就限制了载人飞行的时间和空间站的寿命。

苏联的礼炮 6 号和 7 号是第二代单模块空间站，分别于 1977 年和 1982 年入轨，其主要特点是有两个对接口，可同时接纳两艘运输飞船，即同时使用载人飞船送人、货运飞船送补给品及设备，从而延长了空间站的寿命和航天员的在轨时间。在第一代空间站中，寿命最长的礼炮 4 号工作了 2 年多，而第二代的礼炮 6 号和 7 号分别运行了 5 年和 9 年。所以第二代空间又称为长寿命空间站。

和平号是第三代空间站，是有史以来第一个多模块组合式空间站。其具有 6 个对接口，前后 2 个对接口用于接纳飞船，4 个侧向对接口用于接纳各种专用实验舱。和平号的成功运行为未来永久性空间站积累了丰富的经验，其对接技术以及长期载人航天的医学研究对国际空间站和未来的火星飞行都是不可或缺的重要内容。

国际空间站属于第四代空间站。国际空间站项目于 1993 正式启动，由美国、俄罗斯、加拿大、日本、巴西和 11 个欧洲空间局成员国，共 16 个国家共同建造，包括 6 个实验舱、1 个居住舱、3 个节点舱以及相关的平衡系统、供电系统、服务系统和运输系统。

表 22－1 给出了迄今为止所发射的空间站相关参数。

表 22－1　迄今为止所发射的空间站

第几代	空间站名称	工作年代	舱段数	对接口数	主要任务	发射情况
第一代	礼炮 1 号	1971	1	1	民用	成功
	无命名	1972	1	1	民用	失败
	天空实验室	1973 — 1974	1	1	民用	成功
	礼炮 2 号	1973	1	1	军用	失败
	宇宙 557	1973	1	1	民用	失败
	礼炮 3 号	1974 — 1975	1	1	军用	成功
	礼炮 4 号	1974 — 1977	1	1	民用	成功
	礼炮 5 号	1976 — 1977	1	1	军用	成功
第二代	礼炮 6 号	1977 — 1982	1	2	民用	成功
	礼炮 7 号	1982 — 1991	1	2	民用	成功
第三代	和平号	1986 — 2001	6	6	民用	成功
第四代	国际空间站	1994 至今	10		民用	

22.1.2　各国发展空间站的特点

俄罗斯采用的是循序渐进、逐步掌握技术的发展模式。利用礼炮 1～5 号建立了以空间站为主体，联盟号飞船为载人、货运的运输工具的体系，其目的是取得空间站在轨运行的经验，并试验载人飞船作为往返运输系统的能力。利用礼炮 6 号和礼炮 7 号，建成以空间站为主体、载人飞船和货运飞船为运输系统的载人系统航天体系，大大提高了空间站工作效率，延长了空间站寿命，最后发展为可在轨扩展的长久性载人空间站——和平号。

美国采用跳跃式发展模式。美国天空实验室计划的基本目标是：航天员可以在空间生存一段时间，并能开展有用的工作。期间开展了中长期驻留的医学试验，测试了航天员在轨操作数据等；同时进行了部分对地观测、天文观测等试验。但天空实验室没有考虑后续补给工作，航天员的生活必需品和试验品均需在第 1 次发射时携带上天；其也没有变轨机动能力，在大气阻力作用下，轨道不断衰减，最终进入大气层烧毁。因此，美国的天空实验室没有为后续的空间站建立技术基础，致使美国发展国际空间站时必须依靠俄罗斯的技术。

虽然在世界载人航天 50 多年的历史中，美、苏/俄一直是主角，但在美、苏/俄竞赛式发展的同时，欧洲根据其“增强欧洲技术、工业能力，掌握所有航天应用技术，到 21 世纪初与其他空间大国保持同等水平”的战略目标，参与了国际空间站建设，研制了其中的哥伦布舱、自动转移飞行器（ATV）等项目。

目前，欧洲的载人航天活动主要是围绕着国际空间站展开的，同时也热衷于发展自己的载人航天计划，期望建立独立的载人航天系统，摆脱载人航天发展受制于人的状况，以便在未来探月和载人火星探测上发挥更重要的作用。

日本在载人航天方面为国际空间站研制了希望号科学实验舱，并发展了本国的无人货运飞船 HTV。日本在 2004 年制订了未来 20 年航空航天的新构想，提出了建设月球基地、通过国际合作开展载人航天活动、建设作为小行星探测中转站的深空港等未来发展目标和计划。当前，日本的希望号实验舱已经组装完成，HTV 也完成了几次飞行任务，并成功与国际空间站对接。

22.1.3　我国发展空间站的需求

21 世纪头 20 年是我国经济社会发展的重要战略机遇期，也是科学技术和国防建设发展的重要战略机遇期。载人航天作为建立创新型国家的重要牵引力量，在维护国家安全、增强综合国力、提高国际地位、增强民族凝聚力、促进国防与军队现代化建设、推动科技进步与经济社会发展等方面具有重要意义和迫切需求。

国家安全不仅表现为国家的生存安全，还表现为国家的发展态势。国家利益延伸到哪里，国家安全就要保障到哪里。我国国家利益不断拓展，已经逐渐超出传统的领土、领海和领空范围，不断向境外、海洋、空间和电磁空间方面拓展。保障国家空间（空间资源、空间控制）权益，是国家利益空间拓展和可持续发展的重要内容。发展载人空间站技术，不断探索、开发和利用空间资源，可以为国家利益不断拓展和保障国家安全提供坚实的技术保障、物质基础和战略威慑，带动科学技术进步，促进综合国力的不断提升。

我国载人航天取得的成就，特别是三次载人航天飞行的圆满成功，极大地增强了全体炎黄子孙的民族自豪感和凝聚力，并在国际上产生了重大影响，使我国成为在空间技术方面有影响力的大国。持续发展载人航天将会不断激发民族自豪感、增强民族凝聚力，进一步提高我国的国际影响力和竞争力，提升我国的大国地位。

发展载人航天，研发并试验以载人空间平台为基础的空间新概念信息化武器、对地侦察监视系统等高端电子信息装备及其技术，可以多层次、多方位增强我军捍卫国家安全的能力。利用载人空间站在空间建造综合性平台，实现在轨建造、维护、更换、投放和回收，可以提高我军航天装备的可靠性、机动性和使用效能，从而航天技术成为新一代的战略威慑力量。

实施大工程、大战略项目对持续推动整个国家科技进步和经济发展具有举世公认的作用。载人航天工程的第一步任务有力推动了全国多个行业、多个领域的科技进步，载人空间站作为我国空间科学和技术试验的基础平台，将成为我国空间科学和新技术研究试验的重要基地。通过有人参与的空间科学试验和航天高新技术的试验研究，有望在若干重点领域获取具有重大科学意义、富有原创性的科研成果，进一步提高我国自主创新能力，推动我国的科技进步和经济发展。随着我国空间站技术的逐步成熟和新一代运载火箭的投入使用，可以利用空间站对相关技术进行充分的试验和验证，为将来的载人登月和行星探测等航天活动进行技术储备。

载人航天工程第一步的成功经验证明，通过实施载人航天工程培养和造就了一大批杰出的工程技术专家和各类专门人才。通过载人空间站工程的科技带动作用，不但能够把更多的优秀人才凝聚到载人航天的伟大事业中来，还能够进一步激励普通民众的求知欲望，形成学习科学、探索未知世界的强大动力，提高全体国民的科学素养。随着国民素质的提高，我国科技发展的潜力将会不断增强。

体现国家目标的空间站应用能够更加密切地结合国家的实际需求，解决我国国防建设和经济社会发展中迫切需要解决的重大科学技术问题，使相关人员更加有预见性地研究空间科技发展的趋势和方向，从而推动我国空间科学和应用走向世界前沿。

22.2　空间站关键技术

22.2.1　材料与结构

空间站的地球轨道高度一般在240～450 km，处于微重力、高真空和温度交变的空间环境，受到太阳射线、原子氧等侵蚀以及微流星和空间碎片的碰撞。由于其空间环境要求苛刻，因而对其所用材料的要求也较高，具体包括：高的比刚度和比强度、低的热膨胀系数、优良的导热性、耐火性好、放气少、不易与原子氧反应、抗微流星和空间碎片的性能好、耐辐射性能好等。

作为空间站结构之一的桁架结构是由石墨/环氧空心管和金属接头组成的。采用空心管状杆系组成的桁架结构可以满足大型空间结构站的总质量小、装填率高的要求。其中桁架空心管的基本设计对尺寸稳定性、轴向刚度都有着具体的要求。

美国永久性载人空间站的密封舱包括实验舱和居住舱，采用了以强度为主的结构。其圆柱段外径为4.42 m，长度因各舱任务不同，一般在13.3 m左右，要求其在30年使用期间必须绝对安全可靠。虽然采用石墨/环氧复合材料制造可明显地减轻密封舱的结构质量，但目前大型石墨/环氧复合材料构件的质量控制技术、工艺成熟程度以及断裂控制技术等均存在一定问题。因此，密封舱壳体材料选用 2219－T851 铝合金，其圆柱壳采用有环向法兰加强的整体加筋蒙皮结构；蒙皮壁板采用 51 mm 厚板，用数控铣床铣出加强筋网络，铣薄后蒙皮厚为 1.8 mm，再经过滚弯，最后用直流正极氦弧焊成形。密封舱壳体采用 2219－T851 铝合金焊接结构是因为 2219－T851 铝合金具有保证结构可靠性所需要的强度、抗应力腐蚀以及韧性等最佳的综合性能，裂纹倾向性很小，还可以进行补焊。密封舱外部有两层 0.305 m×3.657 m 的铝合金板作为微流星防护罩；同时也兼作发热辐射板，直径为 25.4 mm 的热管装在该铝合金板中间部分。

由欧洲空间局负责的哥伦布实验舱是一个圆柱形的充压舱，内壁直径为 4.2 m，外径为 4.5 m，长为 11.38 m，舱壁为铝板夹层结构，外部有加强筋和 T 形加强环。哥伦布实验舱的双层舱壁是一种可在轨维修的夹层舱板，夹层内有绝热层，其外壁是防止微流星和空间碎片碰撞的保护系统。

日本实验舱由充压舱、暴露设施和遥控操作系统、实验勤务舱充压段和实验勤务舱段组成。充压舱是充压的圆柱形舱，直径为 4.2 m，长为 10.9 m。暴露设施要求用刚度好、质量小、膨胀系数小的材料制造。石墨/铝合金基复合材料和高模量石墨纤维增强的环氧树脂复合材料是较为理想的材料，特别是前者，其空间稳定性好，但缺点是制造费用高、工艺难度大。

在国际空间站设计之初，规定的防护设计指标是 10 年中的非击穿概率 PNP 不低于 0.90。防护屏概念最早由美国哈佛大学天体物理学家惠普尔（Whipple）教授提出，因此称为 Whipple 屏。为对付各种类型的空间碎片/微流星威胁，国际空间站设计中采用了 100 多种防护屏，其都源于三种基本的防护屏概念：Whipple 屏、夹层 Whipple 屏/多冲击屏和网状双缓冲屏等。

22.2.2　天地往返运输系统

航天员的长期在轨工作无疑使补给技术成为了空间站需要解决的一个重要问题。作为空间站大系统工程的一个重要的分系统——天地往返运输系统，其主要任务是为空间站运输人员和进行物资的补给。

国际空间站航天系统的天地往返运输系统具体如下。

1）在组装阶段的发射工具有：美国的航天飞机，俄罗斯的质子号火箭、天顶号火箭、欧洲空间局的阿里安-5 火箭；

2）在运营阶段的载人往返工具有俄罗斯的联盟 TMA 飞船，美国的航天飞机；

3）运货工具有：俄罗斯的进步号飞船，美国的航天飞机。

作为空间站的第 1 代天地往返运输系统，苏联研制了用于给空间站运输货物和航天员的飞船系统，其包括联盟号、联盟 T 和联盟 TM 三种型号。随着空间站规模的扩大、运货量的增加，从 1978 年开始，苏联将联盟号飞船改装成专门的货运飞船，称其为进步号飞船。从 1989 年 8 月起，苏联研制了进步 M 号飞船，其运货量比进步号飞船多 100 kg，后来又研制了进步 M1 号飞船。

虽然苏联研制了几代多种型号的飞船，且每一代的货运量都比上一代有所增加，但总的说来，载人飞船作为一种原始的天地往返运输系统，由于其运载能力的限制，仅适用于简单、小规模的空间站。随着人们对空间的开发利用逐渐加深和扩大，以及永久性空间站的建立，其对天地往返运输系统的性能也相应地提出了更高的要求。

早在载人飞船研制成功后不久，人们就认识到飞船作为天地往返运输系统的不足。虽然当时对天地往返运输系统的先进性认识还很不够，但人们已意识到飞船在技术性能上的不足已使其很难适应天地往返运输应用扩大的需要。飞船不可重复使用的局限，使其单位有效载荷成本随发射次数的增加而直线上升，这严重制约了其应用。因此人们希望发展技术性能更先进、可重复使用的天地往返运输系统。这是对天地往返运输系统先进性能的最早认识，也正是在这样的背景下产生了20世纪60年代末的航天飞机计划。

1981年美国航天飞机的首次成功飞行标志着第2代天地往返运输系统的诞生，也表明先进性能天地往返运输系统的发展在实践上又前进了一大步。美国的航天飞机一次可向轨道倾角为28.5°的空间站往返运送6～7名航天员和23.5 t的货物。

航天飞机与飞船相比，其在技术上的巨大突破是实现了系统的重复使用（严格讲是部分重复使用），重复使用使飞行器硬件成本大大降低。此外，与飞船相比，航天飞机的任务适应能力也大大增强了。其既可以作为一个往返运输飞行器完成针对空间站的各项任务，如空间站的建造、物品补给、人员的往返等；又可以作为独立飞行的空间平台完成多项轨道任务，如各类航天器的发射、捕获和修理，各种轨道科学技术实验以及军事任务等。在过去的20多年间，航天飞机的90多次成功飞行证明了航天飞机在技术性能上的先进性。

航天飞机最初的设计是通过重复使用来达到降低系统硬件成本的目的的。但由于当时的局限，没有充分认识到降低运营成本对降低重复使用天地往返运输系统全寿命周期成本的重要性。因此，在航天飞机发展过程中一味追求技术上的先进性和适应各种任务的能力，使其成为了有史以来最复杂的航天飞行器系统。其运营操作复杂程度的增加，导致运营成本急剧上升，其中地面操作成本占到了任务成本的45％。因此，若不尽量降低系统运营成本，必将导致系统总成本大大增加、抵消重复使用带来的好处。正因为这样，航天飞机单位有效载荷的发射成本才会比20世纪60年代的飞船还高，每次发射都需4 000人以上的庞大队伍来维持，而所有这一切都源于方案早期对先进性能认识的局限性。

通过前两代天地往返运输系统的发展，人们对天地往返运输系统的先进性能有了更全面的认识。从方案技术上讲，该系统应具有重复使用性、高可靠性和较强的任务适应能力等特点；从系统运营操作上讲，该系统应具有操作维护简便可靠、地面周转时间短等特点。前者使系统硬件成本降低，后者使系统运营成本降低。

关于更新一代先进性能天地往返运输系统的研究工作，是在1986年挑战者号航天飞机发生事故之后开展起来的。从那时起到现在，在经历了一系列的方案论证之后，美国将先进性能天地往返运输系统的焦点集中在单级入轨和两级入轨重复使用的运载器上。

根据美国国家航空航天局当时实施的先进运载技术计划，单级入轨方案有3种，即垂直起降方案，垂直起飞、水平降落的翼身组合体方案和垂直起飞、水平降落的升力体方案。其中垂直起飞、水平降落的翼身组合体方案有洛克希德·马丁公司设计的X-33完全可重复使用运载火箭和未来的冒险星（Venture Star）方案。该公司还研究了使用冒险星为空间站运送货物和人员的方案：

1）直接用载荷舱内的压力舱为空间站运输货物和人员；

2）研制上面级或乘员运送舱；

3）以上两种方案的混合方案，即对某些特殊任务，冒险星直接用压力舱为空间站运送人员，而用上面级来运送重的货物。

从美国的发展策略来看，其第3代天地往返运输系统准备采用单级入轨方案，但由于该方案采用了大量的先进技术、技术风险高、需投入的资金多，在近期内实施起来比较困难。因此美国国家航空航天局并不单一发展该计划，而是从多方面多角度开展研究，比如部分重复使用技术、两级入轨重复使用技术等，并加大对关键技术的攻关力度。

2004年开始，美国在乔治·沃克·布什政府的倡导下启动了星座计划，该计划最为重要的就是研制了新一代飞船——乘员探索飞行器（CEV）。CEV采用和阿波罗飞船相同的两舱构型，采用模块化设计，可以运送乘员至空间站、月球表面和火星表面，也可运送加压或非加压货物至空间站，但该计划于2010年被奥巴马政府终止。

22.2.3 制导、导航与控制

GNC是ISS中极为重要的系统，其主要任务是在空间站整个飞行任务期间，维持空间站在各种工作模式下的正常运行以及与其他飞行器或舱段进行空间交会、对接、停靠和分离操作所要求的全部制导、导航与控制任务。具体任务包括：姿态与轨道确定，姿态捕获与机动，姿态稳定与指向控制，轨道捕获与保持，轨道机动与修正，空间交会、停靠、对接和分离过程的导航定位、交通管理和制导控制。

ISS的GNC系统的主要硬件按功能分为测量部件、计算与变换部件、执行部件和航天员显示与手控部件等4大部分。

1）测量部件用于姿态信息、导航消息、交通管理信息以及接近与停靠等操作状态信息的测量。主要部件有速率陀螺、加速度计等惯性敏感器，星敏感器、太阳敏感器和红外地平仪等光学敏感器，磁强计等地磁敏感器，GPS导航接收系统、TDRSS导航与通信接收系统、微波交会雷达、激光对接雷达和光学对接摄像系统等交会停靠对接测量系统。

2）计算与变换部件用于对测量的信息进行分析、处理与变换，并根据预定控制规律进行运算，以形成各种控制命令。主要部件有站载GNC计算机、各种微处理器及接口装置。其与CDH系统和CT系统间有着密切的接口关系。

3）执行部件通过产生控制力和力矩，实现空间站的轨道和姿态控制、定向机构的驱动。主要部件有轨控主发动机、姿控推力器、电推力器等反作用推力装置，控制力矩陀螺（CMG）等动量交换装置，磁力矩器和使用重力梯度卸载技术的动量卸载装置。

4）航天员显示和手控部件是用于充分发挥航天员空间站控制中的主观能动作用。显示器主要包括各种望远镜、空间六分仪、显示器和荧光屏等，手控部件主要包括控制杆和按钮等。

ISS的GNC系统是迄今为止最先进和最复杂的GNC系统。由于ISS是一个由多个舱段和桁架段在轨组装形成的庞大空间复合体，其组装过程中需要和航天飞机、飞船进行数十次的空间交会、对接、停靠和脱离，使复合体的构型和质量惯性不断发生变化，给空间站的轨道控制、姿态控制和交会对接中相对位置的控制增加了许多困难。

GNC系统中最核心的重点和难点是姿态和指向的控制。系统要求与姿态控制有关的所有正常操作都能自主进行，所有操作都允许由人介入采用手控方式进行，能够在没有反作用控制系统（RCS）工作的条件下仍长时间保持正常的操作姿态，系统可进行自主故障检测、识别与重构，软件和设备接口具有可扩展性。

22.2.4　环境控制与生命保障系统

要实现空间站的长期载人飞行，必须为航天员及载荷专家提供适宜的舱内环境，包括合适的气体总压、氧分压、空气温度和湿度、通风条件以及进行有害气体的控制等，同时还需为航天员提供食物、饮水并处理掉航天员产生的代谢废物。空间站的环境控制和生命保障技术就是为了保障航天员的身心健康和工作效率而为空间站专门设计的一套功能保障系统。

环境控制和生命保障系统是空间站各系统中较为复杂的一个系统，其结构复杂、功能强大，系统方案的选择是否合理、正确将直接影响到别的系统以致于整个空间站的功耗、成本和质量，也将影响到地面后勤保障系统的补给周期和补给量。一般来说，应根据空间站的规模、乘员人数、空间站工作寿命及天地往返系统的补给周期来决定环境控制和生命保障系统最终的方案。

从载人航天的发展历史来看，空间站环境控制和生命保障系统一般可划分为4种类型：开式系统、改进型开式系统、半闭式系统和闭式系统。开式系统是指航天员的代谢产物不作回收再生、抛出舱外或封闭起来带回地面，消耗性物质通过天地往返运输系统的周期性输送和补给来保障。改进型开式系统是在开式系统的基础上加以改进，让二氧化碳的净化系统采用再生方案，可用分子筛或固态胺代替消耗性氢氧化锂，降低物质补给量、减小发射质量，不过水、氧气和食物等物质还不能再生，需要天地往返运输系统给予保障。半闭式系统是在改进型开式系统的基础上进一步加以改进，使水和氧形成闭合回路，使系统无需补给这些消耗性物质，仅供应含水食物、补给舱体泄漏损失所消耗的气体，在系统设计上主要解决舱内大气的再生和废水的回收处理技术。闭式系统是在空间站内部氧、水和碳形成全闭环回路，生物和非生物系统在内部边界上进行物质和能量的交换，形成闭式生态系统。

22.2.5 在轨维护

随着宇宙空间的开发，20 世纪 70 年代美国提出了在宇宙空间利用机器人系统的概念，并且在航天飞机上得到实施。当初的空间机器人是由在航天飞机舱内的航天员通过电视画面操作操纵杆的。空间机器人可用来建造空间站某些设备，或者回收、修复发生故障的卫星，完成一些恶劣条件的极限作业。

随着航天技术的发展，空间机器人系统在未来的空间活动中将发挥越来越重要的作用。遥控机器人可代替航天员进行舱外活动，减少航天员面临的危险并增加作业时间。此外，大型空间站的组装、维修和空间自动化都为机器人在空间的使用和安装提供了广阔的应用前景。自由飞行空间机器人（free flying space robotic）是一种新型的智能空间机器人，由卫星本体和搭载在其上的机械手组成。由于其具有边飞行边完成作业的能力，因此其能代替航天员从事各种舱外空间作业，这就成为了今后空间机器人的主要研究方向之一。在未来空间资源的开发利用中，空间机器人将发挥举足轻重的作用。

空间机械臂是空间机器人的一种，已被考虑在未来空间活动中承担大型空间站的在轨安装及维修工作，并期望其在无人状态下承担未来空间实验室或工厂的日常工作。

随着现代航天技术和机器人技术的不断发展，其对空间机械臂的设计与研究也提出了新的要求。一方面是轻型化、柔性化设计，以降低能耗；另一方面又必须考虑到柔性臂的弹性变形而引起的振动，从而影响空间机械臂的操作精度。因此柔性机械臂的振动研究已成为空间机器人领域的重要课题。

空间技术的进一步发展使得未来的空间操作任务急剧增加，仅仅依靠航天员去完成这些任务是不可能的，因此必须充分考虑利用空间机器人技术。

ISS上的机器人（RS）系统用于空间站大型构件的转运与组装，协助航天员完成空间站上的设备维护、修理和更换，支持航天员舱外活动和有效载荷的操作与管理。

ISS的RS系统包括CSA研制的移动服务系统（MSS），日本JEM上的遥控操作系统（RMS），ESA研制的、安装在俄罗斯舱体上的机械臂（ERA）和俄罗斯自行研制的机械手设备。

22.2.6　科学试验

空间站为人类提供进行各种科学研究和应用试验的大型载人太空基地，使其有可能在一些前沿学科上取得突破性进展，为人类带来巨大的效益。空间站能为科学研究提供极高水平的微重力研究设施，该设施主要用于生命科学研究、微重力科学研究等，并探索微重力环境商业应用的潜力。空间站也提供了人类能从长期在轨到直接参与对地观测和天文观测的机会，这必将为研究地球环境、监测各种灾害和探索宇宙奥秘做出贡献。因此，无论从科学试验角度还是从对社会的价值角度看，空间站都起着重要的作用。

22.3　空间站构型设计

22.3.1　空间站构型发展概述

自苏联于1971年4月19日发射世界上第一个空间站礼炮1号以来，空间站已有47年的历史。迄今为止，已研制和正在研制的空间站从构型上可以分为三代。第一代为简单舱段构型空间站（包括苏联礼炮系列1～7号和美国天空实验室），其是由各种不同形状和尺寸的多个舱段组成的，以圆筒形压力舱作为空间站的结构基础，入轨后太阳能电池阵等部件自行展开、投入工作。其优点是所用硬件少，压力舱容积大，可以进行舱内试验；空间站主体对地定向，便于对地观测；最主要的优点是不需要航天员出舱组装，因而较为简单。其主要缺点是结构过于死板、不够灵活，很难改变形状，维修很不方便，尤其是在压力舱出现重大故障时需取下才能修理。另外，由于太阳能电池阵的可展面积小、输出电力有限、且仅具有1～2个轴向对接口，使空间交通运输受到很大的限制。

第二代空间站为积木式构型空间站，其是一种由多个舱段在空间交会对接后组成的空间站，是舱段式空间站的合理发展。苏联于1986年2月20日发射的著名的和平号空间站，就是具有轴向和侧向多个对接口的第二代舱段式空间站。采用该构型的空间站可以多次重复复合，从而组成庞大的空间站体系，能够更加充分地发挥人的能动作用、扩大空间应用范围。相比于第一代空间站，其能根据需要灵活扩展，从而具有功能强、使用范围广的特点。其不足之处是对接的各舱段都需要安装姿态和电源系统，使得太阳能电池阵难以布置、容易出现相互遮挡，影响电力的产生。

第三代空间站为桁架式空间站，即以长达数十米或百米的桁架为基本结构，将多个舱段和设备安装在桁架上。这种空间站的优点是灵活性更强，可根据需要组成各种不同的形状，安装在桁架的各舱段，设备和太阳能板的拆卸、修理和更换很方便；各舱段无需自装太阳能电池板，采用集中供电方式，并使用统一的控制系统，因而更有利于提高空间站的工作效率；其结构不像舱段式那样紧凑，有效载荷能方便地从接口出入，桁架间的宽阔空间可安装多种观测仪器和增设太阳能电池阵；由于采用三角桁架结构，可获得最大的刚度，并可利用重力梯度来稳定姿态，因而其控制系统比舱段式简单。国际空间站最初构型采用的就是大型桁架挂舱结构，其总质量达 438 t，能载 6～8 人，运行寿命为 10～15 年。但是桁架挂舱式空间站的主要缺点是规模大、技术复杂、费用高，尤其是需要航天员多次出舱进行组装工作，因此具有一定的风险。所以，国际空间站的方案也一变再变，目前国际空间站采用的方案是以桁架式构型为主、组合积木式构型的混合空间站，这样可以充分利用已有的成熟技术，大大减小空间站的建造难度和费用。

22.3.2　国外空间站典型构型

在空间站的发展过程中，尤其对于长期载人多舱段空间站的研究过程中，国外曾提出了多种构型，掌握这些构型特点对于发展我国自己长期载人空间站具有借鉴意义。各种代表性空间站构型如图 22-1 所示。

图 22-1 中，CDG-1 构型由轴向和径向对接的几个舱段组成，带有一个指向地球的服务结构。太阳能电池阵和温控散热器安装在杆上，其间用铰链连接，以便对太阳进行轨道角和季节跟踪（使太阳阵对着太阳，散热器背离太阳）。太阳能电池阵的长轴位于轨道平面内，以尽量降低重力梯度力矩影响。

并排式（RAFT）构型与 CDG-1 构型相似，是自由号空间站构型的前身。太阳能电池阵和散热器通过铰链安装在杆子上。这两者之间的主要不同在于舱段的布局有异，并排式结构的舱段并排安装在两边，其服务结构向外延伸，但不对地定向。由于太阳能帆板能够主动跟踪（旋转轴垂直轨道平面）、压力舱可以与空间站剩余部分解耦，因此，可采用重力梯度稳定飞行模式，也可采用惯性飞行模式。

流线型（Streamline）和三角型（Triangular）构型采用宽桁架结构来安装太阳能电池阵和散热器。流线型结构具有高的结构刚度并以对地定向飞行模式飞行，且具有高的重力梯度稳定性。在宽桁架平面上安装太阳能电池阵，使得飞行时边在最前面、速度矢量最大，且具有较低的空气动力阻力。由于太阳能电池阵尺寸大、在多

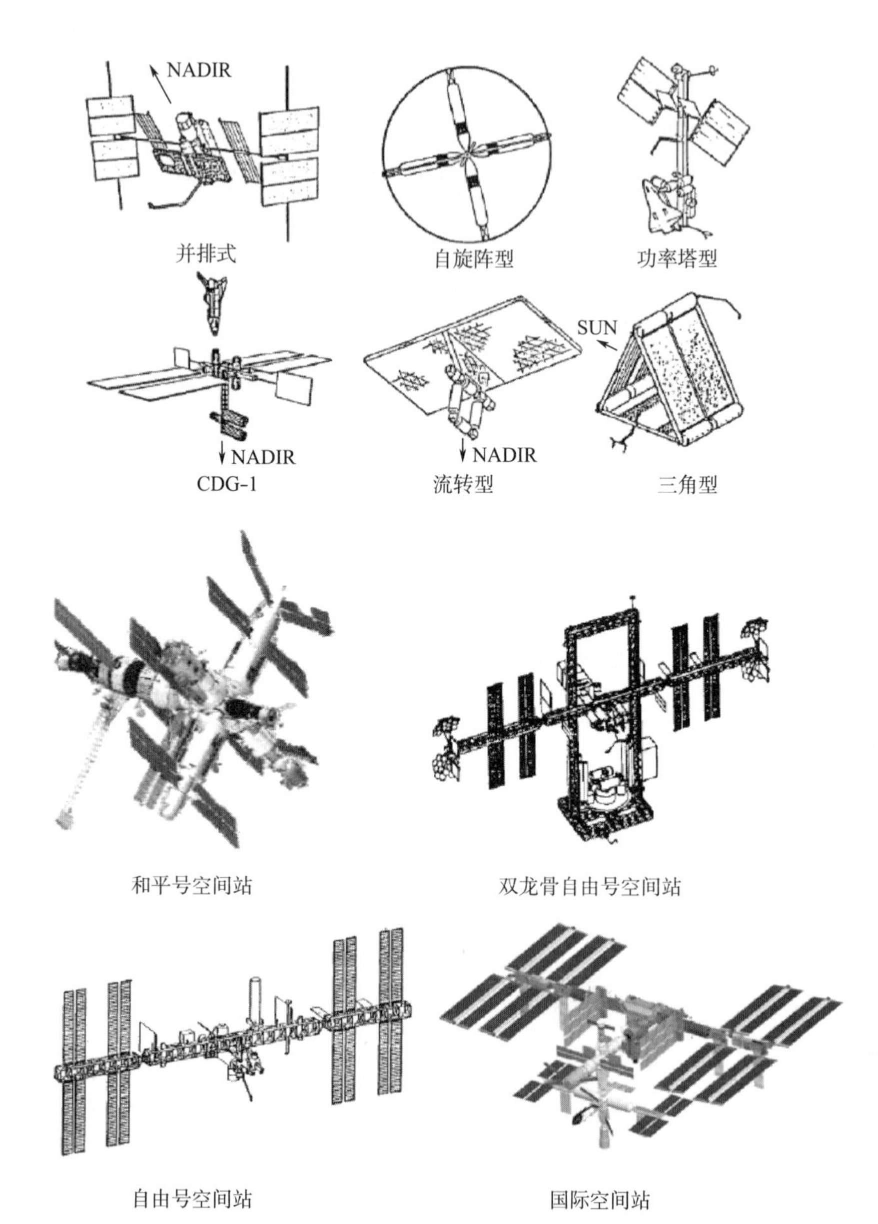

图 22-1 代表性空间站构型

数轨道上太阳辐射的入射角小于90°，因此，为了在部分季节跟踪太阳，允许太阳能电池阵相对速度矢量倾斜±17°。散热器、服务结构和舱段均悬挂在太阳能电池阵下面，指向地球。

三角型构型的太阳能电池阵安装在三角形桁架的一边，散热器则安装在相对的另一边；压力舱安装在三个角的顶端，通过管道相连；桁架内侧用作服务区。这种构型具有对称的质量分布，允许空间站在惯性飞行模式下飞行，且在惯性飞行时太阳阵始终对着太阳。但其存在的问题是，随着任务需求的增长，功率要求也会增加。其结果是太阳帆板的面积随之增加，以致于所有压力舱不得不安装在三角桁架的一端，否则就会导致过长的管道。这种构型就会使空间站质量分布具有非对称性，影响系统的稳定性。研究表明，对该构型的空间站的对接/分离操作将带来严重的摄动。

功率塔构型是一种混合构型，其利用一条中央桁架支柱来支持压力舱和铰接着太阳能电池阵与散热器的安装杆，该支柱偏离当地垂线以平衡重力梯度力矩和气动力矩。该构型空间站以重力梯度稳定的姿态飞行。相比于RAFT构型，该构型的优点是容易扩展，并且通过安装在桁架上的导轨可以使移动机械臂到达空间站上的任何一点。与RAFT构型相反，功率塔构型的压力舱不安装在质心附近。其主要缺点是无法提供良好的微重力环境以及不具有良好的对天及对地观测条件。

自旋阵式构型是个大型十字形结构，其各端支撑着挠性太阳能帆板。十字形结构和帆板的旋转速率都是3～4 rpm，这种结构构成了圆形阵。各舱段装在自旋轴上，位于十字形结构的上、下；各舱段完全以轨道速率消旋或自旋，以便观测地球。自旋阵的角动量可阻尼扰动力矩，以尽量降低控制要求。自旋轴垂直于地球黄道平面。

和平号空间站的构型极具扩展灵活性，由于各舱段携带着必备的子系统，因此空间站很容易进行重构。其主要缺点是太阳能帆板直接安装在压力舱上，限制了其尺寸，且由于相互遮挡有着较高的功率损失；对于安装在舱体上的散热器也存在同样的问题；而且，舱段间仅提供极小的空间安装外部有效载荷和子系统。

双龙骨自由号空间站构型结合了功率塔和 RAFT 构型的特点，其在压力舱内部具有低的重力级，通过使垂直桁架向 Z 向偏转进行重力梯度稳定，有效载荷可以置于天底或天顶方向，具有可扩展性。

自由号空间站构型相对于双龙骨构型的主要优点是其开发、组装和发射成本都有大幅度降低，但是也失去了双龙骨构型的一些优点。例如，在飞行过程中，重力梯度不再具有稳定效果，空间站平衡姿态类似于功率塔构型，但是双骨架构型具有的良好对天及对地观测能力消失了。

国际空间站是东西方概念的折中，其中美国、日本和欧洲分系统基本上是把自由号空间站的桁架构型概念移植过来的，而俄罗斯的舱段则是以和平号的构型进行设计的。正是由于这种配置方式，使得国际空间站保留了自由号空间站的一些优点，例如具有足够多的对接口和充分的进入走廊、良好的太阳能帆板跟踪性能、对各种外部有效载荷良好适应性。同时，俄罗斯轨道舱和美国轨道舱的平行子系统增加了整个系统的安全性和冗余性。但是，国际空间站的质量分布和光照面积分布特点也带来了一些严重的问题。例如：由于国际空间站最小转动惯量轴垂直于轨道平面，导致重力梯度对飞行姿态没有稳定效果；国际空间站的质量分布相对于轨道平面和当地水平面是高度非对称的，非对称的质量分布将导致沿着俯仰轴有着大的重力梯度矩，导致为了维持 LVLH 飞行模态需要消耗大量的推进剂，正是出于该原因，国际空间站为了实现力矩平衡姿态必须以 6°～8°的俯仰角飞行；由于潮汐摄动的等值线平行于轨道平面和飞行速度方向，这种方位误差将影响微重力水平；大的太阳能帆板沿着桁架进行位置变换，所产生的扰动将以相反的方式影响国际空间站的飞行姿态；由于国际空间站的压力中心远离其质量中心，在跟踪的过程中将产生周期性摄动力矩。

22.3.3　空间站构型设计准则

尽管在空间站设计过程中有无数的构型设计方法，然而必须依据一些准则对所设计的构型进行评估。下面为国外在空间站构型设计过程中所采用的一些设计与评估准则。

（1）姿态稳定性和可控性

对地定向飞行模式要求空间站质量分布是重力梯度稳定的（$I_{xx}>I_{zz}$，$I_{yy}>I_{zz}$），避免相对于轨道面的质量分布是非对称的（I_{xz}，俯仰不稳定），避免相对于垂直速度矢量的平面的质量是非对称的（I_{yz}，滚转不稳定）。

惯性飞行模式要求空间站质量分布惯性张量满足球对称形状（重力梯度矩最小），要求空间站的一个惯性主轴垂直于轨道平面（无长期力矩）。

（2）气动阻力

对地定向飞行模式要求气动有效截面积最小（压力舱指向、太阳能帆板、热辐射器），重力梯度矩和气动力矩处于平衡，保证空气动力运动面中心接近空间站质心。在对地定向飞行模式下，优化配置质量分布和帆板布局，近似实现力矩平衡模式（TEA），可显著减小姿态控制的执行输出需求。为实现 TEA 模式，偏移帆板的方案相比偏移模块或压舱物的方案更优。

惯性飞行模式要求气动有效截面积最小（压力舱指向、太阳帆板、热辐射器），要求气动力中心接近质心以减小长期气动力矩影响。

（3）增长潜力与构型变化

此项准则对于对地定向和惯性飞行模式要求相同。要求对于不同的轨道阶段，对空间站的姿态稳定性和可控性进行分析；适应舱段的经常性变化，同时对气动力和力矩有着良好适应性。

（4）准静态微重力和瞬态微重力要求

对地定向飞行模式要求把微重力设备放置在平行于飞行方向的

力线上，并且靠近空间站的质心。对于400 km高的轨道，微重力设备在轨道法向或径向上距离质心每增加1 m，相应地将导致0.128 μg 和0.384 μg 的潮汐加速度。

惯性飞行模式要求把微重力设备放置在靠近空间站的质心的位置。

瞬态微重力对于对地定向模式和惯性飞行模式的要求相同，要求避免长的柔性结构。

（5）交会与对接

此项准则对于对地定向模式和惯性飞行模式要求相同，要求在轨道径向或切向的接近走廊间有足够的间隔，并且要求对接操作不需要改变空间站的姿态，以避免与标准方向不同的对接方向。

（6）压力舱布局

此项准则对于对地定向模式和惯性飞行模式要求相同，要求双出口、冗余入口，气动和碎片冲击截面积最小。

（7）太阳能帆板

对地定向飞行模式，由于太阳能帆板在旋转过程中会产生大的周期气动力矩，因此为了减小其影响，要求太阳帆板的压力中心需靠近空间站质量中心。为了减少对地定向飞行过程中的遮挡问题，需把压力舱放到轨道平面上，并且太阳能帆板放置于距离垂直轨道平面的一定距离处。

（8）热辐射板

对地定向飞行模式，为了避免太阳照射，热辐射板需具有跟踪能力；如果热辐射板的法线方向垂直于飞行方向，则没有阻力。

对于惯性飞行模式，热辐射板的法线垂直于阳光照射线。

（9）推进器

为了实现最大的性能，要求轨道控制推进器的力作用线需与轨道舱的质心相交。对于二次助推发动机，力作用线需与轨道速度矢量方向一致。相反，对于姿态控制推进器，为了产生最大的力矩，力作用线需与质心有最大的距离。由于推力对整个系统是一个明显的摄动源，且废气羽烟可能会污染压力舱外的设备和有效载荷，甚至会对太阳帆板等易损部件造成损伤，因此进行干扰和兼容性检查对确保系统的性能和完整性至关重要。由于推力系统一般需要正常的燃料添加与维护，因此推进系统是否可以分布于整个轨道舱或在多大程度可以置于轨道可置换单元（orbital replaceable units，ORUs）上成为了另一问题。ORUs 可以减小系统复杂性并简化自动维护操作，但增加了后勤系统的质量。分布式推力系统构型既可减小后勤系统的质量，又可实现协同配合。然而，把燃料罐与输送管线集成在一起，以及相关维护和修理操作可能是非常复杂的。

作为要求高可靠性的载人航天器，关键的 AOCS（attitude and orbit control system）的测量、控制和执行器必须具备高冗余度配置，也会相应影响构型的选择。

（10）观测和通信有效载荷

需要检查视场和遮挡问题，可能需要跟踪和操纵，可能对如推进器和排气管线造成的污染很敏感。

对于对地定向飞行模式，天文观测需要跟踪。

对于惯性飞行模式，对地观测有效载荷需要跟踪。

上述设计准则并非在一次设计过程中要求完全满足，例如，对于压力舱的最小阻力要求就与最小碎片流的要求不相容。一般来说，(1)、(2)、(3)、(4)、(8)、(9) 及 (10) 准则在设计中要求是必须满足的，而其他准则要求在不与上述准则冲突的前提下予以满足。

22.3.4　空间站构型评估折中

图 22-2 概括了构型折中研究的方法。该方法主要是要确定结构评估的标准或品质因数。这些标准是为空间站整体构型或构成空间站的各功能舱的连接模式所规定的。评估标准要根据样板构型的三个重要定量分析标准来确定，这三个标准是可控性、可装配性和成本。利用这三个标准就可详细了解确定构型优劣的参数。评估标

准可作为工程研究的基础，而工程研究有助于较好地了解与构型有关的技术问题。计划研究则能很好地了解选择某种构型所需做出的综合考虑，实现这些综合所需的资源，以及所需做出的管理决策。为了进一步了解该选择程序所需的附加技术和管理细节，就要评估整体结构和模块式连接方案之间的相互依赖程度。

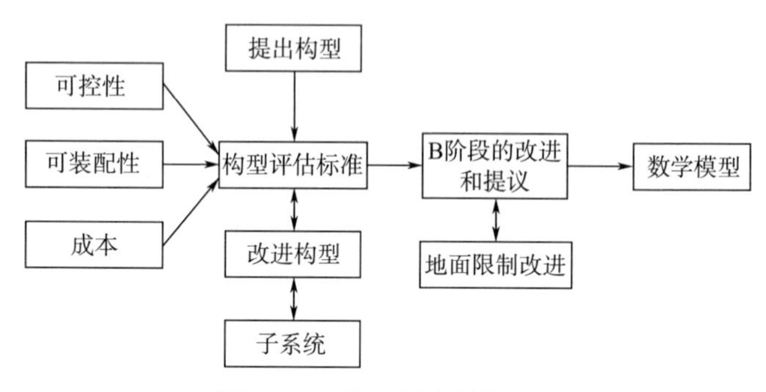

图 22-2　构型折中研究过程

尽管图 22-1 所示的构型看上去差异很大，但是仍有相似之处。例如，构型特性可通过太阳阵支撑连接方案（挠性或刚性）、舱连接模式、舱与电源连接的策略这三个特点来描述。显然各种结构之间的差异主要表现在连接和组装硬件的方式彼此不相同。

表 22-2 列出了用来评价这些结构的评估标准。

装配和结构增长准则提出了空间站构型与航天飞机运输系统的相容性要求，空间站建造与发展的效率和效能，重要的是在方案设计中要考虑发展的灵活性。动力学和控制准则规定空间站构型应能把扰动力矩降到最小，并尽量减小相应的控制系统规模。分系统特性准则涉及空间站构型对分系统规模、复杂性和成本费用的影响程度。进站和离站准则表明空间站应具有与进入或离开的飞行器相连接的能力，装卸所连飞行器和空间站单元的能力，以及对其提供服务的能力。用户适应性准则规定了空间站结构对空间站上用户要求的支持程度。最后，计划准则是要测定空间站对几个关键性管理要求的适应性。

表22-2　构型评估标准

装配和结构增长	动力学和控制	分系统特性
• 与航天飞机/飞船的相容性 • 实现初始工作能力需要的发射次数 • 装配的复杂性 • 有效增长的过渡 • 每个增长阶段的控制 • 舱的变换效率	• 定向的灵活性 • 长期力矩水平 • 周期力矩水平 • 推进剂要求 • 对接/接近工作力矩水平 • 质量变化的影响 • 结构动力学的影响 • 应急姿态	• 能量的生成 • 能量存储和控制 • 温控 • 推进 • 通信和跟踪 • 机械装置 • 轨道系统
进站和离站	**用户适应性**	**计划**
• 进站和离站路径 • 有效载荷舱/遥控机械臂/服务舱 • 多个对接口 • 太阳阵维修 • 辐射计维修 • 外部设备和仪器	• 对地观测 • 对日观测 • 天体观测 • 同时指向 • 服务区/结构区 • 实验加速度级 • 污染	• 成本 • 电源技术 • 平台通用性 • 技术风险 • 接口/组装

为了建立这些准则并检验其完善性，已将上述评价标准用于确定实际空间站构型的研究。评估准则是确定构型、选择所需综合研究的最好基础。下面列出五类主要的综合研究：

1）太阳阵定向模式：机械结构、能源、温控、姿态控制、推进、通信和跟踪、进站和离站、给养补充、用户适应性、轨道高度；

2）太阳阵支持方法：结构、姿态控制、功率、机构、结构动力学；

3）舱的连接策略：机械装置、结构、舱的更换、装配与模舱的增长、结构动力学；

4）舱的连接模式：单元数目、机械装置、结构、温控；

5）装配与舱的增长：舱的更换、居住、安全、用户适应性、通信和跟踪、用户适应策略、服务、实验室位置、仪器位置、指向系统；

首先是选择太阳阵定向模式，即采用太阳惯性定向模式还是采用地球相对方向偏置模式。这种选择不仅要根据分系统来考虑，还要根据在空间站高度下的运行问题和适应用户要求的能力（观察、服务区、进出站等）加以综合考虑。与姿态控制有关的分系统问题将决定太阳阵支持方法的选择（用刚性支持还是挠性支持）。各舱段与电源系统的连接方法和舱段之间的连接模式尽管涉及分系统问题，然而仍可通过对装配、发展、替换、居住、安全性等工作因素的考虑而加以确定。用户适应策略是从上述综合研究中得到的。进行构型设计时，特别要注意指向和构型要求。

在美国的自由号空间站论证过程中，首次上天构型方案［图22－3（a）］存在着稳定性和可控性问题［图22－3（b）］，以及在被动飞行过程中轨道寿命短、有限的燃料供给、重力梯度不稳定、没有备份的控制系统等问题。针对这些问题，研究人员提出了三种改进方案［图22－3（c）］：Case 1包括与基准构型（即Flight1）相同的组件，但太阳能帆板和热辐射器没有展开；Case 2包括与基准构型相同的组件，但是没有安装太阳能帆板；Case 3主要包括两个源节点。以上这三种方案都是重力梯度稳定的，并通过磁阻尼器进行被动阻尼，具有高的弹道系数，并在第四次发射的时候进行组装。球形磁阻尼器是一种有效的且轻型的、可减少姿态振荡的技术手段。当采用磁阻尼器时，飞行器构型是主要需要考虑的因素，好的构型应该是重力梯度稳定的、且具有低的空气动力矩振荡幅度。

重力梯度稳定的构型，要求俯仰方向的转动惯量最大，偏航方向的转动惯量最小（$I_{\mathrm{Pitch}}>I_{\mathrm{Roll}}>I_{\mathrm{Yaw}}$），典型的比值是7∶6∶2。转动惯量的幅度对磁阻尼器的尺寸有直接影响，因为给定的阻尼力矩对小的转动惯量有较大的影响。一个小型的飞行器相比于同等质量但是采用伸展构型的飞行器，需要较小的阻尼器。另外一种影响构型的因素是空气动力扰动矩。一个无控的飞行器将在飞行器的配平姿态和TEA姿态之间进行振荡，因此，若改变大气密度，那么飞行器的姿态将在整个轨道发生变化。为了对飞行器进行阻尼，阻尼器必须能减少由于空气动力扰动力矩波动导致的振荡。当存在由于太阳能帆板和热辐射器导致的非对称空气动力扰动矩的时候，空气动力扰动矩波动幅度和阻尼器的尺寸将会迅速增加。

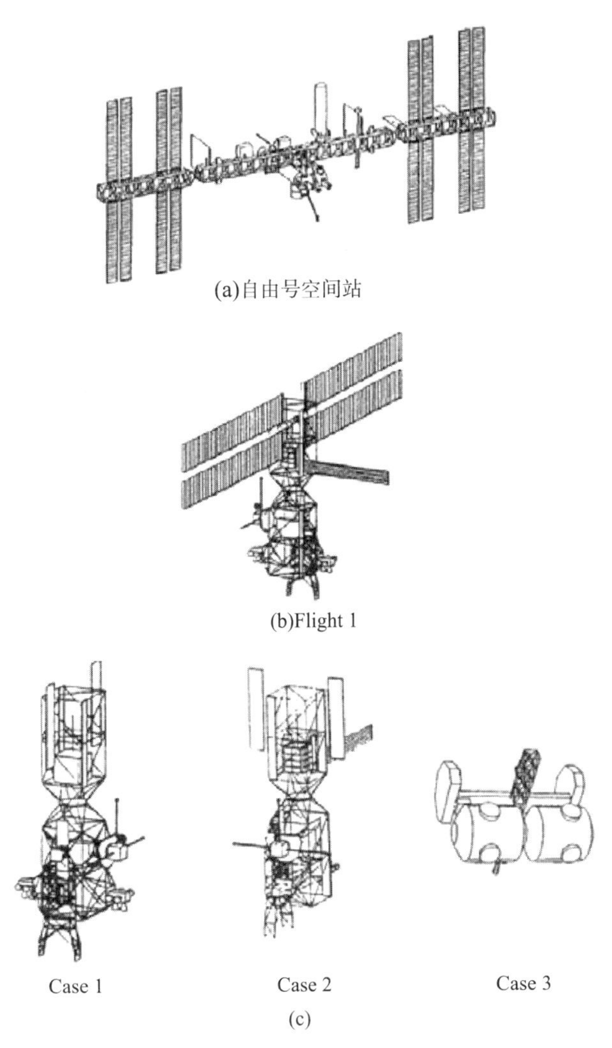

图 22-3　自由号空间站 Flight 1、Case1～3 构型图

22.4 和平号空间站

和平号是有史以来第一个多模块组合式空间站，其核心舱于1986年2月发射入轨。该空间站具有6个对接口，前后对接口用于接纳飞船，4个侧向对接口用于接纳各种专用实验舱。当时，和平号空间站是航天史上最大的人造天体（图22－4），拥有最长的飞行记录和最多的实验成果，是空间站发展的一个里程碑。和平号的成功运行为未来永久性空间站积累了丰富的经验，其对接技术、长期载人航天的医学研究在国际空间站和未来的火星飞行方面都是不可或缺的技术储备。

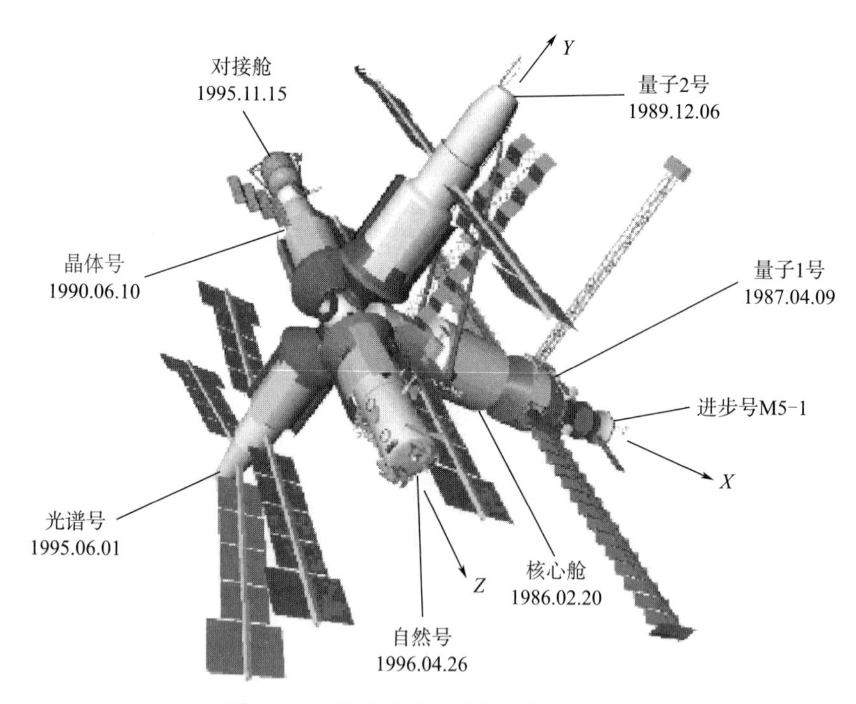

图22－4　完全建成后时的和平号空间站

22.4.1　主要技术指标

和平号空间站其主要技术指标如下所示：

1）居住舱体积：410 m^3；

2）总质量：140 t；

3）结构尺寸：33 m×41 m；

4）对接口：6个；

5）轨道高度：350～400 km；

6）轨道倾角：51.6°；

7）乘员人数：6（组装完成前为3人）；

8）驻留天数：4 951天，驻留率达83.4%；

9）运行寿命：5 505天。

22.4.2　舱段组成

和平号空间站本体是一座长为13 m、最大直径为4.2 m的核心舱，由工作舱、过渡舱和服务舱三部分组成，其最大特点是设有6个对接舱口，可采用模块组合的方式与载人飞船、货运飞船和多个专用实验舱对接组装成一座大型轨道联合体，这样便扩大了空间站的实验和应用范围。航天飞船定期载人到空间站上进行长期工作和生活轮换，还可为空间站长期飞行运送食物、饮水、燃料和科研设备等补给物品，每个专用实验舱也都拥有自身的动力装置和生命保障系统，可独立进行太空机动飞行。

（1）和平号核心舱（Mir Base Block）

和平号核心舱是由苏联礼炮系列空间站改进而来的，用作和平号空间站的核心部位。其于1986年2月发射，长为13.1 m，重为20.4 t，可居住空间为90 m^3，包含了主要的生活工作空间、生命保障和能源系统和主要的计算机、通信与控制设备。和平号中的环境一般保持在温度为64～82 F，湿度为20%～70%。核心舱包含有四个分间。

(2) 量子-1号 (Kvant-1)

1987年4月，量子-1号与和平号核心舱永久性对接后，和平号的空间和科学研究能力都得到了增加。量子-1号通过测量银河系、类星体和中子星发出的电磁波来研究其物理性质。该舱段还支持生物技术试验，并具有空间站控制和生命保障功能。其重为11 t，宽为4.4 m，长为6.3 m，有40 m^3 的可居住空间。安装有6个用来保持姿态和节省姿态控制能量的可旋转惯性装置。与核心舱对接后，其具有接纳联盟号和进步号飞船的能力。

(3) 量子-2号 (Kvant-2)

量子-2号在1989年11月与和平号空间站对接，是用于科学试验的封闭的舱段，提供了生物研究、对地球观测和航天员出舱活动的能力。

量子-2号为和平号增加了饮水、供氧、轨道机动控制、能源分配系统和沐浴及洗涤装置。在其封闭的空间内包含有一个供航天员出舱活动的自我维持的机动单元，从而增加了航天员出舱活动的范围和完成复杂任务的能力。该舱段重为19.6 t，宽为4.4 m，长为13.7 m，可居住空间为61.3 m^3，太阳能帆板面积为27.4 m^2。其是第一个装有人控机械臂的舱段，可用来移动与和平号对接后的模块。

(4) 晶体号 (Kristall)

晶体号舱段提供了在微重力环境下进行生物试验和材料加工生产的环境，包括半导体、细胞质和药物。晶体号还支持天体物理学和技术试验。其具有一个雷达导引的对接机构，最初设计对接机构的目的是与俄罗斯的暴风雪号航天飞机轨道器对接，而在1995年实现第一次与美国的航天飞机对接。该舱段于1990年6月添加，重为19.6 t，宽为4.4 m，长为13 m，可居住空间为60.8 m^3，太阳帆板面积为36 m^2。

(5) 光谱号 (Spektr)

光谱号能更好地侦察和监视自然资源和大气，该舱段同样支持对生物技术、生命科学、材料科学和空间技术的研究。美国航天员有时将其当作起居室。光谱号于 1995 年 5 月发射，携带了 1600 多磅（1 磅=0.454 千克）的美国设备，主要用于生物医学的研究。同时，还携带了两对太阳能帆板用来给空间站供电，一个人控机械臂来移动和平号上的舱段。光谱号重为 19.3 t，长为 14.4 m，宽为 14.4 m，可居住空间为 62 m^3，有 4 个太阳能帆板。1997 年 6 月 25 日，一艘无人驾驶的进步号飞船与其发生碰撞，造成其上太阳能帆板和船体的损坏和漏气。

（6）自然号（Priroda）

该舱段主要用于对地球进行遥感，包括气候，海洋大气系统，陆地、矿物、庄稼状态，以及人类对自然环境的冲击及改善。自然号还通过遥感来收集核爆炸、地震活动和其他一些资料来形成一个完整的监视和警报系统。自然号于 1996 年 4 月发射，是和平号的最后一个舱段，重为 19.7 t，宽为 4.4 m，长为 12 m，有 66 m^3 的可居住空间。

这座大型轨道联合体经历整整 10 年才在空间组装完成。苏联的解体影响到和平号空间站的扩展计划，使计划推后 6 年才完成了 5 个专用实验舱的对接。全部组装成功的和平号空间站，全长达 87 m，质量达 123 t，有效容积为 470 m^3。如果再与美国航天飞机等对接在一起，则总质量可达到 223 t。这是 20 世纪世界上体积和质量最大、载人最多、寿命最长、设施最完善且技术最先进的航天器。

22.4.3　飞行记录

和平号空间站在 15 年的飞行中，由 1 艘联盟 T 型和 29 艘联盟 TM 型载人飞船载共 80 人的航天员到站上进行对接飞行，其中包括美、英、法、德、日、奥地利、叙利亚、阿富汗、保加利亚、斯洛伐克和哈萨克斯坦等国的航天员 17 人；共有 18 艘进步号和 44 艘进步 M 号货运飞船发射到轨道上与其对接，定期给和平号运送食品、氧气、饮水、药品、燃料和科研设备等。每艘货运飞船能载货1.3 t，燃料 1 t，不但可保证航天员在空间站上长期生活和工作，而且还可借助其动力装置将空间站的轨道提高，使其能在空间中保持稳定飞行。

从 1995 年开始，空间站共有 9 次在轨道上与美国航天飞机对接飞行，由航天飞机运送到空间站上的有 59 名航天员和 34 t 补给品，每次在和平号上留下一名美国航天员同站上的长期乘员组一起进行各项操作试验，为而后共同建造和驾驶国际空间站积累经验。

在和平号空间站上生活的航天员，除部分是到空间站上做短期访问考察外，许多航天员创造了长期飞行的各种最新纪录。1986 年 3 月 13 日由联盟 T-15 号飞船载送的航天员基齐姆和索洛维耶夫是空间站上的第一个基本乘员组，其不仅在和平号空间站上度过了 125 天，还首次实现了在礼炮 7 号与和平号两座空间站之间的太空转移飞行。1987 年 2 月 6 日乘联盟 TM-2 号飞船上天的航天员罗曼年科，在和平号停留了 326 天；1987 年 12 月 21 日乘联盟 TM-4 号飞船上天的航天员季托夫和马纳罗夫，在太空飞行 366 天，停留在和平号空间站上整整一年；1991 年 5 月 18 日，航天员克里卡廖夫乘联盟 TM-12 号飞船登上和平号空间站，原定 1991 年 10 月返航，但适逢发生了苏联解体因而延长了飞行计划，到 1992 年 3 月 25 日其返回地面时俄罗斯已经是另一个天地了，其在太空停留 310 天。最长的一次空间飞行是俄罗斯航天员波利亚科夫于 1994 年 1 月 8 日乘联盟 TM-18 号上天飞行，其直到 1995 年 3 月 22 日才离开和平号归来，在太空连续停留了 438 天，创造了迄今为止的最高纪录。与波利亚科夫从太空同船返回地面的俄罗斯第 3 位女航天员康达科娃，在和平号上则停留了 169 天，这是当时女子在太空飞行的最好成绩。1997 年 8 月 5 日乘联盟 TM-26 号飞船到和平号上的航天员索洛维耶夫，在 167 天的太空飞行中进行了 16 次太空行走，累计时间为 79 h 54 min，夺取了航天员太空行走纪录的桂冠。俄罗斯航天员阿夫杰耶夫，先后 3 次进入和平号上工作，累计飞行时间为 737 天，创造了在太空累计时间最长的飞行纪录。

美国航天员在和平号上也不断打破各项太空飞行纪录。1995 年 3 月 14 日，美国航天员萨加德搭乘联盟 TM－21 号飞船，与 2 名俄罗斯航天员一起进入和平号空间站，其在太空停留 115 天，打破了美国航天员 10 年前在天空实验室空间站上飞行 84 天的太空纪录。这次飞行为美国航天飞机与俄罗斯和平号空间站联袂飞行奠定了基础。1995 年 6 月 29 日，美国亚特兰蒂斯号航天飞机升空两天后首次与和平号空间站对接成功，6 名美国航天员和 4 名俄罗斯航天员在太空相逢，第一次有 10 人同在太空飞行。1996 年 3 月 22 日，和平号第 3 次与亚特兰蒂斯号实现对接联合飞行，其中美国女航天员露西德直到 1996 年 9 月 26 日才由航天飞机接回地面，其在太空度过了 188 天，创造了女性太空飞行的最高纪录。1998 年 6 月 2 日最后一次与和平号对接飞行的发现号航天飞机，对接 9 天后把在空间站上工作 4 个多月的美国航天员托马斯接回地面，从而圆满地完成了美、俄两国航天员为期 3 年的太空联袂飞行任务。

22.4.4　空间试验

和平号空间站的长期载人飞行，为航天员在太空从事科学试验提供了独特优越的条件，其广泛而系统地进行了空间生命科学研究、空间科学和对地观测研究、天体物理研究、材料加工和药物制品研究以及空间安装作业研究等。在和平号空间站上载有 27 个国家生产的、重达 11.5 t 的科学仪器和设备，进行了 2.2 万项科学试验，完成了 23 项国际科学考察计划，获得了大量具有重大实用价值的成果。

在空间生命科学研究方面，对男女航天员的生理状态进行长期监测试验。试验研究了在失重环境下如何防止心脏体积增大、骨组织失钙和肌肉退化等，确保体育锻炼保持血液循环和肌肉调节达到正常状态的方法，试验航天服是否能使身体承受住轴向载荷和帮助血液流向下肢，观察航天员心脏、肝脏、胃液及肠内血流特点，解决人在太空长期飞行的适应能力问题。除人体本身外，还利用动物和植物进行了生命试验。例如，1999 年 2 月航天员把一个装有 60 只鹌鹑蛋的孵化器带上和平号，结果 37 只孵化出了小鹌鹑，但在严酷的太空环境中，仅有 10 只存活；在返回地面时，由于飞船内温度过低和骤然进入地球重力环境，又有 7 只死亡，最后仅有 3 只存活下来。这表明太空飞行环境对胚胎发育有一定影响。和平号上还有一间温室，培植出了 100 多种植物。这不仅证明了太空适于农业生产，太空生产的粮食作物可满足航天员长期飞行对食物的需求，而且还为未来建立太空封闭生态系统、利用植物造氧和吸收二氧化碳提供了经验。这就有望解决航天员在远征火星的漫漫途中对氧气和食品的需求问题。

在空间科学和对地观测研究方面，和平号上的航天员利用各种观测仪器测到了日地现象及其间相互作用所引起的地球电离层和磁层的变化，从而根据其预测地震和火山爆发的时间及地点；携带仪器在舱外测量了宇宙射线对和平 1 号产生的辐射影响；拍摄了各种恒星、行星的图像，获得了探索天体演化过程和长期连续辐射光谱数据。根据在和平号上获得的地球遥感资料，建立了包括国家矿藏资源、农田季节变化、海洋生物变化的数据库。空间站上的航天员还直接拍摄到 1991 年海湾战争的全过程，取得了大量有价值的军事信息。

在材料加工和药物制品研究方面，在和平号上的微重力条件下，利用专门设备拉制出了直径为 5 cm 的高纯度砷化稼晶体，生产出了纯度比地球上高 100 倍的干扰素和抗流感制剂，培养出了纯度比地面高 10 倍的蛋白晶体，还制出了一些生物酶、激素和抗生素等医药制品。每次试验可拉制 6～9 种纯度极高的半导体材料，相应的产量可达数千克。

在空间安装作业方面，和平号上的航天员共进行了 78 次空间行走，在舱外空间停留时间超过 360 多小时。其在舱外修理安装过太阳能电池板，修理过卡住的舱门和密封装置，更换了站上陈旧和损耗的科研设备，试验过针式和航向交会系统，克服了包括漏气、失火、撞击和计算机失灵等困难，保证了和平号的正常运转。

和平号上开展的众多科学试验，其广度、深度以及获得的成果，都是迄今其他航天器无法比拟的。这些试验成果为人类进一步征服太空，开发太空资源，甚至飞往火星准备了条件。

22.5 国际空间站

国际空间站项目于 1993 正式启动，由美国、俄罗斯、加拿大、日本、巴西和 11 个欧洲空间局成员国共 16 个国家共同建造，其中包括 6 个实验舱、1 个居住舱、3 个节点舱以及相关平衡系统、供电系统、服务系统和运输系统。空间站密封舱容积达 1 202 m^3。

从总体上看国际空间站由两大部分立体交叉组合而成。一部分以俄制多功能货舱为基础，通过对接舱段及节点舱，与俄罗斯的服务舱、研究舱和生命保障舱，美国的实验舱和居住舱，日本的实验舱，以及欧洲空间局的哥伦布轨道舱对接形成空间站的核心部分；另一部分是在美国的桁架结构上安装加拿大的移动服务系统，舱外仪器设备（包括中国参与研制的阿尔法磁谱仪）和 4 对大型太阳能电池板。这两大部分垂直交叉构成龙骨架，从而可加强站体的刚度，有利于各分系统和科研设备工作性能的正常发挥，航天员出舱装配与维修也会很方便。

22.5.1 主要技术指标

ISS 的规模是和平号空间站的 3～4 倍，是人类历史上规模最宏大的空间飞行复合体。其主要技术指标如下：

1）增压舱容积：1 202 m^3（101 kPa）；

2）总质量：419 t；

3）最大电功率输出：110 kW，其中分配给载荷的平均功率为 30 kW；

4）结构尺寸：108.4 m（桁架长度）×74 m（舱段总长）；

5）轨道高度：370～460 km；

6）轨道倾角：51.6°；

7）乘员人数：6（组装完成前为3人）；

8）数据传输率：上行：S波段70 kb/s，下行：Ku波段300 Mb/s；

9）运行寿命：建成后运行10～15年。

22.5.2 建造阶段

第一阶段为准备阶段（1994—1998年），主要内容包括：进行9次美国航天飞机与俄罗斯和平号空间站的对接飞行；送美国航天员到和平号上累计工作近3年，得到航天飞机与空间站交会对接以及在空间站上长期进行生命科学、微重力科学试验和对地观测等方面的经验；训练美国航天员在空间站上的生活和工作能力，从而降低国际空间站研制、装配和运行中的技术风险。

第二阶段为初期装配阶段（1998—2001年），主要内容是建立国际空间站的核心部分，使空间站拥有初步载人能力（3人）。1998年11月20日，俄罗斯质子号火箭首先发射了美国委托俄罗斯制造的曙光号多功能货舱，其用于提供推进控制、燃料储存和组装初期的供电能力及与服务舱的交会对接能力。1998年12月4日，美国航天飞机发射了美国制造的团结号节点舱及增压对接适配器，提供美俄构件间的接口。2000年7月12日俄罗斯研制的关键舱体星辰号服务舱升空，这一舱体主要用于环境控制、提供生命保障系统及乘员生活区，先前国际空间站计划的几次推迟都是因该服务舱经费迟迟不到位。2000年10月31日首批长住航天员进驻。2001年7月12日，航天飞机为国际空间站送去了气闸舱，标志着第二阶段的结束。此时的国际空间站拥有可使3名航天员在轨工作的能力，站上有13个科学实验机柜和1对大阳能电池板（提供10 kW的功率）。

第三阶段为最后装配及应用阶段（2002—2011年），主要内容是完成全站装配，使其达到拥有6～7人长期在轨工作的能力。该阶段的装配舱段和部件包括美国桁架结构、太阳能电池阵、加拿大的移动服务系统、日本实验舱、欧洲空间局哥伦布轨道舱和美国的居住舱等。俄罗斯也将同时装配其研制的桁架结构、太阳能电池板和研究舱等。

2011 年 5 月 27 日，迈克·芬克和格雷格里·查米托夫共同完成奋进号抵达国际空间站后的第四次太空行走。经过近 7 个半小时，其完成了国际空间站运行 12 年来的最后组装项目——安装一根 15 m 长的吊杆，使得原本 18 m 长的空间站机械臂可以延伸至 32 m 以外的距离作业。该项目的完成宣告空间站全部组装完工（图 22 - 5）。返回空间站之前，查米托夫说道："12 年建设、15 个国家努力，现在它（国际空间站）成为太空的巴特农神庙和面向未来的希望之门。" 国际空间站的工作寿命为 10～15 年，建造这座史无前例的空间大厦要使用美国航天飞机、俄罗斯的质子号火箭、联盟号火箭及日本的 H - 2 火箭等多种运载工具，其采用边装配、边工作的模式，最终使美妙的人造天宫在九天落成。

图 22 - 5　完全建成时的国际空间站

22.5.3 舱段组成

图 22-6 所示为国际空间站示意图。

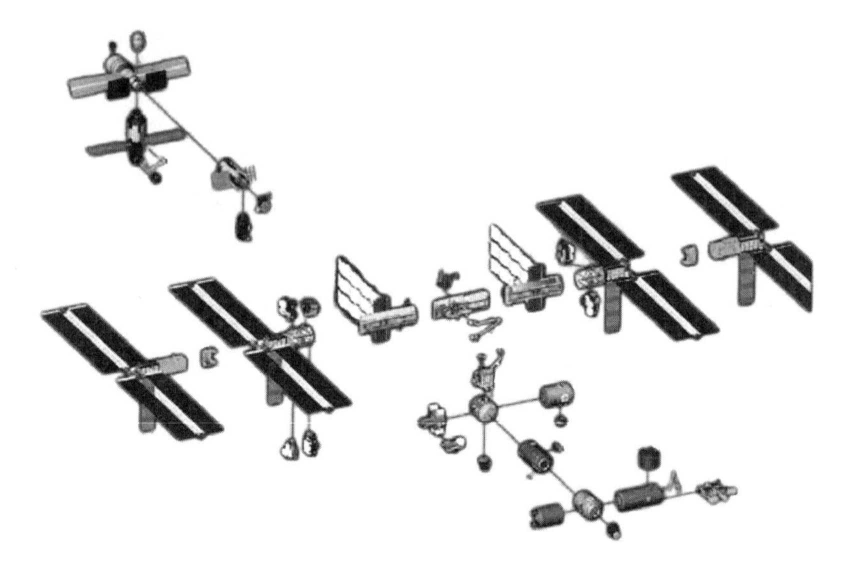

图 22-6　国际空间站

(1) 俄罗斯研制的部件

ISS 中由俄罗斯研制的部件有多功能货舱、服务舱、万向对接舱、对接舱段、对接储存舱、生命保障舱、研究舱和科学能源平台，其中多功能货舱、服务舱是 ISS 组装初期的关键性部件。

①多功能货舱 (FGB)

FGB 是第一个被发射的部件，由俄罗斯 KhSC 建造，MCC-M 发射控制，NASA 提供了 1.9 亿美元资金资助。其是一个自含机动能力的、独立的非载人轨道的飞行器，是国际空间站最关键的部件之一，建站初期用于提供电力、推进、姿态控制和数据通信。在服务舱 (SM) 启动前，其具有所有最主要的系统功能；在 SM 启动后，FGB 的功能下降，仅作为 SM 的备份和推进储箱。其在组装飞行 F-4A 之前继续为美国舱段提供电源。

FGB是在和平号空间站晶体号舱的基础上，参照量子2号舱改进设计的。其具有30个主要分系统，其中22个来源于晶体号舱，8个来源于量子2号舱。全长为12.8 m，最大直径为4.1 m，质量为20 t，容积为72 m^3；装有38台用于机动及高度控制的火箭发动机，表面还固定有16个推进剂储箱，可装载近6 t推进剂；带有1对太阳能帆板，展长为24.4 m，可供电3.2 kW。

FGB由气闸舱、货物舱和科学仪器舱组成。气闸舱可供航天员背着载人机动装置出入舱体，货物舱中装有大部分设备和地面运去的货物，科学仪器舱装有多光谱相机和空间材料加工工艺研究的6个熔炼炉。FGB舱内还设有环控生保设备与居住设施。

FGB有4个对接口，分别用于与俄罗斯的服务舱（SM）、对接储存舱（DSM）、对接舱段（DC）和美国的节点舱-1（Node-1）对接。

②服务舱（SM）

俄罗斯服务舱是ISS组装阶段的控制中心，借助进步号货船补给燃料，用于整个空间站的姿态控制和再推；SM还是ISS早期的生活场所、生命保障系统、通信系统、电源分配的中心。虽然，当美国实验舱（Lab）发射入轨后，SM的空间站控制中心的功能将转移到Lab，但SM仍然是俄罗斯部分（ROS）的结构和功能的中心。SM上的生活设施包括乘员个人睡眠区域、厕所和卫生设施、带冷藏和冷冻的厨房和餐桌。出舱活动可使用俄罗斯Orlan-M航天服，并将SM的过渡舱（transfer compartment）作为气闸舱。

SM质量为21 t，最大直径为4.35 m。舱体类似于俄罗斯和平号空间站核心舱的布局，由过渡舱、工作舱和服务推进舱3部分组成。舱内设有卫生间、睡袋、冰箱等生活设施，可容纳3名航天员居住；共设有6个对接口，前端有4个径向对接口和1个轴向对接口，轴向对接口与FGB对接，上下两个对接口分别与科学能源平台和UDM对接，SM后端的锥形对接口用于与进步号货船对接；工作舱前段外装有1对太阳能帆板，其总面积为80 m^2，最大电功率为9 kW。

③万向对接舱（UDM）

UDM是一个增压舱，与美国的节点舱（Node）起同样作用，用于与其他舱体对接。其为俄罗斯舱段和运输器提供6个对接口，前端轴向对接口与SM对接，后端4个径向对接口分别与俄罗斯的2个研究舱（RM）和生命保障舱（LSM）对接，后端的锥向对接口主要用于与联盟号载人飞船对接，同时也用作进步号货船的备用对接口。

④对接舱段（DC）

组装程序中使用两个俄罗斯DC。其两端有2个对接口，一端对接在FGB上，另一端作为联盟号和进步号飞船的对接口。除对接功能外，DC还可用作气闸舱，为俄罗斯舱段的EVA提供进出口。

⑤对接储存舱（DSM）

DSM用于提供物品储存和附加对接口。其外形呈圆筒状，上端直接对接在FGB下面的对接口，下端可对接其他舱体或联盟号飞船。DSM内部用于储存俄罗斯舱段的物资，并有一条增压通道。

⑥生命保障舱（LSM）

LSM的外形呈圆筒形，长为14.2 m，直径为4.35 m，增压容积为48 m^3。LSM先对接在UDM的后端轴向对接口，然后转移到UDM的后端径向对接口。其带有可支持4名航天员居住的生命保障系统，该系统包括空气和水的闭循环系统。

⑦研究舱（RM）

俄罗斯为ISS研制2个用于俄罗斯方面的科学实验研究的RM，其都对接在UDM的径向对接口上。舱内有20个标准机柜，用于安装有效载荷。

⑧科学能源平台（SPP）

SPP是由航天飞机携带入轨的。SPP是ISS的舱外设施，用于提供附加电功率和滚动轴向的控制能力；带有6块太阳能帆板，能为科学试验提供20 kW的电能；平台上还装有6个陀螺仪，用于ISS的GNC系统中的滚动轴向的姿态控制；平台上的散热器将和美国舱段的散热器一起排热。

（2）美国研制的部件

ISS中由美国研制的部件有实验舱（Lab）、居住舱（Hab）、节点舱（Node）、联合气闸舱（AL）、离心机舱（CAM）、桁架结构（Truss）和大型太阳能电池阵（LSR）。

①实验舱（Lab）

Lab是美国进行科学试验的主要场所，也是指挥和控制ISS装配与正常运行的核心舱。舱长为8.36 m，质量为15.5 t，由3节圆筒段组成，外径为4.2 m，带网格加强筋的舱壁壁厚为3.175 mm。增压容积为100 m^3，装有11个系统设备机柜和13个国际标准有效载荷机柜（ISPR）。舱段前后各有一个对接环，分别对接于Node-2和Node-1。Lab可提供航天员可居住环境，并能够提供站内外通信、分配电源、进行热控，以及采集、处理和分发数据。

②居住舱（Hab）

Hab是空间站航天员生活休息的主要场所。其外形和结构与Lab相似，舱长为8.36 m，质量为16.1 t，外径为4.2 m，可提供4～6人的居住设施供航天员长期生活与起居。舱内设置集会设施、个人卫生（较好的废物管理、全身淋浴）设施、医疗与锻炼设备、厨房设施（进餐装具、炉灶、饮水机、冷藏冷冻箱）和其他生活必需品。

③节点舱（Node）

Node是美国制造的具有6个对接口（4个径向，2个轴向）的舱体，共3个。其是一种小型的增压舱，舱长为5.2 m，直径为4.2 m，增压容积为57 m^3。在ISS装配期间，其是航天员进行舱外活动的进出口。除与其他舱体对接外，Node还提供桁架的外连接点，以及提供内储存和舱体间的压力通道。

Node-1的2个轴向对接口分别与FGB和Lab连接，4个径向对接口分别对接于Hab、联台气闸舱、穹顶和桁架上。其中1个径向对接口上安装的瞭望穹顶（Cupola）呈锥形，由透明的6个侧面和1个顶面组成，高为1.25 m，底部直径为1.97 m，可提供360°的视野，用于观察航天员舱外活动、机器人操作和航天飞机与空间站的对接情况。

Node－2 两个轴向对接口分别与 Lab 和增压连接器－2（PMA－2）对接，4 个径向对接口中的 3 个分别与美国的离心机舱、ESA 的哥伦布舱和日本的实验舱对接。舱内还装有 4 个电力调节机柜，用于向 ESA 的哥伦布舱和日本的实验舱供电。

Node－3 为环控生保系统提供更多的空间，并与 Node－1 径向对接口连接。Node－3 可以为 PMA 提供对接口，这样航天飞机与 CEV 就可以进行对接；Cupola 与 Node－3 的正向对接口对接；其他的对接口将用于国际空间站的未来应用。

④联台气闸舱（AL）

AL 对接在 Node－1 的径向对接口上，增压容积为 27 m^3，用于提供站基的舱外活动能力。其既可用于美国的舱外活动装置（EMU），也可用于俄罗斯 Orlan 舱外航天服。舱内设置了 2 个系统设备机柜和 2 个储存机柜。

⑤离心机专用舱（CAM）

CAM 是为重力生物学研究提供离心设备的专用舱，用于观察长期微重力环境对动植物生长的影响。其主要的舱内装备是 1 个直径为 2.5 m 的离心机、2 个保持 μg 量级微重力环境的生长装置和 1 个生命科学手套箱。

⑥桁架结构（Truss）

桁架为 ISS 的基础结构，起到脊梁的作用，为舱体、太阳能帆板、外露平台等提供附着点，同时也安装有电缆、散热辐射器、站外有效载荷等。桁架是在自由号的预集成桁架的基础上设计的，采用分段预装配桁架结构。每段的长度不大于 13.7 m，横截面直径不大于 4.5 m，质量不大于 17 t，由航天飞机分批发射，在轨逐段组装而成。桁架采用六角形截面，单边长度为 3 m。桁架全长为 108 m。桁架段按其在 1SS 上的左右位置编号，如 P6 是左舷（port）的第 6 段，也是左边最外侧的一段；s1 是右舷的第 1 段，也是右边最内侧的一段。但有两个例外，s0 实际上是桁架的中心段；组装初期 P6 连同太阳能电池阵实际上是装在 Lab 的 Z1 桁架段上的，但 Z1 本身不是主桁架的一部分，只是主桁架建成前所需要的一段桁架。

⑦大型太阳能电池阵（LSR）

美国共提供 4 组硅光电太阳能帆板，每组 2 块，每块尺寸为 9.8 m×29.3 m，可产生的总电功率为 92 kW。帆板挂装在桁架上，能对太阳定向。每个帆板配以 6 个镍氢电池作为蓄能设备，用于阴影区供电。每个镍氢电池的容量为 81 A·h。

（3）其他成员国研制的部件

①哥伦布轨道设施（COF）

COF 是 ESA 研制的部件，是从原附加加压舱（APM）演变而来的。舱长为 6.7 m，直径为 4.2 m，增压容积为 76.8 m^3，空重为 9.5 t，发射时可携带有效载荷 2.5 t，入轨后可容纳高达 9 t 的有效载荷。COF 对接于 Node-2 的径向对接口上，内部装有 3 个储存机柜、3 个系统设备机柜和 10 个 ISPR。COF 从 ISS 的美国舱段获得的电源功率为12.5 kW，其交换条件是 COF 的 5 个 ISPR 由美国使用。

COF 为实验和研究提供设施，其作用与美国的 Lab 类似。其进行的实验侧重于微重力下材料科学、流体力学和生物医学研究，舱内可容纳 3 名航天员工作。

②日本实验舱（JEM）

JEM 是由日本研制的、为日本材料加工和生命科学研究提供实验室设施的舱体。其包括增压舱（LPM）、空间暴露平台（EP）、遥控机械臂系统（RMS）及实验后勤舱（ELM）4 部分。

JEM PM 是一个多用途科学实验舱，主要用于微重力材料科学和生命科学实验。舱体为圆筒形，舱长为 9.9 m，直径为 4.2 m，干重为 16.1 t，内装有 10 个 ISPR。JEM 的一端对接在 Node-2 上，另一端有用于装卸设备与物资的气闸舱。

JEM EP 为 5.0 m×3.7 m×5.3 m 的非密封结构，可安装 10 个

要求暴露于外层空间的有效载荷，主要用于地球与天文观察、空间通信、空间材料加工等科学实验与观察。

JEM RMS 的舱外部分是一个 6 自由度的机械臂，用于 EF 和 ELM 暴露段上有效载荷和物资的装载、移动与定位，其舱内部分是 PM 内的机械臂操作台。

JEM ELM 由增压段（PS）和暴露段（ES）两部分组成。ELM－PS 直径为 4.2 m，长为 4.2 m，干重为 4.2 t，安装在 JEM PM 的顶部。其内部可安装 8 个机柜，用于为 JEM PM 运输与储存各种物品，该舱段定期由航天飞机运回地面。ELM－ES 安装在 JEM EF 的前端，为 4.9 m×3.6 m×1.8 m 的非密封结构，可容纳 3 个有效载荷，用于为 JEM EF 储存与提供物资。

③移动服务系统（MSS）

MSS 为加拿大研制的部件，直接安装在桁架结构上。其包括空间站遥操作系统（SSRMS）、移动服务器（MRS）的基座系统（MBS）和专用灵巧机械手（SPDM）3 部分。作为对加拿大为 ISS 研制 MSS 的回报，加拿大可获得 ISS 的 3%的使用权。

SSRMS 为长 17.6m、质量为 936 kg 的机械臂，其空载移动速度为 60 cm/s，可移动最大质量为 19.5 t，最大尺寸为 18.3 m×4.6 m 的部件。SSRMS 可用于空间站的装配与服务、飞行器的对接与分离、有效载荷操作，以及协助航天员出舱活动等，在 ISS 的装配与维护中发挥关键性作用。MBS 是 SSRMS 的工作平台。

SPDM 是一个双臂机器人，每条臂长 2 m，可进行灵巧的动作。其能承担需由航天员完成的许多装配与维修任务，以减少航天员的出舱活动的次数与负荷。

④多功能后勤舱（MPLM）

MPLM 是意大利航天局（ASI）按合同为 NASA 研制的，由 NASA 负责运行，因此可认为是美国的部件。其在结构上像是缩短了的 COF，舱长为 6.5 m，直径为 4.5 m，空重为 4.7 t，装有 16 个 ISPR，能携带 9.1 t 的有效载荷。其允许以加压状态运输货物和有效载荷，由航天飞机发射对接于节点舱，在那里卸下供给，并装载已完成试验的产品，再由航天飞机带回地面。MPLM在ISS组装期间要发射13次，在ISS的运行期间每年需发射5次。每个MPLM可重复使用25次。

⑤空间站快速实验机柜（EXPRESS机柜）

其是巴西为ISS研制的一种机柜，用于安装空间站上暴露在外部空间的有效载荷。每个EXPRESS机柜可容纳6项有效载荷，每项有效载荷的质量可达226 kg。

此外，巴西还将提供非增压后勤架（ULC）、技术实验设施（TEF）、窗口观察研究设施模块-2（WORF-2），以及Z-1和非增压后勤架的接头（Z1—ULC—AS）等小件产品。

22.5.4　系统组成

这里介绍了国际空间站（ISS）内各主要系统的基本功能和物理特性。每一系统的描述包括各系统部件、系统体系结构、组装顺序里程碑和系统的增长潜力的概述。

（1）电源系统（EPS）

国际空间站的电源系统（EPS）要为国际空间站内诸如指令、控制、通信、灯光和生命保障等所有功能提供电源功率。无论是美国在轨段（USOS）还是俄罗斯在轨段（ROS）都有能力和责任为其自己的舱段提供在轨电源和按需共享的电源，以支持组装和国际空间站所有国际伙伴（IP）的操作。USOS和ROS电源系统的任务就是为国际空间站提供不间断的安全防护电源。为完成这一任务，电源系统必须能够生成和储存电能，并向用户转换和分配电功率，以保护系统和用户均不受到断电危害，并具有控制和监管系统性能的相关措施。

USOS电源系统是一种分配电源系统，也就是说，其电源在本舱段产生后分配给各个舱段使用。其5大核心功能对实现电源系统的功能是必不可少的，该5大核心功能是：生成一次电源、贮存一次电源、分配一次电源、转换一次电源为二次电源，以及向用户分配二次电源。此外，其3个辅助功能也必须实现，分别是电源系统的热控功能、电源系统部件和国际空间站的接地，以及电源系统部件的管理和监控。

（2）热控系统（TCS）

在空间站的整个寿命期间，各舱内的设备和进行的实验会产生必须予以排出的热量，而在各舱外的设备和进行的实验必须免受近地轨道环境的影响。TCS的主要作用就是保持空间站上的设备和有效载荷在额定温度范围内。

TCS要收集、分散并排出来自组装完成（AC）后的各用户的有效载荷热源所产生的30 kW废弃热量（最小连续26 kW），这一要求在正常工作模式且轨道器太阳帆板的β角为$-75°\sim+75°$的条件下是可行的。TCS的所有其他要求都是由该30 kW热量条件下的要求派生而来的。

（3）通信和跟踪系统（C&TS）

通信系统是国际空间站的关键系统之一，其关系到国际空间站稳定运行所要求的安全性和可靠性，以及空间站上科学研究数据的获取。国际空间站通信和跟踪系统（C&TS）需完成以下任务：

1）提供国际空间站上航天员间的双向话音和视频通信，包括其在进行舱外活动时；

2）提供国际空间站与休斯敦任务控制中心（MCC-H）的飞行控制组以及与地面有效载荷专家间的双向话音、视频通信和文件传输；

3）提供国际空间站与有效载荷操作中心（POIC）的单向通信；

4）接收休斯敦任务控制中心和轨道器发送的指令，通过飞行控制器控制国际空间站；

5）向休斯敦任务控制中心和有效载荷操作中心发送系统和有效载荷的遥测数据。

通信和跟踪系统包括以下6个分系统：

1）内部话音分系统（IAS）；

2）S频段分系统（S－band）；

3）UHF频段分系统（也称为UHF频段通信系统，UCS）；

4）视频分配分系统（VDS）；

5）Ku频段分系统（Ku－band）；

6）早期通信分系统（ECS）。

（4）制导、导航和控制系统（GNC）

国际空间站的制导、导航和控制系统（GNC）用于控制国际空间站的运动，使其满足使用要求。

导航系统提供3项功能：状态测量、姿态测量、指向和支持。第一项功能是获取国际空间站核心结构上固定点的惯性位置和速度，通俗地讲是回答“我在哪”的问题；第二项功能是定量描述国际空间站核心结构相对于参考坐标的姿态角，是回答“国际空间站指向哪”的问题；最后一项功能是回答“其他东西在哪”的问题，以便控制国际空间站上附属物（如太阳电池翼和天线等）位于正确的指向，例如指向太阳或中继卫星。

制导系统用于回答“从这里到那里国际空间站将经过什么样的路径”的问题。对于国际空间站来讲，“这里”指的是国际空间站当前的轨道位置，“那里”是指期望未来某一时刻的轨道参数。

控制系统用于控制国际空间站以规定路线飞行。国际空间站核心结构的位移和角度移动必须受控。国际空间站的GNC系统由2套设备组成，一套由美国提供，另一套由俄罗斯航天局提供。

（5）结构和机构系统

国际空间站的每一次组建都要涉及到其结构和机构。结构是国际空间站最为关键的部分，用于保护航天员在极为恶劣的太空环境下生存。机构的作用则是将各个系统结构连接在一起（例如国际空间站的各个轨道部分连接在一起），或是临时固定各项载荷设备。

国际空间站上的结构主要分为密封舱和桁架两类。密封舱包含航天员进行工作和生活的大气环境，例如美国实验舱（USL）、附加密封舱（APM）、日本实验舱（JEM）和俄罗斯的Zvezda都是密封舱。密封舱又可分为主要结构和次要结构两部分。

机构用于连接国际空间站上的各个组件、对接飞船或是对一些载荷进行临时的固定。大部分机构都是一次性的，例如用来连接组件的机构；而那些用来对接飞船和用作临时固定的机构则可多次重复使用，例如通用对接机构（CBM）、实验支架装置（LCA）、段-段固定装置（SSAS）和异体同构周边式对接机构（APAS）。

(6) 环境控制和生命保障系统（ECLSS）

环境控制和生命保障系统为航天员提供了一个工作和生活的安全居住环境。该系统设计的重点是如何利用最新的技术来实现国际空间站上资源消耗的最小化。这些资源包括该系统部件的质量、体积、能源以及由航天飞机供给的消耗物资。ECLSS被设计用来维持7名航天员的起居生活，其舱内大气压可维持在14.7 psi（1psi＝6.895 kPa）。一旦居住舱建成，则ECLSS完全有能力维持7名航天员的长期驻站。ECLSS能力将由美国和俄罗斯的生命保障设备联合提供。

ECLSS除了真空排放和载荷维护外，还能提供以下6项主要功能：大气控制和保障（ACS）、大气再生（AR）、温度和湿度的控制（THC）、火灾的检测与消除（FDS）、真空系统（VS）、水的处理与再生（WRM）和污物处理（WM）。

ISS的载人部分总的分为美国、日本、欧洲舱段群和俄罗斯舱段群两部分。两个舱段群的FCL在原则上独立运行，在各连接处邻接的舱段间可彼此通风。根据舱段的不同，有时还可能将功能集中到某一舱段上。

(7) 指令与数据处理系统（C&DH）

国际空间站（ISS）组装完成（AC）后安装的各种计算机有100多台，主要用于收集来自站上各系统和有效载荷的数据，并利用各种软件对这些数据进行处理，将有关指令分配到相应的设备。

C&DH系统有3个主要功能。首先，该系统可以提供相应的软件和硬件计算资源，用于支持ISS核心系统的指挥与控制，支持ISS上的科研项目（有效载荷），并可为乘员和地面运营提供服务；其次，该系统可以提供C&DH内部的时间基准，并将其提供给其他系统；最后，其还支持对其他系统以及所有其他主要分系统能力的功能支持，如C&W分系统、CHeCS。

（8）推进系统

国际空间站的推进系统是用来进行空间站的轨道和姿态调整的。该系统包含在俄罗斯建造的Zarya（先前称作功能货舱，FGB）、Zvezda以及美国建造的PM舱段中。

ISS的推进工作由Zarya 、Zvezda和PM的在轨推进系统来执行。这些推进工作在航天飞机、进步M及M1飞船或自动转移飞行器（ATV）建成后予以补充。推进事件包括在轨推进、姿态控制和控制动量陀螺（CMG）去饱和等。

（9）机器人系统

国际空间站上的机器人系统用于EVA的组装和维修，以及有效载荷操作。国际空间站上使用的3个机器人系统分别是：

1）移动服务系统（MSS）；

2）欧洲机械臂（ERA）；

3）日本实验舱遥控操作系统（JEM RMS）。

本节明确了涉及机器人系统开发的各国航天机构，随后着重介绍了每个机器人系统的功能、能力和操作方面的信息。

第一个机器人系统——MSS包括5个分系统，由CSA和NASA共同研制。CSA负责SSRMS、移动遥控服务基地系统（MBS）和专用灵巧操纵装置（SPDM）的研制；剩下的2个分系统，MT分系统和RWS分系统由NASA负责研制。第二个机器人系统——ERA由ESA和RSA共同研制。第三个机器人系统——JEM RMS由NASA独立研制。

MSS系统主要用在国际空间站上的美国部分及桁架上，ERA系统用在国际空间站上的俄罗斯部分和 SPP 上，JEM RMS 用在国际空间站日本暴露设施（EF）上。

（10）飞行乘员系统（FCS）

国际空间站设计目的是通过航天员长达几个月的工作来完成的，其目标是国际空间站尽可能早地实现永久载人。最终，国际空间站将被来自多国的航天员长久利用，进行设备操作、科学研究和技术开发，支持商业研究和实施国际空间站的站务管理任务。因此，国际空间站的设计为载人状态，即国际空间站上的设施、系统和各种供应能支持站上长期驻守的乘员的工作和生活。此外，国际空间站还涉及乘员通过飞船等进行有规律的补给，且飞行乘员能进行定期轮换（如每 3 个月为一个轮换周期）。飞行乘员系统（FCS）是指那些支持在国际空间站上完成任务的航天员系统。

FCS 是一个广泛的分布式系统，包括设施、分系统和各种供应，用于在任务期间支持乘员健康和保证乘员的工作。具体包括以下系统功能：

1）支持乘员健康保持和对抗长期微重力失调效应；

2）人类生理心理因素、居住条件和乘员膳宿；

3）保障日常和紧急情况的供应；

4）国际空间站站务管理和维护；

5）乘员个人和任务支持设备。

22.6 空间站运营管理技术

22.6.1 运营管理概念

分析空间站运营概念，首先要分析空间站各项在轨活动，以及为保证在轨活动顺利开展的支持活动。对空间站在轨活动的支持无外乎两种途径：通过测控网的运行控制支持和通过来访飞行器的后勤补给支持。因此，空间站运营活动包括三类：空间操作、空间操作支持（通过测控网、天地通信实现）和空间后勤操作支持（通过发射场、天地往返工具实现)。

(1) 空间操作

空间操作具体包括以下内容:

1) 系统重构、监视和控制;

2) 载荷操作、监视和控制;

3) 系统和载荷维持和修理;

4) 逼近操作(交会对接、出舱活动);

5) 同地面控制者及用户通信;

6) 乘员活动。

(2) 空间操作支持

空间操作支持包括以下内容:

1) 由空间站控制中心完成的系统规划、监视和控制。

· 对空间平台和乘员的安全负有主要责任;

· 由工程支持中心全程提供支持;

· 系统训练在空间站训练设施上完成;

· 使集成系统和载荷活动统一时间线。

2) 由载荷操作集成中心完成的载荷操作规划、监视和控制。

· 为各地用户提供支持;

· 集成各地用户的操作规划结果;

· 载荷训练中心提供一体化载荷训练。

(3) 空间后勤操作支持

1) 一体化后勤支持:为保证安全经济运输空间站后勤物品的管理、支持等活动,包括后勤支持分析、信息管理等;

2) 发射前硬件物理集成:载荷集成到机柜、机柜集成到运输工具等。

22.6.2　运营管理的任务层次

空间站运营管理即是对上述空间站运营活动进行全过程的任务管理,其包括两个层面:任务规划和任务实施。

(1) 任务规划

由于空间站在轨运行是一个长达十多年的过程，因此其任务规划是多层次的规划体系，是一个由远到近、由粗到细的过程。根据国内外空间站任务规划发展经验，空间站任务规划可分为四个层次：战略层、战术层、任务层和执行层，其中执行层规划也是任务实施所需要解决的主要问题。

表 22-3 空间站任务规划层次

规划层次	规划周期	规划内容
战略层	5 年	建造计划； 运营和应用计划； 任务清单
战术层	2 年	飞行任务详细清单； 载荷应用协议； 访问飞行器协议
任务层	任务周期	每天的操作概要； 操作支持数据文件
执行层	周、天	每时每刻的操作序列

(2) 任务实施

在任务规划方案的基础上实施空间站运营的各项活动，包括飞行器组装集成与发射、空间站平台和载荷的运行任务控制、航天员的平台操作和载荷操作训练等，在任务实施的过程中同时会对任务规划方案进行调整，特别是执行层任务方案。

22.6.3 国外空间站的运营管理

(1) 礼炮系列的运营管理

苏联的载人航天测控网包括加里宁格勒飞行控制中心和加里茨恩飞行控制中心，通信方面采用卫星通信系统和中继卫星系统，具体包括上升段发射场和航区的多个测控站，运行段采用的是沿国土均匀分布的 7 个测控站。站内设备包括多功能测控设备、遥测设备、雷达、通信设备、卫星通信设备、中继卫星终端、计算机和标校设备等，具有测轨、遥测、遥控、通信和电视传输等功能。在20世纪70～80年代，该系统包括11艘测量船。

（2）天空实验室的运营管理

1971年，NASA着手进行天空实验室的开发和制造，其三个研究中心共同分担了该项任务：由马歇尔航天飞行中心负责监督主要部件（实验室、气闸舱、多用途舱等）的研制，并负责土星运载火箭发射装置的制造；约翰逊航天中心负责任务管理（包括数据和样品回收及分析）、航天员训练，以及对阿波罗飞船指令和服务舱做必要的改进；肯尼迪航天飞行中心负责任务控制和天空实验室的发射；此外还有众多的政府管理机构、大学和公司参与了对NASA三个研究中心工作的支持。通过天空实验室项目，NASA初步建成了空间站这一涉及众多人员和大量机构的复杂工程的研制与运营管理体系。天空实验室后美国转而发展航天飞机，期间NASA唯一的空间站项目是由航天飞机搭载的欧洲空间局的空间实验室。

（3）和平号的运营管理

虽然苏联/俄罗斯参与载人航天研制和运行的机构名称经常变化，相关机构内部也经历了多次重组，但一直以来苏联/俄罗斯以能源联合体为牵头单位，开展了联盟号飞船、空间站等载人飞行器的研制工作，同时还负责了飞行任务的控制。航天员的训练以及配套的舱内服、舱外服、食品、医监设备，分别由不同的机构负责。以下是一些主要部门的分工情况。

1）能源联合体：负责载人航天器总体设计，包括联盟T、联盟TM、联盟TMA和进步号货运飞船的设计以及礼炮号空间站、和平号空间站和国际空间站的设计；也负责运载火箭的设计；另外，还负责飞行任务控制中心的运转。

2）拜科努尔发射场：负责航天飞行器的发射任务。

3）赫鲁尼切夫空间研究与制造中心：负责质子号火箭、和平号空间站和国际空间站上的舱段设计和生产，最早还负责礼炮号的结构生产。

4）加加林航天员培训中心：这是所有苏联/俄罗斯航天员的培训基地，该基地具有模拟器、离心分离机和医疗设施。

5）中央机械研究院：负责部分载人航天器设计工作以及热真空、力学等空间环境的试验评价工作，还负责国际空间站飞行任务控制中心的运转。

6）NPOMASH：军用载人航天器和军用空间站的牵头单位。

7）星星联合体：负责压力服、弹射座椅、舱内和舱外服、舱外机动装置的研制。

8）国家研究中心—生物医学问题研究所：为载人工程提供医学和研究支持，医学支持任务控制中心一直处于运转状态，以实行对在轨航天员的连续监测。

9）压缩食品和专用食品技术科学研究院：为航天员供应食品。

10）测控通信网：俄罗斯现用的中继卫星波束号共两颗，分别定点于东经 950°和西经 160°，对航天器的测控覆盖率可达 85%。中继卫星的两个抛物面天线分别与地面终端站及和平号空间站进行通信，两个抛物面天线之间的相控阵天线与飞船进行通信。终端站发往飞船、空间站的信息（来自飞行控制中心）有指令信息、话音等，终端站发往飞行控制中心的信息（来自飞船、空间站）有遥测信息、话音和电视等。中继卫星与地面终端站（肖尔格沃站）通信的抛物面天线口径为 1.6 m，中继卫星与终端站的通信频率为 14.6～110.9 GHz。与和平号空间站通信的抛物面天线口径为 4.5 m，波束宽度约为 10°。中继卫星与空间站的通信频率为 13 GHz/15 GHz。中继卫星与飞船通信的相控阵天线阵面为 4 m，由 16 个单元组成，波束宽度为 50°×50°。中继卫星与飞船的通信频率为 0.7～0.9 GHz，数据传输速率为 64 kb/s。中继卫星系统建成后，充分展示了其覆盖率高、使用方便等特点，俄罗斯在 1992 年执行的重要航天飞行任务（包括分别载有德国、法国航天员的联盟 TM-14 飞船、联盟 TM-15 飞船先后与和平号空间站交会对接）中，均采用陆上测控站加中继卫星的测控方式。

(4) 国际空间站运营管理

国际空间站的运营管理是一个复杂的管理体系。国际空间站的管理机制在MOUs上都有详细的解释。

1988年9月29日，美国、ESA成员国、日本和加拿大政府签订了《关于永久性载人民用空间站的详细设计、研制、运行及利用的合作》的多国协议，简称“政府间协议”(IGA)，这是ISS计划的最顶层文件。在IGA签署的同时，ISS合作国的航天局还与美国NASA签订了双边谅解备忘录。1993年12月17日，俄罗斯正式接受邀请参加了ISS计划，也保证了NASA与俄罗斯之间的谅解备忘录与原有的MOUs保持一致。1997年10月，巴西正式应邀参加了ISS计划，也与美国达成了类似的协议和谅解。因此，ISS的运营管理是按照IGA和MOUs的规定实施的。

自由号空间站在几次调整计划后，更名为国际空间站。最终于1998年，在轨道上进行装配操作的前夕，空间站项目的15个参加国代表聚集在华盛顿签署了最后任务、责任、权利与义务的《政府间空间站合作协议》，以取代1988年美国、ESA成员国、日本和加拿大就自由号空间站签署的多边备忘录，因为在这期间空间站及其参与者都发生了很大变化。随后不久，NASA和合作国空间机构的负责人签署了4个备忘录，各个成员国空间机构之间签署了多个双边执行协议，用以指导具体的建造工作和开展合作。

这些协议和备忘录赋予了美国对ISS计划的全部责任，在整个研制、装配、运行中，美国全面负责并具有最终决策权，而各个成员国对各自提供的产品负有首要责任。备忘录定义了各航天局的作用和责任，其中最重要的执行性备忘录，其提供了运行和利用概念，规定了ISS如何运行和使用。图22-7表示了国际空间站的管理计划和相应的执行机构。

在ISS研制阶段开始后，建立了多边协调委员会(MCB)，由各合作方主管官员组成、美国NASA主管空间站的副局长任主席。委

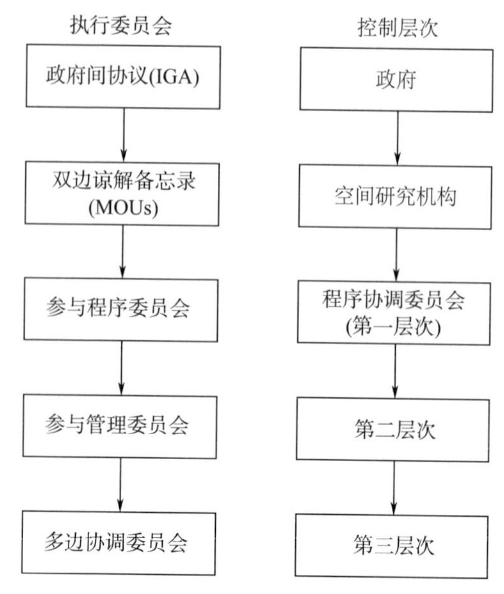

图 22-7 国际空间站的管理计划和执行机构

员会定期召开会议，以协调合作方在空间站运行与利用方面的有关问题。该委员会下设系统运行小组委员会和用户操作小组委员会，分别负责制定年度的综合运行计划和综合利用计划。

根据管理协议文件，各合作国建立了相应的功能机构。整个国际空间站工程的体系机构大致包括 NASA 总部、主要承包商、发射中心、运行控制中心、应用载荷管理中心等共 20 多个航天机构。

国际空间站的运营有美俄等多个国家参与，整个工程的功能体系结构大致如下。

①工程总体领导机构

美国 NASA 总部负责制定管理政策，分析国际空间站计划各阶段任务，各个成员国工程部分分别由所在国航天局负责领导实施，欧洲是 ESA、加拿大是 CSA、俄罗斯是 RASA、日本是 JAXA。

②飞行任务控制和载荷应用中心

1）约翰逊航天中心：执行国际空间站的计划、控制国际空间站的美国部分，是航天器设计、发展和任务集成的中心，也是航天员训练中心；

2）马歇尔航天飞行中心：空间站上试验和载荷的地面控制中心，监督美国大多数舱段和国际空间站环控生保系统的研制；

3）遥科学支持中心：用于指导国际空间站的科学操作；

4）移动服务系统操作联合体：提供用于移动服务系统和乘员训练的资源、设备和专家；

5）欧洲空间研究技术中心：ESA的技术中心；

6）哥伦布控制中心和ATV控制中心：负责国际空间站欧洲部分的控制与操作；

7）用户中心：负责国际空间站欧洲部分的载荷；

8）莫斯科任务中心：俄罗斯载人飞行控制单位；

9）筑波空间中心：研制和运行支持国际空间站日本部分的实验舱；

③主要承包商

1）波音公司：国际空间站总承包商，监督国际空间站的发展、试验和发射；

2）麦克唐纳·迪特维利（MacDonald - Dettwiler）有限公司：设计和制造国际空间站遥操作系统；

3）科罗廖夫火箭与空间能源联合体：集成俄罗斯舱段飞行器硬件，管理执行国际空间站俄罗斯部分计划；

4）赫鲁尼切夫空间研究与制造中心：功能货舱模块、服务舱模块和质子号火箭的总承包商；

5）星星联合体：国际空间站上的奥兰（Orlan）和索科尔（Sokol）航天服的制造者；

6）TANEGASHIMA空间中心：研制日本部分的空间设施；

7）筑波空间中心：研制国际空间站日本部分的实验舱部分；

8）生物医学问题研究所：保护航天员健康的硬件研制和科学研究机构。

④发射中心

1）肯尼迪航天中心：准备国际空间站各模块和规定航天飞机的任务，组织航天飞机的发射和着陆；

2）圭亚那航天中心：提供 ESA 和法国航天局发射 Ariane 5 的发射场；

3）拜科努尔发射场：载人与不载人航天器发射场；

4）种子岛航天发射中心：HTV 的发射场。

⑤航天员训练中心

1）欧洲航天员中心：欧洲部分的航天员中心；

2）加加林航天员训练中心：提供国际空间站俄罗斯部分全尺寸的训练模拟器、舱外活动训练水槽以及过载模拟等。

其中参与空间站运行控制的是 7 个分布于各个合作国的控制与载荷中心，如图 22－8 所示。如图 22－9 所示，在国际空间站运行的任何时期，休斯敦任务控制中心都对国际空间站的运行具有全部控制权力，休斯敦任务控制中心和莫斯科任务控制中心对其各自的舱段还提供飞行控制功能。此外，在应急状态下双方互为备份。

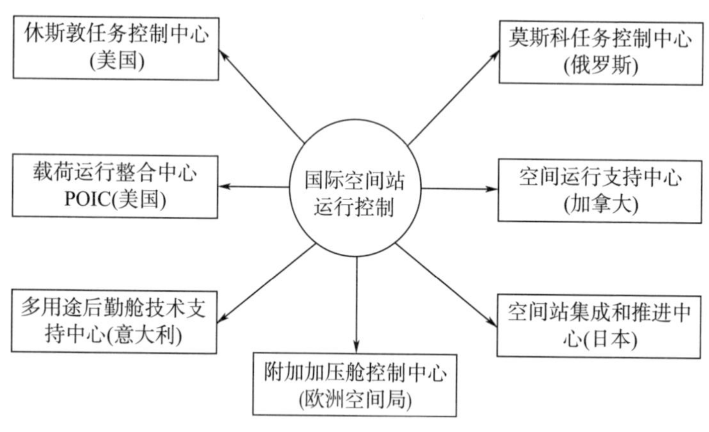

图 22－8　国际空间站主要运行控制机构

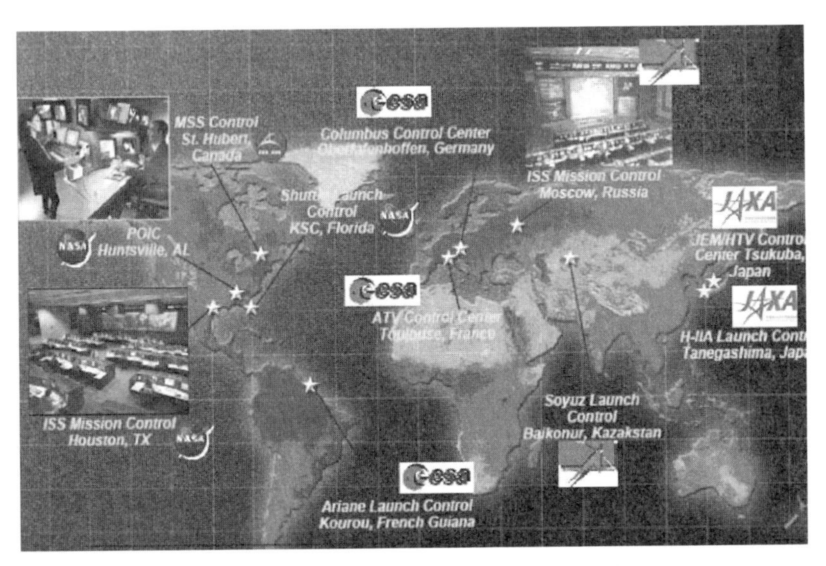

图 22－9　国际空间站的运营控制中心分布

第 23 章　深空探测技术

飞到太空去、遨游大宇宙，这是人类长久以来的愿望。如今，随着火箭推进技术的巨大发展，人类的这种美好愿望已逐渐变成了现实。目前已有各种各样的航天器正在或曾在太空中飞行，这些航天器除了常见的人造地球卫星和载人飞船与空间站外，还有不少是飞向月球的探测器、登月飞船及飞向太阳系其他行星的各种飞行器。这表明，奔月与行星际飞行已成为当代航天技术不可缺少的一部分。因此，从事航天事业的技术人员或航天员应对相关运行情况有所了解，故本章重点介绍奔月和行星际飞行中的深空探测技术。

23.1　概述

随着人类社会的高速发展，人类寻找地外能源、拓展生存空间的需求也变得越来越迫切。早在 20 世纪 50 年代末，苏美已开始实施深空探测任务；进入 21 世纪以来，各主要航天大国也纷纷制定了宏伟的深空探测规划，将深空探测作为重点发展的航天领域之一。

从 1958 年 8 月 17 日美国发射第一个月球探测器先驱者 0 号开始，人类迈向太阳系的深空探测活动至今已有 50 多年的历史了。据统计，截至 2006 年 6 月，人类已发射过的、向月球以外的太阳系天体开展的深空探测活动共 215 次，其中成功和部分成功的任务有 114 次，占总次数的 53%，仅稍多于总任务数的一半。这里所说的成功或部分成功的判定依据主要以是否返回探测数据为标准，目前还有 3 次任务正在飞行途中。

以上统计的深空探测任务都是以月球以外（包括月球）的天体为探测目标、飞行距离大于或等于地月距离、主引力场不是地球的空间探测任务，不包括与这些任务相关的运载试验和地球轨道试验任务，并且同一次任务中携带多个探测器也只算作一次。

在迄今为止所有的深空探测任务中，俄罗斯（苏联）发射过 113 次，占总数量的 52.6%；美国发射过 87 次，占总数量的 40.5%；日本发射过 5 次，占总数量的 2.3%；欧洲空间局发射过 5 次，占总数量的 2.3%；美国和欧洲（包括欧洲某些国家）合作发射过 5 次，占总数量的 2.3%。

在以上深空探测任务中，以探测月球为主任务的次数最多，达 108 次，占总数量的 50.2%；探测太阳的任务 11 次（不包括近地轨道的太阳探测任务），占总数量的 5.1%；探测火星的任务 37 次，占总数量的 17.3%，其中 1990 年以后发射的有 12 次，尤其是 1996 年以后，在每两年一次的较为有利的发射窗口期间都有火星探测器发射；探测金星的任务 40 次，占 18.7%，其中 1990 年前发射的有 39 次，过去的金星探测器大多数是苏联发射的，总数量为 33 次；探测水星的任务 2 次，占总数量的 0.9%；探测木星、土星等气体巨行星及其卫星的任务 6 次，占总数量的 2.8%；探测冥王星的任务 1 次，占总数量的 0.5%；探测彗星等小天体的任务 10 次，占总数量的 4.7%。在人类已经开展的深空探测任务中，很多探测器在任务期间对多个目标进行了不同形式的探测，以上统计仅以探测任务的主目标或预先设定的目标作为依据，并没有进行重复计算，而已开展的深空探测任务常采用多目标、多任务的探测形式。这类任务形式主要有三类：使用一个探测器对多个探测目标进行探测，探测任务目标中科学探测和新技术试验验证相结合，通过复合探测器（两个以上探测器的复合体）分别对不同目标或不同任务实施探测。符合上述三种形式并且已经取得成功的深空探测任务共计 67 次，占总数量的 31.2%，接近 1/3。因此，多目标、多任务探测在深空探测领域是一种非常重要的探测形式。

23.2 深空探测发展历程

深空探测领域的发展随着人类空间技术的进步逐渐向前推进，深空探测活动主要是按照天体距离的远近来逐步实施的：从月球探测，到金星、火星等类地行星探测，再到木星、土星等巨行星探测。随着技术的发展，深空活动也开始从大行星探测扩展至小行星、彗星等天体的探测。目前，对月球和太阳系行星的探测活动是深空探测领域的热点。

23.2.1 国外早期月球探测活动

（1）苏联的早期月球探测活动

①月球号系列

月球号系列项目是苏联两个月球探测项目中的较大的一个，延续时间从1959年到1976年，总共发射了24个探测器，实施了除载人登月外几乎所有的月球探测活动，包括飞越、硬着陆、软着陆、绕月、不载人采样返回、不载人月球车勘察等。

苏联的月球号项目共成功进行了7次环月探测、7次月表软着陆和3次采样返回。月球-10～月球-15轨道探测器为了实施月球软着陆探测和月面巡视的探测任务，分别对月表进行了精细的探测与拍摄。月球-9是第一个成功的软着陆探测器，其对月球表面进行了电视摄影和科学测量，第一次获得了月表近距离全景照片；月球-13只是通过着陆器对着陆点周围进行摄影和探测；月球-17和月球-21分别带有月球车-1和月球车-2，在着陆点附近自动行驶，巡视摄影并进行就位探测，分别在月面行走了10.5 km和37 km；月球-16、月球-20和月球-24分别3次在月表软着陆，利用钻岩机自动获取月壤样品并运送回地球，为精确分析月壤成分提供了基础。

②探测系列

探测系列项目是苏联最初的两个月球探测项目中的另外一个，

从 1964 年到 1970 年共发射了 8 个探测器，其中 5 个用于月球探测，另外 3 个进行环绕月球飞行后又安全返回到地球，为苏联的载人登月做了大量有意义的技术准备。

探测-3 对月球背面拍摄了 25 张高质量照片，并进行了离子发动机试验；探测-4 实现了软着陆回收；探测-5 是为载人登月进行的试验飞行，其携带了生物学载荷，是第一个实现重返大气层并成功回收的月球探测器。探测-6～探测-8 都是为载人登月进行技术准备的飞越式探测器，分别进行了飞船系统的飞行试验、空间环境测试分析、有效载荷试验，并成功地返回到地球。

(2) 美国的早期月球探测活动

美国的早期月球探测活动可分成 4 个无人探测计划和 1 个载人探测计划。其中，徘徊者、轨道器、勘探者这 3 个无人探测器系列都是为阿波罗载人登月计划做准备，其任务目标主要是探测月球环境、获取月球特定地带近距离形貌照片、验证软着陆技术。

①先驱者系列

先驱者系列项目是美国最早的月球探测尝试，实施于 1958—1960 年间，正值美苏空间竞赛的初期。先驱者项目所发射的 5 个先驱者探测器都没有成功，其主要原因是火箭的设计问题，其没有足够的推力使探测器达到逃逸速度送至月球。

②徘徊者系列

徘徊者系列项目是 1961—1965 年间美国为获取月球特定地带(阿波罗带) 近距离形貌照片而设计的月球探测项目，该项目一共发射了 9 次，前面的 6 次因各种原因都失败了，而后面 3 次全部成功。

徘徊者项目的主要任务是在月面硬着陆前拍摄照片，为勘探者和阿波罗项目提供数据。徘徊者项目总共返回了 17 259 张月球表面照片，这些照片证明了阿波罗带非常平坦，适用于月球着陆舱降落。徘徊者 9 号还实现了对月球表面形貌的电视直播。徘徊者项目为勘探者和月球轨道器项目开辟了道路。

③月球轨道器系列

月球轨道器系列项目是一个月球环绕轨道探测计划，实施于1966—1967年间，该项目共发射了5次，并全部获得成功，获取了分辨率达到60 m或更高分辨率的、月球表面的、共1 654张高质量照片。

月球轨道器1～3号是根据地面观测所预先确定的20个有软着陆潜力的区域进行的高精度拍摄而设计的探测器；月球轨道器4～5号则是更多从科学目标角度上考虑而设计的月球极轨探测器，其中月球轨道器4号完成了对月球正面和月球95%背面的拍摄任务，而月球轨道器5号所拍摄的照片覆盖了整个月球背面，且分辨率上也比前面4次高得多（最高达到2 m）。月球轨道器项目所获取的照片使科学家可以选择阿波罗载人登月的着陆点。

④勘探者系列

勘探者系列项目是美国在1966—1968年间实施的软着陆试验项目，该项目的主要目的是试验月面软着陆技术。该项目先后发射了7次不载人的月面软着陆探测器，有5次（勘探者-1，3，5，6，7）成功地着陆在月球表面上。除了进行月面软着陆演示与可行性研究等工程试验外，勘探者项目还获取了大量的月面及近月空间数据，为后来阿波罗计划提供了重要的科技资料。其中有4次（勘探者-1，3，5，6）着陆在月海区域，返回了大量着陆区的科学探测数据，如月面硬度、黏性、温度等资料；而勘探者-7则着陆在月球高地区域，也提供了该区的重要数据，特别是月面的物理特性数据。

⑤阿波罗计划

整个阿波罗载人登月计划是基于在20世纪60年代初因在空间探测活动上落后于苏联的情况而制定的庞大计划。该计划从1963年开始实施，结束于1972年，历时10年。由于当时出于政治因素，在尚未完全完成勘探者系列探测活动之前，且以及许多技术难关尚未攻克的条件下，阿波罗-1号于1967年在地面测试时发生火灾，导致三位航天员丧失了生命、任务宣告失败。为此，美国又经过了两年多的技术攻关以及五次不载人的阿波罗飞船（阿波罗-2～6 号）在地球轨道飞行试验后，于 1968 年分别成功地实施了阿波罗载人飞船在地球轨道（阿波罗-7 号）和月球轨道（阿波罗-8 号）的飞行试验。为了进一步确保载人登月的成功实施，在阿波罗-11 号首次登月之前，1969 年 3 月和同年 5 月再次成功地实施了阿波罗载人飞船在地球轨道（阿波罗-9 号）和月球轨道（阿波罗-10 号）的飞行试验。1969 年 7 月阿波罗-11 号载人飞船终于实现了载人登月，并且首次带回了月球样品。随后，阿波罗-12～阿波罗-17 号也相继成功地实现了载人登月、采集样品并返回地球的预定目标。尽管阿波罗-13 没有实现预定的目标，但在载人飞船出现故障的情况下，通过地面遥控和航天员的共同努力使飞船安全地返回到地面。

1972 年美国在完成最后一次阿波罗载人登月探测活动（阿波罗-17 号）后，把深空探测的重点转移到其他星体的探测活动上（如火星），在 1994 年克莱门汀月球探测器发射前，美国一直没有再发射过任何月球探测器。

23.2.2　国外近期和未来的月球探测活动

1983—1990 年，全世界没有开展过任何月球探测活动，这是月球探测历程中一个沉静期。从 20 世纪 90 年代初开始，各主要航天国家和组织掀起了新一轮的月球探测高潮，目标以探测月球资源、试验深空探测技术、为月球资源的开发和利用做准备为主。

（1）美国的月球探测活动和计划

经过 17 年月球探测的宁静时期后，美国总统布什于 1989 年提出了“重返月球”的设想。随后美国分别于 1994 年和 1997 年发射了克莱门汀探测器和月球勘探者探测器。2004 年，美国总统布什宣布了其新太空计划，其中包括了比较完整的重返月球计划。美国总统奥巴马上任之后，取消了重返月球计划，这让美国许多航天技术人员失望不已。

①克莱门汀探测任务

克莱门汀探测器是美国国防部进行的新空间技术试验与月球科学探测相结合的一个探测器，其主要任务目标是试验部分军用传感器和技术，并同时对月球开展进一步的科学探测。

克莱门汀探测器于 1994 年 1 月 25 日发射进入近地轨道，1994 年 2 月 19 日进入近月圆轨道，进行了为期两个月的紫外线、可见光、红外波长的多频谱数据月面综合探测，获得了 180 万幅月球表面数字图像。根据这些数据，科学家们认为在某些月球坑中可能存在冰。

②月球勘探者探测任务

月球勘探者探测器的主要任务是实现月球的低极月轨道探测，探测目标包括表面物质成分、可能的极地冰沉积物、磁场、重力场和月球逃逸气体等。

月球勘探者于 1997 年 1 月 25 日发射进入地月转移轨道，在 100 km 圆形极轨道上运行了 1 年，用于测绘月球表面并搜寻水冰资源。此后，在扩展任务期间，其又按指令降至 40 km 高度，然后降至 10 km 高度进行更高分辨率的探测。

（2）欧洲的月球探测活动和计划

1994 年欧洲空间局提出了重返月球、建立月球基地的详细计划。1994 年 5 月欧洲空间局召开了一次月球国际讨论会，会议一致认为人类在机器人技术、电子技术和信息技术等方面取得的巨大发展已使欧洲对月球进行低投资的探测和研究成为可能。在此基础上，欧洲空间局提出了分阶段的月球探测计划与设想。

SMART－1 月球探测器是欧洲 2000 科学远景规划中的第一项——先进研究与技术应用的任务的具体表现，2003 年 9 月 27 日由阿里安－5 火箭发射。SMART－1 月球探测器的主要目的是试验利用太阳能电推进奔月，同时也试验了探测器和其他新技术，并收集了月球地质、地貌、矿物和环月外大气层环境等概况的数据。SMART－1 是欧洲空间局的第一个月球探测器，在月球轨道上运行了 6 个月，其主要科学任务包括：用一个小型化的高分辨率相机对月球摄像，用一个有指向功能的近红外光谱仪分析月球表面矿物，用一个新兴的 X 射线谱仪进行月球表面元素的分析，以及进行 X 和 Ka 波段的通信和测控试验。

继 2004 年 1 月美国宣布新太空规划后，同年 2 月，欧洲空间局公布了曙光女神计划。该计划包括月球、火星及小行星探测等几个部分。依据计划的进度安排，将于 2024 年左右实现载人月球探测任务。

(3) 日本的月球探测活动和计划

20 世纪 80 年代以来，日本在空间探测器的发射和遥感器的研制方面都实现了质的飞跃，成为空间技术的后起之秀。事实上，1985 年日本宇宙科学研究所仅花 10 个月的时间就建成了具有 64 m 天线的深空通信站。20 世纪 90 年代后，日本加快了在空间领域的前进步伐，于 1990 年 1 月发射了飞天号（Hiten，又名 MUSES - A）月球探测器。日本在空间探测方面表现得雄心勃勃，尤其在月球探测方面已经形成了统一的认识，制定了系统的计划和较为详细的探测日程。

①飞天探测器

飞天号（包括一颗 12 kg 的绕月子卫星）于 1990 年 1 月 24 日发射，是日本第一颗月球探测器，主要目的是为以后的月球探测和行星际探测工程提供数据，检验借助月球引力的飞行技术和精确控制引入绕月轨道的技术。但最终该探测器没有实现预定任务目标。

②月球- A（Lunar - A）和月亮女神（SELENE）探测计划

日本月球- A 计划因技术原因，原计划 2000 年发射，后推迟到 2004 年发射，但到目前为止，JAXA 还没有正式宣布月球- A 的详细时间表。月亮女神月球探测器于 2007 年 9 月 14 日发射成功。

(4) 俄罗斯的月球探测活动和计划

自 1976 年苏联成功发射最后一个月球探测器月球- 24 号后，随着早期月球探测活动的结束，苏联和俄罗斯的月球探测活动就沉寂下来了。

23.2.3 火星探测

1960—1964 年，苏联发射的火星探测器系列全部以失败告终。在 1962—1974 年间，苏联执行了火星号系列探测计划，其中 1962 年 11 月发射的火星 1 号探测器是人类首次成功的火星探测器，该任务揭开了人类探测火星的序幕。1971 年 5 月 19 日发射的火星 3 号探测器于 1971 年 12 月 2 日首次成功实现火星表面软着陆，但其着陆后很快与地球通信中断；1973 年 7 月 21 日发射的火星 4 号掠过火星时传回了为数不多的几幅图像；1973 年 8 月 5 日发射的火星 5 号在 1974 年 2 月 2 日进入火星轨道，环绕火星轨道飞行数天；火星 6 号和火星 7 号探测器在火星着陆；1988 年发射了 2 个火卫一探测器，1996 年发射了火星 96 号，但遗憾的是都未能返回科学数据。

美国火星探测起步晚于苏联，但首先获得了成功。美国于 1964—1972 年发射了水手号（mariner）系列。其中水手 4 号于 1969 年 7 月 15 日返回了 22 张火星近距离照片；1969 年，水手 5 号和水手 6 号再次掠过火星，其拍摄的 200 多幅照片表明，火星表面温度很低，大气中二氧化碳含量高达 95%，水蒸气几乎难以寻觅；水手 7 号也发回了 126 张照片；1972 年，水手 9 号探测器沿火星外层空间轨道飞行，发回了 7 329 张照片。1964—1972 年发射了火星号系列探测器和宇宙号系列探测器，并于 1975 年实现了海盗（Viking）1、海盗 2 探测器在火星表面成功软着陆的壮举。海盗 1、海盗 2 在火星大气中发现了氮气，这对生物的形成有重要意义。同时，探测到的可以吸收强烈紫外线的臭氧层的存在也提供了有利于生物发展的条件。

美国于 1992 年发射了火星观察者（Mars Observer）探测器，该探测器在预计入轨日期的前三天与地面联系中断。经过 4 年的技术改进后，美国于 1996 年 11 月 6 日成功发射了火星全球勘探者（Mars Global Surveyor）探测器。火星全球勘探者探测器于 1997 年 12 月 12 日进入火星的太阳同步轨道。火星全球勘探者传回的数据显示火星两极存在大量的冰，甚至可能有液态的水，这预示着生命存在的可能性。1996年12月4日美国成功发射了火星探路者（Mars Path Finder）探测器，该探测器于1997年7月4日到达火星。其携带的旅居者漫游车的设计寿命是7个火星日，而该漫游车实际工作了两个多月，并发回了16 550张彩照、15份火星土壤和岩石化学成分分析结果及大量的气候、风力、风向等测量数据。美国在1998年和1999年发射的火星气候轨道器（Mars Climate Orbiter）和火星极地着陆器（Mars Polar Region Lander）探测器均以失败告终。经过认真地总结和研究，美国终于在2001年4月7日成功地发射了火星奥德赛（Mars Odyssey）探测器。2002年，奥德赛探测器发现火星表面和近地表层中可能有丰富的水冰，但这一问题仍存在着争议。

美国勇气（Spirit）号和机遇（Opportunity）号火星车分别于2003年6月10日和2003年6月25日发射，于2004年1月着陆在火星表面，实现了火星行走，并完成了90个火星日的工作。2005年8月13日，美国火星勘测轨道器（Mars Reconnaissance Orbiter）从肯尼迪航天中心发射，2006年3月抵达火星。此次计划动用了空间探测有史以来功能最强大的摄像机，拍摄了清晰的火星地表照片；同时动用了探地雷达以寻找地下水，并为以后的探测行动挑选安全和有科学价值的着陆地点。2007年8月，美国成功发射了凤凰号（Phoenix）着陆器，于2008年5月底着陆在火星北极圈附近，进行了采样、就地分析等一系列探测活动。

日本于1998年发射了希望号（Nozomi）火星探测器，原计划1999年10月到达火星，由于推进器出现故障推迟了到达火星的时间，于2003年6月希望号进入了将与火星碰撞的轨道。虽然在2003年12月通过变轨成功改变了其行进路线，使其不会撞击火星，但希望号最终远离火星进入绕日轨道，导致探测行动失败。1998年7月4日发射的行星B轨道器，成功进入了火星大气层。

2003年6月2日，欧洲空间局火星快车（Mars Express）探测器发射升空，其携带的猎兔犬2号登陆器于2003年12月25日凌晨登陆火星，但猎兔犬 2 号在登陆火星后便失去了联系。

2011 年，美国发射了好奇号火星探测器，该探测器于 2012 年 8 月 6 日成功着陆火星，开始了对火星进行为期两年的探测任务。

23.2.4 水星探测

美国的水手-10 探测器曾先后于 1974 年和 1975 年两次飞越水星，20 世纪 70 年代后期，受到飞船推进系统和防热需求等因素的制约，水星探测计划被延缓。2004 年 8 月 3 日，美国发射了信使水星轨道器，预定于 2011 年进入水星轨道。在这之前，信使轨道器曾先后三次飞越水星，三次飞越的时间分别为 2008 年 1 月 14 日、2008 年 10 月 6 日以及 2009 年 9 月 29 日。由日本和欧洲空间局合作开展的水星探测任务是 BepiColombo。BepiColombo 由两个卫星组成：水星行星轨道器（Mercury Planetary Orbiter，MPO）和水星磁畴轨道器（Mercury Magnetospheric Orbiter，MMO）。MPO 由 ESA 提供，而 MMO 由日本提供。两个卫星分工明确，MPO 负责给水星拍照，MMO 则负责研究水星的磁气圈。BepiColombo 原计划于 2013 年 8 月发射，预计于 2019 年 8 月进入环绕水星轨道。

23.2.5 木星探测

最早对木星进行探测的航天器是美国的先驱者 10 号探测器，其于 1973 年 12 月飞越木星，第一次对木星及其伽利略卫星进行了近距离的拍照观察，获得了关于木星大气、磁场、辐射带的第一手资料，还得出了木星大部分是液态的结论。在先驱者 10 号探测器飞越木星三个月后，先驱者 11 号探测器飞越木星，观察到了有名的大红斑，第一次对木星巨大的极区进行了观测，并得出了木卫 4 的质量。这两次任务得到的信息帮助了后来的天文学家和工程师设计新的木星探测器，使其更加适应木星的环境条件。

美国的旅行者 1 号、2 号探测器于 1979 年先后飞越了木星。旅行者任务极大地改善了人类对伽利略卫星的认识，任务中发现了木星环，并且解释了大红斑其实是一个逆时针方向运动的、成分复杂的风暴。旅行者任务最大最出乎意料的发现是在木星的卫星 lo 上发现了火山运动，这是第一次在地球之外的其他天体上发现活火山。

1992 年，欧洲空间局发射的尤利西斯太阳探测器在飞越木星并对其进行探测后，进入了太阳极轨道。由于该探测器不带照相机，因此无法拍摄照片，该探测器主要对木星的磁气圈进行了研究。

为了更加深入地研究木星及其卫星的化学成分和物理状态，美国于 1989 年发射了伽利略探测器，这是迄今为止唯一一个曾环绕木星轨道运行的航天器。伽利略探测器于 1995 年 12 月进入木星轨道，2003 年 9 月被毁。其在轨运行七年多的时间中，一共绕木星运行 35 圈。

2000 年的卡西尼以及 2007 年的新地平线探测器均对木星进行了探测。未来美国还有一系列针对木星探测的计划，NASA 计划在 2011 年 8 月发射 Juno 探测器，NASA 还和 ESA 联合启动了 EJSM (Europa Jupiter System Mission)。

23.2.6　土星探测

美国的先驱者 11 号探测器于 1979 年 9 月飞过土星，探测到了土星的两个新环。美国的旅行者 1 号探测器于 1980 年 11 月接近土星，并发回了土星环照片。美国的旅行者 2 号探测器于 1981 年 8 月飞近土星观测了土星和土星环。1997 年年底，美国发射了卡西尼-惠更斯土星探测器，该探测器 2004 年进入土星轨道，2005 年惠更斯子探测器下降到土卫六表面，并发回了大量的信息。

23.2.7　天王星、海王星和冥王星探测

美国的旅行者 2 号探测器于 1986 年和 1989 年分别飞越了天王星和海王星。研究表明，天王星和海王星主要由冰、岩石、氢和氮组成。

23.2.8 小行星探测

美国、苏联、欧洲和日本先后进行或联合进行了有关小行星及彗星的探测。美国和欧洲空间局于1978年发射的国际日地探险者-3分别于1985年和1986年先后探测了贾克比尼彗星和哈雷彗星。苏联于1984年发射的金星-哈雷彗星探测器分别对金星和哈雷彗星进行了探测。欧洲空间局于1985年发射的乔托探测器分别对哈雷彗星和格里格-斯克杰利厄普彗星进行了探测。日本1985年发射的先驱和彗星两个探测器对哈雷彗星进行了探测。美国1996年发射的尼尔（又叫近地小行星交汇）对Eros小行星进行了探测。

近年来，美国相继发射了多个小行星探测器。1998年发射的深空-1探测器用于进行小行星和彗星的探测；1999年发射的星尘探测器对Coma彗星进行了取样返回探测；2002年发射的彗星旅行探测器用于探测Nuclei彗星，但该任务最终失败。

2004年3月2日欧洲空间局发射了罗塞塔彗星探测器，其将探测67P/Churyumov-Gerasimenko彗星，该探测器到达彗星的10年旅程中，其至少能与一个小行星相遇。

2005年1月12日，NASA发射了深度撞击计划的探测飞船，同年7月4日13点52分24秒（北京时间），深度撞击计划的撞击舱以10.2 km/s的相对速度与坦普尔1号彗星成功碰撞。在地球的西半球，人们甚至用肉眼就能看到这次绚丽的人造天象。

23.2.9 太阳探测

1959年至1968年间，美国分别发射了太阳探测器先驱（Pioneer）5～9。

1973年，美国发射天空实验室（Skylab）空间站，使用阿波罗（Apollo）望远镜获得了超过150 000幅太阳图像，同年发射了太阳探测器Explorer 49。

1974年和1976年，分别发射了美国与德国合作的太阳探测器

Helios1、2。

1980 年，美国发射了太阳探测器 SMM，用于监视太阳耀斑。

1991 年，发射了日本、美国和英国合作的太阳探测器 Yohkoh，用于研究来自太阳耀斑的高能辐射。

1990 年，发射了美国与欧洲合作的太阳飞越探测器 Ulysses。

1995 年，欧洲发射了太阳探测器 SOHO，其主要科学目标是通过观察太阳风和辐射变化来研究太阳的内部结构，并通过成像和光谱分析太阳外层区域的等离子，从而研究和观察日冠形成和太阳风产生的物理过程。

2001 年，美国发射了太阳风采样返回探测器 Genesis，于 2004 年 9 月 8 日返回舱在返回地球时回收失败。

23.3　深空探测关键技术

23.3.1　新型轨道设计技术

近年来，根据深空探测任务的进展要求，在任务中采用了一些新的飞行轨道设计技术。

（1）借力飞行轨道设计技术

借力飞行技术是指借助大天体如行星的引力调整或改变探测器飞行轨道的轨道设计技术。很多探测器都采用了借力飞行技术，从而节省了大量推进剂。例如，日本于 2003 年发射的隼鸟号小行星探测器就采用了这种借力飞行技术。再如，美国于 2004 年发射的信使号水星探测器在 6 年多的飞行过程中，要 1 次飞越地球、2 次飞越金星、3 次飞越水星，最后将于 2011 年进入环绕水星的轨道；其在 2005 年 8 月返回地球时，曾借助地球引力加速；而在 2006 年 10 月和 2007 年 10 月飞越金星时，则借助金星引力调整其飞行轨道向水星靠近。

（2）气动减速轨道设计技术

气动减速技术是指利用行星大气特性实现气动减速的轨道设计

技术。近年来，美国在火星探测中利用了气动减速技术，先通过主推进系统制动实现火星轨道捕获进入环绕火星的大椭圆轨道，再通过火星大气减速降低轨道高度，最终进入近圆工作轨道。此外，火星着陆器的软着陆过程也利用了这种气动减速技术来降低轨道高度。

(3) 小推力过渡轨道设计技术

小推力过渡轨道设计技术是新型轨道设计技术与新型推进技术相结合的产物，其可以利用新型推进器的推力实现轨道加速。由于探测器接近探测目标、环绕目标飞行或软着陆都要提供很大的速度增量，若采用传统化学推进剂就必须携带大量推进剂，从而导致增加探测器的质量、相对减少有效载荷的质量。而新型轨道设计方法与这些先进推进技术（如电推进、核推进、太阳帆和微波推进等）相结合，将会大大促进深空探测任务的进展。

23.3.2 新型结构与机构技术

(1) 着陆器结构技术

着陆器结构按照组成构件类型可分为桁架框架式结构、板式结构和筒壳式结构。其中桁架框架式结构的材料利用率和整体结构强度高，又可实现发射状态折叠，因此这是首选方案，已发射成功的大型探测任务着陆器均采用桁架框架式结构。欧洲月球 2000 着陆器的主体框架由上下支撑板、中间的圆柱形月球车舱和 4 个着陆腿组成。中间圆柱形月球车舱为铝合金蜂窝或波纹板夹层结构，其通过铝合金蜂窝夹层上的支撑板与一个电子设备的锥形段相连接，上支撑板上的为与轨道器连接的铝环，下支撑板上的为与阿里安 4 火箭连接的铝环。整个结构由 4 条缓冲腿支撑，每条着陆缓冲腿由三支杆状结构组成，通过缓冲腿内部的多级可压缩蜂窝结构实现着陆冲击的衰减。该着陆器能将加速度峰值衰减到 $7.5\ g$，可在坡度不超过 $15°$ 的月球表面着陆。图 23-1 为阿波罗登月舱示意图。

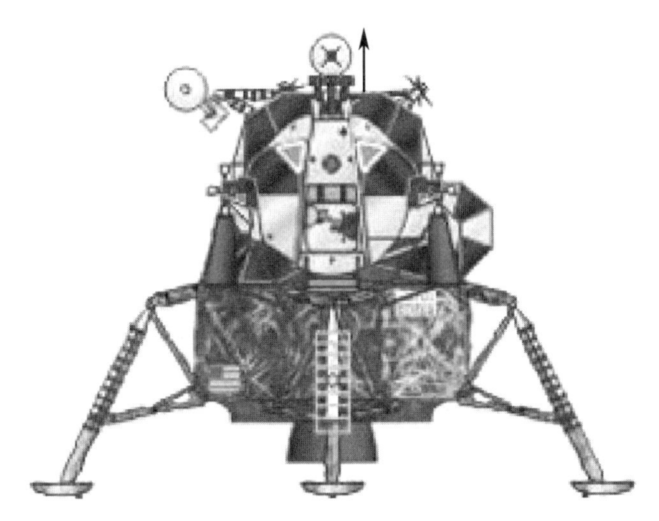

图 23－1　阿波罗登月舱

（2）表面巡视探测器结构与机构技术

行星（及其卫星）表面巡视探测器又称为漫游车，月面巡视探测器又称为月球车。其携带科学仪器在行星表面移动，完成探测、采样、运输等任务。在着陆前其是着陆器的有效载荷，着陆后则是独立完整的移动探测器。其结构与机构技术涉及构型设计、总体布局和一体化集成设计技术。由于科学仪器种类多、操作复杂，其展开与伸展机构需要重复展开与收拢，因此对轮子的驱动与转向、机械臂的关节等要进行模块化设计。

2004 年着陆火星的美国机遇号和勇气号火星表面巡视探测器质量为 185 kg，外形尺寸为 150 cm×230 cm×260 cm，车轮直径为 25 cm，宽度为 20 cm。其装有带 6 轮的摇臂悬挂系统，能跨越尺寸为 25 cm 的岩石，可在沙地和不规则岩石上爬坡，最大允许倾角为 30°，可以在 45°斜面上保持不倾覆。前后两轮带有转向装置，可以使车体原地转向 260°，也能使车体突然转向和作曲线运动，最大移动速度可达 0.5 cm/s。

23.3.3 热控技术

深空探测器在轨运行和在行星表面运行的过程中需要经受复杂、恶劣的热环境，热控系统能保证其仪器设备能在适宜的温度范围内正常工作。例如，表面巡视探测器的热控系统需要解决在外热流环境、复杂工作模式下的温度控制问题：有些仪器工作时需要散热，关机时又需要保温；而且探测器外露部件较多，需要采用合理的放热方法保证其处于可以工作的条件下，一般采用使用温度范围更宽的材料和器件的方法。热控系统一般由散热涂层与隔热结构、加热器与热源以及控制加热器的控制器等构成。热控技术分为被动热控和主动热控。被动热控包括表面处理技术、隔热技术、热管技术等，主动热控包括无源主动热控（如百叶窗与旋转盘和导热通道热开关）、有源主动热控（如加热和冷却回路或液体循环换热装置）等。探测器通常采用多种热控技术的结合。

（1）加热器技术

加热器主要包括电阻加热器和核能源加热器与发电器。由于对远离太阳的行星进行探测时阳光强度太低，探测器不能有效利用太阳能电池，因而采用基于核能源的温差发电机和加热器，主要包括发射性同位素热电发生器（温差热源，RTG）和放射性同位素热源单元装置（RHU）。在深空探测中广泛采用同位素热电发生器的废热进行加热。近年来在一些深空探测器上还使用微型 RHU 加热，一般采用 Pu-238 作热源，热功率只有几瓦，质量为几十克，被称为轻型 RHU。

（2）流体回路技术

流体回路技术传热效率和可靠性高、设计灵活，在深空探测任务中获得了广泛应用。近年来闭环控制流体回路换热装置得到广泛应用，其通过强制流体在管路内循环流动来传输热量，具体可分为单相流体回路和两相流体回路。20 世纪 90 年代发展了毛细泵驱动的两相流体回路（CPL）和环路热管（LHP），并在深空探测领域获得了重视与应用。美国的火星探测漫游车（MER）采用了成熟的流体回路技术，其中勇气号和机遇号表面巡视探测器的蓄电池组和电子模块的热控分别采用了 6 个和 2 个同位素加热器（RHU）。而 2009 火星科学实验室（MSL）是大型表面巡视探测器，其利用多用途同位素热电发生器产生的 2 000 W 废气对内部设备进行补偿加热，利用蓄电池对外部设备进行热控。该表巡视探测器包括两个单相流体回路，一个用于巡航阶段整个探测器的热控，其传热能力为 2 150 W，另一个用于表面巡视探测器工作阶段的热控。计划于 2010 年左右执行任务的欧洲火星漫步车 Exo - Mars 表面巡视探测器则在箱体内部采用 RHU 加热器加热，多余热量通过热开关和 LHP 传递到外部的辐射器进行排散，箱体外部设备采用电阻加热器加热。

23.3.4　自主导航与控制技术

（1）探测器智能自主导航控制技术

NASA 的新盛世计划把智能自主技术放在首位，目的是使深空探测器能自主完成导航控制、数据处理、故障判断和部分重构与维修工作。作为该计划的先导，美国的深空 1 号探测器通过远程代理、自主导航、信标操作、自主软件测试和自动编码等技术途径充分实现了智能自主控制，这是 21 世纪以来单个航天器智能自主技术应用的最高水平。欧洲空间局、俄罗斯、日本和印度在自主技术方面也都展开了研发工作。

（2）表面巡视探测器自主导航控制技术

表面巡视探测器的导航与控制技术主要包括自主导航定位、路径选择和控制技术。

1）在月面和行星表面的复杂自然环境下定位难度很大，国外主要采用基于轨道图像、软着陆降落段图像和车载视觉系统图像的匹配定位，以及基于里程计的航位推算法、路标特征匹配法等实现的局部定位。要在长距离导航中获得鲁棒性较好、精度较高的位置信息，应采用组合定位方法，并结合测角和测距技术。

2）路径规划的效率直接影响控制的复杂程度和探测效率，月面巡视探测器采用基于多种敏感器信息融合的路径规划，以实现自主运动和完成科学仪器操作。

3）目前表面巡视探测器难以实现完全的自主控制，基于人机交互的局部自主＋遥操作是实现探测器控制、科学仪器操作和提高探测效率的关键技术。

此外，月面巡视探测器的驱动转向控制技术是实现能量优化控制的又一关键技术。由于月面巡视探测器在松软的月表上运动，存在严重的滑移和滑转问题，因此，为适应地形每个轮子的负载不同，故需要最佳地协调轮子的驱动和转向，以优化驱动效率。

23.3.5 新型推进技术

空间探测新型推进技术主要包括电推进、太阳热推进、太阳帆推进、核推进技术以及新兴气动捕获和先进化学推进技术。2002 年 NASA 制定了空间推进技术（ISVF）计划，开发用于机器人深空探测的下一代空间推进技术，包括气动捕获、太阳电推进、太阳帆推进和先进化学推进。

（1）气动捕获技术

气动捕获技术利用航天器与大气之间的动量交换来获得减速推力实现轨道捕获。这一技术非常具有吸引力，因为其允许航天器以较高的速度从地球发射，从而可以缩短总旅行时间，而在目的地（目标星）则通过大气产生的气动阻力降低速度。如果没有气动捕获，就需要航天器上载有大型推进系统来执行同样的减速任务，这将使得可运载的科学有效载荷减少、运载火箭尺寸增大。图 23－2 表示在太阳系探测目的地采用气动捕获而可能引起的任务级质量减小情况。

美国认为在两年内能够达到采用非推进方式使航天器减速的要求。另一种可选方案是让航天器展开一个降落伞气球（一种由薄的耐久性材料制成的、降落伞与气球相结合的产品）。目前正在为气动捕获研发 4 种不同的方案：

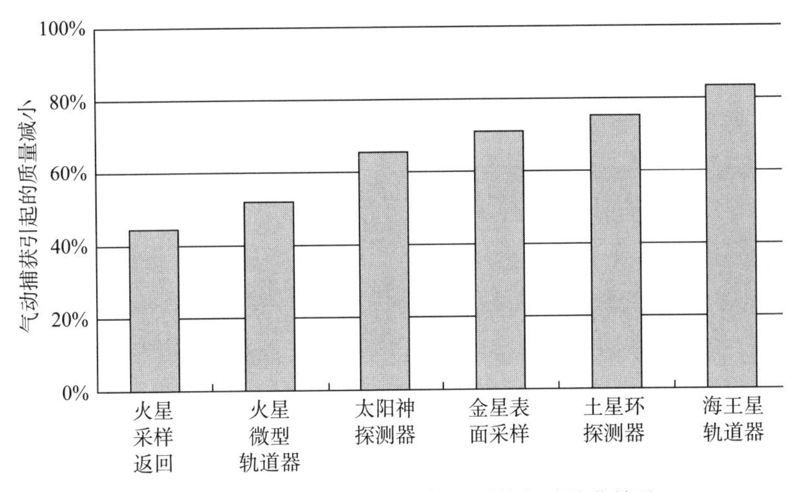

图 23-2　各种探测目的地情况下的气动捕获效益

1）钝头体刚性气动壳体（软着陆降落伞）；

2）细长体刚性气动壳体（软着陆降落伞）；

3）拖尾形降落伞气球；

4）附加降落伞气球。

目前已经研制出一些先进的轻质刚性壳体结构，如洛克希德·马丁公司制造的直径为 2 m 的碳/碳气动壳体，未来计划还包括制造直径为 1 m 的先进烧蚀气动壳体。现可膨胀气动壳体技术的研发已开始进行。

（2）电推进技术

电推进技术是利用电能加速工质形成高速射流而产生推力的技术，是迄今发展最快最为成熟的非化学火箭推进技术。电推进的能源和工质是分开的：电能通过太阳能或核能经转换装置获得，因而电推进技术可以分为太阳电推进技术和核电推进技术两大类；工质常用氢、氮、氩或碱金属的蒸气。电推进器的比冲高，可达 250 kN·s/kg；寿命长，累计工作时间可达上万小时，重复启动次数可达上万次；而且电推进器的推力一般小于 100 N，因而适用于深空探测。近10年来，世界主要航天国家或地区都在深空探测领域积极开发与利用电推进技术。美国正在研制下一代太阳电推进系统以及为未来太阳系和行星际探测的核能电推进提供10～30 kW级、比冲大于98 kN·s/kg的离子发动机。2003年日本发射的隼鸟号小行星探测器采用了微波离子推进器，欧洲空间局发射的SMART-1月球探测器于2006年验证了稳态等离子体推进器（即霍尔推进器）的可用性。日本正在考虑的金星探测器和欧洲空间局计划中的贝皮·科伦布水星探测器、SOLO太阳轨道器、火星及其卫星取样返回轨道器等，都将以太阳能电推进作为其主推进。

（3）太阳帆推进技术

太阳帆是通过反射太阳光子实现推进的大型轻质结构。近期的大多数应用是在地球邻近地区（例如地球—太阳L1平衡点）的以太阳为中心的任务，这也是目前NASA投资的重点。第一代太阳帆的尺寸范围为100～200 m，其被压缩装载以便发射，在展开时由超轻桁架支撑。太阳帆由平滑材料制成，外面涂敷反射涂层，由连接到中心毂上的超轻结构支撑。近期的太阳帆可能将采用镀铝聚酯薄膜（Mylar）。NASA新盛世计划的研制工作集中在三轴稳定的方形太阳帆上，两种不同的20 m的太阳帆分别由ATK航天公司和拉加德公司设计与研制。这些帆十分坚固，可以在大气、重力环境下展开，并可按比例加大制成大得多的太阳帆，每侧可长达150 m。拉加德公司研制了采用可膨胀桁架杆的太阳帆，这种桁架杆在室温下是柔性的，而在低温下却是刚性的，该方案采用位于方形帆4角的铰枢接叶片来控制太阳帆的高度和推进方向。2005年，两种不同的20 m太阳帆系统在格伦研究中心的空间能源设施（SPF）中成功地完成展开与功能真空试验。目前，拉加德公司和喷气推进实验室正在研发100 m基本型太阳帆方案，其采用聚酯薄膜以及低于玻璃转变温度的可膨胀/可刚性化半硬壳梁和延展系统，并由此组成可膨胀展开的太阳帆支撑梁，太阳帆在支撑梁端部装有翼片，为太阳帆提供三轴控制。

（4）核热推进技术

月球任务对推进要求十分苛刻，短的转变时间和高速度增量（ΔV）由核推进的高比冲（I_{sp}）来提供效果最好。为了降低飞离地球期间的重力损失所需的高推力可以由液氧（LOX）增加推力的核热火箭（LANTR）来提供。原位资源利用（ISRU）能够大大降低运送有效载荷至近地轨道（LEO）的重现成本，可允许实现一个可重复使用月球转移飞行器（LTV）体系，该飞行器体系比化学动力飞行器成本低75％。LANTR是一种通过喉部下游的气氧（GOX）喷注能使来自热核火箭的推力增为原设计两倍甚至四倍的方案，其已经证明了采用核动力（特别是LOX增加推力改型）对月球任务的巨大价值，并为火星任务提供了飞行经验。

（5）先进化学推进技术

ISPT计划正在两个关键领域开展进一步提高现有化学推进系统性能的工作。在轻质部件领域，其目标是减小推进剂与增压储箱的质量，并且促进防护热与微流星体的可能替代品从而降低对多层隔热（MLI）的依赖；在先进推进剂领域，正在开展可贮存双元推进剂系统研究和确定其在深空探测任务中的全部应用的工作。化学推进剂的温度一直受到传统推进器化学材料铌的限制，在革新设计中引入高温抗氧化燃烧室材料，如铱/铼（Ir/Re），其允许达到较高的燃烧室温度，从而提高发动机的性能。未来计划包括研制压力更高的燃烧室与空间可贮存的推进剂，这均将增大推进剂比冲；其他发展包括开发添加铝的高比冲凝胶推进剂。

23.3.6　新型能源技术

用于空间探测的能源技术包括太阳能能源、核能源、新型能源和能量储存技术等。就应用而言，太阳能应用较广，然而在一些距离太阳较远的深空探测任务中只能依靠核能源，因此新型能源的应用潜力更大。近年来美国在深空探测中研究利用了大量太阳能能源和核能源，其技术处于先进水平；欧洲在依靠光电能源系统推动空间任务方面也已具有优势。罗塞塔木星探测器是最远的、只靠太阳能源的航天器。猎兔犬是第一个仅靠太阳能源的火星着陆器。但是，某些类型的任务仅能通过采用核能系统来启动，ESA 与 NASA 合作的两项任务，尤利西斯和卡西尼-惠更斯中采用了放射性同位素加热器装置。

（1）太阳能能源技术

2005 年美国 Auburn 空间研究所提出了一种新的轻质太阳能系统方案。其采用最新的 25 kW 转换器、可膨胀菲涅耳透镜太阳聚光器、先进斯特林转换器技术和液膜辐射器，将形成一套新型的月球电力系统。该系统比功率可达 100 W/kg，也能在夜间使用。

（2）核能源技术

放射性同位素电源系统（RPS）具有如下优点：寿命长；可适应各种工作条件，不受辐射影响；结构紧凑，姿态控制简单；可靠性高；动力可调；不产生噪声、振动和扭矩，因而非常适合在外层空间和行星表面的极端环境中执行任务。例如，月面巡视探测器的能源受到太阳电池阵面积的限制，采用同位素温差电池是解决度过月夜所需能源的优选技术途径；又如 2007 年 9 月 NASA 在探测体系中提出了利用核能替代太阳能用作火星表面能源。RPS 一般可按所提供电功率大小分为较大型 RPS（功率大于 40 W）和小型 RPS（功率由几十 W 到 40 W）。

大型 RPS 已得到了大量应用，通常的使用形式是采用放射性同位素热电源（RTG）。实际应用的 RTG 几乎都是静态热电型电源，而近年动态热电型同位素电源也已进入工程设计与论证阶段，研究最多的是斯特林和布雷顿两种循环电源系统。未来将开发具有更高热电转换效率的热-光电转换器和碱金属热电转换器等，前者采用镓-锑（GaSb）红外光电电池直接将同位素辐射热转换成电能，后者则借助液体金属离子将红外辐射转换成电能，从而使转换效率比现在提高 2～3 倍。目前美国拥有的较大型 RPS 的功率都高于 285 W，并正在研制新一代功率高于 110 W 的标准 RPS，即多用途 RTG 和斯特林放射性同位素电源，预计将于 2009—2010 年应用。现在美国 RTG 的热电转换效率已由早期的 4%提高到 8%，电功率由开始时的 2.7 W 提高到近千瓦级，比功率也由 1.48 W/kg 增大到 5 W/kg。

小型 RPS 成为开发热点，其比大型 RPS 能更好地应用于一些空间科学与探测任务中，如小型自动着陆器、飞行器和附属卫星等。目前世界各国开展了毫瓦级、十几瓦级 RPS 的概念研究。对于毫瓦级 RPS 而言，美国的 RPS 输出功率为 20 W 和 40 W，转换效率为 2%～4%，质量为 0.12～1.26 kg；俄罗斯的 RPS 输出功率为25 W，转换效率为 2.5% ，质量为 0.27kg。对于十几瓦级的 RPS 而言，目前设计最大输出功率为 12.5 W，转换效率为 5%，最大质量为 5 kg；而近期和未来的最大输出功率为 18 W，转换效率为 7%，最大质量分别为 5 kg 和 3 kg。

小型 RPS 的关键技术主要是：

1）通用放射性同位素热源（GPHS）技术，如美国喷气推进实验室为下一个十年火星着陆任务，根据 25～50 W 目标设计了以单个 GPHS 模块为基础的 RPS；

2）能量转换（热电能量转换与斯特林动能转换）技术，如美国正在设计的一种新型能量转换系统，其输出功率约为 10 W，转换效率达 18.5%，计划于 2010 年投入使用。

今后小型 RPS 的应用将日益广泛，尤其是用于着陆器和表面巡视探测器。例如，探测月球地下冰冻层的月面巡视探测器既不能采用太阳能动力，又由于周期限制不能单独使用电池，因此 RPS 是目前唯一的选择。计划在月面巡视探测器上采用 4 台带有散热片的独立的 GPHS，其转换效率为 5% ，总功率为 50 W；还拟用于土卫二着陆器(转换功率为 5%)、火星表面巡视探测器（功率为23.4 W）上等。

（3）能量储存技术

能量储存技术主要包括各种蓄电池和燃料电池技术。NASA 探测技术开发计划（ETDP）的 21 项技术开发工作之一就是能量储存项目。该项目旨在提升锂离子蓄电池和质子交换膜燃料电池（PEMFC）技术，以满足包括猎户座CEV、CLV、月球先驱机器人计划（LPRP）、月面到达舱（LSAM）和月面巡视探测器与居住舱等NASA探测任务的特殊要求。PEMFC技术具有许多超过现有碱性燃料电池（AFC）的优点，NASA目前工作集中在具有纯氧的燃料电池系统操作和在多种重力环境中的水管理方面。

23.3.7　测控通信技术

深空跟踪测量与通信技术是探测活动成败的关键，其包括：在整个飞行过程中进行高精度跟踪测量，以准确确定轨道并进行轨道机动控制和状态监视；在达到目标后进行制动和入轨等操作；在探测过程中通过深空通信系统将操作指令发送给科学仪器，以控制其进行科学探测，并将所获取的科学探测数据传回地球。

（1）深空测控网站技术

深空测控系统主要是指深空探测网站，目前美国、欧洲、俄罗斯和日本等国或地区的航天机构都已经建立了深空测控系统或深空测控网（DSN），法国、意大利和印度也在计划建立自己的深空站。例如，美国的DSN是对执行月球、行星和行星际探测任务的航天器进行跟踪、导航与通信而建立的地基全球分布测控网，其可以提供双向通信链路，用于对航天器进行指挥控制、跟踪测量、遥测、图像与科学数据的接收等。该DSN由分布在全球的三个深空通信测量综合设施（DSCC）组成。

（2）光通信技术

光学通信可以将深空探测数据的传输速率提高几个数量级。在光学通信中，信息通过激光和望远镜传输，性能更高且航天器上的通信设备更轻巧。光通信技术包括：

1）望远镜传输技术：在采用望远镜传输的任务中，光学空间链路的地球端有地基和天基两种实现方案，目前倾向于地基方案。地基方案采用几个10 m望远镜接收深空信号，成本较低。

2）激光通信技术：NASA于2003年中期开始执行火星激光通信验证（MLCD）项目。该项目由NASA/GSFC管理，飞行终端将在火星通信轨道器（MTO）上进行飞行试验，原计划于2009年10月发射。该项目完成了从围绕火星轨道运行的航天器上以1～30 Mb/s的数据速率发送数据的初步系统设计，但由于NASA内部计划变更而中止。

23.3.8　综合电子系统技术

综合电子系统将深空探测器的遥测、遥控、自主控制和管理等功能综合在一个以微处理机为主的系统中，达到信息共享的目的。其关键技术包括嵌入式计算机系统技术、数据总线技术、大容量存储技术和微型元器件技术，其发展方向是小型化和集成化。

（1）高性能、小型化嵌入式电子系统技术

深空探测综合电子系统多为嵌入式计算机系统，其关键部件包括嵌入式微处理器（MCPU）和嵌入式系统软件，主要集成了高速处理器、高速数字信号处理器（DSP）、复杂可编程逻辑器件(FPGA/CPLD)、专用集成电路（ASIC）、芯片基系统（SOC）等新型器件以及高效、高可靠性系统软件，如实时多任务操作系统(RTOS)。嵌入式电子系统的发展方向是高性能和小型化。

（2）大容量存储技术

大容量存储器技术主要包括磁带存储技术、磁光存储技术和固态存储技术。其中固态存储技术芯片容量越来越大，使得存储器容量增大、设备功耗与体积减小、工作速度提高，并可随机存储，远优于磁带存储。以计算机为基础的存储器，其数据存储能力大于150 GB，特别适用于长寿命、高可靠的深空探测器应用，未来将取代磁带存储器。

23.3.9　有效载荷技术

深空探测器的有效载荷主要是指各种探测仪器设备，其根据探测目标（星）、科学任务、探测方式、探测飞行方式而各不相同。

（1）深空探测仪器的类型和发展趋势

基本深空探测仪器包括：

1）成像探测仪器：主要分为光学成像仪器（包括CCD立体相机、高分辨率电视摄像机、成像光谱仪等）、表面地形测绘和结构分析仪器（包括激光高度计等）；

2）土壤与矿物分析仪器：主要分为化学元素分析仪（包括X射线光谱仪、中子谱仪等）、矿物分布分析仪[包括紫外-可见光-红外成像光谱仪（VIRTIS）等]；

3）环境探测仪器：主要分为表面（与空间）环境测量分析仪[包括磁力计、等离子体成像仪、带电粒子光谱仪、等离子体分析仪、高能粒子与等离子体谱仪（EPPS）]、大气探测仪器[用于具有大气层的金星、水星探测，包括无线电科学实验仪（RS）]、重力场试验仪器（包括多普勒重力场试验仪器等）。

今后深空探测仪器的主要发展趋势是：高性能（如高分辨率）、小型轻质化、高集成度、高可靠、长寿命。

（2）探测器在深空探测中的应用实例

①NASA火星科学实验室的阿尔法粒子X射线谱仪（APXS）

APXS仪器继承了火星探路者（MP）和火星探测漫游车（MER）二者的传统，用于确定土壤和岩石中的元素含量，这对于了解火星形成的地质过程至关重要。

②新型火星探测显微摄像仪

该探测显微摄像仪可以表征水成岩，获得细小岩石特征以及碳酸盐一类物质的微小纹理的信息，还可以确定火星风化层中的微粒的形状和尺寸。

23.3.10 外星工作站技术

（1）选址布局技术

临时性和永久性外星工作站和基地的建设，其首要任务显然是选址与布局。

①选址

其基本原则是：

1）便于着陆，适合在一定范围内平坦区域的活动；

2）适合建设和人员长期居住；

3）便于与地球进行通信和运输；

4）具有科学研究价值；

5）附近具有丰富资源。

一般先通过多次无人探测选择载人着陆地点，并在此基础上选择建立工作站和基地的地点。美国月球前哨站的选址地点位于沙克尔顿月坑边缘上，其在以前阿波罗飞船着陆的椭圆区域之内。

②布局与建设

工作站或基地应该包括居住地、制造厂（制造氧、水或推进剂以及相关部件）、研究实验室、仓库和其他保障设施，并应对以上内容进行合理布局与建设。

（2）外星表面运输与探测技术

外星工作站和基地的表面运输与探测至关重要，其涉及人员、货物和推进剂的运输以及在一定范围内的探测活动，相关设施主要包括运输工具或车辆、可移动居住系统和表面巡视探测器，以及必要的环境控制与生命保障、后勤供应支持设备等。美国月球前哨站的设想涉及到居住组件、可移动着陆器和增压月面巡视探测器以及其混合配置。

①居住组件

主要包括具有乘员/货物着陆器的多居住组件、可移动着陆器及其居住系统等。

②增压月面巡视探测器

扩大探测范围甚至到达全月球的需要使得探测器表面可移动性成为月球前哨的关键决定因素。月面移动的新方式是采用增压月面巡视探测器。

③混合配置方式组件和统一月面系统

混合配置方式组件是灵活的月球表面体系，其尺寸小于单个居室，但大于微型居室方案的离散组件。其具有坚固耐久的货运着陆器，仅有 2 或 3 个组件的前哨站建设，由分散的月面移动系统提供便利的组装，其骨架尺寸减至最小。

着陆器包装、居室模块和表面运送器必须作为一个统一的月面系统。居住组件为模块化设计，自带太阳电源、通信系统和闭合环境生命保障系统等；仅利用着陆器，货物就能交付使用；表面运送器利用腿/轮进行组件的卸载、运输和放置。

（3）原位资源开发与利用技术

①原位资源利用技术

原位资源利用（ISRU）是采集、处理、储存与利用在载人与机器人探测期间所遇到的本地资源或原材料，从而降低任务成本与风险。2006 年 NASA 首次制定了一项 ISRU 技术开发计划，将这种方式用于月球和火星的长期探测。该计划包括在 2020 年初期开始的扩大载人任务期间，发展对月球风化层（包括埋藏的挥发性物质）进行挖掘与采集的能力和生产氧来供应推进与生命保障耗材的计划。原位资源利用技术主要包括下列 3 项。

1）用于推进剂和生命保障后援中氧的生产。包括月球土壤的搬运、拣选和粉碎，氧的化学、电化学或热萃取，萃取氧的分离、处理和储存，反应物的再循环，以及所还原的月球土壤的处置。根据月面到达舱的推进剂要求，支持每年两次任务的上升阶段将需要 8～10 t 的氧。

2）挥发物的萃取和探矿。氢在月球两极（约 1 000 ppm）远远多于赤道地区（约100 ppm），如果可在月球上采集则可以节省非常宝贵的资源。原位资源利用计划正在研究月面巡视传感器/取样器方案，将来自含有水或分子氢的加热样品中的气体挥发物进行进一步处理，以分离与采集氢和氧。

3）月球风化层挖掘技术。原位资源利用计划正在确定挖掘月球表面风化层（向下约 10～15 cm）的能力，因为每年要采集与处理多达 1 000 t 的风化层物质。

②原位制造与修理（ISFR）技术

ISFR 是一项用于空间探测的新兴关键技术，其将提高现有的技术水平来支持居住建筑结构的建造、工具和机械零件制造以及空间部件的修理与置换。目前，美国马歇尔航天飞行中心（MSFC）正在开发在月球与火星表面工作期间具有原位制造能力的技术，这些技术将利用所供应的材料和本地提取的材料。ISFR 技术包括制造技术、修理与无损评价（NDE）技术和居住建筑结构技术。2006 年该中心决定集中研究金属部件的制造技术，最后集中评价了电子束熔化（EBM）和选择激光烧结（SLS）两种工艺技术。其中，SLS 制造出的产品明显具有更好的表面光洁度；而 EBM 工艺在真空中进行，非常适合月球表面的环境以及探测任务的非增压空间飞行环境，因此研究结论是：EBM 工艺最适用于未来空间环境要求，EBM 金属制造系统将支持 NASA 的现有计划（如 CEV、CLV 和 ECLSS）。

23.3.11　运输与运载系统技术

运输与运载系统技术主要包括新型运载火箭（或可重复使用运载器）推进系统技术、发射及发射场技术、返回着陆及着陆场技术和空间运输技术。

23.3.12　载人系统技术

载人系统技术主要包括 ECLSS 技术、航天服技术和航天员安全技术。

23.4　典型深空探测任务

23.4.1　阿波罗载人登月

美国的阿波罗计划始于 1961 年 5 月，结束于 1972 年 12 月，历时 11 年 7 个月，相继发射了 7 艘登月飞船，除阿波罗 13 号外，其余 6 次均获得了成功。阿波罗计划的目的是把人送上月球，实现人对月球的实地考察，并为载人行星探险做技术准备。

阿波罗计划包括 11 次载人任务（阿波罗 7 号～17 号）和 3 次无人试验飞行任务（阿波罗 4 号～6 号），不存在阿波罗 2 号和 3 号，而阿波罗 1 号因三名航天员在发射前的一次模拟演习时全部遇难而未发射。在 11 次载人任务中，阿波罗 7 号、9 号仅在地球附近进行了飞行试验；阿波罗 8 号、10 号虽然到达了月球且已实现绕月飞行，但并未登月；阿波罗 13 号因故障未完成预定的登月任务。因此，真正意义上实现的载人登月一共只有 6 次，分别由阿波罗 11 号、12 号、14 号、15 号、16 号和 17 号完成。

阿波罗飞船由指令舱（command module，CM）、服务舱（service module，SM）和登月舱（lunar module，LM）3 部分组成。指令舱是航天员在飞行中生活和工作的座舱，也是全飞船的控制中心；服务舱的前端与指令舱对接，后端有推进系统主发动机喷管；登月舱由下降级和上升级组成。

（1）登月飞行方案

在正式开始实施阿波罗计划之前，首要需解决的问题是得给出一个可行的登月飞行方案。曾有 5 个方案被考虑：直接起飞（direct ascent，DA）方案、地球轨道交会（earth orbit rendezvous，EOR）方案、月球表面会合（lunar surface rendezvous，LSR）方案、加油飞机方案以及月球轨道交会（lunar orbit rendezvous，LOR）方案。NASA 在经过慎重计算和考虑后，最终决定采用 LOR 方案。

LOR 方案计划只用一枚土星 5 火箭将包含 CM、SM 和 LM 这三部分的登月飞船送往月球；到达地球停泊轨道后，末级火箭再次点火将载有 3 名航天员的飞船送入地月转移轨道；进入月球轨道之后，LM 与指令/服务舱（CSM）分离，并降落在月球表面；CSM 留在月球轨道，3 名航天员中的 1 名留在 CSM 中；登月完成之后，LM 重新起飞，与 CSM 在月球轨道交会对接，并返回地球。这是

LOR 方案的基本思想，其有以下几项优点：

1）只需一枚土星 5 火箭，不需要庞大的新型火箭（Nova Rocket）；

2）相比于 DA 和 EOR 方案，LOR 采用较少的新的飞行技术；

3）只需要一艘质量较小的登月舱着陆在月球上，这或许是 LOR 的最大优点；

4）由于登月舱用后即被丢弃，登月舱的设计既可用来在月球附近做机动飞行，也可用来在月面软着陆，飞船的三个舱可以相互独立地设计。

虽然苏联没有把航天员送到月球上，但苏联也有过自己的载人登月计划，其登月方案与阿波罗计划的登月方案有许多相同之处。

（2）登月飞行程序

阿波罗登月飞船具体的飞行程序如下（如图 23-3 所示）。

1）地面火箭起飞；

2）第三级火箭熄火时将飞船送入高度为 185 km、倾角约 32°的圆形地球停泊轨道；

3）在地球停泊轨道巡航 1.5 圈之后（阿波罗 17 号巡航了 2 圈），第三级火箭再次点火加速将飞船送入地月转移轨道；

4）飞船与火箭分离，CSM 掉头与 LM 对接，再从第三级火箭中拖出 LM 并重新转变方向，把 LM 顶在 CM 头上，最后以 SM—CM—LM 的舱段次序飞向月球；

5）飞船沿转移轨道飞行，经中途轨道修正后接近月球；

6）到达月球背面的近月点时 SM 主发动机点火减速，使飞船进入初始大椭圆环月轨道；

7）进一步将轨道变为高度约为 110 km 的圆形环月轨道；

8）两名航天员进入 LM，LM 和母船 CSM 分离，随后启动 LM 上的发动机将 LM 近月点高度降至约 15 km；

9）另一名航天员驾驶母船在圆形环月轨道上运行；

10）LM 制动火箭点火并降落在月面上；

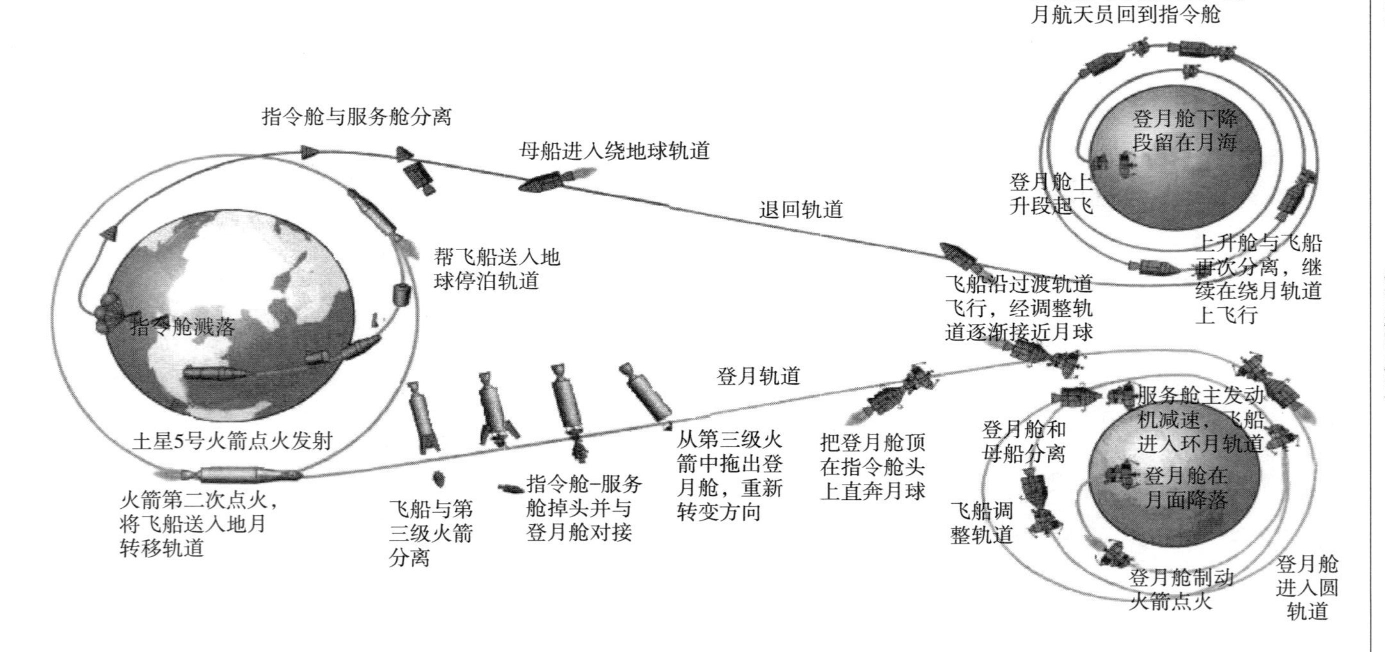

图 23－3 阿波罗登月飞船的飞行程序（地心惯性系）

11）LM 在月球着陆并完成任务后，LM 的上升级（ascent stage）起飞、下降级（descent stage）被抛弃在月面；

12）上升级和母船对接，航天员回到 CM；

13）上升级和母船分离，随即抛弃上升级；

14）启动 SM 主发动机加速，母船进入月地转移轨道；

15）在接近地球时抛掉 SM，使 CM 的圆拱形底面朝前，飞船减速；

16）进入低空时弹出降落伞，CM 返回地面（溅落在海上）。

另外值得注意的是，阿波罗 14～17 号的第 7 步到第 9 步操作与上述步骤略有不同，其改动如下：

7）进一步将轨道变为远月点约 110 km、近月点约 15 km 的下降轨道；

8）两名航天员进入 LM，LM 和母船分离（随后航天员驾驶 LM 在月面着陆）；

9）另一名航天员驾驶母船并把母船轨道调整为 110 km 的圆轨道。

（3）飞船的运行轨道

载人奔月飞行与发射无人月球探测器决然不同，其包括一系列特殊要求，例如飞行要绝对安全、其有效载荷质量远远大于无人月球探测器等。不过，单从飞行轨道的角度来讲，两者并无实质性差别，但考虑到不能让人在飞船中呆的时间太长，对飞船的整个任务执行时间要有所控制，特别是过渡轨道的飞行时间不能太长。事实上，阿波罗飞船的地月过渡时间仅约为 3 天，月地过渡时间则更短一些。除上述几点外，对阿波罗飞船发射的飞行轨道设计至少还应考虑以下几个条件的约束。

1）消耗能量的限制。不同的飞行轨道所消耗的能量不同，其对火箭的运载能力和飞船自身携带的燃料要求也不同。理论上来说，消耗能量应当是越少越好，不过实际任务中还得考虑其他约束条件。

2）月面着陆点位置的限制。在月面着陆之前飞船的绕月轨道应当能够飞经着陆点的上空，这显然也对飞行轨道有相应要求。

3）光照条件和月面上的温度条件。根据这个要求，在月面的着陆时间应该在月球的上午，这样才有相对较低的太阳高度角以及温和的热环境。

4）充分保证航天员的安全。

关于上述约束中的第4点，根据任务要求，如果飞船在地月飞行途中因为故障变轨能力下降，比如服务舱推进系统（SPS）损坏，导致任务无法完成时，仍需保证航天员能够返回地球。为了满足这一条件，类似于苏联的探测器5～8号，阿波罗8号、10号、11号也采用了无动力返回轨道作为飞往月球的飞行轨道设计条件。这种轨道所需要的载荷和能量在土星5火箭的运载能力之内，并可保证在3天内到达月球且总任务时间不超过14天（这在阿波罗飞船设计的飞行时限以内）。在地月会合坐标系中，无动力返回轨道的完整形状是一个∞字形，如图23-4所示。飞船在月球作用球的前面掠过，之后再绕到月球背面。如果飞行中一切正常，则SPS可以在月球背面上空的近月点处点火制动，然后再完成登月任务；反之，如果出现上述故障需要返回地球，则飞船将在月球引力的作用下无动力返回地球。从图23-4中的轨道形状可以看出，无动力返回轨道要求飞船的绕月轨道相对于月球自转方向是逆行的，不过考虑到月面赤道处自转速度仅为4 m/s，因此顺行还是逆行对于在月面上的着陆和起飞影响不大。另外，无动力返回轨道还有一个优点：从月球作用球前面掠过可以降低飞船的一部分速度，而如果从后面掠过则将增加飞船的速度，后者显然对于飞船的制动减速更不利。

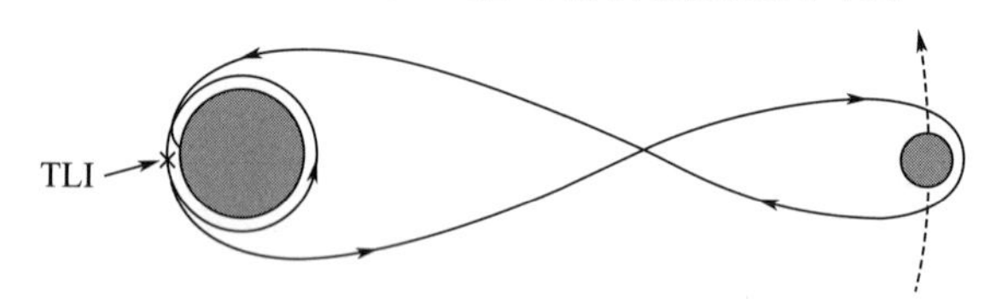

图23-4 阿波罗登月飞船的无动力返回轨道（会合坐标系）

尽管无动力返回轨道有以上优点，但其要求飞行轨道在白道面上，从而使着陆点位置必须在赤道限制附近的区域，这对于某些科学目标的完成是不利的。

在阿波罗早期飞向月球的任务中，包括阿波罗 8 号、10 号、11 号，由于缺乏经验，因此为了保证安全性，轨道设计时几乎完全考虑了无动力返回轨道的条件。此时如果中途出现故障，只需服务舱的反作用控制系统（reaction control system，RCS）进行少量的轨道修正即可驾驶飞船安全返回并溅落在预定位置。

根据多次飞行成功积累的经验，从阿波罗 12 号飞船开始采用了一种混合（Hybrid）轨道作为转移轨道。飞船一开始是按照无动力返回轨道发射并进入转移轨道的，当确认船上仪器工作正常时（特别是 SPS 发动机），飞船将变轨偏离无动力返回轨道，使飞船能够降落在月面指定着陆点。这种轨道能够克服纯无动力返回轨道的主要缺点——对着陆位置的限制，又能够保留无动力返回轨道的优点——安全性高。在偏离无动力返回轨道后的飞行中，即使出现问题而不得不返回地球时，航天员仍能够用服务舱的 SPS 发动机或登月舱的主发动机变轨回到无动力返回轨道，然后返回地球（阿波罗 13 号就是在任务取消后通过登月舱的主发动机安全返回地球的）。

23.4.2　星座计划

2004 年 1 月 14 日，乔治·沃克·布什总统在 NASA 总部宣布其太空探索构想。其中，第 1 个目标是先让航天飞机重新升空，完成国际空间站的组装，然后在 2010 年让航天飞机退役；第 2 个目标是发展一种称为乘员探索飞行器（CEV）的新型载人航天器，以取代航天飞机，并计划在 2011 年左右进行首次无人飞行，2014 年实现首次载人飞行，但这一目标目前有所推迟。CEV 主要用于将航天员送到月球和火星上，美国国家航空航天局把相关的研制和发展的工作称为星座工程（Project Constellation）。

CEV不是一个航天器，而是一组航天器。其基本功能是将航天员送上地球轨道并安全返回，并能在不同环境下完成不同任务。因此，NASA准备在一种基本型号的基础上发展出一系列的载人航天器，其能够完成NASA对太阳系的所有探测任务，包括在地球轨道上的长期停留、飞往月球和火星、在月球和火星上着陆、甚至飞往近地小行星和太阳系其他行星。

除了载人航天器以外，星座系统还包括许多保障系统，例如从地面到轨道的运载火箭、行星际空间的运输工具、导航和通信系统、电力系统、生命保障系统、航天员出舱活动系统、各种科学探测仪器和太空机器人等。

研制和发展星座系统是一项长期的任务，NASA将采取分阶段、螺旋式的发展战略。

1）第1阶段将使CEV具有飞往地球轨道的能力。在此阶段主要是在低轨道上对CEV的各部件进行试验和测试，同时开始对月球进行有人探测的准备工作，计划要求在2014年之前实现CEV飞往地球轨道的能力。

2）第2阶段为短期月球探测阶段。在此阶段要实现航天员在月球表面短期停留4天以上，此阶段在2015—2020年间实现。

3）第3阶段为长期月球探测阶段。在此阶段要实现航天员在月球表面的长期停留，停留时间为几周至几个月，同时要对航天员飞往火星的技术进行试验研究，此阶段将在2020年之后完成。

4）第4阶段为发展火星运输系统阶段，在2020年之后实现环绕火星的飞行。

5）第5阶段为航天员火星表面探测阶段。在实现环绕火星的飞行以后即开始实施航天员在火星表面的探测任务。

完成星座系统任务的初步时间安排如下：

1）2004年进行CEV的概念研究；

2）2005年进行CEV初步设计；

3）2006年进行CEV初步设计评审；

4）2008 年发射第 1 艘 CEV 样机；

5）2011 年进行 CEV 至地球轨道的首次无人飞行；

6）2014 年进行 CEV 至地球轨道的首次载人飞行；

7）2014 年进行月球 CEV 的首次无人飞行；

8）2015 年进行月球 CEV 的首次载人飞行；

9）2015—2020 年航天员乘月球 CEV 首次进行登月。

为了降低风险、节省费用，未来在对月球和火星的探测中，NASA 在发展 CEV 的同时还将大力发展太空机器人。这种太空机器人将首先到达月球、火星或太阳系的其他行星，作为先行者或探路人，为以后人类的登陆和在上面生活提供经验和创造条件。

虽然星座计划的方案是以阿波罗计划中许多检验过的技术原则和总结的技术知识为基础的，但 NASA 工程师也利用现有技术对每个系统和部件进行了重新设计。星座系统采用了更大规模、更通用化的设计，而且利用了现有的技术发展水平，使计划更加灵活。猎户座飞船与阿波罗飞船相比，其更大、更安全、更可靠。其能够完成更多的载人和非载人任务，不仅仅是月球任务，还包括国际空间站支持任务，可能还会飞往火星。表 23－1 给出了阿波罗与星座计划主要技术方案的比较。

表 23－1　阿波罗与星座计划主要技术方案比较表

序号	项目	阿波罗	星座计划
1	承载航天员人数	共 3 名： 1 名在月球轨道舱内 2 名降落在月球表面	共 4 名： 全部降落在月球表面
2	月球停留时间	从几小时到 3 天	7 天
3	月表可达能力	低纬度地区	全月面
4	舱段组成	上面级＋服务舱＋指令舱＋月球着陆器（包括下降舱和上升舱）	上面级＋乘员探索飞行器＋月球着陆器（包括下降舱和上升舱）
5	发射方式	1 次发射	2 次发射：货物 1 次，航天员 1 次

续表

序号	项目	阿波罗	星座计划
6	近地轨道质量	127 t（包括上面级＋服务舱＋指令舱＋月球着陆器）	发射货物：130 t（包括上面级和月球着陆探测器的下降舱和上升舱）； 发射航天员：25 t（包括航天员和航天员探索飞船）
7	任务模式	月球轨道交会对接	地球和月球轨道交会对接
8	回收区	海洋	海洋（陆地作为备选）
9	航天员舱	只单独考虑了阿波罗工程的需求	综合考虑了国际空间站航天员、货物运输，月球载人探测，月球前哨航天员和物资运输，火星载人探测等方面的需求
10	发动机类型	上面级发动机为常推力发动机； 上升舱的发动机为常推力发动机（四氧化二氮/肼）； 下降舱采用1个44.5 kN变推力发动机（四氧化二氮/肼）	上面级发动机为常推力发动机； 乘员探索飞行器和上升舱的发动机为相同的常推力发动机（液氧/肼）； 下降舱采用多个变推力发动机（泵压液氧/肼发动机，4个66.7 kN发动机）
11	出舱方式	通过专门的气闸出舱	上升舱航天员舱中有一个隔壁可以隔离出一个压力空间，其可以作为一个内部气闸，航天员通过这个气闸出舱
12	电源	氢燃料电池	太阳能发电＋锂离子电池

星座计划中月面的探索活动时间安排如图23-5所示。

整个月面探索活动共持续一个星期。其中，舱外活动和舱内科学研究是交替进行的，一周中的第一、三、五天为舱外活动时间，舱外活动分舱外活动准备阶段、舱外活动阶段和舱外活动后处理三个阶段；一周中的第二、四、六天为舱内科学研究时间。前六天晚上睡觉前，航天员需要有近一个小时的时间与地面的任务控制中心和科学小组进行交流，并拟定第二天的工作流程；最后一天是航天员的休息日，这一天航天员可以放下紧张的科研任务，好好享受月球旅行带给他们的快乐。

2008年奥巴马上任之后，便取消了星座计划。

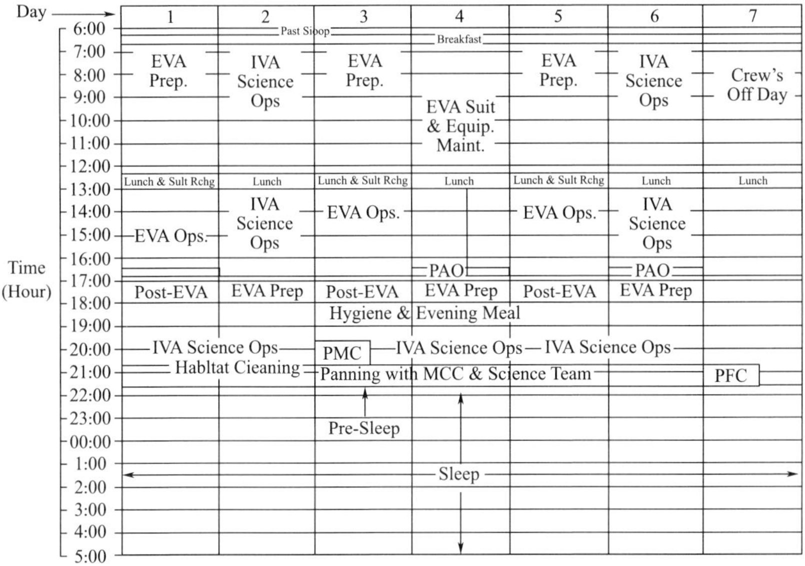

图 23－5　星座计划月面探索活动时间安排

23.4.3　月亮女神月球探测

日本在月球探测技术的研发上，投入了巨大的人力、物力和财力。早在 1990 年 1 月，日本率先打破美苏探月的专利，成功发射了飞天号月球探测器，成为第三个探测月球的国家。目前，日本正计划重返月球，重点研发月球内部构造的演化和形成，同时也为资源贫乏的自身寻找新的资源开发点。

2007 年 9 月 14 日，日本发射了月亮女神号探测器。月亮女神号探测器包括 1 颗主卫星和 2 个子卫星，由日本 H－2A 号火箭以一箭三星方式发射。主卫星重为 3 t，长为 2.1 m，高为 4.8 m，两颗子卫星质量均为 50 kg。一颗子卫星主要用于保障与地面的通信，另一颗子卫星的主要工作是测量月球的重力场。探测器共搭载 15 台观测设备，其中 X 射线仪和伽马射线仪用于追踪月球表面的逃逸物质，例如氢物质，以判定月球表面可能存在的冰水；矿物质探测仪用于勘探月球储存的各种矿产资源；照相机、雷达和激光仪将用于分析和描绘月球表面地形、月球表层结构，以及测量月球的磁场。

载人月球任务方面，2005 年 4 月 JAXA 公布了日本 2005—2025 年空间探索长期规划，提出了日本将在 2025 年前建造月球基地、进行月球和空间资源的利用活动的计划。JAXA 计划在 2005—2015 年期间进行月球、金星、水星探测，发射月球着陆器和月球车；2015—2025 年期间，发射火星着陆器和火星车，进行木星、土星探测，建造月球基地，发展太阳能发电卫星为月球基地供电；2025 年以后，部署拉格朗日点天文观测设施，构建深空港，并规划载人火星探测。

2006 年 8 月，JAXA 在东京国际会议上宣布，日本已经确立了 2030 年建立有人月球基地的目标。首先是向月球轨道发射卫星，接着不载人的航天器将在月球着陆，并采集月球岩石样品。根据该计划，大约在 2020 年向月球发送航天员，开始建造月球基地，于 2030 年完成建造，比过去曾经论证的 2025 年建立月球基地的时间目标推迟 5 年。

23.4.4 嫦娥探月工程

我国的月球探测发展战略设想可以分为三个阶段，其代号为嫦娥工程。整个工程包括环月探测、月球软着陆和自动巡视勘察、自动采样返回三个阶段，简称为“绕、落、回”。

（1）第一阶段：发射环月探测器

绕月探测工程计划在 2006 年年底进行发射，目标是将我国的第一颗月球卫星嫦娥 1 号（如图 23 - 6）送入环绕月球运行的轨道。该工程由嫦娥 1 号卫星（CE - 1）、长征 3 号甲（CZ - 3A）运载火箭、卫星发射场、测控系统、地面应用系统等五大系统组成。探测器的轨道分为发射段、调相轨道段、地月转移轨道段、月球捕获轨道段和环月轨道段五个飞行时段。

第一阶段工程的主要科学目标是：获取月球表面三维影像，分析月球表面有用元素及物质类型的含量和分布，评估月壤与氦- 3 资源，对月球表面的环境、地貌、地形、地质构造与物理场进行探测，探测地月空间环境等。

嫦娥1号实际于2007年10月24日在西昌卫星发射中心成功发射，2009年3月1日受控落于月表52.36°E、1.50°S的丰富海区域，在轨运行495天，比预期一年的工作寿命延长了4个多月，圆满地实现了预期的各项科学目标，为推动我国月球科学和天体化学的研究以及开展后续月球探测工程奠定了重要基础。

（2）第二阶段：月面软着陆与自动巡视勘察

计划于2012年前后完成月球着陆器和月球车的首次发射和试验任务。任务目标包括试验月球软着陆技术，研制和发射月面巡视车、自动机器人，探测着陆区岩石的化学与矿物成分，测定着陆点的热流、岩石剩磁，勘测月表的环境，进行高分辨率摄影和月岩的现场探测或采样分析，为月球基地的选址提供月面环境、地形、月岩的化学与物理性质等数据。嫦娥2号卫星已于2010年10月1日在西昌成功发射。嫦娥2号原本是嫦娥1号的备份卫星，因此两颗星在外形和质量上并没有太大差别。不过其绕月飞行轨道将由嫦娥1号的200 km高度降低到100 km，这样嫦娥2号就能把月球看得更清楚了。为此，科研人员为其安装了分辨率为10 m的CCD相机，这样就比嫦娥1号120 m分辨率的相机拍得更清晰、更详细。嫦娥2号还将延续嫦娥1号的科学目标，对月球表面元素分布、月壤厚度、地月空间环境等做更进一步的科学探测。按照规划，中国的嫦娥3号卫星将携带月球车在月面着陆，因此，嫦娥2号的一个重要任务就是为嫦娥3号探路，在完成绕月探测后，其将采取软着陆的方式降落在月球上。

（3）第三阶段：自动采样返回

初步预计在2017年前后完成月球着陆器和采样返回器的首次发射并采样返回，从而可获取首批月球样品。第三阶段工程将发展新型月球巡视车，对着陆区进行月面巡视勘察；发展小型采样返回舱、月表钻岩机、月表采样器、机器人操作臂等，在月面巡视车分析取样的基础上，采集关键性样品返回地面；同时，对着陆地区进行考察，为下一步载人登月飞行、建立月球前哨站的选址提供数据，并深化对地月系统（尤其是月球）的起源与演化的认识。

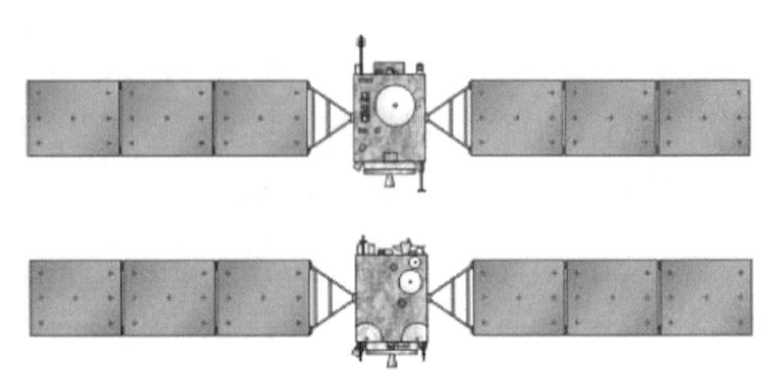

图 23-6 嫦娥 1 号卫星示意图

第24章　空间科学与应用技术

24.1　引言

24.1.1　空间科学与技术的基本概念

1957年10月4日，以苏联第一颗人造卫星斯普特尼克-1号进入地球空间轨道为标志，人类终于得以挣脱地球的束缚进入太空，开辟了被称为“空间时代”的科技发展新纪元。半个多世纪以来，人类开展了大规模的空间活动。迄今为止，全世界共发射了约6 000颗卫星和300多艘（次）载人航天器，人类登上了月球、建造了空间站，深空探测器的足迹遍及太阳系所有行星，观测探索的视野直达可见的空间的边缘。短短的五十多年中，空间科技取得了人类历史上划时代的巨大成就。人类空间活动和空间科技进步深深地改变了社会面貌和人类认知，成为我们所处的这个时代科技发展和社会进步的显著标记。

空间科技活动包括空间科学、空间技术和空间应用三个互不相同又密切关联的主要方面。

空间科学是以空间飞行器为主要工作平台，研究发生在地球、日地空间、太阳系乃至整个太空的物理、化学和生命等自然现象及其规律的科学。空间科学涉及太阳系和宇宙的起源演化、物质结构、生命起源、人类生存环境等基本和重大基础前沿科学问题，也包括在空间特殊或极端条件下研究物质运动规律的基础科学问题，是人类认识自然并获取新知识的重要源泉。空间科学还利用探空火箭、高空科学气球、地面台站开展观测、实验和研究。空间科学是基础研究，发现新现象、探索科学规律是其目标。

空间技术指探索、开发和利用空间的综合性工程技术体系，包括执行各种使命的空间飞行器（人造卫星、载人飞船、空间站、深空探测器、着陆巡视器、近年发展的太空操作器等），负责将空间飞行器送入太空（和返回地球）的航天运载器（运载火箭、航天飞机等），以及航天发射场、测控通信网（包括陆海基和天基测控通信）等设施。几十年来，空间技术已发展得日新月异，创造了人类历史上一个又一个激动人心的工程技术奇迹，并已经成为规模宏大的产业。

空间应用主要指利用空间服务于经济、社会发展和军事用途的空间与地面设施和应用活动，包括各种应用卫星（含应用有效载荷）和相应的地面应用系统。主要应用的卫星种类有通信/广播/中继卫星、导航卫星，以及多种对地观测卫星，如气象卫星、海洋卫星、资源卫星、环境卫星、测绘卫星、军事侦察卫星、预警卫星等。当今空间应用越来越深入地渗透到经济、社会、公众生活和军事各个方面，已成为社会和经济发展不可或缺的基础设施，加速了当代信息技术的普及发展；空间军事应用催化了新军事变革。深刻地改变了军事斗争方法和战争形态。空间应用还包括未来可能的直接开发利用空间物质资源等活动。

空间科学、空间技术和空间应用具有密切的内在联系并相互促进。

空间技术是开展空间科学探索和空间应用的工程技术基础，是空间活动的手段和保障。空间技术的率先突破催生出了空间科学和空间应用，空间技术的不断进步也推动了空间科学与应用不断拓展其深度和广度。

从根本上来讲，人类探究神秘太空的渴望是发展空间技术的源动力，人类进入太空后意想不到的巨大科学、应用和军事收益成为进一步推动太空技术不断发展的强大动力。空间科学和空间应用是空间活动的主要目标，是人类空间活动的不竭源泉。

空间科学重在探索发现。其不断超越前人和挑战极限的内在需求强有力地牵引着空间技术向更高水平、更强能力、更远目标、更精密和灵活的方向发展，同时也推动空间科学载荷不断利用最新技术创造出大量新方法和新技术。空间科学与空间应用相互促进，许多空间科学研究结果和采用的技术成为空间应用的先导和基础，空间应用中不断提出的科学问题和发展的先进技术也促进了空间科学发展。

24.1.2　空间科学与空间应用的地位与作用

自 1957 年第一颗人造地球卫星上天以来，在空间技术的强力支持下，空间科学及空间应用研究取得了举世瞩目的成就。综观国际上航天科技的发展，空间科学及空间应用越来越占有重要的地位。空间应用成果可转化成人们日常生活所必需的产品，转化为产业化运营模式，或转化成为国家安全服务的技术体系等。空间天文、空间物理、空间环境的研究，完全刷新人们对宇宙的认识，空间特殊环境条件下的流体科学、材料科学、生命科学等基本自然规律的研究为今后的空间产业奠定了基础。特别是利用卫星遥感、卫星通信、卫星导航定位等技术，极大地提高了人们把地球作为一个系统来研究的能力，同时也提高了人们生活的品质。

经过多年的发展，大量的空间科学与空间应用研究成果已经转化为产业，成为空间产业的重要组成部分，为经济增长做出了贡献，并吸引了大批资金注入到全球空间工业中。

24.1.3　载人航天任务中的空间科学与空间应用

载人航天任务的重要特点是有人参与和得到天地大系统的支持。航天员通过出舱活动、借助机械臂等设施，具备对有效载荷进行必要的在轨操作、建造、维护、更换、扩展等能力，能够使有一定风险的任务在其支持下实现。空间站大系统具备利用货运飞船运送有效载荷设备和部件的能力，可对有效载荷部件进行更换、故障修复、能力升级，并在必要时运送新的有效载荷到空间站。

空间站突出的资源特点在于其可以获得持续的微重力环境，通过舱外暴露平台获得外太空的辐射、高真空、全谱段太阳照射等条件，且具有较大的装载能力及轨道特性等，从而为开展各种空间科学试验提供了有利环境。而且，其在轨运行时间较长，有利于观测和研究被观测对象较长时段内的变化和趋势。具体方面如下所述。

1）空间站微重力环境适合针对重要的材料科学问题、新工艺探索、新的重要功能材料制备，与流体物理、凝聚态物理交叉的基础科学问题，以及材料空间使役行为应用问题等开展空间试验研究。该环境还支持微重力流体物理与燃烧科学、微重力基础物理学研究、空间生命科学与生物技术研究。

2）在舱外暴露平台上，可以利用外太空的高真空、特殊辐射环境和紫外、原子氧等环境，开展材料科学（包括空间应用材料）研究以及空间生命科学与生物技术研究。

3）空间站轨道的特点使其适于开展地球中低纬低高度的高能粒子辐射形式与太阳活动和地球磁暴、亚磁环境之间耦合关系研究。可利用空间站轨道运动特点进行高灵敏度巡天类天文观测；利用其轨道高度，可以进行大气层外波段的空间天文观测，对随机出现的空间剧烈爆发现象进行探测，进行空间背景的观测研究，以及对天体（如脉冲星）的指向观测。

4）开发军事应用的潜力。人和自动化设备或机器相互结合、取长补短，可使系统的性能更加灵活和可靠，从而提高军事应用的及时性、准确性和有效性。军用航天器下一步可能的发展是多用途的综合性空间平台，其能用于侦察及监视、指挥、控制和通信等活动，从而起到支援和加强地面防御力量的作用。载人航天系统可承担军用航天器的管理和检测、维修、组装以及其他各种空间勤务。尽管上述军事应用的大部分功能还要进行大量的探索性试验，但其存在着巨大潜力。

此外，利用空间站的空间环境（包括微重力和暴露空间），以及货运飞船的对接和脱离过程等一般技术试验卫星无法比拟的条件，还可以开展众多不同类型的空间新技术试验验证和考核，这将对发展我国新一代空间新技术起到显著的推动作用。

24.2 空间科学与应用的研究范围

24.2.1 概述

对于空间科学，在不同时期或不同文献中，对其领域划分有着不同的方法，例如将太阳、月球、行星等作为空间天文的观测对象和研究内容的划分方法。比较常见的还有将空间地质学、空间化学单独列为空间科学的分支领域，以及将太阳物理单独列为空间科学的分支领域等，各领域的名称也不尽相同。本书中将空间科学划分为空间物理学和太阳物理学、空间天文学、月球与行星科学、空间地球科学、空间生命科学、微重力科学等领域或分支学科。

空间应用主要包括通信、导航和遥感这 3 个主要方面。

24.2.2 空间科学

(1) 空间物理学和太阳物理学

空间物理学主要研究地球空间、日地空间和行星际空间的物理现象，包括太阳大气、行星际空间、地球和行星的高层大气、电离层、磁层，以及其间的相互作用和因果关系。太阳物理学主要研究太阳的结构、物质组成、能量来源与传输、太阳活动与演化以及对太阳系空间的作用和影响等问题。

50 多年来，人们对太阳进行了全波段多方位观测，对日地空间和行星际空间进行了全面探索研究。1958 年 1 月探险者 1 号 (Explorer 1) 发现了地球辐射带，之后确认存在巨大地球磁层。1959 年 1 月月球 1 号 (Luna 1) 首次探测到太阳风。

20 世纪 80 年代组织实施的国际日地物理计划 (ISTP) 对日-地空间研究发挥了重要的作用，ISTP 计划发射了美国的极区卫星 (Polar)、高能粒子和太阳风卫星 (WIND)，以及日美合作的磁尾卫星（Geotail）和欧洲空间局的 CLUSTER 等。21 世纪实施了与日同在计划，发射了包括 THEMIS（五颗卫星联合观测）和日地关系天文台（STEREO）等卫星。其他重要卫星还包括太阳极轨观测卫星尤利西斯（Ulysses）、太阳和日球层天文台（SOHO）、太阳风成分探测器（ACE）、太阳卫星 SOLAR－A 和 SOLAR－B、日地关系天文台（STEREO）、太阳动力观测卫星（SDO）以及最近的太阳界面区成像光谱仪（IRIS）等。在相关研究中，地面观测台站也发挥了重要作用。

太阳是控制和影响日-地和太阳系空间环境的主要源头，太阳耀斑和日冕物质抛射（CME）是发生在太阳大气中最剧烈的能量释放过程。太阳和空间物理的探测与研究揭示了太阳耀斑的非热特征，发现了日冕稳定向外膨胀性，揭示了行星际磁场结构，证实了由高速等离子体流组成的携带磁场的太阳风的存在及其与地球和行星磁场的相互作用过程、太阳风与地球磁层相互作用导致的磁场重联和磁暴、磁层亚暴过程等（图 24－1）。在观测与研究的基础上，建立了全新的地球空间、日-地空间和行星际空间较为完整清晰的物理图像（图 24－2）。

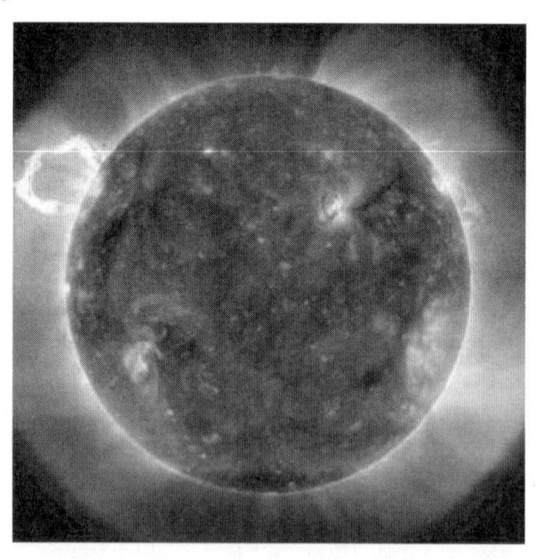

图 24－1　太阳动力观测卫星（SDO）拍摄到的远紫外高清晰太阳耀斑图像

2002 年开始的国际与日同在计划（ILWS）将发射数十颗卫星，用于探测日球层、磁层、电离层和行星际空间。该计划中的探测卫星的数量和探测技术水平远远超过 20 世纪 90 年代的国际日地物理计划（ISTP），并将在更深层次和更广范围加深人类对空间物理的认识。

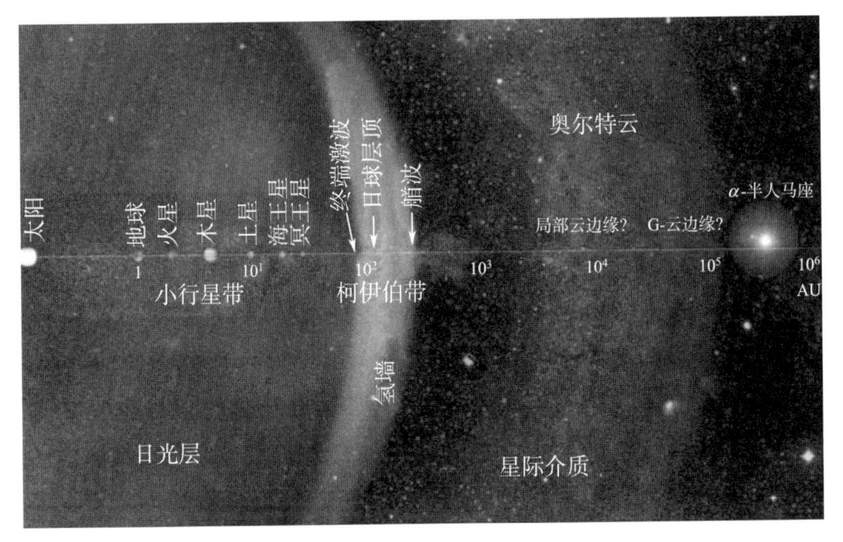

图 24 - 2　对数坐标下显示的 1～10^6 AU 的太阳系和其近邻空间

注：太阳风和恒星际介质之间的边界称作日球层顶

在空间执行各种使命的空间活动受到空间环境的直接影响。基于空间物理学的最新进展，面向航天器和航天员安全的空间天气（空间环境）研究和预报成为空间活动的重要保障，其内容包括对地球空间各圈层（磁层、电离层、高层大气）及空间环境要素（空间辐射、等离子体、原子氧和紫外辐射、微流星/空间碎片、轨道大气等）的变化预测及其效应对空间活动的影响。空间天气研究还延伸到空间环境对地球环境和人类生产生活的影响方面。

空间物理学是广义的地球科学的有机组成部分，其与地球科学有着紧密的联系和交叉。

（2）空间天文学

空间天文学是借助人造卫星等空间飞行器以及探空火箭和高空气球等，在高层大气和大气层外空间区域开展天文观测的学科。地面传统天文观测主要集中在可见光和射电两个地球大气窗口，而空间天文观测扩展到红外/亚毫米波、紫外、X射线和γ射线波段，开拓了全电磁波段天文、粒子天文和引力波天文观测的新时代。空间天文学的兴起是天文学发展的重大飞跃。

至今全世界共发射了100多颗天文卫星。早期的里程碑事件有20世纪60～80年代发射的多颗X射线和γ射线卫星，1983年美国、荷兰、英国合作发射的首颗红外天文卫星（IRAS），以及1989年COBE卫星对宇宙微波背景的辐射测量等。中后期重要的天文卫星有：NASA主导的大型空间天文台计划中的哈勃太空望远镜（近紫外/可见光/近红外）（图24－3）、钱德拉太空望远镜（软X射线）、康普顿天文台（γ射线）、斯皮策太空望远镜（红外）、威尔金森微波各向异性探测器（WMAP）（图24－4）、伽马射线天文台（Fermi）、伽马射线暴卫星（Swift）、X射线天文卫星（NuSTAR）、开普勒卫星（系外行星探测）；ESA为主的红外空间观测台（ISO）、伽马射线天文台（INTEGRAL）、牛顿X射线多镜面望远镜（XMM－Newton）、赫胥尔望远镜（Herschel红外/亚毫米波）、普朗克卫星（宇宙微波背景）、盖亚卫星（GAIA天体测量）；意大利

图24－3 哈勃太空望远镜及其拍摄的两个螺旋星系的碰撞

和荷兰合作的γ暴卫星（BeppoSAX）；日本系列X射线卫星（Astro-D、EII）、射电干涉卫星HALCA、太阳系列卫星（Solar-A、Solar-B），红外望远镜（Akari）等；俄罗斯射电卫星Spektr-R，以及在国际空间站上运行的阿尔法磁谱仪AMS-2等。

这些强大的空间天文卫星对太阳系、银河系内的各类辐射源、河外星系、星际介质与星系际介质、宇宙辐射与粒子背景进行了大量观测，研究了太阳活动区物理特性、太阳磁场和相关磁活动，发现并确认了大批系外行星的存在，观测到了多种星际尘埃和气体物质及早期星系形态，发现了数以千计的红外、X射线和γ射线源，证实了黑洞/中子星等致密天体的存在，确定了类星体是大质量黑洞的吸积过程，发现了释放巨大能量的宇宙γ射线暴并对其物理机制有了明确认识。空间天文学促成了微观与宏观研究的密切结合，对基本粒子物理与天体物理领域进行了拓展；精细测定了宇宙微波背景辐射和宇宙年龄，有力支持了大爆炸宇宙学理论；研究了宇宙大尺度结构，证实了宇宙的加速膨胀。其成果和相关研究建立了宇宙演化和宇宙重子物质循环基本物理图像，确定了恒星结构演化和宇宙大爆炸模型两大理论框架。R·贾科尼因其在X射线天文学上的开创性贡献获得2002年诺贝尔物理学奖，负责COBE卫星的J·马瑟和J·斯穆特获得了2006年诺贝尔物理学奖。

图24-4　威尔金森微波各项异性探测卫星（WMAP）9年数据绘制的宇宙初期全天图

鉴于宇宙暗物质、暗能量问题对当代物理学的巨大挑战以及最新发现的宇宙早期引力波存在的证据，利用天体极端条件和地球上无法实现的高能过程能够通过宏观和微观的结合研究物质世界的基本规律，使空间天文学在天体物理和基本物理的重大前沿研究中的重要性更加突出、更趋活跃。天文卫星还开展了寻找宇宙中生命的活动，正在运行的天文卫星、正在研制的重要天文卫星以及还在酝酿的新空间天文计划，将不断取得新的发展。

（3）月球与行星科学

月球与行星科学是研究太阳系各类天体，包括行星及其卫星、矮行星、小行星和彗星等各类天体的学科。行星科学还可以细分为行星天文学、行星物理学、行星化学、行星大气科学、行星地质学、行星生物学、比较行星学等分支学科。

太阳系是人类处于其中、距离地球最近的典型宇宙恒星系统。月球与行星科学对深入理解包括地球在内的行星发展变化规律，研究太阳系形成和演化历史，研究地外生命和生命起源、未来扩展人类生存疆域、开发利用潜在空间资源具有不可替代的作用。

五十多年来，对月球与行星的探测高潮不断。20 世纪 60 年代到 80 年代，在冷战背景下形成了第一次高潮。苏联实施了共 60 多次东方、月球、探测器、宇宙、金星系列探测任务；美国实施了先驱者、徘徊者、月球轨道器、勘察者、艾布尔、探险者等系列探测任务，开展了上百次月球、行星、彗星和小行星探测任务。美国阿波罗计划（图 24－5）于 1969 年到 1972 年成功实现了 6 次载人登月，12 名航天员登上月球，3 次使用了月球车巡视探测，共返回月球样品 381.7 kg；苏联于 1973 年和 1976 年两次实现了无人月球车巡视探测，3 次实现取样返回，共采集月球样品 0.3 kg。

通过 100 多次无人环月探测、着陆探测和载人登月探测，人类对月球进行了综合性探测和研究，获得了许多第一手探测资料：月球表面主要由玄武岩和斜长岩组成，其化学元素和矿物类型与地球同类型岩石没有本质的差别；月球没有辐射带和全球性内禀磁场；月球具有核、幔、壳结构，表面存在重力异常，用各种同位素测年

图 24-5　美国阿波罗计划在月面上的登月舱和航天员

技术测定月球壳层的年龄约为 45 亿年前。通过对月球地形地貌、地质构造、物质成分、内部结构、月球起源与演化历史进行详细研究，人类对月球的认识达到了新的高度。

深空探测器对太阳系所有行星及其主要卫星、矮行星、小行星、彗星进行了多波段遥感观测、着陆探测和巡视勘查，对太阳系各类天体的磁层与电离层、大气和挥发物、地形地貌、地质构造、物质组成和磁场特征等进行了普查，其主要成果包括：确定火星有稀薄大气，其主要成分为二氧化碳，火星极冠由干冰和水冰构成，火星表面曾经存在过大量水；金星覆盖着浓密的大气，其主要成分是二氧化碳，表面大气压力约为 90 个大气压，表面温度为 465～485 ℃；木星是由氢、氦（比例约 4∶1）和其他微量成分组成的气态行星，其接近原始太阳星云的理论组成，存在着惊人的强磁场，磁层活动强烈；木星、土星、天王星、海王星均为气态行星等。这些探测活动和研究结果使人类对太阳系及行星的起源与演化有了全新的认识。

20 世纪 90 年代至今，国际上又掀起了新的一轮月球与行星探测热潮。美国发射了火星勘探者、火星探路者、机遇号和勇气号等火星探测器，新视野探测器（冥王星及以远），黎明号小行星探测器，以及系列彗星探测器等；欧洲空间局发射了卡西尼-惠更斯探测器（土星及土卫六）、火星快车探测器，以及 SMART－1 月球探测器；日本实施了隼鸟号小行星探测和采样返回，2010 年发射了金星探测器拂晓号并试验了太阳帆技术，日本还和印度发射了月亮女神和月船 1 号绕月探测器；中国的探月工程也成为了新一轮探测的重要组成部分。以上这些探测任务在极大程度上更新了对月球极区、月球上的水、月球的重力场分布和月球内部结构的认识。勇气号、机遇号、凤凰号（图 24－6）、好奇号等火星探测任务不断获得新的科学发现，结果显示火星的过去可能十分湿润，并发现了火星存在水的证据以及其他支持生命可能存在的迹象。

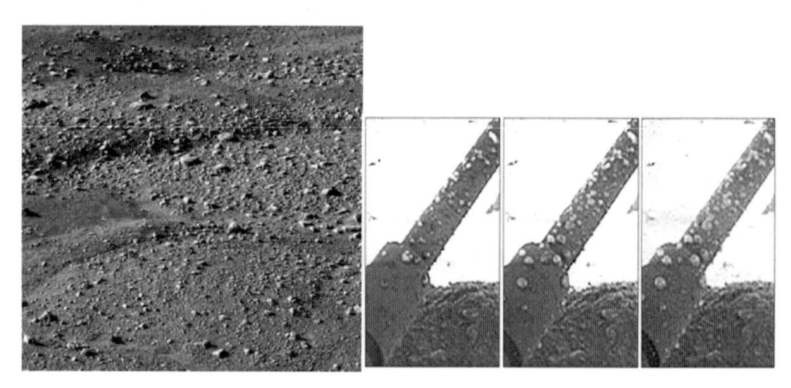

图 24－6　凤凰号火星北极着陆点附近的地面景观和凤凰号支撑腿的水液滴

注：图中从左到右分别是凤凰号登陆后第 4、第 31、第 44 天的拍摄照片

根据美国和其他国家的最新计划，火星、月球、金星和太阳将继续成为深空探测的重点，同时也十分重视对小行星、彗星、木星、土星、天王星、海王星（巨行星）和木卫一（Io）和木卫二（Europa）、土卫二（Enceladus）和土卫六（Titan）等的探测，预计在太阳系的形成演化、寻找地外宜居环境和生命证据方面会获得进一步的突破性成就。美国最近十分关注小行星探测，具体计划包括对近地小行星进行交会、接近操作、对接或抓取，以便积累深空任务的技术和经验。

(4) 空间地球科学

空间地球科学通过空间遥感观测，研究地球作为一颗行星的整体状态及变化，是研究地球系统科学的重要手段。地球系统是指由磁层、大气层、水圈、土壤圈、生物圈（包括人类）、岩石圈、地幔和地核组成的有机整体，地球系统科学重点研究组成地球系统各圈层之间的相互联系、相互作用和变化规律。通过空间对地观测开展地球系统科学问题和全球变化的研究，可在大时空尺度上对地球辐射场、大气和海洋流场、水气和二氧化碳等物质循环、地球整体能量的传输和平衡等方面进行高精度和系统性观测，其具有快捷、动态、真实、多手段、全球性、可重复以及短周期内可获取全球大量地球科学信息等独特的优势。

空间地球科学的明确概念来源于美国 NASA 的顾问委员会——地球系统科学咨询委员会。该委员会于 1988 年提出了 NASA 利用空间开展地球科学的目标和任务，即通过对地球系统的构成及其相互作用、地球系统的功能以及在整个地质年代演化的论述来科学地理解全球规模的完整的地球系统。

明确提出空间科学概念之后，国际上各主要空间机构提出了一系列计划，开展了大规模的地球观测和全球变化研究。其中主要包括：1991 年 NASA 开始实施行星地球使命（MTPE）计划及对地观测卫星系统 EOS，发展了一批先进的对地观测载荷，发射了 EOS 系统的 TERRA 卫星、AQUA 卫星、CHEM 卫星（分别重点研究陆地、水和大气）和后续的极轨环境卫星 NPP、云卫星 CloudSat、地球重力恢复和气候试验卫星 GRACE（与德合作），近期发射的有测量地表能量平衡的 Glory 卫星、冰/云和陆地高程卫星 ICESat－Ⅱ、土壤湿度卫星 SMAP、海洋盐度卫星 Aquarius 和碳卫星 OCO－2 等；ESA 发射了海表拓扑和海洋动力环境 TOPEX 卫星、ERS－1 和 ERS－2，欧美合作的云-气溶胶激光雷达和红外开拓者观测卫星（CALIPSO），ESA 的环境卫星 ENVISAT 集成了十几种先进探测仪器，与欧盟主导的能源、环境与可持续发展的木槿计划

(HIBISCUS) 配合，动用了大量地面、飞机和气球以配合对大气流场、海气界面、成分等进行综合观测研究；日美合作的全球降水测量计划发射了热带降水卫星 TRMM 和 2014 年的全球降水主卫星(还有 7 颗小卫星配合)。2010 年开始，美国制定了未来十年空间地球观测发展战略，其中包含了多颗卫星计划。

大量成功的地球科学研究卫星计划与业务卫星在全电磁波段配合，采用了光学、微波（雷达）、光谱、激光等最先进的手段，对地球系统的陆地、海洋、大气、植被、冰雪、能量等方面进行全方位的观测和测量。其在太阳-地球辐射收支平衡，极区大气臭氧含量减少（臭氧洞）及动态变化，海洋环流、陆海能量交换、区域气候变化的关联，地球生物量统计与气候变化的关联，三极（南北极和青藏高原）冰雪量变化，高层大气闪电和能量传输，全球温度变化监测等方面取得了系统的观测资料和许多新发现；开展了大规模的地球系统数值模拟，注重地球系统各部分的相互关系，从定性研究发展为对地球动力学过程的定量研究，并已经取得了丰富成果；正在建立的数字地球是地球系统科学的数字表达，其正在将遥感信息(RS)、地理信息系统（GIS）和全球定位系统（GPS）有机结合，使对自然现象的描述向定量化发展。

空间地球科学研究推动了一大批新型空间（和机载）对地观测仪器的技术进步，包括精细光谱成像、高灵敏热红外遥感、激光雷达测量、热辐射定量测量、被动/主动、干涉和多极化、成像/非成像微波遥感技术等，这些技术和探测机理及方法转移对资源、环境、大气、海洋、生态、农林业、灾害监测等空间应用也发挥了重大作用。

地球环境及全球气候变化涉及到人类生存环境和社会的可持续发展，成为了当今国际关注的热点。地球系统是十分复杂的大系统，全面搞清地球系统及其变化仍是巨大的科学技术挑战，对其的研究将不断持续深入下去。

(5) 空间生命科学

空间生命科学研究地球之外太空生命存在的可能性和生命起源演化等基本科学问题，还研究地球生物包括人类在进入太空后，在其特殊条件下的响应、受到的影响、生存、变化和适应等科学问题。

生命是最复杂的物质存在形式。地球生物包括人类的存在和演化一直是在地球上实现的。在空间特有的微重力、宇宙辐射、节律和磁场变化条件下研究生命的存在和响应，是深入探究生命现象本质的重要途径，是人类进行长期太空探索活动的基础。

空间生命科学包括人体科学、空间基础生物学和宇宙生物学几个主要领域。人体科学涉及人体生理学、航天医学、心理学等；空间基础生物学包括重力生物学、辐射生物学、亚磁生物学、生物力学、空间生命生态支持系统等；宇宙生物学研究宇宙（包括地球）生命起源这一迄今为止最大的科学谜团，是在宇宙进化框架下了解导致生命起源、演化及分布的过程，并涉及生命可居住性、形成生命的元素和分子、生物的早期进化等问题。空间生命科学是开展地球生物体在空间特殊环境下的生命现象及其活动规律的基础研究，是开展支撑载人空间探索活动的应用研究，是开展利用空间特殊环境进行空间生物技术和转化应用的基础研究，是开展地外生命和宇宙生命起源的探索性研究的交叉学科。宇宙生物学与空间天文学、行星科学等也有着密切的关联和交叉。

空间生物技术利用空间微重力等特殊环境，研究和发展具有创新性的生物材料、药物和医疗技术。其目标是提高人类健康水平，促进再生医学、生物细胞疗法、生物医药和环境生物技术的发展和应用；开展生物分子设计及其合成生物研究，利用空间辐射诱变扩大种质资源，为农业和医药服务。

自1961年4月12日苏联尤里·加加林完成首次载人飞行后，已经有500多位航天员进入太空，其中包括58位女航天员。以和平号空间站和国际空间站等载人空间设施作为主要平台，开展了航天员长期驻留和空间生命科学试验研究。航天员单次在空间的最长时间为 438 天、女航天员 188 天，留于空间（三次）累计最长时间为 737 天，出舱活动数百次。以上活动使人类对空间长期生存对人的心血管、肌肉/骨骼系统、免疫功能等一系列人体生理因素的影响有了基本认识：发现了骨质疏松和肌肉萎缩随飞行时间的增加有逐渐加重的趋势，失重所引起的生理变化在返回地球后一段时间是可以恢复的。相关问题认识的深入使航天医学监护保障和对抗措施取得了显著进展（包括中国科学家发明的中医药调控方法）。

在苏联（俄罗斯）礼炮号空间站、和平号空间站、返回科学卫星 Bion，以及美国天空实验室、航天飞机和国际空间站（图 24-7，图 24-8）上开展了大量空间生命科学试验。空间生命科学和生物技术试验的研究对象包括植物（植株和种子）、微生物、动物（昆虫、鱼类、两栖动物、鸟类、鱼类、小型哺乳动物），以及动植物细胞和组织等。在空间完成了多次种子到植株的全周期空间植物生长，发现了动植物向重性、重力感知的可能机理；研究了动植物生长发育、昼夜节律等的变化和机制，发现了空间辐射对生物组织的旁效应；在空间生长出高质量的蛋白质晶体，实现了高效的生物大分子的分离纯化以及多种细胞和细胞组织的空间三维培养。在现代更加先进

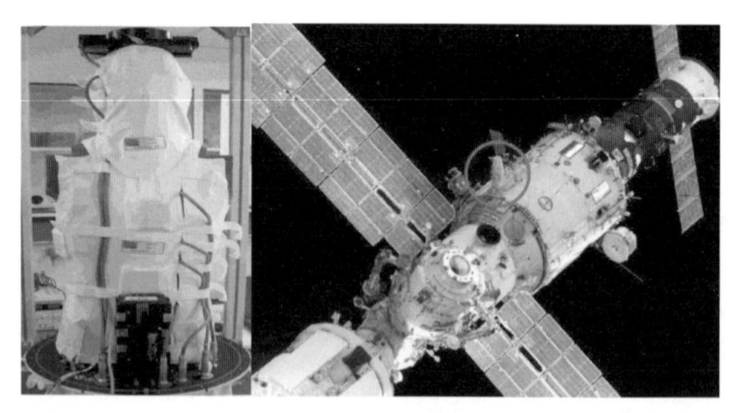

图 24-7　德国航天中心（DLR）牵头和与其协调的欧洲空间局（ESA）MATROSHKA 研究设备

注：用于研究航天员受到的空间辐射能量沉积（LEO）深度分布

的生物研究技术，如芯片实验室以及基因组学、转录组、代谢组学等的支持下，空间生命科学将得到更好的发展。

图 24-8　欧洲研制的模块化培养系统（EMCS），配置有 2 台离心机

地外生命研究正在进行进一步的拓展和多方位探索，现成为当前热点之一。该研究发现了地球深海底热泉口存在大量活跃的虾蟹和稀有微生物，拓展了对于生命存在条件的认识；通过行星探测发现了火星南极附近有大量水冰；木星、土星的一些卫星上也有海洋，因此也可能有未知的生命存在；至于太阳系外的行星，在液态水可能存在的生命宜居带正是当前搜索的重点。

（6）微重力科学

微重力科学是利用微重力条件，对物质的物理、化学现象及基本物理规律进行研究的多个学科分支领域的总称。微重力科学包括微重力流体物理、微重力燃烧科学、微重力材料科学、空间生物技术、空间基础物理等重要分支学科。

微重力（确切地应称为微加速度）被定义为相当于 $10^{-6}g$（地球重力加速度）量级的加速度条件，亦可广义地理解为微小重力条件（如低于 $10^{-2}g$ ）。微重力环境存在于做自由惯性运动物体参照系中，如做自由落体运动的火箭、落塔设备以及抛物线飞行的飞机等，但上述条件下的持续时间较短。适于开展科学研究的长时间微重力条件存在于做惯性飞行或环绕地球轨道运动的空间飞行器中：在飞行器达到第一宇宙速度时，地球重力加速度作为绕地球飞行器的向心加速度，与天体对飞行器的引力和离心力抵消，物体在飞行器参照系中表现为失重。此时，其他残余加速度的影响（残余大气阻力、太阳光压、月球和其他天体摄动、飞行器姿态和振动加速度等）造成空间飞行器的微重力环境。

自20世纪70年代以来，各国科学家利用返回卫星Foton（苏联/俄罗斯）、礼炮号空间站和天空实验室，通过多次航天飞机空间实验室专门任务，在和平号空间站和国际空间站（图24－9）开展了大量微重力科学试验。

微重力流体物理研究微重力下的流体力学的特殊规律，对验证相关理论有不可替代的作用，为揭示被重力掩盖的流体现象和规律开辟了有效的研究途径，其机理和应用与多种地面生产加工过程及空间流体管理、动力推进、生命保障系统等空间基础技术密切相关，对理解和改进空间和地面材料加工工艺、生物技术流程等有着十分重要的意义。

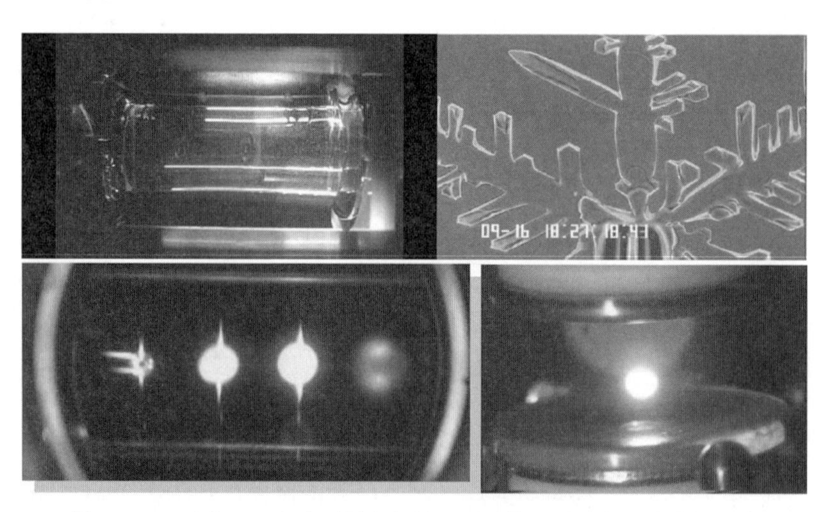

图24－9　日本JAXA在国际空间站上开展的一系列微重力科学试验

注：直径65 mm液桥试验（左上），冰结晶试验（右上），液滴燃烧（左下）和静电悬浮炉的金属合金热物性测量地面试验（右下）

在理论研究、数值模拟和地面试验的基础上开展了大量空间微重力条件下的基础流体科学研究，对排除重力影响后由界面张力/表面张力梯度主导驱动的各种毛细现象、热毛细和溶质毛细现象进行了深入研究，还对半浮区液桥（与晶体生长相关的试验模型）和其他体系的热毛细对流流动模式、表面波、转捩与振荡、Pr 数和体积比及温度梯度影响等进行了深入研究，在两相系统、沸腾和冷凝过程研究方面也获得了许多新的成果，丰富和发展了流体理论。复杂流体是国际上微重力研究的重要方向，其中胶体的聚集和相变研究取得了许多新的成果，例如在地面不能形成晶体的体系在微重力下可以结晶、在空间二元胶体晶体试验中发现了在地面从未发现的合金结构等。

在微重力条件下的燃烧过程，热能和物质传输速率的变化导致火焰稳定、传播和熄灭发生了很大变化，一些如扩散、辐射和热泳效应等较微弱的效应将主导燃烧过程，为检验经典燃烧理论、揭示燃烧的物理和化学动力学过程提供了无法替代的条件。燃烧学是能源、动力等领域的重要基础，微重力燃烧研究成果及应用对地面高效低碳燃烧、开发新型清洁燃烧技术、研究动力推进系统的基础问题、发展微重力条件下特有的火灾防治技术起着重要作用。

在国际空间站和其他空间任务中进行了数百次燃烧试验，多数由美国实施（图 24 - 10），具体包括预混气体燃烧、气体扩散燃烧、液滴、固体颗粒和粉尘燃烧、燃料表面的火焰传播、多孔材料闷烧等，发现了一系列新现象，促进了燃烧机理研究的深入。

微重力材料科学主要利用微重力条件研究从流态（液体、熔体和气态）物质形成材料的过程和机理，测量并研究高温熔体的热物理性质，以及研制合成新型材料。材料是高新技术和高端制造业的基础，其处于先决地位，而微重力材料科学是发展材料科学研究的重要途径之一。微重力环境具备检验应用材料在空间环境下使役性能的理想条件。

苏联在和平号空间站上、美国和德国等欧洲国家在航天飞机任务和国际空间站上分别开展了大量微重力材料科学的试验，仅苏联就完成了超过1 800次微重力材料试验。在微重力材料科学领域开展了金属真空焊接，半导体光电子材料、超导材料、玻璃与陶瓷、金属合金、复合材料等先进材料的空间制备实验；在晶体生长、相分离与聚集行为，过冷、形核与非平衡相变，熔体的热物性测量与研究，以及新型纳米材料合成研究等方面取得了丰硕的成果。当前研究仍集中在材料制备理论和方法研究及开发新型材料，未来将呈现出更加丰富的研究成果和应用效益。

图 24-10　NASA 在国际空间站上的流体实验柜 FIR（左）和燃烧集成实验柜 CIR（右）

空间基础物理是近期发展起来的重要研究方向和前沿物理科学，其研究的主要目的是检验现有物理理论、发现新的物理现象和新的物理规律。现代物理学的基本理论是相对论、量子力学、电动力学、粒子物理标准模型等，其奠基了几乎现代科学技术的整个大厦。在空间开展基础物理研究有着特殊的优势，其将推动诸如引力规范场理论、超引力、大统一理论、后粒子标准模型等新的物理理论，以及临界点附近的物质形态和量子理论的发展。

在相对论与引力物理研究方面，美国2004年发射的GP-B（Gravity Probe B）以很高的试验精度证明了广义相对论关于测地线效应和参考系拖拽效应的理论值；法国利用小卫星高精度检验等效原理的 MicroSCOPE 空间任务正在准备中；欧洲空间局 ACES 计划（Atomic Clock Ensemble in Space）准备在国际空间站上开展极高时间频率的冷原子钟试验，并开展精细结构常数和光速方向非均匀性测量等基础研究。在空间冷原子物理方面，利用微重力条件将量子气体温度降低到空前的低温范围，用来深入研究玻色-爱因斯坦凝聚体的基本物理特性和超冷条件下新奇量子现象，并已经利用落塔的短时间微重力环境获得了较好结果。2012 年年底，美国科学家在第 28 届美国引力与空间研究年会上宣布，计划于 2016 年初在国际空间站上建立空间冷原子实验室 CAL，其目标是实现 pK 温度的超冷原子样品，这比地面上的低三个数量级。CAL 的科学目标是研究国际空间站微重力条件下的超冷量子气体特性，并进行基础物理试验。在基础物理的低温与凝聚态物理方面，对二元复合等离子体系相分离、颗粒物质速度分布与热平衡态等研究取得了新的成果。美国国家航空航天局于 20 世纪 90 年代在航天飞机上先后搭载了 3 个低温凝聚态试验硬件，分别研究了超流氦性质、约束态低温氦性质和动能态超流氦性质；此外，在航天飞机上完成的检验临界现象重整化群理论的实验结果比地基实验结果有了明显的改进。从发展趋势上看，空间基础物理将是未来发展的重点。

24.2.3　空间应用

如前面章节所述，空间应用主要包括通信、导航和遥感 3 个主要方面。载人航天任务需要使用通信和导航所提供的支持，同时载人航天任务也可以为通信和导航技术提供在轨试验机会。目前在载人航天中开展的空间应用主要是遥感，遥感也是支持空间地球科学研究的主要技术手段，因此本节主要介绍空间遥感应用。

载人航天器一般采用非太阳同步轨道，其轨道交点地方时不断变化，且不能覆盖高纬地区和极区。这种轨道特点虽然不适合业务型的对地观测，但可以观测陆地和海洋不同地区在不同光照条件下的变化、大气光化学变化、地球各圈层相互作用的日变化等，适合开展研究性工作。并且，载人航天器还为遥感新技术的空间验证提供了良好的试验平台。

遥感是一门综合性的科学技术，其集中了空间、电子、光学、计算机通信和地质学等学科的最新成就，是当代高新技术的一个重要组成部分。

广义地讲，各种非接触的远距离探测和信息获取技术就是遥感；狭义地讲，遥感主要指从远距离、高空以至外层空间的平台上，利用可见光、红外、微波等探测仪器，通过摄影或扫描、信息感应、传输和处理，识别地面物质的性质和运动状态的现代化技术系统。

空间遥感是以人造航天器作为遥感平台的各种遥感技术系统的统称，主要是利用航天器平台（包括卫星和载人航天器）对地球和大气层进行光学和电子观测，其核心组成部分是获取信息的遥感器。遥感器的种类很多，可分为以下几类。

1）可见光遥感：应用比较广泛的一种遥感方式。对波长为0.4～0.7 μm的可见光的遥感一般采用感光胶片（图像遥感）或光电探测器作为感测元件。可见光遥感具有较高的地面分辨率，但只能在晴朗的白昼使用。

2）红外遥感：近红外或摄影红外遥感，波长为0.7～1.5 μm，用感光胶片直接感测；中红外遥感，波长为1.5～5.5 μm；远红外遥感，波长为5.5～1 000 μm。中、远红外遥感通常用于遥感物体的辐射，具有昼夜工作的能力。常用的红外遥感器是光学机械扫描仪。

3）多光谱遥感：利用几个不同的谱段同时对同一物体（或地区）进行遥感，并获得与各谱段相对应的各种信息；将不同谱段的遥感信息加以组合，可以获取更多的有关物体的信息，有利于判释和识别。常用的多谱段遥感器有多谱段相机和多光谱扫描仪。

4）紫外遥感：对波长0.3～0.4 μm的紫外光进行的遥感，其主要遥感方法是紫外摄影。

5）微波遥感：对波长1～1 000 μm的电磁波（即微波）的遥

感。微波遥感具有昼夜工作能力，但空间分辨率低。雷达是典型的主动微波遥感系统，常采用合成孔径雷达作为微波遥感器。

遥感器获取的图像和数据，要通过一系列的技术处理和加工分析才能得到有价值的结果，用以服务于有关决策和规划。陈述彭院士在中国航天工业高科技论坛上提出的空间遥感应用的五步曲，科学系统地概述了空间遥感数据的处理和应用步骤。第一步是数字化：对从多种航天器平台直接接收的对地观测数据和参数，或数字化的图像进行快速传输、几何纠正、海量存储，建成数据库，以提供查询、检索服务。第二步是信息化，又称为数据挖掘：即通过数理统计分析、图形图像识别、时空转换动态变化研究，从海量数据中提取有效信息。第三步是知识化：通过各种专业应用模型，从有效的图形图像或数据中凝炼出客观规律，为工程设计、质量控制和管理信息系统提供科学依据。第四步是再现：根据客观规律、参照边界条件，通过虚拟仿真重建自然或社会的历史过程，延伸和预测未来的发展趋势，并提出几种可能的解决方案。第五步是决策：由决策部门的领导审时度势，对解决方案做出优选或取舍。

从以上步骤可以看出，遥感数据处理旨在使遥感影像（数据）更易于理解和使用及更好地提取某些影像特征信息，为进一步的分析使用奠定基础。遥感数据的处理主要包括如下几个步骤。

（1）遥感数据的预处理

主要包括数据质量检验、定标（把传感器的探测值转换成相应的物理量）、太阳高度订正、红外波段的临边变暗订正和地标订正等。预处理是在遥感数据接收地面站完成的，用户购买的数据一般都是经过预处理的。

（2）遥感影像的几何精校正

为了纠正遥感影像的地形畸变、制作精度较高的影像，必须进行几何精校正。在遥感数据处理平台上，利用地形图对遥感影像进行配准。校正过程包括在遥感影像和地形图上找出一定数量、分布相对均匀的对应点，将地形图上各点的坐标值赋予遥感影像上的对应点，然后通过多项式方法完成对遥感影像的几何精校正。

（3）合成假彩色遥感影像

利用多光谱合成假彩色遥感影像可以提高地物识别的精度，增加可提取的信息量。筛选光谱波段组合方案是合成影像效果好坏的关键。根据影像合成理论，通过反复的光谱波段组合试验筛选出最佳的光谱波段组合方案，从而合成出可以最佳反映监测对象信息的假彩色遥感影像。

（4）假彩色遥感影像的进一步处理

制作某一区域的遥感影像图时，首先需要进行影像拼接，由于往往相邻影像的成像时刻、大气条件等不同会造成在接缝处色调的明显不连续，因此要对接缝附近进行平滑处理。其次就是以行政边界矢量图为模板，通过掩膜计算裁剪出有关行政区域的遥感影像。另外，还要在加经纬线、地名、指北针、图例等地图要素后存入影像库中，以备解译之用。

有关统计表明，空间遥感技术已经应用于数十个领域，而且其应用领域还在不断拓展中。空间遥感技术应用的领域或行业包括：国土规划、地区经济规划、土地调查、农业、农作物估产、林业、水利决策、湖泊、海洋、地质矿产、石油天然气工业、城市发展、气象、全球环境、环境监测、工程选址、地震与地质灾害、旅游景观调查、测绘制图、军事、考古等。

空间遥感技术系统由航天器平台、遥感器、数据接收与处理、数据分析与应用等部分组成。因此，空间遥感技术的发展也体现在下述这几个方面。

（1）航天器平台的发展

作为遥感器的搭载平台，航天器平台的类型将更加多样化，不同轨道高度的航天器平台将形成更加完整的观测系统平台。航天器平台资源的军民共用也是一种经济、可行的思路。

（2）遥感器的发展

遥感器的种类在不断增加，其性能也在不断提高。可见光、红外摄像系统是早期空间遥感普遍使用的光学遥感器（照相机），信息记录在胶带上面，在使命完成后随回收舱返回地面；光学遥感器还包括框幅式光学相机、全景相机、光机扫描仪等。通过对其进一步的发展，遥感器实现了电子化，例如CCD线阵、面阵扫描仪、微波散射计、雷达测高仪、激光扫描仪和合成孔径侧视雷达等。

早期的遥感器仅有少数几个光谱通道，其光谱范围十分有限，且多为被动式遥感。目前，遥感器的光谱范围几乎覆盖了大气窗口的所有电磁波段。同时，遥感器空间分辨率的进一步改善使得光谱分辨率进一步提高，由多光谱向高光谱（光谱分辨率已达到5～6 nm，包括500～600个波段）发展。卫星微波遥感器的出现，使对地全天候观测得以实现。

(3) 分析处理技术的发展

分析处理技术的发展包括多源遥感信息的有机结合，融合技术与遥感分辨率的再扩展；3S技术的集成；虚拟现实技术与三维地表信息的重建和再现技术的发展；高性能计算机和专业遥感数据处理软件的发展和使用，大大提高了卫星遥感技术的时效性和遥感数据的利用率，分析解译的准确性及实时化、自动化、智能化程度明显提高；随着遥感数据量的增大、数据融合和信息融合技术逐渐成熟，压缩倍率高、快速的影像数据压缩方法已趋于商业化。

(4) 空间遥感监测对象和应用领域的发展

自20世纪70年代以来，我国高度重视遥感技术发展与应用，跟踪国际技术前沿并努力创新，在遥感技术系统、遥感应用系统、地理信息系统等方面均取得了突出进展。现在空间遥感技术正在由静态二维向动态三维过渡，由定性描述向定量表达发展；全定量化遥感方法走向实用的同时，其应用领域也将不断拓展。此外，空间遥感技术还在构建“数字中国”、“数字省市”、“数字文化遗产”等工作中发挥着重要作用。

24.3 空间科学与空间应用的技术支持

24.3.1 概述

本节将重点描述支持空间科学的技术体系。对于空间应用方面，其通信、导航以及遥感的技术体系各自具有鲜明的专业特色、内容丰富，不一一赘述。

空间科学以观测与实验为基础，需要在科学思想的指引下创新实验研究方法，根据科学目标发展各种新型探测器、大型望远镜和实验装置，以获取高质量的观测数据和实验结果（样品）来进行分析研究，并与理论研究配合获得高水平的成果。空间科学还是基础研究与空间技术的结合，一旦进入任务实施阶段其就体现为大科学工程，这就需要科学与工程的高度融合。空间科学研究装备规模大，要求其精度高、功能先进；由于研发周期长，相关装备需具有高可靠性。空间科学需要较多在空间进行观测和试验的机会，以及需要地面大型实验设施、科学数据中心、地面科学实验室的支持。

从以上空间科学的研究特点可以看出，其技术体系可以分为两大部分：一部分是不区分具体研究目标和内容，为所有空间科学与应用研究提供支持的共性基础技术；另一部分是与具体研究目标和内容密切相关的载荷技术，即先进科学仪器技术。此外，空间科学载荷还需要与其他空间技术紧密结合，例如，需要由航天器平台来提供合适的温度环境、电源供给以保证其处于合适的轨道和姿态，需要测控通信系统提供通信支持等，在此不再赘述。

24.3.2 共性基础技术

为充分利用在轨资源，实现空间科学研究的长期、高效开展，需要统筹规划、精密部署，大力发展空间科学相关的共性基础技术。这里主要介绍的共性基础技术有：应用任务设计、测试和集成技术，应用任务运行控制技术，空间应用载荷信息技术，数据推广与应用技术，载荷通用支撑保障技术，空间载荷故障诊断与管理技术，空间环境监测与预报技术等。

应用任务设计、测试和集成技术是指在航天器平台资源的约束条件（如安装接口、能源、热管理、测控和数据接口、发射测试等）下，以空间科学与空间应用效益最大化为目标，针对具体的飞行任务的设计、测试和集成方法。

应用任务运行控制技术是对空间科学实验/试验进行在轨运行管理和控制的技术。载荷应用规划技术是其中关键技术之一，是指为空间任务中开展科学实验/试验或应用任务的有效载荷进行行为规划、资源调配、数据规划，满足其实验/试验和数据要求，实现有效载荷整体的高效运行，获取最大应用效益的技术。应用任务运行控制技术主要研究内容包括：1）中长期载荷应用任务规划技术，其主要涉及科学实验/试验规划、维修更换规划、上下行物流规划，研究长周期、大尺度的优化覆盖任务规划问题，解决中长期任务的综合规划与优化调度问题；2）短期智能规划与再规划技术，由于规划对象多、运行模式复杂、约束条件多、协同交互多，因此需研究智能算法在载荷应用任务规划中的应用，以解决多目标、复杂系统的规划问题。空间应用遥科学技术是另一项关键应用技术，该技术以人为中心，通过各种技术手段延伸人的感知能力和行为能力，向远离实验设备或操作对象的实验员或科学家提供一种与地面现场类似的身临其境的交互方式，使其便于监视、控制实验或对象的全过程，从而进行最有效的远程管理与干预。遥科学技术也是应用任务运行控制技术之一，其主要包括遥现场、遥分析、遥操作和高级人机接口技术，在空间科学实验、空间探测等方面具有广阔的应用前景，主要研究内容包括：遥分析与实验状态仿真技术，自然化、智能化人机协同设计技术，高效遥科学任务规划技术，遥科学系统性能评价。

空间应用载荷信息技术是指为空间科学实验/试验和应用载荷提供高速信息获取、处理、存储、传输等信息技术的总和，其包括空间应用载荷信息传输技术、空间应用载荷海量数据存储技术、空间应用载荷在轨数据处理技术等。

数据推广与应用技术中，数据推广是任务阶段数据资源分发的途径，数据应用是数据资源的出口。其主要研究内容包括：高精度、标准化空间科学数据处理技术；大数据高效存储与访问技术；数据分发与共享技术，可面向国内外各领域用户，提供高效的数据检索和下载服务，发布不同类型、不同级别的科学数据产品和科学成果。

载荷通用支撑保障技术是根据空间特殊环境特点，为空间科学载荷提供热控、微扰动控制等通用支撑和服务的技术。其主要研究内容包括：高效气液换热技术，航天器扰动主动隔离与控制技术，防月尘、防辐射有效载荷设计技术，抗月面大温差有效载荷热控技术，面向复杂电子学系统的单粒子软加固技术。

空间载荷故障诊断与管理技术利用先进传感器的集成，借助各种算法和智能模型来预测、监控、管理系统的健康状态，诊断故障性质、类别、程度和部位，并为决策者提供相关支持。其主要研究内容包括：空间有效载荷可测试性设计及先进传感器技术，空间有效载荷故障诊断技术，空间有效载荷维修保障管理技术，空间有效载荷故障预测技术。

空间环境监测与预报技术包括监测和预报两方面。在空间环境监测方面，主要开展最为重要的粒子辐射、轨道大气和等离子体充放电三类空间环境要素的综合监测，实时、动态评估环境风险等级及开展警报服务，为研究轨道空间环境众要素的长期变化和扰动特征以及这些要素对航天器和航天员造成危害的作用机理提供必要输入数据，从而提高空间任务的空间环境适应性。在空间环境预报方面，为满足航天、通信导航和地面技术系统等对空间环境保障服务的需求，需研究对未来空间环境状态和变化进行预测的方法、模型和手段等。从狭义的角度讲，空间环境预报技术是针对具体预报对象的预报方法和手段，包括太阳活动预报技术、辐射环境预报技术、地磁暴预报技术等；从广义的角度讲，空间环境预报技术是针对具体任务的综合保障服务能力，其涵盖对多项空间环境对象预报的技术能力，例如低轨道卫星空间环境预报技术、通信导航空间环境预报技术等。

24.3.3　先进科学仪器技术

空间科学的发展历史证明，对研究对象的深入理解、创新的科学思想、巧妙的实验构思，以及高水平和强大的探测（实验）技术支持，都是取得科学发展的重要条件，不可偏废。由于技术进步或方法更新开拓出新的观测窗口或探测波段，或由于大幅度提高探测性能而引出新发展的例子层出不穷，因此，需要特别重视并大力加强先进科学仪器技术的发展，并确保其进入空间后的可用性和可靠性。根据研究范围，先进科学仪器技术可分为空间物理学和太阳物理学、空间天文学、月球与行星科学、空间生命科学、微重力科学等几类科学的实验技术。由于这些技术与具体的科学实验息息相关、不宜穷举，因此这里仅从技术发展角度列出部分重点关注的技术。

空间物理学和太阳物理学方面重点关注的技术包括：

1）新一代高性能电场、磁场、等离子体和辐射传感器；

2）空间物理场大尺度结构先进成像探测技术（极紫外、中性原子、微波等）；

3）太阳矢量磁场望远镜技术（磁像仪技术）；

4）新型太阳紫外、X 射线和 γ 射线、日冕、白光等空间探测仪器技术等。

空间天文学方面重点关注的技术包括：

1）空间大口径光学、拼接镜、主动光学技术，高稳定光机结构技术，杂光抑制技术，微振动抑制技术，空间光谱成像与干涉观测技术，单光子弱光锁相测量技术，稳像技术；

2）红外冷光学技术，极低噪声亚毫米波接收和光谱/光度测量技术；

3）新一代 X 射线探测技术，包括 X 射线聚焦成像、位置灵敏焦平面、大面积轻量化软 X 射线探测器、单光子弱光锁相测量技术、

X射线量能器技术（具有空间分辨能力和几个eV能量分辨率）；

4）硬X射线和γ射线探测技术，包括偏振探测、新型硅和锗阵列半导体/闪烁晶体/气体探测器、ASIC读出等技术；

5）高Z闪烁晶体位置灵敏量能器、粒子谱仪技术；

6）极低噪声高灵敏科学级红外、可见、紫外焦平面器件；

7）长基线高精度激光干涉测量技术（引力波天文）；

8）高效机械制冷技术、超流氦制冷技术（红外/引力波天文）。

月球与行星科学方面重点关注的技术包括：

1）新型光学成像/光谱/光谱成像/激光高度和成像等遥感探测技术；

2）微波成像探测技术（合成孔径、调制成像、穿透成像等）；

3）新型高灵敏/高分辨率就位物质分析技术（γ射线激发谱仪、X射线谱仪、色/质联用谱仪）等；

4）针对性就位痕量物质测量分析技术；

5）防止地球生物污染外星球技术。

空间生命科学方面重点关注的技术包括：

1）空间生物实验系统技术，包括光温气液供应与调控、细胞/组织培养、植物和小型动物试验环境保障、生物安全检测技术；

2）先进显微、光谱、荧光、激光等生物观测表征技术；

3）生物微芯片技术（微流控、微流道分离、生物诊断等）；

4）空间小型基因组自动测序和其他组学分析设备技术；

5）低温生物样品存贮、化学物理固定技术。

微重力科学方面重点关注的技术包括：

1）高精度微重力测量技术、微振动主动抑制技术；

2）先进流场、密度/浓度/温度场动态诊断技术；

3）X射线透射成像诊断技术；

4）高温长寿命炉体、无容器悬浮加工和激光加热技术；

5）冷原子操控技术（激光冷却/移动、磁光阱等）；

6）极高精度位移/位形测量技术、原子干涉仪技术。

24.4　载人空间科学与空间应用的发展现状及展望

24.4.1　国际发展状况与趋势

国际空间站（ISS）开展的空间科学与空间应用活动体现了载人航天领域空间科学与空间应用的发展前沿。2010 年年底，ISS 的组装阶段接近完成，空间科学与空间应用的重点转移到在 ISS 这个研究平台上可能获得的潜在研究成果，以增加 ISS 取得的科学回报。2010 年 NASA 被授予将 ISS 任务至少延续到 2020 年的权利，ISS 将作为迄今为止世界最大的空间科研平台继续支持大规模的多学科研究和探索活动。

ISS 的载荷主要分布于美国命运号实验舱（Destiny Laboratory Module）、俄罗斯太空舱、欧洲哥伦布实验舱（European Columbus Laboratory）、日本实验舱（Japanese Experiment Module，JEM）等。命运号实验舱是美国设置在国际空间站（ISS）上用于科学研究载荷的主要实验室。日本实验舱主要用来开展材料加工和生命科学研究，其包括一个很大的外部暴露平台、气闸舱和机械臂。根据美日协议，日本实验舱内的一部分机柜由 NASA 控制和使用。欧洲哥伦布实验舱包括两部分：哥伦布附属加压舱和哥伦布暴露设备，其主要为 ESA 提供舱内和舱外的实验研究。根据欧美协议，NASA 有权力使用哥伦布舱内的一部分机柜。

对国际空间站科学有效载荷的支持分为在轨部分和地面部分。

（1）在轨部分

各实验舱都提供机柜供科学实验使用，具体包括实验机柜和系统机柜。其中，实验机柜用来进行多学科、多领域的科学研究，系统机柜用来控制和管理舱内各种系统运转及资源分配。为了在实验舱内进行多学科多领域的研究，还配备了有效载荷保障和管理系统，即有效载荷支持系统（payload support systems，PLSS），以对有效载荷进行操作与控制，并为实验提供相应的资源以及创造良好的实验条件。有效载荷支持系统包括电源系统、指令与数据处理系统、主动热控系统、真空排气/资源系统、实验氮气和实验水系统，上述系统通过机柜的通用接口面板为系统载荷与实验载荷提供各种服务。空间站信息系统为空间应用提供在轨信息支持，虽然各舱段信息系统设计不尽相同，但都采用了分层结构。

（2）地面部分

国际空间站的地面支持系统采用多个中心的分布式结构，包括俄罗斯联邦航天局的国际空间站任务控制中心（TsUP），美国的休斯顿任务控制中心（MCC－H），NASA 马歇尔航天飞行中心（负责国际空间站载荷运行，包括研究需求、设计科学任务、管理空间站载荷资源、处理科学信息通信、有效载荷前向指令数据的汇总和返向数据的分发），NASA 格兰研究中心（其远程科学支持中心为空间站中进行的实验提供不间断的运行支持），ESA 的哥伦布控制中心和 JAXA 的筑波航天中心。

ISS 的空间应用分为以下 6 个领域。

（1）物理学和材料科学

在 ISS 的独特实验室环境中，科学家可以研究在无重力情况下的长期物理效应，如无浮力驱动的对流和沉淀等与引力相关的复杂过程。微重力环境允许不同的物理特性主宰系统，科学家对这些特性都在物理学领域内进行了广泛研究。该学科可分为以下子类别：燃烧科学、流体物理、材料科学、基础物理、等离子体物理和大分子晶体生长（非生物）。其重点研究领域为包括聚合体和胶体的物理特性和相变的材料科学试验、流体物理学和晶体生长试验。

（2）生命科学和生物技术

鉴于基因组研究和人类基因组测序的研究进展，21 世纪被称为生物时代。微重力提供了用于探索基因组反应的生物挑战的不同路径，在微重力环境下生物系统表现与地面不同，在 ISS 上有可能利用长时间研究不同重力量级下生物发展和进程。以往的研究表明，微生物在微重力条件下暴露则毒性增加。在 ISS 上可以开展从细胞到整个有机体的、所有级别的生物组织对重力缺失的反应，特别是可以通过 ISS 扩展部分的暴露平台（例如欧洲技术暴露设备 EuTEF）解决重要的暴露生物学问题。此外，ISS 还被证明是一个优秀的生物技术实施实验室。生命科学和生物技术的重点研究领域包括细胞生物学、生物工艺学和植物生物学。

（3）航天探索的人体科学研究

该领域是为地球轨道外的载人航天任务所需的知识进行航天医学研究，相关研究集中在太空生活对人体健康的影响、减少未来太空生活可能遇到的健康风险的对策等方面。ISS 提供了一个可研究人类健康的各个方面的环境，将有利于航天机组人员持续长时间的在轨飞行和地球上人们的生活。很多 ISS 上进行的调查解决了航天飞行对人体的风险机制与微重力和辐射环境的关系，具体包括肌肉生理学、心血管健康、神经系统、人类行为和性能方面。虽然该领域的研究是用于制定减少航天风险的对策，但也有许多研究可以应用到地球上人们日常生活中。其重点研究领域包括与微重力效应相关的骨骼和肌肉方面的生理学研究、其他航天飞行的生理学效应、社会心理学研究和辐射研究。

（4）地球观测和空间科学

近地轨道（LEO）提供了观察地球和太阳系的有利位置。ISS 上专用的永久性观测仪器、外部和内部的轨道平台以及其提供的相应的服务能力，使 ISS 成为观测宇宙辐射、太阳活动、地球的电离层和地球表面等一些设备的平台。

（5）技术开发

ISS 提供了一个可使科学家和工程师测试未来将在太空探索中应用和地球上使用的新技术的独特机会。该领域涵盖了技术发展的许多方面，包括：环境监测，通信，微重力环境特征，微米、纳米和皮米卫星，航天器系统和机器人技术。其重点研究领域包括航天器材料和系统、ISS 上微重力环境的特征及对其的控制等。

(6) 教育

国际空间站的科学和工程成就为航天教育提供了一个机会，使得学生和公众可以近距离接触 ISS 任务，并鼓励学生在科学、技术、工程和数学方面取得进步；公众和科学家一起共享航天员观测地球的独特视场；ISS 的科学和工程成就可以教育和激励不同年龄段学生从事科学、技术、工程和数学（STEM）方面的研究。ISS 上进行的实验可供学生多层次参与，从硬件和软件开发到使用地面控制样品分析程序执行实验。

此外，国际空间站还提供了商业应用机会。早期的应用包括快速筛选候选疫苗以提高抗肿瘤药物的微胶囊的产量、促进高品质的蛋白质晶体生长，许多研究课题的初步基础研究或应用最终可能演变成与工业有关的进程和/或 ISS 产品。

ISS 通过远征任务组（Expedition）来规划科学研究实验项目计划。远征任务组是指在国际空间站上工作 6 个月的队伍。截止到 2012 年 9 月，在 ISS 开展的研究情况统计如表 24 - 1 和图 24 - 11、图 24 - 12 所示。参与 ISS 研究与教育活动的国家分布情况如图 24 - 13 所示。

表 24 - 1　ISS 的研究数目汇总

	ISS 远征任务 29/30（2011 年 10 月～2012 年 4 月）	ISS 远征任务 31/32（2012 年 4 月～2012 年 9 月）	ISS 远征任务 0～32（1998 年 12 月～2012 年 9 月）
研究数量	237	215	1 549
新研究	58	48	—
已完成/持久实验	42	42	1 081
ISS 上的学术研究数目	497	440	1 534
参与 ISS 研究的国家	42	32	68

ISS 还将继续在轨运行至 2020 年，甚至可能进一步延寿。未来将继续在其上实施一系列科学与应用研究项目，预测会取得源源不断的应用成果。

各次远征任务的研究数量和参与的国家数
1998年12月—2012年9月

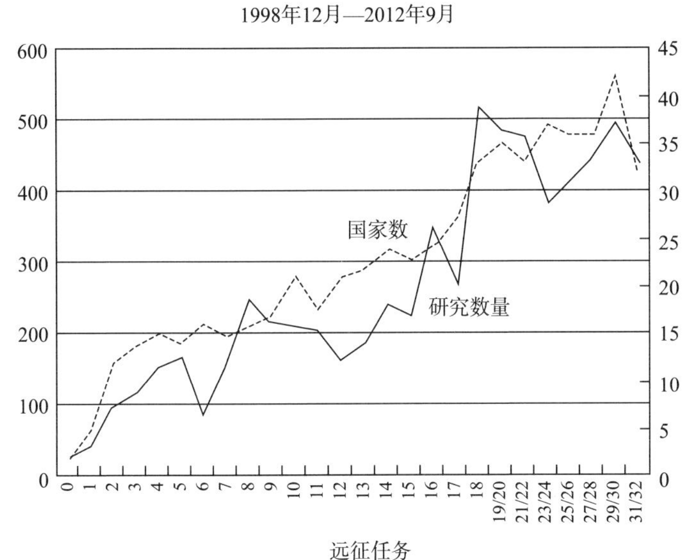

每次远征任务包含的学术研究和技术研究
1998年12月—2012年9月

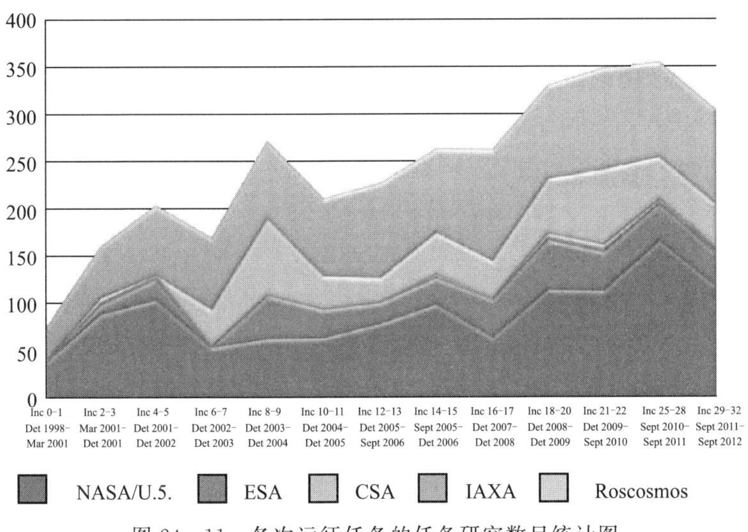

图 24-11　各次远征任务的任务研究数目统计图

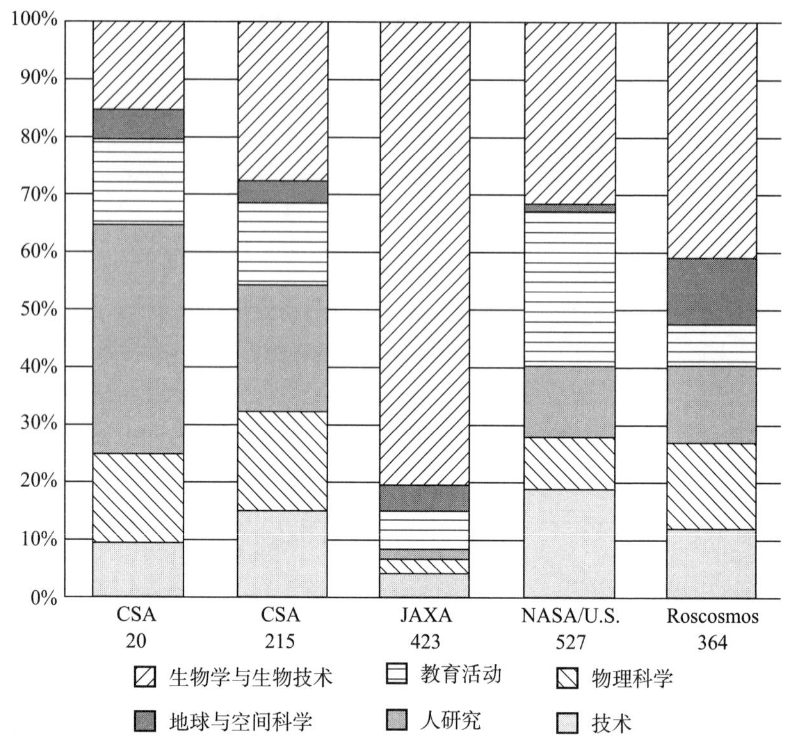

图 24－12　参与 ISS 研究的合作机构及其已在 ISS 上开展的研究项目数（远征任务 0～32 号，1998 年 12 月—2012 年 9 月）

注：NASA 的数据中包含了意大利航天局项目

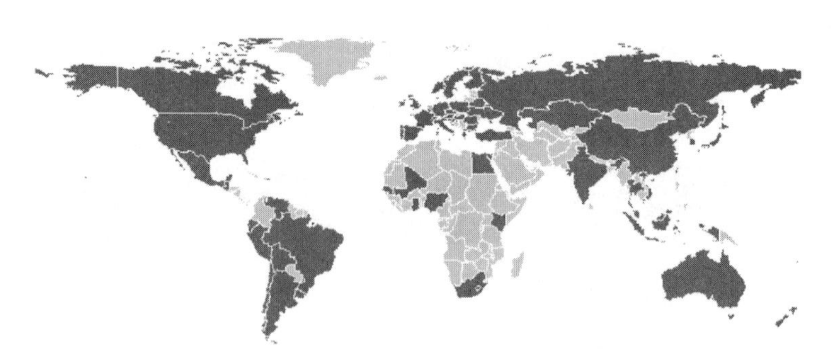

图 24－13　所有参与 ISS 研究和教育活动的国家

24.4.2　我国载人航天空间科学与空间应用发展状况及未来规划

（1）已经取得的进展

我国载人航天工程从一开始就特别注重开展空间科学与空间应用的研究，开展了空间材料科学、流体科学、生命科学和空间环境探测等方面的实验，并取得了丰硕的成果。

①空间材料科学实验研究

在神舟 2 号、神舟 3 号飞船上通过空间材料多工位晶体生长炉科学试验进行了二元及三元半导体光电子材料、金属合金、氧化物晶体等 10 余项材料的科学试验研究，获取了若干空间生长的材料样品，推动了空间材料科学试验方法和研究进展；在神舟 7 号飞船上还进行了舱外材料暴露试验。在空间晶体生长实时观察科学试验方面，空间晶体生长实时观察装置在神舟 2 号飞船上采用了透明氧化物晶体四硼酸锂和铌酸钾作为试验材料，开展了流体效应与材料制备的相关性研究，取得了圆满成功。前期的空间材料科学研究为我国开展空间材料科学试验提供了硬件条件，填补了国内相关领域的空白，取得了若干研究成果。

②空间生命及生物技术科学试验研究

在神舟 2 号飞船上开展了动物、植物、水生生物、微生物及细胞组织等 32 个样品的空间生物学效应研究。空间实验装置可调解温控为（35±1）℃及（25±1）℃，可模拟昼夜光照，有 1 *g* 微重力对照；可通过遥控、遥测控制工作过程和实验生物，进行参数收集。在神舟 2 号、神舟 3 号和神舟 4 号飞船上完成了空间蛋白质结晶试验、空间细胞电融合试验、空间细胞培养试验，且试验全部成功。空间蛋白质结晶采用了气相扩散和液-液扩散两种结晶方法，结晶率达到 70%。其中，DHEA 晶体、细胞色素 b5 晶体和 PCK 空间晶体等五种蛋白质的结晶完整性超过地面，PCK 空间晶体的衍射分辨率和结构完整性达到世界先进水平。空间细胞电融合试验中，采用了植物和动物两种细胞组合进行外源基因导入，细胞融合率比地面大大提高，革新1号烟草与黄花烟草融合率比地面提高了10倍以上，杂交细胞成活率达53.6%，而动物细胞电融合率也为地面对照的2.22倍，达到国际先进水平。为开展空间细胞培养，研制了能够提供营养液和溶氧的薄膜透析式生物反应器，实现了细胞的高密度培养，采用的小鼠SP2/0骨髓瘤细胞、免疫小鼠脾脏淋巴细胞、产生抗衣原体抗体的淋巴细胞杂交瘤细胞、人组织淋巴瘤细胞和抗天花粉蛋白的淋巴细胞杂交瘤细胞等均生长良好，增殖速率为地面对照的12.5倍，药性分泌物产量显著提高；同时也发现细胞骨架结构空间连续自由流电泳较松散、无序性有所增强等空间环境对动物细胞的不良效应，并测试出基因表达受到的影响。空间连续自由流电泳仪在研制中解决了膜式气液分离、流体力学变形、热不稳定性、电动流体力学变形等问题，采用的牛血红蛋白和细胞色素的分离度有显著提高，为地面对照的1.76。总之，在神舟飞船上进行的空间生命科学和生物技术试验，作为我国首次系统地开展空间生命科学研究，其成果和成绩是显著的，并为长期开展空间生命科学研究从基本技术、装置、试验方法和科学研究方向上奠定了良好的基础。

③微重力流体物理学实验研究

在神舟4号上进行的微重力流体物理试验是迄今为止国际上很成功的一次试验，其成功地解决了国外科学家曾经失败过的、一直没有突破的、在液滴注入过程中液滴大小控制和液滴分离技术，使得这次试验达到了国际先进水平。其试验内容丰富，成功地获取到了大量科学试验数据，所得实时流场和干涉图像完整、清晰，为微重力流体物理科学研究提供了具有重要研究价值的第一手资料。我国自行设计和研制的试验装置方案合理、性能良好，达到了预期要求，标志着我国在微重力科学试验水平已提升到一个新的高度。

④空间天文方面

我国在该方面研制了宽波段、高时间测量精度探测器系统

(0.1～2 keV，薄窗气体正比计数器；X 射线探测器，10～100 keV NaI (Tl)，晶体闪烁计数器；γ 射线探测器，500 keV～10 MeV，BGO 晶体闪烁计数器)，这是国际上首次采用如此宽波段的高能光子探测器探测和研究宇宙 γ 射线暴和太阳暴。我国首次探测到多个 γ 射线暴事件，并与国际上的结果进行了对比和联合分析，宽波段探测否定了（没有迹象表明）某种模型预期的 γ 射线暴会发生在太阳系的猜想。我国还对太阳活动的 X 射线、γ 射线辐射和能谱进行了研究。我国空间环境监测对飞船轨道的高能电子、高能质子、重离子、低能电子和等离子体、大气成分和密度以及飞船电位和单粒子效应进行了全面探测，发现了在地磁扰动时澳洲东南部的中高纬地区的高能电子沉降、地磁扰动造成的大气密度变化等现象。我国空间环境预报为飞船发射运行提供了保障，成功预报了狮子座流星雨、大气密度变化对飞船和微小卫星的摄动影响等。

(2) 空间站阶段的规划

我国载人空间站工程已经被中央正式批准立项，其将分两个阶段实施。第一阶段：在 2016 年前研制发射空间实验室，突破和掌握航天员中期驻留等空间站关键技术，开展一定规模的空间应用；第二阶段：在 2020 年前后，研制并发射核心舱和实验舱，并在轨组装成载人空间站，突破和掌握近地空间站组合体的建造和运营技术、近地空间长期载人飞行技术，开展较大规模的空间应用。国际空间站预计将在 2020 年前后结束运营，我国空间站有望成为 2020 年后国际上唯一的载人空间站，这为我国空间科学与空间应用的跨越发展和进入世界前列水平提供了前所未有的历史机遇。目前，相关科研人员已经对我国空间站科学应用的应用领域、任务规划以及体系架构提出了初步设想。

我国空间站空间科学与空间应用任务包括以下科学研究方向：

1) 在空间生命科学与生物技术领域，将重点开展空间基础生物学研究、空间生物技术和其他应用技术研究、空间辐射生物学研究、先进空间生态生命支持系统基础性研究以及学科前沿、交叉和探索研究；

2）在微重力流体物理与燃烧科学领域，将重点开展微重力流体动力学研究、两相流和相变传热及其应用研究、复杂炉体研究、微重力燃烧基础和应用基础研究、载人航天安全防火工程中的基础和应用研究；

3）在空间材料学领域，将重点开展空间材料生长动力学和机理研究、国家重大战略需求和具有重要科学研究价值的材料研究与制备、材料在空间环境下的使役行为及空间功能与智能材料的研究；

4）在微重力基础物理领域，将重点开展超高精度空间时频技术及其应用研究、空间超冷原子物理研究、相对论和引力物理研究、低温凝聚态物理研究；

5）在空间天文领域，将重点开展多色高精度测光与光谱巡天研究、暗物质粒子和宇宙线探测研究、天体变源（含太阳）和爆发现象探测研究、空间天文新技术试验和 X 射线脉冲星导航研究；

6）在空间物理和空间环境领域，将重点开展空间环境预报与监测研究、空间物理探测研究；

7）在空间地球科学与应用领域，将重点开展与全球变化相关的地球科学研究，并利用空间站遥感器研究我国经济社会可持续发展迫切需要解决的问题，发展对地观测研究和应用新技术。

此外，空间站作为有人参与的近地空间试验平台，在发展和验证新的空间技术和应用技术方面有显著的优势。其能够进行及时、灵活安排，能够取样返回进行定量分析研究，能够得到在空间条件下新技术、新方法更确定的效能、可靠性和环境适应性结果。在空间应用新技术试验方面，需要发展和掌握一系列新的空间应用核心技术，以获得战略技术储备、占领科学技术制高点，为夯实我国空间基础技术和长远发展做出实实在在的贡献。建议开展的研究包括：

1）量子、激光以及太赫兹等新一代空间通信技术；

2）空间信息获取新技术，包括先进或新概念微波、红外、可见光与紫外、太赫兹频段获取目标特征的反射与辐射信息（包括空间维度和频谱维度技术），智能信息处理技术，光子关联成像和定位技术；

3）微小卫星技术及其应用，包括新概念微小卫星和伴随飞行、编队飞行技术，用于微重力基础物理学研究的无拖曳小卫星平台技术，对地观测和用于其他应用的先进飞行器技术等；

4）空间能源和激光应用新技术，包括大能量固态激光能量传输技术、激光器相干或非相干组束技术、长寿命高功率固体激光器技术、精密指向跟踪技术。

5）其他空间应用新技术，包括空间热管理和空间制冷新技术，新型空间推进技术，新型空间结构机构（含柔性、充气展开）技术，智能灵巧机械臂和空间机器人技术，空间应用材料的使役行为，新型元器件、电子部件的空间试验技术，与产业相关的新技术、新工艺的空间试验等。

在体系架构方面，为了支持上述空间科学与空间应用的研究内容，将研制相关的科学实验平台、重大研究设施和重要载荷，具体内容如下：

1）在科学实验平台方面，主要研制通用科学实验柜、变重力实验平台、高微重力实验装置（空间高微重力平台）、微操作洁净手套箱（在线观测台—舱内在线实验平台）、流体科学实验平台、燃烧科学实验平台、高温科学实验平台、无容器加工实验平台—空间静电悬浮装置、冷原子物理实验平台（空间超冷量子气体实验平台）、空间温室生态生命实验平台—生态生命实验平台与空间温室等；

2）在重大研究设施方面，主要研制多功能主动光学设施、外空暴露实验设施、高能宇宙辐射探测设施、空间长基线干涉试验设施、高精度空间时频系统、量子信息和激光通信实验设施、空间低温凝聚态实验设施等；

3）在重要载荷方面，主要研制超精细光谱大气探测仪、主动和被动微波探测系统、空间天文脉冲星自主导航试验设施、大气瞬态发光事件探测仪、临边和太阳掩蚀光谱探测仪、超光谱大气层析仪、多角度多光谱成像探测仪、太赫兹通信实验装置、伴随飞行皮纳卫星、大型充气展开天线在轨实验设施等。

预期我国载人空间站也将大力推动我国空间科学的发展，并取得一批国际先进水平的重大科学成果，从而推动我们空间科学与空间技术的跨越性发展。

参考文献

[1] M. H. Kaplan. Modern Spacecraft Dynamics and Control，John Wiley and Sons Inc. 1976（中译本：凌福根译．空间飞行器动力学和控制．北京：科学出版社，1981).

[2] J. W. Cornelisse， H. F. R. Schoyer， K. F. Wakker. Rocket Propulsion and Space Flight Dynamics. Pitman Pubilshing Ltd. 1979（中译本：杨炳尉，冯振兴译．火箭推进与航天动力学，北京：宇航出版社，1986).

[3] PaulE. Purser， Maxime A. Faget， Norman F. Smith. Manned Spacecraft， Engineering Design and Operation. Fairchild Publications， Inc New York：1964.

[4] WilliamE. Wiesel. Spaceflight Dynamics McGraw - Hill Book Company，1989.

[5] S. t. Isakowitz. International Reference Guide to Space Launch Systems. AIAA public，1991.

[6] J. K. Davies，Space Exploraton，Chambers Encyclopedic Guides，1992.

[7] As - 508MCC/MSFM Mission Confignration/System Description. NASA. N70 - 33564 - 371（1970）.

[8] [苏] B・N・列凡托夫斯基．宇宙飞行力学基础．凑福根，等译．北京：国防工业出版社，1979.

[9] 任萱．人造地球卫星运动理论．长沙：国防科技大学出版社，1988.

[10] 武汉测绘学院天文与重力测量教研组．大地天文学．北京：中国工业出版社，1961.

[11] 陈载璋，胡中为，尹素英．天文学导论．北京：科学出版社，1983.

[12] 苗永宽．球面天文学．北京：科学出版社，1983.

[13] 胡毓钜，龚剑文，黄伟．地图投影．北京：测绘出版社，1981.

[14] [苏] A・B・索洛多夫．宇航技术工程手册，闵桂荣，等译．北京：科学出版社，1982.

[15] [美] R. R. BATE，等．航天动力学基础．吴鹤鸣，等译．北京：北京航

空航天大学出版社，1990.
[16] 曾颖超．航天器飞行力学．西安：西北工业大学出版社，1993.
[17] 肖峰．球面天文学与天体力学基础．长沙：国防科技大学出版社，1989.
[18] 刘步林、成松林．简明天文学手册．北京：科学出版社，1986.
[19] 张守信．外弹道测量与卫星轨道测量基础．北京：国防工业版社，1992.
[20] 张汝果．航天医学工程基础．北京：国防工业出版社．1991.
[21] ［苏］B·A·沙塔洛夫．宇宙之路．赫崇骥，译昭熹，译．北京：新时代出版社，1984.
[22] 李龙臣，王月娥．趣谈载人航天．北京：航天工业出版社，1993.
[23] 范剑峰，张晖．懂点空间技术．北京：中国青年出版社，1980.
[24] 彭秋和，等．恒星世界．北京：北京出版社，1978.
[25] 王景涛．微重力应用导论，北京：中国科学技术出版社，1988.
[26] A·P·诺顿．星图手册．北京：科学出版社，1984.
[27] 金相孟．地球概论．北京：高等教育出版社，1983.
[28] 涂传诒，等．日地空地物理学．北京：科学出版社，1988.
[29] 宇宙发射场．国防科工委情报所，1980.
[30] 钱骥．空间技术基础．北京：科学出版社，1986.
[31] B·P·另兹博罗多夫．空间跟踪船．北京：国防工业出版社，1985.
[32] 阿瑟·C·克拉克．航天技术图解百科全书．李建江，等译．北京：知识出版社，1988.
[33] 韩洪硕，等．飞船系统的发展研究．航天部 707 所，1992.
[34] Spaceflights Control Centre in USSR，1990.
[35] 黄声宏，等．国防航天飞机发射场建设及其经验和发展趋势．国防科技信息中心报告（90-012-01-08），1990.
[36] 蔡道济，等．美国和前苏联载人航天飞船返回和回收研究．国防科技信息中心报告（94-04-01-02），1994.
[37] 李思强．载人飞船工程学概论．北京：科学出版社，1985.
[38] JamesR. Wertg，等．航天任务的分析与设计．王长龙，等校．北京：航空工业出版社，1992.
[39] 范剑峰．空间站工程概论，哈尔滨：哈尔滨工业大学出版社，1990.
[40] 载人航天技术讲座文集编写组．载人航天技术讲座文集——第一集．航空航天部 710 所，1991.

[41] 孙永成，等．载人航天技术讲座文集——第二集．航空航天部 710 所，1992.

[42] 孙永成，等．载人航天技术讲座文集——第三集．航空航天部 710 所，1993.

[43] 孙永成，等．载人航天技术讲座文集——第四集．航空航天部 710 所，1994.

[44] K. П. 费奥克季斯托夫．宇宙飞行器，马宗成，等译，北京：宇航出版社，1991.

[45] 刘庆贵，李品香．载人飞船基础．中国酒泉卫星发射中心，1995.5.

[46] 张健，等．联盟号飞船总体设计．航天器工程，1994，3（2）.

[47] 关国庭．联盟号飞船的防热及结构设计．航天器工程，1994，3（2）.

[48] 孙悦年．联盟号飞船的典型机构设计．般天器工程，1994，3（2）.

[49] 徐济万．俄罗斯飞船热控系统．航天器工程，1994，3（2）.

[50] 江泽刚．联盟号飞船仪表照明及能源系统．航天器工程，1994，3（2）.

[51] 徐焕彦．联盟 TM 载人飞船的推进系统．航天器工程，1994，3（2）.

[52] 田莉，等．前苏联载人航天活动．航天总公司第五研究院，1995.

[53] 林聪榕，等．国外载人航天技术的发展．国防科技参考，14（3）.

[54] 滕育英．美国航天飞机食品.

[55] 王金华译．“联盟-TM”号飞船上的供水系统.

[56] 孙增吉．航天服．中国航天，1993，（2）.

[57] 王金华．前苏联载人航天活动一览（1～4）．中国航天，1993（10，11，12），1994（1）.

[58] 王丹阳．载人联盟号的十一种状态．中国航天．1993（3）.

[59] 滕育英编译．苏、美国航天食品的比较.

[60] 滕育英．航天食品．中国航天，1992（11）.

[61] 滕育英．载人航天生保系统技术．中国航天，1994（4）.

[62] 王金华．“联盟-TM”飞船上的生命保障系统概述．载人航天，1995（1）.

[63] 陈芳允．卫星测控手册．北京：科学出版社，1993.

[64] 林来兴．空间控制技术．北京：宇航出版社，1992.

[65] 章仁为．静止卫星的轨道和姿态控制．北京：科学出版社，1987.

[66] 钱振业．航天技术概论．北京：宇航出版社，1991.

[67] 娄寿春．导弹制导技术．北京：宇航出版社，1989.

[68] 徐延万．控制系统．北京：宇航出版社，1990.

[69] [美] 塞勃．理解航天．张海云，等译．北京：清华大学出版社，2007.

[70] David A. V. Fundamentals of Astrodynamics and Applications（Second Edition）. Microcosm Press. 2001.

[71] 戚发轫．载人航天器技术．北京：国防工业出版社，2007.

[72] [英] 霍尔．联盟号飞船．周晓飞，等译．北京：中国宇航出版社，2006.

[73] [英] 谢勒．太空出舱．金勇，等译．北京：中国宇航出版社，2007.

[74] 朱仁璋．航天器交会对接技术．北京：国防工业出版社，2003

[75] FEHSE W. 航天器自主交会对接技术．李东旭，等译．长沙：国防科技大学出版社，2009.

[76] 陈善广．航天员出舱活动技术．北京：中国宇航出版社，2007.

[77] 陈善广．航天医学工程学发展 60 年．北京：科学出版社，2009.

[78] 沈力平，陈善广，等．航天医学工程概论．北京：国防工业出版社，1999.

[79] 陈善广，邓一兵，李莹辉．航天医学工程学主要研究进展与未来展望．航天医学与医学工程，2018，31（2）：79-89.

[80] 陈善广．中国航天医学工程学发展与展望．航天医学与航天医学工程，2008，21（3）：157-166.

[81] 陈善广，陈金盾，姜国华，等．我国载人航天成就与空间站建设．航天医学与航天医学工程，2012，25（6）：391-396.

[82] 陈善广．航天医学工程理论与实践．中国工程科学，2007，9（9）：30-34.

[83] 陈善广，李莹辉．中国科学学科发展报告，空间（太空）科学学科发展报告（航天医学工程）2006—2007. 北京：中国科学技术出版社，2007.

[84] 陈善广．出舱活动技术基础．北京：中国宇航出版社，2007.

[85] 陈善广，姜国华，陈欣，等．人-系统整合设计流程．北京：中国宇航出版社，2016.

[86] 陈善广，姜国华，王春慧．航天人因工程研究进展．载人航天，2015，21（2）：95-105.

[87] 陈善广，姜国华，王春慧．长期空间飞行中人的作业能力变化特性研究．航天医学与医学工程，2015，28（1）：1-10.

[88] 钱学森．星际航行概论．北京：中国宇航出版社，2008.

[89] 中国载人航天工程办公室．2015 世界载人航天发展报告．北京：国防工业出版社，2016.

[90] 中国航天系统科学与工程研究院．航天领域科技发展报告．北京：国防工业出版社，2017.

[91] 焦维新．北大微讲堂：载人航天与天宫实验室．北京：北京大学出版社，2014.

[92] 卡尔·萨根．宇宙（套装共 2 册）．陈冬妮，译．南宁：广西科学技术出版社，2017.

[93] 史蒂芬·霍金．时间简史．长沙：湖南科技出版社，2015.

[94] 斯蒂芬·霍金．宇宙简史：起源与归宿．赵君亮，译．南京：译林出版社，2012.

[95] [美] 艾伦·C·特里布尔（Alan C. Tribble）．空间环境．北京：宇航出版社，2009.

[96] [美] 穆肯德·R·帕特尔．近地空间环境．韩波，陈琦，崔晓婷，译．科技创新导报．2014（30）：17—19.

[97] 皮埃尔·莱纳，等．观测天体物理学．伍可，等译．北京：中国科学技术出版社，2015.

[98] 高立来．天文科学丛书：天体观测之窗（彩图版）．武汉大学出版社，2013.

[99] 哥白尼（Copernicus N.）．天球运行论．张卜天，译．北京：商务印书馆，2014.

[100] 黄珹，刘林．参考坐标系及航天应用．北京：电子工业出版社，2015.

[101] 李芝萍，贾焕阁．天文·时间·历法．北京：气象出版社，2011.

[102] 刘林，等．航天器定轨理论与应用．北京：电子工业出版社，2015.

[103] 张洪波．飞行动力学与控制：航天器轨道力学理论与方法．北京：国防工业出版社，2015.

[104] 竺苗龙，竺致文，竺雪君．绕地飞行航天器最佳发射轨道理论及其他问题的研究．北京：中国宇航出版社，2011.

[105] 袁建平，赵育善，唐歌实，等．航天器深空飞行轨道设计．北京：中国宇航出版社，2014.

[106] 范剑峰，黄祖蔚．载人飞船工程概论．北京：国防工业出版社，2000．

[107] 戚发轫，李颐黎．巡天神舟：揭秘载人航天器．北京：中国宇航出版社，

2011 .
[108] 崔吉俊．航天发射试验工程．北京：中国宇航出版社，2010.
[109] 陆晋荣，董学军．航天发射质量工程．北京：国防工业出版社，2016.
[110] 哈兰，罗伦茨．航天系统故障与对策．阎列，邓宁丰，舒承东，译．北京：中国宇航出版社，2007 .
[111] R·D·霍尔，D·J·谢勒．联盟号飞船．北京：中国宇航出版社，2006 .
[112] 李斌．载人登月推进系统．北京：中国宇航出版社，2011.
[113] 安德鲁·鲍尔（Andrew J. Ball）．行星着陆器和进入探测器．北京：中国宇航出版社，2010.
[114] 黄俊钦．载人航天器仪表显示与监测系统．北京：宇航出版社，1994.
[115] E. П. 莫洛托夫．苏联·俄罗斯航天器地面测控系统发展史．李炳斌（注释 解说词），王海波，译者．北京：清华大学出版社，2015.
[116] 钱卫平，吴斌．碧空天链：探究测控通信与搜索救援．北京：中国宇航出版社，2011 .
[117] 杨宗志．航天测控网通信系统（套装上下册）．北京：国防工业出版社，2009.
[118] 陈士橹．航天器姿态动力学与控制．北京：宇航出版社，1998 .
[119] 刘兴堂．现代导航制导与测控技术．北京：科学出版社，2017 .
[120] 刘林．深空探测轨道理论与应用．北京：电子工业出版社，2015.
[121] 黄伟芬．航天员出舱活动医学基础．北京：中国宇航出版社，2008.
[122] 尼克·卡纳斯，迪特里希·曼蔡．航天心理学与精神病学．白延强，王爱华，译．北京：中国宇航出版社，2009.
[123] [法] 克莱芒．航天医学基础．北京：中国宇航出版社，2008.
[124] 中华医学百科全书—航天医学．北京：中国协和医科大学出版社，2017 .
[125] 马爱军．总装部队军事训练“十二五”统编教材：载人航天环境模拟舱（套装共 2 册）．北京：国防工业出版社，2014.
[126] 张淑琴．空间交会对接测量技术及工程应用．北京：中国宇航出版社，2005.
[127] 韦格伯特·费热，等．航天器自动交会对接．王忠贵，等译．北京：中国宇航出版社，2013.
[128] 厄思斯特·梅瑟施米德（Gethset Messerschmid），莱茵霍尔德·伯特兰

(Reinhold Bertrand). 载人航天出版工程：空间站系统和应用. 周建平，译. 北京：中国宇航出版社，2013.

[129] 李福秋，等. 国际空间站鉴定和验收环境试验要求. 北京：电子工业出版社，2017.

[130] 吴伟仁. 深空探测器自主导航原理与技术. 北京：中国宇航出版社，2011.

[131] 中国科学院. 载人深空探测. 北京：科学出版社，2016.

[132] 陈善广. 空间法概要. 北京：中国宇航出版社，2007.

[133] 中国空间科学学会. 空间科学学科发展报告（2014—2015）. 北京：中国科学技术出版社：2016.

[134] 吴季，等. 2016—2030年空间科学规划研究报告. 北京：科学出版社，2017.

[135] 张育林，等. 载人航天工程基础. 长沙：国防科技大学出版社，1997.

[136] 黄伟芬. 航天员选拔与训练. 北京：国防工业出版社，2006.